除尘器手册

第二版

张殿印　王　纯　主　编
朱晓华　齐宝祥　副主编

化学工业出版社
·北京·

本书是一部环境工程技术工具书，共分为十一章，主要介绍除尘器基础知识，除尘器分类、性能和选用，重点介绍重力除尘器、惯性除尘器、旋风除尘器、袋式除尘器、静电除尘器、湿式除尘器、空气过滤器、复合式除尘器和其他特殊类型除尘器的分类、基本工作原理、构造特点、主要性能、基本形式、设计方法、选型要点、维护管理以及除尘器的测试技术等内容。

全书内容翔实，侧重实用，图表完整，查阅方便，具有较强的理论性、实践性和可操作性，可供大气污染治理领域的科学研究人员、工程设计人员和企业管理人员阅读使用，也可供高等学校相关专业师生参考。

图书在版编目(CIP)数据

除尘器手册/张殿印，王纯主编. —2版. —北京：化学工业出版社，2014.11 (2018.4 重印)
ISBN 978-7-122-21538-3

Ⅰ.①除… Ⅱ.①张…②王… Ⅲ.①除尘器-手册
Ⅳ.①TM925.31-62

中国版本图书馆 CIP 数据核字（2014）第 176596 号

责任编辑：刘兴春　管德存　　　　　　　　　　装帧设计：关　飞
责任校对：宋　夏

出版发行：化学工业出版社（北京市东城区青年湖南街 13 号　邮政编码 100011）
印　　装：北京虎彩文化传播有限公司
787mm×1092mm　1/16　印张 50　字数 1383 千字　2018 年 4 月北京第 2 版第 2 次印刷

购书咨询：010-64518888　　　　　　售后服务：010-64518899
网　　址：http://www.cip.com.cn
凡购买本书，如有缺损质量问题，本社销售中心负责调换。

定　　价：**198.00 元**　　　　　　　　　　　　版权所有　违者必究

京化广临字 2015——2 号

《除尘器手册》编委会

主　　编：张殿印　王　纯

副主编：朱晓华　齐宝祥　田　玮　王雨清　朱法强

编写人员：（按姓氏笔画排序）

王　纯　王　冠　王雨清　申　丽　田　玮

白洪娟　朱法强　朱晓华　庄剑恒　齐宝祥

安登飞　李王西　李乌龙　李洪全　肖　春

张殿印　陈满科　赵　宇　霍光伟

前　言

《除尘器手册》自 2005 年出版以来，深受广大读者的欢迎和好评。

《除尘器手册》修订再版的原因在于：①10 年来除尘器手册中所引用的国家标准、规范、技术经济指标发生很大变化，提出了更加严格的要求；②书中所选用的除尘器有的已为新一代产品所取代，有的技术性能又有了新的提高；③根据节能减排和分离细颗粒物（PM$_{2.5}$）的要求，除尘器工艺设计和采用的技术参数需要变更调整。因此，为满足广大读者的实际需要，有必要对原手册进行再次修订出版。

《除尘器手册》修订主要有以下内容：①补充近年来出现且第一版尚缺的内容，如大型旋转式脉冲袋式除尘器、圆筒煤气静电除尘器等；②更新近些年修改的国家标准，如环境空气质量标准、含尘气体排放标准、新的除尘器技术规范等；③补充节能减排新设备、新技术、新材料，如电袋复合除尘器、除尘器节能、提效途径等；④删减一些很少使用并趋于淘汰的除尘器。修订后《除尘器手册》将实现如下特点：①内容科学完整、数表资料齐全；②技术新颖实用、案例经典示范；③工程实用性和可操作性强。

本书是一部环境工程技术工具书，共分为十一章，主要介绍除尘器基础知识，除尘器分类、性能和选用，重点介绍重力除尘器、惯性除尘器、旋风除尘器、袋式除尘器、静电除尘器、湿式除尘器、空气过滤器、复合式除尘器和其他特殊类型除尘器的分类、基本工作原理、构造特点、主要性能、基本形式、设计方法、选型要点、维护管理以及除尘器的测试技术等内容。全书内容翔实，侧重实用，图表完整，查找方便，具有较强的理论性、实践性和可操作性，可供环境科学与工程等领域的工程技术人员、科研人员和管理人员参考，也供高等学校相关专业师生参阅。

杨景玲教授、邹元龙教授对全书进行了总审核。本书在编写、审阅和出版过程中得到申丽、王海涛等多位知名专家的鼎力相助，许宏庆、刘璐等为本书提供了宝贵的技术资料，在此一并深致谢忱。本书编写过程中参考和引用了一些科研、设计、教学和生产工作同行撰写的著作、论文、手册、教材、样本和学术会议文集等，在此对所有作者表示衷心感谢。

限于编者学识和编写时间，书中疏漏和不妥之处在所难免，殷切希望读者朋友不吝指正。

编者

2014 年 10 月于北京

第一版前言

随着人类社会的发展和进步，人们对生活质量和自身健康越来越重视，对空气质量也愈来愈关注。然而人类在生产和生活活动中，成年累月地向大气排放各类污染物质，使大气遭到严重污染，有些地域环境质量不断下降，甚至影响人类生存。在大气污染物中粉尘颗粒物的污染占据重要部分，可吸入颗粒物过多进入人体，会威胁人体的健康。所以防治粉尘污染、保护大气环境是刻不容缓的重要任务。

除尘器是大气污染控制应用最多的设备，也是除尘工程中最重要的设备。除尘器设计制作是否优良，应用维护是否得当直接影响投资费用、除尘效果、运行作业率。所以，掌握除尘器工作机理，精心设计、制造和维护管理除尘器，对搞好环保工作具有重要意义。

编写本书的目的在于给环境工程和环保管理工作者提供一本具有理论和实际相结合、新颖与实用相结合的环保工具书。编写文字力求层次分明、深入浅出、图文并茂、内容翔实。全书共分为十章，分别介绍了除尘器基础知识、重力除尘器、惯性除尘器、旋风除尘器、袋式除尘器、静电除尘器、湿式除尘器、空气过滤器、新型式除尘器和除尘器性能测定等内容。依据除尘器应用范围和结构特点，对应用较多的除尘器予以较多篇幅论述，对应用不多的除尘器则简要阐明。对每种除尘器都要介绍其工作原理、基本组成、类别性能、选择应用条件和技术措施以及维护管理要领。同时，书中还介绍了一定数量的工程实用实例。

参加本书编写工作的有（按章节顺序）：张殿印（第一章）、王纯（第二章）、钱雷（第三章）、杨景玲（第四章第一节、第二节）、张学军（第四章第三节、第四节、第五节）、侯运升（第五章第一节、第二节）、赵宇（第五章第三节、第四节）、俞非漉（第五章第五节、第六节）、朱晓华（第五章第七节）、倪正（第五章第八节、第九节）、韩志强（第六章第一节、第二节）、张清海（第六章第三节）、赵学林（第六章第四节）、李忠（第六章第五节、第六节）、张学义（第七章第一节、第二节、第三节）、章敬泉（第七章第四节）、白洪娟（第七章第五节）、任旭（第七章第六节）、王坚（第八章第一节、第二节、第三节）、石剑箐（第八章第四节、第五节）、焦学军（第九章第一节、第二节）、肖敬斌（第九章第三节）、张鹏（第九章第四节）、魏淑娟（第九章第五节）、钱连山（第九章第六节、第七节）、申丽（第十章第一节、第二节）、王雨清（第十章第三节、第四节）、田炜（第十章第五节）。

本书成稿后，请清华大学许宏庆审校了第一章、第二章、第三章、第四章，朱晓华审校了第五章，梁嘉纯审校了第六章、第七章、第八章，白洪娟审校了第九章，李淑芬审校了第十章，在此表示诚挚的感谢。

书中参考和引用了一些科研、学校、设计及生产工作同行的论著、教材和手册等，书后附有参考文献目录，对这些参考文献的作者深表谢意。

由于作者学识、经验和水平有限，书中缺点乃至不当之处在所难免，殷切希望读者批评指正。

编者
2004 年 10 月于北京

目　录

第三章 惯性除尘器 / 68

第四章 旋风除尘器 / 87

第五章 袋式除尘器 / 186

第六章　静电除尘器 / 376

第七章　湿式除尘器 / 499

第八章　空气过滤器 / 585

第九章　新型和其他型式除尘器 / 645

第十章　复合式除尘器 / 718

第十一章　除尘器的性能测定 / 748

参考文献 / 783

第一章
除尘器基础知识

除尘是捕集、分离含尘气流中的粉尘等固体颗粒物的技术，除尘器是用于捕集、分离悬浮于空气或气体中粉尘粒子的设备。因种种原因，除尘器也称收尘器、集尘器、滤尘器、过滤器等，本书中统称除尘器。本章重点介绍粉尘和气体的主要性质以及除尘器的分类、适用范围、性能等。

第一节　除尘器的概念和分类

一、除尘器的概念

在国家采暖通风与空气调节术语标准（GB 50155—92）中，明确了若干除尘器的具体含意，介绍如下。

① 除尘器，用于捕集、分离悬浮于空气或气体中粉尘粒子的设备，也称收尘器。

② 沉降室，由于含尘气流进入较大空间速度突然降低，使尘粒在自身重力作用下与气体分离的一种重力除尘装置。本书称重力除尘器。

③ 干式除尘器，不用水或其他液体捕集和分离空气或气体中粉尘粒子的除尘器。

④ 惯性除尘器，借助各种形式的挡板，迫使气流方向改变，利用尘粒的惯性使其和挡板发生碰撞而将尘粒分离和捕集的除尘器。

⑤ 旋风除尘器，含尘气流沿切线方向进入筒体做螺旋形旋转运动，在离心力作用下将尘粒分离和捕集的除尘器。

⑥ 多管（旋风）除尘器，由若干较小直径的旋风分离器并联组装成一体的，具有共同的进出口和集尘斗的除尘器。

⑦ 袋式除尘器，用纤维性滤袋捕集粉尘的除尘器，也称布袋过滤器。

⑧ 颗粒层除尘器，以石英砂、砾石等颗粒状材料作过滤层的除尘器。

⑨ 电除尘器，由电晕极和集尘极及其他构件组成，在高压电场作用下使含尘气流中的粒子荷电并被吸引、捕集到集尘极上的除尘器。

⑩ 湿式除尘器，借含尘气体与液滴或液膜的接触、撞击等作用，使尘粒从气流中分离出来的设备。

⑪ 水膜除尘器，含尘气体从筒体下部进风口沿切线方向进入后旋转上升，使尘粒受到离心力作用被抛向筒体内壁，同时被沿筒体内壁向下流动的水膜所黏附捕集，并从下部锥体排出的除尘器。

⑫ 卧式旋风水膜除尘器，一种由卧式内外旋筒组成的，利用旋转含尘气流冲击水面在外旋筒内侧形成流动的水膜并产生大量水雾，使尘粒与水雾液滴碰撞、凝集，在离心力作用下被水膜捕集的湿式除尘器。

⑬ 泡沫除尘器，含尘气流以一定流速自下而上通过筛板上的泡沫层而获得净化的一种除尘设备。

⑭ 冲激式除尘器，含尘气流进入筒体后转弯向下冲击液面，部分组大的尘粒直接沉降在泥浆斗内，随后含尘气流高速通过S形通道，激起大量水花和液滴，使微细粉尘与水雾充分混合、接触而被捕集的一种湿式除尘设备。

⑮ 文氏管除尘器，一种由文氏管和液滴分离器组成的除尘器。含尘气体高速通过喉管时使喷嘴喷出的液滴进一步雾化，与尘粒不断撞击，进而冲破尘粒周围的气膜，使细小粒子凝聚成粒径较大的含尘液滴，进入分离器后被分离捕集，含尘气体得到净化，也称文丘里洗涤器。

⑯ 筛板塔，筒体内设有几层筛板，气体自下而上穿过筛板上的液层，通过气体的鼓泡使有害物质被吸收的净化设备。

⑰ 填料塔，筒体内装有环形、波纹形或其他形状的填料，吸收剂自塔顶向下喷淋于填料上，气体沿填料间隙上升，通过气液接触使有害物质被吸收的净化设备。

⑱ 空气过滤器，借助滤料过滤来净化含尘空气的设备。

⑲ 自动卷绕式过滤器，使用滚筒状滤料并能自动卷绕清灰的空气过滤器。

⑳ 真空吸尘装置，一种借助高真空度的吸尘嘴清扫积尘表面并进行净化处理的装置。

㉑ 除尘，捕集、分离含气流中的粉尘等固体粒子的技术。

㉒ 机械除尘，借助通风机和除尘器等进行除尘的方式。

㉓ 湿法除尘，水力除尘、蒸汽除尘和喷雾降尘等除尘方式的统称。

㉔ 水力除尘，利用喷水雾加湿物料，减少扬尘量并促进粉尘凝聚、沉降的除尘方式。

㉕ 联合除尘，机械除尘与水力除尘联合作用的除尘方式。

㉖ 除尘系统，一般情况下指由局部排风罩、风管、通风机和除尘器等组成的，用以捕集、输送和净化含尘空气的机械排风系统。

二、除尘器的分类

除尘器的不同分类方法可以分成许多类型，用于不同粉尘和不同条件。

（1）按除尘作用力原理情况分类　详见表 1-1。

表 1-1　常用除尘器的类型与性能

型式	除尘作用力	除尘设备种类	适用范围				不同粒径效率/%		
			粉尘粒径/μm	粉尘浓度/(g/m³)	温度/℃	阻力/Pa	50μm	5μm	1μm
干式	重力	重力除尘器	>15	>10	<400	50~200	96	16	3
	惯性力	惯性除尘器	>20	<100	<400	300~800	95	20	5
	离心力	旋风除尘器	>5	<100	<400	400~1000	94	27	8
	静电力	静电除尘器	>0.05	<30	<300	200~300	>99	99	86
	惯性力、扩散力与筛分	袋式除尘器 振打清灰	>0.1	3~10	<300	800~2000	>99	>99	99
		脉冲清灰				600~1500	100	>99	99
		反吹清灰				800~2000	100	>99	99
湿式	惯性力、扩散力与凝集力	自激式除尘器	100~0.05	<100	<400	1000~1600	100	93	40
		喷淋除尘器		<10	<400	800~1000	100	96	75
		文氏管除尘器		<100	<800	5000~10000	100	>99	93
	静电力	湿式电除尘器	>0.05	<100	<400	300~400	>99	99	98

（2）按捕集烟尘的干湿情况分类　详见表1-2。

表1-2　除尘器的干湿类型

除尘类别	烟尘状态	收　尘　设　备
干式除尘	干尘	重力除尘器、惯性除尘器、干式电除尘器、袋式除尘器、旋风除尘器
湿式除尘	泥浆状	水膜除尘器、泡沫除尘器、冲击式除尘器、文氏管除尘器、湿式电除尘器

（3）按除尘效率分类　详见表1-3。

表1-3　除尘器除尘效率类型

除尘类别	除尘效率/%	除尘器名称
低效除尘	<60	惯性除尘器、重力除尘器、水浴除尘器
中效除尘	60~95	旋风除尘器、水膜除尘器、自激除尘器、喷淋除尘器
高效除尘	>95	电除尘器、袋式除尘器、文氏管除尘器、空气过滤器

（4）按工作状态分类　按除尘器在除尘系统的工作状态，除尘器还可以分为正压除尘器和负压除尘器两类。按工作温度的高低分为常温除尘器和高温除尘器两类。按除尘器大小还可以分为小型除尘器、中型除尘器、大型除尘器和超大型除尘器等。

（5）按除尘设备除尘机理与功能的不同，根据《环境保护设备分类与命名》(HJ/T 11—1996)的方法分，除尘器分为以下7种类型。

① 重力与惯性除尘装置　包括重力沉降室、挡板式除尘器。

② 旋风除尘装置　包括单筒旋风除尘器、多筒旋风除尘器。

③ 湿式除尘装置　包括喷淋式除尘器、冲激式除尘器、水膜除尘器、泡沫除尘器、斜栅式除尘器、文氏管除尘器。

④ 过滤层除尘器　包括颗粒层除尘器、多孔材料除尘器、纸质过滤器、纤维填充过滤器。

⑤ 袋式除尘装置　包括机械振动式除尘器、电振动式除尘器、分室反吹式除尘器、喷嘴反吹式除尘器、振动式除尘器、脉冲喷吹式除尘器。

⑥ 静电除尘装置　包括板式静电除尘器、管式静电除尘器、湿式静电除尘器。

⑦ 组合式除尘器　包括为提高除尘效率，往往"在前级设粗颗粒除尘装置，后级设细颗粒除尘装置"的各类串联组合式除尘装置。

此外，随着大气污染控制法规的日趋严格，在烟气除尘装置中有时增加烟气脱硫功能，派生出烟气除尘脱硫装置。

第二节　气体的基本性质

在除尘工程中，气体是粉尘颗粒物的载体，气体的性质影响除尘器的功能和效果，掌握气体的基本性质，有利于除尘器设计、制造和运行管理。

一、空气的化学组成

大气层是指环绕在地球表层上的空气所构成的整个空间。大气的95%分布在地球表面仅12km的厚度内。地球的直径是6370km。大气的厚度相当于直径为1m的地球仪表面上1mm的厚度，即地球直径的0.2%。

大气，是指占据大气层的部分或全部气体空间，或者说，是构成大气层整体或局部的气体空间。它是一个地球物理空间或地理空间的概念。

空气，则纯属一个物质名词，指的是构成大气或大气层的化学物质，它没有地理空间的含义。从这个意义上讲，大气是由空气和它所占有的地理空间构成的。

由此可见，纯净的大气只能由纯净的空气所组成。纯净的空气是指自然形成的空气，主要由氮、氧组成。此外还有氩、二氧化碳与极少量其他种类的气体。其具体组成列于表1-4。

表1-4　纯净空气的组成

气 体 种 类	容积成分/%	气 体 种 类	容积成分/%
氮(N_2)	78.09	氦(He)	0.0005
氧(O_2)	20.95	氪(Kr)	0.0001
氩(Ar)	0.93	氢(H_2)	0.00005
二氧化碳(CO_2)	0.03	氙(Xe)	0.000008
臭氧(O_3)	0.000001	水蒸气(H_2O)	0~4
氖(Ne)	0.0018	杂质	微量

纯净的空气是人类和一切生物赖以生存的重要环境因素之一。由纯净空气构成的大气层，具有各种重要功能。它不仅为人类和其他生物的呼吸过程提供氧源，为绿色植物的光合作用提供碳源，而且为整个生物界同无机环境之间的物质和能量交流与平衡提供必要的条件。此外，大气层还为地球的整个生物圈提供多种保护，如使之免受太阳和宇宙的致命性辐照，使之具有适宜于生存的温度、湿度和其他气候条件等。可见，纯净的空气对人类和一切生物至关重要。在地球上生活的人类离不开空气。1个人1天大约需要1kg食物、2kg水和13kg的空气。13kg空气的体积为10000L。1个人可以7天不进食，5天不饮水，但断绝空气5min就会死亡。人体的各个器官依靠血液不停地携带和供给空气中的氧方可正常工作。没有空气，人和其他生物就不能生存，一旦纯净的空气遭到破坏，人类和整个生物界的生存就要受到威胁。

二、流体的基本性质

研究流体性质及其运动规律的学科，称为流体力学。流体分为液体和气体两大类，虽然两者都具有流动性，但其性质有很大不同。

1. 流体的连续性

微观上，气体都是由大量分子所组成，这些分子都在不停地做无规则的热运动，因此分子和分子之间及分子内部的原子与原子之间，有一定的空隙存在，即流体的微观结构是不连续的。但是将整个流体分成许多流体微团，每个流体微团又称为流体质点，并认为各流体质点之间没有任何空隙，而且相对整个流体来说，质点的几何尺寸可忽略不计，则流体质点是连续的，所以流体具有连续性，反映流体质点运动特性的各种物理量，如速度、密度、压力等也是连续的。但对极稀薄的空气，连续性就不适用了。

2. 流体的流动性

气体的流动性是它与固体的根本区别。气体的流动性并不是指物体能否变形，因为所有实际物体在外力作用下都能发生变形，固体变形的大小与外加作用力有关，所需力的大小完全决定于变形的要求，而与发生变形的快慢无关。流体变形也产生阻力，但这种阻力与变形的快慢有关。要使流体迅速变形，需要用很大的力。当用力的时间充分长，任何微小的力也能使流体产生非常大的变形和流动，这种性质称为流体的流动性。

流体具有流动性，因此流体没有固定的形状。气体都随其容器形状的不同而改变自身的形状，气体在流动中改变自身形状的同时其体积也随容器的体积而改变，它总是充满整个容器。

3. 流体的压缩性和膨胀性

流体受压力作用时体积缩小、密度增大的性质称为流体的压缩性。流体随着温度的升高体积膨胀、密度减小的性质，称为流体的膨胀性。

流体的压缩性通常以压缩系数 β_p 表示。它表示单位压力变化时流体体积的相对变化值。当温度不变时，其数学式为：

$$\beta_p = -\frac{1}{V} \times \frac{\mathrm{d}V}{\mathrm{d}p} \tag{1-1}$$

式中 V——流体的体积，m^3；

$\dfrac{\mathrm{d}V}{\mathrm{d}p}$——流体的体积相对于压力的变化，$\mathrm{m}^3/\mathrm{Pa}$；

β_p——流体的压缩系数，m^2/N。

在工程上，对于气流速度远小于声速且处于常温常压条件下的气体，可近似地认为是不可压缩的流体。如在常温常压下工作的除尘器、风机、通风管道等装置中的气体都可按不可压缩流体进行处理；而对于在高温高压下流动的气体则必须按可压缩流体处理，否则将会导致较大误差。

气体的压缩系数比液体大得多，而且其压缩系数随气体的热力学过程而定，随压力升高而增大。空气在压力为 $10^5\,\mathrm{Pa}$、温度为 $0\,℃$ 时，其压缩系数是水的 2 万倍。

流体的膨胀性用温度膨胀系数 β_T 表示。β_T 表示单位温度变化时，流体体积的相对变化。当压力不变时，其数学式为：

$$\beta_T = \frac{1}{V} \times \frac{\mathrm{d}V}{\mathrm{d}T} \tag{1-2}$$

式中 V——流体的体积，m^3；

$\dfrac{\mathrm{d}V}{\mathrm{d}T}$——流体体积相对于温度的变化，$\mathrm{m}^3/\mathrm{K}$；

β_T——流体的温度膨胀系数，$1/\mathrm{K}$。

气体的膨胀系数比液体大得多。当气体压力不太高、温度不太低时，气体的体积变化近似地服从理想气体定律。

4. 均匀流与非均匀流

如果总的有效断面或平均流速沿流程不变，各有效断面上相应点的流速也不变，且流线为平行直线，这样的稳定流动称为均匀流。均匀流中没有加速度，因而不存在惯性力。

当有效断面沿流程变化，或者有效断面不变，但各断面上速度分布改变时这种流动称为非均匀流。例如，有效断面收缩或扩大处、圆管转弯处、流线为夹角不同的曲线或直线等都属于非均匀流。非均匀流中有加速度，因而存在惯性力。如果有效断面沿流程变化剧烈或断面流速分布变化剧烈时，该流动称为急变流。

5. 单相流体和多相流体

单组分气体、多组分气体或彼此能溶解的液体都是单相流体，而固体颗粒、液体颗粒悬浮在气体介质中，这样的流体则为多相流体。在除尘技术中，含尘气体在管道中的流动过程可以按单相流体处理，而粉尘在除尘器中的分离过程则必须按多相流体处理。

三、气体基本方程

1. 气体状态方程

在工程技术中，认为气体是具备连续性和不可压缩性的流体。通常可用理想气体状态方程式来表示空气的压力、体积及温度之间的关系，即

$$pv = RT \quad（对 1\mathrm{kg} 气体） \tag{1-3}$$

$$pV = GRT \quad（对 G\mathrm{kg} 气体） \tag{1-4}$$

式中　p——气体的绝对压力，Pa；

　　　v——气体的比容，m^3/kg；

　　　V——气体的体积，m^3；

　　　G——气体的质量，kg；

　　　T——气体的热力学温度，K；

　　　R——气体常数，$J/(kg \cdot K)$。

对于干空气　$R_{da}=287.3\ J/(kg \cdot K)$；对于水蒸气　$R_w=461.9\ J/(kg \cdot K)$。

在标准条件下，即压力为 101.325kPa，温度为 273.15K 时，1mol 任何气体的体积为 $22.41\times10^{-3}\ m^3$，因此，对 1mol 任何气体的气体常数均为

$$R_0=\frac{p_0V_0}{T_0}=\frac{101.325\times22.41}{273.15}=8.313 J/(mol \cdot K)$$

式中　R_0——普适气体常数或摩尔气体常数。

由此，气体状态方程式又可写为：

$$pV=nR_0T \tag{1-5}$$

式中　n——气体物质的量，mol。

在工业除尘技术中所遇到的经常是携带有固体悬浮颗粒物的气流。但是，由于颗粒粒径小，所含浓度有限，按质量计小于 1％，一般管道风速较大，所含颗粒物在风道中都是随气体同步流动的。所以在管道系统的设计计算中把含尘气流仍然当一般空气对待，认为它符合气体公式。

2. 气体的静压方程

（1）当气体处于静止或相对静止状态时，静压力的方向沿作用面的内法线方向，并且同一点上各方向气体静压力均相等。

$$p_x=p_y=p_z=p_N \tag{1-6}$$

式中　p_x、p_y、p_z、p_N——同一点各方向的气体静压力，Pa。

（2）在重力作用下，静止气体中任意一点的静压力

$$p=p_0+\rho gh \tag{1-7}$$

式中　p——气体的静压力，Pa；

　　　p_0——大气压力，Pa；

　　　ρ——气体的密度，kg/m^3；

　　　g——重力加速度，m/s^2；

　　　h——高度，m。

（3）作用在平面上的气体总压力

$$p=\rho gh_0S \tag{1-8}$$

式中　p——气体总压力，Pa；

　　　h_0——平面高度，m；

　　　S——平面面积，m^2；

其他符号意义同前。

3. 气体流动连续性方程

根据质量守恒定律，流体在管道中连续稳定流动时，从截面 1 到截面 2，若两截面之间无流体漏损，两截面间的质量流量不变。即

$$\rho_1A_1v_1=\rho_2A_2v_2 \tag{1-9}$$

式中 ρ_1、ρ_2——截面 1、2 处的流体密度，kg/m³；

$\quad\quad A_1$、A_2——截面 1、2 的流通截面积，m²；

$\quad\quad v_1$、v_2——截面 1、2 处的流体流速，m/s。

上述关系可以推广到管道的任一截面，即

$$\rho A v = 常数 \tag{1-10}$$

上式称为连续性方程。若流体不可压缩，ρ 为常数，则上式可简化为

$$A v = 常数 \tag{1-11}$$

由上式可知，在连续稳定不可压缩流体的流动中，流体流速与流通截面积成反比；截面积越大流速越小，反之亦然。

4. 伯努利方程

根据能量守恒定律，不可压缩理想流体在管道内做稳定流动，从截面 1 流至截面 2，假定流体无黏性（流动过程中无摩擦阻力），各处能量不变，其方程为

$$g z_1 + \frac{p_1}{\rho} + \frac{v_1^2}{2} = g z_2 + \frac{p_2}{\rho} + \frac{v_2^2}{2} \tag{1-12}$$

式中 z_1、z_2——截面 1、2 距基准面的距离，m；

$\quad\quad p_1$、p_2——截面 1、2 处流体压力，Pa；

$\quad\quad v_1$、v_2——截面 1、2 处流体流速，m/s；

$\quad\quad \rho$——流体密度，kg/m³。

式（1-12）称为理想流体的伯努利方程。式中各项的物理意义如下：gz 为单位质量流体所具有的位能，$\dfrac{p}{\rho}$ 为单位质量流体所具有的静压能，$\dfrac{v_2^2}{2}$ 为单位质量流体所具有的动能，其单位均为 J/kg。

流体实际上是有黏性的，在流动过程中为克服摩擦阻力要消耗一部分能量，为了补偿流体流动的能量损失，往往用风机或泵对流体做功。实际流体的伯努利方程如下：

$$g z_1 + \frac{p_1}{\rho} + \frac{v_1^2}{2} + W = g z_2 + \frac{p_2}{\rho} + \frac{v_2^2}{2} + \sum h_f \tag{1-13}$$

式中 W——外界向单位质量流体输入的机械能，J/kg；

$\quad\quad \sum h_f$——单位质量流体从截面 1 流至截面 2 的能量损失值，J/kg；

$\quad\quad$ 其余符号意义同前。

含粉尘气体流动过程中，当 $(p_1 - p_2) \leqslant 0.2 p_1$ 时，密度 ρ 可采用两截面密度平均值进行计算。

5. 雷诺数

雷诺数（Re）是气体流动性质的重要参数。

（1）流体的雷诺数（Re） 流体的雷诺（Reynolds）数 Re 系流体的惯性力与黏滞力之比，定义式为：

$$Re = \frac{a v \rho}{\mu} \tag{1-14}$$

式中 a——管道设备的特征尺寸（如管道直径等），m；

$\quad\quad \rho$——流体的密度，kg/m³；

$\quad\quad v$——气体流速，m/s；

μ——流体的黏度，Pa·s。

流体的雷诺数的大小是描述和判定流体运动状况的准数。

（2）粒子的雷诺数（Re_p）　粒子在流体中的运动状况用粒子的雷诺数 Re_p 表征，它包括粒子在无限大流体介质中（如在大气中）或在装置的壁面对粒子运动无影响的系统中的运动。粒子的雷诺数表示为：

$$Re_p = \frac{d_D v \rho}{\mu} \tag{1-15}$$

式中　d_D——粒径，m；

　　　v——粒子对流体的相对速度，m/s。

应注意的是，上式中密度和黏度皆是流体的特性参数，而不是粒子的特性参数，尽管粒子可以是液体粒子。一般以 Re_p 由 0.1～1 表征粒子运动的界限值，用来预估粒子的行为。Re_p 达到 400 左右时也会用到，但这一值仍远远小于流体的雷诺数 Re 值。

6. 大气压力

地球表面上的大气层对地面所产生的压力是由大气的质量所产生的压强，即单位面积所承受的大气质量称为大气压力。大气压力随地区和海拔高度不同而不同，随季节、天气变化而稍有变化。通常以纬度 45°处海平面所测得的常年平均压力作为标准大气压力。国际标准大气压的部分参数见表 1-5。大气压力的工程压力的单位为 Pa。

表 1-5　国际标准大气压的部分参数

海拔高度/m	大气压力/Pa	海拔高处的压力 / 海平面处的压力	温度/℃	海拔高度/m	大气压力/Pa	海拔高处的压力 / 海平面处的压力	温度/℃
0	101.325	1.00000	15.00	2200	77.532	0.76518	0.70
100	100.129	0.98820	14.35	2400	75.616	0.74628	−0.60
200	98.944	0.97650	13.70	2600	73.739	0.72775	−1.90
300	97.770	0.96492	13.05	2800	71.899	0.70959	−3.20
400	96.609	0.95346	12.40	3000	70.097	0.69181	−4.50
500	95.459	0.94210	11.75	3200	68.332	0.67439	−5.80
600	94.319	0.93085	11.10	3400	66.602	0.65732	−7.10
700	93.191	0.91972	10.45	3600	64.909	0.64061	−8.40
800	92.072	0.90869	9.80	3800	62.984	0.62424	−9.70
900	90.966	0.89776	9.15	4000	61.627	0.60821	−11.00
1000	89.870	0.88695	8.50	4200	60.036	0.59252	−12.30
1100	88.784	0.87624	7.85	4400	58.480	0.57716	−13.60
1200	87.710	0.86563	7.20	4600	56.956	0.56211	−14.90
1300	86.646	0.85513	6.55	4800	55.465	0.54739	−16.20
1400	85.593	0.84474	5.90	5000	54.005	0.53299	−17.50
1500	84.549	0.83444	5.25	5500	50.490	0.49831	−20.75
1600	83.517	0.82425	4.60	6000	47.164	0.46548	−24.00
1700	82.494	0.81415	3.95	6500	44.018	0.43443	−27.25
1800	81.482	0.80416	3.30	7000	41.043	0.40507	−30.50
1900	80.480	0.79427	2.65	8000	35.582	0.35117	−37.00
2000	79.487	0.78448	2.00				

四、气体的主要参数

1. 气体的温度

气体温度是表示气体冷热程度的物理量。温度的升高或降低标志着气体内部分子热运动平均动能的增加或减少。平均动能是大量分子的统计平均值，某个具体分子做热运动的动能可能大于或小于平均值。温度是大量分子热运动的集体表现。在国际单位制中，温度的单位是开尔文，用符号 K 表示。常用单位为摄氏度，用℃表示。

气体的温度直接与气体的密度、体积和黏性等有关，并对设计除尘器和选用何种滤布材质起着决定性的作用。滤布材质的耐温程度是有一定限度的，所以，有时根据温度选择滤布，有时则要根据滤布材质的耐温情况而确定气体的工作温度。一般金属纤维耐温为 400℃，玻璃纤维耐温为 250℃，涤纶耐温为 120℃，如果在极短时间内，超过一些还是可以的。

温度的测定一般是使用水银温度计、电阻温度计和热电偶温度计，但在工业上应用时，由于要附加保护套管等原因，以致产生 1～3min 以上的测量滞后时间。用除尘器处理高温气体时，有时需要采取冷却措施。主要方法如下。

（1）掺混冷空气　把周围环境的冷空气吸入一定量，使之与高温烟气混合以降低温度。在利用吸气罩捕集高温烟尘时，同时吸入环境空气或者在除尘器加冷风管吸入环境空气。这种方法设备简单，但使处理气体量增加。

（2）自然冷却　加长输送气体管道的长度，借管道与周围空气的自然对流与辐射散热作用而使气体冷却，这种方法简单，但冷却能力较弱，占用空间较大。

（3）用水冷却　有两种方式：一是直接冷却，即直接向高温烟气喷水冷却，一般需设专门的冷却器；二是间接冷却，即在烟气管道中装设冷却水管来进行冷却，这一方法能避免水雾进入收尘器及腐蚀问题。该方法冷却能力强，占用空间较小。

2. 气体的压力

气体压力是气体分子在无规则热运动中对容器壁频繁撞击和气体自身重量作用而产生对容器壁的作用力。通常所说的压力指垂直作用在单位面积 A 上的力的大小，物理学上又称为压强，即：

$$p = \frac{F}{A} \tag{1-16}$$

在国际计量单位中，压强单位为 Pa（帕），$1Pa = 1N/m^2$。由于 Pa 的单位太小，工程上常采用 kPa（千帕）、MPa（兆帕）作为压强单位，它们之间关系为：

$$1MPa = 10^3 kPa = 10^6 Pa$$

在工程上按所取标准不同，压力有两种表示方法：一种是绝对压力，用 p 表示，它是以绝对真空为起点计算的压力；另一种是表压力，又称相对压力，用 p_g 表示，它是以现场大气压力 p_a 为起点计算压力，即是绝对压力与现场大气压力之差值，用公式表示为：

$$p_g = p - p_a \quad \text{或} \quad p = p_g + p_a \tag{1-17}$$

为简便起见，在没有特别说明时按 $p_a = 0.1MPa$ 作为计算基准值，即：

$$p = p_g + 0.1 \tag{1-18}$$

由于表压力 p_g 是除尘工程中最常用到的单位之一，除非特别注明，本书在以后叙述中将 p_g 简写成 p。

负的表压力通常称为真空，能够读取负压的压力表称为真空表，图 1-1 表示了绝对压力、表压力和真空度之间的相互关系。

地球表面上的大气层对地面所产生的压力是由大气的质量所产生的压力，即单位面积所承受的大气质量称为大气压力。大气压力随地区和海拔高度不同而不同，随季节、天气变化而稍有变化；通常以纬度 45°处海平面所测得的

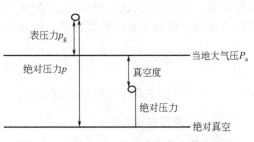

图 1-1　绝对压力、表压力和真空度的关系

常年平均压力作为标准大气压。测量气体压力常用液柱式压力计、弹性压力计和压力传感器等。

3. 气体的密度

气体的密度是指单位体积气体的质量，定义为：

$$\rho_a = \frac{m}{V} \tag{1-19}$$

式中　ρ_a——气体的密度，kg/m^3；

　　　m——气体的质量，kg；

　　　V——气体的体积，m^3。

单位质量气体的体积称为质量体积，质量体积与密度互为倒数，即

$$v = \frac{V}{m} = \frac{1}{\rho_a} \tag{1-20}$$

式中　v——气体的质量体积，m^3/kg。

气体的密度或质量体积是随温度和压力的变化而变化的，表示它们之间关系的关系式称为气体状态方程，即

$$pv = RT \quad 或 \quad \rho_a = \frac{p}{RT} \tag{1-21}$$

从这个计算式可以看出如果压力不变，气体的密度与温度的变化成反比。烟气温度每升高100℃，则密度约减少20%。

根据气体状态方程，可求出同一气体在不同状态下，其密度间的关系式为：

$$\rho = \rho_0 \frac{T_0}{p_0} \times \frac{p}{T} \tag{1-22}$$

式中　ρ_0——气体在绝对压力 p_0（Pa）、温度 T_0（K）状态下的密度，kg/m^3；

　　　ρ——同一气体在绝对压力 p（Pa）、温度 T（K）状态下的密度，kg/m^3。

在工程设计中，常取 $p_0 = 1.013 \times 10^5 Pa$，$T_0 = 273K$ 为"标准状态"。对于空气，标准状态下干空气的密度 $\rho_0 = 1.293kg/m^3 = 1.29kg/m^3$。

在除尘工程中的气体，大多是以空气为主体的，所以，实用上常用空气密度的计算式求其近似值。

对于各种除尘器来说，气体的密度是粉尘密度的1%以下，对其捕尘性能几乎没有什么影响，但气体密度对处理空气量则有一定的影响。选用除尘风机时应考虑气体密度和空气量的影响。

4. 气体的黏度

流体在流动时能产生内摩擦力，这种性质称为流体的黏性。黏性是流体阻力产生的一种依据。流体流动时必须克服内摩擦力而做功，将一部分机械能转变为热能而损失掉。黏度（或称黏滞系数）的定义是切应力与切应变的变化率之比，是用来度量流体黏性的大小，其值由流体的性质而定。根据牛顿内摩擦定律，切应力用下式表示：

$$\tau = \mu \frac{dv}{dy} \tag{1-23}$$

式中　τ——单位表面上的摩擦力或切应力，Pa；

　　$\dfrac{dv}{dy}$——速度梯度，$1/s$；

　　　μ——动力黏度系数，简称气体黏度，$Pa \cdot s$。

因 μ 具有动力学量纲，故称为动力黏度系数。在流体力学中，常遇到动力黏度系数 μ 与流体密度 ρ 的比值，即

$$\nu = \frac{\mu}{\rho} \tag{1-24}$$

式中　ν——运动黏度系数，m^2/s。

气体的黏度随温度的增高而增大，液体的黏度是随温度的增高而减小，与压力几乎没有关系。空气的黏度 μ 可用下式来表示：

$$\mu = 1.702 \times 10^8 \times (1 + 0.00329t + 0.000007t^2) \tag{1-25}$$

式中　t——气体的温度，℃。

在常压下各种气体黏度见图1-2。

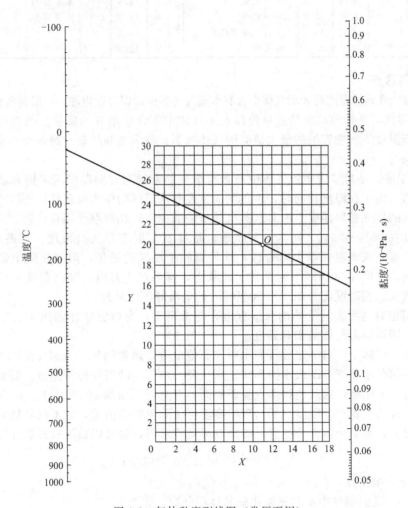

图1-2　气体黏度列线图（常压下用）

图1-2的使用方法是，先从气体黏度坐标值表（图1-2附表）中查出某气体的 X、Y 值，把 X、Y 值对应于图中某点，再根据温度值点与该点连线。连线延长至黏度值线，则交点即为黏度值。例如空气的 X 值为11，Y 值为20，交于 O 点，设空气温度为20℃，则 O 点与20相连线延长至黏度线于0.18，则空气黏度为 $0.18 \times 10^{-4} Pa \cdot s$。

图 1-2 附表　气体黏度列线图 1-2 坐标值表

序号	名称	X	Y	序号	名称	X	Y	序号	名称	X	Y
1	空气	11.0	20.0	15	氟	7.3	23.8	29	甲苯	8.6	12.4
2	氧	11.0	21.3	16	氯	9.0	18.4	30	甲醇	8.5	15.6
3	氮	10.6	20.0	17	氯化氢	8.8	18.7	31	乙醇	9.2	14.2
4	氢	11.2	12.4	18	甲烷	9.9	15.5	32	丙醇	8.4	13.4
5	$3H_2+1N_2$	11.2	17.2	19	乙烷	9.1	14.5	33	乙酸	7.7	14.3
6	水蒸气	8.0	16.0	20	乙烯	9.5	15.1	34	丙酮	8.9	13.0
7	二氧化碳	9.5	18.7	21	乙炔	9.8	14.9	35	乙醚	8.9	13.0
8	一氧化碳	11.0	20.0	22	丙烷	9.7	12.9	36	乙酸乙酯	8.5	13.2
9	氨	8.4	16.0	23	丙烯	9.0	13.8	37	氟里昂-11	10.6	15.1
10	硫化氢	8.6	18.0	24	丁烯	9.2	13.7	38	氟里昂-12	11.1	16.0
11	二氧化硫	9.6	17.0	25	戊烷	7.0	12.8	39	氟里昂-21	10.8	15.3
12	二硫化碳	8.0	16.0	26	己烷	8.6	11.8	40	氟里昂-22	10.1	17.0
13	一氧化二氮	8.8	19.0	27	三氯甲烷	8.9	15.7				
14	氧化亚氮	10.9	20.5	28	苯	8.5	13.2				

5. 湿度与露点

(1) 湿度　气体的湿度是表示气体中含有水蒸气的多少，即含湿程度，一般有两种表示方法。

① 绝对湿度，是指单位质量或单位体积湿气体中所含水蒸气的质量。当湿气体中水蒸气的含量达到该温度下所能容纳的最大值时的气体状态，称为饱和状态。绝对湿度单位用 kg/kg 或 kg/m³ 表示。

② 相对湿度，是指单位体积气体中所含水蒸气的密度与在同温同压下饱和状态时水蒸气的密度之比值。由于在温度相同时，水蒸气的密度与水蒸气的压强成正比，所以相对湿度也等于实际水蒸气的压强和同温度下饱和水蒸气的压强的比值，相对湿度用百分数（%）表示。

相对湿度在 30%～80% 之间为一般状态，超过 80% 时即称为高湿度。在高湿度情况下，尘粒表面有可能生成水膜而增大附着性，这虽有利于粉尘的捕集，但将使除尘器清灰出现困难。另一方面，湿度在 30% 以下为异常干燥状态，容易产生静电，和高湿度一样，粉尘容易附着而难于清灰。相对湿度为 40%～70% 时人们生活舒适度最好。

一般多用相对湿度表示气体的含湿程度，并常用干、湿球温度计测出干、湿温度及其差值，然后查表即可得出气体的相对湿度。

(2) 露点　气体中含有一定数量的水分和其他成分，通称烟气。当烟气温度下降至一定值时，就会有一部分水蒸气冷凝成水滴形成结露现象。结露时的温度称作露点。高温烟气除含水分外往往含有三氧化硫，这就使得露点显著提高，有时可提高到 100℃ 以上。因含有酸性气体而形成的露点称为酸露点。酸露点的出现给高温干法除尘带来困难，它不仅降低除尘效果，还会腐蚀结构材料，必须予以充分注意。酸露点可实测求得，也可以由下式近似计算。

$$t_s = 186 + 20\lg\varphi_{H_2O} + 26\lg\varphi_{SO_3} \tag{1-26}$$

式中　　t_s——酸露点，℃；

φ_{H_2O}、φ_{SO_3}——高温烟气中水和三氧化硫的体积分数。

烟气中含有硫酸、亚硫酸、盐酸、氯化氢和氟化氢以及最后会变成冷凝水的水蒸气。在所有这些成分中，硫酸的露点最高，以至于通常只要提到酸的露点时，总认为是硫酸的露点，烟气温度（>350℃）冷却时硫酸总是最先冷凝结露。

燃烧无烟煤时，典型的硫酸分压为 10^{-7}～10^{-6} MPa，水蒸气分压为 0.002～0.05MPa，实际测得露点为 100～150℃，最高为 180℃。

由于水的沸点（100℃）和硫酸的沸点（338℃）相差很大，这两种成分在沸腾时和冷凝时都会发生分离。这就意味着到达露点冷凝时，尽管烟气中硫酸浓度极低，但结露中硫酸的浓度仍会很高。露点测量常用含湿量法和降温法。

6. 气体的成分

正常的空气成分为氧气、氮气、二氧化碳及少量的水蒸气。在除尘工程中，所处理的气体中经常含有腐蚀性气体（如 SO_2、CO_2）、有毒有害气体（如 CO、NO_x）、爆炸性气体（如 CO、H_2）及一定数量的水蒸气。

空气中含有的粉尘，一般情况下对气体性质和除尘装置没有明显的影响。但是，在捕集可燃气体和烟气中的粉尘时，除了高温和火星可能对滤袋造成损伤外，因为在气体中含有多种有害气体成分，也具有危害性。如含有腐蚀性气体（如 SO_3 等），尤其当溶解于气体中的水分时，可能对除尘装置、滤袋等造成严重的损伤。如含有有毒气体（如 CO、SO_2 等），将对人有害。在进行维护、检查、修理时，要充分注意并采用预防措施，要保持装置的严密性，出现漏气是危险的。如在处理气体中含有爆炸性气体时，在除尘器设计和运转管理中，要制定好预防爆炸和耐压的措施。在处理燃烧或冶炼气体时，应对气体成分进行分析、测定，以确定其成分与性质，以便采取必要的措施。对于排放气体中有害气体的浓度应符合排放标准，如不符合亦需采取消除的措施。

第三节　粉尘的基本性质

尘粒除具有形状、粒径、密度、比表面积四大基本特性，还具有磨损性、荷电性、湿润性、黏着性以及爆炸性等重要性质。这些都是除尘技术的重要内容，本节将详细叙述粉尘的这些性质。

一、粉尘颗粒形状

粉尘颗粒的形状是指一个尘粒的轮廓或表面上各点所构成的图像。由于在工业和自然界中遇到的粉尘形状千差万别，表 1-6 中定性地描述了尘粒的形状。

表 1-6　尘粒的形状

形　状	形　状　描　述	形　状	形　状　描　述
针状	针形体	片状	板状体
多角状	具有清晰边缘或有粗糙的多面形体	粒状	具有大致相同量级的不规则形体
结晶状	在流体介质中自由发展的几何形体	不规则状	无任何对称性的形体
枝状	树枝状结晶	模状	具有完整的、不规则形体
纤维状	规则的或不规划的线状体	球状	网球形体

测量得到的粉尘颗粒大小与颗粒的面积或体积之间的关系称为形状系数；形状系数反映了尘粒偏离球体的程度。将尘粒的粒径与实际的体积、表面积和比表面积关联，可以定义 3 种最常见的形状系数。

1. 体积形状系数和表面积形状系数

设一个尘粒的粒径为 d_D，尘粒的表面积 S 为：

$$S = \pi d_S^2 = \phi_S d_D^2 = X_S^2 \tag{1-27}$$

尘粒的体积 V 为

$$V = \frac{\pi}{6} d_V^3 = \phi_V d_D^3 = X_V^3 \tag{1-28}$$

式中 d_S、d_V——与尘粒具有相同表面积或体积的圆球直径；

$\quad\quad\quad X$——尘粒尺寸。

X_S 和 X_V 与尘粒的粒径不同，它包含了形状系数。

2. 比表面形状系数

对于一个尘粒，单位体积的表面积 S_V 和单位质量的表面积 S_W 分别是：

$$S_V = \frac{S}{V} = \frac{6}{d_{SV}} = \frac{\phi}{d_D} = \frac{1}{X_{SV}} \tag{1-29}$$

$$S_W = \frac{S_V}{\rho_D} \tag{1-30}$$

式中 d_{SV}——与颗粒具有相同比表面积的球体直径；

$\quad\quad\quad \rho_D$——颗粒的密度。

对于球体，$\phi = 6$。

若以等体积当量直径 d_V 代替方程 $S_V = \dfrac{\phi}{d_D}$ 中的 d_D，则得

$$S_V = \frac{6}{\phi_c d_V} \tag{1-31}$$

式中 ϕ_c——卡门形状系数。对于球体，$\phi_c = 1$。

表 1-7 中列出了几种规则形状颗粒的形状系数，其中包括球形、圆锥体、圆板形、立方形和方柱体等。上述的形式系数是以球体作为基础的，这种方法在工程上有着广泛的应用。

表 1-7　规则形状颗粒的形状系数

颗 粒 形 状	ϕ_S	ϕ_V	ϕ	颗 粒 形 状	ϕ_S	ϕ_V	ϕ
球形 $l=b=t=d$	π	$\pi/6$	6	立方体形 $l=b=t$	6	1	6
圆锥形 $l=b=t=d$	0.81π	$\pi/12$	9.7	方柱及方板形			
圆板形 $l=b,t=d$	$3\pi/2$	$\pi/4$	6	$\quad l=b$			
$\quad l=b,t=0.5d$	π	$\pi/8$	8	$\quad t=b$	6	1	6
$\quad l=b,t=0.2d$	$7\pi/10$	$\pi/20$	14	$\quad t=0.5b$	4	0.5	8
$\quad l=b,t=0.1d$	$3\pi/5$	$\pi/40$	24	$\quad t=0.2b$	2.8	0.2	14
				$\quad t=0.1b$	2.4	0.1	24

注：l、b、t 和 d 分别表示粉尘颗粒的长、宽、高和直径。

粉尘形状的测量是用显微镜观测和照相。大颗粒粉尘用普通光学显微镜观测，小颗粒粉尘要求严格时用电子显微镜观测。

粉尘的形状直接影响除尘器的捕集效果和清灰情况，例如对纤维性粉尘选用机械式除尘器和电除尘器时除尘效果往往不理想，对球形粉尘用各种除尘器都会取得满意效果。

二、粉尘的粒径和粒径分布

1. 粉尘颗粒的粒径

颗粒的尺寸大小是粉尘最基本的特性之一。颗粒大小通常以粒径表示，可是，粉尘一般都指包含各种不同大小颗粒在内的粒子群，单个颗粒是用肉眼难以直接观察到的。所以其粒径通常分为代表单个颗粒的单一粒径和代表粒子群粗细程度以及粒径分布特点的特征粒径或叫代表粒径。

（1）颗粒的单一粒径　　粉尘单个颗粒的粒径可用其几何尺寸表示。球形颗粒用球的直径 d_p 表示；正方体颗粒用其长 a 表示；锥形颗粒用底部直径 d 与高度 h 表示；矩形立方体用其长、宽、高 $a \times b \times c$ 表示。然而，在实际中粉尘颗粒多属于不规则形状，根据测量方法直接或间接地确定其直径，常常是确定其"当量径"。

用显微镜观察粉尘颗粒的投影尺寸时，可用定向径 d_F、等分面积径 d_M 或等圆投影面积径 d_A 等方式表示；用筛分分析时所指的颗粒径是颗粒能通过的筛孔宽度；几何当量径中还有等体积径、等表面积径、周长径等，都是以与之相对应的球形粒子的直径为等效关系的表示法。在常用的计重法粒径测量中，物理当量径应用最普遍。斯托克斯径 d_{st}，指与所测粉尘粒子具有同样沉降速度的球形粒子直径。它要求在层流条件下（即颗粒雷诺数 $Re_D < 0.2$）进行测量。颗粒在空气中沉降时，其斯托克斯径可用下式表示。

$$d_{st} = \sqrt{\frac{18\mu v_g}{(\rho_D - \rho_a)g}} \tag{1-32}$$

式中　μ——空气动力黏度，Pa·s；

　ρ_D、ρ_a——尘粒、空气的密度，kg/m³；

　　　g——重力加速度，m/s²；

　　　v_g——颗粒的沉降速度，m/s。

空气动力学当量直径是指真密度为 1g/cm³ 的粉尘球体，颗粒在静止空气中作低雷诺数运动时，达到与实际粒子相同的最终沉降速度时的直径。这里所求的 d_{st} 即为空气动力学当量直径。为了与一般 d_{st} 区别，将之标为 $d_{st(1)}$。

随测试所用仪器的构造和作用原理不同，也有用其他物理量表示等效直径的。例如，用光电测尘仪测试气溶胶浓度时，仪器上显示的粒径大小，实际是指被测粒子在仪器内引起的散射光和相应的光电量与预先用来标定仪器的某种标准颗粒的反映等效而已。在除尘、空气净化和环境保护工程中，最常应用的是粉尘颗粒的斯托克斯径。

（2）颗粒群的代表粒径　在工程技术应用中所遇到的粉尘，无论是悬浮状的还是堆积状的，其粒径总有一定的分布范围。对于这些颗粒群，要用一些代表径，如各种意义上的平均径、中位径、最大频率径等来表示它的粒级粗细。

① 平均径。有算术平均径 $\overline{d}$、平均表面积径 d、体积（或质量）平均径 $\overline{d}_V$（或 d_m）等，其涵义和表示方法如表 1-8 所列。

表 1-8　粉尘颗粒群的平均径

名　　称	表达公式	说　　明
算术平均径	$d = \dfrac{\sum n_i d_i}{\sum n_i}$	粉尘直径第 i 种直径 d_i 与其个数 n_i 乘积的总和除以颗粒总个数
平均表面积径	$d_s = \left(\dfrac{\sum n_i d_1^2}{N}\right)^{1/2}$	粉尘表面积总和除以粉尘颗粒数，再取其平方根
体积（或质量）平均径	$d_m = \left(\dfrac{\sum n_i d_1^3}{N}\right)^{1/3} = \left(\dfrac{6}{\rho\pi N}\sum m\right)$	各种粒径体积的总和除以颗粒总数开立方或者按颗粒质量除以真密度和颗粒总数 N，再乘以 $6/\pi$（按球体计直径）
线性平均径	$d_1 = \dfrac{\sum n_i d_1^2}{\sum n_i d_i}$	各种粒级表面积总和除以各粒级总长度
几何平均径	$d_g = (d_1 \cdot d_2 \cdot d_3 \cdots d_N)^{1/N}$	指 n 个粉尘粒径的连乘积的 N 次方根

② 中位径。在粒径累积分布线上，将颗粒按大小分为两个相等部分的中间界限直径。按质量将颗粒从大至小排列，其筛上累积量 $R = 50\%$ 时的那个界限直径就是质量中位径（此时筛下率 $D = 50\%$），标为 d_{m50}；按颗粒个数依小到大排列，将其分布线分为个数相等的两个部分时所对应的中界粒径叫作计数中位径，标为 d_{n50}。在平时，工程技术中最常用的是质量分布线，并以质量中位径为代表径，简单地标为 d_{50}。由于众数直径是指颗粒出现最多的粒度值，即相对百分率曲线（频率曲线）的最高峰值；d_{50} 将相对百分率曲线下的面积等分为二；则

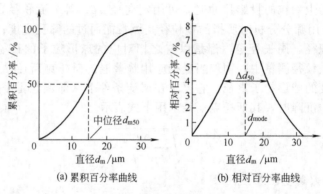

(a) 累积百分率曲线   (b) 相对百分率曲线

图 1-3　粒度分布曲线

Δd_{50} 是指众数直径即最高峰的半高宽，如图 1-3 所示。

③ 最高频率径。出现频率最高的粒径，标为 d_{mode}，在频度分布曲线上出现的峰值。

④ PM_{10}。指环境空气中空气动力学当量直径小于等于 $10\mu m$ 的颗粒物，也称可吸入颗粒物。

⑤ $PM_{2.5}$。指环境空气中空气动力学当量直径小于等于 $2.5\mu m$ 的颗粒物，也称细颗粒物。

2. 粉尘的粒径分布

在除尘技术和气溶胶力学中将粉尘颗粒的粒径分布称为分散度。在粉体材料工程中用分散度表示颗粒物的粉碎程度，也叫粒度。这里的颗粒是指在通常操作和分散条件下，颗粒物质不可再分的最基本单元。实际中遇到的粉尘和粉料大多是包含粒径不同的多分散性颗粒系统。在不同粒径区间内，粉尘所含个数（或质量）的百分率就是该粉尘的计数（或计重）粒径分布。粒径分布在数值上又分微分型和积分型两种，前者称频率分布，后者称累积分布。

粒径分布的表示方法有列表法、图示法和函数法等。函数法通常用正态分布函数、对数正态分布函数式和罗辛-拉姆勒分布式三种。在实际应用中列表法最常见，一般是按粒径区间测

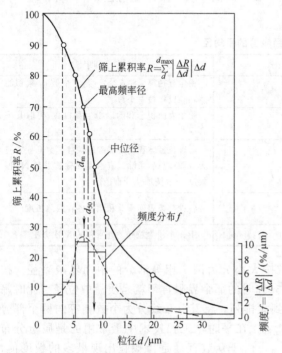

图 1-4　粒径频度和累积筛上率分布

量出粉尘数量分布关系，然后作图寻求粉尘粒径分布，或通过统计计算整理出粉尘的粒径分布函数式。

（1）列表图示方法

① 频数分布 ΔR。如图 1-4 所示，指粒径由 $d \sim (d + \Delta d)$ 之间的粉尘质量（或个数）占粉尘试样总质量（或总个数）的百分数 ΔR（％），称为粉尘的频数分布，由直接测得值，用圆圈依次标示。

② 频率密度分布 f。指单位粒径间隔宽度时的频率分布，即粉尘中某粒径的粒子质量（或个数）占其试样总质量（或个数）的百分数（％/μm）。

$$f = \Delta R_i / \Delta d_i \qquad (1-33)$$

③ 筛上累积（率）分布 R。指大于某一粒径 d 的所有粒子质量（或个数）占粉尘试样总质量（或个数）的百分数，即

$$R = \sum_{d}^{d_{\max}} \left| \frac{\Delta R}{\Delta d} \right| \Delta d \text{ 或者} \qquad (1-34)$$

$$R = \int_{d}^{d_{\max}} f \, \mathrm{d}d = \int_{x}^{\infty} f \, \mathrm{d}d \tag{1-35}$$

反之，将小于某一粒径 d 的所有粒子质量或个数占粉尘试样总质量（或个数）的百分比数称为筛下累积分布 D，因而有

$$D = 100 - R \tag{1-36}$$

图 1-4 中有关数据由表 1-9 所列。

表 1-9　粒径分布列表举例

粒径范围/μm	0	3.5	5.5	7.5	10.8	19.0	27.0	43.0
粒径幅度 $\Delta d/\mu m$	3.5	2	2	3.3	8.2	8	16	
频数 $\Delta R/\%$（实测值）	10	9	20	28	19	8	6	
频度 $f = \dfrac{\Delta R}{\Delta d}$	2.86	4.5	10	8.5	2.3	1	0.38	
累积筛下率 $D/\%$	0	10	19	39	67	86	94	100
累积筛上率 $R/\%$	100	90	81	61	33	14	6	0
平均粒径 $d/\mu m$	1.75	4.50	6.50	9.15	14.9	23	35	

（2）函数表示法

① 正态分布式

$$f(d_{p}) = \frac{100}{\sigma \sqrt{2\pi}} \exp\left[-\frac{1}{2} \frac{(d_{p} - \overline{d}_{p})^2}{\sigma^2} \right] \tag{1-37}$$

$$R = \frac{100}{\sigma \sqrt{2\pi}} \int_{d_{p}}^{d_{p}^{\max}} \exp\left[-\frac{(d_{p} - \overline{d}_{p})^2}{2\sigma^2} \right] \mathrm{d}d_{p} \tag{1-38}$$

式中　$\overline{d}_{p}$——尘粒直径的算术平均值；

　　　σ——标准偏差，$\sigma^2 = \dfrac{\sum(d_{p} - \overline{d}_{p})^2}{N-1}$; $\tag{1-39}$

　　　N——尘粒个数。

这是最简单的一种分布形式，特点是对称于粒径的算术平均直径，其与中位径、最大频率径相吻合。但实测结果表明，除尘技术所遇到的粉尘，是细粒成分多，并不完全符合正态分布式，而是更适合对数正态分布或罗氏分布。粒径分布是设计和选用除尘器的重要依据之一。

② 对数正态分布式

$$f(d_{p}) = \frac{100}{\sigma_{g} \sqrt{2\pi}} \exp\left[-\frac{1}{2} \left(\frac{d_{p} - \lg\overline{d}_{g}}{\sigma_{g}} \right)^2 \right] \tag{1-40}$$

式中　$\overline{d}_{g}$——尘粒直径的几何平均值；

　　　σ_{g}——几何标准偏差，它表示分布曲线的形状，σ_{g} 越大，则粒径分布越分散；相反，σ_{g} 越小，粒径分布越集中。

$$\sigma_{g}^2 = \frac{\sum(\lg d_{p} - \lg\overline{d}_{g})^2}{N-1} \tag{1-41}$$

用累积筛余率 R 表示该种分布关系为：

$$R = 100 \int \frac{1}{\sqrt{2\pi} \cdot \lg\sigma_{g}} \exp\left[-\frac{\left(\lg d - \lg d_{50} \right)^2}{2\left(\lg\sigma_{g} \right)^2} \right] \mathrm{d}(\lg d) \tag{1-42}$$

③ 罗辛-拉姆勒分布式

$$f(d_p) = 100nbd_p^{n-1}\exp(-bd_p^n) \qquad (1-43)$$

或按累积筛上率表示为

$$R = 100\exp(-bd_p^n) \qquad (1-44)$$

式中　b——常数，表示粒径范围（粗细）相关值，值越大，颗粒越细；

　　　n——常数，亦叫分布指数，值越大，分布域越窄。

该分布式主要针对机械研磨过程中产生的粉尘而用，自1933年德国的罗辛等归纳提出后至今，应用相继扩大，尤其在德国和日本，应用较普遍。

为了方便，以上三种分布式都可在与各自分布函数相对应的特制概率纸（即正态概率纸、对数正态概率纸和 R-R 坐标纸）上表示。如果粉尘的粒径分布服从这种分布方式，其累积筛上率 R 或累积筛下率 D 在坐标纸上即呈直线。

（3）工业粉尘粒径分布实例　表1-10是由资料中择取的几种工业粉尘粒径分布特性。由几个特征值即可知其粒径粗细和分布集中程度。

表 1-10　几种工业粉尘粒径分布特性

粉尘发生源	中位径 d_{50}/μm	粒径为 10μm 时筛下累积率 D_{10}/%	粒径分布指数 n
炼钢电炉　吹氧期	0.11	100	0.50
熔化期	2.00	88	0.7～3.0
重油燃烧烟尘	12.50	63～32	1.86
粉煤燃烧烟尘	13～40	40～5	1～2
化铁炉（铸造厂）	17	25	1.75
研磨粉尘（铸造厂）	40	11	7.25

3. 粒径的测定

粒径是表征粉尘颗粒状态的重要参数。一个光滑圆球的直径能被精确地测定，而对通常碰到的非球形颗粒，精确地测定它的粒径则是困难的。事实上，粒径是测量方向与测量方法的函数。为表征颗粒的大小，通常采用当量粒径。所谓当量粒径是指颗粒在某方面与同质的球体有相同特性的球体直径。相同颗粒，在不同条件下用不同方法测量，其粒径的结果是不同的。表1-11是颗粒粒径测定的一般方法。由这些方法制定的粒径分析仪器有数百种。用显微镜法测出的粉尘粒径如图1-5所示。不同的测定方法其结果会有差异，见图1-6。

表 1-11　颗粒粒径测定的一般方法

分　类	测　定　方　法		测定范围/μm	分　布　基　准
筛分	筛分法		>40	计重
显微镜	光学显微镜		0.8～150	计数
	电子显微镜		0.001～5	计数
沉降	增量法	移液管法	0.5～60	计重
		光透过法	0.1～800	面积
		X 射线法	0.1～100	面积
	累积法	沉降天平	0.5～60	计重
		沉降柱	<50	计重
流体分级	离心力法		5～100	计重
	串级冲击法		0.3～20	计重
光电	电感应法		0.6～800	体积
	激光测速法		0.5～15	计重、计数
	激光衍射法		0.5～1800	计重、计数

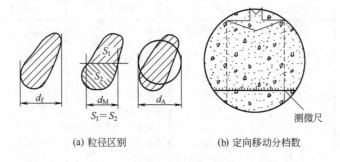

(a) 粒径区别　　　　　　(b) 定向移动分档数

图 1-5　显微镜法测出的粉尘粒径

d_f—定向径；d_M—面积等分径；d_A—投影历程径

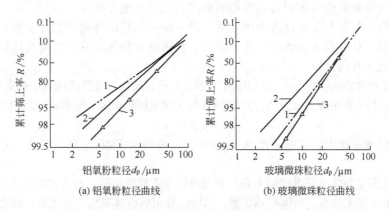

(a) 铝氧粉粒径曲线　　　　　　(b) 玻璃微珠粒径曲线

图 1-6　三种方法对几种粉尘粒径测试结果的对比

1—RS-1000 型仪器测试结果；2—巴柯仪测试结果；3—计数分析转换为质量比例关系的粒径测试结果

三、粉尘的物理性质

1. 粉尘的密度

由于粉尘与粉尘之间有许多空隙，有些颗粒本身还有孔隙，所以粉尘的密度有如下几种表述方法。

（1）真密度　这是不考虑粉尘颗粒与颗粒间空隙的颗粒本身实有的密度。若颗粒本身是多孔性物质，则它的密度还分为 2 种：①考虑颗粒本身孔隙在内的颗粒物质，在抽真空的条件下测得密度，称为真密度；②包含颗粒本身孔隙在内的单个颗粒的密度称为颗粒密度。一般用比重瓶法测得，又称为视密度。对于无孔隙颗粒，真密度和颗粒密度是一样的。粉尘颗粒的真密度决定含尘气体在除尘器和管道的流动速度。

（2）堆积密度　粒尘的颗粒与颗粒间有许多空隙，在粒群自然堆积时，单位体积的质量就是堆积密度，计算粉尘堆积容积确定除尘器灰斗和储灰仓的大小时都用它。

由于测定方法不同，堆积密度又分为如下 3 种：①充气密度，将已知质量的颗粒装入量筒内，颠倒摇动之，再使筒直立，待颗粒刚刚全部落下时读取其体积而算得的密度；②若在颗粒全部落下后再静置 2min，读其体积，此时算得的密度为沉降密度或自由堆积密度；③若加以振动，使颗粒相互压实，读其体积，此时算得的为压紧密度。表 1-12 列出了主要工业粉尘的密度。

表 1-12　主要工业粉尘密度　　　　　　　　　　　　　　　单位：g/cm³

粉尘名称	真密度	堆积密度	粉尘名称	真密度	堆积密度
滑石粉	0.75	0.59～0.71	飞灰	2.2	1.07
炭黑	1.9	0.025	硫化矿烧结炉尘	4.17	0.53
重油锅炉尘	1.98	0.20	烟道粉尘	4.88	1.11～1.25
石墨	2	0.3	电炉尘	4.5	0.6～1.5
化铁炉尘	2.0	0.80	水泥原料尘	2.76	0.29
煤粉锅炉尘	2.1	0.52	硅酸盐水泥	3.12	1.5
造纸黑液炉尘	3.11	0.13	黄铁熔解炉尘	4～8	0.25～1.2
水泥干燥窑尘	3.0	0.60	铅熔炼炉尘	5.0	0.50
造塑黏土	2.47	0.72～0.8	转炉尘	5.0	0.7

（3）假密度（或称有效密度）　假密度是粉尘颗粒质量与所占体积之比。这个体积包括颗粒内闭孔、气泡、非均匀性等。光滑、单一的以及初始状颗粒所具有的假密度实际上与真密度视为一致。因为在测量颗粒体积时很难把颗粒内闭孔及气泡等排除。而且，对一般机械破碎过程中产生的粉尘，其颗粒常是没有内闭孔的。具有凝聚和黏结性的初始粉尘颗粒的假密度与真密度的比值下降。这些粉尘如烟尘飞灰、炭黑、金属氧化物等，其真密度要比假密度大，比其堆积密度值可能大几倍。

（4）真密度与堆积密度的关系　在研究尘粒运动和进行粉尘物理性能测试中最常用的是粉尘的真密度。真密度 ρ_p 与堆积密度 ρ_b 之间的关系取决于粉尘堆放体积中的空隙率 ε（空隙所占的比值，%）。

$$\rho_b = \rho_p(1-\varepsilon) \tag{1-45}$$

可见，空隙率 ε 越大，堆积密度 ρ_b 越小。对一种粉尘来说 ρ_p 是一定的，ρ_b 则是随着 ε 而变的。

用比重瓶法测定粉尘真密度的原理是：利用液体介质浸没尘样，在真空状态下排除粉尘内部的空气，求出粉尘在密实状态下的体积和质量，然后计算出单位体积粉尘的质量，即真密度。

$$V_s = \frac{m_s}{\rho_s} = \frac{m_1 + m_c - m_2}{\rho_s} \tag{1-46}$$

式中　V_s——排出水的体积，m³；

m_s——排出水的质量，kg；

m_c——粉尘质量，kg；

m_1——比重瓶加水的质量，kg；

m_2——比重瓶加水加粉尘的质量，kg；

ρ_s——水的密度，kg/m³。

测定粉尘真密度如图 1-7 所示。由图 1-7 可以看出，从密度瓶瓶中排出的水的体积 V_s 就是粉尘的体积 V_c，所以粉尘的真密度为

$$\rho_c = \frac{m_c}{V_c} = \frac{m_c}{m_1 + m_c - m_2}\rho_s \tag{1-47}$$

堆积密度测量很容易，用固定体积的容器，装满粉尘后称重即可得到堆积密度。值得注意的是粉尘填装应轻轻落下，不应太实或太松，以免产生误差。

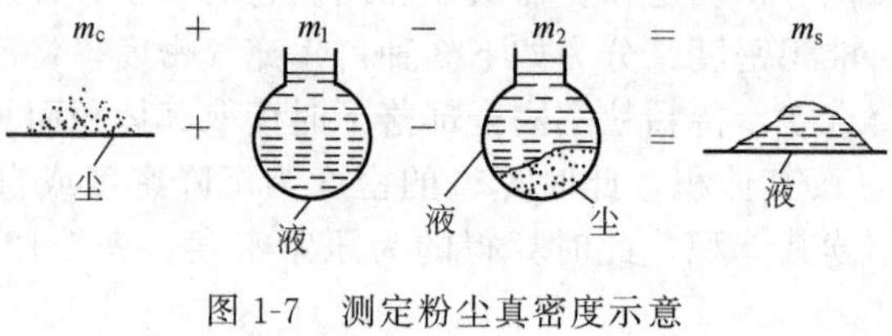

图 1-7　测定粉尘真密度示意

粉尘堆积密度计如图 1-8 所示，测定方法如下。

称出灰桶 1 的质量 m_0（灰桶容积为 $100cm^3$）；在漏斗 2 中装入灰桶容积 $1.2\sim1.5$ 倍的粉尘；抽出塞棒 3，粉尘由一定的高度（115mm）落入灰桶，用 $\delta=3mm$ 厚的刮片将灰桶上堆积的粉尘刮平；称取灰桶加粉尘的质量 m_n；由下式计算粉尘堆积密度。

$$\rho_b = \frac{m_n - m_0}{100} \qquad (1\text{-}48)$$

式中 　ρ_b——粉尘的堆积密度，g/cm^3；

　　　　m_n——灰桶加粉尘质量，g；

　　　　m_0——灰桶的质量，g。

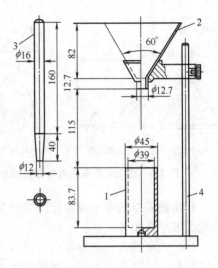

图 1-8　粉尘堆积密度计（单位：mm）
1—灰桶；2—漏斗；3—塞棒；4—支架

2. 粉尘的流动和摩擦性质

粉尘的堆放与流动和摩擦性能有关，常用的表示流动和摩擦性能的参数有安息角、内摩擦角、滑动角、磨损性等。

（1）安息角（堆积角、休止角）　粉尘自漏斗连续落到水平板上，自然堆积成为圆锥体。圆锥体母线与水平面的夹角就称为粉尘的安息角 φ_r，表示颗粒间的相互摩擦性能。安息角越大，表示粉尘的流动性越差。主要粉尘颗粒的安息角见表 1-13。

表 1-13　主要粉尘颗粒的安息角

种类	粉尘颗粒	安息角/(°)	种类	粉尘颗粒	安息角/(°)
金属矿山岩石	石灰石(粗粒)	25	化合物	焦炭	28～34
	石灰石(粉碎物)	47		木炭	35
	沥青煤(干燥)	29		硫酸铜	31
	沥青煤(湿)	40		石膏	45
	沥青煤(含水多)	33		氧化铁	40
	无烟煤(粉碎)	22		高岭土	35～45
	土(室内干燥)、河沙	35		硫酸铅	45
	砂子(粗粒)	30		磷酸钙	30
	砂子(微粒)	32～37		磷酸钠	20
	硅石(粉碎)	32		氧化锰	39
	页岩	39		离子交换树脂	29
	砂粒(球状)	30		岩盐	25
	砂粒(破碎)	40		炉屑(粉碎)	25
	铁矿石	40		石板	28～35
	铁粉	40～42		碱灰	22～37
	云母	36		硫酸钠	31
	钢球	33～37		硫	32～45
	锌矿石	38		氧化锌	45
				白云石	41
化合物	氧化铝	22～34		玻璃	26～32
	氢氧化铝	34			
	铝矾土	35		棉花种子	29
	硫铵	45	有机物	米	20
	飘尘	40～42		废橡胶	35
	生石灰	43		锯屑(木粉)	45
	石墨(粉碎)	21		大豆	27
	水泥	33～39		肥皂	30
	黏土	35～45		小麦	23

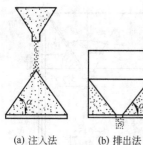

(a) 注入法　　(b) 排出法　　(d) 回转圆筒法

图 1-9　粉尘安息角的测量方法示意

安息角的测量方法如图 1-9 所示。测定装置的尺寸越小，角值越大，即使同样的粉尘也因粒径、湿度、堆积情况而不同，安息角值也不同。测量安息角往往不易重现原来的数值，即重复性较差。

安息角是粉尘的动力特性之一，它与粉尘的种类、粒径、形状和含水率等因素有关。

以 α 为指标，粉尘的流动性分为三级：① α 小于 30°的粉尘，其流动性好；② α 为 30°～45°的粉尘，其流动性中等；③ α 大于 45°的粉尘，流动性差。

粉尘的安息角大小对设计除尘器灰斗的角度具有重要意义。通常都把灰斗的角度设计为比粉尘的安息角小 3°～5°。

（2）内摩擦角　在容器内，经容器底部孔口下流动粉尘与堆积粉尘之间形成的平衡角称为内摩擦角，也是孔口上方一圈停滞不动的粉尘的边缘与水平面所形成的夹角，它往往要大于安息角。松堆粉料的摩擦性能见表 1-14。粉尘颗粒间摩擦系数大，形成的内摩擦角也大。

表 1-14　松堆粉料的摩擦性能

粉　料	摩擦系数		粉　料	摩擦系数	
	颗粒间	颗粒对钢		颗粒间	颗粒对钢
硫黄粉	0.8	0.625	过磷酸钙（粉末）	0.71	0.7
氧化镁	0.49	0.37	硝酸磷酸钙（颗粒）	0.55	0.4
磷酸盐粉	0.52	0.48	水杨酸（粉末）	0.95	0.78
氯化钙	0.63	0.58	水泥	0.5	0.45
萘粉	0.725	0.6	白垩粉	0.81	0.76
无水碳酸钠	0.875	0.675	细砂	1.0	0.58
细氯化钠	0.725	0.625	细煤粉	0.67	0.47
尿素粉末	0.825	0.56	锅炉飞灰	0.52	—
过磷酸钙（颗粒）	0.64	0.46	干黏土	0.9	0.57

（3）滑动角　粉尘在倾斜的光滑平面上开始滑动的最小倾斜角，称为滑动角，可用 φ_s 表示。它表示粉尘与固体壁面间的摩擦性能。对于非黏性的粉尘，一般它要小于安息角。这个角在设计灰斗、溜槽及气力输送系统中很重要。为了使粉尘可自由流动，必须要求灰斗底部设计成圆锥状或方锥体，且其锥顶角要小于 $180°-2\varphi_s$；气力输送管线与铅垂线之间的夹角也要小于 $90°-\varphi_s$。

（4）磨损性　粉尘对器壁的磨损问题是很重要的，这种磨损有两类。

① 粒子直接冲击器壁所引起的磨损，此时粒子以 90°直冲器壁时最为严重，对硬度高的金属尤为严重。这类磨损是由于在粒子的冲击下，金属产生渐次变形而引起的，所以适宜采用韧性好的钢材。

② 粒子与器壁摩擦所引起的磨损，以 30°冲角冲击器壁时最为严重，30°～50°次之，冲角 75°～85°时就没有这类磨损了。这是一种微切割作用，所以要用硬度高的材料为宜。

一般粗尘以后者为主，而细粒尘则前者占相当比例。此外，尘粒与器壁材料的硬度差别也很重要，尘粒比钢较软时磨损不严重，当尘粒的硬度是钢的 1.1～1.6 倍时磨损最严重。

粉尘的磨损性还与其速度的 2～3 次方成正比。气流中粉尘浓度大，对器壁（如管道）的磨损性也大。

在设计除尘管道时，除考虑粉尘不沉积外，还必须考虑其摩擦，对摩擦系数大的粉尘，应适当降低管内流速，并在弯头处增加管道的耐磨层，做成耐磨弯头。

3. 粉尘的黏着性

尘粒之间由于互相的黏着性而形成团聚，是有利于分离的。颗粒与器壁间也会产生黏着效应，这对除尘器设计十分重要。

粉尘颗粒间的黏着力主要有三种。

（1）分子力　这是作用在分子间或原子间的作用力，也称为范德华力，实际上是一种吸附力。球体与平面间的分子力可表达为

$$F_{vdw} = \frac{h\overline{\omega}}{16\pi L^2} d_D \qquad (1-49)$$

式中　F_{vdw}——球体和平面间的分子力，N；

　　　　$h\overline{\omega}$——范德华常数，J，对于金属半导体 $h\overline{\omega} = (3.2 \sim 17.6) \times 10^{-19}$J，对于塑料 $h\overline{\omega} = 0.96 \times 10^{-19}$J，对于不同物体 $h\overline{\omega} = \sqrt{h\overline{\omega_1} \cdot h\overline{\omega_2}}$；

　　　　d_D——球体粉尘直径，m，对于非球体，此值用两物接触点的粗糙度半径 r' 代替；

　　　　L——两黏着体间距离，μm，一般可取 $4 \times 10^{-4} \mu m$，当 $L > 0.01 \mu m$ 时这种黏着力可忽略不计。

例如 $10\mu m$ 石英砂及石灰石颗粒黏着在塑料纤维上的力约分别为

$$F_{vdw} = 6 \times 10^{-9} N (r' = 0.5\mu m) \qquad (1-50)$$
$$F_{vdw} = 1.194 \times 10^{-9} N (r' = 0.1\mu m) \qquad (1-51)$$

（2）毛细黏附力　粉尘颗粒含有水分时，互相吸着的颗粒间由于毛细管作用而生成"液桥"，产生使颗粒互相黏着的力，一般可表达为

$$F_K = 2\pi\gamma d_D \qquad (1-52)$$

式中　F_K——毛细黏附力，N；

　　　　γ——水的表面张力，一般为 0.072N/m；

　　　　d_D——粉尘直径，μm。

对于 $d_D = 1\mu m$ 的颗粒，$F_K = 4.5 \times 10^{-7}$N。

（3）库仑力　这是颗粒荷电后产生的静电吸力，它可表达为

$$F_c = \frac{Q_1 Q_2}{4\pi\varepsilon_0 \varepsilon_r L^2} \qquad (1-53)$$

式中　Q_1、Q_2——两颗粒的电荷，C；

　　　　ε_0——真空介电常数；

　　　　ε_r——在某介质内的相对介电常数；

　　　　L——两颗粒间的距离，μm。

在电场中，此力是主要的；而无外加电场时，F_c 远小于分子力，可忽略不计。

烟尘的黏结性和烟尘的含水、温度、粒度、几何形状、化学成分等有关。烟尘黏结性的强弱可用黏结力表示。从微观上看，黏结力包括分子力、毛细黏结力和静电力，其中毛细黏结力起主导作用。各类烟尘的黏结性按黏结强度分类见表 1-15。

表 1-15　各类烟尘的黏结性按黏结强度分类

分类	黏结性	黏结强度/Pa	烟　尘　名　称
一类	无黏结性	0～60	干矿渣粉、干石英粉、干黏土
二类	微黏结性	60～300	未燃烧完全的飞灰、焦炭粉、干镁粉、页岩灰、干滑石粉、高炉灰、炉料粉
三类	中等黏结性	300～600	完全燃烧的飞灰、泥煤粉、湿镁粉、金属粉、黄铁矿粉、氧化锌、氧化铅、氧化锡、干水泥、炭黑、干牛奶粉、面粉、锯末
四类	强黏结性	大于600	潮湿空气中的水泥、石膏粉、雪花石膏粉、熟料灰、含钠盐、纤维尘（石棉、棉纤维、毛纤维）

在除尘技术中，粉尘的黏结性多采用拉伸断裂法进行测定。将粉尘样品用震动充填或压实充填方法，装入可分开成两部分的容器中，然后对粉尘进行拉伸，直至断裂，用测力计测量粉尘层的断裂应力。在用此法测定时，其拉伸方向有水平状态和垂直状态两种：图1-10是水平拉伸断裂法黏结性测试的示意；图1-11是垂直拉断法黏结性测试仪示意。

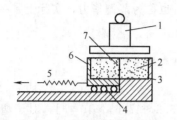

图1-10 水平拉伸断裂法黏结性测试
1—压块；2—粉尘；3—固定盒；4—滚轮；5—弹簧测力计；6—活动盒；7—粉尘断裂面

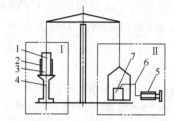

图1-11 垂直拉断法黏结性测试仪示意
1—上盒；2—夹具；3—下盒；4—可调支架；5—注水器；6—滴水管；7—水杯

粉尘的黏结性直接影响管道冷却器和除尘器的堵塞和结垢情况，所以遇有黏结性大的粉尘，必须考虑相应的技术措施，避免堵塞和结垢的发生。使用袋式除尘器处理黏结性强的粉尘，应适当增加清灰次数和清灰强度，避免滤袋黏附粉尘。灰斗上的振打电动机也应功率稍大一些，使粉尘不至于在灰斗下料口搭桥堵塞。

烟尘黏结性强，易使电除尘器内壁黏结而堵塞，极板和极线上烟尘不易清掉，造成反电晕和电晕闭锁现象，影响除收尘效率，在电除尘器设计、运行管理中均应采取相应对策。

4. 粉尘的荷电性质

（1）粉尘的荷电性　粒子与粒子间的摩擦、粒子与器壁间的摩擦都可能使粒子获得静电荷。在气体电离化的电场内，粒子会从气体离子获得电荷，较大粒子是与气体离子碰撞而得电荷，微小粒子则由于扩散而获电荷。粒子的电荷性对于纤维层过滤及静电除尘是很重要的。

对于大于 $1\mu m$ 的粉尘，在气体电离化的电场内，可获得的平衡电荷为：

$$Q_n = \pi\varepsilon_0\left[1 + 2\left(\frac{\varepsilon_r - 1}{\varepsilon_r + 2}\right)\right]E_r d_D^2 \tag{1-54}$$

式中　Q_n——平衡电荷，C（1基本电荷 $e = 1.6 \times 10^{-19}$C）；

E_r——电场强度，V/m；

d_D——粒子直径，m；

ε_0——空间比诱导电荷，即真空介电常数，$\varepsilon_0 = 10^7/4\pi c^2$；

c——光速，2.9976×10^8 m/s；

ε_r——在某介质内的相对介电常数，$\dfrac{\varepsilon_r - 1}{\varepsilon_r + 2} = A\rho_0$； $\tag{1-55}$

A——系数，对于空气，$A = 1.5312 \times 10^{-4}$ m³/kg；

ρ_0——颗粒的密度，kg/m³。

（2）粉尘的比电阻　粉尘的电阻包括粉尘颗粒本身的容积比电阻和颗粒表面因吸收水分等形成的表面电阻，用电阻率来表示。因为它是一种表现为可以互相对比的电阻，故称比电阻。或者说，每平方厘米面积上高度为1cm的粉尘料柱，沿高度方向测得的电阻值，称为粉尘的比电阻，单位为 $\Omega\cdot$cm。粉尘比电阻的表达式为

$$\rho_t = \frac{\Delta V}{I} \times \frac{S}{\delta} \tag{1-56}$$

式中　ρ_t——电阻率（比电阻），$\Omega \cdot cm$；

　　　ΔV——粉尘层电压降，V；

　　　I——通过粉尘层电流，A；

　　　S——粉尘层表面积，cm^2；

　　　δ——粉尘层厚度，cm。

常见工业粉尘的比电阻见表1-16，一般通过试验求得。

表1-16　常见工业粉尘的比电阻

粉尘种类	温度/℃	含水量/%	比电阻值/($\Omega \cdot cm$)
水泥	46		7×10^2
	121		7×10^{10}
	177		2×10^{11}
锅炉粉煤灰	121		1×10^8
	182		5×10^8
	149		8×10^8
烧结机尾尘	100		8×10^{10}
	60		1.3×10^{10}
电炉烟尘	150		3.36×10^{12}
转炉烟尘	50～300		$(1.36～2.18) \times 10^{11}$
铜焙烧炉尘	143	22	2×10^9
	249	22	1×10^9
铅烧结机尘	143	10	1×10^{12}
	52	9	2×10^{10}
	40	7.5	1×10^9
铝电解槽烟尘	77	1～2	1×10^9
氧化镁尘	180		3×10^{12}
白云石粉尘	150		4×10^{12}
黏土粉尘	140		2×10^8
高炉粉尘			$(2.2～3.4) \times 10^8$
水泥窑粉尘	244	5	1×10^{10}
水泥窑粉尘	171	5	2×10^{10}

（3）比电阻测试　比电阻的测试有许多方法，如圆盘电极法、针状电极法、同心圆电极法等。图1-12是梳齿法测定粉尘比电阻的原理示意。

物质的电阻与其截面积成反比，与其长度成正比，且与温度有关。如果略去梳齿上沉积粉尘的边缘效应，则相互交错梳齿间粉尘的电阻为

$$R = \rho \frac{L}{S} \tag{1-57}$$

式中　R——相邻两梳齿间的粉尘的电阻，Ω；

　　　ρ——粉尘的电阻率，即比电阻，$\Omega \cdot cm$；

　　　L——梳齿间粉尘的长度，cm；

　　　S——梳齿间粉尘的截面积，cm^2。

若啮合的梳齿数为 n，则高阻计测得的梳齿间粉尘的电阻为

$$R_1 = \frac{R}{n-1}$$

故　　　　$\rho = (n-1) \dfrac{S}{L} R_1 = K R_1 \tag{1-58}$

这里，K 为梳状电极的常数，与梳齿数目、几何尺寸

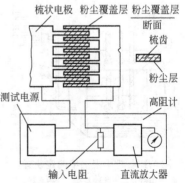

图1-12　梳齿法测定粉尘比电阻
的原理示意

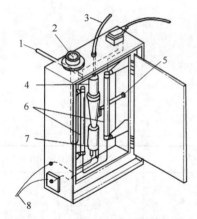

图 1-13　旋风子式比电阻测定仪

1—接采样管；2—温度计；3—旋风分离器排气管；4—旋风子；5—振打器；6—加热器；7—比电阻测定室；8—接兆欧表

及齿间距离等有关，若有意将其设计为 $K=10cm$，计算更方便，在完成采样和测量之后，将高阻计读数乘以 $K=10$，即得到粉尘（样品）的比电阻

$$\rho=10R_1 \qquad (1-59)$$

图 1-13 是现场用旋风式比电阻测定仪。测定时直接从除尘管道内抽取含尘气流，在旋风子内将粉尘分离，分离后的粉尘落入下部同心圆比电阻测定室，同时用振动的方法将粉尘逐步充填到相当的密实状态。粉尘的不断填充，会使电流不断增加，因此在同心圆筒上施加电压后，可由电流的上升情况观察粉尘充填的状况。当电流不再增加时，测出电流、电压值即可计算比电阻值。

粉尘的比电阻值直接影响电除尘器及荷电滤料的捕尘效果，电除尘器处理粉尘比电阻为 $10^4 \sim 10^{11} \Omega \cdot cm$ 比较合适，所以比电阻也是粉尘的重要性质。

5. 粉尘的湿润性

液体对粉尘颗粒的湿润程度取决于液体分子对颗粒表面的作用。在固-液-气三相交界处的表面张力作用如图 1-14 所示，交界点 A 处的作用力达到平衡时，其表达式为

$$\gamma_{al}\cos\theta+\gamma_{sl}=\gamma_{sa} \quad 或 \quad \cos\theta=\frac{\gamma_{sa}-\gamma_{sl}}{\gamma_{la}}$$

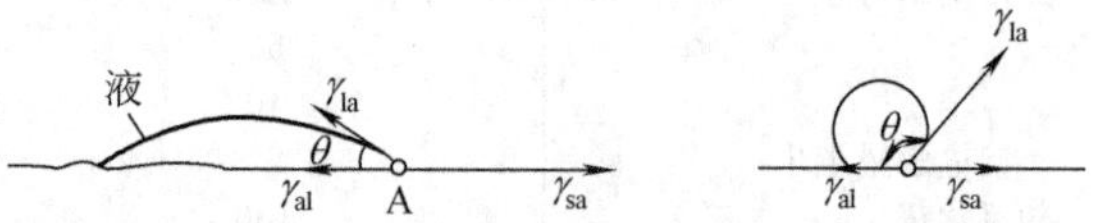

图 1-14　表面张力作用

θ 角称为湿润角，湿润角越小，被湿润的固体表面就越大，亦即表面张力 γ_{ls} 越小的液体，对颗粒越易湿润。几种典型液体的表面张力见表 1-17。

不同的固体表面对同一液体的亲和程度不同，如汞-金属的 $\theta=145°$，而汞-玻璃 $\theta=140°$；水-石蜡的 $\theta=105°$，而水-玻璃的 θ 接近于 0°，即可充分湿润。当 $\theta=0°\sim90°$ 时为可湿润，大于 90° 为憎水性。

表 1-17　几种典型液体的表面张力

液　　体	水(18℃)	水(100℃)	煤油(18℃)	水银(20℃)	酒精(20℃)
表面张力 $\gamma/(N/m)$	73.5	58	22.5	472	16.5

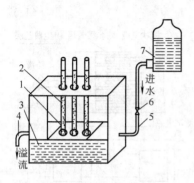

图 1-15　粉尘浸润度测定装置

1—试管；2—试验粉尘；3—水槽；4—溢流管；5—进水管；6—阀门；7—水箱

颗粒的湿润性还与颗粒的形状和大小有关，球形颗粒的湿润性比不规则颗粒要小，颗粒越小亲水能力就越差。颗粒表面粗糙也不易湿润。将水加热到接近 70℃ 时，可最有效地湿润颗粒，这对于湿式除尘是有利的。

对于湿润性好的亲水性粉尘（如水泥、石灰、锅炉飞灰、石英粉尘等）可选用湿式洗涤除尘。对于湿润性差的疏水性粉尘（如石墨、煤粉、石蜡等），可在水中加入某种浸润剂（如皂角素等），以增加粉尘的亲水性。

浸润度的测试在我国主要用毛细作用法，测定装置如图 1-15 所示。即将一定长度的玻璃试管装满粉尘，使之倒置于容水底盘中，当水与粉尘接触后，将通过尘层颗粒间的空隙所形成的毛细管作用，水逐渐上升，浸润粉尘。测量固定时

间（如 10min 或 20min）内水沿试管内粉尘上升的高度即为所测粉尘的浸润度。计算式如下：

$$v_{20} = \frac{L_{20}}{20}$$

式中　v_{20}——浸润时间为 20min 时的浸润速度，mm/min；

　　　L_{20}——浸润 20min 时液体上升的高度，mm。

粉尘的浸润性和吸湿性是选择除尘方式的依据之一。对亲水性粉尘选用湿式除尘方法可能取得较好效果，对憎水性粉尘则不宜选用湿法除尘。对于吸湿性粉尘，其清灰力度可能要加大，否则还可能发生糊黏滤袋问题。在矿山防尘和湿法抑尘时，为了增加除尘效果，可能采用某些降尘剂和表面活化剂以提高浸润程度。

四、粉尘的化学性质

1. 粉尘的成分

粉尘的成分十分复杂，各种粉尘均不相同。所谓粉尘的成分主要是指化学成分，有时指形态。表 1-18 和表 1-19 是煤粉锅炉和重油锅炉粉尘的成分。一般说来，化学成分常影响到燃烧、爆炸、腐蚀、露点等，而形态成分常影响到除尘效果等。

表 1-18　煤粉锅炉烟尘成分　　　　　　　　　　单位：%

煤种	SiO_2	Al_2O_3	Fe_2O_3	CaO	MgO	H_2O	SO_2	灼烧减量
劣质煤	62.07	25.47	3.53	5.65	1.13	0.21	0.68	0.5
优质煤	54.3	26.3	5.3	5.9	1.5	0.3	0.6	2.4

表 1-19　重油锅炉烟尘成分　　　　　　　　　　单位：%

取样位置	固定炭	灰分	挥发分	H_2O	SO_2
除尘器中	63.7	12.6	18.8	3.9	14.4
除尘器后	34.6~28.7	24.1~20.6	24.1~20.6	14.5~9.5	26.3~32.3

2. 粉尘的水解性

一些粉尘有易吸收烟气中水分而水解的性质，如硫酸盐、氯化物、氧化锌、氢氧化钙、碳酸钠等，从而增加了烟尘的黏结性，对除尘设备正常工作十分不利。

粉尘的水解本质上是粉尘的化学反应，之后形态变黏、变硬，许多除尘器因粉尘水解工作不正常，形成袋式除尘器的糊袋现象，情况严重时会使袋式除尘器失效。

3. 粉尘的爆炸性

含有一定浓度的某种粉尘遇有明火、放电、高温、摩擦等作用，在氧气充足条件下具有爆炸性，这在堆放与输送等过程中要注意。粉尘的爆炸性可分为两大类。

（1）含灰分少的，堆积时不易燃烧，但它的悬浮物却易燃而发生爆炸，按其爆炸性强烈次序排列为细木屑、软木粉、细糖粉、细合成树脂粉、萤石粉、麦牙粉、合成橡胶粉、淀粉、植物纤维等。

（2）含灰分多的，堆积时不可能燃烧，其悬浮物只在高温长期作用下才会燃烧，但不是爆炸，如合成赛璐珞、锌粉、天然树脂、炭黑、香料、肥皂粉、漆雾等。

各种粉尘发生爆炸的最低质量浓度是不同的，如褐煤粉为 6~8g/m³，石煤粉为 10~12g/m³，木屑为 12g/m³，铝粉为 7g/m³，合成橡胶粉为 8g/m³。

粉尘爆炸所需的最低氧体积分数（%）也各不同，如焦炭粉为 16%，褐煤粉为 14%，木屑、硫黄粉等为 10%，合成树脂、棉花等为 5%。可燃粉尘的爆炸极限见表 1-20。

表 1-20　可燃粉尘的爆炸极限

粉尘种类	粉　　尘	爆炸下极限/(g/m³)	起火点/℃
金属	钼	35	645
	锑	420	416
	锌	500	680
	锆	40	常温
	硅	160	775
	钛	45	460
	铁	120	316
	钒	220	500
	硅铁合金	425	860
	镁	20	520
	镁铝合金	50	535
	锰	210	450
热固性塑料	绝缘胶木	30	460
	环氧树脂	20	540
	酚甲酰胺	25	500
	酚糠醛	25	520
热塑性塑料	缩乙醛	35	440
	醇酸	155	500
	乙基纤维素	20	340
	合成橡胶	30	320
	醋酸纤维素	35	420
	四氟乙烯	—	670
	尼龙	30	500
	丙酸纤维素	25	460
	聚丙烯酰胺	40	410
	聚丙烯腈	25	500
	聚乙烯	20	410
	聚对苯二甲酸乙酯	40	500
	聚氯乙烯	—	660
	聚醋酸乙烯酯	40	550
	聚苯乙烯	20	490
	聚丙烯	20	420
	聚乙烯醇	35	520
	甲基纤维素	30	360
	木质素	65	510
	松香	55	440
塑料一次原料	己二酸	35	550
	酪蛋白	45	520
	对苯二酸	50	680
	多聚甲醛	40	410
	对羧基苯甲醛	20	380
塑料填充剂	软木	35	470
	纤维素絮凝物	55	420
	棉花絮凝物	50	470
	木屑	40	430
农产品及其他	玉米及淀粉	45	470
	大豆	40	560
	小麦	60	470
	花生壳	85	570
	砂糖	19	410
	煤炭(沥青)	35	610
	肥皂	45	430
	干纸浆	60	480

用袋式除尘器处理易燃易爆的粉尘时，除选用导电滤袋外还应设计相应的防爆装置，选用防爆配件，如防爆电磁阀等。

在干燥状态下小于 $60\mu m$ 的粉尘其爆炸性可用 Hartmann 测试仪（见图 1-16）进行，即在高压管下部放置已称重的粉尘试样，受电磁阀控制的压缩空气由管下部导入，使粉尘呈悬浮状态，用电火花进行点火。引起粉尘爆炸，爆炸后在高压管中形成的爆炸压力，由上部的压力传感器接受，并记录下来。点火后爆炸压力迅速升高。达到最高值后，趋于稳定。因此用 K_{st} 作为衡量粉尘爆炸性的指标，即

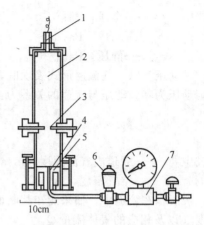

图 1-16 粉尘爆炸性测试仪
1—压力传感器；2—高压管；3—电极；
4—粉尘；5—空气入口；6—电磁阀；
7—压缩空气气包

$$K_{st} = \left(\frac{dp}{dt}\right)_{max} \times V^{\frac{1}{3}} \qquad (1\text{-}60)$$

式中 $\left(\dfrac{dp}{dt}\right)_{max}$ ——最大爆炸压力上升速度；

$\qquad V$ ——容器的容积。

4. 粉尘的放射性

一定量的放射性核素在单位时间内的核衰变数，称为放射性活度，单位为贝可（Bq）。单位质量物体中的放射活性度简称比放射性。单位体积物体中的放射性活度称为放射性浓度。粉尘的放射性可能增加非放射性粉尘对机体的危害。粉尘的放射性有两个来源：粉尘材料自身含有的放射性核素和非放射性粉尘吸附了放射性核素。

空气中的天然放射性核素主要是氡及其子体；而所含人工放射性核素的粉尘来源于核试验产生的全球性沉降的放射性落灰，其中主要是有 ^{90}Sr（锶-90）、^{137}Cs（铯-137）、^{131}I（碘-131）等多种放射性核素、核能工业企业排放的放射性废物，除放射性气体可扩散至较大范围外，其余只造成较小范围内的局部污染。在正常的运行条件下，环境内的放射粉尘质量浓度能够控制在相关规定的数值以下。

第四节　气体中粒子分离机理

粉尘粒子从气体中分离出来有多种方法，这些方法都是以作用力为理论基础。由于力的性质不同，使得气体中粒子分离有不同的机理和方法。

一、含尘气体的流动特性

1. 空气的压力和压力场

空气的流动是由压力差而引起的。在室内或管道内的空气，无论它是否在运动，都对周围墙壁或管壁产生一定压力。这种对器壁产生的垂直压力叫静压力。流动着的空气沿其运动方向所产生的压力叫动压力。静压力与动压力的代数和称为全压力，均以 Pa 为单位计量。空气流动空间的压力分布叫压力场。压力是时间与空间的函数，如果在一定的空间内，压力不随时间而变化，称为稳定的压力场；相反的则是不稳定的压力场。气流在管道中的流动主要由于通风机所造成的压力差而形成。由于局部泄漏或热源造成的空气密度差别，也可能形成室内或通风管道系统内的气体流动。在管道系统内任一点的能量（压力）关系可用下式表示。

$$p_T = p_d + p_{st} \qquad (1\text{-}61)$$

式中　p_T——全压，Pa；

　　　p_d——动压，Pa；

　　　p_{st}——静压，Pa。

动压是以空气流速形式表现的，又称速度压。在一个封闭空间内，如果没有空气流动时，则动压为零。动压与流速的关系为：

$$p_d = \frac{v^2 \rho_a}{2} \tag{1-62}$$

式中　v——管道内气流速度，m/s；

　　　ρ_a——空气密度，kg/m^3。

所以在管道中，如果测知某断面平均动压并知道空气的压力和温度，便可以计算出气流速度 v 以及相应的气体流量 Q。

$$v = \sqrt{2 \frac{p_d}{\rho_a}} \tag{1-63}$$

$$Q = Fv \tag{1-64}$$

式中　Q——管道中的气流量，m^3/s；

　　　F——测动压的管道断面积，m^2。

气流在断面大小或形状变化的系统中流动时，其质量不变，即通过各个断面的空气质量是相等的，即

$$\rho_1 F_1 v_1 = \rho_2 F_2 v_2 = \cdots = G = \text{const} \tag{1-65}$$

式中　F_1、F_2——断面 1、2 处的管道面积，m^2；

　　　v_1、v_2——断面 1、2 处的流速，m/s；

　　　ρ_1、ρ_2——断面 1、2 处的空气密度，kg/m^3；

　　　G——气体流量，kg/s。

在低速条件下气体被看作不可压缩的，$\rho_1 = \rho_2$。于是上式可简化为：

$$F_1 v_1 = F_2 v_2 = Q = \text{const} \tag{1-66}$$

式 (1-66) 说明，在管道任一断面上的体积流量均相同。

2. 管道内气体的流动性质

气体在管道内低速流动时，各层之间相互滑动而不混合，这种流动称为层流。在层流状态下，断面流速分布为抛物线形，中心最大流速 v_c 为平均流速 v_p 的 2 倍，即

$$v_c = 2 v_p \tag{1-67}$$

流速继续增加，达到一定速度时，气体质点在径向也得到附加速度，层间发生混合，流动状态发展为紊流，这时断面的流速分布也发生改变。表征管道内流动性质的是雷诺数 Re。

表征管道内气流状态的 Re 值有如下界线：$Re < 1160$ 时，气体流动为层流；$1160 < Re < 2000$ 时，两种流动状态均可能；$Re \geqslant 2000$ 时，对一般通风管道常有的条件来说，气体流动都呈紊流状态。

二、气流对球形颗粒的阻力

粉尘颗粒在气体中流动，只要颗粒与气流两者之间有相对速度，气体对粉尘颗粒就有阻力，该气体阻力为：

$$P_D = C_D A_p \frac{\rho_a v_p^2}{2} \tag{1-68}$$

式中　v_p——尘粒相对于气流的运动速度，m/s；

　　ρ_a——空气密度，kg/m³；

　　A_p——尘粒垂直于气流方向的截面面积，m²；

　　C_D——阻力系数。

阻力系数 C_D 的大小与粉尘颗粒在气流中运动的雷诺数 Re_p 有关，Re_p 表示为

$$Re_p = \frac{v_p d_p}{v} = \frac{v_p \rho_a d_p}{\mu} \tag{1-69}$$

式中　d_p——粉尘的直径，μm；

　　其他符号意义同前。

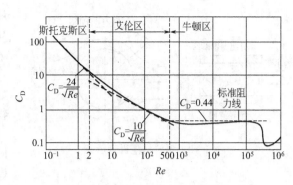

图 1-17　球形尘粒阻力系数与雷诺数的关系

球形尘粒阻力系数 C_D 与雷诺数 Re_p 的关系曲线如图 1-17 所示。

由图 1-16 可以看出，在不同的 Re_p 范围，C_D 值的变化按不同规律发生，通常分成 4 个区段，各有不同的表达式。

（1）$Re_p < 1$（层流区）

$$C_D = \frac{24}{Re_p} \tag{1-70}$$

这时，气流对尘粒的阻力为

$$R_D = \frac{3\pi}{\mu d_p v_p} \tag{1-71}$$

本区内按雷诺数的大小实际上又可区分为几种情况，相应有若干不同的计算阻力系数公式，但以斯托克斯式用的比较广泛。这个公式适合大多数过滤器的低速工况。

（2）$1 < Re_p < 500$（过渡区）　通常采用柯利亚奇克公式，认为它在 $3 < Re_p < 400$ 的情况下比较接近实际，该式为

$$C_D = \frac{24}{Re_p} + \frac{4}{\sqrt[3]{Re_p}} \tag{1-72}$$

（3）$500 < Re_p < 2 \times 10^5$（紊流区）　这时 C_D 近似为一常数，$C_D \approx 0.44$，这时气流阻力和相对流速的平方成正比，即

$$P_D = 0.55 \pi \rho_a d_p^2 v_p^2 \tag{1-73}$$

（4）$Re_p > 2 \times 10^5$（高速区）　阻力系数反而降低，由 0.44 降到 0.1～0.22。

以上几种情况均适用于 d_p 远远大于空气分子运动平均自由程 λ 的粗粒分散系。对于除尘过滤技术是适用的（在温度为 20℃，压力为 101325Pa 条件下，$\lambda = 0.065\mu m$）。

当尘粒直接接近 λ 时，尘粒运动带有分子运动的性质，另有修正关系。

在各种过滤为主的除尘器的工作过程中，气流必须通过滤料的多孔通道，而且流速经常限制在较低的区段内，若以雷诺数判别，含尘气流都处在层流状态下，所以斯托克斯式是适用的。在过滤过程中，气流要绕穿相对稳定的滤料，它们或者是球形颗粒（对颗粒层堆积滤料来说），或者是圆柱形纤维滤材，这其中，相对运动的阻力也应大体参照上述关系。

三、粉尘从气体中分离的条件

颗粒捕集机理如图 1-18 所示。含尘气体进入分离区，在某一种或几种力的作用下，粉尘颗粒偏离气流，经过足够的时间移到分离界面上，就附着在上面，并不断除去，以便为新的颗

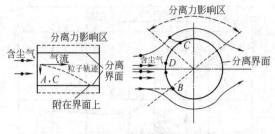

图 1-18　颗粒捕集机理示意

粒继续附着在上面创造条件。由此可见，要从气体中将粉尘颗粒分离出来，必须具备以下的基本条件。

① 有分离界面可以让颗粒附着在上面，如器壁、某固体表面、粉尘大颗粒表面、织物与纤维表面、液膜或液滴等。

② 有使粉尘颗粒运动轨迹和气体流线不同的作用力，常见的有重力（A）、离心力（A）、惯性力（B）、扩散（C）、静电力（A）、直接拦截（D）等，此外还有热聚力、声波和光压等。

③ 有足够的时间使颗粒移到分离界面上，这就要求分离设备有一定的空间，并要控制气体流速等。

④ 能使已附在界面上的颗粒不断被除去，而不会重新返混入气体内，这就是清灰和排灰过程，清灰有在线式和离线式两种方式。

四、气体中粉尘分离主要机理

图 1-19 所示为从气流中分离粉尘粒子的物理学机理示意；其中，部分表示粉尘分离的主要机理，而另一部分则表示次要机理。次要机理只能提高主要机理作用效果。但是，这样划分机理是有条件的，因为在某些除尘装置中，粉尘分离的次要机理可能起着主要机理的作用。

1. 粉尘的重力分离机理

以粉尘从缓慢运动的气流中自然沉降为基础的，从气流中分离粒子是一种最简单，也是效果最差的机理。因为在重力除尘器中，气体介质处于湍流状态，故而粒子即使在除尘器中逗留时间很长，也不能期求有效地分离含尘气体介质中的细微粒度粉尘。

对较粗粒度粉尘的捕集效果要好得多，但这些粒子也不完全服从静止介质中粒子沉降速度为基础的简单设计计算。

粉尘的重力分离机理主要适用于直径大于 $100\sim500\mu m$ 的粉尘粒子。

2. 粉尘离心分离机理

由于气体介质快速旋转，气体中悬浮粒子达到极大的径向迁移速度，从而使粒子有效地得到分离。离心除尘方法是在旋风除尘器内实现的，但除尘器构造必须使粒子在除尘器内的逗留时间短。相应地，这种除尘器的直径一般要小，否则很多粒子在旋风除尘器中短暂的逗留时间内不能到达器壁。在直径约 $1\sim2m$ 的旋风除尘器内，可以十分有效地捕集 $10\mu m$ 以上大小的粉尘粒子。但工艺气体流量很大，要求使用大尺寸的旋风除尘器，而这种旋风除尘器效

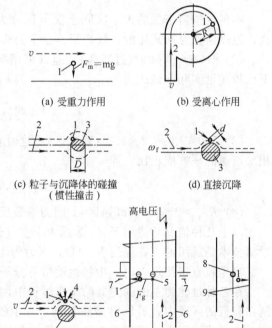

图 1-19　从气流中分离粉尘粒子的物理学机理示意

1—粉尘粒子；2—气流方向；3—沉降体；4—扩散力；
5—负极性电晕电极；6—收尘电极；7—大地；
8—受热体；9—冷表面

率较低，只能成功地捕集粒径大于 $70\sim80\mu m$ 的粒子。对某些需要分离微细粒子的场合通常用更小直径的旋风除尘器。

增加气流在旋风除尘器壳体内的旋转圈数，可以达到增加粒子逗留时间之目的。但这样往往会增大被净化气体的压力损失，而在除尘器内达到极高的压力。当旋风除尘器内气体圆周速度增大到超过 $18\sim20m/s$ 时，其效率一般不会有明显改善。其原因是，气体湍流强度增大，以及往往不予考虑的因受科里奥利力的作用而产生对粒子的阻滞作用。此外，由于压力损失增大以及可能造成旋风除尘器装置磨损加剧，无限增大气流速度是不相宜的。在气体流量足够大的情况下可能保证旋风除尘器装置实现高效率的一种途径——并联配置很多小型旋风除尘器，如多管旋风除尘器。但是，此时则难以保证按旋风除尘器均匀分配含尘气流。

旋风除尘器的突出优点是，它能够处理高温气体，造价比较便宜，但在规格较大而压力损失适中的条件下，对气体高精度净化的除尘效率不高。

3. 粉尘惯性分离机理

粉尘惯性分离机理在于当气流绕过某种形式的障碍物时，可以使粉尘粒子从气流中分离出来。障碍物的横断面尺寸愈大，气流绕过障碍物时流动线路严重偏离直线方向就开始得越早，相应地悬浮在气流中的粉尘粒子开始偏离直线方向也就越早；反之，如果障碍物尺寸小，则粒子运动方向在靠近障碍物处开始偏移（由于其承载气流的流线发生曲折而引起）。在气体流速相等的条件下，就可发现第二种情况的惯性力相应地较大。所以，障碍物的横断面尺寸越小，顺障碍物方向运动的粒子达到其表面的概率就越大，而不与绕行气流一道绕过障碍物。由此可见，利用气流横断面方向上的小尺寸沉降体，就能有效地实现粉尘的惯性分离。将水滴（在洗涤器、文丘里管中）或纤维（在织物过滤器中）应用于粉尘的惯性分离，其原因就在于此。但是在利用此类沉降体时必须使粒子具有较大的惯性行程，这只有在气体介质被赋予较大局部速度时才可能实现。因此，利用惯性机理分离粉尘，势必给气流带来巨大的压力损失。然而，它能达到很高的捕集效率，从而使这一缺点得以补偿。借助上述机理可高效捕集几微米大小的粒子，从而接近袋式除尘器、文氏管除尘器等高效率的除尘器。

利用惯性机理捕集粗粒度粉尘时，粉尘的特征是惯性行程较大，可降低对气体急拐弯构件的要求。在这种情况下可以用角钢或带钢制成百叶窗式除尘器以及各种烟道弯管作为这种构件，也可以在含尘气流运动路径中设置挡板，提高除尘效果。这种装置的效率较低，通常与重力沉降装置配合使用。

4. 粉尘静电力分离机理

静电力分离粉尘的原理在于利用电场与荷电粒子之间的相互作用。虽然在一些生产中产生的粉尘带有电荷，其电量和符号可能从一个粒子变向另一个粒子，因此，这种电荷在借助电场从气流中分离粒子时无法加以利用。由于这一原因，静电力分离粉尘的机理要求使粉尘粒子荷电。还可以通过把含尘气流注入同性荷电离子流的方法达到使粒子荷电。

为了产生使荷电粒子从气流中分离的力，必须有电场。顺着含尘气流运动路径设置的异性电极上有电位差则形成电场。在直接靠近集尘电极的区域，这些力的作用显示最为充分，因为在其余气流体积内存在强烈脉动湍流。荷电粒子受到的静电力相当小，所以，利用静电力机理实现粉尘分离时，只有使粒子在电场内长时间逗留才能达到高效率。这就决定了静电力净化装置——电除尘器的一个主要缺点，即由于保证含尘气流在电除尘器内长时间逗留的需要，电除尘器尺寸一般十分庞大，因而相应地提高了设备造价。

但是，与外形尺寸同样庞大的高效袋式除尘器相比，其独特优点是静电力净化装置不会造成很高的压力损失，因而能耗较低。静电力净化的另一个重要优点是，可以用来处理工作温度达 $400℃$ 的气体，在某些情况下可处理温度更高的气体。

至于用静电力方法可捕集的粒子最小尺寸，至今还没有一个规定的粉尘细度极限。借助某些型式的电除尘器还可以有效地捕集工业气体中的微细酸雾。

五、气流中粉尘分离的辅助机理

1. 粉尘分离的扩散过程

绝大多数悬浮粒子在触及固体表面后就留在表面上，以此种方式从该表面附近的粒子总数中分离出来。所以，靠近沉积表面产生粒子浓度梯度。因为粉尘微粒在某种程度上参加其周围分子的布朗运动，故而粒子不断地向沉积表面运动，使浓度差趋向平衡。粒子浓度梯度越大，这一运动就愈加剧烈。悬浮在气体中的粒子尺寸越小，则参加分子布朗运动的程度就越强，粒子向沉积表面的运动也相应地显得更加剧烈。

上面描述的过程称为粒子的扩散沉降。这一过程在用织物过滤器捕集细微粉尘时起着特别明显的作用。

2. 热力沉淀作用

管道壁和气流中悬浮粒子的温度差影响这些粒子的运动。如果在热管壁附近有一个不大的粒子，则由于该粒子受到迅速而不均匀加热的结果，其最靠近管壁的一侧就显得比较热，而另一侧则比较冷。靠近较热侧的分子在与粒子碰撞后，以大于靠近冷侧分子的速度飞离粒子，结果是作用于粒子的脉冲产生强弱差别，促使粒子朝着背离受热管壁的方向运动。在粒子受热而管壁处于冷态的情况下，也将发生类似现象，但此时，悬浮在气体中的粒子将不是背离管壁运动，而是向着管壁运动，从而引起粒子沉降效应，即所谓热力沉淀。

热力沉淀的效应不仅显现在粒子十分微细的情况下，且显现在粒子较粗的场合。但在第二种情况下热力沉淀的物理过程更为复杂，虽然这一过程的原理依然是在温度梯度条件下粒子周围的分子运动速度不同。

当除尘器内的积尘表面用人工方法冷却时，热力沉淀的效应特别明显。

3. 凝聚作用

凝聚是气体介质中的悬浮粒子在互相接触过程中发生黏结的现象。之所以会发生这种现象，也许是粒子在布朗运动中发生碰撞的结果，也可能是由于这些粒子的运动速度存在差异所致。粒子周围介质的速度发生局部变化，以及粒子受到外力的作用，均可能导致粒子运动速度产生差异。

当介质速度局部变化时，所发生的凝聚作用在湍流脉动中显得特别明显，因为粒子被介质吹散后，由于本身的惯性，跟不上气体单元体积运动轨迹的迅速变化，结果粒子互相碰撞。

引起凝聚作用的外力可以是使粒子以不同悬浮速度运动的重力，或者是在存在外部电场条件下荷电粒子所受的电力。

粒子的相互运动也可能是气体中悬浮粒子荷电的结果：在同性电荷的作用下粒子互相排斥，而在异性电荷的作用下——互相吸引。

如果是多分散性粉尘，细微粒子与粗大粒子凝聚，而且细微粒子越多，其尺寸与粗大粒子的尺寸差别越大，凝聚作用进行越快。粒子的凝聚作用为一切除尘设备提供良好的捕尘条件，但在工业条件下很难控制凝聚作用。

第五节　除尘器的性能表示方法

除尘器性能包括处理气体流量、除尘效率、排放浓度、压力损失（或称阻力）、漏风率等，见表1-21。若对除尘装置进行全面评价，不应包括经济指标和除尘器的安装、操作、检修的难易等因素。对每种除尘器还有些特殊要求的指标，见表1-22。

表 1-21　除尘器技术性能和检测方法

序　号	技术性能	检测方法	序　号	技术性能	检测方法
1	处理风量/(m³/h)	皮托管法	4	除尘效率/%	重量平衡法
2	漏风率/%	风量(碳)平衡法	5	排放浓度/(mg/m³)	滤筒计重法
3	设备阻力/Pa	全压差法			

表 1-22　特种专业指标

序　号	特种指标	袋式除尘器	湿式除尘器	静电除尘器	机械式除尘器
1	过滤速度/(m/min)	0			
2	水气比/(kg/m³)		0	0①	
3	喉口速度/(m/s)		0		
4	电场风速/(m/s)			0	
5	比收尘面积/[m²/(m³/s)]			0	
6	驱进速度/(cm/s)			0	
7	排放速率/(kg/h)	0	0	0	0

① 适用湿式静电尘器。

一、处理气体流量

处理气体流量是表示除尘器在单位时间内所能处理的含尘气体的流量，一般用体积流量 Q（单位为 m³/s 或 m³/h）表示。实际运行的除尘器由于不严密而漏风，使得进出口的气体流量往往并不一致。通常用两者的平均值作为该除尘器的处理气体流量，即

$$Q = \frac{1}{2}(Q_1 + Q_2) \tag{1-74}$$

式中　Q——处理气体流量，m³/h；

　　　Q_1——除尘器进口气体流量，m³/h；

　　　Q_2——除尘器出口气体流量，m³/h。

除尘器漏风率 φ 可按下式表示：

$$\varphi = \frac{Q_2 - Q_1}{Q_1} \times 100\% \tag{1-75}$$

式中　φ——除尘器漏风率，%；

　　　其他符号意义同前。

在设计除尘器时，其处理气体流量是指除尘器进口的气体流量；在选择风机时，其处理气体流量对正压系统（风机在除尘器之前）是指除尘器进口气体流量，对负压系统（风机在除尘器之后）是指除尘器出口气体流量。

处理风量计算式如下。

$$V_0 = 3600 F v \frac{B + p}{101325} \times \frac{273}{273 + t} \times \frac{0.804}{0.804 + f} \tag{1-76}$$

式中　V_0——实测风量，m³/h；

　　　F——实测断面积，m²；

　　　v——实测风速，m/s；

　　　B——实测大气压力，Pa；

　　　p——设备内部静压，Pa；

　　　t——设备内部气体温度，℃；

　　　f——设备内气体饱和含湿量，kg/m³。

在非饱和气体状态时，$\dfrac{0.804}{0.804+f}\approx 1$。

在计算处理气体量时有时要换算成气体的工况状态或标准状态，计算式如下。

$$Q_n=Q_g(1-X_w)\frac{273}{273+t_g}\times\frac{B_a+p_g}{101325} \tag{1-77}$$

式中　Q_n——标准状态下的气体量，m^3/h；

　　　Q_g——工况状态下的气体量，m^3/h；

　　　X_w——气体中的水汽含量体积百分数，%；

　　　t_g——工况状态下的气体温度，℃；

　　　B_a——大气压力，Pa；

　　　p_g——工况状态下处理气体的压力，Pa。

二、除尘器设备阻力

除尘器的设备阻力是表示能耗大小的技术指标，可通过测定设备进口与出口气流的全压差而得到。其大小不仅与除尘器的种类和结构型式有关，还与处理气体通过时的流速大小有关。通常设备阻力与进口气流的动压成正比，即

$$\Delta p=\xi\frac{\rho v^2}{2} \tag{1-78}$$

式中　Δp——含尘气体通过除尘器设备的阻力，Pa；

　　　ξ——除尘器的阻力系数；

　　　ρ——含尘气体的密度，kg/m^3；

　　　v——除尘器进口的平均气流速度，m/s。

由于除尘器的阻力系数难以计算，且因除尘器不同差异很大，所以除尘器总阻力还常用下式表示：

$$\Delta p=p_1-p_2 \tag{1-79}$$

式中　p_1——设备入口全压，Pa；

　　　p_2——设备出口全压，Pa。

对大中型除尘器而言，除尘器入口与出口之间的高度差引起的浮力应该考虑在内，浮力效果是除尘器入口及出口测定位置的高度差 H 和气体与大气的密度差（$\rho_a-\rho$）之积，即

$$p_H=Hg(\rho_a-\rho) \tag{1-80}$$

一般情况下，对除尘器的阻力来说，浮力效果是微不足道的。但是，如果气体温度高，测定点的高度又相差很大，就不能忽略浮力效果，因此要引起重视。

根据上述总阻力及浮力效果，用下式表示除尘器的总阻力损失。

$$\Delta p=p_1-p_2-p_H \tag{1-81}$$

这时，如果测定截面的流速及其分布大致一致时，可用静压差代替总压差来求出压力损失。

设备阻力，实质上是气流通过设备时所消耗的机械能，它与通风机所耗功率成正比，所以设备的阻力越小越好。多数除尘设备的阻力损失在 2000Pa 以下。

根据除尘装置的压力损失，除尘装置可分为：①低阻除尘器——$\Delta p<500Pa$；②中阻除尘器——$\Delta p=500\sim 2000Pa$；③高阻除尘器——$\Delta p=2000\sim 20000Pa$。

三、除尘效率

除尘效率指含尘气流通过除尘器时，在同一时间内被捕集的粉尘量与进入除尘器的粉尘量之比，用百分率表示，也称除尘器全效率。除尘效率是除尘器重要技术指标。

1. 除尘效率

除尘效率通常以 η 表示。

除尘效率计算如图 1-20 所示，若除尘装置进口的气体流量为 Q_1、粉尘的质量流量为 S_1、粉尘浓度为 C_1，装置出口的相应量为 Q_2、S_2、C_2，装置捕集的粉尘质量流量为 S_3，除尘装置漏风率为 φ，则有

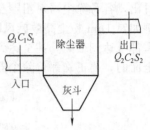

$$S_1 = S_2 + S_3$$
$$S_1 = Q_1 C_1 \qquad S_2 = Q_2 C_2$$

图 1-20　除尘效率计算示意

根据总除尘效率的定义有

$$\eta = \frac{S_3}{S_1} \times 100\% = \left(1 - \frac{S_2}{S_1}\right) \times 100\% \qquad (1-82)$$

或

$$\eta = \left(1 - \frac{Q_2 C_2}{Q_1 C_1}\right) \times 100\% = \frac{C_1 - C_2(1+\varphi)}{C_1} \times 100\% \qquad (1-83)$$

若除尘装置本身的漏风率 φ 为零，即 $Q_1 = Q_2$，则式（1-81）可简化为

$$\eta = \left(1 - \frac{C_2}{C_1}\right) \times 100\% \qquad (1-84)$$

通过称重利用上面公式可求得总除尘效率，这种方法称为质量法，在实验室以人工方法供给粉尘研究除尘器性能时，用这种方法测出的结果比较准确。在现场测定除尘器的总除尘效率时，通常先同时测出除尘器前后的空气含尘浓度，再利用上式求得总除尘效率，这种方法称为浓度法。由于含尘气体在管道内的浓度分布既不均匀又不稳定，因此在现场测定含尘浓度要用等速采样的方法。

有时由于除尘器进口含尘浓度高，满足不了国家关于粉尘排放标准的要求，或者使用单位对除尘系统的除尘效率要求很高，用一种除尘器达不到所要求的除尘效率时，可采用两级或多级除尘，即在除尘系统中将两台或多台不同类型的除尘器串联起来使用。根据除尘效率的定义，两台除尘器串联时的总除尘效率为：

$$\eta_{1-2} = \eta_1 + \eta_2(1-\eta_1) = 1 - (1-\eta_1)(1-\eta_2) \qquad (1-85)$$

式中　η_1——第一级除尘器的除尘效率；

η_2——第二级除尘器的除尘效率。

n 台除尘器串联时其总效率为：

$$\eta_{1-n} = 1 - (1-\eta_1)(1-\eta_2)\cdots(1-\eta_n) \qquad (1-86)$$

在实际应用中，多级除尘系统的除尘设备有时达到三级或四级。

【例 1】 某冶炼厂有一个两级除尘系统，除尘效率分别为 80% 和 99%，用于处理起始含尘浓度为 $8g/m^3$ 的粉尘，试计算该系统的总效率和排放浓度。

解： 该系统的总效率为

$$\eta_{1-2} = \eta_1 + (1-\eta_1)\eta_2 = 0.8 + (1-0.8) \times 0.99 = 0.998 = 99.8\%$$

根据式（1-86），经两级除尘后，从第二级除尘器排入大气的气体含尘浓度为

$$C_2 = C_1(1-\eta_{1-2}) = 8000 \times (1-0.998) = 16(\text{mg/m}^3)$$

2. 除尘器的分级效率

除尘装置的除尘效率因处理粉尘的粒径不同而有很大差别，分级除尘效率指除尘器对粉尘某一粒径范围的除尘效率。图 1-21 列出了各种除尘器的分级除尘效率曲线。从图 1-21 中可以看出，各种除尘器对粗颗粒的粉尘都有较高的效率，但对细粉尘的除尘效率却有明显的差别，例如对 $1\mu\text{m}$ 粉尘高效旋风除尘器的除尘效率不过 27%，而像电除尘器等高效除尘器的除尘效率都可达到很高，甚至达到 90% 以上。因此，仅用总除尘效率来说明除尘器的除尘性能是不全面的，要正确评价除尘器的除尘效果，必须采用分级除尘效率。

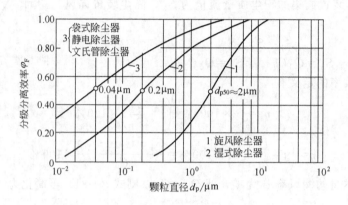

图 1-21　各种除尘器的分级除尘效率曲线

分级除尘效率简称分级效率，就是除尘装置对某一粒径 d_{pi} 或某一粒径范围 $d_{\text{pi}} \sim (d_{\text{pi}} + \Delta d_{\text{p}})$ 粉尘的除尘效率。实际生产中粉尘的粒径分布是千差万别的，因此，了解除尘器的分级效率有助于正确地选择除尘器。分级效率通常是用 η_i 表示。

根据定义，除尘器的分级效率可表示为

$$\eta_i = \frac{S_{3i}}{S_{1i}} \times 100\% \tag{1-87}$$

或

$$\eta_i = \frac{S_3 g_{3i}}{S_1 g_{1i}} \times 100\% = \eta \frac{g_{3i}}{g_{1i}} \times 100\% \tag{1-88}$$

式中　S_{1i}、S_{3i}——除尘器进口和除尘器灰斗中某一粒径或粒径范围的粉尘质量流量，kg/kg；

$\quad\quad$ S_1、S_3——除尘器进口和除尘器灰斗中的粉尘质量流量，kg/kg；

$\quad\quad$ g_{1i}、g_{3i}——除尘器进口和除尘器灰斗中某一粒径或粒径范围的粉尘的质量分数（即频率分布）。

因为有

$$S_{1i} = S_{2i} + S_{3i} \tag{1-89}$$

所以分级效率也可以表达为

$$\eta_i = \left(1 - \frac{S_2 g_{2i}}{S_1 g_{1i}}\right) \times 100\% \tag{1-90}$$

根据除尘装置净化某粉尘的分级效率计算该除尘装置净化该粉尘的总除尘效率，其计算公式为

$$\eta = \sum(\eta_i g_{1i}) \tag{1-91}$$

【例 2】　进行高效旋风除尘器试验时，除尘器进口的粉尘质量为 40kg，除尘器从灰斗中收集的粉尘质量分别为 36kg。除尘器进口的粉尘与灰斗中粉尘的粒径分布如表 1-23 所列。

表 1-23　粉尘粒径分布

粉尘粒径/μm	0~5	5~10	10~20	20~40	>40
试验粉尘 g_1/%	10	25	32	24	9
灰斗粉尘 g_3/%	7.1	24	33	26	9.9

计算该除尘器的分级效率。

解：根据式（1-90）有

$$\eta_i = \frac{S_3 g_{3i}}{S_1 g_{1i}} \times 100\%$$

对于 0~5μm 的粉尘　　　$\eta_{0\sim5} = \dfrac{36 \times 7.1}{40 \times 10} = 63.9\%$

5~10μm 的粉尘　　　$\eta_{5\sim10} = \dfrac{36 \times 24}{40 \times 25} = 86.4\%$

10~20μm 的粉尘　　　$\eta_{10\sim20} = \dfrac{36 \times 33}{40 \times 32} = 92.8\%$

20~40μm 的粉尘　　　$\eta_{20\sim40} = \dfrac{36 \times 26}{40 \times 24} = 97.5\%$

>40μm 的粉尘　　　$\eta_{>40} = \dfrac{36 \times 9.9}{40 \times 9} = 99\%$

四、除尘器排放浓度

1. 排放浓度

在大气污染物排放标准中，不规定除尘效率，只规定排放浓度。当排放口前为单一管道时，取排气筒实测排放浓度为排放浓度；当排放口前为多支管道时，排放浓度按下式计算：

$$C = \frac{\sum\limits_{i=1}^{n}(C_i Q_i)}{\sum\limits_{i=1}^{n} Q_i} \tag{1-92}$$

式中　C——平均排放浓度，mg/m^3；

　　　C_i——汇合前各管道实测粉（烟）尘浓度，mg/m^3；

　　　Q_i——汇合前各管道实测风量，m^3/h。

2. 粉尘透过率和排放速率

除尘效率是从除尘器捕集粉尘的能力来评定除尘器性能的，在《大气污染物综合排放标准》（GB 16297）中是用未被捕集的粉尘量（即 1h 排出的粉尘质量）来表示除尘效果。未被捕集的粉尘量占进入除尘器粉尘量的百分数称为透过率（又称穿透率或通过率），用 P 表示，显然

$$P = \frac{S_2}{S_1} \times 100\% = (1-\eta) \times 100\% \tag{1-93}$$

可见除尘效率与透过率是从不同的方面说明同一个问题，但是在有些情况下，特别是对高效除尘器，采用透过率可以得到更明确的概念。例如有两台在相同条件下使用的除尘器，第一台除尘效率为 99.9%，第二台除尘效率为 99.0%，从除尘效率比较，第一台比第二台只高0.9%；但从透过率来比较，第一台为 0.1%，第二台为 1%，相差达 10 倍，说明从第二台排放到大气中的粉尘量要比第一台多 10 倍。因此，从环境保护的角度来看，用透过率来评价除尘器的性能更为直观，用排放速率表示除尘效果更实用。

五、除尘器漏风率

漏风率是评价除尘器结构严密性的指标,它是指设备运行条件下的漏风量与入口风量之百分比。应指出,漏风率因除尘器内负压程度不同而各异,国内大多数厂家给出的漏风率是在任意条件下测出的数据,因此缺乏可比性,为此必须规定出标定漏风率的条件。袋式除尘器标准规定:以净气箱静压保持在−2000Pa时测定的漏风率为准。其他除尘器尚无此项规定。

除尘器漏风率的测定方法有风量平衡法、碳平衡法等。

1. 风量平衡法

漏风率按除尘器进出口实测风量值计算确定。

$$\varphi = \frac{Q_2 - Q_1}{Q_1} \times 100\% \tag{1-94}$$

式中 φ ——漏风率,%;

Q_1 ——除尘器入口实测风量,m^3/h;

Q_2 ——除尘器出口实测风量,m^3/h。

漏风系数 α 按下式计算确定:

$$\alpha = \frac{Q_2}{Q_1} \tag{1-95}$$

2. 碳平衡法

在烟气工况比较复杂的条件下,可以采用碳平衡法来确定漏风系数。

$$\alpha = \frac{Q_2}{Q_1} = \frac{(CO+CO_2)_1}{(CO+CO_2)_2} \tag{1-96}$$

式中 $(CO+CO_2)_1$——除尘设备入口处 $(CO+CO_2)$ 浓度,%;

$(CO+CO_2)_2$——除尘设备出口处 $(CO+CO_2)$ 浓度,%。

六、除尘器的其他性能指标

1. 耐压强度

耐压强度作为指标在国外产品样本并不罕见。由于除尘器多在负压下运行,往往由于壳体刚度不足而产生壁板内陷情况,在泄压回弹时则砰然作响。这种情况凭肉眼是可以觉察的,故袋式除尘器标准规定耐压强度即为操作状况下发生任何可见变形时滤尘箱体所指示的静压值,规定了监察方法。

除尘器耐压强度应大于风机的全压值。这是因为除尘器工作压力虽然没有风机全压值大,但是考虑到除尘管道堵塞等非正常工作状态,所以设计和制造除尘器时应有足够的耐压强度。如果除尘器中粉尘、气体有燃烧、爆炸的可能,则耐压强度还要更大。

2. 除尘器的能耗

烟气进出口的全压差即为除尘设备的阻力,设备的阻力与能耗成比例,通常根据烟气量和设备阻力求得除尘设备消耗的功率。

$$P = \frac{Q\Delta p}{9.8 \times 10^2 \times 3600\eta} \tag{1-97}$$

式中 P ——所需功率,kW;

Q——处理烟气量，m^3/h；

Δp——除尘设备的阻力，Pa；

η——风机和电动机传动效率，%。

在计算除尘器能耗中还应包括除尘器清灰装置、排灰装置、加热装置以及振打装置（振动电机、空气炮）等能耗。

3. 液气比

在湿式除尘器中，液气比与基本流速同样会给除尘性能以很大的影响。不能根据湿式除尘器形式求出液气比值时，可用下式计算。

$$L = \frac{q_w}{Q_i} \tag{1-98}$$

式中　L——液气比，L/m^3；

q_w——洗涤液量，L/h；

Q_i——除尘器入口的湿气流量，m^3/h。

洗涤液原则是为了发挥除尘器的作用而直接使用的液体，不论是新供给的还是循环使用的，都系对除尘过程有作用的液体。它不包括诸如气体冷却、蒸发、补充水、液面保持用水、排放液的输送等使用上的与除尘无直接关系的液体。

第六节　除尘器的选用

一、除尘器选用原则

1. 达标排放原则

选用的除尘器必须满足排放标准规定的排放浓度。对于运行状况不稳定的系统，要注意烟气处理量变化对除尘效率和压力损失的影响。例如，旋风除尘器除尘效率和压力损失，随处理烟气量增加而增加，但大多数除尘器（如电除尘器）的效率却随处理烟气量的增加而下降。

排放标准包括以浓度控制为基础规定的排放标准，以及总量控制标准。排放标准有时空限制，锅炉或生产装置安装建立的时间不同，排放标准不同；所在的功能区不同，排放标准的要求也不同。当除尘器排放口在车间时，排放浓度应不高于车间容许浓度。

2. 无二次污染原则

除尘过程并不能消除颗粒污染物，只是把废气中的污染物转移为固体废物（如干法除尘）和水污染物（如湿法除尘造成的水污染），所以，在选择除尘器时必须同时考虑捕集粉尘的处理问题。有些工厂工艺本身设有泥浆废水处理系统，或采用水力输灰方式，在这种情况下可以考虑采用湿法除尘，把除尘系统的泥浆和废水归入工艺系统。

3. 经济性原则

在污染物排放达到环境标准的前提下，要考虑到经济因素，即选择环境效果相同而费用最低的除尘器。

在选择除尘器时还必须考虑设备的位置、可利用的空间、环境因素等，设备的一次投资（设备、安装和工程等）以及操作和维修费用等经济因素也必须考虑。此外，还要考虑到设备操作简便，便于维护、管理。

表 1-24 是各种除尘器的综合性能表，可供设计选用除尘器参考。

表 1-24　常用除尘器的性能及费用比较

除尘器名称	适用的粒径范围/μm	效率/%	阻力/Pa	设备费	运行费
重力沉降室	>50	<50	50~130	少	少
惯性除尘器	20~50	50~70	300~800	少	少
旋风除尘器	5~30	60~70	800~1500	少	中
冲击水浴除尘器	1~10	80~95	600~1200	少	中下
卧式旋风水膜除尘器	≥5	95~98	800~1200	中	中
冲击式除尘器	≥5	95	1000~1600	中	中上
文丘里除尘器	0.5~1	90~98	4000~10000	少	大
电除尘器	0.5~1	90~98	50~130	大	中上
袋式除尘器	0.5~1	95~99	1000~1500	中上	大

4. 适应性原则

含尘气体的性质，随工况条件的变化会有所不同，这对除尘器的性能会有一定的影响。

负荷适应性良好的除尘器，当处理风量或含尘浓度在较大范围内波动时应仍能保持稳定的除尘效率、合适的压力损失和足够高的运转率。

另一方面，收尘器安装处所的环境条件，对除尘器性能有所改善还是恶化也难以预料。因此，在确定除尘器的能力时应留有一定的富余量，以预留以后可能增设除尘器的空间。

二、除尘器选型要点

影响除尘器选型的因素和条件很多，至少要考虑以下几个方面的问题。

1. 考虑处理的气体流量

处理气体流量的大小是确定除尘器类型和规格的决定性因素。对流量大的应选用大规格除尘器，如果将多台小规格的除尘器并联使用，不仅气流难以均匀分布，而且也不经济。对流量小的应尽可能选择容易使排放浓度达标而又经济的除尘器。

2. 考虑含尘气体性质

气体的含尘浓度较高时，在静电除尘器或袋式除尘器前应设置低阻力的初净化设备，去除粗大尘粒，以使设备更好地发挥作用。例如，降低除尘器入口的含尘浓度，可以提高袋式除尘器过滤速度，可以防止电除尘器产生电晕闭塞。对湿式除尘器则可减少泥浆处理量，节省投资及减少运转和维修工作量。一般来说，为减少喉管磨损及防止喷嘴堵塞，对文丘里、喷淋塔等湿式除尘器，希望含尘浓度在 $10g/m^3$ 以下，袋式除尘器的理想含尘浓度为 $0.2\sim 10g/m^3$，电除尘器希望含尘浓度在 $30g/m^3$ 以下。

气体温度和其他性质也是选择除尘设备时必须考虑的因素。对于高温、高湿气体不宜采用袋式除尘器。如果烟气中同时含有 SO_2、NO_x 等气态污染物，可以考虑采用湿式除尘器，但是必须注意腐蚀问题。

在干式除尘器中，处理气体的温度应高于露点温度 $20\sim 30℃$，袋式除尘器内的温度应小于滤料的允许使用温度。电除尘器内的气体温度应 $< 350℃$，否则内部构件在高温下容易变形，使两极间距变小，电压升不高，直接影响电除尘器的效率。

3. 考虑粉尘性质

粉尘的物理性质对除尘器性能具有较大的影响。例如，黏性大的粉尘容易黏结在除尘器表面，不宜采用干法除尘；比电阻过大或过小的粉尘，不宜采用电除尘；纤维性或憎水性粉尘不宜采用湿法除尘。

不同的除尘器对不同粒径粉尘的除尘效率是完全不同的，选择除尘器时必须首先了解欲捕集粉尘的粒径分布，再根据除尘器除尘分级效率和除尘要求选择适当的除尘器。

（1）考虑粉尘的分散度和密度

所有除尘器的共同特点是粉尘越细、密度越小，就越难捕集，粉尘二次飞扬也越严重。所以粉尘的分散度和密度对除尘器的性能影响很大。即使分散度和密度相同，而且选用的除尘器也一样，但是由于操作条件不同也有很大差异。如果一般粉尘密度较大，而且粒径$>10\mu m$，除尘效率要求也不很高，就可选用重力除尘器、惯性除尘器或旋风除尘器。相反粒径小于几微米，或真密度ρ_z和堆积密度ρ_d之比>10的粉尘，应选用高效的电除尘器或袋式除尘器。选用时可根据常用除尘器的类型和性能表（表1-1）初步选定，然后再根据其他条件和本篇后面介绍的有关除尘器的性能进行最后选定。

（2）考虑粉尘的黏附性

粉尘和器壁黏附的机理虽很复杂，但经验证实黏附性与粉尘的比表面积和湿含量密切相关，即粉尘的比表面积越大和湿含量越高，黏附性就越强。黏附性大的粉尘，容易黏附在除尘器灰斗的壁面上，使排灰困难，严重时会堵塞下灰口；有黏性的粉尘，容易堵塞袋式除尘器的滤袋，使除尘器的阻力增大；黏附在电除尘器的极板和极线上的粉尘，很难振打下来，这将严重影响电除尘器的性能。

（3）考虑粉尘的比电阻

粉尘的比电阻是选用电除尘器的最主要因素，应控制在$10^{11}\sim10^4\Omega\cdot cm$的范围内。如比电阻$>10^{11}\Omega\cdot cm$，应采取调质措施，否则不能取得预期的效果。目前最有效而又经济的调质措施，是向烟气中喷水，使烟气的湿度增加、温度降低，因为粉尘的比电阻取决于湿度和温度的大小。另一方面，当比电阻$<10^4\Omega\cdot cm$时可喷入氨气，生成比电阻较高的硫铵，可使粉尘比电阻$>10^4\Omega\cdot cm$。

4. 考虑除尘器的适应因素

各种除尘设备对各类因素的适应性见表1-25。

表 1-25　各种除尘器对各类因素的适应性

因素 除尘器	粗粉尘①	细粉尘②	超细粉尘③	气体相对湿度高	气体温度高	腐蚀性气体	可燃性气体	风量波动大	除尘效率>99%	维修量大	占空间小	投资小	运行费用小	管理困难
重力沉降室	★	⊗	⊗	☑	★	★	★	⊗	⊗	★	⊗	★	★	★
惯性除尘器	★	⊗	⊗	☑	★	★	★	★	⊗	★	★	★	★	★
旋风除尘器	★	☑	⊗	☑	★	★	★	★	⊗	★	★	★	⊗	☑
冲击除尘器	★	★	☑	★	☑	☑	★	☑	⊗	★	★	☑	☑	☑
泡沫除尘器	★	★	☑	★	☑	☑	★	☑	⊗	★	★	☑	☑	☑
水膜除尘器	★	★	☑	★	☑	☑	★	☑	⊗	★	★	☑	☑	☑
文氏管除尘器	★	★	★	★	☑	★	★	☑	★	☑	☑	☑	⊗	☑
袋式除尘器	★	★	★	☑	☑	☑	⊗	★	★	⊗	⊗	⊗	⊗	☑
颗粒层除尘器	★	★	☑	☑	☑	☑	★	☑	★	☑	⊗	⊗	⊗	☑
电除尘器（干）	★	★	☑	☑	☑	☑	⊗	★	★	☑	⊗	⊗	★	☑
滤筒除尘器	★	★	☑	☑	★	☑	⊗	★	★	☑	☑	☑	★	☑
塑烧板除尘器	★	★	★	☑	☑	★	⊗	★	★	☑	★	☑	★	☑
电除尘器（湿）	★	★	★	★	★	☑	⊗	★	⊗	☑	⊗	⊗	⊗	☑

① 粗粉尘指 50%（质量）的粉尘粒径大于 $75\mu m$。

② 细粉尘指 90%（质量）的粉尘粒径小于 $75\mu m$，大于 $10\mu m$。

③ 超细粉尘指 90%（质量）的粉尘粒径小于 $10\mu m$。

注：★为适应；☑为采取措施后可适应；⊗为不适应。

5. 考虑粉尘粒径与除尘器选择关系

在粉尘的物理特性中，粉尘粒径大小是关键的特征数据，因为粒径大小与粉尘的其他许多特性是相关联的。图1-22示出粉尘颗粒物特性及粒径范围与相应除尘器。

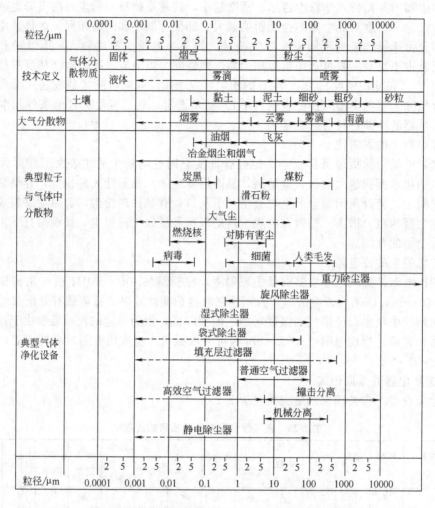

图 1-22 粉尘颗粒物特性及粒径范围与相应除尘器

6. 考虑使用条件和费用

选择除尘器还必须考虑设备的位置、可利用的空间、环境条件等因素；设备的一次投资（设备、安装和工程等）以及操作和维修费用等经济因素也必须考虑。设备公司和制造厂家可以提供有关这方面的情况。需要指出的是：任何除尘系统的一次投资只是总费用的一部分，所以，仅将一次投资作为选择系统的准则是不全面的，还需考虑其他费用，包括安装费、动力消耗、装置杂项开支以及维修费。以袋式除尘器为例，一次投资和年运行费用包括的细目及所占比例由表 1-26 给出。

表 1-26　袋式除尘器的一次投资及年运行费

一次投资		年运行费	
细目	所占比例/%	细目	所占比例/%
除尘器本体	30~70	劳务	20~40
烟道及烟囱	10~30	动力	10~20
基础及安装	5~10	滤布及部件更换	10~30
风机及电动机	10~20	装置杂项开发	25~35
规划及设计	1~10		

三、除尘器的选择程序

除尘器的选择要综合考虑处理粉尘的性质，除尘效率、处理能力、动力消耗与经济性等多方面因素。其选择方法和步骤如图 1-23 所示。

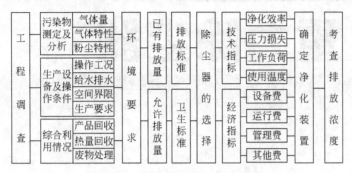

图 1-23　除尘器选择方法与步骤

在诸多因素中，应当按下列顺序考虑各项因素：①除尘器的除尘效率和烟尘排放浓度达到国家标准、地方标准或生产工艺上的要求；②设备的运行条件，包括含尘气体的性质，如温度、压力、黏度、湿度等；灰尘的性质，如粒度分布、毒性、黏性、收湿性、电性、可燃性，还有供水和污水处理有无问题等。③经济性，包括设备费、安装费、运行和维修费以及回收粉尘的价值等；④占用的空间大小；⑤维护因素，包括是否容易维护，要不要停止设备运行进行维护或更换部件等；⑥其他因素，包括处理有毒物质、易爆物质是否安全等。

第二章
重力除尘器

重力除尘技术是利用粉尘颗粒的重力沉降作用而使粉尘与气体分离的除尘技术。利用重力除尘是一种最古老最简易的除尘方法。重力沉降除尘装置称为重力除尘器又称沉降室，其主要优点是：①结构简单，能耐高温高压；②阻力低，一般约为 $50\sim150\text{Pa}$，主要是气体入口和出口的压力损失；③维护费用低，经久耐用；④可靠性优良，很少有故障。它的缺点是：①除尘效率低，一般只有 $40\%\sim50\%$，适于捕集大于 $50\mu\text{m}$ 粉尘粒子；②设备较庞大，适合处理中等气量的常温或高温气体，多作为多级除尘的预除尘使用。当尘量很大或粒度很粗时，对串联使用的下一级除尘器会产生有害作用时，先使用重力除尘器预先净化是特别有利的。

第一节　重力沉降理论

一、粉尘的重力沉降

当气体由进风管进入重力除尘器时，由于气体流动通道断面积突然增大，气体流速迅速下降，粉尘便借本身重力作用，逐渐沉落，最后落入下面的集灰斗中，经输送机械送出。

图 2-1 为含尘气体在水平流动时，直径为 d 的粒子的理想重力沉降过程示意。

由重力而产生的粒子沉降力 F_g 可用下式表示。

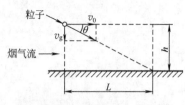

图 2-1　粉尘粒子在水平气流中的理想重力沉降过程示意

$$F_g = \frac{\pi}{6}d^3(\rho_D - \rho_a)g \qquad (2\text{-}1)$$

式中　F_g——粒子沉降力，$\text{kg} \cdot \text{m/s}$；

d——粒子直径，m；

ρ_D——粒子密度，kg/m^3；

ρ_a——气体密度，kg/m^3；

g——重力加速度，m/s^2。

假定粒子为球形，粒径在 $3\sim100\mu\text{m}$，且符合斯托克斯定律的范围内，则粒子从气体中分离时受到的气体黏性阻力 F 为

$$F = 3\pi\mu d v_g \qquad (2\text{-}2)$$

式中　F——气体阻力，Pa；

μ——气体黏度，Pa·s；

d——粒子直径，m；

v_g——粒子分离速度，m/s。

含尘气体中的粒子能否分离取决于粒子的沉降力和气体阻力的关系，即 $F_g = F_0$，由此得出粒子分离速度 v_g 为

$$v_g = \frac{d^2(\rho_D - \rho_a)}{18\mu} \tag{2-3}$$

此式称斯托克斯式。由式（2-3）可以看出，粉尘粒子的沉降速度与粒子直径、尘粒体积质量及气体介质的性质有关。当某一种尘粒在某一种气体中，处在重力作用下，尘粒的沉降速度 v_g 与尘粒直径平方成正比。所以粒径越大，沉降速度越大，越容易分离。反之，粒径越小，沉降速度变得很小，以致没有分离的可能。层流空气中球形尘粒的重力自然沉降速度见图 2-2。利用图 2-2 能简便地查到球形尘粒的沉降速度，可满足工程计算的精度要求。例如，确定直径为 $10\mu m$、密度为 $5000kg/m^3$ 的球形尘粒在 $100℃$ 的空气中沉降速度。利用图 2-2，从相应于 $d = 10\mu m$ 的点引一水平线与 $\rho_1 = 5000kg/m^3$ 的线相交，从交点做垂直线与 $t = 100℃$ 的线相交，又从这个交点引水平线至速度坐标上，即可求得沉降速度 $v_g = 0.0125m/s$。图 2-2 上粗实线箭头所示为已知空气温度、尘粒密度和沉降速度求尘粒直径的过程。

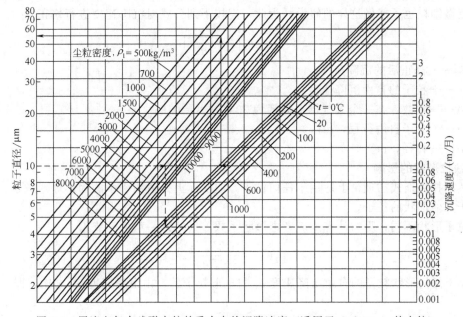

图 2-2　层流空气中球形尘粒的重力自然沉降速度（适用于 $d < 100\mu m$ 的尘粒）

在图 2-1 中，设烟气的水平流速为 v_0，尘粒 d 从高度 h 开始沉降，那么尘粒落到水平距离 L 的位置时，其 $\frac{v_g}{v_0}$ 关系式为

$$\tan\theta = \frac{v_g}{v_0} = \frac{d^2(\rho_D - \rho_a)g}{18\mu v_0} = \frac{h}{L} \tag{2-4}$$

由式（2-4）看出，当除尘器内被处理的气体速度越低，除尘器的纵向深度越大，沉降高度越低，就越容易捕集细小的粉尘。

二、影响重力沉降的因素

粉尘颗粒物的自由沉降主要取决于粒子的密度。如果粒子密度比周围气体介质大，气体介质中的粒子在重力作用下便沉降；反之，粒子则上升。此外影响粒子沉降的因素还有：①颗粒物的粒径，粒径越大越容易沉降；②粒子形状，圆形粒子最容易沉降；③粒子运动的方向性；④介质黏度，气体黏度大时不容易沉降；⑤与重力无关的影响因素，如粒子变形、在高浓度下粒子的相互干扰、对流以及除尘器密封状况等。

1. 颗粒物密度的影响

在任何情况下，悬浮状态的粒子都受重力以及介质浮力的影响。如前所述，斯托克斯假设连续介质和层流的粒子在运动的条件下，仅受黏性阻力的作用。因此，他的方程式只适用于雷诺数 $Re = \dfrac{dv\rho_a}{\mu} < 0.10$ 的流动情况。在上述假设条件下，阻力系数 C_D 为 $\dfrac{24}{Re}$，而阻力可用下式表示。

$$F = \frac{\pi d^2 \rho_a v_r^2 C_D}{8} \tag{2-5}$$

式中 v_r——相对于介质运动的恒速。

2. 颗粒物粒径的影响

对极小的粒子而言，其大小相当于周围气体分子，并且在这些分子和粒子之间可能发生滑动，因此必须应用对斯托克斯式进行修正的坎宁哈姆修正系数，实际上已不存在连续的介质，而且对亚微细粒也不能做这样的假设。为此，需按下列公式对沉降速度进行修正。

$$v_{ct} = v_t \left(1 + \frac{2A\lambda}{d} \right) \tag{2-6}$$

式中 v_{ct}——修正后的沉降速度；

v_t——粒子的自由沉降速度；

A——常数，在一个大气压、温度为 20℃ 时 $A = 0.9$；

λ——分子自由行程，m；

d——粒径，m。

3. 颗粒形状的影响

虽然斯托克斯式在理论上适用于任何粒子，但实际上是适用于小的固体球形粒子，并不一定适用于其他形状的粒子。

因粒子形状不同，阻力计算式应考虑形状系数 S（见第一章第三节）。

$$C_D = \frac{24}{S \times Re_p} \tag{2-7}$$

S 等于任何形状粒子的自由沉降速度 v_t 与球形粒子的自由沉降速度 v_{st} 之比，即

$$S = \frac{v_t}{v_{st}} \tag{2-8}$$

单个粒子趋于形成粒子聚集体，并最终因重量不断增加而沉降。但粒子聚集体在所有情况下总是比单个粒子沉降得快，这是因为作用力不仅是重力。如果不知道密度和形状的话，可以根据聚集体的大小和聚集速率来确定聚集体的沉降速率，即聚集体成长越大，沉降得也越快。

4. 除尘器壁面的影响

斯托克斯式忽视了器壁对粒子沉降的影响。粒子紧贴界壁，干扰粒子的正常流型，从而使沉降速率降低。球体速度降低的表达式为

$$\frac{v_t}{v_t^\infty} = \left[1 - \left(\frac{d}{D} \right)^2 \right] \left[1 - \frac{1}{2} \left(\frac{d}{D} \right)^2 \right]^{1/2} \tag{2-9}$$

式中　v_t——粒子的沉降速度；

　　　v_t^∞——在无限降落时的粒子沉降速度；

　　　d——粒径；

　　　D——容器直径。

上式表明，在圆筒体内降落的球体的速度下降。此外如边界层形成和容器形状改变等因素也能引起粒子运动的变化，但容器的这种影响一般可以忽略不计的。

5. 粒子相互作用的影响

一个降落的粒子在沉降时受到各种作用，它的运动大大受到相邻粒子存在的影响。气体中含高粒子浓度则将大大影响单个粒子间的作用。一个粒子对周围介质产生阻力，因而也对介质中的其他粒子产生阻力。当在介质中均匀分布的粒子通过由气体分子组成的介质沉降时，介质的分子必须绕过每个粒子。当粒子间距很小时，如在高浓度的情况下，每个粒子沉降时将克服一个附加的向上的力，此力使粒子沉降速度降低，而降低的程度取决于粒子的浓度。此外，沉降过程还受高粒子浓度的影响，其表现形式是粒子互相碰撞及聚集速率可能增加，使沉降速度偏离斯托克斯式。在极高的粒子浓度下，粒子可互相接触，但不形成聚集体，从而产生了运动的流动性。因此，要考虑粒子的相互作用。此外，由不同大小粒子组成的粒子群或多分散气溶胶的沉降速率较单分散气溶胶更为复杂。在多分散系中粒子将以不同的速率沉降。

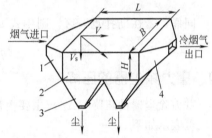

三、重力除尘器的分离效率

重力除尘器的典型结构见图 2-3。

除尘器的长、宽、高分别用 L、B、H（m）表示。设入口的含尘气流内粉尘颗粒沿入口截面上是均匀分布的，进入除尘器后，气速变小，粉尘颗粒在重力场作用下逐渐沉降下来积集在集尘器的下部。重力除尘器有两种设计方法——层流条件下沉降和紊流条件下沉降。

图 2-3　重力除尘器的典型结构
1—进口管；2—沉降室；3—灰斗；4—出口管

1. 层流条件下的沉降

若 $Re \leqslant 2000$，为层流条件，有

$$Re = \frac{4 v R_h \rho_g}{\mu} \tag{2-10}$$

式中　v——除尘器横截面上气流平均速度，m/s，$v = \dfrac{Q_i}{BH}$；

　　　Q_i——入口气量，m^3/s；

　　　ρ_g——气体密度，kg/m^3；

　　　μ——气体黏度，$Pa \cdot s$；

　　　R_h——除尘器的水力半径，m，且满足 $R_h = \dfrac{BH}{2(B+H)}$。

在层流条件下，假设在横截面上颗粒没有返混，对于任意粒径的颗粒而言，向捕集面移动的速度 u_i 就是该颗粒的沉降速度 u_{si}，气速 v 也沿长度不变，于是可得其粒级效率为

$$\eta_i = \frac{1}{H} \int_0^L \frac{u_{si}}{v} dl = \frac{u_{si}L}{vH} = \frac{L}{vH}\sqrt{\frac{4(\rho_D - \rho_g)_g \delta}{3\rho_g C_D}} \tag{2-11}$$

若可判定 C_D 属于斯托克斯区，则 $C_D = \dfrac{24}{Re_p}$，于是上式可简化为

$$\eta = \frac{(\rho_D - \rho_g)g\delta^2 L}{18\mu v H} = \frac{\rho_D g\delta^2 BL}{18\mu Q_i} \tag{2-12}$$

式中 ρ_D——颗粒的密度，kg/m^3，一般大于 ρ_g；

   δ——该颗粒的当量球径，m。

上式为理想层流条件下的理论计算，实际上粒级效率要小于此理论计算，故应乘以一个修正系数，得到实际的粒级效率为

$$\eta_i = k\Psi\delta^2 \tag{2-13}$$

式中 $\Psi = \dfrac{\rho_g g BL}{18\mu Q_i}$，是一个只与沉降器尺寸及操作条件有关的常数；

   k——常数，一般可取 $0.5\sim0.6$。

2. 紊流条件下的沉降

当 $Re > 2000$ 时为紊流条件，此时近似属于横混模型。在紊流作用下，沿横截面上的颗粒浓度均匀分布，只在靠近底板表面（捕集表面）上有一层层流层，凡落入层流层内的颗粒就认为是被捕集下来的。于是可写出其粒级效率为

$$\eta_i = 1 - \exp\left[-\int_0^L \frac{u_{si}}{vH}dl\right] = 1 - \exp\left(-\frac{u_{si}L}{vH}\right) \tag{2-14}$$

同样，若在斯托克斯区，则用式 $u_s = \dfrac{C_D}{18} \times \dfrac{\rho_D - \rho_s}{\mu} \times \delta^2 g$ 代入，经整理简化后可得

$$\eta_i = 1 - \exp(-\Psi\delta^2) \tag{2-15}$$

四、重力除尘器的压降

重力除尘器的压降（Δp）主要由出、入口的局部阻力损失及除尘器内沿程阻力损失等组成，可表示如下。

$$\Delta p = \left(f\frac{L}{R_h} + \xi_i + \xi_o\right)\frac{\rho_g v^2}{2} \tag{2-16}$$

式中 f——除尘器内摩擦系数，在湍流时，$f = 0.00135 + 0.099Re^{-0.3}$，一般 $f \leqslant 0.01$；

   R_h——除尘器的水力半径，$R_h = \dfrac{BH}{2(B+H)}$，m；

   ξ_i——入口阻力系统，$\xi_i = \left(\dfrac{BH}{A_i} - 1\right)^2$；

   ξ_o——出口阻力系数，$\xi_o = 0.45\left(1 - \dfrac{A_o}{BH}\right)$；

A_i、A_o——入口前及出口后的管道截面积，m^2。

一般重力沉降器的压降很小，在几十帕左右，而且一般主要损失是在入口处，所以有时可将入口做成喇叭形或设置气流分布板以减少涡流损失。

第二节   重力除尘器的构造

重力除尘器的构造是所有除尘器构造中最简单的一种。由于构造简单，粉尘粒子受力单一，所以设计计算较其他类型除尘器容易且准确。

一、重力除尘器的分类

重力除尘按段数有一段重力降尘室和多段沉降室之分，如图 2-4 所示。

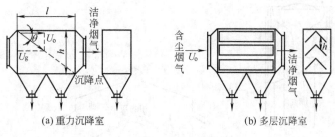

(a) 重力沉降室　　　　　　　　　(b) 多层沉降室

图 2-4　重力除尘器
U_0—基本流速；U_g—沉降速度；l—长度；h—高度

按气体流动方向可以分为水平气流重力除尘器和垂直气流重力除尘器两种。

按除尘器内部有无挡板还可以分为无挡板动除尘器和有挡板动除尘器。

二、水平气流重力除尘器的构造

水平气流重力除尘器，由含尘气体入口、箱体、干净气体出口及卸灰装置组成。

1. 构造

水平气流除尘器如图 2-5～图 2-7 所示，其主要由室体、进气口、出气口和集灰斗组成。含尘气体在室体内缓慢流动，尘粒借助自身重力作用被分离而捕集起来。

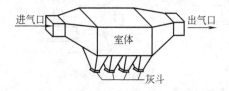

图 2-5　矩形截面水平气流除尘器

图 2-6　装有挡板的除尘器

为了提高除尘效率，有的在室中加装一些垂直挡板（见图 2-6）。其目的，一方面是为了改变气流的运动方向，这是由于粉尘颗粒惯性较大，不能随同气体一起改变方向，撞到挡板上，失去继续飞扬的动能，沉降到下面的集灰斗中；另一方面是为了延长粉尘的通行路程使它在重力作用下逐渐沉降下来。有的采用百叶窗形式代替挡板，效果更好。有的还将垂直挡板改为"人"字形挡板（图 2-7），其目的是使气体产生一些小股蜗旋，尘粒受到离心力作用，与气体分开，并碰到室壁上和挡板上，使之沉降下来。对装有挡板的重力除尘器，气流速度可以提高到 2～3m/s。多段除尘器设有多个室段，这样相对地降低了尘粒的沉降高度。

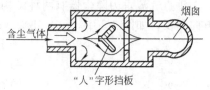

图 2-7　装有"人"字形挡板
除尘器（水平剖面）

2. 水平气流除尘器性能

除尘器的性能可按下述原则进行判定：①除尘器内被处理气体速度（基本流速）越低，越有利于捕集细小的尘粒；②基本流速一定时，降尘室的高度越小而纵深越长，则除尘效率也就越高；③在气体入口处装设整流板，在降尘室内装设挡板，使除尘器内气流均匀化，增加惯性碰撞效应，有利于除尘效率的提高。

综上所述，除尘器内的基本流速越低，就越能分离捕集细小尘粒，有利于提高除尘效率。但是应注意，这样装置也就越庞大，设备费用也就越高。所以通常基本流速选定为 1～2m/s。实用的捕集粉尘粒径为 40μm 以上。压力损失比较小，当气体温度为 250～350℃，气体在降尘室入口和出口处的流速为 12～16m/s 时，除尘器总阻力损失为 100～150Pa。

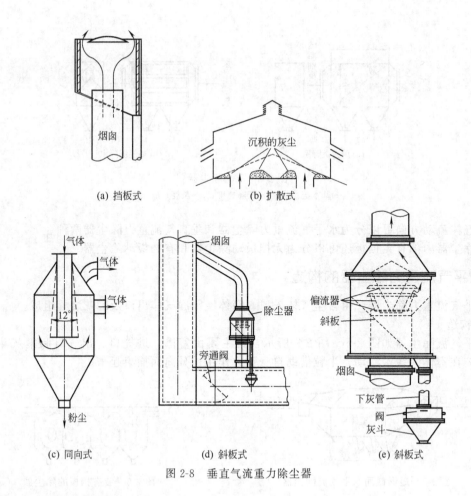

(a) 挡板式   (b) 扩散式

(c) 同向式   (d) 斜板式   (e) 斜板式

图 2-8   垂直气流重力除尘器

三、垂直气流重力除尘器构造

垂直气流重力除尘器有两种结构形式：一种是入口含尘气流流动方向与粉尘粒子重力沉降方向相反，如图 2-8 中（a）、（b）、（d）、（e）所示；另一种是入口含尘气流流动方向与粉尘粒子重力沉降方向相同，如图 2-8 中（c）所示。由于粒子沉降与气流方向相同，所以这种重力除尘器粉尘沉降过程快，分离容易。

垂直气流除尘器是一种风力分选器，可以除去沉降速度大于气流上升速度的粒子。图 2-8（a）是其中最简单的一种。从烟道来的气流进入除尘器后，气流因挡板转变方向，大粒子沉降在斜底的周围，顺顶管落下。

在一般情况下，这类除尘器的直径应为烟道的 2.5 倍，这时，气体进入沉降室的流速为烟道流速的 $\frac{1}{6}$ 左右。当烟道流速为 1.5~2m/s 时，可以除去粒径为 200~400μm 的尘粒。

图 2-8（b）是一种有多个入口的简单除尘器，尘粒扩散沉降在入口的周围并定期停止排尘设备运转以清除积尘。

图 2-8（c）是一种常用的气流方向与粉尘沉降方向相同的重力除尘器。这种重力除尘器与惯性除尘器的区别在于前者

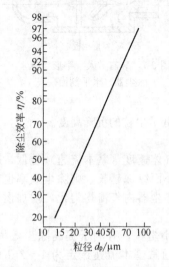

图 2-9   各种粒径尘粒的去除效率
（$\rho_p = 2.1 \text{g/m}^3$ 时）

不设气流叶片，除尘作用力主要是重力。

图 2-8(d) 是出口带有偏流器的重力器，装有偏流板可提高除尘效率。当尘粒的密度为 2.1g/cm³ 时，这类除尘器对各种不同粒径尘粒的除尘效率见图 2-9。

第三节　重力除尘器改进形式

实际应用的重力除尘器比理论设计的重力除尘器应用得更多，本节介绍烟道式重力除尘器、隔板式重力除尘器、降尘管式重力除尘装置和立式重力除尘器。

一、烟道式重力除尘器

烟道式除尘器如图 2-10 所示。这种重力除尘器是烟道一部分，具有输送烟气和除尘双重作用。当其烟道断面 a—a 未设斜板，其降尘机理与图 2-3 水平沉降器完全相同，其降尘面积 $F=LB$。式中，L 为降尘烟道的有效长度，m；B 为降尘烟道的宽度，m。所以这样降尘烟道式重力除尘器的降尘效率很低。为提高降尘效率，根据重力除尘原理，可在烟道内增设斜板，如图 2-10 断面 b—b 所示。斜板的倾斜角一般为 55°～60°，有利自动排除沉积在斜板上的灰尘。烟道内增设斜板，其所增加的降尘面积 F' 为

$$F'=2nLC_1\cos\theta+2LC_2\cos\theta \tag{2-17}$$

$$C_1=\frac{\frac{B}{2}-\delta_1}{\cos\theta};C_2=\frac{\frac{B}{2}-\delta_2}{\cos\theta}$$

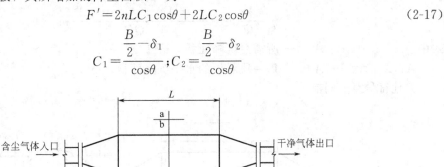

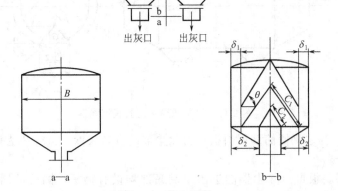

图 2-10　降尘烟道

若取 $\theta=60°$，则 $C_1=B-2\delta_1$，$C_2=B-2\delta_2$ 代入式（2-22）得

$$F'=2L[n(B-2\delta_1)+(B-2\delta_2)]\cos\theta \tag{2-18}$$

式中，n 为人字形斜板一侧的块数，块；L 为烟道的有效长度，m；B 为烟道的宽度，m；C_1 为人字形斜板一侧的实际宽度，m；C_2 为辅助斜板的实际宽度，m；θ 为斜板与水平线的夹角，（°），一般取 45°～60°；δ_1、δ_2 为斜板底端至烟道壁的净距，m，一般 δ_1 取 0.1～0.15m，δ_2 根据实际情况决定。

所以，一般降尘烟道式重力除尘器的降尘效率 η_1 为

$$\eta_1 = \frac{Fv_1}{Q} = \frac{LB}{Q}v_s \tag{2-19}$$

式中　Q——处理烟气量，m^3/h；

　　v_s——颗粒物沉降速度，m/s；

其他符号意义同前。

降尘烟道除尘器内增设人字形斜板后，其降尘效率为

$$\eta_2 = \frac{F'}{Q}w_1 = \frac{2L[n(B-2\delta_1)+(B-2\delta_2)]\cos\theta}{Q}w_1 \tag{2-20}$$

根据环保要求的排放标准和烟尘的粒度质量分数（测尘仪实测），确定降尘效率后，便可计算出所需要的降尘面积 F'，即可得出斜板的块数。然后根据烟道的实际高度，按等分确定板的间距。如果烟道较长，可将人字形斜板分段制作。

二、隔板式重力除尘器

1. 斜隔板重力除尘器

水平圆筒多层斜板重力除尘器如图 2-11 所示。筒内气体为平流方向，即气流从圆筒的一端入口与筒内斜板呈平流状态，于另一端出口。它的沉降效率 η 为

$$\eta = \frac{A_0}{Q}w_1 = \frac{A_1+A_2+A_3+\cdots+A_n}{Q}v_s \tag{2-21}$$

式中　　　　A_0——所需总沉降面积，m^2；

$A_1, A_2, A_3, \cdots, A_n$——每一块斜板的水平沉降面积，$m^2$；

其他符号意义同前。

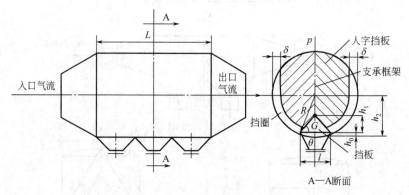

图 2-11　水平圆筒多层斜板沉降器

图 2-11 中，L 为水平圆筒多层斜板重力除尘器的有效长度（m）；l 为排灰孔直径（mm），最大不超过 600mm。

水平圆筒多层斜板重力除尘器的进出口端底部均设有挡板，圆筒的周边设有挡圈，如图 2-11 A—A 断面所示。挡板上部焊接人字形斜板的支承框架。人字形斜板焊接在支承框架和挡圈上，这样可使斜板上下滑至排灰斗的灰尘不受气流的影响。

设计时根据灰尘的性质选定斜板倾角 θ，确定排灰孔径 l，这样可得最底部人字形斜板的交点 G。GP 之间的人字形斜板按等分布置，然后绘出最顶部的人字形斜板，取顶部和底部人字形斜板在水平面上的投影长度之和的 $1/2$，作为平均宽度。这样便可根据所需总沉降面积计算出人字形斜板的块数。计算人字形斜板在水平面上的投影长度比较繁杂，而按比例图实测比较方便，然后用试差法调整人字形斜板的块数及其相互的间距，以求达到等于或略大于所要求

的总沉降面积。

2. 斜置形隔板除尘器

斜置正方形、矩形和圆形截面的多层重力除尘器如图 2-12 所示，其内部的沉降板按等间距布置。这几种重力分离器，可因地制宜地布置在斜管段上。它的任一类质点群的分离效率计算同上述多层沉降器。若对某种质点群需要 100% 的分离，则必须验算沉降板的长度与两相邻沉降板的间距关系。气流在斜置多层沉降器内与质点的运动方向有顺流或逆流两种方式，不论顺流和逆流哪种气流运动方式，都用式（2-11）和式（2-12）来确定沉降板的长度及其相邻间距的关系。

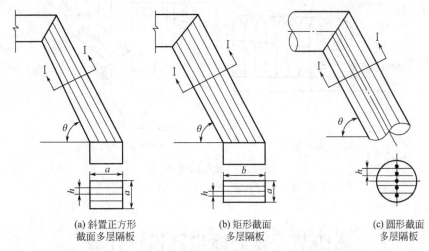

(a) 斜置正方形　　　　(b) 矩形截面　　　　(c) 圆形截面
截面多层隔板　　　　多层隔板　　　　　多层隔板

图 2-12　斜置形隔板除尘器

三、降尘管式重力除尘装置

烧结厂是钢铁企业产生粉尘最多的地方，这些粉尘主要来自烧结中主烟道废气含尘。烧结抽风系统废气中的粉尘含量可达 $2\sim6g/m^3$，数量大（1t 烧结矿为 $8\sim36kg$）且粒度组成不均匀。因而，一般都采用两段除尘方式，第一段为降尘管重力除尘装置，第二段采用其他除尘器，主要是多管除尘器，也有用旋风除尘器或静电除尘器的。一般流程和除尘装置如图 2-13 所示。

降尘管重力除尘装置实质上是连接风箱和抽风机的大烟道。它有集气和除尘的作用。降尘管是由钢板焊制成的圆形管道，内有钢丝固定的耐热、耐磨保温材料充填的内衬，以防止灰尘磨损和废气降温过多。降尘管中的废气温度应保持在 $120\sim150℃$ 以防水汽冷凝而腐蚀管道。为了提高除尘效果，风箱的导风管从切线方向与之连接。

废气进入降尘管除尘装置流速降低，并且流动方向改变，大颗粒粉尘借重力和惯性的作用从废气中分离出来，进入集灰管中，再经水封拉链机放灰阀排走。粉尘在降尘管除尘装置中的沉降与粒度和密度有关。在密度相同的情况下，粉尘的颗粒越大沉降速度越快。粉尘颗粒粒度相同而密度不同时，密度大的颗粒沉降速度快，密度小的沉降慢。因此降尘管除尘效率与其截面积和废气流速有关，截面积大，流速低，降尘效率高。为此，要求把大烟道直径扩大，以降低气流速度，但直径过大不仅造

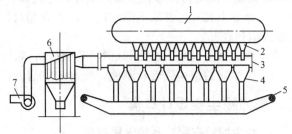

图 2-13　烧结机抽风系统除尘装置
1—烧结机；2—风箱；3—降尘管式重力除尘器；4—水封管；
5—水封拉链机；6—多管除尘器；7—风机

价高，而且配置困难。有的大型烧结机便设置两根变径降尘管，机尾端管径小，机头端管径大，以使气流速度逐步降低，有利于除尘。一般情况下，大烟道截面积以能保持废气流速在9～12m/s为宜。大烟道降尘效率通常为50％左右。在大烟道与二次除尘之间增设降尘管或靠近机头机尾的几个风箱与大烟道之间，增设辅助重力除尘器，都有良好的效果，图2-14为大烟道与第一号风箱之间辅助重力除尘装置，这种除尘设备除尘效率可满足生产要求。

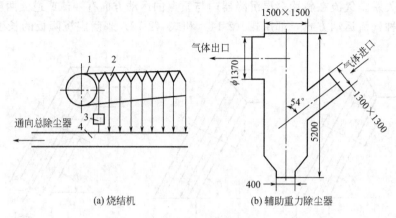

(a) 烧结机　　　　　　　　(b) 辅助重力除尘器

图 2-14　辅助除尘器

1—烧结机；2—风箱；3—辅助重力除尘器；4—大烟道

第四节　重力除尘器设计计算

重力除尘器的除尘过程主要受重力的作用。除尘器内气流运动比较简单，除尘器设计计算包括含尘气流在除尘器内停留时间及除尘器的具体尺寸。

一、设计计算注意事项

① 设计的重力除尘器在具体应用时往往有许多情况和理想的条件不符。例如，气流速度分布不均匀，气流是紊流，涡流未能完全避免，在粒子浓度大时沉降会受阻碍等。为了使气流均匀分布，可采取安装逐渐扩散的入口、导流叶片等措施。为了使除尘器的设计可靠，也有人提出把计算出来的末端速度减半使用。

② 除尘器内气流应呈层流（雷诺数＜2000）状态，因为紊流会使已降落的粉尘二次飞扬，破坏沉降作用，除尘器的进风管应通过平滑的渐扩管与之相连。如受位置限制，应装设导流板，以保证气流均匀分布。如条件允许，把进风管装在降尘室上部会收到意想不到的效果。

③ 保证尘粒有足够的沉降时间。即在含尘气流流经整个室长的这段时间内，保证尘粒由上部降落到底部。

④ 所有排灰口和门、孔都必须切实密闭，除尘器才能发挥应有的作用。

⑤ 除尘器的结构强度和刚度，按有关规范设计计算。

二、重力除尘器设计计算

1. 粉尘颗粒在除尘器的停留时间

$$t = \frac{h}{v_g} \leqslant \frac{L}{v_0} \tag{2-22}$$

式中　t——尘粒在除尘器内停留时间，s；

h——尘粒沉降高度，m；

v_g——尘粒沉降速度，m/s，可由图 2-15 查出；

L——除尘器长度，m；

v_0——除尘器内气流速度，m/s。

根据上式，除尘器的长度与尘粒在除尘器内沉降高度应满足下列关系：

$$\frac{L}{h} \geqslant \frac{v_g}{v_0} \qquad (2\text{-}23)$$

2. 除尘器的截面积

$$S = \frac{Q}{v_0} \qquad (2\text{-}24)$$

式中　S——除尘器截面积，m^2；

Q——处理气体量，m^3/s；

v_0——除尘器内气流速度，m/s，一般要求小于0.5m/s。

3. 除尘器容积

$$V = Qt \qquad (2\text{-}25)$$

式中　V——除尘器容积，m^3；

Q——处理气体量，m^3/s；

t——气体在除尘器内停留时间，s，一般取 $30 \sim 60$s。

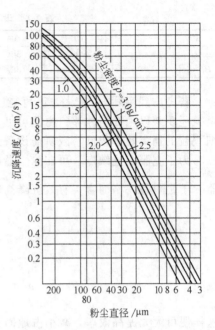

图 2-15　粉尘粒粒径与沉降速度的关系

4. 除尘器的高度

$$H = v_g t \qquad (2\text{-}26)$$

式中　H——除尘器高度，m；

v_g——尘粒沉降速度，m/s，对于粒径为 $40\mu m$ 的尘粒可取 $v_g = 0.2$m/s。

5. 除尘器宽度

$$b = \frac{S}{H} \qquad (2\text{-}27)$$

式中　b——除尘器宽度，m；

S——除尘器截面积，m^2。

6. 除尘器长度

$$L = \frac{V}{S} \qquad (2\text{-}28)$$

式中　L——除尘器长度，m。

三、除尘器的尺寸确定

由以上计算可知，要提高细颗粒的捕集效率，应尽量减小气速 v 和沉降器高度 H，尽量加大除尘器宽度 B 和长度 L。例如在常温常压空气中，在气速 $v=3$m/s 条件下，要完全沉降 $\rho_p = 2000$kg/m^3 的颗粒，设为层流条件，所需除尘器的 $\dfrac{L}{H}$ 值及每处理 $1m^3/s$ 气量所需的占地面积 BL 见表 2-1。

表 2-1　设定条件下所需除尘器的几个参数值

$\delta/\mu m$	1	10	25	50	75	100	150
L/H	50640	506	81	20	9	5.06	2.21
$BL/[m^2/(m^3/s)]$	16880	168.7	27	6.67	3	1.7	0.75

若考虑到实际 Re 较大，已可能进入湍流条件，则按上表内所需的 L/H 值及占地面积 BL 至少还要乘以 4.6 倍才够。由此可见，重力除尘器一般只能用来分离 $75\mu m$ 以上的粗颗粒，对细颗粒的捕集效率很低，或所需设备过于庞大，占地面积太大，并不经济。

为了克服上述缺点，可在除尘器内加水平隔板或斜隔板，做成如图 2-16 所示的多层沉降器。于是对每一格而言，有效沉降高度便变为 $\dfrac{H}{n+1}$，这时粒级效率就可提高为

$$\eta_i = \frac{\rho_D g \delta^2 L(n+1)}{18\mu v H} \tag{2-29}$$

或

$$\eta_i = 1 - \exp\left[-\frac{\rho_D g \delta^2 L(n+1)}{18\mu v H}\right] \tag{2-30}$$

这样便可大大提高效率，减小占地面积及设备体积，但隔板上沉降下来的粉尘很难清除，气速稍大就会再次扬起。故一般气速要控制在夹带速度以下，以免将沉积在隔板上的颗粒再次扬起，这种夹带速度随颗粒的密度及大小而异。在设计除尘器时，通常可选用气速为 $0.3\sim1m/s$；对密度小的颗粒应尽量选较低的气速。

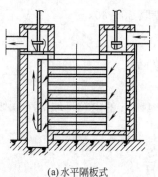
(a)水平隔板式

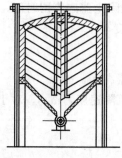
(b)斜隔板式

图 2-16　多层隔板式重力除尘器

多层除尘器的分级除尘效率还可以按下式计算：

$$\eta_{in} = \frac{L v_{si}}{H v}(n+1) \times 100\% \tag{2-31}$$

式中　η_{in}——多层除尘器的某种粒级的分级除尘效率，%；

　　　v_{si}——某种粒级烟尘的沉降速度，m/s；

　　　n——隔板层数，无因次。

多层除尘器能够沉积烟尘的最小粒径按下式计算：

$$d_{min} = \sqrt{\frac{18\mu v H}{\rho_1 g L(n+1)}} \tag{2-32}$$

重力除尘器增加隔板，减小了尘粒沉降高度，增加了单位体积烟气的沉降底面积，因而有更高的除尘效率，但其结构复杂，造价高，排出烟尘困难，使其应用受到限制。

第五节　重力除尘器的应用

由于重力除尘器的效率较低，而国家的环保要求日益严格，所以限制了其应用范围。但作为高级除尘器的预除尘器或单独使用的除尘器，其许多优点是显而易见的无需外加能源亦能除尘是其独特之处。重力除尘器在许多行业有着应用。

一、重力除尘器在高炉煤气净化中的应用

高炉煤气除尘设备的第一级，不论高炉大小普遍采用重力除尘器。从高炉炉顶排出的高炉煤气含有较多的 CO、H_2 等可燃气体，可作为气体燃料使用。

高炉所使用的焦炭、重油的发热量中，约有 30% 转变成炉顶煤气的潜热，因此充分利用这些气体的潜热对于节省能源是非常重要的。但是，从高炉引出的炉顶煤气中含有大量灰尘，不能直接使用，必须经过除尘处理，因此应设置煤气除尘设备。

高炉煤气除尘设备一般采用下述流程：①高炉煤气→重力除尘器→文氏管洗涤器→静电除尘器；②高炉煤气→重力除尘器→一次文氏管洗涤器→二次文氏管洗涤器；③高炉煤气→重力除尘器→袋式除尘器。

图 2-17 示出了高炉煤气除尘典型流程。

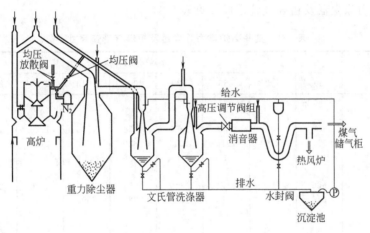

图 2-17　高炉煤气除尘典型流程

1. 重力除尘器的布置及主要尺寸的确定

除尘器靠近高炉煤气设施布置或在一列高炉旁布置时，一般布置在铁罐线的一侧。重力除尘器应采用高架式，清灰口以下的净空应能满足火车或汽车通过的要求。设计重力除尘器时可参考下列数据：①除尘器直径必须保证煤气在标准状况下的流速不超过 $0.6\sim 1.0m/s$；②除尘器直筒部分的高度，要求能保证煤气停留时间不小于 $12\sim15s$；③除尘器下部圆锥面与水平面的夹角应做成大于 $50°$；④除尘器内喇叭口以下的积灰体积应能具有足够的富余量（一般应满足 3 天的积灰量）；⑤在确定粗煤气管道与除尘器直径时，应验算使煤气流速符合表 2-2 所列的流速范围；⑥下降管直径按在 $15℃$ 时煤气流速 $10m/s$ 以下设计；⑦除尘器内喇叭管垂直倾角 $5°\sim 6.5°$，下口直径按除尘器直径 $0.55\sim 0.7$ 倍设计，喇叭管上部直长度为管径的 4 倍。

高炉重力除尘器及粗煤气系统见图 2-18。

表 2-2　重力除尘器及粗煤气管道中煤气流速范围

部　位	煤气流速/(m/s)	部　位	煤气流速/(m/s)
炉顶煤气导出口处	3～4	下降总管	7～11
导出管和上升管	5～7	重力除尘器	0.6～1
下降管	6～9		

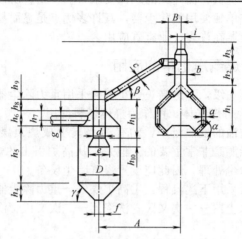

图 2-18　高炉除尘器及粗煤气系统示意

某些高炉重力除尘器及粗煤气管道尺寸见表 2-3。

表 2-3　某些高炉重力除尘器及粗煤气管道尺寸

尺 寸 代 号	高炉有效容积/m³								
	50	100	255	620	1000	1513	2000	2025	2516
粗煤气管道:									
导出管 a									
内径/mm	700	800	974	1350	1574	1730	1876	1950	2274
外径/mm	716	816	1216	1600	1820	2000	2100	2200	2500
根数/根	2	2	4	4	4	4	4	4	4
上升管和下降管 b									
内径/mm	600	750	1174	1640	1974	2230	2376	2450	3000
外径/mm	616	766	1416	1900	2220	2600	2600	2700	3226
根数/根	2	2	2	2	2	2	2	2	2
下降总管 c									
内径/mm	800	900	1700	2150	2474	2730	2876	2950	3274
外径/mm	816	916	1716	2400	2720	3000	3100	3200	3500
根数/根	1	1	1	1	1	1	1	1	1
敷散管 i									
内径/mm	250	400	600	588	874	800	1120	870	
外径/mm	268	416	616	612	1116	1120	1144	1120	
根数/根	2	2	2	2	2	2	2	2	2
h_1/mm	4950	6800	10960	13005	12010	15318	14225	16892	18068
h_2/mm	3200	3300	2500	8000	5193	8975	5255	5048	7379
h_3/mm	4800	4870	4800	4000	10727	2470	1650	6760	3139
h_4/mm	16400	19470	21350	24100	32700	26700	24150	29760	30839
A/mm	12600	15000	20200	23100	31200	30700	30000	27000	31700
B/mm	1200	1300	2650	2500	3413	1000	—	3376	4000
α	50°	60°	45°	53°	53°	53°	53°	59°	53°
β	45°30′	46°49′	45°	13°16′10″	40°	45°	45°	45°	45°
除尘器 D:									
内径/mm	3500	4000	5882	7750	8000	10734	11754	11744	13000

尺 寸 代 号	高炉有效容积/m³								
	50	100	255	620	1000	1513	2000	2025	2516
外径/mm	3516	4016	5894	8000	8028	11012	12012	12032	13268
喇叭管直径 d									
内径/mm	960	1100	2000	2510	3200	3274	3400	3270	3274
外径/mm	976	1112	2016	2550	3240	3524	3524	3520	3500
喇叭管下口 e									
内径/mm	1300	1600	2920	3760	3700	3274	—	3270	3274
外径/mm	1312	1612	2936	3800	3740	3524	—	3520	3500
排灰口 f									
外径/mm	600	600	502	850	1385	967	内 940×2	600	890
煤气出口 g									
内径/mm	614	704		2180		2274	2620	2450	3000
外径/mm	630	720		2200		2520	2644	2700	3226
h_5/mm	2155	2300	4000	4263	3958	5961	6576	6640	7300
h_6/mm	5600	6000	7000	10000	11484	12080	10451	13400	13860
h_7/mm	1500	1500	2380	5050	4000	5965	8610	8245	7596
h_8/mm	800	750	1250	2000		2986	2926	3960	2926
h_9/mm	700	600	1270	2500	3400	2339	2339	2330	1639
h_{10}/mm	2500	3000	4000	6000	10000	13594	13596	15500	—
h_{11}/mm	200	2000	2573	5000	0	0		15500	—
γ				65°4′	50°		50°		60°

2. 重力除尘器结构与内衬

大中型高炉除尘器及粗煤气管内在易磨损处一般均衬铸钢衬板，其余部分砌黏土砖保护，砌砖时砌体厚度为113mm。为使砌砖牢固，每隔 1.5～2.0m 焊有托板。

管道及除尘器外壳一般采用 Q235 镇静钢。小型高炉也可采用 Q235 沸腾钢。煤气管道及除尘器外壳厚度见表 2-4。

表 2-4　煤气管道及除尘器外壳厚度　　　　　　　　　　　　　单位：mm

高炉有效积 /m³	除 尘 器				粗煤气管道	
	直筒部分	拐角部分	上圆锥体	下圆锥体	导出管	上升和下降管
50	8	12	8	8	10	8
100	8	12	8	12	8	8
255	6	10	6	6	8	8
620	12	30	14	14	16	12
1000	14	30	20	14	10	10
1513	16	24、36	16	16	14	12

3. 重力除尘器荷载

（1）作用在除尘器平台上的标准均布荷载　见表 2-5。

表 2-5　作用在除尘器平台上的标准均布荷载　　　　　　单位：（kN/m²）

平台梯子部位及名称	正常 Z	附加 F
清灰阀平台	4	10
其他平台及走梯	2	4

（2）重力除尘器金属外壳的计算温度　正常值为 80℃，附加值 100℃。

（3）除尘器内的灰荷载　除尘器前和粗煤气管道布置若在前述角度和流速范围内时，一般可不考虑灰荷载。

除尘器内灰荷载可按下列情况考虑：①正常荷载 Z，按高炉 1 昼夜的煤气灰吹出量计算；②附加荷载 F，清灰制度不正常或除尘器内积灰未全部放净，荷载可按正常荷载的 2 倍计算；③特殊荷载 T，按除尘器内最大可能积灰极限计算，煤气灰密度一般可按 $1.8 \sim 2.0 \text{t/m}^3$ 计算。

（4）除尘器内的气体荷载　主要考虑：①正常荷载 Z，高压操作时按设计采用的最高炉顶压力，常压操作时采用 $1 \sim 3 \text{N/cm}^2$；②附加荷载 F，按风机发挥最大能力时可能达到的最高炉顶压力考虑；③特殊荷载 T，按爆炸压力 40N/cm^2 及 1N/cm^2 负压考虑。

（5）其他荷载　包括机械设备的静荷载及动荷载，除尘器内衬的静荷载。

二、重力除尘器在冶炼厂的应用

1. 在铅鼓风炉生产中的应用

某铅冶炼厂 6.24m^2 铅鼓风炉产生的烟气，第一级除尘设备为重力除尘器，见图 2-19。其有效断面积为 30m^2，长 28m。进入除尘器的烟气参数如下：烟气量 $18000 \sim 20000 \text{m}^3/\text{h}$，烟气温度 $150 \sim 350 \text{℃}$，烟气含量 $20 \sim 30 \text{g/m}^3$。烟尘粒度组成如下：

粒度/μm	74	37	20	10	<10
组成/%	17.4	24.9	30.7	15.2	11.8

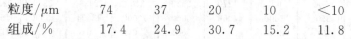
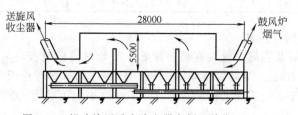

图 2-19　铅冶炼厂重力除尘器实例（单位：mm）

重力除尘器使用效果良好，除尘效率稳定。操作指标如下：

烟气平均流速	0.25m/s	烟气停留时间	100s
流体阻力	118~177Pa	收尘效率	50%

重力除尘器收集的烟尘粒度分布如下：

粒度/μm	74	37	20	10	<10
组成/%	25.8	36.9	27.4	6.4	3.5

2. 在 3m^2 锑鼓风炉除尘中的应用

（1）除尘流程图（见图 2-20）

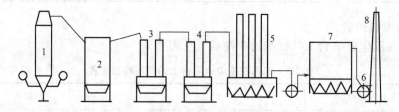

图 2-20　鼓风炉除尘流程

1—鼓风炉；2—重力除尘器；3—30m^2 喷流式换热器；4—60m^2 汽化冷却器；

5—1200m^2 表面冷却器；6—风机；7—袋式除尘器；8—烟囱

（2）除尘生产数据（见表 2-6）

表 2-6　鼓风炉收尘系统生产数据

操作条件 及指标	鼓风炉 3m²	重力除尘器 65m²	风机 Y5-47 No.12D	袋式收尘器 3500m²	风机
烟气量/(m³/h)	11000	13045		18000	
烟气温度/℃	850	773		90	
含尘量/(g/m³)	42	28.29	15		0.05

3. 在锌矿鼓风炉除尘中的应用

（1）除尘流程图（见图 2-21）

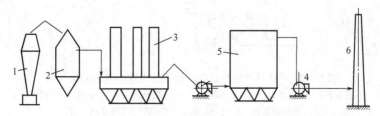

图 2-21　锌矿鼓风炉除尘流程

1—鼓风炉；2—重力除尘器；3—表面冷却器；4—风机；5—袋式除尘器；6—烟囱

（2）除尘生产数据（见表 2-7）

表 2-7　锌矿鼓风炉收尘生产数据

操作条件 及指标		鼓风炉 东台 5.6m² 西台 7.7m² 炉顶	重力除尘器 φ4m φ6m 出口	表面冷却器 1000m²×3 台并联		袋式除尘器 2100m²×3 台		烟囱 60m 进口
				进口	出口	进口	出口	
烟气量/(m³/h)	东	32000	36000	85000	110000	135000	160000	160000
	西	40000	44000					
压力/Pa	东	−20～−80	−200～−300	−300～ −500	−2400～ −2700	−850～ −1250	−1600～ −2300	−30～+50
	西	0～−50	−180～−250					
烟气温度/℃		200～700	180～500	160～400	100～140	85～110	65～75	60～70
含尘浓度/(g/m³)		20～30	16～24	12～18	8～15	6～13	0.1～0.15	0.1～0.15

注：通风烟气约 25000m³/h，进入袋式除尘器进口，系统收尘效率 98.8%。

三、把储料仓（槽、罐）等当作重力除尘器使用

在筛分、破碎、碾磨、储运等许多需要除尘的生产场所有储料仓。如果把储料仓与除尘系统结合起来，使储料仓当作重力除尘器使用，其好处是：①节省单独设置重力除尘器的费用；②便于回收有价值的物料；③储料仓起到一体二用的效果。除了储料仓以外，生产系统的其他大容积设备如斗式提升机等可以当作重力除尘器加以利用。

图 2-22 是用储料仓和斗式提升机作重力除尘器的除尘系统。在该除尘系统的大部分粉尘沉降在储料仓和斗式提升机里，到达袋式除尘器的粉尘大大减少。该系统投产十多年来运行良好。

应该注意的是，不论是用重力除尘器作预除尘器还是用储料仓作重力除尘器，都不能像计算单纯的重力除尘器那样有理想的尺寸和配置，而是应因地制宜综合考虑，有必要时可在重力除尘器内加导流板或气流分配装置，提高除尘效率。

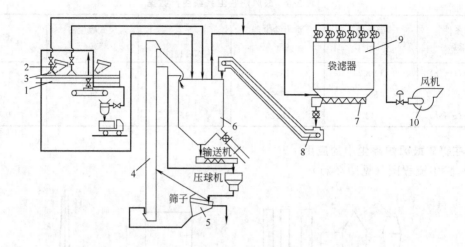

图 2-22　用储料仓和斗式提升机作重力除尘器的除尘系统

1—皮带机；2—卸料口；3—吸尘罩；4—斗式提升机；5—振动筛；6—储料仓；

7—螺旋输送机；8—刮板机；9—袋式除尘器；10—风机

四、重力除尘器在干熄焦除尘中的应用

干熄焦是相对湿熄焦而言，以冷惰性气体（通常为氮气）冷却炽热红焦炭的一种熄焦方式。吸收了红焦热量的惰性气体作为二次能源，在热交换设备（通常是余热锅炉）中给出热量而重新变冷，冷的惰性气体再去冷却红焦。余热锅炉产生的蒸汽用于发电。干熄焦在节能、环保和改善焦炭质量方面优于湿熄焦。

对规模为 $100 \times 10^4 t/a$ 的焦化厂，采用干熄焦技术，每年可以减少 $(8 \sim 10) \times 10^4 t$ 动力煤燃烧对大气的污染。相当于少向大气排放 $144 \sim 180t$ 烟尘、$1280 \sim 1600tSO_2$，减排 $(10 \sim 17.5) \times 10^4 tCO_2$，节水 $45 \times 10^4 t$，发电 $(95 \sim 105) \times 10^6 kW \cdot h$。由于干熄焦循环气体温度高达 $850℃$ 以上，含尘浓度 $30 \sim 60g/m^3$，且粉尘琢磨性极强，所以只有选用重力除尘器进行除尘，这是其他除尘器不可及的。

1. 干熄焦工艺流程

干熄焦工艺流程如图 2-23 所示。

从炭化室推出的 $950 \sim 1050℃$ 红焦经导焦栅落入运载车上的焦罐内。运载车由电机车牵引至提升机井架底部（或牵引至横移牵引装置处，再横移至提升机井架底部），由提升机将焦罐提升并平移至干熄槽槽顶，通过装入装置将焦炭装入干熄槽。炉中焦炭与惰性气体直接进行热交换，冷却至 $200 \sim 250℃$ 以下。冷却后的焦炭经排焦装置卸到胶带输送机上，送筛焦系统。

$130℃$ 的冷惰性气体由循环风机通过干熄槽底的供气装置鼓入槽内，与红焦炭进行热交换，出干槽炉的热惰性气体温度约为 $850 \sim 970℃$。热惰性气体夹带大量的焦粉经一次除尘器进行沉降，气体含尘量降到 $6g/m^3$ 以下，进入干熄焦锅炉换热，在这里惰性气体温度降至 $200℃$ 以下。冷惰性气体由干熄焦锅炉出来，经二次除尘器，含尘量下降到 $1g/m^3$ 以下，然后由循环风机加压，经热管式给水预热器冷却至约 $130℃$，送入干熄槽循环使用。

干熄焦锅炉产生的蒸汽或并入厂内蒸汽管网或送去发电。

2. 干熄焦循环气体除尘原理

（1）除尘过程　在干熄槽里，当焦炭运动时焦粉被循环气体带走，循环气体中的焦粉颗粒的粒度范围很广，由较大到较小很不均匀。下面列出在设计负荷下操作时，干熄焦装置中含尘循环气体的灰尘平均筛分组成见表 2-8。

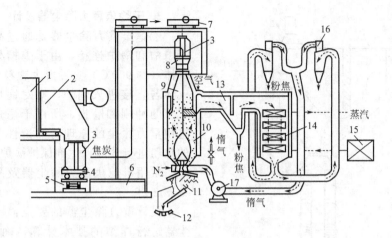

图 2-23　干熄焦工艺流程与设备

1—焦炉；2—导焦车；3—焦罐；4—横移台车；5—走行车台；6—横移牵引装置；7—提升机；
8—装入装置；9—预存室；10—冷却室；11—排出装置；12—皮带机；13—重力除尘器；
14—废热锅炉；15—水除氧器；16—旋风除尘器；17—循环风机

表 2-8　干熄焦装置中含尘循环气体的灰尘平均筛分组成

筛级/mm	>6	3~6	1.5~3	0.5~1.5	0.25~0.5	<0.25
含量/%	0.76	3.15	7.24	8.3	44.1	36.45

　　由于焦粉的粒度范围很广，所以为达到循环气体的使用要求，干熄焦循环气体除尘系统是分两种原理进行除尘的。一是在干熄槽与废热锅炉之间安装有重力除尘器（见图 2-24），温度为（600~800℃），属于高温区，重力除尘器的下部为焦尘沉降室，沉降室的尺寸很大，循环气体经过沉降室时气流的运动速度大大降低，气体停留时间长，在重力的作用下气体中悬浮的颗粒状粉尘从气流中沉降下来。灰尘沉降的轨迹由两个分力的几何合力所确定，灰尘在重力的作用下，在气体流动到出口管前就落到沉降室底部。干熄槽到废热锅炉的过渡性气体通道见图 2-24。二是废热锅炉之后的离心式除尘器。

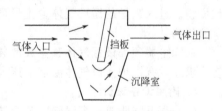

图 2-24　焦尘重力除尘器

　　（2）重力除尘器工作原理　当气体由进风管进入降尘室时，由于气体流动通道断面积突然增大，气体流速迅速下降，粉尘便借本身重力作用，逐渐沉落，最后落入下面的灰斗中，经输送机械送出。

　　当重力除尘器内被处理的气体速度越低，重力除尘器的纵向浓度越大，沉降高度越低，就越容易捕集细小的粉尘。

　　为了使气体的灰尘能够下沉，必须保证重力除尘器中的气流为层流状态。气流的平均速度不应超过 0.6m/s。

　　利用重力除尘器沉降焦尘，这种方法效率不高，但能满足工程需要。

　　在焦尘重力除尘器内捕集到的主要是大颗粒灰尘，规格在 0.5~5mm 之间，这一筛级的灰尘占重力除尘器所捕集到的灰尘的 70%。见表 2-9。

表 2-9　沉降灰尘筛级分布

筛级/mm	>6	3~6	1.5~3	0.5~1.5	0.25~0.5	<0.25
含量/%	3.36	15	29.75	27.65	23.1	2.52

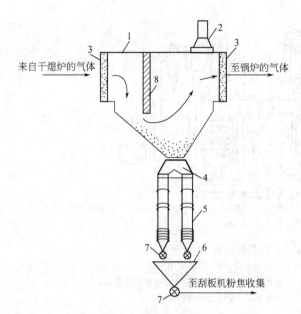

3. 干熄焦重力除尘器设计

干熄焦重力除尘器是通过高温膨胀节与干熄槽和锅炉连接，由干熄槽处理的热惰性气体（约900℃）夹带着大颗粒的焦粉，这种气体若直接进入锅炉，则对锅炉炉管会造成严重的冲刷和磨损，所以干熄焦一次除尘器选用重力除尘的原理将热惰性气体中大颗粒的焦粉进行分离，达到保护锅炉炉管的目的。

常用干熄焦重力除尘器及附属结构形式见图2-25。

设计重力除尘器的要点：一是对重力除尘器进行详细的技术计算，确保除尘效果；二是根据气体温度和粉尘性质选用耐火材料；三是所有仪表按高温选择。

除尘器外壳通常由钢板焊制，为达到耐850℃以上高温气体的目的，在钢板内部砌筑高强耐磨、耐急冷急热性好的A型莫来石砖。设计要确定除尘器各部位耐火砖的型号、材质及砌筑用耐火泥料的型号、材质。除尘器拱顶砖的灰缝应控制在1～3mm，不超过

图 2-25　重力除尘器及附属结构示意
1—重力除尘器；2—气体紧急放散口；
3—高温膨胀节；4—灰斗；5—水冷却套管（4个）；
6—储灰斗；7—格式排灰阀；8—重力除尘挡板

3mm。除尘挡板用耐磨耐火材料砌筑而成。当焦粉随着循环气体撞到除尘挡板后下降到除尘器的底部时，底部设有灰斗，用于收集焦粉。灰斗与4个水冷套管相连，水冷套管与储灰斗相连。水冷管上设有料位计，达到预定的料位后，水冷管下的格式排灰阀将焦粉排出至储灰斗。储灰斗上部设料位计，达到预定的料位后，储灰斗下的格式排灰阀将焦粉排出至刮板机。

由干熄槽出来的循环气体经除尘器后，可以除去循环气体从干熄槽带出的1/3以上的粗颗粒焦粉。进入锅炉的循环气体含尘量可降至10～12g/m³，所含粉尘成分为团聚性差、松散颗粒的焦粉。

在除尘器顶部设置气体紧急放散装置，以备锅炉爆管时紧急放散蒸汽。除尘器顶部根据工艺要求还设有锅炉入口气体温度、压力测量孔及其他备用的工艺孔。

4. 附属设备设计

（1）高温膨胀节　高温膨胀节为波纹管式结构，内部用浇注料浇注而成。

（2）气体紧急放散口　除尘器顶部设置循环气体紧急放散装置，放散口密封采用双层水封，如图2-26所示。水封盖采用电动缸驱动，设置现场和中央两种操作方式。本装置在锅炉炉管破损时可放散系统内蒸汽。另外，本装置在温风干燥时可导入空气，在锅炉内部检修时可用其通风，在锅炉降温时可作为冷却风出口（锅炉下部检修人孔也打开）等。

（3）水冷套管　重力除尘器收集的焦粉温度很高，为防止高温粉尘排出时损坏设备，必须对其进行降温处理，故除尘器底部设计有4根水冷套管，用于冷却、排出焦粉。水冷套管分为3层：内筒和外筒通水，中间用来冷却焦粉。为吸收内筒和外筒的热膨胀差，在水冷套管下部内筒与外筒间采用填料压盖的水封结构。热态时可能因内外套筒的移动而漏水，则进一步拧紧螺栓或涂加密封胶或调整填料压盖压紧量。

（4）均压管　为了排出储灰斗内的空气和方便焦粉的排出，特在储灰斗上设置了均压管，如图2-27所示。均压管为Φ100无缝钢管。储灰斗上部设料位计和温度计，达该料位后储灰斗下的格式排灰阀向刮板机排出焦粉。格式排灰阀采用电机驱动，设置现场手动和中央自动控制方式。

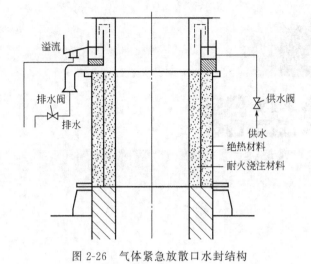

图 2-26　气体紧急放散口水封结构 　　　　图 2-27　重力除尘器储灰斗均压管示意
　　　　　　　　　　　　　　　　　　　　　　1—均压管；2—重力除尘器储灰斗；
　　　　　　　　　　　　　　　　　　　　　　　3—格式排灰阀；4—刮板输灰机

（5）**手动闸阀**　为了便于检修格式排灰阀以及后续输灰设备，在格式阀上部安装了手动闸阀，如图 2-28 所示。一般设置两组排灰处理系统，其中一个系统出现故障，另外一个系统可以照常处理焦灰，而且还能确保处理一定数量的焦灰。

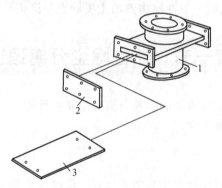

图 2-28　手动闸阀板结构
1—本体；2—盖板；3—闸板

重力除尘器的输灰装置有刮板机、斗提机、储灰仓、加湿机等，均为常规设备不再赘述。

随着国家对节能环保的重视，干熄焦技术得到越来越多的应用，干熄焦重力除尘器的设计也得到了更多的关注。虽然重力除尘器效率不高，但是很适合作为干熄焦的第一级除尘系统。因此合理的设计干熄焦重力除尘器可以很好地改善干熄焦循环气体的运行，具有很好的推广前景。

第三章 惯性除尘器

惯性除尘技术是借助挡板使气流改变方向，利用气流中尘粒的惯性力使之分离的技术。利用惯性除尘技术设计的除尘器称作惯性除尘器或惰性除尘器。

在惯性除尘器内，主要是使气流急速转向，或冲击在挡板上再急速转向，其中颗粒由于惯性效应，其运动轨迹就与气流轨迹不一样，从而使两者获得分离。气流速度高，这种惯性效应就大，所以这类除尘器的体积可以大大减少，占地面积也小，没有活动部件，可用于高温和高浓度粉尘场合，对细颗粒的分离效率比重力除尘器大为提高，可捕集到 $10\mu m$ 的颗粒。惯性除尘器的阻力在 $300\sim800Pa$ 之间。惯性除尘器的主要缺点是磨损严重，从而影响其性能。

第一节　惯性除尘分离理论

利用惯性力的作用把含尘气流中的尘粒分离出来是惯性除尘的理论基础，由于惯性除尘器形式不同，分离的过程也有所不同。

一、惯性除尘器的分类

根据构造和工作原理，惯性除尘器为两种形式，即碰撞式和回流式。

1. 碰撞式除尘器

碰撞式除尘器的结构形式如图 3-1 所示。这类除尘器的特点是用一个或几个挡板阻挡气流的前进，使气流中的尘粒分离出来。这种形式的惯性除尘器阻力较低，效率不高。

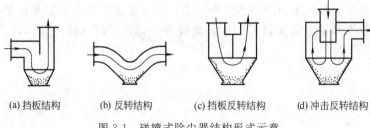

(a) 挡板结构　　(b) 反转结构　　(c) 挡板反转结构　　(d) 冲击反转结构

图 3-1　碰撞式除尘器结构形式示意

2. 回流式除尘器

该除尘器特点是把进气流用挡板分割为小股气流。为使任意一股气流都有同样的较小回转

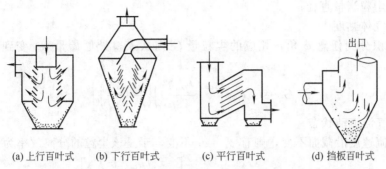

(a)上行百叶式 (b)下行百叶式 (c)平行百叶式 (d)挡板百叶式

图 3-2　回流式除尘器结构示意

半径及较大回转角，可以采用各种挡板结构，最典型的便是如图 3-2 所示的百叶挡板。

百叶挡板能提高气流急剧转折前的速度，可以有效地提高分离效率；但速度过高，会引起已捕集颗粒的二次飞扬，所以一般都选用 12～15m/s 左右。百叶挡板的尺寸对分离效率也有一定影响，一般采用挡板的长度为 20mm 左右，挡板与挡板之间的距离约为 3～6mm，挡板安装的斜角（与铅垂线间夹角）在 30°左右，使气流回转角有 150°左右。

二、惯性除尘分离机理

1. 碰撞分离工作机理

碰撞分离如图 3-3 所示，假如任意横截面上的颗粒浓度是均匀分布的，在边界层 dr 一层内的颗粒是被捕集下来的。设任意截面上的颗粒浓度为 c_i，于是 OA 断面内原有颗粒量为

$$G = b(r_o - r_i)c_i \qquad (3-1)$$

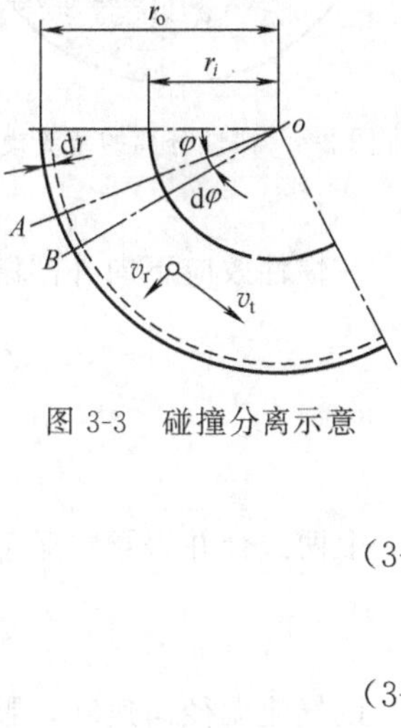

式中　G——尘粒量；

　　　b——截面宽度；

　　　r_o——回转径向最大距离；

　　　r_i——某尘粒回转向距离；

　　　c_i——某截面含尘质量浓度。

图 3-3　碰撞分离示意

在 dr 边界层内被捕集下来的尘粒量为

$$dG = bc_i dr \qquad (3-2)$$

在 $d\varphi$ 角度的空间内，尘粒量减少率为

$$-\frac{dG}{G} = \frac{-dr}{r_o - r_i} \qquad (3-3)$$

同样，将颗粒轨迹方程式 $\dfrac{dr}{d\varphi} = \dfrac{rv_r}{v_t} = \left(\dfrac{f\rho_p\delta^2}{18\mu}\right)v_t$ 代入式（3-3）有

$$-\frac{dG}{G} = -\left(\frac{f\rho_p\delta^2}{18\mu}\right)\left(\frac{v_t}{r_o - r_i}\right)d\varphi \qquad (3-4)$$

式中　$d\varphi$——尘粒动角度；

　　　v_r——径向速度；

　　　v_t——切向速度；

　　　f——摩擦系数，$f = 1 + \dfrac{1}{b}Re_p^{2/3}$；

　　　ρ_p——尘粒密度；

δ——尘粒当量直径；

μ——气体黏度。

将 φ 从 0 积分到任意 φ 角，相应的尘粒量 G 则从入口处原始量 G_o 变到转过 φ 角后的 G_φ，得

$$G_\varphi = G_o \exp\left[-\left(\frac{f\rho_p \delta^2}{18\mu} \right)\left(\frac{v_t \phi}{r_o - r_i} \right) \right] \tag{3-5}$$

同样也有两种气流流动状态。

（1）设气流速度沿截面不变，则有 $v_t = v_i$ 不变，于是该尘粒的分离效率为

$$\eta_i = 1 - \frac{G_\phi}{G_o} = 1 - \exp\left[-\frac{f\rho_p \delta^2 v_i \phi}{18\mu(r_o - r_i)} \right] \tag{3-6}$$

（2）设气流速度服从自由涡分布，即有 $v_t = v_i = \dfrac{C}{r}$，同样可以有 $C = \dfrac{Q_i}{b\ln(r_o/r_i)}$，而且只考虑边界层附近的情况，上式中 r 便可取为 r_o，所以同样可得到

$$\eta_i = 1 - \frac{G_\varphi}{G_o} = 1 - \exp\left[-\frac{f\rho_p \delta^2 Q_i \varphi}{18\mu r_o(r_o - r_i)b\ln(r_o/r_i)} \right] \tag{3-7}$$

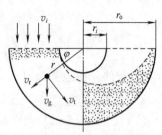

图 3-4 惯性分离的塞流模型

由此可见，与重力沉降不同，惯性分离要求较高的气速 v_i，所以设计中一般可到 18～20m/s 左右，基本都处于紊流状态下工作。

2. 回流分离工作机理

如图 3-4 所示，设有一回转 180° 的惯性分离器，横截面积为矩形，垂直于画面的宽度取为 b，入口的含尘气流速度为 v_{ri}，颗粒为均匀分布。进入分离器后，由于惯性效应，颗粒逐渐向外壁浓集，无返混。任意处 (r, φ) 颗粒的 3 个速度分量为：径向速度 v_r，切向速度 v_t，重力沉降速度 v_g。

在惯性效应下向外浮游的径向速度为 v_r，于是有

$$\frac{\mathrm{d}r}{\mathrm{d}t} = v_r + v_g \sin\varphi \tag{3-8}$$

$$r\frac{\mathrm{d}\varphi}{\mathrm{d}t} = v_t + v_g \cos\varphi \tag{3-9}$$

上两式合并得颗粒运动的轨迹方程为

$$\frac{\mathrm{d}r}{\mathrm{d}\varphi} = r\left(\frac{v_r + v_g \sin\varphi}{v_t + v_g \cos\varphi} \right) \tag{3-10}$$

设气流无径向速度，颗粒的 v_r 远小于 v_t，于是在径向上的颗粒运动方程为

$$m_D \frac{v_t^2}{r} = C_D A_D \frac{\rho_g}{2} v_t^2 \tag{3-11}$$

式中　m_D——颗粒质量；

C_D——颗粒阻力系数；

A_D——颗粒体积；

ρ_g——颗粒密度。

若颗粒尺寸取当量球径 δ，则用 $m_D = \dfrac{\pi}{6}\rho_g \delta^3$，$A_D = \dfrac{\pi}{4}\delta^2$，$C_D = \dfrac{24}{Re_p}$，$Re_p = \dfrac{\delta\rho_g v_t}{\mu}$ 等，得

$$v_t = \frac{f\rho_g \delta^2}{18\mu}\left(\frac{v_t^2}{r} \right) \tag{3-12}$$

式中，$f=1+\dfrac{1}{6}Re_p^{2/3}$ （适用于 $Re_p \leqslant 1000$ 的情况）。

又设 v_g 远小于 v_t，即在惯性分离器内主要靠惯性效应，重力的影响可忽略不计，于是颗粒的轨迹方程可简化成

$$\frac{dr}{d\varphi}=\frac{rv_r}{v_t}=\left(\frac{f\rho_D\delta^2}{18\mu}\right)v_t \tag{3-13}$$

根据两类气速分布规律，分别设计如下。

（1）设气速沿截面始终不变，各处均为 v_i。又认为切面上，颗粒很快就跟随气流运动，即 $v_t=v_i$。对上式积分则

$$\int_{r_i}^{r_\varphi}dr=\frac{f\rho_g\delta^2 v_i}{18\mu}\int_0^\varphi d\varphi \tag{3-14}$$

初始位于 r_i 处的颗粒径回转过 φ 角后，将移动到 r_φ 处

$$r_\varphi=r_i+\frac{f\rho_g\delta^2 v_i\varphi}{18\mu} \tag{3-15}$$

这是一条阿基米德螺线，如图 3-4 中虚线所示，这就是分离后净化气与含尘气的分界线，所以该颗粒的分离效率可写为

$$\eta_i=\frac{r_\varphi-r_i}{r_o-r_i}=\frac{f\rho_g\delta^2 v_i\varphi}{18\mu(r_o-r_i)} \tag{3-16}$$

为使该颗粒达到完全分离（$\rho_i=1$）所需的回转角为

$$\varphi_o=\frac{18\mu(r_o-r_i)}{f\rho_g v_i\delta^2} \tag{3-17}$$

（2）设气流在分离内的流动近似按自由蜗分布，即有 $v_t=v_i=\dfrac{C}{r}$。常数 C 可用入口流量 $Q_i(\mathrm{m^3/s})$ 来求，有

$$Q_i=b\int_{r_i}^{r_o}v_t dr=Cb\int_{r_i}^{r_o}\frac{dr}{r}=Cb\ln\frac{r_o}{r_i} \tag{3-18}$$

于是

$$C=\frac{Q_i}{b\ln(r_o/r_i)} \tag{3-19}$$

代入式（3-17），再用同样方法积分求 r_φ，便得

$$\eta_i=\frac{r_\varphi-r_i}{r_o-r_i}=\frac{\sqrt{1+\dfrac{f\rho_D\delta^2 Q_i\varphi}{9\mu br_1^2\ln(r_o/r_i)}}-1}{r_o/r_i-1} \tag{3-20}$$

及

$$\varphi_c=\frac{g\mu b(r_o^2-r_i^2)\ln(r_o/r_i)}{f\rho_p\delta^2 Q_i} \tag{3-21}$$

以上可以说明除尘效率与回转角度、粉尘颗粒密度、直径、回转速度、回转半径、气体黏度等有着复杂的关系。

以图 3-5 的结构为例，含尘气流进入后，不断从百叶

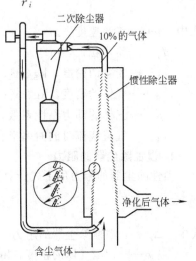

图 3-5　带下泄气流的惯性分离器

板间隙中流出，颗粒也不断被分离出来。但越往下，气量越小，气速也逐渐变小，惯性效应也随之减小，分离效率就逐渐变小。所以若能在底部抽走 10% 的气量，即带有下泄气流的百叶板式分离器，将有助于提高除尘效率。

挡板还可以做成弯曲的形状，以防止已被捕集的颗粒气流冲刷而二次飞扬。沿气流向上设置的挡板可有 3~6 排或更多，由于气流的路线弯弯曲曲，故称为迷宫式惯性分离器。

第二节　惯性除尘器

惯性除尘器定型产品不多，大多数是根据需要进行专门设计的。到 20 世纪 90 年代，回流式惯性除尘器获得技术突破，由于叶片形式和通道比例的改进，它在应用中取得了良好的效果。

一、惯性除尘器的性能

一般而言，惯性除尘器的气流速度越高，气流流动方向转变角度越大，转变次数愈多，净化效率越高，阻力损失也越大。惯性除尘器用于净化密度和粒径较大的金属或矿物性粉尘具有较高的除尘效率，而对于黏结性和纤维性粉尘，则因易堵塞而不宜采用。如前所述，惯性除尘器结构繁简不一，与重力沉降室比较，除尘效果明显改善，适于捕集 $10\sim20\mu m$ 以上的粗粉尘，且多用于多级除尘中的第一级除尘。其阻力因型式不同差别很大，一般为 $100\sim1000Pa$。

1. 惯性除尘器除尘效率的计算

惯性除尘器的除尘效率可以近似用下式计算：

$$\eta = 1 - \exp\left[-\left(\frac{A_c}{Q}\right)\mu_p\right] \tag{3-22}$$

式中　A_c——垂直于气流方向挡板的投影面积，m^2；

　　　Q——处理气体流量，m^3/s；

　　　μ_p——在离心力作用下粉尘的移动速度，m/s。

$$\mu_p = \frac{d_p^2(\rho_p - \rho_g)v^2}{18\mu r_c} \tag{3-23}$$

式中　v——气流速度，m/s；

　　　d_p——粉尘粒径，m；

　　　ρ_p——粉尘的密度，kg/m^3；

　　　ρ_g——气体的密度，kg/m^3；

　　　μ——气体的动力黏性系数，$kg\cdot s/m^2$；

　　　r_c——气流绕流时的曲率半径，m。

2. 惯性除尘器的阻力

惯性除尘器的阻力用下式计算

$$\Delta p = \zeta\frac{\rho v^2}{2} \tag{3-24}$$

式中　Δp——惯性除尘器的阻力，Pa；

　　　ρ——含尘气体的密度，kg/m^3；

　　　v——气体入口速度，m/s；

　　　ζ——除尘器阻力系数，在 $0.5\sim3$ 范围内，气流折返次数多取大值。

二、影响惯性除尘器性能的因素

影响惯性除尘器性能的因素可根据以下事项进行判定：①对于碰撞式惯性除尘器，当碰撞前的气流速度越高，而出口的气流速度越低，其除尘效率也就越高；②对于转向式惯性除尘器，含尘气流转向的曲率半径越小，就越能捕集微细的尘粒；③含尘气流转向次数越多，收尘效率越高，但其压力损失也就越大；④灰斗的形状应能满足已捕集的粉尘不至于被气流带走，并且有足够的容积。

惯性除尘器实际上可能捕集尘粒的粒径为 $20\sim40\mu m$ 以上。被处理气流速度一般是每秒几米至十几米。压力损失随形式不同而异，最高可达 $1000Pa$ 左右。由于惯性除尘器捕集尘粒较大，并且除尘效率一般，通常作为高性能除尘装置的前置级预除尘器，以用来捕集粒径较大的尘粒，或者作为燃烧良好所产生粉尘的一次除尘，或者是能满足一般要求的一级除尘器。

三、惯性沉降式除尘器

惯性沉降式除尘器与重力除尘器的区别在于增强了气流转向的惯性的作用，把惯性力与重力结合在一起，以便更有效地分离气流中的烟尘。

1. 惯性钟罩式除尘器

惯性钟罩式除尘器结构简单、阻力低，不需要引风机，并可直接安装在排气筒或风管上，但这种除尘器的除尘效率比较低，一般仅 50% 左右。其构造见图 3-6，从风管排出的含尘气体，由于锥形隔烟罩 5 的阻挡，使其急速改变方向；同时，因截面扩大而使气体流速锐减，尘粒受重力作用而沉降到沉降室 4 的下部，并从排灰口排出。净化气体则从上部风管排入大气。惯性钟罩式除尘器主要结构尺寸见表 3-1。

表 3-1 惯性钟罩式除尘器主要结构尺寸

锅	炉	除 尘 器 尺 寸/mm				
蒸发量/(t/h)	烟囱直径 d/mm	D_1	H_1	h	H_2	A
1.0	550	1000	1200	200	250	200
0.7	460	900	1100	180	250	200
0.4	410	800	1000	160	250	200
0.2	320	700	900	140	200	150
0.1	250	600	800	130	200	150
0.05	200	500	700	120	200	150

2. 百叶沉降式除尘器

百叶沉降式除尘器适用于小型立式锅炉，或粉尘不多的含尘气体排放，其除尘效率一般为 60% 左右。百叶沉降式除尘器由长、短烟管，同心百叶片（组装排列成圆锥形）和沉降室内、外壳等部件组成，其构造见图 3-7。主要是扩大烟气流通截面，降低烟气流速并借助于烟气的折流和百叶片的拦截，迫使尘粒从烟气中分离出来，并从下部排灰管排出。净化烟气则通过沉降室顶部短烟管排出。百叶沉降式除尘器主要结构尺寸见表 3-2。

表 3-2 百叶沉降式除尘器主要结构尺寸

烟囱直径 d/mm	除 尘 器 尺 寸/mm																
	H	H_1	H_2	H_3	H_4	D_1	A	B	C	d_1	d_2	d_3	d_4	d_5	d_6	d_7	d_8	d_9
550	3020	1100	1350	318	252	1420	416	230	73	778	746	714	682	650	618	586	554	522
460	2770	1000	1250	268	252	1370	366	220	70	746	714	682	650	618	586	554	522	490
410	2520	900	1150	218	252	1320	336	200	67	714	682	650	618	586	554	522	490	458
320	2270	800	1050	218	202	1230	2956	200	64	682	650	618	586	554	522	490	458	426
250	2020	700	950	168	202	1170	256	160	61	650	618	586	554	522	490	458	426	394
200	1820	600	850	168	202	1110	226	160	58	618	586	554	522	490	458	426	394	362

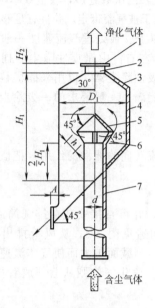

图 3-6 钟罩式惯性除尘器
1—烟囱法兰；2—短烟管；3—沉降室锥顶；4—沉降室；
5—锥形隔烟罩；6—支柱；7—长烟管

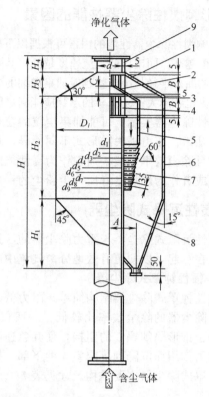

图 3-7 百叶沉降式除尘器（单位：mm）
1—沉降室锥顶；2—碟形隔烟板；3—锥形隔烟板；
4—支柱；5—沉降室内壳；6—沉降室外壳；
7—同心百叶片；8—长烟管；9—短烟管

四、百叶窗式惯性除尘器

1. 构造及工作原理

百叶窗式惯性除尘器是利用气流突然转变方向，使尘粒与气体分离的一种装置。百叶窗式拦灰栅主要起浓缩尘粒的作用，有圆锥体和"V"字形两种形式，见图 3-8。当含尘气体进入百叶窗式拦灰栅后，绝大部分气体通过拦灰栅叶板间的缝隙进入管道排至大气，这部分气体因突然改变方向，而与尘粒分离，得到了净化。尘粒由于惯性作用仍按原方向流动。绕过拦灰栅得到净化的气体一般占总气体量的90%。另含有浓缩了尘粒的10%气体进入粗粒去除室，靠惯性作用去除粗粒尘，然后再进入旋风除尘器去除较细的尘粒。如排气量不大或排尘浓度不高也可以取消粗粒去除室，使气体直接进入旋风除尘器除尘，被处理的10%气体可通过风机使其回到拦灰栅内，也可直接排入大气。

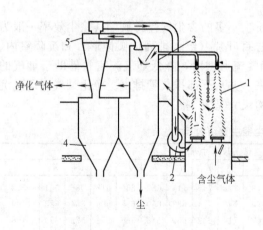

图 3-8 百叶窗式惯性除尘器
1—百叶窗式拦灰栅；2—风机；3—粗粒去除室；
4—灰斗；5—旋风除尘器

2. 设计计算

（1）效率 百叶窗式惯性除尘器由百叶窗式拦灰栅和旋风除尘器组成，当两部分气体分别排入大气时，其总除尘效率 η 为拦灰栅效率 η_1 和旋风除尘效率 η_2 的乘积，即 $\eta=\eta_1\eta_2$。当旋风除尘装置排出的气体返回到拦灰栅时（见图 3-8），则拦灰栅的效率即为其总除尘效率。

设计时，烟气进入拦灰栅时的速度一般取 $12\sim15\text{m/s}$，叶板间的距离取 20mm，拦灰栅叶板与百叶窗式拦灰栅轴线间的倾角 β 取 $30°$，此时的除尘效率一般可达 75% 左右。

（2）排气数 ϕ 为抽吸尘气量占总处理气量百分数，通常采用 10%～20%，这样可以减轻磨损，提高效率。

（3）拦灰栅阻力 Δp 一般可采用 100～250Pa。为防止尘粒在进气室沉积，Δp 值不应小于最小允许值；拦灰栅位于水平管道时取 200Pa；拦灰栅位于垂直烟道时取 100Pa。

（4）拦灰栅进气室的横截面积 a 按下式计算。

$$a=AB\frac{0.58Q}{\sqrt{\Delta p\left(1+\dfrac{t}{273}\right)}} \tag{3-25}$$

式中 a——进气室横截面积，m^2；

A——拦灰栅叶板长度，m；

B——进气口宽度，m；

Q——处理气量，m^3/h；

t——烟气温度，$℃$；

Δp——拦灰栅烟气阻力，Pa。

拦灰栅的气体进口宽度 B 与叶板数量 n（指拦灰栅的一侧）之间，存在下列关系：

当 $\phi=10\%$ 时 $\qquad\qquad\qquad\qquad B=18n$

当 $\phi=20\%$ 时 $\qquad\qquad\qquad\qquad B=19n$

为了防止吸尘缝内进入大块灰渣引起堵塞或因而减小吸出的烟气量，以致降低除尘效果，应在拦灰栅前装设网格或采取其他措施来保证除尘器正常工作。吸尘缝宽度 b 可按下列关系式求得。

两侧吸尘缝 [见图 3-9(a)]

$\phi=10\%$ 时 $\qquad b=0.025B$

$\phi=20\%$ 时 $\qquad b=0.05B$

中间吸尘缝 [见图 3-9(b)]

$\phi=10\%$ 时 $\qquad b=0.05B$

$\phi=20\%$ 时 $\qquad b=0.1B$

根据吸尘缝宽度在构造上和运行上的要求，拦灰栅允许的最少叶板数应限定如下。

中间吸尘缝

$\phi=10\%$ 时 $\qquad n_{\min}=12$

$\phi=20\%$ 时 $\qquad n_{\min}=11$

两侧吸尘缝

$\phi=10\%$ 时 $\qquad n_{\min}=44$

$\phi=20\%$ 时 $\qquad n_{\min}=22$

对于所有形式的拦灰栅，其允许的叶板数最多为 75。在此情况下，烟气进气口宽度 $B=$ 1425mm。对于大容量的除尘器，当计算所得的 $B>1350$mm 时，必须并列装置几个拦灰栅。

（5）装置在吸尘缝后的扩散器的出口截面

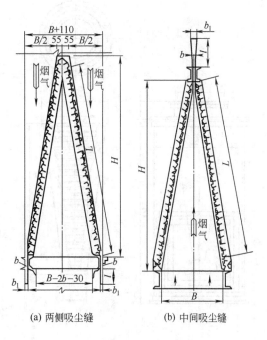

(a) 两侧吸尘缝　　(b) 中间吸尘缝

图 3-9　百叶窗式拦灰栅

的宽度 b_1 及其长度 l，可按下列下式确定。

$$b_1 = 0.35\sqrt{\Delta p} \times b = k'b \tag{3-26}$$

$$l = \frac{0.305\sqrt{\Delta p} - 1}{0.1748}b = k''b \tag{3-27}$$

式中　b——吸尘缝的宽度，m；

　k'、k''——系数，见表 3-3。

表 3-3　系数 k'、k'' 值

Δp/Pa	196	245	294	343	392	491
k'	1.364	1.524	1.670	1.804	1.928	2.156
k''	2.082	2.997	3.832	4.600	5.310	6.610

注：当 $\Delta p = 147$Pa 时不需要装设扩散器。

（6）将烟气从扩散器引至旋风子（抽吸除尘器）的引进管道的截面积 a_1 可按下式确定。

当 $\phi = 10\%$ 时　　　$a_1 = 0.01525\sqrt{\Delta p} \times a' = k'_1 a'$ 　　(3-28)

当 $\phi = 20\%$ 时　　　$a_1 = 0.0305\sqrt{\Delta p} \times a' = k''_1 a'$ 　　(3-29)

式中　a'——接到一条引进管道的进气室的截面积，m^2，对于中间吸尘缝 $a' = \dfrac{a}{m}$，对于两侧

吸尘缝 $a' = \dfrac{a}{2m}$；

　m——与一个吸尘缝相连的引进烟道的数目；

　k'、k''_1——系数，见表 3-4。

表 3-4　系数 k'、k''_1 值

Δp/Pa	100	150	200	250	300	350	400	500
k'	0.0482	0.0591	0.0682	0.0762	0.0835	0.0964	0.0964	0.1708
k''	0.0964	0.1182	0.1364	0.1524	0.167	0.1804	0.1928	0.2156

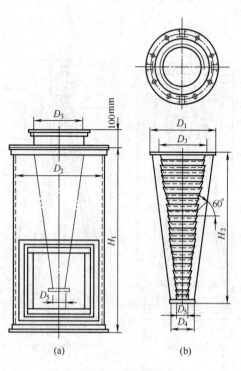

图 3-10　CDQ 型惯性除尘器

（7）从旋风子（抽吸除尘器）到主管道的引出风道的截面积 a_2 为

$$a_2 \geqslant 2a_1 \tag{3-30}$$

（8）旋风直径 D　抽吸旋风子直径可由下列各式求得。

当 $\phi = 10\%$ 时　$D = 0.755\sqrt[4]{\dfrac{\Delta p}{\Delta p_a}} \times \sqrt{a'}$

$$\tag{3-31}$$

当 $\phi = 20\%$ 时　$D = 1.068\sqrt[4]{\dfrac{\Delta p}{\Delta p_a}} \times \sqrt{a'}$

$$\tag{3-32}$$

式中　Δp_a——旋风子的计算阻力，一般为 $100 \sim 250$Pa。

3. 百叶窗式惯性除尘器的选用

① 百叶窗式惯性除尘器的挡灰栅宜用 20mm×20mm 的方变圆形状的耐磨钢材制作。

② 在挡灰栅前管道弯头中间装置导流叶片，以使气体速度和含尘浓度在挡灰栅前的管道截面

中保持均匀。

③ 旋风子通常应直接放在吸尘缝的附近。

④ 在设计时应考虑到旋风子不能用于积存捕集到的粉尘，而要将捕集到的粉尘连续地排出旋风子，并应在原灰尘出处设置性能良好的卸灰装置。

⑤ 百叶窗式惯性除尘器可安装在垂直、水平或倾斜的管道中。

⑥ 惯性除尘器的气流速度越高，气流方向转变角度越大，用于净化密度和粒径较大金属或矿物性粉尘具有较高除尘效率。对黏性和纤维性粉尘，则因易堵塞而不宜采用。

4. CDQ 型惯性除尘器

CDQ 型惯性除尘器属于百叶窗式惯性除尘器，其外形和尺寸如图 3-10 所示和表 3-5 所列，技术性能参数列于表 3-6 中。除尘器与灰斗的连接处要求十分严密，不漏气，否则会影响除尘效率。

表 3-5　CDQ 型百叶窗式除尘器尺寸　　　　　　单位：mm

型　　号	H_1	H_2	D_1	D_2	D_3	D_4	D_5	质量/kg	
								CDQ 型	CDQ-K 型
CDQ-1.1，CDQ-1.1K	460	341	165	230	115	77	26	3	15
CDQ-1.3 CDQ-1.3K	540	404	185	270	135	81	30	4	20
CDQ-1.7 CDQ-1.7K	700	531	225	350	175	89	38	5	31
CDQ-2.1 CDQ-2.1K	860	661	285	430	215	113	46	10	40
CDQ-2.5 CDQ-2.5K	1020	786	325	570	255	121	54	43	58
CDQ-3.3 CDQ-3.3K	1840	1041	405	670	335	137	70	20	90
CDQ4.1 CDQ4.1K	1660	1296	505	830	415	143	86	40	139
CDQ-4.7 CDQ-4.7K	1990	1486	565	950	475	185	98	49	170
CDQ-5.1 CDQ-5.1K	2060	1613	605	1030	515	183	106	56	187

表 3-6　CDQ 型百叶窗式惯性除尘器技术性能参数

进口气速/(m/s)	型　　号									压力损失/Pa
	1.1	1.3	1.7	2.1	2.5	3.3	4.1	4.7	5.1	
	气量/(m³/h)									
15	560	772	1300	1950	2760	4750	7300	9550	11250	275
20	746	1030	1730	2600	2670	6340	9700	12750	15000	480
25	934	1290	2160	3260	4580	7920	12150	15930	18750	745

五、回流式惯性除尘器

1. 回流式惯性除尘器的构造

除尘器是由一个圆柱筒及排尘装置组成的（见图 3-11）。圆柱筒内部含有一簇依据空气动力学原理设计的锥形环，每个锥形环的直径比前一个锥形环的直径略小，排列成锥体。

当含有粉尘的气流从除尘器的入口端沿轴线方向流动时，由于锥环内外存在压差，气体从两锥之间流向外圆筒中，而尘粒在空气动力的作用下向里朝锥环的中心流动，并经过排尘装置流向收料器，净化后的气体则从圆筒尾端排出。

2. 技术性能

改进后回流式惯性除尘器的技术性能有以下几个方面。

（1）阻力性能　回流式惯性除尘器的阻力取决于三个因素。首先是导流叶片的形式，最新研究成果表明，叶片截面呈三角形、矩形都不利于减少阻力，而图 3-11 中方形-椭圆形才是最有利的形式。其次是本体中叶片与叶片间的距离和构造。至于流量因素是可以在设计中控制的。用分散度为表 3-7 的淀粉、煤粉灰在 $\phi200\text{mm}$ 除尘器中试验，其流量与阻力的关系如图 3-12 所示。从图 3-12 中可以看出，在应用范围内其阻力为 1000～2000Pa。

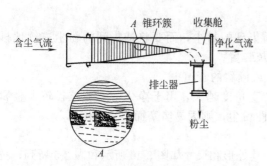

图 3-11　回流式惯性除尘器构造示意

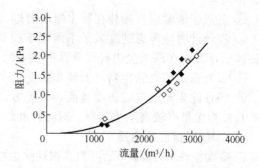

图 3-12　ADM200 型除尘器流量与阻力的关系

表 3-7　试验尘的粒径分布

粒度/μm	淀粉/%	粉煤灰/%	粒度/μm	淀粉/%	粉煤灰/%
0.5	0.7	7.4	3.6	3.6	11.5
1.0	0.4	6.9	10	15.6	8.7
1.7	0.8	10.3	21	78.9	55.2

（2）除尘效率　除尘效率有总除尘效率和分级效率两种，不管是哪一种效率，其高低均与粉尘性质有直接关系，图 3-13 和图 3-14 中表示的是用表 3-7 中粉煤灰和玉米淀粉试验取得的。从两张图中可以看出，用不同直径的除尘器其效率是不一样的。值得注意的是，并不是除尘器越小效率越高，这和体积越小效率越高的旋风除尘器不同，影响效率高低因素与工作机理表达式相一致。

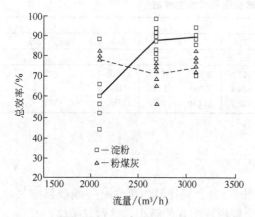

图 3-13　ADM-200 型收尘总效率与流量曲线

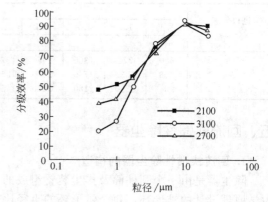

图 3-14　ADM-200 型除尘器分级效率曲线（粉煤灰）

3. 规格性能

目前开发出的回流式惯性除尘器有 $\phi62mm$、$\phi125mm$、$\phi170mm$、$\phi200mm$、$\phi200mm$、$\phi300mm$、$\phi400mm$ 等 7 个型号，其性能见表 3-8。当处理风量增大时，可把若干个除尘器并联使用，并联数量 2～30 个。

六、冲击式惯性分离器

冲击式惯性分离器一般是利用在含尘气流通道中竖立的许多垂直平板或圆柱件来除尘的。当含尘气流围绕这些垂直障碍物流过时，一部分尘粒由于它们的惯性将与障碍物碰撞而黏附在上面，于是从气体中分离出来。冲击式惯性分离器一般用来回收酸雾。

表 3-8　回流式惯性除尘器性能

型　号	入口尺寸/mm	长度/mm	风量/(m³/h)	压降/Pa	入口粉尘质量浓度/(g/m)	粉尘粒度/μm	质量/kg
ADM62	75	810	595～1275	750～1750	0.1～1750	1～500	13
ADM125	150	810	850～2040	250～750	0.1～1750	1～500	15
ADM170	200	1220	1530～3560	250～1000	0.1～1750	1～500	36
ADM200	250	1575	2380～6780	750～1500	0.1～3500	1～1000	72
ADM200L	250	2540	2380～6780	750～1750	0.1～5300	1～1000	105
ADM300	350	2100	6450～16000	750～1750	0.1～5300	1～1000	190
ADM400	500	2490	13600～23800	750～2500	0.1～5300	1～1000	340

1. 构造特点

水平冲击式惯性分离器构造如图 3-15 所示。它由一个外壳、固定住板状的框架、管道孔板和冲击板组成。孔板上有若干垂直条缝。冲击板上的条缝宽度为孔板上条缝宽度的 2 倍。两者交错排列，冲击板条正对着板上的条缝，并和孔板上的板条稍有重叠。条缝面积根据气体速度确定。在处理粗雾粒的低压降分离器中，板的面积和气体管道的截面积比起来就可能相差很大。此时可以把板状组件排列成 V 形。

为防止被捕集的雾粒有重返气流，必须在主板件的下游安装捕集板。重返气流的雾粒一般较粗，因而可把捕集板设计成低压降的形式，其条缝面积不小于冲击板上的条缝面积。图 3-16 中捕集板上的条缝宽度为冲击板上的 2.5 倍，通过捕集板的压力损失约有主板件的 20％。

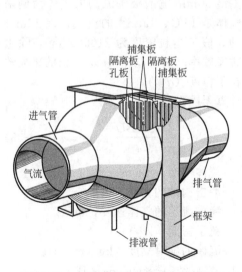

图 3-15　水平冲击式惯性分离器构造

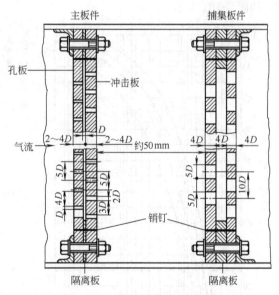

图 3-16　分离器板的设计

孔板和冲击板之间的间距在一定范围内对性能的影响不大，但板的间距大会有不利影响；如间距小于半个孔板条缝宽度，压力降将增加。一般可取板的间距等于孔板的条缝宽度。板的间距和孔板条缝宽度一般以 1.5mm 为最小值。

若气体负荷超过预定范围的变化，分离器应按最高气体流量设计。在较低的流量运行时，用盖板来减少孔板上的开孔面积，以保持气体流速不变。盖板可夹在孔板的上游面上。

如果气体含有固体粒子可能堵塞条缝，可以在主板件的上游安装喷嘴，定期冲洗。在运行

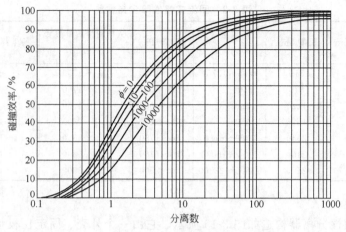

图 3-17　圆柱的碰撞效率

期间应注意分离器的压力降是否保持正常数值，如出现异常高的数值，说明条缝可能部分堵塞；而出现低的数值，则说明板可以变形或条缝系统有泄漏。

2. 性能

关于冲击分离器捕集粒子的效果，用碰撞效率表示。所谓碰撞效率，是指受到捕集单元（即每个冲击构件）处理的气体所含有的粒子中，与捕集单元碰撞者所占百分数。假如所有与捕集单元碰撞的粒子都黏附在构件上，碰撞效率就等于除尘效率。碰撞效率是两个无因次数群函数，有几种简单的几何形状可以用这个函数来计算。对圆柱和平板条的研究结果分别见图3-17 和图 3-18。

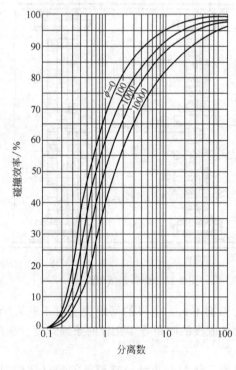

图 3-18　平板条的碰撞效率

现以围绕50mm 宽的板条流动的气体为例来说明。设气体是 15℃、1atm[1] 的空气，以 12m/s 的速度流动。假定尘粒密度为 2100kg/m³，除尘效率等于碰撞效率（η_t），求能够以50%的碰撞效率捕集的粒子粒度（d_{50}）。

首先计算无因次参数 ϕ。

$$\phi = \frac{18\rho^2 BU}{\mu_f \rho_p} \tag{3-33}$$

式中　ρ——流体密度，kg/m³；
　　　B——冲击构件的宽度，m；
　　　U——稳定流动的气体速度，m/s；
　　　ρ_p——粒子密度，kg/m³；
　　　μ_f——流体的绝对黏度，kg/(m·s)。

于是　$\phi = \dfrac{18 \times (1.226)^2 \times (0.05) \times 12}{(0.0177) \times 10^{-3} \times 2100} = 440$

根据 $\phi = 440$ 和 $\eta_t = 50\%$，从图 3-18 查出分离数 N_S 为 0.88，再用下式求粒子粒度 d_{50}。

$$N_S = \frac{\rho_p d^2 U}{18\mu_f B} \tag{3-34}$$

---

❶ 1atm＝101325Pa，下同。

$$d_{50}=\sqrt{\frac{18\mu_{\mathrm{f}}BN_s}{\rho_{\mathrm{p}}U}}=\sqrt{\frac{18\times0.0177\times10^{-3}\times0.05\times0.88}{2100\times12}}=24\mu\mathrm{m}$$

计算表明，要有较高的除尘效率，必须使用宽度小的障碍物。同时，从公式可知，气体速度增加，效率也要增加，但这会使重返气流的灰尘增多。因此，实际上气流速度不能太大。

第三节　惯性除尘器的应用

一、应用注意事项

① 惯性除尘器如同重力除尘器一样可以单独使用，也可以作为多级除尘器的预除尘器，还有些大型除尘器在气体入口部分按惯性除尘器原理和形式进行设计。

② 惯性除尘器中的叶片容易磨损，设计和应用中要采取相应的技术措施加以解决，否则除尘使用寿命较短。

③ 在惯性除尘器中回流式除尘器是应用较多的一种。回流式除尘器易与除尘系统配置和连接，除尘效果也较好，一般单独使用，也可以作预除尘器使用。

④ 百叶窗式惯性除尘器单独使用时有两种配置方法，如图 3-19 所示。图 3-19(a) 中的百叶窗式惯性除尘器装在风机后面，大部分气体经百叶窗式惯性除尘器外壳排出，小部分含大量灰尘的气体经旋风除尘器除尘后，再进入风机，进行密闭循环。优点是避免把旋风除尘器除净的灰尘排出去；缺点是灰尘通过风机，易把风机叶轮磨坏。图 3-19(b) 则是将百叶窗式惯性除尘器装在风机前面。这样，灰尘对风机的影响大大减少，但未被旋风除尘器除掉的灰尘直接排走，除尘效率比前者稍低。

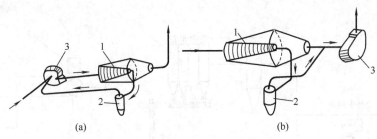

(a)　　　　　　　　　　　　　　　(b)

图 3-19　百叶窗式惯性除尘器的配置

1—百叶窗式分离器；2—旋风除尘器；3—风机

百叶窗式惯性除尘器和第二级除尘器串联使用时可以有各种不同的组合形式，图 3-20 是其中三种组合形式。

⑤ 惯性除尘器对装置漏风十分敏感，特别是壳体、叶片等漏风影响到含尘气流流动时，除尘效率会明显下降。所以长期运转的除尘器都考虑避免漏风问题。

二、惯性除尘器在炼焦厂的应用

1. 炼焦厂干熄焦环境

除尘系统流程如下：干熄焦各除尘点→除尘管道→惯性除尘器→离线脉冲袋式除尘器→除尘风机→消声器→大气。除尘器捕集下来的粉尘采用刮板输灰机送入储灰仓内储存，并定时用汽车运出（见图 3-21）。

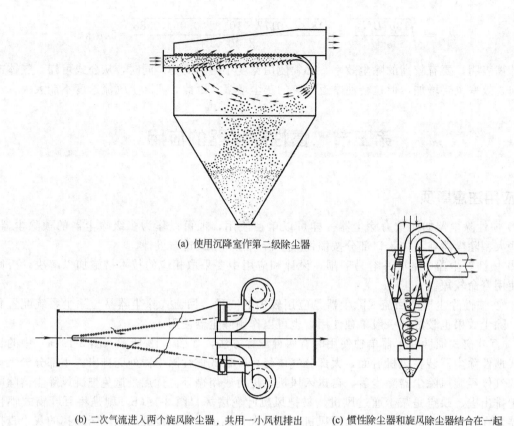

(a) 使用沉降室作第二级除尘器

(b) 二次气流进入两个旋风除尘器，共用一小风机排出　　(c) 惯性除尘器和旋风除尘器结合在一起

图 3-20　百叶窗式惯性除尘器和第二级除尘器组合的三种形式

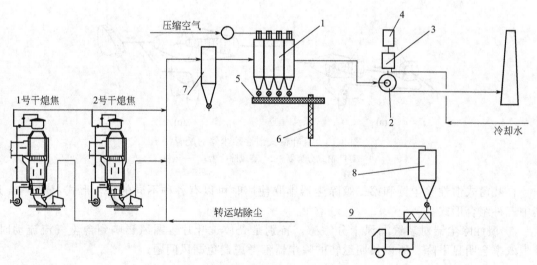

图 3-21　焦炉干熄焦除尘系统流程

1—脉冲袋式除尘器；2—除尘风机；3—调速液力耦合器；4—电机；5—切出输灰机；

6—集合输灰机；7—惯性除尘器；8—储灰仓；9—加湿机

2. 惯性除尘器的重要性

干法熄焦过程中产生的粉尘主要是焦粉，由于焦粉的密度比较小，大颗粒焦粉严重冲刷滤袋，使滤袋很快磨破漏尘。在袋式除尘器的设计和选用时也应注意防止磨损滤袋的情况，干熄焦早期就有过的教训。采取粉尘预分离是必要的，粉尘预分离可在袋式除尘器前加一级惯性除尘器，也可将其与袋式除尘器做成一体。另外对袋式除尘器的本体结构采取一些改进措施，也是很有效的。主要可从以下几个方面着手：①增大进入灰斗风管管径，降低灰斗进口风速；②在灰斗上口加一层气流分布板，以均布气流，防止气流直接冲刷后排入滤袋底部；③在灰斗进风口加气流扩散板或改进灰斗进风角度以改善进气气流的分布；④可以考虑加大和加高灰斗或加高中箱体的高度使滤袋中下部、底部远离进风口。

以上方法可根据实际情况单独采用，或若干方法结合采用，以期达到最佳效果。

由于焦粉的琢磨性很强，为防止管道的快速磨损，在设计时要控制管道的风速不能太高，另外要考虑在弯头和三通处增加管壁的厚度，或采取在管壁上衬耐磨材料。

3. 惯性除尘器的应用和设计

某 1# 焦炉 75t 干熄焦工程投产运行一段时间后，发现干熄焦环境除尘吸入了大量粗的焦粉粒并引起一系列的问题，如灰斗很快满灰发生局部堵塞，滤袋很快磨破漏灰等。为防止大颗粒粉尘对滤袋的磨损，延长滤袋的使用寿命，必须在脉冲袋式除尘器的进口前增设预惯性除尘器。由于该袋式除尘器是高架布置，除尘器进口空间有限，因此只能"量体裁衣"，该处理 $32 \times 10^4 \mathrm{m}^3/\mathrm{h}$ 风量的惯性除尘器根据现场情况特殊设计成了扁宽型，惯性除尘器的宽度只能在两条切出输灰机之间，又要使惯性除尘器的灰斗下料口对正集合的输灰机，具体的惯性除尘器布置见图 3-22。惯性除尘器上部设有检修孔，从检修孔可拔出作为分离挡板的角钢条。中箱体与灰斗处设有网格板，滤袋收集下来的灰可以通过网格进入灰斗，网格板同时又是检修平台；在中箱体上设有人孔，灰斗口根据需要偏斜设置，正好对准输灰机。该惯性除尘器设计要求对 0.5mm 粒径焦粉除尘效率达到 95% 以上，设备阻力 300～500Pa。惯性除尘器总装布置见图 3-23。

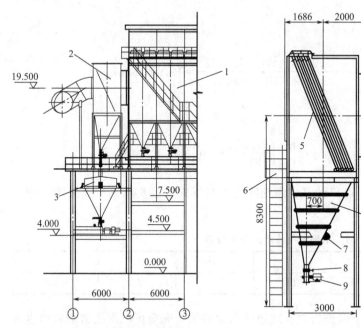

图 3-22　惯性除尘器设备布置
1—脉冲除尘器；2—惯性除尘器；
3—输灰系统

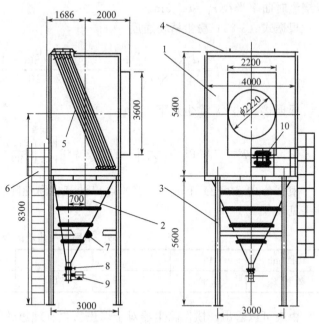

图 3-23　惯性除尘器总装布置
1—惯性除尘器箱体；2—灰斗；3—分离器支架；
4—上检修孔；5—角钢组合；6—梯子；
7—仓壁震动器；8—插板阀；
9—卸灰阀；10—检修门

粗颗粒预分离器实质上就是惯性除尘器。惯性除尘器的工作原理就是依靠气流方向的突然改变分离颗粒物的，粉尘粒子由于惯性继续按原来气流的方向前进，当碰撞到某些挡板就会掉落下来至灰斗。惯性除尘器的结构比沉降室复杂些，但它的体积可大为减少，并能捕集 $20\mu m$ 粒径的粉尘。1$^\#$焦炉干熄焦增设的惯性除尘器的挡板采用了 4 排 L140×14 角钢交叉倾斜布置，角钢为单根插入固定位置，均有定位装置，易于安装维修和更换。角钢倾斜布置是为了有利于被捕集的焦尘落入灰斗，为增加角钢的耐磨性，材料选用 16Mn。角钢布置见图 3-24。

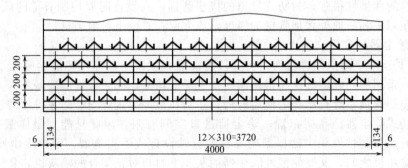

图 3-24　惯性除尘器内角钢布置

4. 惯性除尘器除尘效果

　　干熄焦烟气在进袋式除尘器前需要进行大颗粒预分离，惯性除尘器外形结构见图 3-23，计算其除尘效率。设计参数如下：气体的密度 $\rho_g=1.1\text{kg/m}^3$，气体动力黏性系数 $\mu=2.00\times10^{-6}\text{kg}\cdot\text{s/m}^2$，气流速度 $v=12\text{m/s}$，粉尘的密度 $\rho_p=500\text{kg/m}^3$，粉尘粒径 $d_p=50\mu m$，气流绕流时曲率半径 $r_c=0.25\text{m}$。

　　根据式（3-23）粉尘移动速度

$$u_p=\frac{d_p^2(\rho_p-\rho_g)v^2}{18\mu r_c}=\frac{0.00005^2(500-1.1)12^2}{18\times2\times10^{-6}\times0.25}=19.96\,(\text{m/s})$$

　　根据式（3-22）除尘效率

$$\eta=1-\exp\left[-\left(\frac{A_c}{Q}\right)\mu_p\right]=1-\exp\left[-\left(\frac{11.7}{89}\right)19.96\right]=0.927=92.7\%$$

　　根据公式（3-22）和式（3-23）可以计算出惯性除尘器对不同粒径焦粉的分离效率，计算结果见表 3-9。

表 3-9　不同粒径焦粉的分离效率

粒径/μm	10	20	40	60	80	100
效率/%	0.89	34.3	81.4	97.7	99.8	99.99

　　由表可以看出，惯性除尘器对干熄焦粉尘有理想的除尘效果，完全可以解决大颗粒粉尘对滤袋的磨损，有效延长了滤袋使用寿命。

三、惯性除尘器在烧结厂的应用

　　某烧结厂环式冷却机废气系统从余热回收区（环式冷却机上部的两个排气筒）抽出的废气经挡板式惯性除尘器净化，进入余热锅炉进行热交换，锅炉排出的 $150\sim200℃$ 的低温烟气再

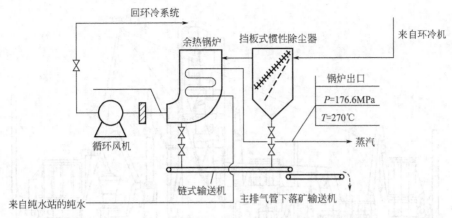

图 3-25 烧结主排气余热回收流程

经双吸入后弯型循环风机返回至环式冷却机 1～7 号风箱间的连通管。用循环风机入口阀门来调节烟气量。此外，系统中设有一台常温风机，其作用是余热回收设备运行时补充系统漏风量，启用该风机以保证环式冷却机的正常生产并使环式冷却机卸出的冷烧结矿温度低于150℃。系统流程详见图 3-25。

挡板式惯性除尘器由壳体、气流分布板、角钢挡板、框架等部分组成，挡板是用连续排列的两列角钢制成，挡板前有气流分布板，气流分布板是均匀排列的扁钢。主要设计指标为：处理风量 506000m³/h，烟气温度 350～400℃，含尘浓度 0.5～15g/m³，除尘效率 60%；设备阻力＜300Pa，耐温 450℃；能满足余热锅炉进气要求。

四、在纯碱生产中的应用

某纯碱生产厂原有的磨粉系统包括 1 台气流磨和袋式除尘装置。随着市场需求的增加，该厂决定扩大生产能力。但若全面更新生产设备所需的投资是巨大的，于是，决定在原有的气流磨之前加装 1 台预磨粉机，同时在袋式除尘装置之前加装新的除尘器，以降低袋式除尘器的负荷。鉴于原有的磨粉系统空间有限，于是该厂在袋式除尘器之前安装了 2 台 ADM-200 型惯性除尘器，以较少的投资很好地完成了原有生产线的改造。实际运行结果表明，系统改造后产量提高 50%，布袋负荷大大降低（80% 的粉尘被惯性除尘器收集），同时系统清理频率由原来的每周 2 次降低为每周 1 次，大大提高了有效工作时间。

五、在金属加工厂的应用

某贵金属加工厂在烘干炉排气管及催化床之间的有限空间加 ADM 型惯性除尘器之后，大大降低了烘干炉排出气体的粉尘含量（尽管烘干炉排出气体的粉尘浓度很低，经实测仅为0.0247g/m³，但安装 ADM 型除尘器后可将排出气流中 80% 的粉尘去除，气流中粉尘降至0.0049g/m³），从而大大延长了催化剂的使用寿命，减少了催化室结垢及清理次数，提高了生产效率，大大节省了费用。

六、在水泥厂的应用

ADM 型惯性除尘器在水泥厂应用时，可以在以下部位使用（见图 3-26）：熟料冷却系统、生料厂、成品厂、水泥窑旁路系统、水泥窑预热系统。

惯性除尘器在国外一些国家的水泥行业得到了广泛应用，使用情况见表 3-10。在水泥成品厂的并联 ADM-200 惯性除尘器的安装方式见图 3-27。

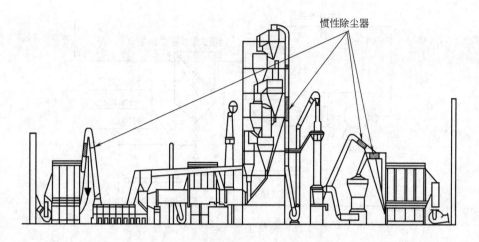

图 3-26　ADM 型惯性除尘器在水泥厂的应用

表 3-10　惯性除尘器在水泥行业的应用

客户名称	使用场合	流量/(m³/h)	除尘效率/%
某原料厂	原料输送	4000	95.6
某水泥厂	生料厂	60000	97.0
某水泥厂	成品厂	25000	97.0
某水泥厂	熟料冷却塔	150000	99.0

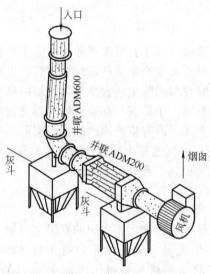

图 3-27　在水泥成品厂的并联 ADM-200 惯性除尘器的安装方式

第四章

旋风除尘器

自 1886 年摩尔斯（Morse）的第一台圆锥形旋风除尘器问世以来的百余年里，许多学者对其流场特性、结构、型式、尺寸比例的研究一直进行着。范登格南于 1929～1939 年对旋风除尘器气流型式的研究发现了旋风除尘器中存在的双涡流。1953 年特林丹画出了旋风除尘器内的流线。20 世纪 70 年代西门子公司推出带二次风的旋流除尘器。1983 年许宏庆在论文中提出旋风除尘器内径向速度分布呈现非轴对称性现象，研究出抑制湍流耗散的降阻技术。2001 年浙江大学研究发现除尘器方腔内的流场偏离其几何中心，并呈中间为强旋流动和边壁附近为弱旋的准自由涡区的特点。随着数学模型的完善和计算机仿真的引入，旋风除尘器的研究与设计将更为深入。虽然对旋风除尘器的运行机理做了大量的研究工作，但由于旋风除尘器内部流态复杂，准确地测定有关参数比较困难，因而至今理论上仍不十分完善，捕集小于 $5\mu m$ 尘粒的效率不高。旋风除尘器的优点是结构简单，造价便宜，体积小，无运动部件，操作维修方便，压力损失中等，动力消耗不大；缺点是除尘效率不高，对于流量变化大的含尘气体性能较差。旋风除尘器可以单独使用，也可以作多级除尘系统的预级除尘之用。

第一节　旋风除尘器分离理论

一、旋风除尘器工作过程

旋风除尘器由筒体、锥体、进气管、排气管和卸灰口等组成，如图 4-1 所示。旋风除尘器的工作过程是当含尘气体由切向进气口进入旋风分离器时气流将由直线运动变为圆周运动。旋转气流的绝大部分沿器壁自圆筒体呈螺旋形向下、朝锥体流动，通常称此为外旋气流。含尘气体在旋转过程中产生离心力，将密度大于气体的尘粒甩向器壁。尘粒一旦与器壁接触，便失去径向惯性力而靠向下的动量和向下的重力沿壁面下落，进入排灰管。旋转下降的外旋气体到达锥体时，因圆锥形的收缩而向除尘器中心靠拢。根据"旋转矩"不变原理，其切向速度不断提高，尘粒所受离心力也不断加强。当气流到达锥体下端某一位置时，即以同样的旋转方向从旋风分离器中部，由下反转向上，继续做螺旋性流动，即内旋气流。最后净化气体经排气管排出管外，一部分未被捕集的尘粒也由此排出。

自进气管流入的另一小部分气体则向旋风分离器顶盖流动，然后沿排气管外侧向下流动；

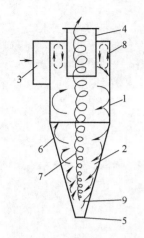

图 4-1 普通旋风除尘器的
组成及内部气流

1—筒体；2—锥体；3—进气
管；4—排气管；5—排灰口；
6—外旋流；7—内旋流；
8—二次流；9—回流区

当到达排气管下端时即反转向上，随上升的中心气流一同从排气管排出。分散在这一部分的气流中的尘粒也随同被带走。

二、旋风除尘器中的流场

旋风除尘器内的流场分布如图 4-2 所示。旋风除尘器的除尘工作原理是基于离心力作用。由于旋风除尘器内部流动的复杂性，只能把三维速度对旋风除尘器捕集、分离等性能所起作用进行分析如下。

1. 切向速度

切向速度分布曲线如图 4-3 所示，在同一横截面上，切向速度与旋风除尘器半径 r 成反比变化，即随半径 r 的减小切向速度逐渐增大。在半径 $r_m = 0.6 \sim 0.7 r_0$（排气管半径）处，切向速度达到最大。这个区域的切向速度 v_t 的分布规律可由下式确定。

$$v_t r^n = \text{const} \tag{4-1}$$

式中　n——速度分布指数，一般在 $0.5 \sim 0.9$ 范围内，为半自由涡运动。

如果不考虑气体的黏性，由涡量强度保持定理，$v_t r = \text{const}$，此时 $n = 1$，为自由涡流动。从最大切向速度 V_{omax} 到轴心处，切向速度 V_o 与半径 r 成正比例变化。这是一个强制涡流动，其变化规律如下。

$$v_t = \omega r \tag{4-2}$$

式中　ω——流体旋转角速度。

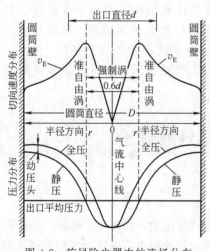

图 4-2　旋风除尘器内的流场分布

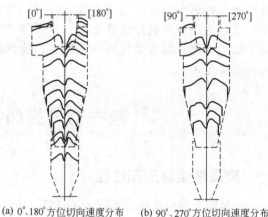

(a) 0°、180°方位切向速度分布　　(b) 90°、270°方位切向速度分布

图 4-3　切向速度分布

切向速度对于粉尘的分离起着主导作用，含尘气体在切向速度作用下由里向外离心沉降。这可以由以下分析来说明。

设粉尘颗粒为圆球形，在旋转运动的流场上运动，其所受离心力为

$$F = m \frac{v_t^2}{r} = \frac{\pi d^3}{6}(\rho_s - \rho)\omega^z r \tag{4-3}$$

式中　ρ——气体密度；

　　　ρ_s——粉尘颗粒密度；

m——粉尘颗粒的有效质量；

d——粉尘颗粒直径；

v_t——粉尘颗粒在流场中某一点的切向速度；

ω——颗粒及流体的旋转角速度，假设粉尘能跟随流体旋转。

显然，离心力与切向速度的平方成正比变化。在强制涡区，$v_t = \omega r$，离心力与旋转半径成正比。在半自由涡区，$v_t r^n = \text{const}$，可以导出

$$F = m \frac{v_t^2}{r} \alpha \frac{\pi d^3}{6} \frac{\rho_s - \rho}{r^{2n+1}} \tag{4-4}$$

由于 $n = 0.5 \sim 0.9$，$2 \leqslant 2n + 1 < 3$。可以看出，离心力在半自由蜗区内的流场中随着旋转半径的增加减弱很快，严重地影响了除尘效率。

对于细微粉尘，Re 数很小，粉尘颗粒所受阻力为斯托克斯阻力。

$$R = 3\pi \mu d v_p \tag{4-5}$$

式中　μ——流体的黏性系数；

v_p——颗粒相对于运动流体的速度。

颗粒在径向方向上的运动方程由牛顿第二定律可表示如下。

$$\frac{\pi d^3}{6} (\rho_s - \rho) \frac{v_t^2}{r} - 3\pi \mu d v_p = m \frac{dv_p}{dt} \tag{4-6}$$

当颗粒在做等速运动时，即 $\frac{dv_p}{dt} = 0$，离心力与阻力成平衡，由此关系得出颗粒在径向运动的速度：

$$v_p = \frac{d^2 (\rho_s - p) v_t^2}{18 \mu r} \tag{4-7}$$

v_p 还可表示成

$$v_p = v_0 \frac{v_t^2}{rg} \tag{4-8}$$

$$v_0 = \frac{d^2 (r_s - r)}{18 \mu} \tag{}$$

v_0 恰好是颗粒在静止流体中的沉降终速。$\frac{v_t^2}{rg}$ 是离心加速度和重力加速度的比值。

对于大颗粒，Re 数相对较大，粉尘颗粒所受阻力可以表示为

$$R = k \rho d^2 v_p^2 \tag{4-9}$$

式中　k——与 Re 数有关的阻力系数。

同理，可列出颗粒在径向方向上的运动方程

$$\frac{\pi d^3}{6} (\rho_s - \rho) \frac{v_t^2}{r} - k \rho d^2 v_p^2 = m \frac{dv_p}{dt} \tag{4-10}$$

颗粒加速到一定程度，达到等速状态，即 $\frac{dv_p}{dt} = 0$，由此可导出径向运动的速度

$$v_p = \sqrt{\frac{\pi d}{6k} \times \frac{(r_s - r)}{\rho}} \times \sqrt{\frac{v_t^2}{rg}} \tag{4-11}$$

式中，$v_0 = \sqrt{\dfrac{\pi d}{6k} \times \dfrac{r_s - r}{\rho}}$，正是圆球形颗粒在大 Re 数条件下的沉降速度。

综上所述，旋风除尘器的除尘原理是人为地应用离心加速度去代替重力除尘器中的重力加速度来实现旋转流场中的分选和除尘。

2. 径向速度

径向速度是影响旋风除尘器分离性能的重要因素。径向速度分布如图 4-4 所示。径向速度方向有向内（旋涡中心）形成内向流，有向外（筒壁）形成外向流。内向流可以使尘粒沿半径方向，由外向里推至旋蜗中心，阻碍尘粒的沉降。这是因为尽管由于旋转，一定存在正的圆球形颗粒径向速度 v_p，但 v_p 是相对于气体径向流动的速度，即颗粒的绝对径向速度。

$$v_r = v_p - u_p \tag{4-12}$$

式中　u_p——气体的径向速度。

如果 $v_p < u_p$，则 $v_r < 0$，说明颗粒的运动方向是向着内心而不是向着筒壁。所以说，径向速度越大，除尘器的分离能力越差。最大径向速度 u_{pmax} 约为进口速度的 $0.2 \sim 0.3$ 倍。如果切向速度 v_0 很大，v_p 就很大。这也说明，对于一定颗粒直径的粉尘，只要产生足够的旋转速度，就可以被分离。

3. 轴向速度

轴向速度分布如图 4-5 所示。从图 4-5 中可以看到，轴向速度随着半径 r 的减小由筒壁的负值（向下流）逐渐变为正值（向上流），每一横截面都有一 $v_z = 0$ 的点，称分界点。在分界点以左形成下降流，在分界点以右形成上升流。分界点的集合恰好构成一圆锥面，在圆锥面边界外侧的固体颗粒，大部分随同下降流由灰斗排出，圆锥面内侧的固体颗粒，由于上升流及径向速度的作用，一部分由排气管排出，一部分受离心作用被甩到圆锥面外侧，最后沉入漏斗。最大轴向速度 v_{zmax} 约为进口速度的 $0.1 \sim 0.15$ 倍。

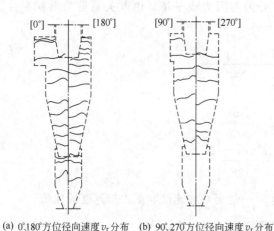

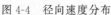

(a) 0°、180°方位径向速度v_r分布　(b) 90°、270°方位径向速度v_r分布

图 4-4　径向速度分布

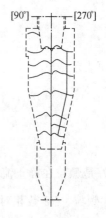

图 4-5　轴向速度分布

4. 涡流

除尘器内部流动可看成一个大的旋蜗运动，这个旋涡是我们所需要的。但由于具有黏性，流体中也产生不少我们不需要的涡流，最主要的有以下三种。

（1）短路流　是指除尘器顶部至排气管入口沿边界层的流动。

（2）外层旋流中的局部蜗流　由于除尘器壁面的不光滑（如突起、焊缝等）可产生与主流方向垂直的涡流。尽管强度很小，但这种流动会使壁面附近，或者已被分离到壁面的粒子重新甩到内层旋流，甚至使较大的尘粒也被带出排气管，降低了除尘器的效率。这也是生产厂家注重将除尘器内壁面刮平或者抹平内壁耐磨涂料的真正原因。

（3）底部夹带涡流　外层旋流在锥体底部向上返转时，也可产生局部涡流将粉尘重新卷起。因为锥体直接连接到灰斗，所以这个局部涡流会使粉尘卷起很多，特别是细粉尘。这是影响除尘效率的一个重要方面。

三、离心分离理论

旋风除尘器内的气流及颗粒运动十分复杂，对于颗粒的分离捕集机理在做出许多简化假设后，形成各种不同的分离机理模型，主要有转圈理论、筛分理论、边界层分离理论、传质理论和紊流扩散理论等。

1. 转圈理论（沉降分离理论）

转圈理论是 1932 年罗辛等提出的，由重力沉降室的沉降原理发展起来的。它主要考虑旋蜗的离心分离作用。其原理是：粉尘颗粒受离心力作用，沉降到旋风除尘器壁面所需要的时间和颗粒在分离区间气体停留时间的相平衡，从而计算出粉尘完全被分离的最小极限粒径 d_{100}，即分离效率为 100% 的粉尘颗粒最小粒。如果将进入旋风除尘器内气流假定为等速流（速度分布指数 $n=0$），即气体严格地按照螺旋途径始终保持与进入时相同的速度流动，而颗粒随气体以恒定的切向速度（与位置变化无关），由内向外克服气流对它的阻力，穿过整个气流宽度，流经一个最大的净水平距离，最后到达器壁被分离。

根据旋转模型和沉降速度可求得完全被分离的颗粒最小极限粒径 d_{100}。

$$d_{100}=\sqrt{\frac{9\mu L_w}{\pi N v_t(\rho_0-\rho)}}=3\sqrt{\frac{\mu R}{\pi(\rho_0-\rho)v_t N}\left(1-\frac{R}{D_0}\right)} \tag{4-13}$$

式中　　d_{100}——被分离的最小粒径，m；

　　　　L_w——气流总宽度（等于进口宽度），m；

　　　　μ——气体黏度，Pa·s；

　　　　D_0——旋风除尘器直径，m；

　　　　v_t——切向速度（这里假定与气体进口速度相等），m/s；

　　　　ρ_0——粉尘颗粒真密度，kg/m³；

　　　　ρ——气体密度，kg/m³；

　　　　R——气体平均旋转半径，m；

　　　　N——气体旋转圈数。

2. 筛分理论（平衡轨道理论）

筛分理论是 1950 年斯台尔曼等提出的，其要点是：假想在旋风除尘器内排气管下方有一个柱面，含尘气流做旋转运动时处在该假想面上粉尘在径向上同时受到方向相反的两种力的作用，即由涡旋流产生的离心力 F_C 使粉尘向外移动，由汇流场产生的向心力 F_D 又使粉尘向内飘移。离心力的大小与粉尘直径的大小有关，粉尘粒径越大则离心力越大，因而必定有一临界粒径 d_k，其所受的两种力的大小正好相等。由于离心力 F_C 的大小与粉尘粒径的三次方成正比，而向心力 F_D 的大小仅与粉尘粒径的一次方成正比，显然有凡粉尘粒径 $d_p>d_k$ 者，被推移到除尘器外壁而被分离出来；相反，凡 $d_p<d_k$ 者，被带入上升的内涡旋中排出除尘器。因而可以设想有一筛网一样，其孔径为 d_k，凡粉尘粒径 $d_p>d_k$ 者被截留在筛网的一面，而 $d_p<d_k$ 者则通过筛网排出除尘器。筛网的位置就在内外涡旋的交界面处。对于粒径为 d_k 的粉尘，因 $F_C=F_D$，由于种种原因，平衡将随时都会遭到破坏。如果两者出现的概率相等时，可以认为处于这种状态的粉尘有 50% 的可能被分离，也同时有 50% 的可能进入内涡旋而排出除尘器，即这种粉尘的分离效率为 50%。除尘器的分级效率等于 50% 的粒径称为分割粒径，通常用 d_{c50} 表示。

粒径为 d_p 的粉尘在旋风除尘器内所受到的离心力 F_C 可表示为

$$F_C=\frac{\pi}{6}d_p^3\rho_p\frac{v_{t_0}^2}{r} \tag{4-14}$$

径向气流阻力 F_D 可用斯托克斯公式表示为：$F_D=3\pi\mu d_p v_{r_0}$

在内、外涡旋的交界面上当 $F_C = F_D$ 时，有

$$\frac{\pi}{6} d_{c50}^3 \rho_p \frac{v_{t_0}^2}{r_0} = 3\pi\mu d_{c50} v_{r_0} \tag{4-15}$$

所以分割粒径的表达式为

$$d_{c50} = \left(\frac{18\mu v_{r_0} r_0}{\rho_p v_{t_0}^2}\right)^{\frac{1}{2}} \tag{4-16}$$

式中　μ——空气的动力黏度，Pa·s；

　　　v_{r_0}——交界面上气流的径向速度，m/s；

　　　r_0——交界面半径，m；

　　　ρ_p——粉尘的真密度，kg/m³；

　　　v_{t_0}——交界面上气流的切向速度，m/s。

分割粒径是反映除尘器除尘性能的一项重要指标，d_{c50} 越小，说明除尘效率越高；d_{c50} 随 v_{r_0} 和 r_0 的减小而减小，随 v_{t_0} 和 ρ_p 的增加而减小。这就是说，旋风除尘器除尘效率是随切向速度和粉尘密度的增加、随径向速度和排出管直径的减小而增加的，其中起主要作用的是切向速度。

3. 边界层分离理论

筛分理论没有考虑紊流扩散等影响，而这种影响对于粉尘细颗粒是不可忽视的。20 世纪 70 年代有人提出横向渗混模型，认为在旋风除尘器的任一横截面上颗粒浓度的分布是均匀的，但在近壁处的边界层内是层流流动，只要颗粒在离心效应下浮游进入此边界层内就可以被捕集分离下来，这是边界层分离理论。

经一系列数学推导和运算整理，可得到边界层分离理论的粉尘分级效率计算式为

$$\eta_i = 1 - \exp\left(-0.639 \times \frac{\delta}{d_{50}} \times \frac{1}{1+n}\right) \tag{4-17}$$

式中　η_i——粉尘分级效率，%；

　　　δ——粉尘平均当量直径，m；

　　　d_{50}——切割粒径，m；

　　　n——外旋流速度指数，由试验定；若无实验数据，可近似用下式估算。

$$n = 1 - (1 - 0.67 D_0^{0.14})\left(\frac{T}{283}\right)^{0.3} \tag{4-18}$$

式中　D_0——除尘器直径，m；

　　　T——气体绝对温度，K。

第二节　旋风除尘器的分类和性能

旋风除尘器的分类有多种方法，本节仅介绍其中的四种。除尘器的性能及其影响因素十分复杂，本节介绍其主要性能及有代表性的计算方法。

一、旋风除尘器的分类

旋风除尘器经历了上百年的发展历程，由于不断改进和为了适应各种应用场合出现了很多类型，因而可以根据不同的特点和要求来进行分类。

（1）按旋风除尘器的构造，可分为普通旋风除尘器、异形旋风除尘器、双旋风除尘器和组合式旋风除尘器，见表 4-1。本节按此分类进行编写。

表 4-1　旋风除尘器分类及性能

分类	名　称	规格/mm	风量/(m³/h)	阻力/Pa	备　注
普通旋风除尘器	DF 型旋风除尘器	φ175～585	1000～17250		早期曾配锅炉用,现多用于多级除尘的第一级
	XCF 型旋风除尘器	φ200～1300	150～9840	550～1670	
	XP 型旋风除尘器	φ200～1000	370～14630	880～2160	
	XM 型木工旋风除尘器	φ1200～3820	1915～27710	160～350	
	XLG 型旋风除尘器	φ662～900	1600～6250	350～550	
	XZT 型长锥体旋风除尘器	φ390～900	790～5700	750～1470	
	SJD/G 型旋风除尘器	φ578～1100	3300～12000	640～700	
	SND/G 型旋风除尘器	φ384～960	1850～11000	790	
异形旋风除尘器	SLP/A、B 型旋风除尘器	φ300～3000	750～104980		过去曾配锅炉用,现多用于第一级除尘
	XLK 型扩散式旋风除尘器	φ100～700	94～9200	1000	
	SG 型旋风除尘器	φ670～1296	2000～12000		
	XZY 型消烟除尘器	0.05～1.0t	189～3750	40.4～190	
	XNX 型旋风除尘器	φ400～1200	600～8380	550～1670	
	HF 型旋尘脱硫除尘器	φ720～3680	6000～170000	600～1200	
	XZS 型流旋除尘器	φ376～756	600～3000	258	
双旋风除尘器	XSW 型卧式双级涡旋除尘器	2～20t	600～60000 / 1170～45000	500～600 / 670～1460	配小型锅炉用
	CR 型双级蜗旋除尘器	0.05～10t	2200～30000	550～950	
	XPX 型下排烟式旋风除尘器	1～5t	3000～15000		
	XS 型双旋风除尘器	1～20t	3000～58000	600～650	
组合式旋风除尘器	SLG 型多管除尘器	9～16t	1910～9980		配小型锅炉用,或第一级除尘用
	XZZ 型旋风除尘器	φ350～1200	900～60000	430～870	
	XLT/A 型旋风除尘器	φ300～800	935～6775	1000	
	XWD 型卧式多管除尘器	4～20t	9100～68250	800～920	
	XD 型多管除尘器	0.5～35t	1500～105000	900～1000	
	FOS 型复合多管除尘器	2500×2100×4800～8600×8400×15100	6000～170000		
	XCZ 型组合旋风除尘器	φ1800～2400	28000～78000	780～980	
	XCY 型组合旋风除尘器	φ690～980	18000～90000	780～1000	
	XGG 型多管除尘器	1916×1100×3160～2116×2430×5886	6000～52500	700～1000	
	DX 型多管斜插除尘器	1478×1528×2350～3150×1706×4420	4000～60000	800～900	

（2）按旋风除尘器的效率不同，可分为通用旋风除尘器（包括普通旋风除尘器和大流量旋风除尘器）和高效旋风除尘器两类。旋风除尘器的分类及效率范围如表 4-2 所列。高效除尘器一般制成小直径筒体，因而消耗钢材较多、造价也高，如内燃机进气用除尘器。大流量旋风除尘器，其筒体较大，单个除尘器所处理的风量较大，因而处理同样风量所消耗的钢材量较少，如木屑用旋风除尘器。

表 4-2　旋风除尘器的分类及其效率范围

粒径/μm	效率范围/%	
	通用旋风除尘器	高效旋风除尘器
<5	<5	50～80
5～20	50～80	80～95
15～40	80～95	95～99
>40	95～99	95～99

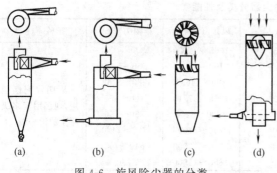

图 4-6　旋风除尘器的分类

（3）按清灰方式可分为干式和湿式两种。在旋风除尘器中，粉尘被分离到除尘器筒体内壁上后直接依靠重力而落于灰斗中，称为干式清灰。如果通过喷淋水或喷蒸气的方法使内壁上的粉尘落于灰斗中，则称为湿式清灰。属于湿式清灰的旋风除尘有水膜除尘器和中心喷水旋风除尘器等。由于采用湿式清灰，消除了反弹、冲刷等二次扬尘，因而除尘效率可显著提高，但同时也增加了尘泥处理工序。本书把这种湿式清灰的除尘器列为湿式除尘器。

（4）按进气方式和排灰方式，旋风除尘器可分为以下四类（见图 4-6）。

① 切向进气，轴向排灰［见图 4-6（a）］。采用切向进气获得较大的离心力，清除下来的粉尘由下部排出。这种除尘器是应用最多的旋风除尘器。

② 切向进气，周边排灰［见图 4-6（b）］。采用切向进气周边排灰，需要抽出少量气体另行净化。但这部分气量通常小于总气流量的 10%。这种旋风除尘器的特点是允许入口含尘浓度高，净化较为容易，总除尘效率高。

③ 轴向进气，轴向排灰［见图 4-6（c）］。这种形式的离心力较切向进气要小，但多个除尘器并联时（多管除尘器）布置很方便，因而多用于处理风量大的场合。

④ 轴向进气，周边排灰［见图 4-6（d）］。这种除尘器具有采用了轴向进气便于除尘器并联，以及周边抽气排灰可提高除尘效率这两方面的优点。常用于卧式多管除尘器中。

国内外常用的旋风除尘器种类很多，新型旋风除尘器还在不断出现。国外的旋风除尘器有的是用研究者的姓名命名，也有用生产厂家的产品型号来命名。国内的旋风除尘器通常是根据结构特点用汉语拼音字母来命名。例如 XLP/B-4.2 型除尘器，即 X 代表旋风除尘器，L 代表立式布置，P 代表旁路式，B 代表除尘器系列中的 B 类，4.2 代表除尘器的外筒直径，单位是分米。根据除尘器在除尘系统安装位置不同分为吸入式（即除尘器安装在通风机之前），用汉语拼音字母 X 表示；压入式（除尘器安装在通风机之后），用字母 Y 表示。为了安装方便，又由于 X 型和 Y 型中各设有 S 型和 N 型两种，S 型的进气按顺时针方向旋转，N 型进气是按逆时针方向旋转（旋转方向按俯视位置判断）。

二、旋风除尘器的性能

旋风除尘器的性能包括分割粒径、除尘效率、阻力损失、漏风率等。

1. 分割粒径

（1）分割粒径的定义和计算式　由于在除尘器内气、固两相流动非常复杂，影响因素很多，通过假设提出的除尘效率计算公式还不能十分准确地计算。现在仍用试验确定其性能或依据某些假设条件导出近似计算公式，以说明其工作原理，估算分割粒径、除尘效率，分析影响效率因素。

旋风除尘器的除尘效率与尘粒的粒径有关。粒径越大，效率越高，当粒径大到某一值时其除尘效率可达 100%，此时的尘粒粒径称为全分离粒径 d_{c100}，或临界粒径；同样，除尘效率为 50% 时相应的尘粒粒径称为半分离粒径 d_{c50}，或分割粒径。分割粒径越小，表明除尘器的分离性能越好。评定旋风除尘器性能时，采用分割粒径比全分离粒径更方便，使用较多。

根据分割粒径表达式，作用于粒径为 d_p 的球形尘粒上的离心力可用牛顿公式表示。

$$F_C = \frac{\pi}{6} d_p^3 \rho_p \frac{V_{t_2}^2}{r_2} \tag{4-19}$$

式中 V_{t_2}——半径为 r_2 处气流的切向速度，并假定其等于尘粒的切向速度。

另一方面，由于外旋流气流的向心径向流动，使尘粒受到径向的阻力。设气体流动处于层流状态，即 $Re_p<1$，则径向气流阻力用斯托克斯式表示。

$$F=3\pi\mu d_p V_{r_2} \tag{4-20}$$

式中 V_{r_2}——半径为 r_2 处气流的径向速度。

F_C 和 F 是同一尘粒在径向所受方向相反的两个力。在内、外旋流交界面上，当 $F_C>F$ 时，尘粒在离心力作用下向外壁游动；当 $F_C<F$ 时，尘粒在向心气流推动下进入内旋流，从排出管排走；而 $F_C=F$ 时，尘粒受力平衡，理论上将在此圆周上不停地旋转。实际上，概率统计结果表明，这时的尘粒有 50% 可能进入内旋流，有 50% 可能向器壁沉降分离。因此，在 $F_C=F$ 时，尘粒分级效率为 50%，相应的尘粒粒径为分割粒径，以 d_c 表示。

尘粒的分割粒径，相应此时的气流平均径向速度 V_{r_2} 等于尘粒的离心沉降速度。由式（4-19）和式（4-20）相等可得到式（4-21）。

$$V_{r_2}=\frac{\rho_p d_c^2 V_{t_2}^2}{18\mu r_2} \tag{4-21}$$

式中 V_{r_2}——r_2 处气流径向速度，m/s；

ρ_p——粉尘的密度，kg/m³；

d_c——粉尘分割粒径，m；

V_{t_2}——r_2 处气流切向速度，m/s；

μ——空气动力黏度，Pa·s；

r_2——交界面半径，m。

假设除尘器圆筒面卷入内旋流的平均径向速度 V_{r_2}（在平衡时等于离心沉降速度 v_n），可用气体流量 Q 估计，即 V_{r_2} 可表示

$$V_{r_2}=\frac{Q}{2\pi r_2 h_i}=v_n \tag{4-22}$$

将该式代入式（4-21）中，即可得到分割粒径计算式。

$$d_c=\sqrt{\frac{g\mu Q}{\pi\rho_p h_i V_{t_2}^2}} \tag{4-23}$$

此式适用于切线、螺旋线和蜗壳式入口旋风除尘器。

（2）影响分割粒径的二次效应　根据以上分析可绘制出如图 4-7 所示的理论效率曲线。根据这条曲线，当粒径稍大于分割粒径时效率可达 100%，当尘粒稍小于临界粒径时效率则为零，但实际上的效率曲线与理论效率曲线是不一致的；造成差异的原因就是二次效应。接近较小粒径区，实际效率高于理论效率，即高于 0%；而对稍大于分割粒径的尘粒，实际效率低于理论效率，即低于 100%。前一个区域的结果表示，理应逸出的尘粒却由于聚集或被较大的尘粒撞向器壁而脱离气流并被捕集。后一个区域的情况意味着，理应沉降入灰斗的尘粒却随干净空气一起排空，其原因有：①撞回内部旋涡；②进入灰斗的气流将灰重新卷出；③涡流引起的夹带；④当向内飘移超过离心力时，会使尘粒进入内旋涡。影响除尘效率的二次效应如图 4-8 所示。

气体除尘器入口涡壳中做旋转运动时产生二次涡流，这种涡流可使某些尘粒在旋风除尘器顶部保持悬浮。当越来越多的尘粒聚集时，它们就不再悬浮，因而沉淀下来。当沉淀时一部分会被上升旋涡带出旋风除尘器。

涡流存在于筒体和锥体连接处附近。排气管伸入器内越深，涡流越严重，因此，随排气带走的尘量也越大。因此保持内壁面平滑、没有突起物极为重要。

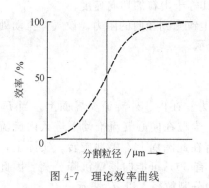

100
50
0
效率/%
分割粒径 /μm

图 4-7　理论效率曲线

涡流将尘粒
带入内旋蜗
撞回的粗
尘粒被带出
涡流引起的径向
流动和向内飘移将
粗尘粒带入内旋蜗
灰斗气流将尘
粒从灰斗中带出

图 4-8　影响除尘效率的二次效应

已经证实，如把除尘器入口弯管设计成在整个弯管内任意点上的气体速度与其通过的距离之乘积保持为常数，垂直的涡流就可消除。由于所在点上的速度与该点的弯管高度成正比，且通过的距离也正比于曲率半径，因此，为了消除涡流，弯管的曲率半径和高度之乘积应保持不变（参见图 4-9 和图 4-10），即

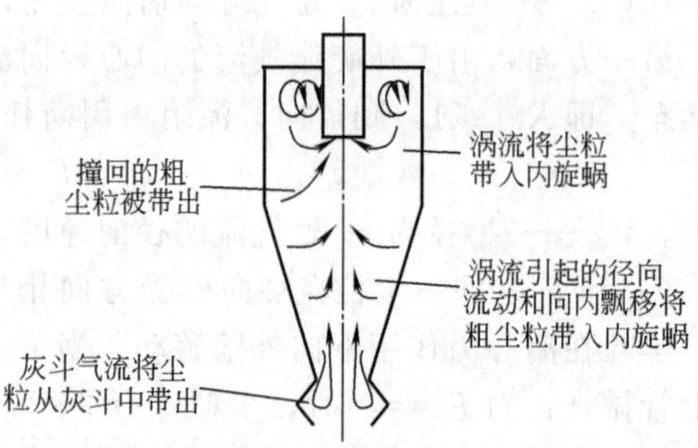

$$ab = cd = c'd' \tag{4-24}$$

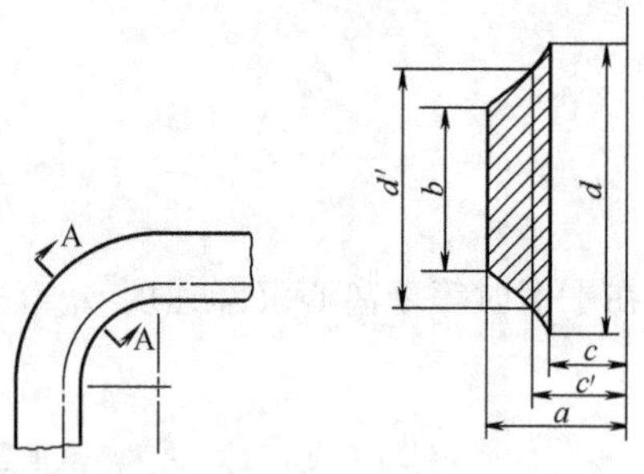

A
A
d'
b
d
c
c'
a

(a) 弯管平面图　(b) 剖面 A—A

图 4-9　无涡流的弯管设计

a
b
c
d

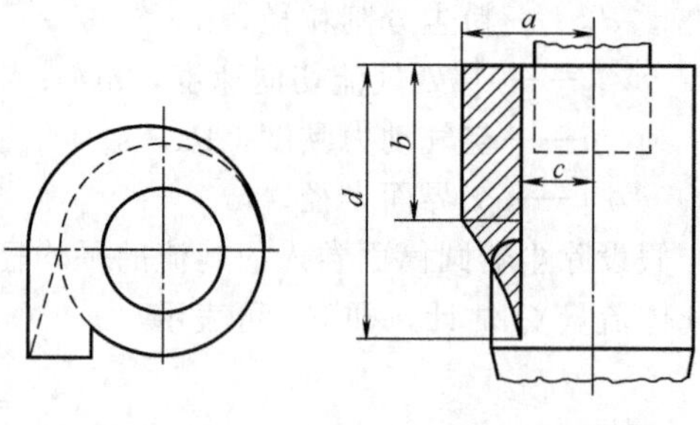

(a) 旋风除尘器平面　(b) 旋风除尘器立面管

图 4-10　入口蜗壳采用平稳流动的弯管型式

2. 旋风除尘器的除尘效率

（1）工程用计算式　关于除尘效率的计算式很多，这里介绍的是工程中常用的计算式。分级除尘效率是按尘粒粒径不同分别表示的除尘效率，其能够更好地反映除尘器对某种粒径尘粒分离捕集性能。

旋风除尘器的分级除尘效率按下式估算。

$$\eta_p = 1 - e^{-0.6932\frac{d_p}{d_{c50}}} \tag{4-25}$$

式中　η_p——粒径为 d_p 的尘粒的收尘效率，%；

d_p——尘粒直径，μm；

d_{c50}——旋风除尘器的 50%临界粒径，μm，可用式（4-16）计算求得。

旋风除尘器的总除尘效率可根据其分级除尘效率及粉尘的粒径分布计算。对式（4-25）积分，得到旋风除尘器总除尘效率的计算式如下。

$$\eta = \frac{0.6932d_t}{0.6932d_t + d_{c50}} \times 100\% \tag{4-26}$$

$$d_t = \frac{\sum n_i d_i^4}{\sum n_i d_i^3}$$

式中　η——旋风除尘器的总除尘效率，%；

d_t——烟尘的质量平均直径，μm；

d_i——某种粒级烟尘的直径，μm；

n_i——粒径为 d_i 的烟尘所占的质量百分数，%。

（2）理论计算式　在科研工作中还提出一些新的理论计算公式。其中叶龙等在边界层分离理论的基础上推出了高效旋风器分级效率的理论计算公式，该理论公式与长锥型和直锥型高效旋风器的试验分级效率符合得很好。通过对理论公式的分析，得到了适用于各种高效率旋风器的新理论计算公式。由于新理论公式考虑了旋风器内各主要结构参数以及粉尘特性和运行参数的影响，并较全面地体现了旋风器内的

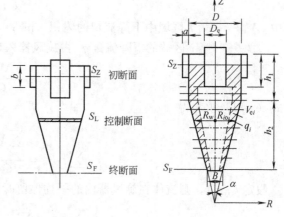

（a）控制断面示意　　（b）有效分离空间示意

图 4-11　推导除尘器分级效率计算公式示意

三维速度分布规律。从分离机理看，新理论公式优于已有的分级效率理论公式。

图 4-11 为推导除尘器分级效率计算公式示意。

① 特征半径 R_T。由于高效旋风分离器，其主要分离空间在锥体内，选筒体半径 R_0 作为分离过程中尘粒所到达的壁面半径是不合理的，需选取一特征半径 R_T，使其能近似反映筒体和锥体边界层内尘粒的捕集分离。

高效长锥型除尘器的升降流交界面半径为 $0.65R_w$（R_w 为壁面半径），而直锥形的为 $0.66R_w$。因此，高效旋风器的升降流交界面半径 $R_{s.j}$ 都可用 $0.66R_w$ 代替。则特征半径 R_T 为

$$R_T=\left[\dfrac{0.1411\cot a(D^3-B^3)+1.5(D^2-D_e^2)\left(S-\dfrac{b}{2}\right)+0.8466D^2(h_1-S)}{2.2576\cot a}\right]^{-\frac{1}{3}} \tag{4-27}$$

式中　h_1——筒体高度，m；

B——排灰口直径，m；

S——排气管插入深度，m；

D_e——排气管直径，m；

b——旋风器入口高度，m。

② 平均停留时间 t_{res}。气体在旋风器的停留时间应该由下降流量 q 和下降流域的体积 V_e 决定。如果下降流量 q 是定值，则可由下式计算停留时间。

$$t=\frac{V_e}{q} \tag{4-28}$$

$$V_e=\frac{\pi}{4}(D^2-D_e^2)\left(S-\frac{b}{2}\right)+0.1411\pi D^2\left[h_1-S+\left(1+\frac{B}{D}+\frac{B^2}{D^2}\right)\times\frac{h_2}{3}\right] \tag{4-29}$$

式中　V_e——有效分离空间体积，m^3；

q——下降流量，m^3/s；

t——停留时间，s；

h_2——锥体高度，m。

实际上，随着 Z 的减小，下降流量不断变化（减小）。如果把旋风器分成多个区域，在每个小区域内可以近似认为下降流量（$q_i=k_iQ$）是定值，相应流体通过每一小区域所需时间为

$$t_i = \frac{V_{ei}}{k_i Q} \tag{4-30}$$

式中　V_{ei}——第 i 区域中下降流域的体积，m^3；

　　　k_i——第 i 区域的下降流量 q_i 占旋风器入口风量 Q 的百分数，%。

$$t_i k_i = \frac{V_{ei}}{Q} \tag{4-31}$$

对式（4-31）求和得

$$\sum_{i=1}^{R} t_i k_i = \frac{\sum\limits_{i=1}^{R} V_{ei}}{Q} = \frac{V_e}{Q} \tag{4-32}$$

假定 $k_i = 1$，则流体在旋风器内的平均停留时间为

$$t_{res} = \sum_{i=1}^{R} t_i = \frac{V_e}{Q} \tag{4-33}$$

③ 尘粒运动微分方程。假定尘粒的切向速度等于气流的切向速度，则得尘粒的运动微分方程为

$$\frac{\pi}{6} d_P^3 \rho_P \frac{d^2 R}{dt^2} = \frac{\pi}{6} d_P^3 \rho_P \frac{V_T^2}{R} - 3\pi \mu d p (V_R + U_R) \tag{4-34}$$

式中　V_T——尘粒的切向速度用 u_t 代替，m/s；

　　　V_R——尘粒的离心沉降速度，m/s；

　　　U_R——气体的径向速度，m/s；

　　　d_p——尘粒直径，m；

　　　ρ_p——粉尘真密度，kg/m^3；

　　　μ——空气动力黏性系数，$Pa \cdot s$。

其中，气流的径向速度 U_R 已考虑了方向，计算时，代入数值即可。可得

$$\frac{d^2 R}{dt^2} = \frac{u_t^2}{R} - \frac{1}{\tau} \left[\frac{dR}{dt} + C_2 \frac{\alpha R^{1.5} Q}{D^\beta D_W^{(3.5-\beta)}} \right] \tag{4-35}$$

$$\tau = \frac{d_P^2 \rho_P}{18\mu} \tag{4-36}$$

令

$$K_1' = (u_t R^n)^2 \tau \approx (U_{tb} R_T^n)^2 \tau \tag{4-37}$$

式中　U_{tb}——旋风除尘器边壁附近的平均切向速度，可近似地取为

$$U_{tb} = K V_i \tag{4-38}$$

式中　V_i——旋风除尘器入口速度，m/s；

　　　K——系数，取值为 1.3。

把式（4-38）代入式（4-37）得

$$K_1' = K^2 (V_i R_T^n)^2 \frac{d_P^2 \rho_P}{18\mu} \tag{4-39}$$

令

$$K_2' = \frac{C_2 a Q}{D^\beta D_W^{(3.5-\beta)}} \quad D_W \approx 2 R_T \tag{4-40}$$

把式（4-37）、式（4-40）代入式（4-35）得

$$\tau \frac{d^2 R}{dt^2} + \frac{dR}{dt} + K_2' R^{1.5} - K_1' \frac{1}{R^{2n+1}} = 0 \tag{4-41}$$

忽略二阶微分，微分方程式（4-41）化为

$$\frac{R^{2n+1}\mathrm{d}R}{K_1'-K_2R^{2n+2}}=\mathrm{d}t \tag{4-42}$$

$$K_2=\frac{2}{3}K_2\sqrt{R_\mathrm{T}} \tag{4-43}$$

对式（4-42）积分并整理得尘粒的径向位置与时间 t 的关系式为

$$R=\left(\frac{K_1}{K_2}\right)\frac{1}{2n+1}\{1-\exp[-K_2(2n+2)]t\}^{\frac{1}{2n+2}} \tag{4-44}$$

对上式求导得

$$\mathrm{d}R=\left(\frac{K_1'}{K_2'}\right)\frac{1}{2n+1}\{1-\exp[-K_2(2n+2)]t\}^{\frac{1}{2n+2}}\times K_2\exp[-K_2(2n+2)t]\mathrm{d}t \tag{4-45}$$

④ 分级效率的理论计算公式。把式（4-45）代入式（4-26），在 $0\sim t_\mathrm{res}$ 范围内积分得

$$\ln\frac{n_\mathrm{F}'}{n_\mathrm{Z}'}=-\frac{C_1}{R_1}\left(\frac{K_1}{K_2}\right)^{\frac{1}{2n+1}}\{1-\exp[-K_2(2n+2)]t_\mathrm{res}\}^{\frac{1}{2n+2}} \tag{4-46}$$

把式（4-46）代入效率计算式可得旋风除尘器分级效率的理论计算公式

$$\eta_i=1-\frac{n_\mathrm{F}'}{n_\mathrm{Z}'} \tag{4-47}$$

式中　n_Z'——S_Z 上的尘粒质量浓度，$\mathrm{g/m^3}$；

　　　　n_F'——S_F 上的尘粒质量浓度，$\mathrm{g/m^3}$。

旋风除尘器分级效率理论计算公式如下。

$$\eta_i=1-\exp\left(-a_1d_\mathrm{p}^{\beta_1}\right) \tag{4-48}$$

其中

$$\beta_1=\frac{1}{1+n}$$

$$a_1=\frac{C_1}{R_\mathrm{T}}\left(\frac{x_0E_1V_\mathrm{i}^2}{K_2}\right)^{\frac{1}{2n+1}}$$

$$E_1=1-\exp[-E_0t_\mathrm{res}]$$

$$E_0=K_2(2n+2)\qquad x_0=K^2R_\mathrm{T}^{2n}\rho_\mathrm{p}/18\mu$$

$$K_1'=x_0v_\mathrm{i}^2d_\mathrm{p}^2$$

式中　符号意义同前。

（3）影响旋风除尘器除尘效率的因素　根据试验和上述粒尘分割粒径的理论分析，影响旋风除尘器效率的主要因素有以下几种。

① 入口流速。旋风除尘器进口烟气流速增大，烟尘受到的离心力增大，旋风除尘器的 d_c50 临界粒径减少，收尘效率提高。但是，进口流速过高，旋风除尘器内烟尘的反弹、返混及尘粒碰撞被粉碎等现象反而影响收尘效率继续提高。尤其是旋风除尘器的流体阻力与进口流速的平方成正比。进口流速达到一定值后，再继续增大，则旋风除尘器的阻力急剧增大，而除尘效率提高甚微。因此应根据旋风除尘器特点、烟气和烟尘特性、使用条件等综合因素，选定合适的进口流速。

② 除尘器的结构尺寸。除尘器筒体直径越小，在同样切线速度下，尘粒所受离心力越大，除尘效率越高。筒体高度的变化对除尘效率影响不明显，而适当加长锥体高度，有利于提高除尘效率。

③ 粉尘粒径与密度。由于尘粒所受离心力与粒径的三次方成正比，而所受径向气体阻力仅与粒径的一次方成正比，因而大粒子比小粒子更易捕集。除尘效率随着尘粒真密度的增大而提高，密度小，难分离，除尘效率下降。

④ 气体温度和黏度。气体黏度随温度升高而增大，而分割粒径又与黏度的平方根成正比，

因而旋风除尘器的除尘效率随气体温度或黏度的增加而降低。

⑤ 除尘器下部的气密性。除尘器内部静压从外壁向中心逐渐降低，即使除尘在正压下运行锥体底部也可能处于负压状态。若除尘器下部不严而漏入空气，会把已落入灰斗的粉尘重新带走，使除尘效率显著下降；当漏气量达到除尘器处理气量15%，除尘效率几乎降为零。

3. 旋风除尘器的流体阻力

（1）工程计算公式　旋风除尘器的流体阻力可主要由进口阻力、旋蜗流场阻力和排气管阻力三部分组成，通常按下式计算。

$$\Delta P = \xi \frac{\rho_2 v^2}{2} \tag{4-49}$$

式中　ΔP——旋风除尘器的流体阻力，Pa；

$\qquad \xi$——旋风除尘器的流体阻力系数，无因次量；

$\qquad v$——旋风除尘器的流体速度，m/s；

$\qquad \rho_2$——烟气密度，kg/m³。

旋风除尘器的流体阻力系数随着结构形式不同差别较大，而规格大小变化对其影响较小，同一结构形式的旋风除尘器可以视为具有相同的流体阻力系数。

目前，旋风收尘器的流体阻力系数是通过实测确定的。表 4-3 是旋风除尘器的流体阻力系数。

表 4-3　旋风除尘器的流体阻力系数

型号	进口气速 u_i/(m/s)	压力损失 ΔP/Pa	流体阻力系数 ξ	型号	进口气速 u_i/(m/s)	压力损失 ΔP/Pa	流体阻力系数 ξ
XCX	26	1450	3.6	XDF	18	790	4.1
XNX	26	1460	3.6	双级涡旋	20	950	4.0
XZD	21	1400	5.3	XSW	32	1530	2.5
CLK	18	2100	10.8	SPW	27.6	1300	2.8
XND	21	1470	5.6	CLT/A	16	1030	6.5
XP	18	1450	7.5	XLT	16	810	5.1
XXD	22	1470	5.1	涡旋型	16	1700	10.7
CLP/A	16	1240	8.0	CZT	15.23	1250	8.0
CLP/B	16	880	5.7	新 CZT	14.3	1130	9.2

注：旋风除尘器在 20 世纪 70 年代以前，C 为旋风除尘器型号第一字母，取自 cyclone。后来改成 X 为旋风除尘器型号第一字母，取自 xuan。在行业标准 JB/T 9054—2000 中恢复使用 C。

在缺少数据时，可用下式估算除尘器的阻力系数，即

$$\xi = 16A/D_c^2$$

式中　ξ——旋风除尘器的阻力系数；

$\qquad A$——旋风除尘器进风口面积，m²；

$\qquad D_c$——旋风除尘器排气口直径，m。

切向流反转式旋风除尘器阻力系数可按下式估算。

$$\xi = \frac{KF_j\sqrt{D_o}}{D_e^2\sqrt{h+h_1}} \tag{4-50}$$

式中　ξ——对应于进口流速的流体阻力系数，无因次量；

$\qquad K$——系数，20~40，一般取 30；

F_j——旋风除尘器进口面积，m^2；

D_o——旋风除尘器圆筒体内径，m；

D_e——旋风除尘器出口管内径，m；

h——旋风除尘器圆筒体长度，m；

h_1——旋风除尘器圆锥体长度，m。

另外，当气体温度、湿度和压力变化较大时，气体密度变化较大，此时必须对旋风除尘器的压力损失按下式修正。

$$\Delta p = \Delta p_n \frac{\rho}{\rho_n} \tag{4-51}$$

$$\Delta p = \Delta p_n \frac{T_n p}{T p_n} \tag{4-52}$$

式中　ρ、p、T——气体密度、压力和绝对温度；

n——气体标准状态；

无角码的表示气体实际工况。

依据对旋风除尘器的工作原理、结构型、尺寸以及气体的温度、湿度和压力等分析和试验测试，其压力损失的主要影响因素可归纳如下。

① 结构形式的影响。若旋风除尘器的构造形式相同或几何图形相似，则旋风除尘器的阻力系数 ξ 相同。若进口的流速 u 相同，压力损失基本不变。

② 进口风量的影响。压力损失与进口速度的平方成正比，因而进口风量较大时，压力损失随之增大。

③ 除尘器尺寸的影响。除尘器尺寸对压力损失影响很大，表现为进口面积增大，排气管直径减小，而压力损失随之增大，随圆筒与锥体部分长度的增加而减小。

④ 气体密度变化的影响。压力损失随气体密度增大而增大。由于气体密度变化与 T、p 有关，换句话说，压力损失随气体温度降低或压力的增大而增大。

⑤ 含尘气体浓度大小的影响。试验表明，含尘气体浓度增高时，压力损失随之下降，这是由于旋转气流与尘粒之间的摩擦作用使旋转速度降低所致。

⑥ 除尘器内部障碍物的影响。旋风除尘器内部的叶片、突起和支撑物等障碍物能使气流的旋转速度降低，离心力减小，从而使压力损失降低。但是，除尘器内壁粗糙却会使压力损失增大。

（2）理论分析计算式　旋风分离器压力损失的准确确定是除尘系统动力设备选择的关键，也是减少能量浪费的前提条件。众多研究者提出了很多种计算方法，也给出了很多计算公式。这些计算公式有简有繁，但都基于某些假设且针对其特定的旋风分离器模型。王连泽等鉴于上述情况，且考虑到旋风分离器内的流动主要受切向速度支配以及黏性流体推导所得切向速度分布计算公式的结果提出下列计算式的计算结果吻合很好。

旋风除尘器的压力损失由入口损失（P_i）、边壁摩擦损失（P_f）、灰斗损失（P_c）、本体内动压损失（P_k）及出口损失（P_e）五部分组成，可用下式表示。

$$\Delta P = P_i + P_f + P_c + P_k + P_e \tag{4-53}$$

① 入口损失。旋风除尘器的入口损失是指气流在入口处突然膨胀所造成的能量损失。

$$P_i = \xi_i \frac{\rho v^2}{2} \tag{4-54}$$

式中　P_i——入口压力损失，Pa；

ρ——空气密度，kg/m^3；

v——入口气流速度，m/s；

ξ_i——入口阻力系数。

在入口处，如果入口宽度 b 小于环形通道宽度 c，则存在横向膨胀，其横向膨胀率反比于 $\dfrac{b}{c}$。在仅考虑横向膨胀时，以入口气流速度所表示的突扩后气流速度为 $\dfrac{c}{b}v$，纵向膨胀是一定存在的，其影响计入系数 k_1，那么

$$\xi_i=\left(1-k_1\,\frac{b}{c}\right)^2 \tag{4-55}$$

至于纵向膨胀率的影响，考虑以气流旋转 1 周后纵向所增加的高度来计算，则

$$k_i=\frac{a}{a+\pi D\,\mathrm{tg}\gamma} \tag{4-56}$$

其中气流在旋风分离器内旋转的下倾角 γ 由试验结果可知在边壁处约为 $13°$。因在忽略排气芯管厚度时有 $c=\dfrac{D-d}{2}$，因此，入口局部阻力系数为

$$\xi_i=\left[1-\frac{ab}{\dfrac{D-d}{2}(a+\pi D\,\mathrm{tg}\gamma)}\right]^2 \tag{4-57}$$

将式（4-57）代入式（4-54）即可计算入口损失。

② 边壁摩擦损失的计算。假设：气流自入口进入除尘器后，成流束沿下倾角 γ 流动，形成螺旋运动。气流与边壁的接触面积近似等于入口高度与气流在筒体部分和锥体部分总流动距离的乘积，于是有

$$P_f=\frac{4f(L_1+L_2)}{a}\times\frac{\rho V_\infty^2\omega}{2} \tag{4-58}$$

式中 f——Fanning 摩擦系数。

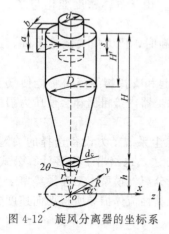

图 4-12 旋风分离器的坐标系

气流在筒体部分的流动距离可通过计算其所形成的圆柱螺线的长度获得。参见图 4-12，圆柱螺线的参数方程为

$$\begin{cases}x=R\cos\alpha=R\cos\omega t\\ y=R\sin\alpha=R\sin\omega t\\ z=V_{z\omega}t\end{cases}$$

流动距离的微元长度

$$\begin{aligned}\mathrm{d}L_1&=\sqrt{(R\cos\omega t)'^2+(R\sin\omega t)'^2+(V_z\omega t)'^2}\\ &=\sqrt{V_{t\omega}^2+V_{z\omega}^2}\,\mathrm{d}t\end{aligned}$$

将 t 从 $t=0$ 到 $t=\dfrac{H'}{V_{z\omega}}$ 积分，可得

$$L_1=\int_0^{\frac{H'}{V_{z\omega}}}\sqrt{V_{t\omega}^2+V_{z\omega}^2}\,\mathrm{d}t=H'\sqrt{1+\cot^2\gamma}=\frac{H}{\sin\gamma} \tag{4-59}$$

流体流经锥体部分的距离，可通过计算其所形成的圆锥螺线的长度来计算，有

$$\begin{aligned}L_2&=\int_{\frac{\mathrm{tg}\beta}{w\sin\theta}\ln\frac{h}{k_0\cos\theta}}^{\frac{\mathrm{tg}\beta}{w\sin\theta}\ln\frac{h+H-H'}{k_0\cos\theta}}k_0\,\frac{\sin\theta}{\sin\beta}\exp\left(\frac{\sin\theta}{\sin\beta}\omega t\right)\omega\,\mathrm{d}t\\ &=\frac{H-H'}{\cos\beta\cos\theta}\\ &=\frac{H-H'}{\sin\gamma\cos\theta}\end{aligned} \tag{4-60}$$

将式（4-59）和式（4-60）代入式（4-58）即可计算边壁摩擦阻力，其中对通常旋风分离

器的运行工况，f 可近似取为 0.0055。

③ 灰斗损失的计算。试验证明，常规旋风分离器灰斗的损失是相当大的。灰斗损失就是进入灰斗的单位体积流量的动能损失，即动压损失。

$$p_c = \frac{\overline{\rho}_c \overline{V}_\infty^2}{2} \qquad (4\text{-}61)$$

此时的平均空气密度 $\overline{\rho}_c$ 是旋风分离器内空气密度 ρ_c 的平均值。平均全速度 $\overline{V}_\infty$

$$\overline{V}_\infty = \frac{1}{\pi(d_c^2 - d_{nc}^2)} \int_{d_{nc}/2}^{d_d/2} V_\infty \times 2\pi r\, dr \qquad (4\text{-}62)$$

④ 本体内动压损失的计算。除尘器内的压力损失包括外蜗旋的动能全部转化为内蜗旋的动能以及内蜗旋和排气芯管中的旋转动能损失。单位体积流量的动能消耗就是平均的动压降，也就是动压损失。单位时间内通过垂直于气流方向的单位高度平面的动能为

$$W = \int_{r_o}^{r_w} \rho V_t \frac{V_t^2}{2}\, dr \qquad (4\text{-}63)$$

单位时间内通过垂直于气流方向单位高度平面的体积流量为

$$L = \int_{r_o}^{r_w} V_t\, dr \qquad (4\text{-}64)$$

所以动压降

$$p_k = \frac{W}{L} = \frac{\int_{r_o}^{r_w} \frac{\rho V_t^3}{2}\, dr}{\int_{r_o}^{r_w} V_t\, dr} \qquad (4\text{-}65)$$

⑤ 出口损失的计算。旋风分离器的出口损失包括芯管入口断面气流的突缩损失和芯管内气流的旋转动能损失。由于排气芯管中气流流动的特殊性，按通常局部阻力和沿程摩擦阻力的计算方法进行计算，结果肯定偏小，故应充分考虑气流旋转运动的影响。由于气流实际是旋转运动，其动压大于一维管流的动压。因此出口损失的计算，更具有经验成分。

以分离器入口速度表示的芯管中的轴向空气流速为

$$v_e = \frac{ab}{\pi d_e^2/4} v \qquad (4\text{-}66)$$

由相关手册可查出 $\xi = 0.7$，因此出口损失为

$$p_e = k\xi \frac{\rho v_e^2}{2} \qquad (4\text{-}67)$$

式中　p_e——出口压力损失，Pa；

　　　v_e——出口气流速度，m/s；

　　　ρ——空气密度，kg/m³；

　　　k——出口气体膨胀系数；

　　　ξ——出口阻力系数。

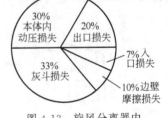

图 4-13　旋风分离器内压力损失的分布

由计算可绘制出旋风分离器内压力损失的分布如图 4-13 所示。

图 4-13 很直观地表明了常规旋风分离器内各部分的压力损失相对总压力损失所占的比例。因旋风分离器的减阻研究很具实际意义，且针对占总压力损失更大份额部分的减阻效果更佳，所以图 4-13 将为减阻技术的研究提供方向。

三、影响旋风除尘器性能的主要因素

1. 旋风除尘器几何尺寸的影响

在旋风除尘器的几何尺寸中，以旋风除尘器的直径、气体进口以及排气管形状与大小为最

重要的影响因素。

① 一般旋风除尘器的筒体直径越小，粉尘颗粒所受的离心力越大，旋风除尘器的除尘效率也就越高。但过小的筒体直径会造成较大直径颗粒有可能反弹至中心气流而被带走，使除尘效率降低。另外，筒体太小对于黏性物料容易引起堵塞。因此，一般筒体直径不宜小于 50～75mm，大型化后已出现筒径大于 2000mm 的大型旋风除尘器。

② 较高除尘效率的旋风除尘器都有合适的长度比例，合适的长度不但使进入筒体的尘粒停留时间增长有利于分离，且能使尚未到达排气管的颗粒有更多的机会从旋流核心中分离出来，减少二次夹带，以提高除尘效率。足够长的旋风除尘器，还可避免旋转气流对灰斗顶部的磨损，但是过长会占据圈套的空间。因此，旋风除尘器从排气管下端至旋风除尘器自然旋转顶端的距离一般用下式确定。

$$l = 2.3 D_e \left(\frac{D_0^2}{bh} \right)^{1/3} \tag{4-68}$$

式中　l——旋风除尘器筒体长度，m；

　　　D_0——旋风除尘器筒体直径，m；

　　　b——除尘器入口宽度，m；

　　　h——除尘器入口高度，m；

　　　D_e——除尘器出口直径，m。

一般常取旋风除尘器的圆筒段高度 $H = (1.5～2.0) D_0$。旋风除尘器的圆锥体可以在较短的轴向距离内将外旋流转变为内旋流，因而节约了空间和材料。除尘器圆锥体的作用是将已分离出来的粉尘微粒集中于旋风除尘器中心，以便将其排入储灰斗中。当锥体高度一定而锥体角度较大时，由于气流旋流半径很快变小，很容易造成核心气流与器壁撞击，使沿锥壁旋转而下的尘粒被内旋流所带走，影响除尘效率。所以，半锥角 α 不宜过大，设计时常取 $\alpha = 13°～15°$。

③ 旋风除尘器的进口有两种主要的进口型式——轴向进口和切向进口，如图 4-14 所示。切向进口为最普通的一种进口型式，制造简单，用得比较多。这种进口型式的旋风除尘器外形尺寸紧凑。在切向进口中螺旋面进口为气流通过螺旋而进口，这种进口有利于气流向下做倾斜的螺旋运动，同时也可以避免相邻两螺旋圈的气流互相干扰。

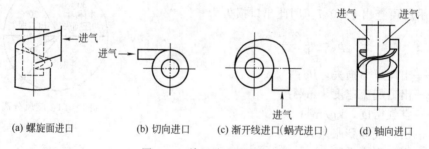

(a) 螺旋面进口　　(b) 切向进口　　(c) 渐开线进口(蜗壳进口)　　(d) 轴向进口

图 4-14　旋风除尘器进口型式

渐开线（蜗壳形）进口进入筒体的气流宽度逐渐变窄，可以减少气流对筒体内气流的撞击和干扰，使颗粒向壁移动的距离减小，而且加大了进口气体和排气管的距离，减少气流的短路机会，因而提高除尘效率。这种进口处理气量大，压力损失小，是比较理想的一种进口型式。

轴向进口是最好的进口型式，它可以最大限度地避免进入气体与旋转气流之间的干扰，以提高效率。但因气体均匀分布的关键是叶片形状和数量，否则靠近中心处分离效果很差。轴向进口常用于多管式旋风除尘器和平置式旋风除尘器。

进口管可以制成矩形和圆形两种型式。由于圆形进口管与旋风除尘器器壁只有一点相切，而矩形进口管整个高度均与向壁相切，故一般多采用后者。矩形宽度和高度的比例要适当，因为宽度越小，临界粒径越小，除尘效率越高；但过长而窄的进口也是不利的，一般矩形进口管高与宽之比为2～4。

④ 排气管 常风的排气管有两种型式：一种是下端收缩式；另一种为直筒式。在设计分离较细粉尘的旋风除尘器时，可考虑设计为排气管下端收缩式。排气管直径越小，则旋风除尘器的除尘效率越高，压力损失也越大；反之，除尘器的效率越低，压力损失也越小。排气管直径对除尘效率和阻力系数的影响如图 4-15 所示。

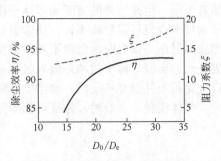

图 4-15　排气管直径对除尘效率
与阻力系数的影响

在旋风除尘器设计时，需控制排气管与筒径之比在一定的范围内。由于气体在排气管内剧烈地旋转，将排气管末端制成蜗壳形状可以减少能量损耗，这在设计中已被采用。

⑤ 灰斗是旋风除尘器设计中不容忽视的部分。因为在除尘器的锥度处气流处于湍流状态，而粉尘也由此排出容易出现二次夹带的机会，如果设计不当，造成灰斗漏气，就会使粉尘的二次飞扬加剧，影响除尘效率。

常用旋风除尘器各部分间的比例见表 4-4（表中 D_0 为外筒直径）。

表 4-4　常用旋风除尘器各部分间的比例

序　号	项　目	常用旋风除尘器比例	序　号	项　目	常用旋风除尘器比例
1	直筒长	$L_1=(1.5\sim2)D_0$	5	入口宽	$B=(0.2\sim0.25)D_0$
2	锥体长	$L_2=(2\sim2.5)D_0$	6	灰尘出口直径	$D_d=(0.15\sim0.4)D_0$
3	出口直径	$D_e=(0.3\sim0.5)D_0$	7	内筒长	$L=(0.3\sim0.75)D_0$
4	入口高	$H=(0.4\sim0.5)D_0$	8	内筒直径	$D_n=(0.3\sim0.5)D_0$

2. 气体参数对除尘器性能的影响

气体运行参数对性能的影响有以下几方面。

（1）气体流量的影响　气体流量或者说除尘器入口气体流速对除尘器的压力损失、除尘效率都有很大影响。从理论上来说，旋风除尘器的压力损失与气体流量的平方成正比，因而也和入口风速的平方成正比（与实际有一定偏差）。

入口流速增加，能增加尘粒在运动中的离心力，尘粒易于分离，除尘效率提高。除尘效率随入口流速平方根而变化，但是当入口速度超过临界值时，紊流的影响就比分离作用增加得更快，以至除尘效率随入口风速增加的指数小于1；若流速进一步增加，除尘效率反而降低。因此，旋风除尘器的入口风速宜选取 18～23m/s。

（2）气体含尘浓度的影响　气体的含尘浓度对旋风除尘器的除尘效率和压力损失都有影响。试验结果表明，压力损失随含尘负荷增加而减少，这是因为径向运动的大量尘粒拖曳了大量空气；粉尘从速度较高的气流向外运动到速度较低的气流中时，把能量传递给蜗旋气流的外层，减少其需要的压力，从而降低压力降。

由于含尘浓度的提高，粉尘的凝集与团聚性能提高，因而除尘效率有明显提高，但是提高的速度比含尘浓度增加的速度要慢得多，因此，排出气体的含尘浓度总是随着入口处的粉尘浓度的增加而增加。

（3）气体含湿量的影响　气体的含湿量对旋风除尘器工况有较大影响。例如，分散度很高而黏着性很小的粉尘（小于 $10\mu m$ 的颗粒含量为 $30\%\sim40\%$，含湿量为 1%）气体在旋风除尘器中净化不好；若细颗粒量不变，湿含量增至 $5\%\sim10\%$ 时，那么颗粒在旋风除尘器内互相黏结成比较大的颗粒，这些大颗粒被猛烈冲击在器壁上，气体净化将大有改善。

（4）气体的密度、黏度、压力、温度对旋风除尘器性能的影响　气体的密度越大，除尘效率越下降，但是气体的密度和固体密度相比几乎可以忽略。所以，其对除尘效率的影响较之固体密度来说也可以忽略不计。通常温度越高，旋风除尘器压力损失越小；气体黏度的影响在考虑除尘器压力损失时常忽略不算。但从临界粒径的计算公式中知道，临界粒径与黏度的平方根成正比。所以，除尘效率是随着气体黏度的增加而降低。由于温度升高，气体黏度增加，当进口气速等条件保持不变时，除尘效率略有降低。

气体流量为常数时，黏度对除尘效率的影响可按下式进行近似计算。

$$\frac{100 - \eta_a}{100 - \eta_b} = \sqrt{\frac{\mu_a}{\mu_b}} \tag{4-69}$$

式中　η_a、η_b——a、b 条件下的总除尘效率，%；

　　　μ_a、μ_b——a、b 条件下的气体黏度，$kg \cdot s/m^2$。

3. 粉尘的物理性质对除尘器的影响

① 粒径对除尘器性能的影响及较大粒径的颗粒在旋风除尘器中会产生较大的离心力，有利于分离。所以大颗粒所占有的百分数越大，总降尘效率越高。

② 粉尘密度对除尘器性能的影响及粉尘密度。粉尘密度对除尘效率有着重要的影响。临界粒径 d_{50} 或 d_{100} 和颗粒密度的平方根成反比，密度越大，d_{50} 或 d_{100} 越小，除尘效率也越高。但粉尘密度对压力损失影响很小，设计计算中可以忽略不计。

影响旋风除尘器性能的因素，除上述外，除尘器内壁粗糙度也会影响旋风除尘器的性能。浓缩在壁面附近的粉尘微粒，会因粗糙的表面引起旋流，使一些粉尘微粒被抛入上升的气流，进入排气管，降低了除尘效率。所以，在旋风除尘器的设计中应避免有没有打光的焊缝、粗糙的法兰连接点等。

旋风除尘器性能与各影响因素的关系如表 4-5 所列。

表 4-5　旋风除尘器性能与各影响因素的关系

变 化 因 素		性 能 趋 向		投 资 趋 向
		流体阻力	除尘效率	
烟尘性质	烟尘密度增大	几乎不变	提高	（磨损）增加
	烟尘粒度增大	几乎不变	提高	（磨损）增加
	烟气含尘浓度增加	几乎不变	略提高	（磨损）增加
	烟气温度增高	减少	提高	增加
结构尺寸	圆筒体直径增大	降低	降低	增加
	圆筒体加长	稍降低	提高	增加
	圆锥体加长	降低	提高	增加
	入口面积增大（流量不变）	降低	降低	
	排气管直径增大	降低	降低	
	排气管插入长度增加	增大	提高（降低）	增加
运行状况	入口气流速度增大	增大	提高	
	灰斗气密性降低	稍增大	大大降低	减少
	内壁粗糙度增加（或有障碍物）	增大	降低	

四、旋风除尘器选型

1. 选型原则

选型原则有以下几方面。

① 旋风除尘器净化气体量应与实际需要处理的含尘气体量一致。选择除尘器直径时应尽量小些，如果要求通过的风量较大，可采用若干个小直径的旋风除尘器并联为宜；如气量与多管旋风除尘器相符，以选多管除尘器为宜。

② 旋风除尘器入口风速要保持 14～23m/s，低于 18m/s 时其除尘效率下降；高于 23m/s

时除尘效率提高不明显，但阻力损失增加，耗电量增高很多。

③ 选择除尘器时，要根据工况考虑阻力损失及结构形式，尽可能使之动力消耗减少，且便于制造维护。

④ 旋风除尘器能捕集到的最小尘粒应等于或稍小于被处理气体的粉尘粒度。

⑤ 当含尘气体温度很高时，要注意保温，避免水分在除尘器内凝结。假如粉尘不吸收水分、露点为 30~50℃时，除尘器的温度最少应高出 30℃左右；假如粉尘吸水性较强（如水泥、石膏和含碱粉尘等）、露点为 20~50℃时，除尘器的温度应高出露点温度 40~50℃。

⑥ 旋风除尘器结构的密闭要好，确保不漏风。尤其是负压操作，更应注意卸料锁风装置的可靠性。

⑦ 易燃易爆粉尘（如煤粉）应设有防爆装置。防爆装置的通常做法是在入口管道上加一个安全防爆阀门。

⑧ 当粉尘黏性较小时，最大允许含尘质量浓度与旋风筒直径有关，即直径越大其允许含尘质量浓度也越大。具体的关系见表 4-6。

表 4-6　旋风除尘器直径与允许含尘质量浓度关系

旋风除尘器直径/mm	800	600	400	200	100	60	40
允许含尘质量浓度/(g/m³)	400	300	200	150	60	40	20

2. 选型步骤

旋风除尘器的选型计算主要包括类型和筒体直径及个数的确定等内容。一般步骤和方法如下所述：①除尘系统需要处理的气体量，当气体温度较高、含尘量较大时其风量和密度发生较大变化，需要进行换算，若气体中水蒸气含量较大时亦应考虑水蒸气的影响；②根据所需处理气体的含尘质量浓度、粉尘性质及使用条件等初步选择除尘器类型；③根据需要处理的含尘气体量 Q，按下式算出除尘器直径。

$$D_0 = \sqrt{\dfrac{Q}{3600 \times \dfrac{\pi}{4} v_p}} \tag{4-70}$$

式中　D_0——除尘器直径，m；

v_p——除尘器筒体净空截面平均流速，m/s；

Q——操作温度和压力下的气体流量，m³/h。

或根据需要处理气体量算出除尘器进口气流速度（一般在 12~25m/s 之间）。由选定的含尘气体进口速度和需要处理的含尘气体量算出除尘器入口截面积，再由除尘器各部分尺寸比例关系选出除尘器。

当气体含尘质量浓度较高，或要求捕集的粉尘粒度较大时应选用较大直径的旋风除尘器；当要求净化程度较高，或要求捕集微细尘粒时，可选用较小直径的旋风除尘器并联使用。

④ 必要时按给定条件计算除尘器的分离界限粒径和预期达到的除尘效率，也可直接按有关旋风除尘器性能表选取，或将性能数据与计算结果进行核对。

⑤ 除尘器必须选用气密性好的卸尘阀，以防除尘器本体下部漏风，否则效率急剧下降。除尘器底部设置集尘箱和空心隔离锥，可减少漏风和涡流造成的二次扬尘，使除尘效率有较大的提高。

⑥ 旋风除尘器并联使用时，应采用同型号旋风除尘器，并需合理地设计连接风管，使每个除尘器处理的气体量相等，以免除尘器之间产生串流现象，降低效率。彻底消除串流的办法是为每一除尘器设置单独的集尘箱。

⑦ 旋风除尘器一般不宜串联使用。必须串联使用时，应采用不同性能的旋风除尘器，并将低效者设于前面。

第三节　旋风除尘器设计

一、旋风除尘器设计条件

首先收集原始条件包括：含尘气体流量及波动范围，气体化学成分、温度、压力、腐蚀性等；气体中粉尘浓度、粒度分布，粉尘的黏附性、纤维性和爆炸性；净化要求的除尘效率和压力损失等；粉尘排放和要求回收价值；空间场地、水源电源和管道布置等。根据上述已知条件做设备设计或选型计算。

二、旋风除尘器基本型式

旋风除尘器基本型式见图4-16，各部分尺寸比例关系见表4-7。在实际应用中因粉尘性质不同，生产工况不同，用途不同，设计者发挥想象力设计出不同形式的除尘器，其中短体旋风除尘器如图4-17所示，长体旋风除尘器如图4-18所示，卧式旋风除尘器如图4-19所示。旋风除尘器设计百花齐放。

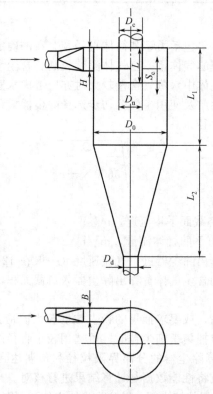

图 4-16　旋风除尘器基本型式

表 4-7　常用旋风除尘器各部分间的比例

序号	项目	常用旋风除尘器比例	序号	项目	常用旋风除尘器比例
1	直筒长	$L_1=(1.5\sim2)D_0$	5	入口宽	$B_c=(0.2\sim0.25)D_0$
2	锥体长	$L_2=(2\sim2.5)D_0$	6	灰尘出口直径	$D_d=(0.15\sim0.4)D_0$
3	出口直径	$D_c=(0.3\sim0.5)D_0$	7	内筒长	$L=(0.3\sim0.75)D_0$
4	入口高	$H=(0.4\sim0.5)D_0$	8	内筒直径	$D_n=(0.3\sim0.4)D_0$

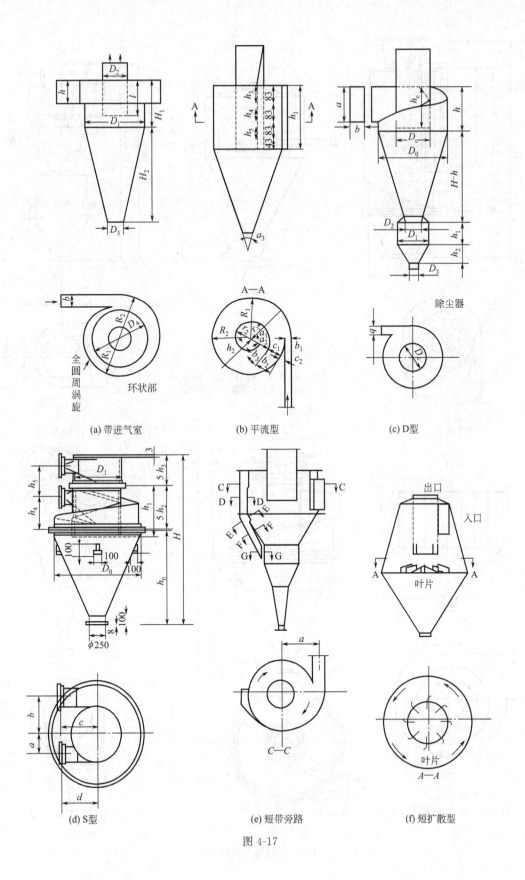

(a) 带进气室 (b) 平流型 (c) D型

(d) S型 (e) 短带旁路 (f) 短扩散型

图 4-17

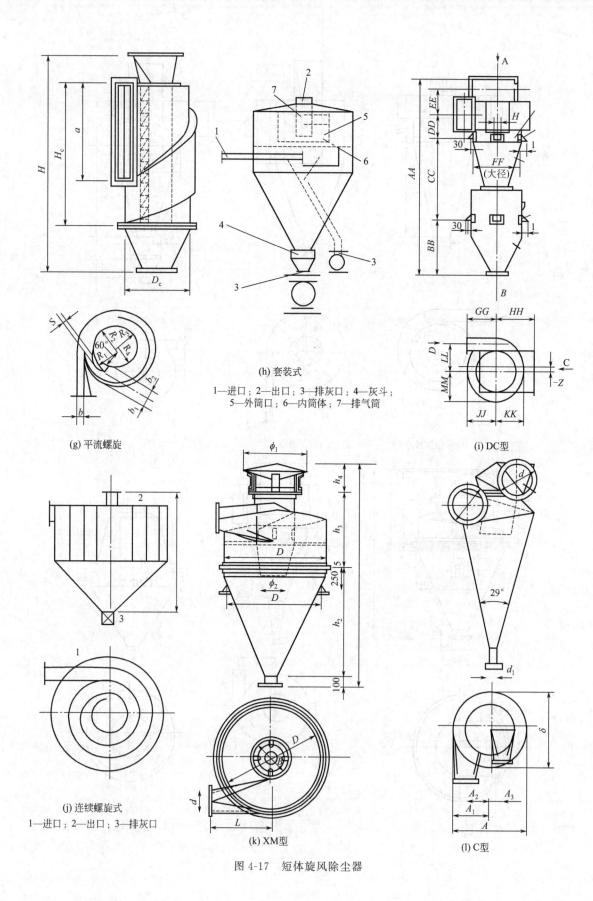

(h) 套装式

1—进口；2—出口；3—排灰口；4—灰斗；
5—外筒口；6—内筒体；7—排气筒

(g) 平流螺旋

(i) DC型

(j) 连续螺旋式

1—进口；2—出口；3—排灰口

(k) XM型

(l) C型

图 4-17　短体旋风除尘器

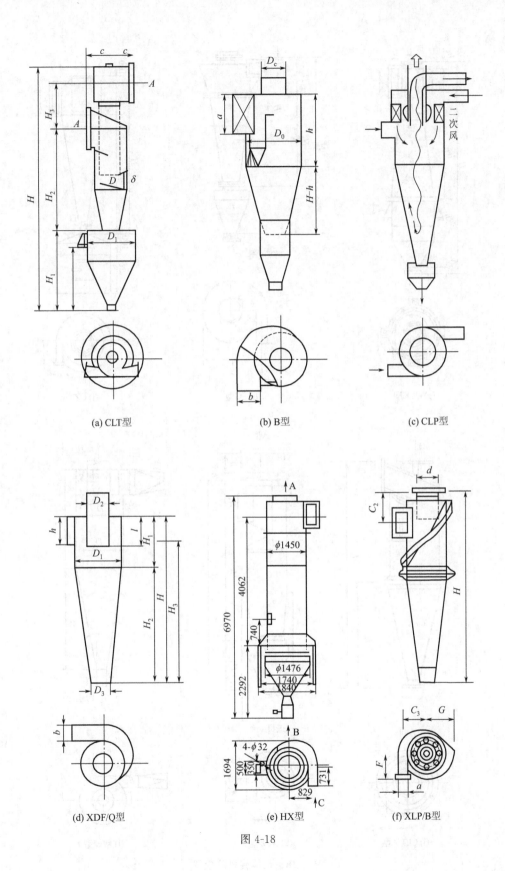

(a) CLT型   (b) B型   (c) CLP型

(d) XDF/Q型   (e) HX型   (f) XLP/B型

图 4-18

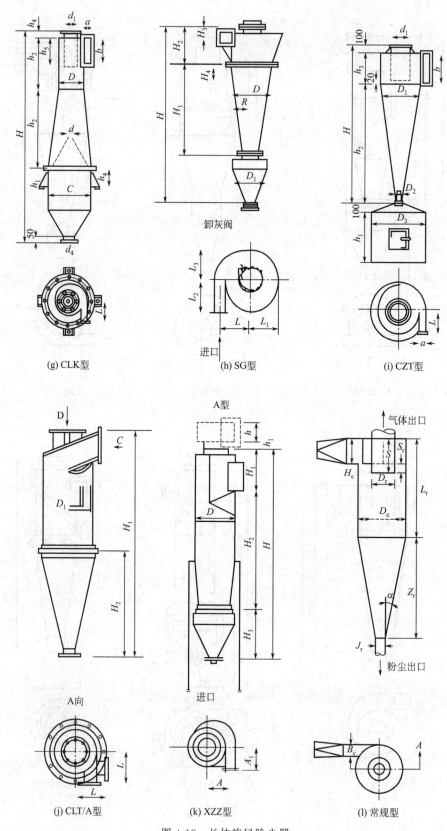

(g) CLK型　　　　　(h) SG型　　　　　(i) CZT型

卸灰阀

进口

气体出口

粉尘出口

A型

进口

A向

(j) CLT/A型　　　　　(k) XZZ型　　　　　(l) 常规型

图 4-18　长体旋风除尘器

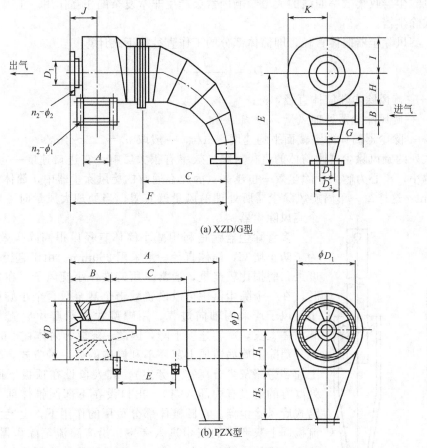

(a) XZD/G型

(b) PZX型

图 4-19 卧式旋风除尘器

三、旋风除尘器基本尺寸设计

旋风除尘器几何结构尺寸是设计者在处理设备最终效率相关问题时需考虑的最重要的单变量。这是因为收集效率更多地取决于其总体几何结构。对许多基本旋风除尘器来说，每一种形式都有大量的几何比例结构可供选择。但绝大部分的工业应用以及研究一直将逆流型的旋风除尘器作为中心内容。

虽然人们无法用数学方法对旋风除尘器物理性能进行准确描述，但是，对旋风除尘器的几何学参量进行改变，却能在能耗相当或能耗较低的情况下大幅度地改善集尘的效率。事实上，由于在操作的各项参数以及压降既定的条件下，旋风除尘器的几何设计数据可选的组合成千上万，因此，完全可能设计一个满足给定除尘条件的、比以前更好的旋风除尘器。

1. 筒体直径设计

在旋风除尘器的设计过程中，旋风除尘器筒体的直径是最有用的变量之一，同时也是最易于被误解和误用的变量之一。根据气旋定律，对于给定类型的旋风除尘器，并联使用多个旋风除尘器比使用一个较大的大型旋风除尘器能得到更高的颗粒物收集效率（假定安装恰当）。气旋定律的不当使用得出了以下结论：小半径的离心除尘器比大半径的离心除尘器具有更高的效率。实际上，在相同的操作条件下，若将具有不同几何结构的旋风除尘器（不同系列的旋风除尘器）进行对比，则不可能轻易预测出哪一系列的旋风除尘器收集效率最高。然而当旋风除尘器属于不同系列时，直径较大的旋风除尘器经常比直径较小的旋风除尘器的效率更高，这是由于影响旋风除尘器收集效率曲线的大量影响因素会产生非常复杂的相互作用。正因为如此才出现多种形式除尘器。

通常，旋风除尘器筒体直径，即筒体部分的工作直径按下式计算

$$D_o = \left(\frac{Q_v}{2826 v_p}\right)^{0.5} \tag{4-71}$$

式中　D_o——旋风除尘器筒体直径，m；

　　　Q_v——旋风除尘器处理风量，m^3/h；

　　　v_p——除尘器筒体净空截面平均速度，m/s，一般取 $v_p = 2.5 \sim 4 m/s$。

同一系列的旋风除尘器圆筒体的直径对除尘效率有很大影响。在进口速度一定的情况下，筒体直径越小，离心力越大，除尘效率也越高。因此在通常的旋风除尘器中，筒体直径一般不大于 900mm。这样每一单筒旋风除尘器所处理的风量就有限，当处理大风量时可以并联若干个旋风除尘器。

多管除尘器就是利用减小筒体直径以提高除尘效率的特点，为了防止堵塞，筒体直径一般采用 250mm。由于直径小，旋转速度大，磨损比较严重，通常采用铸铁作小旋风子。在处理大风量时，在一个除尘器中可以设置数十个甚至数百个小旋风子。每个小旋风子均采用轴向进气，用螺旋片或花瓣片导流（图 4-20），圆筒体太长，旋转速度下降，因此一般取为筒体直径的两倍。

消除上旋涡造成上灰环不利影响的另一种方式，是在圆筒体上加装旁路灰尘分离室（旁室），其入口设在顶板下面的上灰环处（有的还设有中部入口），出口设在下部圆锥体部分，形成旁路式旋风除尘器。在圆锥体部分负压的作用下，上旋涡的部分气流携同上灰环中的灰尘进入旁室，沿旁路流至除尘器下部锥体，粉尘沿锥体内壁流入灰斗中。旁路式旋风除尘器进气管上沿与顶盖相距一定距离，使有足够的空间形成上旋涡和上灰环。旁室可以做在旋风除尘器圆筒的外部（外旁路）或做在圆筒的内部。利用这一原理做成的旁路式旋风除尘器有多种形式。

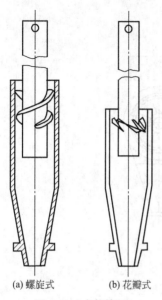

(a) 螺旋式　　(b) 花瓣式

图 4-20　多管旋风
除尘器的旋风子

2. 筒体高度设计

旋风除尘器筒体高度 L_1 往往由筒体直径计算。

若 L_1/D 比例（即旋风除尘器总体高度/旋风除尘器的机体直径之比）及所有的入口条件保持恒定，则在所有的其他大小尺寸保持不变的条件下，对大直径的旋风除尘器来说，由于颗粒物在其内部停留时间较长，其收集效率也较高。如前所述，增加直径也同时会直接导致离心力降低，而离心力降低的影响结果之一就是会减少收集效率。可是，对绝大多数工业颗粒物来说，若保持上述的条件不变，当停留时间增加时，尽管离心力减少了，但收集效率却依然会增加。事实上，在其他大小尺寸保持恒定时，此种旋风除尘器机体直径以及旋风除尘器净高度改变以后，也可按此设计出一个新的旋风除尘器系列。对不同系列的旋风除尘器的性能，能得出的绝对性结论只有一个，那就是，此类不同系列的旋风除尘器将会有着不同的收集效率曲线。通常情况下，旋风除尘粉的收集效率曲线会产生相互交叉，高停留时间的旋风除尘器对大直径的颗粒物（大于 1μm）有着较高的收集效率；而低停留时间（高容量）的旋风除尘器，对直径小于 1μm 的极细小的颗粒物，通常有着较高的收集效率。

由于旋风除尘器最常处理的颗粒物，在绝大多数情况下，其颗粒物大小均大于收集效率曲线发生交叉的尺寸（0.5～2μm），因此，具有高停留时间的旋风除尘器有着更好的集尘效果。

长度与直径比（或高度与直径比）L_1/D 为旋风除尘器的机体高度加上圆锥体高度之和再

除以旋风除尘器机体或桶体的内径。在所有的其他因子保持恒定时，随着 L_1/D 比值的增加，旋风除尘器的性能也随之改善。对于高性能的旋风除尘器，此比值介于 $3\sim6$ 之间，常用的比值为 4。若需考虑到旋风除尘器的总体性能（也就是说要使该旋风除尘器基本可用），则 L_1/D 值一般不应小于 2。研究也显示 L_1/D 的最大比值可能会达到 6 以上。

3. 进气口设计

旋风除尘器进气口气流速度为 $14\sim24\mathrm{m/s}$，进气口设计中必须注意以下问题。

① 能耗随入口速度的升高而呈指数关系升高。这是因为阻力损失与入口速度平方成正比。

② 在收集有磨蚀作用的颗粒物时，则随入口速度的增加，对旋风除尘器的磨损一般也会加剧。这是因为，磨蚀速率与入口速度的立方成正比，也就是说，若颗粒物入口速度加倍，则其对管道内壁的磨蚀速率将是原来的 8 倍。

③ 在用于易碎（易破裂、或易折断）的颗粒物，或会发生凝聚的颗粒物时，增加入口速度可能使颗粒物变得更小，对颗粒物的收集带来负面影响。

④ 尽管通过增加入口速度来提升收集效率的物理学原来在所有可能的情况下都适用，但是，入口速度增加以后，对装置的安装及配置方面的相关要求将会更加严格。由于此类体系中的旋涡情况将会严重加剧，因此所收集到的细粉可能会被重新带入。通常为确保在运行过程中可达到较好的性能水平，一般把入口控制在 $14\sim24\mathrm{m/s}$。

⑤ 在绝大多数的情况下，切线型入口的旋风除尘器的制造价格较低廉，尤其是当所涉及的旋风除尘器主要用于高压或真空条件下更是如此。在旋风除尘器机体内径较大，同时要求其使用出口管道直径较小的情况下，与渐开线型入口相比，切线型入口所产生压降的增加程度便会很小。若旋风除尘器采用切线型入口方案，并且入口内边缘的位置位于出口管道壁与入口管道内边缘的交叉点内时，则可能会产生极高的压降，磨蚀性颗粒物也会对管道产生很大的磨损作用。

4. 圆锥体设计

增加圆锥体的长度可以使气流的旋转圈数增加，明显地提高除尘效率。因此高效旋风除尘器一般采用长锥体，锥体长度为筒体直径 D 的 $2.5\sim3.2$ 倍。

有的旋风除尘器的锥体部分接近于直筒形，消除了下灰环的形成，避免局部磨损和粗颗粒粉尘的反弹现象，因而提高了使用寿命和除尘效率。这种除尘器还设有平板型反射屏装置，以阻止下部粉尘二次飞扬。

旋风除尘器的锥体，除直锥形外，还可做成为牛角弯形。这使除尘器水平设置降低了安装高度，从而少占用空间，简化管路系统。试验表明，进口风速较高时（大于 $14\mathrm{m/s}$），直锥形的直立安装和牛角形的水平安装其除尘效率和阻力基本相同。这是因为在旋风除尘器中，粉尘的分离主要是依靠离心力的作用，而重力的作用可以忽略。

旋风除尘器的圆锥体也可以倒置，扩散式除尘器即为其中一例。在倒圆锥体的下部装有倒漏斗形反射屏（挡灰盘）。含尘气流进入除尘器后，旋转向下流动，在到达锥体下部时，由于反射屏的作用大部分气流折转向上由排气管排出。紧靠筒壁的少量气流随同浓聚的粉尘沿圆锥下沿与反射屏之间的环缝进入灰斗，将粉尘分离后，由反射屏中心的"透气孔"向上排出，与上升的内旋流混合后由排气管排出。由于粉尘不沉降在反射屏上部，主气流折转向上时，很少将粉尘带出（减少二次扬尘），有利于提高除尘效率。这种除尘器的阻力较高，其阻力系数 $\zeta = 6.7\sim10.8$。

5. 排气管设计

排气管通常都插入到除尘器内，与圆筒体内壁形成环形通道，因此通道的大小及深度对除尘效率和阻力都有影响。环形通道越大，排气管直径 D_e 与圆筒体直径 D_0 之比越小，除尘效率增加，阻力也增加。在一般高效旋风除尘器中取 $\dfrac{D_c}{D_0}=0.5$，而当效率要求不高时（通用型旋风除尘器）可取 $\dfrac{D_c}{D_0}=0.65$，阻力也相应降低。

排气管的插入深度越小，阻力越小。通常认为排气管的插入深度要稍低于进气口的底部，以防止气流短路，由进气口直接窜入排气管，而降低除尘效率。但不应接近圆锥部分的上沿。不同旋风除尘器的合理插入深度不完全相同。

由于内旋流进入排气管时仍然处于旋转状态，使阻力增加。为了回收排气管中多消耗的能量和压力，可采用不同的措施。最常见的是在排气管的入口处加装整流叶片（减阻器），气流通过该叶片使旋转气流变为直线流动，阻力明显降低，但除尘效率略有下降。

在排气管出口装设渐开蜗壳，阻力可降低 $5\%\sim10\%$，而对除尘效率影响很小。

6. 排尘口设计

旋风除尘器分离下来的粉尘，通过设于锥体下面的排尘口排出，因此排尘口大小及结构对除尘效率有直接影响。若圆锥形排尘口的直径太小，则由于在旋风除尘器内部的颗粒物向着回转气体的轴心不断地运动，旋风除尘器的收集效率就会有所降低。此外，还有很重要的一点，那就是需要注意：在排尘口的直径大小不够时，也会产生一些实际操作方面的问题。若排尘口太小时，则需收集的许多物质就不能通过，这样收集效率会有较大程度的降低。旋风除尘器排尘口的最小直径应按下式计算得出。

$$D_d=3.5\times\left(2450\times\frac{v_m}{\rho_B}\right)^{0.4} \tag{4-72}$$

式中　D_d——排尘口的直径，cm；

　　　v_m——粉尘质量流速，kg/s；

　　　ρ_B——粉尘体积松密度，kg/m^3。

通常排尘口直径 D_d 采用排气管直径 D_c 的 $0.5\sim0.7$ 倍，但有加大的趋势，例如取 $D_d=D_c$，甚至 $D_d=1.2D_c$。

由于排尘口处于负压较大的部位，排尘口的漏风会使已沉降下来的粉尘重新扬起，造成二次扬尘，严重降低除尘效率。因此保证排灰口的严密性是非常重要的。为此可以采用各种卸灰阀，卸灰阀除了要使排灰流畅外，还要使排灰口严密，不漏气．因而也称为锁气器。常用的有：重力作用闪动卸灰阀（单翻式、双翻板式和圆锥式）、机械传动回转卸灰阀、螺旋卸灰机等。

现将旋风除尘器各部分结构尺寸增加对除尘器效率、阻力及造价的影响列入表 4-8 中。

表 4-8　旋风除尘器结构尺寸增加对性能的影响

参数增加	阻力	效率	造价
除尘器直径(D_d)	降低	降低	增加
进气面积(风量不变,H_c,B_c)	降低	降低	—
进气面积(风量不变,H_c,B_c)	增加	增加	—
圆筒长度(L_c)	略降	增加	增加
圆锥长度(Z_c)	略降	增加	增加
圆锥开口(D_c)	略降	增加或降低	—
排气管插入长度(S)	增加	增加或降低	—
排气管直径(D_c)	降低	降低	增加
相似尺寸比例	几乎无影响	降低	—
圆锥角 $2\tan^{-1}\left(\dfrac{D_d-D_c}{H-L_e}\right)$	降低	$20°\sim30°$为宜	增加

四、旋风除尘器设计实例

1. 设计参数

① 处理风量　　　　6500m³/h。
② 空气温度　　　　常温。
③ 粉尘成分　　　　SiO_2。
④ 粉尘质量浓度　　$<650mg/m^3$。
⑤ 用途　　　　　　砂轮机除尘。
⑥ 选型方向　　　　标准型旋风除尘器。

2. 结构尺寸

（1）选型与绘制设计（计算）草图
见图 4-21。

（2）排气管（内筒）截面积与直径

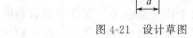

图 4-21　设计草图

$$S_d=\frac{Q_v}{3600v_d}=6500/(3600\times22)=0.082(m^2)$$
$$D_d=(S_d/0.785)^{0.5}=(0.082/0.785)^{0.5}=0.323(m)，取\ D_d=325mm$$

（3）圆筒空（环）截面积

$$S_k=\frac{Q_v}{3600D_d}6500/(3600\times3.5)=0.516(m^2)$$

一般空截面上升速度 $v_k=2.5\sim4.0$（m/s）

（4）圆筒全截面积
$$S_0=S_d+s_k=0.082+0.516=0.598(m^2)$$

（5）圆筒直径
$$D_0=(S_0/0.758)^{0.5}=(0.598/0.785)^{0.5}=0.873(m)，取\ D_0=870mm$$

3. 相关尺寸设计计算

（1）圆筒长度
$$L_1+150=2D_0+150=2\times870+150=1890(mm)$$

（2）锥体长度
$$L_2+100=2D_0+100=2\times870+100=1840(mm)$$

（3）进口尺寸
$$S_1=V/3600v_1=6500/(3600\times20)=0.903(m^2)$$

（一般 $v_1=15\sim25m/s$）
$$S_1=bH=B\times2B=2B^2$$
$$B=(S_1/2)^{0.5}=(0.903/2)^{0.5}=0.213(m)，取\ B=215(mm)$$
$$H=2B=430(mm)$$

（4）排灰口直径
$$d=0.25D_0=0.25\times870=0.218(m)，取\ D=220mm$$

4. 技术性能

（1）处理能力
$$Q_v=3600S_1v_1=3600\times(0.125\times0.430)\times20=6656(m^3/h)$$

（2）设备阻力
$$p=\xi(v^2\rho_1/2)=5\times(20^2\times1.205/2)=1205Pa$$
$$\xi=(5.0\sim5.5)$$

（3）降尘效率：

按经验值取 $\eta = 85\%$。

（4）排放浓度

$$c_2 = (1-\eta)c_1 = (1-0.85) \times 650 = 98 (mg/m^3)$$

（5）回收粉尘量

$$G = Q_v(c_1 - c_2) \times 10^{-6} = 3.68 (kg/h)$$

5. 定型结论

型式为标准型旋风除尘器；风量 $6660 m^3/h$，阻力 1200Pa；外形尺寸 $\phi 870 m \times 3830 mm$；重量 478kg。

第四节　常用旋风除尘器

旋风除尘器类型很多，有许多型式雷同或近似，本节仅介绍有代表性并且应用较多的旋风除尘器，即普通型旋风除尘器、旁路式旋风除尘器、扩散式旋风除尘器、直流式旋风除尘器、旋流式旋风除尘器、双级蜗壳旋风除尘器、多管旋风除尘器以及特殊型式的旋风除尘器。

一、普通型旋风除尘器

普通型旋风除尘器指基本上按标准尺寸定型，并在气流入口、出口和卸灰口按最佳参数设计的旋风除尘器，其中有代表性标准比例的旋风除尘器和 CLT/A 型旋风除尘器等。

（一）标准比例的旋风除尘器

在众多的旋风除尘器中丹尼森（Danielson）提出了使用一套标准的或通用的旋风除尘器的比例。如图 4-22 示出的尺寸。表 4-9 列出了用直径 D_0 表示的标准旋风除尘器的比例。这种比例关系为除尘器尺寸和性能比较提出一种可能。

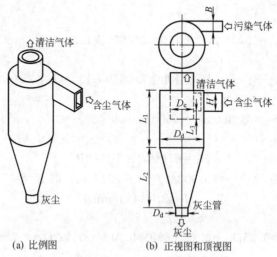

(a) 比例图　　　　(b) 正视图和顶视图

图 4-22　标准比例的旋风除尘器示意

表 4-9　标准旋风除尘器的比例

圆柱体的长度	$L_1 = 2D_0$	进气口的宽度	$B = 1/4D_0$
锥体的长度	$L_2 = 2D_0$	排尘口的直径	$D_d = 1/4D_0$
排气口的直径	$D_e = 1/2D_0$	排气管的长度	$L_3 = 1/8D_0$
进气口的高度	$H = 1/2D_0$		

莱波尔（Lapple）提出了一个普通旋风除尘器除尘效率的经验公式。该效率公式是以效率为 50% 时的颗粒尺寸为基础的。这个尺寸以 d_{50} 表示，该颗粒直径称为颗粒分割尺寸。

颗粒分割粒径 d_{50} 的计算方程为

$$d_{50} = \sqrt{\frac{9\mu B^2 H}{\rho_p Q \theta_1}} \qquad (4-73)$$

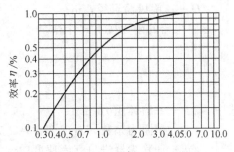

图 4-23　旋风除尘器的除尘效率与颗粒直径的关系

旋风除尘器的除尘效率与颗粒直径的关系绘在图 4-23。式（4-23）中的 θ_1 值，表示气体在穿过旋风除尘器时的有效回转数；θ_1 值是个变量，但在缺乏精确的数据时，可由下式得到近似值

$$\theta_1 = 2\pi \frac{L_1 + L_2/2}{H} = \frac{\pi}{H}(2L_1 + L_2) \qquad (4-74)$$

式（4-73）适用于切向、螺线形或绕线形进气。轴向进气可采用下列方程。

$$d_{50} = \sqrt{\frac{27\pi\mu B^3}{\rho_p Q \theta_1 \tan\alpha}} \qquad (4-75)$$

对于标准比例的旋风除尘器，式（4-74）给出 $\theta_1 = 12\pi$。

（二）CLT/A 型旋风除尘器

CLT/A 型旋风除尘器按后来的命名应为 XLT/A 型。

1. 工作原理

普通型旋风除尘器的工作原理是含尘气从进口处沿切向并向下 15°斜度进入，气流急速旋转运动，气流中的粉尘产生强烈的离心分离作用。相当部分颗粒的粉尘先后被分离到器壁，碰撞后沿外壁落下至锥体和卸灰阀处排出。分离粉尘后的气体旋转向中心从排气管排出。为了减少气体出口的阻力损失，把出口设计成蜗壳形，这是该除尘器的特点之一。

2. 结构和性能

CLT/A 型旋风除尘器圆筒直径每 150～800mm 为一级。同一圆筒直径又有单筒、双筒、三筒、四筒、六筒五种组合。每种组合按其出口方式又有 X、Y 两种：X 型一般用于负压操作系统；Y 型可用于正压或负压操作系统。

当单独使用时，进口粉尘浓度以不大于 1.5g/m^3 为宜；当它作为多级除尘系统的第一级使用时，进口含尘浓度以不大于 30g/m^3 为宜。如果含尘质量浓度过高，应采用必要的粗分离装置。

该除尘器的净化能力可按下式计算。

$$V = 3600 \frac{\pi}{4} D^2 n v = 2826 n v D^2 \qquad (4-76)$$

式中　V——除尘器的处理能力，m^3/h；

$\quad\quad n$——旋风筒个数；

$\quad\quad v$——旋风筒截面上假想气流速度，m/s，一般为 2.5～4m/s；

D——旋风筒直径，m。

该除尘器的阻力按下式计算。

$$\Delta P = \xi \frac{v_i^2}{2} \rho_i \qquad (4-77)$$

式中　ΔP——流体阻力，Pa；

　　　　ξ——阻力系数，对 X 型 $\xi = 5.5$，对 Y 型 $\xi = 5.0$；

　　　　v_i——除尘器进口气流速度，m/s；

　　　　ρ_i——进口含尘气体密度，kg/m³。

当处理的气体量较大时，需要多台单筒除尘器并联使用，其阻力为单个除尘器阻力的 1.1 倍。

CLT/A 型旋风除尘器 1966 年收录入《全国通用建筑标准设计图集》，图号为 T505-1，其结构特点为：①有 15°向下倾斜的螺旋切线气体进口，对 15°向下的倾斜进口对分离粉尘是有利的，因为它使粉尘受到一个向下运动的分氛围，可以使粉尘降落快，并不易再混入向上气流；②圆筒体细长、锥体较长、锥角较小等，器壁钢板厚 3.5～6mm。

3. 技术性能

带出口蜗壳的 CLT/A 型旋风除尘器的进口气速与除尘效率和压力损失的关系见图4-24，压力损失与除尘效率的关系见图 4-25。流体阻力系统 X 型为 5.5，Y 型为 5.0。这些参数是在进口含尘浓度为 3g/m³、如下所列粒度分布的滑石粉条件下试验得出的。

平均粒径（μm）	2	4	7.5	15	25	35	45	55	65
粒级分布（%）	3	11	17	27	12	9.5	7.5	6.4	6.6

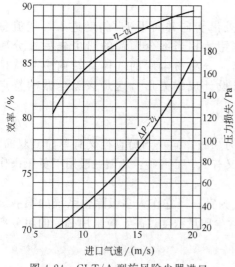

图 4-24　CLT/A 型旋风除尘器进口
气速与除尘效率和压力损失的关系

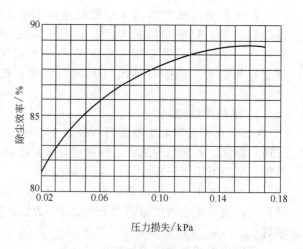

图 4-25　CLT/A 型旋风除尘器
压力损失与除尘效率的关系

CLT/A 型旋风除尘器的筒体直径在 300～800mm 之间共 11 种规格，有单筒、双筒、三筒、四筒和六筒五种组合。每种组合有两种排气型式：水平 X 型排气和上部 Y 型排气。

CLT/A 型旋风除尘器的处理气量和压力损失按表 4-10 选取。各种组合及组合尺寸分别见图 4-26～图 4-30 和表 4-11～表 4-15。

表 4-10　CLT/A 型旋风除尘器的处理气量和压力损失

组合式	进口气速/(m/s)	CLT/A-3.0	CLT/A-3.5	CLT/A-4.0	CLT/A-4.5	CLT/A-5.0	CLT/A-5.5	CLT/A-6.0	CLT/A-6.5	CLT/A-7.0	CLT/A-7.5	CLT/A-8.0
		φ300mm	φ350mm	φ400mm	φ450mm	φ500mm	φ550mm	φ600mm	φ650mm	φ700mm	φ750mm	φ800mm
		处理气量/(m³/h)										
单筒	12	670	910	1180	1500	1860	2240	2670	3130	3630	4170	4750
	15	830	1140	1480	1870	2320	2800	3340	3920	4540	5210	5940
	18	1000	1360	1780	2250	2780	3360	4000	4700	5440	6250	7130
双筒	12	1340	1820	2360	3000	3720	4480	5340	6260	7260	8340	9500
	15	1660	2280	2960	3740	4640	5600	6680	7840	9080	10420	11880
	18	2000	2720	3560	4500	5560	6720	8000	94.0	10880	12500	14260
三筒	12	2010	2730	3540	4500	5580	6720	8010	9390	10890	12510	14250
	15	2490	3420	4440	5340	6960	8400	10020	11760	13620	15630	17820
	18	3000	4080	5340	6750	8340	10080	12000	14100	16320	18750	21390
四筒	12	2680	3640	4720	6000	7440	8960	10680	12520	14520	16680	19000
	15	3320	4480	5920	7480	9280	11200	13360	15680	18160	20840	23760
	18	4000	5440	7120	9000	11120	13440	16000	18800	21760	25000	28520
六筒	12	4020	5460	7080	9000	11160	13440	16020	18780	21780	25020	28500
	15	4980	6840	8880	11220	13920	16800	20040	23520	27240	31260	35640
	18	6000	8160	10680	13500	16680	20160	24000	28200	32640	37500	42780

进口气速/(m/s)	压力损失/Pa	
	X 型	Y 型
12	480	431
15	755	676
18	1078	970

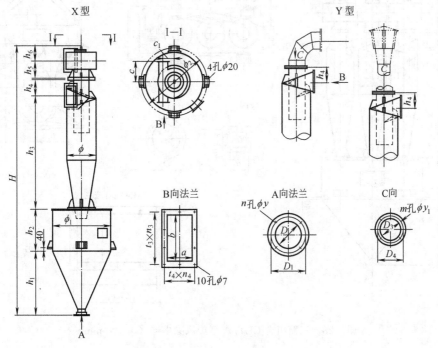

图 4-26　单筒 CLT/A 型旋风除尘器（单位：mm）

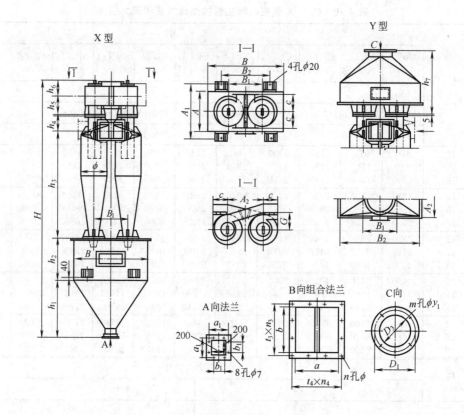

图 4-27　双筒组合 CLT/A 型旋风除尘器（单位：mm）

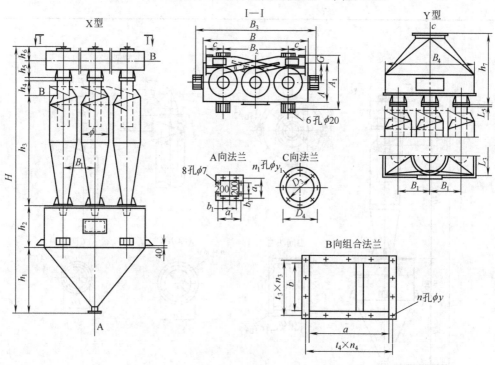

图 4-28　三筒组合 CLT/A 型旋风除尘器（单位：mm）

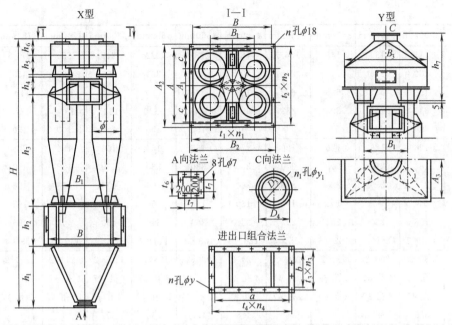

图 4-29 四筒组合 CLT/A 型旋风除尘器（单位：mm）

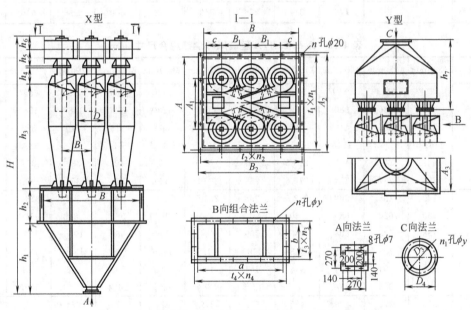

图 4-30 六筒组合 CLT/A 型旋风除尘器（单位：mm）

表 4-11 单筒 CLT/A 型旋风除尘器组合尺寸 单位：mm

参　数	$\phi 300mm$	$\phi 350mm$	$\phi 400mm$	$\phi 450mm$	$\phi 500mm$	$\phi 550mm$	$\phi 600mm$	$\phi 650mm$	$\phi 700mm$	$\phi 750mm$	$\phi 800mm$
H	2501	2869	3241	3610	3981	4350	4720	5093	5460	5829	6192
h_1	470	535	600	665	700	795	860	925	990	1055	1120
h_2	330	385	440	495	550	605	660	715	770	825	880
h_3	1161.5	1354.5	1548	1740.5	1934.5	2127.5	2320.5	2513.5	2706	2898	3084
h_4	144.5	167.5	192	215.5	239.5	262.5	286.5	310.5	333	357	381
h_5	221	237	254	270.5	287	303.5	320	338	354	370.5	387
h_6	169	185	202	218.5	235	251.5	268	286	302	318.5	335

参　数	$\phi300\text{mm}$	$\phi350\text{mm}$	$\phi400\text{mm}$	$\phi450\text{mm}$	$\phi500\text{mm}$	$\phi550\text{mm}$	$\phi600\text{mm}$	$\phi650\text{mm}$	$\phi700\text{mm}$	$\phi750\text{mm}$	$\phi800\text{mm}$
G	111	130	148	166.5	185	203.5	222	240	259	277.5	296
C	180	210	240	270	300	330	360	390	420	450	480
ϕ_1	457	532	608	683	159	834	910	985	1060	1135	1212
ϕ_2	637	712	808	883	999	1074	1150	1225	1300	1375	1452
D	70	70	70	70	70	100	100	100	100	150	150
D_1	126	126	126	126	126	156	156	156	156	206	206
D_3	180	210	240	270	300	330	360	390	420	450	480
D_4	220	250	280	310	340	376	406	436	466	496	526
a	78	90	104	117	130	143	156	170	182	195	208
b	198	230	264	297	330	363	396	430	462	495	528
$t_3\times n_3$	113×2	86×3	102×3	115×3	128×3	103×4	114×4	120×4	130×4	138×4	146×4
$t_4\times n_4$	53×2	60×2	73×2	82.5×2	92×2	96×2	108×8	110×2	121×2	126×2	132×2
n 孔 ϕY	4孔 $\phi7$	4孔 $\phi7$	4孔 $\phi7$	4孔 $\phi7$	4孔 $\phi7$	6孔 $\phi7$	6孔 $\phi7$	6孔 $\phi7$	6孔 $\phi7$	6孔 $\phi7$	6孔 $\phi7$
n_1 孔 ϕY_1	8孔 $\phi7$	8孔 $\phi7$	8孔 $\phi7$	8孔 $\phi7$	8孔 $\phi7$	12孔 $\phi7$	12孔 $\phi7$	12孔 $\phi7$	12孔 $\phi7$	12孔 $\phi7$	12孔 $\phi7$
δ	3.5	3.5	4	4	4.5	4.5	5	5	5	5	6
质量 /kg　X 型	116	144	190	232	298	367	463	547	617	706	946
Y 型	106	133	176	214	276	340	432	500	564	646	879

表 4-12　双筒 CLT/A 型旋风除尘器组合尺寸/mm

参　数	$\phi300\text{mm}$	$\phi350\text{mm}$	$\phi400\text{mm}$	$\phi450\text{mm}$	$\phi500\text{mm}$	$\phi550\text{mm}$	$\phi600\text{mm}$	$\phi650\text{mm}$	$\phi700\text{mm}$	$\phi750\text{mm}$	$\phi800\text{mm}$
H	2711	3114	3521	3925	4331	4735	5140	5548	5950	6354	6752
h_1	680	780	880	980	1080	1180	1280	1380	1480	1580	1680
h_2	330	385	440	495	500	605	660	715	770	825	880
h_3	1161.5	1354.5	1548	1740.5	1934.5	2127.5	2320.5	2513.5	2706	2898	3084
h_4	144.5	167.5	192	215.5	239.5	262.5	286.5	310.5	333	357	81
h_5	221	237	254	270.5	287	303.5	320	338	354	370.5	387
h_6	169	185	202	218.5	235	251.5	268	286	302	318.5	33.5
h_7	560	620	680	740	900	920	960	980	1040	1100	1160
A	458	533	608	683	759	834	909	984	1060	1135	1212
A_1	718	793	828	943	1000	1075	1149	1224	1300	1374	1452
A_2	304	354	404	444	454	499	544	591	636	681	726
B	758	883	1008	1133	1259	1384	1509	1634	1760	1885	2012
B_1	320	370	420	470	522	572	624	674	724	774	828
B_2	450	550	700	800	850	900	1000	1250	1350	1400	1500
B_3	604	704	804	904	1004	1104	1204	1306	1406	1506	1606
C	180	210	240	270	300	330	360	390	420	450	480
G	160	185	210	235	261	286	312	337	362	387	414
a_1	270	270	270	270	270	270	270	270	270	270	270
b_1	140	140	140	140	140	140	140	140	140	140	140
D_3	240	290	340	380	400	420	500	550	600	650	700
D_4	284	334	384	424	444	464	544	602	652	702	752
ϕ	300	350	400	450	500	550	600	650	700	750	800
a	176	200	228	254	282	308	336	364	388	414	444

参　数		$\phi300$mm	$\phi350$mm	$\phi400$mm	$\phi450$mm	$\phi500$mm	$\phi550$mm	$\phi600$mm	$\phi650$mm	$\phi700$mm	$\phi750$mm	$\phi800$mm
b		198	230	264	297	330	303	396	430	462	495	528
$t_3 \times n_3$		82×3	93×3	104×3	115×3	126×3	103×4	112×4	120×4	128×4	136×4	145×4
$t_4 \times n_4$		75×3	83×3	92×3	101×3	111×3	119×3	129×3	104×4	109×4	116×4	124×4
n 孔ϕy		12孔ϕ7	12孔ϕ7	12孔ϕ7	12孔ϕ7	12孔ϕ7	14孔ϕ7	14孔ϕ7	16孔ϕ7	16孔ϕ7	16孔ϕ7	16孔ϕ7
n_1 孔ϕy_1		6孔ϕ7	8孔ϕ7	8孔ϕ7	10孔ϕ7	10孔ϕ7	10孔ϕ7	10孔ϕ10	10孔ϕ10	12孔ϕ10	12孔ϕ10	12孔ϕ10
δ		3.5	3.5	4	4	4.5	4.5	5	5	5	5	6
质量 /kg	X 型	208	268	344	435	562	694	862	1028	1217	1444	1871
	Y 型	216	280	359	449	584	719	887	1062	1245	1456	1920

表 4-13　三筒 CLT/A 型旋风除尘器组合尺寸/mm

参　数		$\phi350$mm	$\phi400$mm	$\phi450$mm	$\phi500$mm	$\phi550$mm	$\phi600$mm	$\phi650$mm	$\phi700$mm	$\phi750$mm	$\phi800$mm
H		3569	4041	4510	4981	5450	5920	6393	6860	7329	7792
h_1		1235	1400	1565	1730	1895	2060	2225	2390	2555	2720
h_2		385	440	495	550	605	660	715	770	825	880
h_3		1354.5	1548	1740.5	1934.5	2127.5	2320.5	2513.5	2706	2898	3084
h_4		167.5	192	215.5	239.5	262.5	286.5	310.5	333	357	381
h_5		237	254	270.5	287	303.5	320	338	354	370.5	387
h_6		185	202	218.5	235	251.5	268	286	302	318.5	335
h_7		725	800	875	950	1025	1100	1175	1250	1325	1400
A		533	608	685	760	835	910	985	1062	1137	1212
A_1		793	868	925	1000	1075	1150	1225	1302	1377	1452
A_2		319	364	409	454	499	544	591	636	681	726
ϕ		350	400	450	500	550	600	650	700	750	800
B		1393	1568	1745	1920	2095	2270	2445	2622	2797	2972
B_1		430	480	530	580	630	680	730	780	830	880
B_2		860	960	1060	1160	1260	1360	1460	1560	1660	1760
B_3		1653	1828	1985	2160	2335	2510	2685	2862	3037	3212
B_4		1214	1364	1514	1664	1814	1964	2116	2266	2416	2566
C		210	240	270	300	330	360	390	420	450	480
G		247.5	280	314	348.5	382.5	417	450.5	484.5	518.5	554
a_1		270	270	270	270	270	270	270	270	270	270
b_1		140	140	140	140	140	140	140	140	140	140
D_3		340	380	420	500	530	580	600	650	680	700
D_4		384	424	464	544	574	630	652	702	732	752
a		325	368	412	457	501	546	591	635	677	724
b		230	264	297	330	363	396	430	462	495	528
$t_3 \times n_3$		93×3	104×3	115×3	126×3	103×4	112×4	120×4	128×4	136×4	145×4
$t_4 \times n_4$		124×3	104×4	115×4	127×4	110×5	119×5	128×5	114×6	121×6	129×6
n 孔ϕy		12孔ϕ7	14孔ϕ7	14孔ϕ7	14孔ϕ7	18孔ϕ7	18孔ϕ7	18孔ϕ7	20孔ϕ7	20孔ϕ7	20孔ϕ7
n_1 孔ϕy_1		8孔ϕ7	10孔ϕ7	10孔ϕ7	10孔ϕ10	10孔ϕ10	10孔ϕ10	12孔ϕ10	12孔ϕ10	12孔ϕ10	12孔ϕ10
δ		3.5	4	4	4.5	4.5	5	5	5	5	6
质量 /kg	X 型	515	652	886	1109	1336	1645	1949	2280	2580	3211
	Y 型	541	689	927	1161	1395	1707	2050	2400	2708	3366

表 4-14 四筒 CLT/A 型旋风除尘器组合尺寸/mm

参　数		ϕ350mm	ϕ400mm	ϕ450mm	ϕ500mm	ϕ550mm	ϕ600mm	ϕ650mm	ϕ700mm	ϕ750mm	ϕ800mm
H		3209	3641	4070	4581	5010	5440	5873	6300	6729	7152
h_1		770	880	925	1130	1255	1380	1500	1620	1755	1870
h_2		490	560	695	750	805	860	920	980	1025	1090
h_3		1354.5	1548	1740.5	1934.5	2127.5	2320.5	2513.5	2706	2898	3084
h_4		167.5	192	215.5	239.5	262.5	286.5	310.5	333	357	381
h_5		237	254	270.5	287	303.5	320	338	354	370.5	387
h_6		185	202	218.5	235	251.5	268	286	302	318.5	335
h_7		620	680	740	800	860	920	980	1040	1100	1160
A		924	1050	1177	1302	1427	1552	1680	1810	1935	2020
A_1		390	440	490	540	590	640	690	740	790	840
A_2		1104	1230	1357	1482	1607	1732	1860	1990	2115	2200
A_3		704	804	904	1004	1104	1204	1306	1406	1506	1606
B		1060	1210	1362	1512	1662	1812	1966	2120	2270	2420
B_1		568	648	724	800	880	960	1036	1112	1188	1272
B_2		1240	1390	1542	1692	1842	1992	2146	2300	2450	2600
B_3		879	1001	1029	1254	1379	1504	1626	1756	1881	2006
C		210	240	270	300	330	360	390	420	450	480
ϕ		350	400	450	500	550	600	650	700	750	800
a_1		270	270	270	270	270	270	270	270	270	270
b_1		140	140	140	140	140	140	140	140	140	140
D_3		360	420	530	600	620	140	800	850	900	920
D_4		404	464	574	650	670	790	852	908	958	978
n		10	10	12	12	12	16	16	18	20	20
a		398	456	508	560	616	672	726	776	828	888
b		230	264	297	330	363	396	430	462	495	528
$t_1 \times n_1$		388×3	438×3	488×3	538×3	588×3	418×4	516×4	444×5	414×5	504×5
$t_2 \times n_2$		512×2	575×2	427×3	468×3	509×3	413×4	446×4	478×4	407×5	424×5
$t_3 \times n_3$		93×3	104×3	115×3	126×3	103×4	112×4	120×4	128×4	136×4	145×4
$t_4 \times n_4$		111×4	126×4	111×5	122×5	133×5	120×6	130×6	118×7	125×7	133×7
n 孔 ϕy		14 孔 ϕ7	14 孔 ϕ7	16 孔 ϕ7	16 孔 ϕ9	18 孔 ϕ9	20 孔 ϕ9	20 孔 ϕ9	22 孔 ϕ9	22 孔 ϕ9	22 孔 ϕ9
n_1 孔 ϕy_1		8 孔 ϕ7	10 孔 ϕ7	10 孔 ϕ10	12 孔 ϕ10	12 孔 ϕ10	12 孔 ϕ10	16 孔 ϕ10	16 孔 ϕ10	16 孔 ϕ10	16 孔 ϕ10
δ		3.5	3.5	4	4	4.5	4.5	5	5	5	6
质量 /kg	X 型	597	780	1032	1285	1568	2011	2555	3127	3556	4335
	Y 型	616	805	1053	1321	1604	2059	2609	3190	3626	4411

表 4-15 六筒 CLT/A 型旋风除尘器组合尺寸/mm

参　数	ϕ400mm	ϕ450mm	ϕ500mm	ϕ550mm	ϕ600mm	ϕ650mm	ϕ700mm	ϕ750mm	ϕ800mm
H	4041	4510	4981	5450	5920	6393	6860	7329	7792
h_1	1250	1415	1580	1745	1910	2025	2190	2355	2520
h_2	590	645	700	755	810	915	970	1025	1080
h_3	1548	1740.5	1934.5	2127.5	2320.5	2513.5	2706	2898	3084
h_4	192	215.5	239.5	262.5	286.5	310.5	333	357	381
h_5	254	270.5	287	303.5	320	330	354	370.5	387
h_6	202	218.5	235	251.5	268	286	302	318.5	335

参 数	φ400mm	φ450mm	φ500mm	φ550mm	φ600mm	φ650mm	φ700mm	φ750mm	φ800mm
h_7	800	875	950	1025	1100	1175	1250	1325	1400
A	1416	1591	1766	1966	2120	2295	2470	2644	2820
A_1	928	1030	1130	1265	1382	1491	1600	1713	1824
A_2	1596	1771	1946	2146	2350	2475	2650	2824	3000
A_3	1284	1444	1604	1764	1924	2086	2246	2406	2566
B	1576	1751	1826	2116	2280	2460	2630	2805	2980
B_1	480	530	580	630	680	730	780	830	880
B_2	1756	1931	2006	2296	2460	2640	2810	2985	3160
B_3	1364	1514	1664	1814	1964	2116	2266	2416	2566
ϕ	400	450	500	550	600	650	700	750	800
C	240	270	300	330	360	390	420	450	480
E	480	530	580	630	680	730	780	830	880
a_1	270	270	270	270	270	270	270	270	270
b_1	140	140	140	140	140	140	140	140	140
D_3	600	650	700	800	850	900	1000	1000	1100
D_4	650	700	750	850	906	958	1058	1058	1158
a	736	814	910	1001	1094	1181	1264	1353	1440
b	264	297	330	363	396	430	462	495	528
n	16	20	20	20	20	22	24	26	26
$t_1 \times n_1$	379×4	339×5	374×5	414×5	54×5	479×5	428×6	458×6	487×6
$t_2 \times n_2$	419×4	371×5	386×5	444×5	416×5	427×6	455×6	415×7	440×7
$t_3 \times n_3$	104×3	115×3	126×3	103×4	112×4	120×4	128×4	136×4	145×4
$t_4 \times n_4$	98×8	108×8	120×8	131×8	127×9	131×9	132×10	140×10	149×10
n 孔 φy n_1 孔 φy₁	22孔φ9 12孔φ10	22孔φ9 12孔φ10	22孔φ11 12孔φ10	24孔φ11 16孔φ10	26孔φ11 16孔φ10	26孔φ11 16孔φ10	28孔φ11 16孔φ10	28孔φ11 16孔φ10	28孔φ11 18孔φ12
δ	3.5	4	4	4.5	4.5	5	5	5	6
质量 /kg X型	1364	1677	2062	2561	3395	4002	4709	5282	6245
Y型	1429	1750	2152	2612	3524	4157	4884	5578	5463

二、旁路式旋风除尘器

旁路式旋风除尘器是在一般旋风除尘器上增设旁路分离室的一种除尘器。加设旁路后与一般除尘器相比,压力损失减小,除尘效率提高。

1. 工作原理

旋风除尘器加设旁路后其工作原理是含尘气体从进口处切向进入,气流在获得旋转运动的同时,气流上、下分开形成双旋涡运动,粉尘在双旋涡分界处产生强烈的分离作用,较粗的粉尘颗粒随下旋涡气流分离至外壁,其中部分粉尘由旁路分离室中部洞口引出,余下的粉尘由向下气流带入灰斗。上旋涡气流对细颗粒粉尘有聚集作用,从而提高除尘效率。这部分较细的粉尘颗粒,由上旋涡气流带向上部,在顶盖下形成强烈旋转的上粉尘环,并与上旋涡气流一起进入旁路分离室上部洞口,经回风口引入锥体内与内部气流汇合,净化后的气体由排气管排出,分离出的粉尘进入料斗。旁路式旋风除尘器原理如图 4-31 所示。

2. 结构特点

（1）构造　具有螺旋形旁路分离室。该旋风除尘器进口位置低，使在除尘器顶部有充足的空间形成上旋涡并形成粉尘环，从旁路分离室引至锥体部分，从而提高了除尘效率。同时，把旁路分离室设计成螺旋形，使进入的含尘气体切向进入锥体，防止再次尘化现象，也起到提高除尘效率的作用。旁路式除尘器在通用图中有两种型式：XLP/A 型呈半螺旋形；XLP/B 型呈全螺旋形。

XLP/A 型外形呈双锥体。上锥体圆锥角较大，有利于生成粉尘环，降低径向速度，减小设备阻力。避免将分离出的粉尘随中心气流排出去。

XLP/B 型是单锥体形，且只有较小的圆锥角，锥体较长的单锥体形，从而能提高除尘效率，但相应的压力损失也较大。

（2）结构尺寸

① 排气管的尺寸　排气管插入深度应在上、下气流旋涡的分界面处。排气管插入深度和除尘效率的关系见图 4-32。由图 4-32 可见，插入深度约为进气口断面高度的 1/3；且与粉尘种类、粒度质量分布及进口气速无关。排气管插入深度越深，压力损失也越大。

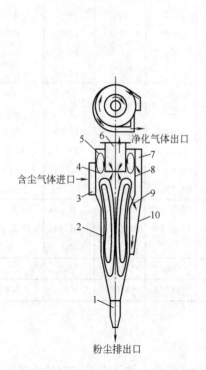

图 4-31　旁路式旋风除尘器原理
1—灰斗；2—筒体外壁；3—含尘气体出口；4—下粉
尘环；5—上粉尘环；6—排气管；7—旁路分离室
上部洞口；8—双旋涡分界处；9—旁路分
离室中部洞口；10—回风口

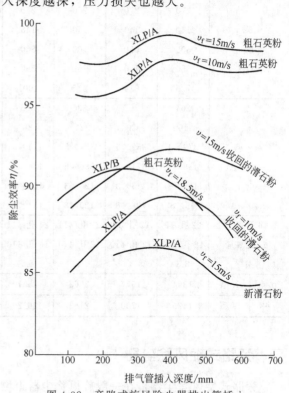

图 4-32　旁路式旋风除尘器排出管插入
深度对除尘效率的影响

排气管的管径一般取筒体直径的 0.5D 和 0.6D，从降低阻力出发，以选用 $d = 0.6D$ 为宜。旁路式旋风除尘器在进口气速为 15m/s。

② 旁路分离室侧缝尺寸　旁路分离室顶部侧缝将上旋涡气流引入旁路分离室。锥体侧缝

将下旋涡在上锥体形成的粉尘环引入旁路分离室。侧缝高度一般为进口上缘至顶盖的距离。侧缝宽度可以变化，侧缝宽度对阻力损失的影响见图 4-33，对除尘效率的影响见图 4-34。

试验表明，以顶部侧缝宽度为 25～35mm，锥体侧缝宽度为 15～20mm 时，除尘效果最好。为了简化结构，还可将侧缝改为洞口，其效果基本不变。

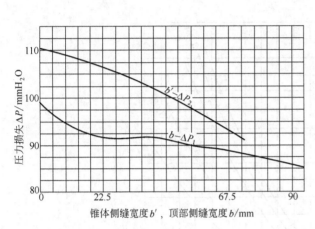

图 4-33　旁路式旋风除尘器侧缝宽度
对压力损失的影响（1mmH₂O＝9.80665Pa）

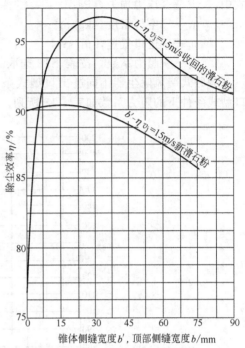

图 4-34　旁路式旋风除尘器侧缝
宽度对除尘效率的影响

3. 技术性能

（1）除尘效率　在粉尘种类一定、进口气速不同的情况下，除尘效率随着进口气速的增加而增加，但在进口气速较高时除尘效率增加缓慢（见表 4-16）。

表 4-16　旁路式旋风除尘器不同气速下的除尘效率

进口气速/(m/s)		8	9	10	11	12	13
除尘效率/%	XLP/A 型	90.8	91.7	92.5	93.2	93.8	94.3
	XLP/B 型	89.2	90.1	90.9	91.7	92.3	92.8
进口气速/(m/s)		14	15	16	17	18	19
除尘效率/%	XLP/A 型	94.7	95.0	95.2	95.3	95.4	95.5
	XLP/B 型	93.2	93.6	93.8	94.1	94.3	94.4

XLP/A 型旁路式旋风除尘器以石英粉为试样，在压力损失为 1100Pa、进口气速为 15.4m/s 时，其分级除尘效率如表 4-17 所列。这种除尘器对 5μm 以下的粉尘效率较低。

表 4-17　XLP/A 型旁路式旋风除尘器在一定工况下的分级除尘效率

粒径/μm	0～5	5～10	10～20	20～40	40～60	＞60
分级除尘效率/%	27.5	87.8	96.9	97.9	98.5	100

（2）压力损失　旁路式旋风除尘器的压力损失按下式计算。

$$\Delta P = \xi \frac{\rho_k v_j}{2} \tag{4-78}$$

式中　ΔP——压力损失，Pa；

ρ_k——空气密度，kg/m^3；

v_j——进口气速，m/s；

ξ——阻力系数，按表 4-18 选取。

旁路式旋风除尘器不同进出口型式条件下进口气速与压力损失的关系见图 4-35，不同出口型式条件下的阻力系数如表 4-18 所列。

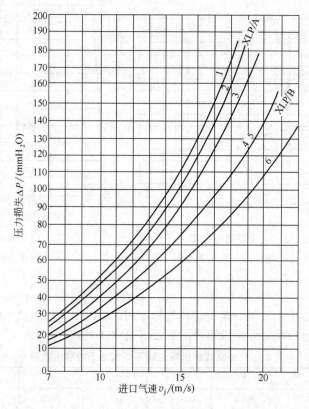

图 4-35　旁路式旋风除尘器进口气速与压力损失关系

1,5—压出带风帽；2,4—吸入带蜗壳；3,6—压出不带风帽

表 4-18　旁路式旋风除尘器不同出口型式条件下的阻力系数

型　号	出　口　型　式		
	出口不带蜗壳或风帽	出口带蜗壳	出口带风帽
XLP/A 型	7.0	8.0	8.5
XLP/B 型	4.8	5.8	5.8

4. 旁路式旋风除尘技术参数和外形尺寸

旁路式旋风除尘器系列有直径为 $\phi300mm$、$\phi420mm$、$\phi540mm$、$\phi700mm$、$\phi820mm$、$\phi940mm$ 和 $\phi1060mm$ 共 7 种规格。根据安装在风机前后位置的不同又分为 X 型（吸出式）和

Y 型（压入式）两种，其中 X 型在除尘器本体上增加了出口蜗壳。又按出口蜗壳旋转方向的不同分为 N 型（左回旋）和 S 型（右回旋）。

旁路式旋风除尘器主要性能参数见表 4-19。外形尺寸见图 4-36～图 4-38 和表 4-20～表 4-22。与其配套使用的出口蜗壳结构和尺寸见图 4-39 和表 4-23。

表 4-19　旁路式旋风除尘器主要性能参数

项目	规　格	进口气速/(m/s)			质量/kg		规　格	进口气速/(m/s)			质量/kg	
		12	15	17	X型	Y型		12	16	20	X形	Y形
气量 /(m³/h)	XLP/A-3.0	750	935	1060	52	42	XLP/B-3.0	630	840	1050	46	36
	XLP/A-4.2	1460	1820	2060	94	77	XLP/B-4.2	1280	1700	2130	84	66
	XLP/A-5.4	2280	2850	3230	151	122	XLP/B-5.4	2090	2780	3480	135	106
	XLP/A-7.0	4020	5020	5700	252	204	XLP/B-7.0	3650	4860	6080	222	174
	XLP/A-8.2	5500	6870	7790	347	279	XLP/B-8.2	5030	6710	8380	310	242
	XLP/A-9.4	7520	9400	10650	451	366	XLP/B-9.4	6550	8740	10920	397	313
	XLP/A-10.6	9520	11910	13500	601	461	XLP/B-10.6	8370	11170	13980	498	394

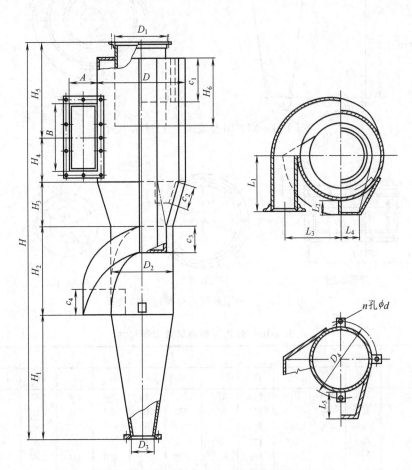

图 4-36　XLP/A 型旋风除尘器外形尺寸

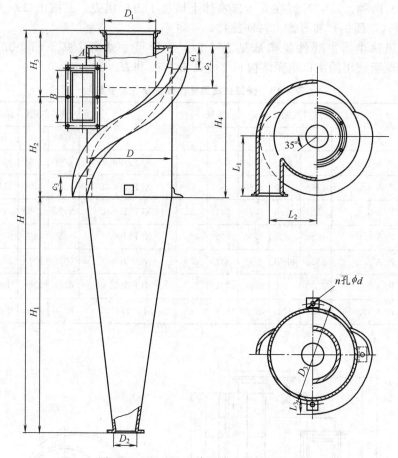

图 4-37 XLP/B 型旋风除尘器外形尺寸

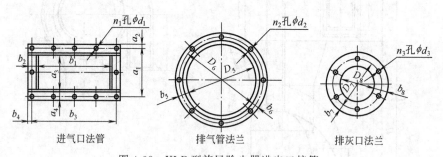

进气口法管   排气管法兰   排灰口法兰

图 4-38 XLP 型旋风除尘器进出口接管

表 4-20 XLP/A 型旋风除尘器尺寸

单位：mm

型 号	尺 寸											
	D	D_1	D_2	D_3	D_4	H	H_1	H_2	H_3	H_4	H_5	H_6
XLP/A-3.0	300	180	210	114	270	1380	420	300	150	170	340	230
XLP/A-4.2	420	250	300	114	360	1880	590	420	210	215	445	320
XLP/A-5.4	540	320	380	114	440	2350	750	540	270	250	540	400
XLP/A-7.0	700	420	500	114	580	3040	980	700	350	320	690	530
XLP/A-8.2	820	490	580	165	660	3540	1150	820	410	365	795	620
XLP/A-9.4	940	560	660	165	740	4055	1320	940	470	417.5	907.5	715
XLP/A-10.6	1060	630	750	165	830	4545	1480	1060	530	462.5	1012.5	805

型 号	尺 寸											
	L_1	L_2	L_3	L_4	L_5	C_1	C_2	C_3	C_4	A	B	n 孔 ϕd
XLP/A-3.0	190	50	190	58	95	151.5	75	96	96	80	240	3 孔 $\phi14$
XLP/A-4.2	260	70	265	81	130	211.5	105	126	126	110	330	3 孔 $\phi14$
XLP/A-5.4	350	90	340	104	170	271.5	135	166	166	140	400	3 孔 $\phi14$
XLP/A-7.0	440	120	440	133	220	351.5	175	206	206	180	540	3 孔 $\phi18$
XLP/A-8.2	500	140	515	156	260	411.5	205	246	246	210	630	3 孔 $\phi18$
XLP/A-9.4	590	160	592.5	179	300	471.5	235	286	286	245	735	3 孔 $\phi18$
XLP/A-10.6	670	180	667.5	200	335	531.5	265	316	316	275	825	3 孔 $\phi18$

表 4-21　XLP/B 旋风除尘器尺寸　　　　单位：mm

型 号	尺 寸																	
	D	D_1	D_2	D_3	H	H_1	H_2	H_3	H_4	L_1	L_2	L_3	C_1	C_2	C_3	A	B	n 孔 ϕd
XLP/B-3.0	300	180	114	360	1360	780	335	245	510	200	167.8	50	75	145	75	90	180	3 孔 $\phi14$
XLP/B-4.2	420	250	114	480	1875	1090	475	310	715	280	234.5	70	105	195	105	125	250	3 孔 $\phi14$
XLP/B-5.4	540	320	114	600	2395	1405	610	380	920	360	301	90	135	255	135	160	320	3 孔 $\phi14$
XLP/B-7.0	700	420	114	780	3080	1820	785	475	1190	470	391.5	116	175	340	175	210	420	3 孔 $\phi18$
XLP/B-8.2	820	490	165	900	3600	2130	925	545	1400	550	458.5	135	205	395	205	245	490	3 孔 $\phi18$
XLP/B-9.4	940	560	165	1020	4110	2440	1055	615	1600	630	525	156	235	450	235	280	560	3 孔 $\phi18$
XLP/B-10.6	1060	630	165	1140	4620	2750	1185	685	1800	710	591.5	175	265	510	265	315	630	3 孔 $\phi18$

表 4-22　XLP 型旋风除尘器进出口接管尺寸　　　　单位：mm

型 号		尺 寸								
		a_1	a_2	a_3	a_4	b_1	b_2	b_3	b_4	b_5
XLP/A 型	XLP/A-3.0	$1\times110=110$	11	82	25	242	25	$3\times90=270$	11	25
	XLP/A-4.2	$2\times70=140$	11	112	25	332	25	$4\times90=360$	11	25
	XLP/A-5.4	$2\times88=176$	13	142	30	402	30	$4\times109=436$	13	30
	XLP/A-7.0	$2\times108=216$	13	182	30	542	30	$4\times144=576$	13	30
	XLP/A-8.2	$2\times128=256$	18	212	40	632	40	$4\times113+2\times112=676$	18	40
	XLP/A-9.4	$2\times145.5=291$	18	247	40	737	40	$4\times130+2\times130=780$	18	40
	XLP/A-10.6	$3\times107=321$	18	277	40	827	40	$4\times145+2\times145.5=871$	18	40
XLP/B 型	XLP/B-3.0	$2\times60=120$	11	92	25	182	25	$2\times105=210$	11	25
	XLP/B-4.2	$2\times77.5=155$	11	127	25	252	25	$4\times70=280$	11	25
	XLP/B-5.4	$2\times98=196$	13	162	30	322	30	$4\times89=356$	13	30
	XLP/B-7.0	$2\times123=246$	13	212	30	422	30	$4\times114=456$	13	30
	XLP/B-8.2	$3\times97=291$	18	247	40	492	40	$5\times107.2=536$	18	40
	XLP/B-9.4	$2\times109+108=325$	18	282	40	562	40	$4\times121+122=606$	18	40
	XLP/B-10.6	$2\times120+121=361$	18	317	40	632	40	$4\times135+136=676$	18	40

型 号		尺 寸									
		b_6	b_7	b_8	D_5	D_6	D_7	D_8	n_1 孔 ϕd_1	n_2 孔 ϕd_2	n_3 孔 ϕd_3
XLP/A 型	XLP/A-3.0	11	15	30	182	210	116	146	8 孔 $\phi11$	6 孔 $\phi11$	6 孔 $\phi11$
	XLP/A-4.2	11	15	30	252	280	116	146	12 孔 $\phi11$	8 孔 $\phi11$	6 孔 $\phi11$
	XLP/A-5.4	13	15	30	332	356	116	146	12 孔 $\phi11$	8 孔 $\phi11$	6 孔 $\phi11$
	XLP/A-7.0	13	15	30	422	456	116	146	12 孔 $\phi11$	12 孔 $\phi11$	6 孔 $\phi11$
	XLP/A-8.2	18	15	30	492	536	167	197	16 孔 $\phi13$	12 孔 $\phi13$	6 孔 $\phi11$
	XLP/A-9.4	18	15	30	562	606	167	197	16 孔 $\phi13$	16 孔 $\phi13$	6 孔 $\phi11$
	XLP/A-10.6	18	15	30	632	676	167	197	18 孔 $\phi13$	16 孔 $\phi13$	6 孔 $\phi11$

型 号		尺 寸								
		b_6	b_7	b_8	D_5	D_6	D_7	D_8	n_1 孔 ϕd_1	n_2 孔 ϕd_2	n_3 孔 ϕd_3
XLP/B 型	XLP/B-3.0	11	15	30	182	210	116	146	8 孔 $\phi11$	6 孔 $\phi11$	6 孔 $\phi11$
	XLP/B-4.2	11	15	30	252	280	116	146	12 孔 $\phi11$	8 孔 $\phi11$	6 孔 $\phi11$
	XLP/B-5.4	13	15	30	322	356	116	146	12 孔 $\phi11$	8 孔 $\phi11$	6 孔 $\phi11$
	XLP/B-7.0	13	15	30	422	456	116	146	12 孔 $\phi11$	12 孔 $\phi11$	6 孔 $\phi11$
	XLP/B-8.2	18	15	30	492	536	167	197	16 孔 $\phi13$	12 孔 $\phi13$	6 孔 $\phi11$
	XLP/B-9.4	18	15	30	562	606	167	197	16 孔 $\phi13$	16 孔 $\phi13$	6 孔 $\phi11$
	XLP/B-10.6	18	15	30	632	676	167	197	16 孔 $\phi13$	16 孔 $\phi13$	6 孔 $\phi11$

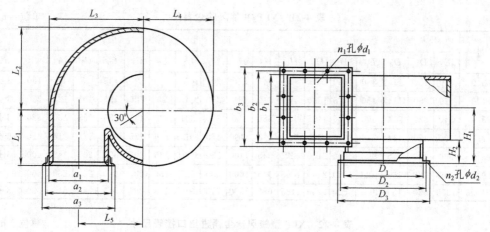

图 4-39　出口蜗壳

表 4-23　出口蜗壳尺寸　　　　　　　　　　　　单位：mm

规 格	尺 寸								
	D_1	D_2	D_3	H_1	H_2	L_1	L_2	L_3	L_4	L_5
$\phi300$mm	180	210	232	145	70	130	190	222	158	154.5
$\phi420$mm	250	280	302	170	70	175	262	306	218	213.5
$\phi540$mm	320	356	382	195	70	230	334	390	278	272.5
$\phi700$mm	420	456	482	245	70	290	435.5	508.5	362.5	356
$\phi820$mm	490	536	572	270	70	350	510	594	426	416.5
$\phi940$mm	560	606	642	295	70	390	577	673	481	470.5
$\phi1060$mm	630	676	712	320	70	440	647	757	541	529.5

规 格	尺 寸								质量 /kg
	a_1	a_2	a_3	b_1	b_2	b_3	n_1 孔 ϕd_1	n_2 孔 ϕd_2	
$\phi300$mm	135	165	187	150	180	202	8 孔 $\phi11$	6 孔 $\phi11$	11
$\phi420$mm	185	215	237	200	230	252	8 孔 $\phi11$	8 孔 $\phi11$	18
$\phi540$mm	235	271	297	250	286	312	12 孔 $\phi11$	8 孔 $\phi11$	30
$\phi700$mm	305	341	367	350	386	412	12 孔 $\phi11$	12 孔 $\phi11$	49
$\phi820$mm	355	401	437	400	446	482	12 孔 $\phi13$	12 孔 $\phi13$	68
$\phi940$mm	405	451	487	450	496	432	16 孔 $\phi13$	16 孔 $\phi13$	85
$\phi1060$mm	455	501	537	500	546	582	16 孔 $\phi13$	16 孔 $\phi13$	141

三、扩散式旋风除尘器

扩散式旋风除尘器的特点是锥体上小下大，底部有反射屏，具有除尘效率高、结构简单和压力损失适中等优点；适用于捕集干燥的、非纤维性的颗粒粉尘。

1. 工作原理

扩散式旋风除尘器工作原理是含尘气体经矩形进气管沿切向进入除尘器筒体，粉尘在离心力的作用下分离到器壁，并随气流向下旋转运动，大部分气流受反射屏的反射作用，旋转上升经排气管排出。小部分气流随粉尘经反射屏和锥体之间的环隙进入灰斗，进入灰斗的气体速度降低，由于惯性作用，粉尘落入灰斗内由卸灰阀排出，气体则经反射屏的透气孔上升至排气管排出（见图 4-40）。

2. 结构特点

扩散式旋风除尘器与一般旋风除尘器最大的区别有两点：一是具有呈倒锥体形状的锥体；二是在锥体的底部装有反射屏。倒锥体的作用是，它具有逐渐增大自锥体壁至锥体中心的距离，减小了含尘气体由锥体中心短路到排气管的可能性。反射屏的作用可使已经被分离的粉尘沿着锥体与反射屏之间的环缝落入灰斗，防止上升的净化气体重新把细微粉尘卷起带走，因而提高了除尘效率，当取消反射屏后除尘效率有明显下降。例如，在进口气速为 21m/s、进口气体含尘浓度为 $50g/m^3$ 时，无反射屏的除尘效率仅 81%～86%；采用 60°反射屏时，除尘效率为93%～95%。反射屏的锥角一般采用 60°，试验证明，它较 45°锥角的反射屏有除尘效率高、压力损失低的优点。

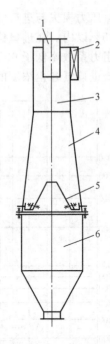

图 4-40　扩散式旋风除尘器结构示意

1—排气管；2—进气管；3—筒体；4—锥体；5—反射屏；6—灰斗

反射屏顶部的透气孔直径，以取 0.05 倍的筒体直径时除尘效率最佳（见图 4-41）。透气孔中心线的不对中或不水平对除尘效率有显著的影响。反射屏的压力损失为 150Pa。

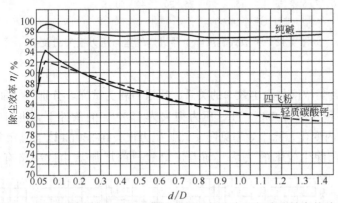

图 4-41　扩散式旋风除尘器反射屏顶部透气孔直径与除尘效率的关系

扩散式旋风除尘器的另一特点是有一个较大的灰斗。由于粉尘夹带少量气体从锥体底部旋转进入灰斗，灰斗圆柱体直径一般取筒体直径的 1.65 倍。灰面上部的空间高度取筒体直径的 1 倍。灰斗存灰以后粉尘面升高会导致气流携带出粉尘，所以要及时清灰或连续排灰。

3. 压力损失

扩散式旋风除尘器压力损失 ΔP 与含尘气进口气速 v_j 的关系符合 $\Delta P = \xi \dfrac{\rho V^2}{2}$（见图 4-42）

规律。压力损失与进口气速的平方成正比。阻力系数 ξ 在 7.5～9 之间，平均值为 8.5，误差在 ±15% 以内。在进口气体含尘浓度不变时，进口气速的增加，阻力系数基本不变。45°反射屏的阻力系数略低于 60°反射屏的，直径大的除尘器阻力系数值也大。在进口气速不变的情况下，随进口气含尘浓度的增加，其阻力系数略有减小。洁净气体的阻力系数最大。

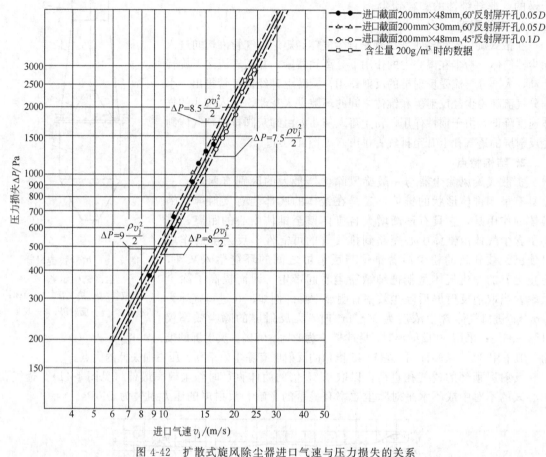

图 4-42　扩散式旋风除尘器进口气速与压力损失的关系

4. 除尘效率

（1）进口气体含尘浓度与除尘效率的关系　用滑石粉为试样，分别在气量为 300m³/h、压力损失为 350～370Pa 和气量为 600m³/h、压力损失为 1500Pa 的条件下，进口气体中含尘浓度在 1.7～200g/m³ 范围内变化，除尘效率见图 4-43。压力损失在 350Pa 以上时除尘效率平稳。

（2）进口气速与除尘效率的关系　随着进口气速的增加除尘效率略有提高（见图4-44）。

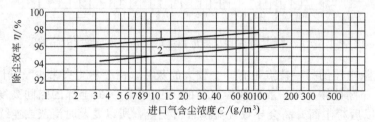

图 4-43　扩散式旋风除尘器进口气含尘浓度与除尘效率的关系

1—滑石粉 $\Delta P=150\mathrm{mmH_2O}$，60°反射屏；2—滑石粉 $\Delta P=35\mathrm{mmH_2O}$，60°反射屏

注：$1\mathrm{mmH_2O}=9.80665\mathrm{Pa}$。

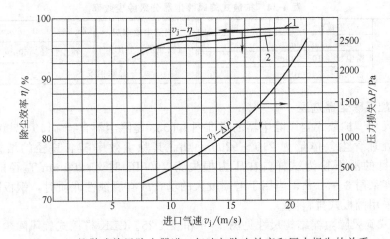

图 4-44　扩散式旋风除尘器进口气速与除尘效率和压力损失的关系

1—进口截面 200mm×48mm；2—进口截面 200mm×30mm

（直径 φ200，粉尘：滑石粉，60°反射屏，开孔 10mm，进口含尘量 6～8g/m³；气体：空气 15℃）

同时，进口气速增加后，除尘器动压力损失增加很大，因此，用提高进口气速来提高除尘效率是不可取的。

扩散式旋风除尘器除尘效率用下式计算。

$$\eta = 1 - \frac{1}{\sqrt{2\pi}} \int e^{t^2/2 - ae^{bt}} \, dt \tag{4-79}$$

$$\alpha = ad_m$$

$$b = \ln\sigma$$

式中　d_m——颗粒平均粒径；

σ——几何平均方差，大多数工业粉尘在细粒粉尘部分在 2～3 之间，粗粒粉尘部分 σ 接近于 1，在实际计算时 σ 值取 2～3。

α 与 d_{50} 有一定的比例关系，$\alpha = \dfrac{0.693}{d_{50}}$。

（3）分割粒径 d_{50} 的估算　扩散式旋风除尘器分离效率为 50％的切割粒径 d_{50} 的计算，可采用下式，按结构尺寸，经换算后为

$$d_{50} = 1.4 \frac{\mu}{\rho_o - \rho} \times \frac{D_w}{v_j} \tag{4-80}$$

式中　d_{50}——分离效率为 50％的粒径，μm；

μ——空气黏度，Pa·s；

ρ_o——粉尘密度，kg/m³；

ρ——空气密度，kg/m³；

D_w——除尘器筒体外径，m；

v_j——进口气速，m/s。

也可用试验测试确定 d_{50} 的数值。图 4-45 和表 4-24 是用试验方法得出的在不同颗粒直径时的分级除尘效率曲线。试验粉尘是砂轮打磨钢材的粉屑，密度为 3.6g/cm³，其分散度小于 5μm 为 13％、5～10μm 为 12％、10～20μm 为 23％、20～40μm 为 23％、40～60μm 为 22％、大于 60μm 为 7％。由图 4-45 查得，扩散式旋风除尘器的 d_{50} 为 3μm。

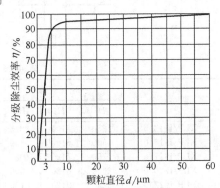

图 4-45　CLK 扩散式旋风除尘器分级除尘效率

表 4-24　扩散式旋风除尘器分级除尘效率

分级除尘效率/% （按质量百分比）	粉尘粒径＜5μm	90	分级除尘效率/% （按质量百分比）	粉尘粒径 40～60μm	99
	粉尘粒径 5～10μm	94		粉尘粒径＞60μm	100
	粉尘粒径 10～20μm	95	总除尘效率/%		96.4
	粉尘粒径 20～40μm	98			

5. 扩散式旋风除尘器选型

（1）系列尺寸　扩散式旋风除尘器的标准图 CT533 是除尘器直径 $\phi150\sim700$mm，共有 10 个规格。单个处理含尘气体量为 $210\sim9200$m³/h。其除尘效率随着直径的增大而下降。以 98％通过 325 目的滑石粉为试样，在压力损失为 1000Pa 时，$\phi200$mm 直径的除尘效率约 95％。钢板厚度采用 3～5mm，当用于磨损较大的场合或有腐蚀性介质时，钢板厚度应适当加厚。排料装置采用翻板式排料阀。

CLK 扩散式旋风除尘器结构尺寸见图 4-46 和表 4-25。CLK 扩散式旋风除尘器各部分比例尺寸示于图 4-47。

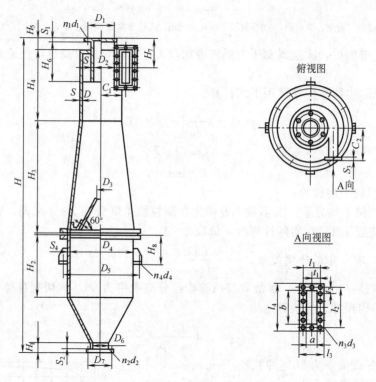

图 4-46　CLK 型扩散式旋风除尘器结构尺寸

表 4-25　扩散式旋风除尘器系列尺寸　　　　　　　　　　　　单位：mm

型　号	主　要　尺　寸									
	D	H	H_1	a	b	C_1	C_2	L_1	L_2	L_3	d
XLP/B-12.5	1250	5100	2875	375	750	1312	829	707	570.5	600	750
XLP/B-15.0	1500	6100	3450	450	900	1532	974	847	683	600	900
XLP/B-17.5	1750	7120	4025	525	1050	1794	1140	988	797.5	650	1050
XLP/B-20.0	2000	8120	4600	600	1200	2014	1285	1128	910	650	1200
XLP/B-22.5	2250	9120	5175	675	1350	2236	1431	1270	1024.5	700	1350
XLP/B-25.0	2500	10120	5750	750	1500	2456	1576	1410	1137	700	1500
XLP/B-27.5	2750	11150	6325	825	1650	2736	1751	1550	1249.5	750	1650
XLP/B-30.0	3000	12150	6900	900	1800	2956	1896	1690	1362	750	1800

型　号	主　要　尺　寸								处理气量/(m³/h)			质量/kg
	d_1	d_b	G	n_1	n_2、n_3	n_4	K	t_1	$v_j=12$	$v_j=15$	$v_j=18$	
XLP/B-12.5	500	16	796	354	100	220	1337	25	12150	15190	18230	946
XLP/B-15.0	600	16	953	424	100	250	1604	30	17500	21870	26240	1328
XLP/B-17.5	700	22	1113	495	120	290	1872	35	23820	29770	35720	2247
XLP/B-20.0	800	22	1270	565	120	320	2142	40	31100	38880	46660	2899
XLP/B-22.5	900	26	1430	636	120	360	2407	45	39370	49210	59050	4361
XLP/B-25.0	1000	26	1587	706	120	390	2674	50	48600	60750	72900	5322
XLP/B-27.5	1100	26	1745	776	150	430	2943	55	58810	73510	88210	6478
XLP/B-30.0	1200	26	1902	846	150	460	3210	60	69980	87480	104980	7659

（2）性能规格　CLK 扩散式旋风除尘器的选型见表 4-26。一般常用下面两式进行计算后选型。

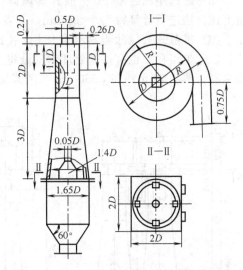

$$Q = v_j F_j \times 3600 \qquad (4\text{-}81)$$

$$\Delta P = \xi \frac{\rho v_j^2}{2} \qquad (4\text{-}82)$$

式中　Q——单个除尘器的处理气体量，m³/h；

v_j——进口气速，m/s；

F_j——进口截面积，m²；

ΔP——压力损失，Pa；

ρ——空气密度，kg/m³；

ξ——阻力系数，一般 $\xi=9.0$。

图 4-47　CLK 型扩散式旋风除尘器比例示意

表 4-26　CLK 扩散式旋风除尘器选型

处理气量/(m³/h)	气速/(m/s)					
	10	12	14	16	18	20
公称直径 ϕ/mm　150	210	250	295	335	380	420
200	370	445	525	590	660	735
250	595	715	835	955	1070	1190
300	840	1000	1180	1350	1510	1680
350	1130	1360	1590	1810	2040	2270
400	1500	1800	2100	2400	2700	3000
450	1900	2280	2660	3040	3420	3800
500	2320	2780	3250	3710	4180	4650
600	3370	4050	4720	5400	6060	6750
700	4600	5520	6450	7350	8300	9200

【例 1】　已知处理气体量 $Q=5000\text{m}^3/\text{h}$，空气的密度 $\rho=1.2\text{kg/m}^3$，允许压力损失 $\Delta P=1500\text{Pa}$，试选用 CLK 扩散式旋风除尘器。

解：按式（4-82）有　$v_j = \sqrt{\dfrac{\Delta P}{\rho} \times \dfrac{2}{\zeta}} = \sqrt{\dfrac{1500}{1.2} \times \dfrac{2}{9}} = 16.5$（m/s）

根据式（4-81）有　$F_j = \dfrac{Q}{v_j \times 3600} = \dfrac{5000}{16.5 \times 3600} = 0.084$（m²）

又 $$F_j = ab$$

式中　a ——矩形进气管宽度，$a=D$；

　　　D ——筒体直径；

　　　b ——矩形进气管长度，$b=0.26D$。

$F_j = D \times 0.26D = 0.26D^2 = 0.084$（$m^2$），$D = 0.57$（m）

查表 4-26，选用直径为 $\phi600mm$ 的除尘器。

此时，实际进口气速为

$$v_j = \frac{5000}{3600} \times \frac{1}{0.26 \times 0.6^2} = 15 \text{（m/s）}$$

如考虑选用两台 CLK 扩散式旋风除尘器并联，则每个除尘器的处理气量为 2500m³/h，用上述方法进行计算得 $D=400mm$，查表 4-26，选用两台 $\phi400mm$ 的除尘器。

（3）扩散式旋风除尘器组合使用　CLK 扩散式旋风除尘器标准图 CT533 中没有组合型式。在除尘工程中也有根据处理烟气量将其组合使用的。图 4-48 是双筒 $\phi550mm$ 扩散式旋风除尘器。图 4-49 是四筒 $\phi550mm$ 扩散式旋风除尘器。

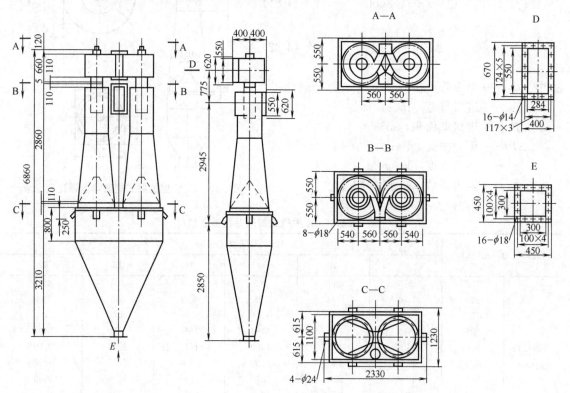

图 4-48　双筒 $\phi550mm$ 扩散式旋风除尘器（单位：mm）

四、直流式旋风除尘器

1. 工作原理

含尘气体从入口进入导流叶片。由于叶片导流作用气体做快速旋转运动，含尘旋转气流在离心力作用下，气流中的粉尘被甩到除尘器外圈直至器壁中心干净气体从排气管排出，粉尘集中到卸灰装置卸下。直流式旋风除尘器可以水平使用，阻力损失相对较低，配置灵活方便，使用范围较广。

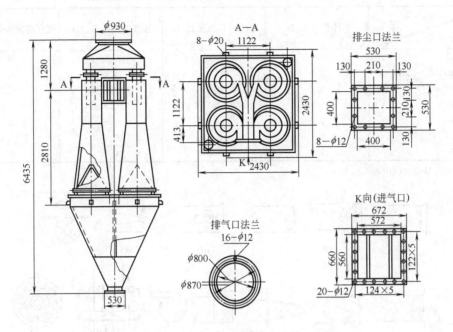

图 4-49　四筒 ϕ550mm 扩散式旋风除尘器（单位：mm）

2. 构造特点

直流式旋风除尘器是为解决旋风除尘器内被分离出来的灰尘可能被旋转上升的气流带走而设计的。在这种除尘器中，绕轴旋转的气流只是朝一个方向做轴向移动。该除尘器包括四部分（见图 4-50）：①筒体，一般为圆筒形；②入口，包含产生气体旋转运动的导流叶片组成；③出口，把净化后的气体和旋转的灰尘分开；④灰尘排放装置。直流式旋风除尘器内气流旋转形状如图 4-51 所示。

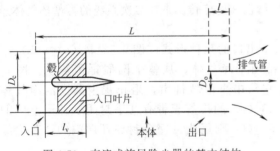

图 4-50　直流式旋风除尘器的基本结构

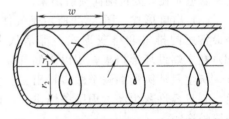

图 4-51　由螺线形隔板导成的旋风流形状

（1）除尘器简体　简体形状一般只是直径和长度有所变化。其直径比较小的，除尘效率要高一些，但直径太小则有被灰尘堵塞的可能。简体短的除尘器中，灰尘分离的时间可能不够，而长的除尘器会损失涡旋的能量和增加气流的紊乱，以致降低除尘效率。表 4-27 为直流式旋风除尘器各部分尺寸与本体直径之比。

（2）入口形式　直流式旋风除尘器的入口形式多是绕毂安装固定的导向叶片使气体产生旋转运动。入口形式有各种不同的设计，图 4-52 中（a）、（b）、（d）、（f）应用较多叶片与轴线呈 45°，只是叶片形式不同而已，图 4-52 中（e）、（f）入口形式较少应用。图 4-52（h）比较特殊，它有一个短而粗的形状异常的毂，以限制叶片部分的面积，从而增加气体速度和对灰尘

表 4-27　直流式旋风除尘器各部分尺寸与本体直径之比

形式 ＼ 尺寸比	本体长度 L/D_c	叶片占有长度 l_v/D_c	排气管直径 D_o/D_c	排气管插入长度 l/D_c
图 4-52(f)	4.8	0.4	0.8	0.1
图 4-52(g),图 4-52(e)	3.0	0.4	1.0	1.0
图 4-52(c)	2.8	0.4	0.6	0.1
图 4-52(d)	2.6	0.5	0.8	0.7
图 4-52(h)	1.7	0.6	0.6	0.3
图 4-52(a)	1.5	0.3	0.6	0.1
图 4-52(b)	1.5	0.5	0.7	0.1

注：表中符号表示的内容见图 4-50。

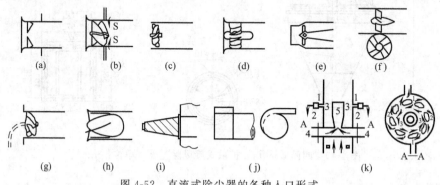

图 4-52　直流式除尘器的各种入口形式

的离心力；灰尘则由于旋转所产生的相对运动而分离。图 4-52 (i) 的入口前有一圆锥形凸出物，使涡旋运动在入口前面就开始。图 4-52 (j) 同普通旋风除尘器雷同，它不用导流叶片而用切向入口来造成强烈旋转，目的在于使大粒子以小的角度和壁碰撞，结果只是沿着壁面弹跳，而不是从壁面弹回，因而可以提高捕集大粒子的效率。图 4-52 (k) 与旋流除尘器近似，它是环绕入口周围按一定间隔排列许多喷嘴 1，用一个风机向环形风管 2 供给气体，再经过这些喷嘴喷射出来，使进入旋风除尘器的含尘气体在 3 处旋转。来自二次系统的再循环气体经过交叉管道 4 在 5 处再轴向喷射出来。

（3）出口形式　图 4-53 所示是气体和灰尘出口的几种形式。图 4-53 中（a）、（b）、（c）是最常用的排气和排灰形式，都是从中间排出干净气体，从整个圆周排出灰尘。图 4-53 (d) 在末端设环形挡板，用以限制气体，让它从中央区域排出，阻止灰尘漏进洁净气体出口，灰尘只从圆周的两个敞口排出去。图 4-53 (e) 的排气管带有几乎封闭了环形空间的法兰，它只容许灰尘经过周围条缝出去。图 4-53 (f) 则用法兰完全封住环形空间，灰尘经一条缝外逸。

对除尘器管体和干净气体排出管之间的环形空间的宽度和长度，差别很大，除尘器的宽度从 $0.1D_c$ 到 $0.2D_c$ 或更大，长度从 $0.1D_c$ 到 $0.6D_c$ 再到 $1.3D_c$。

（4）粉尘排出方式　从气体中分离出来的灰尘的排出方式，有三种方法可以利用：①没有气体循环；②部分循环；③全部循环。

第一种方法没有二次气流，从除尘器中出来的灰尘在重力作用下进入灰斗，简单实用，优点明显。从洁净气体排出管的开始端到灰尘离开除尘器处的通道［即图 4-52 (a)］必须短，而且不能太窄，以免被沉降的灰尘堵塞。

第二种方法是从每个除尘器中吸走一部分气体（见图 4-54）。粗粒尘在重力作用下落入灰斗，而较细的灰尘则随同抽出的气体经管道至第二级除尘器。这种方法可以增加除尘效率。

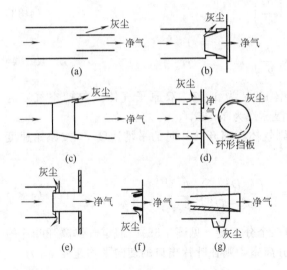

图 4-53　直流式旋风除尘器气体和灰尘出口的形式

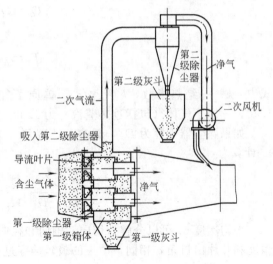

图 4-54　直流式除尘器的排尘方法

第三种方法是把全部灰尘随同气体一起吸入第二级除尘器。这种方法不用灰斗，而是从设备底部吸二次气流；再回到直流式除尘器组后面的主管道内。

循环气体系统的优点在于一次系统和二次系统的总效率比不用二次系统时高，而功率消耗增加不多，这是因为只有总气量的一小部分进入二次线路，虽然压力损失可能大，但风量小，用小功率风机就可以输送。也有用其他方法来产生二次气流的。例如图 4-52（b）叶片后面，在除尘器筒体上有若干条缝，把气体从周围空间引入除尘器，从而在排尘口产生相应的气体外流。再如图 4-52（g），在叶片毂中心有一根管子（图中用虚线表示），依靠这一点和除尘周围的压差提供二次系统所需的压头，使气体经过这根管子流入除尘器。

3. 性能计算

（1）影响性能的因素

① 负荷。直流式除尘器和回流式除尘器相比，它的除尘效率受气体流量变化的影响轻，对负荷的适应性比后者好。当气体流量下降到效果最佳流量的 50％时，除尘效率下降 5％；上升到最佳流量的 125％时，效率几乎不变。压力损失和流量大致成平方关系。

② 叶片角度和高度。除尘器导流叶片设计是直流式旋风除尘器的关键环节之一，其最佳角度似乎是和气流最初的方向成 45°，因为把角度从 30°增加到 45°，除尘效率有显著的提高，再多倾斜 5°对效率就无影响，而阻力却有所增加。如果把叶片高度降低（从叶片根部起沿径向方向到顶部的距离），由于环形空间变窄，以致速度增加，而使离心力加大效率提高。

③ 排尘环形空间的宽度。除尘效率随着排气管直径的缩小，或者说随着环形空间的加宽而提高。除尘效率的提高，是因为在除尘器截面上从轴心到周围存在着灰尘浓度梯度，也就是靠近轴心的气体比较干净；另一方面，靠近壁面运动的气体，在进入洁净气体排出管时在环形空间入口处形成灰尘的惯性分离，如果环形空间比较宽，气体的径向运动更显著，这种惯性分离就更有效。从排尘口抽气有提高除尘效率的作用，而且对细粒子的作用比对粗粒子大。

（2）分离粒径　设气流经过入口部分的导流叶片时为绝热过程，在分离室中（出口侧）气体的压力 p、温度 T 和体积 Q（用角标 c 表示）可以根据叶片前面的原始状况（用角标 i 表示）来计算。

$$Q_c = Q_i \left(\frac{p_i}{p_c} \right)^{1/k} \tag{4-83}$$

$$T_c = T_i \left(\frac{p_i}{p_c} \right)^{1/k} \tag{4-84}$$

式中 k——绝热指数，$k = c_p / c_r$。单原子气体的 k 为 1.67，双原子气体（包括空气）为 1.40，三原子气体（包括过热蒸汽）为 1.30，湿蒸汽为 1.135。

如果除尘器直径为 D_c，毂的直径为 D_b，则气体在离开叶片时的平均速度 v_c 按原始速度 v_i 计算为

$$v_c = v_i \left(\frac{D_c^2}{D_c^2 - D_b^2} \right) \frac{Q_c}{Q_i} = v_t \left(\frac{D_c^2}{D_c^2 - D_b^2} \right) \left(\frac{p_i}{p_c} \right)^{1/k} \tag{4-85}$$

平均速度 v_c 可以分解为切向、轴向和径向三个分速度（见图 4-55）。假定气体离开叶片的角度和叶片出口角 α 相同，中央的毂延伸穿过分离室，则在叶片出口的切向平均速度 v_{cr} 为

$$v_{cr} = v_c \cos\alpha = v_i \left(\frac{D_c^2}{D_b^3 - D_b^2} \right) \left(\frac{p_i}{p_c} \right)^{1/k} \cos\alpha \tag{4-86}$$

而轴向平均速度 v_{ca} 为

$$v_{ca} = v_c \sin\alpha = v_i \left(\frac{D_c^2}{D_c^2 - D_b^2} \right) \left(\frac{p_i}{p_c} \right)^{1/k} \sin\alpha \tag{4-87}$$

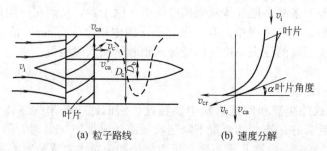

(a) 粒子路线 (b) 速度分解

图 4-55 脱离除尘器导流叶片的粒子路线和速度的分解

设粒子和流体以同一速度通过分离室，且已知分离室的长度 l_s 和轴向速度 v_{ca}，就可以求出粒子在分离室内的逗留时间

$$t_1 = \frac{l_s}{v_{ca}} = \frac{l_s}{v_i \sin\alpha} \left[1 - \left(\frac{D_b}{D_c} \right)^2 \right] \left(\frac{p_c}{p_i} \right)^{1/k} \tag{4-88}$$

在斯托克斯区域内直径为 d 的粒子由于离心力从毂表面（$D_b/2$）到外筒壁（$D_c/2$）所需时间为

$$t_r = \frac{9}{8} \left(\frac{\mu_f}{\rho_p - \rho} \right) \left(\frac{D_c}{v_{ct} d} \right) \left[1 - \left(\frac{D_b}{D_c} \right)^4 \right] \tag{4-89}$$

式中 μ_f——气体黏度；
　　　ρ——气体密度；
　　　ρ_p——粒子密度。

在直流式旋风除尘器中根据 $t_r = t_i$ 可以分离的最小界限粒径 d_{100}，用下式表示。

$$d_{100} = \frac{3}{4} \times \frac{D_c}{\cos\alpha}\left[1-\left(\frac{D_b}{D_c}\right)^2\right]\left\{\frac{2\mu_f\sin\alpha}{l_sv_i(\rho_p-\rho)}\left(\frac{\rho_c}{\rho_i}\right)^{1/r}\left[1+\left(\frac{D_b}{D_c}\right)^2\right]\right\}^{1/2} \quad (4\text{-}90)$$

4. 直流式旋风除尘器规格性能

直流式 PZX 型旋风除尘器主要由蜗壳、螺旋型斜板进风口、水平形倒锥体和具有减阻形扩张管组成，适用于工业部门净化含尘气体或回收物料。其优点是作为预除尘器时，便于与管道系统连接和安装。

直流式 PZX 型旋风除尘器主要性能如表 4-28 所列，其外形尺寸见图 4-56 和表 4-29。

表 4-28　直流式 PZX 型旋风除尘器主要性能

项　目	型　号	流　　　　速						
		16/(m/s)	18/(m/s)	20/(m/s)	22/(m/s)	24/(m/s)	26/(m/s)	28/(m/s)
流量 /(m³/h)	PZXφ200	1800	2000	2300	2500	2700	2900	3200
	PZXφ300	4100	4600	5100	5600	6100	6600	7100
	PZXφ400	7200	8100	9000	9900	10900	11800	12700
	PZXφ500	11300	12700	14100	15500	17000	18400	19800
	PZXφ600	16300	18300	20300	22400	24400	26500	25800
	PZXφ800	28900	32600	36200	39800	434000	47000	50600
	PZXφ1000	45200	50900	56500	62200	67800	73500	79100
	PZXφ1200	65100	73200	81400	89500	97700	105800	113900
	PZXφ1400	88600	99700	110800	121900	132900	144000	155100
	PZXφ1600	11580	130200	144700	159200	173600	188100	202600
	PZXφ1800	146500	164800	183100	201400	2219700	238100	256400
	PZXφ2000	180900	203500	226100	248700	271300	293900	316500
阻力 /Pa	PZXφ200～ PZXφ2000	300～320	350～370	350～370	400～420	460～460	530～560	650～680

注：该系列除尘器由中冶建筑研究总院开发设计。

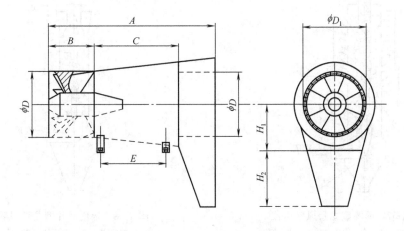

图 4-56　直流式 PZX 型旋风除尘器外形尺寸

表 4-29　直流式 PZX 型旋风除尘器外形尺寸　　　　　　　　单位：mm

型　　号	D	D_1	A	B	C	D_2	E	H_1	H_2
PZXϕ200	200	280	580	160	270	140	210	170	190
PZXϕ300	300	380	820	260	410	210	315	275	285
PZXϕ400	400	480	1160	320	540	280	420	340	380
PZXϕ500	500	580	1450	400	675	350	825	425	475
PZXϕ600	600	680	1640	480	820	420	630	510	570
PZXϕ800	800	880	2320	640	1080	540	840	680	760
PZXϕ1000	1000	1080	2900	800	1350	700	1050	850	950
PZXϕ1200	1200	1300	3280	960	1640	840	1260	1020	1140
PZXϕ1400	1400	1500	4060	1120	1840	980	1470	1140	1330
PZXϕ1600	1600	1700	4640	1280	2160	1080	1680	1360	1520
PZXϕ1800	1800	1900	5220	1440	2430	1260	1890	1530	1710
PZXϕ2000	2000	2100	5800	1600	2700	1400	2100	1700	1990

这种除尘器的阻力较低，流量减少不大时除尘效率不会降低。使用于磨损较大的情况时，加耐磨内衬后其内净尺寸应不变。长时间于低负荷运行不会积尘，高负荷运行增加阻力不多。为保证正常运行，含尘浓度大时应采用耐磨材料制作。

五、旋流式除尘器

旋流式除尘器实际上是增加了二次气流的直流式旋风除尘器，由于增加二次气流不仅加速了气流的旋转速度，加大了分离尘粒的离心力，而且由于二次气流，其湍流影响比一般旋风除尘器为小，因此旋流式除尘器的分离粒径有可能小于 $5\mu m$。

该除尘器布置喷嘴的型式有切向和轴向布置的多喷嘴型、切向单喷嘴型、导向叶片型和反射型四种。

若在除尘器二次风喷嘴顶上增加切向喷水嘴或在一次气进口处增加喷水口即成为湿式除尘器。

1. 工作原理

除尘器结构如图 4-57、图 4-58 所示，它由一次风部分（包括进气管、导向叶片、稳流体）、二次风部分（包括夹套和喷嘴或导向叶片）、分离室、净化气出口管和灰斗等组成。

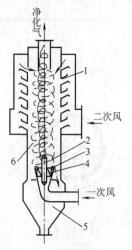

图 4-57　喷嘴型龙卷风除尘器

1—二次风喷嘴；2—稳流体；3—进口流线；
4——次风导向叶片；5—灰斗；6—分离室

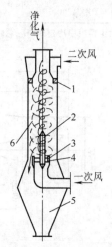

图 4-58　导向叶片型龙卷风除尘器

1—导向叶片；2—稳流体；3—进口流线；
4——次风导向叶片；5—灰斗；6—分离室

含尘气体分两路进入除尘器。一次风由下部风管导入，导入管是一圆管，内装若干导向叶片，中间插入笔状稳流体。稳流体的作用是避免粉尘进入设备的中心轴，并使旋转的气流产生一稳定的旋流源。当气体以 25～35m/s 的速度流经导向叶片时，被强制旋转流入分离室。二次风由夹套分配后，以 50～80m/s 的高速从分离室壁上均匀分布的若干喷嘴（或由顶上导向叶片）切向喷入分离室内并旋转向下流动。两股气流旋转方向一致，组成一个旋流源，并加强了中心气流的旋转速度。增强了离心力，使粉尘向壁面沉降，以螺旋状的粉尘环随二次风带入灰斗内分离出来。

用图 4-59（a）所示的粉尘粒径分布进行效率试验，测得的旋流式除尘器的效率如图 4-59（b）所示。

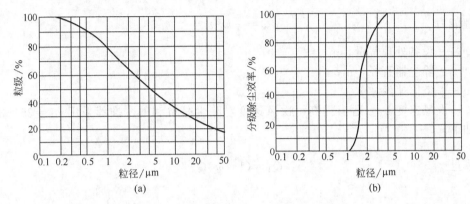

图 4-59　粉尘粒径分布及分级除尘效率曲线

2. 操作参数

（1）二次风百分数 m　选择二次风多少的前提条件是除尘器压力损失接近。二次风百分数 m 的大小对除尘效率有显著影响。二次风的多少与使用气体有关，在二次风为含尘气体时，推荐 m 取 80% 左右；当二次风为清净气体时，m 可取 50%～60%。

（2）二次风喷口速度 v_2　二次风喷口速度大除尘效率提高，而压力损失 ΔP_2 却上升较快。推荐二次风喷口速度 v_2 为 50～80m/s；粉尘细微，二次风喷口速度 v_2 应取高一些。并可用下式计算。

二次风量
$$Q_2 = mQ \tag{4-91}$$

二次风喷口速度
$$v_2 = \frac{Q_2}{F_2} \tag{4-92}$$

对喷嘴型
$$F_2 = Nn \times \frac{\pi}{4}d^2 \tag{4-93}$$

对导向叶片型
$$F_2 = \left[\frac{\pi}{4}(d_2^2 - d_1^2) - A_2\right]\sin\theta_2 \tag{4-94}$$

式中　Q——总风量，m^3/s；

$\quad\quad$ Q_2——二次风风量，m^3/s；

$\quad\quad$ m——二次风百分数，%；

$\quad\quad$ v_2——二次风喷口速度，m/s；

$\quad\quad$ F_2——二次风喷口总截面积，m^2；

d ——喷嘴内径，m；

n ——每行喷嘴数；

N ——喷嘴行数；

d_2 ——二次风导向叶片外圈内径，m；

d_1 ——二次风导向叶片内圈外径，m；

A_2 ——二次风导向叶片喷口处导向叶片所占总面积，m²；

θ_2 ——二次风导向叶片水平夹角，(°)。

（3）处理能力 Q 和空筒速度 v 与普通风除尘器不同，旋流式除尘器的空筒速度 $v=4.5\sim5.5\mathrm{m/s}$，过高则压力损失太大。

设备处理能力 $$Q=\frac{\pi}{4}D^2v \tag{4-95}$$

式中 Q ——设备处理气量，m³/s；

D ——除尘器直径，m；

v ——空筒速度，m/s。

（4）一次风速度 v_1 适当提高一次风速度对除尘是有利的，推荐采用 $v_1=25\sim35\mathrm{m/s}$。计算式如下。

一次风风量 $$Q_1=(1-m)Q \tag{4-96}$$

一次风喷口截面积 $$F_1=\frac{\pi}{4}(D_2^2-D_1^2)-A_1=\frac{Q_1}{v_1\sin\theta_1} \tag{4-97}$$

式中 Q_1 ——一次风风量，m³/s；

Q ——总风量，m³/s；

m ——二次风百分数，%；

F_1 ——一次风喷口截面积，m²；

D_2 ——一次风导向叶片外圈内径，m；

D_1 ——稳流体外径，一般取 $D_1=(0.3\sim0.4)D$，对大直径设备需取大的比例系数值，m；

A_1 ——一次风喷口处导向叶片所占总截面积，m²；

θ_1 ——一次风导向叶片水平夹角，(°)。

3. 二次气流配置方法

旋流式旋风除尘器的二次气流有四种配置方式，各种配置方式及其特点见表 4-30。

表 4-30 旋流式除尘器二次配置方式

方　　式	优　缺　点
含尘气体二次气流	设备尺寸小；可用同一个风机增压；二次气流量大；除尘效率较低
部分净化气作二次气流	除尘效率高，二次气流量大，设备能量降低
二次气流为清净空气	二次气流量小，但需 2 台风机；除尘效率高；总风机风量大，设备处理能力低
部分净化气与部分含尘气作二次气流	清洁空气约为总风量的 10%，且可用 1 台风机；除尘效率可提高

4. 旋流式除尘器结构及其技术性能

（1）喷嘴型旋流式除尘器

① 主要结构尺寸　喷嘴型旋流式除尘器结构见图4-60。推荐的各部分尺寸列于表4-31。

② 技术参数

a. 二次气流占总处理量的百分数 m，当用含尘气体时，$m=80\%$；当用清洁空气时，$m=50\%\sim60\%$。

b. 二次气流喷嘴速度，$v_2=50\sim80\text{m/s}$。烟尘愈细，v_2 应取大一些。

c. 空筒流速 $v=4.5\sim5.5\text{m/s}$。

d. 一次气流速度 $v_1=25\sim35\text{m/s}$。

e. 旋流除尘器的流体阻力，一般情况下 $\Delta P=4900\sim6900\text{Pa}$。

③ 技术性能和规格尺寸　喷嘴型旋流式除尘器主要尺寸比例见表4-32。

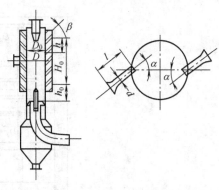

图 4-60　喷嘴型旋流式除尘器结构示意

表 4-31　喷嘴型旋流式除尘器主要尺寸比例

参　　数	与筒体直径 D 的比例关系
喷嘴区高度 H_0 和下分离区高度 h_0	$H_0+h_0=(3.3\sim3.6)D$
	$h_0=1.2D$
喷嘴直径 d	$d=(0.05\sim0.07)D$
喷嘴立面与水平面夹角 β	$\beta=30°$
喷嘴水平方向与法线夹角 α	$\alpha=53°$
喷嘴纵向间距 h	$h=0.4D(D<\phi700\text{mm})$
	$h=0.3D(\phi700\text{mm}\leqslant D\leqslant\phi1000\text{mm})$
喷嘴导入长度 L	$L=3d$
喷嘴个数 n	由计算确定
喷嘴迎风口喇叭口曲率半径 r	$r=0.2D$

表 4-32　喷嘴型旋流式除尘器技术性能

直径/mm	处理气量/(m³/h)	二次风量/(m³/h)	二次风速/(m/s)
200	500	400	60
300	1150	920	60
400	2050	1640	70
500	3200	2560	70
600	4580	3660	70
700	7600	6080	70
800	9950	7950	70
900	12600	10100	70
1000	15550	12500	70

喷嘴型旋流式除尘器外形结构尺寸见图4-61和表4-33。

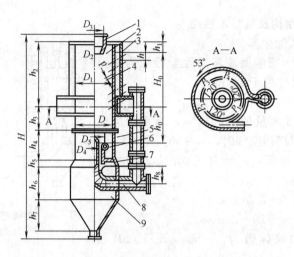

图 4-61　喷嘴型旋流式除尘器结构

1—出口管；2—上筒体；3—夹套；4—喷嘴；5—下筒体；6—围管；7—稳流体；8—一次进风口；9—灰斗

表 4-33　喷嘴型旋流式除尘器外形尺寸/mm

参数 直径/mm	200	300	400	500	600	700	800	900	1000
D	200	300	400	500	600	700	800	900	1000
D_1	390	390	520	650	780	910	1040	1170	1300
D_2	90	135	180	225	270	315	360	405	450
D_3	120	180	240	300	360	420	480	540	600
D_4	60	90	120	150	180	280	320	360	400
D_5	100	140	189	228	267	358	437	497	545
h_1	46	70	96	120	146	169	194	219	244
h_2	465	698	930	1163	1395	1448	1654	1861	2068
h_3	166	252	337	423	508	564	645	726	808
h_4	245	381	508	635	752	819	936	1053	1170
h_5	40	60	80	100	120	140	160	180	200
h_6	180	270	360	450	540	630	720	810	900
h_7	125	225	330	435	540	600	700	805	910
h_8	100	150	200	250	300	435	495	555	625
h	80	120	160	200	240	210	240	270	300
h_0	240	360	480	600	720	840	960	1080	1200
H_0	480	720	960	1200	1440	1470	1680	1890	2100
H	1365	2040	2700	3360	4010	4355	4970	5590	6210
d	13	20	25	31	36	36	41	46	51
l	52	70	80	100	117	117	131	148	164

（2）反射型旋流式除尘器　反射型旋流式除尘器有一个一次分离室及其反射板，而没有喷嘴型旋流式除尘器的一次气流的导向叶片和稳流体。含尘气体以一次气流从切向进入一次分离室并向下旋转，到达反射板后反射成上升气流。此间粗颗粒粉尘得以回收，细粒粉尘在上升旋流中向外围汇集。在二次分离室中，二次气流以 60m/s 的速度从喷嘴喷入，形成向下旋转流，在一次上升旋流外侧同向旋转，使粉尘加速向外周汇集，并被二次气流强制带入灰斗。对于普通旋风除尘器中，存在着已被分离的烟尘在落入灰斗时被气流卷起（再飞扬）而使收尘效率下降的问题，在反射型旋流式除尘器中已基本克服。图 4-62 是反射型旋流式除尘器示意。

① 技术参数。反射型旋流式除尘器二次气流为处理量的 50%，当二次气流喷嘴流速为 60m/s 时，所需压力比一次气流进口处高 2300Pa 以上，一般要设二次气流风机。总排风机的风量为处理量的 1.5 倍，风压为旋流式除尘器本体压力损失（约 1500Pa）及管路压力损失之和（见图 4-63）；如用旋流式除尘器出口的净气作二次气流，则需增压至 3800Pa。

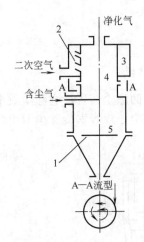

图 4-62　反射型旋流式除尘器示意
1—反射板；2—喷嘴；3—夹套；
4—二次分离室；5——次分离室

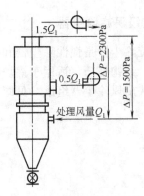

图 4-63　反射型旋流式除
尘器风压关系示意

反射型旋流式除尘器捕收 $10\mu m$ 烟尘的效率一般达 99.9%。直径 $1000mm$ 的反射型旋流式除尘器的分级收尘效率曲线见图 4-64。

② 性能及规格。反射型旋流式除尘器的外形尺寸见图 4-65 和表 4-34。处理气量可作选型参考。

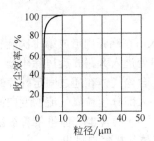

图 4-64　直径 1000mm 反射型旋流式
除尘器的分级收尘效率曲线

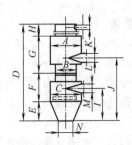

图 4-65　反射型旋流式除尘器

表 4-34　反射型旋流式除尘器主要尺寸　　　　　　　单位：mm

项目	直径/mm								
	200	300	400	500	600	700	800	900	1000
	处理气量/(m³/h)								
	300	600	900	1500	2400	3600	4500	5700	8600
A	390	500	600	750	950	1100	1200	1300	1400
B	200	300	400	500	600	700	800	900	1000
C	250	380	500	650	750	900	1100	1150	1250
D	1240	1837	2385	3220	3150	3800	4390	4970	5400
E	180	317	455	500	650	900	1000	1150	1300
F	370	585	600	928	970	1240	1237	1245	1350
G	500	675	1000	2332	1000	1070	1498	1845	2000
H	190	260	330	400	530	590	660	730	750
I	355	605	850	1070	1250	1600	1800	2070	2310
J	730	1112	1485	1870	2200	2750	3065	3490	3870
K	110	170	225	280	330	400	440	480	550
L	85	110	130	160	200	280	290	320	360
M	85	125	155	195	240	300	340	390	420
N	150	200	200	250	255	250	300	300	300

六、双级旋风除尘器

(一) 双级涡旋除尘器

双级涡旋除尘器是惯性除尘器和旁路式旋风除尘器组合的除尘装置。它除尘效率较高，压力损失适中，结构精巧，适用于锅炉等粗尘粒较多的烟气除尘。双级涡旋除尘器由蜗壳、固定叶片和旁路式旋风除尘器组成（见图4-66）。

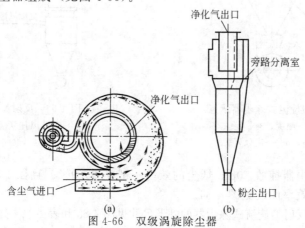

图 4-66　双级涡旋除尘器

1. 工作原理

含尘气体在蜗壳入口处一般以 18~25m/s 的速度切向进入，在蜗壳内形成第 1 次旋转运动，尘粒在离心力的作用下向壳壁分离，经浓缩分离的粉尘在分流口处进入旁路式旋风除尘器。固定叶片对气体有导向作用，降低阻力，同时也是一组百叶式除尘器。含尘气体在通过固定叶片时尘粒由于惯性力的作用撞击叶片的表面，并被反弹出来向蜗壳壁分离，大部分尘粒靠气流的变向而产生的离心力进行了分离，净化后的气体经叶片间隙排出。约占10%~20%的含尘气体量带着被浓缩分离的尘粒，经分流口进入旁路式旋风除尘器。经再次分离后干净气体从排气口排出。

2. 结构对性能的影响

在第一段分离过程中固定叶片的设置对双级涡旋除尘器起着重要的作用。它为百叶片除尘器而提高蜗壳的浓缩分离作用；它起到气流导向作用，使之合理组织气流而降低除尘器的压力损失。由于叶片非常重要，为保证形状应冲压成型。

叶片的密度分布，一般由进口逐渐向后加密，以采用 6°、5°、4°、3°的分布形式比较合理。如采用同一角度分布，可以减少安装和制造的复杂性，对除尘效率和压力损失均没有明显的影响。叶片的弧度，采用同一曲率的弧度，也能取得较理想的除尘效率。

（1）蜗壳进口截面的确定

$$F_j = a_j b_j = \frac{Q}{3600 v_j} \tag{4-98}$$

式中　F_j——蜗壳进口截面积，m^2；

　　a_j，b_j——蜗壳进口的宽度和高度，$a_j : b_j = 1 : (2.5~3)$；

　　　　v_j——蜗壳进口气速，m/s；

　　　　Q——除尘器处理气量，m^3/h。

（2）分流口截面尺寸和旁路式旋风除尘器进口截面尺寸的确定　分流口截面尺寸按下式计算。

$$F_f = a_f b_f = \frac{Q_f}{3600 v_f} \qquad (4\text{-}99)$$

式中　F_f——由蜗壳进入旁路式旋风除尘器的分流
口截面积，m^2；

Q_f——蜗壳出分流口或进入旁路式旋风除尘
器的气量，m^3/h；

v_f——分流口处或进入旁路式旋风除尘器的
含尘气体速度，$\mathrm{m/s}$；

a_f，b_f——分流口的高度和宽度，取 $b_f = b_j$，$a_f = \dfrac{F_f}{b_f}$，m。

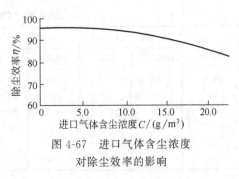

图 4-67　进口气体含尘浓度
对除尘效率的影响

3. 双级涡旋除尘器的性能

双级涡旋尘器的除尘效率随着气体含尘浓度的变化而变化。试样分散度如表 4-35 所列。粉岩试验进口气体含尘浓度对除尘效率的影响如图 4-67 所示。由图可知浓度增加效率有所下降，为此浓度情况下，如采用两个旁路式旋风除尘器并用增大流量比，除尘效率在运转良好时也能达 90% 左右。

表 4-35　试样分散度

粉尘粒径/μm	250~100	100~50	50~10	<10
质量百分比/%	18	25	52	5

双级涡旋除尘粉径较粗的含尘气体处理，这是因为蜗壳的浓缩效率较低的缘故。推荐处理粉尘径在 20~100μm 范围内。粉尘粒径与除尘效率的关系如图 4-68 所示。

进口气速 μ_i 对除尘效率 η 与压力损失 ΔP 的关系如图 4-69。从图可知，进口气速高，除尘效率也越高，相应的损失也增大。一般以进口气速计算的阻力系数为 2.4~3.6，当气速低于 13$\mathrm{m/s}$ 时，除尘效率有明显的下降，并有部分粉尘沉积。

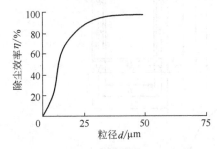

图 4-68　粉尘粒径对除尘效率的影响

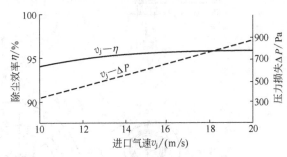

图 4-69　进口气速对除尘效率和压力损失的影响

考虑到在蜗壳内必须达到粉尘浓缩分离的作用，并不应有粉尘沉积或停留，根据试验，蜗壳进口气速 v_j 在 15~25$\mathrm{m/s}$ 时能够得到较好的除尘效果和较低的压力损失。一般 v_j 取18~20$\mathrm{m/s}$。

4. CR205 双级涡旋除尘器系列

CR205 双级涡旋除尘器的系列有 6500m^3/h、13000m^3/h、18000m^3/h 和 30000m^3/h 共 4 种规格。粉尘粒径在 20μm 以上，进口气体含尘浓度在 15$\mathrm{g/m}^3$ 以下，可按处理气量表4-36选用。结构尺寸见图 4-70 和表 4-37。

表 4-36 CR205 双级涡旋除尘器性能

处理气量 /(m³/h)	气速/(m/s)		压力损失/Pa		除尘效率 /%	风 机		电动机功率/kW	质量/kg
	进口	出口	常温时	250℃时		风压/Pa	风量/(m³/h)		
6500	18	850	550	85~90	1500	7500	7.5	141	
13000	18	850	550	85~90	1600	14000	15	328	
18000	20	950	650	85~90	1650	20000	22	422	
30000	20	950	650	85~90	1650	33000	40	681	
2200	20	600	550					70	
5000	18	600	550					280	

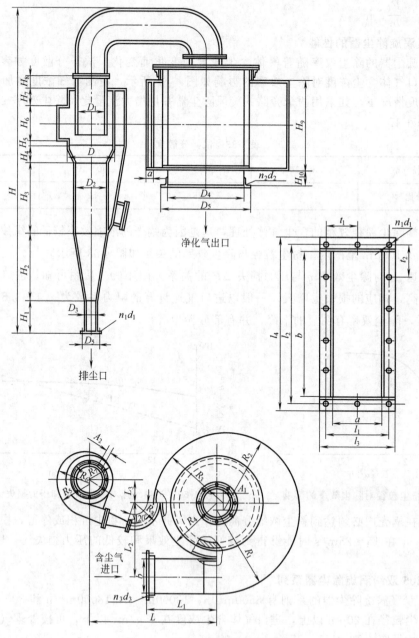

图 4-70 CR205 双级涡旋除尘器

表 4-37　CR205 双级涡旋除尘器尺寸　　　　　　　　　　　　单位：mm

尺寸　　处理气量/(m³/h)	H	H₁	H₂	H₃	H₄	H₅	H₆	H₇	H₈	H₉	H₁₀	D	D₁	D₂	D₃	D₄	D₅
6500	1511	120	399.5	399.5	102	30	260	100	106.5	555	100	284	170	205	70	440	116
13000	2134	160	561.5	561.5	136	40	33.8	140	193	786	100	400	240	288	100	618	146
18000	2309	172	601.5	601.5	155	45	368	150	216	882	100	430	260	310	110	680	156
30000	2982.5	226	791.5	791.5	203	56	479	202	233.5	1132	100	564	338	405	141	871	189

尺寸　　处理气量/(m³/h)	D₆	L	L₁	L₂	L₃	A₁	A₂	R₁	R₂	R₃	R₄	R₅	R₆	R₇	R₈
6500	496	916	330	407	227	36	22	463	427	391	311	208	186	164	188
13000	674	1286	520	551	299	53	28.5	631	578	525	422	285.5	257	228.5	259
18000	736	1324	580	621	317.5	60	31	704	644	584	470	308	277	246	275
30000	933	1731	740	792.5	420	77	40	903	826	749	600	402	362	322	364

尺寸　　处理气量/(m³/h)	a	b	l₁	l₂	l₃	l₄	t₁	t₂	n₁d₁	n₂d₂	n₃d₃	质量/kg
6500	192	555	242	605	292	655	121	121	4孔φ10	12孔φ10	14孔φ10	253
13000	270	786	318	836	370	886	106	100两端118	4孔φ12	16孔φ12	22孔φ12	531
18000	302	882	354	936	982	402	118	104	4孔φ12	16孔φ12	24孔φ12	645
30000	385	1132	435	1182	485	1232	108.75	118.2	8孔φ12	24孔φ12	28孔φ12	1053

　　双级涡旋除尘器不宜长期低负荷运行，否则会造积灰堵塞，降低除尘效率，因此规定蜗壳进口气速不低于 15m/s。一般处理气量为 6500m³/h、13000m³/h 时采用 18m/s，处理气量为 18000m³/h、30000m³/h 时采用 20m/s。

（二）双旋风除尘器

　　XS 型双旋风除尘器的主要特点是具有下排气口和灰口的结构。含尘气体从入口进入大蜗壳，在旋转气流离心力的作用下，粉尘逐渐浓缩至大蜗壳的边壁上；同时在旋转过程中气流向下扩散变薄。当旋转到 270°时，最边缘上的约 15%～20%的浓缩气流携带大量粉尘进入小旋风分离器，未进入小旋风分离器的内层气流，一部分进入平旋蜗壳，在大旋风筒中继续旋转分离；另一部分通过芯管壁之间的间隙与新进入除尘器的气体汇合，形成新的旋转气流，以增加细颗粒粉尘的捕集机会。这两部分气流净化后进入大旋风排气芯管，它与小旋风排气汇合后一同排出除尘器，粉尘则分别收集在大、小旋风筒下部的灰斗中。

　　XS 型双旋风除尘器可分为 XS1-20A 型和 XS-0.5-4B 型两种，其主要技术性能见表4-38、表4-39，外形及尺寸见图 4-71、图 4-72、表 4-40 和表 4-41。

表 4-38　XS1-20A 型旋风除尘器主要技术性能

项　目	型　号	大旋风筒直径/mm	进口风速/(m/s)							质量/kg
			24	26	28	30	32	34	36	
风量/(m³/h)	XS-1A	250	2770	3000	3230	3460				200
	XS-2A	495	5540	6000	6460	6920	7380			356
	XS-4A	700	11080	12000	12920	13850	14770	15690		686
	XS-65A	800	14467	15673	16879	18084	19290	20495	21701	900
	XS-10A	920	19134	20728	22323	23917	25511	27422	29035	1180
	XS-20A	1320	39844	42666	46484	49805	53125	56445	59766	2300
压力损失/Pa			304	253	412	470	534	604	676	

表 4-39　XS0.5-4B 型双旋风除尘器主要技术性能

项　目	型　号	大旋风筒直径/mm	进口风速/(m/s)					质量/kg
			23	25	27	29	31	
风量/(m³/h)	XS-1B	460	2733	2970	3208	3446	3683	193
	XS-2B	650	5466	5940	6416	6892	7366	365
	XS-4B	920	10932	11880	12832	13784	14732	699
	XS-0.5B	325	1346	1483	1600	1720	1838	90
	XS-0.7B	400	2067	2246	2426	2606	2785	130
压力损失/Pa			498	588	686	791	905	

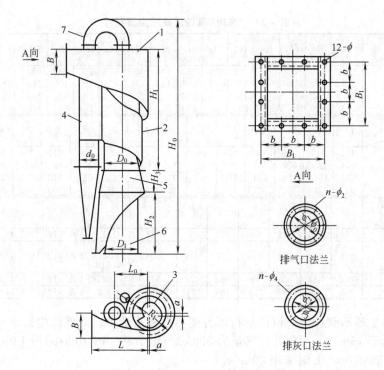

图 4-71　XS1-20A 型双旋风除尘器

1—大蜗壳；2—平旋蜗壳；3—大芯管；4—小旋风筒；5—变径管；6—斜锥及排气管；7—排气连接管

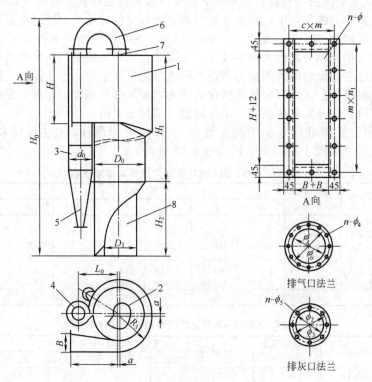

图 4-72　XS0.5-4B 型双旋风除尘器（单位：mm）

1—大旋风壳体；2—大芯管；3—小旋风壳体；4—小芯管；5—小旋风锥体；
6—排气连接管；7—连接管；8—斜锥及排气管

表 4-40　　SX1-20A 双旋风除尘器外形尺寸　　　　　　　　单位：mm

型号	D_0	D_1	d_0	B	H_0	H_1	H_2	R_1	L_0	L
XS-1A	356	306	226	240	2219	1126	770	281	367	550
XS-2A	501	430	317	340	2960	1590	950	268	505	778
XS-4A	706	606	446	480	4196	2246	1400	536	702	1100
XS-6.5A	836	756	539	620	4757	2568	1550	636	834.5	1350
XS-10A	956	856	514	750	5422	2952	1750	727	954	1500
XS-20A	1356	1206	866	1070	7388	4232	2170	1027	1346	2150

型号	B_1	b	ϕ	ϕ_0	ϕ_1	$n-\phi_2$	ϕ_2	ϕ_5	$n-\phi_4$
XS-1A	297	99	12	307	350	12-12	100	57	4-12
XS-2A	396	132	12	431	474	12-12	120	77	4-12
XS-4A	537	179	12	607	660	12-12	160	107	8-12
XS-6.5A	688	172	12	757	800	12-12	200	150	8-12
XS-10A	618	136	12	857	900	12-12	200	150	8-12
XS-20A	1136	142	12	1207	1250	24-24	250 280	200	8-12

表 4-41　　XS0.5-4B 双旋风除尘器外形尺寸　　　　　　　　单位：mm

型号	D_0	D_1	d_0	B	H	H_0	H_1	H_2	R_3	L_0
XS-1B	466	306	206	150	600	1998	1050	600	322	410
XS-2B	656	436	296	210	850	2801	1490	850	457	580
XS-4B	926	606	406	300	1200	3899	2100	1200	638	780
XS-0.5B	331	218	147	105	425	1439	748	425	242	310
XS-0.7B	417	274	185	134	537	1798	940	537	299	370

型号	L	$n-z$	$m \times n_1$	$c \times n_2$	ϕ_0	ϕ_1	$n-\phi_4$	ϕ_2	ϕ_3	$n-\phi_5$
XS-1B	500	16-12	110×6	104×2	307	366	12-12	126	57	6-12
XS-2B	700	20-12	114×8	134×2	437	496	12-12	146	77	6-12
XS-4B	1000	26-12	126×10	120×2	607	666	12-12	176	107	8-12

七、多管旋风除尘器

1. 多管旋风除尘器的特点

多管旋风除尘器是指多个旋风除尘器并联使用组成一体并共用进气室和排气室，以及共用灰斗，而形成多管除尘器。多管旋风除尘器中每个旋风子应大小适中，数量适中，内径不宜太小，因为太小容易堵塞。

多管旋风除尘器的特点是：①因多个小型旋风除尘器并联使用，在处理机同风量情况下除尘效率较高；②节约安装占地面积；③多管旋风除尘器比单管并联使用的除尘装置阻力损失小。

多管旋风除尘器中的各个旋风子一般采用轴向入口，利用导流叶片强制含尘气体旋转流动，因为在相同压力损失下，轴向入口的旋风子处理气体量约为同样尺寸的切向入口旋风子的 2～3 倍，且容易使气体分配均匀。轴向入口旋风子的导流叶片入口角 90°，出口角 40°～50°，内外筒直径比 0.7 以上，内外筒长度比 0.6～0.8。

多管除尘器中各个旋风子的排气管一般是固定在一块隔板上，这块板使各根排气管保持一定的位置，并形成进气室和排气室之间的隔板。

多个旋风除尘器共用一个灰斗，容易产生气体倒流。所以有些多管除尘器被分隔成几部分，各有一个相互隔开的灰斗。在气体流量变动的情况下，可以切断一部分旋风子，照样正常运行。

灰斗内往往要储存一部分灰尘，实行料封，以防止排尘装置漏气。为了避免灰尘堆积过高，堵塞旋风子的排尘口，灰斗应有足够的容量，并按时放灰；或者采取在灰斗内装设料位计，当灰尘堆积到一定量时给出信号，让排尘装置把灰尘排走。一般，灰斗内的料位应低于排尘管下端至少为排尘管直径 2～3 倍的距离。灰斗壁应当和水平面有大于安息角的角度，以免灰尘在壁上堆积起来。

2. 多管旋风除尘器的内部布置

在多管旋风除尘器内旋风子有各种不同的布置方法，见图 4-73。图 4-73 中（a）、（b）、（c）分别为旋风子垂直布置在箱体内；把旋风子倾斜布置在箱体内；在箱体内增加了有重力除尘作用的空间减少旋风子的入口浓度负荷。图 4-74 为多管旋风除尘器入口和出口方向自由布置的实例。

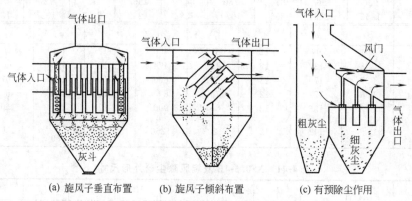

(a) 旋风子垂直布置　　(b) 旋风子倾斜布置　　(c) 有预除尘作用

图 4-73　多管除尘器的布置形式

3. 多管旋风除尘器的性能

多管旋风除尘器是由若干个旋风子组合在一个壳体内的除尘设备。这种除尘器因旋风子直径小，除尘效率较高；旋风子个数可按照需要组合，因而处理量大。现已有多达 900mm× ϕ250mm 的多管旋风除尘器在运行。

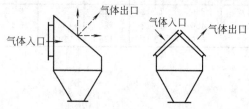

图 4-74　多管除尘器入口和出口方向自由布置实例

旋风子直径有 100mm、150mm、200mm、250mm，以 ϕ250mm 使用较普遍。轴向进气的旋风子的导向叶片有螺旋型和花瓣型两种（见图 4-75）。螺旋型导向叶片的流体阻力小，不易堵塞，但除尘效率低；花瓣型导向叶片有较高的除尘效率，但流体阻力大，且花瓣易堵塞。切向进气的旋风子，在工业中得到应用。切向进气的多管旋风除尘器较轴向进气的多管旋风除尘器有较大的处理量，较高的除尘效率和较大的流体阻力（见图 4-76）。

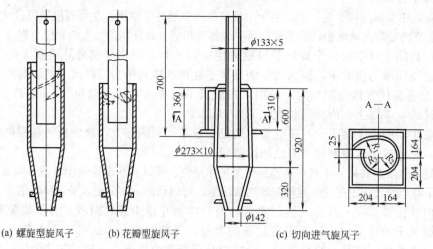

(a) 螺旋型旋风子　　(b) 花瓣型旋风子　　(c) 切向进气旋风子

图 4-75　多管旋风除尘器的旋风子（单位：mm）

多管旋风除尘器的处理烟气量按下式计算。

$$Q = n \times 3600 \times \frac{\pi}{4} D_0^2 v \qquad (4\text{-}100)$$

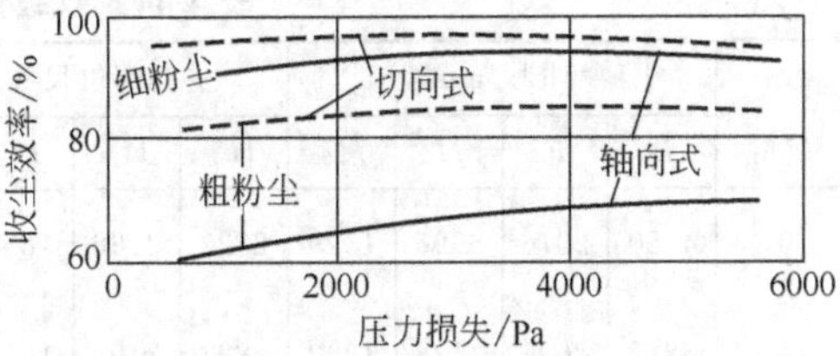

图 4-76　进气方向对效率和阻力的影响

式中　Q——多管旋风除尘器的处理烟气量，m^3/h；

　　　n——旋风子个数，无因次；

　　　D_0——旋风子内径，m；

　　　v——旋风子筒体断面气流速度，m/s，轴向进气时 $v=3.5\sim4.5\text{m/s}$，切向进气时 $v=4.5\sim5.4\text{m/s}$。

多管旋风除尘器流体阻力系数，轴向流时 $\xi=90$，切向流时 $\xi=115$。

多管旋风除尘器的除尘效率，轴向流的约为 $80\%\sim85\%$，切向流的约达 $90\%\sim95\%$。

4. 陶瓷多管高效除尘器

该种除尘器适用于各种燃烧方式锅炉的烟尘治理，如链条炉、往复炉、抛煤机炉、煤粉炉、热电厂的旋风炉和流化炉的烟尘治理；也可以用于其他工业粉尘治理及有实现价值的粉尘回收利用。可根据锅炉炉型、吨位、煤种等条件设计单级或双级除尘器。

（1）工作原理　含尘气体进入除尘器气体布室入口，通过导向器在旋风子内部旋转，气体在离心力的作用下，粉尘被分离，降落在集尘箱内，经锁气器排出；净化了的气体形成上升的旋流，经排气管于汇风室，由出口经引风机抽到烟囱排入大气中。各种参数如表 4-42～表 4-44 所列。

表 4-42　单级陶瓷多管除尘器主要技术参数

吨位 /(t/h)	处理风量 /(m²/h)	除尘效率 /%	阻力/Pa	林格曼黑度/级	吨位 /(t/h)	处理风量 /(m²/h)	除尘效率 /%	阻力/Pa	林格曼黑度/级
0.5	1500	95～99	650～900	<1	10	30000	95～99	650～900	<1
1	3000	95～99	650～900	<1	15	45000	95～99	650～900	<1
2	6000	95～99	650～900	<1	20	60000	95～99	650～900	<1
4	12000	95～99	650～900	<1	35	105000	95～99	1000～1400	<1
6	18000	95～99	650～900	<1	40	120000	95～99	1000～1400	<1
8	24000	95～99	650～900	<1					

表 4-43　单级钢体支架除尘器尺寸

吨位 /(t/h)	外形/mm		主要部位尺寸/mm				进出烟口尺寸/mm			基础尺寸/mm				基础承重量/t
	L	H	H_1	H_2	H_3	H_4	a	b	c	L_1	F_1	L_2	F_2	
0.5	720	3386	2828	3183	600	1650	300	300	100	657	657	1257	1257	0.5
1	1030	3926	3293	3698	800	2090	350	600	100	967	657	1567	1257	1
2	1030	3926	3293	3698	800	2090	350	800	100	967	967	1567	1567	1.8
4	1390	4235	3622	4022	800	2419	350	1000	100	1390	1315	1990	1915	3.5
6	1700	4622	3955	4271	800	2750	350	1400	100	1592	1592	2192	2192	5.5
8	1935	4987	4299	4735	800	3084	370	1480	100	1935	1935	2475	2475	7.5
10	2350	5687	4720	5341	800	3415	550	1150	100	2242	2242	2842	2532	9
15	2696	7096	6439	6761	1200	3730	450	2100	100	2656	2656	3100	3100	16
20	3316	7983	6209	7637	1200	4360	550	2300	100	3276	3276	3800	3100	17

表 4-44　双级钢体陶瓷多管除尘器尺寸

吨位 /(t/h)	外形/mm				主要部位尺寸/mm				进出烟口尺寸/mm			基础尺寸/mm				基础承重量/t
	L	F	H	H_3	H_4	H_5	H_6	H_7	a	b	c	L_1	F_1	L_2	F_2	
10	4550	2076	6996	1399	2827	2166	1650	3180	550	1150	100	2411	2101	2036	250× 250	20
15	5222	2696	7428	1399	2827	2498	1950	2980	450	2100	100	2746	2436	2656	300× 300	40
20	6264	2696	8290	1399	2827	3160	1950	3180	550	2300	100	3366	3056	2656	300× 300	45
35	7442	3626	11320	1605	3620	3560	3540	4220	800	3420	200	4011	3391	3586	350× 350	80
40	8062	3936	11663	1625	3720	3893	3540	4230	800	4100	200	4321	3701	3896	350× 350	95
75	10902	5486	13262	1826	3478	5222	3750	4290	1200	5100	200	5586	5276	5446	400× 400	95
80	11522	5486	13927	1826	3478	5887	3750	4290	1200	5100	200	6206	5276	5446	400× 400	100

注：1. 20t 以上除尘器（包括 20t/h）采用钢支架；35t/h 以上除尘器均采用混凝土支架，基础均由用户设计制造。

2. $H_1 = H_3 + H_5 + H_6$；$H_2 = H_4 + H_5 + H_6$。

（2）特点　除尘器机芯是采用陶瓷材料制成，具有耐磨损、耐腐蚀、耐高温、寿命长、运行性能稳定安全可靠、节省能源、占地面积小、造价低、操作简单、管理方便、无运行费用等特点，适应范围广。其结构见图 4-77 和图 4-78。

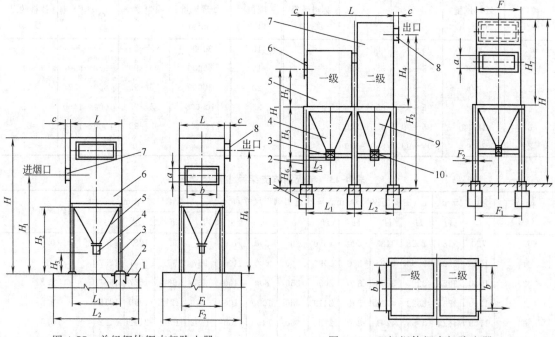

图 4-77　单级钢体钢支架除尘器

1—基础；2—基础预埋件；3—钢（混凝土均可）支架；
4—锁气器；5—集尘器；6—主体；
7—进烟口；8—出烟口

图 4-78　双级钢体钢支架除尘器

1—基础；2—钢支架；3—锁气器；4—一级集尘器；
5—一级主体；6—进烟；7—二级主体；8—出烟；
9—二级集尘箱；10—二级锁气器

（3）选用注意事项

① 选用时应提供锅炉炉型、烟气量、烟气温度、燃料种类、烟气含尘浓度、筛分累积量、锅炉应用时的波动范围等有关技术条件。

② 除尘器进出烟口与管路以及灰斗与锁气器的连接不要泄漏，防止漏气影响整机效率。

③ 安装完毕，混凝土基础要自然养生1周，养生前要保证使用灵活严密，不得漏气。

④ 锁气器要保证使用灵活严密，不得漏气。

5. 立式多管旋风除尘器

立式多管旋风除尘器由多个旋风子组成，旋风子入口有导向装置。旋风子直径（D）有100mm、150mm、250mm三种，常用的为250mm。导向装置为螺旋型和花瓣型，螺旋型导向叶片的压力损失较低，不易堵，除尘效率稍低。花瓣型导向叶片虽有较高除尘效率，但易堵。导向叶生出口角一般为25°或30°。旋风子性能见表4-45，外形及尺寸见图4-79及表4-46。

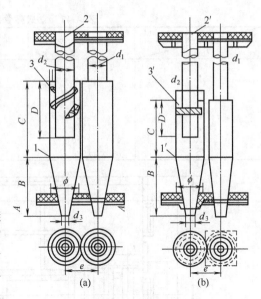

图 4-79　不同型式导向器的旋风子
1,1'—旋风子筒体；2,2'—排气管；
3,3'—螺旋型（花瓣型）导向器

表 4-45　旋风子性能

旋风子直径 D/mm	烟气导向装置		允许含尘浓度/(g/m³)			旋风的工作气量 /(m³/h)		旋风子的阻系数 ξ	备　注
	型式	叶片倾斜角/(°)	Ⅰ	Ⅱ	Ⅲ	最大	最小		
100	花瓣型	25 30	40	15		110/114 129/134	94/98 100/115	85 65	分子为铸铁旋风子的工作气量
150	花瓣型	25 30	100	35	18	250/257 294/302	214/220 251/258	85 65	分母为钢制旋风子的工作气量
250	花瓣型	25 30	200	75	33	735/765 865/900	630/655 740/770	85 65	
250	花瓣型		250	100	50	755/790	650/675	90	

注：表中Ⅰ、Ⅱ、Ⅲ为尘粒的黏度分类，Ⅰ为不黏结的，Ⅱ为黏结性弱的，Ⅲ为中等黏结性的。

表 4-46　旋风子尺寸　　　　　　　　　　　　　单位：mm

旋风子直径 D/mm	导向器型式	外壳材料	A	B	C	D	ϕ	d_1	d_2	D_3	e
100	花瓣型	钢 铸铁	50	150	220	140	100	53	98 100	40	130
150	花瓣型	钢 铸铁	100	200	325	200	160	89	148 150	55	180
250	花瓣型	钢 铸铁	120	380	520	315	230 230×230	133	254 259	80	280
250	花瓣型	钢 铸铁	120	380	700	400	230 230×230	159	254 259	80	280

注：$\phi=230×230$系指方形尺寸；$\phi=100$及$\phi=230$等系指圆的直径。

具有25管、35管、36管及49管的立式除尘器的外形及尺寸见表4-47及图4-80。

表 4-47　立式多管旋风除尘器主要结构尺寸　　　单位：mm

型号 尺寸	25 管除尘器	30 管除尘器	36 管除尘器	49 管除尘器
A	6000	4420	6865	7200
B	1630	2230	2024	2174
C	1630	1670	2074	2174
D	2070	1720	2215	2335
E	2230	1520	2385	2605
F	1370	1000		
N	1470	2020	1894	2030
S	1400	1460	1880	2044

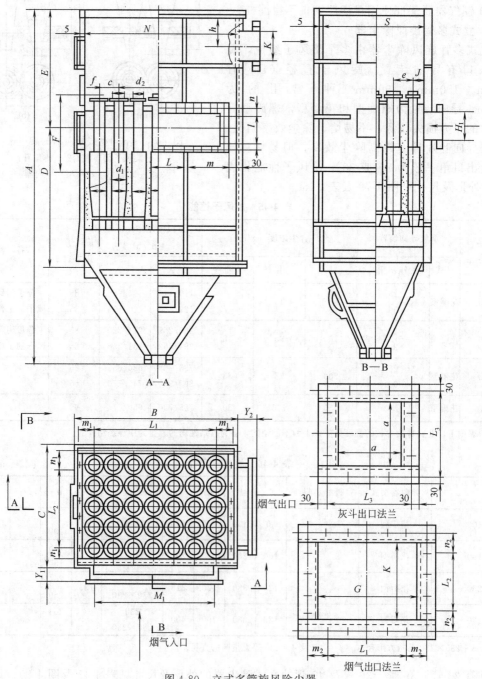

图 4-80　立式多管旋风除尘器

八、特殊型式旋风除尘器

1. 连续螺旋式旋风除尘器

如图 4-81 所示,连续螺旋式旋风除尘器采用了阿基米德连续螺旋线形结构。其工作原理是含尘气体由切向入口进入与其入口宽度相同的内部螺旋通道,在离心力与汇流流场的作用下,粉尘被抛向螺旋通道的内外壁上,被收集起来。干净气体最后由顶部排气管排出。

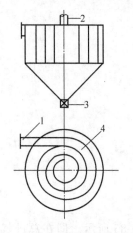

图 4-81 连续螺旋式旋风除尘器结构简图

1—含尘气体入口;2—排气管;3—粉尘排出装置;4—连续螺旋通道

由于采用了阿基米德连续螺旋线形结构,其一可使粉尘分离空间充分形成切向流场,并减少径向流场的汇流作用,以提高除尘效率;其二摒弃二次流所产生的不利影响。因此,连续螺旋式旋风除尘器具有以下的优点。

① 可以消除粉尘的短路。当含尘气流进入筒体外层的连续螺旋通道中,由于其与芯管下面的内旋流不相接触,致使上"灰环"只能在螺旋之间的近内壁边界向下运动从而消除短路现象。

② 能够降低设备的整体高度。采用连续螺旋结构,可使粉尘的径向分离距离大大缩短,这样,对于相同粒径的粉尘只要经历较短的分离路程,消耗较小的能量,即可使粉尘颗粒沉降至器壁上(见图 4-82)。

③ 可提高效率。连续螺旋式旋风除尘器的排气管不插入筒体内部,因而使有害的次流,即单一旋涡和散乱涡流,得到了有效的抑制,形成了趋于稳定的流场。

④ 避免了动压-静压转换所造成的能量损失。连续螺旋式旋风除尘器的入口与其内部螺旋通道的宽度相同,不存在因气体膨胀而产生的阻力损失,避免了动压-静压的转换。

⑤ 可把汇流流场变害为利。汇流流场是把粉尘颗粒由外向内推移的流场,不利于粉尘从气流中分离出来。连续螺旋式旋风除尘器在汇流场的作用下,向内推移粉尘颗粒,并将其直接沉降在外部螺旋通道的内壁上而被收集起来[见图 4-82(a)],从而提高了除尘效率。

2. 套装双级旋风除尘器

图 4-83 是套装双级旋风除尘器示意。其实质是将两种规格的旋风除尘器套装在一个空间内,形成串联结构。可以设一个共同的卸灰阀,也可以分别设置卸灰阀。在某些特殊情况下,可开发使用。

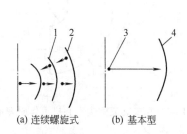

图 4-82 旋风除尘器粉尘运动示意

1—里层螺旋;2—外层螺旋;3—粉尘颗粒;4—器壁

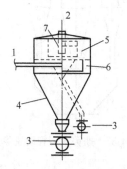

图 4-83 套装双级旋风除尘器示意

1—含尘烟气进口;2—烟气出口;3—卸灰阀;4,5—二级旋风器;6—内围板;7—排气管

3. 抽气式旋风除尘器

图 4-84 是 ϕ1000mm 抽气式旋风除尘器。在旋风分离器下端接灰斗处抽出一股气流，以减少反转气流对旋风除尘器除尘效率的影响。抽气式旋风除尘器工程运用中已显出好的前景。

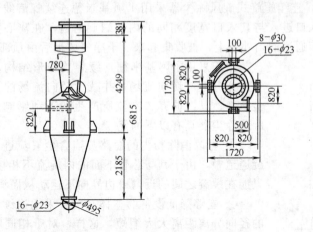

图 4-84　ϕ1000mm 抽气式旋风除尘器（单位：mm）

4. 捆绑式旋风除尘器

为降低多管旋风器的阻力，采用捆绑式多管旋风除尘器，如图 4-85 所示。即在总进气管四周均布小旋风除尘器，其结构更加紧凑。

5. 旋流除尘离心机

旋流除尘离心机是一种半干半湿法主动直流式离心除尘装置（见图 4-86）。其中的转子是一种扁盘形辐射状针轮。

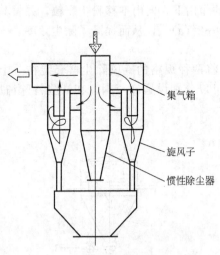

图 4-85　捆绑式多管旋风除尘器

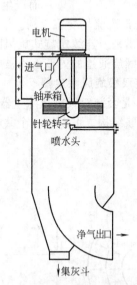

图 4-86　立式旋流除尘离心机工作原理示意

该旋流除尘离心机所采用的转子是一种线材环周挂苗均匀密集排列组合在轮毂上组成的盘形针轮。这种针轮针苗密度大，启旋能力强。其针苗末端不固定，利于降低针轮的启动阻力。针轮在转动中和磨损过程中能够自我调整动平衡。

（1）工作原理　离心机的基本工作原理如下。含尘气流从上部切流进入离心机，形成旋风，其中一部分大颗粒离心分离到达边壁。经过盘状的旋转针轮时，紊乱的旋风气流变为有统一角速度的涡旋场，颗粒物被针苗撞击或随旋流获得切向速度向边壁运动。然后，由中心喷嘴雾化喷出的水雾被旋流进一步细化，捕集微尘加速向边壁离心运动。净化后的气体从下部轴心区域引出。

离心机可以通过调节转子转速、转子直径、腔体直径、腔体长度等来提高除尘效率，既能适应高速烟气的情况，又能适应低速度湿废气的情况。

(2) 旋流除尘离心机的设备特点　处理气量 6000m³/h 时，外形尺寸 ϕ80cm×240cm；电机功率 0.75kW；电机转速 1500r/min；与 0.8kg/cm² 以上水压的水源连接。

每 1000m³/h 气体处理量制造除尘器时需要用钢材约为 50～60kg。

(3) 旋流除尘离心机性能指标　经过测试，除尘器系统阻力为 340Pa，噪声为 65dB（A）。

除尘效率测试采用滑石粉发尘。试验用滑石粉粒径级配如表 4-48 所列。干法和半干半湿法除尘效率冷态试验测试结果如表 4-49 所列。

表 4-48　试验用滑石粉粒径级配

粒径区间/μm	<2	2～5	5～10	10～50	50～74	>74
所占百分数/%	4	4	10	64	18	0
筛下率/%	4	8	18	82	100	

表 4-49　旋流除尘离心机除尘效率冷态试验测试结果

处理风量/(m³/h)	液气比/(×10⁻²L/m³)	发尘浓度/(mg/m³)	排尘浓度/(mg/m³)	除尘效率/%
3600	干法	3870	1550	60.0
3600	1.17	2000	65	96.7
3600	1.17	2000	54	97.3
3600	1.17	4000	101	97.5
3600	1.17	4000	103	97.4
3600	1.17	6000	167	97.2
3600	1.16	6000	197	96.7
3600	1.37	6000	208	96.5
3600	1.27	3870	117	97.0
3600	1.03	3870	112	97.0

该旋流除尘离心机在液气比为 $1×10^{-2}$L/m³（每处理 1m³ 气耗水 10g）的条件下，除尘效率稳定在 96.5%～97.5% 之间。从表 4-48 看出，滑石粉中 2μm 以下的颗粒占 4%。两者对比可得出：该旋流除尘离心机能完全除去粒径在 2μm 以上的颗粒，分割粒径达 d_{c50} 在 2μm 以下。综合除尘性能为阻力损失 340Pa，噪声 650dB（A），对滑石粉除尘效率 96%～97%。

旋流除尘离心机效率高于湿式洗涤除尘技术，阻力是湿法洗涤尘技术的 1/3，经济指标优越，配套和维修费用少，可用于工业除尘、化工除沫、除雾等领域。

6. 低阻力旋风除尘器

旋风除尘器的除尘效率与阻力损失相比较，通常认为其阻力损失偏高。降低旋风除尘器的阻力损失成为研究其性能的重要课题。例如，在出口管的入口处，引进减缓气流旋转流动的叶片来减少出口的压力损失，或者加上进气口叶片来减少进口的压力损失。Browne 和 Strauss（1978）设计了一种降低旋风分离器的压力损失的方法，使标准旋风分离器压力降减少了 22%，这个设计是把出口的切线方向动能渐渐地转换为压力能。在旋风除尘中粒子从气体中分离出来是由于旋转气流离心力的作用，旋风分离器的效率主要地取决于切向

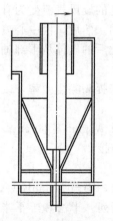

图 4-87 固体芯柱的旋风分离器模型

速度。但是,中心区内的湍流强度增加而切线速度降低,这部分流动对分离粒子没有好处。但是由于它具有很强的耗散,增加了分离器的压力损失,而损害了旋风分离器的性能。清华大学的研究表明,在旋风除尘器排气管中及下部增加固体芯子是有利的(见图 4-87)。采用固体芯子代替高湍流度和耗散为特征的气流核心区,旋风分离器的压力损失将减少。开环工作条件下,压力损失减少33%,闭环工作条件下,减少大约 20%。研究结果表明,在芯子外面区域有固体芯子和没有固体芯子,切向速度分布基本上是相同的,所以,根据 Leith 理论,装上尺寸合适的固体芯子,旋风分离器的除尘效率不会改变。

在开环工作条件下,对旋风除尘器的噪声测量表明,用了固体芯子将减少噪声声级,从而证明了它消除了湍流产生噪声。

以上研究曾用于旁路式旋风除尘器,同样获得理想结果。

第五节　旋风除尘器的应用

旋风除尘器是应用广泛的除尘器之一。在应用中可以单独供用,也可以单独使用,也可以并联或串联供用。串联中既有旋风除尘器自身进行串联,也有旋风除尘器与其他类型除尘器的串联使用,在应用中对旋风除尘器采用防磨损措施也很重要。

一、旋风除尘器的应用

1. 作污染控制设备

旋风除尘器作为主要的污染物排放控制设备,可用于许多工业领域。在木工加工领域及木材处理中,旋风除尘器常用作主要的空气污染控制设备。在金属打磨、切割领域及塑料制品生产领域,也有大量的旋风除尘器用于同样目的。作为主要的颗粒物控制设备,旋风除尘器也大量应用于小型锅炉的除尘设备。对是否适合使用旋风除尘器作为一个工业应用过程中的污染物控制设备进行事先的考查评估是非常必要的,若采用旋风除尘器所带来的效益大且能满足环保要求,那才有必要使用旋风除尘器,否则就没有必要使用旋风除尘器。此外,还必须要尽量收集准确数据,验证采用旋风除尘器合理可靠。

(1) 在切样机除尘中的应用。

① 除尘工艺　切样机在钢材切割过程中,随着高速飞转的砂轮片切割样钢,损耗的砂轮片颗粒和铁屑形成尘源。除尘工艺流程如图 4-88 所示。将吸尘罩与切样机出口连上,然后通过管道连接第一级除尘设备沉降箱和第二级除尘设备 XLP/B 型旋风除尘器,除尘后配置离心通风机和排放烟囱。

② 切样机除尘系统主要技术参数如下:

系统风量	6500m³/h
管道设计风速	25m/s
入口含尘质量浓度	1000mg/m³
沉降箱外形尺寸	800mm×800mm×800mm
旋风除尘器型号	XLP/B-8.2
通风机功率	10kW
总除尘效率	95%

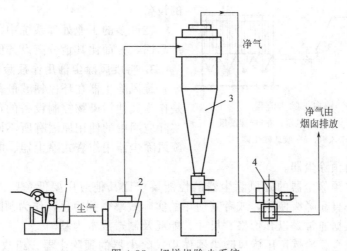

图 4-88　切样机除尘系统

1—切样机；2—沉降箱；3—旋风除尘器；4—通风机

③ XLP/B-8.2 旋风除尘器外形尺寸为 ϕ820mm × 3600mm；入口尺寸为 490mm × 245mm。其技术性能如下：

除尘器处理风量　　5030～8380m³/h

除尘器阻力系数　　5.68

入口风速　　　　　12～20m/s

出口排放质量浓度　50mg/m³

本体质量　　　　　242kg

④ 除尘系统的特点有以下几点：a. 切样机除尘系统为二级除尘系统，二级除尘设备均为机械式除尘器，设备无运动部件，故障少，便于维护管理；b. 第二级除尘设备选用 XLP/B 性旋风除尘器，其特点是适于清除气体中非纤维性及非黏着性干燥粉尘，设备结构简单，操作方便，阻力较小，效率较高；c. 沉降箱和旋风除尘器都要求密封性好，特别是取灰口和法兰连接处不得漏气，否则会影响吸尘罩风量和除尘效果。

（2）在垃圾焚烧炉的应用　小型垃圾焚烧炉几乎都用旋风除尘器净化燃烧气体中的烟尘，典型布置如图 4-89 所示。把焚烧炉与旋风除尘器组合为一体既合理又经济，在良好燃烧的条件下排放浓度能满足环保要求。

2. 生产过程应用旋风除尘器

旋风除尘器在整个工业工艺过程使用非常广泛。在这些领域中，旋风除尘器已经成为整个行业领域中的一个组成部分，并且已经延伸到生产过程。尽管此应用与空气污染控制领域的应用并不完全相同，但对旋风除尘器应用来说，其具体特点有许多共同之处。工业过程中旋风除尘器作为分离设备的应用实例有许多。旋风除尘器作为处理设备，常与其他干燥、冷却及磨粉系统配合使用。旋风除尘器在粉体工业应用成为必不可少

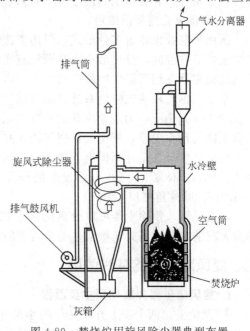

图 4-89　焚烧炉用旋风除尘器典型布置

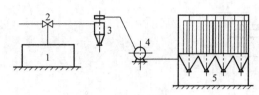

图 4-90　锑白炉除尘流程

1—锑白炉；2—文氏管混风器；3—慢速旋风

除尘器；4—风机；5—袋式除尘器

的设备。

在许多的工业处理系统中，旋风除尘器用在产品回收方面比其他分离设备更为合理。

3. 将旋风除尘器用作预除尘器

旋风除尘器在环保领域最普遍的应用之一就是作为其他污染物控制设备的预除尘器。在每个实际应用中的使用原因有所不同，最常见的是将旋风除尘器用作袋式除尘器、电除尘器或其他颗粒物控制设备之前预除尘器。

通常，对用作预除尘器的旋风除尘器的性能要求比其他应用要低一些。甚至在有些情况下，旋风除尘器一直在降级使用，或者其使用的实际效率受到简化，作为预除尘器的旋风除尘器，对其选择的依据通常是以其价格、尺寸、能耗及制造成本为基础。

例如，某有色金属冶炼厂用旋风除尘器作袋式除尘器的预除尘器，组成锑白炉除尘系统，系统组成如图 4-90 所示，除尘系统生产数据见表 4-50。

表 4-50　锑白炉除尘系统生产数据

操作条件及指标	锑白炉 5.4m²	文氏管混风器喉管 $\phi300\times200$mm	慢速旋风除尘器 $\phi1200$	风机 Y9-35N0.10D $Q=11350\sim22750$ $N=22$kW	袋式除尘器 2000m²
烟气量(m³/h)	1000	3000	4000	5000	
烟气温度/℃	650	220	200	110	100
含尘量(g/m³)		150	$\eta=60\%$	60	排放<0.03

4. 作为液体分离器使用

工业领域中也大量地应用旋风除尘器来除去气流中携带的小液滴。此类应用中，最常见的是用作气旋式除尘器。通常，此类设备都是直流式旋风除尘器，而非逆流式旋风除尘器。液滴有一些独特性质，会影响到离心分离对其进行的收集，设计中要注意。

5. 用作火花捕集器使用

虽然火花捕集器有多种形式，但用直流式 PZX 型除尘器便于和管道连接，投资较少，安装方便，节省空间，分离最小火花颗粒直径约 50μm，阻力仅 $300\sim400$Pa，非常可靠。下面介绍火花捕集器在钢厂除尘中的应用。

某不锈钢工程袋式除尘系统，烟气流量 $Q=270000$m³/h，烟气温度 $300\sim350$℃，颗粒密度 $\rho_p=2100$kg/m³，为防止火花进入除尘系统烧毁滤袋，试选择 1 台直流式旋风除尘器作为袋式除尘器的预除尘器，兼作火花捕集器，并计算分离最小颗粒的粒径。

根据处理烟气量计算得出，选用 $\phi2000$ 直流式旋风除尘器 1 台，其尺寸为入口和出口直径 $D_c=2$m，长度 $L=5.8$m，设毂的外径 $D_b=0.7$m，分离室长度 $l_s=1.6$m，出口管长度 $l=1.4$m，叶片角度仪 $\alpha=45°$。

根据计算，预除尘器可以分离的最小颗粒为 41.4μm，能避免火花颗粒进入袋式除尘器，作为火花捕集器捕集火花颗粒是安全可靠的；同时它具有将高浓度含尘气体进行预除尘作用。

二、旋风除尘器的并联使用

1. 旋风除尘器并联使用主要原因

① 理论上，两个以上并联使用的小尺寸旋风除尘器比用一台大尺寸同类旋风除尘器，如果入口气流速度保持不变，则除尘效率就会提高。这时，为了满足必须处理的气体量，就得把

若干小直径的除尘器并联使用，否则压力损失会太大。

② 在气体负荷变化过大的情况下，当负荷减少时切断部分除尘器，可保持较高除尘效率。

③ 有时需要增加处理气体量，采取增添除尘器的办法，与原有除尘器并联使用，以保持效率阻力不变。

④ 需要维护检修时把并联使用的一部分除尘器切断不影响系统的运行。

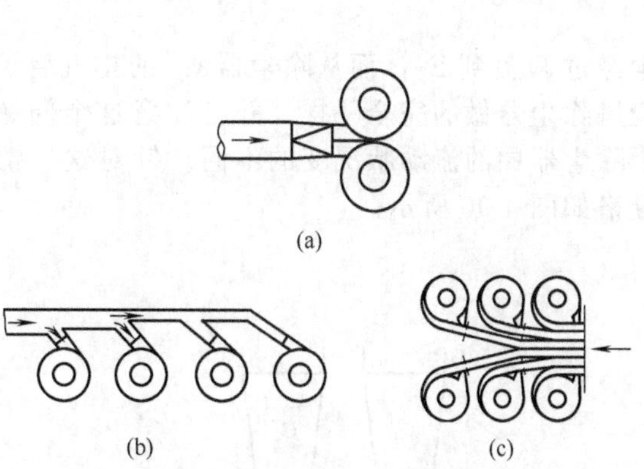

2. 除尘器并联方法

当除尘器数目不多时（一般不超过 8 个）可以采用单管并联，这时每个除尘器有其自己的进气管和排气管，各自与进气干管和排气干管相连，或者各自单独向大气排气；每个除尘器可以有单独的灰斗，也可以合用一个灰斗。

（1）**进气管并联方式** 单个旋风除尘器并联，进气几乎都是切向的。图 4-91（a）是最简单的入口并联方式，在进气管中气体和灰尘的流动是对称的，两个除尘器中的工作情况相同的，效率和阻力相同的。图 4-91（b）所示的连接，难使所有支管入口压力相同，但安装比较方便。图 4-91（c）是另一种连接方式，每经过一个除尘器的入口以后主管道就会缩小一些，进入并联的除尘器气流可以自我补偿，达到气流基本平衡；这是因为最大的气流产生的最大压力降，从而使流量减少。

（2）**排气管并联方式** 并联除尘器与排气干管连接时，往往为了回收压力而采用蜗卷式出口。因为这种出口的方向可以随意安排，故可根据具体情况采用不同的连接方式，图 4-92 是几种除尘器并联方式，其中，图 4-92（a）为对称并联，图 4-92（b）、（c）、（d）、（e）为不对称并联。

图 4-91 旋风除尘器进气并联方式

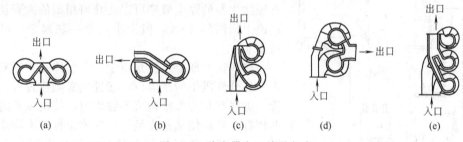

图 4-92 除尘器出口并联方式

图 4-93 是另一种与排气干管连接的方式。它是把各个除尘器的排气口简单地直接与除尘器上面的排气干管连接。

（3）**排灰口并联方式** 并联的旋风除尘器共用一个灰斗比各自有一个灰斗的优点是可以减轻清除积灰时的麻烦。缺点是一旦漏风将严重破坏除尘器正常工作。图 4-94 是共用灰斗示意。灰尘从旋风除尘器 C_1 和 C_2 经过孔口 E_1 和 E_2 进入灰斗 D。如果两个除尘器相同，则它们从入口到出口的压力降是一样的，灰斗 D 中的气体是静止的。如果由于某种原因，例如其中一个除尘器被灰尘堵塞，气流受到限制，以致在 E_1 点的压力大于 E_2 点的，则气体就从 E_1 带着一些灰

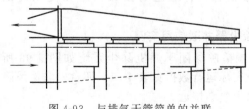

图 4-93 与排气干管简单的并联

尘经过 D 流到 E_2，而从除尘器 C_2 的排气管流出去。因此，必须控制压力和流动状况。把旋风除尘器做的完全一样，并且注意这个问题使并联的除尘器的差异尽量减少，也防止各个除尘器中的流动状况变的不同。针对这一情况在工程应用中应按组合除尘器数量将灰斗分格如图 4-95 所示。

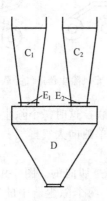

图 4-94 共用灰斗

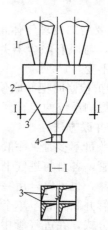

I—I

图 4-95 灰斗分格
1—旋风除尘器；2—集灰斗；
3—隔板；4—排灰口

3. 并联后的除尘效率和阻力损失

若干旋风除尘器并联使用的除尘效率理论上讲应当不变。但在实际上并联旋风除尘器在相同条件下和单独使用所获得的除尘效率相比较，往往前者要低一些，效率的下降趋势是随着并联数量的增多而加大，以小直径旋风子并联使用，和相似的大直径旋风除尘器在同样处理流量条件下单独使用相比较，除尘效率也往往不能提高到理论上的程度。在除尘效率为 $80\% \sim 85\%$ 的范围内，小直径除尘器的除尘效率可以比几何相似的大直径除尘器理论上提高约 10%，但把小直径并联起来，可能只提高 5%。

造成这种现象主要是由于：①气体从共用灰斗倒流入一部分旋风子的排尘口；②进气室风速过大，进气导管、进气室与排气室构造不够均匀，使旋风子的尺寸或形状有差异，使某些旋风子的气体流量比平均流量高或低；③外壳、隔板等接合部分以及排尘部分密封不良好，造成漏气，或是旋风子被灰尘强烈摩擦，形成穿孔。

并联旋风除尘器的阻力损失比单独使用时大，这是因为除尘器并联后出口、入口及排灰口都有所变化造成的。一般估算，并联阻力损失为单独使用时的 1.1 倍。

4. 旋风除尘器并联使用实例

某 $53m^2$ 铜精矿球团干燥机除尘系统如图 4-96 所示。除尘系统实际运行数据见表 4-51。四台并联旋风除尘器风量和除尘效率接近。

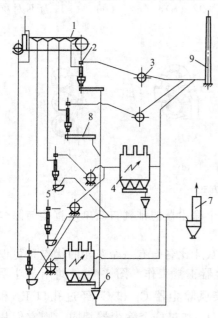

图 4-96 带式干燥焙烧机除尘流程
1—带式干燥焙烧机；2—旋风除尘器；
3—排风机；4—电除尘器；5—船形
吹灰器；6—吹灰罐；7—袋式除尘器；
8—螺旋输送机；9—烟囱

表 4-51 带式干燥焙烧机除尘生产数据

操作条件及指标	1 组旋风器 $\phi800\times8$		2 组旋风器 $\phi800\times8$		3 组旋风器 $\phi800\times8$		4 组旋风器 $\phi800\times8$		5 组旋风器 $\phi800\times8$	30m² 电除尘器棒帏式
	进口	出口	进口	出口	进口	出口	进口	出口	进口	出口
烟气温度/℃	82	74	135	121		119		77	67	62
压力/Pa	−1925	−3124	−1814	−2582		−3761		−3201	−544	−92
烟气量/(m³/h)	38526	39755	34395	36960		36723		40734	62240	69610
含尘量/(g/m³)	6.2375	0.8377	5.935	0.9057	3.445	0.7102	5.604	0.8068	4.72	0.2234
漏风率/%	2.90～9.28		4.49～6.47						2.88～3.96	
除尘效率/%	85.07		82.91		79.20		84.68		94.87	

三、旋风除尘器的串联使用

1. 一般串联

使用这种串联就如图 4-97 所示那样，全部处理的气体都从第一级除尘器流入第二级除尘器，其除尘总效率 η 为

$$\eta = \eta_1 + \eta_2(1 - \eta_1) \tag{4-101}$$

式中　η_1——第一级除尘器的效率（按进入灰尘负荷计算）；

η_2——第二级除尘器的效率（按离开第一级除尘器的灰尘负荷计算）。

因为有的粒子在进入第一级除尘器时是在入口的内侧未能被捕集，而在进入第二级除尘器时变成在入口外侧就可能被捕集；又因有些小粒子从第一级除尘器到第二级除尘器的途中可能凝集成集合体，在第二级除尘器中被捕集，所以 η_2 不会等于 0，η 总要大于 η_1。

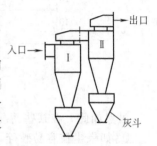

图 4-97　全部串联使用

有人对切向入口旋风除尘器三级串联进行试验。各级除尘器尺寸相同，试验结果表明，在入口风速一定的情况下，各级除尘器的效率（η_i）和级数（i）的关系如下式。

$$\eta_i = 1 - e^{-ki^m} \tag{4-102}$$

参数 k、m 的值随入口风速的变化如表 4-52 所列。表中还列出了用上式计算的除尘效率降至 1% 时的串联级数。关于各级除尘器效率之间的关系，试验结果是 $\dfrac{\eta_2}{\eta_1}$ 与 $\dfrac{\eta_3}{\eta_2}$ 之比为常数，与入口风无关，即

$$\frac{\eta_2}{\eta_1} = 0.62\frac{\eta_3}{\eta_2} \tag{4-103}$$

表 4-52　参数 k、m 之值随入口风速的变化

入口风速/(m/s)	m	k	η_i 为 1% 的级数 i
4.67	1.5	0.879	7
7.57	1.7	0.277	7
9.11	1.9	0.163	7
11.38	1.9	0.318	6
13.02	2.0	0.237	5
18.46	2.5	0.0853	5

    把两个几何相似的旋风除尘器串联，其总压力损失等于 2 个处理同样流量的几何相似的旋风除尘器的压力损失 Δp。变化这两个串联除尘器的尺寸，于是这两个除尘器的压力损失 Δp_1 和 Δp_2 也随之变化。但总之两者之和等于 Δp。这样，改变了一个除尘器的尺寸，另一个除尘器尺寸的变化就受到一定的限制。图 4-98 是针对串联的各种结合情况和它们的除尘总效率进行计算，得出的曲线。这些曲线表明，在理论上，两个旋风除尘器串联工作的总效率都要比压力损失相同的单项工作的一个旋风除尘器低。

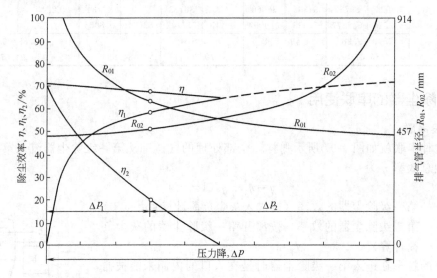

图 4-98　在总压力损失不变的情况下，各种串联的总效率

    虽然如此，在某些情况下把旋风除尘器串联使用还是正确的。这些情况如下。

    ① 如果尘粒容易破碎，除尘器中的气流速度不能高，在单独使用得不到需要的效率，就可以采用串联的办法。

    ② 如果工作过程必须连续不断，而应用条件又差，也可以采取串联的办法。例如，用大直径的第一级除尘器来保护一组小直径的第二级除尘器；防止排尘系统出现故障，可以用第二级甚至第三级除尘器作为后备，当第一级除尘器排尘口堵塞，以致粒子填满筒体，使它不能起除尘作用时第二级除尘器就能代替第一级除尘器。

    ③ 如果生产过程需要大粒子和小粒子分级，可以利用串联除尘器的办法，先在第一级收下大粒子，再用第二级除尘器净化其排出的气体。还有一种情况串联仅有一部分气体流入第二级除尘器，第一级除尘器起浓缩器的作用，它分离出来的尘都要再经第二级处理。除此之外，还有图 4-99 所示的部分串联使用。

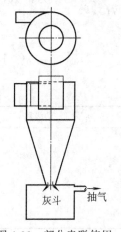

图 4-99　部分串联使用

    图 4-99 的除尘效率 η 为

$$\eta = \eta_1 + Y\eta_1(\eta_2 - 1) \tag{4-104}$$

式中　Y——第一级除尘器收集的灰尘被第二级除尘器抽入的百分数。

    因为上式最后一项总是负数，故除尘总效率恒低于第一级的效率。

2. 和其他除尘器串联使用

    ① 旋风除尘器的除尘效率一般是随着灰尘负荷的增加而提高的，

而且如果设计得好，可以用旋风除尘器来收集能够以气流输送的任意数量的物料。因此，常常把旋风除尘器作为第一级除尘器，以利用其处理高灰尘负荷的能力。最普通的配置是在旋风除尘器后面接织物除尘器、电除尘器或湿式除尘器的。

②旋风除尘器作预除尘器是用它来防止块状物料或能够引起火灾的物料进入第二级除尘器。还有一种作用，是将物料分级：旋风除尘器收集粗粒子，第二级除尘器收集细粒子。

用旋风除尘器和袋式除尘器串联，可以减少织物的灰尘负荷，从而减少织物和清灰频率。也有人反对这种串联方式，认为这样进入织物过滤器的细灰尘比例大了，结果常常使织物上面附着的一层灰尘充填层减少多孔性，造成清灰困难，达不到清灰频率的减少和减轻灰尘负荷所能减少的目的。

有些不能够保持阻力恒定的过滤器，当阻力增加时气体流量就要减少，这对旋风除尘器的性能会有不利影响。特别是有些系统使用了"过大的"风机就更严重，因为这时风机会在压力-风量特性曲线较平的部分工作。

处理工业烟气，有时在电除尘器面前设置旋风除尘器，这是因为灰尘负荷小，为电除尘器创造了有得利的工作条件，灰尘负荷减轻，电除尘器震打减少，因震打而引起的灰尘重返气流的数量也减少；在吹除烟灰期间，从锅炉吹出的烟灰可以由旋风除尘器收集，电除尘器工作更有效。

旋风除尘器和湿式除尘器串联使用，主要是为了减轻处理泥浆的工作量。

3. 旋风除尘器串联使用实例

旋风除尘器串联使用的基本要求是后一级的除尘效率要比前一级高，尽可能避免相同规格型号的除尘器串联使用。

(1) 两级旋风除尘器串联　42m²锌精矿流态化焙烧炉除尘系统两级旋风除尘器串联，前一级除尘器 φ1100mm，后一级 φ750mm。除尘工艺流程见图4-100，除尘系统运行数据见表4-53。

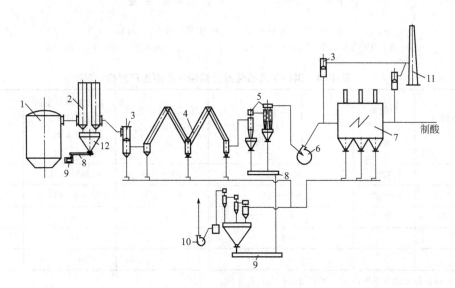

图 4-100　锌精矿流态化焙烧炉除尘流程

1—焙烧炉；2—汽化冷却器；3—钟形闸门；4—人字烟道；5—第一、二级旋风除尘器；
6—排风机；7—电除尘器；8—螺旋输送机；9—冲矿槽；10—真空泵；11—烟囱；12—水冷灰斗

表 4-53　锌精矿流态化焙烧炉除尘生产数据

操作条件 及指标	焙烧炉 42m² 出口	汽化冷却器 86m² 出口	人字烟道 φ1500× 7200	第一旋风 除尘器 ЦН-24 2×φ1100 进口	第二旋风 除尘器 ЦН-15 4×φ750	排风机 B-12 Q=49000m³/h H=3820Pa 进口	电除尘器 有色 1-30 型 30m²	
							进口	出口
烟气温度/℃	850	520~540		340~390			275~285	195~225
烟气量/(m³/h)	40139	40999		44646			52456	59521
漏风率/%		2.1	8.16	14.81	14.81		11.87	
含尘量/(g/m³)		294.98		170.2		8.9	8.77	0.352
除尘效率/%			37.5	84.5	65.5		96.27	
压力/Pa		−380~−500		−1020~−1280		−2200~−2400	−30~−90	−260~−300

注：电收尘流速 0.48m/s 时的除尘效率，如流速为 0.32m/s 时除尘效率达 99%。

（2）三级旋风除尘器串联　铜精矿流态化酸化焙烧炉，除尘系统为三级旋风除尘器串联使用，除尘器的规格分别为 φ450、φ400 和 φ350，除尘系统工艺流程如图 4-101 所示，除尘器运行数据见表 4-54。

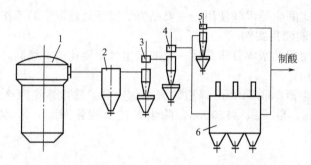

图 4-101　铜精矿流态化酸化焙烧炉收尘流程
1—流态化焙烧炉；2—沉尘斗；3、4、5—第一、二、三旋风除尘器；6—电除尘器

表 4-54　铜精矿流态化酸化焙烧炉除尘生产数据

操作条件 及指标	焙烧炉 2.02m² 出口	集尘斗 φ1250	第一旋风除尘器 ЦН-15,φ450 出口	第二旋风除尘器 ЦН-15,φ400 出口	第三旋风除尘器 СЦК-ЦН-33, 2×φ350 出口	电除尘器 0.30m² 出口
烟气温度/℃	700		450~500	400~450	315~434	250~300
烟气量/(m³/h)	600~800		600~800	700~830	700~850	700~900
含尘量/(g/m³)	102		8.8	1.5	0.4	<0.1
除尘效率/%			91.4	83.0	73.0	95
压力/Pa			−600~−1000	−1000~−1200	−4000~−5000	

注：1. 三旋流程除尘效率累计 99.6%，电除尘与三旋并联。

　　2. 第三级旋风除尘器进口速度达 28m/s 时，除尘器出口含尘为 0.5g/m³ 左右，除尘器进口速度为 18.4m/s，出口含尘量增加到 1g/m³。

（3）旋风除尘器与湿式除尘器串联　锌精矿干燥机除尘系统旋风除尘器与湿式除尘器串联的工艺流程见图 4-102，生产数据见表 4-55。

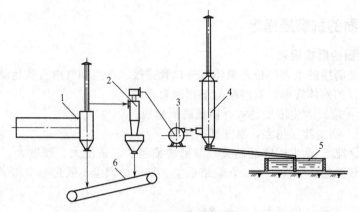

图 4-102　锌精矿圆筒干燥机除尘流程

1—圆筒干燥机；2—旋风除尘器；3—排风机；4—水膜除尘器；5—沉淀池；6—带式输送机

表 4-55　锌精矿圆筒干燥机除尘生产数据

操作条件 及指标	圆筒干燥机 $\phi1500\times12000$ 出口	旋风除尘器 ЦН-152×ϕ750 出口	排风机 Y9-35-11 No.10 $Q=14200m^3/h$ $H=1540Pa$	水膜除尘器 $\phi1000\times6335$ 出口
烟气温度/℃	120～150	—		
烟气量/(m³/h)	7744	9770	10000	10410
含尘量/(g/m³)	23.13	6.36		0.49
除尘效率/%		65.3		91.78
漏风率/%		20	6.3	
压力/Pa		~1000		+200

注：圆筒干燥机出口含尘量是在烧煤气条件下，干燥后精矿含水 8%～8.5%时的数据。

（4）旋风除尘器与电除尘器串联　26.5m² 锌精矿流态化焙烧炉除尘系统中旋风除尘器与电除尘器串联的工艺流程如图 4-103 所示，串联后的生产数据见表 4-56。

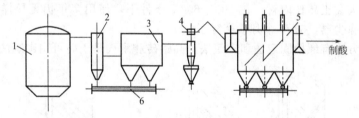

图 4-103　锌精矿流态化焙烧炉除尘流程

1—流态化焙烧炉；2,3—汽化冷却器；4—旋风除尘器；5—电除尘器；6—螺旋输送机

表 4-56　锌精矿流态化焙烧炉除尘生产数据

操作条件 及指标	焙烧炉 26.5m² 出口	汽化冷却器 出口	旋风除尘器 ϕ700 出口	电除尘器 12.6m² 双室4电场 出口
烟气温度/℃	880～930(1080)	500	300～350	＞275
烟气量/(m³/h)	12000～12500			
漏风率/%		15	5	10
含尘量/(g/m³)		~50	~20	~1
收尘效率/%	200	65	70	95

注：括号内为氧化焙烧的数据。

四、旋风除尘器的抗磨损措施

1. 旋风除尘器的磨损因素

旋风除尘器被磨损的主要部位是筒体与进口管连接、含尘烟气由直线运动变为旋转运动的部位和靠近排灰口的锥体底部。其磨损与下列因素有关。

① 烟气含尘浓度。含尘浓度越大,器壁磨损越快。

② 烟气粒径。烟尘粒径越大,器壁磨损越快。

③ 烟尘的琢磨性。烟尘琢磨性越强,器壁磨损越快。密度大、硬度大、粒径大、外形有棱角的机械尘有较强的琢磨性。例如,烧结烟尘、鼓风炉烟尘、氧化铝尘和焙砂等都具有很强的琢磨性。

④ 气流速度。气流速度越大,磨损越严重。

⑤ 旋风除尘器锥角越大,锥体底部越容易被磨损。

2. 旋风除尘器的磨损措施

在磨损大的条件下使用的旋风除尘器应考虑抗磨问题。可对整个旋风除尘器做抗磨处理,也可只对磨损严重部位做抗磨处理。

抗磨处理有使用抗磨材料、渗硼、内衬和涂料等方法。

(1) 使用抗磨材料法　旋风除尘器直接用耐磨铸钢、耐磨钢板、陶瓷、花岗岩或钢筋混凝土等抗磨性能好的材料制造。

(2) 渗硼法　渗硼法是在加热炉内,控制一定的温度和时间,使硼砂中的硼渗透到钢材内形成以微米计的渗硼层,旋风除尘器形状尺寸均不变化。渗硼层表面硬度很大,高温抗磨能力极强,在高温高压下使用,其抗磨能力超过几十毫米厚的钢板。该项新技术适用于厚壁的铸铁或用钢管制造的小直径旋风除尘器。

(3) 内衬法　内衬法是将耐磨材料先加工成一定形状,再固定在旋风除尘器内表面的抗磨方法。

作衬里用的抗磨材料有陶瓷、刚玉、辉绿岩铸石、高铝砖、耐火黏土砖、高锰钢及高硅铸铁等。某厂用耐火黏土砖作内衬,在 500～600℃ 条件下,使用多年仍无异样。而同样条件下未作内衬的旋风除尘器,3～4 个月就磨穿了。

内衬的固定方法有螺栓固定法和砌筑法。高铝砖和耐火黏土砖可用砌筑法。螺栓固定法见图 4-104。

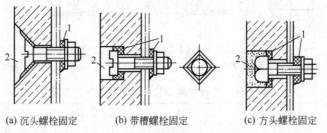

(a) 沉头螺栓固定　　　(b) 带槽螺栓固定　　　(c) 方头螺栓固定

图 4-104　耐磨内衬固定结构

1—石棉垫片；2—耐磨胶泥充填抹平

铸石制品有很高的耐磨性,但在温度剧烈变化时往往会炸裂,通常只适用于烟气温度较低,且温度变化不大的旋风除尘器。例如在无介质磨矿的除尘系统和气流干燥除尘系统中使用。

作内补的铸石板允许最小厚度为 25mm,板上螺栓孔两个,孔边至板边距离应比板厚度大10～20mm。

（4）涂抹法 涂抹法是将耐磨材料按一定比例配制好后，充填入事先在旋风除尘器内表面安装好起固定作用的骨架内，经捣实、抹平、压光、养护等一系列工序后形成抗磨涂层的方法。

耐磨涂料由骨料、粉料、黏合剂或另加促凝剂等物料组成。常用耐磨涂料配合比见表 4-57。在高温（＞450℃）条件下，可用不定形耐火材料作耐磨涂料。按 YB 2210—77 的分类选用。

表 4-57 常用耐磨涂料配合比/％

用途	原料名称	规 格	矾土水泥烧黏土	水玻璃矾土熟料	矾土水泥矾土熟料	水玻璃烧黏土	矾土水泥石英砂	水玻璃石英砂
骨料	矾土熟料	化学成分 Al$_2$O$_3$ 40％～59％ Si$_2$O$_3$ 37％～49％ Fe$_2$O$_3$ 1％～3％ 粒径小于 5ηm 统料		70	65			
	烧黏土	化学成分 Al$_2$O$_3$ 31.96％ Si$_2$O$_3$ 62.49％ CaO 2.95％ Fe$_2$O$_3$ 1.87％ 粒径 2$^\#$烧黏土骨料 2～25mm 3$^\#$烧黏土骨料小于 1mm	32 48			32 48		
	石英砂	外观坚硬、洁白、无黏土、草根 粒径:粗石英砂 3～5mm 中石英砂 1～3mm 细石英砂小于 1mm 石英粉					30 20 20 10	30 20 20 10
掺合料	矾土熟料细粉	化学成分 Al$_2$O$_3$ 40％～59％ Si$_2$O$_3$ 40％～49％ Fe$_2$O$_3$ 1％～3％		30	15	20		20
胶结料	矾土水泥	标号:425$^\#$（出厂后不得超过半年）	20		20		20	
	水玻璃	模:$m=24～29$ 密度:1.38～1.4t/m^3 波美黏度:10°		15		15		15
促凝剂	氟硅酸钠	纯度:不低于 90％ 含水率:小于 1％ 细度:4900 孔/cm^2 筛全部通过		1.5		1.5		1.5
	水灰比		0.5		0.5		0.5	

注：表中水玻璃及氟硅酸钠的用量是按干料总量为 100％后外加的百分数；水灰比和水玻璃用量可按配制要求适当增减。

为了使耐磨涂料牢固黏结在旋风除尘器内壁上，要在旋风除尘器内壁上安装骨架。骨架有三种。

① 龟甲网骨架。即用 1.8mm×20mm 扁钢组合成对边尺寸为 45mm 的正六边形的龟甲网作的骨架。其安装程序和要求是：旋风除尘器内壁除锈，紧靠器壁铺贴龟甲网（滚压成形，与器壁的间隙不超过 1mm），将龟甲网点焊在旋风除尘器壁上，点焊长度约 20mm，点焊间距 150mm，龟甲网两端及端头网孔必须与内壁全焊。

② 筋板穿钢丝骨架。如图 4-105 所示。筋板用厚 3mm 扁钢制作，扁钢上相间 80～100mm 打一直径 5mm 的孔，在旋风除尘器内壁上间隔 50～150mm 焊上筋板，再用直径 4mm 钢丝穿入筋板，拉紧钢丝后两端焊在端头的筋板上。端头筋板倾斜放置。

③ 钢板（丝）网骨架。图 4-106 为钢板（丝）网骨架示意。将直径 4～6mm 的钢筋制成爪钉，按 100～200mm 的间距交错焊接在旋风除尘器内壁上，再铺上钢板网，并焊接固定在爪钉上。

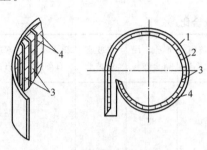

图 4-105　筋板穿钢丝骨架示意

1—壳体；2—耐磨层；3—筋板；4—钢丝

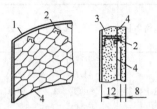

图 4-106　钢板（丝）网骨架示意

1—壳体；2—爪钉；3—耐磨层；4—钢板（丝）网

用内衬法和涂抹法作抗磨层时，确定的旋风除尘器尺寸中要包括抗磨层的厚度，同时还需考虑必要的施工空间。因此，小直径的旋风除尘器不宜用内衬法和涂抹法。此外，设计中应对内衬和涂层的表面粗糙度和曲率半径等提出明确的、严格的要求，以确保设备的除尘效率。

五、旋风除尘器的卸灰装置

由于旋风除尘器的卸灰装置会直接影响到其性能，所以良好的卸灰装置比其他任何除尘器的卸灰装置都更为重要。现有的卸灰装置种类很多，主要分干式和湿式两类。

1. 干式排灰装置

（1）干式集灰箱　其外形见图 4-107。这是一种简易的干式排灰装置，直接安装在除尘器排灰口。它的外形尺寸可自行确定，宜大一些为好，满足最大周期储灰量，灰面与集灰箱顶板间的距离＞0.5m，排灰口必须严密。用于小型锅炉。

（2）舌板式锁气器　见图 4-108。外形尺寸见动力设施重复使用图集 CR209。

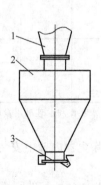

图 4-107　干式集灰箱外形

1—除尘器底部；2—集灰箱；3—排灰口

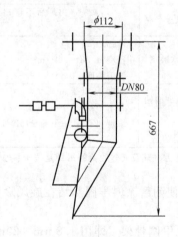

图 4-108　舌板式锁气器

（单位：mm）

（3）闪动式锁气器　见图4-109。外形尺寸见动力设施重复使用图集CR211。

（4）YJD-6型星形卸料装置　见图4-110。该装置是用电机带动的星形转阀，能保证排灰口的严密性。每转容积为6L/r，转速33r/min，工作温度≤80℃，配用电机0.6kW，总质量7.5kg。

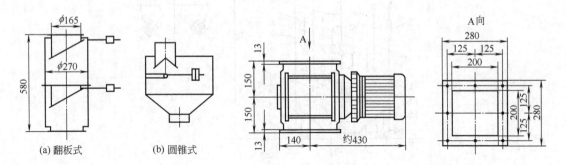

图4-109　闪动式锁气器（单位：mm）　　　　　　图4-110　YJD-6型星形卸料装置（单位：mm）

2. 湿式排灰装置

（1）水封冲灰器　见图4-111。外形尺寸见动力设施重复使用图集CR207。

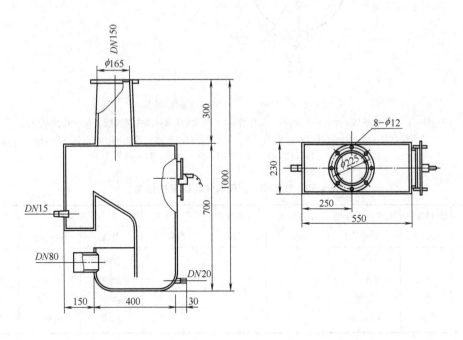

图4-111　水封冲灰器（单位：mm）

（2）HSL-D$_A$型灰水分离器　这是依据烟尘颗粒特性和重力浓缩原理设计的一种灰水分离装置，集文丘里管混凝、斜板澄清和滤珠过滤三道净水工艺于一体，主要由反应室、斜板沉淀装置及聚苯乙烯滤料层组成（见图4-112）。该分离器适用于工业锅炉房和小型电站水力除渣。

HSL-D$_A$型灰水分离器的规格性能及外形尺寸和安装尺寸分别见表4-58及表4-59，配套辅机及阀门型号见表4-60。

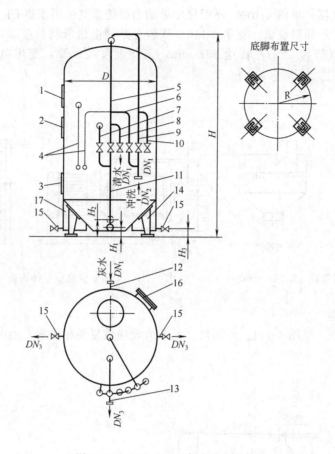

图 4-112　HSL-D$_A$ 型灰水分离器外形

1—上视镜；2—中视镜；3—下视镜；4—取样管；5—出水管；6—滤头及冲管；7—中间排空管；
8—清水管（DN$_1$）；9—反冲管（DN$_2$）；10—排气管；11—初滤水管；12—进水管（DN$_1$）；
13,15—排污管（DN$_3$）；14—底脚；16—人孔；17—集污斗

表 4-58　HSL-D$_A$ 型灰水分离器规格性能

型　号	处理能力 /(m³/h)	允许进水浊度 /(mg/L)	出水浊度 /(mg/L)	分离效率 /%	进水压力 /MPa	质量/kg		参考价格 /元
						设备	运行时	
HSL-D$_A$5	5	一般				1300	3000	18000
HSL-D$_A$15	15	≤1500	≤50	约94	0.2～0.3	2200	6000	28000
HSL-D$_A$25	25	短期				4300	10000	41600
HSL-D$_A$50	50	≤3000				8300	21000	54600

表 4-59　HSL-D$_A$ 型灰水分离器外形及安装尺寸

单位：mm

型　号	D	H	H$_1$	H$_2$	H$_3$	R	DN$_1$	DN$_2$	DN$_3$
HSL-D$_A$5	φ1000	3200	180	70	180	375	32	50	50
HSL-D$_A$15	φ1600	3570	150	200	150	650	70	80	80
HSL-D$_A$25	φ2000	4050	153	225	155	750	80	100	100
HSL-D$_A$50	φ3000	4700	210	300	220	1200	100	125	125

表 4-60   HSL-D$_A$ 型灰水分离器配套辅机及阀门型号

| 型　号 | 一级灰水泵 | 冲洗泵 | | 阀门型号 | | |
		型　号	功率/kW	DN$_1$	DN$_2$	DN$_3$
HSL-D$_A$5	PS 型杂质砂泵	IS65-50-160	4			
HSL-D$_A$15	或 SP 型液下渣	IS80-50-200	11	Z45T-10	Z45T-10	Q41F-16
HSL-D$_A$25	浆泵，规格由	IS80-50-200	11			
HSL-D$_A$50	设计确定	IS100-65-200A	18.5			

HSL-D$_A$ 型灰水分离器主要设计参数：澄清区上升流速 2.5～2.9mm/s；总停留时间20～25min；滤层厚度 350～400mm；滤珠平均直径 0.8～1.2mm；滤率 8m^3/(m^2·h)；冲洗强度 4L/(m^2·s)；冲洗时间 2min；一次冲洗水量 1.5m^3；冲洗周期按灰水浊度确定，一般 3000～5000mg/L，2～4h 一次；2000～3000mg/L，4～6h 一次；1000～2000mg/L，6～8h 一次。

第六节　旋风除尘器的运行与维护

旋风除尘器靠含尘气流在筒体内旋转完成除尘过程，所以其运行操作和维护管理较其他机械式除尘器重要得多。旋风除尘器的运行包括启动、运行、停车，维护工作主要是常见故障的分析、预防和排除。

一、旋风除尘器运行要领

1. 启动前的检查

（1）检查各单个旋风除尘器是否安装完毕，具备启动条件，无问题后方可启动。

（2）检查每个旋风子安装结合部的气密性；检查除尘器（组）与烟道结合部、除尘器与灰斗结合部、灰斗与排灰装置、输灰装置结合部的气密性。要确保没有足以影响旋风除尘器性能漏灰、漏气现象。

（3）检查完毕后，关小挡板阀，以免通风机过负荷。启动通风机，无异常现象，逐渐开大挡板使除尘器（组）通过规定数量的含尘气体。

2. 运行注意事项

（1）注意磨损部位的变化。旋风除尘器最容易被粉尘磨损的部位是与高速含尘气体相碰撞的外筒的内壁。

（2）注意检查气体湿度变化，气体湿度降低时（系统运行或停炉所致），容易造成粉尘的附着、堵塞和腐蚀现象。

（3）注意压差变化和排出烟色状况。因磨损和腐蚀而使旋风除尘器穿孔和导致粉尘排放，于是效率下降，排出烟色恶化，压差发生变化。

（4）注意检查旋风除尘器各连接部位的气密性，检查各单元旋风筒气体流量和集尘浓度的变化。

3. 停车

为了防止粉尘的附着或腐蚀，在系统停止运行之后应继续旋风除尘器运行一段时间，直到器内完全被空气置换以后方可停止除尘器的运行。为了保证旋风除尘器的正常运行和技术性能，在停运时必须进行下列的检查：①消除内筒、外筒和叶片上附着的粉尘，清除和灰斗内堆积的粉尘；②修补磨损和腐蚀引起的穿孔，并将修补处打磨光滑；③检查各结合部位的气密性，必要时更换密封件。

二、旋风除尘器的维护管理

旋风除尘器运行管理的基本要求是：①稳定运行参数；②防止漏风；③预防关键部位磨损；④避免粉尘的堵塞。旋风除尘器构造简单，没有运动部件（卸灰阀除外），运行管理相对容易，但是一旦出现磨损、漏风、堵塞等故障时将严重影响除尘效率。

1. 稳定运行参数

对旋风除尘器而言，如果运行参数偏离设计参数太远则难以达到预期的除尘效果。

除尘器入口气速是个关键参数。对于尺寸一定的除尘器，入口气速增大，不仅处理气量可提高，还可有效地提高分离效率，但压降也随之增大。当入口速度提高到某一个数值后，效率可能随之下降，压降却一直在增大，这是因为紊流及颗粒碰撞弹跳等因素促使沉积在壁处的颗粒重新被卷扬起来，再加上随着进气量的加大，使径向和轴向气速加大，诸多不利因素综合结果，反而使效率会下降。此外，在浓度较高时，气速增大，磨损也加剧，颗粒会被粉碎变细，除尘器寿命也会缩短。所以一般常用的入口气速在 $14 \sim 20 \text{m/s}$ 间选择，浓度高和颗粒细的粉尘入口速度应选小些，反之可选大些。

在实际生产中，由于处理气量总会有变动，所以还希望除尘器有较好的操作弹性，弹性范围在处理气量的 $60\% \sim 120\%$ 内变动，此时除尘器的效率波动不致过大。对沉降室而言，除尘器入口速度降低可以提高除尘效率，但处理气体流量相应减少。

处理气体的温度对除尘器也有重要的影响，因为气体温度升高，气体黏度变大，使颗粒受到的向心力加大，于是分离效率会下降；另一方面是气体的密度变小，使压降也变小。所以高温条件下运行的除尘器应有较大的入口气速和较小的截面气速，这在旋风除尘器的运行管理中也应予以注意。

含尘气体的入口质量浓度对分离过程也有不可忽视的影响。浓度高时，大颗粒粉尘对小颗粒粉尘有明显的携带作用，并表现为效率提高。但是因影响效率的因素特别复杂，所以至今没有入口质量浓度对效率影响的计算表达式。对机械除尘而言，排出口质量浓度不会随入口质量浓度的增加成比例增加。

2. 防止漏风

旋风除尘器漏风有三种部位：除尘器进、出口连接法兰处；除尘器本体；除尘器卸灰装置。

引起漏风的原因如下。

（1）除尘器进出口连接法兰处的漏风主要是由于连接件使用不当引起的，例如螺栓没有拧紧、垫片不够均匀、法兰面不平整等。

（2）除尘器的本体漏风的原因主要是磨损，对旋风除尘器而言本体磨损是经常发生的。特别是下锥体因为含尘气流在旋转或冲击除尘器本体时磨损特别严重，根据现场经验当气体含尘质量浓度超过 10g/m^3 在不到 100 天时间里可能磨坏 3mm 厚的钢板。

（3）旋风除尘器卸灰装置的漏风是除尘器漏风的又一个重要方面。卸灰阀多用于机械自动式如重锤式等这些阀严密性较差，稍有不当即产生漏风。这是除尘器运行管理的重要环节。

除尘器一旦漏风将严重影响除尘效率，据估算，旋风除尘器下锥体或卸灰阀处漏风 1%，除尘效率下降 5%，漏风 5% 的除尘效率下降 30%，可见漏风对除尘器影响之大。

3. 预防关键部位磨损

（1）影响磨损的因素

① 磨损与负荷关系。在高浓度、高速度含尘气流不断冲刷下，除尘器极易被磨损。一般认为冲蚀磨损量与冲刷速度的 $2 \sim 3$ 次方呈正比关系。除尘器一般先在钢板上磨出沟槽，然后被加速磨损直至磨穿。除尘器的磨损都随灰尘负荷、灰尘密度和硬度以及气体速度的增加而加

快，随构成除尘器壁的材料硬度的增加而减慢。灰尘浓度低时，一般有较轻磨损。浓度增大，被磨损的面积也增大。

② 磨损与气速关系。磨损和气体速度成指数关系。矩形弯头，指数为2；垂直射流的冲击，大约是2.5～3。在相同的气流速度下，20°～30°时是磨损最严重的冲击角度。就低碳钢板而言，大致是气体速度如果超过表4-61数值磨损就会迅速增加。

表 4-61　磨损与速度的关系

灰尘质量浓度/(g/m³)	速度/(m/s)	灰尘质量浓度/(g/m³)	速度/(m/s)
0.68	35	6800	2
6.8	20		

③ 磨损与粒径关系。流体动力学理论认为，空气中的小粒子造成的磨损应当较小。因为粒子的质量随直径的立方而变化，所以小粒子的动量和动能要比相同速度的大粒子小得多。也有人认为小粒径粉尘因其总表面积较大，产生的摩擦面积也大，因此磨损会随粒度的减小而增加。

(2) 磨损部位

① 壳体。除尘器壳体的内部沿着纵长方向气流给壳壁以相当大的冲击。在这个冲击区产生最大的纵向磨损。

焊接金属通常比基底金属硬，邻近焊接处的金属常因退火而软于基底金属，硬度的差异使软的退火处比其他部位磨损快。这些都是造成纵向磨损的条件。

横向磨损是沿着壳体壁有一条或几条圆圈形磨损。在圆筒和圆锥部分，任何圆周焊缝或法兰连接都可能使流动分离及产生不同的金属硬度而造成圆形磨损。因此，在制造与装配时应注意保证连接处的内表面真正光滑并同心。

在圆筒变为圆锥处，贴近壳壁部分产生最大的流动分离，因而，横向磨损增加。

② 圆锥和排尘口。旋风除尘器圆锥部分直径逐渐减小，所以通过单位面积金属表面的灰尘量和流动速度都逐渐增加。这就使圆锥部分比圆筒部分磨损更严重。

旋风除尘器从排尘口倒流进去的气体到临界点，运行情况就会恶化。这时将没有多少灰尘排出，而只是在圆锥的较低部位形成旋转尘环，能使磨损的速度加快几倍。这样的磨损可以利用防止气体漏入灰斗的办法来减轻。

如果排尘口堵塞，或灰斗装得过满，妨碍正常排尘，则圆锥部分旋转的灰尘特别容易磨损圆锥。倘若这种情况持续下去，磨损范围就上升到除尘器壁愈来愈高的位置。

解决磨损的办法，是防止灰尘沉积到接近排尘口的高度。

(3) 防止磨损的技术措施

① 防止排尘口堵塞。防止堵塞的方法主要是选择优质卸灰阀，使用中加强对卸灰阀的调整和检修。

② 防止过多的气体倒流入排尘口。使用卸灰阀要严密，配重得当，减轻磨损。

③ 应经常检查除尘器有无因磨损而漏气的现象，以便及时采取措施。可以利用蚊香或香烟的烟气靠近易漏风处，仔细观察有无漏气。

④ 尽量避免焊缝和接头。必须要有的焊缝应磨平，法兰连接应仔细装配好。

⑤ 在灰尘冲击部位使用可以更换的抗磨板，或增加耐磨层，如铸石板、陶瓷板等。也可以用耐磨材料制造除尘器，例如以陶瓷制造多管除尘器的旋风子，用比较厚或优质的钢板制造除尘器的圆锥部分。

⑥ 前面曾经提到灰尘负荷和磨损速度之间的关系对旋风除尘器而言，除尘器壁面的切向速度和入口气流速度应当保持在临界范围以下可以减少磨损，其比值按下式计算。

$$v_{tp} \over v_i = 1.075 \sqrt{\frac{S}{R_c R_0}}$$ (4-105)

式中　v_{tp}——壁面切向速度，m/s；

　　　v_i——入口气流速度，m/s；

　　　S——入口面积，m^2；

　　　R_c——筒体半径，m；

　　　R_0——排气管半径，m。

经验表明，$\dfrac{v_{tp}}{v_i} < 1.5$ 较为合适。

4. 避免粉尘堵塞和积灰

除尘器的堵塞和积灰主要发生在排尘口附近，其次发生在进排气的管道里。

(1) 排尘口堵塞及预防措施　引起排尘口堵塞通常有两个原因：一是大块物料（如刨花、木片、木栅等）或杂物（如从吸尘口进入的塑料袋、碎纸、破布等）滞留在排尘口形成障碍物，之后其他粉尘在周围堆积，形成堵塞；二是灰斗内灰尘堆积过多，不能及时顺畅排出。不论哪种原因，排尘口堵塞严重都会增加磨损，降低除尘效率和加大设备的压力损失。

预防排尘口堵塞的措施有：①在吸气口增加栅网，栅网既不增加吸风效果，又能防止杂物吸入；②在排尘口上部增加手掏孔，手掏孔的位置应在易堵部位，手掏孔的大小以 150mm×150mm 的方孔即可。手掏孔盖的法兰处应注意加垫片并涂密封膏，避免有任何漏风的可能。平时检查维修中可用小锤敲打易堵处的壁板听其声音，以检查是否有堵塞现象。

(2) 进、排气口堵塞及预防　进、排气口堵塞现象多是设计不理想造成的。与袋式除尘器、电除尘器不同，机械式除尘器的进气口或排气口通常不进行专门设计，所以在进、排气口略有粗糙直角、斜角等就会形成粉尘的黏附、加厚，直至半堵塞或堵塞。

因为除尘器压力损失的大小和内部气流强弱有直接关系，故可依靠测定压力损失来检查工作状态正常与否。如果除尘器内部有灰尘堵塞，压力损失就上升或者压力虽未上升，则气体流量减小，遇到这两种情况，都应该检查设备是否存在堵塞情况。

避免和预防堵塞的第一环节是从设计中考虑，设计时要根据粉尘性质和气体特点使除尘器进、出口光滑，避免容易形成堵塞的直角、斜角。加工制造设备时要打光突出的焊瘤、结疤等。运行管理机械式除尘器要时常观察压力、流量的异常变化，并根据这些变化找出原因，及时消除。

对于多管旋风除尘器的使用，旋风子安装的斜置角度要注意烟尘颗粒特性和流动性，一般控制在 0°～50°之间。斜置角度过大，粗颗粒流动性差，容易堵塞出灰口，造成旋风子工作失效，并加剧磨损。

三、旋风除尘器故障排除

旋风除尘器常见故障、原因及其排除方法见表 4-62。

表 4-62　旋风除尘器常见故障现象、原因及其排除方法

故障现象	原　因　分　析	排　除　方　法
壳体纵向磨损	(1) 壳体过度弯曲而不圆，造成盛况凸块； (2) 内部焊接焊珠磨光滑； (3) 焊接金属和基底金属硬度差异较大，邻近焊接处的金属因退火而软于基底金属	(1) 矫正，消除凸形； (2) 打磨光滑，且和壳内壁表面一样光滑； (3) 尽量减小硬度差异

故障现象	原　因　分　析	排　除　方　法
壳体横向磨损	(1)壳体连接处的内表面不光滑或不同心; (2)不同金属的硬度差异	(1)处理连接处内表面,保持光滑和同心度; (2)减少硬度差异
圆锥体下部和排尘口磨损,排尘不良	(1)倒流入灰斗气体增至临界点; (2)排灰口堵塞或灰斗粉尘装得太满	(1)单筒器,防止气体漏入灰斗或料腿部;对于多管器,应减少气体再循环; (2)疏通堵塞,防止灰斗中粉尘沉积到排尘口高度
气体入口磨损	原因同壳体磨损	(1)对于切向收缩入口式除尘器,消除方法同壳体的预防措施; (2)对于平直扩散入口式除尘器,可在易磨损部位设置与内表面平齐的且能更换的磨板
撩拨管磨损	排尘口堵塞或灰斗中积灰过满	疏通堵塞,减少灰斗积灰高度
壁面积灰严重	(1)壁面表面不光滑; (2)微细尘粒含量过多; (3)气体中水气冷凝出现结露或结块	(1)处理内表面; (2)定期导入含粗粒子气体擦清壁面;定期将大气或压缩空气引进灰斗,使气体从灰斗倒流一段时间,清理壁面,保持切向速度 15m/s以上; (3)隔热保温或对器壁加热
排尘口堵塞	(1)大块物料式杂物进入; (2)灰斗内粉尘堆积过多	(1)及时检查、消除; (2)采用人工或机械方法保持排尘口清洁,以使排灰畅通
进气和排气通道堵塞	进气管内侧和排气管内外侧的积灰	检查压力变化,定时吹灰处理或利用清灰装置清除积灰
排气烟色恶化而压差增大	(1)含尘气体性状变化或温度降低; (2)停止时烟尘未置换彻底,造成筒体尘灰堆积	(1)提高温度,改善气体性质; (2)消除积灰
排气烟色恶化而压差减小	(1)内筒被粉尘磨损而穿孔,使气体发生旁路; (2)上部管板与内筒密封件气密性恶化; (3)外筒被粉尘磨损,或焊接不良使外筒磨损穿孔; (4)多管除尘器的下部管板与外筒密封件气密性恶化; (5)灰斗下端或法兰处气密性不良,有空气由该处漏入; (6)卸灰阀不严,有漏风现象	(1)修补穿孔; (2)调整式更换密封件; (3)修补; (4)调整或更换盘根; (5)检查并处理,保持严密; (6)检修或更换卸灰阀

第五章

袋式除尘器

袋式除尘器是指利用纤维性滤袋捕集粉尘的除尘设备。滤袋的材质是天然纤维、化学合成纤维、玻璃纤维、金属纤维或其他材料。用这些材料织造成滤布，再把滤布缝制成各种形状的滤袋，如圆形、扇形、波纹形或菱形等。用滤袋进行过滤与分离粉尘颗粒时，可以让含尘气体从滤袋外部进入到内部，把粉尘分离在滤袋外表面，也可以使含尘气体从滤袋内部流向外部，将粉尘分离在滤袋内表面。含尘气体通过滤袋分离与过滤完成除尘过程。粉尘经滤袋被过滤分离所受到的力在各种除尘技术中是最复杂的。尽管有许多过滤分离表达方程式，但不足以定量表示符合实际结果的除尘效率、过滤阻力等各种因果关系。所以说，袋式除尘技术是一种科学和实践经验完美结合的产物。

袋式除尘器的突出优点是除尘效率高，属高效除尘器，除尘效率一般＞99％；运行稳定，不受风量波动影响，适应性强，不受粉尘比电阻值限制。因此，袋式除尘器在应用中备受青睐。它的应用数量约占各类除尘器的总量的60％～70％。袋式除尘器的不足之处是对潮解、黏性粉尘不如湿式除尘器。

织物过滤的雏形已存在几千年。沙漠旅行者用织物抵御沙流的侵袭；早期的医生用口罩防止病菌的传染；矿工和金属加工工人用织物过滤粉尘和烟尘，都是织物过滤保护人体健康的最早形式。

由于细粉尘带走了有价值的物质，在致力回收的过程中实施织物过滤。这种相当大的紧密编织的口袋把回收的物质阻留在袋中，随后进行人工振打和清灰。因清灰前需中断气流，故将布袋分成几组，分组交替除尘和清灰。为人工清灰，整理打扫问题，这些滤袋常被设置在单独的室中，"袋式集尘室"一词即由此而来。

早在1900年前，就开始使用端板或管板供安装和定位滤袋用。19世纪初，第一台自动振打器机械装置才得以问世。1881年贝特（Betm）工厂的机械振打清灰袋式除尘器取得德国专利权。早期的袋式除尘器几乎总是由需要和使用它们的工厂自行设计和制造的，因此滤布加工技术发展缓慢。1912年德国丁格勒工厂开始用织物除尘。

袋式除尘器的工业生产始于第一次世界大战前，制造公司将它们作为空气净化自己使用。有的厂家将自动清灰袋式除尘器作为各种组装设备的一部分出售。20世纪20～30年代开发的振打式和空气反吹式除尘器技术至今基本没有什么变化并继续使用。

20世纪40年代，取得了织物过滤技术中一个极其重大的突破。H.J 小赫西（Hersey，Jr.）用一个大直径的毛毡立管制成了空气反吹法（或气环反吹法）清灰的袋式除尘器。1950年气环逆吹清灰实现了袋式除尘器的连续操作。这种除尘器的特点是处理气量较大，并能维持压力降不变。它虽然原先是为硅石粉尘而研制，但也可成功地使用在很多其他场合。

美国粉碎机公司的 T. V. 莱因豪尔（Rei-nhauer）对收集该公司造研磨机所产生的微尘的途径做了探讨，于 1957 年获得了又一个重大的进展。他所发明的脉冲式袋式除尘器是利用压缩空气的冲击力来净化滤布，并具有无内部运动部件的特点。随着化学工业的发展，后来的研究工作大多在于开发新的滤布，原先使用的棉制或毛制滤布的工作温度限于 80℃ 以下，现可使用的化纤滤布于温度高达 220℃ 和高酸、碱浓度的场合。

第一节　袋式除尘器的过滤和清灰机理

袋式除尘器主要由袋室、滤袋、框架、清灰装置等部分组成。袋式除尘器的除尘过程主要是由滤袋完成的。滤袋是各种滤料纤维织造后缝制而成，过滤机理取决于滤料和粉尘层多种过滤效应。

一、滤料的过滤机理

含尘气体以 0.5～3m/min 的速度通过滤料，尘粒在滤料纤维层里运行时间仅 0.01～0.3s。在一瞬间，气体中的尘粒被滤料分离出来，有两个机制：一是纤维层对尘粒的捕集；二是粉尘层对尘粒的捕集。在某种意义上讲，后一种机制有着更重要的作用。

1. 扩散效应

小于 0.2μm 的粒子和气体分子相互碰撞后产生不规则运动。由于 1872 年英国人布朗（Brown）首先发现微粒在流体内做不规则运动故称布朗运动。不规则运动中，一部分尘粒被纤维或尘层所阻留（见图 5-1），这种现象称为扩散效应。因扩散而被捕集的效率可用半经验公式表示。

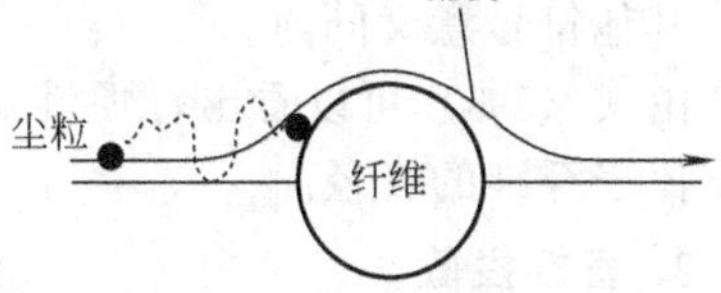

图 5-1　布朗运动捕尘机理

$$\eta = 6Re^{1/6}Pe^{-2/3} + 3Re^{1/2}R^2 \tag{5-1}$$

式中，前一项表示扩散效果，后一项表示阻留效果。如果把流经纤维周围的气体的雷诺数 $Re = \dfrac{\gamma_0 d_f}{\gamma}$、支配扩散效果的彼克列数 $Pe = \dfrac{\gamma_0 d_f}{D_v}$、阻留系数 $R = \dfrac{d_p}{d_f}$ 及粒子的扩散系数 $D_v = \dfrac{KT}{3\pi\mu d_p} = \dfrac{r}{d_p}$ 代入式（5-1）得

$$\eta_1 = \frac{6r^{2/3}}{\gamma^{1/2}d_f^{1/6}d_p^{2/3}v_F^{1/2}} + \frac{3d_p^2 v_0^{1/2}}{\gamma^{1/2} \times d_f^{3/2}} \tag{5-2}$$

式中　γ——运动黏度；

d_f——纤维直径；

d_p——尘粒直径；

v_0——气体通过纤维层的真速度，$v_0 = \dfrac{v_F}{\varepsilon}$；

v_F——过滤速度；

ε——纤维层的空隙率；

r——系数，$r = \dfrac{KT}{3\pi\mu d_p}$；

图 5-2　惯性作用捕集机理

K——玻尔兹曼常数，1.380×10^{-23} J/K；

T——绝对温度；

μ——气体黏度。

由此式右边第一项可以知道，降低过滤速度 v_F、缩小纤维直径 d_f、提高气体温度 T 都会增加扩散作用的效果。扩散与尘粒大小也有关，粒径越小，扩散越显著。从第二项可以看出，速度大、纤维细、粒径粗捕集效率会提高。

2. 惯性效率

若粒子质量较大，当气体流经纤维层而被截住的机理（见图 5-2）称为惯性效应。因惯性引起的捕集效率为

$$\eta_2 = \frac{\Phi r^{2/3}}{\Phi^3 + 0.77\Phi^2 + 0.22} \tag{5-3}$$

式中　Φ——惯性碰撞系数，$\Phi = \dfrac{C\rho_p d_p^2 v_0}{18\mu d_2} = C_\mu \dfrac{v_s v_0}{g d_f}$；

C——气体中粉尘浓度；

ρ_p——尘粒密度；

v_s——尘粒沉降速度；

g——重力加速度；

其他符号意义同前。

由式（5-3）可以看出，惯性碰撞效果正比于尘粒的大小。尘粒的密度以及气流的速度，而反比于纤维的直径。

3. 直接拦截

当粒子沿气流流线随着气流直接向纤维捕集体运动时，由于气流流线离纤维表面的距离在粒子半径范围以内，则粒子与纤维接触并被捕集，如图 5-3 所示。这种捕集机制称为直接拦截。

在惯性碰撞的捕集中，粒子是一颗大而重的质点，当质点接触纤维体表面时即被捕集。在拦截中，是粒子的表面而不是其中心接触纤维体被捕集的，所以存在捕集效率对惯性参数 K_p 的一簇曲线，它决定于粒子直径与捕集体直径之比值 K_1。一般将这一比值称为拦截比，即

图 5-3　直接拦截捕集机理

$$K_1 = \frac{d_p}{D_c} \tag{5-4}$$

当粒子的质量很大，即 $K_p \to \infty$ 时，所有粒子都沿着直线运动，在直径为 D_c 的流管内的粒子全部都能与捕集体碰撞。此外，距捕集体表面的距离在 $d_p/2$ 以内的粒子也将捕集体接触。因此，由于拦截机制而使捕集效率的增加为 $\eta_1 = K_1$（圆柱体），或 $\eta_1 = K_1^2$（球体）。

当粒子质量很小，即 $K_p \to 0$ 时，则粒子随着气流沿流线运动。若粒子的中心距捕集体的距离在 $d_p/2$ 以内，则粒子能与捕集体接触而被捕集。由于拦截机制所引起的捕集效率增量，可按如下方程推算。

对于绕过球体的势流

$$\eta_1 = (1 + K_1)^2 - \frac{1}{1 + K_1} \approx 3K_1 \quad (K_1 < 0.1) \tag{5-5}$$

对于绕过圆柱体的势流

$$\eta_1 = 1 + K_1 - \frac{1}{1+K_1} \approx 2K_1 \quad (K_1 < 0.1) \tag{5-6}$$

对于绕过球体的黏性流

$$\eta_1 = (1+K_1)^2 - \frac{3}{2}(1+K_1) + \frac{1}{2(1+K_1)} \approx \frac{3}{2}K_1^2 \quad (K_1 < 0.1) \tag{5-7}$$

对于绕过圆柱体的黏性流

$$\eta_1 = \frac{1}{2.002 - \ln Re_D}\left[(1+K_1)\ln(1+K_1) - \frac{K_1(2+K_1)}{2(1+K_1)}\right]$$

$$\approx \frac{K_1^2}{2.002 - \ln Re_D} \quad (K_1 < 0.07, Re_D \ll 0.5) \tag{5-8}$$

4. 重力沉降

对于水平横向圆柱捕集体，粒子的重力沉降捕集效应为

$$\eta_G = G = \frac{v_g}{v_0} = \frac{C_U \rho_p d_g^2 g}{18\mu v_0} \tag{5-9}$$

式中　η_G——重力沉积捕集效率；

　　　v_g——重力沉降速度；

　　　v_0——气体特征系数；

　　　C_U——修正系数；

　　　ρ_p——粒子密度；

　　　d_g——粒子的当量直径；

　　　g——重力加速度；

　　　μ——气体黏度。

可见，只有颗粒较大、气体速度较小时重力沉降的作用才较明显。

上式是指气流与重力方向相同时的情况，对任意横向放置的圆柱体，则上式的数值还要乘以圆柱体在垂直于气流方向上的投影面积与顺着气流方向上的投影面积的比值。

5. 静电吸引（见图 5-4）

气流冲刷纤维捕集体，摩擦作用可使纤维带电荷。某些粉尘颗粒在运动中也会带上电荷。如纤维上浸以树脂，电荷作用更会加强。在外界不施加静电场时，由于捕集体的导电、离子化气体分子的经过、放射性的辐照、带电颗粒的沉降等现象，这种电荷会慢慢减少。

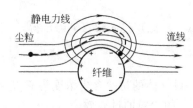

图 5-4　静电吸引捕集机理

无外界电场时有 3 种情况：①颗粒荷电，捕集体为中性，此时在捕集体上产生反向诱导电荷，有静电吸收力；②捕集体荷电，颗粒中性，则颗粒只有反向诱导电荷，产生吸引力；③两者均荷电，则按电荷配对情况，可能吸引，也可能会有排斥力。

当颗粒为中性，纤维荷电时，静电捕集效率按下式表示。

$$\eta_{E1} = \left(\frac{3\pi K_{E1}}{2}\right)^{1/3} \tag{5-10}$$

$$K_{E1} = \frac{4}{3\pi}\left(\frac{\varepsilon_p - 1}{\varepsilon_p + 2}\right)\frac{C_U d_p^2 Q_0^2}{d_t^3 \mu v_0 \varepsilon_0} \tag{5-11}$$

式中　η_{E1}——静电捕集效率；

　　　K_{E1}——静电力无因次参数；

　　　Q_0——单位长度捕集体上电荷量；

ε_0——自由空间的介电常数；

ε_p——颗粒的介电常数；

d_t——捕集体直径；

d_p——颗粒直径；

v_0——气体特征速度；

C_U——修正系数。

静电捕集效率表达式在 $\dfrac{2r}{D_t} \gg 1$ 时才能成立，这是因为静电力随距离的增加成反比降低。

考虑静电捕集时，还必须注意电荷是吸引力还是排斥力，只有吸引力才能完成捕集过程。

6. 筛分效应

滤料间的空隙或滤料上粉尘间的空隙较尘粒小时有利于筛分阻留，即为筛分效应。很显然，尘粒越大，纤维空隙越小，被筛分的概率就越大。一般情况下新的洁净滤布的筛分作用并不强。当粉尘在滤布表面大量沉积形成粉尘层时，筛分作用大大加强，分离和捕集粉尘效率提高。

7. 空隙率

对纤维直径为 d_f、厚度为 δ、空隙率为 ε 的滤袋来说，单位体积滤料中含纤维的长度 L_1，过滤面积 $S=1$，厚度为 d_δ 的纤维层中，纤维的总长度 $L_1 \times 1 \times d_\delta$。设过滤速度为 v（实际是经过滤料之前的速度），则滤料中纤维间的正常过滤速度为 $v_0 = \dfrac{v}{\varepsilon}$。如果含尘质量浓度为 C 的气体，经过滤料后浓度减少 dC，则

$$-1 \times v_f dC = \eta_f dL_1 \times 1 \times d_\delta \left(\frac{v_f}{\varepsilon} \right) C \tag{5-12}$$

又

$$L_1 = \frac{1-\varepsilon}{\frac{\pi}{4} d_f^2} \tag{5-13}$$

把式（5-12）代入式（5-13）得

$$-\frac{dC}{C} = \eta_f \frac{4}{\pi d_p} \left(\frac{1-\varepsilon}{\varepsilon} \right) d_\delta \tag{5-14}$$

设气体的初始含尘浓度为 C_1，净化后的含尘浓度 C_2，式（5-14）积分可得到滤料对直径为 d_p 的尘粒的过滤效率。

$$\eta_{d_p} = 1 - \frac{C_2}{C_1} = 1 - \exp\left[-\frac{4}{\pi} \times \frac{\delta}{d_f} \left(\frac{1-\varepsilon}{\varepsilon} \right) \eta_f \right] \tag{5-15}$$

式中　η_{d_p}——滤料的过滤效率；

　　　η_f——纤维捕集率；

其他符号意义同前。

除了前面几种机制对过滤效率的影响之外，从式（5-15）可以看出，滤料的空隙率 ε，即结构对过滤效率有直接影响。这就是针刺滤料的结构比普通织物结构适于净化粉尘的又一个原因。表 5-1 是各种机制对过滤效果影响的表示。

8. 非稳定过滤的捕集

滤料的过滤过程按时间序列可分为两个阶段，即稳定过滤和非稳定过滤阶段。

在稳定过滤阶段，假设忽略颗粒沉积产生对滤布结构的变化，颗粒与纤维接触而被捕集，不考虑过滤机理的修正，因此，捕集效率不受过滤时间的影响。随过滤时间增加，在纤维表面

表 5-1　各种机制对过滤效果的影响

影响因素	纤维直径小	纤维间速度小	气体过滤速度小	粉尘粒径大	粉尘密度大
重力作用	无影响	无影响	减少	增加	增加
筛分作用	增加	增加	无影响	增加	无影响
惯性作用	增加	增加	减少	增加	增加
钩住作用	增加	增加	无影响	增加	无影响
扩散作用	增加	增加	增加	减少	减少
静电作用	减少	增加	增加	减少	减少

逐步形成的颗粒导致非稳定过滤阶段产生，滤布空隙率的改变及颗粒形成的链状沉积有利于纤维捕集能力的提高，导致捕集效率随过滤时间及颗粒沉积量的增加而增大。

清洁状态下，单纤维捕集效率的定义为颗粒极限弹道轨迹入口处高度与纤维直径之比值，在实际过滤过程中，随时间的增加，纤维的形状及尺寸均产生较明显的变化。有关研究表明，一般情况下，单纤维捕集效率随颗粒的沉积量呈线性增加，非洁净状态下单纤维捕集效率 η_S 中表达为

$$\frac{\eta_S}{\eta_{S0}} = 1 + \lambda m \tag{5-16}$$

式中　η_S——非稳定过滤过程单一纤维捕集效率；

$\quad\quad\eta_{S0}$——稳定过滤过程即清洁状态下，单一纤维捕集效率；

$\quad\quad\lambda$——捕集效率增加系数；

$\quad\quad m$——颗粒沉积质量。

在非稳定过滤状态下，根据质量守恒定律，流入微元体的质量减去流出微元体的质量等于微元体内增加的质量。非稳定过滤过程捕集效率的理论计算公式为

$$\eta_m = \frac{\exp(BL) - 1}{\exp(-\lambda B C_i v t) + \exp(BL) - 1} \tag{5-17}$$

$$B = \frac{4}{\pi} \times \frac{\varepsilon}{1-\varepsilon} \times \frac{\eta_{S0}}{d_f} \tag{5-18}$$

式中　η_m——非稳定过滤捕集效率；

$\quad\quad L$——滤层厚度；

$\quad\quad v$——过滤速度；

$\quad\quad C_i$——粉尘初始浓度；

$\quad\quad t$——过滤时间；

$\quad\quad \varepsilon$——填充密度；

$\quad\quad d_f$——纤维直径；

$\quad\quad \eta_{S0}$——稳定过滤过程单一纤维捕集效率。

由上式可知，非稳定过滤过程捕集效率为纤维填充密度、纤维直径、单纤维捕集效率、过滤速度、粉尘颗粒的初始浓度、粉尘颗粒总沉积质量及过滤时间的函数。

二、粉尘层和表面过滤机理

1. 粉尘层过滤机理

在滤料纤维的过滤机理中，如扩散、重力、惯性碰撞、静电等作用对粉尘层都是存在的，

但主要的是筛分作用。

在袋式除尘器开始运转时，新的滤袋上没有粉尘，运行数分钟后在滤袋表面形成很薄的尘膜。由于滤袋是用纤维织造成的，所以在粉尘层未形成之前，粉尘会在扩散等效应的作用下逐渐形成粉尘在纤维间的架桥现象。滤袋纤维直径一般为 $20 \sim 100 \mu m$。针刺毡纤维直径多为 $10 \sim 20 \mu m$。纤维间的距离多为 $10 \sim 30 \mu m$，架桥现象很容易出现。架桥现象完成后的 $0.3 \sim 0.5 mm$ 的粉尘层常称为尘膜或一次粉尘层。在一次粉尘层上面再次堆积的粉尘称二次粉尘层。

平纹织物滤布本身的除尘效率为 $85\% \sim 90\%$，效率比较低。但是在滤布表面粉尘附着堆积时，可得到 99.5% 以上的高除尘效率。因而有必要在清除粉尘之后，使滤布表面残留 $0.3 \sim 0.5 mm$ 厚的粉尘层，以防止除尘效率下降。问题在于除尘器运行过程中如何完成使第一次粉尘层保留，而仅仅清除第二次粉尘层，这个问题对设计和制造厂来说既是技术问题又是一种处置经验。因此可以说袋式除尘器的历史，就是循序渐进不断完善的历史。基于粉尘层对效率的影响，所以在粉尘层剥落部分除尘效率就急剧下降；同时，由于压力损失减少，烟气就在这部分集中流过。因此，几秒钟后滤布表面又形成了粉尘层，除尘效率又上升了，即每一清除周期可排出一定量的粉尘。另一方面，若过滤风速设计得当，到了滤布表面过滤层有一定的压力损失（常为 $1000 \sim 1500 Pa$），即在所需的时间内过滤层达到一定的厚度时，时间与过滤风速成反比。取过滤风速为 n 倍，所需时间为 $1/n$，每小时必须清除粉尘层的次数至少为 n 倍，实际上必须考虑清除所需的时间 $t(10 \sim 30s)$，应取 $n+t$ 倍。

另外，采用非织布型针刺毡作为滤布，一般可采用 $1.5 \sim 2.5 mm$ 厚度，这一层相当于前所述及的一次粉尘层，它存在于滤布的内层。

烟气与粉尘从滤布表面渗透穿过，同时用某种方法来清除灰尘，前述的两种作用取得平衡后，在滤布的内层（毛毡型）就形成了厚度为 $0.5 \sim 0.7 mm$，由灰尘和滤布纤维缠绕而成的层，这就称为内层过滤层，相当于前述平纹织物的一次过滤层。然而烟尘重新在滤布表面上堆积而成为二次粉尘层。

这样内过滤层同纤维交织在一起，与二次粉尘层相比其性质大为不同，所以清除的仅仅是二次粉尘层，内过滤层就易于完全保留，因而清除粉尘后的除尘效率就不会下降。

粉尘在滤布上的附着力是非常强的，当过滤速度为 $0.28 m/s$ 时直径 $10 \mu m$ 的粉尘粒子在滤料上的附着力可以达到粒子自重的 1000 倍，$5 \mu m$ 的粉尘粒子在滤料上的附着力可以达到粒子自重的 4200 倍。所以在滤袋清灰之后粉尘层会继续存在，粉尘层的存在使过滤过程中的筛分作用大大加强，过滤效率也随之提高。粉尘层形成的筛孔比滤料纤维的间隙小得多，其筛分效果显而易见。

粉尘层的形成与过滤速度有关，过滤速度较高时粉尘层形成较快，过滤速速度很低时粉尘层形成较慢。如果单纯考虑粉尘层的过滤效果，过滤速度低未见得是有利的。粉尘层继续加厚时，必须及时用清灰的方法去除，否则会形成阻力过高，或者粉尘层的自动降落，从而导致粉尘间的"漏气"现象，降低捕集粉尘的效果。

2. 表面过滤机理

基于粉尘层形成有利于过滤的理论，人为地在普通滤料表面覆上一层有微孔的薄膜以提高除尘效果。所以过滤表面的薄膜又称人造粉尘层。

为了控制对不用粒子的捕集效率，不同用途的微孔表面薄膜其微孔孔径是变化的。例如，过滤普通粉尘时，微孔孔径通常小于 $2 \mu m$；过滤细菌时，孔径小于 $0.3 \mu m$；过滤病毒时，孔径小于 $0.05 \mu m$。这种区别就像筛孔一样，根据筛上筛下的要求，选用不同筛孔的筛网。

表面过滤的薄膜可以覆在普通滤料表面，也可以覆在塑烧板的表面。目前滤布上覆的薄膜都是采用氟乙烯膜，底布类型达 20 多种，薄膜却只有一种，薄膜的厚度在 $10\,\mu m$ 左右，各厂家产品略有不同。

薄膜表面过滤的机理同粉尘层过滤一样，主要靠微孔筛分作用。由于薄膜的孔径很小，能把极大部分尘粒阻留在膜的表面，完成气固分离的过程。这个过程与一般滤料的分离过程不同，粉尘不深入到支撑滤料的纤维内部。其好处是：在滤袋工作一开始就能在膜表面形成透气很好的粉尘薄层，既能保证较高的除尘效率，又能保证较低的运行阻力；而且如前所述，清灰也容易。

应当指出，超薄膜表面的粉尘层剥离情况与一般滤袋有很大差别，试验证明，复合滤袋上的粉尘层极易剥落，有时还未到清灰机构动作粉尘也会掉落下来。还有另一个重要事实，即使水硬性粉尘如水泥尘在膜表面结块初期也会被剥离下来。但是，如果粉尘结块现象严重或者烟气结露，覆膜滤料也无能为力，必须采取其他措施来解决。

三、清灰基本理论

对袋式除尘器而言，清灰理论与过滤理论一样重要，因为只有过滤-清灰两个环节连续不断地交替进行才能组成完整的除尘过程。由于清灰因素比过滤因素变化更多更为复杂，再加上论点不一致，所以著作中介绍不多。

1. 滤布的流体阻力特点

滤布的流体阻力是衡量袋式过滤器的重要指标之一。滤布流体阻力的高低不仅决定除尘设备的动力消耗，而且影响到设备的清灰制度和工作效能。

滤布在工作状态上的阻力包括两部分（见图 5-5），即滤布本身的压力损失（ΔP_p）和粒子层的压力损失（ΔP_p）。

$$\Delta P = P_{in} - P_{out} = \Delta P_p + \Delta P_d \tag{5-19}$$

气体通过滤布时，一般呈层流状态。此时滤布对气体介质产生阻力

$$\Delta P_p = \xi_d \mu v \tag{5-20}$$

式中　ξ_d——滤布的阻力系数，$1/m$；

　　　μ——气体的黏度，$Pa \cdot s$；

　　　v——过滤速度，m/min。

几种滤料本身的阻力如图 5-6 所示。

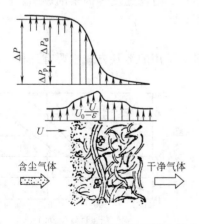

图 5-5　针刺滤布在工作状态下的速度和阻力变化

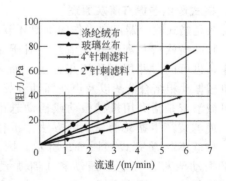

图 5-6　滤料的阻力与流速的关系曲线

图 5-6 说明，在相同的流速条件下，由于滤布的编织结构不同，阻力系数 ξ_d 不同，其阻力也不同，如针刺毡的阻力比玻璃丝布和工业涤纶绒布低 1/4～1/2 左右。在滤布使用过程中，必然有粉尘层存在，此时气体通过粉尘层的压力损失一般用下式表示。

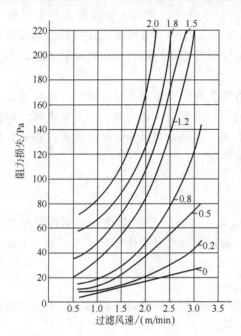

图 5-7　阻力损失与粉尘负荷的关系
（图中数字单位为 kg/m²）

$$AP_p = \alpha_m \left(\frac{Wd}{S}\right)\mu v \qquad (5\text{-}21)$$

$$\alpha_m = \frac{180}{r_p d_p{}^2} \times \frac{1-\varepsilon}{\varepsilon^3} \qquad (5\text{-}22)$$

式中　α_m——比阻力，m/kg；

r_p——粉尘密度，kg/m³；

d_p——粉尘平均粒径，m；

ε——空隙率；

$\dfrac{Wd}{S}$——粉尘负荷，kg/m²；

μ——气体黏度，Ps·s；

v——气体流速，m/min。

把式（5-22）代入式（5-21）得知

$$\Delta P_p \propto \frac{1-\varepsilon}{\varepsilon}$$

当空隙率 ε 由 0.7 变化到 0.75，则阻力变化约为 15%，可见压力损失随空隙率而变化。

同一种滤布在过滤风速相同的条件下滤布表面粉尘负荷不同，其压力损失是不相同的。图 5-7 表示同种滤布在不同粉尘负荷下压力损失的变化情况。

由图 5-7 可以看出：①在相同过滤风速下，随着滤布表面粉尘负荷的增加，气流通过滤布的流体阻力也增加，其增加程度与表面粉尘负荷密切相关；②当表面粉尘负荷大于 800g/m² 以后，气流通过滤布的流体阻力随过滤风速增加而急剧增加，这对于决定除尘设备的反吹清灰制度有积极意义。

图 5-8 表明，在粉尘负荷相同的条件下不同的滤料压力损失值也是不同的，原因是滤布上形成的粉尘层空隙率受粉尘的物理性质和负荷、滤布结构、过滤速度等因素的影响。所以，粉尘的阻力是很复杂的，从而出现各种清灰方式和清灰理论。

2. 袋式除尘器振打清灰原理

清灰是袋式除尘器正常工作的重要环节和影响因素。常用的清灰方式主要有三种，即机械清灰、脉冲喷吹清灰和反吹风清灰。对于难于清除的粉尘，也可同时并用两种清灰方法，如采用反吹风和机械振动相结合清灰以及声波辅助清灰。

机械清灰是指利用机械振动或摇动悬吊滤袋的框架，使滤袋产生振动而清灰的方法。机械清灰常见的三种基本振动方式如图 5-9 所示。图 5-9（a）是水平振动清灰，有上部振动和中部振动两种方式，靠往复运动装置来完成；图 5-9（b）是垂直振动清灰，它一般可利用偏心轮装置振动滤袋框架或定期提升滤袋框架进行清灰；图 5-9（c）是机械扭

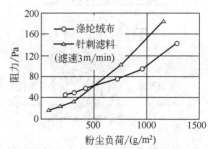

图 5-8　粉尘负荷与阻力关系曲线

转振动清灰，即利用专门的机构定期地将滤袋扭转一定角度，使滤袋变形而清灰。也有将以上几种方式复合在一起的振动清灰，使滤袋做上下、左右摇动。

机械清灰时为改善清灰效果，要求停止过滤情况下进行振动。但对小型除尘器往往不能停止过滤，除尘器也不分室。因而常常需要将整个除尘器分隔成若干袋组或袋室，顺次地逐室清灰，以保持除尘器的连续运转。

机械清灰方式的特点是构造简单，运转可靠，但清灰强度较弱，故只能允许较低的过滤风速，例如一般取 $0.6\sim1.0\mathrm{m/min}$。振动强度过大会对滤袋会有一

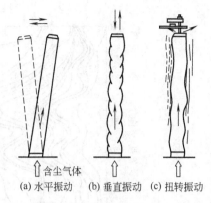

图 5-9　机械清灰的振动方式

定的损伤，增加维修和换袋的工作量。这正是机械清灰方式逐渐被其他清灰方式所代替的原因。

机械清灰原理是靠滤袋抖动产生弹力使黏附于滤袋上的粉尘及粉尘团离开滤袋降落下来的，抖动力的大小与驱动装置和框架结构有关。驱动装置动力大，框架传递能量损失小，则机械清灰效果好。

荷尘滤布的阻力是滤布和残留粉尘层阻力的总和，这些粉尘残留量和比率，是由滤布、粉尘性质和数量、清除灰尘的能量等决定。机械振动清除灰尘时振打机构的振动数次和残留粉尘量的关系如图 5-10 所示。振动次数一次，振动幅度小的话，粉尘残留粉尘量大，阻力也大。

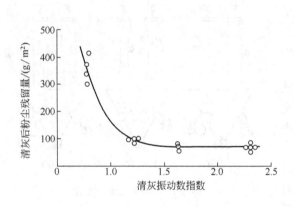

图 5-10　振动次数和残留粉尘量的关系

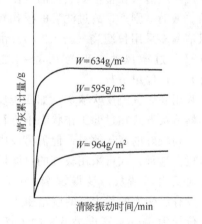

图 5-11　振动时间与清除灰尘量之间的关系

清灰时间延长可以使滤布上的粉尘层稳定在一定数值而不再增加，图 5-11 表示了振动时间与清除灰尘量之间的关系。Stephan 等测定了上下振动时滤布上残留的粉尘分布后得出图 5-12。

3. 反吹风清灰方式与机理

反吹风清灰是利用与过滤气流相反的气流，使滤袋变形造成粉尘层脱落的一种清灰方式。除了滤袋变形外，反吹气流速度也是粉尘层脱落的重要原因。

采用这种清灰方式的清灰气流，可以由系统主风机提供，也可设置单独风机供给。根据清灰气流在滤袋内的压力状况，若采用正压方式，称为正压反吹风清灰；若采用负压方式，称为

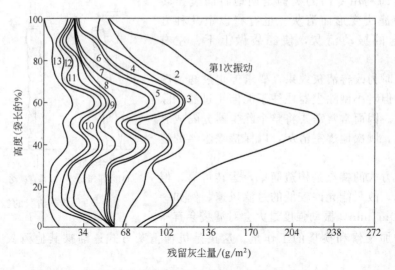

图 5-12　清除次数与残留粉尘负荷的分布

负压反吸风清灰。

反吹风清灰多采用分室工作制度,利用阀门自动调节,逐室地产生反向气流。

反吹风清灰的机理,一方面是由于反向的清灰气流直接冲击尘块;另一方面由于气流方向的改变,滤袋产生胀缩变形而使尘块脱落。反吹气流的大小直接影响清灰效果。

反吹风清灰过程如图 5-13 所示。

反吹风清灰在整个滤袋上的气流分布比较均匀。振动不剧烈,故过滤袋的损伤较小。反吹风清灰多采用长滤袋(4～12m)。由于清灰强度平稳过滤风速一般为 0.6～1.2m/min,且都是采用停风清灰。

采用高压气流反吹清灰,如回转反吹袋式除尘器清灰方式在过滤工作状态下进行清灰也可以得到较好的清灰效果,但需另设中压或高压风机。这种方式可采用较高的过滤风速。

对反吹风清灰,曼得雷卡.A.C 研究认为,没有压密实的粉尘层的脱落阻力不大。对于中位径为 1μm、密度为 $6 \times 10^3 kg/m^3$ 的粉

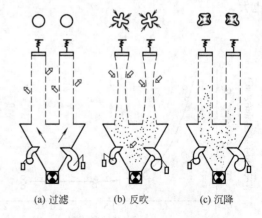

图 5-13　反吹风清灰方式

(a) 过滤　　(b) 反吹　　(c) 沉降

尘层,其阻力仅有 50Pa。然而,气流压力并不是作用在粉尘层整个面积上,而是作用在开孔的地方,因此,为使粉尘脱落就需要在过滤布上施加更高的反吹压力。滤材的孔隙率越高,使粉尘层脱开所需的余压越低,其清灰达到阻力下降程度越高。对每种滤布都有反吹清灰的最大流速,再超越该数值并不能明显地增加粉尘的脱离,而只能引起多余能耗。

如果掌握滤布的孔隙率 ε,则反吹风的速度可以按下式决定。

$$\omega_{cb} = k\varepsilon \tag{5-23}$$

式中　ω_{cb}——反吹速度,m/min;

　　　k——系数,对织造布取 1.6～2.0。

按佩萨霍夫.И.Л 所给数据,对于过滤布孔隙的反吹流速达到 0.033m/s(即 ≈2m/min)

已足够。柔性滤布在反吹风时总要发生变形，它会引起粉尘积层的移动并助长它脱落。因此反吹清灰时一般耗费的压差值不高。如果滤袋内所收集的粉尘的中位径为 $3\sim15\mu m$、压力差为 $500\sim1000Pa$ 即可。反吹时，由于变形，滤袋出现瘪缩，袋上出现褶皱，其直径缩小（见图 5-14）。被压瘪的滤袋的应力为

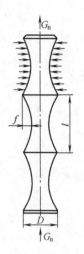

$$G_{cb}=\pi Dl\Delta P \qquad (5-24)$$

式中　l——支撑环之间的长度，m。

做某些简化后，滤袋的变曲距离（挠度）为

$$f=\frac{q'l^2}{16G_n} \qquad (5-25)$$

$$q'=\pi D\Delta P$$

式中　q'——每 1m 滤袋的压力负荷，N；

　　　G_n——滤袋拉力，N。

图 5-14　处在反
吹风中的滤袋

在反吹过程中，滤袋的收瘪不应导致袋径大量缩减和出现大的褶皱，以免影响吹清气体的流动和粉尘正常剥离。为此，滤袋都装有横推支撑环，用以增加滤袋拉力和限制喷吹气流压力。

支撑环沿滤袋长度不按平均距离布置，而是在上部按 5～6 个袋径从袋顶算起布置定位，并相互间隔；到滤袋底部，其距离缩短为 2～3 倍袋径。这种布置是为了在反吹清灰时，清灰用的逆向气流能自由流通。例如，对直径为 296mm 的长型滤袋（袋长一般为 10m），其支撑环的距离分配自上而下分别为 (1800 ± 10)mm、(1500 ± 10)mm、(1200 ± 10)mm、(900 ± 10)mm、(700 ± 10)mm 等。

为限制滤袋内外压差，喷吹阀通常采用比排气管更小的直径。有时候除尘器装配有减振阀，以保证在清灰过程中滤袋上维持最佳压降。

如果在反吹过程中出现粉尘的剥离脱落不均匀，则在滤袋变形大和积存的粉尘粒径粗的局部地方粉尘会先行脱落，喷吹气体的主体质量也就会立即乘虚集中于此处，而在其他地方的粉尘层却积储依旧。所以这种清灰不算有效清灰，只有全部滤袋上都能清除的好的清灰才是有效清灰。

从粉尘的分散度和质量看，粉尘在滤袋上沿高度的分布是不均匀的。最粗的组分沉积在滤袋的下部和中间部分，而最细的、难以分离的组分在上部（见图 5-15）。

试验表明，过滤周期开始阶段的净化效率在很大意义上取决于清灰程度。清灰后的阻力降为 270～230Pa 时，在开始 3min 内从滤袋层透出的含尘浓度高达清灰前的 7 倍之多；之后，粉尘的穿透量才渐趋减低，如图 5-16 所示。本试验是用 $d_{50}=8\mu m$ 的石英粉尘对涤纶滤布所做的试验。

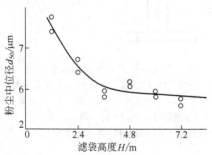

图 5-15　粉尘分散组分沿
滤袋高度 H 的分布

反吹风的持续时间取决于滤袋长度和粉尘沉降时间，对于 8～10m 长的滤袋，应有 20～25s，而对长度较小的滤袋可以降至 10～15s（见图 5-17）。过长时间的反吹将不会沉降余留阻力，而只会增加能耗和粉尘穿透率。

在某些情况下，为了改善微细尘部分的分离效果并降低反吹空气耗量，将反吹过程安排为间歇式的，中间有 1～2 次中断，每段反吹持续 4～6s。由于滤布的补充形变，粉尘的脱落状况能得到一定的改善，图 5-18 表示了因反吹次数而变的阻力。反吹

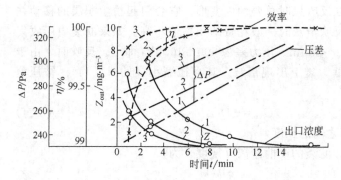

图 5-16　从不同清灰阻力（ΔP）值开始的过滤过程中净化效率 η、
出口浓度 Z_{out} 随时间而异的关系

1—反吹至 230Pa；2—反吹至 250Pa；3—反吹至 270Pa

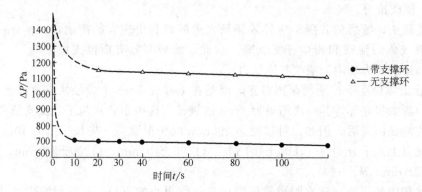

图 5-17　清灰后阻力随反吹持续时间而异的关系（袋长 8m）

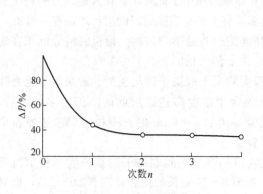

图 5-18　反吹清灰后阻力
与反吹重复次数的关系

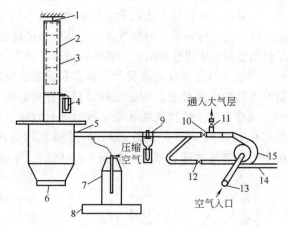

图 5-19　反吹风除尘系统试验设备示意
1—吊杆；2—布袋内部支架；3—布袋；4—U 形压差计；
5—集尘箱；6—泻尘口；7—发尘器；8—振动器；
9—孔板流量计；10,11,12—阀门；13—空
气入口；14—通风机座；15—通风机

次数超过 2 次以后，对阻力下降的影响就渐趋减弱。所以，间断只设计 1～2 次即可。

原冶金部建筑研究总院利用图 5-19 所示的试验设备对袋式除尘器反吹清灰剩余阻力进行了试验研究。试验用滤布为不同玻纤滤布，试验粉尘为滑石粉和硅石粉。所谓剩余阻力是指滤

布在清灰后的剩余压差。剩余阻力是由粉尘颗粒引起的，它附着在滤布纤维上未被清除。试验结果如下。

① 负荷对剩余阻力的影响。不同负荷与剩余阻力的关系如图 5-20 所示。在同一最终阻力下，不管采用何种滤布及何种粉尘，剩余阻力总是随着过滤速度增加而增加。过滤速度增加后，灰尘层所受之正压力也增加，相应的灰尘层就愈密实，灰尘颗粒之间的结合力以及灰尘与纤维之间的附着力都增强，因此剩余阻力增加。

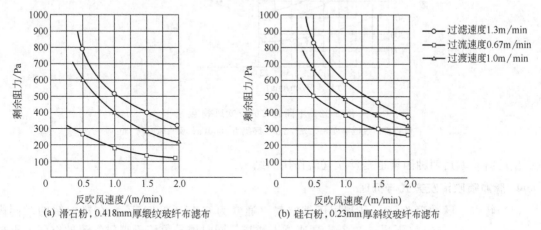

(a) 滑石粉，0.418mm厚缎纹玻纤布滤布   (b) 硅石粉，0.23mm厚斜纹玻纤布滤布

图 5-20　不同负荷反吹风效果

注：终阻力 1000Pa；反吹风时间 1min。

② 灰尘种类对剩余阻力的影响。由图 5-21 可以看出，当其他条件相同时，在同样反吹速度下，过滤硅石粉比滑石粉的剩余阻力大。其原因之一是由于硅石粉的吸水率高，灰尘颗粒间及灰尘与纤维间的附着力都比滑石粉高所致。

③ 滤布纺织结构对剩余阻力的影响。由图 5-22 中可以看出，在相同的条件下由于滤布纺织结构不同反吹风效果也不同。单面绒棉布的剩余阻力最大，厚度 0.19mm 缎纹玻璃纤维布的剩余阻力最小。当反吹风速度为 2m/min 时，前者的剩余阻力比后者要大 260Pa。同样的玻璃纤维布同一编织方法（缎纹），对于反吹洗清灰效果与织物的厚度、滤布表面是否有绒毛、滤布的组织以及纤维本身物理性质有关。

④ 反吹风速度和次数对剩余阻力的影响。在相同条件下由于反吹风速度不同，清灰效果有着明显的差别。随着反吹风速度的降低，剩余阻力也相应地增加。随着过滤速度改变这一关系也有差别。以图 5-20 (a) 为例，过滤速度为 1.3m/min、0.5m/min 和 2.0m/min 的反吹速度其剩余阻力的绝对值相差 360Pa，而过滤速度降至 0.67m/min，则仅相差 120Pa。很明显，过滤速度降低，灰尘层所受之正压力也降低，则灰尘层孔隙率也大，颗粒之间的附着力都减小，因此反吹风速度的大小影响并不显著。

⑤ 影响反吹清灰效果的主要因素是反吹气流速度，滤袋变形程度以及滤袋与框架碰

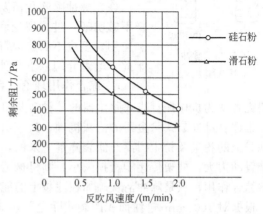

图 5-21　不同粉尘反吹风效果

注：0.418mm 缎纹玻纤布滤布；过滤速度 1.28m/min；
终阻力 1000Pa；反吹风时间 1min

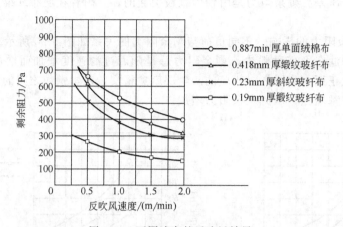

图 5-22 不同滤布的反吹风效果

注：滑石粉；过流速度 81.2m³/min；终阻力 1000Pa；反吹风时间 1min

撞产生的抖动，后两种因素也是反吹气流作用的结果。

4. 脉冲喷吹清灰方式与机理

（1）特点 脉冲喷吹清灰是利用压缩空气（通常为 0.15～0.7MPa）在极短暂的时间内（不超过 0.2s）高速喷入滤袋，同时诱导数倍于喷射气流的空气，形成空气波，使滤袋由袋口至底部产生急剧的膨胀和冲击振动，造成很强的清落积尘作用，如图 5-23 所示。

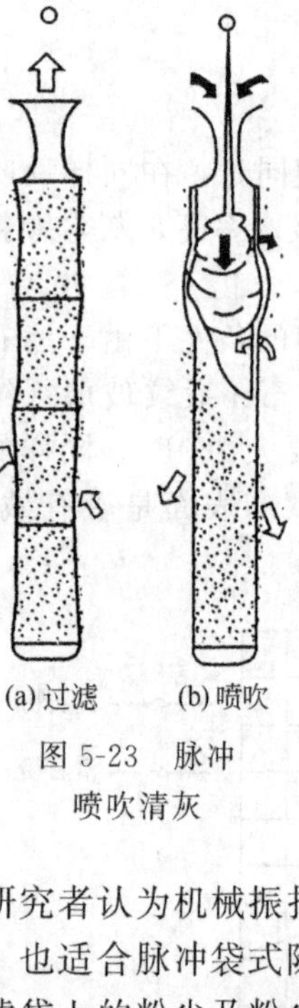

喷吹时，虽然被清灰的滤袋不起过滤作用，但因喷吹时间很短，而且滤袋依次逐排地清灰，几乎可以将过滤作用看成是连续的，因此，可以采取分室结构的离线清灰，也可以采取不分室的在线清灰。

脉冲喷吹清灰作用很强，而且其强度和频率都可调节，清灰效果好，可允许较高的过滤风速、相应的阻力为 1000～1500Pa，因此在处理相同的风量情况下，滤袋面积要比机械振动和反吹风清灰要少。不足之处是需要充足的压缩空气，当供给的压缩空气压力不能满足喷吹要求时清灰效果大大降低。

（2）脉冲喷吹我清灰理论 脉冲除尘器的清灰机理像过滤机理一样不够明晰，过滤理论和清灰理论的研究都落后于袋式除尘器的发展和应用，至少不像旋风除尘理论和静电除尘理论那样能引导应用。基于此，笔者介绍以下几种观点。

（a）过滤 （b）喷吹

图 5-23 脉冲
喷吹清灰

① 综合作用理论。在研究脉冲袋式除尘器清灰机理的过程中，一些研究者认为机械振打袋式除尘器的几种清灰机理，抖动使滤饼下落，滤袋变形使粉尘层脱离等，也适合脉冲袋式除尘器的清灰机理。其理由是，机械清灰原理是靠滤袋抖动产生弹力使附于滤袋上的粉尘及粉尘团离开滤袋降落下来的，抖动力的大小与驱动装置和框架结构有关。驱动装置动力大，框架传递能量损失小，则机械清灰效果好。脉冲除尘器清灰的情况也是多种机理的综合作用，只是脉冲清灰施加在滤袋上的能量大，清灰效果好而已。

根据对 1000mm² 过滤面积的袋式除尘器，选用清灰方式对比，其消耗动力的大致情况是：机械振动：反吹逆选：脉冲喷吹＝1：（2～4）：（4～6）。

② 逆气流反吹理论。一些研究者认为脉冲清灰喷吹时逆向穿过滤袋的气流对清灰起主要作用。反吹风清灰的机理，一方面是由于反向的清灰气流直接冲击尘块；另一方面由于气流方

向的改变，滤袋产生胀缩变形而使尘块脱落。反吹气流的大小直接影响清灰效果。

为了研究逆向气流的清灰作用，一些学者进行了有益的试验。结果证明，逆向气流要将尘粒从滤袋表面吹落，其速度需要 $0.5\sim3\mathrm{m/s}$；粒子越小，其黏附力对拉力的比值越大越难吹落，因而需要更高风速。有研究者在实验室测得的逆向气流速度仅 $30\sim50\mathrm{m/s}$。由此认为，在脉冲喷吹时，逆向气流对粉尘剥离所起作用非常小，任何粉尘从滤袋表面脱落都是由于滤袋面运动的结果。但是研究忽视了逆向气流是破坏粉尘层的内聚联系，即在垂直方向施加吹断粉尘层的力进行清灰的。能使粉尘团块断裂的条件可用下式表示：

$$T_\mathrm{p}^2+(\sigma_\mathrm{p}+\Delta P_\mathrm{f}F_\mathrm{f})^2<(G+P_\mathrm{k})^2+(P_\mathrm{p}+\Delta P_\mathrm{a}F_\mathrm{f})^2 \tag{5-26}$$

式中，T_p 为粉尘的内聚力，其方向与滤层平行；σ_p 为粉尘的内聚力，其方向与滤材垂直；ΔP_f 为在过滤过程中，滤材内外的压差；G 为粉尘质量；P_k 为在滤材抖动或变形时产生的尘粒脱开力，是平行于滤材方向的分力；P_p 为在滤材抖动或变形时产生的尘粒脱开力，方向垂直于滤材表面；ΔP_a 为反吹风（空气）的压力；F_f 为滤材过滤面积。

式（5-26）左侧是粉尘层向滤材表面施加合力；右侧是令粉尘层脱开滤材的合力。右侧力大，侧粉尘层断裂、脱落，清灰可成功。如果在清灰时，过滤过程暂停，则气流在滤袋内外形成的压差（它将粉尘推向滤材表面）$\Delta P_\mathrm{f}=0$，所以左侧合力减低，利于清灰的进行。

上述各种力的方向示意见图 5-24。

逆向气流理论能很清楚解释脉冲喷吹塑烧板除尘器和脉冲喷吹陶瓷管除尘器的清灰问题，也能解释普通脉冲袋式除尘器清灰问题。

③ 压力上升速度理论。一些研究者认为滤袋在喷吹时膨胀到极限位置时的最大反向加速度起主要作用，而且试验还证明袋壁的最大反向加速度与清灰效果是一致的，就是说，最大反向加速度越高，清灰效果就越好。但是这种加速度说法无法说明和解释塑烧板除尘器，陶瓷滤筒除尘器同样是采用脉冲喷吹清灰，但是在塑烧板和滤筒都不产生反向加速度其清灰也很好。

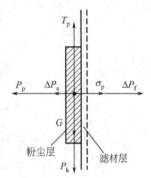

图 5-24 清灰作用在粉尘层上的诸力

笔者认为脉冲喷吹清灰同爆破过程有相似之处。清灰气流对滤袋的冲击起决定性作用，清灰时滤袋内的压力峰值和压力上升速度是衡量清灰效果重要指标。而反向加速度仅是压力峰值和压力上升速度的作用结果而不是原因。

以滤袋内的压力峰值、压力上升速度这两项指标衡量清灰效果，不仅适用于脉冲袋式除尘器，也适用于反吹清灰的袋式除尘器。所以脉冲清灰的决定因素是清灰压力在单位时间内的上升速度，压力上升快则清灰效果好，利用这一理论可以说明除尘器脉冲清灰过程的粉尘脱落问题。假设清灰时，粉尘的剥离是发生在粉尘层与滤袋分界面上，则因清灰气流而产生的清灰力用下式表示：

$$F_\mathrm{d}=B\times\left(\frac{\mathrm{d}P_\mathrm{p}}{\mathrm{d}t_\mathrm{R}}\right)^{1/3} \tag{5-27}$$

$$B=1.65\frac{m_\mathrm{c}}{m^{5/6}}\times k^{1/2}D^{1/3} \tag{5-28}$$

式中，P_p 为清灰气流产生的峰值，Pa；t_R 为达到峰值所需要的时间，s；m_c 为单位面积表面粉尘滤饼的质量，g；m 为单位面积滤袋与粉尘层质量之和，g；k 为滤袋的弹性系数；D 为清灰时滤袋的位移，mm。

由上式可以看出，当滤袋选定且过滤处于平衡状态后，影响清灰效果的主要因素是形成峰压速度，即清灰压力在单位时间内的上升速度。

Urich Riebel 对滤料附着粉尘后的清灰过程进行了反复试验，发现清灰效果既不与脉冲波形顶部压力有关，也不与喷吹压力延续整体时间长短有关，而与脉冲初始阶段的压力上升速度有关。压力上升速度对滤料再生有明显影响。

图 5-25 和图 5-26 清楚地表示了最大压力上升速度与清灰效果的定量关系。这一结果与式（5-27）表达的关系完全一致。

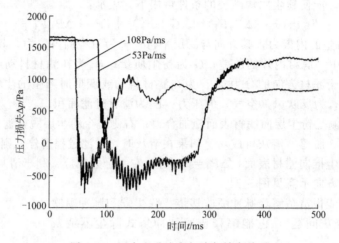

图 5-25　压力上升速度与清灰效率关系

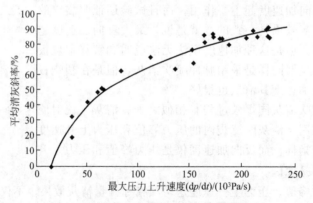

图 5-26　压力上升速度对清灰效率的影响

根据以上分析可以把脉冲除尘器的清灰机理作用如下描述：在袋式除尘器过滤过程中，粉尘粒子受上升气流产生的悬浮速度作用，运动到滤袋表面附近。由于不同粒径粒子受到范德华力、毛细吸附力、静电附着力和过滤速度压力的作用形成黏附力，使粉尘附着在滤袋表面上并渐渐形成粉尘层。脉冲清灰时，压缩空气喷吹到滤袋上，清灰压力上升速度产生的清灰力，作用在粉尘层与滤袋的分界面上，当清灰力大于黏附力时则粉尘层破裂并脱落，在重力作用下粉尘落入灰斗，除尘器运行良好。如果清灰力小于黏附力则清灰不良，除尘器在高阻力下运行。

脉冲气流进入滤袋后气流在滤袋内波形大致变化见图 5-27。该图形在滤袋上、中、下三部分是不一样的。从图 5-27 可以看出，压力波峰过后出现一个负波，理论上讲该波对清除滤袋上的粉尘是不利的。设计中应增大正滤峰值，减小负波峰值对清灰是有利的。滤袋内气流压力的分布见图 5-28。

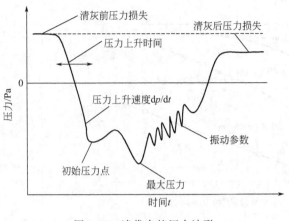

图 5-27　滤袋内的压力波形

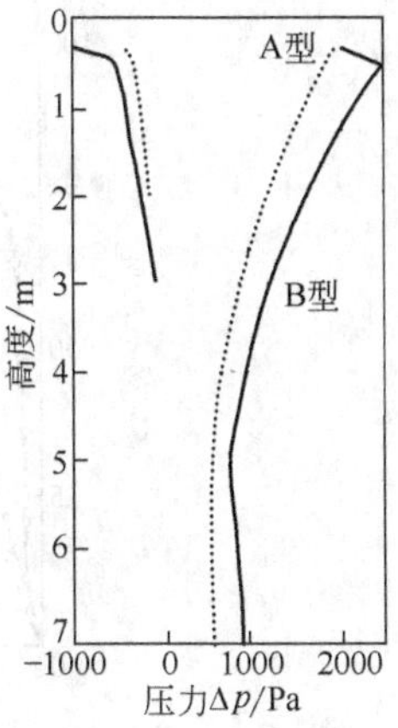

图 5-28　滤袋不同部位的压力

（3）脉冲清灰试验　脉冲袋式除尘过程十分复杂，发生时间短，测量手段不完善，所以，对袋式除尘器实现清灰的机理众说不一。但总的来说可归结为以下 3 种。

① 反吹气流作用。Jsievert 和 F Loeffler 采用试验设备（见图 5-29 和图 5-30）分别研究了反吹气流和加速度作用对清灰效果的影响。

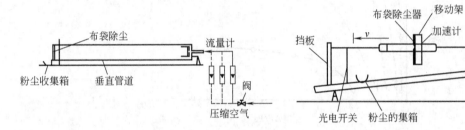

图 5-29　反吹气流清灰作用试验装置

图 5-30　加速度清灰作用试验装置

图 5-31 显示了反吹气流量与清灰效率的关系。从图 5-31 中可以看出：黏附在滤料表面的粉尘，在一定程度上可通过反吹气流作用收到较好的除尘效果。对于弹性滤料，此时，反吹气流量约需 $550m^3/(h \cdot m^2)$。为了解反吹气流作用清灰所需的袋内静压，图 5-31 显示了滤袋两侧压差与清灰效率的关系。从图 5-31 中可以看出：当粉尘的面积密度超过 $400g/m^2$ 时利用反吹气流作用，袋内较低的静压就可收到较好的清灰效果。Dennis 认为：清灰时反吹气流的速度约为 700m/h，而滤袋下部可达到 2000m/h。这就说明，特别是滤袋下部，通过反吹气流作用实现清灰是完全有可能的。另外一些科学研究也已表明：在远离喷射入口的滤袋底部，由于滤袋所获的加速度远小于滤袋中部的值，因此不可能通过惯性作用除去灰尘，所以在这部分区域必然有另一种清灰机理在起作用。

从图 5-32 也可看出：随着清灰前黏附粉尘负荷的增加，清灰效率在升高。这是因为，对于薄的粉尘层，气流量较小时大部分反吹气流从粉尘之间的裂缝或空隙穿过，所以要想获得较高的清灰效率则需较大的气流量。而对于较厚的粉尘层，粉尘层表面基本上没有裂缝，所以相同的气流量，厚粉尘所受的力就大。清灰效率就高。实践中也常常发现，清除较厚的粉尘时常有大片尘块从滤袋表面脱落。

② 惯性作用。利用图 5-30 的试验装置测得加速度与清灰效率的关系如图 5-33 所示。从图 5-33 中可以看到，清灰效率也与黏附的粉尘面密度有关。对于较厚的粉尘层，较小的加速度

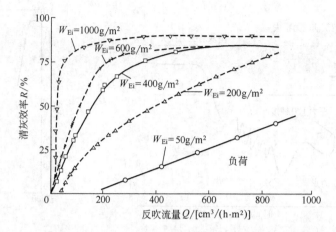

图 5-31　反吹气流量与清灰效率的关系

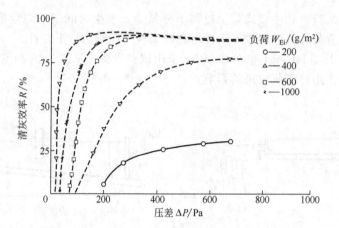

图 5-32　清灰效率与滤袋两侧压差的关系

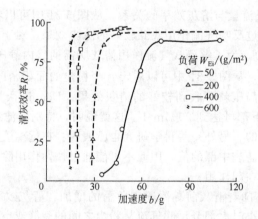

图 5-33　清灰效率与加速度的关系

就能获得较好的清灰效果。这是因为，粉尘所获的惯性力不仅与粉尘的加速度有关，而且与粉尘的质量有关。从图 5-33 中也可知：对于弹性滤料，要想获得较好的清灰效果，则加速度需约 35g。但是，当清灰效率达到一定值以后，再增加加速度，清灰效率基本上保持不变，清灰效率始终达不到 100%。

③ 弹性作用。从图 5-34 可以看出，当惯性起主要清灰作用时，滤料的弹性对清灰效果的影响是很明显的。

对比图 5-34 和图 5-35，也可看出当反吹气流起主要清灰作用时，滤料的弹性对清灰效果也有影响。对于非弹性滤料，要想获得和弹性滤料相同的效果，需要远大于弹性滤料的加速度和反吹气流量。这是由于滤料的弹性，可获得额外的张力和挤压力，使粉尘层与滤料的界面之间形成裂缝。因此，滤料的弹性作用也是一种重要的清灰机理。

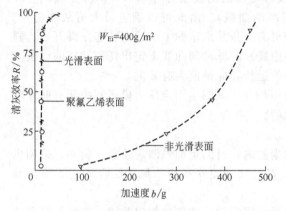

图 5-34　弹性滤料惯性清灰
作用时对清灰效果的影响

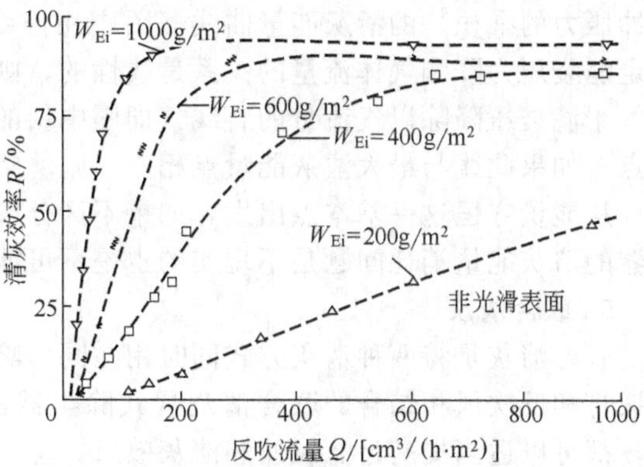

图 5-35　非弹性滤料惯性清灰
作用时对清灰效果的影响

④ 清灰能量消耗。袋式除尘器滤袋积灰后的阻力需要控制在一个除尘工艺能接受的范围之内。克服其黏结阻力和清除掉这些积灰消耗的能量理论上大致相等。根据试验，反吹袋式除尘器在滤袋阻力 1500Pa 的情况下，反吹清灰时，反吹风通过滤袋的过滤速度为正常过滤速度的 2 倍才能使滤袋变形把滤袋积灰清除。脉冲清灰，反吹气流通过滤袋的过滤速度为正常过滤速度的 3 倍才能使滤袋抖动把滤袋积灰清除。这是因为脉冲除尘器的过滤速度约为反吹风除尘器过滤速度的 1.5 倍。另外与滤袋编织的方式也有关系。

清灰能量的消耗对不同除尘器大致是一样的，对脉冲除尘器自身更是一样的，这早已为试验所求得。从图 5-36 和图 5-37 中试验结果可以明确这一点。图 5-36 是过滤速度与压降的关系，图 5-37 是脉冲阀性能曲线与清灰能量曲线的关系。同一脉冲阀，采用不同的喷嘴形式可以获得不同的清灰能量。如采用一般喷嘴和高强度喷嘴，同样的压缩空气量可产生的清灰效果不一样。

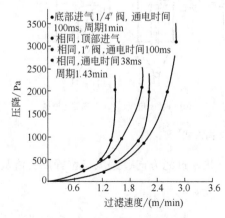

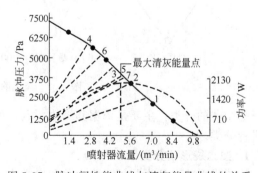

图 5-36　过滤速度与压降的关系

图 5-37　脉冲阀性能曲线与清灰能量曲线的关系

如果把图 5-36 的曲线和如图 5-37 的脉冲阀曲线联系起来，就可以看出袋式除尘器运行和脉冲阀曲线上最大清灰能量点的关系。

图 5-37 中流量为零时的压力是脉冲阀的无输送静压，相当于向不透气的滤袋里吹气。斜的虚线在纵坐标上所截取的部分，是在正常运行下，反吹气流能从滤袋的清洁侧向捕尘侧流动以前，空气脉冲必须克服的滤袋压降。

根据脉冲阀曲线（图 5-37 中用实线画的曲线）可以做出表明脉冲功率（即脉冲阀流量和脉冲压力的乘积）的清灰能量曲线（图中用虚线画的曲线）。由此可以确定最大清灰能量点。假定滤袋压力降和气体流量的关系是线性的，则可有一条从纵坐标上的稳定状态压降开始、斜率等于滤袋压降除以气流量的直线（即图中斜的虚线）在脉冲阀曲线上定出任何滤袋的清灰工作点。如果此线与最大清灰能量点相交，则滤袋的运行相应是最为有效的。

从能量守恒这一基本点出发，如果不区分应用场合，试图用固定压力模式解决所有脉冲除尘器的清灰能量消耗问题是不现实的也是不可能的。

5. 联合清灰

联合清灰是将两种清灰方式同时用在同一除尘器内，目的是加强清灰效果。例如，采用机械振打和反吹风相结合的联合清灰袋式除尘器，以及脉冲喷吹和反吹风相结合的袋式除尘器等，都可以适当提高过滤风速和清灰效果。

联合清灰除尘器一般分成若干袋滤室，清灰时将该室的进排气口阀门关闭，切断与邻室的通路，以便在联合清灰作用下使清下粉尘落入灰斗。

联合清灰方式部件较多，结构比较复杂，从而增加了设备维修的工作量和运行成本。

第二节　袋式除尘器的分类和性能

现代工业的发展和环保日趋严格，对袋式除尘器的要求越来越高，因此在滤布材质、滤袋形状、清灰方式、箱体结构等方面也不断更新发展。在各种除尘器中，袋式除尘器的类型最多，根据其特点可进行不同的分类。袋式除尘器的性能与其他除尘器也有所区别。

一、按除尘器的结构形式分类

袋式除尘器的结构形式如图 5-38 所示。

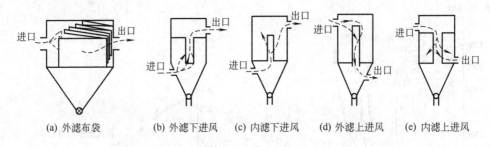

(a) 外滤布袋　　(b) 外滤下进风　　(c) 内滤下进风　　(d) 外滤上进风　　(e) 内滤上进风

图 5-38　袋式除尘器的结构形式

除尘器的分类，主要是依据其结构特点，如滤袋形状、过滤方向、进风口位置以及清灰方式进行分类。

1. 按滤袋形状分类

按滤袋形状可分为圆袋式除尘器和扁袋式除尘器两类。

（1）圆袋式除尘器　图 5-38（b）、（c）、（d）、（e）均为圆袋式除尘器。滤袋形状为圆筒形，直径一般为 120～300mm，最大不超过 600mm，高度为 2～3m，也有 10m 以上的。由于圆袋的支撑骨架及连接较简单，清灰容易，维护管理也比较方便，所以应用非常广泛。

（2）扁袋式除尘器　图 5-38（a）是扁袋式除尘器。滤袋形状为扁袋形，厚度及滤袋间隙为 25～50mm，高度为 0.6～1.2m，深度为 300～500mm。最大的优点是单位容积的过滤面积大，但由于清灰，检修、换袋较复杂，使其广泛应用受到限制。

2. 按过滤方向分类

按过滤方向可分为内滤式除尘器和外滤式除尘器两类。

（1）内滤式袋式除尘器　图 5-38（c）、（e）为内滤式袋式除尘器。含尘气流由滤袋内侧流向外侧，粉尘沉积在滤袋内表面上；优点是滤袋外部为清洁气体，便于检修和换袋，甚至不停机即可检修。一般机械振动、反吹风等清灰方式多采用内滤式。

（2）外滤式袋式除尘器　图 5-38（b）、（d）为外滤式袋式除尘器。含尘气流由滤袋外侧流向内侧，粉尘沉积在滤袋外表面上，其滤袋内要设支撑骨架，因此滤磨损较大。脉冲喷吹、回转反吹等清灰方式多采用外滤形式。扁袋式除尘器大部分采用外滤形式。

3. 按进气口位置分类

按进气口位置可分为下进风袋式除尘器和上进风袋式除尘器两类。

（1）下进风袋式除尘器　图 5-38（b）、（c）为下进风袋式除尘器。含尘气体由除尘器下部进入，气流自下而上，大颗粒直接落入灰斗，减少了滤袋磨损，延长了清灰间隔时间，但由于气流方向与粉尘下落方向相反，容易带出部分微细粉尘，降低了清灰效果，增加了阻力。下进风袋式除尘器结构简单，成本低，应用较广。

（2）上进风袋式除尘器　图 5-38（d）、（e）为上进风袋式除尘器。含尘气体的入口设在除尘器上部，粉尘沉降与气流方向一致，有利于粉尘沉降，除尘效率有所提高，设备阻力也可降低 15%～30%。

4. 按过滤面积分类

按过滤面积（F）可分为以下几种：①超大型袋式除尘器，$F \geqslant 5000\text{m}^2$；②大型袋式除尘器，$1000\text{m}^2 \leqslant F < 5000\text{m}^2$；③中型袋式除尘器，$200\text{m}^2 \leqslant F < 1000\text{m}^2$；④小型或机组型袋式除尘器，$20\text{m}^2 \leqslant F < 200\text{m}^2$；⑤微型或小机组型袋式除尘器，$F < 20\text{m}^2$。

二、按除尘器内的压力和温度分类

1. 按压力分类

按除尘器内的压力分类，可分为负压式除尘器和正压式除尘器两类。流程如图 5-39 所示。

（1）正压式除尘器　风机设置在除尘器之前，除尘器在正压状态下工作。由于含尘气体先经过风机，对风机的磨损较严重，因此不适用于高浓度、粗颗粒、高硬度、强腐蚀性的粉尘。不适用于易凝结的高湿气体，因为高湿气体容易受外部大气影响而结露和粉尘黏结。

正压式除尘器因风机在除尘器的前面，经过滤袋过滤净化后的清洁气体可以直接排到大气中，可不必采用密封结构，从而使构造简单，造价也可比负压式低 20%～30%。正压式除尘器在处于高温气体时，由于滤袋的外侧可受到外部大气的冷却作用，是有利的。

（2）负压式除尘器　风机置于除尘器之后，除尘器在负压状态下工作，由于含尘气体经净化后再进入风机，因此对风机

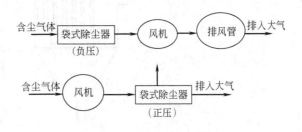

图 5-39　负压式与正压式流程

的磨损很小，这种方式采用较多。

风机按设在袋式除尘器的后面，在除尘器内部形成负压，故必须采取密封结构。因为是采用密闭式结构，虽然造价比较高，但容易采取保温等措施，所以适用于处理高湿度的凝结性气体。

负压式装置的外部工作空间不受排风粉尘的影响，容易保持清洁的工作环境。这一方式是风机直接向大气中排气，有必要注意噪声问题，常常需要考虑采取消声器或消声室等消声措施。

2. 按使用温度分类

按照袋式除尘器的使用温度，可以把袋式除尘器分为常温袋式除尘器和高温袋式除尘器。袋式除尘器的使用温度主要取决于滤袋的耐温情况。

（1）常温袋式除尘器　常温袋式除尘器是指工作温度＜120℃的除尘器。其特点是使用耐温低于120℃的涤纶丙纶、腈纶等材质的滤袋，除尘器的结构、连接件、涂装也相应给予温度考虑。

（2）高温袋式除尘器　高温袋式除尘器是指工作温度＞120℃的除尘器，其特点是使用温度较高，耐温随选用滤袋材质不同而不同，对于高温袋式除尘器除了选用高温滤袋外，除尘器壳体要考虑热膨胀伸长问题及框架与箱体的滑动连接问题，密封件的耐温问题以及除尘器涂装耐高温的涂料问题。为防止除尘器入口气体瞬间温度超过滤袋的耐温程度，往往要在除尘器前的管道上装混入空气的冷风阀或烟气冷却器。有热烟气中火星带入可能的还要装灭火器。

三、按除尘器清灰方式分类

1. 振动清灰方式

利用机械装置振打或摇动悬吊滤袋的框架，使滤袋产生振动而清落积灰，圆袋多在顶部施加振动，使之产生垂直的或水平的振动，或者垂直与水平两个方向同时振动，施加振动的部位也有在滤袋的中间位置的。由于清灰时粉尘要扬起，所以振动清灰常采用分室工作制，即将整个除尘器分隔成若干个袋室，顺次地逐室进行清灰，可保持除尘器的连续运转。进行清灰的袋室，利用阀门自动地将风流切断，不让含尘空气进入。以顶部为主的振动清灰，每分钟振动可达数百次，使粉尘脱落入灰斗中。振动清灰方式袋式除尘器如图 5-40 所示。

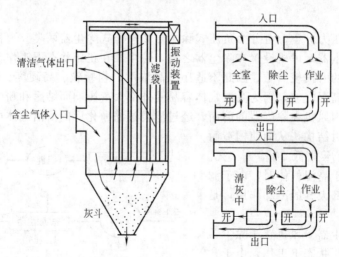

图 5-40　振动清灰方式袋式除尘器

振动清灰的强度可由振动的最大加速度来表示，清灰强度和振动频率的二次方与振幅之积成正比。但是，振动频率过高时振动向全部滤袋的传播不够充分，而是有一个比较合适的范围。采用振动电机时，一般取振动频率为 20～30 次/s，振幅为 20～50mm，减少振幅，增加频率，能减轻滤布的损伤，并能使振动波及于整个滤袋。对于黏附性强的粉尘，需增大振幅，减小滤袋张力，以增强对沉积粉尘层的破坏力。

振动清灰方式的机械构造简单，运转可靠，但清灰作用较弱，适用于纺织布滤袋。

2. 反吹清灰方式

反吹清灰方式也叫反吹气流或逆压清灰方式。这种方式多采用分室工作制度，利用阀门自动调节，逐室地产生与过滤气流方向相反的反向气流。反吹清灰法多用内滤式，由于反向气流和逆压的作用，将圆筒形滤袋压缩成星形断面并使之产生反向风速和振动而使沉积的粉层尘脱落。

因为是内滤式，所以要适当地调整滤袋的拉力，使滤袋的变形收缩不过大也不过小。为此在滤袋长度方向上每隔一定距离（例如 1～2m）加一金属环，控制滤袋的变形，使清灰作用比较均匀地分布到整个滤袋上。在清灰期间，多进行两次以上反吹的清灰过程。

这种清灰方式大多使用编织布滤料如 729 滤布，对于比较容易清落的粉尘也可使用过滤毡类滤料。

图 5-41 是这种清灰方式的示意。反向气流的产生，对负压式是关闭出口侧阀门，打开反吹风阀门，由大气或者风机排出管道吸入气体而形成反向气流；对于正压式，则关闭灰斗入口侧阀门，打开反吹风阀门，由通往风机的入风管道吸入大气而形成反向气流。为增向反吹效果，也有安设专门小型风机的形式。

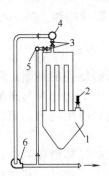 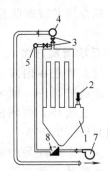 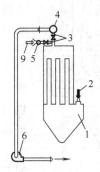

(a) 由主风机供给吹风气体　(b) 由专用风机供给吹风气体　(c) 由大气中吸取吹风空气

图 5-41　反吹风除尘器的工作示意

1—除尘器；2—待净化气体入口；3—阀门；4—已净化气体总管；5—吹风
气体总管；6—主风机；7—吹风机；8—加热器；9—空气吸入口

反吹清灰方式的清灰作用比较弱，比振动清灰方式对滤布的损伤作用要小，所以玻璃纤维滤布多采用这种清灰方式。

3. 反吹振动联合清灰方式

反吹振动联合清灰方式系指仅用反吹清灰方式不能充分清落粉尘时，再加上微弱振动的联合清灰方式。高温玻璃纤维滤袋实际上多采用这种联合清灰方式。

4. 脉冲喷吹清灰方式

固定滤袋用的多孔板（花板）设在箱体的上部，在每一排滤袋的上方有一喷吹管，喷吹管上对着每一滤袋的中心开一压气喷射孔（嘴），喷吹管的另一端与由脉冲阀、控制阀等组成的脉冲控制系统及压缩空气储气罐相连接，根据规定的时间或阻力值，按自动控制程序进行脉冲喷吹清灰。

滤袋多采用外滤式，内侧设支撑骨架，粉尘被捕集而沉降在滤袋的外侧表面。清灰时的一瞬间，当高速喷射气流通过滤袋顶端时能诱导几倍于喷射气量的空气，一起吹向滤袋内部，形成空气波，使滤袋由上向下产生急剧的膨胀和冲击振动，产生很强的清落粉尘的作用。脉冲周期可以调整，一般为一分钟到几分钟。

根据脉冲喷吹气流与净化气流的流动方向，有顺喷式、逆喷式和对喷式三种方式。顺喷式为两股气流方向一致，净化后清洁空气由滤袋底部排出；逆喷式为两股气流方向相反，净化后的清洁空气由滤袋顶部排出；对喷式实际是把滤袋分为两部分，一部分对喷，另一部分顺喷。

在喷吹时，被清灰的滤袋不起捕尘作用，因喷吹时间很短，且滤袋是一排一排地依次进行喷吹清灰，几乎可以把捕尘作业看作是连续进行的，因此可以采取分室结构进行离线清灰，也可以不分室进行在线清灰。

脉冲清灰作用较强，清灰效果较好，可提高过滤风速。其强度和频率都是可以调节的。清灰作用与大气压力、文氏管构造以及射流中心线和滤袋中心线是否一致等因素有关。滤袋较长时，使用较好的喷吹装置同样可以获得良好的清灰效果。

由于清灰作用强，对于毡类滤料也是有效的。毡类滤料的使用也开始广泛起来。毡类滤料，从微观角度看，整体都可用于有效过滤，所以，其表观过滤速度可比纺织布高，从而使装置小型化。

脉冲喷吹装置需要压缩空气作能源，在寒冷地带因压缩空气中的水汽容易凝结而影响喷吹效果，故不宜放在室外；如若放在室外应采取相应技术措施防止结露或冻结。图5-42是脉冲喷吹清灰方式示意。

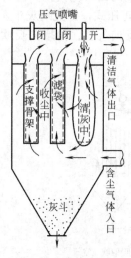

图 5-42　脉冲喷吹清灰方式示意

5. 气环反吹清灰方式

这种清灰方式是在内滤式圆形滤袋的外侧，贴近滤袋表面设置一个中空带缝的圆环，圆环可上下运动并与压缩空气或高压风机管道相接，由圆环上内向的缝状喷嘴喷出的高速气流，把沉积于滤袋内侧的粉尘层清落。

气环反吹工作原理是相邻几个气环组成一组，固定在一个框架上，用链条传动，使之沿导轨上下移动，其结构比较复杂，且容易发生损伤滤袋的现象。因脉冲喷吹清灰方式的应用，除特殊用途外已很少应用。

6. 气箱脉冲清灰方式

气箱脉冲清灰方式也叫强制脉冲方式，其特点是将滤袋分成若干室，在滤袋上方净气箱内用隔板分隔起来而形成分室，滤袋的上端不设文氏管。清灰是按顺序逐室进行的，如图5-43所示，关闭排气口阀门，从一侧向分室上部喷射脉冲气流，经分室进入到各个滤袋内，利用其冲击与膨胀作用清灰。

气箱脉冲一般采用外滤式滤袋，需要有内侧袋笼支撑，在上部出口侧要做成分室结构形式。

7. 脉冲反吹清灰形式

脉冲反吹清灰形式是对前述反吹清灰方式的反向气流给予脉动动作的清灰方式，它具有较强的清灰作用，但要有能产生脉动作用的机械结构（如自动开、闭阀门等）。由于清灰作用较强，如采取部分滤袋逐次清灰时，则不需要分室结构形式。图5-44是其一例。

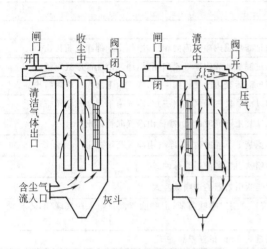

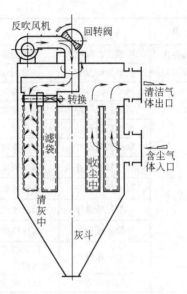

图 5-43　分室脉冲喷吹清灰方式示意　　　　图 5-44　脉动反吹清灰方式示意

四、袋式除尘器的分类命名

（1）袋式除尘器的细致分类　袋式除尘器的细致分类标准是以清灰方式进行分类。根据清灰方法不同，袋式除尘器可分为 5 大类，28 种，分类情况见表 5-2。

表 5-2　袋式除尘器的分类

分　类	名　称	定　义
机械振动类袋式除尘器	低频振动	振动频率低于 60 次/min，非分室结构
	中频振动	振动频率为 60～700 次/min，非分室结构
	高频振动	振动频率高于 700 次/min，非分室结构
	分室振动	各种振动频率的分室结构
	手动振动	用手动振动实现清灰
	电磁振动	用电磁振动实现清灰
	气动振动	用气动振动实现清灰
分室反吹类袋式除尘器	分室二态反吹	清灰过程只有"过滤"、"反吹"两种工作状态
	分室三态反吹	清灰过程有"过滤"、"反吹"、"沉降"三种工作状态
	分室脉动反吹	反吹气流呈脉动供给
喷嘴反吹类袋式除尘器	气环反吹	喷嘴为环缝形，套在滤袋外面，经上下运动进行反吹清灰
	回转反吹	喷嘴为条口形或圆形，经回转运动，依次与各滤袋出口相对，进行反吹清灰
	往复反吹	喷嘴为条口形，经往复运动，依次与各滤袋出口相对，进行反吹清灰
	回转脉动反吹	反吹气流呈脉动供给的回转反吹式
	往复脉动反吹	反吹气流呈脉动供给的往复反吹式
振动反吹并用类袋式除尘器	工频振动反吹	低频振动与反吹并用

分 类	名 称	定 义
振动反吹并用类袋式除尘器	中频振动反吹	中频振动与反吹并用
	高频振动反吹	高频振动与反吹并用
脉冲喷吹类袋式除尘器	逆喷低压脉冲	低压喷吹,喷吹气流与过滤后袋内净气流向相反,净气由上部净气箱排出
	逆喷高压脉冲	高压喷吹,喷吹气流与过滤后滤袋内净气流向相反,净气由上部净气箱排出
	顺喷低压脉冲	低压喷吹,喷吹气流与过滤后袋内净气流向一致,净气由下部净气联箱排出
	顺喷高压脉冲	高压喷吹,喷吹气流与过滤后袋内净气流向一致,净气由下部净气联箱排出
	对喷低压脉冲	低压喷吹,喷吹气流从滤袋上下同时射入,净气由净气联箱排出
	对喷高压脉冲	高压喷吹,喷吹气流从滤袋上下同时射入,净气由净气联箱排出
	环隙低压脉冲	低压喷吹,使用环隙形喷吹引射器的逆喷脉冲式
	环隙高压脉冲	高压喷吹,使用环隙形喷吹引射器的逆喷脉冲式
	分室低压脉冲	低压喷吹,分室结构,按程序逐室喷吹清灰,但喷吹气流只喷入净气联箱,不直接喷入滤袋
	长袋低压脉冲	低压喷吹,滤袋长度超过 5.5mm 的逆喷脉冲式

（2）袋式除尘器的命名　袋式除尘器是以清灰方法分类与最有代表性的结构特征相结合来命名。袋式除尘机组的命名原则亦相同。

命名格式分为分室结构、非分室结构和袋式除尘器机组三种。

1. 分室结构袋式除尘命名示例

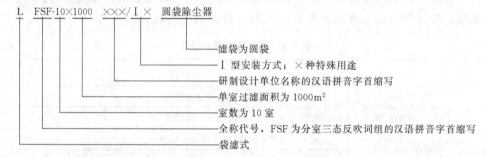

2. 非分室结构袋式除尘器命名示例

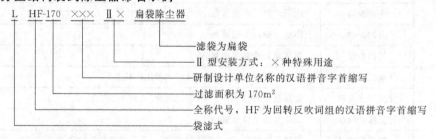

3. 袋式除尘机组命名示例

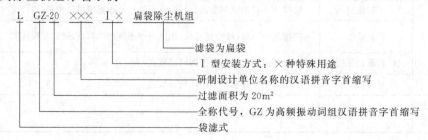

以上命名示例中，a. ×××是图纸设计单位代号，如联合设计可增加代号倍数；b. Ⅰ、Ⅱ、Ⅲ型安装方式由图纸设计单位自定；c. ×种特殊用途代号规定如下。

普通型	不做标记	防爆型	B
高温型	G	移动型	Y
保温型	W	耐压型（真空空度）	N

五、袋式除尘器的性能表示方法

袋式除尘器性能的优劣通常用除尘效率、压力损失、过滤风速及滤袋寿命来表示。

1. 除尘效率和排放浓度

除尘效率是指含尘气流通过袋式除尘器时新捕集下来的粉尘量占进入除尘器的粉尘量的百分数，用公式表示为

$$\eta = \frac{G_c}{G_i} \times 100\% \tag{5-29}$$

式中　η——除尘效率，%；

$\quad G_c$——被捕集的粉尘量，kg；

$\quad G_i$——进入除尘器的粉尘量，kg。

除尘效率是衡量除尘器性能最基本的参数，表示除尘器处理气流中粉尘的能力，它与滤料运行状态有关，并受粉尘性质、滤料种类、阻力、粉尘层厚度、过滤风速及清灰方式等诸多因素影响。

除尘效率与粉尘粒径有着直接的关系，有用分级效率表示某一粒径（或粒径范围）下的除尘效率，它也是评价除尘器性能指标之一。由于袋式除尘器对各种粒径粉尘都有较高的除尘效率，所以一般情况下较少采用分级效率评价袋式除尘器的性能。

在国家标准和除尘工程设计中，应用较多的是袋式除尘器出口排放浓度是多少。曾有人提出用下述方程预测袋式除尘器的粉尘出口浓度。

$$C_2 = [P_{ns} + (0.1 - P_{ns})e^{-a\omega}]C_1 + C_k \tag{5-30}$$
$$P_{ns} = 1.5 \times 10^{-7} \exp[12.7(1 - e^{1.03v_F})]$$
$$a = 3.6 \times 10^{-3} v_F^{-4} + 0.094$$

式中　C_2——除尘器排放浓度，g/m^3；

$\quad P_{ns}$——无量纲常数；

$\quad v_F$——除尘器过滤速度，m/min；

$\quad C_1$——除尘器入口浓度，g/m^3；

$\quad C_k$——脱落浓度（常数），mg/m^3，对玻璃纤维滤袋捕集飞灰 $C_k = 0.5mg/m^3$；

$\quad \omega$——粉尘负荷，g/m^3。

上式可用计算机程序求解。已知 C_1 求出 C_2 后便可计算出除尘器的除尘效率。对于玻璃纤维滤袋，粒子穿透滤布主要是由于通过滤布上的针孔漏气所致。

2. 影响除尘效率和排放浓度的因素

（1）运行状态的影响　同种滤布在不同状态下的分级效率如图 5-45 所示。显然，清洁滤布的除尘效率最低，积尘后滤布的除尘效率最高，清灰后滤布的除尘效率又有所降低。可见袋式除尘器起主要过滤作用的是滤布表面的粉尘层，滤料仅起形成粉尘初层和支撑骨架的作用。所以清灰时，应保留初始粉尘层，避免引起除尘效率的下降。

（2）粉尘粒径的影响　从图 5-45 中看出，对 $0.2 \sim 0.4\mu m$ 的尘粒，三种状态下的除尘效率均最低，因为这一范围的尘粒处在拦截作用的下限、扩散作用的上限，因此，$0.2 \sim 0.4\mu m$ 的尘粒是最难捕集的。但滤布的后处理和覆膜使捕集微细尘粒的效率有了极大提高。

（3）过滤速度的影响　由式(5-30)可知，过滤速度对除尘效率和排放浓度有重大影响。

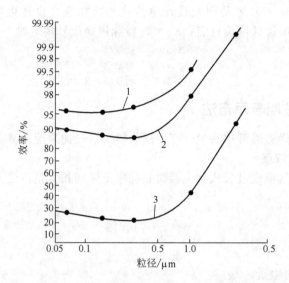

图 5-45 同种滤料在不同状态下的分级效率
1—积尘的滤料；2—清灰后的滤料；3—清洁滤料

（4）滤布结构及粉尘负荷的影响　滤布表面沉积的粉尘厚度用粉尘负荷 w 表示，它表示 $1m^2$ 滤料上沉积的粉尘质量不同滤布结构的除尘效率与粉尘负荷的关系如图 5-46 所示。显然，除尘效率随粉尘负荷增大而增大。就滤布而言，绒布和针刺毡的除尘效率比素布高，绒长的比绒短的效率高。

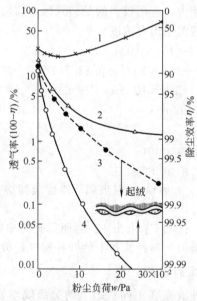

图 5-46　不同滤料结构的除尘效率与粉尘负荷的关系
1—素布；2—轻微起绒（由起绒侧过滤）；3—单面绒布
（由起绒侧过滤）；4—单面绒布（由不起绒侧过滤）

3. 压力损失

袋式除尘器的压力损失比除尘效率具有更重要的技术、经济意义，它不但决定着能量消耗，而且决定着除尘效率及清灰周期等。它与除尘器的结构、滤袋种类、粉尘性质及粉尘层特性、清灰方式、气体温度、湿度、黏度等因素均有关系。它由三个部分构成，公式表示为

$$\Delta p = \Delta p_c + \Delta p_f + \Delta p_d \tag{5-31}$$

$$\Delta p_f = \xi_f \mu v_F \tag{5-32}$$

式中　Δp——除尘器的总阻力，Pa；

Δp_c——除尘器的设备阻力，Pa，一般为 $200 \sim 500$Pa；

Δp_f——新滤料阻力，Pa，一般为 $50 \sim 100$Pa；

Δp_d——沉积粉尘层的阻力，Pa，一般为 $500 \sim 1500$Pa；

ξ_f——滤料的阻力系数，见表 5-3；

μ——气体的黏性系数，kg/(m·s)；

v_F——过滤风速，m/s。

Δp_f 一般很小，但就滤布而言，阻力小意味着空隙大，粉尘易穿透，除尘效率也很低，因此一般都选用具有一定初阻力的滤布。一般长纤维滤布阻力高于短纤维滤布，不起绒滤布阻力高于起绒滤布；纺织滤布阻力高于毡类滤布；较重滤布的阻力高于较轻滤布的。

表 5-3　清洁滤布的阻力系数　　　　　　　　　　　　　单位：m^{-1}

滤料名称	织　法	ξ_o	滤料名称	织　法	ξ_o
玻璃丝布	斜纹	1.5×10^7	尼龙 9A-100	斜纹	8.9×10^7
玻璃丝布	薄缎纹	1.0×10^7	尼龙 161B	平纹	4.6×10^7
玻璃丝布	厚缎纹	2.8×10^7	涤纶 602	斜纹	7.2×10^7
平绸	平纹	5.2×10^7	涤纶 DD-9	斜纹	4.8×10^7
棉布	单面绒	1.0×10^7	729-Ⅳ	2/5 缎纹	4.6×10^7
呢料		3.6×10^7	化纤毡	针刺	$(3.3 \sim 6.6) \times 10^7$
棉帆布 No11	平纹	9.0×10^7	玻纤复合毡	针刺	$(8.2 \sim 9.9) \times 10^7$
维尼纶 282	斜纹	2.6×10^7	覆膜化纤毡	针刺覆膜	$(13.2 \sim 16.5) \times 10^7$

Δp_d 指滤料过滤粉尘后，其表面沉积的粉尘产生的阻力，公式表示为

$$\Delta p_d = \xi_d \alpha v_F = \alpha m v_F \tag{5-33}$$

式中　ξ_d——堆积粉尘层的阻力系数，$10^8 \sim 10^{11}$；

α——堆积粉尘的比阻力，m/kg，一般取 $10^9 \sim 10^{12}$m/kg；

m——堆积粉尘负荷，Pa，一般取 $0.2 \sim 10$Pa。

α 通常不是常数，它与粉尘负荷 Q、粒径 d_p、粉尘层空隙率 ε 及滤料特性有关，如图5-47所示。

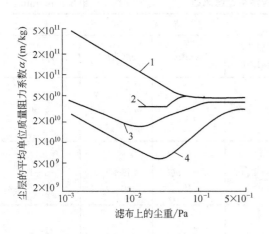

图 5-47　滤布的平均 α 值（$v_F = 0.6 \sim 6$m/min）

1—长丝滤料；2—光滑滤料；3—纺纱滤料；4—绒布

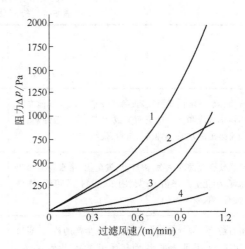

图 5-48　压力损失与过滤风速的关系

1—总阻力；2—滤料与剩余粉尘的阻力；

3—粉尘层阻力；4—除尘器出入口

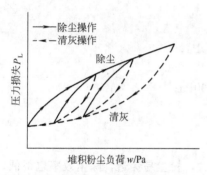

图 5-49　粉尘负荷与压力损失的清灰特性

压力损失与过滤风速的关系如图 5-48 所示。显然，随着过滤风速的增大，阻力呈上升趋势。当阻力达到预定值时，就需要对其进行清灰处理。清灰后其阻力只能降到清灰前的 20%～80%。清灰时，滤袋的压力损失有所下降并不说明清灰已经彻底结束，此时如果继续滤尘，压力损失就会急剧上升，粉尘负荷与压力损失的清灰特性如图 5-49 所示。

一般情况下，滤袋的压力损失在安装后增加较快，但在 1 个月内可趋于稳定，以后虽然不断增加，但增长的比较缓慢，多数近似为定值。

4. 过滤风速

过滤风速指气体通过滤布的平均速度，用公式表示为

$$v_F = \frac{Q}{60S} \tag{5-34}$$

式中　v_F——过滤风速，m/min；

　　　Q——通过滤布的风量，m³/h；

　　　S——滤布的面积，m²。

过滤风速是袋式除尘器处理气体能力的重要技术经济指标，它的选择是由粉尘性质、滤布种类、清灰方式及除尘效率等因素而定，一般选用范围为 0.2～2m/min，详见表 5-4。过滤风速 v_F 大，则说明设备紧凑、费用低，但阻力高、效率低；v_F 小，则说明阻力低，效率高，但设备庞大费用高，占地面积大。过滤风速与除尘效率及粉尘负荷的关系如图 5-50 所示。显然，随着粉尘负荷 m 的增大及 v_F 的减小，除尘效率 η 增高。

从粉尘粒径来看，细粉尘 v_F 要选择小一些，而粗粉尘 v_F 则要选择大一些；从滤布种类来看，素布滤料允许的 v_F 较小，不宜超过 0.6m/min，因此 v_F 的增大使阻力增加，粉尘层因受压空隙率减小，气流就从薄弱的地方突破，即发生"穿孔"现象，v_F 越大，"穿孔"就越严

表 5-4　袋式除尘器常用过滤风速　　　　　　　　　　　　　　　　　单位：m/min

粉 尘 种 类	清 灰 方 式			
	自动脱落或手动振动	机械振打	反吹风	脉冲喷吹
炭黑、氧化硅（白炭黑）、铝、锌的升华物以及其他在气体中由于冷凝和化学反应而形成的气溶胶、活性炭、由水泥窑排出的水泥、化妆品、焦粉、烧结矿粉	0.25～0.4	0.3～0.5	0.33～0.60	0.5～0.8
铁及铁合金的升华物、铸造尘、氧化铝、由水泥磨排出的水泥、碳化炉升华物、石灰、刚玉、塑料、可可粉、洗涤剂、淀粉、糖、皮革粉	0.28～0.45	0.4～0.65	0.45～0.80	0.6～1.2
滑石粉、煤、喷砂清理尘、飞灰、陶瓷生产的粉尘、炭黑（二次加工）、颜料、高岭土、石灰石、矿尘、铝土矿、锯末、水泥（来自冷却器）、谷物、饲料、烟草、肥料、面粉	0.30～0.50	0.50～0.8	0.6～1.0	0.8～1.5

注：随着国家大气污染物排放标准日趋严格，过滤风速渐取低值。

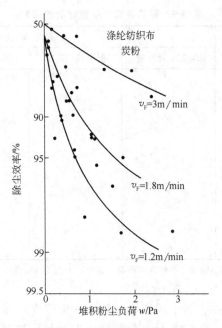

图 5-50　过滤风速与除尘效率及粉尘负荷的关系

重。但对绒布或呢料来说，由于容尘量大，透气性好，发生"穿孔"的过滤风速较高，所以v_F可选择大些。

5. 滤袋寿命

滤袋寿命也是衡量袋式除尘器性能的重要指标之一。滤袋寿命的一般定义为在破损滤袋占总滤袋的 10% 时所使用的时间，它与滤料的材质、烟气温湿度、成分、酸露点、粉尘性质及除尘器结构、清灰方式等因素有关，同时也受维护管理、清灰频率、过滤风速、粉尘浓度的影响。一般来说，滤袋使用2～4 年是正常的。滤袋寿命与过滤风速的关系如图 5-51 所示。

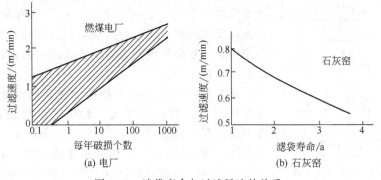

(a) 电厂　　　　　　　　(b) 石灰窑

图 5-51　滤袋寿命与过滤风速的关系

影响袋式除尘器性能的因素见表 5-5。

六、袋式除尘器的选用

正确选用袋式除尘器是保证袋式除尘系统正常运行并达到预定处理效果的最重要环节，也是获得最佳滤袋寿命的关键措施。选用步骤如下（见图 5-52）。

1. 掌握原始资料

掌握的原始资料主要包括：①含尘气体特性，包括气体的化学成分、温度、含湿量、腐蚀

表 5-5　影响袋式除尘器性能的因素

影　响　因　素	除 尘 器 性 能			
	减少压力损失	提高除尘效率	延长滤袋寿命	降低设备费用
过滤风速(v_F)	A′	A′	A′	B′
清灰作用力		A′	A′	A
清灰周期(T)	B′		B′	(B)
气体温度	A′	A	A′	A
气体相对湿度	A′	B	A′	A
气体压力				大气压
粒径(d)	A′	B′	A	B
入口含尘质量浓度(C)	B′	B	A	(A)
粉尘密度(ρ)		(B)	(A)	

注：1. A、B 系指某影响因素的趋向对除尘器性能的影响，其中，A 为低或短或小，B 为高或长或大。
2. A′、B′表示影响大的因素，(A)、(B) 表示影响很小。

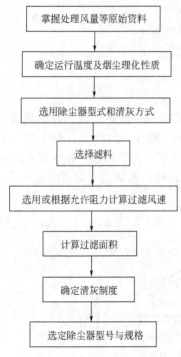

掌握处理风量等原始资料

↓

确定运行温度及烟尘理化性质

↓

选用除尘器型式和清灰方式

↓

选择滤料

↓

选用或根据允许阻力计算过滤风速

↓

计算过滤面积

↓

确定清灰制度

↓

选定除尘器型号与规格

图 5-52　袋式除尘器选型步骤

性、可燃易爆性、含尘浓度；②粉尘的理化特性，包括粉尘的粒径、分散度、腐蚀性、磨琢性、黏性。易燃易爆性等；③要求除尘器的处理风量、系统主风机的风量、风压；④对排放浓度的要求；⑤对除尘器使用寿命的要求；⑥袋式除尘器安装现场位置及场地面积。

2. 选用袋式除尘器型式

袋式除尘器的型式较多，有机械振动类、振动反吹并用类、分室反吹类、喷嘴反吹类、脉冲喷吹类、复合机理类以及袋式除尘机组。

目前，绝大多数都采用脉冲喷吹类，对于分室反吹类，在高温窑炉烟气方面应用不少，在中小型除尘器的应用中，外滤式反吹风除尘器如旁插扁袋以及回转反吹喷嘴反吹类也应用不少。复合机理类电袋结合式除尘器尚在发展，主要用于电站锅炉除尘。

脉冲喷吹类袋式除尘器的主要特点是采用压缩空气脉冲喷吹清灰，清灰强度大，对积附在滤袋表面的黏性尘、潮湿粉尘层均能清落；袋底压力对袋长 6～8mm 的滤袋能达 1500～2000Pa 以上。清灰强度能调整。有高、低压脉冲清灰，在线、离线脉冲清灰之分，还有新出现的复式清灰，清灰形式多样，效果好。脉冲除尘器结构型式多样，有下进风式、上进风式、端面及侧面进风。滤袋以圆袋为主，还有各种扁袋。由于清灰强度大，相应过滤风速也大，可达 1～2m/min，一般为 0.8～1.5m/min。处理风量范围大，小到 1000m³/h，大到 200×10⁴ m³/h 以上。适宜于各类针刺毡、各类复合滤料及纬二重膨体玻纤过滤布玻纤毡以至刚性滤料的应用。适用于高低温各种粉尘及烟尘的除尘净化。过去工业炉窑、电站锅炉高温烟尘不能用脉冲除尘器，现由于滤料行业的发展，不断开发出各种适用于炉窑应用的高温滤料，经过实践也都可应用脉冲袋式除尘器了。因而在选用时脉冲除尘应用首选的除尘器。

3. 选择滤料

滤料是袋式除尘器的核心，选用正确与否，决定着袋式除尘器的效率、排放浓度与滤袋的阻力、寿命。滤料的品种繁多，有机织、针刺毡、复合针刺毡、梯度针刺毡、覆膜、玻纤以及刚性滤料。袋式除尘器除尘滤料常用纤维的品种及其理化特性见滤料一节所述。

滤料的选用应据各种生产工艺所产生的含尘气体中尘与气的理化特性和所配的袋式除尘器清灰型式来分析选用，主要考虑因素是保证所要求过滤后的排放浓度及长滤袋寿命，还需考虑尽量低的费用。

4. 确定过滤风速

袋式除尘器的过滤速度可以根据经验选取，也可以根据允许阻力大小进行计算，或者把经验和计算结合起来进行。

（1）根据经验选取过滤速度　过滤风速的大小，取决于粉尘特性及浓度大小、气体特性、滤料品种以及清灰方式。对于粒细、浓度大、黏性大、磨琢性强的粉尘，以及高温、高湿气体的过滤，过滤风速宜取小值，反之取大值。对于滤料，机织布阻力大，过滤风速取小值，针刺毡开孔率大，阻力小，可取大值；覆膜滤料较之针刺毡还可适当加大。对于清灰方式，如机械振打、分室反吹风清灰，强度较弱，过滤风速取小值（如 $0.6\sim1.0\mathrm{m/min}$）；脉冲喷吹清灰强度大，可取大值（如 $0.8\sim1.5\mathrm{m/min}$）。

选用过滤风速时，若选用过高，处理相同风量的含尘气体所需的滤料过滤面积小，则除尘器的体积、占地面积小，耗钢量也小，一次投资也小；但除尘器阻力大，耗电量也大，因而运行费用就大，且排放质量浓度大，滤袋寿命短。反之，过滤风速小，一次投资大，但运行费用小，排放浓度质量小，滤袋寿命长。近年来，袋式除尘器的用户对除尘器的要求高了，既关注排放质量浓度，又关注滤袋寿命，不仅要求达到 $10\sim30\mathrm{mg/m^3}$ 的排放质量浓度，还要求滤袋的寿命达到 $2\sim4$ 年，要保证工艺设备在一个大检修周期（$2\sim4$ 年）内，除尘器能长期连续运行，不更换滤袋。这就是说，滤袋寿命要较之以往 $1\sim2$ 年延长至 $3\sim4$ 年。因此，过滤风速不宜选大而是要选小，从而阻力也可降低，运行能耗低，相应延长滤袋寿命，降低排放质量浓度。这一情况，一方面也促进了滤料行业改进，提高滤料的品质，研制新的产品；另一方面也促进除尘器的设计者、选用者依据不同情况选用优质滤料，选取较低的过滤风速。如火电厂燃煤锅炉选用脉冲袋式除尘器，排放质量浓度为 $20\sim30\mathrm{mg/m^3}$，滤袋使用寿命 4 年，过滤风速为 $0.8\sim1.2\mathrm{m/min}$，较之过去为低。

选用过滤风速时，若采用分室停风的反吹风清灰或停风离线脉冲清灰的袋式除尘器，过滤风速要采用净过滤风速。按下式计算：

$$v_n = Q/[60(S-S')] \tag{5-35}$$

式中　v_n——净过滤风速，$\mathrm{m/min}$；

　　Q——处理总风量，$\mathrm{m^3/h}$；

　　S——按过滤速度计算的总过滤面积，$\mathrm{m^2}$；

　　S'——除尘器一个分室或两个分室清灰时的各自的过滤面积，$\mathrm{m^2}$。

（2）过滤速度推荐值　袋式除尘器常用过滤速度见表 5-4。因排放标准要求不同，有的资料推荐值大。

（3）按经验公式计算过滤速度

$$q_f = q_n C_1 C_2 C_3 C_4 C_5 \tag{5-36}$$

式中　q_f——气布比，$\mathrm{m^3/(m^2 \cdot min)}$；

　　q_n——标准气布比，$\mathrm{m^3/(m^2 \cdot min)}$该值与要过滤的粉尘种类、凝集性有关，一般对黑色和有色金属升华物质、活性炭采用（$1.0\sim1.2$）$\mathrm{m^3/(m^2 \cdot min)}$，对焦炭、挥发性渣、金属细粉、金属氧化物等取值（$1.2\sim1.7$）$\mathrm{m^3/(m^2 \cdot min)}$，对铝氧粉、水泥、煤炭、石灰、矿石灰等取值为（$1.7\sim2.0$）$\mathrm{m^3/(m^2 \cdot min)}$，有

的 q_n 值根据设计者经验确定；

C_1——考虑清灰方式的系数，脉冲清灰（织造布）取 1.0，脉冲清灰（无纺布）取 1.1，反吹加振打清灰取 0.7～0.85；单纯反吹风取 0.55～0.7；

C_2——考虑气体初始含尘浓度的系数，从图 5-53 所示曲线可以查找；

C_3——考虑要过滤的粉尘粒径分布影响的系数（见表 5-6），所列数据，以粉尘质量中位径 d_m 为准，将粉尘按粗细划分为 5 个等级，越细的粉尘其修正系数 C_3 越小；

C_4——考虑气体温度的系数，其值见表 5-7；

C_5——考虑气体净化质量要求的系数，以净化后气体含尘量估计，其含尘浓度大于 $30mg/m^3$ 的系数 C_5 取 1.0，含尘浓度低于 $20mg/m^3$ 以下时 C_5 取 0.95。

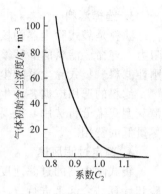

图 5-53 系数 C_2 随含尘浓度而变化的曲线

表 5-6 C_3 与粉尘中位径大小的关系

粉尘中位径 $d_m/\mu m$	>100	100～50	50～10	10～3	<3
修正系数 C_3	1.2～1.4	1.1	1.0	0.9	0.9～0.7

表 5-7 温度的修正系数

温度 $t/℃$	20	40	60	80	100	120	140	160
系数 C_4	1.0	0.9	0.84	0.78	0.75	0.73	0.72	0.70

（4）根据流体阻力计算过滤速度　根据流体阻力计算过滤速度，应使用 A.C. 孟德里柯和 H·Π·毕沙霍夫的公式：

$$\Delta p = \frac{917\mu v_F(1-m)}{d^2 m^3}\left[0.82\times10^{-6}d^{0.25}m_T^3(1-m)h_0^{2/3}+\frac{v_F tz}{\rho}\right] \qquad (5-37)$$

式中　μ——气体黏度，$Pa \cdot s$；

v_F——按滤布全部面积计算的气体速度（气体负荷），m/s；

d——粉尘平均粒径（用空气渗透法测定），m；

m——粉尘层的气孔率，以小数表示；

m_T——滤布气孔率，以小数表示；

ρ——粉尘密度，kg/m^3；

z——气体含尘量，kg/m^3；

t——清灰间隔时间（清灰周期），s；

h_0——新滤料过滤速度为 $1m/s$ 时的单位流体阻力，Pa。

几种滤布的 m_T 和 h_0 标准值列于表 5-8。

表 5-8 m_T 和 h_0 值

滤布	m_T（小数表示）	$h_0/10^5/Pa$
21 号 UⅢ 纯毛厚绒布	0.91～0.86	0.84
83 号 UM 滤袋	0.89	1.8
HUM 尼特纶	0.83	1.8
聚酚醛纤维布	0.66	8.8

注：m_T，h_0 值由滤料生产厂家提供。

按流体阻力计算过滤速度 v_F，举例如下。

如果已知粉尘密度为 $6400 kg/m^3$，粒子分散度 $d = 0.35 \times 10^{-6} m$，粉尘层气孔率为 0.94，气体温度为 90℃，清灰间隔时间为 15min，过滤器采用 HUM 滤袋的滤布。滤布气孔率 $m_T = 0.83$，$h_0 = 1.8 \times 10^5 Pa$。假定流体阻力 $\Delta p = 900 Pa$；90℃时气体 $\mu = 22 \times 10^{-6} Pa \cdot s$。求对于含尘量为 $1.4 \times 10^{-3} kg/m^3$ 气体的允许过滤速度。

将这些数据代入公式 (5-37)：

$$900 = \frac{817 \times 22 \times 10^{-6} v_F \times 0.06}{(0.36 \times 10^{-6})^2 \times 0.94^3} \left[0.82 \times 10^{-6} (0.35 \times 10^{-6})^{0.25} \times \right.$$

$$\left. (1 - 0.94) \times 0.83^3 (1.8 \times 10^5)^{2/3} + \frac{15 \times 60 \times 1.4 \times 10^{-3}}{6400} \right]$$

$$= 10600 v_F (2.18 + 197 v_F)$$

得 $v_F = 0.016 m/s = 0.96 m/min$

5. 计算过滤面积

过滤面积按下式计算

$$A = \frac{Q}{60v} \tag{5-38}$$

式中　A——袋式除尘器的过滤面积，m^2；

　　　Q——除尘器的处理风量，m^3/h；

　　　v——除尘器的过滤风速，m/min。

一般来说，计算过滤面积均采用净过滤速度，由于脉冲式的清灰时间很短，也可以用毛过滤风速计算。当采用净过滤风速时，上式计算的结果是净过滤面积，离线清灰时实际需要的总过滤面积还要加上清灰室的过滤面积。当采用毛过滤风速时，上式的计算结果就是总过滤面积。

6. 确定清灰制度

袋式除尘器的清灰周期与除尘器的清灰方式、烟气和粉尘的特性、滤料类型、过滤风速、压力损失等因素有关。与设备阻力一样，清灰周期通常根据各种因素并参照类似的除尘工艺初步确定，再根据实际运行情况加以调整。

若采用定压差清灰控制方式（即达到设定的设备阻力时开始清灰），则清灰周期不是人为地确定，而是在运行过程中随工况波动而自行调节。

对于脉冲袋式除尘器，清灰制度主要包括喷吹周期和脉冲间隔，是否停风喷吹（在线或离线）；对于分室反吹袋式除尘器主要包括反吹、过滤、沉降三状态的持续时间和次数。

7. 确定除尘器型号规格

依据上述结果查找样本，确定所需的除尘器型号、规格，或者进行非标设计。如采用离线清灰方式，还要计算净过滤风速。

对于脉冲袋式除尘器而言，按下式计算清灰的压缩气体耗量：

$$Q_a = k \frac{qn}{T} \tag{5-39}$$

$$q = 18.9 K_v [\Delta p (2p - \Delta p)]^{0.5} \tag{5-40}$$

式中　Q_a——脉冲袋式除尘器清灰的压缩气体耗量，m^3/min；

　　　k——附加系数；

　　　q——一个脉冲阀喷吹一次的压缩气体量，$m^3/$个；

　　　K_v——流量系数；

　　　p——阀进口管的压力，$10^5 Pa$；

　　　Δp——阀进出口压差，$10^5 Pa$；

　　　n——除尘器拥有的脉冲阀总数，个；

　　　T——除尘器的清灰周期，min。

附加系数 k 主要考虑漏气，并考虑空气压缩机的运转应有一定时间的间歇等因素，通常取 $k=1.2\sim1.4$。

根据耗气量 Q_a 确定空气压缩机的规格、型号和数量。

压缩空气中的油和水分离不净，带有水分和油的空气喷入滤袋内，无疑会引起滤袋堵塞，致使除尘器的阻力增大，处理风量降低，最终导致除尘器无法运行。此外空气中的水分大，也会加速脉冲阀内的弹簧锈蚀，脉冲阀在短时期内失灵。为了保证压缩空气能满足脉冲阀性能的要求，对于压缩空气干燥器的选择，当厂内除尘器处的温度低于 10℃ 时应采用冷冻剂干燥器。装在户外的除尘器达到冻结温度而没有保温设施时，可采用再生干燥剂的干燥器。在室内正常工作条件下，一般不需要干燥器。

第三节　滤袋的材质与制作

滤袋是袋式除尘器的关键部件之一，是袋式除尘器的核心部分。要正确掌握和使用滤袋，必须对其纤维性能、滤布织造工艺及滤袋加工方法进行全面了解。

一、滤料纤维

滤料的纤维有天然纤维、化学纤维两大类，每类又有多种，纤维是织造物的原料，所以纤维的性能对滤袋有决定性的影响。

（一）纤维的分类

纤维是滤布的基本原料，它决定滤布的主要性能，纤维分类见图 5-54。

（二）滤布纤维的性能

1. 滤布纤维因类别品种不同，性能差别较大

各种滤布纤维的性能见表 5-9 和表 5-10。

滤料纤维
- 天然纤维
  - 植物纤维
    - 种子纤维：棉、木棉等
    - 叶纤维：剑麻、蕉麻、凤梨麻（菠萝麻）等
    - 茎纤维：韧皮纤维（苎麻、亚麻、黄麻、槿麻、大麻、苘麻、罗布麻等）
  - 动物纤维
    - 毛发：绵羊毛，山羊绒、骆驼绒、兔毛、驼羊毛等
    - 腺分泌物：桑蚕丝、柞蚕丝、蓖麻蚕丝、木薯蚕丝等
- 化学纤维
  - 人造纤维
    - 再生纤维素纤维：黏胶纤维、铜氨纤维、富强纤维、醋酯纤维等
    - 蛋白质纤维：酪素纤维、大豆纤维、花生纤维等
  - 合成纤维
    - 聚烯烃类纤维：聚乙烯纤维（乙纶纤维）、聚丙烯纤维（丙纶）、共聚丙烯腈纤维（亚克力）聚丙烯腈纤维（腈纶）、聚乙烯醇纤维（维纶）、均聚丙烯腈纤维（德拉纶）
    - 聚酰胺类纤维：聚酰胺 6 纤维（锦纶 6）、聚酰胺 66 纤维（锦纶 66）、聚酰胺 100 纤维（锦纶 1010）等
    - 聚酯类纤维：聚对苯二甲酸乙二酯纤维（涤纶）再生聚酯短纤维等
    - 高性能纤维：聚间苯二甲酰间苯二胺纤维（Nomex）、芳香族聚酰胺纤维（芳纶）聚四氟乙烯纤维（PTFE）、芳香族聚砜酰胺纤维（芳砜纶）聚酰亚胺纤维（P84）、聚苯硫醚纤维（PPS. Ryton）等
    - 其他类纤维：聚甲醛纤维、聚氨酯弹性纤维（氨纶）、聚氯乙烯纤维（氯纶）、导电纤维、阻燃纤维等
  - 无机纤维
    - 玻璃纤维：无碱玻璃纤维、超细玻璃纤维、高强度玻璃纤维、高碱玻璃纤维、玻璃棉
    - 金属纤维：不锈钢纤维、镍纤维等
    - 矿物纤维：石棉纤维、硅铝纤维、碳纤维、玄武岩纤维、陶瓷纤维等

图 5-54　滤料纤维分类

表 5-9　滤布纤维性能

纤维名称		断裂强度/(g/旦①)		密度/(g/cm³)	耐磨性	定长回弹率/% (伸长3%)	标准吸湿率/% (65%相对湿度)	耐虫蛀耐霉烂性	耐热性	耐碱性	耐酸性	耐有机溶剂的性能
		干态	湿态									
棉		3.9~4.9	3.3~6.4	1.54	中等	74 (伸长3%)	7	较耐蛀 不耐霉	120℃,5h变黄 150℃分解	在苛性钠中膨润,但热稀碱不影响强度	耐冷稀酸,在热稀酸、冷浓酸中分解	不溶于一般溶剂
羊毛		1.0~1.7	0.76~1.63	1.32	较差	86~93	16	较耐霉 不耐蛀	100℃硬化 130℃分解 300℃碳化	耐冷稀碱,不耐碱	除硫酸外,耐其他热酸	不溶于一般溶剂
蚕丝		3.4~4.0	2.1~2.8	1.33~1.45	中等	54~55 (伸长8%)	9	较耐霉 不耐蛀	120℃变化 235℃分解 275~456℃燃烧	比羊毛略强	比羊毛稍差	不溶于一般溶剂
玻璃纤维		6.0~7.3	3.9~4.3	2.54			0	良好	耐热250℃,可在300℃短期使用	良好	不耐氢氟酸,耐其他酸	不溶于一般溶剂
锦纶	短纤维	4.5~7.5	3.7~6.4	1.14	优良	95~100	4.5	良好	软化点180℃ 熔化点215~250℃ 不自燃,可在120℃下使用	50%烧碱,28%氨水,强度不下降	耐30%盐酸,耐10%20%硫酸,不耐浓硝酸	溶于酚类、浓甲酸、热水醋酸
	长纤维	4.8~6.4	4.2~5.9									
绦纶	短纤维	4.7~6.5	4.7~6.5	1.38	优良	90~95	0.4~0.5	良好	软化点260℃ 熔点240℃,不自燃,常用温度150℃以下	10%烧碱,28%氨水,强度几乎不下降	耐35%盐酸,耐60%75%硫酸,耐硝酸	溶于热间苯酚邻二甲苯酚、氯化苯酚、F等
	长纤维	6.0~9.0	4.3~6.0									
腈纶	短纤维	2.5~5.0	2.0~4.5	1.17	较差	90~95	1.2~2.0	良好	软化点190~240℃,可在125℃以下使用	在浓碱浓氨水中发黄,但不影响强度	耐35%盐酸,耐45%65%硫酸,耐硝酸	溶于D、M、F、二甲亚砜,热的65%硫氰酸钾溶液
	长纤维	4.0~6.5	3.2~5.2									
维纶	短纤维	4.0~6.5	3.2~5.2	1.26~1.30	良好	70~85	5.0	良好	软化点220℃ 耐干热不耐湿热	在浓碱中强度几乎不下降	耐10%盐酸,30%硫酸不耐浓酸	溶于热吡啶酚甲酚、浓甲酸,不溶于一般溶剂
	长纤维	6.0~9.0	5.0~7.9									

纤维名称		断裂强度/(g/旦①)		密度/(g/cm³)	耐磨性	定长回弹率/%（伸长3%）	标准吸湿率/%（65%相对湿度）	耐虫蛀耐霉烂性	耐热性	耐碱性	耐酸性	耐有机溶剂的性能
		干态	湿态									
丙纶	短纤维	4.5~7.5	4.5~7.5	0.91	优良	96~100	0	良好	软化点 140~160℃，100℃收缩 0~5%	耐浓碱	耐浓酸	耐一般溶剂，溶于热氯化烃甲苯，二甲苯
	长纤维	4.5~7.5	4.5~7.5									
氯纶		2.5~4.0	2.5~4.0	1.39	良好	70~85	0	良好	软化点 90~100℃，70℃开始收缩	耐强碱	耐强酸	耐一般溶剂，溶于四氢呋喃，环己酮，D，M，F等
聚四氟乙烯		1.2~1.8	1.2~1.8	2.1~2.2	良好	80~100	0	良好	可在 -180~260℃下使用	优良	优良	耐一般溶剂，溶于高温的过沸氨体有机液体中
聚酰亚胺纤维		6.9			良好			良好	软化 700℃以上，在火中不燃烧	不耐强碱	不耐浓硫酸和发烟硫酸	不溶于一般溶剂
黏胶纤维		2.5~3.1	1.4~2.0	1.5~1.52	良好	55~100	12~14	良好	不软化，不溶融，260~300℃分解	不耐强碱	不耐热稀酸和冷稀酸，50%盐酸和11%硝酸	不溶于一般溶剂，溶于铜氨溶液中
HT-1	长纤维	5.5	4.0	1.3	良好	140~150	6.5	优良	在 371℃急剧损坏，常用 230℃，高温对强度有影响	一般耐碱性良好，而长期在某些浓度的 NaOH 中强度有些下降	耐大多数酸，长期在盐酸，硝酸和硫酸中强度有下降	不溶于一般溶剂
	短纤维	5.5	4.0									
玻璃纤维				2.54	良好			优良	耐温 260℃条件下长期使用	优良	优良	不溶于一般溶剂
金属纤维					优良			优良	400~1000℃作用	良好	良好	

① 1旦=$\frac{1}{9}$ tex=$\frac{1}{9}$ g/km。

表 5-10　除尘滤布常用纤维的性能

纤维名称		使用温度/℃			力学性能			化学稳定性					水解稳定性	阻燃性
		连续		瞬间上限	抗拉	抗磨	抗折	无机酸	有机酸	碱	氧化剂	有机溶剂		
学名	商品名	干	湿											
棉	棉	75		90	△	○	○	×①	√	√~○	△	√	○	×
毛	毛	80		95	×	○	○	○②	○		×	○	○	×
聚丙聚	丙纶	85		100	√	○	○	√~○	√	√~○	○	○	√	×
聚酰烯	尼龙	90		100	√	○	○	△~×	△	○	△	√~○	×	△
共聚丙烯腈	亚克力	105		115	○	○	○	√~○	√	△	○	√~○	○	×
均聚丙烯腈	Dolarit	125		140	○	○	○	○	√	△	○	√~○	○	×
聚酯	涤纶 Dralon	130		150	○	○	○	○	√~○	○~△③	○	○	○	△
亚酰胺	momex	190		230	√	√	√	△	√~○	○~△	○~△	○	○	△
(芳香族聚酰胺)	Conex	190		230	√	√	√	△	√~○	○~△	○~△	○	○	△
聚亚乙基二胺	Kermel	180		220	√	√	√	△	√~○	○	○	○	○	√
聚对苯酰胺	芳砜纶	190		230	△	○	○	△	√	○	△	○	○	√
聚亚苯基1,3,4-噁二唑	聚噁二唑	180		220	△	△	○	△	○	△	△	√	△	√
聚亚苯基硫醚	Ryton	190		220	○	○	○	√	√~○	○	×	√	√	√
聚亚酰胺	P-84,Teflon	240		260	○	○	○	○	√~○	○	√	√	√	√
聚四氟乙烯	特氟纶 Teflon	250		280	△	△	△	√	√	√	√	√	√	√
膨化聚四氟乙烯	Restex	250		280				√	√	√	√	√	√	√
无碱玻璃纤维		200~260④		290	√	○	×	△⑤	△⑤	×		√	√	√
中碱玻璃纤维		200~260		270	√	○	×	√⑥	○⑦	×		√	√	√
不锈钢纤维	Bekinox	450	400	510	√	√	√	√	√	√	√	√	√	√

注：1. 表中√、○、△、×表示纤维理化特性的优劣排序，依次表示优、良、一般、劣；

2. 表中①除水杨酸；②除 CrO₃；③除 NH₄OH；④经硅油、石墨、聚四氟乙烯等后处理；⑤除 F₂；⑥除 HF；⑦除苯酚、草酸。

2. 化学纤维的特性

化纤滤布主要有涤纶机织布和涤纶、腈纶、丙纶针刺毡等。对耐温有更高要求，还有 Nomex、Basfil、P84 等。部分滤布纤维的性能如下。

(1) 涤纶纤维　涤纶，学名聚酯 (Polyester，PE) 即对苯二甲酸乙二醇酯 (Polyethylene terephthalate，PET)。其密度为 $1.38g/cm^3$，熔点 256℃，断裂强度 5.5g/旦，极限氧指数 22。垫塑性纤维，遇火会燃烧并滴落，能压光、烧毛。

可在干燥条件下经受 135℃ 的操作温度；连续在 135℃ 以上工作会变硬、褪色、发脆，也会使其强度变弱。与聚丙烯相比，聚酯在热衰变方面不敏感。热氧化发生的可能性需要在一定的温度范围内有较强的氧化物来损坏 PET。对 PET 而言，损坏的最常见原因是受水蒸气的水解或水温升高，尤其是在碱环境下的水解侵蚀。水解以及氨、硫化氢损坏了聚合物的主要结构，减少了织布的强度，并最终导致织布损坏。水解式如下。

$$\text{（化学结构式 水解反应）} \tag{5-41}$$

聚酯水解是指聚酯纤维受到过热的水蒸气作用后造成了损坏。气体中水分的含量和温度越高，水解造成的损坏就越快。如图 5-55 所示。水解作用在强酸或强碱环境中会增强。

(2) 聚酰胺纤维　俗称尼龙、锦纶 (Polyamide nylon) 或耐纶。它耐磨性好，耐磨性高出棉和羊毛几倍。长期使用温度与棉相似。密度低，制品轻而光滑。聚酰胺纤维中有尼龙 6、尼龙 6.6、耐热尼龙等，一般所谓的尼龙也就是尼龙 6（除此之外，还有尼龙 11 等但不太使

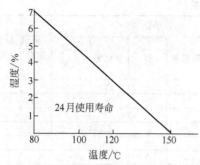

图 5-55　聚酯寿命与湿度、温度的关系

用），这种尼龙是己内酰胺的聚合，而尼龙 66 是己二胺和己二酸的聚合，耐热尼龙是芳香族聚酰胺聚合成的。尼龙在合成纤维中强度是优秀的。而吸水率是 4% ~ 5%，是涤纶的 10 倍以上。尼龙尺寸稳定性较涤纶差，它在碱和有机酸中是强的（除去蚁酸、碳酸之个）。但除了在硫酸、盐酸等的无机酸之外，在过氧化氢和次氯酸等氧化剂中是差的。就耐热度来讲，尼龙 6 和尼龙 66 是 100~110℃，耐热尼龙可达 220℃，但在水分多的干燥剂等排气情况下可达 160℃。

（3）聚丙烯腈纤维　常叫腈纶（Polyacrylonitrile），是人造毛的主要材料。它的热稳定性好，在 120℃ 下使用几星期其强度不变。可在 110~125℃ 下长期使用，短时间可耐温达 130℃。耐酸，对氧化剂和有机溶剂较稳定，但不耐碱。初始弹性模数较高，制品不易变形，抗拉强度约为羊毛的 2 倍，耐磨性也好。

从化学观点看，聚丙烯腈相当稳定。它与 PP 相比，其耐氧化性更为稳定。并在许多方面都较 PET 稳定。氧化反应有可能产生不同的分子结构，因而聚合物的主结构极有可能发生衰变。

（4）聚丙烯纤维　商品名称为"丙纶"，是以聚丙烯为原料纺制的纤维，密度小，制品轻盈；然而其强度大，耐磨性和弹性都很好；耐腐蚀性良好，对无机酸、碱都有很好的稳定性；对有机溶剂的稳定性稍差。丙纶的耐热性能比天然纤维好，软化点为 145~150℃，熔点为 165~170℃。价格低，货源丰富。

大多数情况下聚丙烯会氧化而降解，所以这是聚合物的主要弱点。氧化侵蚀主要是由氧气的攻击，通常因金属盐的转变而持续发生。氧来自外界空气或氧化物，如 NO_2。

（5）聚乙烯醇缩醛纤维　商品名称为维纶或维尼纶，是吸湿性较强的品种，其耐磨性比棉花高很多。耐碱性能好，耐酸性也可以，在一般有机酸、醇、酯及石油等溶剂中均不溶解。但是耐热水性能不好，在湿态下加热 115℃ 时就会收缩。

（6）聚氯乙烯纤维　商品名称为氯纶，是一种难燃材料，放在火上它可燃烧，离开火焰它会自然熄灭而不继续燃烧。吸湿性和耐热性都差，通常在 60~70℃ 时即开始软化收缩。

（7）偏芳族聚酰胺纤维　芳香族聚酰胺（Aryl polyamide）商品名，诺梅克斯（Nomex）美国杜邦公司 20 世纪 50 年代研制成功，1967 年正式投入生产。其密度为 $1.38g/cm^3$，断裂强度 4.9g/d，极限氧指数 29。它是非热塑性纤维，不自燃也不助燃，高温状态下如 371℃ 只会碳化或分解成小分子，不会像一般热塑性纤维会突然软化，所以不能压光，但可烧毛。它可在干燥条件下经受 200℃ 的操作温度；是水解性纤维，当高温和有化学成分及水分时会很快水解而损坏；在水分浓度为 10% 及弱酸性及中性环境下可适用于 190℃ 的操作温度，而使寿命也可达 2 年；若水分浓度增加为 20%，使用寿命达到 2 年则需降温到 165℃ 以下，若还在 190℃ 使用其使用寿命只有半年多。其缺点是特怕 SO_x 的侵蚀，因此在烧含硫煤的电厂中往往不能应用。在水分浓度为 10% 时，若温度为 120℃、SO_2 含量 140mg/m^3，强度保留率为 58%；若温度升到 180℃，SO_2 含量不变时，强度保留率为 30%；SO_2 含量 1140mg/m^3 时，强度保留率 5%。所以在有水汽和 SO_x 存在时不宜使用。

偏芳族聚酰胺水解式为

（8）普抗（托康）纤维　学名聚苯硫醚（Potyphenylene sulfide，PPS）。

结构式

$$\left[\!\left\langle\!\!\bigcirc\!\!\right\rangle\!\!-\!\!\overset{\overset{\text{O}}{\|}}{\text{S}}\right]_n$$

密度 $1.38g/cm^3$，熔点 285℃，断裂强度 $5.0g/$旦，极限氧指数 34。它是结晶性、高性能热塑性工程过滤原料，具有耐热、耐化学性、阻燃性等诸多特性。

可在 190℃ 的温度下连续使用，瞬时 200℃（每年累计 400h 以下）；在 160℃ 的热压釜中能保持 90％ 以上的强度。耐化学性非常好，抗硫、抗酸效果很好，所以在燃煤锅炉上是最合适的滤布，现有约 80％ 的 PPS 滤布使用在燃煤锅炉上，它只要求煤的硫含量在 3.5％ 以下，烟气中 SO_2 含量在 $2700mg/m^3$ 以下。

其缺点是抗氧化性较差，要求 O_2 含量小于 14％（体积）、NO_x 小于 $600mg/m^3$，若 O_2 含量达 12％ 建议温度降到 140℃。总之氧含量越高，所使用的温度越低。

（9）P84 纤维　学名聚酰亚胺（Polyimide，PI）。产品由奥地利 Inspec Fibres 研发。

结构式

密度 $1.41g/cm^3$，是规则的三叶状截面，因此比一般圆形截面增加了 89％ 的表面积。耐高温性能好，可在 240℃ 以下连续使用，瞬时温度可达 260℃。吸水率 3％。

有一定的水解性，建议使用在水汽含量小于 38％ 的气氛中。有一定的抗氧化性，希望烟气中 O_2 含量小于 6％（体积），NO_x 小于 $600mg/m^3$，若没有 O_2 补充 NO_x 含量放宽到 $1500mg/m^3$。

SO_x 会使滤料寿命降低，建议 SO_x 含量小于 $700mg/m^3$，在垃圾焚烧炉中应用必须有脱硫装置。

（10）芳砜纶（简称 PST）　即聚砜酰胺纤维，热稳定性好，在 300℃ 的热空气中经受 100h，强度保持 80％；在 350℃ 热空气中经受 50h，强度保持 55％。尺寸稳定性好，在沸水中的收缩率为 0.5％～1.0％；在干燥的热空气中处理 2h，其收缩率小于 2％。用芳砜纶制作的各种滤材均在袋式除尘器上应用，净化烟气温度范围为 180～230℃ 时，效率为 99％。国外有用芳砜纶处理 260℃ 以下的烟气。芳砜纶其有耐磨抗腐蚀和难燃性。

（11）特氟纶（TEFLON）　即聚四氟乙烯，可在 220～260℃ 温度下连续工作 3～6 年。强度较低，加热到 327℃ 以上时会产生极微量有毒气体、无水 HF。用特氟纶制作成的针刺毡，可在高气布比下使用，配合脉冲喷吹清灰方式，效果良好。聚四氟乙烯具有突出耐温、耐腐蚀性能，然而价格昂贵，为了解决需要和可能的矛盾，在使用它喷涂复合技术方面有了新的开发，使这种材料的用途豁然拓宽。

3. 玻璃纤维

玻璃纤维主要成分是 SiO_2。它是将玻璃料在 1300～1600℃ 的温度熔化以后，从熔融态抽丝并迅速淬冷而制得的。密度 $2.54g/cm^3$，原丝抗张强度在 $160～270kg/mm^2$。按成分不同又分为 A 玻璃、C 玻璃、E 玻璃和 S 玻璃等，用于过滤材料一般采用 C 玻璃（即中碱玻璃或称钠钙硅酸盐玻璃）和 E 玻璃（即无碱玻璃或称铝硼硅酸盐玻璃）两种。目前我国生产过滤布用的玻璃纤维主要采用无碱 80 支、中碱 45 支和无碱 40 支，其单纤维直径分别为 $6\mu m$、$7.5\mu m$ 和 $8\mu m$。

玻璃纤维最突出的优点就是耐高温，尺寸稳定性好，拉伸断裂强度高。玻璃纤维在耐化学侵蚀方面。除了氢氟酸、高温强碱外，对其他介质都很稳定。玻璃纤维的缺点是耐折性较差。

（1）耐温性　作为过滤材料，玻璃纤维可于 260℃（中碱）/280℃（无碱）的工况条件下长期使用。烟气的高温过滤比冷却降温过滤有好处：①减少了冷风的渗入量和冷却设备费用，因而降低了除尘设备的总造价；②260℃的高温可以减少结露的危险，排除结露故障防止除尘设备的腐蚀，延长其使用寿命；③节能，用于高炉煤气净化时可以不降低煤气温度保持煤气的燃烧热值。

（2）尺寸稳定性好　玻璃纤维在280℃下其收缩率为0，尺寸稳定。不必担心透气性和过滤面积的变化，以及收缩影响布面张力。

（3）拉伸断裂强度高　拉伸断裂强度高、拉伸断裂伸长率小，在除尘用滤袋设计时对滤袋的拉伸断裂强度要求可以不过多考虑。

（4）耐化学侵蚀　玻璃纤维本身的耐化学侵蚀不是特别强，但是玻璃纤维过滤材料经表面化学处理后性能特别优良。

① 玻璃纤维滤料具有良好的耐酸性。中碱玻璃纤维具有高度的耐酸性（HF酸除外）。因为它含有约12%的碱金属氧化物，在酸性介质下

$$\equiv Si-O-Na+H^+ \longrightarrow \equiv Si-OH+Na^+ \tag{5-42}$$

侵蚀过程中，生成的 $\equiv Si-OH$ 反而在纤维表面起了保护膜的作用，它阻碍着侵蚀进程。

无碱玻璃纤维耐酸性则相对较差，因为其碱金属氧化物含量少，而含约3%的 B_2O_3，在酸性气氛下

$$B_2O_3+3H_2O \Longrightarrow 2H_3BO_3 \tag{5-43}$$

遇水后生成的可溶性的硼酸对纤维结构有一定的破坏作用。

为了提高玻璃纤维过滤材料的耐酸性能，各玻璃纤维滤布生产企业都研制了不同表面化学处理耐酸配方。RH、YN、AR等系列玻璃纤维过滤布耐酸处理配方，为炭黑、燃煤锅炉、垃圾焚烧炉等行业提供了优质滤料。所以，在有酸性气氛的高温烟气除尘时宜选用经过耐酸处理的玻璃纤维过滤材料。

② 高温玻璃纤维的耐碱性。自然界的碱是以碱金属氧化物形式存在的，在高温过滤的烟尘中多碱性成分，不会真正形成诸如 NaOH、$Ca(OH)_2$ 等形式的碱。所以，虽然普通玻璃在高温条件下耐碱性较差，但碱对玻璃纤维滤料的危害并不突出。

③ 水汽对玻璃纤维的影响。当烟气含水量较大时，进行高温过滤宜选用经防水处理的玻璃纤维。

无碱玻璃纤维对水、湿空气、弱碱有高度的稳定性，属于一级水解级。中碱玻璃纤维对水、湿空气较稳定，属于二级水解级。而高碱玻璃纤维一般属于二级水解级，这是由于其碱金属氧化物含量不同造成的，因为碱金属氧化物会与水起化学作用，生成可溶性的 Na_2SiO_3。

$$Na_2O+H_2O \longrightarrow 2NaOH \tag{5-44}$$

$$2NaOH+SiO_2 \longrightarrow Na_2SiO_3+H_2O \tag{5-45}$$

$$Na_2SiO_3 \longrightarrow 2Na^+ + SiO_3^{2-} \tag{5-46}$$

用 FCA、FQ、TFB 等配方处理的玻璃纤维滤料都有良好的防水性能，用 RH、YM、AR 等耐酸配方处理的玻璃纤维滤料具有良好的防水性能。

④ 玻璃纤维不耐 HF 气体腐蚀，当 HF 浓度为 $140mg/m^3$ 时不能使用。

（5）耐折性　玻璃纤维耐折性较差，提高耐折性的办法有直径和表面化学处理两个方面。玻璃纤维的直径对玻纤过滤布的耐折性能影响较大，当把单根纤维弯曲到一定的曲率半径时，纤维即断裂，这个半径就称为该纤维的断裂弯曲半径，玻璃纤维的直径 d 与断裂弯曲半径 r 的关系如下。

$$r=\frac{Ed}{2T} \tag{5-47}$$

式中　E（弹性模量）、T（抗张强度）——常数。

因此纤维的直径越细，其断裂半径越小，越不易折断，耐折性会明显提高。纤维直径对玻璃纤维耐折性能的影响见表 5-11。

表 5-11　纤维直径对玻璃纤维耐折性能的影响

纤维直径/μm	耐折性能/次	纤维直径/μm	耐折性能/次
3.3	2077	6.6	88
4.4	879	8.8	39
5.5	175		

玻璃纤维的表面化学处理可改善纤维的耐折性能。恰当的处理配方可把耐折性提高 10 倍以上。

二、除尘用滤料与选用

(一) 滤布的类型和技术条件

1. 滤布类型

滤布（又称滤料）是袋式除尘器效率高低的关键材料，是过滤与分离的关键部件。它不仅影响过滤后空气的含尘浓度及运行的动力消耗，而且要根据不同的使用场合选择不同种类、规格的滤布，使除尘系统达到预期效果。

滤布的分类如表 5-12 所列。

表 5-12　滤布的分类

分类方法	类型	说明
按滤布对粉尘作用分类	表层过滤滤布	包括金属丝网、尼龙丝网、多孔板、微孔滤膜等
	深层过滤滤布	包括泡沫塑料、织造织物、非织造织物、针织绒等
按滤布的结构分类	二维滤布	经、纬向都是绵纶丝或金属丝交织的织物
	三维滤布	包括非织造布、针刺毡
按制作方法分类	织造滤布	在相互垂直排列的两个系统中，将事先纺制的(经、纬)纱线，按一定规律沉浮交错(即交织)而成的滤布
	非织造滤布	不经过一般的纺纱和织造过程，直接使纤维成网再用机械的、化学的或其他方法，将它固结在一起的纤维结构的滤布
	热塑成形滤料	将聚合物热压成多孔形过滤元件，再涂于防腐材料而成的滤料如塑烧板
	多孔陶瓷滤料	利用陶瓷纤维或其他耐高温材料加黏结剂及成孔剂烧结而成的滤料，具有耐高温特性
	纸质滤料	利用湿式造纸法制成的薄形滤料，便于折叠制成过滤筒
	复合滤布	用两种以上方法制成或由两种以上材料复合而成的滤布
按滤布所用材质分类	天然纤维滤布	如植物纤维(棉、麻)滤布、动物纤维(兽毛)滤布、矿物纤维(如石棉)等滤布
	化学纤维滤布	如人造纤维(黏胶纤维)滤布、合成纤维滤布
	无机纤维滤布	如玻璃纤维、碳纤维、金属纤维、陶瓷纤维等

2. 滤布技术条件

袋式除尘器常用的滤布一般应具有以下技术条件：①纤维质地均匀，织造合理，过滤性能良好，要有较高的过滤捕尘效率；②结构合理，透气性好，阻力低；③具有较高的机械强度，尺寸稳定，不易变形，剥离性好，易清灰，不易结垢；④原料来源广泛，性能稳定可靠。价格低，寿命长；⑤需要时具有特殊性能如导电性好，阻燃性好，耐温性能好，防腐性能好，使用安全等。

国标对常用滤布的技术要求见表 5-13。对覆膜滤布的技术性能见表 5-14。

表 5-13 国标对常用滤布的技术要求

特 性		考 核 项 目		滤布类型	
				非织造滤布	织造滤布
形态特性	1	单位面积质量偏差/(g/m²)		±25	±10
	2	厚度偏差/mm		±0.2	±0.1
	3	幅宽偏差/mm		+4 −1	+4 −1
	4	体积密度/(g/cm³)		只参考,不考核	
	5	孔隙率/%		只参考,不考核	
透气性	1	透气度/[m³/(m²·min)]		只参考、不考核	
	2	透气度偏差/%		±25	±15
阻力特性	1	洁净滤布阻力系数		<10	<20
	2	动态滤尘阻力/Pa		<800	<1000
强力特性	1	断裂强力(5cm×20cm)/N	经向	>600	>3000
	2		纬向	<1000	<2000
伸长特性	1	断裂伸长率/%	经向	<35	
	2		纬向	<55	
	3	静负荷伸长率/%	经向	不考核	<1
滤尘特性	1	静态除尘率/%		>99.5	
	2	动态除尘率/%		>99.9	
	3	粉尘剥离率/%		>60.0	
静电特性	1	摩擦荷电电荷面密度/(μC/m²)		<7	
	2	摩擦电位/V		<500	
	3	半衰期/s		<1.0	
	4	表面电阻/Ω		10¹⁰	
	5	体积电阻/Ω		10⁹	

表 5-14 薄膜覆合滤布的主要性能指标

特 性	项 目		涤纶机织		涤纶针刺毡		耐高温针刺毡		玻璃纤维机织
			729系列	高强729系列	普通	强力	Nomex	Ryton	
形 态	单位面积质量偏差/%		±3	±3	±5	±5	±5	±5	+10 −3
	厚度偏差/%		±7	±7	±10	±10	±10	±10	±10
强 力	断裂强力/N	经向	≥3000	≥3800	≥1000	≥1700	≥1200	≥1200	≥3000
		纬向	≥2000	≥2800	≥1200	≥1900	≥1500	≥1300	≥2500
	断裂伸长率/%	经向	≤27	≤23	≤20	≤35	≤35	≤30	≤10
		纬向	≤25	≤21	≤40	≤40	≤40	≤30	≤7
透气性	透气度/[m³/(m²·min)]		1.2	1.2	1.6	1.8	1.1	1.3	1.25
	透气性偏差/%		±25	±25	±30	±30	±30	±30	±30
阻 力	动态滤尘阻力/Pa		≤200	≤150	≤180	≤220	≤130	≤200	≤140
滤 尘	除尘效率/%		≥99.99	≥99.99	≥99.99	≥99.99	≥99.99	≥99.99	≥99.99
清 灰	粉尘剥离率/%		≥92	≥90	≥90	≥90	≥92	≥92	≥95
疏 水	浸润角/(°)		≥100	≥100	≥100	≥100	≥100	≥100	≥100
	沾水等级		IV	IV	IV	IV	IV	IV	IV
覆膜牢度	覆膜牢度/MPa		0.03	0.03	0.03	0.03	0.03	0.03	0.03
耐温性	承受工作温度/℃		≤120	≤120	≤120	≤120	≤200	≤180	≤250

(二) 主要滤布

1. 织造滤布

袋式除尘器的滤布多用织造物制成。由于织造物的一些特性和过滤条件，它在很多方面得到应用。机织物滤布是以合股加捻的经、纬纱线或单丝用织机交织而成的。由于经、纬纱线都经过加捻，所以纱线的本身和交织处的密度都比较大。过滤物几乎只能从经纬线间的空隙通过。一般机织过滤材料的孔隙率只有 30%～40%，而且是直通的。织造滤布具有的优点：①可制成具有强度压力较大、过滤磨琢性强的粉尘布；②尺寸稳定性较好，适于做成大直径、长滤袋；③易形成平整和较光滑表面或薄形柔软的织物，有利于滤袋清灰操作；④可以利用不同材质，织造成性能不同的滤布；⑤便于调整织物的紧密程度，既可制成较疏松的滤布也可制成高度紧密的滤布。

织造滤布的缺点有：①由于过滤主要通过经纱与纬纱的孔隙进行，所以在同样滤速情况下，滤布本身的阻力大；②织造滤布属于二维结构只有在形成粉尘层后才能阻挡较小颗粒物，在粉尘层遭到破坏时捕集率明显下降。

织物滤料经线和纬线交错排列的状态称为织造物的组织。基本的组织有平纹组织、斜纹组织和缎纹组织三种原组织及起绒斜纹组织。

(1) 平纹组织　平纹组织是织物中最简单的组织。用经线和纬线各 2 根即可构成一个完全的平纹组织循环（见图 5-56）。

(2) 斜纹组织　斜纹组织由 3 根以上的经纬线连续交织而成，在布面上有斜向的纹路（称斜纹线）。布面上经线比纬线多的称为经线斜纹，反之称为纬线斜纹。布的里外面经纬线表现相同的称为双面斜纹，但其表里斜纹线的方向却相反。图 5-57 为三线斜纹布，它是最简单的斜纹组织，用分数表示经线在纬线的线数，分子为经线在纬线上浮织的线数，分母为经线在纬线下沉积的线数。袋式除尘器用滤布以 2/3 织法较适宜。

(a) 1/2斜纹组织　　(b) 2/2双面斜纹组织

图 5-56　平纹组织　　　　　图 5-57　斜纹组织

(3) 缎纹组织　缎纹组织是以规则的连续 5 根以上经纬线织成的织物组织。其基本特征交织点不连续，有很多经线或纬线浮于布面上，具有表面光滑、柔软、光泽感明显等特点，有利于粉尘的剥离。袋式除尘器用滤布一般使用五线缎纹组织（图 5-58）。

(4) 起绒斜纹组织　对斜纹织物用起绒机将织物一面表层部分纤维扯断形成长约 3mm 的

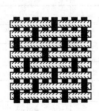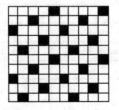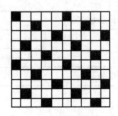

(a) 五线二飞缎纹组织　　　　(b) 五线三飞缎纹组织

图 5-58　缎纹组织

绒毛。起绒毛后有利于形成粉尘层，减少粉尘层颗粒进入织物空隙，避免了滤布堵塞，起到提高捕尘率的作用。208 涤纶绒布即属此类。

各种织物组织的结构特征见表 5-15。

表 5-15 各种织物组织的结构特征

滤料织物组织	单元结构内一支纬纱对应的经纱支数	交织点	孔隙率	透气度	强度
平纹组织	2	多	最小	最小	大
斜纹组织	3～4	中	小	小	中
缎纹组织	>5	少	中	中	中
起绒斜纹组织	3～4	中	较小	较小	中

（5）机织滤布在袋式除尘中的应用 由于尘源性质、生产条件和除尘要求的不同，实践中应用的袋式除尘器各式各样，与此同时各种材质和不同结构的织造滤布也都有应用。

① 208 涤纶布。208 涤纶绒布是我国早期为袋式除尘器开发的机织滤布，它是以涤纶短纤维为原料单面起绒的斜纹织物。这种滤布由于：经纬纱线表面具有短绒形成织物后又在表面起绒，遮盖经、纬线线间的孔隙滤尘时，绒毛在迎尘面，因而用在袋式除尘器中，具有如下特点：a. 纱线间绒毛和表面绒毛能阻挡部分粉尘径直穿透滤布并有助于粉尘层的形成，因而可提高滤布的捕尘率；b. 清灰时，表面积尘的绒毛在反向（与滤尘时相比）能量作用下，由紧覆于织物表面变为松散状态，粉尘容易脱落，提高滤布对粉尘的剥离率。

实践也证明，208 绒布在清灰时滤布的粉尘层便遭到破坏，重新滤尘时捕尘率显著下降。因温度关系结露时，粉尘会黏在绒毛及滤袋表面形成尘垢。208 绒布的织物结构及滤尘特性见表 5-16。

表 5-16 几种机织滤布特性参数

特性	项 目		滤料名称		
			729-ⅣB	729-Ⅰ	208 绒布
形态特性	材质		涤纶	涤纶	涤纶
	纤维规格（袋×长度）/mm		2.0d×51	1.4d×38	1.5d×38
	织物组织	尘面	五枚二飞缎纹	五枚三飞缎纹	3/7 斜纹起绒
		净面	五枚三飞缎纹	五枚三飞缎纹	3/7 斜纹
	厚度/mm		0.72	0.65	1.5
	单位面积质量/(g/m²)		310	320	400～450
强力特性	断裂强力(5cm×20cm)/N	经	3150	2000～2700	1000
		纬	2100	1700～2000	1000
伸长特性	断裂伸长率/%	经	26	29	31
		纬	23	26	34
	静负荷伸长率/%		0.8	—	—
透气性	透气性	cm³/(cm²·s)	110	120	200～300
		m³/(m²·min)	7.1	7.2	12～15
	透气度偏差/%		±2	±5	±10
使用条件	使用温度	连续	<110	<110	<110
		瞬间	<150	<130	<130
	耐酸性		良	良	良
	耐碱性		良	良	良

② 机织 729 滤布。筒形聚酯滤布具有强度高伸长小、缝袋方便、除尘性能好和使用寿命长等特点，是装备反吹清灰和机械振打清灰等袋式除尘器的首先滤布。为解决宝钢大批量备用滤布的需求，宝钢公司与上海火炬工业用布厂合作于 1985 年开发第一批筒形聚酯机织滤布，商品名为 729 滤布。见表 5-16。

729 滤料属缎纹机织物。织制后的热定型是保证滤布在使用工况条件下结构稳定性的重要工艺手段。

为防止粉尘导电造成滤布表面静电荷聚积，影响清灰效果导致除尘器阻力显著增长，在原 729 滤布的基础上经向加入不锈钢导电经纱，开发了 MP922 滤布（见表 5-17），用于焦粉、煤粉类导电粉尘的除尘系统，收到了降低阻力和延长滤布使用寿命的效果。

表 5-17 防静电滤布特性参数

特性	项 目		针刺毡滤料		机织滤料
			ZLN-DFJ	ENW(E)	MP922
形态特性	材质		涤纶	涤纶	
	加工方法		针刺成形后处理	针刺成形后处理	
	导电纤维（或纤维）加入方法		基布间隔加导电经纱	面层纤维网中混有导电纤维	经向间隔 25mm 布一根不锈钢导电纱
			五枚三飞缎纹	五枚三飞缎纹	3/7 斜纹
	单位面积质量/(g/m²)		500		325.1
	厚度/mm		1.95		0.68
强力特性	断裂强力(5cm×20cm)/N	经	1200	1149.5	3136
		纬	1658	1756.2	3848
伸长特性	断裂伸长率/%	经	23	15.0	26
		纬	30	20.0	15.2
透气性	透气性/[cm³/(cm²·s)]		9.04		8.9
	透气度偏差/%		+7，-12		
静电特性	摩擦荷电荷密度/(μC/m²)		2.8	0.32	0.399
	摩擦电位/V		150	19	132
	表面电阻/Ω		9.0×10³	2.4×10³	3.26×10⁴
	体积电阻/Ω		4.4×10³	1.8×10³	3.81×10⁴

2. 针刺滤布

针刺滤布始于 20 世纪 50 年代。由于这种技术具有工艺流程简单、生产速度快、成本低、工艺容易变化等优点，在全世界范围内都增长很快。1975 年冶金部建筑研究总院和沈阳铝镁设计院利用参加联合国环境规划署环保会议的机会，带回滤布样品于 1976 年同抚顺第三毛纺厂合作试制出我国第一批针刺滤布。发展到现在品种也从当年的涤纶针刺滤布发展为可用多种原料、多种用途多种规格的针刺滤布。针刺毡滤布具有如下特点：①针刺毡滤布中的纤维三维结构，这种结构有利于形成粉尘层，捕尘效果稳定，因而捕尘效率高于一般织物滤布；②针刺滤布，空隙率高达 70%～80%，为一般织造滤布的 1.6～2.0 倍，因而自身的透气性好、阻力低；③生产流程简单，便于监控和保证产品质量的稳定性；④生产速度快、劳动生产率高、产品成本低。

针刺滤布是无纺织物，其织造工艺与普通的纺织工艺不同。针刺织物一般是在底布两面铺上经过梳理叠网后的纤维（絮棉），在针刺机上用一定数量的三棱针把絮棉刺在底布上，反复

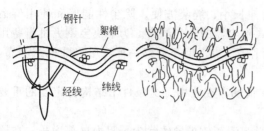

图 5-59　针刺滤布织造原理示意

吹制得坯料，然后经热定形及表面处理得到成品。一般说来针刺工序可以决定滤料的厚薄、重量、牢度等指标，而后整理工序对滤料面层结构有直接影响。

针刺滤布织造原理如图 5-59 所示。其织造工艺与普通纤维织物不同，特点是采用一种具有收缩力的涤纶纤维，从而制得高收缩性纤维针刺滤气呢。

针刺滤气呢由无规则的纤维絮棉经针刺制成，它具有三维结构的纤维微孔隙。这种三维结构的微孔构成了利于尘粒控制的特殊孔径和通道，经热定形和处理后的滤料，具有过滤效率高、透气性能好、流体阻力低、易清灰等特点。

一般用玻璃纤维或合成材料生产的长纤维织成的滤布，在耐磨性和延伸率方面比短纤维滤料好，但是不能拉绒，而用短纤维材料织成的滤料能够起绒，不过降低了延伸率和耐磨性。针刺呢吸收了两者的优点，底布使用长纤维，絮棉用短纤维，使它既具有一定的耐磨性和延伸率，又增加了纤维间的空隙率。试验证明：普通织物与针刺织物比较，前者仅有一次断裂功，而后者具有两次断裂功，也就是说在断裂试验时首先底布被拉断，然后絮棉断裂。

采用高收缩性纤维制成的高收缩性滤布，经热定形处理后，其收缩率达 40％～50％。由于纤维的进一步收缩使纤维间隙更加靠紧致密，从而提高了净化尘粒的效果。高性能针刺滤布性能见表 5-18。高温针刺毡滤布技术性能参数见表 5-19。针刺毡常与脉冲袋式除尘器配套使用。

高温滤布的材料成本一般较高，滤布价格昂贵，所以滤布的使用寿命引起足够的重视。应用表明，滤袋失效的主要因素是滤料选型欠妥或加工不当、机械磨损、化学侵蚀、高温熔化、结露黏结等。

3. 复合滤布

复合滤布是由两种或两种以上过滤材料复合而成的滤布。复合滤布有两类：一类指用两种以上不同过滤材料融合在一起经加工整理及化学处理的滤布，如氟美斯滤布；另一类指在已有滤布上覆盖聚四氟乙烯薄膜制成的覆膜滤布。

在针刺滤布或机织滤布表面覆以微孔薄膜制成的覆膜滤布可实现表面过滤，使粉尘只停留于表面、容易脱落，即提高了滤料的剥离性。这种滤料的初阻力较覆膜前略有增加，但除尘器运行后，由于粉尘剥离性好、易清灰，当工况稳定后，滤料阻力不再上升而是趋于平稳，明显低于常规不覆膜滤布。

由于复合滤布所用材料和对产品性能的不同，覆膜滤布的加工方法有用黏合剂黏合、热压黏合。如果纤维是热塑性的，可将薄膜与滤料（基底）叠层后在热压机上直接加热加压使之黏合；如果纤维是非热塑性的则需预处理。

国内开发生产的覆膜滤布是用聚四氟乙烯微孔过滤膜，与不同基材复合而成的过滤材料由两种材料结合而成。该覆膜过滤布的表面层很薄、很光滑、多微孔。具有极佳的化学稳定性，质体强韧，孔径小，孔隙率高，能抗腐蚀，耐酸碱，不老化，摩擦系数极低，有无黏性和宽广的使用温度（－180～260℃）。制造膜滤布的基材多达数十种，其中有十几种纤维或组织结构都是现有常规织物滤布。基材多样，是为了使覆膜滤布能适应各种温度和化学环境。

DGF 覆膜滤布基本性能见表 5-20。

DGF 系列覆膜滤布的膜孔径为 0.05～3μm（一般指最大平均孔径），以适应不同粒径的粉尘和物料。

覆膜滤布性能优异，其过滤方法是膜表面过滤，近 100％截留被滤物。随着我国推行可持

表 5-18　高性能滤布性能表

性能名称	克重/(g/m²)	组成纤维层\基布	厚度/mm	透气度/[m³/(m²·min)]	断裂强度/[N/(5×20cm)] 经向	纬向	断裂伸长率/% 经向	纬向	工作温度/℃ 长时	短时	后处理方式
PPS类 PPS耐高温针刺过滤毡	500	PPS\PPS短纤维	1.8	15	>1000	>1500	20	40	190	210	热毛、轧光
PPS表面超细纤维（高效低阻）耐高温针刺过滤毡	500	PPS超细纤维\PPS	1.8	10～12	1000	1500	20	40	190	210	烧毛、轧光和PTFE处理
PPS纤维（面层复合25%P84纤维）耐高温针刺过滤毡	500	PPS+P84\PPS高强低伸基布	1.8	10	1200	1000	20	30	<190	230	
美塔斯（META MAX）耐高温针刺产品 BGM-1	500	普通纤维\普通基布	2.1	14	1000	1500	20	40	204	240	
BGM-2	500	2D纤维\高强低伸基布	2.1	12	1200	1500	20	35	204	240	烧毛、轧光
BGM-3	500	1D或更细纤维\普通基布	2.1	12	1000	1500	20	40	204	240	
BGM-4	500	国际毡+PTFE涂层	2.1	14	1000	1500	20	40	204	240	
BGM-5	500	细纤维\高强基布+PTFE涂层	2.1	14	1000	1500	20	35	204	240	
P84耐高温针刺过滤毡	500	P84\P84	2.4	16	800	1000	25	35	260	280	PTFE涂层
	500	P84\玻纤	2.1	16	1800	1800	<10	<10	260	280	
芳纶耐高温针刺过滤毡	500	芳纶\芳纶	2.1	14	900	1200	15	30	204	240	热定型、烧毛及轧光
玻璃纤维针刺过滤毡	>800	玻纤\玻纤	2.4	8～10	>1800	>1800	<10	<10	244	260	PTFE涂层
水刺产品 涤纶超细纤维面层水刺毡	500	超细纤维\PET	1.5	6	>1000	>1200	<30	<50	130	150	热定型、烧毛及轧光
PPS/PTFE面层水刺过滤毡	550	PPS+PTFE\PPS	1.5	5	1000	1200	<30	<55	190	210	热定型,PTFE涂层

注：摘自上海博格工业用布有限公司样本。

表 5-19　高温针刺毡滤布技术性能参数

名　称		芳纶针刺毡	P84 针刺毡	莱能针刺毡	诺梅克斯针刺毡	芳砜纶针刺毡	碳纤维复合针刺毡	氟美斯
原　名		芳香族聚酰胺	芳香族聚亚胺	聚苯硫醚	诺梅克斯纤维	芳砜纶纤维	碳纤维	诺梅克斯玻璃纤维
单重/(g/m²)		450～600	450～600	450～600	450～700	450～500	350～800	800
厚度/mm		1.4～3.5	1.4～3.5	1.4～3.5	2～2.5	2～2.7	1.4～3.0	1.80
孔隙率/%		65～90	65～90	65～90	60～80	70～80	65～90	
透气量/[dm³/(m²·s)]		90～440	90～440	90～440	150	100	90～400	130～300
断裂强(20cm×50cm)/N	T	800～1000	800～1000	800～1000	800～1000	700	600～1400	1600
	W	1000～1200	1000～1200	1000～1200	1000～1200	1050	800～1700	1400
断裂伸长/%	T	≤50	≤50	≤50	15～40	20	<40	
	W	≤55	≤55	≤55	15～45	25	<40	
表面处理		烧毛面	烧毛面	烧毛面	烧毛面	烧毛面	烧毛面	
耐热性/℃	连续性	200	250	190	200	200	200	260
	瞬时	250	300	230	220	270	250	300
化学稳定性	耐酸性	一般	好	好	好	良好	好	
	耐碱性	一般	好	好	好	耐弱碱	中	

表 5-20　DGF 覆膜滤布基本性能

产品名称	型　号	温度持续(瞬间)/℃	耐无机酸	耐有机酸	耐碱性
薄膜/聚丙烯针刺毡	DGF-202/PP	<90/(100)	很好	很好	很好
薄膜/涤纶纺布	DGF-202/PET	<130/(150)	良好	良好	一般
薄膜/抗静电涤纶纺布	DGF-202/PET/E	<130/(150)	良好	良好	一般
薄膜/涤纶针刺毡	DGF-202/PET	<130/(100)	良好	良好	一般
薄膜/抗静电涤纶针刺毡	DGF-202/PET/E	<130/(100)	良好	良好	一般
薄膜/偏芳族聚酰胺(NO)	DGF-204∧0	<180/(220)	一般	一般	一般
薄膜/玻璃纤维	DGF-205/GR	<260/(300)	良好	一般	一般
薄膜/聚酰亚胺(P-84)	DGF-206/PI	<240/(260)	良好	良好	一般
薄膜/聚苯硫醚(Ryton)	DGF-207/PPS	<190/(200)	很好	很好	很好
薄膜/均聚苯烯腈(DT)	DGF-208/DT	<125/(140)	良好	良好	一般
拒水防油涤纶纺布	DGF-202/PET/W	<130/(150)	良好	良好	一般
拒水防油抗静电涤纶纺布	DGF-202/PET/E/W	<130/(150)	良好	良好	一般
拒水防油涤纶针刺毡	DGF-202/PET/W	<130/(150)	良好	良好	一般
拒水防油抗静电涤纶针刺毡	DGF-202/PET/E/W	<130/(150)	良好	良好	一般

注：摘自上海大宫新材料有限公司样本。

续性发展战略，对环保的要求越来越高，精密过滤也越来越多，覆膜滤布成为粉尘与物料过滤和收集以及精密过滤方面不可缺少的新材料。其优点如下。

（1）表面过滤效率高　通常工业用滤材是深层过滤。它是依赖于在滤材表面先建立一次粉尘层达到有效过滤。建立有效过滤时间长（约需整个滤程的 10%）。阻力大，效率低，截留不完全，损耗也大，过滤和反吹压力高，清灰频繁，能耗较高，使用寿命不长，设备占地面积大。

使用覆膜滤布，粉尘不能透入滤布内部，是表面过滤，无论是粗、细粉尘都全部沉积在滤布表面，即靠膜本身孔径截留被滤物，无初滤期，开始就是有效过滤，近百分之百的时间处理过滤。

（2）低压、高通量连续工作　传统的深层过滤的滤布，一旦投入使用，粉尘穿透，建立一粉尘层，透气性便迅速下降。过滤时，内部堆积的粉尘造成阻塞现象，从而增加了除尘设备的阻力。

覆膜滤布以微细孔径及其不黏性，使粉尘穿透率近于零，投入使用后提供极佳的过滤效率，当沉积在薄膜滤布表面的被滤物达到一定厚度时就会自动脱落，易清灰，使过滤压力始终保持在很低的水平，空气流量始终保持在较高水平，可连续工作。

（3）容易清灰　任何一种滤布的操作压力损失直接取决于清灰后剩留或滞留在滤布表面上、下的粉尘量，清灰时间长，覆膜滤布仅需数秒钟即可，具有非常优越的清灰特性，每次清灰都能彻底除去尘层，滤布内部不会造成堵塞，不会改变孔隙率和质量密度，能经常维持于低压损失工作。

（4）寿命长　覆膜滤布无论采用什么清灰机制都可发挥其优越的特性，是一种将除尘器设计机能完全发挥过滤作用的过滤材料，因而成本低廉。覆膜滤布是一种强韧而柔软的纤维结构，由坚强的基材复合而成，所以有足够的机械强度，加之有卓越的脱灰性，降低了清灰强度，在低而稳的压力损失下，能长期使用，延长了滤袋寿命。

覆膜滤布拥有脱灰性与完整的过滤机能相辅相成的效果，能以低而稳的压力损失长时间持续运转，从而提高过滤速度，减少过滤面积。覆膜滤布价格昂贵，只用于必须用的场合。部分覆膜滤布技术性能指标见表 5-21。

表 5-21　部分覆膜滤布技术性能指标

品种指标 指标项目		单位	薄膜复合聚酯针刺毡滤料	薄膜复合729滤料	薄膜复合聚丙烯针刺毡滤料	薄膜复合NOMEX针刺毡滤料	薄膜复合玻璃纤维	抗静电薄膜复合MP922滤料	抗静电薄膜复合聚酯针刺毡滤料
薄膜材质			聚四氟乙烯	聚四氟乙烯	聚四氟乙烯	聚四氟乙烯	聚四氟乙烯	聚四氟乙烯	聚四氟乙烯
基布材质			聚酯	聚酯	聚丙烯	Nomex	玻璃纤维	聚酯不锈钢	聚酯＋不锈钢＋导电纤维
结　构			针刺毡	缎纹	针刺毡	针刺毡	缎纹	缎纹	缎纹
质　量		g/m²	500	310	500	500	500	315	500
厚　度		mm	2.0	0.66	2.1	2.3	0.5	0.7	2.0
断裂强度	经	N	1000	3100	900	950	2250	3100	1300
	纬		1300	2200	1200	1000	2250	3300	1600
断裂伸长率	经	%	18	25	34	27		25	12
	纬		46	22	30	38		18	16
透气量		dm³ /(m²·s)	20～30 30～40	20～30 30～40	20～30 30～40	20～30 30～40	20～30 30～40	20～30 30～40	20～30 30～40
摩擦荷电电荷密度		μC/m²						＜7	＜7
摩擦电位		V						＜500	＜500
体积电阻		Ω						＜10⁹	＜10⁹
使用温度		℃	≤130	≤130	≤90	≤200	≤260	≤130	≤130
耐化学性	耐酸		良好	良好	极好	良好	良好	良好	良好
	耐碱		良好	良好	极好	尚好	尚好	良好	良好
其　他			另有防水防油基布						另有阻燃型基布

4. 玻璃纤维滤布

玻璃纤维滤布是由熔融的玻璃拉丝制成的，拉伸强度高，相对伸长率小，具有很好的耐高温性和化学稳定性。

玻璃纤维过滤材料的耐热性好，可以在 260～280℃ 的高温下使用，这不仅能省去袋式除尘器的冷却费用，而且可减少结露的危险，可避免因滤料表面结露引起系统阻力上升。经过特殊表面处理的玻璃纤维滤布，具备柔软、润滑、疏水等性能，使粉尘容易剥离，其清灰性能不比其他滤料差。

（1）玻璃纤维滤布 玻璃纤维滤布的特点有：机械强度高，断裂强度一般均在 1300N 以上；延伸率低，玻璃缝纫的断裂延伸率仅 3%；制成滤袋尺寸稳定；耐温性能好，可以在 260℃ 以下长期使用；耐腐蚀性能好，可在酸、碱的气体中使用；表面光滑，透气性好，耐折磨性差。

表面处理是玻璃纤维织布生产中的主要工序，目的在于改善其耐热、耐磨、耐折、抗腐蚀等性能。一般处理方法有浸纱处理（称为前处理）和浸布处理（称为后处理）两种，其中浸纱处理时浸渍液能顺间隙渗到合股纱的各股之间，涂覆均匀，但成本高于浸布方式。玻璃纤维织布的表面处理技术共经历了以下四代：第一代，硅酮（有机硅）处理，处理后，滤料具有润滑性，减少了因挠曲而引起的破损，粉尘剥落性改善；第二代，聚硅氧烷、聚四氟乙烯树脂处理，使滤料的耐热性能提高 20～30℃；第三代，聚硅氧烷，聚四氟乙烯、石墨处理，处理后滤料的耐热性可以在 280℃ 下连续使用，抗折、耐磨、耐碱、耐酸性能也有所提高；第四代，以特殊树脂（代号 Q_{70}、Q_{75}）为基质，耐化学腐蚀和粉尘剥离性能方面都得到提高。

玻璃纤维滤布的品种及物理机械性能见表 5-22。

表 5-22 玻璃纤维滤布的品种及物理机械性能

牌 号	处理方法	密度根/cm		厚度/mm	织纹	透气性	断裂强度（25mm ×100mm）/N		使用温度 /℃
		经线	纬线				经向	纬向	
BL8301	浸纱	20±1	18±1	0.5±0.5	纬二重	250～350	2500	2100	300
BL8301-2	浸纱	20±1	18±1	0.5±0.5	双层	50～150	2500	2100	300
BL8302	浸纱	16±1	13±1	0.4±0.03	3/1 斜纹	90～150	2100	1700	300
BL8303	浸纱	20±1	18±1	0.45±0.05	纬二重	150～150	2200	1900	260
BL8304	浸纱	16±1	13±1	0.3±0.3	3/1 斜纹	100～200	1800	1400	260
BL8305	未处理	20±1	18±1	0.45±0.05	双层	50～100	2000	1700	200
BL8307	未处理	20±1	14±1	0.4±0.05	4/1 斜纹	80～200	1800	1500	200
BL8307-FQ803	浸布	20±1	14±1	0.4±0.05	4/1 斜纹	80～200	1500	260	260
BL8301-Psi803	浸布	20±1	18±1	0.45±0.05	纬二重	200～300	2500	2100	300

（2）玻璃纤维膨体纱滤布 玻璃纤维膨体纱是采用膨化工艺把玻纤松软、胀大、略有三维结构，从而使玻璃纤布具有长纤维的强度高和短纤维的蓬松性两者优点。该滤布除耐高温、耐腐蚀外，还具有透气性好、净化效率高等优点，其性能见表 5-23。

表 5-23 常用玻纤布技术性能

产品类型	性能指标	单位面积质量/ (g·m⁻²)	抗拉断裂强度 （25mm）/N		破裂强度/ (N·cm⁻²)	透气量 /[cm³/ (cm²·s)]	处理剂配方	长期工作温度/℃	适用清灰方式	过滤风速 /(m/min)
			经向	纬向						
玻璃纤布	CWF300	≥300	≥1500	≥1250	＞240	35～45	FCA（用此配方处理的滤布温度小于 180℃）	260	反吹风清灰	0.40
	CWF450	≥450	≥2250	≥1500	＞300	35～45				0.45
	CWF500	≥500	≥2250	≥2250	＞350	20～30				0.50
	EWF300	≥300	≥1600	≥1600	＞290	35～40			反吹风清灰回转反吹风	0.40
	EWF350	≥350	≥2400	≥1800	＞310	35～45		280		0.45
	EWF500	≥500	≥3000	≥2100	＞350	35～45				0.50
	EWF600	≥600	≥3000	≥3000	＞380	20～30				0.55
玻纤膨体布	EWTF500	≥450	≥2100	≥1400	＞350	35～45	PSI	260	机械振动清灰	0.50
	EWTF600	≥550	≥2100	≥1800	＞390	35～45				0.55
	EWTF750	≥660	≥2100	≥1900	＞470	30～40	FQ			0.70
	EWTF550	≥480	≥2600	≥1800	＞440	35～45			脉冲清灰	0.55
	EWTF650	≥600	≥2800	≥1900	＞450	30～40	RH	280		0.65
	EWTF800	≥750	≥3000	≥2100	＞490	25～35				0.8

（3）玻璃纤维针刺毡滤布　玻璃纤维针刺毡滤布是一种结构合理、性能优良的新型耐高温过滤材料。它不仅具有玻纤织物耐高温、耐腐蚀、尺寸稳定、伸长收缩小、强度大的优点。而且毡层呈单纤维（纤维直径小于 $6\mu m$），三维微孔结构，孔隙率高（高达 80%），对气体过滤阻力小，是一种高速、高效的高温脉冲过滤材料。

该滤布适用于化工、钢铁、冶金、炭黑、水泥、垃圾焚烧等工业炉窑的高温烟气过滤。玻璃纤维针刺毡滤布的特点和性能见表 5-24 和表 5-25。

表 5-24　玻璃纤维针刺毡的特点

型号	产品结构	特　点	使用温度/℃		适 用 范 围
			连续	瞬间	
Ⅰ型	100%玻璃纤维，纤维直径 3.8～6μm	耐高温、耐腐蚀、尺寸稳定、伸长率小、过气量大、强度大	280	300	冶金、化工、炭黑、市政、钢铁、垃圾焚烧、火力发电等行业的炉窑高温烟气过滤
Ⅱ型		考虑到脉冲有骨架，经机械织物的改进除Ⅰ型特点外更具有耐磨、防透滤性；提高使用寿命			
Ⅲ型	诺美克斯/玻璃纤维，双面复和毡（Nomex/huy-gias）	应用诺克斯清灰效果好、耐腐败性强、化学性和尺寸稳定。易克服糊袋尘饼脱落不良、耐碱良好，用于清灰面，而玻璃纤维强度大、材料来源广、价格低、憎水性和耐酸性强的作内衬。可提高整体装备水准	200	240	更适合"球式热风炉"可替代纯诺克斯滤毡，价廉物美

表 5-25　玻璃纤维针刺毡的性能

型号 ZBD	纤维直径/μm	质量/(g/m²)	破坏强度/(N/cm²)	抗拉强度(25mm)/N		透气率/[cm³/(cm²·s)]	过滤效率/%
				经向	纬向		
Ⅰ型	6	>950	>350	≥1400	≥1400	15～30	>99
Ⅱ型	6	>950	>350	≥1600	≥1400	15～30	>99
Ⅲ型	6	>1000	>400	≥2000	≥2000	15～35	>99

5. 金属纤维滤料

（1）技术通用性　金属纤维一般为多晶结构，但钨丝为单晶所构成。因组成的材料不同，物化性能有所差异。金属纤维一般具有耐高温、较高的强度和良好的导电性能。不锈钢丝可以混纺在纺织品中以消除静电，用不锈钢丝织成过滤布，烧结金属纤维毡可用作气体的过滤材料。

烧结不锈钢丝金属纤维是在温度 $550\sim600℃$ 下烧结而成为半刚性的过滤单元，能承受近 $600℃$ 的高温。不锈钢纤维很长，直径 $1\sim30\mu m$。纤维随机排列形成一定厚度的过滤层。它有很高的孔隙率、较低的阻力和很高的容尘负荷。其性价比优于纺织和无纺不锈钢纤维滤料。

（2）制造方法　金属纤维可用线材拉伸法、熔纺法、粉末冶金法、薄膜切割法等多种方法来生产。线材拉伸法是最传统的方法，各种金属纤维几乎都可以用此种方法生产。这种方法是用线材为原料直接进行拉伸，得到纤维。但生产直径小于 $100\mu m$ 或更细的纤维时，由于生产成本的提高和线材断裂等问题，此法受到限制，如要生产直径为 $10\mu m$ 或更细的金属纤维时，则将核心线材装进护套或基体之中，护套和基体是一种具有延伸性的材料，用拉伸法将整个丝条拉延到预定的横截面，再将护套或基体材料用侵蚀剂除掉。熔纺法是先将金属加热熔融，然后将熔体从成形模中喷射出来，施以气体的压力或离心力以加快成形的速度，使金属纤维维持足够的长度。粉末冶金法用于那些熔点很高的难熔金属，先将这种金属加工成粉末，然后使用某种黏合剂，在高温下通过适当的压模挤压，再进一步压实或烧结成纤维。

6. 陶瓷纤维滤料

（1）技术性能　陶瓷纤维技术性能如表 5-26 所列。

表 5-26　四种主要陶瓷纤维的典型性能和制法

纤维种类	密度/(g/cm³)	直径/μm	拉伸强度/GPa	弹性模量/GPa	制法
BN	4~6	1.4~1.8	0.8~2.1	120~350	化学气相反应
BN	6	1.8~1.9	0.83~1.4	2.0	聚合物前躯体
SiO_2	2.20	10	1.5	73	熔纺
Si_3N_4	2.39	10	2.5	300	聚合物前躯体
$SiBN_3C$	1.85	12~14	4.0	290	聚合物前躯体

早期的硅铝陶瓷纤维同传统的纺织和无纺纤维一样做成滤料。20 世纪 70 年代研制出陶瓷纺织纤维，纤维成分含铝、硼和硅。经过近 30 年的不断改进，其新一代陶瓷纺织纤维滤袋可承受近 800℃ 的高温。目前，陶瓷纺织纤维滤袋已在许多高温烟气净化中使用。尽管陶瓷纺织纤维滤袋在性能上有很大改进，但这种陶瓷滤料的最大问题是纤维很脆，易断。

（2）制造方法如下

① 化学气相反应（CVR）法。它是以 B_2O_3 为原料，经熔纺制成 B_2O_3 纤维，再于较低浓度氨气中加热，使 B_2O_3 与氨气反应生成硼氨中间化合物，再将这种晶型不稳定的纤维在张力下进一步在氨气或氨与氮的混合气体中加热至 1800℃，使之转化为 BN 纤维，其强度可高达 2.1GPa，模量 345GPa。

② 化学气相沉积（CVD）法。即将钨芯硼纤维氮化而成，首先将硼纤维加热至 560℃ 进行氧化，再将氧化纤维置于氨中加热至 1000~1400℃，反应约 6h 即可制得 BN 纤维。

③ 有机前躯体法。由聚硼氮烷熔融纺丝制成纤维后，进行交联，生产不熔化的纤维，再经裂解制成纤维。

Si_3N_4 纤维有两种制法：一是以氯硅烷和六甲基二硅氮烷为起始原料，先合成稳定的氢化聚硅氮烷，经熔融纺丝制成纤维，再经不熔化和烧制而得 Si_3N_4 纤维；二是以吡啶和二氯硅烷为原料，在惰性气体保护下反应生成白色的固体加成物，再在氮气中进行氨解得到全氢聚硅氮烷，再于烃类有机溶剂中溶解配制成纺丝溶液，经干法纺丝制成纤维，然后在惰性气体或氨气中于 1100~1200℃ 温度下进行热处理而得氮化硅纤维。

$SiBN_3C$ 纤维也是采用聚合前躯体法生产的，是最新的陶瓷纤维，起始原料为聚硅氮烷，经熔融纺丝、交联、不熔化和裂解后而得纤维产品。

SiO_2 纤维主要是通过与制备高硅氧玻璃纤维一样的工艺制得的，先制成玻璃料块，再进行二次熔化，用铂金坩埚拉丝炉进行熔融纺丝，温度约 1150℃，得到纤维或进一步加工成织物等成品后用热盐酸处理，除掉 B_2O_3 HNa_2O 成分，再烧结使纤维中 SiO_2 的质量分数达到 95%~100%，另外，还有以 SiO_2 为原料，配置成高黏度的溶胶后进行纺丝，得到前躯体纤维，再加热至 1000℃，便可制得纯度为 99.999% 的石英纤维。此外，还可用石英棒或管用氢氧焰熔融拉成粗纤维，再以恒定速度通过氢氧焰或煤气火焰高速拉成直径为 4~10μm 的连续纤维，SiO_2 含量为 99.9%。

7. 玄武岩纤维滤料

玄武岩滤料主要由 SiO_2、Al_2O_3、Fe_2O_3、CaO、MgO、K_2O、TiO_2 等多种氧化物陶瓷成分组成。

（1）技术性能　玄武岩纤维的密度 2.65g/cm³，拉伸强度 4100~45000MPa，研制强度可达 4840MPa，模量为 225GPa，皆优于 E-玻纤和 S-玻纤，软化点 960℃，最高使用温度为 900℃，在 70℃ 的温水中其强度可保持 1200h，而一般玻纤只有 200h，伸长率为 3.1%，单丝

直径为 $7\sim17\mu m$，热导率为 $0.031\sim0.038W/$（m·K），烧结温度 $1050℃$，在 $400℃$ 下的强度保持率为 82%，电阻率为 $1\times10^{12}\Omega\cdot cm$，介电损耗角正切（在 1MHz 频率下）为 0.005，比 E-玻纤低 50%，耐热介电性能极好，耐酸、碱性也比玻纤好，隔热、隔声性能也好，对电磁波可反射或吸收，屏蔽性好。与树脂复合时，其黏合强度比玻璃纤维和碳纤维高，可以碳纤维制成混杂复合材料，使其抗拉强度、模量和其他性能都得到明显提高。其耐高温、抗燃性优良，过滤净化特性突出。玄武岩针刺毡性能如表 5-27 所列。

表 5-27 玄武岩针刺毡性能

型号		TFM04-8	型号		TFM04-8
1	克重	$800g/m^2$	6	使用温度	$300\sim350℃$
2	厚度	$1.8\sim2.0mm$	7	过滤风速	0.8m/min
3	透气量	$90\sim15dm^3/(m^2\cdot s)$	8	材质	玄武岩基布/玄武岩+PTFE
4	经向拉力	$\geqslant1600N/5\times20cm$	9	使用寿命	1.5 年
5	纬向拉力	$\geqslant1800N/5\times20cm$	10	应用	高温滤料

（2）制造方法 首先将玄武岩矿石破碎至 $50mm$ 大小，然后将它投入专用的池窑中，在 $1450\sim1500℃$ 温度下熔融，再将熔体导入熔融槽并用铂铑喷丝板纺成直径 $9\sim15\mu m$、长度无限的玄武岩连续长丝，每次可制成 $200\sim400$ 条细丝，冷却后在细丝上涂覆油剂，以保持其柔软性，然后将该长丝绕在收丝机上，摆纱并制成所要求线密度的丝束，干燥后经质检、包装而得连续长丝产品。若要生产短切纤维，则将丝束切断成所需长度的短纤成品。此外，还可通过熔喷法生产超细的玄武岩非织造布。

8. 热塑成形滤料

将聚合物热压成单孔型过滤元件，再涂以特殊材料而成滤料。波浪形塑烧板是几种高分子化合物粉体经过铸型、烧结形成一个多孔母体，然后对母体表面进行特殊处理，在其表面形成一层微孔氟化物树脂。塑烧板除尘器具有以下特点：①可在较高进口粉尘浓度下使用，捕尘效率高，对过滤风速 $2m/min$ 以下的粉尘捕集效率可达 99.99%；②压力损失稳定，由于塑烧板表面贴合一层氟化物树脂，表面不粘灰，粉尘很难进入塑烧板内部，所以压力损失随工作时间变化小，其阻力可控在 1500Pa 左右；③具有较好的疏水性和疏油性，在气体含湿量大或粉尘潮湿的状态下也可连续稳定地运行；④塑烧板表面形成波浪形，使同等体积下的过滤面积大，每片过滤面积达 $9m^2$，从而使得除尘器整体结构紧凑，设备小型化，大大节省空间；⑤烧结成形的塑烧板，具有较强的刚性，维护工作量小，寿命长。

9. 多孔陶瓷滤料

多孔陶瓷滤料是以耐火原料为骨架，配以黏合剂等经过高温烧结而制成的过滤材料，其内部结构具有大量贯通的可控孔径的细微气孔。陶瓷滤料具有耐高温、耐高压、耐酸碱腐蚀等特点，此外还具有孔径均匀、透气性好的优点，因此，可广泛用作过滤、分离、布气和消声材料。但陶瓷滤料性脆易碎，容易产生应力，不适合用于气体温度骤冷骤热的场合。

（三）滤料的选择

1. 选择的原则

袋式除尘器一般根据含尘气体的性质、粉尘的性质及除尘器的清灰方式进行选择，选择时应遵循下述原则。①滤料性能应满足生产条件和除尘工艺的一般情况和特殊要求，如主体和粉尘的温度、酸碱度及有无爆炸危险等。②在上述前提下，应尽可能选择使用寿命长的滤布，这是因为使用寿命长不仅能节省运行费用，而且可以满足气体长期达标排放的要求。③选择滤布时应对各种滤布排序比较，不应该用一种所谓"好"滤布去适应各种工况场合。滤布纤维性能见表5-6和表5-7。④在气体性质、粉尘性质和清灰方式中，应抓住主要影响因素选择滤料，如高温气体、易燃粉尘等。⑤选择滤料应对各种因素的进行经济对比，见表5-28。

表 5-28　滤布综合比较

比较项目	丙纶	涤纶	丙烯酸	玻璃纤维	诺梅克斯	莱通	聚酰亚胺	泰氟隆	金属纤维
最高连续操作温度/℃	70	120	120	260	200	180	260	260	600
耐磨损性	良好	极佳	良好	普通	极佳	良好	普通	良好	极佳
过滤性能	良好	极佳	良好	普通	极佳	极佳	极佳	普通	极佳
耐湿热性	极佳	较差	极佳	极佳	良好	良好	良好	极佳	极佳
耐碱性	极佳	普通	普通	普通	极佳	极佳	良好	极佳	良好
耐酸	极佳	普通	良好	较差	普通	极佳	普通	极佳	良好
抗氧化（+15%）	极佳	极佳	极佳	极佳	极佳	较差	极佳	极佳	极佳
相对价格	￥	￥	2￥	3￥	4￥	5￥	6￥	7￥	8￥

2. 根据含尘气体性质选择

(1) 气体温度　含尘气体温度是滤布选用中的重要因素。通常把小于130℃的含尘气体称为常温气体，大于130℃的含尘气体称为高温气体，所以可将滤布分为两大类，即低于130℃的常温滤布及高于130℃的高温滤布。为此，应根据烟气温度选用合适的滤布，有人把130～200℃称中温气体，但滤布多选高温型。

滤布的耐温有"连续长期使用温度"及"瞬间短期温度"两种："连续长期使用温度"是指滤布可以适用的、连续运转的长期温度，应以此温度来选用滤布；"瞬间短期温度"是指滤布所处每天不允许超过10min的最高温度，时间过长，对滤料就会老化或软化变形。

(2) 气体湿度　含尘气体按相对湿度分为三种形态：相对湿度在30%以下时为干燥气体；相对湿度在30%～80%之间为一般状态；气相对湿度在80%以上即为高湿气体。对于高湿气体，又处于高温状态时，特别是含尘气体中含SO_3，气体冷却会产生结露现象。这不仅会使滤袋表面结垢、堵塞，而且会腐蚀结构材料，因此需特别注意。对于含湿气体在选择滤布时应注意以下几点：①含湿气体使滤袋表面捕集的粉尘润湿黏结，尤其是吸水性、潮解性和湿润性粉尘会引起糊袋，为此应选用锦纶与玻璃纤维等表面滑爽、长纤维、易清灰的滤料，并宜对滤料使用硅油、碳氟树脂做浸渍处理，或在滤料表面使用丙烯酸、聚四氟乙烯等物质进行涂布处理，塑烧板和覆膜材料具有优良的耐湿和易清灰性能，应作为高湿气体首选；②当高温和高湿同时存在会影响滤料的耐温性，尤其对于锦纶、涤纶、亚酰胺等水解稳定性差的材质更是如此，应尽可能避免；③对含湿气体在除尘滤袋设计时宜采用圆形滤袋，尽量不采用形状复杂、布置十分紧凑的扁滤袋和菱形滤袋（塑烧板除外）；④除尘器含尘气体入口温度应高于气体露点温度10～30℃。

(3) 气体的化学性质　在各种炉窑烟气和化工废气中，常含有酸、碱、氧化剂、有机溶剂等多种化学成分，而且往往受温度、湿度等多种因素的交叉影响。为此，选用滤料时应考虑周全。

涤纶纤维在常温下具有良好的力学性能和耐酸碱性，但它对水、气十分敏感，容易发生水解作用，使强度大幅度下降。为此，涤纶纤维在干燥烟气中，其长期运转温度小于130℃，但在高水分烟气中，其长期运转温度只能降到60～100℃；诺梅克斯纤维具有良好耐温、耐化学性，但在高水分烟气中，其耐温将由240℃降低到150℃。

诺梅克斯纤维比涤纶纤维具有较好的耐温性，但在高温条件下耐化学性差一些。聚苯硫醚纤维具有耐高温和耐酸碱腐蚀的良好性能，适用于燃煤烟气除尘，但抗氧化剂的能力较差；聚酰亚胺纤维虽可以弥补其不足，但水解稳定性又不理想。作为"塑料王"的聚四氟乙烯纤维具有最佳的耐化学性，但价格较贵。

在选用滤料时，必须根据含尘气体的化学成分，抓住主要因素，进行综合考虑。

3. 根据粉尘性质选择

（1）粉尘的湿润性和黏着性　粉尘的湿润性、浸润性是通过尘粒间形成的毛细管作用完成的，与粉尘的原子链、表面状态以及液体的表面张力等因素相关，可用湿润角来表征；通常 θ 小于 $60°$ 者为亲水性，θ 大于 $90°$ 者为憎水性。吸湿性粉尘当在其湿度增加后，粒子的凝聚力、黏性力随之增加，流动性、荷电性随之减小，黏附于滤袋表面，久而久之，清灰失效，尘饼板结。

有些粉尘，如 CaO、$CaCl_2$、KCl、$MgCl_2$、Na_2CO_3 等吸湿后进一步发生化学反应，其性质和形态均发生变化，称之为潮解。潮解后粉尘糊住滤袋表面，这是袋式除尘器最忌讳的。

对于湿润性、潮解性粉尘，在选用滤布时应注意滤布的光滑、不起绒和憎水性，其中以覆膜滤料和塑烧板为最好。

湿润性强的粉尘许多黏着力较强，其实湿与黏有不可分割的联系。对于袋式除尘器，如果黏着力过小，将失去捕集粉尘的能力，而黏着力过大又造成粉尘凝聚、清灰困难。

对于黏着性强的粉尘同样应选用长丝不起绒织物滤布，或经表面烧毛、压光、镜面处理的针刺毡滤布，对于浸渍、涂布、覆膜技术应充分利用。从滤布的材质上讲，锦纶、玻纤优于其他品种。

（2）粉尘的可燃性和荷电性　某些粉尘在特定的浓度状态下，在空气中遇火花会发生燃烧或爆炸。粉尘的可燃性与其粒径、成分、浓度、燃烧热以及燃烧速度等多种因素有关，粒径越小、比表面积越大，越易点燃。粉尘爆炸的一个重要条件是密闭空间，在这个空间其爆炸浓度下限每立方米一般为几十至几百克；粉尘的燃烧热和燃烧速度越高，其爆炸威力越大。

粉尘燃烧或爆炸火源通常是由摩擦火花、静电火花、炽热颗粒物等引起的，其中荷电性危害最大。这是因为化纤滤布通常容易荷电的，如果粉尘同时荷电则极易产生火花，所以对于可燃性和易荷电的粉尘如煤粉、焦粉、氧化铝粉和镁粉等，宜选择阻燃型滤布和导电滤布。

一般认为氧指数大于 30 的纤维织造的滤料，如 PVC、PPS、P84、PTEF 等是安全的，而对于氧指数小于 30 的纤维，如丙纶、锦纶、涤纶、亚酰胺等滤布可采用阻燃剂浸渍处理。

消静电滤布是指在滤布纤维中混入导电纤维，使滤布在经向或纬向具有导电性能，使电阻小于 $10^9\,\Omega$。常用的导电纤维有不锈钢纤维和改性（渗碳）化学纤维，两者相比，前者导电性能稳定可靠；后者经过一定时间后导电性能易衰退。导电纤维混入量约为基本纤维的 $2\%\sim5\%$。

（3）粉尘的流动和摩擦性　粉尘的流动和摩擦性较强时会直接磨损滤袋，降低使用寿命。表面粗糙、菱形不规则的粒子比表面光滑、球形粒子磨损性大 10 倍；粒径为 $90\mu m$ 左右的尘粒的磨损性最大，而当粒径减小到 $5\sim10\mu m$ 时磨损性已十分微弱。磨损性与气流速度的 $2\sim3$ 次方成正比、与粒径的 1.5 次方成正比，因此，气流速度及其均匀性是必须严格控制的。在常见粉尘中，铝粉、硅粉、焦粉、炭粉、烧结石矿粉等属于高磨损性粉尘。对于磨损性粉尘宜选用耐磨性好的滤料。

除尘滤料的磨损部位与形式多种多样，根据经验，滤袋磨损都在下部，这是因为滤袋上部滤速低、气体含尘浓度小的缘故。

对于磨损性强的粉尘，选用滤料应注意以下 3 点：①化学纤维优于玻璃纤维，膨化玻璃纤维优于一般玻璃纤维，细、短、卷曲型纤维优于粗、长、光滑性纤维；②毡料中宜用针刺方式加强纤维之间的交络性，织物中以缎纹织物最优，织物表面的拉绒也是提高耐磨性的措施，但是毡料、缎纹织物和起绒滤料会增加阻力值；③对于普通滤料表面涂覆、压光等后处理也可提高耐磨性，对于玻璃纤维滤料、硅油、石墨、聚四氟乙烯树脂处理以改善耐磨、耐折性，但是覆膜滤料用于磨损性强的工况时膜会过早地磨坏，失去覆膜作用。

4. 按除尘器的清灰方式选择

袋式除尘器的清灰方式是选择滤料结构品种的另一个重要因素，不同清灰方式的袋式除尘器因清灰能量、滤袋形变特性的不同，宜选用不同的结构品种滤料。

（1）机械振动类袋式除尘器　是利用机械装置（包括手动、电磁振动、气动）使滤袋产生振动而清灰的袋式除尘器。此类除尘器的特点是施加于粉尘层的动能较少而次数较多，因此要求滤料薄而光滑，质地柔软，有利于传递振动波，在过滤面上形成足够的振击力。宜选用有化纤缎纹或斜纹织物，厚度 0.3～0.7mm，单位面积质量 300～350g/m²，过滤速度 0.6～1.0m/min；对小型组可提高到 1.0～1.5m/min。

（2）分室反吹类袋式除尘器　采用分室结构，利用阀门逐室切换，形成逆向气流反吹，使滤袋缩瘪或鼓胀清灰的袋式除尘器。它有二状态和三状态之分，清灰次数 3～5 次/h。清灰动力来自于除尘器本体的自用压力，在特殊场合中才另配反吹风动力；属于低动力清灰类型，滤料应选用质地轻软、容易变形而尺寸稳定的薄型滤料，如 729、MP922 滤料。该类除尘器过滤速度与机械振动类除尘器相当。

分室反吹类袋式除尘器具有内滤与外滤之分，滤料的选用没有差异。大中型除尘器常用圆袋形、无框架；滤袋长径比为（15～40）：1；优先选用缎纹（或斜纹）机织滤料；在特殊场合也可选用基布加强的薄型针刺毡滤料，厚 1.0～1.5mm，单位面积质量 300～400g/m²。对于小型除尘器常用扁袋、菱形袋或蜂窝形袋，必须带支撑框架，优先选用耐磨性、透气性好的薄形针刺毡滤料，单位面积质量 350～400g/m²。也可选用纬二重或双重织物滤料。

（3）振动反吹并用类袋式除尘器　指兼有振动和逆气流双重清灰作用的袋式除尘器。振动使尘饼松动，逆气流使粉尘脱离，两种方式相互配合，提高了清灰效果，尤其适用于细颗粒黏性尘。此类除尘器的滤料选用原则大体上与分室反吹类除尘器相同，以选缎纹（或斜纹）机织滤料为主。随着针刺毡工艺水平和产品质量的提高，发展趋势是选用基布加强，尺寸稳定的薄型针刺毡。

（4）喷嘴反吹类袋除尘器　是利用风机作反吹清灰动力，在除尘器过滤状态时，通过移动喷嘴依次对滤袋喷吹形成强烈反向气流。对滤袋清灰的袋式除尘器，属中等动能清灰类型。在袋式除尘器用喷嘴清灰的有回转反吹、往复反吹和气环滑动反吹等几种形式。

回转反吹和往复反吹袋式除尘器采用带框架的外滤扁袋形式，结构紧凑。此类除尘器要求选用比较柔软、结构稳定、耐磨性好的滤料，优先用于中等厚度针刺毡滤布，单位面积量为350～500g/m²。

气环滑动反吹袋式除尘器属于喷嘴反吹类袋除尘器的一种特殊形式，采用内滤圆袋，喷嘴为环缝形，套在圆袋外面上下移动喷吹。要求选用厚实、耐磨、刚性好、不起毛的滤布，宜选用压缩毡和针刺毡，因滤袋磨损严重，该类除尘器极少采用。

（5）脉冲喷吹类袋式除尘器　指以压缩空气为动力，利用脉冲喷吹机构在瞬间释放压缩气流，诱导数倍的二次空气高速射入滤袋，使其急剧膨胀。依靠冲击振动和反向气流清灰的袋式除尘器属高动能清灰类型，它通常采用带框架的外滤圆袋或扁袋。要求选用厚实、耐磨、抗张力强的滤袋，优先选用化纤针刺毡或压缩毡滤布，单位面积质量为500～650g/m²。

5. 按特殊工况选用滤料

特殊除尘工况主要指以下几种情况：①高浓度粉尘工艺收尘；②高湿度工艺收尘；③温度变化大的间断工艺收尘；④含有可燃气体的工艺收尘；⑤排放标准严格和具有特殊净化要求的

场合；⑥要求低阻运行的场合；⑦含有油雾等黏性微尘气体的处理。

处理以上特殊工艺和场合的气体，在除尘系统的设计、除尘设备的选用、滤料的选用上都要综合考虑、区别对待。特殊烟气处理方法及滤料选用见表5-29。

表5-29　特殊烟气处理方法及滤料选用

特殊除尘工况	除尘系统设计	除尘设备	滤袋材料
高浓度	(1)采用较低过滤风速； (2)对含有硬质粗颗粒，前级可采取粗颗粒分离器	(1)采用外滤脉冲除尘器； (2)滤袋间隔较宽，落灰畅通； (3)应设计较大灰斗，使气流分布合理，采取防止冲刷滤袋的措施； (4)清灰装置应连续运行可靠	(1)滤袋应变形小、厚实； (2)滤袋表面压光或浸渍疏油疏水及助剂处理； (3)最好选用PTFE复合滤料
高湿式工况变化大	(1)系统管道保温、疏水； (2)除尘器保温或加热； (3)控制工艺设备工作温度	(1)采用船型灰斗、气炮等防止灰斗堵灰； (2)喷吹压缩空气应干燥，并加热防结露； (3)设干燥送热风系统； (4)采用塑烧板除尘设备； (5)增加喷吹系统的压力	(1)采用PTFE复合滤料； (2)在保证滤料不结露的情况下，可采取疏水、疏油性好的表面光滑处理的滤料
温度变化大，间断工艺	(1)延长除尘管道防止温度过高； (2)增加蓄热式冷却器，减少温度波动； (3)增加掺兑冷风的冷风阀，防止温度过高	(1)如温度下降有结露情况，需考虑除尘设备的保温和伴热； (2)喷吹压缩空气需干燥	(1)采用相适应的耐温滤料； (2)湿度大时，需采用疏水滤料
标准排放要求高或有特殊的净化要求	(1)过滤风速取常规的1/2～2/3； (2)避免清灰不足或清灰过度，有效控制清灰的压力、振幅和周期	(1)密封好除尘设备； (2)采用静电-袋滤复合型除尘器； (3)增加过滤面积	(1)采用特殊工艺的MPS滤料，涂一层有效的活性滤层，对小于$5\mu m$的粉尘有良好的过滤效果； (2)采用PTFE覆膜滤料； (3)采用超细纤维滤料
稳定低阻运行	(1)减少进出风口的阻力； (2)减少设备内部的阻力	(1)有效的清灰机构； (2)减少清灰周期； (3)采用定阻清灰控制； (4)降低过滤速度	(1)采用常规滤料浸渍、涂布、压光等后处理工艺； (2)实行表面过滤，防止运行期间滤料的阻力增高
含有油雾的除尘	(1)工艺可能与其他除尘合并，以吸收油雾； (2)采用预喷涂和连续在管道内部添加适量的吸附性粉尘； (3)有火星和燃烧爆炸的可能，增加阻火器	(1)采用脉冲除尘器，提高清灰能力； (2)除尘器保温加热，防止油雾和水气凝结； (3)设备采取防爆措施	(1)选用经疏油、疏水处理的滤料； (2)采用PTFE覆膜滤料； (3)采用波浪型塑烧板

三、滤布性能检验方法

滤布的检验有3方面意义：①为滤布生产厂控制产品性能，提高产品质量提供依据；②为设计和使用者有根据地选用滤布提供依据；③为管理和技术监督部门实施科学的监督。滤布检验可分为滤布生产厂的自检、技术部分抽检以及产品认定检验等。

(一) 滤布检验的内容和抽样

对于滤布，需要检验的内容可分为如下几类。

（1）外观检验　刺孔、疵点、黑斑、跳线、断线、接头等。

（2）物理性能　如滤布的单位面积质量、厚度、幅宽、机织布的组织、织物密度、非织造布的体积密度、孔隙率等。

（3）机械特性　如滤料的断裂强力、断裂伸长率、滤料的经纬向负荷伸长率、滤料的胀破强力等。

（4）滤尘特性　如阻力系数、静态除尘效率、动态除尘效率、滤料的动态阻力、再生阻力系数及粉尘剥离率等。

（5）特殊功能特性　如耐温性、耐腐蚀性、静电特性、疏水性等。

为保证滤布的产品质量，滤布的检验抽样，除对滤布所用原料纤维、纱线抽样检验，对滤布的半成品和成品进行跟踪质量监督外，滤布生产厂还必须对每批滤布进行抽样检验。滤布每批抽样 5%。

从批量样品中的每一批，随机剪下试验所需长度的全幅作为试验样品。开剪位置一般情况下应离开匹端至少 3m。满足上述内容项目试验所需样品的长度约为 6m。

(二) 滤布物理性能的检验

滤布的物理性能包括质量、厚度、密度、耐温性、吸湿性和刚度等。

1. 单位面积质量

单位面积质量一般称为布重，它是指 1m² 面积滤布的质量（g/m²）。由于滤布的材质及其结构最直观地反映在其单位面积质量上，因此单位面积质量就成为决定滤布性能的最基本、最重要指标，同时也是决定滤布价格的重要因素。

检测滤布单位面积质量方法简单，即裁剪 1m² 或一定面积的滤布在天平上称重，尔后计算出单位面积质量。在裁剪时应找有代表性的部位。

2. 厚度

厚度也是滤布重要的物理性能之一，它对滤布的透气性、耐磨性等有很大的影响。对于织布而言，厚度大体决定于质量、纱线粗细及编织方法，对于毡及非织布，厚度则仅取决于质量和制造工艺。

检测滤布的厚度用测厚仪，测量滤布的厚度要有一定时间的测厚工作经验，否则会有误差。

3. 密度

织布的密度是以单位距离内的纱线根数表示，即以 2.54cm 或 5cm 间的经纬根数表示。而毡与非织布的密度则以体积密度，即滤布单位面积的质量除以厚度进行计算的（g/m³）。

4. 刚性

刚性是滤布柔软程度的衡量指标。评价其特点的唯一方法是手感。织布滤布非常柔软，几乎没有刚性，而毡与非织布滤布由于使用树脂对表面进行了加工处理，因而具有一定刚性，这种刚性滤布多用来制成滤筒。

5. 耐温耐热性

耐温耐热性是选择滤料的重要因素。在选择滤布时，不仅要考虑到滤布的耐温性，即滤布的长期工作温度及短期可能发生的高温温度，而且还要考虑到滤布的耐热性，即滤料耐干热和耐湿热的能力。经处理，滤布的耐温性会提高。

滤布的耐温耐热检验通常除了在恒温设备中烘烤外，往往还结合测量滤布的机械性能进行，确定随温度升高机械强度变化的程度。

6. 滤布的疏水性

滤布的疏水性是评价其性能的指标之一。特别是当含尘气体中含有一定水分时，此项性能显得更加重要。因为当含尘气体含水分量较大、滤布的吸湿性高时会造成粉尘结块，使滤料堵塞，阻力上升，最终导致除尘性能恶化。目前，已有非吸湿性滤料，不怕结露，不怕水，不怕油，性能良好。

滤布的疏水性是通过测定滤布的沾水性确定的。

滤布的沾水性用沾水仪测定。沾水仪结构如图5-60所示。试样夹持器由两个能互相配合的木头环或金属环组成，内环的外径为150mm，试样滤布被紧紧夹于其中；使其成为45°倾角，试验面的中心在喷嘴表面中心下150mm处。试验用水为蒸馏水或去离子水，温度为（20±2）℃或（27±2）℃。

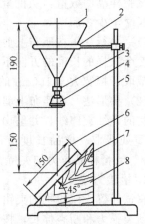

图5-60 沾水仪结构

1—玻璃漏斗 φ150mm；2—支结构环；3—橡皮管；4—淋水喷嘴；5—支架；6—度样；7—试样支座；8—底座（木制）

试验用标准大气为温度（20±2）℃或（27±2）℃，相对湿度为（65±2）%。样品应在吸湿状态下调湿平衡。试验前，样品应在标准大气中，使空气畅通地流过样品，直至每隔2h连续称重，样品的质量变化不超过0.25%时为止。

从被测滤布不同部位至少取3块180mm见方的有代表性的滤布试样，将试样在规定的大气条件中至少调湿处理24h。调湿后，用试样夹持器夹紧试样，放在支座上，试验时滤布正面朝上。试样经向与水流方向平行。将250mL水迅速而平稳地注入漏斗中，以便淋水持续进行。淋水停止，迅速将夹持器连同试样一起拿开，使滤布正面向下几乎成水平。然后对着硬物轻轻敲打2次，敲打后，试样仍在夹持器上，根据观察到的试样润湿程度，用最接近的下列文字描述及图片表示的级别来评定其等级。

沾水等级：1级——受淋表面全部润湿；2级——受淋表面一半润湿，这通常上指小块不连接的润湿面积的总和；3级——受淋表面仅有不连接的小面积润湿；4级——受淋表面没有润湿，但在表面沾有小水珠；5级——受淋表面没有润湿，但表面也未沾有小水珠。

7. 滤料的浸润角测定方法

将蒸馏水喷淋在滤料的表面上，用专用的显微镜测量水珠的浸润角 θ（见图5-61）。

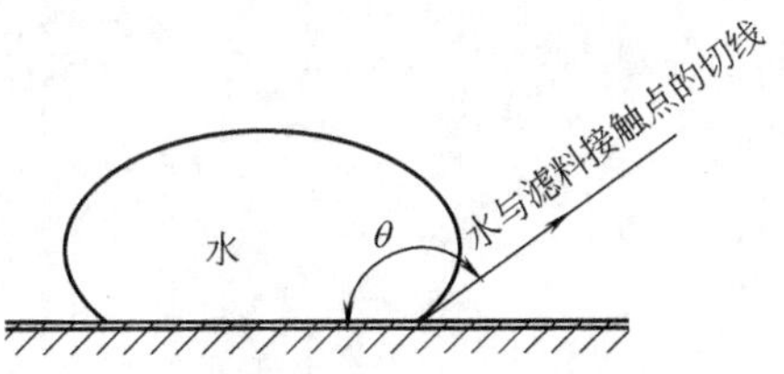

图5-61 浸润角示意

（三）滤布机械性能检验

滤布的拉断时的最大荷重即为断裂强度，此时的伸长称断裂伸长，二者都是滤布的机械性能和重要指标。

织物断裂强度和断裂伸长率的测定可在等速伸长试验机、等速牵引强力试验机或等加负荷强力试验机上进行。一般试样的平均断裂时间规定为（20±3）s；毛纺织品（毛纺、混纺）试样的平均断裂时间规定为（30±5）s。

1. 测试试样采样方法

从一批或一次装载货物中按匹数多少随机取出1~5匹作为样品，例如10匹以内取1~2匹，10~75匹取4~5匹，76匹以上取5匹，但是对运输中有受潮损迹象的匹样，不能作为样品。

试验样品的数量：从批量样品中的每一匹，随机剪下至少1m长的全幅作为试验室样品，但离匹端至少3m。

（1）平行法　在匹布上剪取长度为40cm左右的滤布样品。裁剪经纬向试验至少各5条。要求2个试样的长度的方向不得含有相同的纱线，幅宽小于100cm的，经向在距布边1/10幅宽处裁取，幅宽大于100cm的，经向布距10cm处裁取。

（2）梯形法　在匹布上剪取长度1m左右，裁剪经，纬向试样至少各5条，长度方向平行于织物的经纱或纬纱，并呈梯形排列，2条样品长度方向不得含有相同的纱线，经向在布边1/10幅宽处裁取。样品长度应能满足名义夹持长度达到200mm，拉去边纱后的试样宽度为50mm。滤料样品应另加夹持宽度。

2. 检验方法

将试样置于试验机的夹钳中，调节好运行速率，按试验所需测定数进行试验并记录每个试样的断裂强力和断裂伸长，按下式计算出平均断裂强力和断裂伸长。

（1）平均断裂强力

$$F_p = \frac{\sum F_i}{n} \tag{5-48}$$

式中　F_p——平均断裂强力，N；
　　　F_i——各试样断裂强力，N；
　　　n——测定次数。

（2）平均断裂伸长

$$e_p = \frac{\sum \Delta l}{n} \tag{5-49}$$

式中　e_p——平均断裂伸长，mm；
　　　$\sum \Delta l$——各试样断裂伸长值的总和，mm；
　　　n——测定次数。

（3）试样断裂伸长率

$$E_i = \frac{100 \Delta l}{l} \tag{5-50}$$

式中　E_i——各试样的断裂伸长率，%；
　　　Δl——各试样的断裂伸长值，mm；
　　　l——试样名义夹持长度，mm。

（4）平均断裂伸长率

$$E_p = \frac{\sum E_i}{n} \tag{5-51}$$

式中　E_p——平均断裂伸长率，%；
　　　$\sum E_i$——各试样的断裂伸长率总和；
　　　n——测定次数。

3. 覆膜滤料的覆膜牢度试验方法

覆膜滤料覆膜牢度试验装置原理如图5-62所示。将覆膜滤料试样覆膜一侧向上（朝外）固定在杯口直径为$\phi 25$mm的测试杯杯口上，向杯中连续送入测定所需温度的气体，以逐渐提高覆膜滤料未覆膜一侧的承受压力，注意观察覆膜的剥离状况。当覆膜最大一块剥离面积或最大鼓泡的大边尺寸等于D(mm) 时，记录下测试杯中的气体压力（MPa），以该压力作为覆膜滤料覆膜牢度。对不同材质的滤料，D值规定如下：平型纸质覆膜滤料1.5mm，波纹型纸质覆膜滤料2.5mm，轧光合成纤维非织造覆膜滤料2.5mm，未轧光合成纤维非织造覆膜滤料5.0mm。

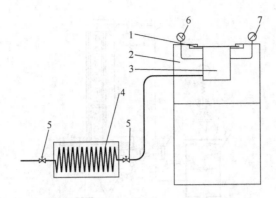

图 5-62 覆膜滤料试样试验装置原理

1—覆膜滤料试样；2—密封压紧装置；3—测试杯；4—气体加热装置；5—阀门；6—温度计；7—压力表

（四）滤布透气性和阻力的检验

1. 滤布透气度的检验

透气度是指在一定气体压差下通过单位面积滤布的气体量，又称透气性或透气率。

滤布两侧气体存在压差时，将其通透空气的性能来表示透气性的程度，采用"透气度"进行定量度量。透气度是指在织物两侧的气体施加 127Pa 压差时，单位时间、流过滤料单位面积的空气体积，单位为 $m^3/(m^2 \cdot min)$。

滤布的透气度因纤维种类、细度滤布结构形式和密度大小而异，透气度低，则过滤效率高，阻力也大，单位面积允许通过风量大，透气度的偏差大小却反映了滤料的质地均匀的程度，滤布透气度的极限偏差，见表 5-30。

表 5-30　透气度的极限偏差

滤料类型	非织造滤料	机织滤料
透气度极限偏差	±25	±15

透气度测定使用透气度仪，透气度仪分为低压和中低压两种型式，分别如图 5-63 和图 5-64所示。一般滤布使用低压透气度仪，透气度的测试应在不同批样、不同位置进行，测定数次不少于 5 次，透气度偏差 q 按下式计算。

$$+q = \frac{q_{max} - \overline{q}}{\overline{q}} \times 100\% ; \qquad -q = \frac{q_{min} - \overline{q}}{\overline{q}} \times 100\% \qquad (5\text{-}52)$$

$$\overline{q} = \frac{1}{n} \sum q_i \qquad (5\text{-}53)$$

式中　$+q$——透气度正偏差，%；

$-q$——透气度负偏差，%；

$\overline{q}$——透气度的平均值，$m^3/(m^2 \cdot min)$；

q_{max}——大于$\overline{q}$透气度的最大值，$m^3/(m^2 \cdot min)$；

q_{min}——小于$\overline{q}$透气度的最小值，$m^3/(m^2 \cdot min)$；

q_i——第 i 个样品的透气度，$m^3/(m^2 \cdot min)$。

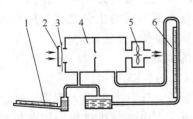

图 5-63　滤布低压透气仪

1—倾斜压力计；2—罩盖；3—织物试样；4—压差流量计；5—吸风机；6—垂直压力计

测定高阻透气物的透气度时，用高压透气度测试仪器。透气物两侧常施加 0.1～0.5MPa 压差。测定气体过滤用布

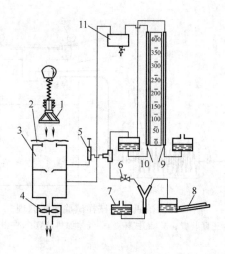

图 5-64 滤布中低压透气仪

1—压环；2—织物试样；3—压差流量计；4—吸风机；5—阻尼器；6—低压阀；7—储液器；
8—倾斜压力计（低压用）；9—定压力计（中压用）；10—垂直压力计；11—溢流器

不用这种仪器。

2. 洁净滤布阻力的检验

滤布的阻力是表示气体以一定速度通过滤布的压力损失，单位为 Pa。阻力检验实际是测洁净滤布阻力系数。

① 准备直径为 100mm 的滤布试样三块。

② 按下列步骤测定洁净滤布样品的阻力系数 C：a. 将洁净滤布样品夹紧在滤布静态测试仪上；b. 改变滤速，测定 n 种滤速条件下滤布的阻力 $\Delta P\infty$，$i=1，2，\cdots，n$；c. 按下式计算滤料的阻力系数 C。

$$C = \frac{1}{n} \sum_{i=1}^{n} \frac{\Delta P\infty}{V_i} \tag{5-54}$$

式中　V_i——第 i 次测试时的滤速，m/min；

$\Delta P\infty$——滤速为 V_i 时洁净滤布的阻力，Pa；

n——测定次数。

按同样方法测定另两块滤布样品的阻力系数，当误差小于 10% 时，取其平均值。

（五）滤布除尘效率测定

滤布除尘效率是指含尘气流通过滤布时，在同一时间内被捕集的粉尘量与进入滤布前粉尘量之比，用百分率表示。除尘效率高，表示滤布过滤性能优良。

1. 滤布静态除尘率的测试

滤布静态特性测试仪如图 5-65 所示。

开动抽气机 7，使外部空气自上口进入管道、经滤布试样、高效滤膜和孔板后，由抽气机排出。用微压机 9 测定孔板压差，求得滤布的透气量和滤速；用微压机 10 测定滤布的阻力。用调压器 8 调节抽气机的风量，由

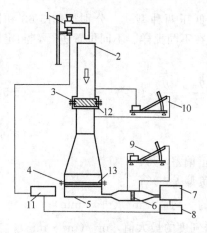

图 5-65　滤布静态特性测试仪

1—发尘器；2—管道；3—滤料试样夹具；
4—高效滤膜夹具；5—均压室；6—孔板；
7—抽气机；8—调压器；9,10—微压机；
11—电源；12—滤料；13—高效滤膜

微压机 9、10 测得几种滤速 V_i 及该滤速条件下滤料的阻力。加大风量，使滤布压差，即滤布阻力达 130Pa 时测得的流量即为滤布的透气度。

测定滤布静态除尘率时，需开动发尘器。一般以中位径 d_{50} 为 $8\sim12\mu m$、几何标准偏差 σ 在 $2\sim3$ 范围内的滑石粉作为试验粉尘。对每一个试样至少发尘 10g，粉尘浓度的波动要控制在 $\pm20\%$ 之内。每次发尘时间不得少于 30min。

发尘结束时，测得滤布的阻力为滤料的终阻力，关闭抽气机，取下试样滤布及高效滤膜并称量和计算它们捕集的粉尘量 ΔG_f、ΔG_m，由下式求得滤料的静态除尘率 η_j：

$$\eta_j = \frac{\Delta G_f}{\Delta G_f + \Delta G_m} \times 100\% \qquad (5\text{-}55)$$

式中　η_j——滤料的静态除尘器，%；

　　　ΔG_f——试验滤袋捕集的粉尘量，g；

　　　ΔG_m——高效滤膜捕集的粉尘量，g。

由下式计算滤布的荷尘量 m_f。

$$m_f = \frac{\Delta G_f}{A_f} \qquad (5\text{-}56)$$

式中　m_f——滤布的荷尘量，g/m^2；

　　　A_f——试验滤袋的过滤面积，m^2。

2. 测定滤布静态除尘率的步骤

步骤如下：①制备过滤面积为 $0.05m^2$ 的试验滤袋 3 条；②将一条试验滤袋夹紧在滤布静态特性测试仪上；③利用调压器调节抽气机的风量，将试验滤布的滤速控制在 (1.5 ± 0.1) m/min；④按规定进行发尘，但要控制粉尘浓度波动小于 $\pm20\%$；⑤按规定进行测定和计算，求出第一条试验滤布的静态除尘率 η_{j1}。

3. 滤布动态除尘效率的测试

滤布的动态除尘效率在如图 5-66 所示的装置上进行。静态除尘效率反映滤布在清洁滤布对粒子的捕集能力，袋式除尘器的滤袋在工作中形成粉尘层之后，对粉尘粒子的捕获与阻留不仅依赖于滤布本身，更多的是依靠粉尘层（覆膜滤布除外）。由于粉尘层对粒子的阻留能力很

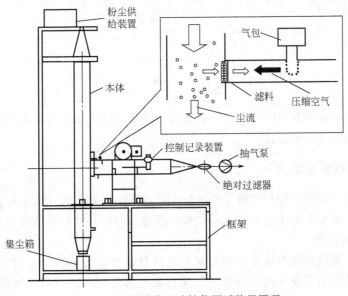

图 5-66　滤料动态过滤性能测试装置原理

强，所以滤布的动态除尘效率高于静态除尘效率，动态除尘效率的测定真实地表达了滤布在工作状态下的除尘效果，其计算方法与静态除尘效率相同。

4. 滤袋的清灰效率

清灰效率表示通过振打、反吹、喷吹等措施把粉尘从滤袋上清除掉的效果。

根据测定滤布动态阻力获得的数据，滤布的清灰率 P_d 按下式计算。

$$P_d = \frac{\Delta P_E - \Delta P'_E}{\Delta P_E} \times 100\% \tag{5-57}$$

式中　P_d——清灰效率，%；

　　ΔP_E——滤袋清灰前阻力，Pa；

　　$\Delta P'_E$——滤袋清灰后阻力，Pa。

滤布清灰前动态阻力

$$\Delta P_E = \Delta P_o + \Delta P_{do} + \Delta P_d$$

式中　ΔP_o——清洁滤布阻力，Pa；

　　ΔP_{do}——一次粉尘层阻力，Pa；

　　ΔP_d——二次粉尘层阻力，Pa。

令

$$\Delta P_o = \xi_o \frac{\mu}{g} v; \ \Delta P_{do} = \alpha m_{do} \frac{\mu}{g} v; \ \Delta P_d = \alpha m_d \frac{\mu}{g} v$$

则

$$\Delta P_E = \xi_o \frac{\mu}{g} v + \alpha m_{do} \frac{\mu}{g} v + \alpha m_d \frac{\mu}{g} v$$

$$= [\xi_o + \alpha(m_{do} + m_d)] \frac{\mu}{g} v \tag{5-58}$$

式中　ξ_o——洁净滤布特性阻力系数；

　　α——粉尘阻力系数；

　　m_{do}——一次粉尘层粉尘负荷；

　　m_d——粉尘负荷。

由以上各式可得

$$\Delta P_d = \frac{\alpha m_d}{\xi_o + \alpha(m_{do} + m_d)}$$

因为

$$\xi_o \ll \alpha(m_{do} + m_d)$$

所以有

$$\Delta P_d = \frac{m_d}{m_{do} + m_d} \tag{5-59}$$

上式表明，滤布清灰前后阻力差与清灰前滤布阻力之比基本上等于被清灰系统清除掉的粉尘量与清灰前捕集粉尘总量之比。

（六）滤布静电特性检验

由于滤布特性、粉尘特性和摩擦等原因滤布静电压可达数千伏，放电时会产生火花，导致燃烧和爆炸事故。滤布荷电还会影响清灰效果，故滤布静电特性具有特殊意义。

1. 摩擦面电荷密度

面电荷密度，是指带电物体单位表面积的电荷量，单位为 $\mu C/m^2$。试验方法是将过滤布样品经过摩擦装置摩擦后投入法拉第筒，测量其面电荷密度。法拉第筒如图 5-67 所示，摩擦装置如图 5-68 所示。

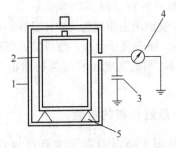

图 5-67 滤布面荷电密度测试用法拉第筒
1—外筒；2—内筒；3—电容器；
4—静电压表；5—绝缘支架

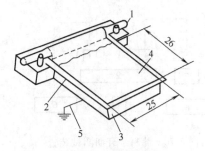

图 5-68 摩擦装置
1—绝缘棒；2—垫板；3—垫座；
4—样品；5—电线

把 400mm×450mm 的尼龙摩擦布用胶带从四面裹在金属垫板上，垫板面积为 320mm×300mm，厚度 3mm，用聚乙烯包皮线接地，取采样布块，将一端缝制为套状，将有机玻璃棒插入缝好的套内，放置于摩擦垫上，持缠有标准布的摩擦棒两端由前侧向后侧一方摩擦样品 5 次。使绝缘棒与垫板保持平行地由垫板上揭离，并迅速投入法拉第筒中，读取电压值，并按下式计算电荷面密度：

$$\sigma = CV/A \tag{5-60}$$

式中 σ ——电荷面密度，CV/m²；

C ——电量，C；

V ——电压值，V；

A ——样品摩擦面积，m²。

摩擦面电荷密度表滤布摩擦后产生电荷量大小，其值大说明滤布容易带电。

2. 摩擦带电电压

摩擦带电电压的测试装置如图 5-69 所示。

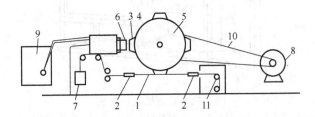

图 5-69 滤布摩擦带电电压测试装置
1—标准布；2—标准布夹；3—样品框；4—样品夹框；5—金属
转鼓；6—测量电极；7—负载；8—电机；9—放大
器及记录仪；10—皮带；11—立柱导轮

摩擦带电电压测试的原理是：在一定张力条件下，使样品与标准布相互摩擦，以此时产生的最高电压及平均电压对滤布摩擦带电关系进行评价。测试时首先用静电表对电极的电压标定，调整测量电极板，使之与样品框平面相距（15±1）mm。将每块样品分成大小 4cm×8cm 的 4 块，夹在样品夹上，对样品消电后开动电机使转鼓旋转，在转速 400r/min 条件下测量 1min 内样品带电的最大值。改变样品经纬方向，再次测量。对样品分别测量后，取其中最大值和平均值作为滤布带电电压的测量值。

3. 滤布荷电的半衰期

首先使滤布试样荷电，当外界作用撤除后，样品静电电压衰减为初始值的 1/2 时所需时间

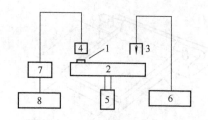

图 5-70　滤料半衰期测试装置
1—样品；2—转动台；3—针电极；4—圆板
状感应电极；5—电机；6—高压直流电源；
7—放大器；8—示波器或记录仪

称为半衰期。测试装置如图 5-70 所示。

滤布荷电半衰期测定原理为：使样品在高压静电场中带电至稳定后，断开高压电源，使所带电压通过接地金属台自然衰减，测定其电压衰减为初始值之半所需时间。

（七）滤布阻燃性能的检验

袋式除尘器用于高温或用于含有可能发生自燃现象的粉尘时，由于高温，或由于炽热颗粒附着于滤袋，或是由于自燃物发火均会使布烧毁，造成严重后果。为了防止滤袋发生燃烧事故，近年来阻燃滤布开始出现，为了评价滤料的阻燃性和燃烧性，通常在实验室对过滤材料进行阻燃性能和燃烧性能的测定。

1. 滤布阻燃性的测试

滤布阻燃性能测试使用垂直燃烧试验仪，该仪器由燃烧箱、气体供给系统、试样夹、点火器及控制部分组成，见图 5-71。用此方法用以测量织物阻止燃烧、阻燃及炭化的倾向。

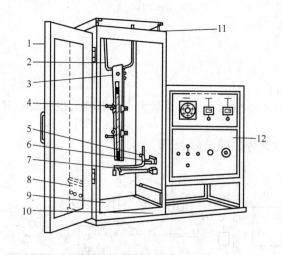

图 5-71　垂直燃烧仪组成
1—正前门；2—试样夹支架；3—试样夹；4—试样架固定装置；5—焰高测量装置；6—电火花发生
装置；7—点火器；8—通风孔门；9—石棉板；10—安全开关；11—顶板；12—控制板

2. 利用氧指数法评价织物燃烧性能

氧指数是指在规定的试验条件下，氧氮混合物中材料刚好能保持燃烧状态所需要的最低氧浓度。用氧指数法测定织物燃烧性能的原理如下。用试样夹将试样垂直夹持于透明燃烧筒内，其中有向上流动的氧氮气流、点着试样的上端，观察随后的燃烧现象，并与规定的极限值比较其持续燃烧时间或燃烧过的距离。通过在不同氧浓度中一系列试样的试验，可以测得最低氧浓度。测定仪装置如图 5-72 所示。

四、袋式除尘器滤袋

袋式除尘器的滤袋是除尘器的核心配件。滤袋尺寸的设计、滤布裁剪和滤袋的加工制作都有严格的要求。这些要求对袋式除尘器的正常运行和方便维护、对延长滤袋使用寿命具有重要意义。

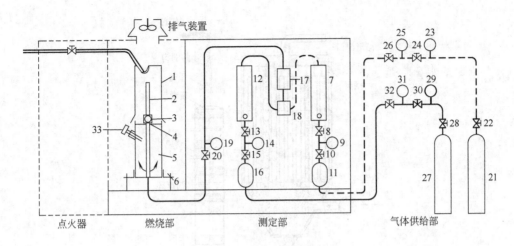

图 5-72　氧指数测定仪装置示意

1—燃烧筒；2—试样；3—试样支架；4—金属网；5—玻璃珠；6—燃烧筒支架；7—氧气流量计；8—氧气流量调节器；9—氧气压力计；10—氧气压力调整器；11,16—清净器；12—氮气流量计；13—氮气流量调节器；14—氮气压力计；15—氮气压力调整器；17—混合气体流量计；18—混合器；19—混合气体压力计；20—混合气体供给器；21—氧气钢瓶；22,26,28,32—阀；23,29—钢瓶高压计；24,30—减压阀；25,31—供给气体压力计；27—氮气钢瓶；33—混合气体温度计

（一）滤袋的组成和分类

1.滤袋组成

滤袋是袋式除尘器除尘的核心部件。滤袋由滤布缝制的袋身和起辅助作用的支撑、卡箍、吊链、防瘪环等配件组成。外滤式袋式除尘器由滤袋及其配件组成，外滤式滤袋的配件有文氏管、框架、袋口弹性圈等，配件布置如图 5-73 所示。

内滤式袋式除尘器的滤袋及其配件如图 5-74 所示，配件主要有滤袋缝在一起的防瘪环、袋口圈和安装使用的袋帽、卡箍、吊挂装置等。

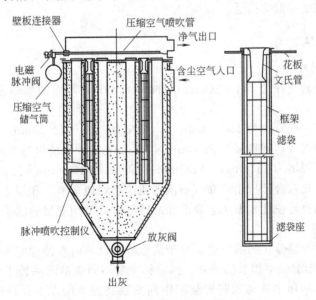

图 5-73　外滤式袋式除尘器配件布置示意

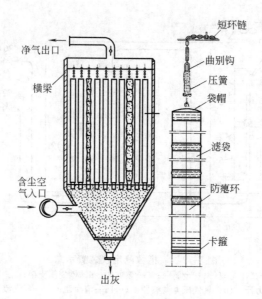

图 5-74　内滤式袋式除尘器配件布置示意

2. 滤袋的分类

（1）按横断面形状分类　按滤袋形状可将之分为以下几类。

① 圆形滤袋。滤袋为圆筒形，圆形袋按长度不同又分为长袋和短袋。其规格用直径×长（ϕmm×Lmm）表示。

② 扁形滤袋，其中包括矩形和梯形，其规格用周长×长度（Pmm×Lmm）表示。

③ 异形滤袋，形状特异的滤袋，其规格以其构造的特征参数表示。

（2）按滤袋的滤气方向分类　按滤袋的滤气方向可分为以下几类。

① 外滤式。迎尘面在滤袋外侧，含尘气流由滤袋外侧流向滤袋的内部，粉尘层聚积在滤袋的外表面；外滤式包括圆袋和扁袋。

② 内滤式。迎尘面在滤袋的内侧，含尘气流由滤袋内侧流向滤袋的外侧，粉尘层聚积在滤袋的内表面；内滤式一般为圆袋。

（二）　滤袋的规格

1. 滤袋的规格尺寸

外滤式圆形滤袋的直径为 114～200mm，长为 2～9m，常用的规格为直径 120～160mm，长度为 2～6m。

内滤式圆形滤袋一般直径为 130～300mm，长度为 1800～12000mm。

扁形滤袋多为外滤式，规格多为 1000mm×2000mm，较大的可达 2000mm×2000mm。

信封形滤袋主要规格为 1500mm×1500mm×25mm 和 1500mm×750mm×25mm。

滤袋规格的标准化对合理应用滤布（不浪费或少浪费边角料）和加工工作与自动化生产都十分重要，但滤袋的设计往往根据工艺要求而品种很多，常用规格的滤袋见表 5-31 和表 5-32。

2. 滤袋尺寸偏差

（1）圆形滤袋尺寸偏差　如前所述，对于圆形滤袋以其内直径的实测值（$P/2$）及名义值（$P_0/2$）之差作为圆形滤袋半周长的偏差。国家标准对不同规格圆滤袋半径周长偏差的规定见表 5-33。但是在实际应用中外滤式圆形袋因中间安装袋笼，所以不允许给负偏差，设计加工时要注意。

表 5-31 圆形滤袋规格   单位：mm

别　类	直径 ϕ	长度 L	主要适用
外滤式	115～120	2000～2500	脉冲喷吹袋式除尘器
	130～140	3000～7000	
	140～150	3000～9000	
	150～160	3000～9000	
内滤式	160	4000,6000	分室反吹袋式除尘器
	260	7000,8000	
	300	10000,12000	

表 5-32 扁形滤袋规格   单位：mm

周长 P	长度 L	主要适用
800	2000,3000,4000	回转反吹袋式除尘器
900	5000,6000	

表 5-33 圆形滤袋半周长极限偏差   单位：mm

滤袋直径	半周长偏差极限 ΔA	滤袋直径	半周长偏差极限 ΔA
120 160 180	$+1.0$ -1.0	250 280 300	$+2.0$ -1.0
200 200	$+1.5$ -1.0		

圆形滤袋半周长偏差按如下方法测量：①如图 5-75 所示将滤袋叠合展开；②在滤袋上口和下口各测一处，中间每隔 1.5m 补测一处滤袋的半圆长 $P/2$；③计算滤袋的名义半圆长 $P_0/2$；④圆形滤袋半周长偏差 ΔA 为

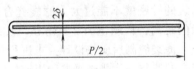

图 5-75 滤袋半周长测量法

$$\Delta A = \frac{P}{2} - \frac{P_0}{2} \qquad (5\text{-}61)$$

$$P_0 = \pi(D + 2\delta)$$

式中　D ——滤袋的名义内径，mm；

　　　δ ——滤袋的厚度，mm。

圆形滤袋的长度规格及极限偏差见表 5-34。但是，由于外滤式圆形中间安装袋笼的尺寸要求，这种袋不应有负偏差。

表 5-34 圆形滤袋的长度规格及极限偏差   单位：mm

过滤方式	滤袋直径	长　度	长度极限偏差
外滤式	120～300	1000～9000	± 20
内滤式	210～300	400～12000	± 40

对于外式滤袋来说，因为滤袋要装在花板上，中间放进袋笼，所以滤袋口与花板、袋笼的配合处有更为严格尺寸要求，极限偏差更小。

（2）扁形滤袋尺寸偏差　对于扁形滤袋按其周长确定其规格，其内周长及长度的极限偏差见表 5-35。

表 5-35　扁形滤袋规格及极限偏差　　　　　　　　　　　　　单位：mm

滤袋周长	滤袋内圆长极限偏差	滤袋长度递增规律	最大长度	滤袋长度极限偏差
500	+6 -3			
500～1000	+8 -4	300 倍增	6600	+20
>1000	+10 -4			

（三）滤袋的加工制作

1. 滤袋加工应注意的事项

在选定了滤袋所用滤料形状和确定了滤袋的规格之后，加工过程中应注意如下事项：①精确设计滤袋各部分所需滤布的尺寸，滤布实际用量比设计尺寸大，留有余地；②正确选用所需滤袋的配件，确定其规格并检查其质量，滤袋的配件应与滤袋质量要求相匹配；③滤袋划线、下料、剪裁、缝制最好在自动生产线上进行，滤袋手工加工时应展开在操作平台上，并施以一定的拉力以保持其平整；④加工过程要严格执行质量标准，按设计图纸和操作工艺进行，操作者应着用符合要求的工装服装和鞋帽，严格禁止吸烟；⑤操作者应本着质量第一，信誉至重的原则对本人加工的产品负责，并逐一检验，把废、残、次品消灭在源头。

2. 滤袋的缝制

滤袋缝线材质在一般情况下应与滤料的材质相同。特殊情况下需使用不同于滤料材质的缝线时，所缝线的强力、耐热和耐化学物质等性能应优于与滤料同材质的缝线。

滤袋缝线行数。滤袋袋身纵向缝线必须牢固、平直，且不得少于 3 条。袋底和袋口可按不同要求用单针或双针缝合。滤袋缝合的针密与滤袋材质有关，在保证缝合处的严密性和缝合强度不漏粉尘，又不得损伤滤布本身的强度。化纤滤布滤袋针密 10cm 内（25±5）针；玻纤滤布滤袋的针密就不能过大。滤袋缝合宽度与滤料材质有关，一般为 9～12cm。最外缝针与滤布边缘的距离：针刺毡为 2～3mm，玻纤滤料为 5～8mm。

滤袋缝制后应按设计要求进行检查和修理，消除表面的折痕、油污和油垢。对于用覆膜滤布缝合的滤袋，除严格要求所用针号、控制针密和操作程序外，还要用专用的材料修补全部针孔。

3. 滤袋的检验

滤袋生产厂应根据国家标准，行业标准，以及企业标准。厂质量监督部门按批抽检的项目和抽检的比例。一般滤袋的按批抽检比例为 5%～20%，对要求较高的滤袋按批抽检比例应达15% 以上。

出厂产品应按订货合同要求对加工滤袋用滤布、缝线及滤袋的各种配件，严格进行出厂检验。发现问题应整改后方可出厂。

对于耐温、耐酸碱腐蚀和防静电的滤袋，需专检相关内容。

4. 滤袋的包装和储运

（1）滤袋的包装　不同类型的滤袋必须单独包装，一般是每只滤袋用塑料袋更好，若干滤袋装一纸箱。滤袋必须整齐排列、有规律地包装，对于有防瘪环的滤袋要避免环受压变形；对于需保持形态的滤袋（如玻纤针刺毡滤袋）则需采取袋内填物，装箱包装。

（2）滤袋标志　包装箱（或包装袋）的外部应有印刷标志，内容包括厂名、产品的名称、型号、规格、质量等级和出厂日期等。

（3）储存和运输　产品要存放在通风干燥、不受日晒的常温地带，与地面和墙壁的距离不小于 300mm，每批产品的垛间要保留足够的（>700～1000mm）通道，房内不得有火源和高温物体。库房内要按防火要求储备足够数量的消防器械并应定期检验。产品在运输过程中要预防雨淋、浸水沾污。

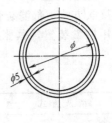

图 5-76　防瘪钢性环

（四）滤袋配件

1. 防瘪钢性环

为了加大滤袋的强度和便于反气流清灰，常在滤袋上每隔 600～900mm（对大袋间距为 1000～1400mm）加设铝质、钢质或塑料刚性环，但这样制作的滤袋，换洗缝补都不方便（见图 5-76）。尤其当滤袋间距较小时，由于振打产生相邻间刚性环的互相摩擦，极易损坏滤袋。

2. 袋帽

袋帽由 0.5mm 的钢板（或不锈钢板）冲压制成，由于固定滤袋，使其保持良好的形状，以便反气流清灰（见图 5-77）。但制作加工较麻烦且振打时挂钩易脱落，故不采用。反气流清灰的滤袋不必设顶盖，而是将上口缝死或以绳子扎紧，绑在框架上，为避免顶盖、挂钩脱落，可采用封闭式挂钩（见图 5-78），袋帽的吊挂方式如图 5-79 所示。

图 5-77　袋帽

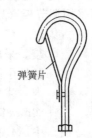

弹簧片

图 5-78　封闭式挂钩

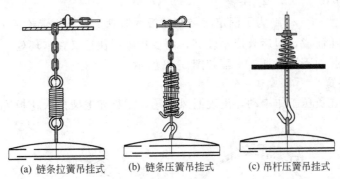

(a) 链条拉簧吊挂式　(b) 链条压簧吊挂式　(c) 吊杆压簧吊挂式

图 5-79　袋帽的吊挂方式

滤袋除了用袋帽吊挂安装外还可以用图 5-80 所示的方式安装。在这几种安装方式中，为了减轻长滤袋局部破损的缝补工作，可采用铝质的滤袋接头。去掉破的一段，换上新的一段，绑在滤袋接头上，即可继续使用。

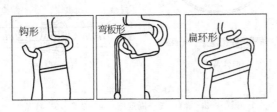

钩形　弯板形　扁环形

图 5-80　滤袋上部安装件

3. 拉紧装置

反吹方式上部滤袋带拉紧装置的安装法见图 5-79。为了减少滤袋的磨损，防止滤袋折叠，常采用拉紧装置，其张力主要靠弹簧产生，各种清灰方式对滤袋安装要求的张力，参见表 5-36。

表 5-36 各种清灰方式的滤袋张紧程度

清灰方式	滤袋张紧程度
机械振动	适当地松弛安装
反吹（缩袋清灰）	施加张力（加张力 100～600N，因袋径及尺寸而异）
脉冲喷吹	因有支撑骨架，不需要张力
反吹、振动并用脉冲反吹	给予比较弱的张力； (1)用插入滤袋框安装时，需加张力； (2)用支撑骨架安装时，不需要张力

（1）滤袋松紧调节板　滤袋在使用过程中常常会拉伸增长，有时安装时也要调节，不设拉紧装置的滤袋，可采用调节板（见图 5-81）。

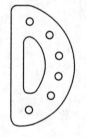

图 5-81　月形调节板

（2）弹性卡圈　上进风滤袋或脉冲滤袋可采用弹性卡圈固定滤袋。采用这种卡圈的花板连接短管内部边缘需设有凸缘，将滤袋的弹性卡圈压扁塞入孔内，弹性卡圈撑圆后即可将滤袋卡在连接短管内，袋口弹性卡圈弹性应好，耐高温磨蚀，弹性卡圈可用 0.9mm×80mm 钢带（A4）或 0.8mm×100mm 钢带（1Cr18Ni9Ti）制作，其中 A4 钢弹性较好。

此法安装方便，但要求滤袋必须垂直，稍有偏移或滤袋抖动过剧时容易脱圈掉袋。

4. 卡箍

为了固定滤袋在花板的短管上，常用卡箍。卡箍用 0.5mm 的镀锌铁皮或不锈钢冲压而成，但后者成本较高，而滤袋破损往往又在卡环处。因此有的用户则采用铁丝、绳、带绑扎而不用卡环。卡箍如图 5-82 所示。

5. 滤袋压紧装置

为了防止滤袋在负压工作串动，出现漏风问题，滤袋和框架插入花板后，可采用压紧装置

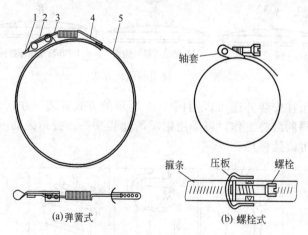

图 5-82　卡箍

1—扳手；2—铆钉；3—固定座；4—弹簧；5—箍条

固定（见图 5-83）。较长的滤袋一般可不用压紧装置，但是如果滤袋很短，滤袋前后压差又大，则必须用滤袋压紧装置。

6. 滤袋框架

反吸风和脉冲喷吹清灰等外滤式滤袋均是气流由滤袋外部向滤袋内部流动，因而滤袋必须设有骨架，才能保证滤袋的形状。

（1）反吹风清灰的滤袋骨架　见图 5-84 所示的骨架为框架式，是由直径 4～6mm 圆钢焊接而成，长度一般为 2000～6000mm，下部插入花板的固定圈内。长度 3000mm 以上时，上部应悬挂起来，以保证工作稳定，不易受外力的影响而晃动（晃动会影响玻璃滤袋的寿命），安装和拆卸方便。这样做的缺点是骨架笨重，消耗钢量较多，制造麻烦。许多反吸风滤袋均采用此形式。

为了提高玻纤布滤袋的寿命，一些使用单位做了如下改进。

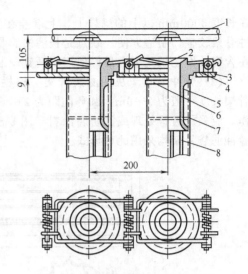

图 5-83　滤袋压紧装置（单位：mm）
1—喷吹管；2—压紧装置；3—花板；
4—聚丁乙烯密封圈；5—文丘里管；
6—滤袋卡箍；7—滤布；8—笼骨

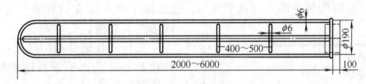

图 5-84　反吸风滤袋的框架式骨架（单位：mm）

① 增加钢筋的密度和圆环的密度。将骨架的钢筋根数增加到 8 根或 12 根，最多 22 根。通常是滤袋直径×π÷19，可得到滤袋骨架的筋数。钢圆环间距由 700～800mm 减至 400～500mm，从而增加了滤袋骨架的刚度，提高了滤袋的寿命。

② 框架上涂环氧树脂。玻纤布滤袋在 210℃下工作，为防止框架的腐蚀和保持框架的光滑，在框架上涂四次环氧树脂，其配方见表 5-37。

表 5-37　滤袋框架涂环氧树脂的配方　　　　　　　　　　单位：%

层次	配方/%					间苯二胺	自干时间/h
	环氧树脂(6101#)	苯二甲酸二丁酯	丙酮	甲苯	石墨		
1	100	10	15～18			15	24
2	100	10	15	5	20	15	24
3	100	10	15～18		20		24
4	100	10	15	5	20	15	1周

首先将清洗干燥后的骨架涂上第一层，缠上玻璃丝带（2.5mm×0.1mm），再涂上第二层和缠第二层玻璃丝带，涂第三层待自干后，用砂纸打掉骨架上的毛刺再涂第四层。

图 5-85 所示的骨架为弹簧式，这种滤袋骨架是由直径 4mm 弹簧钢丝在车床上绕成，使用

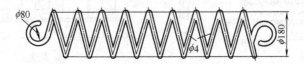

图 5-85　反吸风滤袋的弹簧式骨架（单位：mm）

在长度 3000mm 以上的滤袋上，上端挂在滤袋室的顶部，下端挂在花板铁圈中的钩子上。这种骨架较轻，制造方便。缺点是长滤袋容易受外力的影响而振动，影响滤袋使用寿命。如果用在含腐蚀性的烟气中，最好使用不锈钢丝制造。

（2）脉冲喷吹清灰的滤袋骨架　栅栏式骨架采用 6～12 根的直径 4mm、10# 钢丝焊成，骨架长度一般为 2～6m，圆环间距为 210～700mm，表面应光滑无毛刺。如在腐蚀性介质中工作，应采用镀锌处理或涂防腐涂料。图 5-86 为脉冲滤袋的钢筋栅栏式骨架，目前国内大部分脉冲滤袋骨架均采用此种形式。

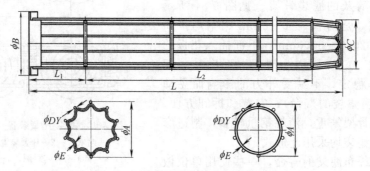

图 5-86　脉冲滤袋的钢筋栅栏式骨架

若采用薄壁异型钢代替钢筋，可减轻 2/3，还增加了钢性，在这种骨架外喷涂工程塑料，既防腐又光滑。

孔洞式骨架是利用机械厂厚 2.5～3mm，孔径 20mm 的镀铜钢板废料制成。例如，滤袋用平板孔洞式骨架后，滤袋寿命达到 82d，但有效滤袋面积减少，其结构见图 5-87。

扁袋框架一般为外滤式，其框架有弹簧式和钢丝式两种，见图 5-88。

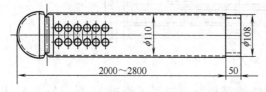

图 5-87　平板孔洞式骨架（单位：mm）

（3）滤袋框架的技术条件　滤袋框架的加工、运输及安装都应执行机械工业部标准 JB/T 5917—91 "袋式除尘器用滤袋框架技术条件"，主要要求：滤袋框架应有足够的强度、刚度、垂直度和尺寸的准确度，以防受压变形、运输中损坏、滤袋装入除尘器后相互接触以及装袋困难、袋框摩擦等情况的发生；所有的焊点必须牢固，不允许有脱焊、虚焊和漏焊；框架与滤袋接触的表面应光滑，不允许有焊疤凹凸不平和毛刺；滤袋框架表面必须做防腐处理，可用喷塑、涂漆或电镀，用于高温的防腐处理剂应满足高温的要求。

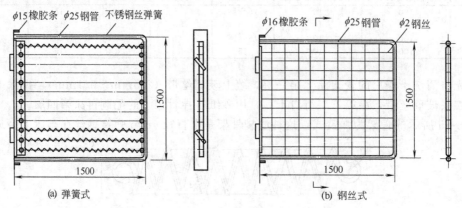

图 5-88　扁袋框架（单位：mm）

滤袋框架各项尺寸偏差应符合表5-38～表5-41所列。

表5-38　圆袋框架直径偏差
单位：mm

直　　径	偏差极限
50～180	0
	−1.80
181～250	0
	−2.50
251～300	0
	−3.00

表5-39　扁袋框架直径偏差
单位：mm

周　　长	偏差极限
＜500～180	0
	−4.80
501～1000	0
	8.00
＞1000	0
	12.00

表5-40　滤袋框架长度偏差
单位：mm

长　　度	偏差极限
＜2000	0
	−4.00
2001～3000	0
	−6.00
3001～4000	0
	−8.00
4000	0
	−10.00

表5-41　滤袋框架垂直偏差
单位：mm

周　　长	偏差极限
＜1000	8
1001～2000	12
2001～3000	16
3001～4000	20
＞4000	24

7. 配件基本规格

一些袋式除尘器制造厂和袋式除尘器配件厂专门生产用于袋式除尘除滤袋的各种配件。有代表性配件的基本规格见表5-42。

表5-42　滤袋框架垂直度偏差
单位：mm

名　称	规　格	适　　用
袋　帽	ϕ180,200,230,250,300	分室反吹袋式除尘器,吊挂相同直径的袋
卡　箍	ϕ180,200,230,250,300	用于相同直径的滤袋与袋帽的紧固
吊挂装置	ϕ180～300	将过滤单元吊挂在分室反吹袋式除尘器横梁上
文氏管	ϕ115～160	脉冲喷吹袋式除尘器清灰
密封圈	ϕ120～152	用于过滤单元安装时密封
防瘪环	ϕ180～300	缝制于内滤式滤袋袋身上

第四节　简易袋式除尘室

简易袋式除尘室是指无专用清灰装置的除尘设备。简易袋式除尘室的优点是结构简单、寿命长、维护管理方便，除尘效果能满足一般使用要求，应用广泛；缺点是过滤风速低、占地面积大。除尘室可因地制宜地设计成各形式，见图5-89。由于上进风的气流与粉尘降落方向一致，除

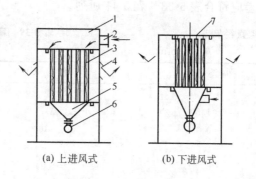

(a) 上进风式　　　　(b) 下进风式

图 5-89　简易袋式除尘室

1—气体分配室；2—尘气室；3—滤袋；4—净气出口；5—灰斗；6—卸灰装置；7—滤袋吊架

尘效果要比下进风形式好，简易袋式除尘室适用于中、小型除尘系统。

一、简易袋式除尘器

织物过滤的雏形已存在几千年。沙漠旅行者用织物抵御沙流的侵袭；早期的医生用口罩防止细菌的传染；矿工和金属加工工人用织物过滤粉尘和烟尘，手工业者用滤袋过滤防止污染都是用织物过滤保护人体健康的最早形式。这种型式有的至今还在应用，如图 5-90 和图 5-91 所示。

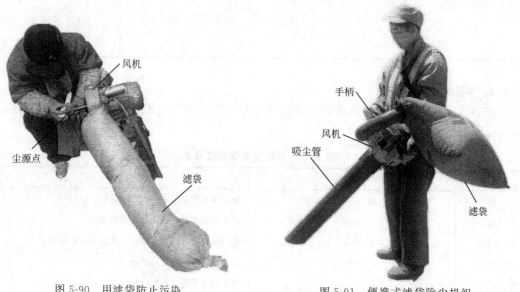

图 5-90　用滤袋防止污染　　　　　图 5-91　便携式滤袋除尘机组

简易袋式除尘器通常只有一条或若干条滤袋固定在框架上，采用内滤式除尘就可做成除尘器，所以应用非常普遍，降尘效果很好，对细颗粒物（$PM_{2.5}$）除尘效率在 95％以上。图 5-92 和图 5-93 为其常用形式。

二、简易袋式除尘室的设计

1. 操作制度的选择

正负压操作的选择一般正负压操作均可，袋式除尘室正压操作比较多，这是因为正压操作对围护结构严密性要求低，但气体含尘浓度高时存在着风机磨损问题。如果风机并联，当一台

图 5-92　简易双袋除尘器

图 5-93　简易多袋除尘器

停止运行时会产生倒风冒灰现象。负压操作要求有严密的外围结构。

清灰方式多靠间歇操作停风机时滤袋自行清灰，必要时也可辅以人工拍打清灰或者设计手动清灰装置。

2. 滤袋的选择

滤布一般用"208"涤纶绒布、"729"滤布、玻璃纤维滤布，较少采用针刺毡。过滤面积按过滤风速确定，一般为 0.25～0.5m/min，当含尘浓度高或不易脱落的粉尘应取低值。滤袋条数按下式计算：

$$N = \frac{A}{\pi d L} \tag{5-62}$$

式中　N——滤袋条数，条；

　　　A——过滤总面积，m^2；

　　　d——滤袋直径，mm，一般取 120～300mm；

　　　L——滤袋长度，m，一般取 2～6m。

3. 除尘室的平面布置

袋式除尘室滤袋平面布置尺寸见图 5-94。

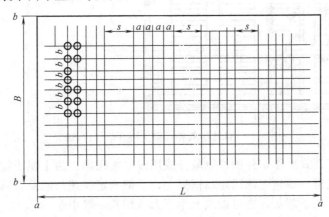

图 5-94　除尘室滤袋平面结构布置尺寸

a、b—滤袋间的中心距，取 $d+(40～60)$，mm；s—相邻两组通道宽度，$s=d+(600+800)$，mm

除尘室总高度 H，可按下式计算。

$$H = L_1 + h_1 + h_2 \qquad (5-63)$$

式中　H——除尘室总高度，m；

　　　L_1——滤袋层高度，m，一般为滤袋长度加吊挂件高度；

　　　h_1——灰斗高度，m，一般需保证灰斗壁斜度不小于 50°；

　　　h_2——灰斗粉尘出口距地坪高度，m，一般由粉尘输送设备的高度所确定。

技术性能：初含尘浓度可达 $5g/m^3$；净化效率 $>99\%$；压力损失约为 $200 \sim 600Pa$。

4. 设计注意事项

主要包括：①滤袋层和气体分配层应设检修门，检修门尺寸为 600mm×1200mm；②除尘室内壁和地面应涂刷涂料，以利清扫；③除尘器设置采光窗或电气照明；④正压操作时，除尘室排出口的排风速度为 $3 \sim 5m/s$，负压操作时排风管的设置应使气流分布均匀；⑤除尘室的结构设计应考虑滤袋容尘后的质量，一般取 $2 \sim 3kg/m^2$。

三、自然落灰袋式除尘器

这种袋式除尘器（见图 5-95）结构简单，管理方便，易于施工，适用于小型企业，但过滤速度小，占地面积较大。

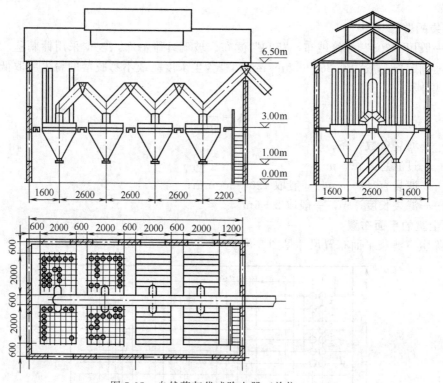

图 5-95　自然落灰袋式除尘器（单位：mm）

滤袋室一般为正压式操作，外围可以敞开或用波纹板围挡。为了便于检查滤袋和通风，在若干滤袋间设人行通道。滤袋上部固定在框架上，下部固定在花板的系袋圈上，滤袋直径可做成上下一般大；为了便于落灰，也可做成上小下大（相差一般小于 50%），长度为 $3 \sim 6m$，滤袋间距为 $80 \sim 100mm$。滤袋室上部设天窗或排气烟囱，以排放经过滤后的干净气体，粉尘经灰斗直接排出。灰斗排出的粉尘可用手推车拉车。

第五节　机械振打袋式除尘器

采用机械运动装置周期性地振打滤袋，以清除滤袋上的粉尘的除尘器称为机械振打袋式除尘器。它有两种类型：一种为连续型；另一种为间歇型。其区别是：连续使用的除尘器把除尘器分隔成几个分室，其中一个分室在清灰时，其余分室则继续除尘；间歇使用的除尘器则只有一个室，清灰时就要暂停除尘，因此，除尘过程是间歇性的。

机械振打袋式除尘器的振打机构设计的主要参数为频率（每分钟振打次数）、振幅（滤袋顶部移动距离）和振打持续时间。对于某一种振打装置来讲，经过各主要参数的平衡，可以获得最稳定高效的工作状态。

机械振打袋式除尘器分为三类，即手工振动类、电动类和气动类，其中电动类用得最多。

一、振打机构

1. 机械振打

依靠机械力振打滤袋，将黏附在滤袋上的粉尘层抖落下来，使滤袋恢复过滤能力。对小型滤袋效果较好，对大型滤袋较差。其参数一般为：振打时间 $1\sim2\text{min}$；振打冲程 $30\sim50\text{mm}$；振打频率 $20\sim30$ 次/min。

机械振打装置结构见图 5-96。

2. 压缩空气振打

以空气为动力，推动活塞上、下运动振动滤袋，以抖落烟尘。其冲程较小而频率很高，振打结构见图 5-97。

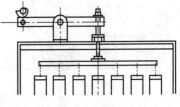

图 5-96　凸轮机械振打装置

3. 马达偏心轮振打

以马达偏心轮作为振动器，振动滤袋框架，以抖落滤袋上的烟尘。由于无冲程，所以常以反吹风联合使用，适用于小型滤袋，其结构见图 5-98。

4. 横向振打装置

依靠马达、曲柄和连杆推动滤袋框架横向振动。该方式可以安装滤袋时适当拉紧，不致因滤袋松弛而使滤袋下部受积尘冲刷磨损，其结构见图 5-99。

5. 振动器振打

振动器振打清灰是最常用的振打方式（见图 5-100）。这种方式装置简单，传动效率高。根据滤袋的大小和数量，只要调整振动器的激振力大小就可满足机械振打清灰的要求。

二、简易机械振打清灰的袋式除尘器

图 5-101 为人工振打清灰的袋式除尘器，滤袋下部固定在花板上，上部吊挂在水平框架上。含尘气体由下部进入除尘器，通过花板分配到各个滤袋内部（内滤式）。通过滤袋净化后由上部排出。清灰时，通过手摇振动机构，使上部框架水平运动，将滤袋上的粉尘脱落，掉入灰斗中。

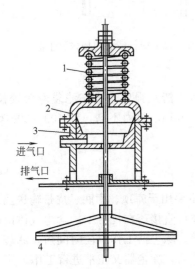

图 5-97　压缩空气振打装置
1—弹簧；2—气缸；3—活塞；
4—滤袋吊架

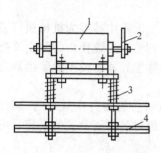

图 5-98　马达偏心轮振打装置
1—马达；2—偏心距；3—弹簧；
4—滤袋吊架

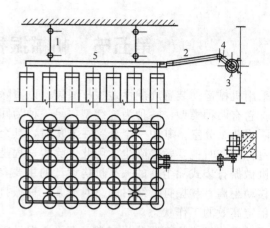

图 5-99　横向振打装置
1—吊杆；2—连杆；3—马达；4—曲柄；5—框架

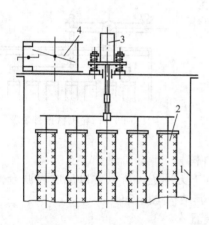

图 5-100　振动式除尘器
1—壳体；2—滤袋；3—振动器；4—配气阀

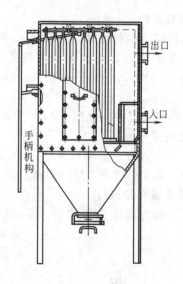

图 5-101　人工振打清灰的袋式除尘器

滤袋直径可取 150～250mm，长度以 2.5～5m 为宜。由于清灰强度不大，滤袋寿命较长，一般可达 7～10 年。过滤风速不宜太高，一般为 0.5～0.8m/min，阻力不高，约 400～800Pa。除尘器的入口含尘浓度不能高，通常不超过3～5g/m³。

三、小型机械振打袋式除尘器

　　H 系列摇振式单机除尘器是一种小型机械振打除尘器，主要用于库顶、库底、皮带输送及局部尘源除尘，从除尘器上清除下来的粉尘可直接排入仓内，亦可直接落在皮带上，含尘气体由除尘器下部进入除尘器。经滤袋过滤后，清洁空气由引风机排出，除尘器工作一段时间后，滤袋上的粉尘逐渐增多致使滤袋阻力上升，需要进行清灰，清灰完毕后，除尘器又正常进行工作。

　　该系列机组有六种规格，每种规格又分 A、B、C 三种形式，A 种设灰门，B 种设抽屉，C 种既不设灰门也不带抽屉；下部连接可根据要求直接配接在库顶、料仓、皮带运输转运处等扬尘设备上就地除尘，粉尘直接回收。

（1）结构特点　该系列除尘器基本结构由风机、箱体、灰门三个部件组成，各部件安装在一个立式框架内，结构极为紧凑。各部件的结构特点如下：①风机部件采用通用标准风机，便于维修更换，并采用隔震设施，噪声小；②滤料选用的是"729"圆筒滤袋，过滤效果好，使用寿命长；③清灰机构是采用电动机带动连杆机构，使滤袋抖动而清除滤袋内表面的方法，其控制装置分手控或自控两种，清灰时间长短用时间继电器自行调节（电控箱随除尘器配套）；④灰门采用抽门式、灰门式两种结构，清除灰尘十分方便。

（2）工作原理　含尘气体由除尘器入口进入箱体，通过滤袋进行过滤，粉尘被留在滤袋内表面，净化后的气体通过滤袋进入风机，由风机吸入直接排入室内（亦可以接管排出室外）。

随过滤时间的增加，滤袋内表面黏附的粉尘也不断增加，滤袋阻力随之上升，从而影响除尘效果；采用自控清灰尘机构进行定时控振清灰或手控清灰机构停机后自动摇振数十秒，使黏在滤袋内面的粉尘抖落下来，粉尘落到灰门、抽屉或直接落到输送皮带上。

（3）性能与尺寸　HD 系列除尘器的技术性能见表 5-43，其外形尺寸见图 5-102、图 5-103、图 5-104 及表 5-44。

表 5-43　HD 系列除尘器技术性能

技术性能型号	HD24 （A、B、C）	HD32 （A、B、C）	HD48 （A、B、C）	HD56 （A、B、C）	HD64 （A、B、C）	HD64L （A、B、C）	HD80 （A、B、C）
过滤面积/m²	10	15	20	25	29	35	40
滤袋数量/个	24	32	48	56	64	64	80
滤袋规格（$\phi \times L$）/mm	$\phi 115 \times 1270$	$\phi 115 \times 1270$	$\phi 115 \times 1270$	$\phi 115 \times 1270$	$\phi 115 \times 1270$	$\phi 115 \times 1535$	$\phi 115 \times 1535$
处理风量/(m³/h)	824~1209	1401~1978	2269~2817	2198~3297	3572~3847	3912~5477	3912~5477
设备阻力/Pa	<1200	<1200	<1200	<1200	<1200	<1200	<1200
除尘效率/%	>99.5	>99.5	>99.5	>99.5	>99.5	>99.5	>99.5
过滤风速/(m/min)	<2.5	<2.5	<2.5	<2.5	<2.5	<2.5	<2.5
风机功率/kW	2.2	3	5.5	5.5	7.5	11	11
清灰电机功率/kW	0.25	0.25	0.25	0.37	0.37	0.37	0.55
风机电机型号	Y90L-2	Y100L-2	Y132S₁-2	Y132S₁L-2	Y132S₂-2	Y160M₁L-2	Y160M₁-2
清灰电机型号	AO₂-7114	AO₂-7114	AO₂-7114	AO₂-7114	AO₂-7114	AO₂-7114	AO₂-7114
A 型质量/kg	360	400	500	580	620	650	870

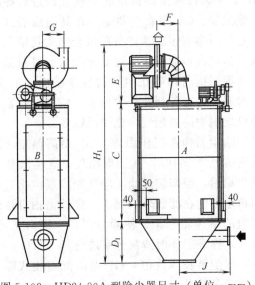

图 5-102　HD24-80A 型除尘器尺寸（单位：mm）

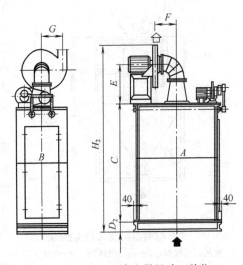

图 5-103　HD24-80C 型除尘器尺寸（单位：mm）

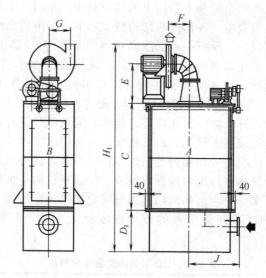

图 5-104   HD24-80B 型除尘器尺寸

表 5-44   HD 型除尘器外形尺寸   单位：mm

代号 \ 尺寸	A	B	C	D_1	D_2	E	F	G	H_1	H_2	I	J	a	b	c
HD24（A，B，C）	830	640	1452	450	100	475	283	286	2639	2289	175	480	860	800	492
HD32（A，B，C）	1080	640	1452	500	100	475	283	286	2689	2289	175	600	860	800	742
HD48（A，B，C）		900	1452	650	100	505	365	287	2967	2417	200	600	1120	1060	742
HD56（A，B，C）	950	1160	1452	665	100	505	365	287	2982	2417	200	520	1380	1320	612
HD64（A，B，C）	1080	1160	1452	670	100	505	365	287	2987	2417	200	600	1380	1320	742
HD64（A，B，C）	1080	1160	1723	670	100	555	400	322	3353	2783	200	600	1380	1320	742
HD80（A，B，C）	1340	1160	1723	840	100	555	400	322	3523	2783	200	720	1380	1320	1002

四、扁袋振打袋式除尘器

GP 分室振打除尘器指按滤袋室分别进行振打的袋式除尘器。GP 型除尘器是一种高温扁袋式除尘器，它采用多室多层独特装配组合结构及清灰振打方式，具有占地面积小、过滤面积大、清灰效率高、耐高温、抗腐蚀等优点，适宜于矿山、冶金、耐火、水泥、铸造等行业粉尘回收，特别是对窑炉和各种机烧锅炉高温烟气净化使用较多。

（1）除尘器构造工作原理 GP 型高温扁袋式除尘器构造见图 5-105。其工作原理是含尘气体进入各室尘端后，经布袋过滤，净气经净端由出口排出，而粉尘黏附在滤袋外表面上，经冲击拍打浮装在壳体内的单体箱框架，使粉尘脱落，进入灰斗，实现清灰。连续工作时清灰分室进行。

（2）除尘器技术性能 GP 型高温扁袋式除尘器技术性能参数见表 5-45。

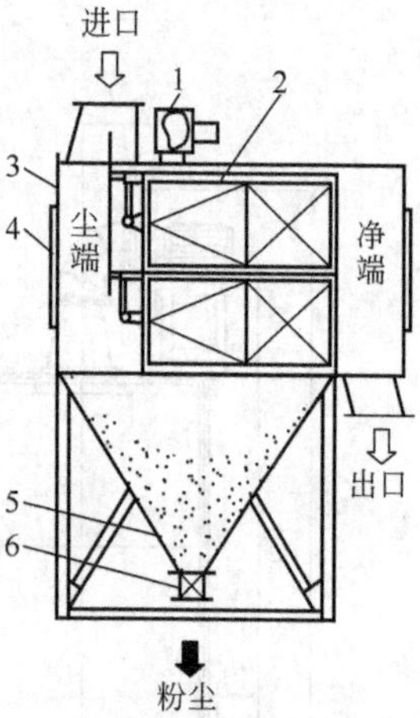

图 5-105   GP 型高温扁袋式除尘器构造
1—清灰振打机构；2—滤袋单体箱；3—壳体；
4—检查门；5—灰斗；6—排灰阀

表 5-45　GP 型高温扁袋式除尘器技术性能参数

型号	2GP1	2GP2	2GP3	2GP4	4GP3	4GP4	4GP5	6GP5	6GP6	8GP5	8GP6
过滤面积/m²	132	264	396	528	792	1056	1320	1980	2376	2640	3168
使用温度/℃	200~300										
过滤风速/(m/min)	0.3~0.6										
处理风量/(m³/h)	2376~4752	4572~9504	7128~14256	9504~19008	14256~28512	19008~38016	23760~47520	35640~71280	47268~85536	47520~95040	57024~114048
设备阻力/kPa	0.8~1.5										
入口粉尘浓度/(g/m)	2~50										
除尘率/%	98~99.8										
相对湿度/%	<80										
清灰周期/h	0.5~3										
清灰电机/(台×kW)	2×1.1	2×1.1	2×1.1	2×1.1	4×1.1	4×1.1	4×1.5	6×1.5	6×1.5	8×1.5	8×1.5
排灰电机/(台×kW)	1×1.1	1×1.1	1×1.1	1×1.1	2×1.1	2×1.1	2×1.1	3×1.1	3×1.1	4×1.1	4×1.1
电动阀门/(台×kW)	2×0.4	2×0.4	2×0.4	2×0.4	4×0.4	4×0.4	4×0.4	6×0.4	6×0.4	8×0.4	8×0.4
设备质量/kg	3000	4000	700	8700	13000	16000	19000	28000	33000	38000	44000

注：AGPB 表示 A 层室结构的 GP 除尘器。

（3）规格、外形尺寸及安装形式　GP 型高温扁袋式除尘器有两种安装形式，分别见图5-106和图 5-107。

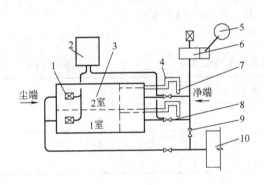

图 5-106　GP 型高温扁袋式除尘器
两个室的安装形式

1—振打机构；2—控制器；3—设备主体；4—乳胶管；
5—烟窗；6—引风机；7—U 形压力计；
8—电动阀门；9—手动阀门；10—尘源

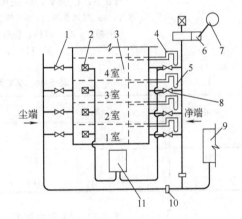

图 5-107　GP 型高温扁袋式除尘器
四个室以上的安装形式

1—手动阀门；2—振打机构；3—设备主体；4—乳胶管；
5—U 形压力计；6—引风机；7—烟窗；8—电动阀门；
9—尘源；10—盲板；11—控制器

五、中部振打袋式除尘器

中部振打袋除尘器，又称 ZX 型袋式除尘器，主要是由振打清灰装置、滤袋、过滤室（箱体）、集尘斗、进出口风管及螺旋输送机等部分组成，其构造如图5-108所示。中部振打袋式除尘器是将顶部振打传动，通过摇杆、打击棒和框架，在除尘器中部摇晃滤袋而达到清灰的目的。其特点是：具稳定的较高除尘率和较低的阻力；构造简单，滤袋装卸方便，维护容易。这种除尘器的平均阻力见表5-46。

中部振打袋式除尘器与顶部振打的工作过程基本相同，它比顶部振打袋式除尘器简单、可靠。其技术性能及外形尺寸见表5-47。

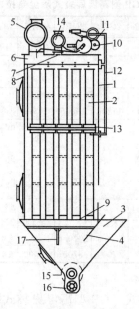

图 5-108　中部振打袋式除尘器

1—过滤室；2—滤袋；3—进风口；4—隔风板；5—排气管；6—排气管
闸门；7—回风管闸门；8—挂袋铁架；9—滤袋下花板；10—振打装置；
11—摇杆；12—打棒；13—框架；14—回风管；15—螺旋输送机；
16—分格轮；17—热电器

表 5-46　ZX 型袋式除尘器平均阻力　　　　　　　　　单位：Pa

含尘浓度 /(g/m³)	过滤速度/(m/min)				
	0.8	1.25	1.5	2.0	2.5
<10	108	245	441	588	981
150～300	471	1079	1863	—	—

表 5-47　ZX 型中部振打袋式除尘器技术性能及外形尺寸

型　　号	袋数	室数	滤袋面积 /m²	过滤风速 /(m/min)	风量 /(m³/h)	阻力 /Pa	外形尺寸 /mm
ZX50-28	28	2	50		4500		2380×2540×5772
ZX75-42	42	3	75		6750		3190×2540×5772
ZX100-56	56	4	100		9000		4000×2540×5772
ZX125-70	70	5	125	1.5	11250	900	4810×2540×5772
ZX150-84	84	6	150		13500		5620×2540×5842
ZX175-98	98	7	175		15750		6430×2540×5842
ZX200-112	112	8	200		18000		7240×2540×5882
ZX225-126	126	9	225		20250		8050×2540×5882

中部振打除尘器由于振打滤袋，滤袋经常受到机械作用，损坏较快，更换和检修布袋的工作量大，故较少应用。

六、分室振打袋式除尘器

LZZF 型分室振打袋式除尘器是采用曲柄带动滑杆的清灰装置，同时辅助逆气流反吹清灰，具有清灰效果明显、净化效率高、滤袋磨损小、更换滤袋简单、维修方便、工作稳定可靠等优点，可用于冶金、铸造、化工、水泥建材、农药、铸件加工等行业。

1. 结构

该除尘器属于机械振打分室除尘器，其结构如图 5-109 所示。

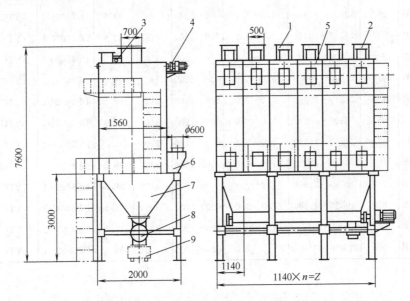

图 5-109　LZZF 型分室振打袋式除尘器结构示意（单位：mm）

1—净化空气排气管道；2—逆气流输送管道；3—链条传动一拨叉风门开闭机构（或电动推杆控制风门开闭机构）；4—曲柄摇杆清灰机构；5—中箱体（包括滤袋、滤袋吊架花板）；6—尘气进气管；7—下箱体（包括沉降室、螺旋输送减速电机、机架）；8—卸灰阀；9—灰尘输送装置

2. 工作原理

含尘气体从尘气进风道进入下箱体后，气流速度显著下降，从而使大颗粒粉尘在重力作用下降落在下箱体的底部，含细微粉尘的气流改变方向，向上经过花板底座进入滤袋内，经过滤袋的过滤，粉尘被吸附在滤袋的内表面上，而净化气体穿过了滤袋由中箱体进入净化空气排气道，由引风机排入大气。

黏附在滤袋内表面的粉尘随着工作时间的增长而不断增加，滤袋的工作阻力逐渐加大，引起风量的减小，此时通过差压式反吹控制阀发出指令，进行逐室清灰。清灰过程是由链条带动拨叉（或电动推杆）关闭其中一室的排气道，打开逆气流的进气阀；同时这一室的曲柄摇杆机构开始清灰，清灰 20～30s 后换一室继续清灰。这样使黏附在滤袋内表面的积灰脱落在下箱体内，经过螺旋输送机排出机外，进入灰尘输送装置。

3. 性能参数

LZZX 型分室振打袋式除尘器的性能参数及配套件型号见表 5-48。

除尘器的螺旋连接处应均用橡胶式石棉封垫密封，并用斜螺栓拧紧，以保证除尘器的密封性能。在吊装布袋时，应把摇杆摇至布袋架最上方的位置，以免在清灰时将布袋拉出花板。在试车运行中，要认真检查机械传运部分，如减速电机、链条传运（或电动推杆）换向阀、曲柄摇杆清灰机构、螺旋输送机、卸灰阀等的工作状况和可靠性。如发现有各种不正常现象，应及时排除或调整。在生产工艺设备停运转 5～10min 后才能停止除尘设备，其目的使除尘器停用前用较为干净的空气代替原来的含尘气体，防止布袋的结露和粉尘沉降在管道内。

表 5-48　LZZX 型分室振打袋式除尘器的性能参数及配套件型号

型　　号	过滤面积/m²	过滤风量/(m/h)	过滤风速/(m/min)	阻力/Pa	清灰时间/s	除尘效率/%	配套件型号	
							电动推杆	清灰减速电机
LZZF₂-138HHB	138	8280～16560	1.0～2.0	600～1200	60	99.5	DF30030-1	YTC-112-0.25-100
LZZF₃-207HHB	207	12420～24840	1.0～2.0	600～1200	90	99.5	DF30030-1	YTC-112-0.25-100
LZZF₄-276HHB	276	16560～33120	1.0～2.0	600～1200	120	99.5	DF30030-1	YTC-112-0.25-100
LZZF₅-345HHB	345	20700～41400	1.0～2.0	600～1200	150	99.5	DF30030-1	YTC-112-0.25-100
LZZF₆-414HHB	414	24840～49680	1.0～2.0	600～1200	180	99.5	DF30030-1	YTC-112-0.25-100
LZZF₇-483HHB	483	28980～57960	1.0～2.0	600～1200	210	99.5	DF30030-1	YTC-112-0.25-100
LZZF₈-552HHB	552	33120～66240	1.0～2.0	600～1200	240	99.5	DF30030-1	YTC-112-0.25-100
LZZF₉-621HHB	621	37260～74520	1.0～2.0	600～1200	270	99.5	DF30030-1	YTC-112-0.25-100
LZZF₁₀-690HHB	690	41400～82800	1.0～2.0	600～1200	300	99.5	DF30030-1	YTC-112-0.25-100
LZZF₁₁-759HHB	759	45540～91080	1.0～2.0	600～1200	330	99.5	DF30030-1	YTC-112-0.25-100
LZZF₁₂-828HHB	828	49680～99360	1.0～2.0	600～1200	360	99.5	DF30030-1	YTC-112-0.25-100
LZZF₁₃-897HHB	897	53820～107640	1.0～2.0	600～1200	390	99.5	DF30030-1	YTC-112-0.25-100
LZZF₁₄-966HHB	966	57960～115920	1.0～2.0	600～1200	420	99.5	DF30030-1	YTC-112-0.25-100

第六节　脉冲袋式除尘器

脉冲袋式除尘器是 20 世纪 50 年代发展起来的除尘设备，由于它有清灰效率高等优点，得到广泛重视。几十年来脉冲袋式除尘器发展很快，应用越来越多，大小类别规格也比较齐全。

一、脉冲除尘器工作原理和特点

1. 工作原理

脉冲袋式除尘器一般采用圆形袋，按含尘气流运动方向分为侧进风、下进风两种形式。这种除尘器通常由上箱体（净气室）、中箱体、灰斗、框架以及脉冲喷吹装置等部分组成。其工作原理如图 5-110 所示。

工作时含尘气体从箱体下部进入灰斗后，由于气流断面积突然扩大，流速降低，气流中一部分颗粒粗、密度大的尘粒在重力作用下，在灰斗内沉降下来；粒度细、密度小的尘粒进入袋滤室后，通过滤袋表面的惯性碰撞、筛滤等综合效应，使粉尘沉积在滤袋表面上。净化后的气体进入净气室由排气管经风机排出。

袋式除尘器的阻力值随滤袋表面粉尘层厚度的增加而增加。当其阻力值达到某一规定值时，必须进行反吹清灰。此时脉冲控制仪控制脉冲阀的启闭，当脉冲阀开启时，气包内的压缩空气通过脉冲阀经喷吹管上的小孔，向文氏管喷射出一股高速高压的引射气流，形成一股相当于引射气流体积若干倍的诱导气流，一同进入滤袋内，使滤袋内出现瞬间正压，急剧膨胀；使沉积在滤袋外侧的粉尘脱落，掉入灰斗内，达到清灰目的。

滤袋室内的滤袋悬挂在花板上，通过花板将净气室与滤袋室隔开。根据过滤风量的要求，设有若干排直径为 110～200mm 的滤袋、袋长 2～9m 的滤袋，恰当的滤袋长径比应是（15∶1）～（40∶1）。滤袋内有骨架，骨架有圆形、八角形等，防止负压运行时把滤袋吸瘪。安装在净气室内的喷吹管对准每条滤袋的上口，喷吹管上开有 φ10～30mm 的喷吹小孔，以便

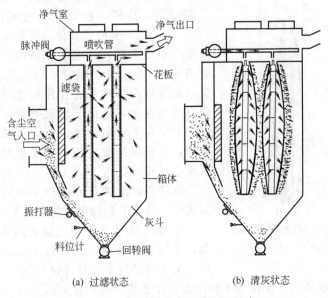

(a) 过滤状态   (b) 清灰状态

图 5-110   脉冲除尘器工作原理示意

压缩空气通过小孔吹向滤袋上口时，诱导周围空气进入滤袋内进行清灰。根据经验，每个喷吹管可以喷吹 $3\sim40m^2$ 的滤袋面积，$5\sim16$ 条滤袋。优良的诱导器可适当增加过滤面积和滤袋数量。

  在一定范围内适当延长喷吹时间，可以增加喷入滤袋的压缩空气量及诱导空气量，获得较好的清灰效果。当喷吹压力为 $200\sim700kPa$ 时，喷吹时间取 $0.3\sim0.1s$ 为宜；若再延长喷吹时间，喷吹后滤袋的阻力下降很少，不仅对清灰效果无明显影响，反而增加了压缩空气的耗量，造成能量浪费。

  喷吹周期的长短一般根据过滤风速、入口粉尘浓度、喷吹压力及除尘器运行阻力来确定。当喷吹压力一定时，若过滤风速大、入口粉尘浓度高，可缩短喷吹周期，以保持除尘器的阻力不致增加太大。但是，从节省能耗、减少压缩空气用量和延长脉冲阀易损件的使用寿命出发，在设备阻力允许的情况下喷吹周期可适当延长。表 5-49 列出了喷吹周期与过滤风速及入口粉尘质量浓度的相互关系。

表 5-49   喷吹周期与过滤风速及入口粉尘质量浓度的相互关系

入口粉尘质量浓度/(g/m^3)	过滤风速/(m/min)	喷吹周期/min
<5	$1.5\sim2.5$	$30\sim10$
$5\sim10$	$1.2\sim2$	$20\sim5$
>10	$1.2\sim1.8$	$10\sim3$

2. 脉冲喷吹清灰方式的特点

  脉冲喷吹清灰方式的特点在于它是短期性的喷吹过程和相对较高的剩余压力施加滤袋的内侧。脉冲喷吹的持续时间一般只有 $0.1\sim0.2s$。其过程是：从喷嘴出来的压缩空气流吸引着周围空气，在袋内形成高于正常状态的压力（滤袋内外正常过滤时压差只有几百帕以下）在这种压力作用下，包裹在金属骨架上的滤袋被吹压鼓胀起来（见图 5-111），粉尘层发生变形、断裂，以块团状脱离开滤布，下落；与此同时，袋内压力并非稳定地停留于某常值，而是一开始压力突升，滤袋快速膨胀。由于猛烈地变形胀鼓，滤袋内体积空间突然变大，压力又下降；而

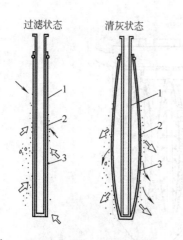

图 5-111　滤袋在过滤和喷吹两种状态

1—支撑骨架；2—滤材；3—尘层

且由于尘层的脱落，阻力变低，进入袋内的气量也随之而增大，这样，在短促的时间内形成滤袋往复地"鼓、瘪、鼓"波浪式变化，而影响滤袋上部洁净气集气箱内压力下降，含尘气流箱内压力上升。在这里也连带地产生压力的波浪式变化。正由于这种高加速度、振动和滤袋变形的综合作用，才使脉冲喷吹清灰有了很高的清灰效率。由于清灰效果好、喷吹时间又很短促，它可在不停风的状态下进行喷吹清灰，清灰次数频繁，从而保持滤袋经常处于良好的透气状态，过滤风速也可相应提高。

围绕着以上清灰方式的基本状况，脉冲喷吹清灰袋式除尘器还具备如下结构和工艺方面的特点。

① 为了保证清灰和过滤的高效率，采用外滤式滤袋，使气流由外而内通过过滤层，清洁气流从袋顶出口，汇入清洁气集气室外排。

② 为防止滤袋在外侧气流压力下被压瘪，在滤袋内侧装有金属框架，又称笼骨、袋笼。

③ 脉冲气流在短促的时间（一般为 0.03～0.3s）内以强烈的能量冲击滤袋，但冲击次数频繁（通常脉冲间隔周期≤60min），脉冲式袋滤器无需分室隔离，不做先停止含尘气流、再进行反吹清灰工艺控制，而是在正常过滤工况下进行喷吹清灰，过滤和反吹几乎同时进行。

④ 喷吹气流自上而下做快速移动，其冲击强度也迅速衰减，所以滤袋的长度受到限制。国内长度一般在 2～6m 以内，据称国外可为 3～8m。如果为节省占地面积，必须增加滤袋长度时，同时要考虑喷吹措施，如采用上、下对喷方式清灰等。

⑤ 为保证喷吹参数稳定、准确，对空压气和喷吹阀的控制务必可靠、持久。

3. 脉冲喷吹的结构形式

按最常见的除尘器脉冲喷吹清灰的方式，可将喷吹方式分为高压喷吹和低压喷吹两大类；其中最常用的是高压喷吹类。这其中包括中心喷吹式和环形喷吹式两种；后者是采用环形引射器代替中心喷吹的文氏管，文氏管喉口断面比后者大，所以阻力小。高压喷吹气压为 0.5～0.7MPa，而低压喷吹指压缩空气喷吹压力在 0.1～0.4MPa 左右的喷吹方式。

高压喷吹的结构形式有如下几种。

（1）喷吹管带孔眼式　压缩空气由喷吹管孔眼直接喷射到滤袋内，有的通过文氏管诱导周围空气进行清灰，如图 5-112、图 5-113 所示。这种喷吹方式应用越来越多。

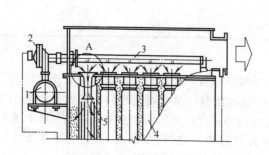

图 5-112　喷吹管带孔眼式

1—气包；2—脉冲阀；3—喷吹管；4—滤袋；5—文氏管

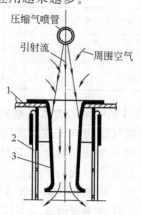

图 5-113　文氏管引流喷吹示意

1—安装花板；2—袋；3—文氏管

（2）喷吹带阀式　在喷吹钢管上对着滤袋中心线上方的位置各安装 1 只阀，阀上装有喷嘴，高压空气由各阀的喷嘴喷射，经文氏管进入滤袋（见图 5-114）。带阀式喷吹因阀的数量较多结构复杂应用较少。

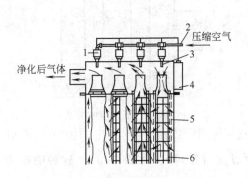

图 5-114　带阀喷吹管

1—喷吹阀；2—喷吹管；3—喷嘴；4—脉冲控制仪；

5—滤袋；6—花板

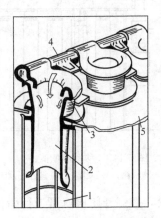

图 5-115　环形喷吹式

1—滤袋；2—文氏管；3—环缝喷射器；

4—喷吹管；5—安装花板

（3）环形喷吹式　喷吹管在文氏管的一侧，与文氏管的环缝喷射器相连，压缩空气由文氏管的环缝喷吹并诱导二次风一同进行喷吹清灰，如图 5-115 所示。环形喷吹的优点是气流均匀，缺点是环缝喷射器加工要求复杂。

（4）箱式喷吹式　箱式喷吹是一个袋室用一个脉冲阀喷吹不设喷吹管，一台除尘器分为若干个袋室装。设与袋室匹配若干个脉冲阀，见图 5-116。箱式喷吹的最大优点是喷吹装置简单，换袋维修方便。但单室滤袋数量受限制。

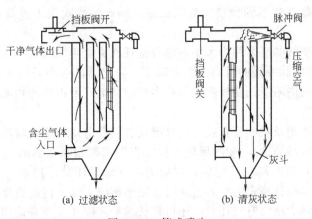

(a) 过滤状态　　　　　(b) 清灰状态

图 5-116　箱式喷吹

（5）移动喷吹式　由一个脉冲阀与一根软管和数个喷嘴组成一个移动式喷头，每组滤袋对应装有一个相互隔开的集气室，当喷头移动到某一集气室时，打开脉冲阀，高压气由喷嘴喷入箱内，然后分别进入每条滤袋进行清灰，如图 5-117 所示。其特点是用一套喷吹装置喷若干排滤袋。

（6）低压喷吹式　低压喷吹的喷吹压力为 101325Pa 左右。为减少因喷吹机构而造成的压力损失，一般在喷管上装有文氏管数目相同的开闭阀，并在阀上装有对准文氏管中心的、口径

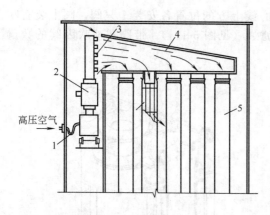

图 5-117　移动喷吹式

1—软管；2—喷吹箱；3—喷嘴；4—集合箱；5—滤袋

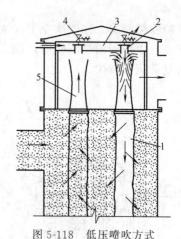

图 5-118　低压喷吹方式

1—滤袋；2—喷嘴；3—喷吹管；4—开闭阀；5—文氏管

较大的喷嘴，控制开闭阀就可进行引流反吹或闭流过滤（排风），见图 5-118。这种喷吹方式喷吹压力低气量大。

4. 脉冲袋式除尘器基本参数

影响脉冲袋式除尘器工作性能的技术参数除过滤速度、除尘器压降、排放浓度之外，还有喷吹压力、喷吹周期、喷吹时间；其中后三项被称为脉冲喷吹三要素，这三项是保证袋式除尘器正常运行的关键。

（1）喷吹压力　喷吹压力是指脉冲喷吹过程中压缩空气从喷吹管孔口出来时的压力。喷吹压力越大，诱导的二次气流越多，所形成的喷吹气速越大，清灰效果越好，袋滤器压降下降越明显。试验表明在袋式过滤器压降限定后，喷吹压力越高，处理能力越大。在喷吹周期及喷吹时间不变的情况下，喷吹压力增加，允许袋式除尘器入口含尘浓度也相应提高。但喷吹压力过高、滤袋较小也会出现过度清灰现象，反而影响净化效率，即袋式过滤器出口出现瞬时"冒灰"现象；喷吹压力低就达不到预期的清灰效果。因此，喷吹压力过低或过高都会影响过滤效果。

试验表明，压缩空气的压力相当大的一部分消耗在克服喷吹系统本身的阻力上，其数值可达 2×10^5 Pa 以上，其中脉冲阀的阻力占很大部分。为此设计中多采用淹没式脉冲阀或双膜片脉冲阀等，由于脉冲阀内阻降低使喷吹压力损失相应降低，所以脉冲喷吹系统的喷吹压力可降为 $(1.5 \sim 4.0) \times 10^5$ Pa。

此外，加大气包体积及喷吹管直径，以喷嘴代替喷孔等均有降低喷吹压力的功效。

（2）喷吹周期（脉冲周期）　喷吹周期的长短直接影响到除尘器的压力降。对采用定时控制的脉冲袋式除尘器，喷吹周期设定后，定期喷吹（即开环脉冲控制）。通过调整脉冲周期，可使除尘器在压降基本保持稳定的状态下运行。在不影响正常运行的条件下，应尽量延长脉冲周期。这样不但可以减少压缩空气耗量，还可延长脉冲阀膜片及滤袋使用寿命。喷吹周期还影响耗电量，喷吹周期短，压缩空气耗量多，耗电量也多。延长喷吹周期，喷吹系统耗电量虽然少了，但由于除尘器压力降增加，亦会增加过滤系统的耗电量。因此，总的耗电量是否节省必须全面考虑，即应根据不同的操作参数调节喷吹周期的最佳值。

当过滤速度小于 1.5～2m/min、入口气体含尘浓度为 5～10g/m³ 时，喷吹周期可取 5～15min；当入口含尘浓度小于 5g/m³ 时，喷吹周期可增至 15～30min；当过滤速度大于1.5～2m/min、入口含尘浓度大于 10g/m³ 时，喷吹周期可取 1～5min。此外，粉尘性质还直接影响喷吹周期，微细、黏附性质的粉尘需缩短喷吹周期，粗大、干燥粉尘可延长喷吹周期。

采用微机或定压差脉冲控制仪，可使喷吹周期根据除尘器压降自动调节，可使除尘器始终以最佳参数运行，既使除尘器压力降保持在一合理值，同时又使其喷吹次数尽可能减少。

（3）喷吹时间（脉冲宽度）　喷吹时间即脉冲阀开启喷吹的时间。一般认为喷吹时间越长，喷入滤袋内的压缩空气量也越多，清灰效果也好，但吹喷时间增加到一定值后对清灰效果的影响并不明显。图 5-119 为 QMF-100 型脉冲阀在过滤速度和入口含尘浓度一定时不同喷吹压力下喷吹时间和除尘器压降的关系。由图 5-119 可见，开始，随喷吹时间的增加，除尘器压降下降很快，而喷吹时间达到一定值时压降下降很少，但压缩空气量却成倍增加。因此想通过调节喷吹时间来降低除尘器的压降是有限的。喷吹时间对袋内压力平均值的影响见图 5-120。

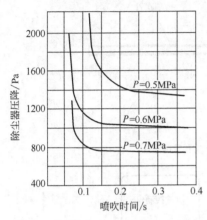

图 5-119　喷吹时间和除尘器压降的关系

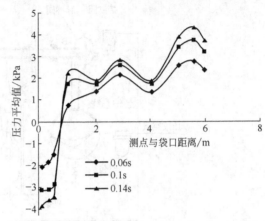

图 5-120　喷吹时间对袋内压力平均值的影响

（4）压缩空气耗量　压缩空气耗量主要取决于喷吹压力、喷吹周期、喷吹时间、脉冲阀型式和口径以及滤袋数等因素。图 5-121 为 CA-76 型脉冲阀在一定喷吹压力下，喷吹时间与耗气量的关系。

图 5-121 是在实验室内模拟一个实在的脉冲喷吹系统中脉冲阀的真正喷吹压力图。脉冲宽度是 100ms，气包容量满足喷吹后气包内压降小于 30% 的要求，阀门阻力大概是 140kPa，气包原压力是 670kPa，整个脉冲过程在 300ms 内完成。压力-时间图内所包围的面积即是喷吹耗气量。

脉冲除尘器的总耗气量 Q 可按下式计算。

$$Q = a \times \frac{nq}{T} \qquad (5-64)$$

式中　Q——总耗气量，m^3/min；

　　　n——脉冲阀数量，个；

　　　T——喷吹周期，min；

　　　a——附加系数，一般取 1.2；

　　　q——每个脉冲阀一次喷吹的耗气量，$m^3/(阀·吹)$。

单个脉冲阀的耗气量因阀的规格大小和技术性能差别较大。选用应予注意。

二、脉冲袋式除尘器的清灰装置

脉冲袋式除尘器的清灰装置由脉冲阀、喷吹管、储气包、诱导器和控制仪等几部分组成。

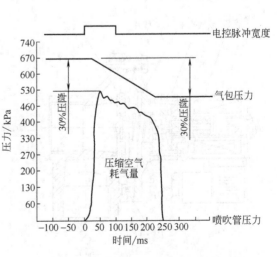

图 5-121　喷吹时间与耗气量的关系

脉冲袋式除尘器清灰装置工作原理如图 5-122 所示。脉冲阀一端接压缩空气包，另一端接喷吹管，脉冲阀背压室接控制阀，脉冲控制仪控制着控制阀及脉冲阀开启。当控制仪无信号输出时，控制阀的排气口被关闭，脉冲阀喷口处关闭状态；当控制仪发出信号时控制排气口被打开，脉冲阀背压室外的气体泄掉压力降低，膜片两面产生压差，膜片因压差作用而产生位移，脉冲阀喷吹打开，此时压缩空气从气包通过脉冲阀经喷吹管小孔喷出（从喷吹管喷出的气体为一次风）。当高速气流通过文氏管诱导器诱导了数倍于一次风的周围空气（称为二次风）进入滤袋，造成滤袋内瞬时正压，实现清灰。

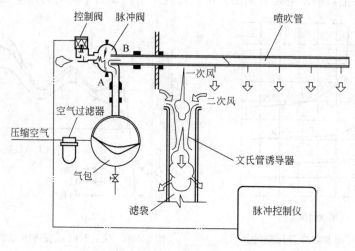

图 5-122　脉冲袋式除尘器清灰装置

1. 脉冲阀

脉冲阀是脉冲喷吹清灰装置的执行机构和关键部件，主要分直角式、淹没式和直通式三类，每类有 6 个规格接口从 20mm 至 76mm（0.75～3in）。每个阀一次喷吹耗气量 30～600m³/min（0.2～0.6MPa）。值得注意的是国产脉冲阀的工作压力直角式阀和直通阀是0.4～0.6MPa，淹没式阀是 0.2～0.6MPa；进口产品不管哪一种阀，工作压力范围均是 0.06～0.86MPa，两类阀没有承受压力和应用压力高低之区别。

（1）直角式脉冲阀构造与工作原理　直角式脉冲阀的特征是阀的空气进出口管成 90°直角。直角式脉冲阀的构造如图 5-123 所示。由图 5-123 可知，阀内的膜片把脉冲阀分成前、后两个气室，当接通压缩空气时，压缩空气通过节流孔进入后气室，此时后气室压力将膜片紧贴阀的输出口，脉冲阀处于"关闭"状态。

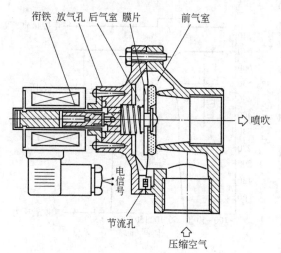

图 5-123　直角式脉冲阀构造

脉冲喷吹控制仪的电信号使电磁脉冲阀衔铁移动，阀后气室放气孔打开，后气室迅速失压，膜片后移，压缩空气通过阀输出口喷吹，脉冲阀处于"开启"状态。压缩空气瞬间从阀内喷出，形成喷吹气流。

当脉冲控制仪电信号消失，脉冲阀衔铁复位，后气室放气孔关闭，后气室压力升高使膜片紧贴阀出口，脉冲阀又处于"关闭"状态。

国产技术参数如下。

① 适应环境：温度－10～＋55℃；相对湿度不大于85％。

② 工作介质：清洁空气，露点－20℃。

③ 喷吹气源压力：0.3～0.6MPa。

④ 喷吹气量：在喷吹气源压力为0.6MPa，喷吹时间为0.1s，出口放空时喷吹气量见表5-50。

表 5-50　喷吹气量

型　号	喷吹气量/(L/次)	型　号	喷吹气量/(L/次)
SYKL-J27	45	SYKL-J48	160
SYKL-J34	70	SYKL-J60	270

⑤ 电磁先导阀工作电压、电流：DC24V，0.8A；AC220V，0.14A；AC110V，0.3A。

⑥ 外形安装尺寸见图5-124及表5-51。脉冲阀的进气口接气包，出气口接喷吹管。连接时，螺纹间应填以四氟乙烯生料带，以确保密封。连接时还要注意，进气端螺纹拧入的长度不能大于图5-124及表5-51中给出的"F"尺寸，以免影响喷吹气量。

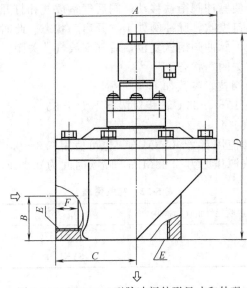

图 5-124　SYKL-J 型脉冲阀外形尺寸和外观

表 5-51　SYKL-J 脉冲阀外形尺寸　　　　　　　　　　　单位：mm

型　号	公称口径 /mm	公称口径 /in	A	B	C	D	E	F	质量/kg
SYKL-J27	20	3/4	φ98	18	49	134.5	Rp3/4	17	0.9
SYKL-J34	25	1	φ98	22	56	142.5	Rp1	20	1.3
SYKL-J48	40	$1\frac{1}{2}$	φ142	31	71	191	$Rp1\frac{1}{2}$	21	1.8
SYKL-J60	50	2	φ142	38	71	205	Rp2	25	2.0

注：1in=0.0254m，下同。

（2）淹没式脉冲阀构造和工作原理　淹没式脉冲阀采用淹没于气包中的安装方法，故称淹没式。淹没式脉冲阀构造如图5-125所示，它与其他结构形式比较，减少了流道阻力，降低了喷吹气源压力，因而能适用于压力低的场合，且可降低能源消耗和延长膜片寿命。

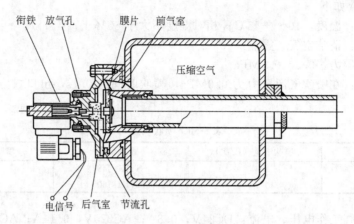

衔铁　放气孔　　　膜片　前气室

压缩空气

电信号　后气室　节流孔

图 5-125　淹没式脉冲阀构造

淹没式脉冲阀工作原理是膜片把脉冲阀成前、后两个室，当接通压缩空气时，压缩空气通过节流孔进入后气室，此时后气室压力将膜片紧贴阀的输出口，脉冲阀处于"关闭"状态。

当脉冲控制仪的电信号使脉冲阀衔铁移动，阀后气室放气孔打开，后气室迅速失压，膜片移动，压缩空气通过阀输出口喷吹，脉冲阀处于"开启"状态。此时瞬间喷出压缩空气气流。

脉冲控制仪电信号消失，脉冲阀衔铁复位，后气室放气孔关闭，后气室压力升高使膜片紧贴阀出口，脉冲阀又处于"关闭"状态。

SYKL-Y 型淹没式脉冲阀技术参数如下。

① 适应环境：温度为 $-10 \sim +55℃$；相对湿度不大于 85％。

② 工作介质：清洁空气。

③ 喷吹气源压力：推荐使用 $0.2 \sim 0.3MPa$，也可使用 $0.3 \sim 0.6MPa$。

④ 喷吹气量：在喷吹气源压力为 $0.25MPa$，喷吹时间为 $0.1s$ 时，喷吹气量见表 5-52。

表 5-52　耗气量表

型　号	喷吹耗气量/(L/次)	型　号	喷吹耗气量/(L/次)
SYKL-J42	50	SYKL-J76	170
SYKL-J60	100	SYKL-J89	250

⑤ 电磁先导阀工作电压、电流：DC24V，0.8A；AC220V，0.14A；AC110V，0.3A。

⑥ 外形及安装尺寸见图 5-126 及表 5-53。

（3）直通式脉冲阀　直通式脉冲阀的构造特点是空气进出口中心线在一条直线上，故称直通阀，其构造如图 5-127 所示。脉冲阀膜片把脉冲阀分为前、后两个气室，接通压缩空气时脉冲阀处于关闭状态，开启动作原理与直角阀相同，只是气流喷射时的流动方向如图 5-127 所示。直通式脉冲阀的优点是安装方便，常用于气箱脉冲除尘器；缺点是气流经过阀体阻力较大。

SYKL-Z 型直通式脉冲阀技术参数如下。

① 适应环境：温度为 $-10 \sim +55℃$；相对湿度不大于 85％。

② 工作介质：清洁空气。

③ 喷吹气源压力：$0.3 \sim 0.6MPa$。

④ 喷吹气量：在喷吹气源压力为 $0.6MPa$，喷吹时间为 $0.1s$，出口放空时喷吹气量见表 5-54。

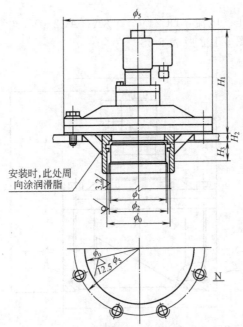

图 5-126 SYKL-Y 型淹没式脉冲阀外形及安装尺寸

表 5-53 SYKL-Y 型淹没式脉冲阀安装尺寸

型号	公称口径		安装尺寸/mm									质量/kg
	mm	in	ϕ_1	ϕ_2	ϕ_3	ϕ_4	ϕ_5	ϕ_6	H_1	H_2	H_3	N	
SYKL-Y42	32	$1\frac{1}{4}$	38f8	42.3	82	96	110	43.5	104	9.0 ± 1	18	8-M6	0.74
SYKL-Y60	50	2	57f8	60.0	110	126	142	63	135	16.0 ± 1	24	8-M8	1.46
SYKL-Y76	65	$2\frac{1}{2}$	73f8	75.5	140	160	176	78	135	17.5 ± 1	24	8-M8	2.10
SYKL-Y89	80	3	85f8	88.5	158	176	200	91	142	20.5 ± 1	25	8-M10	2.80

表 5-54 耗气量表

型 号	喷吹耗气量/(L/次)	型 号	喷吹耗气量/(L/次)
SYKL-Z48	150	SYKL-Z76	400
SYKL-Z60	250		

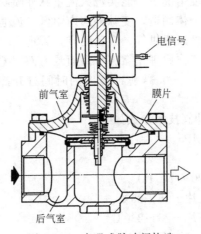

图 5-127 直通式脉冲阀构造

⑤ 电磁先导阀工作电压、电流：DC24V，0.8A；AC220V，0.14A；AC110V，0.3A。

⑥ 外形及安装尺寸见图 5-128 及表 5-55。

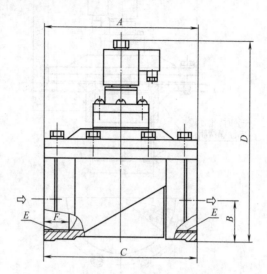

图 5-128　SYKL-Z 型直通式脉冲阀外形及安装尺寸

表 5-55　SYKL-Z 型直通式脉冲阀外形尺寸

型　号	公称口径		外形尺寸/mm						质量/kg
	mm	in	A	B	C	D	E	F	
SYKL-Z48	40	1.5	$\phi142$	33	142	208	Rp1$\frac{1}{2}$	21	2.0
SYKL-Z60	50	2	$\phi142$	38	142	213	Rp2	21	2.5
SYKL-Z76	65	2.5	$\phi200$	48	200	238	Rp2$\frac{1}{2}$	27	4.0

（4）超低压大口径脉冲阀　低压旋转脉冲喷吹袋式除尘器应用的大口径、大喷吹量的电磁脉冲阀，由于其喷吹压力低、喷吹气量大、单阀喷吹滤袋数量多，所以维护工作量小，使用罗茨鼓风机供气、因其节约能源量大、除尘效率高等特点，深受电力行业用户的欢迎。

DMY-型超低压大口径电磁脉冲阀采用三级膜片结构，各级卸荷孔匹配，各级气腔节流孔匹配，保证在较高的喷吹灵敏度情况下，能实现大流量脉冲喷吹（见图 5-129）。

一级脉冲阀座与分气箱成一体制造，使脉冲阀内阻低，流通性好，能实现小于 0.1MPa 的超低压气压喷吹，可使用罗茨鼓风机供气，设备便宜，管理简单。

超低压大口径电磁脉冲阀工作原理是靠膜片两面受力面积差形成的压力差关闭脉冲阀，电磁脉冲阀的受控先导头，以 0.15～0.3s 脉冲宽度的时间打开卸荷孔，膜片高压区气流卸荷，膜片抬起，进行脉冲喷吹。

DMY 型超低压大口径脉冲阀技术参数如下。

① 工作压力：0.05～0.1MPa。

② 工作介质：清洁空气。

③ 电压：DC24V、（AC220V/50Hz）。

④ 使用温度范围：常温膜片−25～85℃。

　　　　　　　　　常温膜片−25～230℃。

⑤ 空气的相对湿度：不超过 85%。

⑥ 防护等级：1P65。

⑦ 膜片寿命：100万次。

⑧ 外形及安装尺寸见图5-129和表5-56，安装后外观见图5-130。

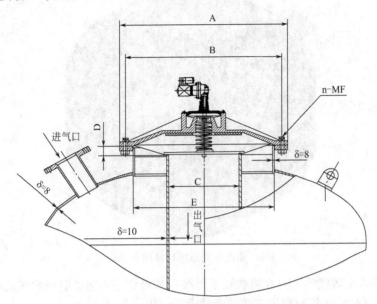

图 5-129　DMY-型超低压大口径电磁脉冲阀结构

表 5-56　脉冲阀外形及安装尺寸

名称	型号	标准应用气包容积/m³	规格		安装尺寸					螺栓	
			in	mm	A	B	C	D	E	n	MF
8in 超低压大口径电磁脉冲阀	DMY-Ⅲ-200C	1.3	8	DN200	φ490	φ457	φ200	35±0.25	φ430	12	M10
10in 超低压大口径电磁脉冲阀	DMY-Ⅲ-250C	1.3	10	DN250	φ600	φ560	φ255	40−0.1	φ551	16	M12
12in 超低压大口径电磁脉冲阀	DMY-Ⅲ-300C	1.3	12	DN300	φ730	φ680	φ305	46−0.1	φ616	16	M16
14in 超低压大口径电磁脉冲阀	DMY-Ⅲ-350C	2.2	14	DN350	φ842	φ780	φ336	57−0.1	φ716	20	M20
16in 超低压大口径电磁脉冲阀	DMY-Ⅲ-400C	2.3	16	DN400	φ970	φ900	φ406	70−0.1	φ836	20	M20

注：摘自苏州协昌环保科技股份有限公司样本。

2. 喷吹管

喷吹管是一根无缝耐压管，上面按滤袋多少开有若干喷吹孔口。喷吹管的技术要点在于喷吹管直径、开孔数量、开孔大小及喷吹中心到滤袋口的距离要相互匹配。如果设计或选用不当会影响清灰效果。为保证清灰效果，这些参数可以通过试验确定，也可以通过实践经验选取。一般认为喷吹孔口应小于18个，开孔为φ8～32mm，喷吹管距袋口200～400mm为宜。

喷吹管距滤袋口的距离是设计脉冲袋式除尘器的重要尺寸，它与喷吹管结构、滤袋大小、粉尘性质等诸多因素有关，所以设计时应予重视。

① 根据滤袋数量确定喷吹管长度。

② 喷吹管的壁厚应根据其长度和材质（硬度）确定，保证不会由于自重而弯曲变形。

③ 高效率清灰系统喷吹管上安装超音速引流喷嘴，防止喷吹气流的偏中心现象发生。

图 5-130　超低压大口径脉冲阀安装后外观

④ 如果不安装引流喷嘴，只在喷吹孔下焊接一节短管，不能克服喷吹气流的偏中心现象，而且会由于超音速喷吹气流与管道之间的摩擦而产生阻力。

⑤ 为了保证脉冲气流量进入第一个滤袋和最后一个滤袋的差别在±10％以内，同一条喷吹管上的孔径可能会不同。一般是远离气包的喷吹孔比靠近气包的喷吹孔径小 0.5～1.0mm。喷吹孔直径将是确定脉冲喷吹系统的清灰压力和气体流量的最主要参数。

⑥ 根据气包压力、脉冲阀阻力、喷吹管尺寸、喷吹孔数量等因素，超音速脉冲气流的膨胀角度一般是 20°左右。必须结合滤袋口径，根据设计师的经验和实验数值，确定喷吹管离花板的最佳距离，保证喷吹气流可以覆盖整条滤袋长度。

3. 诱导器

诱导器有两类：一类是装在滤袋口的文氏管［见图 5-131（a）］；另一类是装在喷吹管上的诱导器［见图 5-131（b）］。前者已在脉冲除尘器上应用多年，因阻力偏大，在大型脉冲除尘器上已较少采用；后者近年来开发很快，其优点是可以弥补压缩空气气源压力不足或压力不稳定。另外，也有不少不装诱导器的脉冲除尘器，理论上讲装诱导器比不装要好。

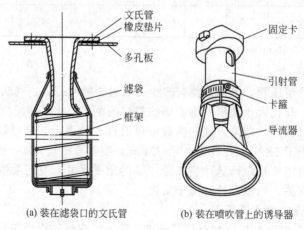

(a) 装在滤袋口的文氏管　　　　(b) 装在喷吹管上的诱导器

图 5-131　诱导器外形

① 埋入式文丘里的安装将导致接近滤袋口的滤料在 200～400mm 的高度内无法清灰。没有安装文丘里时的引流气量与喷吹压缩气量比值大约为 6：1，安装文丘里后的引流气量与喷吹压缩气量比值大约是 2：1。

② 文丘里的主要功能是保证喷吹压力，把自然扩散气流集中起来，在文丘里底部圆周形成最大压力气流，有效地把清灰压力传动到滤袋底部，避免偏斜气流吹坏滤袋，特别是玻纤袋。

③ 对粉尘黏性强、滤料阻力比较高或滤袋比较长的除尘器，安装文丘里将提高清灰效率达 30% 以上。因此，安装文丘里可以增加清灰面积（滤袋长度或数量）或者缩小脉冲阀口径，以节省设备造价。

④ 由于文丘里管的出口直径缩小，经过滤料的气流将在文丘里的缩颈口局部加速穿过花板，这会使除尘器的总体阻力增加。

4. 储气包

储气包外形有方形和圆形两种，其用途在于使脉冲阀供气均匀和充足。储气包的具体大小取决于储气量的多少和脉冲阀安装尺寸。储气包属压力容器，制造完成后应做耐压检验，试验压力是工作压力的 1.25～1.5 倍为宜。

① 设计圆形或方形截面积气包时必须考虑安全和质量要求，用户可参照《脉冲喷吹类袋式除尘器分气箱》（JB/T 10191）。

② 气包必须有足够容量，满足喷吹气量。建议一般在脉冲喷吹后气包内压降不超过原来储存压力的 30% 为宜。

③ 气包的进气管口径尽量选大，满足补气速度。对大容量气包可设计多个进气输入管路。

④ 对于大容量气包，可用 $\phi 76mm$ 管道把多个气包连接成为一个储气回路。

⑤ 阀门宜安装在气包的上部或侧面，避免气包内的油污、水分经过脉冲阀喷吹进滤袋。

⑥ 每个气包底部必须带有自动（即两位两通电磁阀）或手动油水排污阀，周期性地把容器内的杂质向外排出。

⑦ 如果气包按压力容器标准设计，并有足够大容积，其本体就是一个压缩气稳压气罐。当气包前另外带有稳压罐时，需要尽量把稳压罐位置靠近气包安装，防止压缩气在输送过程中经过细长管道而损耗压力。

⑧ 气包在加工生产后必须用压缩气连续喷吹清洗内部焊渣，然后才安装阀门。在车间测试脉冲阀，特别是 $\phi 76mm$ 淹没阀时，必须保证气包压缩气的压力和补气流量，否则脉冲阀将不能打开或者漏气。

⑨ 如果在现场安装后，发现阀门的上出气口漏气。那就是因为气包内含有杂质，导致小膜片上堆积铁锈不能闭阀。需要拆卸小膜片清洁。

5. 脉冲控制仪

脉冲控制仪是发出脉冲信号，控制气动阀或电磁阀，使脉冲阀喷吹清灰的脉冲灰信号发生器。

脉冲控制仪输出一个信号持续时间，称脉冲宽度。在 0.03～0.2s 范围内可调，输出两个信号之间的间隔时间称脉冲间隔；在 1～30s 范围可调。输出电信号完成一个循环所需的时间，称脉冲周期；在 1～30min 范围内可调。控制仪可以根据清灰要求，调整脉冲间隔和脉冲宽度，对除尘器实施定时清灰。

脉冲控制仪可以分为气动脉冲控制仪和电动脉冲控制仪。气动脉冲控制仪以干净压缩空气为能源，输出气动脉冲信号，与其配套使用的是气动阀、脉冲阀；电动脉冲控制仪以交流 220V 电源作为能源，输出电动脉冲信号，与其配套使用的是电磁阀、脉冲阀或者电磁脉冲阀。一般脉冲控制仪上均有各技术参数的显示。工程中常用的是电动脉冲控制仪。

（1）电动脉冲控制仪　图 5-132 是 DTMKB-1224C 电动控制脉冲仪工作原理。

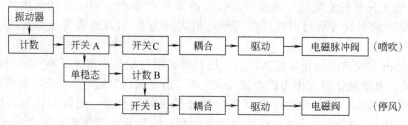

图 5-132　DTMKB-1224C 电动控制仪工作原理

工作时开关 A 路开关接通，由计数器 A 输出端状态决定；开关 B、C 路开关接通，由计数器 B 输出端状态决定。

振荡器产生的第 n 个脉冲经过开关 A 触发单稳电路，其暂稳态输出去计数器 B 控制开关 B、C，并通过开关 B 耦合电路、驱动电路，使某室停风电磁阀工作，关闭该室阀门。振荡器产生的第 $n+1$、第 $n+2$ 个脉冲，则相继通过开关 A、C 及耦合驱动电路，使该室两个电磁脉冲阀进行喷吹清灰。静停一段时间，单稳态电路返回原状态，该室阀门打开，清灰过程结束。再过一段时间，对该室相邻的一室进行上述工作。

该控制仪用于分室停风脉冲除尘器。也可用于一般脉冲除尘器。

（2）气动脉冲控制仪　图 5-133 是 QMY-4KA 气动脉冲控制仪工作原理。

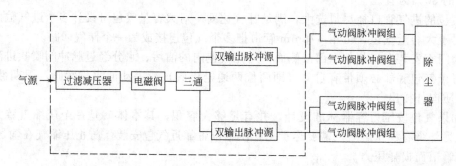

图 5-133　QMY-4KA 气动脉冲控制仪工作原理

该控制仪由过滤减压器、电磁阀和双输出脉冲源组成，当电磁阀通电后过滤减压器的输出就通入双输出脉冲源。双输出脉冲源是一个由气阻和气容组成的气动振荡器。它发出频率可调的脉冲信号，触发气动阀和脉冲阀组，进行喷吹清灰。

SYKL 型脉冲控制仪技术参数如下。

① 电源电压：AC220C，50Hz。

② 每路输出电压电流：DC24V/1A；耗电≤8W。

③ 使用环境：温度 -25～+55℃，相对湿度≤90%。

④ 防护等级：IP65。

⑤ 脉冲间隔调节范围：0.05～0.2s。

⑥ 输出路数：1～100 门任选。

差压控制：信号接差压端子。

质量：1.6kg。

体积：250mm×190mm×100mm。

SYKL 型脉冲喷吹控制仪规格见表 5-57。

表 5-57　SYKL 型脉冲控制仪规格型号

型号规格	输出位数	控制脉冲阀数	外形尺寸/mm
SYKL-MK-8X	8	1～8 任选	250×190×100
SYKL-MK-16X	16	1～16 任选	250×190×100
SYKL-MK-24X	24	1～24 任选	250×190×100
SYKL-MK-48X	48	1～48 任选	285×240×85
SYKL-MK-80X	80	1～48 任选	285×240×85
SYKL-MK-100X	100	1～100 任选	285×240×85
SYKL-LK-24X	24	1～24 任选	285×240×85
SYKL-LK-48X	48	1～48 任选	285×240×85

（3）可编程序控制器　由于用可编程序控制器控制脉冲清灰过程较脉冲控制仪既准确又可靠，所以在工程设计中只有小型脉冲袋式除尘器用脉冲控制控制，大中型脉冲袋式除尘器一般都用可编程序控制器。采用可编程序控制器除了可控制清灰过程外，还可控制排灰装置、电动润滑装置以及除尘器温度、压力等。而脉冲控制仪多数不具备清灰过程外的功能。

三、脉冲清灰工艺与结构设计

脉冲除尘器的清灰工艺设计主要是清灰压力及清灰方式的选择和确定。

1. 清灰压力

脉冲喷吹除尘器的清灰系统中清灰压力是设计的重要参数。清灰压力可以区分成高压、中压和低压清灰系统，但不应把脉冲阀根据气包内压力区分成高压阀（直角阀）和低压阀（淹没阀）。因为在事实上，这种区别方法没有根据。因为世界上脉冲阀制造商从来没有把他们的阀门做出压力范围区分，主要品牌的脉冲阀压力适用范围见表 5-58。

表 5-58　阀门压力

品　牌	直角阀压力/MPa	淹没阀压力/MPa
澳大利亚 GOYEN	0.06～0.86	0.06～0.86
意大利 MECAIR	0.05～0.75	0.05～0.75
美国 ASCO	0.035～0.85	0.10～0.60
加拿大 WATSON	0.10～0.80	0.06～0.80

脉冲袋式除尘器主要是以压力气包内压缩气作为清灰能源，使脉冲阀启动时形成一股脉冲气流逆向从滤袋顶部到袋底进行脉冲抖动。通过脉冲喷吹抖动，把滤袋外侧结合的尘层抖进除尘器灰斗。如果压力或流量不足，这个气流太弱，那么清灰力度不能在到滤袋底部，则尘层不能及时剥落，造成局部积灰，就会导致设备阻力增高、滤袋负荷不均匀等现象，缩短滤袋寿命。反之，如果清灰力度太强，已经渗透进滤料表层的微细颗粒将被吹出表面，产生"二次扬尘"现象。由此滤袋也可能因振荡力太强导致与笼骨的摩擦过高而裂袋。所以，无论采用高压、中压或低压的压缩气源，设备的清灰力度和流量都必须根据工艺、烟尘和滤料的性质而合理配置。不能用单一清灰压力解决所有除尘问题。

设计清灰系统时，综合考虑生产工艺（温度范围、温度变化、露点、湿度、烟尘粒度、烟气成分等）、现场环境（压缩气供应、安装场地大小等）以及滤料性能（材质、是否覆膜、表面处理、耐磨性、抗折性、张力范围等）来判断是否采用清灰压力（比如安装文丘里管）或清灰流量（比如选用淹没阀）来进行清灰。例如，对于玻纤滤料的清灰，一般选用力度比较温和的清灰方法。

图 5-134 是一个脉冲喷吹除尘器所产生的阻力线和清灰范围。除尘器的过滤速度（气布

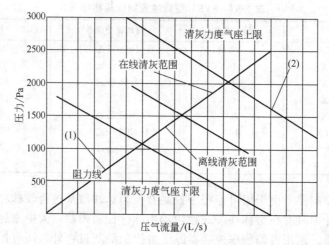

图 5-134　脉冲阀压力与流量关系

比）越高，其阻力也会相对提高，所以必须根据滤料的阻力性能确定用多大压力和多大气量进行清灰比较理想。这清灰范围图在国外的除尘行业内称为"JET PUMP CURVE"。

图 5-134 中当设备的设计阻力是 1500Pa 时，一般来说，离线清灰的袋底压力应定在 1500~2500Pa，而在线清灰的袋底压力可按克服阻力的需要设计在 2500~3500Pa 之间。但这些并不是绝对的数据，设计人员可在清灰范围内设计出合理的压力清灰系统而不受清灰气源压力高低的限制。

由此可见，清灰系统到达袋底的压力范围不完全取决于除尘器上压力气包的供给压力。在国外，0.6~0.7MPa 的压缩气供应压力就相当于供电系统中的交流 220V 电压。如果管网内气量不足以供与除尘器，可在每一台除尘器上独立配置空压机。如果部分现场的供气压力偏低（如 0.3MPa 以下），用合理的清灰系统设计也能达到袋底具有 2000~3000Pa 的清灰压力。例如，如果现场压力具有 0.6MPa，用性能良好的 ϕ76mm 淹没式脉冲阀可以提供足够清灰力度，清洁 20 条 160mm 直径、6m 长滤袋，其喷管上喷吹孔的口径大概是 12~13mm。但如果气包压力只有 0.2MPa，在同等的工况条件下，同样的脉冲阀只能清灰 12~14 条同尺寸滤袋，每个喷吹孔口径大概需要 17~18mm。以上两种配置，同样提供到达袋底的清灰压力在 2000~2500Pa 之间，达到高效清灰的预期效果。比较理想的设计是当现场能够提供标准的 0.6MPa 压缩气时，除尘器清灰系统只是按 0.5MPa 设计。在除尘器投入生产 9~12 个月后，非覆膜滤料的阻力逐渐增高。这时可把气包压力逐渐提高，保持设备阻力在设计数值之下。这种可调节压力范围，既保持清灰系统中所有原来的配置，又对除尘设备的运作起了一个安全保险作用。

压缩空气的质量要求不十分严格，空气压缩站进入管网的压缩空气质量能达到如下指标。

(1) 含尘量　三级，5μm，浓度＜5mg/m^3。

(2) 含水量　三级，露点－20℃（相当于 0.8MPa 时－20℃下的饱和水量）。

(3) 含油量　五级，25mg/m^3。

但是除尘器自备小型空气压缩机的压缩空气质量一般达不到这些指标。在压缩空气质量不好的情况采用低压脉冲气流需应用更多的压缩空气，会使进入滤袋的气流中含油、含水相对增加，一旦油、水进入滤袋，将贴附堵塞部分过滤面积，导致除尘器阻力加速上升。

2. 清灰方法

脉冲喷吹除尘器可采用在线清灰或离线清灰两种方法。在线清灰是指在进行脉冲喷吹时，滤袋仍然进行烟气过滤。喷吹系统需要用采用比较高的喷吹气流阻挡过滤烟气，同时用瞬间的脉冲振荡使尘层剥落进入灰斗。在线清灰除尘器内部是一个大空间静态气室，气流分布比较均匀，使滤料所承受的过滤负荷变化不太大，这样可延长滤袋使用寿命。

离线清灰系统需要把除尘器内部区分成若干个密封袋室，每个袋室的花板上出气口独立安装关断阀、气缸和电磁阀等压缩气控制系统。在对每个袋室进行脉冲清灰喷吹前，需要首先控制挡板使这个袋室不再进行烟气过滤。因此，离线清灰机构比较复杂，而且带有关断阀门，所以离线清灰除尘器的造价与维护量相对来说比在线清灰除尘器稍高。

事实上，应该根据烟气性质和工艺要求，灵活选用在线或离线的清灰系统设计。在一些特殊工艺如垃圾焚烧等，其烟尘性质松散，不容易结成饼块，有效清灰也比较困难。采用离线清灰方法可减低"二次扬尘"，使清灰阶段更加彻底，达到降低设备阻力的效果。

但另一方面，离线清灰除尘器完成一个袋室的清灰后，此袋室的滤袋阻力将比其他正在过滤的气室滤袋阻力低。这时候打开关断阀门，袋室内滤袋将承受很高的过滤负荷，导致滤料的负荷变化循环太高，这样也会缩短滤料使用寿命。而在线清灰每次只是降低一行滤袋的阻力，除尘器内部的其他众多数量的滤袋仍然会连续进行过滤工作，这样对刚喷吹后的滤袋所承受的过滤负荷变化相对来说比较温和。因此，如果除尘器的处理风量较小，内部结构不能区分为 4～10 个或更多的袋室数量，则不宜采用离线清灰。对于大型除尘器内部的烟气移动速度即过滤风速一般都在 1.5m/min 以下，相对比较除尘器的入口浓度而言，"二次扬尘"并不是一种非常严重的现象。宜采用离线清灰。两种清灰方法中，对中小型除尘器（$10 \times 10^4 \mathrm{m}^3/\mathrm{h}$ 处理风量以下）机组采用在线清灰和定时或压差脉冲控制来保证除尘器阻力更为可行。

3. 滤袋长度

脉冲袋式除尘器滤袋长度决定工艺需要，清灰能力及设计参数等因素。中小型袋式除尘器袋长 2～3m，后来有人把袋长 4～6m 称为长袋除尘器。发展至今 7～9m 长滤袋已不罕见。与滤袋长度相适应，袋笼由 1 节改为 2 节甚至 3 节，以便于滤袋的安装和检修。

不管多长的滤袋，安装要求都十分严格，否则会造成清灰无效、滤袋之间粉尘积聚架桥、过滤面积减少和运行阻力偏高等弊端。解决滤袋排列不整的方法首先是花板要平整，在 $1\mathrm{m}^2$ 面积内花板不平度小于 ±1mm，同时袋笼口要平整；其次，滤袋下部可适当采取保护措施，保证滤袋的垂直度。

4. 结构设计

设计一台非定型的除尘器，首先要按照以下几个主要方面进行综合考虑：①按场地大小决定除尘器长宽高。除尘器的宽度决定于喷吹管长度和滤袋布置；②系统的实际处理风量；③结合烟气的各种性质，选择滤料、过滤风速、计算滤料的总过滤面积；④设计滤袋的直径和长度，考虑除尘器的整体高度和外形尺寸，尽可能保持除尘器接近方形结构；⑤计算滤袋数量，选择笼架结构。选用在线或离线清灰方法；⑥设计花板的滤袋分布和检修门的大小和数量；⑦设计脉冲清灰系统及清灰装置的确定；⑧设计外壳结构、气包、喷吹管进出风口位置、管道布局、进风口挡板阀、台阶和楼梯、安全保护等，并综合考虑力学结构；⑨卸灰阀、卸灰装置和输灰装置；⑩选择控制系统，压差和排放浓度报警系统等。

在除尘系统的设计过程中，影响最大的因素即是设计者的个人经验，加上工程上应用经验和图纸，以及设备制造厂的加工能力和以往的安装经验等。所以说除尘系统的设计是一种艺术。

（1）花板设计　在花板设计中主要是布置滤袋的距离，该间距与袋径、袋长、粉尘性质、过滤速度等因素有关。例如，一台除尘器，其边排袋中心距离壁板是 250mm，喷吹管上喷吹孔距离是 200mm，袋直径 160mm，长度 6m。由于袋与袋之间距离只有 40mm，滤袋底部相互碰撞磨损，在运行 3 个月内部分滤袋底部破裂。

如果袋与袋之间的距离太靠近，不但会产生以上问题，还会令箱体内气流上升速度太快，导致烟尘排放量增加，滤料的局部过滤负荷太高和清灰力度不足。

根据经验，袋与袋之间的边缘距离应该至少是滤袋本身的半径。上例中应把喷吹管上的滤袋数量从 16 条减少到 14 条，每个袋长度增加到 6.9m，喷吹孔距离增大到 280mm，除尘器的过滤面积和壳体尺寸不变。这样设计更合理可靠。

（2）进气位置　脉冲袋式除尘器的进气位置有多种，大中型脉冲除尘器多采用下进气，其原因是关断进气口阀比较方便。中小型除尘器有的采用中部进气，有的采用上部气，如顺喷脉冲袋式除尘器；有的采用下部进气，如 MC 型脉冲袋式除尘器。

在大中型脉冲袋式除尘器常按袋室双排布置并把进排气管设置在除尘器的中间，这种布置的特点是结构紧凑，受力合理，便于除尘系统与除尘器的连接。

（3）气体分布板　大中型袋式除尘器进气量大，进气速度快，气体的流线形状复杂，所以要充分考虑气体均匀分配问题，这一点对脉冲袋式除尘器尤为重要，如果气流分布不均匀往往造成滤袋下部碰撞和过早损坏。当进气口从除尘器下部进入时可在灰斗上设置分布板，使含尘气体均匀到达每个滤袋。气流分布板有三种形式，如图 5-135 所示，其中百叶窗式应用多。为获得满意的气流分布效果，一般要进行试验室或计算模拟，而后把试验或模拟结果用于工程设计。

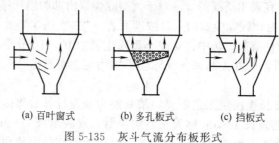

(a) 百叶窗式　　　(b) 多孔板式　　　(c) 挡板式

图 5-135　灰斗气流分布板形式

四、侧喷脉冲袋式除尘器

1. 侧喷低压脉冲袋式除尘器的特点

主要特点：①取消了喷吹管及每个滤袋上口的文氏管装置，设备阻力低，安装、维护、换袋简便；②喷吹压力低，只需 100～150kPa 便可实现理想清灰，并采用了低压直通阀的结构形式，易损件使用寿命超过 1 年；③滤袋笼骨可分硬骨架和弹簧骨架两种形式，可适用于不同用户和各种需求；④可掀的精巧小揭盖，在保证密封的前提下开启灵活、自如，机外换袋方便；⑤当用户没有空压站集中供气气源的条件下，可自配气源空压泵对设备供气，减少了安装气源管路的麻烦，使用方便。

2. 构造特点

侧喷低压脉冲除尘器构造见图 5-136。其构造特点是气包的喷吹装置放在除尘器侧部，上部不设喷吹管和导流文氏管。

主要特点：①上箱体，包括可掀小揭盖等；②中箱体，包括花板、滤袋及笼骨、矩形诱导管、低压气包、中箱体检查门、进风管、出风管等；③下箱体及灰斗，包括灰斗检查门、螺旋输送机及传动电机、出灰口、支腿等；④喷吹系统，包括脉冲电磁阀、脉冲控制仪。

3. 工作原理及性能参数

含尘气体由进风口进入进风管内，通过初级沉降后，粗颗粒尘及大部分粉尘在初级沉降及自身重量的作用下沉降至灰斗中，并经螺旋输送机机构将粉尘从出灰口排出；另一部分较细粉尘在引风机的作用下，进入中箱体并吸附在滤袋外表面上，洁净空气穿过滤袋进入箱体并流经矩形诱导管，汇集在出风箱内由出风管排出。随着过滤工况的不断进行，积附在滤袋表面上的粉尘也将不断增加，相应就会增加设备的运行阻力。为了保证系统的正常运行，必须进行清灰来达到降低设备阻力的目的。

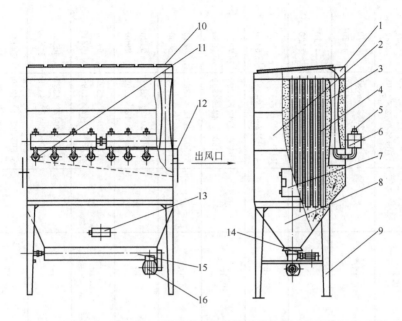

图 5-136　侧喷低压脉冲除尘器构造

1—上箱体；2—中箱体；3—矩形诱导管；4—布袋笼骨组合；5—脉冲电磁阀；6—低压气包；
7—中箱检查门；8—下箱体及灰斗；9—支腿；10—上掀盖；11—进风口；12—出风口；
13—灰斗检查门；14—螺旋输送机电机；15—螺旋输送机；16—出灰阀

侧喷脉冲袋式除尘器的性能参数见表 5-59。

4. 外形尺寸

侧喷低压除尘器外形尺寸见图 5-137 和表 5-60。

五、顺喷脉冲袋式除尘器

顺喷脉冲袋式除尘器采用顺喷顺流设计，即气流由除尘器上部箱体进入，从下部箱体的净气联箱排出。其流动方向与脉冲喷吹方向以及清灰后粉尘落入灰斗的方向一致；而且净化后的空气不经过引射喉管，大大降低了除尘器阻力，减少了风机负载，节省动力消耗，有利于粉尘沉降。

LSB-Ⅰ型脉冲袋式除尘器系高压顺喷脉冲袋式除尘器（喷吹压力为 490～686kPa）；LSB-Ⅰ/A 系型系低压顺喷脉冲袋式除尘器（喷吹压力为 196～294kPa）。

LSB 型除尘器采用钢板翻边组合式装配结构，便于运输与组装；文氏管半卧入多孔板下，便于检修和更换布袋；采用弹簧骨架，使布袋不易磨损，有助于清灰。该除尘器可用于工矿除尘工程含尘气体的净化。

1. 构造及工作原理

（1）除尘器的构造及工作原理　LSB 型顺喷袋式除尘器基本构造见图 5-138。顺喷袋式除尘器的工作原理是含尘气体由中箱体上部进入除尘器后，由下而上流动，经布袋过滤后粉尘被滞留在滤袋外，净化后的空气由布袋下口的净气联箱汇集后从出风口排出。当滤袋表面的粉尘增加使除尘器阻力增大时，为使设备阻力维持在限定范围内（0.6～1.2kPa），由控制仪发出指令，顺序触发各控制阀，开启脉冲阀，使气包内的压缩空气从喷吹管各孔对准文氏管，以接近音速喷出一次气流，并诱导数倍于该气流的二次气流一起喷入布袋，造成布袋瞬间急剧膨胀，从而使附在布袋上的粉尘脱离布袋，通过净气联箱之间的除尘器落入灰斗，然后由排灰阀排出。

表 5-59　侧喷脉冲除尘器性能参数

型号规格	滤袋长度/mm	滤袋数/条	分室数/个	过滤面积/m²	处理风速/(m/min)	处理风量/(m³/h)	设备阻力/kPa	除尘率/%	耗气量/[m³/(阀·次)]	电机功率/kW	外形尺寸(长×宽×高)/mm	设备重/kg
LCPM64-4-2000	2000	64	4	48	1~3	2880~8640	0.6~1.2	≥99.5	0.15	1.1	1709×2042×4399	2650
LCPM64-4-2700	2700			64		3840~11520					1709×2042×4399	2880
LCPM96-6-2000	2000	96	6	72	1~3	4320~12960	0.6~1.2	≥99.5	0.15	1.5	2519×2042×4399	3970
LCPM96-6-2700	2700			96		5760~17280					2519×2042×4399	4320
LCPM28-8-2000	2000	128	8	96	1~3	5760~17280	0.6~1.2	≥99.5	0.15	1.5	3329×2042×4399	4710
LCPM28-8-2700	2700			128		7680~23040					3329×2042×4399	5120
LCPM160-10-2000	2000	160	10	120.5	1~3	7200~21600	0.6~1.2	≥99.5	0.15	1.5	4139×2042×4399	5900
LCPM160-10-2700	2700			160		9600~28800					4139×2042×4399	6400
LCPM196-12-2000	2000	192	12	144	1~3	8640~25920	0.6~1.2	≥99.5	0.15	2.2	4949×2042×4399	7070
LCPM196-12-2700	2700			192		11520~34560					4949×2042×4399	7680
LCPM224-14-2000	2000	224	14	168.5	1~3	10080~30240	0.6~1.2	≥99.5	0.15	2.2	5759×2042×4399	8240
LCPM224-14-2700	2700			224		13440~40320					5759×2042×4399	8960
LCPM256-16-2000	2000	256	16	192	1~3	11520~34560	0.6~1.2	≥99.5	0.15	2.2	6569×2042×4399	9420
LCPM256-16-2700	2700			256		15360~46080					6569×2042×4399	8960
LCPM320-20-2000	2000	320	20	240	1~3	14400~43200	0.6~1.2	≥99.5	0.15	3	4139×2042×4399	9420
LCPM320-20-2700	2700			320		19200~57600					4139×2042×4399	10240
LCPM384-24-2000	2000	384	24	288	1~3	17280~51840	0.6~1.2	≥99.5	0.15	4.4	4949×2042×4399	11800
LCPM384-24-2700	2700			384		23040~69120					4949×2042×4399	12800
LCPM448-28-2000	2000	448	28	336	1~3	20160~60480	0.6~1.2	≥99.5	0.15	4.4	5759×2042×4399	14140
LCPM448-28-2700	2700			448		26880~80640					5759×2042×4399	15360
LCPM512-32-2000	2000	512	32	384	1~3	23040~69120	0.6~1.2	≥99.5	0.15	4.4	6569×2042×4399	16480
LCPM512-32-2700	2700			512		30720~92160					6569×2042×4399	17920

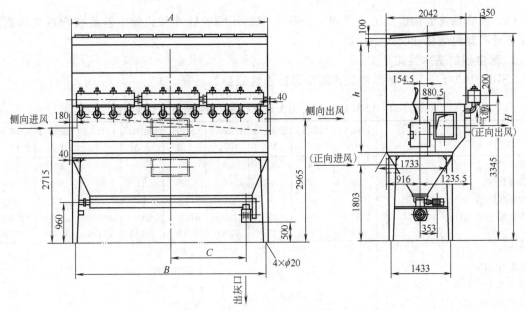

图 5-137　LCPM64-96 型脉冲除尘器外形尺寸（单位：mm）

表 5-60　LCPM64-96 型除尘器外形尺寸　　　　　　　　　　单位：mm

尺寸代号	LCPM64-2000	LCPM64-2700	LCPM64-2000	LCPM64-2700
A	1709	1709	2519	2519
B	1409	1409	2219	2219
C	278	278	683.5	683.5
H	4399	4399	4399	2700
h	2000	2000	2000	

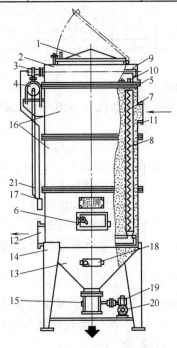

图 5-138　LSB 型顺喷袋除尘器基本构造

1—上盖板；2—上箱体；3—电磁差动气阀；4—气包；5—多孔板；6—检查门；7—滤袋；8—弹簧骨架；
9—喷吹管；10—文氏管；11—进风口；12—出风口；13—下灰斗；14—支腿；15—排灰装置；16—中箱体；
17—控制仪；18—小检查门；19—减速器；20—小电机；21—分水离气器

（2）喷吹系统的构造及工作原理　LSB-Ⅰ型高压顺喷脉冲袋式除尘器的喷吹系统构造及工作原理同普遍型脉冲袋式除尘器。

2. 除尘器的基本性能

LSB24-120-Ⅰ、Ⅰ/A型脉冲袋式除尘器技术性能参数见表5-61。

表 5-61　LSB24-120-Ⅰ、Ⅰ/A型脉冲袋式除尘器技术性能参数

尘 器 型 号		LSB24-Ⅰ Ⅰ/A	LSB36-Ⅰ Ⅰ/A	LSB48-Ⅰ Ⅰ/A	LSB60-Ⅰ Ⅰ/A	LSB72-Ⅰ Ⅰ/A	LSB84-Ⅰ Ⅰ/A	LSB96-Ⅰ Ⅰ/A	LSB108-Ⅰ Ⅰ/A	LSB120-Ⅰ Ⅰ/A
过滤面积		23	34	45	56	68	79	90	101	113
滤袋袋数/条		24	36	48	60	72	84	96	108	120
脉冲阀数量/个		4	6	8	10	12	14	16	18	20
处理风量/(m³/h)		2710~6780	4070~10170	85430~13570	6730~16960	8140~20350	9500~23741	10850~27130	12200~30520	13570~33910
除尘率/%		99.5								
设备阻力/kPa		0.6~1.2								
过滤风速/(m/min)		2~5								
入口含尘浓度/(g/m³)		3~15								
除尘器型号		LSB24-Ⅰ Ⅰ/A	LSB36-Ⅰ Ⅰ/A	LSB48-Ⅰ Ⅰ/A	LSB60-Ⅰ Ⅰ/A	LSB72-Ⅰ Ⅰ/A	LSB84-Ⅰ Ⅰ/A	LSB96-Ⅰ Ⅰ/A	LSB108-Ⅰ Ⅰ/A	LSB120-Ⅰ Ⅰ/A
气源压力/kPa	LSB-Ⅰ型	588~686								
	LSB-Ⅰ/A型	196~294								
滤袋规格(长×宽×高)/mm		φ120×2500								
脉冲控制仪表		电控或气控								
最大外形尺寸(长×宽×高)/mm		1000×1400×4550	1400×1400×4550	1800×1400×4550	2200×1400×4550	2600×1400×4550	3000×1400×4550	3400×1400×4550	3800×1400×4550	4200×1400×4550
设备质量/kg		960.00	1200.8	1370.70	1712.56	1941.45	2224.88	2405.25	2562.45	3862.00

3. 规格、外形尺寸及装配形式

LSB型脉冲袋式除尘器装配形式及外形尺寸见图5-139及表5-62。

六、对喷脉冲袋式除尘器

一般小型脉冲袋式除尘器的滤袋长度不超过2~2.5m，再长则清灰效果不好，所以当处理风量较大时占地面积就比较大。为了增加滤袋长度，降低喷吹压力，北京市劳动保护科学研究所研制了一种对喷脉冲袋式除尘器，它的结构如图5-140所示。含尘气体从中箱体上方进入除尘器，经滤袋过滤后在袋内自上而下流至净气联箱汇集，再从下部排气口排出。在上箱体和净气联箱中均装有喷吹管。清灰时，上、下喷吹管同时向滤袋喷吹。各排滤袋的清灰由脉冲控制仪控制，按顺序进行。

对喷脉冲袋式除尘器具有以下特点。

（1）占地面积小　因为这种除尘器采用上、下对喷清灰方式，故滤袋可长达5m，较一般脉冲袋式脉冲除尘器的滤袋长2.5~3m。在同样过滤面积条件下，占地面积可以小；在相同占地面积情况下过滤面积可增加50%左右。

（2）喷吹压力低　这种除尘器采用了低压喷吹系统，使喷吹压力由一般的（5~7）×10⁵Pa降到（2~4）×10⁵Pa，可适应一般工厂压缩空气管网的供气压力。

（3）箱体结构较合理　这种除尘器采用单元组合形式，每排7条滤袋，每5排组成1个单

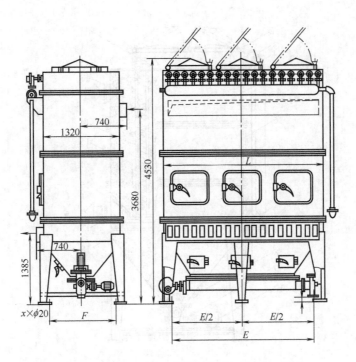

图 5-139　LSB 型除尘器装配形式（单位：mm）

表 5-62　LSB 型脉冲袋式除尘外形尺寸　　　　　　　　　　单位：mm

型　　号	A	B	C	D	L	E	$a \times b = c$	a_1	b_1	a_1	A_1	B_1	E_1
	840	760	380	300	920	700	$8 \times 100 = 800$	110	120	20	880	880	120
	1240	1160	380	300	1320	110	$12 \times 100 = 1200$	110	120	20	1280	1280	120
	1640	1360	380	300	1720	1500	$16 \times 100 = 1600$	110	120	20	1680	1680	120
	2040	1960	380	300	2120	19000	$20 \times 100 = 2000$	110	120	20	2060	2060	120
LSB24 1/1A	2440	2360	380	300	2520	2300	$24 \times 100 = 2400$	110	120	20	2480	2480	120
	2840	2760	380	300	2920	$2 \times 1350 = 2700$	$28 \times 100 = 2800$	110	120	20	2880	2800	120
	3240	3160	380	300	3320	$2 \times 1550 = 3100$	$32 \times 100 = 3200$	110	120	20	3280	3200	120
	3640	3560	380	300	3720	$2 \times 750 = 3500$	$36 \times 100 = 3600$	110	120	20	3680	3600	120
	4040	3960	380	300	4120	$2 \times 1950 = 3900$	$40 \times 100 = 4000$	110	120	20	4080	4000	120

型　　号	y	$a_2 \times b_2 = c_2$	x	F	h	A_2	B_2	E_2	$a_3 \times b_3 = c_3$	A_3	B_3	E_3	$X_1 \times \phi 9$
	22	$6 \times 100 = 600$	4	1100	127	280	200	125					
	30	$10 \times 100 = 1000$	4	1100	127	280	200	125					
	38	$14 \times 100 = 1400$	4	1100	119	220	150	95	$2 \times 100 = 200$	436	356	100	36
	46	$18 \times 100 = 1800$	4	1100	119	220	150	95	$3 \times 100 = 300$	530	450	97	38
LSB24 1/1A	54	$22 \times 100 = 2200$	4	1100	119	220	150	95	$4 \times 100 = 400$	622	542	93	40
	62	$26 \times 100 = 2600$	6	1100	119	220	150	95	$5 \times 100 = 500$	714	634	89	42
	70	$30 \times 100 = 3000$	6	1100	119	220	150	95	$6 \times 100 = 600$	824	744	94	44
	78	$34 \times 100 = 3400$	6	1100	119	220	150	95	$6 \times 100 = 600$	824	744	94	44
	86	$38 \times 100 = 3800$	6	1100	119	220	150	95	$6 \times 100 = 600$	824	744	94	44

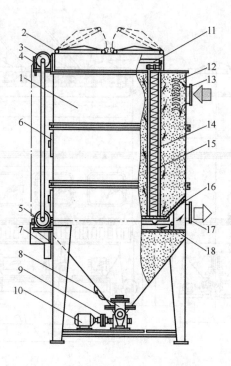

图 5-140　对喷脉冲袋式除尘器结构

1—箱体；2—上掀盖；3—上储气包；4—电磁阀和直通脉冲阀；5—下储气包；6—检查门；
7—脉冲控制仪；8—排灰阀；9—靠背轮；10—电机；11—上喷吹管；12—挡灰板；
13—进气口；14—弹簧骨架；15—滤袋；16—净气联箱；17—排气口；18—下喷吹管

元，处理风量大时，可采取多个单元并联组合。

LDB 型对喷脉冲袋式除尘器的技术性能参数见表 5-63。

表 5-63　LDB 型对喷脉冲袋式除尘器技术性能参数

型号 技术性能参数	LDB-35	LDB-70	LDB-105	LDB-140
过滤面积/m²	66	132	198	264
滤袋数量/条	35	70	105	140
滤袋规格(直径×长度)/mm	120×500	120×500	120×500	120×500
设备阻力 p/Pa	<1200	<1200	<1200	<1200
除尘效率/%	99.5	99.5	99.5	99.5
入口含尘浓度 ρ/(g/m³)	<15	<15	<15	<15
过滤风量/(m/min)	1~3	1~3	1~3	1~3
处理风量/(m³/h)	4000~11900	8000~23700	11900~35600	15800~47500
脉冲阀数量/个	10	20	30	40
脉冲控制仪	电控	电控	电控	电控
外形尺寸(长×宽×高)/mm	2000×1100×8000	2000×2200×8000	2000×3300×8000	2000×4400×8000
设备质量/kg	1350	2700	4050	5400
喷吹压力/10⁵Pa	2~4	2~4	2~4	2~4

七、气箱脉冲袋式除尘器

气箱脉冲袋式除尘器集分室反吹和脉冲喷吹等除尘器的特点，增强了使用适应性。该除尘器可作为破碎机、烘干机、煤磨、生料磨、篦次冷机、水泥磨、包装机及各库顶收尘设备，也可作为其他行业除尘设备。

气箱脉冲袋式除尘器的主要特点是在滤袋上口不设文氏管，也没有喷吹管，既降低喷吹工作阻力，又便于逐室进行检测、换袋。电磁脉冲阀数量为每室 1～2 个，滤袋长度不超过 2.5m。

1. 工作原理

气箱脉冲袋式除尘器本体分隔成若干个箱区，每箱有 32 条、64 条、96 条、…滤袋，并在每箱侧边出口管道上有一个气缸带动的提升阀。当除尘器过滤含尘气体一定的时间后（或阻力达到预先设定值），清灰控制器就发出信号，第一个箱室的提升阀就开始关闭切断过滤气流；然后箱室的脉冲阀开启，以大于 0.4MPa 的压缩空气冲入净气室，清除滤袋上的粉尘；当这个动作完成后提升阀重新打开，使这个箱室重新进行过滤工作，并逐一按上述程序完成全部清灰动作。

气箱脉冲袋式除尘器是采用分箱室清灰的。清灰时，逐箱隔离，轮流进行。各箱室的脉冲和清灰周期由清灰程序控制器按事先设定的程序自动连续进行，从而保证了压缩空气清灰的效果。整个箱体设计采用了进口和出口总管结构，灰斗可延伸到进口总管下，使进入的含尘烟气直接进入已扩大的灰斗内达到预尘的效果。所以气箱脉冲袋式除尘器不仅能处理一般浓度的含尘气体，且能处理高浓度含尘气体。

2. 选用注意事项

选用除尘器主要技术参数为风量、气体温度、含尘浓度与湿度及粉尘特性。根据系统工艺设计的风量、气体温度、含尘浓度的最高数值，按略小于技术性能表中的数值为原则，其相对应的除尘器型号即为所选的除尘器型号。滤料则根据入口浓度、气体温度、湿度和粉尘特性来确定。

3. 技术参数及外形尺寸

FPPF32 型气箱脉冲除尘器技术性能参数见表 5-64，外形尺寸见图 5-141；FPPF64 型技术性能参数见表 5-65，外形尺寸见图 5-142。

表 5-64　FPPF32 型气箱脉冲除尘器技术性能参数

技术性能参数		型　号	FPPF32-3	FPPF32-4	FPPF32-5	FPPF32-6
处理风量/(m³/h)	A	>100g/m³	5000	6500	9000	11500
	B	≤100g/m³	6900	8030	11160	13390
过滤风速/(m/min)			1.0～1.2			
总过滤面积/m²			96	128	160	192
净过滤面积/m²			64	96	128	160
除尘器室数/个			3	4	5	6
滤袋总数/条			96	128	160	192
除尘器阻力/Pa			1500～1700			
出口气体含尘浓度/(mg/m³)			<5			
除尘器承受负压/Pa			4000～9000			
清灰压缩空气	压力/Pa		(4～6)×10⁵			
	耗气量/(m³/min)		0.27	0.37	0.64	0.6
保温面积/m²			26.5	36.5	41	48.5
设备约重(不包括钢支架和保温层)/kg			2900	3800	4800	5700

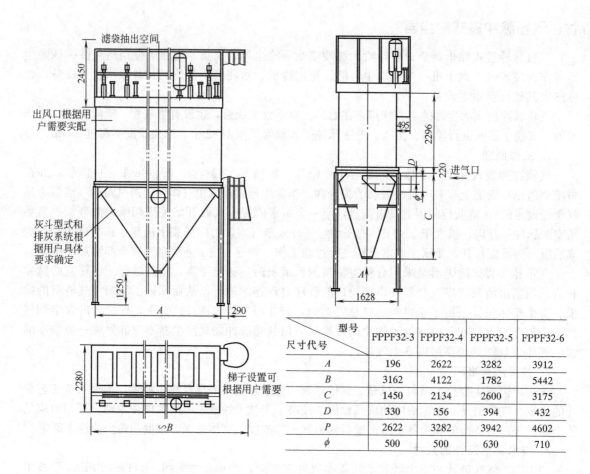

图 5-141　FPPF32 型气箱脉冲除尘器外形尺寸（单位：mm）

尺寸代号	型号 FPPF32-3	FPPF32-4	FPPF32-5	FPPF32-6
A	196	2622	3282	3912
B	3162	4122	1782	5442
C	1450	2134	2600	3175
D	330	356	394	432
P	2622	3282	3942	4602
ϕ	500	500	630	710

表 5-65　FPPF64 型气箱脉冲除尘器技术性能参数

技术参数		型号 FPPF64-4	FPPF64-5	FPPF64-6	FPPF64-7
处理风量/(m³/h)	A ＞100/(g/m³)	13000	18000	22000	26000
	B ≤100/(g/m³)	17800	22300	26700	31200
过滤风速/(m/min)		1.0～1.2			
总过滤面积/m²		256	320	384	448
净过滤面积/m²		192	256	320	384
除尘器室数/个		4	5	6	7
滤袋总数/条		256	320	384	448
除尘器阻力/Pa		1500～1700			
出口气体含尘浓度/(mg/m³)		＜50			
除尘器承受负压/Pa		4000～9000			
清灰压缩空气	压力/Pa	(4～6)×10⁵			
	耗气量/(m³/min)	1.2	1.5	1.8	2.1
保温面积/m²		70	94	118	142
设备约重(不包括钢支架和保温层)/kg		7600	9600	11500	13400

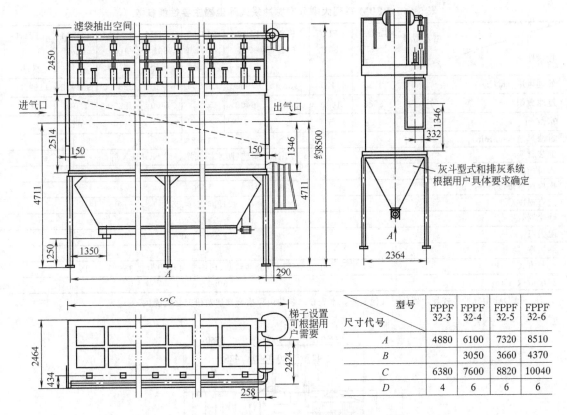

图 5-142　FPPF64 型气箱脉冲除尘器外形尺寸（单位：mm）

尺寸代号	型号 FPPF 32-3	FPPF 32-4	FPPF 32-5	FPPF 32-6
A	4880	6100	7320	8510
B		3050	3660	4370
C	6380	7600	8820	10040
D	4	6	6	6

八、大型分室脉冲袋式除尘器

LFDM 系列大型分室脉冲袋式除尘器主要由钢结构箱体及框架、灰斗、底部支撑框架、阀门（卸灰阀、垂直提升阀、进口检修阀）、风管（排风管、进风管）、脉冲喷吹系统、差压系统、操作和检修平台等 8 个主要部件组成。

1. 除尘器主要特点

① 由于把除尘器分成若干滤袋室，所以维护检修方便，当某个室滤袋破损后把该室进、排风口阀门关闭，即可很方便地更换滤袋或检修。

② 压缩空气的压力适应范围大，清灰时工作压力为 0.25～0.6MPa，均可进行有效工作。

③ 大型分室脉冲袋式除尘器可以根据工况需要，既能离线脉冲清灰也可在线运行。

④ 除尘器整体漏风率低，静态漏风率小于 2%，动态漏风率小于 5%。

⑤ 该系列除尘器采用了超声速强力诱导喷嘴，耗气量低，喷吹强度大，每排滤袋受到的喷吹压力均匀、合理、滤袋有良好的清灰效果。

⑥ 除尘器排气中含尘质量浓度小于 $30mg/m^3$，符合环保要求。

2. 性能参数

LFDM 系列大型分室脉冲袋式除尘器主要性能参数见表 5-66，外形尺寸见图 5-143。

九、高炉煤气脉冲袋式除尘器

高炉煤气袋式除尘器的特点是箱体呈圆筒形，上部装有防爆阀，灰斗卸灰装置下有储灰器。其喷吹系统各部件都有良好的空气动力特性，脉冲阀阻力低、启动快、清灰能力强，且直

表 5-66　LFDM 系列大型分室脉冲袋式除尘器主要性能参数

技术性能	规格及型号	LFDM 401	LFDM 501	LFDM 601	LFDM 701	LFDM 601 双排	LFDM 801 双排	LFDM 1001 双排	LFDM 1201 双排	LFDM 1401 双排
处理风量/(m/h)		331200	414000	496800	579800	496800	662400	828000	993600	1159200
过滤面积/m²		3680	4600	5520	6400	5520	7360	9200	11040	12880
室数/个		4	5	6	7	8	9	10	12	14
过滤风速/(m/min)		1~2								
滤袋材质		ZLN 针刺毡、防水防油滤料或 NOMEX 等								
入口质量浓度/(g/m³)		<15								
出口质量浓度/(mg/m³)		<20								
允许温度/℃		<120(或)<250								
除尘器效率/%		>99.5								
阻力/Pa		1200~1500								
漏风率/%		<2								
清灰方式		压缩空气空气脉冲清灰,压缩空气压力为 0.35~0.6MPa								
耐压等级/Pa		5000~8000								

注：LFDM 型脉冲袋式除尘器还有其他型号，本表技术参数由原冶金部建筑研究总院提供。

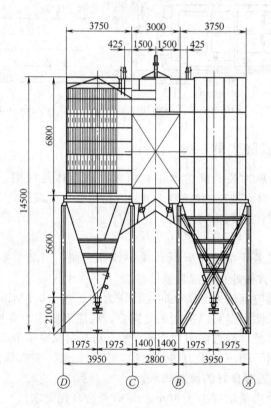

图 5-143　LFDM1201 型除尘器外形尺寸（单位：mm）

接利用袋口起作用，省去了传统的引射器，因此清灰压力只需 0.15~0.3MPa；袋长度可达 6m，占地面积小，滤袋以缝在袋口的弹性胀圈嵌在花板上，拆装滤袋方便，减少了人与粉尘的接触。

高炉煤气脉冲袋除尘器显示出自身滤速高、清灰效果好、操作方便、维护简单、设备运行可靠等优点，适于高炉煤气的除尘。除尘器的单个筒体性能参数见表 5-67。根据处理气量大

表 5-67　单个筒体性能参数

| 筒体内径/mm | 脉 冲 阀 | | 滤 袋 | | 过滤面积/m² | 处理风量/(m³/h) |
	型 号	数量/个	规格/mm	数量/条		
φ2600		9		99	234	11664
φ2700		10		112	275	13200
φ2800		10		120	294	14112
φ2900		11		131	321	15408
φ3000		11	φ130×6000	139	341	16368
φ3100	YA76	11		148	363	17424
φ3200		12		160	392	18816
φ3300		12		170	417	20016
φ3400		13		186	456	21888

注：1. 表中处理风量按过滤风速为 0.8m/min 计算而得；2. 滤袋数量可以根据需要适当减少。

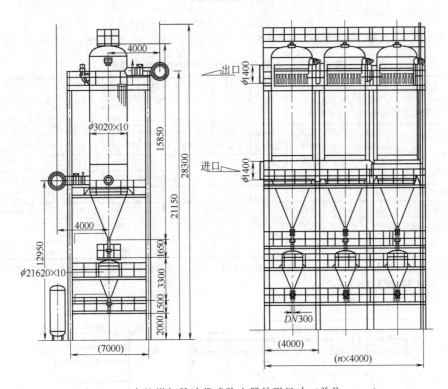

图 5-144　高炉煤气脉冲袋式除尘器外形尺寸（单位：mm）
注：括号内尺寸可以根据需要适当改动

小，除尘器由多个筒体组成，外形尺寸见图 5-144。

十、旁插扁袋脉冲除尘器

　　由于旁插扁袋除尘器采用振打清灰或反吹风清灰带来诸多不便，现在都用脉冲清灰。采用旁插扁袋脉冲喷吹清灰技术，其特点是：具有占地面积小，设备高度低，质量轻，便于室内布置，除尘率高，旁插换袋方便，实现机外换袋，而且不受室内空间高度的限制。模块式箱体结构，搬运、安装简单方便，减小劳动强度。花板采用冲力成形工艺，平整度好，尺寸配合精度高，确保滤袋安装密封性；进口的脉冲阀配件确保使用寿命。专用的袋笼设计和制造技术，既保证了袋笼的质量和滤袋组件的固定，又较同类产品增加诱导气量，提高清灰效果，降低了设备阻力。采用上进气结构，便于粉尘沉降。旁插扁袋脉冲除尘器工艺流程见图 5-145。LYC 型旁插扁袋脉冲除尘器技术参数见表 5-68，外形尺寸见图 5-146、表 5-69。

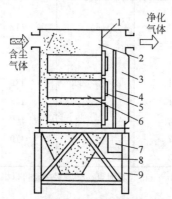

图 5-145　旁插扁袋脉冲除尘器工艺流程

1—隔板；2—尘气箱；3—进气箱；4—喷吹管；5—引射器；6—滤袋；7—反吹装置；8—灰斗；9—支架

表 5-68　LYC 型旁插扁袋脉冲除尘器技术参数

型号规格 项目	LYC /WJ -180	LYC /WJ -240	LYC /WJ -300	LYC /WJ -360	LYC /WJ -420	LYC /WJ -480	LYC /WJ -540	LYC /WJ -600	LYC /WJ -720	LYC /WJ -840	LYC /WJ -960	LYC /WJ -1080
处理风量/(m³/h)	16200 21600	21600 28800	27000 36000	32400 50400	37800 50400	43200 57600	48600 64800	54000 72000	64800 86400	75600 100800	86400 115200	97200 129600
过滤面积/m²	180	240	300	360	420	480	540	600	720	840	960	1080
电机功率/kW	1.5	1.5	2.2	2.2	3.0	3.0	3.0	2.2×2	2.2×2	3.0×2	3.0×2	3.0×2
脉冲阀数量/个	30	40	50	60	70	80	90	100	120	140	160	180
设备质量/kg	5080	6470	8280	9950	1160	13270	15000	16360	19650	22860	26150	29540
外形尺寸(长×宽×高)/mm	3005× 2250× 5620	4115× 2250× 5620	5115× 2250× 5620	6115× 2250× 5620	7115× 2250× 5620	8115× 2250× 5620	9115× 2250× 5620	5115× 2250× 5620	6115× 6500× 5620	7115× 6500× 5620	8115× 6500× 5620	9115× 6500× 5620

注：1. 上述风量以过滤风速为 1.5～2.0m/min 的计算值，实际风速应按不同的工况设计选择；2. 清灰所需气源为 400～600kPa，每阀每次耗气量约为 0.05m³。

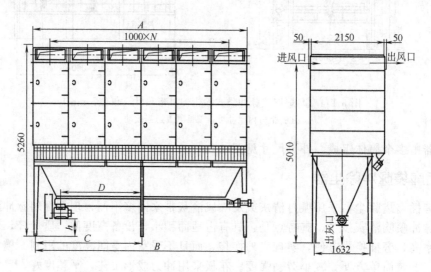

图 5-146　旁插扁袋脉冲除尘器外形尺寸（单位：mm）

表 5-69　LYC 型旁插扁袋脉冲除尘器外形尺寸　　　　　　　　　　单位：mm

规格 ＼ 代号	LYC/WJ-180	LYC/WJ-240	LYC/WJ-300	LYC/WJ-360	LYC/WJ-400	LYC/WJ-480
H	520	520	480	480	480	480
$n\text{-}\phi$	$8\text{-}\phi11$	$8\text{-}\phi11$	$8\text{-}\phi13$	$8\text{-}\phi13$	$8\text{-}\phi13$	$8\text{-}\phi13$
G	290	290	330	330	330	330
$m\times f=F$	$2\times125=250$	$2\times125=250$	$2\times145=290$	$2\times145=290$	$2\times145=290$	$2\times145=290$
E	200	200	240	240	240	240
N	2	3	4	5	6	7
O	760	1260	1740	2240	2740	3240
C	0	0	2466	2966	3466	3966
B	2932	3932	4932	5932	6932	7932
A	3003	4003	5003	6003	7003	8003

由于扁袋除尘器多数是模块式的定型产品，没有根据实际工艺使用状况做出灵活的、有项目针对性的特殊设计。扁袋除尘器在喷吹每个滤袋时其喷吹直径和数量，以及脉冲阀的选型基本上都是牢固的。所以扁袋除尘器脉冲喷吹难以按实际需要调节除尘清灰压力。其不足之处是当在同一个除尘室内上下位置安装多行扁袋时，在脉冲喷吹后的尘饼大部分不能直接抖进除尘器底部的灰斗里，而是被靠近箱体底部的滤袋（筒）所吸附。因此，靠近箱体底部滤料的过滤负荷将比靠近箱体上部的滤料负荷高，相对的使用寿命也就比较短。因此，在使用这种除尘器的几个月后，把上下滤袋调换位置使其阻力和使用寿命比较均匀。另外，这种布置也使除尘器的阻力比垂直安装滤袋的同样类型除尘器的略高。

十一、离线脉冲袋式除尘器

LCM-D/G 系列是一种处理风量大、清灰效果好、除尘效率高、运行可靠、维护方便、占地面积小的大型除尘设备。应用于冶金、建材、电力、化工、炭黑、沥青混凝土搅拌、锅炉等行业的粉尘治理和物料回收。

1. 构造特点

① 除尘器主要由箱体、灰斗、进风均流管、出口风管、支架、滤袋及喷吹装置、卸灰装置等组成。它采用薄板型提升阀实现离线三状态，清灰技术先进、工作可靠。

② 设计合理的进风均流管和灰斗导流技术解决了一般布袋除尘器常产生的各分室气流不均匀的现象。

③ 袋笼结构按不同工况有多种结构形式（八角形、圆形等）。更换滤袋快捷简单。

④ 滤袋上端采用弹簧胀圈形式，密封好；维修更换布袋笼标准长度为 6m，还可根据需要增长 $1\sim2m$。

电磁脉冲阀易损件膜片的使用寿命大于 100 万次。除尘器控制可采用先进的程控器，具有差压、定时、手动三种控制方式，对除尘器离线阀、脉冲阀、卸灰阀等实现全面系统控制。

2. 性能参数

含尘空气从除尘器的进风均流管进入各分室灰斗并在灰斗导流装置的导流下，大颗粒的粉尘被分离直接落入灰斗，而较细粉尘吸附在滤袋的外表面上，干净气体透过滤袋进入上箱体，并经各离线阀和排风管排入大气。随着过滤的进行，滤袋上的粉尘越积越多，当设备阻力达到限定的阻力值时，由清灰控制装置按差压设定值或清灰时间设定值自动关闭一室离线阀后，按设定程序打开电控脉冲阀，进行停风喷吹，使滤袋内压力骤增，将滤袋上的粉尘抖落至灰斗中，由排灰机构排出。除尘器性能参数见表 5-70。

表 5-70　LCM-D/G 型系列长袋脉冲除尘器性能参数

项目	LCM1850	LCM2300	LCM2800	LCM3700	LCM4600	LCM5500	LCM6500	LCM1850×2	LCM2300×2	LCM2800×2	LCM3700×2	LCM4600×2	LCM5500×2	LCM6500×2	LCM7400×2
过滤面积/m²	1850	2300	2800	3700	4600	5500	6500	3700	4600	5600	7400	9200	11000	13000	14800
处理风量/(10⁴m³/h)	16.2	20.7	25.2	33.3	41.4	49.5	58.5	33.3	41.4	50.4	66.6	82.8	99	117	133.2
滤袋数量/条	616	770	924	1232	1540	1848	2156	1232	1540	1848	2464	3080	3696	4312	4928
滤袋规格/mm	φ160×6050														
清灰方式	离线清灰														
离线分室数/个	4	5	6	8	10	12	14	8	10	12	16	20	24	28	32
除尘器漏风率/%	≤2														
除尘器入口浓度/(g/m³)	≤20														
除尘器排放浓度/(mg/m³)	<50														
脉冲阀数量/个	44	55	66	88	110	132	154	88	110	132	176	220	264	308	352
参考质量/t	72	91	110	115	175	210	250	140	177	214	284	344	413	492	550
外形尺寸(长×宽×高)/mm	11500×5500×13800	13800×5500×13800	16560×5500×13800	22080×5500×13800	27600×5500×13800	33120×5500×13800	38640×5500×13800	11500×10300×13800	13800×10300×13800	16560×10300×13800	22080×10300×13800	27600×10300×13800	33120×10900×13800	38640×10900×13800	41400×10900×13800

3. 外形尺寸

根据处理含尘气体的多少，除尘器滤袋室分为单列布置和双列布置两种，单列布置的外形尺寸见图 5-147 和表 5-71；双列布置的外形尺寸见图 5-148 和表 5-72。

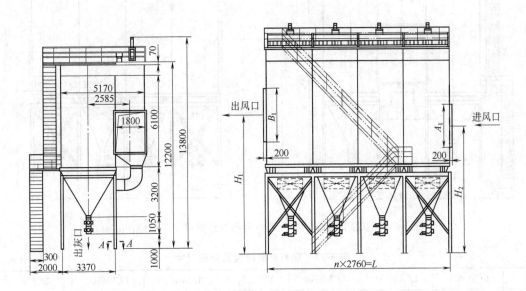

图 5-147　离线脉冲除尘器单排布置外形尺寸（单位：mm）

表 5-71　单列布置除尘器外形尺寸　　　　　　　　　单位：mm

代号		LCM2×1850	LCM2×2300	LCM2×2800	LCM2×3700	LCM2×4600	LCM2×5500	LCM2×6500
外形尺寸	H_1	7750	7950	8200	8750	8750	8750	8750
	H_2	7150	7350	7550	8000	7900	7900	8250
	L	11040	13800	16560	22080	27600	33120	38640
	n_3	4	5	6	8	10	12	14
	L_1	3000	3000	3000	3000	3000	3600	3600
进风口尺寸	A	185	2250	2650	3550	4250	4250	4950
	A_1	17000	2100	2500	3400	4100	4100	4800
	a	115	75	95	125	115	115	105
	n	13	17	20	27	33	33	39
	A_2	1560	2040	2400	3240	3960	3960	4680
	B	3150	3150	3150	3150	3150	3150	3750
	B_1	3000	3000	3000	3000	3000	3000	3600
	b	105	105	105	105	105	105	105
	n_1	24	24	24	24	24	29	29
	B_2	2880	2880	2880	2880	2880	3480	3480
	n_2	82	90	96	110	122	132	144

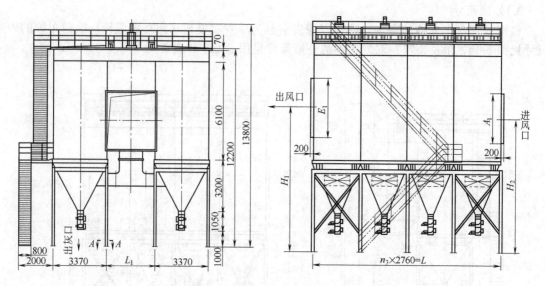

图 5-148 长袋离线脉冲除尘器双列布置外形尺寸（单位：mm）

表 5-72 双列布置除尘器外形尺寸　　　　　　　单位：mm

代号		LCM1855	LCM2300	LCM2800	LCM3700	LCM4600	LCM5500	LCM6500
外形尺寸	H_1	7450	7700	7850	8300	8700	8925	8925
	H_2	6950	7100	7250	7600	7950	8250	8450
	L	4	5	6	8	10	12	14
	n	11040	13800	16560	22080	27600	33120	38640
进风口尺寸	A	1650	1950	2250	2950	3650	4250	4560
	A_1	1500	1800	2100	2800	3500	4100	4500
	A_2	1440	1680	2040	2640	3360	3960	4440
	n_1	12	14	17	22	28	33	37
	a	75	105	75	125	115	115	75
	n_2	60	64	70	80	92	102	110
出风口法兰	B	1850	2350	2650	3550	4350	4800	4800
	B_1	1700	2200	2500	3400	4200	4650	4650
	B_2	15605	2040	2400	3240	4080	4650	4650
	m	13	17	20	27	34	38	38
	b	115	125	95	125	105	90	90
	m_1	62	70	76	90	104	112	112
出风口尺寸	E	2250	2650	3150	4250	5150	5150	5150
	E_1	2100	2500	3000	4100	5000	5000	5000
	e	75	95	105	115	85	85	85
	m	17	20	24	33	41	41	41
	E_2	2040	2400	2880	3960	4920	4920	4920
	F	3150	3150	3150	3150	3150	3750	3750
	F_1	3000	3000	3000	3000	3000	3600	3600
	f	105	105	105	105	105	105	105
	m_1	24	24	24	24	24	29	29
	F	2880	2880	2880	2880	2880	3480	3480
	m_2	90	90	90	90	90	148	148

十二、环隙喷吹袋式除尘器

1. 工作原理

环隙喷吹袋式除尘器与中心脉冲喷吹袋式除尘器相似，如图 5-149 所示。其区别在于将中心喷吹的文氏管用环隙诱导器代替。这种环隙诱导器实际上是一种环隙文氏管，它的顶部有一圈与喷吹管相连接的环形通道，通道下部一条与喉口相通的环形细缝隙。图 5-150 为环隙喷吹袋式除尘器的喷吹管和环隙诱导器工作示意。

清灰时通过喷吹管进入环形通道的压缩空气，经环形缝隙向喉口喷入，同时诱导周围空气一同进入滤袋内。由于进入环形通道的压缩空气是一股脉冲高压气流，因此，从狭窄缝隙喷出的压缩空气和诱导产生的二次气流也是一股脉冲气流。这种高速高压的脉冲气流作用在滤袋上，产生瞬间的逆向流动，冲击滤袋，使滤袋急剧鼓胀。当脉冲动作结束

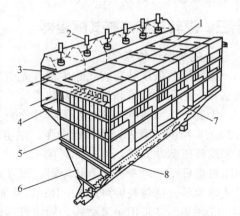

图 5-149　环隙喷吹袋式除尘器构造
1—检修门；2—离线阀；3—排气管；4—进气管；
5—滤袋；6—灰斗；7—滤袋室；8—螺旋输送机

后，滤袋又恢复正常过滤，滤袋处于吸瘪状态。这种滤袋经几次脉冲动作，便产生几次胀、瘪过程，从而将沉积在滤袋表面上的粉尘抖落，掉入灰斗，以达到清灰目的。

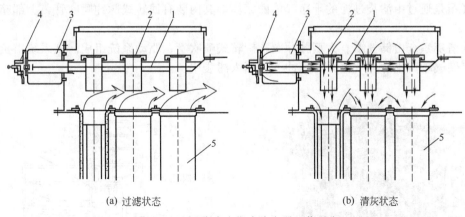

(a) 过滤状态　　　　　　　　　　　　(b) 清灰状态

图 5-150　环隙喷吹袋式除尘器工作示意
1—喷吹管；2—环隙诱导器；3—气包；4—脉冲阀；5—滤袋

由于环隙文氏管的喉口断面积比中心喷吹文氏管的断面积大，在喷吹压力或通过风量相同的情况下，前者诱导的空气量比后者大 3～4 倍，而且其阻力仅为后者的 1/4～1/5。通过滤袋的过滤风速可比中心喷吹式除尘器提高 50%～60%，压缩空气量仅增加 1/4。

2. 环隙诱导器

环隙诱导器是环隙喷吹袋式除尘器的关键部件，所以对环隙诱导器的性能优劣成为评价环隙喷吹袋除尘器的主要技术指标之一。

环隙喷吹袋式除尘器要求气源质量比较严格，一般在压缩空气入口要加空气过滤器，以去掉气源中的冷却水、油分等杂质，保证环隙诱导器喷口不被堵塞。

3. 技术性能

环隙喷吹脉冲袋式除尘器主要技术参数如下：①滤袋规格，直径 $\phi 110\sim160mm$，长度

2000～4000mm；②过滤速度 1.2～2.0m/min，最大 2.5m/min；③使用温度，常温滤袋120℃，高温化纤滤袋 200℃；④允许入口含尘浓度 30～60g/m³；⑤排放含尘浓度＜30mg/m³；⑥设备运行阻力＜1200Pa。

十三、旋转式脉冲袋式除尘器

1. 主要设计特点

旋转清灰低压脉冲袋式除尘器首先应用于电厂。它的组成与回转反吹袋式除尘器相似。其区别在于把反吹风机和反吹清灰装置改为压缩空气及脉冲清灰装置，主要设计特点如下：

①旋转式脉冲袋式除尘器采用分室停风脉冲清灰技术，并采用了较大直径的脉冲阀（12in），喷吹气量大，清灰能力强，除尘效率高，排放浓度低，漏风率低，运行稳定；②清灰采用低压脉冲方式，能耗低，喷吹压力 0.02～0.09Mpa；③脉冲阀少，易于维护（如 200MN 机组只要采用 6～12 个脉冲阀，而管式脉冲喷吹方式需要数百个脉冲阀）；④旋转式脉冲袋式除尘器，滤袋长度可达 8～10m，从而减少除尘器占地面积，袋笼采用可拆装式，极易安装；⑤滤袋与花板用张紧结构，固定可靠，密封性好，有效地防止跑气漏灰现象，保证了低排放的要求。

2. 工作原理

旋转式脉冲袋式除尘器由灰斗，上、中、下箱体，净气室及喷吹清灰系统组成。除尘器结构示意见图 5-151。灰斗用以收集、储存由布袋收集下来的粉煤灰。上、中、下箱体组成布袋除尘器的过滤空间，其中间悬挂着若干条滤袋。滤袋由钢丝焊接而成的滤袋笼支撑着。顶部是若干个滤带孔构成的花板，用以密封和固定滤袋。

净气箱是通过由滤袋过滤的干净气体的箱体，其内装有回转式脉冲喷吹管，上部箱构造见图 5-152。

喷吹清灰系统由储气罐、大型脉冲阀、旋转式喷吹管、驱动系统组成。该系统由负责压缩空气的存储气罐产生脉冲气体并将脉冲气体喷入滤袋中。

图 5-151　除尘器结构示意

1—进口烟箱；2—滤袋；3—花板；4—隔膜阀驱动电机；
5—灰斗；6—人孔门；7—通风管；8—框架；9—平台楼梯

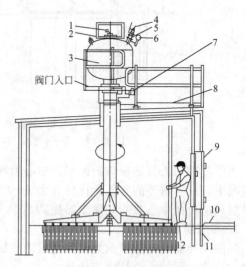

图 5-152　上部箱体结构

1—电磁阀；2—膜片；3—气罐；4—隔离阀；5—单向阀；
6—压力表；7—驱动电动机；8—顶部通道；9—检查门；
10—通道；11—外壳；12—花板

旋转式脉冲袋式除尘器的工作原理如下：过滤时，带有粉煤灰的烟气，由进气烟道，经安装有进口风门的进气口，进入过滤空间；含尘气体在通过滤袋时，由于滤袋的滞留，使粉煤灰滞留在滤袋表面，滤净后的气体，由滤袋的内部经净气室和提升阀，再由出口烟道经引风机排入烟囱，最终排入大气。

随着过滤时间的不断延长，滤袋外表的灰尘不断增厚，使滤袋内、外压差不断增加，当达到预先设定的某数值后，PLC 自动控制系统发出信号，提升阀自动关闭出气阀，切断气流的通路，脉冲阀开启，使脉冲气流不断地冲入滤袋中，使滤袋产生振动，变形，吸附在滤袋外部的粉尘，在外力作用下，剥离滤袋，落入灰斗中。存储在灰斗中的粉尘，由密封阀排入工厂的输排灰系统中去。

除尘器的控制系统，整个系统由 PLC 程序控制器控制。该系统可采取自动、定时、手动来控制。当在自动控制时由压力表采集滤袋内外的压差信号。当压差值达到设定的极值时PLC 发出信号，提升阀立即关闭出气阀，使过滤停止，稍后脉冲阀立即打开，回转喷管中喷出的脉冲气体陆续地对滤袋进行清扫，使粉尘不断落入灰斗中，随着粉尘从滤袋上剥离下来，滤袋内外压差不断减小，当达到设定值时（如 1000Pa），PLC 程序控制器发出信号，冲喷阀关闭，停止喷吹，稍后提升阀提起，打开出气阀，此时清灰完成，恢复到过滤状态。如有过滤室，超出最高设定值时，再重复以上清灰过程。如此清灰—停止—过滤，周而复始，使收尘器始终保持在设定压差状态下工作。

除尘器 PLC 控制系统也可以定时控制，即按顺序 对各室进行定时间的喷吹清灰。当定时控制时，每室的喷吹时间，每室的间隔时间及全部喷吹完全的间隔时间均可以调节。

3. 主要技术能数

① 脉冲压力 0.05～0.085MPa 反吹，较普通脉冲除尘器清灰压力低。

② 椭圆截面滤袋平均直径 127mm，袋长 3000～8000mm（少量 10000mm），袋笼分为 2～3 节，以便于和检修。滤袋密封悬挂在水平的花板上，滤袋布置在同心圆上，越往外圈每圈的滤袋越多。

③ 每个薄膜脉冲阀最多对应布置 28 圈滤袋，每组布袋由转动脉冲压缩空气总管清灰，每个总管最多对应布置 1544 个滤袋，清灰总管的旋转直径最大为 7000mm。单个膜脉冲阀为每个滤袋束从储气罐中提供压缩空气，清灰薄膜脉冲阀直径为 150～350mm。

④ 压差监测或设定时间间隔进行循环清灰，脉冲时间可调整。袋式除尘器的总压降约为1500～2500Pa。

⑤ 除尘器采用外滤式，除尘器的滤袋吊在孔板上，形成了二次空气与含尘气体的分隔。滤袋由瘦的笼骨所支撑。

⑥ 孔板上方的旋转风管设有空气喷口，风管旋转时喷口对着滤袋进行脉冲喷吹清灰。旋转风管由顶部的驱动电机和脉冲阀控制。

⑦ 孔板上方的洁净室内有照明装置，换袋和检修时，可先关闭本室的进出口百叶窗式挡板阀门，打开专让的通风孔，自然通风换气，降温后再进入工作。

4. 袋式除尘器的脉冲喷吹清灰控制

① 除尘器的脉冲喷吹清灰控制由 PLC 执行。

② PLC 监测孔板上方（即滤袋内外）的压差，并在线发出除尘间（单元）的指令，若要隔离和脉冲喷吹清灰，PLC 将一次仅允许一个除尘间（单元）被隔离。

③ 设计采用 3 种（即慢、正常、快运行）脉冲喷吹清灰模式，以改变装置的灰尘负荷，来保证在滤袋整修寿命中维护最低的除尘阻力。

④ 为了控制 3 种脉冲喷吹清灰模式，除尘器的压差需要其内部进行测量并显示为 0～

3kPa 信号传递给 PLC，以启动自动选择程序。PLC 的功能是启动慢、正常或快的清洁模式，来提供一个在预编程序内的持续循环的脉冲间隔给电磁隔膜阀。

5. 使用注意事项

① 为便于运输，设备解体交货。收到设备后，应按设备清单检查机件数量及完好程度。发现有运输过程中造成的损坏要及时修复，同时做好保管工作，防止损坏和丢失。卸灰装置和回转喷吹管驱动装置进行专门检查，转动或滑动部分，要涂以润滑脂，减速机箱内要注入润滑油，使机件正常运转。

② 安装时应按除尘器设备图纸和国家、行业有关安装规范要求执行。

③ 安装设备由下而上，设备基础必须与设计图纸一致，安装前应仔细检查进行修整，而后吊装支柱，调整水平及垂直后安装横梁及灰斗，灰斗固定后检查相关差尺寸，修整误差后吊装下、中、上箱体，风道，再安装回转喷吹管和脉冲阀储气罐等，压缩空气管路系统及电气系统。

④ 回转喷吹管安装，严格按图纸进行，保证其与花板间的距离，保证喷管各喷嘴中心与花板孔中心一致，其偏差小于 2mm。

⑤ 在拼焊和吊装花板时要严格按图纸要求进行，保证所要求的安装精度，防止花板变形、错位。

⑥ 各检查门和连接法兰应装有密封垫，检查门密封垫应粘接，密封垫搭接处应斜接成叠接，不允许有缝隙，以防漏风。

⑦ 安装压缩空气管路时，管道内要以扫除去污物防止堵塞，安装后要试压，试压压力为工作压力的 1.5 倍，试压时关闭安全阀，试压后将减压阀调至规定压力。

⑧ 按电气控制仪安装图和说明安装电源及控制线路。

⑨ 除尘器整机安装完毕，应按图纸的要求再做检查。对箱体、风道、灰斗处的焊缝做详细检查，对气密性焊缝特别重点检查，发现有漏焊、气孔、咬口等缺陷进行补焊，以保证其强度及密封性，必要时进行煤油检漏及对除尘器整体用压缩空气打压检漏。

⑩ 在有打压要求时，按要求对除尘器整体进行打压检查。实验压力一般为净气室所受负压乘以 1.15 的系数，最小压力采用除尘器后系统风机的风压值。保持压力 1h。泄漏率小于 2%。

⑪ 最后安装滤袋和涂面漆。滤袋的搬运和停放、安装要注意防止袋与周围的硬物、尖角接触。禁止脚踩、重压，以防破损。滤袋袋口应紧密与花板孔口嵌紧，不得留缝隙。滤袋应垂直，从袋口往下安放。

⑫ 单机调试，在除尘器安装（试压）全部结束后进行，对各类阀门（进排气阀、卸灰阀）送灰机械进行调试，先手动，后电动，各机械部件应无松动卡死现象，应运动轻松灵活，密封性能好，再进行 8h 控载运行。

⑬ 对 PLC 程控仪进行模拟空载实验，先逐个检查脉冲阀、排气阀、卸灰阀等线路是否通畅，与阀门的开启是否好；再按定时控制时间，按电控程序进行各室全过程的清灰，应定时准确、准时，各元件动作无误，被控阀门按要求启动。

⑭ 负荷运行，工艺设备正式运行前，应进行预涂层，使滤袋表面涂上一层预涂层，然后正式进行过滤除尘，PLC 控制仪正式投入运行；同时随时检查各运行部件、阀门并记录好运行参数。

十四、大型低压脉冲袋式除尘器

大型低压脉冲袋式除尘器的工作原理是：含尘气体从除尘器中间或一侧的进气集合管进入，通过设有调节阀的各支管进入灰斗，粗尘粒直接落入灰斗底部，细尘粒随气体进入中箱体，灰尘附积在滤袋外表面，净化后的气体经滤袋内进入上箱体，再从上箱体的离线阀进入除尘器中间或一侧的出气集合管。随着附积在滤袋外表面的灰尘不断增多，除尘器的阻力不断增加，当达到设定值后，清灰控制仪按设定自动完成各室的清灰。清灰过程是通过离线阀切断该室或该组的出气通道，使该室布袋处于无气流通过状态，然后开启对应该室或该室组的脉冲阀组，压缩空气进入逐排喷吹。喷吹后离线阀关闭一定时间使喷吹后剥离的灰尘沉降至灰斗，可避免粉尘脱离滤袋表面后又随气体再附着至滤袋表面的现象，使滤袋表面清灰尽可能彻底，一组滤袋清灰后按顺序进入下一组滤袋清灰，一直到完成整个除尘器的一个清灰周期。在线清灰脉冲除尘器不设离线阀，即在不停风的情况下进行脉冲喷吹清灰，大型脉冲除尘器结构及工作原理见图 5-153。对于在线（在清灰的室不停止工作）的脉冲除尘就不需要离线阀，或此阀只起到检修时停风用。

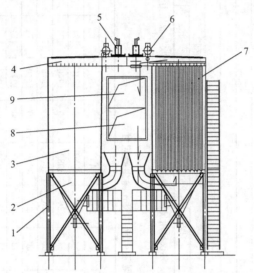

图 5-153　大型脉冲除尘器结构及工作原理
1—除尘器支架；2—灰斗；3—中箱体；4—上箱体；5—离线阀；6—脉冲阀气包；
7—滤袋及滤袋框架；8—除尘器进风风道；9—除尘器出风风道

1. 脉冲袋式除尘器的形式

脉冲袋式除尘器有清灰效果好，设备运行阻力低，布置外形尺寸灵活，与大气反吹大袋式除尘器相比，过滤风速可提高 50％以上，因此处理同样的风量设备体积可以相应减小，设备尺寸小，可节省费用，减少初投资，在价格方面具有明显的优势。特别是近年来随着脉冲阀寿命的提高，使脉冲袋式除尘器在大型除尘方面已成为主流产品。脉冲袋式除尘器的结构形式因各部分的变化是多种多样的，趋势是大室大灰斗，配大型提升阀和风量调节阀。

大型脉冲袋式除尘器有不少规格的定型产品可供选择，用户可根据具体工程情况提出特殊要求进行供货，但目前实际当中更多的设备是根据工程实际情况、场地条件、所处理气体风量和烟尘的性质等基本情况进行非标设计制造，尤其是大型除尘器，每单元分为大、中、小灰斗布置。大灰斗分为 4 个或 4 个以上的清灰室，单元过滤面积≥1000m²；中灰斗一般为 2～4 室，单元过滤面积 500～1000m²；小灰斗一般为 1～2 室，单元过滤面积≤500 m²。脉冲除尘器可以形成 1～4 排灰斗，1～2 对进出风口，并可形成不同风量的大型脉冲除尘器的组合，一般是单排小风量与双排大风量的组合，这样可使结构布置紧凑，输灰系统统一。

2. 大型低压脉冲袋式除尘器

LFDM（D）-脉冲袋式除尘器灰斗储灰量大，单室过滤面积为 464m²，单元过滤面积 928m²，经常用在风量比较大的除尘设计上，风量选用范围（25～100）×10⁴m³/h。除尘器性能见表 5-73，除尘器外形尺寸见表 5-74，除尘器（单排布置）外形见图 5-154，脉冲袋式除尘器（双排布置）外形见图 5-155。

表 5-73　LFDM（D）系列大型脉冲袋式除尘器性能

型号规格 参数	LFDM(D)-1850	LFDM(D)-2780	LFDM(D)-3700	LFDM(D)-4640	LFDM(D)-5560	LFDM(D)-6500	LFDM(D)-5560S	LFDM(D)-7400S	LFDM(D)-9280S	LFDM(D)-11100	LFDM(D)-13000S	LFDM(D)-14800S	LFDM(D)-16700S	LFDM(D)-18500S
处理风量（m³/h）	133000	200000	266000	334000	400000	468000	400000	533000	668000	800000	936000	1060000	1200000	1330000
过滤面积/m²	1850	2780	3700	4640	5560	6500	5560	7400	9280	11100	13000	14800	16700	18500
滤袋规格/mm×mm	φ160×6000													
滤袋数量/条	616	924	1232	1540	1848	2156	1848	2464	3080	3696	4312	4928	5544	6160
脉冲阀数量/个	44	66	88	110	132	154	132	176	220	264	308	352	396	440
分室数/单元	4/2	6/3	8/4	10/5	12/6	14/7	12/6	16/8	20/10	24/12	28/14	32/16	36/18	40/20
清灰方式	离线清灰													
漏风率/%	≤2													
入口浓度/（g/m³）	≤20													
出口浓度/（g/m³）	<50													
布置形式	单列						双列							
参考质量/t	74	111	146	180	216	248	212	280	350	418	485	550	615	680

注：1. 上述风量为过滤风速为 1.2m/min 时的计算值；2. 设备阻力为 1200～1500Pa，建议采用过滤风速为 1.0～1.4m/min；3. 喷吹气源压力为 0.2～0.3MPa。每阀每次的用气量为 0.15～0.2m³。

表 5-74　LFDM（D）大型系列脉冲袋式除尘器尺寸　　单位：mm

代号 型号	外形尺寸				进出风口尺寸												
	H₁	H₂	L	n₃	A	L₁	A₁	a	n	A₂	B	B₁	b	n₁	B₂	n₂	D
LFDM(D)1850	10000	10900	11040	2	3000	2000	3140	154	20	3080	1800	1940	171	11	1881	62	—
LFDM(D)2780	10000	10900	16560	3	3000	2000	3140	154	20	3080	1800	1940	171	11	1881	62	—
LFDM(D)3700	10000	10900	22080	4	3600	2000	3140	160	23	3680	1800	1940	171	11	1881	68	—
LFDM(D)4640	10000	10900	27600	5	3600	2000	3140	160	23	3680	1800	1940	171	11	1881	68	—
LFDM(D)5560	10000	10900	33120	6	4200	2000	4340	171	25	4275	1800	1940	171	11	1881	72	—
LFDM(D)6500	10000	10900	38640	7	4200	2000	4340	171	25	4275	1800	1940	171	11	1881	72	—
LFDM(D)5560S	12600	13500	16560	3	3000	3600	3140	154	20	3080	3400	3540	158	22	3470	84	—
LFDM(D)7400S	12600	13500	22080	4	3000	3600	3140	154	20	3080	3400	3540	158	22	3470	84	—
LFDM(D)9280S	12600	13500	27600	5	3600	3600	3740	160	23	3680	3400	3540	158	22	3470	90	—
LFDM(D)11100S	12600	13500	33120	6	3600	4000	3740	160	23	3680	3800	3940	155	25	3875	96	—
LFDM(D)13000S	12600	13500	38640	7	4200	4000	4340	171	25	4275	3800	3940	155	25	3875	100	—
LFDM(D)14800S	12600	13500	44160	8	4200	4600	4340	171	25	4275	4400	4540	160	28	4480	106	—
LFDM(D)16700S	12600	13500	49680	9	5000	4600	5140	156	30	4880	4400	4540	160	28	4480	116	—
LFDM(D)18500S	12600	13500	55200	10	5000	5000	5140	154	33	5082	4800	4940	148	33	4884	132	—

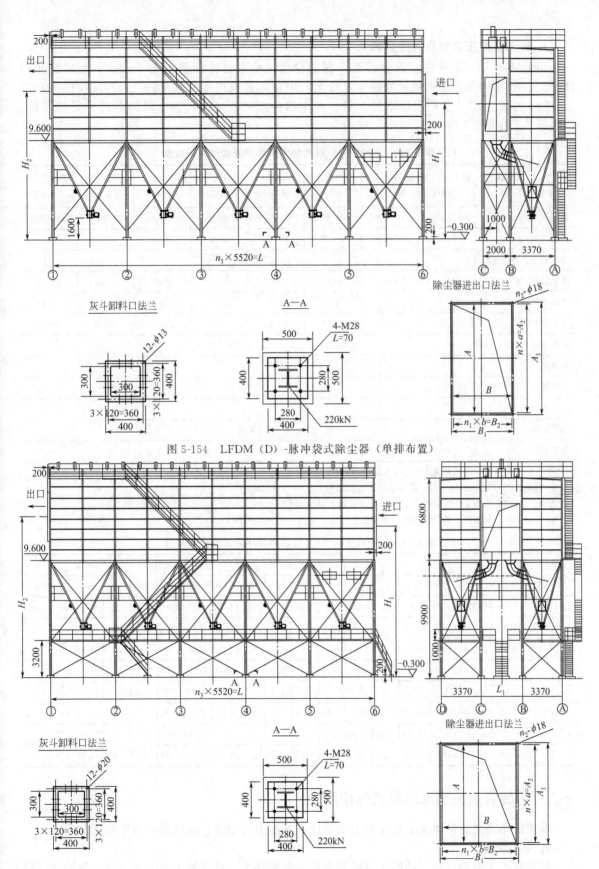

图 5-154 LFDM（D）-脉冲袋式除尘器（单排布置）

图 5-155 LFDM（D）-脉冲袋式除尘器（双排布置）

3. 特大型低压脉冲袋式除尘器

LFDM（T）-脉冲袋式除尘器灰斗储灰量大，单室过滤面积为 $928m^2$，单元过滤面积 $1856m^2$。经常用在处理大风量的除尘设计上，单台风量选用范围（$50\sim150$）$\times10^4m^3/h$ 以上，特大型除尘器一般都采用双排布置。除尘器性能见表 5-75，除尘器外形尺寸见表 5-76，除尘器外形见图 5-156。

表 5-75　LFDM（T）系列特大型脉冲袋式除尘器性能

型号规格\参数	LFDM(T)-7400S	LFDM(T)-11100S	LFDM(T)-14800S	LFDM(T)-18500S	LFDM(T)-22200S	LFDM(T)-26000S	LFDM(T)-29700S	LFDM(T)-33400S
处理风量/（m³/h）	532800	799200	1065600	1332000	1598400	1872000	2138400	2404800
过滤面积/m²	7400	11100	14800	18500	22200	26000	29700	33400
滤袋规格/mm×mm				$\phi160\times6000$				
滤袋数量/条	2464	3696	4928	6160	7392	8624	9856	11088
脉冲阀数量/个	176	264	352	440	528	616	704	792
分室数/单元	8/4	12/6	16/8	20/10	24/12	28/14	32/16	36/18
清灰方式				离线清灰				
漏风率/%				$\leqslant2$				
入口浓度/（g/m³）				$\leqslant20$				
出口浓度/（g/m³）				<50				
布置形式				双列				
参考质量/t	281	420	553	685	98	798	908	1015

注：1. 上述风量为过滤风速为 $1.2m/min$ 时的计算值；

　　2. 设备阻力为 $1200\sim1500Pa$，建议采用过滤风速为 $1.0\sim1.4m/min$；

　　3. 喷吹气源压力为 $0.2\sim0.3MPa$，每阀每次的用气量为 $0.15\sim0.2m^3$；

　　4. 资料来源：胡学毅、薄以匀编著. 焦炉炼焦除尘. 北京：化学工业出版社，2010。

表 5-76　LFDM（T）特大型系列脉冲袋式除尘器尺寸　　　　单位：mm

代号\型号	外形尺寸					进出风口尺寸											
	H_1	H_2	L	n_3	L_1	A	A_1	a	n	A_2	B	B_1	b	n_1	B_2	n_2	D
LFDM(T)7400S	10200	10900	11040	2	4000	3000	3140	154	20	3080	3800	3940	155	25	3875	90	—
LFDM(T)11100S	10200	10900	16560	3	4000	4000	4140	151	27	4077	3800	3940	155	25	3875	104	—
LFDM(T)14800S	10200	10900	22080	4	4600	5000	4140	151	27	4077	4400	4540	160	28	4480	110	—
LFDM(T)18500S	10200	10900	27600	5	4600	5000	4140	151	27	4077	4400	4540	160	28	4480	110	—
LFDM(T)22200S	10200	10900	33120	6	5600	5000	4140	151	27	4077	5400	5540	148	37	5476	128	—
LFDM(T)26000S	10200	10900	38640	7	6600	5000	4140	151	27	4077	6400	6540	162	40	6480	134	—
LFDM(T)29700S	10200	10900	44160	8	7600	5000	4140	151	27	4077	7400	7540	170	44	7480	142	—
LFDM(T)33400S	10200	10900	49680	9	8600	5000	4140	151	27	4077	8400	8540	157	54	8478	162	—

十五、金属纤维高温脉冲袋式除尘器

金属纤维高温脉冲除尘器属于相对比较成熟的高温除尘器，因此逐步用于环境工程。

1. 主要特点

针对高温工业烟气除尘的特点及使用条件，金属纤维烧结毡管式高温烟气除尘器的过滤层

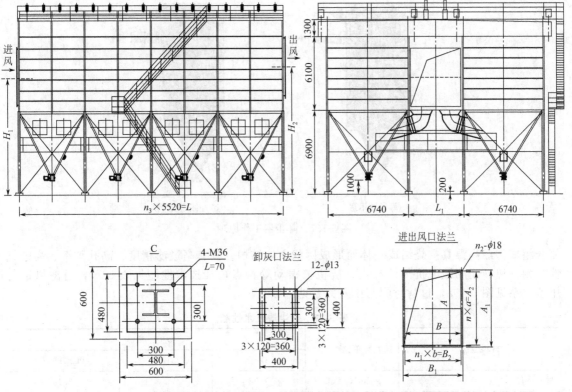

图 5-156　LFDM（T）-脉冲袋式除尘器（双排布置）

由金属板网、粗金属纤维以及细金属纤维三层复合组成，经高温真空烧结成一体而形成网状立体结构。新力高温烟气除尘器为独立支撑，安装简单。

根据客户不同的需求，可用不同的优质材料，所有产品都具有耐高温、耐腐蚀、耐磨损、寿命长、过滤精度高、透气性好、孔隙率高、抗渗炭、抗气流冲击、抗机械振动等特点。

具体特点：①耐高温、不燃烧，最高可达 250～800℃，耐强酸强碱等化学腐蚀，寿命长；②过滤效率高，排放气体浓度低于 5mg/m³（标）、过滤精度高、可以过滤直径小于 1μm 的粉尘；③强度高、耐磨损、不穿孔、不断裂；④滤料阻力极低，初始阻力低于 20Pa；⑤过滤速度高，可以在 3m/min 的过滤风速下轻松地工作；⑥ 除尘器既可以使用压缩气体喷吹清灰也可以用水清洗；⑦可以在高压环境下正常工作而不会破损。

2. 除尘器工作原理

除尘器工作原理如图 5-157 所示。

除尘器过滤元件被固定在过滤箱上部的花板上，含尘高温气体进入含尘区，并在引风机的作用下由外向内通过过滤元件。粉尘颗粒被阻挡在过滤元件的外表面，清洁的气体通过除尘器的过滤元件进入到法兰口外的洁净区。阻挡在过滤元件外表面的粉尘层有助于过滤高温废气中的粉尘。

随着滤饼越积越厚，过滤元件的压差越来越大；当过滤元件的压差达到设计压差时，压差传感器或电子计时器启动先导阀，再由先导阀打开脉冲阀，让压缩气体以脉冲的形式瞬间喷入过滤元件入口。瞬时反向气流及其带来的气压会清除掉吸附在过滤器外表面的滤饼。滤饼脱离过滤元件表面后会落入尘箱。清除了滤饼后除尘器可以开始新一轮的除尘循环。

3. 技术性能

（1）主要技术性能　金属纤维烧结毡过滤介质由金属板网、粗金属纤维、细金属纤维三层

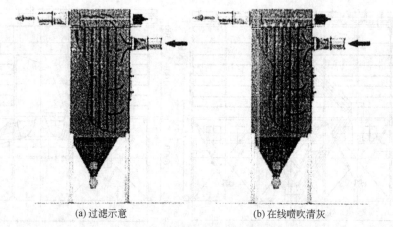

| (a) 过滤示意 | (b) 在线喷吹清灰 |

图 5-157　降尘器工作原理

复合组成，经高温真空烧结成一体而形成网状立体结构。具有高过滤精度、高孔隙率、高透气性、耐高温、耐腐蚀、抗气流冲击、抗机械振动等特点，其技术性能见表 5-77，过滤风速与压差关系见图 5-158，过滤时间与压差关系见图 5-159。

表 5-77　除尘器技术性能

材料性能		单位	参　数		
			316L	310S	0Cr21A16
材料密度		g/cm³(20℃)	7.98	7.98	7.16
熔点		℃	1400~1450		1500
工作温度	氧化性气氛	℃	400	600	800
	还原性或惰性气氛	℃	550	800	1000
烧结毡规格			SSF-1500/0.65		
厚度		mm	0.65		
孔隙率		%	71	71	68
透气系数		1/(m²·s)200Pa	350~450		
过滤效率		%	>99.9	测试粉尘:氧化铝粉,粒径分布 $X_{10}=0.30\mu m, X_{50}=1.71\mu m, X_{90}=6.55$	
排放浓度		mg/m³(标)	<5	风速范围:1.75~3m/min,粉尘浓度:10g/m³	
抗拉强度		N/mm²	≥20		

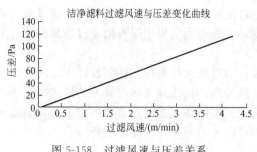

图 5-158　过滤风速与压差关系

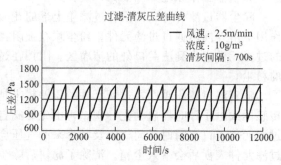

图 5-159　过滤时间与压差关系

（2）高温脉冲除尘器与普通脉冲除尘器比较见表5-78。

表 5-78　高温除尘器与普通除尘器性能比较

	耐温/℃	耐腐蚀	使用寿命	过滤精度	排放浓度/(mg/m³)	过滤效率	强度	过滤速度/(m/min)	设备阻力/kPa	综合经济效益
高温除尘器	250～80	好	长	高	5	高	好	3	1	好
普通除尘器	250以下	好	短	高	20	高	差	1	1.5	低

4. 过滤元件外形尺寸

过滤元件尺寸见表5-79和图5-160。

表 5-79　过滤元件规格

型　号	过滤面积/(m²/件)	A	B	C	D
SIGF-060/800	0.134	φ60	φ80	φ62	φ56
SIGF-060/1600	0.270	φ60	φ80	φ62	φ56
SIGF-130/800	0.298	φ130	φ150	φ132	φ126
SIGF-130/1600	0.596	φ130	φ150	φ132	φ126
SIGF-130/2240	0.894	φ130	φ150	φ132	φ126
SIGF-150/800	0.335	φ150	φ170	φ152	φ14
SIGF-150/1600	0.674	φ150	φ170	φ152	φ144

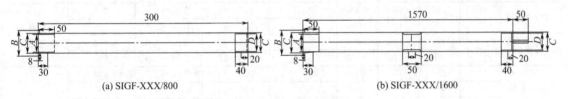

(a) SIGF-XXX/800　　　　　　(b) SIGF-XXX/1600

图 5-160　过滤元件外形尺寸

十六、陶瓷高温脉冲袋式除尘器

高温陶瓷过滤技术其核心部分是高温陶瓷过滤装置及高温陶瓷过滤元件，相对于传统的高温气体净化装置来讲，采用多孔陶瓷做高温热气体过滤介质的高温陶瓷热气体净化装置具有更高的耐温性能、更高的工作压力和更高的过滤效率。高温陶瓷过滤技术目前在国外的化学冶金炉、垃圾焚烧炉、电石气炉、热煤气净化等方面已广泛应用。

高温陶瓷过滤可使过滤后气体杂质浓度小于1mg/m³（标），同时能够防御火花和热的微粒，并且在高酸性气体浓缩的恶劣情况下依然正常运转，这种除尘器的应用可以极大简化灰尘消除配置，避免使用昂贵的防火系统和火花抑制器，必需的冷却器和喷射塔也被省去，以便使能源和水的消耗量最低。

1. 性能特征

性能特性主要包括：①过滤效率和分离效率高，过滤精度高达0.2μm，烟尘净化效率可达99.9%以上，净化后气体中杂质浓度可达1mg/m³（标）以下；②操作温度和操作压力高，最高使用温度可达700℃以上，传统滤袋一般使用温度小于200℃，陶瓷过滤器可以使用更高温度，操作压力可达3MPa；③过滤速率快，过滤速率2～8cm/s；④耐化学腐蚀性能（SO_2、H_2S、H_2O、碱金属及盐等）和抗氧化性能优良，使用范围广，适用各种介质过滤；⑤操作稳定，清洗再生性能良好，可在线清洗；⑥高温过滤减少冷却系统，防止低露点物质的凝结；

⑦高温过滤可以提高气体净化效率和热利用效率。

2. 应用领域

主要应用于：①石油、化工行业高温、高压气体净化以及高温煤气净化；②化工行业高温粉尘净化、催化剂及有用物料回收；③冶金、冶炼领域高温烟尘净化，特别是金属加工产生的高价值粉尘，如贵金属铂、铑、镍、锡、铅、铜、钛、铝等，以及其他许多可以从烟气中完全回收并返回再加工的金属；④硅行业的高温粉尘净化及物料回收，硅粉放空等；⑤电力、垃圾焚烧、电石加工等领域高温烟尘气体净化。

3. 过滤元件

高温陶瓷过滤元件是一种由耐火陶瓷骨料（刚玉、碳化硅、堇青石等）及陶瓷结合剂经合理的工艺配比、成型、高温烧结而成的一种具有高气孔率、可控孔径和良好力学性能的一种陶瓷过滤材料。它具有良好的微孔性能、力学性能、热性能以及适用于各种高压、高温含尘（烟尘）气体中耐各种介质腐蚀性能和高温抗氧化性能。

孔梯度陶瓷纤维复合膜过滤元件是由大孔径、高强度、高透气性陶瓷支撑体和高过滤精度的陶瓷纤维复合过滤膜组成。相比传统的陶瓷过滤材料，陶瓷纤维复合膜过滤材料具有更高的过滤效率和清洗再生性能。

4. 规格型号

过滤元件规格型号如表5-80和图5-161所示。

表5-80　过滤元件规格性能

产品型号	规格/mm				过滤面积 /m²	过滤精度 /μm	工作压力 /MPa	最大工作温度/℃	主要应用
	D	d	d₁	L					
TG-A 型	140	120	90	1000	0.37	0.5～10	常压～1.0	400	高温高压气体净化
	75	60	40	1000	0.188	0.5～10	常压～1.0	400	
TG-B 型		60	40	1000	0.188	0.5～10	常压～2.0	400	
		50	34	1000	0.15	0.5～10	常压～2.0	400	
TGG-A 型	140	120	90	1000	0.37	0.5～10	常压～1.0	800	高温热气体净化烟气除尘
	85	70	40	1000	0.22	0.5～10	常压～0.6	800	
	75	60	40	1000	0.188	0.5～10	常压～0.6	800	
TGG-B 型		114	76	1000	0.33	0.5～10	常压～0.6	800	
TGXM-A 型	85	70	40	914	0.22	0.5～3	常压～0.6	800	
	75	60	40	1000	0.188	0.5～3	常压～0.6	800	
	75	60	30	1000	0.188	0.5～3	常压～0.6	800	

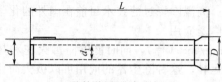

(a) A型-烛型高温陶瓷过滤元件

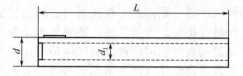

(b) B型-长管型高温陶瓷过滤元件

图5-161　过滤元件外形尺寸

5. 过滤元件阻力性能

过滤元件阻力性能如图5-162所示。

6. 不同材质高温过滤材料性能

不同材质高温过滤材料性能如表5-81所列。

7. 过滤元件安装方式和注意事项

过滤元件安装方式和注意事项见图5-163和图5-164。

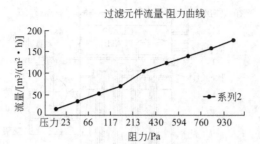

图 5-162　清洁状态 TGXM20 陶瓷过滤元件阻力曲线

表 5-81　过滤材料性能

材料名称	化学组成	热膨胀系数 /(10⁻⁶/℃)	抗热震能力	适宜操作温度	抗氧化能力	机械强度	耐碱金属	耐蒸汽	耐煤气
刚玉	Al_2O_3	8.8	低	≤500℃	较好	较高	高	高	高
堇青石	$2Al_2O_3 \cdot 5SiO_2 \cdot 2MgO$	1.8	较好	≤1000℃	较好	一般	中	高	高
硅酸铝纤维	$3Al_2O_3 \cdot 2SiO_2$	好		≤1000℃	较好	差	低	高	高
碳化硅	SiC	4.7	较好	≤950℃	差	高	低	中/低	中

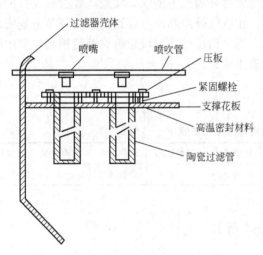

图 5-163　法兰型陶瓷过滤元件安装方式

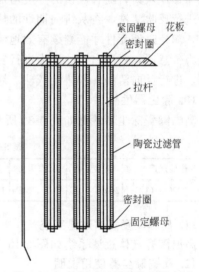

图 5-164　拉杆式过滤元件安装方式

8. 除尘器结构

高温热气体（烟气、煤气等）陶瓷过滤器是以高温陶瓷过滤元件作高温介质，集过滤、清洗再生及自动控制为一体的高性能热气体除尘装置。高温过滤净化系统主要是由高温陶瓷过滤系统、高温高压风机系统、高压脉冲反吹系统及在线自动控制系统组成，其中陶瓷过滤器系统是整个陶瓷过滤系统的最主要部分（见图 5-165）。

陶瓷过滤器从外形结构上来讲可分为箱体式结构和圆柱形结构，箱体式结构适用于大风量、高温、低压热气体过滤。圆柱形结构适用于高温高压热气体过滤。

9. 工作原理

含尘高温气体（高温煤气、烟气等）经进气管路流入陶瓷过滤器过滤室内，沿径向渗入每个过滤元件——陶瓷过滤管内腔，并在管内沿轴向汇入洁净气体收集室，最后洁净的高温气体由出气管路排出。在过滤过程中，高温含尘气体中的部分尘粒逐渐堆积在陶瓷过滤元件的外表

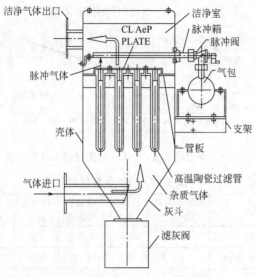

图 5-165　除尘器结构

面上而形成灰饼，随着灰饼的厚度增加，灰饼上的压力降增加，需要利用高压冷气体对陶瓷过滤管进行反吹清洗，将灰饼周期性的从陶瓷过滤元件外表面上清除，实现陶瓷过滤元件的在线再生，陶瓷过滤元件才能继续有效地清除尘粒。在进气管路和出气管路的检测环节分别安装高温压力传感器，对进出口的压力进行实时测量，当进出压差达到设定值时开启控制环节中的电磁阀，进行反向清洗。灰饼经灰斗、卸灰阀定期排放。

10. 除尘器性能

高温陶瓷除尘器性能如表 5-82 所列。

表 5-82　高温陶瓷除尘器性能

气体处理量	气体温度	工作压力	过滤面积	过滤速度	过滤阻力	清灰方式	过滤精度	过滤效率
1000～30000m³（标）/h	200～600℃	约 0.1 MPa	15～200m²	1～6cm/s	3.5kPa	在线脉冲	0.5～30μm	大于 99.5%

11. 高温陶瓷气体过滤系统

高温陶瓷气体过滤系统如图 5-166 和图 5-167 所示。

12. 陶瓷除尘器使用说明

主要包括：①将过滤器外壳、加压风机、组件、陶瓷过滤元件、控制与检测器件等设备运抵安装现场后，现场安装陶瓷过滤元件和其他管路、控制系统；②运行前，详细检查管路连接、各种阀门与密封部位，将连接与密封部位涂敷肥皂水，以便检测系统是否泄漏，要求整个

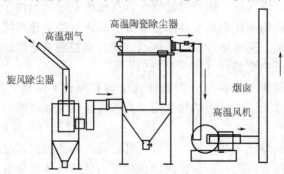

图 5-166　高温烟尘净化用陶瓷过滤器系统

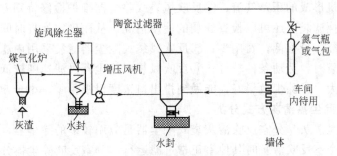

图 5-167 高温煤气净化用陶瓷过滤器系统

系统不得有气体泄漏；③运行前详细检查电气连线和良好接地、绝缘等，要求符合相关安装运行要求，尤其保证压力传感器动作灵敏，检查脉冲反吹系统各脉冲阀是否工作正常；④启动高温风机，启动高温风机前先检查风机内冷却油加入量是否符合要求，并将风机前的闸阀关闭，再启动风机电源，等风机运行平稳后再将风机前的闸阀逐渐开启；⑤当过滤 30 min 或过滤器的进出口压差大于 3000Pa 时，反吹系统自动运行，对过滤元件实现再生，反吹时间 0.2s 左右，反吹间隔 20s；⑥根据排尘量的大小，定期通过手动卸灰阀清理落入灰斗内的灰尘；⑦定期对每个脉冲系统进行检查，保证脉冲阀的正常运转，定期排除反吹气包内的水分；⑧定期检查维修，确保过滤元件，密封元件完好。

第七节　反吹风袋式除尘器

反吹风袋式除尘器是指利用逆向反吹气流进行滤袋清灰的袋式除尘器。反吹清灰方式又称反吹气流或逆洗清灰方式、缩袋清灰方式，反向气流和逆压作用是将滤袋压缩成星形断面并使之产生抖动而将沉积的粉尘层抖落。为保证除尘器连续运转多采用分室工作制。这种清灰方式的清灰作用比较弱，振动不剧烈，比振动清灰和脉冲清灰方式对滤布的损伤作用要小。所以，反吹清灰方式不仅用于纺织滤布，而且也适用于玻璃纤维滤布。

一、反吹风袋式除尘器清灰工艺

1. 工艺流程

反吹风袋式除尘器由除尘器箱体、框架、灰斗、阀门（卸灰阀、反吹风阀、风量调节阀）、风管（进风管、排风管、反吹风管）、差压系统、走梯平台及电控系统组成。所谓反吹风清灰是利用大气或除尘系统循环烟气进行反吹（吸）风清灰的，它是逆向气流清灰的一种形式，其工艺流程如图 5-168 所示。

反吹风除尘器主要特点如下：①反吹风袋式除尘器都是分室工作的，最少 4 室，多则 20 室，当超过 6 室时多为双排布置；②反吹风袋式除尘器清灰强度较低，清灰气流可以利用专门设置的反吹风机，也可

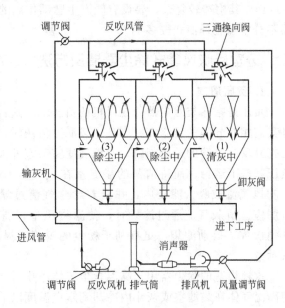

图 5-168　负压反吹风袋式除尘器工艺流程

以利用除尘器主风机形成的压差气流；③反吹风袋式除尘器维护检修特别方便，检修人员进入滤袋室不仅可以更换滤袋，还可以检查滤袋的使用情况，从而确定换袋时间；④反吹风袋式除尘器多采用薄型滤袋，价格低，费用少；⑤反吹风袋式除尘器滤袋采用内滤方式，粉尘在滤袋内侧，工人更换滤袋时，劳动条件较好；⑥反吹风袋式除尘器过滤速度较低，体积较大。因滤袋长，占地面积不大；⑦除尘效果好，能做到排出口浓度目视为零，小于 $50mg/m^3$。

2. 反吹风袋式除尘器清灰方式分类

（1）分室反吹风清灰　分室反吹清灰袋式除尘器是应用较多的除尘器，其特点是把除尘器分成若干室，当一个室反吹清灰时其他室正常过滤运行。分室反吹除尘器分为正压式和负压式两种，其中负压式优点较多。这两种除尘器的清灰和过滤状态见图 5-169。分室反吹风袋除尘器通常采用圆袋内滤式工作。

（2）气环反吹风清灰　这种清灰方式是在内滤式圆形滤袋的外侧，贴近滤袋表面设置一个中空带缝隙的圆环，圆环可上下移动并与压气或高压风机管道相接。由圆环内向的缝状喷嘴喷出的高速气流，将沉积于滤袋内侧的粉尘清落。如图 5-170 所示。

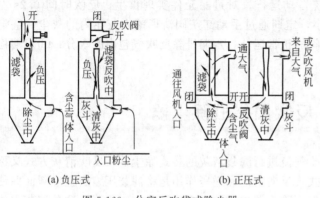

(a) 负压式　(b) 正压式

图 5-169　分室反吹袋式除尘器

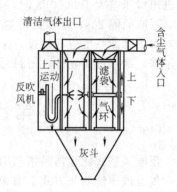

图 5-170　气环反吹清灰方式示意

（3）脉动反吹风清灰式　是使反吹清灰方式的反向气流产生脉动动作的清灰方式（见图 5-171）。其构造较复杂，要设有能产生脉动作用的机构，清灰作用较强。这种反吹风袋式除尘器不分室扁袋外滤式较多。

二、分室反吹风袋式除尘器清灰方法

1. 负压清灰

负压是指布袋除尘器处在风机的负压端，这种除尘器通常采用下进风上排风内滤式结构，且其有相互分隔的袋滤室。当某一袋滤室清灰时，通过控制机构先关闭该室的出风口阀门，同时打开反吹风管的进风阀门，使该袋滤室与室外大气相通。此时由于其他各袋滤室都处在风机负压状态下运行，而待清灰的袋滤室在大气压力的作用下使室外空气经反吹风管进入该室。反吹风气流被吸入滤袋内，并沿着含尘气流过滤时相反的方向，经进气管道被吸入到其他袋滤室。清灰气流通过滤袋时，使滤袋压瘪，通过控制机构控制阀门的启闭，使滤袋反复胀瘪次数，抖动滤袋，更有利于粉尘的脱落，提高了清灰效果。图 5-172 为负压大气反吹清灰示意。

这种构造的除尘器用于高温含尘气体净化时，由于反吹风吸入环境空气的温度较低，容易使高温气体在袋滤室或灰斗内冷却到露点温度以下，使滤袋或器壁出现结露、糊袋现象，严重会影响除尘器的正常运行，在潮湿地区应用更应注意。这种负压吸入大气反吹风清灰的除尘器

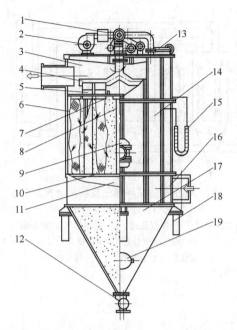

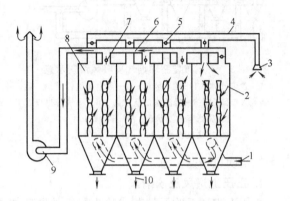

图 5-171　脉动反吹清灰方式示意

1—反吹清灰机构；2—反吹风机；3—清洁室；4—回转臂；
5—切换阀机构；6—扁布袋；7—花板；8—撑柱；9—中
人孔门；10—固定架；11—旋风圈；12—星形卸灰阀；
13—上人孔门；14—过滤室；15—U 形压力计；16—蜗
形入口；17—集灰斗；18—支柱；19—观察孔

图 5-172　负压大气反吹清灰示意

1—含尘气体入口；2—袋滤室清灰状态；3—反吹风吸入口；
4—反吹风管；5—反吹风进气阀；6—净气排风管；7—净气
出风口阀门；8—袋滤室过滤状态；9—引风机；10—排尘口

装置宜用于常温含尘气体的处理。

2. 正压循环烟气清灰

正压是指袋式除尘器处在风机的正压端。这种除尘器通常是下进风内滤直排式结构，每一组袋滤室是相通的，它们之间没有隔板。当某一袋滤室需要清灰时，首先关闭该组滤袋的烟气入口阀门，同时打开反吹风管的阀门。由于反吹风管与系统引风机的负压端相通，在风机负压的作用下，待清灰的滤袋内也处于负压状态，这样滤室内净化后的烟气被吸入到该组滤袋内，使该组滤袋变瘪。同样，通过控制有关阀门的启闭，使滤袋出现数次的胀瘪，更有助于滤袋内壁粉尘的脱落，达到清灰目的。从滤袋脱落的粉尘，一部分落入灰斗，小部分微尘随反吹气流经风机负压端的反吹管道，与含尘烟气汇合后通过风机进入其他袋滤室再净化处理。图 5-173 为正压布袋循环烟气反吹风清灰示意。

这种构造的除尘器由于利用系统内的循环烟气反吹清灰，避免了反吹风引起的袋滤室内结露、糊袋现象。这种反吹清灰方式的除尘系统一般宜用来处理高温烟气，系统风机的压力要求在 4kPa 以上。正压除尘系统要求气体含尘＜3g/m³ 且不是磨琢性粉尘，否则风机磨损严重。

3. 负压循环烟气清灰

这种构造的除尘器通常也是下进风上排风内滤式。各袋滤室之间没有隔板，使各袋滤室成为相互独立的小室。除尘器处在系统风机的负压端，反吹风管与系统风机出口的正压端相连。当某一袋滤室需要清灰时，先关闭该袋滤室与风机负压端相连的净气出口阀，然后打开反吹风管的进气阀门，此时循环烟气在风机正压的作用下，经反吹风管进入该滤袋室，实现反吹清灰。从滤袋上脱落的粉尘大部分在灰斗内沉降，未沉降下来的微尘在风机负压的作用下，经含尘烟气入口被吸出，与含尘烟气混合后被吸入相邻各室再次进行净化。图 5-174 为负压布袋循

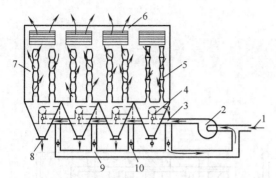

图 5-173　正压布袋循环烟气反吸风清灰示意
1—含尘气体入口；2—风机；3—含尘烟气管道；
4—烟气入口阀门；5—袋滤室清灰状态；6—净气排出口；
7—袋滤室过滤状态；8—排尘口；
9—反吹风管道；10—反吹风阀门

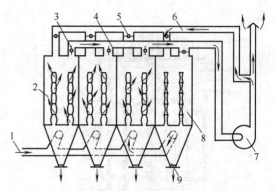

图 5-174　负压布袋循环烟气反吹风清灰示意
1—含尘气体入口；2—袋滤室过滤状态；
3—净气排出口；4—净气管道；5—循环烟气反吹风阀门；
6—循环烟气管道；7—风机；
8—袋滤室反吹风清灰状态；9—排尘口

环烟气反吹风清灰示意。

4. 正压上进风反吹清灰

正压上进风反吹风清灰式除尘器工件原理如图 5-175 所示。

含尘气体由上部进入各小袋室，经过滤料过滤后的净化气体由下部排风管经烟囱排入大气。经一定时间过滤后，阻力达到某设定值便进行反吹清灰，使滤布"再生"。

反吹风清灰主要是通过阀门的启闭组合来改变滤袋内外压力的方法，即产生与过滤气流方向相反的气流。由于反向气流（或逆压）的作用，将圆筒形滤袋压缩成星形断面（有的呈一字形断面），反吹气流的作用是引起滤袋附积粉尘脱落的一个原因，由于滤袋变形是导致粉尘层崩落另一个原因。

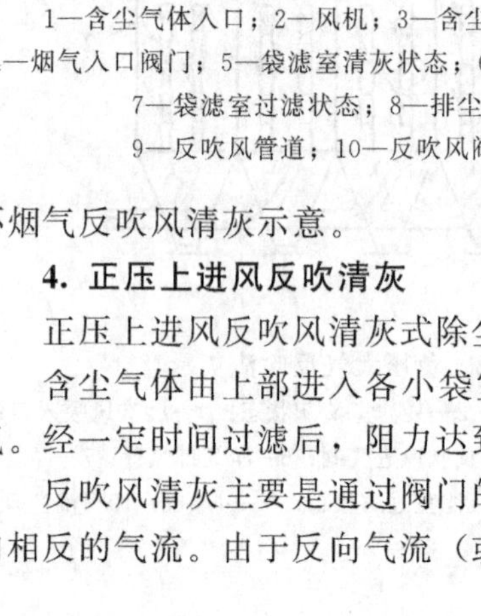

反吹风机的抽吸作用使滤袋内外压差发生改变，滤袋受压变瘪，当滤袋恢复过滤时，由于产生抖动实现了清灰过程。工作过程如下：当进风阀关闭，反吸风阀开启时，由于反吸（吹）风机的作用改变了滤袋内压力，滤袋被压缩变瘪，经 10s 后反吸风阀关闭，进风阀开启，此时滤袋被吹胀并发生抖动，粉尘抖入灰斗，实现清灰目的。

5. 反吹风量计算方法

不论是正压还是负压操作，在滤袋被清灰之前其透气性变差。因此，只要经一定的时间便将滤袋内气体抽净（或压出）滤袋即可变瘪，实现逆洗清灰。

设在 t 时间内，把被清灰袋室滤袋内的气体抽净（或压出），则所需的反吹风量，由下列公式来计算。

$$Q = 3600KNV/t \qquad (5-65)$$

式中　Q——反吹风量，m^3/h；

N——被清灰的某袋室滤袋数量；

V——每个滤袋的容积，m^3；

K——漏风系数，取 1.2～1.3；

t——缩袋清灰时间，s，一般取 10～30s。

图 5-175　正压上进风反吹风
清灰式除尘器工作原理

1—反吸风阀；2—进风阀；3—进风管道；
4—反吸风管；5—进风室；6—上花孔板；
7—袋室；8—滤袋；9—排风管道；
10—下花孔板；11—灰斗；
12—星形卸灰阀

6. 反吹（吸）风清灰制度

目前反吹（吸）风袋式除尘器的清灰制度，通常分为二状态清灰和三状态清灰两种方式。现以反吹风内滤袋式除尘器为例说明如下。

（1）二状态清灰　反吹风内滤袋式除尘器正常运行时，含尘气体由内向外通过滤袋，使滤袋呈鼓胀状态。当滤袋内沉积的粉尘足够厚，需要清灰时，由于关闭该室的净气排气口，打开反吹风口，使滤袋内侧处于负压状态，从滤袋外向内吸入反吹风气体（室外空气或循环烟气），使滤袋变瘪，从而使沉积在滤袋内侧的粉尘抖落。采用这种清灰制度，滤袋呈"鼓胀吸瘪"两个状态达到清灰目的，通常称为"二状态清灰法"。目前国内大多数反吹（吸）风袋式除尘器都采用这种方法。图 5-176 为二状态清灰过程示意。

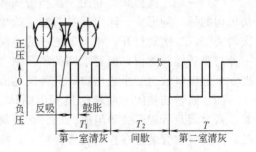

图 5-176　二状态清灰过程示意

实践证明，滤袋反吹（吸）风的时间不宜过长，只要达到反吹风气流瞬间逆流，使滤袋从过滤时的鼓胀状态变成反吹时的吸瘪状态即可，一般反吹（吸）风时间取 10～20s 为宜。清洗期间一般连续进行几次清灰动作，使滤袋连续出现数次"鼓胀—吸瘪—鼓胀—吸瘪"，以取得较好的清灰效果。

（2）三状态清灰　在反吸风式大型袋式除尘器中，一般滤袋都很长（5～10m）。若采用二状态清灰制度，由于反吹吸瘪状态时间短，从滤袋上抖落的粉尘还来不及全部降至灰斗，吸瘪动作结束，即转入鼓胀的过滤状态，从而使未落至灰斗的粉尘随过滤气流重新沉积在滤袋上。滤袋越长这种现象越严重。

在二状态清灰的基础上，于吸瘪动作结束后增加一般自然沉降的时间，这就形成了"三状态清灰法"。三状态清灰法可以克服二状态清灰出现的粉尘再返回滤袋沉积现象。

自然沉降可分集中自然沉降和分散自然沉降两种方式。集中自然沉降是在该袋滤室清灰的最后一次吸瘪动作结束后，同时关闭该室排风口和反吹风口的阀门，使滤袋室内暂时处于无流通气流的静止状态，为粉尘沉降创造良好条件。集中自然沉降时间一般为 60～90s。分散自然沉降是在袋滤室每一次吸瘪动作以后，安排一段沉降时间，以便粉尘降落。分散自然沉降时间一般为 30～60s。图 5-177 为集中自然沉降的三状态清灰过程示意。图 5-178 是分散自然沉降的三状态清灰过程示意。

7. 反吹风清灰机构

反吹风袋式除尘器的清灰机构有以下三种形式。

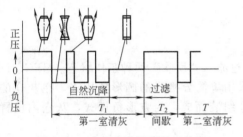

图 5-177　集中自然沉降的三状态
清灰过程示意

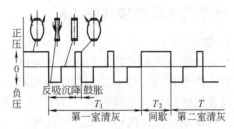

图 5-178　分散自然沉降的三状态
清灰过程示意

（1）三通换向阀　三通换向阀有三个进出口，除尘器滤袋室正常除尘过滤时气体由下口至排气口、反吹口关闭。反吹清灰时，反吹风口开启，排气口关闭，反吹气流对滤袋室滤袋进行反吹清灰。三通换向阀工作原理如图 5-179 所示。三通阀是最常用的反吹风清灰机构形式。这种阀的特点是结构合理，严密不漏风（漏风率小于 1%），各室风量分配均匀。

（2）一、二次挡阀　利用一次挡板阀和二次挡板阀进行反吹风袋式除尘器的清灰工作是清灰机构的另一种形式。除尘器某袋滤室除尘工作时，一次阀打开，二次阀关闭；吹清灰时，一次阀关闭，二次阀打开，相当于把三通换向阀一分为二。一、二次挡板阀的结构形式有两种：一种与普通蝶阀类似，但要求阀关闭严密，漏风率小于 5%；另一种与三通换向阀类似，只是把 3 个进出口改为 2 个进出口，这种阀的漏风率小于 1%。

（3）回转切换阀　回转切换阀由阀体、回转喷吹管、回转机构、摆线针轮减速器、制动器、密封圈及行程开关等组成。回转切换阀工作原理如图 5-180 所示。当除尘器进行分室反吹时，回转喷吹管装置在控制装置作用下，按程序旋转并停留在清灰布袋室风道位置。此时滤袋处于不过滤状态，同时反吹气流逆向通过布袋，将粉尘清落。该程序依次进行直至全部滤袋清灰完毕，回转喷吹管自动停留于零位，除尘器恢复气室过滤状态，类似于回转反吹袋式除尘器的清灰机构。

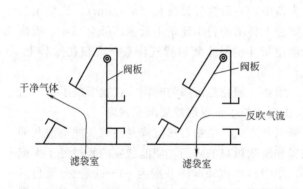

图 5-179　三通换向阀工作原理

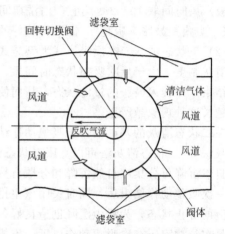

图 5-180　回转切换阀工作原理

（4）盘式提升阀　用于反吹风袋式除尘器的盘式提升阀有两类：一类是用于负压反吹风袋式除尘器，结构同脉冲除尘器提升阀；另一类是用于正压反吹风袋式除尘器，其外形如图5-181所示。这两类阀的共同特点是靠阀板上下移动开关进出口。构造简单，运行可靠，检修维护方便。

三、分室二态反吹袋式除尘器

1. 概述

分室二态反吹袋式除尘器是指清灰过程具有"过滤"、"反吹"两种工作状态。GFC、DFC反吹袋式除尘器均为分室二态袋式除尘器。DFC采用单筒分格式的圆形负压式，在灰仓的出口处设置回转卸灰阀定期排灰。GFC采用单室双仓组装而成，为方形负压式，灰仓内设置螺旋输灰机定期排灰，出口处设置回转阀。

2. 除尘器的基本性能

DFC、GFC反吹袋式除尘器基本技术性能参见表 5-83～表 5-85。

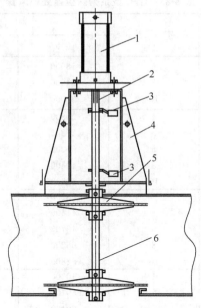

图 5-181　盘式提升阀外形

1—气缸；2—连杆；3—行程开关；4—固定板；5—阀板；6—导轨

表 5-83　DFC 反吹袋式除尘器技术性能

型　　号		处理风量/(m³/h)			过滤面积/m²	滤　袋			除尘器阻力/kPa	使用温度/℃	室数
		$V=0.6$ m/min	$V=0.8$ m/min	$V=1.0$ m/min		尺寸/mm	条数	材质			
DFC-2	DFC-2-45	1620	2160	2700	45	$\phi180\times2650$	30	涤纶或玻纤	1.5~2.0	<130 或<280	3
	DFC-2-103	2664	3552	4440	73	$\phi180\times4300$	30				
	DFC-2-103	3708	4444	6180	103	$\phi180\times6100$	30				
DFC-3	DFC-3-80	2880	3840	4800	80	$\phi180\times2650$	52	涤纶或玻纤	1.5~2.0	<130 或<280	4
	DFC-3-126	4536	6048	7560	126	$\phi180\times4300$	52				
	DFC-3-180	6480	8640	10800	180	$\phi180\times6100$	52				
DFC-6	DFC-6-524	18864	25152	31440	524	$\phi180\times6100$	152	涤纶或玻纤	1.5~2.0	<130 或<280	4

表 5-84　GFC 单室反吹袋式除尘器技术性能

型　　号	处理风量/(m³/h)			单室过滤面积/m²	滤　袋			除尘器阻力/kPa	使用温度/℃
	$V=0.6$ m/min	$V=0.8$ m/min	$V=1.0$ m/min		尺寸/mm	条数	材质		
GFC-83	3000	4000	5000	$\phi180$	83	24	涤纶或玻纤	1.5~2.0	<130 或<280
GFC-140	5040	6720	8400		140	40			
GFC-230	8280	11040	13800		230	60			
GFC-280	10080	13440	16800		280	80			

表 5-85　GFC 型系列除尘器处理风量　　　　　　　　单位：m³/h

滤袋材质	型　号	室　数	过滤风速/(m/min)		
			0.6	0.8	1.0
涤　纶	GFC-83	6	18000	24000	30000
		8	24000	32000	40000
		10	30000	40000	50000
	GFC-140	4	20200	26900	33600
		5	25200	33600	42000
		6	30200	40400	50400
		8	40400	53800	67200
		10	50500	67200	84000
	GFC-230	4	33100	44100	55200
		5	41400	55200	69000
		6	49700	66200	82800
		8	66200	88300	110400
		10	82800	110400	138000
	GFC-280	4	40300	53800	67200
		5	50400	67200	84000
		6	60400	80600	10080
		8	80600	107600	84000
		10	100800	133400	16800

3. 规格外形尺寸

DFC、GFC 型反吹袋式除尘器外形尺寸见图 5-182、图 5-183、表 5-86、表 5-87。

四、分室三态反吹袋式除尘器

1. 概述

LFSF 型反吹袋式除尘器，是一种下进风、内滤式、分室循环反吹风清灰的袋式除尘器，除尘器效率可达 99% 以上。维护保养方便，可在除尘系统运行时逐室进行检修、换袋。过滤面积为 $480\sim18300m^2$。适用范围较广，可用于冶金、矿山、机械、建材、电力、铸造等行业及工业锅炉的含尘气体净化。进口含尘浓度（标准状态）不大于 $30g/m^3$，进口烟气温度最高可达 200℃。

本系列除尘器分以下 2 种类型：① LFSF-Z 中型系列采用分室双仓、单排或双排矩形负压结构形式，除尘器过滤面积为 $480\sim3920m^2$，处理风量为 $17280\sim235200m^3/h$，单排或双排按单室过滤面积的不同分四种类型，共 19 种规格；② LFSF-D 大型系列采用单室单仓的结构形式，分矩形正压式和矩形负压式两种，共 11 种规格，除尘器过滤面积为 $5250\sim18300m^2$，处理风量可达 $189000\sim1098000m^3/h$。

2. 结构特点

本系列除尘器由箱体、灰斗、管道及阀门、排灰装置、平台走梯以及反吹清灰装置等部分组成。

（1）箱体　包括滤袋室、花板、内走台、检修门、滤袋及吊挂装置等。正压式除尘器的滤袋室为敞开式结构，各滤袋室之间无隔板隔开，箱体壁板由彩色压型板组装而成。

负压式除尘器滤袋室结构要求严密，由钢板焊接而成。除尘器的花板上设有滤袋连接短管，滤袋下端与花板上的连接管用卡箍夹紧；滤袋顶端设有顶盖，用卡箍夹紧并用链条弹簧将顶盖悬吊于滤袋室上端的横梁上。

滤袋内室设有框架，避免了滤袋与框架之间的摩擦，可延长滤袋寿命。滤袋的材质有几

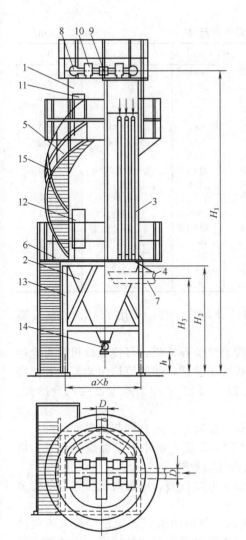

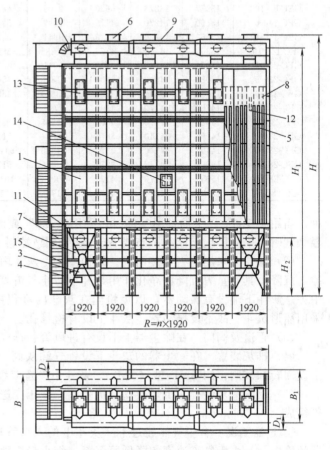

图 5-182　DFC 型反吹袋式除尘器

1—箱体；2—灰斗；3—滤袋；4—下花板孔；
5—上层走台；6—下层平台；7—进风管；
8—排风管；9—反吹风管；10—切换阀
门；11—上检修门；12—下检修门；
13—支架；14—叶轮排灰阀；
15—梯子

图 5-183　GFC 型反吹袋式除尘器（单位：mm）

1—箱体；2—灰斗；3—螺旋输送机；4—旋转卸灰阀；5—滤袋；
6—三通切换阀；7—进风管；8—滤袋吊挂装置；9—排风管；
10—吹风管；11—楼梯及检修平台；12—内走台；13—检修
门；14—反吹风自动清灰装置；15—支架

表 5-86　DFC 型反吹袋式除尘器外形尺寸　　　　　　　　单位：mm

规格	h	H_1	H_2	H_3	a	b	D
DFC-2-45 型	690	7300	3210	2820	1710	1710	200
DFC-2-73 型	690	9456	3210	2820	1710	1710	400
DFC-2-103 型	690	11256	3210	2820	1710	1710	400
DFC-2-80 型	695	8530	3690	3190	$\phi2550$		440
DFC-2-126 型	695	10175	3690	2970	$\phi2550$		440
DFC-2-180 型	695		3690	2970	$\phi2550$		440
DFC-6 型	810	15398	6060	4920	3938	4012	700

表 5-87　GFC 型反吹袋式除尘器外形尺寸　　　　　　　　　单位：mm

规格	H	H_1	H_2	A	B	D	D_1	B_1
GFC-83-6	13977	13873	3632	6641	4872	500	600	2280
GFC-83-8	13977	13873	3632	8125	4872	560	800	2280
GFC-83-10	13977	13873	3632	9609	4872	670	900	2226
GFC-140-6	15160	14270	4175	7997	5373	700	680×1250	2350
GFC-140-8	15160	14270	4175	9941	5478	800	630×1600	2400
GFC-140-10	15360	14470	4175	11885	5578	900	630×1980	2450
GFC-230-4	15050	14040	4200	9941	4809	1060	1060	3424
GFC-230-5	15085	14040	4200	11835	4869	1180	1180	3449
GFC-230-6	15085	14040	4200	13829	4869	1320	1320	3519
GFC-230-8	14880	14170	4300	7794	4707	1500	1500	3207
GFC-230-10	14880	14170	4300	11988	5337	1600	1600	3737
GFC-280-4	14995	14140	3875	10044	5114	1180	1180	3934
GFC-280-5	14995	14140	3875	11885	54119	1320	1320	4099
GFC-280-6	14995	14140	3875	13829	5174	1400	1400	3774
GFC-280-8	15055	14270	4175	10044	10164	1060	1600	4384
GFC-280-10	15055	14270	4175	11988	10164	1320	1800	4527

种，当用于 130℃ 以下的常温气体时，采用 "729" 或涤纶针刺毡滤袋；当用于 130～280℃ 高温烟气时，采用膨化玻璃纤维布或 Nomex 针刺毡滤料。

（2）灰斗　采用钢板焊接而成。结构严密，灰斗内设有气流导流板，可使入口粗粒粉尘经撞击沉降，具有重力沉降粗净化作用，并可防止气流直接冲击滤袋，使气流均匀地流入各滤袋中去。灰斗下端设有振动器，以免粉尘在灰仓内堆积搭桥。LFSF-Z 中型除尘器为通仓形式，采用船形灰斗。故不设振动器，灰斗上设有检修孔。

（3）管道及阀门　在除尘器上下设有进风管、排气管、反吹管、入口调节阀等部件。

（4）排灰装置　在除尘器的灰斗下设锁气卸灰阀。LFSF-Z 型，灰斗下设螺旋输灰机，机下设回转卸灰阀；LFSF-D 型（大型），灰斗下设置双级锁气卸灰阀。

（5）反吹清灰装置　由切换阀、沉降阀、差压变送器、电控仪表、电磁阀及压缩空气管道等组成。

① 过滤工况。含尘气体经过下部灰斗上的入口管进入，气体中的粗颗粒粉尘经气流缓冲器的撞击，且由于气流速度的降低而沉降；细小粉尘随气流经过花板下的导流管进入滤袋，经滤袋过滤，尘粒阻留在滤袋内表面，净化的气体经箱体上升至各室切换阀出口，由除尘系统风机吸出而排入大气。

② 清灰工况。随着过滤工况的不断进行，阻留于滤袋内的粉尘不断增多，气流通过的阻力也不断增大，当达到一定阻值时（即滤袋内外压差达到 1470～1962Pa 时）由差压变送器发出信号，通过电控仪表，按预定程序控制电磁阀带动气缸动作，使切换阀接通反吹管道，逐室进行反吹清灰。

③ 特点：a. 采用先进的 "三状态" 清灰方式，不但清灰彻底，而且延长了滤袋的使用寿命；b. 在控制反吹清灰的三通切换阀结构上设计了新颖先进的双室自密封结构，使阀板无论是在过滤或反吹时均处于负压自密封状态，大大减少了阀门的漏气现象，改变了原单室单阀板结构中有一阀门处于自启状态而带来的阀门漏气现象，从而降低了设备的漏风率，提高了清灰效果；c. 在控制有效卸灰方面，一是在灰斗中设计了引进国外技术的 "防棚板" 结构，有效地防止粉尘在灰斗中搭桥的现象；二是在采用双级锁气器卸灰阀机构上同时增设了导锥机构，不但能解决大块粉尘的卸灰问题，而且能确保阀门的密封性；d. 为了有效提高清灰效果，在三状态清灰的基础上还可以增加先进的声波清灰装置，提高清灰效果，降低设备阻力。

3. 性能参数

该系列除尘器的性能参数见表 5-88。

表 5-88　LFSF 型袋式除尘器性能参数

型　　号		室数	滤　袋		过滤面积 /m²	过滤风速 /(m/min)	处理风量 /(m³/h)	设备阻力 /Pa	设备质量 /t
			数量/条	规格/mm					
正压	LFSF-D/Ⅰ-5250	4	592	96300 ×10000	5250		189000～315000	1500～ 2000	203
	LFSF-D/Ⅰ-7850	6	888		7850		282600～471000		299
	LFSF-D/Ⅱ-10450	8	1184		10450		376200～627000		398
	LFSF-D/Ⅰ-13052	10	1480		13050		469800～783000		452
	LFSF-D/Ⅱ-15650	12	1776		15650		563400～939000		530
	LFSF-D/K-18300	14	2072		18300		658800～1098000		620
负压	LFSF-D/Ⅰ-4000	4	448		4000	0.6～1.0	144000～240000		230
	LFSF-D/Ⅰ-6000	6	672		6000		216000～360000		331
	LFSF-D/Ⅰ-8000	8	860		8000		288000～480000		406
	LFSF-D/Ⅱ-10000	10	1120		10000		360000～600000		508
	LFSF-D/Ⅱ-12000	12	1344		12000		432000～720000		608
	LFSF-Z/Ⅰ-280-1120	4	336	ϕ180× 6000	1120		40320～67200		42
	LFSF-Z/Ⅰ-280-1400	5	420		1400		50400～84000		51
	LFSF-Z/Ⅰ-280-1680	6	504		1680		60480～100800		56
	LFSF-Z/Ⅱ-280-2240	8	672		2240		80640～134400		77
	LFSF-Z/Ⅱ-280-2800	10	840		2800		100800～168000		95
	LFSF-Z/Ⅱ-280-3360	12	1008		3360		120960～201600		114
	LFSF-Z/Ⅱ-280-3920	14	1176		3920	0.6～1.0	141120～235200		127
	LFSF-Z/Ⅰ-228-910	4	264		910		32760～54600		41
	LFSF-Z/Ⅰ-228-1140	5	330		1140		41040～68400		46
	LFSF-Z/Ⅰ-228-1370	6	396		1370		49320～82200		51
	LFSF-Z/Ⅱ-280-1820	8	528		1820		65520～109200		67
	LFSF-Z/Ⅱ-280-2280	10	660		2280		82080～136800		85
	LFSF-Z/Ⅱ-138-550	4	160		550		19800～33000		37
	LFSF-Z/Ⅱ-138-830	6	240		830		29880～49800		41
	LFSF-Z/Ⅱ-138-1100	8	320		1100		39600～66000		50
	LFSF-Z/n-138-1380	10	400		1380		49680～82800		63
	LFSF-Z/Ⅱ-80-480	6	144		480		17280～28800		32
	LFSF-Z/Ⅱ-80-640	8	192		640		23040～38400		37
	LFSF-Z/Ⅱ-80-800	10	240		800		28800～48000		50

4. 外形尺寸

（1）LFSF-Z 中型负压反吹布袋除尘器　LFSF-Z 型分为 LFSF-Z-80、LFSF-Z-138、LFSF-Z-228 和 LFSF-Z-280 型四种型号。按分室不同，各种型号有 4、5、6、8、10、12、14 个室组合形式之分；按布置方式不同，又有单排、双排之分。除 LFSF-Z-228、LFSF-Z-280 型中的 4、5、6 室组合为单结构之外，其他均为双排结构。滤袋采用 ϕ180mm，袋长 6.0m。滤料的采用，当烟气温度小于 130℃时采用涤纶滤料，当烟气温度为 130～280℃时采用玻璃纤维滤料。除尘器阻力为 1470～1962Pa，除尘器所用压缩空气的压力为 0.5～0.6MPa，耗气量平均为 0.1m³/min。瞬间最大值为 1.0m³/min。LFSF-Z-280 型外形尺寸见图 5-184。其他形式规格尺寸与此接近。

（2）LFSF-D 型大型正负压反吹布袋除尘器　LFSF-D 型设计有两种形式，即矩形正压式和矩形负压式。按分室不同有 4、6、8、10、12、14 个室组合形式之分；按布置方式不同又有单排、双排之分，其中 4、6 室为单排结构，8、10、12、14 室为双排结构。滤袋采用 ϕ292mm 或 ϕ300mm，袋长 10m；当烟气温度小于 130℃时，采用涤纶滤料；烟气温度 130～280℃，采用玻璃纤维滤料。除尘器阻力为 1470～1962Pa，除尘器所用压缩空气的压力为 0.5～0.6MPa，耗气量矩形正压式平均为 1.3～1.5m³/min，最大为 7.6～8.8m³/min；矩形

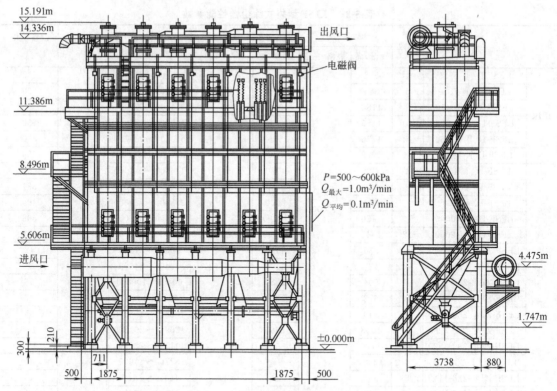

图 5-184　LFSF-Z-280 型除尘器外形尺寸（单位：mm）

负压式平均为 $0.58 \sim 0.64 \mathrm{m^3/min}$，瞬间最大为 $7.27 \sim 8.58 \mathrm{m^3/min}$。LFSF-D/Ⅱ-8000～12000 型除尘器外形尺寸见图 5-185，其他形式尺寸与此接近。

五、反吹风玻纤袋式除尘器

　　LFSF 型玻纤袋式除尘器是专为水泥立窑和烘干机废气除尘开发的产品。该除尘器采用微

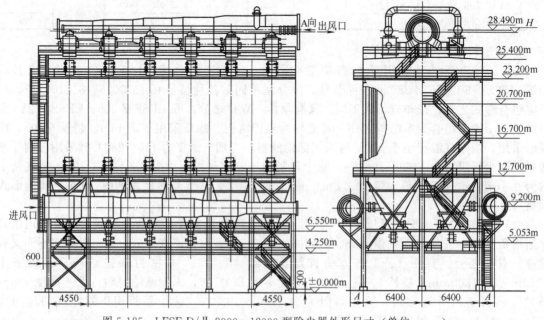

图 5-185　LFSF-D/Ⅱ-8000～12000 型除尘器外形尺寸（单位：mm）

机控制，分室反吹，定时、定阻清灰，温度检测显示等措施，使玻纤袋式除尘器在立窑、烘干机除尘中能高效、稳定运行，烟囱出口排放浓度低于国家规定的 $150\mathrm{mg/m^3}$ 排放标准（实际可保证不大于 $100\mathrm{mg/m^3}$）。该设备可不停机分室换袋，操作简单，安全可靠，运行费用低，是解决立窑、烘干机废气除尘的有效设备。

（1）结构特点　玻纤袋式除尘器的基本结构由以下 3 个部分组成：①进气、排气及反吹系统，包括进气管道、进气室、反吹阀、反吹风管、三通管、排气阀、排气管；②袋室结构，包括灰斗、检修门、本体框架、上下花板、滤袋、袋室；③排灰系统，包括排灰阀、螺旋输送机。

除尘器本体为全钢结构，外壳采用轻质岩棉板保温，保温厚度为 100mm，外壳用厚为 0.5mm 镀锌板保护，花板采用冷冲压成型新工艺，既增加了强度又保证设备制造质量。设计考虑了热膨胀因素，并采取了相应措施，保证了设备在处理高温烟气中安全运行。

（2）工作原理和性能参数　由于立窑、烘干机废气具有含尘浓度高、风量大、污染范围广、湿含量高等特点，给烘干机、立窑烟气的除尘带来了极大的困难。根据烘干机、立窑的特点，采用上进气方式，含尘烟气由上部进入进气室，部分粗颗粒由于惯性落入灰斗，清灰时因气流方向与粉尘沉降方向一致，防止粉尘的二次飞扬。又因为进气室使气流分布均匀、气流速度没有突变，从而保证了各袋室压降平衡，有利于提高滤袋使用寿命。

该形式的玻纤袋式除尘器，其排气阀、反吹风阀均设于下面排气管处。含尘气体在排风机作用下吸入进气总管；通过各进气支管进入进气室；均匀地通过上花板；然后涌入滤袋，大量粉尘被滞留在滤袋上；部分粉尘直接穿过下花板落入灰斗，而气流则透过滤袋得到净化，净化后的气流通过排气阀进入引风机排入大气中。

LFEF 型玻纤袋式除尘器性能参数见表 5-89。

表 5-89　LFEF 型玻纤袋式除尘器性能参数

性能参数 \ 型号规格	LFEF4×170-HSY/H	LFEF5×170-HSY/H	LFEF4×230-HSY/H	LFEF5×358-HSY/H	LFEF4×358-HSY/H	LFEF5×358-HSY/H	LFEF6×358-HSY/H	LFEF7×358-HSY/H
处理风量/(m³/h)	15000～2000	20000～26000	20000～310000	10000～43000	40000～52000	50000～52000	50000～64000	65000～73000
过滤面积/m²	680	850	920	1150	1432	1790	2148	2506
单元数	4	5	4	5	4	5	6	7
滤袋总条数/条	280	350	328	410	352	440	528	616
过滤风速/(m/min)	<0.5							
除尘器阻力/Pa	980～1570							
除尘效率/%	>99							
适用温度/℃	<280							
出口排放浓度/(mg/m³)	<50							
滤袋规格/mm	φ150×5250	φ150×5250	φ150×6200	φ150×6200	φ180×7400	φ180×7400	φ180×7400	φ180×7400
外形尺寸（长×宽×高）/mm	9440×5530×11240	11300×5530×11400	9600×6000×11950	11500×6000×12060	108000×6800×12630	13000×6800×1274	15200×6800×12850	17520×6800×12960
反吹风机	4-72-11No3.6A ΔP=1650Pa，Q=2930m³/h 左旋180° 电机 Y100L-2 3.0kW		4-72-11No4A ΔP=1650Pa，Q=4990m³/h 左旋180° 电机 Y132SI-2 5.5kW		4-72-11No6A ΔP=1160Pa Q=6840m³/h 左旋180° 电机 Y112M-4.4kW			
设备质量/kg	20790	2589	24620	30780	41200	51430	61720	71990

（3）外形尺寸　图 5-186、图 5-187 是 LFEF4×230 型和 LFEF4×358 型玻纤袋式除尘器的外形尺寸，其他形式玻纤袋式尘器的外形尺寸只是增加袋室数量组合而成。

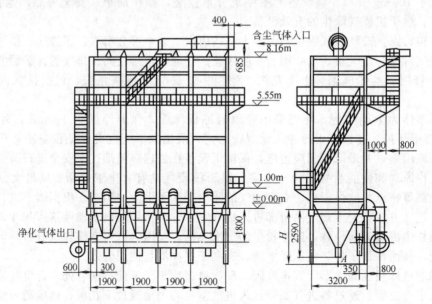

图 5-186　LFEF4×230 型玻纤袋式除尘器外形尺寸（单位：mm）

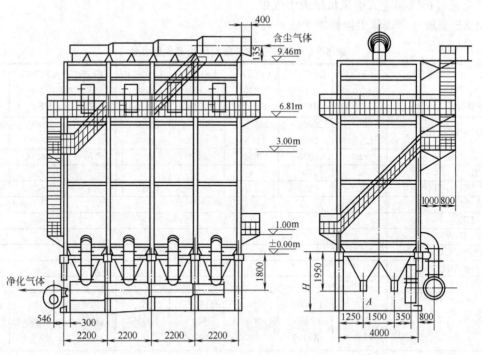

图 5-187　LFEF4×358 型玻纤袋式除尘器外形尺寸（单位：mm）

六、回转切换反吹风袋式除尘器

LMN-Ⅲ型三状态回转切换分室反吹气振除尘器是根据引进设备的特点，是用回转切换阀实现分室三状态，结合气振离线式清灰。该除尘器是分室内滤袋式除尘器。

LMN-Ⅲ型三状态回转切换分室反吹气振除尘器广泛适用于铸造、冶炼、机械、化工、电力、水泥建材、粮食饲料、耐火材料等工业部门。它们特别适用于抽集微小非纤维性粉尘，可以回收有用粉料。它是工业生产中消除污染，保护环境，改善职工劳动条件必不可少的基本设施。

1. 三状态回转分室反吹气振除尘器的特点

（1）回转切换定位离线式喷吹，气振三状态清灰机构，实现最佳的清灰再生功能，比原清灰能力提高 2.6 倍，克服了其他形式的清灰机构普遍存在的切换阀多、漏风量大、机构复杂、切换不到位、气流短路等问题，提高了分室结构袋式除尘器的运行可靠性、技术性、经济性，这项技术也被国家专利局列为国家专利。

（2）滤袋与花板整流孔连接采用倒定位连接，实现清洁室无储灰死角，克服滤袋粉尘渗灰处、粉尘饱和处。使滤袋采用软硬自锁密封，提高滤袋密封性和使用寿命。

（3）除尘器采用内滤式滤袋，外侧为净化后气体，检修工劳动条件好；滤袋内无框架，不存在滤袋机械磨损，提高了滤袋使用寿命。

（4）本设备采用先进的回转"三状态"清灰机构和"气振离线式"清灰技术相结合，组成最先进的清灰过程，有效地使滞留在滤袋上的灰尘块离开滤袋后，迅速进入灰斗，防止"二状态"清灰时滤袋上部抖落的灰尘来不及进入灰斗，被紧接着而来的过滤气流带到滤袋上，产生所谓"再吸附"，增加滤袋负荷，使除尘器阻损高，滤袋寿命短，回转"三状态"比"二状态"清灰能力提高 1.75～2.6 倍。并能有效地提高除尘器本身入口浓度达 $30g/m^3$，比一般除尘器提高。

（5）回转切换阀比切换三通阀门的除尘器，凸轮切换三通阀门除尘器和气、电动切换三通阀门的除尘器，维修工作量少。

（6）设备漏气量少，气密性好。以分为 10 个室的除尘器为例，它比用链条切换三通阀门，凸轮切换三通阀门，气、电动切换三通阀门的除尘器漏气量小。

（7）本系列除尘器产品，采用单元组合式箱体结构，根据处理风量不同，选用单元数量规格，使设计选用灵活方便。

2. 除尘器构造及工作原理

（1）基本结构　LMN 型分室反吹风袋式除尘器基本结构如图 5-188 所示。具体结构：①上箱体包括回转阀门、减速器与电机、观察孔、出气口、反吹风入口；②中箱体包括滤袋、调紧螺栓、入孔门、含尘气体导流箱、进气口、滤袋包箍、整流花板、分室板、上下平台；③下箱体包括灰斗、螺旋输送机与电机、星形卸灰阀与电机、入孔门、除尘器支架。

（2）工作原理　过滤工况下，含尘气体先经过下部灰仓，降低流速，使粗颗粒粉尘在仓内扩散沉降，减轻了滤袋的过滤负荷，其余含尘气体经过整流花板进入布袋，将布袋吹膨，小颗粒弥散于滤袋内壁滞留，净化气体透过滤袋进入清洁室，再经过回转阀门到风机，由风机吸入而排放于大气中，除尘器本体在负压工况下工作。

随着过滤工况的进行，滤袋内壁的粉尘逐渐增加，使粉尘聚在滤袋内壁上，除尘设备到达一定阻损时（工况设定）由执行机构发出信号，自动控制会自动启动。回转分室反吹气振执行机构工作，回转切换分室到某室，该室停止过滤，反吹气振气流进入该室，反吹气振气流由外向内窜过滤袋，破坏积聚在滤袋内壁上的尘块层，同时产生滤袋的机械变化和气振振荡气流，最佳地使滤袋内壁尘块层被崩溃跌落，紧急而来"三状态"清灰功能，有效地使聚状粉尘进入灰斗，完成了一室最佳清灰再生功能。轮流对各室进行同上清灰，直至滤袋阻力降至控制下限，清灰机构停止工作，就完成整体再生工况。

3. 技术性能

LMN-Ⅲ型回转切换反吹风除尘器技术性能见表 5-90。

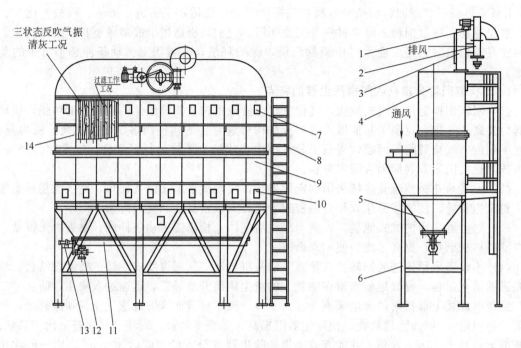

图 5-188　LMN 型分室反吹风袋式除尘器基本结构

1—风机；2—气振阀；3—切换阀总成；4—上箱体；5—灰斗；6—支脚；7—上箱体入孔；8—扶梯；9—下箱体；
10—下箱体入孔；11—螺旋输送机；12—卸灰阀；13—摆线针轮减速机；14—布袋

表 5-90　LMN-Ⅲ型回转切换反吹风除尘器技术性能

型号	室数	袋数	过滤面积/m²				处理风量/(m³/h)				袋长/m			
			3.5m	4m	5m	6m	3.5m	4m	5m	6m				
LMN-Ⅲ-54	3	54	99	114	145	176	5940~8910	6840~10260	8700~13050	10560~15840	3.5	4	5	6
LMN-Ⅲ-72	4	72	132	152	194	235	7920~11880	9120~13680	11640~17460	14100~21150	3.2	3.7	4.7	5.7
LMN-Ⅲ-90	5	90	165	190	242	294	9900~4850	11400~17100	14520~21780	17640~24460	3.2	3.7	4.7	5.7
LMN-Ⅲ-108	6	108	198	228	290	352	11880~17820	13680~20520	17400~26100	21120~31680	3.2	3.7	4.7	5.7
LMN-Ⅲ-126	7	126	231	226	339	411	13860~20790	15960~23940	20340~30510	24660~36990	3.2	3.7	4.7	5.7
LMN-Ⅲ-144	8	144	264	304	388	470	15840~23760	18240~27360	23280~34920	28200~42300	3.2	3.7	4.7	5.7
LMN-Ⅲ-162	9	162	297	342	436	529	17820~26730	20520~30780	26160~39240	31740~47610	3.2	3.7	4.7	5.7
LMN-Ⅲ-180	10	180	330	380	484	588	19800~29700	22800~34200	29040~43560	35280~52920	3.2	3.7	4.7	5.7

型号	室数	袋数	过滤面积/m²				处理风量/(m³/h)				袋长/m			
			3.5m	4m	5m	6m	3.5m	4m	5m	6m	3.2	3.7	4.7	5.7
LMN-Ⅲ-198	11	198	363	418	532	646	21780~32670	25080~37620	31920~47880	38760~58140	3.2	3.7	4.7	5.7
LMN-Ⅲ-216	12	216	396	456	580	704	23760~35640	27360~41040	34800~52200	42240~63360	3.2	3.7	4.7	5.7
LMN-Ⅲ-234	13	234	429	494	629	763	25740~38610	29640~44460	37740~56610	45780~68670	3.2	3.7	4.7	5.7
LMN-Ⅲ-252	14	252	462	532	678	822	27720~41580	31920~47880	40680~61020	49320~73980	3.2	3.7	4.7	5.7
LMN-Ⅲ-270	15	270	495	570	727	881	29700~44550	34200~51300	43620~65430	52860~79290	3.2	3.7	4.7	5.7
LMN-Ⅲ-288	16	288	528	608	776	940	31680~47520	36480~54720	46560~69840	56400~84600	3.2	3.7	4.7	5.7

（1）除尘器过滤面积按下式计算。

$$F = \frac{Q}{60V} \tag{5-66}$$

式中　F——为除尘器总需要过滤面积，m²；

　　　Q——通过除尘器的过滤风量，m³/h；

　　　V——滤袋过滤风速，m/min。

过滤风速的选择：对于过滤高温，当≥120℃或≤200℃高温针刺呢取 $V=1\sim1.5$m/min；高温玻璃纤维布，当≥200℃或≤250℃取 $V=0.4\sim0.75$m/min；对于过滤常温，常温针刺呢取 $V=1\sim1.5$m/min，"208"涤纶布或"729"工业滤布等取 $V=1\sim1.5$m/min。

对于粉尘黏性强、浓度大、温度高、颗粒细的含尘气体取过滤风速低一点，反之则相应取高一点。

（2）常温工况空载运行阻损为 200~300Pa，负载运行阻损控制范围应与所选用的过滤风速、粉尘黏性、颗粒粗细相适应，常见一般为 650~1150Pa。

（3）入口浓度　入口浓度并不影响除尘效率，但浓度过大使滤袋过载，三状态气振清灰频率动作影响滤袋使用寿命，所以入口浓度不宜超过 30g/m³。当入口浓度超过上述规定时应在袋式除尘器前加置一级中效除尘器。

（4）清灰气流可以取大气，对在主风机前负压大于滤袋阻损即大于2000Pa时，可不设反吹风机，对处理高温烟气时取除尘器本身经过净化后的烟气，防止结露、堵袋。当系统主风机前负压小于滤袋阻力时，则应在三状态反吹气振风管上增设反吹风机。

七、扁袋反吹风袋式除尘器

1. 特点

FEF 型旁插回转切换反吹风扁袋除尘器（见图 5-189）是总结同类型除尘器的系列设计和运行实践的基础上研制的。FEF 型旁插回转切换扁袋除尘器具有以下特点：①采用单元组合式单层或双层箱体结构，设计选用灵活方便；②采用旁插信封式扁袋，布置紧凑，换袋方便，

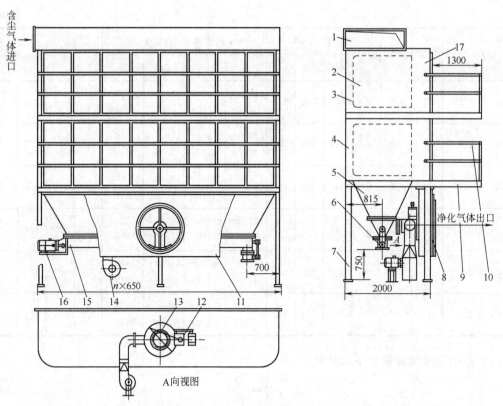

图 5-189　FEF 型旁插回转切换反吹风扁袋除尘器（单位：mm）

1—进气箱；2—布袋；3—上箱体；4—下箱体；5—灰斗；6—卸灰阀；7—支架；8—排气箱口；9—平台；
10—扶手；11—切换阀总成；12—减速器；13—回转切换阀；14—反吹风机；
15—螺旋输送机；16—摆线减速机；17—清洁室

适宜室内安装；③采用分室轮流切换，停风反吹清灰，清灰能耗小，清灰效果最佳；④滤袋安装座采用成型钢，箱体壁板折边拼缝，表面平整，美观、机械强度高，密封性好；⑤滤袋袋口采用特殊纤维材质制成，弹性好，强度高，使除尘室与清洁有极好隔尘密封性能；⑥采用 1500mm×750mm×25mm 中等规格扁袋，每层二排布置，单件质量轻，换袋占用空间小，换袋作业极为轻便；⑦袋间没有隔离弹簧，防止滤袋反吹清灰时，滤壁贴附，堵塞落灰通道，确保清灰效果。

FEF 型旁插回转切换扁袋除尘器已在有色冶炼、机械、铸造、水泥、化工等行业的工程实际中批量应用。

2. 结构及工作原理

FEF 型旁插扁袋除尘器由过滤室、清洁室、灰斗、进排气口、螺旋输送机、双舌卸灰阀、回转切换定位脉动清灰机构以及平台梯子等部分组成。

含尘气流由顶部进气口进入，向下分布于过滤袋间空隙，大颗粒尘随下降气流沉落灰斗，小颗粒尘被滤袋阻留，净化空气透过袋壁经花板孔汇集清洁室，从下部流入回转切换通道，最后经排气口接主风机排放，完成过滤工况。

随着过滤工况的进行，滤袋表面积尘增加，阻力上升，当达到控制上限时，启动回转切换脉动清灰机构，轮流对各室进行停风定位喷吹清灰，直至滤袋阻力降至控制下限，清灰机构停止工作。

3. 技术性能及选用

FEF 型旁插回转切换反吹风扁袋除尘器性能参数见表 5-91。选用计算如下所述。

表 5-91　FEF 型旁插回转切换反吹风扁袋除尘器性能参数

| 型号 | 层数 | 室数 | 单元数 | 袋数 | 过滤面积/m² | | 处理能力 | | 外形尺寸/mm |
					公称	实际	ω/(m/min)	L/(m³/h)	
FEF-3/Ⅰ-^A_B	1	3	3	42	90	94.5	1~1.5	5400~8100	195×330×4250
FEF-4/Ⅰ-^A_B	1	4	4	56	130	126	1~1.5	7800~11700	2600×3300×4250
FEF-5/Ⅰ-^A_B	1	5	5	70	160	157.5	1~1.5	9600~14400	3250×3300×4250
FEF-6/Ⅰ-^A_B	1	6	6	84	190	189	1~1.5	11400~17100	3900×3300×4350
FEF-7/Ⅰ-^A_B	1	7	7	98	220	220.5	1~1.5	13200~19800	4550×3300×4350
FEF-8/Ⅰ-^A_B	1	8	8	112	250	252	1~1.5	15000~22500	5200×3300×4350
FEF-3/Ⅱ-^A_B	2	3	6	84	190	189	1~1.5	11400~17100	1950×3300×6500
FEF-4/Ⅱ-^A_B	2	4	8	112	250	252	1~1.5	15000~22500	2600×3300×6500
FEF-5/Ⅱ-^A_B	2	5	10	140	320	315	1~1.5	19200~28800	3250×3300×6500
FEF-6/Ⅱ-^A_B	2	6	12	168	380	378	1~1.5	22800~34200	3900×3300×6630
FEF-7/Ⅱ-^A_B	2	7	14	196	440	441	1~1.5	26400~36900	4550×3300×6630
FEF-8/Ⅱ-^A_B	2	8	16	224	500	504	1~1.5	30000~45000	5200×3300×6630
FEF-9/Ⅱ-^A_B	2	9	18	252	570	567	1~1.5	34200~51300	5850×3300×6630
FEF-10/Ⅱ-^A_B	2	10	20	280	630	630	1~1.5	37800~56700	6500×3300×6700
FEF-11/Ⅱ-^A_B	2	11	22	308	690	693	1~1.5	41400~62100	7150×3300×6700
FEF-12/Ⅱ-^A_B	2	12	24	336	760	756	1~1.5	45600~68400	7800×3300×6700

（1）除尘效率　如选用二维机织滤料，除尘效率≥99.2%。如选用三维针刺毡滤料，除尘效率≥99.6%。如选用微孔薄膜复合滤料，除尘效率≥99.9%。

（2）设备阻力　800~1600Pa。具体控制范围应视尘气性状。滤料选配，滤速大小以及主风机特性在除尘系统试运转时调定。

（3）滤料　对常温尘气以及不超过120℃的中温烟气选用聚酯纤维滤料，常用的有729滤料（缎纹织物）和针刺毡滤料。对高于120℃的高温烟气选用芳香族聚酰醛纤维滤料。常用的有 NOMEX、CONEX 以及芳砜纶针刺毡料。对排放要求高，含尘气体湿度大，宜选用各种不同织物基布的微孔薄膜复合滤料。

（4）过滤速度　对于颗粒细，浓度高、黏度大，温度高的含尘气体宜按低档负荷选取 $v=1.0~1.2$m/min；对于颗粒粗，浓度低、黏度小，常温的含尘气体宜按高档负荷选取 $v=1.3~1.5$m/min；最高为1.8m/min。

（5）过滤面积计算

$$F = \frac{Q}{60v} \tag{5-67}$$

式中　F——过滤面积，m²；

Q——处理气量，m³/h；

v——过滤速度，m/min。

（6）入口含尘浓度　通常入口含尘浓度不超过30g/m³，对颗粒大的含尘气体均可以酌情放宽；若超过此值，建议前置一级旋风或中效除尘器。

（7）反吹风方式　对于干燥、滑爽型粗粒尘，不用配反吹风机和脉动阀，靠自然大气反吹风即可；对于较潮湿的黏性细粒尘，必须配反吹风机和脉动阀，实现风机大气风脉动反吹；对于高温、潮湿的黏性细粒尘，还需将反吹风机入口与主风机出口连接，实现风机循环风脉动反吹。

(8) 清灰控制方式　本除尘器配带的电控柜按定时清灰控制原理设计，清灰周期可调。如特殊需要，也可专门设计配带定阻力清灰控制柜。除尘器阻力用 U 形压力计显示。

八、双层单过滤袋式除尘器

1. 组成

双层单过滤袋式除尘器的结构如图 5-190 所示。它是由上箱体、中箱体、下箱体及清灰系统组成；①上箱体，包括上盖、小气室、双层风管、双层阀门、清灰传动机构、花板及出风口等；②中箱体，包括滤袋、滤袋框架及检修门等；③下箱体，包括进风口、滤袋托架及排灰装置及支腿；④清灰系统，包括反吹风机、反吹风管、双层阀门、反吹风口、电动机、减速器、链条及拨叉等。

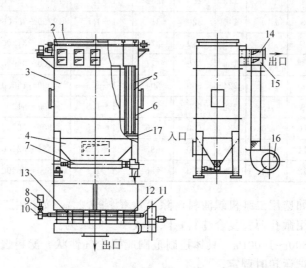

图 5-190　双层单过滤袋式除尘器结构

1—上盖；2—上箱体；3—中箱体；4—灰斗；5—滤袋；6—框架；7—螺旋输送机；8—电动机；
9—头部传动；10—减速器；11—尾部传动；12—阀体拨叉；13—链条；14—排风风管；
15—反吹风管；16—反吹风机；17—布袋托架

2. 工作原理

含尘气体，由进风口进入下箱体灰斗，较大尘粒沉下，细尘粒随气流到中箱体被滤袋阻留，净化后的气体进入上箱体由风机排出。除尘器过滤时排风口阀门打开，反吹风阀门关闭，清灰时由电动机和减速器带动链条，使双层阀门的拨叉把排风阀门关闭，反吹风阀门打开，反吹风机送来的反吹风进入小室，使滤袋上的粉尘抖落在灰斗里，由螺旋排灰排出机体。

滤袋的结构形式是在一个大袋里衬一个袋，形成外滤内滤相结合的过滤形式，如图 5-191所示。过滤时，外袋被吸附在滤袋框架上，内袋胀起，粉尘被阻留在外袋的外侧和内袋的内侧上。净化后的空气由外、内袋之间的空隙流出。由于采用了外滤和内滤相结合的结构形式，从而使过滤段的箱体的过滤面积增大。清灰时，由反吹风机送来的一股气流将外袋胀起，内袋压瘪将贴附在滤袋上的粉尘被抖落下来。图 5-192 表示过滤和清灰的两个过程。

双层单过滤袋式除尘器的技术性能见表 5-92。

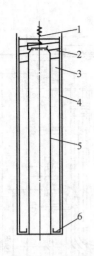

图 5-191　滤袋结构

1—内袋吊钩；2—框架铁丝网；3—外袋框架；

4—外袋；5—内袋；6—底部框架底板

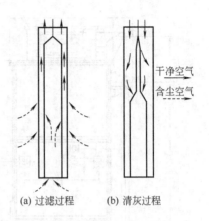

(a) 过滤过程　　(b) 清灰过程

图 5-192　过滤与清灰过程

表 5-92　双层单过滤袋式除尘器技术性能

| 型号 | 过滤面积/m² | | 气室/个 | 滤袋长度/m | 设备阻力/Pa | 处理风量 | | 耗电量/kW | | | 除尘效果/% |
	公称	实际				过滤风速/(m/min)	风量/(m³/h)	反吹风机	清灰传动机械	下灰斗	
LFSF-5×7	35	33.6	5	1.4	600~1200	1~2.0	2016~4032	1.1~1.5	0.135	1.1	>99
						2.5~3.0	5040~6048	1.5~2.2			
LFSF-7×7	45	47	7	1.4	600~1200	1~2.0	2820~5640	1.1~1.5	0.135	1.1	>99
						2.5~3.0	7050~8640	1.5~2.2			
LFSF-7×10	65	67.2	7	2	600~1200	1~1.5	4020~6030	1.1~2.2	0.135	1.1	>99
						2~3.0	8040~12060	2.2~3.0			
LFSF-7×14	95	94.08	7	2.8	600~1200	1~1.5	5640~8460	1.1~2.2	0.135	1.1	>99
						2~3.0	11280~16920	2.2~3.0			
LFSF-8×16	125	126.7	8	2.2	600~1200	1~1.5	7620~11403	1.1~2.2	0.55	1.1	>99
						2~3.0	15204~22860	3.2~4.0			
LFSF-8×20	160	161.28	8	2.8	600~1200	1~2.0	9660~19302	1.1~3.0	0.55	1.1	>99
						2.5~3.0	24150~28980	3.0~4.0			
LFSF-10×20	200	201.6	10	2.8	600~1200	1~2.0	12090~24192	1.1~3.0	0.55	1.1	>99
						2.5~3.0	30240~36288	3.0~4.0			

九、气环反吹袋式除尘器

气环反吹袋式除尘器是与脉冲袋式除尘器几乎同时发展的新型高效率除尘设备，最大优点是可适用于高浓度和较潮湿的粉尘；并且采用小型高压风机作为反吹用的气源，不受气源限制。

气环反吹袋式除尘器基本构造和尺寸如图 5-193 所示。含尘气体由进入口引入机体后进入

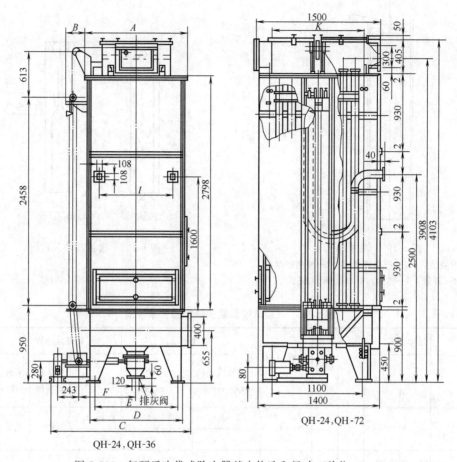

图 5-193　气环反吹袋式除尘器基本构造和尺寸（单位：mm）

滤袋的内部，粉尘被阻留在滤袋内表面上，被净化的气体则透过滤袋，经气体出口排出机体。滤袋清灰是依靠紧套在滤袋外部的反吹装置（气环箱）上下往复运动进行的，在气环箱内侧紧贴滤布处开有一条环形细缝，从细缝中喷射从高压吹风机送来的气流吹掉贴附在滤袋内侧的粉尘，每个滤袋只有一小段在清灰，其余部分照常进行除尘，因此除尘器是连续工作的。

这种清灰方式比较彻底，会把织物滤袋上起过滤作用的残留尘垫也清落下来，所以使用编织物作滤料除尘效率就会降低。因此，比较适于用毡作滤料。由于清灰效果好，因而选用的过滤速度一般比振打袋式除尘器约大 2 倍以上，所以占地面积也可缩小。但是气环在滤袋上下移动对滤袋使用寿命有一定的影响；另外，气环反吹的一套清灰机构比较复杂，运动部件容易发生故障，因此，在应用上受到一定的限制。

气环反吹袋式除尘器技术性能及外形尺寸见表 5-93。

十、回转反吹风袋式除尘器

1. 构造和性能

回转反吹风除尘器是逆向气流清灰的一种形式。这种除尘器都采用下进风外滤式。滤袋做成楔形呈辐射状布置在圆形筒体内。根据处风量的要求，筒体内可布置 2～4 圈滤袋。楔形滤袋的长边一般为 320mm，两短边分别为 80mm 和 40mm，滤袋长为 3～6m。图 5-194 为回转反吹风袋式除尘器的构造示意。

表 5-93　气环反吹袋式除尘器技术性能及外形尺寸

性　　能	型　　号			
	QH-24	QH-30	QH-48	QH-72
过滤面积/m²	23.0	34.5	46.0	69.0
滤袋数目/条	24	36	48	72
滤袋直径×长度/mm	$\phi 120\times 2540$	$\phi 120\times 2540$	$\phi 120\times 2540$	$\phi 120\times 2540$
设备阻力/Pa	1000～1200	1000～1200	1000～1200	1000～1200
除尘效率/%	>99	>99	>99	>99
含尘浓度/(g/m³)	5～15	5～15	5～15	5～15
过滤风速/(m/min)	4～6	4～6	4～6	4～6
处理风量/(m³/h)	5762～8290	8290～10410	11050～16550	16550～24810
气环箱内部压力/Pa	3500～1500	3500～1500	3500～1500	3500～1500
气环箱上下移动速度/(m/min)	6～15	6～15	6～15	6～15
气环箱吹气缝宽/mm	0.5～0.6	0.5～0.6	0.5～0.6	0.5～0.6
反吹风量/(m³/h)	720	1080	1440	2160
配套风机型号	4.6#	4.6#	4.6#	4.6#
配套风机用电机型号	JO₂41-2	JO₂41-2	JO₂41-2	JO₂41-2
电机功率/kW	5.5	5.5	7.5	7.5
设备传动功率/kW	1.1	1.1	1.1	1.1
外形尺寸(长×宽×高)/mm	1202×1400×4150	1680×1400×4150	2480×1400×4150	3240×1400×4150
设备质量/kg	1170	1480	1850	2200

　　悬挂滤袋的上花板将除尘器的滤袋室和净化室隔开，含尘气体从圆筒形壳体切向进入袋滤室，这在一定程度起离心分离作用，使部分粗大尘粒在离心力的作用下分离出来，从而减轻了滤袋的粉尘负荷。含尘气流通过滤袋时粉尘被滤袋捕集，净化后的气体经净气室排出。

　　净气室内装有可回转的悬臂管，通过中心管可将高压反吹气流引入悬臂管内。悬臂管向下开有1～4个对准楔形袋口的喷吹孔，回转悬臂管通过减速机构做缓慢的旋转运动。

　　反吹气流是利用单独高压风机提供的。当滤袋室的阻力增加到某一规定值时，反吹风机及回转机构同时启动，这时反吹气流自中心管送至回转悬臂，经喷吹孔垂直向下吹入滤袋内，使滤袋鼓胀，将粉尘抖落，达到清灰的目的。回转悬臂管隔一定时间移动一个角度，当回转悬臂旋转1周，整个滤袋室内每一排滤袋就实现一次清灰过程。

　　回转悬臂在每排袋口上停留的时间，根据入口含尘质量浓度及过滤风速的要求确定，一般为0.3～0.5s。反吹周期可定为15～30min。用于每条滤袋的反吹风量为该滤袋过滤风量的4～5倍，反吹风机的风压不应小于3600Pa。

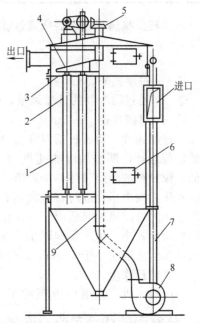

图 5-194　回转反吹风袋式除尘器构造示意
1—箱体；2—滤袋，3—花板；4—回转臂；
5—回转臂传动装置；6—人孔；7—吸风
管；8—反吹风机；9—反吹风管

　　这种回旋反吹风袋式除尘器与一般圆袋形除尘器相比，在单台体积相同的情况下，前者的过滤面积比后者增加1/3～1/4，且圆形筒体受力均匀，因此可用于易爆的烟气净化场合。但是滤袋易损坏，维修工作量大，而且传动机构较多，加工及安装要求较严。

2. 技术性能

ZC 型回转反吹扁袋除尘器技术性能及清灰机构性能参数见表 5-94。

表 5-94　ZC 型回转反吹扁袋除尘器技术性能

型号	过滤面积/m²		袋长/m	圈数/圈	袋数/条	除尘率/%	入尘质量浓度/(g/m³)	使用温度/℃
	公称	实际						
24Z200	40	38	2	1	24			
24Z300	60	57	3	1	24			
24Z400	80	76	4	1	24			
72Z200	110	104	2	2	72			
72Z300	170	170	3	2	72			
72Z400	230	228	4	2	72	99.0～99.7	<15	110
144Z300	340	340	3	3	144			
144Z400	450	445	4	3	144			
144Z500	570	569	5	3	144			
240Z400	760	758	4	4	240			
240Z500	950	950	5	4	240			
240Z600	1140	1138	6	4	240			

（1）回转反吹扁袋除尘器所需过滤面积的计算

$$F = \frac{Q}{60V} \tag{5-68}$$

式中　F——过滤面积，m²；

Q——通过除尘器的过滤风量，m³/h；

V——过滤风速，m/min。

（2）过滤速度　对于过滤温度高（80℃<t≤120℃），黏性大、浓度高、粒径细的含尘气体按低负荷运行，即采用过滤速度为 1.0～1.5m/min。对于过滤常温（t≤80℃），黏性小、浓度低、粒径粗的含尘气体，按高负荷运行，即采用过滤速度为 1.5～2.0m/min。

（3）压力损失　常温时，空载运行压力损失为 300～400Pa。正常运行压力损失控制范围应与所选用的过滤风速相适应。负荷运行时压力损失为 800～1600Pa。

（4）除尘效率　生产实测除尘效率达到 99.5％以上，排放浓度低于国家的排放标准。一般进风口含尘浓度应小于 15g/m³，当超过此值时，滤袋过载，清灰较频繁，影响滤袋的使用寿命，应考虑预除尘。

（5）反吹风机　选用 9-19 型或 9-26 型，风量 1150～3400m³/h，风压 3750～6200Pa。

十一、分室回转切换定位反吹袋式除尘器

分室回转切换定位反吹袋式除尘器采用多单元组合结构。一台除尘器可以有几个独立的仓室，仓室入口和出口设有烟气阀门，入口还设有导流装置。每个仓室有一定数量的过滤单元，每个单元分隔成若干个袋室，各有若干条滤袋。袋室顶部有净气出口（见图 5-195）。

滤袋为矩形断面，取外滤型式，安装滤袋时，靠滤袋框架与滤袋的紧配合将滤袋拉直和张紧。运行过程中，滤袋的变形较小。

清灰依靠分室定位反吹机构而实现。每一过滤单元设有一套回转切换定位反吹机构。一个单元内各个袋室的净气出口布置在一个圆周上，其上部是垂直布置并带有弯管和反吹风口的反

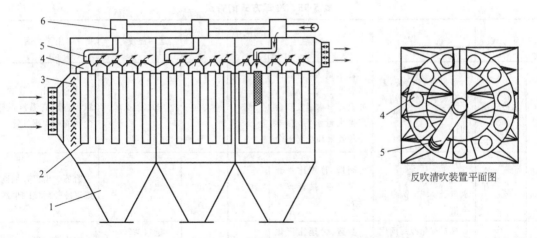

图 5-195　分室回转切换定位反吹袋式除尘器结构
1—灰斗；2—滤袋及框架；3—导流装置；4—袋室的净气出口；
5—反吹风管；6—分室定位反吹机构

反吹清吹装置平面图

吹风管。清灰时，PLC控制系统令反吹风管旋转，并使反吹风口对准一个袋室的出口，持续时间为13～15s，该袋室便在停止过滤的状态下实现清灰。各袋室的清灰逐个依次进行。清灰动力利用除尘系统主风机前后的压差，必要时增设反吹风机。

分室回转切换定位反吹袋式除尘器的特点：①在方形箱体内布置扁形滤袋，实现回转切换定位反吹清灰；②以主风机为清灰动力，且反吹风量较小，因而清灰能耗低；③运行过程中，滤袋与滤袋框架之间发生的摩擦、碰撞较少。

其缺点：①清灰强度低，因而清灰效果较差，往往导致设备阻力高；②反吹机构在烟气环境中工作，故障较多，一旦出现故障即导致整个仓室停止工作。

第八节　袋式除尘器应用技术措施

袋式除尘器在应用过程中会遇到高温、燃烧或爆炸、腐蚀、磨损、高浓度等种种问题。此时就要针对具体情况采取相应的技术措施，以期取得满意的结果。

一、袋式除尘器高温技术措施

1. 烟气进除尘器前的高温措施

由于烟气温度高达约550℃，现在已有的普通袋式除尘器无法适应，故在烟气进入袋式除尘器采取三项降温及预防措施。

（1）设置气体冷却器　冷却高温烟气的介质可以采用温度低的空气或水，称为风冷或水冷。不论风冷、水冷，可以是直接冷却，也可以是间接冷却，所以冷却方式用以下方法分类：①吸风直接冷却，将常温的空气直接混入高烟烟气中（掺冷方法）；②间接风冷，用空气冷却在管内流动的高温烟气，用自然对流空气冷却的风冷称为自然风冷，用风机强迫对流空气冷却称为机械风冷；③喷雾直接冷却，往高温烟气中直接喷水，用水雾的蒸发吸热，使烟气冷却；④间接水冷，用水冷却在管内流动的烟气，可以用水冷夹套或冷却器等形成。

各种冷却方法都适用于一定范围，其特点、适用温度和用途各不相同，见表5-95。

表 5-95　冷却方式的特点

冷却方式		优　点	缺　点	漏风率/%	压力损失/Pa	适用温度/℃	用　途
间接冷却	水冷管道	可以保护设备,避免金属氧化物结块而有利于清灰;热水可利用	耗水量大,一般出水温度不大于45℃,如提高出水温度则会产生大量水污,影响冷却效果和水套寿命	<5	<300	出口>450	冶金炉出口处的烟罩、烟道、高温旋风除尘器的壁和出气管
	汽化冷却	有具水套的优点,可生产低压蒸气,用水量比水套节约几十倍	制造、管理比水套要求严格,投资较水套大	<5	<300	出口>450	冶炼炉出口处烟道、烟罩冷却后接除尘器
	余热锅炉	具有汽化冷却的优点,蒸气压力较大	制造、管理比汽化冷却要求严格	10~30	<800	进口>700出口>300	冶炼炉出口
	热交换器	设备可以按生产情况调节水量以控制温度	水不均匀,以致设备变形,缩短寿命	<5	<300	>500	冶炼炉出口处或其他措施后接除尘系统
	风套冷却	热风可利用	动力消耗大,冷却效果不如水冷	<5	<300	600~800	冶金炉出口除尘器之前
	自然风冷	设备简单可靠,管理容易,节能	设备体积大	<5	<300	400~600	炉窑出口除尘器之前
	机械风冷	管道集中,占地比自然风冷少,出灰集中	热量未利用需要另配冷却风机	<5	<500	进口>300出口>100	除尘器前的烟气冷却
直接冷却	喷雾冷却	设备简单,投资较省,水和动力消耗不大	增加烟气量、含湿量,腐蚀性及烟尘的黏结性;湿式运行要增设泥浆处理	5~30	<900	一般干式运行进口>450,高压干式运行>150,湿式运行不限	湿式除尘及需要改善烟尘比电阻的电除尘前的烟气冷却
	吸风冷却	结构简单,可自动控制使温度严格维持在一定值	增加烟气量,需加大收尘设备及风机容量			一般<100~200	袋式除尘器前的温度调节及小冶金炉的烟气冷却

注:漏风率及阻力视结构不同而异。

(2) 混入低温烟气　在同一个除尘系统如果是不同温度的气体,应首先把这部分低温气体混合高温气体。不同温度气体混合时混合后的温度按下式计算。

$$V_{01}C_{P1}t_1+V_{02}C_{P2}t_2+V_{03}C_{P3}t_3+V_{04}C_{P4}t_4=V_0C_Pt \tag{5-69}$$

式中　V_{01}~V_{04}——各工位吸尘点烟气量,m^3/min;

t_1~t_4——各工位烟气温度,℃;

V_0——除尘器入口烟气量,m^3/min;

t——除尘器入口烟气温度,℃;

C_{P1}~C_{P4}、C_P——各工位烟气摩尔热容,$kJ/(kmol\cdot K)$。

(3) 装设冷风阀　吸风冷却阀用在袋式除尘器以前主要是为了防止高烟气超过允许温度进入除尘器。它是一个有调节功能的蝶阀,一端与高温管道相接,另一端与大气相通。调节阀由温度信号自动操作,控制吸入烟道系统的空气量,使烟气温度降低,并调节在一定值范围内。

吸风支管与烟道相交处的负压应不小于50~100Pa,吸入的空气应与烟气有良好的混合,然后进入袋式除尘器。这种方法适用于烟气温度不太高的系统。由于该方法温度控制简单,在用冷却器将高温烟气温度大幅度降低后，再用这种方法将温度波动控制在较低范围，如±20℃内。需要吸入的空气量按下式计算。

$$\frac{V_{KO}}{22.4}=\frac{\frac{V_O}{22.4}\times(C_{P2}t_q-C_{P1}t_h)}{C_{PK}t_2-C_Kt_k}$$ (5-70)

式中　V_{KO}——吸入的空气量（标准状态下），m^3/h；

　　　V_O——在标准状态下的烟气量，m^3/h；

　　　C_{P2}——$0\sim t_2$℃烟气的摩尔热容，$kJ/(kmol\cdot℃)$；

　　　C_{P1}——$0\sim t_1$℃烟气的摩尔热容，$kJ/(kmol\cdot℃)$；

　　　C_{PK}——$t_k\sim t_2$℃烟气的摩尔热容，$kJ/(kmol\cdot℃)$；

　　　C_K——常温下空气的摩尔热容，$kJ/(kmol\cdot℃)$；

　　　t_q——烟气冷却前的温度，℃；

　　　t_h——烟气冷却后的温度，℃；

　　　t_k——被吸入空气温度，按夏季最高温度考虑，℃。

夏季被吸入空气量按下式求得。

$$V_k=V_{ko}\frac{273+(30\sim40)}{273}$$ (5-71)

吸入点的空气流速按下式计算：

$$v=\sqrt{\frac{2\Delta P}{\xi\rho_K}}$$ (5-72)

式中　v——空气流速，m/s，一般取 $15\sim30m/s$；

　　　ΔP——吸入点管道上的负压值，Pa；

　　　ξ——吸入支管的局部阻力系数；

　　　ρ_K——空气密度，kg/m^3。

2. 除尘器结构设计措施

（1）除尘器设滑动支点　除尘器箱体在除尘器运行受高温影响产生线膨胀，伸长量按下式求得。

$$\Delta L=La_L(K_2-K_1)$$ (5-73)

式中　ΔL——除尘器箱体热伸长量，m；

　　　L——设备计算长度，m；

　　　a_L——平均线膨胀系数，$m/(m\cdot k)$，普通钢板取 $12\times10^{-6}m/(m\cdot K)$；

　　　K_2——烟气温度，K；

　　　K_1——大气温度，K，一般取采暖室外计算温度。

根据计算结果在除尘器长度方向中间立柱上端设固定支点，在其他立柱设滑动支点。滑动支点的构造为不锈钢板及双向椭圆形活动孔。除尘器滑动支点一般可分为平面滑动支点和平面导向支点，支座的结构形式应考虑到摩擦阻力大小的影响。

① 摩擦阻力 $F(kg)$ 计算

$$F=\mu P$$ (5-74)

式中　P——管道质量（包括灰重），kg；

　　　μ——摩擦系数。

为降低管道对支架的摩擦阻力，应选用摩擦系数低的滑动摩擦副。

② 滑动摩擦副。根据管道内气体温度的高低和支点承载能力的大小，多数设计或选型通常采用聚四氟乙烯或复合聚四氟乙烯材料作为滑动摩擦副。它和钢与钢的滑动摩擦及滚动摩

的滑动支座相比，具有以下优点：a. 摩擦系数 μ 低，钢与钢的滑动摩擦，$\mu=0.3$；钢与钢的滚动摩擦，$\mu=0.1$；而聚四氟乙烯，$\mu=0.03\sim0.08$，因而摩擦阻力很低，使得管道支架变小，降低了工程投资；

b. 聚四氟乙烯材料耐腐蚀性能好，性能稳定可靠，而以钢为摩擦材料的支座因钢容易锈蚀，使得摩擦系数增加，造成系数运行时的摩擦阻力增大；

c. 安全可靠，使用寿命长，聚四氟乙烯材料因具有自润滑性能，所以无论在有水、油、粉尘和泥沙等恶劣环境下均能以很低的摩擦系数工作。

（2）结构措施　为防止高温烟气冷却后结露，在袋式收尘器内部结构设计首先应尽量减少气体停滞的区域。除尘器根据布置含尘空气从箱体下部进入，而出口设置在箱体的上部，与入口同侧。此时，滤袋下部区域以及与出口相对的部位，气流会滞流，由于箱体壁面散热冷却就容易结露。为减少壁面散热，设计成在箱体内侧面装加强筋结构的特殊形式。箱体上用的环保型无石棉衬垫和密封材料，应选择能承受耐设定温度的材料。

3. 采用耐高温滤袋

耐高温滤袋品种很多，应用较广，如 Nomex、美塔斯、Ryton、PPS、P84、玻纤毡、泰氟隆、Kerme 等。对于高温干燥的气体可用 Nomex 等，如果烟气中含有一定量的水分或烟气容易结露，则必须选用不发生水解的耐高温滤布等。

4. 保温措施

除尘器的灰斗不论怎样组织气流都难免产生气流的停滞，所以在设计中采取了保温措施。保温层结构按防止结露计算，计算如下。

$$\delta=\lambda\left(\frac{t_i-t_k}{q}-R_2\right) \tag{5-75}$$

式中　δ——保温层厚度，m；

λ——保温材料热导率，W/(m·℃)；

t_i——设备外壁温度，℃；

t_k——室外环境温度，℃；

q——允许热损失，W/m²；

R_2——设备保温层到周围空气的传热阻，m²·℃/W。

5. 滤袋口形式

用脉冲袋式除尘器处理高温烟气时，必须防止滤袋口的局部冷却结露。清灰用的压缩空气温度较低，待净化的烟气温度较高，当压缩空气通过喷吹管喷入滤袋时压缩空气突然释放，袋口周围温度急速下降，由于温度的差异和压力的降低，温度较高的滤袋口很容易形成结露现象；如果压缩空气质量较差，含水含油，则结露更为严重。

用 N_2 代替压缩空气，其优点是 N_2 质量好，可减轻结露可能；同时滤袋口导流管也有利于避免袋口结露。

6. 高温涂装

用于高温烟气的袋式除尘器防腐涂装是不可缺少的。因为涂装不良，不仅影响美观，而且会加快腐蚀降低除尘器的使用寿命。针对这种情况，袋式除尘器应采用表 5-96 和表 5-97 所列或其他耐温的涂装方式。

二、防止粉尘爆炸技术措施

1. 粉尘爆炸的特点

粉尘爆炸就是悬浮物于空气中的粉尘颗粒与空气中的氧气充分接触，在特定条件下瞬时完成的氧化反应，反应中放出大量热量，进而产生高温、高压的现象。任何粉尘爆炸都必须具备

表 5-96　高温条件下除尘管道和设备涂装设计

除尘管道和设备(温度≤250℃)		漆膜厚度/μm		理论用量 /(g/m²)	施 工 方 法			
系 统 说 明	颜色	湿膜	干膜		手工刷涂	辊涂	高压无气喷涂	
							喷孔直径/mm	喷出压力/MPa
WE61-250 耐热防腐涂料底漆	灰色	90	30	170	√	×	0.4～0.5	12～15
WE61-250 耐热防腐涂料底漆	灰色	90	30	170	√	×	0.4～0.5	12～15
WE61-250 耐热防腐涂料面漆	灰色	70	25	100	√	×	0.4～0.5	12～15
WE61-250 耐热防腐涂料面漆	灰色	70	25	100	√	×	0.4～0.5	12～15
干膜厚度合计　110μm								

注：√适用；×不适用。

表 5-97　高温条件下除尘管道和设备涂装设计

除尘管道和设备(温度≤600℃)		漆膜厚度/μm		理论用量 /(g/m²)	施 工 方 法			
系 统 说 明	颜色	湿膜	干膜		手工刷涂	辊涂	高压无气喷涂	
							喷孔直径/mm	喷出压力/MPa
W61-600 有机硅高温防腐涂料底漆	铁红色	65	25	90	√	×	0.4～0.5	15～20
W61-600 有机硅高温防腐涂料底漆	铁红色	65	25	90	√	×	0.4～0.5	15～20
W61-600 有机硅高温防腐涂料底漆	淡绿色	60	25	80	√	×	0.4～0.5	15～30
W61-600 有机硅高温防腐涂料底漆	淡绿色	60	25	80	√	×	0.4～0.5	12～15
干膜厚度合计　100μm								

注：√适用；×不适用。

这样 3 个条件：点火源；可燃细粉尘；粉尘悬浮于空气中且达到爆炸浓度极限范围。

(1) 粉尘爆炸要比可燃物质及可燃气体复杂　一般地，可燃粉尘悬浮于空气中形成在爆炸浓度范围内的粉尘云，在点火源作用下，与点火源接触的部分粉尘首先被点燃并形成一个小火球。在这个小火球燃烧放出的热量作用下，使得周围临近粉尘被加热、温度升高、着火燃烧现象产生，这样火球就将迅速扩大而形成粉尘爆炸。

粉尘爆炸的难易程度和剧烈程度与粉尘的物理、化学性质以及周围空气条件密切相关。一般地，燃烧热越大、颗粒越细、活性越高的粉尘，发生爆炸的危险性越大；轻的悬浮物可燃物质的爆炸危险性较大；空气中氧气含量高时，粉尘易被燃点，爆炸也较为剧烈。由于水分具有抑制爆炸的作用，所以粉尘和气体越干燥，则发生爆炸的危险性越大。

(2) 粉尘爆炸发生之后，往往会产生二次爆炸　这是由于在第一次爆炸时，有不少粉尘沉积在一起，其浓度超过了粉尘爆炸的上限浓度值而不能爆炸。但是，当第一次爆炸形成的冲击波或气浪将沉积粉尘重新扬起时，在空中与空气混合，浓度在粉尘爆炸范围内，就可能紧接着产生二次爆炸。第二次爆炸所造成的灾害往往比第一次爆炸要严重得多。

国内某铝品生产厂 1963 年发生的尘爆炸事故的直接原因是排风机叶轮与吸入口端面摩擦起火引起的。风机吸入口处的虾米弯及裤衩三通气流不畅，容易积尘。特别是停机时更容易滞留粉尘，一旦启动，沉积的粉尘被扬起，很快达到爆炸下限，引起粉尘爆炸。

(3) 粉尘爆炸的机理　可燃粉尘在空气中燃烧时会释放出能量，并产生大量气体，而释放出能量的快慢即燃烧速度的大小与粉体暴露在空气中的面积有关。因此，对于同一种固体物质的粉体，其粒度越小，比表面积则越大，燃烧扩散就越快。如果这种固体的粒度很细，以至可悬浮起来，一旦有点火源使之引燃，则可在极短的时间内释放出大量的能量。这些能量来不及散逸到周围环境中去，致使该空间内气体受到加热并绝热膨胀，而另一方面粉体燃烧时产生大量的气体，会使体系形成局部高压，以致产生爆炸及传播，这就是通常称作的粉尘爆炸。

（4）粉尘爆炸与燃烧的区别　大块的固体可燃物的燃烧是以近于平行层向内部推进，例如煤的燃烧等。这种燃烧能量的释放比较缓慢，所产生的热量和气体可以迅速逸散。可燃性粉尘的堆状燃烧，在通风良好的情况下形成明火燃烧，而在通风不好的情况下可形成无烟或焰的隐燃。

可燃粉尘燃烧时有几个阶段：第一阶段，表面粉尘被加热；第二阶段，表面层气化，溢出挥发分；第三阶段，挥发分发生气相燃烧。

超细粉体发生爆炸也是一个较为复杂的过程，由于粉尘云的尺度一般较小，而火焰传播速度较快，每秒几百米，因此在粉尘中心发生火源点火，在不到 0.1s 的时间内就可燃遍整个粉尘云。在此过程中，如果粉尘已燃尽，则会生成最高的压强；若未燃尽，则生成较低的压强。可燃粒子是否能燃完，取决于粒子的尺寸和燃烧深度。

（5）可燃粉尘分类　粉体按其可燃性可划分为两类：一类为可燃；另一类为非可燃。可燃粉体的分类方法和标准在不同的国家有所不同。

美国将可燃粉体划为 Ⅱ 级危险品，同时又将其中的金属粉、含碳粉尘、谷物粉尘列入不同的组。美国制定的分类方法是按被测粉体在标准试验装置内发生粉尘爆炸时所得升压速度来进行分类，并划分为三个等级。我国目前尚未见到关于可燃粉尘分类的现成标准。

2. 粉尘浓度和颗粒对爆炸的影响

（1）粉尘浓度　可燃粉尘爆炸也存在粉尘浓度的上下限。该值受点火能量、氧浓度、粉体粒度、粉体品种、水分等多种因素的影响。采用简化公式，可估算出爆炸极限，一般而言粉尘爆炸下限浓度为 $20\sim60\text{g/m}^3$，上限介于 $2\sim6\text{kg/m}^3$。上限受到多种因素的影响，其值不如下限易确定，通常也不易达到上限的浓度。所以，下限值更重要、更有用。

从物理意义上讲，粉尘浓度上下限值反映了粒子间距离对粒子燃烧火焰传播的影响，若粒子间距离达到使燃烧火焰不能延伸至相邻粒子时，则燃烧就不能继续进行（传播），爆炸也不会发生；此时粉尘浓度即低于爆炸的下限浓度值。若粒子间的距离过小，粒子间氧不足以提供充分燃烧条件，也就不能形成爆炸，此时粒子浓度即高于上限值。

从理论上讲，经简化和做某些假设后，可对导致粉尘爆炸的粉尘浓度下限值 C_L 计算如下。

在恒压时的下限值 C_{LP} 为

$$C_{LP} = \frac{1000M}{107n + 2.966(Q_n - \sum\Delta I)} \tag{5-76}$$

在恒容时的下限 C_{LV} 为

$$C_{LV} = \frac{1000M}{107n + 4.024(Q_n - \sum\Delta v)} \tag{5-77}$$

式中　C_{LP}、C_{LV}——在恒压、恒容时粉尘爆炸浓度下限值；

$\quad\quad M$——粉尘的摩尔质量；

$\quad\quad n$——完全燃烧 1mol 粉尘所需氧的物质的量；

$\quad\quad Q_n$——粉尘的摩尔燃烧热；

$\quad\quad \sum\Delta I$——总的燃烧产物增加的热焓的值；

$\quad\quad \sum\Delta v$——总的燃烧产物增加的内能值。

以上公式首先由 Jaeckel 在 1924 年提出，然后在 1957 年由 Zehr 做了改进，用上述公式算出的 C_{LP} 和 C_{LV} 值与实测值比较列于表 5-98。

（2）粉体粒度　可燃物粉体颗粒大于 $400\mu\text{m}$ 时，所形成的粉尘云不再具有可爆性。但对于超细粉体当其粒度在 $10\mu\text{m}$ 以下时则具有较大的危险性。应引起注意的是，有时即使粉体的平均粒度大于 $400\mu\text{m}$，但其中往往也含有较细的粉体，这少部分的粉体也具备爆炸性。

表 5-98 C_L 计算值与实测值比较

粉尘	Zehr 式算出之下限值/(g/m³)		文献值试验测定值/(g/m³)
	恒 容	恒 压	
铝	37	50	恒压:90
石墨	36	45	在正常条件下并未观察到石墨-空气体系中火焰传播速度
镁	44	59	
硫	120	160	恒压,恒容 500～600
锌	212	284	
锆	92	123	
聚乙烯	26	35	恒容:33
聚丙烯	25	35	
聚乙烯醇	42	55	
聚氯乙烯	63	86	
酚醛树脂	36	49	恒压:33
玉米淀粉	90	120	恒压:70
糊精	71	99	
软木	44	59	恒压:50
褐煤	49	68	
烟煤	35	48	恒容:70～130

虽然粉体的粒度对爆炸性能影响的规律性并不强，但粉体的尺寸越小，其比表面就越大，燃烧就越快，压强升高速度随之呈线性增加。在一定条件下最大压强变化不大，因为这是取决于燃烧时发出的总能量，而与释放能量的速度并无明显的关系。

3. 粉尘爆炸的技术措施

燃烧反应需要有可燃物质和氧气，还需要有一定能量的点火源。对于粉尘爆炸来说应具备 3 个要素：点火源；可燃细粉尘；粉尘悬浮于空气中，形成在爆炸浓度范围内的粉尘云。这 3 个要素同时存在才会发生爆炸。因此，只要消除其中一条件即可防止爆炸的发生。在袋式除尘器中常采用以下技术措施。

（1）防爆的结构设计措施　本体结构的特殊设计中，为防止除尘器内部构件可燃粉尘的积灰，所有梁、分隔板等应设置防尘板，而防尘板斜度应小于 70°。灰斗的溜角大于 70°，为防止因两斗壁间夹角太小而积灰，两相邻侧板应焊上溜料板，消除粉尘的沉积，考虑到由于操作不正常和粉尘湿度大时出现灰斗结露堵塞，设计灰斗时，在灰斗壁板上对高温除尘器增加蒸汽管保温或管状电加热器。为防止灰斗蓬料，每个灰斗还需设置仓壁振动器或空气炮。

1 台除尘器少则 2～3 个灰斗，多则 5～8 个，在使用时会产生风量不均引起的偏斜，各灰斗内煤粉量不均，且后边的灰量大。

为解决风量不均匀问题在结构可以采取以下措施：①在风道斜隔板上加挡风板，如图 5-196 所示。挡板的尺寸需根据等风量和等风压原理确定；②再考虑到现场的实际情况的变化，在提升阀杆与阀板之间采用可调，使出口高 h 为变化值，以进一步修正；③在进风支管设风量调节阀，设备运行后对各箱室风量进行调节，使各箱室风量差别控制在 5% 以内。

（2）采用防静电滤袋　在除尘器内部，由

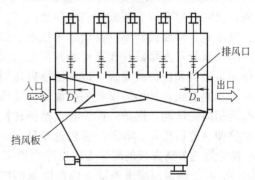

图 5-196　风道斜隔板及挡风板

于高浓度粉尘随时在流动过程中互相摩擦，粉尘与滤布也有相互摩擦都能产生静电，静电的积累会产生火花而引起燃烧。对于脉冲清灰方式，滤袋用涤纶针刺毡，为消除涤纶针刺毡易产生静电不足，滤袋布料中纺入导电的金属丝或碳纤维。在安装滤袋时，滤袋通过钢骨架和多孔板相连，经过壳体连入车间接地网。对于反吹风清灰的滤袋，已开发出 MP922 等多种防静电产品，使用效果都很好。

（3）设置安全孔（阀）　为将爆炸局限于袋式除尘器内部而不向其他方面扩展，设置安全孔和必不可少的消火设备，实为重要。设置安全孔的目的不是让安全孔防止发生爆炸，而是用它限制爆炸范围和减少爆炸次数。大多数处理爆炸性粉尘的除尘器都是在设置安全孔条件下进行运转的。正因为这样，安全孔的设计应保证万一出现爆炸事故，能切实起到作用；平时要加强对安全孔的维护管理。

破裂板型安全孔见图 5-197，弹簧门型安全孔见图 5-198。

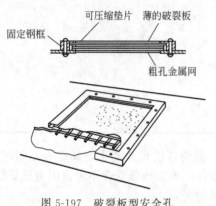

图 5-197　破裂板型安全孔

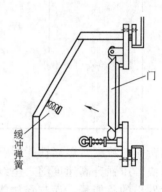

图 5-198　弹簧门型安全孔

破裂板型安全孔是用普通薄金属板制成。因为袋式除尘器箱体承受不住很大压力，所以设计破裂板的强度时应使该板在更低的压力下即被破坏。有时由于箱体长期受压使铝板产生疲劳变形以致发生破裂现象，即使这是正常的也不允许更换高强度的厚板。

弹簧门型安全孔是通过增减弹簧张力来调节开启的压力。为了保证事故时门型孔能切实起到安全作用，必须定期对其进行动作试验。

安全孔的面积应该按照粉尘爆炸时的最大压力、压力增高的速度以及箱体的耐压强度之间的关系来确定，但目前尚无确切的资料。要根据袋式除尘器的形式、结构来确定安全孔面积的大小，作者认为对中小型除尘器安全孔与除尘器体积之比为 1/10～1/30，对大中型除尘器其比值为 1/30～1/60 较为合适。遇到困难时，要适当参照其他装置预留安全防爆孔的实际确定。

① 防爆板。防破板是由压力差驱动、非自动关闭的紧急泄压装置，主要用于管道或除尘设备，使它们避免因超压或真空而导致破坏。与安全阀相比，爆破片具有泄放面积大、动作灵敏、精度高、耐腐蚀和不容易堵塞等优点。爆破片可单独使用，也可与安全阀组合使用。

防爆板装置由爆破片和夹持器两部分组成，夹持器由 Q235、16Mn 或 OCr13 等材料制成，其作用是夹紧和保护防爆板，以保证爆破压力稳定。防爆板由铝、镍、不锈钢或石墨等材料制成，有不同形状：拱形防爆板的凹面朝向受压侧，爆破时发生拉伸或剪切破坏；反拱形防爆板的凸面朝向受压侧，爆破时因失稳突然翻转被刀刃割破或沿缝槽撕裂；平面形防爆板爆破时也发生拉伸或剪切破坏。各种防爆板选型见表 5-99。

除尘器选择防爆板的耐压力应以除尘器工作压力为依据。因为除尘器本体耐压要求 8000～18000Pa 按设定耐压要求查资料确定泄爆阀膜破裂压力（$P_{scat}=0.01\mathrm{MPa}$），泄爆阀爆破板厚 S 可按下式计算。

表 5-99　各种防爆板选型

类　　型	代号	受压方向	最大工作压力/爆破压力/%	爆破压力/MPa	泄放口径/mm	有否碎片	抗疲劳性能	介质相态
正拱普通型	LP		70	0.1～300	5～800	有(少量)	一般	气、液
正拱开缝型	LK		80	0.05～5	25～800	有(少量)	较好	气、液
反拱刀架型	YD		90	0.2～6	25～800	无	好	气
反拱鳄齿型	YE		90	0.05～1	25～200	无	好	气
正拱压槽型	LC		85	0.2～10	25～200	无	较好	气
反拱压槽型	YC		90	0.2～0.5	25～200	无	好	气
平拱开缝型	BK		80	0.005～0.5	25～2000	有(少量)	较差	气
石墨平板型	SB		80	0.05～0.5	25～200	有	一般	气、液

$$S = \frac{P\Phi}{3.5\sigma_{tp}} \tag{5-78}$$

式中　S——爆破板厚度，mm；

　　　P——爆破压力，MPa；

　　　Φ——泄爆阀直径，mm；

　　　σ_{tp}——防爆板材料强度，MPa。

②防爆阀设计。安全防爆阀设计主要有两种：一种是防爆板；另一种是重锤式防爆阀。前一种破裂后需更换新的板，生产要中断，遇高负压时，易坏且不易保温；后一种较前一种先进一些，在关闭状态靠重锤压，严密性差。上述两种方法都不宜采用高压脉冲清灰。为解决严密性问题，在重锤式防爆阀上可设计防爆安全锁，其特点是：在关闭时，安全门的锁合主要是通过此锁，在遇爆炸时可自动打开进行释放，其释放力（安全力）又可通过弹簧来调整。安全锁的结构原理见图 5-199。为了使安全门受力均衡，一般根据安全门面积需设置4～6个锁不等。为使防爆门严密不漏风可设计成防爆板与安全锁的双重结构，如图 5-200 所示。

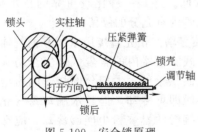

图 5-199　安全锁原理

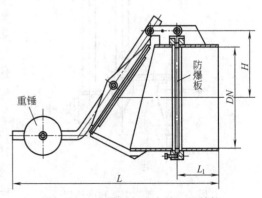

图 5-200　防爆板与安全锁双重结构

（4）检测和消防措施　为防患于未然，在除尘系统上可采取必要的消防措施。

① 消防设施。主要有水、CO_2 和惰性灭火剂。对于水泥厂主要采用 CO_2，而钢厂可采用氮气。

② 温度的检测。为了解除尘器温度的变化情况，控制着火点，一般在除尘器入口处灰斗上分别装上若干温度计。

③ CO 的检测。对于大型除尘设备因体积较大，温度计的装设是很有限的，有时在温度计测点较远处发生燃烧现象难于从温度计上反映出来。可在除尘器出口处装设一台 CO 检测装置，以帮助检测，只要除尘器内任何地方发生燃烧现象，烟气中的 CO 便会升高，此时把 CO 浓度升高的报警与除尘系统控制联锁，以便及时停止系统除尘器的运行。

（5）设备接地措施　防爆除尘器因运行安全需要常常露天布置，甚至露天布置在高大的钢结构上，根据设备接地要求，设备接地避雷成为一项必不可少的措施，但是除尘器一般不设避雷针。

除尘器所有连接法兰间均增设传导性能较好的导体，导体形式可做成卡片式，也可做成线条式。线条式导体见图 5-201。卡片式导体见图 5-202。无论采用哪一种形式导体，连接必须牢固，且需表面处理，有一定耐腐蚀功能，否则都将影响设备接地避雷效果。

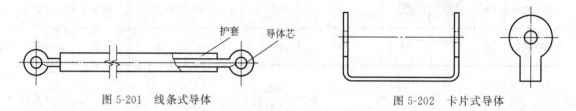

图 5-201　线条式导体　　　　　　　　　　图 5-202　卡片式导体

（6）配套部件防爆　在除尘器防爆措施中选择防爆部件是必不可少的。防爆除尘器忌讳运行工况中的粉尘窜入电气负载内诱发诱导产生爆炸危险。除尘器运行时电气负载、元件在电流传输接触时，甚至导通中也难免产生电击火花，放电火花诱导超过极限浓度的尘源气体爆炸也是极易发生的事，电气负载元件必须全部选用防爆型部件，杜绝爆炸诱导因素产生。保证设备运行和操作安全。例如，脉冲除尘器的脉冲阀、提升阀用的电磁阀都应当用防爆产品。

（7）防止火星混入措施　在处理木屑锅炉、稻壳锅炉、铝再生炉和冶炼炉等废气的袋式除尘器中，炉子中的已燃粉尘有可能随风管气流进入箱体，而使堆积在滤布上的粉尘着火，造成事故。

为防止火星进入袋式除尘器，应采取如下措施。

① 设置预除尘器和冷却管道。图 5-203 为设有旋风除尘器或惰性除尘器作为预除尘器，以捕集粗粒粉尘和火星。用这种方法太细的微粒火星不易捕集，多数情况下微粒粉尘在进入除尘器之前能够燃尽。在预除尘器之后设置冷却管道，并控制管内流速，使之尽量低。这是一种比较可靠的技术措施，它可使气体在管内有充分的停留时间。

② 冷却喷雾塔。预先直接用水喷雾的气体冷却法。为保证袋式除尘器内的含尘气体安全防火，冷却用水量是控制供给的。大部分燃烧着的粉尘一经与微细水滴接触即可冷却，但是水滴却易气化，为使尚未与水滴接触的燃烧粉尘能够冷却，应有必要

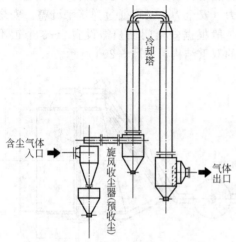

图 5-203　预除尘器和冷却管

的空间和停留时间。

在特殊情况下，采用喷雾塔、冷却管和预除尘器等联合并用，比较彻底地防止火星混入。

③ 火星捕集装置见图5-204。在管道上安装火星捕集装置是一种简便可行的方法。还有的在火星通过捕集器的瞬间，可使其发出电气信号，进行报警。同时，停止操作或改变气体回路等。

火星捕集器设计要求如下：a. 火花捕集器用于高温烟气中的火花颗粒捕集时，设备主体材料一般采用15Mn或16Mn，对梁、柱和平台梯子等则采用Q235，火花捕集器作为烟气预分离器时除旋转叶片一般采用15Mn外，其他材料可采用Q235；b. 设备进出口速度一般在18～25m/s之间；c. 考虑粉尘的分离效果，叶片

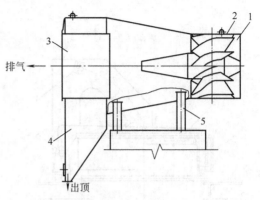

图 5-204　火星捕集器
1—烟气入口；2—导流叶片；3—烟气出口；
4—灰斗；5—支架

应一定的耐磨措施和恰当的旋转角度；d. 设备结构设计要考虑到高温引起的设备变形。

（8）控制入口粉尘浓度和加入不燃性粉料　袋式除尘器在运转过程中，其内部浓度分布不可避免地会使某部位处于爆炸界限之内，为了提高安全性，避开管道内的粉尘爆炸上下限之间的浓度。例如，对于气力输送和粉碎分级等粉尘收集工作中，从设计时就要注意到，使之在超过上限的高浓度下进行运转；在局部收集等情况下，则要在管路中保持粉尘浓度在下限以下的低浓度。

图5-205是利用稀释法防止火灾的一例。在收集爆炸性粉尘时，由于设置了吸尘罩，用空气稀释了粉尘，在管道中浓度远远低于爆炸下限。从系统中间向管道内连续提供不燃性粉料，如黏土、膨润土等，在除尘器内部对爆炸性粉尘加以稀释，以便防止发生爆炸和火灾的危险。

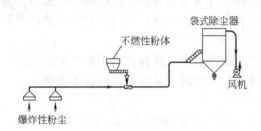

图 5-205　利用稀释法防止爆炸起火

三、可燃气体安全防爆技术措施

处理含有大量CO和H_2或其他可燃易爆气体，必须做到系统的可靠密闭性，防止吸入空气或者泄漏煤气，以确保系统的安全运行。主要安全措施如下所述。

1. 管路安全阀

① 烟气管道尽量避免死角，确保管路畅通；并提高气流速度，以防止发生燃气滞留现象。

② 在风机前管路上设置安全阀以便在万一发生煤气爆炸时可紧急泄压。安全阀的形式见图5-206和图5-207。

图5-206所示为上部安全阀，往往设在烟道顶部。正常生产时压盖扣下，以水封保持密封，水封高度为250mm；万一烟道内发生激烈燃烧，压力大于压盖重量，即紧急冲开压盖，

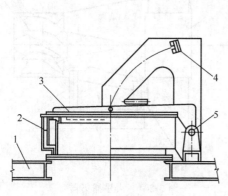

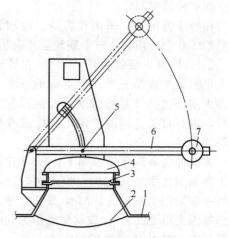

图 5-206　上部安全阀
1—汽化冷却烟道；2—水封；3—压盖；
4—限位开关；5—转轴

图 5-207　下部安全阀
1—煤气管道；2—泄压孔；3—铜片；4—压盖；
5—限位开关；6—压杆；7—重锤

进行泄压。

图 5-207 所示为下部安全阀，设在机前。正常生产时，压盖在重锤的作用下关闭泄压孔。泄压孔内焊以薄铜板，万一发生爆炸，气体冲破铜板、打开压盖，进行泄压。

2. 除尘器安全防爆措施

① 除尘器结构措施。用于处理可燃气体的袋式除尘器通常设计成圆筒形。详见煤气除尘器。

② 其他措施同粉尘防爆措施。

四、处理腐蚀性气体的措施

在除尘工程中产生腐蚀性气体的场合有：重油燃料中形成的含硫酸气体；金属熔炼炉使用熔剂时产生的氯气和氯氧化合物及含氟气体；焚烧炉燃烧垃圾产生的含硫、氯、氟气体；木屑锅炉产生的木醋酸气体等。

腐蚀性气体遇有水分产生出盐类粉尘颗粒，属于第二位的腐蚀。粉尘的腐蚀与水分和温度有密切关系。对腐蚀性气体或粒尘处理应采取相应的技术措施。

1. 除尘器箱体的腐蚀

袋式除尘器的箱体材质，几乎都是 Q235 钢板。在制药、食品、化工等少数工业部门，虽也有使用不锈钢的，但其目的除了防腐蚀之外，也是为了防止铁锈混入产品或制品中。

对于由重油、煤炭等材料生成的硫氧化物，用普通钢板时应涂有耐温和耐酸的涂料。这种涂料多为硅树脂系或环氧树脂系等。腐蚀严重的地方用不锈钢板或者在钢板上涂刷耐热耐酸涂料外，再加局部表面处理。

对于强腐蚀性气体的情况，也可将袋式除尘器箱体内壁做上塑料、橡胶或玻璃钢内衬。袋式除尘器除了收集生产过程中的粉尘以外，腐蚀性气体的存在，大多数是由于高温处理而产生的。在这种情况下选用的塑料、橡胶必须同时耐高温。

2. 耐腐蚀性滤布

过滤材料耐腐蚀性的使用条件不同而各异，本节仅就这种材料的适用温度及其对耐腐蚀的影响简述如下：①聚丙烯滤布，一般耐腐蚀性较好，且价格便宜的滤布，但在有铅和其他特殊金属氧化物等条件下使用时，如遇高温可促进氧化，使耐腐蚀性能下降；②聚酯滤布是袋式除尘器使用最广泛的耐腐蚀滤布，使用在温度＜120℃的干燥气体，效果很好；③耐热尼龙滤布，尼龙滤布是良好的耐腐蚀滤布，但在 SO_x 浓度较高的燃烧废气中使用寿命较短，它对磷酸性气体的抵抗性极差；④特氟纶滤布，耐腐蚀性方面是毫无问题的，但价格昂贵；⑤玻璃纤维滤布，耐腐蚀性方面问题不大，对耐热尼龙也有用氟树脂等喷涂以加强耐酸性的。

因为袋式除尘器以硫酸腐蚀或类似性质的腐蚀情形较多。所以，其工作温度在任何时候都需保持在各种酸露点以上。这就是说，对袋式除尘箱体的保温是非常有效的防腐蚀的手段；反之，如不对箱体保温，在强风和降雨之时，因遇冷温度下降，则袋式除尘器箱体之内难免有酸液凝结。防腐蚀和防止结露的措施相辅相成。

五、处理磨损性粉尘措施

焦粉、氧化铝、硅石等硬度高的粉尘极易磨损滤布和袋式除尘器的箱体。由于这种磨损的程度取决于粉尘中粗颗粒所占比重及其在袋式除尘器中运动速度。因此，对此采取的相应措施则主要是减少粗颗粒的数量和降低含尘空气的流速。

① 设置预除尘器，即在粉尘进入袋式除尘器之前，预先除掉粉尘中较大较粗颗粒，这是极有效的防止袋式除尘器磨损的措施。这种预除尘器不需要很高的效率。所以，为减少动力费用和将摩擦作用集中于预除尘器，最好选择压力损失少而且结构简单的形式，其中动力除尘器是最常用的预除尘器。

② 防磨损袋式除尘器本体易受磨损的部位多为含尘空气入口处和灰斗部分以及受入口速度影响的滤布表面。

袋式除尘器入口形状与受到磨损的情况有直接关系。如图 5-208 所示的袋式除尘器入口形状之两例都是入口斜向下方，用减少对滤布的磨损，以便利用惯性使粗颗粒直接落入灰斗。图 5-209 是利用多孔板均匀入口速度加以缓冲的例子。

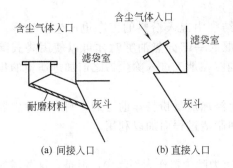

图 5-208　袋式除尘器入口形状

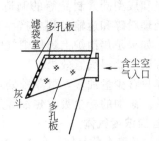

图 5-209　袋式除尘入口挡板

对灰斗部分的耐磨措施，通常加大钢板的厚度，即制造灰斗所用的钢板应比袋式除尘器箱体的其他部分适当加厚。也有在灰斗内衬橡胶或采用耐磨钢板如 Mn 钢以及采用在结构上不易产生磨损的排灰装置等。

内表面过滤的圆筒形滤布，其下端也很容易受到磨损。在这一部位，含尘空气有一定的上升速度，从滤布上方抖落下来的粉尘也在此处形成较多的磨损机会。

袋式除尘器处理磨琢性粉尘时，设计中应采取的滤速时除考虑压力损失外，还必须考虑滤布下部的磨损。

六、处理特殊粉尘的措施

1. 吸湿潮解粉尘

吸湿性和潮解粉尘如 CaO、Na_2CO_3、$NaHCO_3$、NaCl 等易在滤布表面吸湿板结，或者潮解后成为黏稠液，以至造成清灰困难、压力损失增大，甚至迫使滤袋除尘器停止运转。在这种情况下，处理吸湿性、潮解性粉尘的一般注意事项列举如下。

① 采用表面不起毛、不起绒的滤布。如采用毡类滤料，则应进行表面处理。选用原则是：a. 化纤优于玻纤，膨化玻纤优于一般玻纤；细、短、卷曲性纤维优于粗、长、光滑性纤维；b. 毡料优于织物，毡料中宜用针刺方式加强纤维之间的交络性，织物中以缎纹织物最优，织物表面的拉绒也是提高耐磨性的措施；c. 表面涂覆、压光等后处理也可提高耐磨性，对于玻纤滤料，硅油、石墨、聚四氟乙烯树脂处理可以改善耐磨、耐折性。

② 应采用离线清灰操作制度。在停止工作时间内充分清除掉滤布表面的粉尘。

③ 不应当不管尘源设施是否运转一律连续开动袋式除尘器，应在尘源设施开动时才开动袋式除尘器。当滤布上堆积粉尘成层时不应使含湿空气通过。

许多干燥机和烧结窑炉的废气多属高温、高湿气体，当袋式除尘器停止运转时，温度下降而湿度升高，容易吸湿。为此，应在除尘设备上另装小型热风发生装置。这样，当停止尘源装置运转时可以送入热风使袋式除尘器的内部温度保持原状。

采用预涂层方法，即在处理含尘浓度较低局部收尘情况下，可先在滤布上用其他粉料预涂一层，即只向管道中供给其他粉料，经运转一段时间，滤布上附着了一层该种粉尘以后再捕集需要收集的湿性粉尘。

2. 含焦油雾的含尘气体

用袋式除尘器处理仅含有焦油雾的气体是困难的，但是，气体中油雾不大而含粉尘量相当多时还可以过滤。例如，在沥青混凝土厂，以石料干燥机的烟气为主，加上运输机和其他排气中的粉尘都进入了袋式除尘器，此外，在拌和机和卸成品料处，由加热后的沥青混凝土产生的焦油雾也都进入了袋式除尘器。在这种情况下，滤布上积附的粉尘量远远超过油雾量，就可以防止发生油雾黏结的麻烦，保证了袋式除尘器的稳定运转。

在电极和成型碳素制品等的制造中，在往热黏结剂中混入粉料的工序也产生焦油雾。此时，若以处理粉碎和运输过程中产生粉尘为主，只混入一部分焦油雾时才可以使用袋式除尘器。但是，如果是焦油炉上焦槽烟气中含焦油较多则应在烟气进入除尘器之前加进适量的焦粉以吸附焦雾则可获得满意效果。

如气体只含少量油雾，可单独处理。即在管道上添加适量粉料作助滤剂，则袋式除尘器是可以使用的。添加的粉尘吸收焦油雾后应尽可能返回制造过程而加以利用。

3. 高含尘浓度气体

处理含尘浓度高的气体，可以安装旋风除尘器或重力除尘器作为预除尘，但是，这要增加系统的阻力，动力消耗增加。所以当粉尘或物料成品无需分级的情况下大多直接使用袋式除尘器。

并非所有的袋式除尘器都能处理高含尘浓度的气体。只有滤袋间距较宽、袋外面过滤形式装有连续清灰装置的袋式除尘器，才适于处理高含尘浓度的气体。

处理高含尘量时，在袋式除尘器的构造上应尽量使粉尘直接落入灰斗或加些挡板，以减少附着于滤袋上的粉尘量；防止滤布的摩擦损坏，不应使高速运动的粉尘直接冲击滤布。

关于袋式除尘器入口和入口挡板的形状构造如图 5-210 及图 5-211 所示。后者是以箱体中间一部分作为预除尘器，并兼作粉尘的动力沉降室和入口气体的分流室。

用于气力输送装置收集粉尘的袋式除尘器，虽然处理风量较少，粉尘浓度高，箱体要求耐压，故以圆筒形较多。有条件的企业可以用塑烧板除尘器替代袋式除尘器。

如图 5-212 所示的圆筒形箱体入口做成切线方向，使之具有分离作用，许多回转反吹袋式除尘器都是这种形式。有时将灰斗部分做成旋风除尘器的形式（见图 5-213）。气力输送系统的袋式除尘器，因为粉料数量多，灰斗容积和排灰口直径就要设计得大些，而且粉尘排出装置的能力也要留有充分余地，以免在灰斗内滞留粉料。

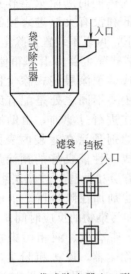

图 5-210　袋式除尘器入口形状

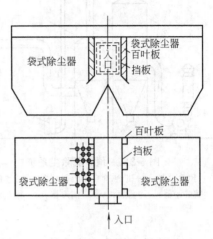

图 5-211　带粉尘沉降和分流室的入口形状

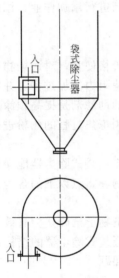

图 5-212　切线袋式除尘器入口形状

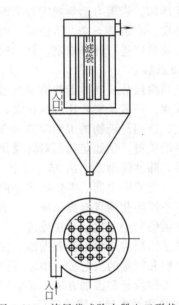

图 5-213　旋风袋式除尘器入口形状

七、处理气态污染物的预涂层技术

常规袋式除尘器难以处理黏着性固着性强的粉尘，不能同时除脱含尘气体中的有害气体成分、焦油成分、油成分、硫酸雾等污染物，否则滤料上就会出现硬壳般的结块，导致滤袋堵塞，使袋式除尘器失效。在袋式除尘器的滤袋上添加恰当的助滤剂作预涂层能够同时除脱气体中的固、液、气三相污染物。预涂层袋式除尘器的出现，为袋式除尘器的应用开拓了范围。在滤袋上添加预涂层来捕集固态和气态污染物的袋式除尘器称为预涂层袋式除尘器。

1. 工作原理

预涂层袋式除尘器的除尘系统如图 5-214 所示，它由预除尘器、助滤剂自动给料装置、预涂层袋式除尘器、排风机和消声器等组成。预除尘器内装有金属纤维状填充层，用以除去粗粉

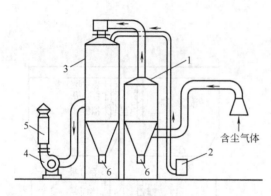

图 5-214 预涂层除尘系统
1—预除尘器；2—助滤剂自动给料装置；3—预涂层袋
式除尘器；4—排风机；5—消声器；6—排灰装置

尘，对高温气体同时起阻火器作用。在起始含尘浓度较低和没有火星进入预涂层袋式除尘器的情况下，可以不设置预除尘器。

预涂层袋式除尘器由上部箱体、滤袋室、下部灰斗组成。预涂层袋式除尘器与传统的袋式除尘器主要不同之处是配有助滤剂自动给料装置。在进行过滤前，由助滤剂给料装置自动把助滤剂预涂在滤袋内表面上，使滤袋内表面形成一性能良好的预涂层。预涂层由助滤剂附着层和助滤剂过滤层组成。此外，还可以把助滤剂加在除尘器之前的管道中来增加助滤剂和污染物的反应时间。

过滤时，带有气、液相污染物的含尘气体先进入预除尘器，除去粗粉尘，未被捕集的粉尘随气流进入预涂层袋式除尘器的滤袋室，通过滤袋时，粉尘被阻留在滤袋内表面的预涂层上，净化后的气体经风机排出。随着粉尘在滤袋上的积聚，粉尘附着层逐渐增厚，除尘器阻力也相应增加。当阻力达到规定数值时，清灰机构动作，对滤袋进行清灰，将粉尘附着层和助滤剂过滤层一起清落下来。清灰后，助滤剂自动给料装置重新进行添加作业，添加物料的数量根据污染物浓度进行计算确定。添加时间可由定时器控制。

2. 助滤剂

用于预涂层袋式除尘器的助滤剂选用的原则是来源广、价格便宜，对污染物有良好的吸附和吸收作用。一般说来，比表面积大，涂于滤袋后不致使过滤阻力增加过多，并能吸附、吸收或中和气、液相污染物的微细粉料适合作助滤剂。选择恰当的助滤剂是提高预涂层袋式除尘器捕集效果的关键。例如焦化厂对含煤焦油和沥青烟的净化采用炼焦过程的焦粉进行吸附可获得理想结果，除油除烟效率达 95% 以上。

预涂层袋式除尘器的主要特点是由于助滤剂的作用，预涂层袋式除尘器能净化传统的袋式除尘器所不能净化的含有焦油成分、油成分、硫化物、氟化物和露点以下的含尘气体，对黏着性固着性强的粉尘也比较容易处理。

虽然预涂层袋式除尘器和助滤剂在捕集某些气、液相污染物上已确认为有效，但都是对特定的污染物和特定的工艺过程中取得的实践经验，关于预涂层袋式除尘器的结构形式、助滤剂的选择、添加数量和添加方法仍是应用过程中开发和研究的课题。

3. 预涂层袋式除尘器的应用

(1) 净化硫化物　煤中的硫燃烧后主要是以二氧化硫的形态存在，这种呈气态的二氧化硫是无法用任何种类除尘器直接收集和捕捉的。通过向含有粉尘和二氧化硫的烟气中喷射熟石灰干粉和反应助剂来实现脱硫的。二氧化硫和熟石灰 $[Ca(OH)_2]$ 在反应助剂的辅助下充分发生化学反应，形成固体硫酸钙 $(CaSO_4)$，附着在粉尘上或凝聚成细微粒，随粉尘一起被袋式除尘器收集下来。这是一种干法脱硫工艺，其反应式如下。

$$Ca(OH)_2 + SO_2 = CaSO_4 + H_2O$$

熟石灰干粉和助剂的投放量视烟气中二氧化硫含量多少而定，过程中设有二氧化硫含量自动测定装置，以确保干粉和助剂用量的经济性。熟石灰干粉和反应助剂分别存放在各自的储罐内，投放量由自动调节装置控制。

(2) 净化氟化物　铝电解生产过程中排放出大量含氟烟气，用铝电解厂的原料氧化铝粉为助滤剂，加入袋式除尘器前的反应器中，以氧化铝粉末吸附铝电解槽产生的含有气态氟和固态

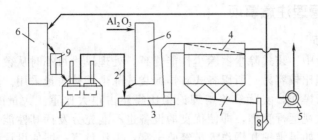

图 5-215　含氟烟气净化工艺流程

1—电解槽；2—烟气管道；3—反应器；4—袋式除尘器；5—风机；

6—氧化铝贮槽；7—风动流槽；8—吹灰缸；9—联合机组

氟化物，之后用袋式除尘器除尘过滤，其工艺流程见图 5-215。

用氧化铝作吸附剂需要按一定的固气比（单位体积烟气量中的固体吸附剂量，g/m^3）加到反应器中，烟气与氧化铝在湍流中强烈混合，烟气中的氟化氢与其中的 $\gamma-Al_2O_3$ 型氧化铝产生表面吸附反应，生成氟化铝的表面化合物。

$$Al_2O_3+6HF \xrightarrow{\lg K_{127}=37.2} 2AlF_3+3H_2O \tag{5-79}$$

此反应进行得非常迅速，在 1s 内就能完成。反应后的烟气经袋式除尘器分离出的载氟氧化铝，可直接用于电解生产并能代替部分氟化盐原料。整个过程几乎是一个闭路循环过程。净化参数见表 5-100。

表 5-100　含氟烟气净化参数

项　目		设 计 值	实 测 值
烟气参数	排烟量/(10^4 m/t)	20	19.7
	排氟量/(kg/t)	16	14.6
	烟气温度/℃	80～90	50～70
	气态氟质量浓度/(mg/m³)	30～40	15～20
	固态氟质量浓度/(mg/m³)	30～40	30～40
设备参数	氧化铝比表面积/(m²/g)	＞30	＞30
	固气比/(g/m³)	20～50	10～15
	过滤速度/(m/min)	1～1.3	1～1.2
	清灰压力/MPa	0.6～0.7	0.4～0.5
	袋滤器阻力/Pa	1000～1200	1000～1500
	风机风量/(10^4 m/h)	18	18
排放参数	排放量/(kg/t)	0.5～1.6	0.3～0.6
	气态氟质量浓度/(mg/m³)	2～2.5	＜1
	固态氟质量浓度/(mg/m³)	0.6～1.2	0.4～1
	粉尘质量浓度/(mg/m³)	＜50	＜20

第九节　袋式除尘器运行与维护管理

袋式除尘器的运行和维护管理对确保除尘器的稳定运行，达到预期的除尘效果具有重要意义。

一、运行与维护管理注意事项

1. 运行注意事项

在各类除尘装置中，袋式除尘器除尘性能优越，处理风量每小时从数百立方米到数百万立方米。而且维护管理比较容易，所以各式各样的袋式除尘器被大量采用。然而，无论是袋式除尘器的设计还是运行操作，实际经验与理论相比经验占很大比重。大量的调查和统计材料表明，如果在平时不重视运行管理，即使优良的设备也不能充分发挥其性能，甚至会出现种种故障，难于正常运行。如果维护和操作人员经验丰富，工作负责，即使设计和制造有些缺点的设备，在正常的操作和维护条件下，除尘设备也能长期运行，运行费用也较低。由此可见，袋式除尘器的维护管理绝不是可有可无的问题，而是非常重要又必须重视的问题。

由于国内生产袋式除尘器的厂家很多，产品质量差异较大，所以，在运行和维护的时候要熟悉和掌握制造厂提供的产品说明书，注意说明书上有关运行和维护管理的具体要求，并把说明书归档保存，以备随时查用。

为了使袋式除尘器在其系统中长期稳定地运行，维护要点见表5-101。除尘器使用必须注意以下事项：①在购置袋式除尘器之前，必须根据生产工艺条件，充分研究有关除尘器的技术资料，考虑能否满足严格的环保要求及大约5年的运行费用，按综合因素进行技术经济比较，从而确定设备的规格性能，择优去劣；②严格按照厂家提供的图纸和技术说明书的要求进行运转，在没有充分根据和理由之前不应随意变更运行条件，以防止出现因运行条件变化引起的故障；③要了解和掌握袋式除尘器及组成除尘系统各部分的技术要求和操作要点，注意各部分匹配的合理性，尽量避免此大彼小的情况；④要时常注意滤袋的工作情况，发现异常，要分析原因并及时处理；⑤经常注意并记录进入袋式除尘器的气体温度、湿度和压力，使除尘器在规定的参数下运行，切忌在低于气体露点温度下运行。

表 5-101　袋式除尘器维护要点

项　目	维护要点	项　目	维护要点
维护遵守的法规	(1) 中华人民共和国大气污染防治法； (2) 大气污染物综合排放标准； (3) 大气环境质量标准； (4) 工业企业设计卫生标准； (5) 国家和地方其他环保法规	除尘器	(1) 必须规定粉尘的清灰制度，定期清除粉尘； (2) 处理高温气体时，应防止因冷却引起的结露现象； (3) 粉尘排出口、检查门要安全密闭； (4) 正确管理设备配件； (5) 根据使用情况和滤袋材质，定其更换滤袋
电源	(1) 注意风机启动(启动时保险丝容易熔断，避免单相运行使电机烧毁)； (2) 必须用有继电器的电器开关； (3) 严格遵守制造厂规定的电气配线方法； (4) 管理电源开关的工作人员要相对稳定	通风机	(1) 注意振动、声音异常(叶片黏结粉尘应及时清除)； (2) 叶片有损伤及时更换叶轮； (3) 检查皮带松紧程度； (4) 纠正皮带罩的歪斜、错位； (5) 轴承部位定时加油，有损坏及时更换
吸尘罩	(1) 注意腐蚀、磨损； (2) 防止安装位置的移动； (3) 注意与管理连接部分的脱落； (4) 不能无计划地增加排风口； (5) 正确使用阀门，避免阀门关闭过紧，使风量降低； (6) 严禁操作者把烟头、纸屑、垃圾随便扔进罩内	其他	(1) 露天部件应每隔1~2年刷一次防锈漆； (2) 有水时应防冻结； (3) 抽入易燃气体的吸尘罩应挂上"严禁烟火"的牌子； (4) 为防止研磨作业的火花进入除尘系统应采取相应措施； (5) 对易燃粉尘应采取防爆措施； (6) 大型除尘系统应有防静电措施
管道	(1) 注意管道连接部分脱落及腐蚀、穿孔； (2) 不能随便增加支管； (3) 注意支架的牢固程度； (4) 定期进行管道内有无积灰的检查		

2. 维护注意事项

袋式除尘器检修流程如图 5-216 所示。在工作中维护容易被忽视的原因有三个：首先是袋式除尘器运行稳定、损坏和事故较少；第二是袋式除尘器的损坏往往表现为滤袋的损坏，而滤袋的寿命没有确切的定义，寿命的长短因滤袋质量和使用场合而异；第三是中小型袋式除尘器不设专职管理维护人员。鉴于这种情况，必须对袋式除尘器的维护管理予以充分重视，并注意以下事项：①必须按表 5-101 之要点进行维护管理；②维护管理人员应熟知普通维护知识和除尘器的特殊要求；③在没有查找出问题之前不可冒失操作，以免造成更大故障。

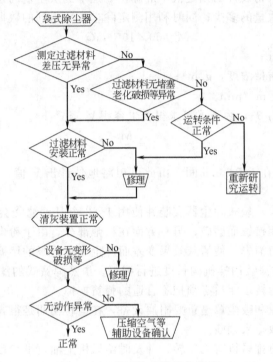

图 5-216　袋式除尘器检修流程

二、袋式除尘器的运行管理

1. 初期运行调试

袋式除尘器的初期运行，是指启动后 2 个月之内的运行。这 2 个月之内是袋式除尘器容易出毛病的时期，只有在充分注意的情况下发现的问题及时排除，才能达到稳定运行的目的。

（1）处理风量　为了稳定滤袋压力损失，运行初期往往采用大幅度提高处理风量的办法，让气体顺利流过滤袋。此时如果风机的电机过载，可用总阀门调节风量，因为这种情况快则几分钟，慢则好几天才能恢复正常。所以在开始时最好观察压力计，也可以从控制盘上电流表的读数推算出相应的风量值。

（2）温度调节　用袋式除尘器处理常温气体一般不成问题，但处理高温高湿气体时，初始运行，若不预热，滤袋容易打湿，网眼会严重堵塞，甚至无法运行。另外，滤袋若不充分干燥，往往出现结露现象。准确预测袋式除尘器的露点是困难的，因此必须注意由于结露而造成的滤料网眼堵塞和除尘器机壳内表面的腐蚀问题。

（3）压缩空气压力调整　气动阀控制的反吹风袋式除尘器和脉冲喷吹袋式除尘器，都以压缩空气为动力完成清灰过程。把压缩空气调整到设计压力和气量，才能保证除尘器正常启动和运转。

(4) 除尘效率　滤袋上形成一层粉尘吸附层后，滤袋的除尘效率应当更好。这时，由于初期处理风量增加，袋式除尘器处于不稳定状态。因而测定除尘效率最好从运行若干天或 1 个月以后进行较好。在稳定状态下，颗粒很细的低浓度粉尘其除尘效率一般在 99.5% 以上。

(5) 粉尘的排出　收集在灰斗的粉尘，既可以自动排出也可以手动排出，但必须按规定的顺序排出。运转初期，经常 1 天到数天都不排灰，这些粉尘在布袋上一直达到除尘器的最大容尘量为止，此后按顺序排出。粉尘排出的周期不准确就不能形成稳定的运转制度。一般当回收的粉尘量过多多是因为最初设计的预定值不准确，如达不到灰尘量的预定值，开始时就必须不断地取出灰尘以控制回收的多少；同时利用测定除尘效率得到的数据，按下式求出粉尘量。

$$M = 60 \times 10^{-3} c_i Q \tag{5-80}$$

式中　M——粉尘，kg/h；

c_i——入口含尘质量浓度，g/m³；

Q——处理风量，m³/min。

设粉尘的堆积容量为 β_B，由下式可求得粉尘容积 V（m³/h）。

$$V = \frac{M}{\beta_B} \tag{5-81}$$

因为一般粉尘的 β_B 在 1.5～0.5 间，由此可粗略地估计出 V 值，以决定应该处理的粉尘的周期和数量的大概数。

(6) 滤袋吊具的调整　袋式除尘器安装并使用 1～2 个月后滤袋会伸长。袋变松弛后，一方面容易和邻接的布袋相接触而磨破；另一方面在松弛部分，由于粉尘堆积和摩擦而使布袋产生孔洞。另外，由于拉力消失，使清灰效果变差而产生布袋网眼的堵塞。因此在设备安装 1～2 个月后进行检查，并对滤袋吊挂机构长度进行调整。虽然弹簧式的滤袋吊挂机构可以不必调整，但也应经常检查，运转 1 年后必须把不合适的弹簧换掉。

(7) 附属设备　管道和吸尘罩是重要附属设备，在运转初期是很容易通过异常振动、吸气效果不好、操作不良等故障来判断。

首先，运行时要注意排风机有无反转，并及时给风机上油，虽然目前大部分风机都带有自动启动装置而使事故减少，但是在没有自动启动的情况下，由于启动失败后致使电源的保险丝烧断，电机单相运转，从而烧毁事故在运转初期时有发生。

此外，气体温度的急剧变化对风机也有不良的影响，应避免这种情况。因为温度的变化可能引起风机轴的变化，形成运行不平衡状态，引起振动。而且在停止运行时，如温度急剧下降，再开动的时候也有产生振动的危险。

设备的启动对在正常运行中机器有着重要的作用，必须细心观察和慎重行事。

2. 正常负荷运行调试

袋式除尘器在正常负荷运行中，由于运行条件发生改变，或出现故障，都将影响设备的正常运行，所以要定期进行检查和适当的调节，以延长滤袋的寿命，降低动力费用，用最低的运行费用维持最佳运行状态。

(1) 利用测试仪表掌握运行状态　袋式除尘器的运转状态，可由测试仪表指示的系统压差、入口气体温度、主电机的电压、电流等数值及其他变化而判断出来。通过这些数值可以了解以下所列各项情况：①滤袋的清灰过程是否发生堵塞，滤袋是否出现破损或发生脱落现象；②有没有粉尘堆积现象以及风量是否发生了变化；③滤袋上有无产生结露；④清灰机构是否发生故障，在清灰过程中有无粉尘泄漏情况；⑤风机的转次是否正常，风量是否减少；⑥管道是否发生堵塞和泄漏；⑦阀门是否活动灵活，有无故障；⑧滤袋室及通道是否有泄漏；⑨却水有无泄漏等。

（2）控制风量变化　风量增加可能引起滤速增大，导致滤袋泄漏破损、滤袋张力松弛等情况。如果风量减少，使管道风速变慢，粉尘在管道内沉积，从而又进一步使风量减少，将影响粉尘抽吸。因此，最好能预先估计风量的变化。

引起系统风量变化的原因如下：①入口的含尘量增多，或者黏性较大的粉尘；②开、闭吸尘罩或分支管道的阀门不当；③对某一个分室进行清灰，某一个室处于检修中；④除尘器本体或管道系统有泄漏或堵塞的情况；⑤风机出现故障。

（3）控制清灰的周期和时间　袋式除尘器的清灰是影响捕尘性能和运转状况的重要因素，清灰过程如图 5-217 所示。由图 5-217 可知，两次清灰间隔时间称为清灰周期，清灰过程所用的时间称为清灰时间。

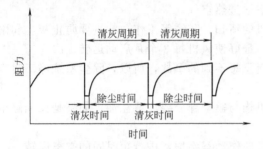

图 5-217　清灰周期与清灰时间的关系

图 5-218　清灰时间短的阻力变化

清灰周期、清灰时间与所采取的清灰方式和处理对象的性质有关，所以必须根据粉尘性质、含尘浓度等确定。如清灰时间过长或强度过大，将使一次附着粉尘层被清落掉，容易造成滤袋泄漏和破损。所以，最好把清灰时间和清灰强度设定在必要范围之内。但如果清灰时间过短时，滤袋上的粉尘尚未完全清落掉就转入收尘作业，将使阻力很快地恢复，并逐渐增高起来。其变化如图 5-218 所示。

清灰周期与清灰时间的确定依清灰方式不同而各异，最佳状况应该是既能有效清灰的最少时间，又能确定适当清灰周期，使平均阻力接近于水平线。这样将使清灰周期尽可能长，清灰时间尽可能短，从而能在最佳的阻力条件下运转，如图 5-219 所示。清灰周期和清灰时间对除尘器的影响见表 5-102。

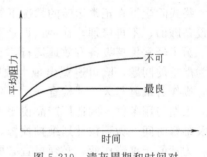

图 5-219　清灰周期和时间对
平均阻力的影响

表 5-102　清灰周期和清灰时间对除尘器的影响

时　间	清　灰　周　期	清　灰　时　间
较长时	清灰周期过长： (1)缩短滤袋寿命； (2)增加能耗	清灰时间过长： (1)产生泄漏； (2)成为滤袋堵塞的原因； (3)滤袋的寿命缩短； (4)驱动部分的寿命缩短
较短时	清灰周期过短： (1)发生泄漏； (2)滤袋的寿命缩短； (3)经常有处于清灰中的分室，作为整体则阻力增高	清灰时间过短： (1)一开始收尘作业阻力立即增高； (2)阻力继续增高，影响运行

（4）维护正常阻力　袋式除尘器借以压力计判断压差大小，反映正常运转时的压差数值。如压差增高，意味着滤袋堵塞、滤袋上有水汽冷凝、清灰机构失效、灰斗积灰过多以致堵塞滤袋、风量增多等。而压差降低则可能意味着出现了滤袋破损或松脱、入风侧管道堵塞或阀门关闭、箱体或各分室之间有泄漏现象、风机转速减慢等情况。最好能装警报装置，在超过压差允许范围时即发出警报，以便及时检查并采取措施。

3. 停止运行后的维护

当袋式除尘器长时间停止运行时，必须注意滤袋室内的结露和风机的轴承。滤袋室内的结露是高温气体冷却引起的，因此要在系统冷却之前把含湿气体排出去，通入干燥的空气。在寒冷地区，由于周围环境温度低，也能引起这种现象。为了防止结露，在完全排出系统中的含湿气体后，最好把箱体密封，也可以不断地向滤袋室送进热空气。

袋式除尘器在长时间停止运行时，要注意风机的清扫、防锈等工作，特别要防止灰尘和雨水等进入电动机转子和风机、电动机的轴承部分。最好使风机每3个月启动运转1次。

有冰冻季节的地方，冷却水等的冻结可能引起意想不到的事故，所以，除尘系统停车时冷却水必须完全放掉。

停车后，管道和灰斗内积尘要清扫掉，清灰机构与驱动部分要注意注油。如果是长期停车时，还应取下滤袋，放入仓库中妥善保管。

考虑到以上问题，在停止运转期间内最好能定期作动态维护，进行短时间的空车运转。

三、袋式除尘器的维护管理

1. 概述

袋式除尘器在正常运转的情况下维护工作往往被忽视，一旦发生故障则影响运行；有时认为设备陈旧，不再修理，这种认识是不对的。

为了经常保持设备有效地运行，必须重视维护检修工作。发现问题及时处理，就不会发展成为严重的问题，既可避免出现大故障，又可节省修理费用。所以，及时发现问题是很重要的，操作者最好每天巡回检查一次设备，根据经验及时发现和防止故障的发生。

根据使用条件、制造厂产品说明书以及维修单位和操作者经验等，确定每台设备的维修内容及维修时间。做到按计划维护检修，而不是出了问题再去检修。

为了便于维修作业，必须设置必要的梯子、通道以及照明设备等，其中手持灯电源应是安全电压。

在设备运转过程中，不管是密闭型的还是开放型的都绝对禁止有毒、有害气体进入系统。在设备停止运转的时候，也要用空气把系统内部的气体置换出去，如果认为有害气体仍有存在，就要利用仪器检查，确认安全后方可作业，但不宜单人操作，否则，问题不能及时发现就会造成很大事故。维修作业的安全措施如下：①把系统内的有毒有害气体用空气充分置换之，以防可能发生的事故；②在检查作业时，为了不使设备被人开动，作业人员要自己携带操作盘的钥匙，并且在操作盘挂上严禁启动的字牌；③必须切断开关的总电源。

2. 箱体维护管理

袋式除尘器的箱体是固定的。其外部常年经受风吹雨打，内部受到所处理气体的污染，条件都是相当苛刻的。箱体维修分内外两部分。

（1）外部维护　外部维护主要是检查油漆、漏雨、螺栓及周边密封情况。对于高温、高湿气体来说，为了防止结露和确保安全，一般在外部有岩棉、玻璃棉、聚苯酯之类保温层。保温层被雨水打湿后会加快箱体的腐蚀，所以放在露天场所的除尘器每当下雨时要予以充分注意。

（2）内部维修　箱体内侧处于一个容易结露、附着粉尘以及气体溶解后可能造成腐蚀的环境之中。钢板之间及钢板与角钢之间的焊接部分、安装滤袋的花板边缘等都是易被腐蚀的部位。因此，箱体内部的维修主要是要注意选择能耐腐蚀的涂料，及时涂装在易腐蚀或已腐蚀的部位。在一般情况下，因净化气体多呈酸性，所以选用环氧树脂类的耐酸涂料较多。

（3）缝隙维修　箱体缝隙一般垫有橡胶、胶垫、石棉垫等，防止气体泄漏。随着时间的延长，有的密封垫会老化变质、损坏脱落，造成漏风加剧。在维修时，发现上述现象要认真对待，或更换，或堵漏，要尽量避免漏风。在已有的堵漏材料中，环氧树脂和防漏胶泥都是较好的材料，如因粉尘冲刷形成孔洞则必须补焊。

3. 阀门维护管理

虽然各制造厂生产的阀门不完全相同，但从应用的功能看，有如表 5-103 所列的一些类别。根据使用阀门的目的，有的要求其密封性能良好，有的则要求它能保持规定的位置不变。如图 5-220 所示，由于振动式清灰的换向阀门密封性能不好，而使清灰效果不佳并助长了滤袋的破损。因为反吹阀门的密封性不良，也使清灰效果变坏。

表 5-103　阀门的种类及用途

名　　称	用　　途	动作频度
吸尘罩及吸风口调节阀	安装在吸尘罩与吸风口附近的管道上调节吸风量	经常
风量调节阀	从多个地点吸风时，调节风量大小	少
冷风导入阀门	为保护滤袋，当气体温度升到一定值时打开，防止烧袋	经常
紧急切断阀门	为保护设备，当气体温度升到一定值以上时关闭之	几乎不用
换向阀门	在清灰时开、闭，安装于各分室	频繁
风机入口阀门	防止启动时电机过负荷，并可调节系统风量，安装在风机入口	经常
反吹阀门	清灰时开、闭，安装于各分室	频繁
电磁脉冲阀	清灰时开闭，安装于分室气包上	频繁

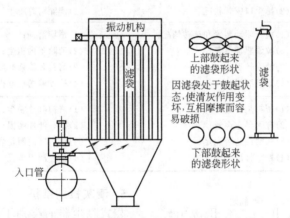

图 5-220　振动式清灰换向阀门密封不良的影响

（1）运转中的维修项目　主要包括：①动作状况，阀门开闭是否灵活、准确；②漏水、冷却排水量，排水温度，冬季注意保温，防止水的冻结；③驱动装置（气缸或电动缸）的动作状况，气源配件的动作状况；④阀门的密封性。

（2）停车时的维修项目　主要包括：①变形及破损；②阀门的密封性及动作灵活状况；③电控部分的连接及除尘设备设安全阀的目的是为了发生爆炸时，安全阀动作将爆炸压力放散于大气中去，以防止全部装置被破坏。安全阀动作的可能性虽然很少，但必须定期地用手动开、闭，反复检查其动作情况。安全阀在压力降低后，应能自动地恢复原位而闭，可使系统继续运转下去。

4. 灰斗管理维护

灰斗是积存粉尘的装置，灰斗积存粉尘太多，会堵塞入风口（见图 5-221），成为吸风不畅的原因，故要经常使之处于近乎排空状态。如果从排风口吸入雨水与湿气时有可能造成粉尘固结于灰斗内壁，形成排灰口堵塞（见图 5-222 所示），因此必须使排灰口密封完好。

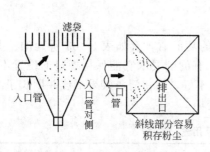

图 5-221　灰斗内容易积存粉尘的地方

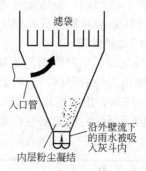

图 5-222　吸入水分使排尘口堵塞

粉尘大量积存于灰斗的主要危害是：阻力增大，处理风量减少；已落入的粉尘又被吹起，能使滤袋堵塞；使入口管堵塞，灰斗的粉尘有架桥的现象，造成排灰困难；滤袋中进入粉尘可造成滤袋破损、伸长、张力降低等。

灰斗的维修项目和内容见表 5-104。

表 5-104　灰斗的维修项目和内容

项　　目	经　常　维　修	停　车　维　修
灰斗体	(1)粉尘的堆积状况； (2)排尘口密封状况	(1)粉尘堆积量； (2)清除附着粉尘
粉尘输送机	(1)检查驱动装置和旋转情况； (2)拉紧驱动链条； (3)消除转动异声； (4)添足润滑油	(1)螺旋磨损； (2)消除罩内积尘； (3)清扫和检修螺旋轴和叶片； (4)检查输送机磨损情况
卸灰阀	(1)密封是否良好； (2)有无异常声音； (3)润滑油是否充足； (4)粉尘排出是否畅通	(1)清扫叶片粉尘； (2)检查叶片磨损； (3)清扫罩内侧粉尘； (4)检查润滑情况

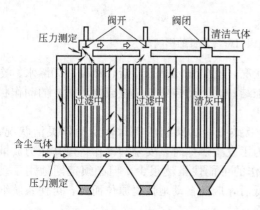

图 5-223　清灰效果测试方法

5. 清灰机构维护

袋式除尘器的类别不同，清灰机构也不同。清灰机构的作用在于把滤袋上的粉尘有效地清下来，保证袋式除尘器的正常运行。一般，用安装在控制盘或除尘器箱体上的压差计的读数，表示清灰效果的好坏。阻力超过规定值，表明滤袋挂灰太多，此时应对清灰机构进行必要的调节或检修。图 5-223 表示袋式除尘器在负压工作时，测试清灰效果的方法。

（1）运行维修项目　主要包括：①根据压差计读数了解清灰状况，压差过大或过小均属异常；②检查振动声音是否异常，找出异常原因调至正常；③压缩空气的压力是否符合要求，压力过低会造成清灰不良，压差偏大；④电磁阀和振动电机的动作状况，电磁阀动作异常往往是清灰不良的直接原因；⑤换向阀门的动作及密封状况，电磁阀动作状况；⑥反吹风阀门的动作状况及密封情况；⑦反吹风机的工作情况及反吹风量，反吹风量不足会导致清灰效果差。

（2）停车时的维修项目

① 振打清灰方式。振打清灰一般是分室清灰，清灰时把阀门关闭，气流停止通过，由机械振动的作用进行清灰，清灰间隔用定时器进行自动控制。因此，对控制盘、各分室阀门、机械振动装置、滤袋的安装等都进行维护。

维护的要点主要包括以下内容：a. 检查并确认动作程序，检查一个振动清灰循环是否按规定的动作程序进行工作，定时器的时间调整是否得当；b. 清灰室的阀门开关；根据分室压力计的读数是否为零可以了解阀门的开闭情况是否严密，如果阀门没有关闭就会流入部分气体，使滤袋在鼓气的状态下振动，这样不仅清灰不充分，而且还能缩短滤袋寿命；c. 振动机构动作情况，主要应注意有无异常声音，传动皮带和轴承等动作是否合适，还要进行电机电流检查和传动皮带的张力调整；d. 要注意滤袋的安装状况和松紧程度是否适当，滤袋过于拉紧会导致滤布的损伤，如过于松弛会造成清灰困难，通常以保持松弛度约30mm为宜。

② 反吹风清灰方式。用这种清灰方式一般在滤袋上每间隔一定距离缝入金属环，以减少滤袋的皱曲，防止滤袋磨损。反吹清灰方式，由于对滤袋施加有反向压力，而达到清灰的目的。

用这种清灰方式停车维修工作有以下几种：a. 检查阀门的动作及密封情况，阀门的密封性能不好将不能进行有效地清灰；b. 检查反吹管道的粉尘堆积情况，检查反吹风管上调节阀开度是否适当、到位；c. 检查滤袋的拉力（10m长滤袋拉力约35kg），滤袋的拉力不足，则使滤袋的下部变形过度，而形成被吸入灰斗中的样子，清灰的效果也要变坏。

清灰过程中，滤布皱曲厉害的地方，尤其是下部固定在套管上的周围，容易磨损，变薄或穿孔，检查中应充分注意。

③ 气环反吹清灰方式。这种方式是使喷吹环沿着滤袋上下运动，由喷吹环的孔口向滤袋喷射出与处理气体流动方向相反的气流，以达到清灰的作用。清灰时应注意下述问题：a. 要对链条进行检查、调整和注油，如果驱动和平衡用的链条发生伸长或生锈时，使上下运动不能平滑地进行，有时可能出现清灰位置改变，使滤袋的一部分发生粉尘堵塞现象；b. 检查气环喷口是否堵塞，喷口堵塞会因喷射气流减少而使清灰效果变坏，特别是长时期没有去注意滤袋破损情况而连续运转时更应仔细地检查；c. 检查喷射气流的主管与气环间的连接软管，有无破裂和漏气现象；d. 滤袋的拉力如果不够时可能阻碍气环上下运动，引起驱动电机的过负荷和断链等事故，并且在和气环相接触处因滤袋急剧收缩而产生纵向皱纹，如图 5-224 所示。

④ 脉冲喷吹清灰方式。脉冲喷吹清灰方式如图 5-225 所示，是依靠瞬间从喷吹管喷射出的高速气流，同时又吸引周围5～7倍于喷射气量的二次空气一同通过文氏管或直接给予滤袋冲击，达到清灰的目的。

这种清灰方法运动部件很少，金属构件的维护工作少。但是，脉冲控制系统很容易结露、堵塞、动作不灵敏，需要十分注意维护。

维护要点包括以下内容：a. 要认真检查电磁阀、脉冲阀以及脉冲控制仪等的动作情况；b. 检查固定滤袋的零件是否松弛，滤袋的拉力是否合适，滤袋内支撑框架是否光滑，对滤袋的磨损情况如何；c. 在北方地区应注意防止喷吹系统因喷吹气流温

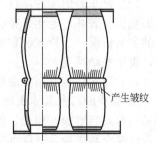

产生皱纹

图 5-224　滤袋拉力不足的情况

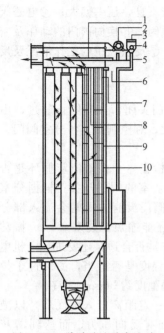

图 5-225　脉冲喷吹清灰方式
1—喷管；2—贮气包；3—接线盒；
4—控制阀；5—脉冲阀；6—卡圈；
7—文氏管；8—花板；9—支撑
框架；10—滤袋

度低导致滤袋结露或冻结现象，以免影响清灰效果。

⑤ 振动反吹联合清灰方式。振动反吹联合清灰应注意以下几点：a. 检查并确认排气阀和反吹阀门动作是否准确、灵活，密封性是否好；b. 要检查动力传递与振动动作是否正常，因为振动电机的动力需经振动机构的传递才能使滤袋产生振动，达到清灰目的；c. 检查滤袋的拉紧程度。若拉力过弱时反吹不能均匀地作用于全滤袋，则需调整。

⑥ 脉动反吹清灰方式。脉动反吹消灰有两种情况：一是逐袋反吹；二是逐室反吹。

1）逐袋的反吹方式。逐袋反吹方式是供给振动气源的鼓风机、脉动阀门以及减速机等都设置在箱体的顶棚上，所以，即使设备在运转之中也可以进行充分的检查。在检查传动皮带等的时候，必须先把机器停转，然后才可进行检查。检查应以传动皮带的拉力、轴承及减速机的注油与动作情况为主。在露点以下运转或者处理腐蚀性气体时需仔细检查滤袋。

2）逐室的反吹方式。逐室反吹方式是在反吹基础上给予脉动，逐室地顺次进行清灰。逐室反吹应注意以下几点：a. 反吹空气逆止阀门是否完全关闭，并且，在停车时，全室的逆止阀是否都处于关闭状态；b. 给予反吹风脉动阀是否能平滑转运，有无异常声音和振动；c. 顺次地开闭逆止阀，看看凹缘滚子有无磨损；d. 经长期使用，滤袋将有一些伸长，致使拉力变弱，清灰时膨胀变粗，两侧滤袋的接触面积增大，使清灰效果变坏，要定期检查拉力并进行调整。

6. 滤袋及吊挂机构

滤袋是除尘器的心脏，对其性能影响很大，所以应经常注意检查。经验证明滤袋维修工作是最大的部分。运行中的滤袋状况，可由压差计的读数和变化反映出来。对大型袋式除尘器每天都要把阻力值记录下来，及时分析和检查滤袋的破损、劣化及堵塞等情况并采取必要的措施。

（1）运行中的维护项目　运行中的维护项目包括：①测定阻力并做好记录；②用肉眼观察排气口的烟尘情况，从排气口如果能看到排出烟尘时说明有滤袋损坏，为确定损坏位置可按如下方法进行检查。

用手动操作逐室的转换清灰作业，一个室一个室地关闭阀门，观察排气口，因为有滤袋破损的分室过滤一停止就不再向外排出烟尘了，所以能很容易判断是哪一个分室的滤袋破了。

（2）停车时的维护项目　停车时的维护项目包括：①观察判断滤袋的使用和磨损程度，看有无变质、破坏、老化、穿孔等情况；②凭经验或试验调整滤袋拉力，凭经验观察滤袋非过滤面的积灰情况；③检查滤袋有无互相摩擦、碰撞情况；④检查滤袋或粉尘是否潮湿或者被淋湿，发生黏结情况。

（3）影响滤袋使用寿命的主要因素如下。

① 滤袋的堵塞具体表现形式是滤袋阻力增高，可由压差计的数值增大显示出来。滤袋堵塞是引起滤袋磨损、穿孔、脱落等破坏的原因。引起滤袋堵塞的原因，可由表 5-105 所列的现象进行检查和维修。一般可采取以下措施：a. 暂时地加强清灰，以消除堵塞；b. 部分或全部更换滤袋；c. 调整安装与运转条件。

表 5-105 防止滤袋堵塞的措施

现 象	调 查 项 目	措 施	现 象	调 查 项 目	措 施
滤袋淋湿	漏水等	消除漏水、干燥、反复清灰	滤袋下部堵塞	查明原因	维修、调整
滤袋张力不足	悬挂方法	调整、维修	清灰不良	(1)灰斗密封不良; (2)清灰机构不良; (3)反吹风量不足; (4)喷吹压力不足; (5)卸灰阀漏风	维修、调整
滤袋安装不良	安装方法	调整、维修
滤袋收缩	查明原因	换袋
滤速过快	风量	调整
粉尘潮湿	查明原因	消除根源、维修

② 滤袋破损。滤袋形状、安装方法与结构是滤袋产生破损的原因,依次可以进行检查和维修。但是,在这些破损之外,还有一些能助长滤袋损伤的原因,见表 5-106,可参考此表进行检查并修理。

表 5-106 助长滤袋破损的原因及预防措施

原 因	措 施	原 因	措 施
清灰周期过短	周期加长	滤袋老化	清除原因
清灰周期过长	周期缩短	滤袋因热变硬	消除原因
滤袋张力不足	调整加强	烧毁	消除原因
滤袋过于松弛	增加拉力	漏泄粉尘	更新滤袋材质
滤袋安装不良	调整固定	滤速过高	调整减少

③ 滤袋的老化。有多种原因(如下所述),查明原因后采取消除措施并更换滤袋:a. 因温度过高而老化;b. 因与酸、碱或有机溶剂的蒸气接触反应而老化;c. 与水分发生反应老化;d. 滤袋使用时间达到其寿命时间。

（4）滤袋的安装 滤袋的安装方法不当就会出现下列的现象:a. 排气筒向外冒烟;b. 除尘器阻力降低或增高;c. 滤袋破损或助长滤袋破损;d. 从滤袋安装部位漏尘;e. 滤袋脱落掉下;f. 除尘系统吸尘罩吸风作用变差;g. 清灰作用变坏;h. 滤袋脱落。

由于清灰方式和滤袋的安装方法不同,对滤袋施加的拉力也有所不同,可参照表 5-107 所列要求。需知机构振动类清灰方式,使滤袋保持适当的松弛才能比较有效地清灰。

表 5-107 各种清灰方式的滤袋拉紧程度

清灰方式	滤 袋 拉 紧 程 度
机械振动	给予适当的松弛安装
反吹风	施加拉力(加拉力 10～60kg,因袋径及尺寸而异,10m 长滤袋拉力 30kg)
脉冲喷吹	因有支撑骨架不需要拉力,但滤袋不宜太松弛
反吹、振动并用	给予比较弱的拉力
脉动反吹	(1)用插入滤袋框安装时,需加压力; (2)用支撑骨架安装时,不需要拉力
回转反吹风	拉紧到中等程度

四、袋式除尘器的常见故障及排除

袋式除尘器常见故障现象、原因及排除措施见表 5-108。

表 5-108　袋式除尘器常见故障现象、原因及其排除措施

故障现象	产　生　原　因	排　除　措　施
滤袋磨损	相邻滤袋间摩擦 与箱体摩擦 粉尘的磨蚀(滤袋下部滤料毛绒变薄) 相邻滤袋破坏而致	调整滤袋张力及结构 修补已破损滤袋或更换
滤袋烧毁	流入火种 粉尘发热	消除火种 清除积灰 降温
滤袋脆化	酸、碱或其他有机溶剂蒸气作用 其他腐蚀作用	防腐蚀处理
滤袋堵塞	滤袋使用时间长 处理气体中含有水分 漏水 风速过大 清灰不良	更换 检查原因并处理 修补、堵漏 减少风速 加强清灰、检查清灰机构
阻力异常上升	反吹管道被粉尘堵塞 换向阀密封不良 气体温度变化而使清灰困难 清灰机构发生故障 粉尘湿度大、发生堵塞或清灰不良 清灰定时器时间设定有误 振动机构动作不良 气缸用压缩空气压力降低 气缸用电磁阀动作不良 灰斗内积存大量积灰 风量过大 滤袋堵塞 因漏水使滤袋潮湿 换向阀门动作不良及漏风量大 反吹阀门动作不良及漏风量大 反吹风量调节阀门发生故障及调节不良 反吹风量调节阀门闭塞 换向阀门与反吹阀门的计时不准确	清理疏通 修复或更换 控制气体温度 检查并排除故障 控制粉尘湿度、清理、疏通 整定定时器时间 检查、调整 检查、提高压缩空气压力 检查、调整 清扫积灰 减少风量 检查原因、清理堵塞 修补漏洞 调整换向阀门动作、减少漏风量 调整反吹阀门动作、减少漏风量 排除故障、重新调整 调整、修复 调整计时时间
清灰不良	滤袋过于拉紧 滤袋松弛 粉尘潮湿 清灰中滤袋处于膨胀状态(换向阀等密封不良或发生故障) 清灰机构发生故障 清灰阀门发生故障 清灰定时器时间设定值有误或发生故障 反吹风量不足	调整张力(松弛) 调整张力(张紧) 检查原因并处理 检查密封，排除故障，消除膨胀状态 检查、调整并排除故障 排除 检查，整定时间设定值 检查原因，加大反吹风量
阀门动作不良	对于气缸或阀门 　气缸动作不良 　电磁阀动作不良 　阀门上附着粉尘较多 　连动杆、销钉等脱落或折断 　固定螺栓脱落或折断 对于电动式阀门 　电机过负荷 　电机烧毁 　连动杆、销钉等脱落或折断 　固定螺栓脱落或折断 　行程不足	 检查、调整 检查、调整 清扫附着粉尘 修复或更换 紧固或更换 检查原因、消除过负荷现象 更换、修理 修复或更换 修复，紧固或更换 调整

故障现象	产生原因	排除措施
气缸动作不良	电磁阀动作不良 漏气 活塞杆锈蚀 行程不足 压气管道破损 压气管道连接处开裂、脱离 压气的压力不足 压气未到 活塞杆断油 密封垫料不良	检查原因并修复 检查、堵漏 清锈或更换 调整行程 修补 修理并紧固 增加压气的压力 检查,疏通管线 检查原因,供油 调整,更换
电磁阀动作不良	电路发生故障 因长期放置静摩擦增大 阀破损 弹簧折断 因填料膨胀,使摩擦阻力增大 活塞环损坏 阀内进入异物 漏气 滑阀密封不正常	检查电路、排除故障 检查,处理 更换 更换弹簧 更换垫料 更换 清除异物 密封处理 检查原因、排除故障
灰斗中粉尘不能排出	灰斗下部粉尘发生拱塞 螺旋输送机出现故障 回转阀动作不良 粉尘固结 排出溜槽堵塞 粉尘潮湿,产生附着而难于下落	清除粉尘拱塞 检查并排除故障 检查,修理 清除固结粉尘 清理溜槽,排出异物 清扫附着粉尘,防潮处理
粉尘排出装置发生故障	传动电机,减速机及传动齿轮有故障 传动链条折断 链条断油 安全销折断 链条过于松弛 螺旋连接销折断 螺旋机壳内固着粉尘 螺旋叶片折损 回转阀叶片折断 回转阀内绞入异物 螺旋叶片磨损 螺旋叶片间充满固着粉尘 机壳内侧固着粉尘与叶片摩擦 排出口粉尘堵塞 灰斗内粉尘拱塞 回转阀叶片磨损 回转阀叶片间充满固着粉尘	检查原因,排除传动故障 更换链节,重新连接 供油 更换 调整链条张力 更换 清理 修复 更换 清除异物 修理或更换 清理 清理机壳内侧固着粉尘 清理排出口已堵塞粉尘 清除积灰拱塞 修复或更换 清除固着粉尘
设备阻力过低	过滤风速过低,阀门开启过小,或管道堵塞 压力计的连接管路堵塞,或一根连管脱落 清灰周期过短,过量清灰 滤袋严重破损或滤袋脱落	调节阀门开启程度;疏通管道 检查压力计进出口及连接管路 调整清灰程序,延长清灰周期 检查滤袋,更换破损滤袋

第六章

静电除尘器

静电除尘器是利用静电力（库仑力）将气体中的粉尘或液滴分离出来的除尘设备，也称电除尘器、电收尘器。静电除尘器在冶炼、水泥、煤气、电站锅炉、硫酸、造纸等工业中得到了广泛应用。

静电除尘器与其他除尘器相比其显著特点是：几乎对各种粉尘、烟雾等，直至极其微小的颗粒都有很高的除尘效率；即使高温、高压气体也能应用；设备阻力低（100～300Pa），耗能少；维护检修不复杂。

第一节　静电除尘基本理论

静电除尘器的种类和结构形式很多，但都基于相同的工作原理。图 6-1 是管极式静电除尘器工作原理示意。接地的金属管叫收尘极（或集尘极），与置于圆管中心、靠重锤张紧的放电极（或称电晕线）构成的管极式静电除尘器。工作时含尘气体从除尘器下部进入，向上通过一个足以使气体电离的静电场，产生大量的正负离子和电子并使粉尘荷电，荷电粉尘在电场力的作用下向集尘极运动并在收尘极上沉积，从而达到粉尘和气体分离的目的。当收尘极上的粉尘达到一定厚度时，通过清灰机构使灰尘落入灰斗中排出。静电除尘的工作原理包括电晕放电、气体电离、粒子荷电、粒子的沉积、清灰等过程。

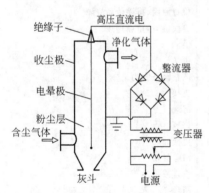

图 6-1　管极式静电除尘器
工作原理示意

一、基本理论发展过程

静电学是一门既悠久又崭新，既简单又错综复杂的科学。早在公元前 600 年前后古希腊泰勒斯（Thales）发现，如用毛皮摩擦琥珀棒，棒就能吸引某些轻的颗粒和纤维。静电吸引现象形成，是现代静电除尘器理论基础。1732 年斯蒂芬·格雷（Stephen Gray）成功地证明了，只要与地球充分地隔绝，即使是非带电体也可给予静电荷。法国的库仑（Coulomb）考察了静电吸引力的大小，并于 1785～1789 年发表论文，库仑发现的平方反比定律构成静电学的科学基础，也是静电除尘理论的出发点；电荷单位被命名为库仑。第一次成功利用静电学是 1907 年由美国人乔治科特雷尔（George Cottrell）实行的，是用于硫酸酸雾捕集的静电除尘器，处理烟气量 5.6636m³/min；科雷尔在 1911 年第二次成功地把静电学应用于捕集水泥制造过程中的粉尘，他在 1908 年发明的一种机械整流器，提供了为成功进行粉尘的静电沉降所必需的手段。这一发明导致了他的成功并使他成为实用静电除尘的创始人。1912 年施密特（W. A. Schmie）设想并发明双区静电除尘器。1919 年安德森（E. Anderson）由试验发现静电收尘的指数定律。1922 年德国的多依奇（Deutsch）由理论推导出静电除尘效率指数方程式并沿用至今。1950 年怀特（H. J. White）获得静电除尘的脉冲供电专利。湿式静电除尘器出现较晚，1954 年罗比茨（L. M. Roberts）等才获得造纸厂湿式静电除尘器的美国专利。

在静电除尘器应用研究方面，我国从 20 世纪 50 年代起有不少科研、学校、设计单位和企业做了大量开发工作，为静电除尘器应用做出了成绩。

二、气体的电离和导电过程

空气在正常状态下几乎是不能导电的绝缘体，气体中不存在自发的离子，因此实际上没有电流通过。它必须依靠外力才能电离，当气体分子获得能量时就可能使气体分子中的电子脱离而成为自由电子，这些电子成为输送电流的媒介，此时气体就具有导电的能力。使气体具有导电能力的过程称之为气体的电离。

1. 原子结构

物质是由分子组成的，分子是保持物质化学性质的一种颗粒。分子是由原子构成，而原子又是由带负电荷的电子、带正电荷的质子以及中性的中子三类亚原子粒子组成的。在各种元素的原子里，质子和中子总是组成原子核。核的净电荷是正，在原子核的外面一定有电子，电子的数目等于原子核子的数目。如果原子没有受到干扰，便没有电子从原子核的周围空间移出，则整个原子呈电中性，也就是原子核的正电荷与电子的负电荷相加为零。如果移去一个或多个电子，剩下来带正电荷的结构就称为正离子，获得一个或多个额外电子的原子称为负离子，失去或得到电子的过程称为电离。当原子（或分子）从外界吸收的能量足够大时，则电子可以脱离原子（或分子），于是原子（或分子）就被电离成自由电子和正离子两部分，如图 6-2 所示。由于气体电离所形成的电子和正离子在电场作用下，朝相反的方向运动，于是形成电流，此时的气体就导电了，从而失去了气体通常状态下的绝缘性能。使原子或气体电离，可以是原子和电子之间的碰撞，以及光和 X 射线辐射时对原子的作用等。

图 6-2　碰撞电离

2. 气体电离

通过电子和气体原子之间碰撞实现气体原子或分子激励和电离，电子碰撞原子并使之电离，则电子应具有一个最小能量。这个最小能量称为该气体的激励能。使电子在有一定电位差的电场中加速，电子可获得最大的能量，能使气体电离，此时的能量称为电离能，见表 6-1。

表 6-1　一些气体的激励能和电离能　　　　单位：eV

气体	激励能 W_e	电离能 W_i	气体	激励能 W_e	电离能 W_i
氧 $\begin{smallmatrix}O_2\\O\end{smallmatrix}$	7.9 19.7　9.15	12.5 13.61	汞 $\begin{smallmatrix}Hg\\Hg_2\end{smallmatrix}$	4.89	10.43 9.6
氮 $\begin{smallmatrix}N_2\\N\end{smallmatrix}$	6.3 2.38　10.33	15.6 14.54	水 H_2O	7.6	12.59
氢 $\begin{smallmatrix}H_2\\H\end{smallmatrix}$	7.0 10.6	15.4 13.59	氦 He	19.8	24.47

当具有一定速度的电子与一个气体原子碰撞时，电子的动能有一部分就传给了原子。如果这种碰撞不引起原子内部的变化，即激励或电离，这种碰撞称为弹性碰撞。由于原子的质量比电子的大得多，所以电子传给原子的能量很少，原子不动，电子则改变了运动的方向。如果电子的能量足够大，它的功能可使原子激励或电离，这种碰撞称为非弹性碰撞。电子和原子碰撞时可以使原子被激励，使原子与原子碰撞并也能使原子电离。

除了靠电场加速电子碰撞气体原子使之电离外，还有所谓光电离和热电离现象，光电离是靠光的辐射能量使气体电离，热电离是靠粒子的热运动速度达到一定程度，碰撞气体原子而使之电离；但两种电离静电除尘中很少发生。在电场中除了进行气体的电离外，电离产生的电子、负离子和正离子，还可以重新结合成为基态的原子或分子，这一过程称为离子复合。当电场中电离不再继续进行时，则复合过程将导致离子和绝大部分电子从电场中消失，这种现象称为消电离。当电除尘器供电中断时，电场中发生的过程是消电离过程。

气体的电离可分为两类，即自发性电离和非自发性电离。气体的非自发性电离是在外界能量作用下产生的。气体中的电子和阴、阳离子发生的运动，形成了电晕电流。

气体非自发性电离和自发性电离，与通过气体的电流并不一定与电位差成正比。当电流增大到一定的程度时，即使再增加电位差，电流也不再增大而形成一种饱和电流，在饱和状态下的电流称为饱和电流。

非自发性电离的特点是：气体中的电子或离子数目不会连续增多，这是因为在产生电子和离子的同时，由于不同电性的离子受到库仑力的作用又重新结合成中性分子，此过程称为离子复合。另外，非自发性电离，一旦外界能量停止，气体中的电荷也随之消失。气体自发性电离是在高压电场作用下产生，不需特殊的外加能量，静电除尘理论就是建立在气体自发性电离的基础上。气体导电现象分低电压导电和高压导电两种。低电压气体导电是借放电极所产生的电子或离子部分传递电流，静电除尘就属于这一类。

3. 导电过程

气体导电过程可用图 6-3 中的曲线来描述。

图 6-3 中在 AB 阶段，气体导电仅借助于大气中所存在的少量自由电子。在 BC 阶段，电压虽升高到 C' 但电流并不增加，此时使全部电子获得足够的动能，以便碰撞气体中的中性分子。当电压高于 C' 点时，由于气体中的电子已获得的能量足以使与发生碰撞的气体中性分子电离，结果在气体中开始产生新的离子并开始由气体离子传送电流，故 C' 点的电压就是气体开始电离的电压，通常称为临界电离电压。电子与气体中性分子碰撞

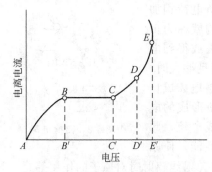

图 6-3　气体导电过程的曲线

时，将其外围的电子冲击出来使其成为阳离子，而被冲击出来的自由电子又与其他中性分子结合而成为阴离子。由于阴离子的迁移率比阳离子的迁移率大，因此在 CD 阶段中使气体发生碰撞电离的离子只是阴离子。在 CD 阶段中，放电现象不产生声响，此阶段的二次电离过程，称为无声自发放电。

当电压继续升高到 D' 点时，不仅迁移率较大的阴离子能与中性分子发生碰撞电离，较小的阳离子也因获得足够能量与中性分子碰撞使之电离。因此在电场中连续不断地生成大量的新离子，此阶段，在放电极周围的电离区内可以在黑暗中观察到一连串淡蓝色的光点或光环，或延伸成刷毛状，并伴随有可听到的"嗞嗞"响声。这种光点或光环被称为电晕。

在 DE 阶段称为电晕放电阶段，达到产生电晕阶段的碰撞电离过程，称为电晕电离过程。此时通过气体的电流称为电晕电流，开始发生电晕时的电压（即 D' 点的电压）称为临界电晕电压。静电除尘也就是利用两极间的电晕放电而工作的。如电极间的电压继续升到

E'点，则由于电晕范围扩大，致使电极之间可能产生剧烈的火花，甚至产生电弧。此时，电极间的介质全部产生电击穿现象，E'点的电压称为火花放电电压，或称为弧光放电电压。火花放电的特性是使电压急剧下降，同时在极短的时间内通过大量的电流，从而使电除尘停止工作。

根据电极的极性不同，电晕有阴电晕和阳电晕之分。当电晕极和高压直流电源的阴极连接时，就产生阴电晕。阴电晕形成只是在具有很大电子亲和力的气体或混合气体中才有可能。对于阴电晕，若产生的大量自由电子不能与中性气体分子结合而形成阴离子，则会直接奔向阳极而出现火花放电，不能形成电晕运转。惰性气体及氮气等不是负电性气体，不能吸附自由电子，所以不适宜于阴电晕运转。SO_2是最佳负电性气体，O_2、H_2及CO_2也是负电性气体，故能产生十分稳定的电晕。

当电晕极和高压直流电源的阳极连接时，就产生阳电晕。在阳电晕情况下，靠近阳极性电晕线的强电场空间内，自由电子和气体中性分子碰撞，形成电子"雪崩"过程。这些电子向着电晕极运动，而气体阳离子则离开电晕线向强度逐渐降低的电场运动，从而成为电晕外区空间内的全部电流。在阳离子向收尘极运动时，因为不能获得足够的能量，所以发生碰撞电离也就比较少，而且也不能轰击收尘极使之释放出电子。阳电晕的外观是在电晕极表面被比较光滑均匀的蓝白色亮光包着，这证明这种电离过程具有扩散性质。

上述两种不同极性的电晕虽都已应用到除尘技术中。在工业静电除尘器中，几乎都采用电晕。对于空气净化的所谓静电过滤器考虑到阳电晕产生的臭氧较少而采用阳电晕，这是因为在相同的电压条件下，阴电晕比阳电晕产生的电流大，而且火花放电电压也比阳电晕放电要高。静电除尘器为了达到所要求的除尘效率，保持稳定的电晕放电过程是十分重要的。

图 6-4 所示为一个静电除尘过程，这个过程发生在静电除尘器中。当一个高压电加到一对电极上时，就建立起一个电场。图 6-4（a）和图 6-4（b）表明在一个管式和板式静电除尘器中的电场线。带电微粒，如电子和离子，在一定条件下，沿着电场线运动。带负电荷的微粒向正电极的方向移动，而带正电荷的微粒向相反方向的负电极移动。在工业静电除尘器中，电晕电极是负极，收尘电极是正极。

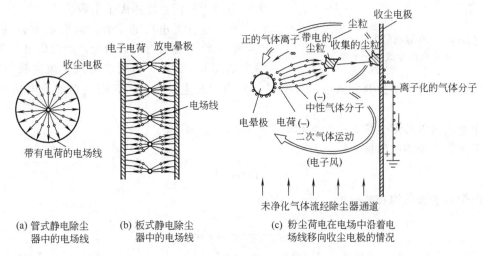

(a) 管式静电除尘器中的电场线　　(b) 板式静电除尘器中的电场线　　(c) 粉尘荷电在电场中沿着电场线移向收尘电极的情况

图 6-4　静电除尘过程示意

图 6-4（c）表示了靠近放电电极产生的自由电子沿着电场线移向收尘电极的情况，这些电子可能直接撞击到粉尘微粒上，而使粉尘荷电并使它移向收尘电极。也可能是气体分子吸附电子，而电离成为一个负的气体离子，再撞击粉尘微粒使它移向收尘电极。

三、尘粒的荷电和运动

收尘空间尘粒荷电是静电除尘过程中最基本的过程。虽然有许多与物理和化学现象有关的荷电方式可以使尘粒荷电，但是，大多数方式不能满足净化大量含尘气体的要求。因为在静电除尘中使尘粒分离的力主要是静电力即库仑力，而库仑力与尘粒所带的电荷量和除尘区电场强度的乘积成比例。所以，要尽量使尘粒多荷电，如果荷电量加倍则库仑力会加倍。若其他因素相同，这意味着静电除尘器的尺寸可以缩小一半。虽然在双极性条件下能使尘粒荷电实现，但是理论和实践证明，单极性高压电晕放电使尘粒荷电效果更好，能使尘粒荷电达到很高的程度，所以静电除尘器都是采用单极性荷电。

就本质而言，阳性电荷与阴性电荷并无区别，都能达到同样的荷电程度。而实践中对电性的选择，是由其他标准所决定的。工业中按惯例除尘用的静电除尘器，选择阴性是由于它具有较高的稳定性，并且能获得较高的操作电压和较大的电流。反之，在空气净化中，由于要求减少臭氧的产生，一般选择阳性电荷。总之，不论是选择哪种荷电方式，基本的准则是使尘粒获得最大的荷电量，以适应其他条件的要求。

在静电除尘器的电场中，尘粒的荷电机理基本有两种：一种是电场中离子的吸附荷电，这种荷电机理通常称为电场荷电或碰撞荷电；另一种则是由于离子扩散现象的荷电过程，通常这种荷电过程为扩散荷电。尘粒的荷电量与尘粒的粒径、电场强度和停留时间等因素有关。就大多数实际应用的工业静电除尘器所捕集的尘粒范围而言，电场荷电更为重要。

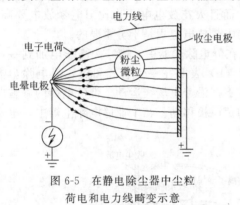

图 6-5 在静电除尘器中尘粒荷电和电力线畸变示意

1. 电场荷电

在电场作用下，离子沿电力线移动，与尘粒碰撞黏附于其上并将电荷传至尘粒，这种荷电称为电场荷电或轰击荷电。这种尘粒的电荷是电场强度 E 和粉尘绝缘特性的函数。

非导电性的尘粒，当其介电常数 $\varepsilon = 1$ 时将不会引起电力线的畸变，在时间 t 后尘粒获得的电荷等于通过尘粒横截面的离子个数。

有导电性无电荷的尘粒，其介电常数在 $1 \leqslant \varepsilon \leqslant \infty$ 时，将引起电力线的畸变，尘粒荷电和电力线畸变如图 6-5 所示。有更多的离子被尘粒所吸附，随着尘粒电荷增加电场的畸变减小，当没有电力线拦截尘粒轨迹时，则尘粒的荷电达到饱和状态。

由于电场荷电球形尘粒表面的饱和电荷量和电荷量如下。

球形尘粒表面的电荷量

$$q_{\mathrm{D}} = 4\pi\varepsilon_0 \alpha^2 E_2 \tag{6-1}$$

球形尘粒表面的饱和电荷量

$$q_{\mathrm{DS}} = \frac{3\varepsilon_{\mathrm{r}}}{\varepsilon_{\mathrm{r}}+2}\pi\varepsilon_0 4\alpha^2 E_0 \tag{6-2}$$

设 $\dfrac{3\varepsilon_{\mathrm{r}}}{\varepsilon_{\mathrm{r}}+2} = D$，则式（6-2）可变为

$$q_{\mathrm{DS}} = 4\pi D\varepsilon_0 \alpha^2 E_0 \tag{6-3}$$

式中　ε_{r}——尘粒相对介电常数；

α ——尘粒的半径，m；

ε_0 ——真空的介电常数；

E_2 ——尘粒荷电后的电场强度，V/m；

E_0 ——未变形的电场强度，V/m。

若设 N 为尘粒附近空间单位容积中的离子数，$A_\infty(t)$ 为距尘粒相当远处被捕集离子所占的面积，则流入尘粒表面的电流可用下式表示。

$$i = NekE_0A_\infty(t) \tag{6-4}$$

式中 e ——电子电荷量，1.6×10^{-19} C；

k ——离子迁移率，$m^2/(V \cdot s)$。

又因 $A_\infty(t) = \dfrac{q_{DS}}{4\varepsilon_0 E_0}\left(1 - \dfrac{q_D}{q_{DS}}\right)^2$，代入式（6-4）则可得

$$i = \frac{dq_D}{dt} = Nek\,\frac{q_{DS}}{4\varepsilon_0}\left(1 - \frac{q_D}{q_{DS}}\right)^2 \tag{6-5}$$

当 $t=0$ 时，$q_D=0$，则得

$$t = \frac{4\varepsilon_0}{Nek} \times \frac{q_D/q_{DS}}{1 - q_D/q_{DS}} \tag{6-6}$$

若设 $t_0 = \dfrac{4\varepsilon_0}{Nek}$ 为荷电过程的时间常数，则式（6-6）可变为

$$t = t_0\,\frac{q_D/q_{DS}}{1 - q_D/q_{DS}} \tag{6-7}$$

从式（6-7）中可见，当 t_0 越小，则荷电时间越短，反之亦然，当 $t=t_0$ 时，则 $q_D=0.5q_{DS}$。式（6-7）可用图 6-6 来表示，从图上曲线可见，电场荷电最初很快，但当接近饱和电荷时就变得很慢。

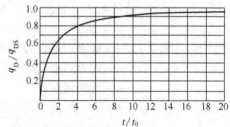

图 6-6　球形尘粒的荷电速率

2. 扩散荷电

尘粒的扩散荷电是由于离子的无规则热运动造成的。这种运动使离子通过气体扩散，且不考虑离子的随机湍流运动，当离子与存在的粉尘相碰撞，然后黏附于其上，使粉尘荷电。虽然外加电场有助于扩散荷电，但并不依赖于它。尘粒的荷电量 q_D 除随时间 t 的增加而增加外，它还取决于离子的热能和尘粒的大小等因素。在扩散荷电过程中离子的运转并不是沿电力线而是任意的。

一个中性尘粒的荷电量 q_D 可用下式计算。

$$q_D = ne = \frac{\alpha k_0 T}{l}\ln\left(1 + \frac{\alpha\pi cNe^2}{k_0 T}t\right)c \tag{6-8}$$

式中 n ——尘粒所得单位电荷数；

e ——电子电荷，1.6×10^{-19} C；

α ——尘粒半径，m；

k_0 ——波茨曼常数，1.38×10^{-23} J/K；

T ——热力学温度，K；

N ——单位体积中的离子数（密度），个数/m^3；

c ——离子均方根速度，按麦克斯韦尔分析均方根速度与气体温度的关系为 $c = \sqrt{\dfrac{8k_0 T}{\pi m}}$；

m ——离子的质量，kg。

从式（6-8）可见，尘粒的荷电量 q_D 近似正比于它的半径 a 和温度 T。此外，荷电速度在开始时很快，但随着时间增加就慢下来。

3. 电场荷电和扩散荷电的联合

一般情况下，两种尘粒荷电机理是同时存在的，只是对于不同粒径大小，不同机理所起的主导作用不同而已。对于粒径 $\leqslant 0.2\mu m$ 的尘粒受扩散荷电控制，对粒径近似 $1\mu m$ 的尘粒受电场荷电控制。一般工业粉尘的粒径，只是小部分在上述范围之内，关于两种机理的荷电率叠加的数学论述极为复杂。

4. 反常的尘粒荷电

有时在静电除尘器中存在着尘粒荷电现象，结果造成尘粒荷电异常地低，给电除尘器正常工作带来困难，降低了除尘效率，严重时使静电除尘器全部失效。

5. 荷电尘粒的运动

粉尘荷电后，在电场的作用下，带有不同极性电荷的尘粒则分别向极性相反的电极运动，并沉积在电极上。工业电除尘多采用负电晕，在电晕区内少量带正电荷的尘粒沉积到电晕极上，而电晕外区的大量尘粒带负电荷，因而向收尘极运动。

处于收尘极和电晕极之间荷电尘粒，受到四种力的作用，其运动服从于牛顿定律。这四种力为

尘粒的重力 $\qquad\qquad\qquad\qquad F_g = mg$ （6-9）

电场作用在荷电尘粒上的静电力 $\qquad F_c = E_c q_{ps}$ （6-10）

惯性力 $\qquad\qquad\qquad\qquad F_i = \dfrac{m \, \mathrm{d}\omega}{\mathrm{d}t}$ （6-11）

尘粒运动时介质的阻力（黏滞力），服从斯托克斯定律（Stokes）

$$F_c = 6\pi a \eta \omega \qquad (6\text{-}12)$$

式中 $\quad F_g$、F_c、F_i——重力、静电力和惯性力，N；

$\qquad g$ ——重力加速度，m/s^2；

$\qquad E_c$ ——电场强度；

$\qquad q_{ps}$ ——尘粒的饱和荷电量，C；

$\qquad \eta$ ——介质的黏度系数，V/m；

$\qquad a$ ——尘粒的粒径，m；

$\qquad \omega$ ——荷电尘粒的驱进速度，m/s。

气体中的细微尘粒的重力和介质阻力相比很小，完全可以忽略不计，所以，在静电除尘器中作用在悬浮尘粒上的力只剩下电力、惯性力和介质阻力。按牛顿定律这三个力之和为零解微分方程，并做变换，根据在正常情况下，尘粒到达其终速度所需时间与尘粒在除尘器中停留的时间达到平衡，并向收尘极做等速运动，相当于忽略惯性力，并且认为荷电区的电场强度 E_c 和收尘区的场强 E_p 相等，都为 E，则得到式（6-13）。

$$\omega = \frac{2}{3} \times \frac{\varepsilon_0 DaE^2}{\eta} = \frac{DaE^2}{6\pi\eta} \qquad (6\text{-}13)$$

式中 $\quad D$ ——可由粉尘的相对介电常数 ε_r 得出，即 $D = \dfrac{3\varepsilon_r}{\varepsilon_r + 2}$，对于气体 ε_r 取 1，对于金属 ε_r

取 ∞，对金属氧化物 12～18，一般粉尘可取 4。

取 $D = 2$，则 $\omega = \dfrac{0.11aE^2}{\eta}$。

从理论推导出的公式中可以看出，荷电尘粒的驱进速度 ω 与粉尘粒径成正比，与电场

强度的平方成正比，与介质的黏度成反比。粉尘粒径大、荷电量大，驱进速度大是不言而喻的。由于作用在尘粒上的力，除电场力外还有电场在空间位置上发生变化时出现的所谓梯性度力（电压梯度）。实用梯性度力具有沿电力线方向粒的作用，而且在电场实用性度显著的放电线附近特别大。当放电电压低，由电晕放电产生的收尘作用减弱时尘粒就被吸附在放电极上，电线变粗，这样就使电晕电流减少使收尘效果明显恶化，因此要防止这种现象，放电极需施加较高的电压，并且要经常振打放电线，使粉尘脱落。由于介质的黏度是比较复杂的因素，实际驱进速度与计算值相差尚较大，约小于 1/2，所以在设计时还常采用试验或实践经验值。

四、荷电尘粒的捕集

1. 尘粒的捕集

在静电除尘器中，荷电极性不同的尘粉在电场力的作用下分别向不同极性的电极运动。在电晕区和靠近电晕区很近的一部分荷电尘粒与电晕极的极性相反，于是就沉积在电晕极上。电晕区范围小，捕集数量也小。而电晕外区的尘粒，绝大部分带有电晕极极性相同的电荷，所以，当这些荷电尘粒接近收尘极表面时，在极板上沉积而被捕集。尘粒的捕集与许多因素有关。如尘粒的比电阻、介电常数和密度，气体的流速、温度，电场的伏-安特性，以及收尘极的表面状态等。要从理论上对每一个因素的影响皆表达出来是不可能的，因此尘粒在静电除尘器的捕集过程中，需要根据试验或经验来确定各因素的影响。

尘粒在电场中的运动轨迹，主要取决于气流状态和电场的综合影响，气流的状态和性质是确定尘粒被捕集的基础。

气流的状态原则上可以是层流或紊流。层流条件下尘粒运行轨迹可视为气流速度与驱进速度的向量和，如图 6-7 所示。

紊流条件下电场中尘粒的运动如图 6-8 所示，从图中可以看出尘粒运动的途径几乎完全受紊流的支配，只有当尘粒偶然进入库仑力能够起作用的层流边界区内，尘粒才有可能被捕集。这时通过电除尘的尘粒既不可能选择它的运动途径，也不可能选择它进入边界区的地点，很有可能直接通过静电除尘器而未进入边界层。在这种情况下，显然尘粒不能被收尘极捕集。因此，尘粒能否被捕集应该说是一个概率问题。就单个粒子来说，收尘效率或者是零，或者是100%。电除尘尘粒的捕集概率就是收尘效率。

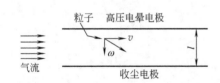

图 6-7　层流条件下电场中尘粒的运动示意

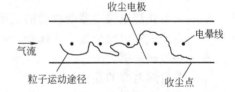

图 6-8　紊流条件下电场中尘粒的运动

2. 理论除尘效率

除尘效率是电除尘器的一个重要技术参数，也是设计计算、分析比较评价静电除尘器的重要依据。通常任何除尘器的除尘效率 $\eta(\%)$ 均可按下式计算。

$$\eta = 1 - \frac{c_1}{c_2} \tag{6-14}$$

式中　c_1——电除尘器出口烟气含尘浓度，g/m^3；

　　　c_2——电除尘器入口烟气含尘浓度，g/m^3。

1922 年德国人多依奇（Deutsch）做了如下的假设，推导了计算静电除尘器除尘效率的方程式：①尘粒进入电场后立即完全荷电；②紊流和扩散使除尘器任一截面上的尘粒都是均匀分布的；③向电极运动的尘粒所受气流阻力是在黏滞流范围内，可以应用斯托克斯定律；④尘粒相互有足够远的距离，可以忽略电荷极性相同的粒子之间的排斥作用；⑤收尘极表面附近尘粒的驱进速度，对于所有粉尘都为一常数，与气流速度相比是很小的；⑥不考虑冲刷，二次飞扬，反电晕和粉尘凝聚等因素的影响。

图 6-9 和图 6-10 分别为管式静电除尘器除尘效率公式推导示意和板式静电除尘器粉尘捕集示意。

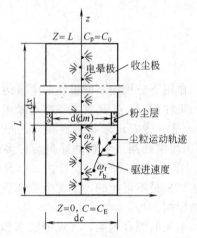
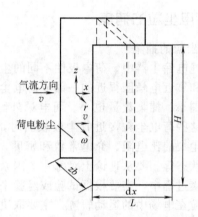

图 6-9　管式静电除尘器除尘效率公式推导示意　　图 6-10　板式静电除尘器粉尘捕集示意

管式静电除尘器多依奇效率公式为

$$\eta = 1 - e^{\frac{\omega}{v} \times \frac{A_c}{V} L} \tag{6-15}$$

或

$$\eta = 1 - e^{-\frac{2L}{r_b v} \omega} \tag{6-16}$$

板式静电除尘器多依奇效率公式为

$$\eta = 1 - e^{-\frac{L}{bv} \omega} \tag{6-17}$$

或

$$\eta = 1 - e^{-f\omega} = 1 - e^{-\frac{A}{Q} \omega} \tag{6-18}$$

式中　　A_c——管式静电除尘器管内壁的表面积，m^2；

　　　　V——管式静电除尘器管内体积，m^3；

　　　　v——气流速度，m/s；

　　　　e——自然对数的底；

　　　　A——收尘极板表面积，m^2；

　　　　Q——烟气流量，m^3/s；

　　　　f——收尘极板比收尘面积，$m^2 \cdot s/m^3$。

　　　　L——电场长度，m；

　　　　w——粉尘驱进速度 m/s；

　　　　r_b——管式电除尘器半径，m。

比较式（6-15），除尘效率和电场长度成正比，而当管式和板式静电除尘器的电场长度和导极间距相同时，管式静电除尘器的气流速度是板式静电除尘器的 2 倍。

除尘效率随驱进速度 ω 和比收尘面积 f 值的增大而提高，随烟气流量 Q 的增大而降低。表 6-2 表示了不同指数值的除尘效率。

表 6-2　不同指数值的除尘效率

指数 $\dfrac{A}{Q}\omega$	0	1.0	2.0	2.3	3.0	3.91	4.61	6.91
除尘效率 $\eta/\%$	0	63.2	86.5	90	95	98	99	99.9

图 6-11 和图 6-12 表示了除尘效率 η、驱进速度 ω 和比收尘面积 f 值的列线图。在效率公式中 4 个变量，如 η、Q 和 ω 确定后则可计算出收尘极面积 A；或根据所要求的除尘效率和选定的驱进速度，从列线图上可查出 f 值。

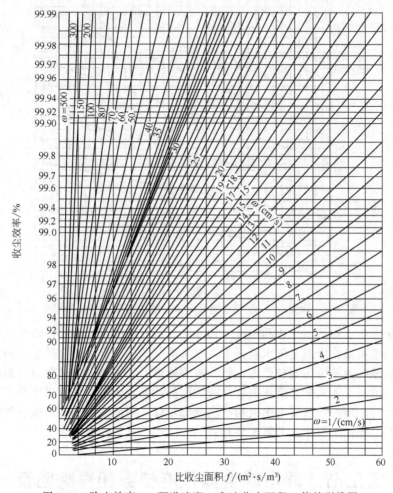

图 6-11　除尘效率 η、驱进速度 ω 和比收尘面积 f 值的列线图

由于多依奇公式是在许多假设条件下推导出的理论公式，因此与实测结果有差异。为此很多学者对其理论公式进行了修正，使其尽可能与实测接近。但仍用上述公式作为分析、评价、比较静电除尘器的理论基础。

五、被捕集尘粒的清除

随着除尘器的连续工作，电晕极和收尘极上会有粉尘颗粒沉积，粉尘层厚度为几毫米，粉尘颗粒沉积在电晕极上会影响电晕电流的大小和均匀性。收集尘极板上粉尘层较厚时会导致火花电压降低，电晕电流减小。为了保持静电除尘器连续运行，应及时清除沉积的粉尘。

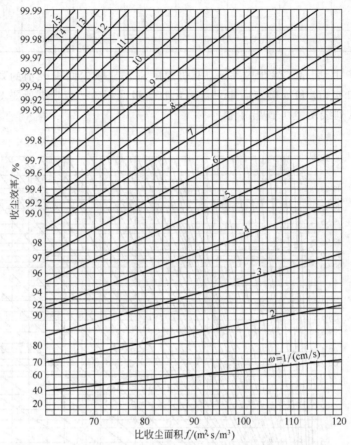

图 6-12　除尘效率 η、驱进速度 ω 和比收尘面积 f 值的列线图

收尘极清灰方法有湿式、干式和声波三种方法。湿式静电除尘器中，收尘极板表面经常保持一层水膜，粉尘沉降在水膜上随水膜流下。湿法清灰的优点是无二次扬尘，同时可净化部分有害气体；缺点是腐蚀结垢问题较严重，污水需要处理。干式静电除尘器由机械撞击或电磁振打产生的振动力清灰。干式振打清灰需要合适的振打强度。合适的振打强度和振打频率一般都在现场调试中进行。声波清灰对电晕极和收尘极都较好，但能耗较大的声波清灰机，理论研究落后于应用实践。详见本章第三节清灰装置。

第二节　静电除尘器性能参数和影响因素

静电除尘器的类型较多，性能参数和影响除尘效果的因素也较其他除尘器复杂，因此按照静电除尘器不同类型与性能参数，分析和掌握其影响因素，确保静电除尘器良好运行特别重要。

一、静电除尘器的分类

1. 按清灰方式不同分类

按清灰方式不同可分干式静电除尘器、湿式静电除尘器、雾状粒子静电捕集器和半湿式静电除尘器等。

（1）干式静电除尘器　在干燥状态下捕集烟气中的粉尘，沉积在收极尘板上的粉尘借助机械振打、电磁振打声波灰等清灰的除尘器称为干式静电除尘器。这种除尘器，清灰方式有利于回收有价值粉尘，但是容易使粉尘二次飞扬，所以，设计干式静电除尘器时应充分考虑粉尘二次飞扬问题。现大多数除尘器都采用干式。干式静电除尘器见图 6-13。

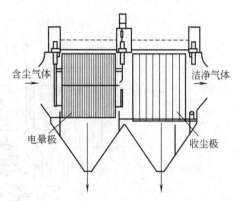

图 6-13　干式静电除尘器

（2）湿式静电除尘器　对收尘极捕集的粉尘，采用水喷淋溢流或用适当的方法在收尘极表面形成一层水膜，使沉积在除尘器上的粉尘和水一起流到除尘器的下部排出，采用这种清灰方法的称为湿式静电除尘器。如图 6-14 所示。这种静电除尘器不存在粉尘二次飞扬的问题，但是极板清灰排出的水会二次污染，且容易腐蚀设备。

（3）雾状粒子静电除雾器　用静电除尘器捕集像硫酸雾，焦油雾那样的液滴，捕集后呈液态流下并除去。这种除尘器如图 6-15 所示。它也属于湿式静电除尘器的范围。

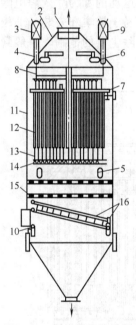

图 6-14　湿式静电除尘器
1—节流阀；2—上部锥体；3—绝缘子箱；4—绝缘子接管；5—人孔门；6—电极定期洗涤喷水器；7—电晕极悬吊架；8—提供连续水膜的水管；9—输入电源的绝缘子箱；10—进风口；11—壳体；12—收尘极；13—电晕极；14—电晕极下部框架；15—气流分布板；16—气流导向板

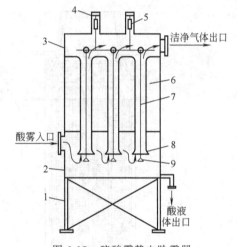

图 6-15　硫酸雾静电除雾器
1—钢支架；2—下室；3—上室；4—空气清扫绝缘子室；5—高压绝缘子；6—铅管；7—电晕线；8—喇叭形人口；9—重锤

（4）半湿式电除尘器　兼有干式电除尘器和湿式静电除尘器的优点，出现了干、湿混合式静电除尘器，也称半湿式静电除尘器；其构造系统是高温烟气先经两个干式除尘室，再经湿式除尘室经烟囱排出。湿式除尘室的洗涤水可以循环使用，排出的泥浆，经浓缩池用泥浆泵送入干燥机烘干，烘干后的粉尘进入干式除尘室的灰斗排出，如图 6-16 所示。

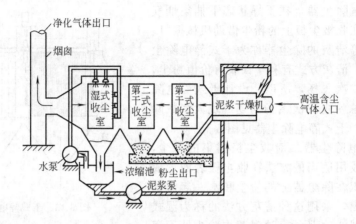

图 6-16　半湿式除尘器系统

2. 按气体在静电除尘器内的运动方向分类

按气体在静电除尘器内的运动方向不同可分为立式静电除尘器和卧式静电除尘器。

（1）立式静电除尘器　气体在静电器内自下而上做垂直运动的称为立式静电除尘器。这种电除尘器适用于气体流量小、除尘效率要求不高、粉尘性质易于捕集和安装场地较狭窄的情况下，如图 6-17 所示。实质上图 6-14 和图 6-15 也属于立式电除尘器的范围，一般管式静电除尘器都是立式静电除尘器。

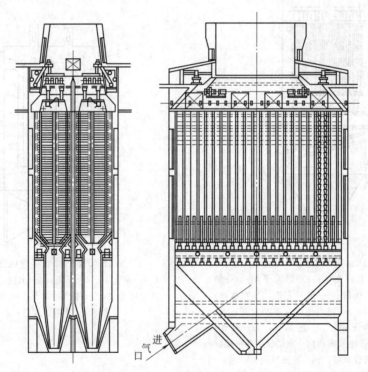

图 6-17　立式静电除尘器简图

（2）卧式静电除尘器　气体在静电除尘器内沿水平方向运动的称为卧式静电除尘器。如图 6-18 所示（图 6-13 也是卧式静电除尘器）。

卧式静电除尘器与立式静电除尘器相比有以下特点：①沿气流方向可分为若干个电场，这样可根据除尘器内的工作状态，各个电场可分别施加不同的电压以便充分提高电除尘的效率；②根据所要求达到的除尘效率可任意延长电场长度，而立式静电除尘器的电场不宜太高，否则需要建造高的建筑物，而且设备安装也比较困难；③在处理较大的烟气量时，卧式除尘器比较容易地保证气流沿电场断面均匀分布；④各个电场可以分别捕集不同粒度的粉尘，这有利于有价值粉料的捕集回收；⑤占地面积比立式静电除尘器大，所以旧厂扩建或除尘系统改造时采用卧式静电除尘器往往要受到场地的限制。

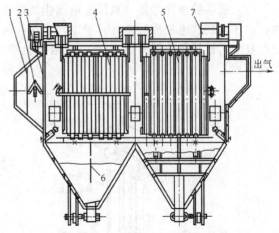

图 6-18　卧式静电除尘器简图
1—气体分布板；2—分布板振打装置；3—气孔分布板；
4—电晕极；5—收尘极；6—阻力板；7—保温箱

3. 按除尘器收尘极的形式分类

按除尘器收尘极的形式分为管式静电除尘器和板式静电除尘器。

(1) 管式静电除尘器　就是在金属圆管中心放置电晕极，而把圆管的内壁作为收尘的表面。管径通常为 150～300mm，管长为 2～5m。由于单根通过的气体量很小，通常是用多管并列而成。为了充分利用空间可以用六角形（即蜂房形）的管子来代替圆管，也可以采用多个同心圆的形式，在各个同心圆之间布置电晕极。管式静电除尘器一般适用于流量较小的情况，如图 6-19 所示。

(2) 板式静电除尘器　这种静电除尘器的收尘极板由若干块平板组成，为了减少粉尘的二次飞扬和增强极板的刚度，极板一般要轧制成各种不同的断面形状，电晕极安装在每排收尘极板构成的通道中间。

4. 按收尘极和电晕极的不同配置分类

按收尘极和电晕极的不同配置分为单区静电除尘器和双区静电除尘器。

(1) 单区静电除尘器　单区静电除尘器的收尘极和电晕极都装在同一区域内，含尘粒子荷电和捕集也在同一区域内完成。单区静电除尘器是应用最为广泛的除尘器。图 6-20 为板式单区静电除尘器结构示意。

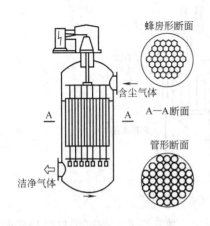

图 6-19　管式静电除尘器

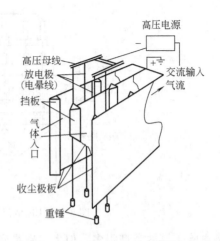

图 6-20　板式单区静电除尘器结构示意

（2）双区静电除尘器　双区静电除尘器的收尘极系统和电晕极系统分别装在两个不同区域内，前区安装放电极称放电区，粉尘粒子在前区荷电；后区安装收尘极称收尘区，荷电粉尘粒子在收尘区被捕集，图 6-21 为双区静电除尘器结构示意。双区静电除尘器主要用于空调净化方面。

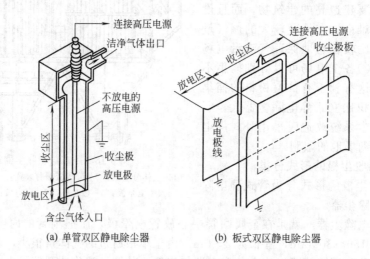

(a) 单管双区静电除尘器　　　(b) 板式双区静电除尘器

图 6-21　双区静电除尘器结构示意

5. 按振打方式分类

按振打方式可分为侧部振打静电除尘器和顶部振打静电除尘器。

（1）侧部振打静电除尘器　这种除尘器的振打装置设置于除尘器的阴极或阳极的侧部，称为侧部振打静电除尘器，应用较多的均为侧部挠臂锤振打。为防止粉尘的二次飞扬，在振打轴的 360°方位上均匀布置各锤头周期循回振打，避免因同时振打引起的二次飞扬。其振打力的传递与粉尘下落方向成一定夹角。

（2）顶部振打静电除尘器　振打装置设置除尘器的阴极或阳极的部位，称为顶部振打静电除尘器。应用较多的顶部振打为刚性单元式且引到除尘器顶部振打的传递效果好，运行安全可靠、检修维护方便。BE 型顶部电磁锤振打电除尘器如图 6-22 所示。

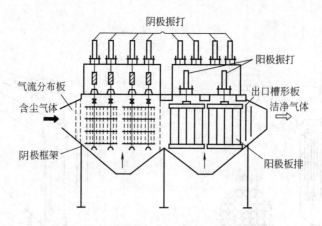

图 6-22　BE 型顶部电磁锤振打电除尘器示意

静电除尘器的类型很多，但大多数是利用干式、板式、单区卧式、侧部振打或顶部振打电除尘器，静电除尘器的分类及应用特点如表 6-3 所列。

表 6-3　静电除尘器的分类及应用特点

分类方式	设备名称	主要特性	应用特点
按除尘器清灰方式分类	干式静电除尘器	收下的烟尘为干燥状态	(1)操作温度为 250～400℃ 或高于烟气露点 20～30℃； (2)可用机械振打、电磁振打和压缩空气振打等； (3)粉尘比电阻有一定范围
	湿式静电除尘器	收下的烟尘为泥浆状	(1)操作温度较低,一般烟气需先降温至 40～70℃,然后进入湿式静电除尘器； (2)烟气含硫时等有腐蚀性气体时,设备必须防腐蚀； (3)清除收尘电极上烟尘采用间断供水方式； (4)由于没有烟尘再飞扬现象,烟气流速可较大
	酸雾静电除雾器	用于含硫烟气制硫酸过程捕集酸雾收下物为稀硫酸和泥浆	(1)定期用水清除收尘电极电晕电极上的烟尘和酸雾； (2)操作温度低于50℃； (3)收尘电极和电晕电极必须采取防腐措施
	半湿式静电除尘器	收下粉尘为干燥状态	(1)构造比一般静电除尘器更严格； (2)水应循环； (3)适用高温烟气净化场合
按烟气流动方向分类	立式静电除尘器	烟气在除尘器中的流动方向与地面垂直	(1)烟气分布不易均匀； (2)占地面积小； (3)烟气出口设在顶部直接放空,可节省烟管
	卧式静电除尘器	烟气在除尘器中的流动方向和地面平行	(1)可按生产需要适当增加电场数； (2)各电场可分别供电,避免电场间相互干扰,以提高收尘效率； (3)便于分别回收不同成分、不同粒级的烟尘分类富集； (4)烟气经气流分布板后比较均匀； (5)设备高度相对低,便于安装和检修,但占地面积大
按收尘电极形式分类	管式静电除尘器	收尘电极为圆管、蜂窝管	(1)电晕电极和收尘电极间距相等,电场强度比较均匀； (2)清灰较困难,不宜用作干式静电除尘器,一般用作湿式静电除尘器； (3)通常为立式静电除尘器
	板式电除尘器	收尘电极为板状,如网、棒帏、槽形、波形等	(1)电场强度不够均匀； (2)清灰较方便； (3)制造安装较容易
按收尘极电晕极配置分类	单区静电除尘器	收尘电极和电晕电极布置在同一区域内	(1)荷电和收尘过程的特性未充分发挥,收尘电场较长； (2)烟尘重返气流后可再次荷电,除尘效率高； (3)主要用于工业除尘
	双区静电除尘器	收尘电极和电晕电极布置在不同区域内	(1)荷电和收尘分别在两个区域内进行,可缩短电场长度； (2)烟尘重返气流后无再次荷电机会,除尘效率低； (3)可捕集高比电阻烟尘； (4)主要用于空调空气净化

分类方式	设备名称	主要特性	应用特点
按极宽间距窄分类	常规极距静电除尘器	极距一般为200～325mm，供电电压45～66kV	(1)安装、检修、清灰不方便； (2)离子风小，烟尘驱进速度低； (3)适用于烟尘比电阻为10^4～10^{10}Ω·cm； (4)使用比较成熟，实践经验丰富
	宽极距静电除尘器	极距一般为400～600mm，供电电压70～200kV	(1)安装、检修、清灰不方便； (2)离子风大，烟尘驱进速度大； (3)适用于烟尘比电阻为10^2～10^{14}Ω·cm； (4)极距不超过500mm可节省材料
按其他标准分类	防爆式	防爆静电除尘器有防爆装置，能防止爆炸	防爆静电除尘器用在特定场合，如转炉烟气的除尘、煤气除尘等
	原式	原式静电除尘器正离子参加捕尘工作	原式静电除尘器是静电除尘器的新品种
	移动电极式	可移动电极静电除尘器顶部装有电极卷取器	可移动电极静电除尘器常用于净化高比电阻粉尘的烟气

二、静电除尘器性能参数

主要参数包括电场内烟气流速、有效截面积、比收尘面积、电场数、电场长度、极板间距、极线间距、临界电压、驱进速度、除尘效率等。

1. 电场烟气流速

在保证除尘效率的前提下，流速大，可减小设备，节省投资。有色冶金企业静电除尘器的烟气流速一般为0.4～1.0m/s，电力和水泥行业可达0.8～1.5m/s，烧结、原料厂取1～1.5m/s，化工厂为0.5～1m/s。选择流速也与除尘器结构有关，对无挡风槽的极板、挂锤式电晕电极烟气流速不宜过大，对槽形极板或有挡风槽、框架式电晕电极烟气流大一些，其相互关系见表6-4。

表6-4　烟气流速与极板、极线型式的关系

收尘极型式	电晕电极型式	烟气流速/(m/s)
棒帏状、网状、板状	挂锤电极	0.4～0.8
槽形(C型、Z型、CS型)	框架式电极	0.8～1.5
袋式、鱼鳞状	框架式电极	1～2
湿式静电除尘器静电除雾器	挂锤式电极	0.6～1

烟气流速影响所选择的除尘器断面，同时也影响除尘器的长度，在烟气停留时间相同时流速低则需较长的除尘器，在确定流速时也应考虑除尘器放置位置条件和除尘器本身的长宽比例。电力和水泥行业有时按图6-23所示选取流速。

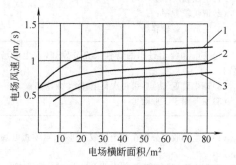

图6-23　电场风速的经验曲线
1—发电厂锅炉；2—湿式水泥窑及烘干机；3—干法窑

由于电场中烟气速度提高，可以增加驱进速度，因此，烟气速度并非越低越好，烟气速度的确定应以达到最佳综合技术经济指标为准。

2. 除尘器的截面积

静电除尘器的截面积根据工况下的烟气量和选定的烟气流速按式（6-19）计算。

$$F = \frac{Q}{v} \qquad (6-19)$$

式中　F ——除尘器截面积，m^2；

Q ——进入除尘器的烟气量（应考虑设备漏风），m^3/s；

v ——除尘器截面上的烟气流速，m/s。

静电除尘器截面积也可按式（6-20）计算。

$$F = HBn \tag{6-20}$$

式中 H ——收尘电极高度，m；

B ——收尘电极间距，m；

n ——通道数。

静电除尘器截面的高宽比一般为 1：（1~1.3），高宽比太大气流分布则不均匀，设备稳定性较差；高宽比太小，设备占地面积大，灰斗高，材料消耗多，为弥补这一缺点，可采用双进口和双排灰斗。

3. 比收尘面积

根据多依奇公式静电除尘器烟气量一定、烟尘驱进速度一定时，收尘极板总面积是保证收尘效率的唯一因素。收尘极板面积越大，除尘效率越高，钢材消耗量也相应增加，因此，选择收尘极板面积要适宜。比收尘面积即处理单位体积烟气量所需收尘极板面积，是评价静电除尘器水平的指标，比收尘面积与其他参数的关系为

$$\frac{A}{Q} = \frac{1}{W} \ln \frac{1}{1-\eta} \tag{6-21}$$

式中 $\dfrac{A}{Q}$ ——比收尘面积，$m^2 \cdot s/m^3$；

W ——烟尘驱进速度，m/s；

η ——除尘效率。

实际生产中常用比收尘面积为 $10~20 m^2 \cdot s/m^3$。驱进速度小，除尘效率要求高时，应选取较大值；反之可用较小值。收尘极板面积是指其投影面积而不是展开面积。

4. 临界电压

在管式静电除尘器有效区电晕放电之前的电场实际是静电场，电场中任何一点经 x 的电场强度 E_x 可按管式电除尘器管内任意半径处的电场强度计算

$$E_x = \frac{U}{x \ln \dfrac{R_2}{R_1}} \tag{6-22}$$

式中 E_x ——在 x 处的电场强度，kV/cm；

U ——外加电压，kV；

R_2 ——圆筒形收尘极内半径，cm；

R_1 ——电晕极导线半径，cm；

x ——由中心线到确定电场强度的距离，cm。

由此可知，电晕极导线与沉淀极之间各点的电场强度是不同的，越靠近电晕线，电场强度就越大。故 $x=R_1$ 处的电强度为最大，即

$$E_x = \frac{U}{R_1 \ln \dfrac{R_2}{R_1}} \tag{6-23}$$

根据经验，当电晕极周围有电晕出现时，对于空气介质来说，临界电场强度可用下式计算。

$$E_0 = 31\delta \left(1 + \frac{0.308}{\sqrt{SR_1}}\right) \tag{6-24}$$

式中　E_0——临界电场强度，kV/cm；

　　　δ——空气相对密度，$\delta=\dfrac{T_0 P}{T P_0}$，$T_0=293\,°\text{K}$，$P_0=0.1\text{MPa}$，其中 T、P 为运行状况下空气的温度和压力；

　　　S——系数，当负电晕周围空气介质接近大气压时

$$S=\frac{3.92P}{273+t} \tag{6-25}$$

式中　P——空气介质压力，kPa；

　　　t——空气温度，℃。

由式（6-23）和式（6-24）即可求出临界电压

$$V_0=E_0 R_1 \ln\frac{R_2}{R_1} \tag{6-26}$$

式中　V_0——临界电压，kV；

　　　其他符号意义同前。

用该计算式求出板极式静电除尘器的临界电压后，再乘以系数 1.5~2，即可作为静电除尘器的实际工作电压。

5. 驱进速度

尘粒随气流在电除尘中运动，受到电场作用力、流体阻力、空气动压力及重力的综合作用，尘粒由气体驱向于电极称为沉降。沉降速度是在电场力作用下尘粒运动与流体之间阻力达到平衡后的速度。沉降速度亦称驱进速度，它的大小由其获得的荷电量来决定。尘粒上的最大荷电量可由下式计算。

$$ne_0=E_x \frac{d^2}{4}\left(1+2\times\frac{\varepsilon-1}{\varepsilon+2}\right) \tag{6-27}$$

式中　e_0——一个电子的电荷电量，静电单位（1 静电单位 $=2.08\times10^9$ 电子电荷）；

　　　n——附着在尘粒上的基本电荷数；

　　　E_x——电场强度，绝对静电单位；

　　　d——尘粒直径，cm；

　　　ε——尘粒的介电常数，见表 6-5。

表 6-5　某些物质的介电常数

名　称	介电常数	名　称	介电常数
水	81	石灰石	6~8
空　气	1	石膏	5
金　属	∞	地沥青	2~7
玻　璃	5.5~7	瓷	5.7~6.3
金属氧化物	12~18	绝缘物质	2~4

由式（6-27）可见，尘粒荷电量是由电场强度、尘粒尺寸和介电常数（电容率）决定的。尘粒荷电后，在电场力的作用下，由电晕极向沉淀极转移，作用在尘粒上的电场力为 $F=ne_0 E_x$。运动中尘粒需克服的介质阻力为 $S=3\pi\mu d\omega$。当尘粒稳定运行时，电场力与介质阻力相等，即等式 $ne_0 E_x=3\pi\mu d\omega$。由下式可得出尘粒的驱进速度

$$\omega=\frac{ne_0 E_x}{3\pi\mu d} \tag{6-28}$$

在求得尘粒受电场力作用的驱进速度之后即可求出尘粒运动 x 距离所需的时间 τ

$$d\tau=\frac{dx}{\omega} \tag{6-29}$$

以管式静电除尘器为例，电晕极导线半径为 R_1，圆管半径为 R_2，则时间为

$$\tau = \int_{R_1}^{R_2} \frac{\mathrm{d}x}{\omega} = \frac{1}{\omega} \int_{R_2}^{R_1} \mathrm{d}x = \frac{R_2 - R_1}{\omega} \tag{6-30}$$

气流在静电除尘器中停留时间为 τ'，而 $\tau' = \dfrac{L}{v}$，设计时应满足 $\tau \leqslant \tau'$，即

$$\frac{R_2}{\omega} \leqslant \frac{L}{v} \quad \text{或} \quad W \leqslant \frac{L}{R_2}v \tag{6-31}$$

式中　L ——气流在静电除尘器中经过的路程，m；

　　　R_2 ——沉淀极管内半径，m。

在一般情况下，管式静电除尘器 $v = 0.8 \sim 1.5\text{m/s}$，板式静电除尘器 $v = 0.5 \sim 1.2\text{m/s}$；$\tau' = 2 \sim 4\tau$。

6. 电场数

卧式静电除尘器常采用多电场串联，在电场总长度相同情况下电场数增加，每一电场电晕线数量相应减少，因而电晕线安装误差影响概率也少，从而可提高供电电压、电晕电流和除尘效率。电场数多还可以做到当某一电场停止运行对除尘器性能影响不大，由于火花和振打清灰引起的二次飞扬不严重。

静电除尘器供电一般采用分电场单独供电，电场数增加也同时增加供电机组，使设备投资升高，因此，电场数力求选择适当。串联电场数一般为 $2 \sim 5$ 个，常用除尘器一般为 $3 \sim 4$ 个，对于难收的粉尘可用 $4 \sim 5$ 个电场。

7. 电场长度

各电场长度之和为电场总长度。一般每个电场长度为 $2.5 \sim 6.2\text{m}$，$2.5 \sim 4.5\text{m}$ 为短电场，$4.5 \sim 6.2\text{m}$ 为长电场。短电场振打力分布比较均匀，清灰效果好。长电场根据需要可采取分区振打，极板高的除尘器可采用多点振打。对处理气量大、环保要求高的场合用长电场，如矿石烧结厂和燃煤电厂。

8. 极距、线距、通道数

20 世纪 70 年代静电除尘器极板间距一般为 $260 \sim 325\text{mm}$，后来开始宽极板电收尘器，极板间距至 $400 \sim 600\text{mm}$，有的达 1000mm。截面积相同时极距加宽，通道数减少，收尘极面积亦减少，当提高供电电压后尘驱进速度加大，能够提高高比电阻烟尘的除尘效率，故对高比电阻尘可选用极距为 $450 \sim 500\text{mm}$，配用 27kV 电源即能满足供电要求。继续加大极距，则需配备更高的供电设备。

静电除尘器的通道数按下式计算。

$$n = \frac{\dfrac{F}{H} - 2S}{B} \tag{6-32}$$

式中　n ——通道数；

　　　F ——除尘器截面面积，m^2；

　　　H ——收尘极板高度，m；

　　　B ——极板间距，m；

　　　S ——最外边收尘极板中心至外壳内壁距离，m。

相邻晕线的距离为线距，一般根据异极距来确定。根据试验，异极距和线距之比为 $0.8 \sim 1.2$，线距太小，相邻两电晕极会产生干扰屏蔽，抑制电晕电流的产生；线距太大，电晕线总长度要增长，总电晕功率减少，影响除尘效率。线距还要根据收尘极板宽度进行调整，可参照以下实例选择。

小 C 型板宽 190mm，每块板配一根线，之间间隙 10mm，线距为 200mm；如 Z 型板宽 385mm，间隙 15mm，每块极板配两根线，线距为 200mm；大 C 型板宽 480mm，两极板间隙 20mm，每块极板配线，线距 250mm。上述两种板亦可配一根管状芒刺线，因其水平刺尖距超过 100mm，相当于线的效果。

9. 除尘效率

静电除尘器的除尘效率和其他除尘器一样，定义为进入除尘器烟气中含尘量与捕集下来的粉尘浓度和粒度、比电阻、电场长度及电极的构造等因素有关。除尘效率的表达式如下。

对管式除尘器

$$\eta = 1 - \exp\left(\frac{4\omega L K}{v_p D}\right) \tag{6-33}$$

对板式除尘器

$$\eta = 1 - \exp\left(\frac{\omega L K}{v_p b}\right) \tag{6-34}$$

式中　ω——粉尘驱进速度，m/s；

v_p——含尘气体的平均流速，m/s；

L——在气流方向收尘极的总有效长度，m；

b——收尘极和电晕极之间的距离，m；

D——管式收尘极的内径，m；

K——由电极的几何形状，粉尘凝聚和二次飞扬决定的经验系数。

由式（6-33）、式（6-34）可以看出，静电除尘器的效率与 L/v_p 关系甚大，或者说除尘效率与静电除尘器的容积关系甚大。假如除尘效率为 90% 时，除尘器的容积为 1，则效率为 99% 的除尘器的容积将增大为 2。

三、影响静电除尘器性能的因素

影响静电除尘器性能有诸多因素，可大致归纳为：烟尘性质、设备状况和操作条件三个方面。这些因素之间的相互联系如图 6-24 所示。由图 6-24 可知，各种因素的影响直接关系到电晕电流、粉尘比电阻、除尘器内的粉尘收集和二次飞扬这三个环节，而最后结果表现为除尘效率的高低。

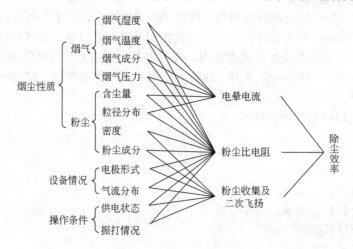

图 6-24　影响除尘器性能的主要因素及其相互关系

1. 烟尘性质的影响

（1）粉尘的比电阻　适用于静电除尘器的比电阻值为 $10^4 \sim 10^{11} \Omega \cdot cm$。比电阻值小于 $10^4 \Omega \cdot cm$ 的粉尘其导电性能好，在除尘器电场内被收集时，到达收尘极板表面后会快速释放其电荷，变为与收尘极同性，然后又相互排斥，重新返回气流，可能在往返跳跃中被气流带出，所以除尘效果差如图 6-25 所示。相反，比电阻大于 $10^{11}\Omega\cdot cm$ 以上的粉尘，在到达收尘极以后不易释放其电荷，使粉尘层与极板之间可能形成电场，产生反电晕放电，导致电能消耗增加，除尘性能恶化，甚至无法工作（见图 6-26）。

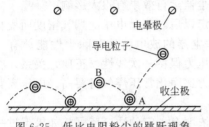

图 6-25　低比电阻粉尘的跳跃现象

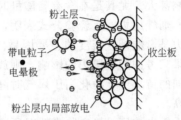

图 6-26　高比电阻粉尘的反电晕现象

　　对于高比电阻粉尘可以通过特殊方法进行静电除尘器除尘，以达到气体净化。这些方法是：气体调质；采用脉冲供电；改变除尘器本体结构——拉宽电极间距并结合变更电气条件。粉尘比电阻与除尘效率的关系如图 6-27 所示。

　　(2) 烟气湿度　烟气湿度能改变粉尘的比电阻，在同样温度条件下，烟气中所含水分越大，其比电阻越小。粉尘颗粒吸附了水分子，粉尘层的导电性增大。由于湿度增大，击穿电压上升，这就允许在更高的电场电压下运行。击穿电压与空气含湿量的关系如图 6-28 所示。由图 6-28 可知，随着空气中含湿量的上升，电场击穿电压相应提高，火花放电较难出现。对于这种静电除尘器来说是有实用价值的，它可使除尘器能够在提高电压的条件下稳定地运行。电场强度的增高会使除尘效果显著改善。

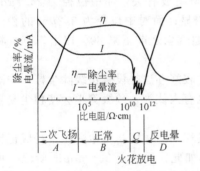

图 6-27　粉尘比电阻和除尘效率的关系

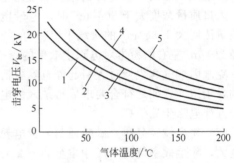

图 6-28　击穿电压与空气含湿量的关系
1—湿度为 1％；2—湿度为 5％；3—湿度为 10％；
4—湿度为 15％；5—湿度为 20％

　　(3) 烟气温度　气体温度也能改变粉尘的比电阻，而改变的方向却有几种可能。表面比电阻随温度上升而增加（这只在低温区段）；到达一定温度值之后，体积比电阻相反，随着温度上升而下降。在这温度交界处有一段过渡区：表面和体积比电阻的共同作用区。电除尘工作温度可由粉尘比电气体温度关系曲线来选定。烟气温度影响还表现在对气体黏滞性的影响。气体黏滞性随着上升而增大，这将影响驱进速度的下降。

　　气体温度越高，其密度越低，电离效应加强，击穿电压下降（从图 6-27 也可看出），火花放电电压也下降。

　　总的来看，气体温度对静电除尘器的影响是负面的。如果有可能，还是在较低温度条件下运行较好。所以，通常在烟气进入静电除尘器之前先要进行气体冷却，降温既能提高净化效率，又可利用烟气余热。然而，对于含湿量较高和有 SO_3 之类成分的烟气，其温度一定要保持在露点温度 20～30℃以上作为安全余量，以避免冷凝结露，发生糊板、腐蚀和破坏绝缘。

　　(4) 烟气成分　烟气成分对负电晕放电特性影响很大，烟气成分不同，在电晕放电中电荷载体的有效迁移也不同。在电场中电子和中性气体分子相撞而形成负离子的概率在很大程度上取决于烟气成分。据统计，其差别是很大的：氮、氢分子不产生负电晕；氯与二氧化硫分子能产生较强的负电晕；其他气体互有区别。不同的气体成分对静电除尘器的伏安特性及火花放电电压影响甚大。尤其是在含有硫酸酐时，气体对电除尘器运行效果有很大影响。

(5) 烟气压力　有经验公式表明，当其他条件确定以后，起晕电压随烟气密度而变化，温度和压力是影响烟气密度的主要因素。烟气密度对除尘器的放电特性和除尘性能都有一定影响。如果只考虑烟气压力的影响，则放电电压与气体压力保持一次线性（正比）关系。在其他条件相同的情况下，净化高压煤气时静电除尘器的压力比净化常压煤气时要高。电压高其除尘效率也高。

(6) 粉尘浓度　静电除尘器对所净化气体的含尘浓度有一定的适应范围，如果超过一定范围，除尘效果会降低，甚至中止除尘过程。因为在静电除尘器正常运行时，电晕电流是由气体离子和荷电尘粒（离子）两部分组成的，但前者的驱进速度约为后者的数百倍（气体离子平均速度为 $60\sim100\mathrm{m/s}$；粉尘速度大体在 $60\mathrm{cm/s}$ 以下），一般粉尘离子形成的电晕电流仅占总电晕电流 $1\%\sim2\%$。粉尘质量比气体分子大得多，而离子流作用在荷电尘粒上所产生的运动速度远不如气体离子上所运动速度高。烟气中所含粉尘浓度越大，尘粒离子也越多，然而单位体积中的总空间电荷不变，所以粉尘离子越多，气体离子所形成的空间电荷必然相应减少，于是电场内驱进速度降低，电晕电流下降。当含尘浓度达到某一极限值时，通过电场的电流趋近于零，发生电晕闭塞，除尘效率显著下降。所以静电除尘器净化烟气时，其气体含尘浓度应有一定的允许界限。

静电除尘器效率与允许的最高含尘粉尘的粒径质量组成有关，如中位径为 $24.7\mu\mathrm{m}$ 的粉尘，入口质量浓度大于 $30\mathrm{g/m^3}$ 时，电晕电流下降不明显；而对中位径为 $3.2\mu\mathrm{m}$ 的粉尘，入口质量浓度大于 $8\mathrm{g/m^3}$ 的吹氧平炉粉尘，电晕电流比通烟尘之前下降 80% 以上。有资料认为粒径为 $1\mu\mathrm{m}$ 左右的粉尘对电除尘效率的影响尤为严重。

克服因烟气含尘量过大引起静电除尘器效率下降的较好办法是设置预级除尘器。先降低烟气的含尘浓度，使之符合要求后再送入静电除尘器。也有人认为，预级除尘会使粉尘凝聚，因而降低静电除尘器效率。

(7) 粉尘粒径分布　试验证明，带电粉尘向收尘极移动的速度与粉尘颗粒半径成正比。粒径越大，除尘效率越高，尺寸增至 $20\sim25\mu\mathrm{m}$ 之前基本如此，尺寸至 $20\sim40\mu\mathrm{m}$ 阶段，可能出现效率最大值；再增大粒径，其除尘效率下降。原因是大尘粒的非均匀性，具有较大导电性，容易发生二次扬尘和外携。也有资料指出，粒径在 $0.2\sim0.5\mu\mathrm{m}$ 之间，由于捕集机理不同会出现效率最低值（带电粒子移动速度最低值）。

(8) 粉尘密度、黏附力　粉尘的烟气在电场内的最佳流速与二次扬尘有密切关系。尤其是堆积密度小的粉尘，由于体积内的孔隙率高，更容易形成二次扬尘，从而降低除尘效率。

粉尘黏附力是由粉尘与粉尘之间，或粉尘颗粒与极板表面之间接触时的机械作用力、电气作用力等综合作用的结果。附着力大的不易振打清除，附着力小的又容易产生二次扬尘。机械附着力小、电阻低、电气附着力也小的粉尘容易发生反复跳跃，影响静电除尘器效率。粉尘黏附力与颗粒的物质成分有一定关系。矿渣粉、氧化铝粉、黏土熟料等粉尘的黏附力就小，水泥粉尘、无烟煤粉尘等，通常有很大的黏附力。黏附力与其他条件，如粒径大小、含湿量高低等也有密切关系。

2. 设备状况对除尘效率的影响

(1) 电极几何因素　影响板式静电除尘器电气性能的几何因素包括极板间距、电晕线间距、电晕线的半径，电晕线的粗糙度和每台供电装置所担负的极板面积等，这些因素各自对电气性能产生不同的影响。

① 极板间距。当作用电压、电晕线的间距和半径相同，加大极板间距会影响电晕线临近区所产生离子电流的分布，以及增大表面积上的电位差，将导致电晕外区电密度、电场强度和空间电荷度的降低。

② 电晕线间距。当作用电压、电晕线半径和极板间距相同，增大电晕线的间距所产生的影响是增大电晕电流密度和电场强度分布的不均匀性。但是，电晕线的间距有一个最大电晕电流的最佳值。若电晕线间距小于这最佳值会导致由于电晕线附近电场的相互屏蔽作用而使电晕电流减少。

③ 电晕线半径。增大电晕线的半径会导致在开始产生电晕时，使电晕始发电压升高，而使电晕线表面的电场强度降低。若给定的电压超过电晕始发电压，则电晕电流会随电晕线半径的加大而减少。电晕线表面粗糙度对电气性能的影响是由于始发电晕线表面的电场强度以及电晕线附近空间电荷密度的影响。

④ 极板面积。每台供电装置所负担的极板面积是确定静电除尘电气特性的又一重要因素，因为它影响火花放电电压。n 根电晕线的火花率与 1 根电晕线火花率是相同的，因为 n 根电晕线中的任何一根产生火花都将引起所有电晕线上的电压瞬时下降。为了使电除尘获得最佳的性能，一台单独供电装置所担负的极板面积应足够小。

（2）气流分布程度　静电除尘器内气流分布不均对静电除尘器除尘效率的影响是比较明显的，主要有以下几方面原因。

① 在气流速度不同的区域内所捕集的粉尘不是一样。即气流速度低的地方可能除尘效率高，捕集粉尘量多；气流速度高，除尘效率低，可能捕集的粉尘量少。但因风速低而增大粉尘捕集并不能弥补由于风速过高而减少的粉尘捕集量。

② 局部气流速度高的地方会出现冲刷现象，将已沉积在收尘极板上和灰斗内的粉尘二次大量扬起。

③ 除尘器进口的含尘不均匀，导致除尘器内某些部位堆积过多的粉尘，若在管道、弯头、导向板和分布板等处存积大量粉尘会进一步破坏气流的均匀性。

静电除尘器内气流不均与导向板的形状和安装位置、气流分布板的形式和安装位置、管道设计以及除尘器与风机的连接形式等因有关。因此对气流分布要予以重视。

（3）漏风　除尘器一般多用于负压操作，如果壳体的连接处和法兰处等密封不严，就会从外部漏入冷空气，使通过电除尘的风速增大，烟气温度降低，这二者都会使烟气露点发生变化，其结果是粉尘比电阻增高，使除尘性能下降。尤其在除尘器入口管道的漏风，使除尘效果更为恶化。静电除尘器捕集的粉尘一般都比较细，如果从灰斗或排灰装置漏入空气，将会造成收下的粉尘飞扬，除尘效率降低，还会使灰斗受潮、黏附灰斗造成卸灰斗不流畅，甚至产生堵灰。若从检查门、烟道、伸缩节、烟道阀门、绝缘套管等处漏入气体，不仅会增加除尘器的烟气处理量，而且会由于温度下降出现冷凝水，引起电晕线肥大、绝缘套管爬电和腐蚀等后果。

（4）气流旁路　气流旁路是指在静电除尘器的气流不通过收尘区，而是从收尘极板的顶部、底部和极板左右最外边与壳体壁形成的道中通过。产生气体旁路现象的主要原因是由于气流通过除尘器时产生气体压力降，气流分布在某些情况下则是由于抽吸作用所致。防止气流旁路措施是用阻流板迫使旁路气流通过除尘区，将除尘区分成几个串联的电场，以及使进入除尘器和从除尘器出来的气流保持设计的状态等；否则，只要有 5% 的气流气体旁路，除尘效率就不能大于 95%。对于要求高效率的除尘器来说，气流旁路是一个特别严重的问题，只要有1%～2%的气体旁路，就达不到所要的除尘效率。装有阻流板，就能使旁路气流与部分主气流重新混合。因此，气流旁路对除尘效率的影响取决于设阻流板的区数和每个阻流的旁路气流量以及旁路气流重新混合的程度。气流旁路在灰斗内部和顶部产生蜗流，会使灰斗的大量集灰和振打时粉尘重返气流。因此，阻流板应予合理设计和布置。国家对气流旁路有严格限制。

（5）设备的安装质量　如果电极线的粗细不匀，则在细线上发生电晕时，粗线上还不能发生电晕；为了使粗线发生电晕而提高电压，又可能导致细线发生击穿。如果极板（或线）的安装没有对好中心，则在极板间距较小处的击穿可能比其他地方开始稳定的电晕还会提前发生。电晕线与沉淀极板之间即使一个地方距离过近，都必然会降低电除尘器的电压，因为这里有击穿危险。同样，任何偶然的尖刺、不平和卷边等也会有影响。

3. 操作条件对除尘效率的影响

（1）气流速度　气流速度的大小与所需电除尘器的尺寸成反比关系。为了节省投资，除尘器就应设计的紧凑、尺寸小，这样气流速度必然大，粉尘颗粒在除尘器电场内的逗留时间就短。气流速度增大的结果是气体紊流度增大，二次扬尘和粉尘外携的概率增大。气流速度对尘粒的驱进速度有一定影响，其有一个相应的最佳流速；在最佳流速下，驱进速度最大。在大多数情况下，在电场有效作用区间逗留 8～12s，电除尘器就能得到很好的除尘效果。这种情况的相应气流速度为 1.0～1.5m/s。

（2）振打清灰　电晕线积尘太多会影响其正常功能。收尘极板应该有一定的容尘量，而极板上积尘过多或过少都不好。积尘太少或振打方向不对，会发生较大的二次扬尘；而积尘到一定程度，振打合适，所打落的粉尘容易形成团块状而脱落，二次扬尘较少。存在着某个最佳容尘量 m_{opt} 值，当比电阻于 $10^{10}\Omega \cdot cm$ 以下时，m_{opt} 值则高于 $1.0kg/m^2$，在 m_{opt} 积尘量时进行振打应获得最好效果。由此，还可以计算出振打的最佳周期，见图 6-29。

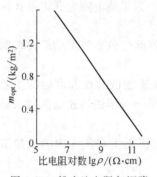

图 6-29　粉尘比电阻与沉降极板的最佳容尘量的关系

清灰振打的方向、力度、振打力的分布是否均匀，电场风速与电场长度等都与清灰效果有一定关系。总之，清灰良好、保持极板的高效运行是静电除尘器运行的重要环节。

（3）供电条件　静电除尘器的除尘效率在很大程度上决定于电气条件，其中就有在电极上保持最大可能电压的要求。因为尘粒的迁移率与所施加电压的平方成正比。

一般工业静电除尘器的电晕电极是在负极性下运行，原因是这种设置比电晕电极为正极性时的击穿电压值高，电晕放电有更为稳定的特性。

电压波形对除尘效率有实质性影响。静电除尘器工作的基本条件之一，是对在除尘器中经常发生的击穿要迅速熄灭。为此，最佳电压就该是脉动电压。因为在第一个半周期中电位下跌，就容易切断电压。最流行的是采用全波整流。半波整流推荐在下列情况中采用：①粉尘比电阻在 $10^{11}\Omega \cdot cm$ 以上；②在第一电场中，气体含尘浓度较高。

在续后的电场中，粉尘浓度较低，电晕电流较大，工作相对较为稳定，可以供给全波整流而得的直流电。为保证供电具体条件，电除尘器一般区分为若干电场，各配备自己的供电机组，巨型静电除尘器可分为平行工作室，这便于供电，容易切除某部分局部设备，而且简化了大断面的除尘器结构，改善断面的气流均布。在施加的电压和收尘效率方面，交流供电和脉冲供电的除尘器有可喜的应用前景。在专门的脉冲电源应用时，每秒钟能产生 25～400 个脉冲，把这种高压脉冲叠加在直流电压上就形成脉冲供电。使用脉冲电源可以得到更高的工作电压而不发生电弧击穿。

（4）伏-安特性　在火花放电或反电晕之前所获得的伏-安特性能反映出静电除尘器从气体中分离粉尘粒子的效果。在理想的情况下，伏-安特性曲线在电晕始发和最大有效电晕电流之间，其工作电压应有较大的范围，以便选择稳定的工作点，使电压和电晕电流达到高的有效值。低的工作电压或电晕电流会导致电除尘性能降低。伏-安特性曲线如图 6-30 所示。

（5）粉尘二次飞扬　沉积在除尘极板上的粉尘如果黏附力不够，容易被通过静电除尘器的

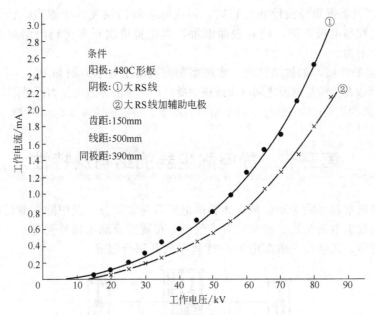

图 6-30 伏-安特性曲线示意

气流带走，这就是所谓的二次飞扬。粉尘二次飞扬所产生的损失有时高达已沉积粉尘的40%～50%，粉尘二次飞扬的原因如下。

① 粉尘沉积在收尘极板上时粉尘的荷电是负电荷，就会由于感应作用而获得与收尘极板极性相同的正电荷，粉尘便受到离开收尘极的斥力作用，所以粉尘所受到净电力是吸力和斥力之差。如果离子流或粉尘比电阻较大，净电力可能是吸力；如果离子流或粉尘比电阻较小，净电力就可能是斥力，这种斥力就会使粉尘产生二次飞扬。当粉尘比电阻很高时，粉尘和收尘极之间的电压降使沉积粉尘层局部击穿而产生反电晕时，也会使粉尘产生二次飞扬。

② 当气流沿收尘极板表面向前流动的过程中，由于气流存在速度梯度，沉积在收尘板表面上的粉尘层将受到离开极板的升力。速度梯度越大，升力越大，为减少升力，必须减小速度梯度；减少速度梯度，降低主气流速度是主要措施之一。静电除尘器中的气流速度分布以及气流的紊流和涡流都能影响粉尘二次飞扬。静电除尘器中，如果局部气流很高，就有引起紊流和蜗流的可能性，而且烟道中的气体流速一般为 10～15m/s，而进入静电除尘器后突然降低到1m/s左右，这种气流突变也很容易产生紊流和涡流。

③ 沉积在电极上的粉尘层由于本身重量和运动所产生的惯性力而脱离电极。振打强度过大或频率过高，粉尘脱离电极不能成为较大的片状或块状，而是成为分散的、小的片状单个粒子，容易被气流重新带出静电除尘器，形成粉尘的二次飞扬。

④ 除尘器有漏风或气流不经电场而是通过灰斗出现旁路现象，也是产生二次飞扬的原因。

为防止粉尘二次飞扬损失，可采取以下措施：使电除尘器内保持气流的良好状态和使气流均匀分布；使设计出的收尘电极具有良好空气动力学屏蔽性能；采用足够数量的高压分组电场，并将几个分组电场串联，对高压分组电场进行轮流均衡振打；严格防止灰斗中气流有环流现象和漏风。

（6）电晕线肥大 电晕线越细，产生的电晕越强烈，但因在电晕极周围的离子区有少量的粉尘粒子获得正电荷，便向负极性的电晕极运动并沉积在电晕线上，如果粉尘的黏附性很强不容易振打下来，于是电晕线的粉尘越积越多，即电晕线变粗，大大地降低电晕放电效果，形成电晕线肥大。消除电晕线肥大现象，可适当增大电极的振打力，或定期对电极进行清扫，使电极保持清洁。电晕线肥大的原因如下。

① 静电荷的作用，粉尘因静电荷作用而产生的附着力，最大为 $280N/m^2$。

② 工艺生产设备低负荷或停止运行时，静电除尘器的温度低于露点，使水或硫酸凝结在尘粒之间以及尘粒与电极之间，使其表面溶解，当设备再次正常运行时溶解的物质凝固成结块，产生大的附着力。

③ 由于粉尘的性质，如黏结性大、水解而黏附或由于分子力而黏附。

④ 粉尘之间以及尘粒与电极之间有水或硫酸凝结，由于液体表面张力而黏附。粉尘粒径在 3～4μm 时最大附着力为 1N/m^2，3～4μm 以下附着力剧增。粉尘粒径为 0.5μm 时约为 10N/m^2。

第三节　静电除尘器的结构及特性

静电除尘器通常包括除尘器机械本体和供电装置两大部分，其中除尘器机械本体主要包括电晕电极装置、收尘电极装置、清灰装置、气流分布装置及除尘器外壳等。

无论哪种类型，其结构一般都由图 6-31 所示的几部分组成。

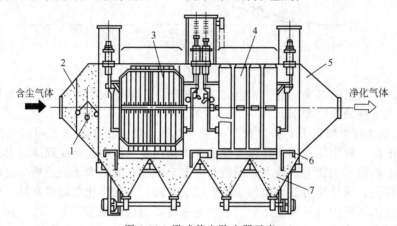

图 6-31　卧式静电除尘器示意

1—振打器；2—气流分布板；3—电晕电极；4—收尘电极；5—外壳；6—检修平台；7—灰斗

一、收尘电极装置

收尘电极是捕集回收粉尘的主要部件，其性能的好坏对除尘效率及金属耗量有较大影响。通常在应用中对收尘电极的要求如下。

① 集尘效果好，能有效地防止二次扬尘。振打性能好，容易清灰。

② 具有较高的力学强度，刚性好，不易变形，防腐蚀。金属消耗量小，由于收尘极的金属消耗量占整个除尘器金属消耗量的 30%～50%，因而要求收尘极板制作得薄些。极板厚度一般为 1.2～2mm，用普通碳素钢冷轧成型。对于处理高温烟气的静电除尘器，在极板材料和结构形式等方面都要做特殊考虑。

③ 气流通过极板时阻力要小，气流容易通过。

④ 加工制作容易，安装简便，造价成本低，方便检修。

1. 管式收尘极

管式收尘电极的电场强度较均匀，但清灰困难。一般干式电收尘器很少采用，湿式静电除尘器或静电除雾器多采用管式收尘电极。

管式收尘电极有圆形管和蜂窝形管。后者虽可节省材料，但安装和维修较困难，较少采用。管内径一般为 250～300mm，长为 3000～6000mm，对无腐蚀性气体可用钢管，对有腐蚀性气体可采用铅管或塑料管或玻璃钢管。

同心圆式收尘电极中心管为管式收尘电极，外圈管则近似于板式收尘电极。各种收集尘极的形式见图 6-32。

2. 板式收尘电极

（1）板式收尘电极的形状　较多，过去常用的有网状、鱼鳞状、棒帷式、袋式收尘电极等。

① 网状收尘电极是国内使用最早的，能就地取材，适用于小型、小批量生产的电收尘器。网状收尘电极见图 6-33。

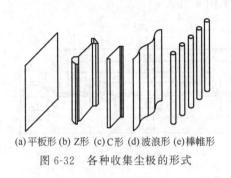

(a)平板形 (b) Z形 (c)C形 (d)波浪形 (e)棒帷形

图 6-32　各种收集尘极的形式

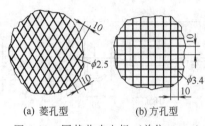

(a) 菱孔型　　　(b) 方孔型

图 6-33　网状收尘电极（单位：mm）

② 棒帷式收尘电极结构简单，能耐较高烟气温度（350～450℃），不产生扭曲，设备较重，二次扬尘严重，烟气流速不宜大于 1m/s，近年来使用较少。棒帷式收尘电极见图 6-34。

③ 袋式收尘电极一般用于立式静电除尘器，袋式收尘电极适用于无黏性的烟尘，能较好地防止烟尘二次飞扬，但设备重量大，安装要求严。烟气流速可达 1.5m/s 左右。袋式收尘电极如图 6-35 所示。

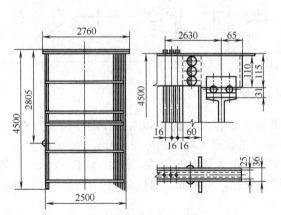

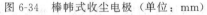

图 6-34　棒帷式收尘电极（单位：mm）

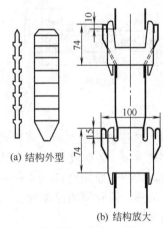

(a) 结构外型

(b) 结构放大

图 6-35　袋式收尘电极（单位：mm）

④ 鱼鳞状收尘电极能较好地防止烟尘二次飞扬，但极板重，振打方式不好。鱼鳞状收尘电极见图 6-36。

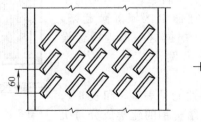

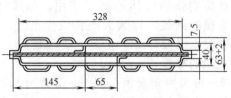

图 6-36　鱼鳞状收尘电极（单位：mm）

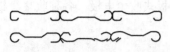

图 6-37　C 形极板的拼装方式

（2）C 形收尘电极　极板用 1.5～2mm 的钢板轧成，断面尺寸依设计而定。整个收尘电极由若干块 C 形极板拼装而成，如图 6-37 所示。

常用宽型的 C 形收尘极板宽度为 480mm。它具有较大的沉尘面积，有利于降低粉尘的二次飞扬，流速可超过 0.8m/s，使用温度可达 350～400℃。为充分发挥极板的集尘作用，有采用所谓双 C 形极板。C 形收尘电极常用宽度为 480mm，也有宽度为 185～735mm，见图 6-38。

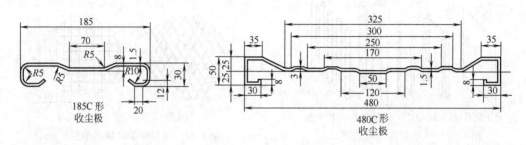

图 6-38　C 形收尘电极（单位：mm）

（3）Z 形收尘电极　极板分窄、宽、特宽三种形式，用 1.2～3.0mm 钢板压制或轧成，其断面尺寸如图 6-39 所示。整个收尘电极也是由若干块 Z 形极板拼装而成。

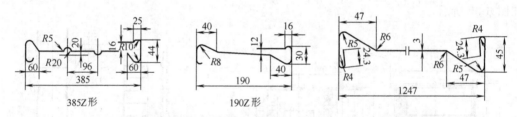

图 6-39　Z 形收尘电极断面尺寸（单位：mm）

因为 Z 形板两面有槽，所以可充分发挥其槽形防止二次扬尘和刚性好的作用。对称性好，悬挂比较方便。Z 形收尘电极常用宽度 385mm，也有宽 190mm 或 1247mm 的。

（4）管帏式收尘电极　此种电极主要适用于三电极静电除尘器，管径为 25～40mm，管壁厚 1～2mm，两管间的间隙为 10mm。由于管径较粗，可形成防风区防止二次扬尘。管帏式收尘电极见图 6-40。

（5）其他形式的板型收尘电极　其他断面形状和尺寸的收尘电极还有很多，如图 6-41 所示。此外，静电除尘器中的收尘电极表面如果完全向气流暴露，其保留灰尘的性能不很好。例如，普通的管式静电除尘器或使用光滑平面极板的板式静电除尘器用于干式收尘都不能令人满意，除非是捕集黏性粉尘或在特别低的气体速度下使用。如果把捕尘区域屏蔽起来，以防止气流直接吹到就可以大大改善收尘效果。根据这一原理曾经设计出许多屏蔽收尘极板。图 6-42 是这类极板的一些例子。

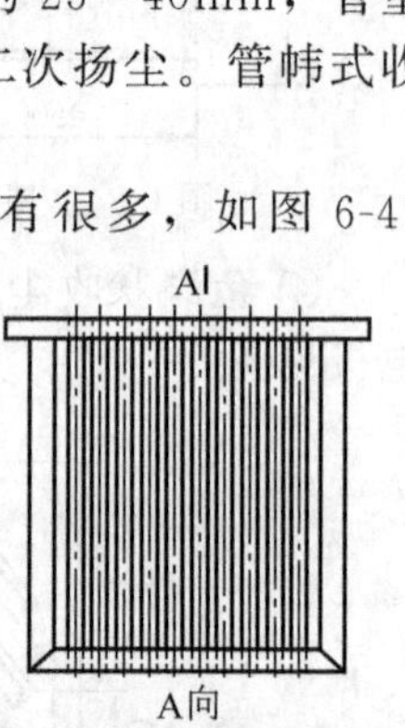

3. 收尘电极的材质

收尘电极一般采用碳素钢板制作，其成分和性能见表 6-6 和表 6-7，亦可选用不含硅的优质结构钢板（08Al），08Al 结构钢的化学成分与机械性能见表 6-8。

AI

A 向

图 6-40　管帏式收尘电极

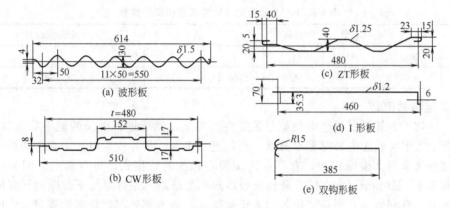

图 6-41　板型收尘电极一些形状（单位：mm）

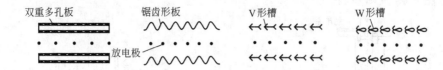

图 6-42　防止灰尘重返气流的收尘极板

表 6-6　碳素结构钢的化学成分（GB 700—88）

序号	等级	化　学　成　分/%					脱氧方法	相当旧牌号
		碳	锰	硅	硫	磷		
					≤			
Q195		0.06～0.12	0.25～0.50	0.30	0.050	0.045	F、b、Z	B1 A1
Q215	A	0.09～0.15	0.25～0.55	0.30	0.050	0.045	F、b、Z	A2
	B				0.045			C2
Q235	A	0.14～0.22	0.30～0.65	0.30	0.050	0.045	F、b、Z	A3
	B	0.12～0.20	0.30～0.70		0.045			C3
	C	≤0.18	0.35～0.80	0.30	0.040	0.040	Z	
	D	≤0.17			0.035	0.035	TZ	
Q255	A	0.18～0.28	0.40～0.70	0.35	0.050	0.045	Z	A4
	B				0.045			C4
Q275		0.28～0.38	0.50～0.80		0.050	0.015	Z	C5

表 6-7　碳素结构钢的力学性能

牌号	拉　伸　试　验											
	屈服点/(N/mm^2)						抗拉强度 /(N /mm^2)	伸长率 σ_s/%				
	钢材厚度或直径/mm							钢材厚度或直径/mm				
	≤16	>16～ 40	>40～ 60	>60～ 100	>100～ 150	>150		≤16	>16～ 40	>40～ 60	>60～ 100	>100～ 150	>150
Q195	(195)	(185)					315～435	33	32				
Q215	≥215	≥205	≥195	≥185	≥175	≥165	335～450	31	30	29	28	27	26
Q235	≥235	≥225	≥215	≥205	≥195	≥185	375～500	26	25	24	23	22	21
Q255	≥255	≥245	≥235	≥225	≥215	≥205	410～550	24	23	22	21	20	19
Q275	≥275	≥265	≥255	≥245	≥235	≥225	490～630	20	19	18	17	16	15

表 6-8　08A1 结构钢的化学成分和机械性能

化 学 成 分/%						机械性能/MPa		
C	Mn	Al	Si	P	S	σ_s	σ_b	σ_{10}
≤0.08	0.3~0.45	0.02~0.07	痕	<0.02	<0.03	220	260~350	39

4. 收尘电极的组装

网状、棒帏式、管帏式收尘电极都是先安在框架上，然后把带电极的框架装在除尘器内。常用的 C 形、Z 形等收尘电极都是单板状，必须进行组装。每片收尘电极由若干块极板拼装而成，并通过连接板与上横梁相连，有单点连接偏心悬挂的铰接式，也有两点紧固悬挂的固接式。极板间隙 15~20mm。单点偏心悬挂极板可向一侧摆动，振打时与下部固定杆碰撞，产生若干次碰击力，有利振灰，固接式振打力大于铰接式。通入烟气时，极板膨胀量大，固接式极板易弯曲。固接式极板高度大于 8m 时，极板间用扁钢（亦称腰带）相连，以增加刚性。极板悬挂方式见图 6-43 及图 6-44。

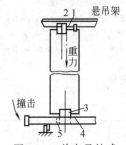

图 6-43　单点悬挂式

1—上连接板；2—销轴；3—下连接板；

4—撞击杆；5—挡块

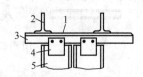

图 6-44　两点悬挂式

1—螺栓；2—顶部梁；3—角钢；

4—连接板；5—极板

二、电晕电极装置

电晕电极的类型对静电除尘器的运行指标影响较大，设计制造、安装过程都必须十分重视。在应用中对电晕电极的一般要求如下。

① 有较好的放电性能，即在设计电压下能产生足够的电晕电流，起晕电压低，与收尘电极相匹配，收尘电极上电流密度均匀。直径小或带有尖端的电晕电极可降低起晕电压，利于电晕放电。如烟气含尘量高，特别是电收尘器入口电场空间电荷限制了电晕电流时，应采用放电性能强的芒刺状电晕电极。

② 易于清灰，能产生较高的振打加速度，使黏附在电晕电极上的烟尘振打后易于脱落。

③ 机械强度好，在正常条件下不因振打、闪络、电弧放电而断裂。

④ 能耐高温，在低温下也具有抗腐蚀性。

1. 电晕电极的形式

电晕线的形式见图 6-45。电晕电极按电晕辉点状态分为有无固定电晕辉点状态两种。

（1）无固定电晕辉点的电晕电极　这类电晕电极沿长度方向无突出的尖端，亦称非芒刺电极，如圆形线、星形线、绞线、螺旋线等。

① 光圆线。光圆线的放电强度随直径变化，即直径越小，起晕电压越低，放电强度越高。为保持在悬吊时导线垂直和准确的极距，要挂一个 2~6kg 的重锤。为防止振打过程火花放电时电晕线受到损伤，电晕线不能太细。一般采用直径为 1.5~3.8mm 镍铬不锈钢或合金钢线，其放电强度与直径成反比，即电晕线直径小，起始电晕电压低，放电强度高。通常采用 ϕ2.5~3mm 耐热合金钢（镍铬线、镍锰线等），制作简单。常采用重锤悬吊式刚性框架式结

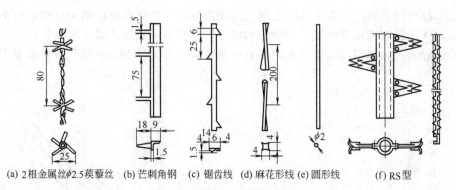

(a) 2根金属丝φ2.5蒺藜丝　(b) 芒刺角钢　(c) 锯齿线　(d) 麻花形线 (e) 圆形线　(f) RS型

图 6-45　电晕线的形式（单位：mm）

构，但极线过细时，易断造成短路。

② 星形线。星形电晕线四面带有尖角，起晕电压低，放电强度高。由于断面积比较大（边长为 4mm×4mm 左右），比较耐用，且容易制作。它也采用管框绷线方式固定。常用φ4～6mm 普通钢材经拉扭成麻花形，力学强度较高，不易断。由于四边有较长的尖锐边，起晕电压低，放电均匀，电晕电流较大。多采用框架式结构，适用于含尘浓度低的场合。星形电晕电极如图 6-46 所示。

星形线的常用规格为边宽 4mm×4mm，四个棱边为较小半径的弧形，其放电性能和小直径圆线相似，而断面积比 2mm 的圆线大得多，强度好，可以轧制。湿式电收尘器和电除雾器使用星形线时应在线外包铅。

③ 螺旋线。螺旋线的特点是安装方便，振打时粉尘容易脱落，放电性能和圆线相似，一般采用弹簧钢制作，螺旋线的直径为 2.5mm。一些企业采用的电除尘技术，其电晕电极即为螺旋线。图 6-47 为螺旋线电晕电极。

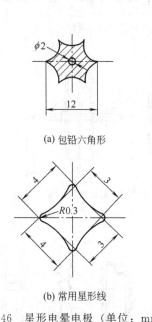

(a) 包铅六角形

(b) 常用星形线

图 6-46　星形电晕电极（单位：mm）

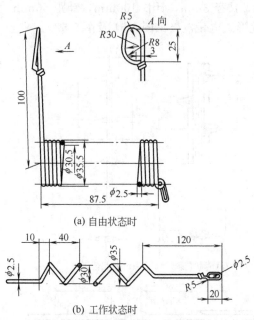

(a) 自由状态时

(b) 工作状态时

图 6-47　螺旋线电晕电极（单位：mm）

（2）有固定辉点的电晕电极　芒刺电晕线属于点状放电，其起晕电压比其他形式极线低，放电强度高，在正常情况下比星形线的电晕电流高 1 倍。力学强度高，不易断线和变形。由于尖端放电，增强了极线附近的电风，芒刺点不易积尘，除尘效率高，适用于含尘浓度高的场合，在大型静电除尘器中，常在第一、第二电场内使用。芒刺电极的刺尖有时会结小球，因而不易清灰。常用的有柱状芒刺线、扁钢芒刺线、管状芒刺线、锯齿线、角钢芒刺线、波形芒刺线和鱼骨线等。芒刺间距与电晕电流的关系见图6-48。不同芒刺高度的伏安特性见图6-49。

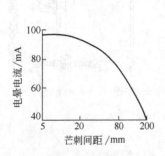

图6-48　芒刺间距与电晕
电流的关系（电压50V）

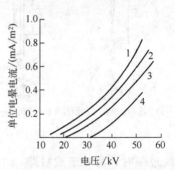

图6-49　不同芒刺高度的伏安特性
1—芒刺高20mm；2—芒刺高15mm；
3—芒刺高12mm；4—芒刺高5mm

① 管状芒刺线。管状芒刺线亦称RS线，一般和480C形板或385Z形板配用，是使用较为普遍的电晕电极。早期的管状芒刺线是由两个半圆管组成并焊上芒刺。因芒刺点焊不好容易脱落，如果把芒刺和半圆管由一块钢板冲出，成为整体管状芒刺线，芒刺不会脱落，但测试表明，与圆管相对的收尘极板处电流密度为零。现在在圆管上压出尖刺的管形芒刺线，解决了电晕电流不均匀问题。

② 扁钢芒刺线。扁钢芒刺线是使用较普遍的电晕电极，其效果与管状芒刺线相近，480C形板和385Z形板一般配两根扁钢芒刺线。

③ 鱼骨状芒刺线。鱼骨状电晕电极是三电极静电除尘器配套的专用电极，管径为25～40mm，针径3mm，针长100mm，针距50mm。几种芒刺形电极见图6-50，鱼骨状收尘电极及其他形式电晕电极见图6-51及图6-52。

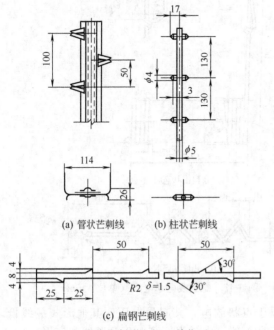

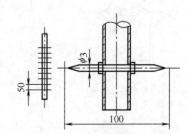

图6-51　鱼骨状收尘电极（单位：mm）

(a) 管状芒刺线　(b) 柱状芒刺线

(c) 扁钢芒刺线

图6-50　几种芒刺形电极（单位：mm）

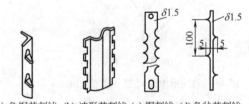

(a) 角钢芒刺线　(b) 波形芒刺线　(c) 锯刺线　(d) 条状芒刺线

图6-52　其他形式电晕电极（单位：mm）

不同类型电晕电极的伏安特性见图 6-53。

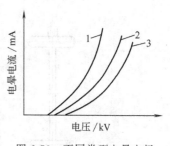

图 6-53　不同类型电晕电极
的伏安特性

1—芒刺线；2—星形；3—圆形

2. 电晕电极的材质

圆形线通常采用 Cr15Ni60、Cr20Ni80 或 1Cr18NiTi 等不锈钢材质；星形线采用 Q235-A 钢；螺旋线采用 60SiMnA 或 50CrMn 等弹簧钢；芒刺状电极可全部采用 Q235 钢。

3. 电晕电极的组装

电晕电极的组装有两种方式。

（1）垂线式电晕电极　这种结构是由上框架、下框架和拉杆组成的锤线式立体框架，中间按不同极距和线距悬挂若干根电晕电极，下部悬挂重锤把极线拉直（重锤一般质量为 4～6kg），下框架有定位环，套住重锤吊杆，保证电晕电极间距符合规定要求，其结构见图 6-54。

垂线式电晕电极结构可耐 450℃以下烟气温度，更换电极较方便，但烟气流速不宜过大，以免引起框架晃动。垂线式电晕电极结构可采用圆形线、星形线或芒刺线。这种结构只能用顶部振打方式清灰。

（2）框架式电晕极　静电除尘器大都采用框架式电晕极。通常是将电晕线安装在一个由钢管焊接而成的、具有足够刚度的框架上，框架上部受力较大，可用钢管并焊在一起。框架可以适当增加斜撑以防变形，每一排电晕极线单独构成一个框架，每个电场的电晕极又由若干个框架按同极距联成一个整体，由 4 根吊杆、4 个或数个绝缘瓷瓶支撑在静电除尘器的顶板（盖）上。框架式电晕极的结构形式如图 6-55 所示。电晕线可分段固定，框架面积超过 25m² 时，可用几个小框架拼装而成。极线布置应与气流方向垂直，卧式除尘器极线为垂直布置，立式除尘器极线为水平布置。

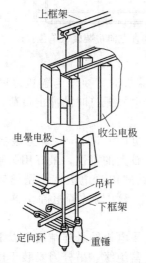

图 6-54　垂线式电晕电极结构

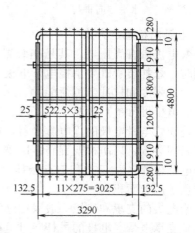

图 6-55　框架式电晕电极（单位：mm）

框架式电晕电极的电晕线必须固定好，否则电晕线晃动，极距的变化影响供电电压。电晕线固定形式有螺栓连接、楔子连接、弯钩连接或挂钩连接等（见图 6-56）。

螺栓连接不便调节松紧，已很少使用，挂钩连接适用于螺旋线电晕电极。

大型框架式电晕电极可以由若干小框架拼装而成，这种拼装分水平方向拼装式和垂直方向拼装式（见图 6-57 和图 6-58）。

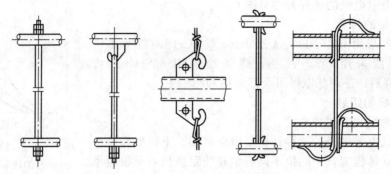

(a) 螺栓连接　(b) 螺栓和挂钩连接　(c) 挂钩连接　(d) 楔子连接　(e) 弯钩楔子连接

图 6-56　几种电晕线的固定方式

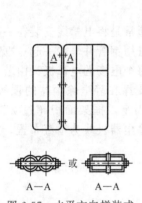

图 6-57　水平方向拼装式

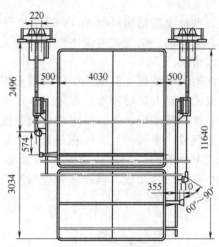

图 6-58　垂直方向拼装式（单位：mm）

4. 电晕电极悬挂方式

电晕电极带有高压电，其悬挂装置的支承和电极穿过盖板时，要求与盖板之间的绝缘良好。同时，悬挂装置既要承担电晕电极的重量又要承受电晕电极振打时的冲击负荷，故悬挂装置要有一定强度和抗冲击负荷能力。

电晕电极可分单点、两点、三点、四点四种悬挂方式（见图 6-59）：a. 单点悬挂通常用于小型或垂线式电晕电极的静电除尘器，单点悬挂的吊杆要有较大的刚性，最好用圆管制作，同时要有紧固装置，以防框架旋转；b. 两点悬挂一般用于垂线式电晕电极和小型框架式电晕电极的静电除尘器；c. 三点和四点悬挂一般用于框架式电晕电极结构的静电除尘器，三点悬挂可节省顶部配置面积。

电晕电极的支承和绝缘一般采用绝缘瓷瓶和石英管，电晕电极的悬挂结构有以下两种。

（1）支承电晕　电极的吊杆穿过盖板，用石英管或石英盆绝缘，吊杆因安装于横梁上，横梁由绝缘瓷瓶支承。这种悬挂方式的电晕电极重量和振打的冲击负荷都由瓷瓶承担，石英管仅起与盖板的绝缘作用，不受冲击力，因而使用寿命较长，一般用于大型静电除尘器或垂线式电晕电极。

（2）悬挂电晕　电极的吊杆穿过盖板与金属电晕框架连接，直接支承在锥形石英管上，不另设支承绝缘柱，节省材料，但电晕电极及振打冲击负荷都由石英管承担，石英管容易损坏，要求石英绝缘性能好，机械强度很高并能耐温度冲击。一般适用于小型静电除尘器或框架式电晕电极。

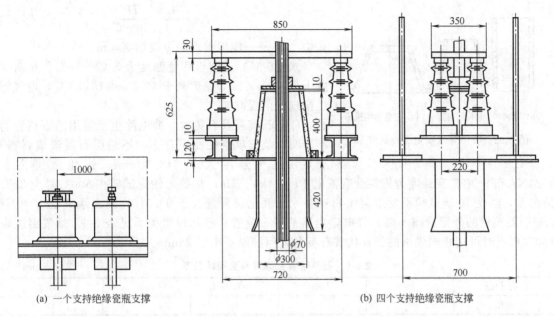

(a) 一个支持绝缘瓷瓶支撑

(b) 四个支持绝缘瓷瓶支撑

图 6-59　电晕电极的悬挂装置（单位：mm）

此外，采用机械卡装的悬挂装置（见图 6-60）其稳定性和密封性均较好。

5. 绝缘材料

（1）支撑绝缘瓷瓶　绝缘瓷瓶的材质为瓷和石英。瓷质瓶制造容易，价格便宜，适用于工作温度低于 100℃，气温高时，绝缘性能急剧下降。气体温度高于 100～130℃时可用石英质绝缘瓶。绝缘瓷瓶如图 6-61 所示。在图 6-61 中，图名 Z 代表室内用，A 代表机械强度为 3678N，B 代表 7358N，T 为椭圆形底座，F 为方形底座。额定电压 35kV（工频电压不小于 110kV，击穿电压不小于 176kV）。这两种瓷瓶如使用地点海拔标高超过 1000m 时，其电气特性按规定乘以 K，K 值按下式计算：

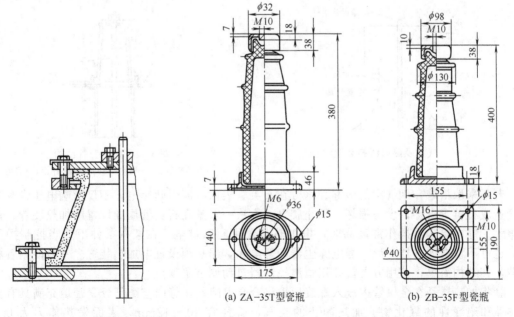

(a) ZA–35T型瓷瓶

(b) ZB–35F型瓷瓶

图 6-60　采用机械卡装的悬挂装置

图 6-61　常用绝缘瓷瓶（单位：mm）

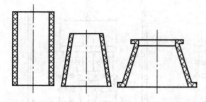

(a) 圆柱形　(b) 圆锥形　(c) 带翻边圆锥形

图 6-62　石英管（或瓷管）的外形

$$K = \frac{1}{1.1} - \frac{H}{10000} \qquad (6-35)$$

式中　H——使用地点的海拔标高，m。

式（6-35）适用于环境温度为 $-40 \sim 40 \text{℃}$，相对湿度不超过 85%，如温度高于 40℃，每超过 3℃，电气特性按规定值提高 1%。

（2）石英管及石英盆　静电除尘器常用的石英管为不透明石英玻璃，性能应符合《不透明石英玻璃材料》规定，抗弯强度大于 3433N/cm^2；抗压强度大于 3924N/cm^2；电击穿强度为能经受交流电 $10 \sim 14 \text{kV/mm}$；热稳定性为试样在 800℃降至 20℃情况下，经受 10 次试验不发生裂纹和崩裂；二氧化硅含量大于 99.5%；断面承载能力 40N/cm^2。石英管的外形见图 6-62。静电除尘器常用石英管直径和厚度关系见表 6-9。烟气温度在 130℃以下时可用相同规格的瓷管代替石英盆，但壁厚不小于 25mm。

表 6-9　石英管管壁厚度与直径的关系　　　　　　　　　　　　单位：mm

石英管直径	80	100	150	200	300
壁厚	7	8	10	10	12

6. 绝缘装置的保洁措施

由于环境条件或绝缘装置与含尘烟气直接接触，造成积灰将降低绝缘性能，为使绝缘装置保持清洁可采取如下措施。

① 定期擦绝缘瓷瓶擦前应关闭电源，接地排除剩余静电。此法适用于裸露在大气中的绝缘瓷瓶。

② 用气封隔绝含尘烟气与绝缘瓷瓶接触，并采用热风清扫，其装置见图 6-63。气封处气体断面速度为 $0.3 \sim 0.4 \text{m/s}$，喷嘴气流速度为 $4 \sim 6 \text{m/s}$，气封气体温度一般不低于 100℃，气体含尘不大于 0.03g/m^3。增设防尘套管，为防止烟尘进入石英套管可在其下端增设防尘套管，其结构见图 6-64。

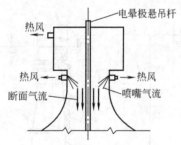

图 6-63　气封及热风清扫装置示意

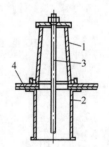

图 6-64　防尘套管结构
1—石英套管；2—防尘套管；3—吊杆；4—盖板

若不采取措施，烟气中的酸雾和水分在石英管表面冷凝引起爬电。不仅影响电压升高，而且会造成石英管击穿，设备损坏。防止爬电的方法一般是在石英管周围设置电加热装置，但其耗电大。静电除尘器操作温度高时，电加热装置可间歇供电，在某些条件下适当控制操作温度，也可不设电加热器。湿式静电除尘器和静电除雾器必须设置电加热装置。一般使用管状加热器，其结构简单，使用方便，并用恒温控制器自动调节温度。

管状加热器是在金属管内放入螺旋形镍铬合金电阻丝，管内空隙部分紧密填充满具有良好导热性和绝缘性的氧化物。加热静止的空气，管径宜 $10 \sim 12 \text{mm}$，表面发热能力为 $0.8 \sim$

1.2W/cm²，一般弯成 U 形，曲率半径应大 25mm。电收尘绝缘室常用的管状加热器型号如图 6-65 及图 6-66 所示。常用管状加热器的型号和外形尺寸见表 6-10 及表 6-11。

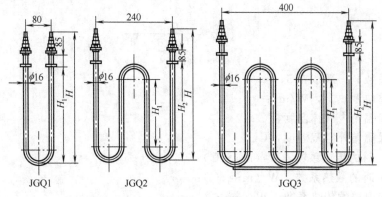

图 6-65　流动空气管状加热器（单位：mm）

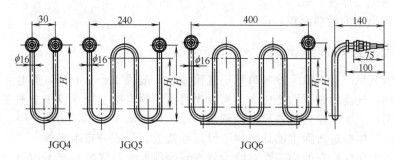

图 6-66　静止空气管状加热器（单位：mm）

表 6-10　流动空气管状加热器型号和尺寸

型　号	电压/V	功率/kW	外形尺寸/mm				质量/kg
			H	H_1	H_2	总长	
JGQ1-22/0.5	220	0.5	490	330		1025	1.25
JGQ1-220/0.75	220	0.75	690	530		1425	1.60
JGQ2-220/1.0	220	1.0	490	330	200	1675	1.83
JGQ2-220/1.5	220	1.5	690	530	400	2475	2.62
JGQ3-380/2.0	380	2.0	590	430	300	2930	3.43
JGQ3-380/2.5	380	2.5	690	530	400	3530	4.00
JGQ3-380/3.0	380	3.0	790	630	500	4130	4.50

注：元件固螺纹管为 M22×1.5×45，接线部分长 30。

表 6-11　静止空气管状加热器型号和尺寸

型　号	电压/V	功率/kW	外形尺寸/mm		
			H	H_1	总长
JGQ4-220/0.5	220	0.5	330		950
JGQ4-220/0.8	220	0.8	450		1190
JGQ4-220/1.0	220	1.0	600		1490
JGQ5-220/1.2	220	1.2	350	250	1745
JGQ5-220/1.5	220	1.5	450	350	2145
JGQ5-220/1.8	220	1.8	550	450	2545
JGQ6-380/2.0	380	2.0	400	300	2795
JGQ6-380/2.5	380	2.5	500	400	3395
JGQ6-380/3.0	380	3.0	600	500	3995

注：元件固螺纹管为 M22×1.5×45，接线部分长 30。

管状加热器需功率按式（6-36）计算。

$$W = \frac{KqF}{0.74} \qquad (6\text{-}36)$$

$$q = \frac{t_1 - t_2}{\dfrac{1}{a_1} + \dfrac{\delta}{\lambda} + \dfrac{1}{a_2}} \qquad (6\text{-}37)$$

式中　K ——系数，一般取 1.5；

$\quad\quad q$ ——单位散热量，W/m^2；

$\quad\quad t_1$ ——保温箱内气体温度，℃；

$\quad\quad t_2$ ——保温箱外空气温度，℃；

$\quad\quad a_1$ —— t_1 时的传热系数，$W/(m^2 \cdot ℃)$；

$\quad\quad a_2$ —— t_2 时的散热系数，$W/(m^2 \cdot ℃)$；

$\quad\quad \lambda$ ——保温层的传热系数，$W/(m^2 \cdot ℃)$；

$\quad\quad \delta$ ——保温层厚度，m；

$\quad\quad F$ ——保温箱的散热面积，m^2。

三、气流分布装置和模拟试验

为防止烟尘沉积，静电除尘器入口管道气流速度一般为 10～18m/s，静电除尘器内气体流速仅 0.5～2m/s，气流通过断面变化大，而且当管道与静电除尘器入口中心不在同一中心线时可引起气流分离，产生气喷现象并导致强紊流形成，影响除尘效率，为改善静电除尘器内烟气分布的均匀性，气体在进入除尘器处必须增设以导流板、气流分布阻流板。

静电除尘器内烟气分布的均匀性对除尘效率影响很大。当气流分布不均匀时，在流速低处所增加的除尘效率远不足以弥补流速高处效率的降低，因而总效率降低。气流分布影响除尘效率降低有两种方式：第一，在高流速区内的非均一气流使除尘效率降低的程度很大，以致不能由低流速区内所提高的除尘效率来补偿；第二，在高流速区内，收尘电极表面上的积尘可能脱落，从而引起烟尘的返流损失。这两种方式都很重要，如果气流分布明显变坏，则第二种方式的影响一般要更大些。有时发现除尘效率大幅度下降到只有 60% 或 70%，其原因也在于此。气流分布与除尘效率的关系见图 6-67。

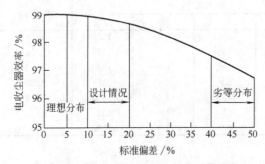

图 6-67　气流分布与除尘效率的关系

1. 气流分布装置的设计原则

① 理想的均匀流动按照层流条件考虑，要求流动断面缓变及流速很低来达到层流流动，主要控制手段是在静电除尘器内依靠导向板和分布板的恰当配置，使气流能获得较均匀分布。但在大断面的静电除尘器中完全依靠理论设计配置的导流板是十分困难的，因此常借助一些模型试验，在试验中调整导流板的位置和分布的开孔率，并从其中选择最好的条件来作为设计的依据。

② 在考虑气流分布合理的同时，对于不能产生除尘作用的电场外区间，如极板上下空间，极板与壳体的空间，应设阻流板，减少未经电场的气体带走粉尘。

③ 为保证分布板的清洁，应设计有定期的振打机构。

④ 分布板的层数，设置越多分布均匀效果越好，虽然层数增多会增加设备的流体阻力，但由于改善了气流的紊流程度会使总阻降低，因此在设计中一般不考虑阻力的增减。

⑤ 静电除尘器的进出管道设计应从整个工程系统来考虑，尽量保证进入静电除尘器的气流分布均匀，尤其是多台静电除尘器并联使用时应尽量使进出管道在除尘系统中心。

⑥ 为了使静电除尘器的气流分布达到理想的程度，有时在除尘器投入运行前，现场还要对气流分布板做进一步的测定和调整。

2. 导流板

图 6-68 和图 6-69 所示表明管道截面突然变化和管道方向的突然改变都会引起气流分离，产生涡流现象和强紊流生成。使用正确设计的导流板能够大大避免这些不利的影响。当气流经过一个急弯或管道截面的突然变化之后，导流板就可以保持气流的形态（见图 6-70）。所以导流板的作用不是改变气流形态，而是保持气流分布，维持原有状态。

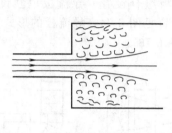

图 6-68　由流束产生的涡流和自由紊流

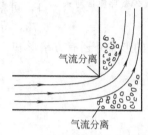

图 6-69　气流通过急弯时的气流分离现象

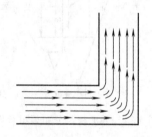
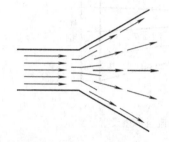

图 6-70　90°弯头和管道大小突然变化时导流板的作用

其实，导流板的作用并不是百分之百的有效，在紧跟着导流板之后仍会有一定程度的紊流。不过，只要紊流程度不大，在经过一个短暂的时间后它们就会衰退下来，因而实际上对操作并无什么影响。为了给气流提供足够的接触面以便使动量向向量的必然变化不致引起强度太大的紊流，使用间距较小的导流板是很重要的。因为惯性力的作用，气流通过较小的间隙时稍有偏斜，而气流流经宏大的空间时，则其惯性将超过导流板的作用。

宽间距与窄间距导流板的作用比较如图 6-71 所示。宽间距导流板只能部分地改变气流方向。在每块导流间都会发生气流分离和紊流。窄间距导流板几乎能使气流完全改变方向而不致发生气流分离和紊流。紧靠着导流板处气流速度形态的微观结构显示出有局部的紊流，不过紊流程度很小，而且由于黏滞力的作用，紊流强度也会迅速衰减的。从导流板所产生的压力降可以看出导流板总的作用效果或导流板的效率的数量关系。

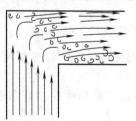
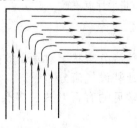

图 6-71　窄间距与宽间距导流板的作用比较

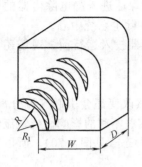

静电除尘器的气体进口有中心进气和上部进气两种，为使气流分布均匀，在气流转变处要加设导流装置，力求保持气流原来稳定的流动状态，理想的导流板为流线型，即在其中部较厚，而两端较薄，如图 6-72 所示。不过，对于工业系统中常见的较低流速来说，这种改进常常是不必要的，除实验室外，工程实践上极少采用。

由于烟气速度不高，可取得较好效果。导流板的间距不宜过大，但太窄易被烟尘堵塞且钢板消耗多，通常以不易造成堵塞为好。导流板设于气流改变方向或断面改变处，在静电除尘器进出口，可单独设置或可与分布板组合设置。导流板单独设置见图 6-73，导流板和分布板组合设置见图 6-74。导流板的形式有多种，

图 6-72 流线型导流板弯头

除了流线型的形式外还有方格形和三角形（见图 6-75 和图 6-76）。

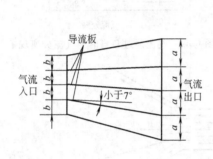

图 6-73 导流板单独设置示意

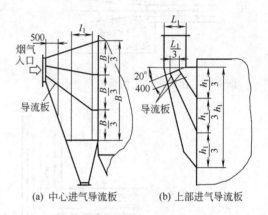

(a) 中心进气导流板 (b) 上部进气导流板

图 6-74 导流板与分布板组合设置示意（单位：mm）

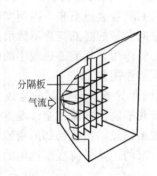

图 6-75 方格形导流装置

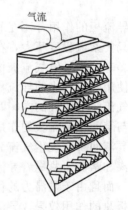

图 6-76 三角形导流装置

3. 气流分布板

静电除尘器内的气流分布状况对除尘效率有明显影响，为了减少涡流，保证气流均匀，在除尘器的进口和出口处装设气流分布板。

气流分布装置最常见的有百叶式、多孔板、垂直折板和栏杆型分布板等分别见图 6-77～图 6-79。

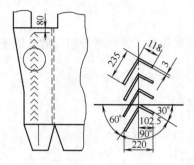

图 6-77 垂直折板式分布板（单位：mm）

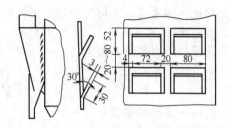

图 6-78 百叶式分布板（单位：mm）

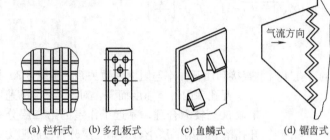

(a) 栏杆式　　(b) 多孔板式　　(c) 鱼鳞式　　(d) 锯齿式　　(e) X形孔板式

图 6-79　气流分布板型式

(1) 分布板的层数　气流分布板的层数可由下式计算求得。

$$n_p \geqslant 0.16 \frac{S_k}{S_0} \sqrt{N_0} \tag{6-38}$$

式中　n_p——气流分布板的层数；

S_k——静电除尘器气体进口管大端截面积，m^2；

S_0——静电除尘器气体进口管小端截面积，m^2；

N_0——系数，带导流板的弯头 $N_0 = 1.2$，不带导流板的缓和弯管，而且弯管后无平直段时 $N_0 = 1.8 \sim 2$。

根据实验，采用多孔板气流分布板时其层数按 $\frac{S_k}{S_0}$ 值近似取：当 $\frac{S_k}{S_0} \leqslant 6$ 时，取 1 层；当 $6 \leqslant \frac{S_k}{S_0} \leqslant 20$ 时，取 2 层；当 $20 \leqslant \frac{S_k}{S_0} < 50$ 时，取 3 层。

(2) 相邻两层分布板距离

$$l = 0.2 D_r \tag{6-39}$$

$$D_r = \frac{4 F_k}{n_k} \tag{6-40}$$

式中　l——两层分布板间的距离，m；

D_r——分布板矩形断面的当量直径，m；

F_k——矩形断面积，m^2；

n_k——矩形断面的周边长，m。

(3) 分布板的开孔率

$$f_0 = \frac{S_2'}{S_1'} \tag{6-41}$$

式中　f_0——开孔率，%；

S_1'——分布板总面积，m²；

S_2'——分布板开孔总面积，m²。

为保证气体速度分布均匀尚需使多孔板有合适的阻力系数，然后算得相应的孔隙率，再进行分布板的设计。

多孔板的阻力系数 ξ 为

$$\xi = N_0 \left(\frac{S_k}{S_0}\right)^{\frac{2}{n_p}} - 1 \tag{6-42}$$

式中　n_p——多孔板层数；

其他符号意义同前。

阻力系数与开孔率的关系为

$$\xi = (0.707\sqrt{1-f_0} + 1 - f_0)^2 \left(\frac{1}{f_0}\right)^2 \tag{6-43}$$

式中　0.707——系数；

其他符号意义同前。

在已知阻力系数 ξ，求多孔板的开孔率时可直接利用开孔率与阻力系数关系，由图 6-80 求出。

开孔率因气体速度而异，对于 1m/s 的速度开孔率取 50% 较为合理。靠近工作室的第二层分布板的开孔率应比第一层小，即第二层分布板的阻力系数比第一层大，这就能使气体分布较均匀。为了获得最合理的分布板结构，设计时有必要在不同的操作情况下进行模拟试验，根据模拟试验结果进行分布板设计。除尘器安装完应再进行一次现场测试和调整。

多孔板上的圆孔 ϕ30～80mm。孔径与开孔率还要考虑气体进口形式，必要时可用不同开孔率的分布板。

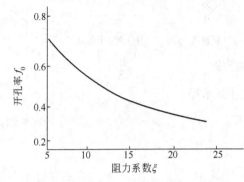

图 6-80　开孔率 f_0 和阻力系数 ξ 的关系

分布板若设置在除尘器进出口喇叭管内，为防止烟尘堵塞，在分布板下部和喇叭管底边应留有一定间隙，其大小按下式确定。

$$\delta = 0.02h_1 \tag{6-44}$$

式中　δ——分布板下部和喇叭管底边间的间隙，m；

h_1——工作室的高度，m。

除尘器出口处的分布板除调整气流分布作用外，还有一定的除尘功能。用槽形板代替多孔板，其形式见图 6-81 和图 6-82。

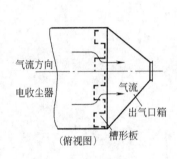

图 6-81　槽形板示意

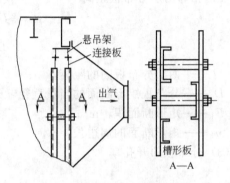

图 6-82　槽形板结构

槽形板可减少烟尘因流速较大而重返烟气流的现象，图 6-83 表示槽形板收尘效果和电场风速的关系。

槽形板一般由两层槽形板组成，槽宽 100mm，翼高 25~30mm，板厚 3mm。轧制或模压成型。两层槽形板的间隙为 50mm。

除尘器入口气流分布板设在入口喇叭管内，也可设在除尘器壳体内，应注意防止喇叭管被烟尘堵塞，多层气流分布板处应设有人孔，以便清理。

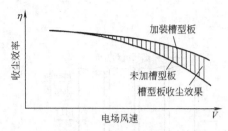

图 6-83　槽形板收尘效果与电场风速的关系

（4）评价方法　评定气流分布均匀性有多种方法和表达式，常用的有不均匀系数法和均方根法。

① 均方根法。气流速度波动的均方根 σ 用下式表示。

$$\sigma = \sqrt{\frac{1}{n}\sum_{i=1}^{n}\left(\frac{v_i - v_p}{v_p}\right)^2} \qquad (6\text{-}45)$$

式中　v_i——各测点的流速，m/s；
　　　　v_p——断面上的平均流速，m/s；
　　　　n——断面上的测点数。

气流分布完全均匀时 $\sigma=0$，对于工业静电除尘器 $\sigma<0.1$ 时认为气流分布很好，0.15 时较好，小于 0.25 尚可以，大于 0.25 是不允许的。均方根法是一种常用方法。

② 不均匀系数法，是指在除尘器断面上各点实测流速算出的气流动量（或动能）之和与全断面平均流速计算出平均动量（或动能）之比，分别用 M_k、N_k 表示

$$M_k = \frac{\int_0^S v_i\,dG}{v_p G} = \frac{\sum_{i=1}^{n} v_i^2 \Delta S}{v_p^2 S} \qquad (6\text{-}46)$$

$$N_k = \frac{\frac{1}{2}\int_0^S v_i^2\,dG}{\frac{1}{2}v_p^2 G} = \frac{\sum_{i=1}^{n} v_i^3 \Delta S}{v_p^3 S} \qquad (6\text{-}47)$$

式中　v_i——各测点的流速，m/s；
　　　　G——处理气体的质量流量，kg/s；
　　　　dG——每一小单元体的流量，kg/s；
　　　　ΔS——每一小单元的断面积，m²；
　　　　v_p——断面上平均流速，m/s；
　　　　S——断面总面积，m²；
　　　　n——测点数。

当 $M_k \leqslant 1.1 \sim 1.2$ 或 $N_k \leqslant 1.3 \sim 1.6$ 时即认为气流分布符合要求。

4. 阻流板

阻流板是用于防止烟气从灰斗穿过的横截挡板。阻流板设在灰斗内，采用铰接，见图6-84和图 6-85。

静电除尘器灰斗通常是比较大的角锥形或圆锥形开口容器，位于收尘电极下部，连接于除尘器外壳或箱体上。一般的配置情况如图 6-84 所示。在正常操作中，气流通过除尘器产生的压力降约为 100~200Pa。这种压差会使收尘电极下部的一部分气流偏斜而流入灰斗。为了防止或尽力减小这种不希望发生的气体短路现象，通常在灰斗内设置立式的横截挡板。不过，如

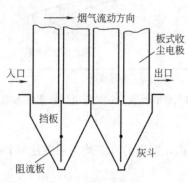

图 6-84　一般灰斗的配置情况示意

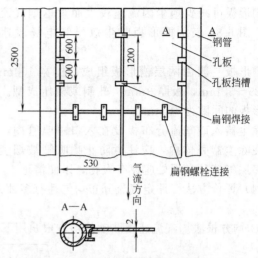

图 6-85　气流阻流板的结构（单位：mm）

果挡板的安装不当，仍会有大量气流从这些挡板底部或侧面通过。此外，在灰斗的其余开阔区中也可能形成大的涡流。灰斗设计必须考虑几种空气动力学的影响，其中包括柏努利原理的应用、流体分离和涡旋的形成等。实际设计最好是通过模型试验和对现场除尘器的实际观察。

5. 气流分布装置的模拟试验

为了使气流分布装置满足设计要求，通常对每台静电除尘器的气流分布装置都要进行模拟试验。确定开孔方式、开孔率、分布板层数等技术数据。

（1）相似理论基础

① 几何相似。相似的概念首先出现在几何学里。几何相似的性质，以及利用这些性质进行的许多计算都是大家所熟知的。例如，两个相似三角形，其对应角彼此相等，对应边互成比例，则可以写成

$$\frac{l''_1}{l'_1} = \frac{l''_2}{l'_2} = \frac{l''_3}{l'_3} C_1 \tag{6-48}$$

式中　C_1——几何比例系数或称为相似常数。

由此可以看到，表示几何相似的量只有一个线性尺寸。

② 力的相似。在几何相似系统中对应的质点速度互相平行，而且数值成比例，则称此为运动相似。令实物中某近地点的速度为 v'，模型中对应近质点的速度为 v''，则可写成

$$\frac{v''}{v'} = C_v \quad \text{或} \quad \frac{l''}{l'} = \frac{\tau'}{\tau''} = C_v \tag{6-49}$$

式中　C_v——速度比例系数；

τ——时间。

所谓动力相似就是作用在两个相似系统中对应质点上的力互相平行，数值成比例。在实物中，作用力 f' 引起近质点 M' 产生运动的模型中，相应质点 M'' 受 f'' 力的作用而产生相似运动，则作用力 f' 和 f'' 相似，可以写成

$$\frac{f''}{f'} = C_f \tag{6-50}$$

为了得到力的相似常数 C_f 值，需要利用力学基本方程。所有物体的运动，不论是除尘器内的空气运动、管道中水的流动还是固体颗粒在气流中的运动等，都遵守牛顿第二定律。该定律的数学表达式为

$$f = ma \tag{6-51}$$

式中　m——物体的质量；

　　　a——物体运动的加速度。

因为加速度值难以从试验中测定，因而把上式中的加速度用速度对时间的微分 $a=\dfrac{\mathrm{d}v}{\mathrm{d}\tau}$ 来代替。如果时间间隔是有限的，那么 a 值作用力 f 值是该时间内的平均值，当 $\mathrm{d}\tau$ 无限小，f 则是瞬间的作用力。这样，运动方程式为

$$f=m\frac{\mathrm{d}v}{\mathrm{d}\tau} \tag{6-52}$$

在实物中任意一质点 M'，其速度、质量、作用力和时间的数值为 v'、m'、f' 和 τ'，其运动方程为

$$f'=m'\frac{\mathrm{d}v'}{\mathrm{d}\tau'} \tag{6-53}$$

在相似的模型中，对应一质点 M''，其各项取同一单位值，分别为 v''、m''、f'' 和 τ''，其运动方程为

$$f''=m''\frac{\mathrm{d}v''}{\mathrm{d}\tau''} \tag{6-54}$$

再把这两个相似系统中的方程变为相对坐标，为此将实物系统的运动方程相应除以 f'_0、m'_0、v'_0 和 τ'_0，为了保持恒等必须乘相同的数值，得到

$$f'_0\left(\frac{f'}{f'_0}\right)=m'_0\frac{m'}{m'_0}\times\frac{v'_0}{\tau'_0}\times\frac{\left(\dfrac{\mathrm{d}v'}{v'_0}\right)}{\left(\dfrac{\mathrm{d}\tau'}{\tau'_0}\right)} \tag{6-55}$$

或者

$$f'_0F=\frac{m'_0v'_0}{\tau'_0}\times m\frac{\mathrm{d}V}{\mathrm{d}\tau} \tag{6-56}$$

再把所有常数归并到方程式左边，得到

$$\left[\frac{f'_0\tau'_0}{m'_0v'_0}\right]\times F=m\frac{\mathrm{d}V}{\mathrm{d}\tau} \tag{6-57}$$

用同样方法，模型系统中的运动方程经过变换，能得类似的方程式。因为运动是相似的，所以两个方程式中左边项系数应该相等地，其结果是

$$\frac{f'_0\tau'_0}{m'_0v'_0}=\frac{f''_0\tau''_0}{m''_0v''_0} \tag{6-58}$$

此数组称为力的相似常数，亦称牛顿准数（Ne）。

为实用方便，用速度代替线性尺寸和时间值，即 $v=\dfrac{1}{\tau}$，代入公式中，最后得到

$$Ne=\frac{fl}{mv^2}=常数 \tag{6-59}$$

这就是牛顿定律，经说明在两个力相似系统中，对应点的作用力与线性尺寸的乘积，除以质量和速度的平方的数组应为常数值。

牛顿定律是表示物体运动的一般情况，下面分别研究黏性流体运动的个别情况。对于滴状流体或气体，有三种作用力：第一种是质量力（重力 f_g），可以认为它是作用于颗粒的重心上；第二种是压力，它作用于颗粒表面并垂直于表面；第三种是接触力（摩擦力 f_m）。

如果考虑重力作用，那么作用于立方体上的重力为质量乘以重力加速度，即 $f_g=mg$，将 f_g 代入牛顿准数方程中得到

$$Ne = \frac{gl}{v^2} \qquad (6\text{-}60)$$

弗鲁德首先提出采取其倒数值的形式，因而称之为弗鲁德准数

$$Fr = \frac{v^2}{gl} \qquad (6\text{-}61)$$

它表示重力与惯性力之比，由于密度差而产生流动的过程运用这个准数。

如果是由于浮力产生的运动，就可以用浮力所产生的加速度 $a = g\dfrac{\rho - \rho_0}{\rho}$ 代替上式中的重力加速度，则得到阿基米德准数

$$Ar = \frac{gl}{v^2} \times \frac{\rho - \rho_0}{\rho} \qquad (6\text{-}62)$$

如果密度差是由于温度不同而产生的，则 $\dfrac{\rho - \rho_0}{\rho} = \dfrac{\Delta T}{T}$，阿基米德准数将变为下列形式。

$$Ar = \frac{gl}{v^2} \times \frac{\Delta T}{T} \qquad (6\text{-}63)$$

对于压力作用情况，取流体中任意一微小立方体质量，其边长为 δl，压力垂直作用其上，假设两对面的压力差为 $p_1 - p_2 = \Delta p$，则作用于立方体上的总压力差 $f_{\Delta p} = \delta l^2 \Delta p$，小立方体流体质量 $m = \delta l^3 \rho$（ρ 为该处的流体密度）。将 $f_{\Delta p}$ 和 m 代入牛顿准数公式中，可得到欧拉准数

$$Eu = \frac{\Delta p}{\rho v^2} \qquad (6\text{-}64)$$

欧拉准数表示流体压力降与动能之比。

下面研究摩擦力的作用情况。实际流体均有内摩擦或者说黏性，因此当流动时产生摩擦力。取流体单元体积，其立方体每边长为 δl，假设平行的两侧面的气流是平行的，又流过上表面的气流速度大于流过下表面的气流速度，由于摩擦的作用，使上表面的气流速度大于下表面的气流速度，由于摩擦的作用，使上表面和下表面产生的摩擦力为 f_1 和 f_2。根据牛顿定律，作用单位面积上的摩擦力 f'_m 正比于速度梯度，则

$$f'_m = \mu \frac{\delta v}{\delta l} \qquad (6\text{-}65)$$

比例系数 μ 称为内摩擦系数。作用于立方体下部界面上的阻力

$$f_{m1} = \delta l^2 f'_m = \delta l^2 \mu \frac{\delta v}{\delta l} \qquad (6\text{-}66)$$

而作用于上部界面的摩擦力为 $f_{m2} - f_{m1}$，按照替换规则可以用 f_{m1} 代替它，并代入牛顿准数公式中得到

$$Ne = \frac{\mu}{l\rho v} \qquad (6\text{-}67)$$

雷诺氏首选取其倒数值，并以他的名字命名为雷诺准数

$$Re = \frac{l\rho v}{\mu} \qquad (6\text{-}68)$$

又经常将 $\dfrac{\mu}{\rho}$ 表示为 ν（运动黏性系数），这样便得到常用的形式

$$Re = \frac{lv}{\nu} \qquad (6\text{-}69)$$

雷诺准数表示惯性力与黏性力的比值。

这样可以说，力的相似系统中，以应点的三个相似准数 Eu、Fr 和 Re 的数值相同，则流

体是相似运动。

热相似的意义是指温度场的相似和热流的相似。相似换热过程是简化的情况：假设其辐射换热很小，它与对流换热相比可以略而不计；还假设换热是稳定的，即热表面温度与周围介质的温度不随时间而变化。

温度场相似和换热相似必须在几何相似的系统中以及工作流体的动力相似的情况下才能实现。因此，热相似的条件中，当然要包括力的相似条件，即上述所研究的力的相似准数 Eu、Fr 和 Re 值必须相等。

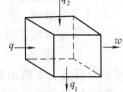

图 6-86　微小立方体换热示意

在相似的换热体系中，取一微小的立方体（见图 6-86），其各边长为 δl，所研究的流体与界面平等运动，而传热则与气流方向垂直。通过立方体界面，单位时间通过的流体量等于 $\rho v \delta l^2$，由于换热其温度降低 Δt，因而相应的热交换为

$$q = c\rho v \delta l^2 \Delta t \tag{6-70}$$

式中　c——流体的比热容，$J/(kg \cdot K)$。

根据傅里叶公式，单位时间靠导热所带走的热量为

$$q = -F\lambda \frac{dt}{dl}$$

式中　λ——流体的热导率，$W/(m \cdot K)$；

F——导热的面积，m^2；

$\frac{dt}{dl}$——流体在传热方向上的温度梯度，K/m；

假设单位时间从微小立方体底界面向它接触的流体给出的热量为

$$q_1 = -\delta l^2 \lambda \frac{dt_1}{dl} \tag{6-71}$$

而单位时间经立方体顶面从它所接触的流体得到的热量为

$$q_2 = \delta l^2 \lambda \frac{dt_2}{dl} \tag{6-72}$$

那么立方体同周围介质换热量为二者之差

$$q_2 - q_1 = \delta l^2 \lambda \left(\frac{dt_2}{dl} - \frac{dt_1}{dl} \right) \tag{6-73}$$

通过立方体的流体所损失的热量与导热传递的热量彼此相等，然后化简得

$$c\rho v \Delta t = \lambda \left(\frac{dt_2}{dl} - \frac{dt_1}{dl} \right) \tag{6-74}$$

$$v \Delta t = a \left(\frac{dt_2}{dl} - \frac{dt_1}{dl} \right) \tag{6-75}$$

式中　a——导温系数，m^2，$a = \frac{\lambda}{c\gamma}$。

同样，取相对值 $V = \frac{v}{v_0}$，$L = \frac{l}{l_0}$，$A = \frac{a}{a_0}$，$T = \frac{t}{t_0}$，代入上式并经简化整理得到

$$\frac{v_0 l_0}{a_0} V \Delta T = A \left(\frac{dT_2}{dL} - \frac{dT_1}{dL} \right) \tag{6-76}$$

由此可得出皮克列准数

$$Pe = \frac{vl}{a} \tag{6-77}$$

皮克列准数表示传热与导热的比值。皮克列准数还可以用 Re 准数与 Pr 准数的乘积表示

$$Pe = \frac{vl}{a} = \frac{vl}{\gamma} \times \frac{\omega}{a} Re \times Pr \tag{6-78}$$

式中　Pr——普朗德准数，用 $Re \times Pr$ 代替 Pe 是比较方便的，雷诺准数是流体力学相似的一个准数，而 Pr 准数仅与工作流体的物理性质有关。对于原子价相同的气体 Pr 是常数，对于单原子气体 $Pr = 0.67$，对于双原子气体 $Pr = 0.72$，对于三原子气体 $Pr = 0.8$，对于四原子以上的气体 $Pr = 1$。

下面分析另一个热相似准数，它是由界面与直接接触的边界层之间的热交换求得。通过边界层，以导热方式单位面积单位时间传递的热量

$$q = -\lambda \frac{dt}{dl} \tag{6-79}$$

从另一方面，以对流方式单位面积单位时间传热量为

$$q = a(t - t_界) \tag{6-80}$$

式中　a——对流传热系数，$W/(m^2 \cdot K)$；

　　　t——流体的平均温度，K；

　　$t_界$——界面的平均温度，K。

以导热方式传递的热量与对流方式的传热量相等，再以同样的方法整理得

$$\left[\frac{a_0 l_0}{\lambda_0}\right] d(T - T_界) = -A \frac{dT}{dL} \tag{6-81}$$

由此求得鲁塞尔准数

$$Nu = \frac{al}{\lambda} \tag{6-82}$$

由上述一系列推导可以得出，如果两个系统是热相似的，那么除保持几何相似条件外还必须保持 5 个准数：Re、Fr、Eu、Pr 和 Nu 的数值相等。

以上只解决了相似理论中的相似条件问题，即彼此相似的现象必定具有相同的准数。但是要进行试验还必须解决建立准数之间的关系式问题。

在工程中，经常遇到要用试验方法确定构件的阻力，这种情况则属于等温的强制流动，相似准数之间的关系为

$$Eu = f(Re) \tag{6-83}$$

在研究对流换热的放热系数 a 值时，对于稳定的条件下，准数之间的关系方程式为

$$Nu = f(Re, Gr, Pr) \tag{6-84}$$

如果是强制流动，可以忽略 Gr 的影响，则准数之间的关系方程变为

$$Nu = f(Gr, Pr) \tag{6-85}$$

（2）近似模拟试验方法　要实现相似理论中所提出的所有相似条件是非常困难的，有时甚至是根本办不到的，但是由于近似模拟方法的发展，模型试验才得以实现。

近似模拟试验的根据就是黏性流体的特性，即稳定性和自模性。

所谓稳定性就是黏性流体在管道中流动，管道截面上的速度分布有一定的规律。速度分布图形与雷诺数、管道形状、所研究的截面与入口的距离有关。试验指出，当流体在直管段中流动时，经入口流过一定长度之后，各截面上的速度图形相同。

自模性就是流体的流型也有一定的规律。在直管段中流动的流体，当其流型属于层流运动时，管道截面上的速度图形呈抛物线状；当紊流运动时，管道截面上的速度图形亦呈一种特定的形状，而且流体阻力和压力分布图形保持不变。不取决于雷诺数的改变，也就是不必遵守雷诺数相等的条件，这就为近似模拟试验提供了方便的条件。

根据什么来判断是否达到自模条件呢？可以选择下面三种判断方法中的任意一种：第一，所研究的截面上速度分布为固定的形状，或者说截面上任意两点的速度比值为常数，即 $\frac{v_1}{v_2}=C_v=$ 常数；第二，所研究管段的压力分布曲线为固定的形状，或者说管段中任意两点的压力比值为常数，即 $\frac{p_1}{p_2}=C_p=$ 常数；第三，Eu 准数或局部系数 ξ 值为常数，因而符合阻力平方定律。

该种方法最方便，因为在进行试验中测量设备的阻力比较方便，而且又是经常需要进行的工作，所以能够很容易地判断是否已达到自模条件。

气流分布构件的几何形状越复杂，极限流速越低，对于直的水力光滑管的极限雷诺数 $Re_{极}=2200$，这就是它的自模范围的起点。

如果实际过程不是紊流情况，需要用模型精确地研究构件中在等温强制流动时的速度分布的话，则必须使模型中的雷诺准数等于实物中的雷诺准数，即 $Re_m=Re_{sh}$。

假若在模型中采用的工作流体与实物中的流体相同，那么 $\gamma_m=\gamma_{sh}$，当模型的几何尺寸取为实物的 $\frac{1}{10}$ 时，在上述条件下，模型中的流速应该比实物中的流速增大 10 倍。

自由对流传热过程的决定准数是 $Gr\times Pr>2\times10^7$ 时，换热过程与几何尺寸无关，其温度场和流速场等不随 $Gr\times Pr$ 值的大小而变化。这样，就可以用几何相似的缩小模型来研究自由对流过程，而不要求 $Gr\times Pr$ 值相等，只要 $Gr\times Pr>2\times10^7$ 就可以了。这里必须强调指出，所研究的实际过程首先必须是在自模范围内才能利用这个规律。

气流分布过程包括流体力学过程与传热过程。要进行模型试验的必要和充分条件可以归结如下几点。

第一个条件是几何相似，一般来说这点是容易做到的，按照实物比例缩小即可。如果所研究的过程是在构件内部发生的，那么应该强调内部尺寸的几何相似。

第二是入口条件和边界条件的相似。由于流体的稳定性和自模性，当超过极限雷诺准数时，就能够自然地达到入口处的动力相似条件。至于说边界条件相似，将在以后的模型设计计算中对热源和外围结构的传热进行相应的研究。

第三个条件是实现系统中物理量的相似。这里的物理量相似是指实物和模型中对应点的介质密度、黏性系数、热导率以及比热容等的比值常数。如果是绝热过程，那么这个条件就顺利地达到了。对于非绝热过程，由于这些物理量都与介质的温度有关，如果保证了温度场相似，也就创造了物理量相似的条件。

第四个条件是起始状态的相似。为了简化，一般都把气流分布过程看作稳定过程，所以需要考虑这个条件。

（3）气流分布试验实例　用一台三电场 $80m^2$ 静电除尘器做气流分布模拟试验。按设计在除尘器进口喇叭装三层气流分布板，分布板采用槽形条状多孔板，在出口喇叭内装两层槽形板，以利气流均匀分布和捕集部分细尘。根据气流分布均匀性的评价方法试验要求使电场入口气流速度的相对均方差值达到 $\sigma<0.25$。在模拟试验中，必须根据相似理论建立试验装置，通过试验求出相似准则之间的函数关系，再将其推广到实际设备上，从而得到实际的工作规律。

① 相似与计算。几何相似需要模型与实型的结构相似，包括除尘器本体及前后管道，其布置形式应一样，相应的各部分尺寸成同样的比例。根据计算试验中模型与实型的几何比例为 $1:6$。动力相似要求模型与实型中流体相应点所受的力相似，即模型与实型中相应点的两个无因次参数雷诺数和欧拉数应相同，其中雷诺数是主要的，是保证条件，而欧拉数是自适应条件。在本试验中取模型雷诺数为实型的 30%，则其已达 1.75×10^5，双方均已进入自模区。运动相似要求模型与两个流动系统相应点的速度和加速度成比例。按照流体运动的自适应原理，

只要第一、二两个满足，则即可达到运动相似。

②主要计算参数。模型与实型的主要计算参数如表 6-12 所列。

表 6-12　模型试验计算参数

项　　目	实　　型	模　　型
进口断面尺寸/mm	7610×10800	1270×1800
实型与模型 l 比	6	1
流动介质	含尘空气	空气
介质温度/℃	20	20
运动黏滞系数/(m²/s)	15.7×10⁻⁶	15.7×10⁻⁶
介质平均流速/(m/s)	1.08	1.95
当量直径/mm	8930	1490
雷诺数	6.1×10⁵	1.85×10⁵
气体流量/(m³/h)	312000	16050

③主要设备及仪器。风机的风量为 30187m³/h，压力为 837kg/m²，转速为 1450r/min，配套电机功率 135kW，微型计算机 1 台，SF-841 数字风速仪 2 台。测量风速范围 0.3～9.99m/s，测量精度 3 位有效数字，全自动测试系统一套。

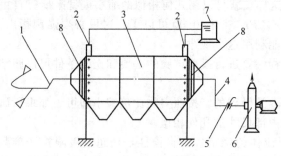

图 6-87　气流分布模拟试验系统
1—进气管道；2—采样系统；3—电除尘器模型；
4—出气管道；5—阀门；6—风机；7—气流分布
测试系统；8—气流分布板

④试验系统测点布置。在静电除尘器进口喇叭内设置三层气流分布板，每一层的开孔率由试验确定，在出口喇叭处调协槽形板，在每一个测试断面上其布置 121 个测点，其横向 11 列，竖向 11 行。

气流分布模拟试验系统如图6-87 所示。

在试验模型上，其设置有两个测试断面，第 1 个断面设在第一电场的入口处，第 2 个断面设在第三电场的出口处，两断面布置情况完全一样。

⑤气流分布模拟试验结果。按照原设计，当不加气流分布板时，测得其进口断面气流速度的相对均方差值为 $\sigma=1.15$，表明其气流分布状态极其不好；增加了三层导流板之后，对其各层的开孔率未做调整，测得其 $\sigma=0.325$，距离合同要求 $\sigma<0.25$ 的标准相差较远。

根据上述情况，对第一、第二层分布板的开孔离进行了反复调整，经过调整与测试，最终测得进口断面 $\sigma=0.190$，$v=1.96$m/s，满足要求的 σ 值指标，且也符合模型设计要求；出口断面 $\sigma=0.2$，$v=2.00$m/s，亦达到设计要求。

其各层气流分布板的最终调整结果见图 6-88。

四、静电除尘器清灰装置

良好的静电除尘器应当能够从电极上除掉积存的灰尘。清掉积尘不仅对于回收的粉尘是必要的，而且对于维持除尘工艺的最佳电气条件也是必要的。一般清除电极积尘的方法是使电极发生振动或受到冲击，这个过程叫作电极的振打。有些静电除尘器的收尘电极和电晕电极上都积存着粉尘，电晕极也需要进行有效的振打清灰。

静电除尘器清灰装置绝不是次要的装置，它决定着总的除尘效率。从考虑来自电极积尘和来自灰斗中的气流干扰等所引起的返流损失就会知道其困难程度。如何解决清灰问题有许多方法，这些方法有振打装置、湿式清灰、声波清灰等。对良好振打的要求是：①保证清除掉黏附在分布板、收

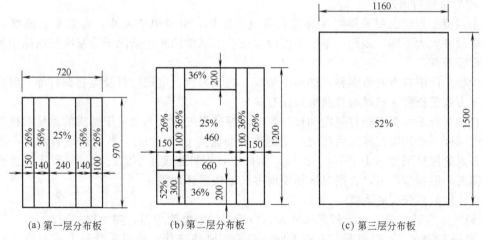

(a) 第一层分布板　　　　(b) 第二层分布板　　　　(c) 第三层分布板

图 6-88　气流分布板开孔率分配（单位：mm）

尘电极和电晕电极上的烟尘；②机械振打清灰时传动力矩要小；③尽量减少漏风；④便于操作和维修；⑤电晕电极振打系统高压和电动机、减速机、盖板等均需绝缘良好，并设接地线。

1. 湿式静电除尘器的清灰

湿式静电除尘器是广泛采用的静电除尘器之一。湿式静电除尘器一般采用水喷淋湿式清灰。在除尘过程中，对于沉积到极板上的固体粉尘，一般是用水清洗沉淀极板，使极板表面经常保持一层水膜，当粉尘沉到水膜上时便随水膜流下，从而达到清灰的目的。形成水膜的方法，既可以采用喷雾方式，也可以采用溢流方式。

湿式清灰的主要优点是：二次扬尘最少；粉尘比电阻问题不存在；水滴凝聚在小尘粒上更利于捕集；空间电荷增强，不会产生反电晕。此外，湿式除尘器还可同时净化有害气体，如二氧化硫、氟化氢等。湿式静电除尘器的主要问题是腐蚀、生垢及污泥处理等。

湿式清灰的关键在于选择性能良好的喷嘴和合理地布置喷嘴。湿式清灰一般选用喷雾好的小型不锈钢喷嘴或铜喷嘴。清灰的喷嘴布置是按水膜喷水和冲洗喷水两种操作制度进行的。

(1) 水膜喷水　湿式静电除尘器一般设有三种清灰水膜喷水，即分布板水膜、前段水膜和电极板水膜。气流分布板水膜喷水在静电除尘器进风扩散管内气流分布板迎风面的斜上方，使喷嘴直接向分布板迎风面喷水，形成水膜。大中型湿式静电除尘器往往设 2 排喷水管装多个斜喷嘴，其中第 1 排少一些，第 2 排多一些。每个喷嘴喷水量为 2.5L/min 左右，前段水膜喷水在紧靠进风扩散管内的气流分布板上面设 1 排喷嘴，直接向气流中喷水（顺喷）形成一段水膜段。使烟尘充分湿润后进入收尘室。

收尘电极水膜喷水是在收尘室电极板上设若干喷嘴，喷嘴由电极板上部向电极板喷水，使电极板表面形成不断向下流动的水膜，以达到清灰的目的。

(2) 冲洗喷水　在每个电场电极板的上部装设有冲洗喷嘴进行冲洗喷水，冲洗水量较水膜喷水少些。

根据操作程序规定，应在停电和停止送风后对静电除尘器电场进行水膜喷水。停止后，立即进行前区冲洗约 3min，接着后区冲洗约 3min。

每个喷嘴喷水量依喷嘴而异，大约为 15L/min，总喷水量比水膜喷水略少。

(3) 供水要求　静电除尘器清灰用水应有基本要求。耗水指标为 $0.3\sim0.6L/m^3$ 空气；供水压力为 0.5MPa，温度低于 50℃；供水水质为悬浮物低于 50mg/L，全硬度低于 200mg/L。

清灰用水一般是循环使用，当悬浮物或其他有害物超过一定浓度时要进行净化处理，符合要求后方可循环使用。

2. 收尘极振打清灰

收尘极板上粉尘沉积较厚时将导致火花电压降低，电晕电流减小，有效驱进速度显著减小，除尘效率大大下降。因此，不断地将收尘极板上沉积的粉尘清除干净是维持电除尘器高效运行的重要条件。

收尘极板的清灰方式有多种，如刷子清灰、机械振打、电磁振打及电容振打等。但应用最多的清灰方式是挠臂锤机械振打及电容振打等。

振打清灰效果主要于振打强度和振打频率。振打强度的大小决定于锤头的重量和挠臂的长度。振打强度一般用沉淀极板面法向产生的重力加速度 $g(9.80\mathrm{m/s^2})$ 的倍数表示。一般要求极板上各点的振打强度不小于 $100\sim200g$，实际上，振打强度也不宜过大，只要能使板面上尚能残留薄的一层粉尘即可，否则二次扬尘增多和结构损坏加重。

（1）决定振打强度的因素

① 静电除尘器容量。对于外形尺寸大、极板多的静电除尘器，需要振打强度大。

② 极板安装方式。极板安装方式不同，如采用刚性连接，或自由悬吊方式，由于它们传递振打力情况不同，所需振打强度不同。

③ 粉尘性质。黏性大、比电阻高和细小的粉尘振打强度要大，例如振打强度大于 $200g$，这是因为高比电阻粉尘的附着力和静电力较强，所以需要振打强度更大。细小粉尘比粗粉尘的黏着力大，振打强度也要大些。

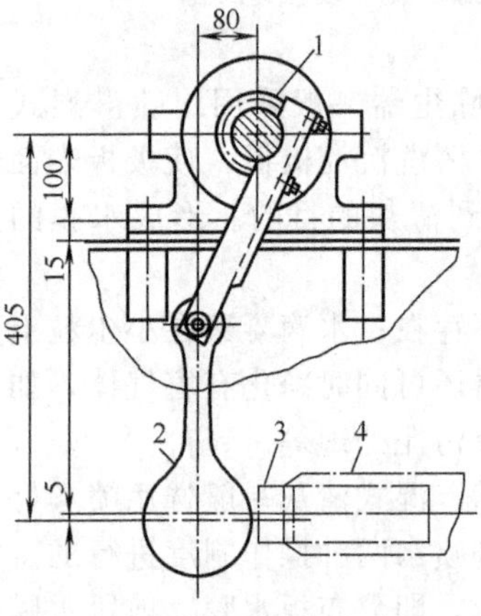

④ 湿度。一般情况下湿度高些对清灰有利，所需振打加速度亦小些。但湿度过高可能使粉尘软化，产生相反的效果。

⑤ 使用年限。随着静电除尘器运行年限延长，极板锈蚀，粉尘板结，振打的强度应该提高。

⑥ 振打制度。一般有连续振打和间断振打两种，采用哪种制度合适要视具体条件而定。例如，若粉尘浓度较高，黏性也较大，采用强度不太大的连续振打较合适。总之，合适的振打强度和振打频率在设计阶段只是大致地确定，只有在运行中根据实际情况通过现场调试来完成。

机械振打机构简单，强度高，运转可靠，但占地较大，运动构件易损坏，检修工作量大，控制也不够方便。

图 6-89　常用挂锤振打装置
（单位：mm）

1—传动轴；2—锤头；3—振打铁锤；
4—沉淀机振打杆

（2）挂锤（挠臂锤）式振打装置　这种装置是使用最普遍的振打方式，其结构简单，运转可靠，无卡死现象。为避免振打时烟尘出现二次飞扬，每个振打锤头应顺序错开一定位置。根据经验每个锤头所需功率为 0.014kW。常用挂锤振打装置见图 6-89，几种锤头型式见表 6-13。

表 6-13　几种锤头型式

普通型锤头	整体锤头	加强整体锤头	加强型锤头
	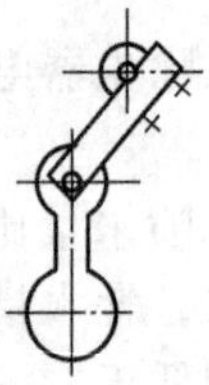	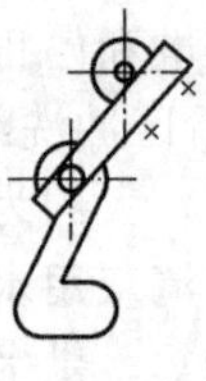	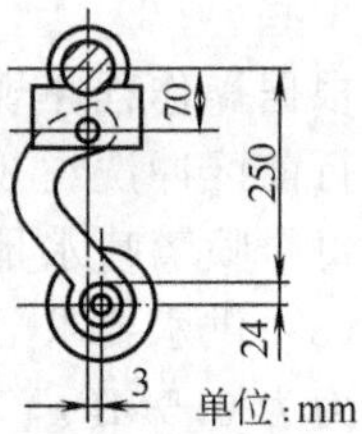
锤头易损坏及脱落	锤头不易损坏、脱落	锤头不易损坏，振打力比普通型明显增加	锤头不易脱落，振打力比普通型明显增加

（3）电磁振打装置　这种装置适用于顶部振打，多用于小型静电除尘器，电磁振打装置及脉冲发生器见图6-90。

电磁振打装置由电磁铁、弹簧和振打杆组成。线圈1通电时，振打杆2被抬起，并压缩弹簧3，线圈断电后，振打杆依靠自重和弹簧的弹力撞击极板，振打强度可通过改变供电变压器的电压调节。此外，尚需一套脉冲发生器与电磁振打器相配合。

（4）压锤（拨叉）式振打装置（见图6-91）　这种装置是把振打锤悬挂在收尘电极上，回转轴上按不同角度均匀安设若干压辊式拨叉，回转转动时顺序将振打锤压至一定高度，压锤或拨叉转过后，振打轴落下振打收尘电极。由于振打锤悬挂在收尘极板上，不会因温度、极板伸长而影响其准确性。

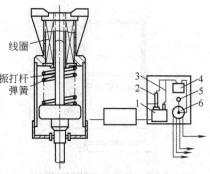

(a) 电磁振打装置　　(b) 脉冲发生器
图 6-90　电磁振打装置和脉冲发生器
1—整流器；2—闸流管；3—充电电阻；
4—电容器；5—附有时间调节器
的电动机；6—分配装置

（5）铁刷清灰装置　在一些特殊条件下，用常规振打装置不能将收尘极板上的烟灰清除干净，为此有采用刷子清灰的方法。除尘器采用刷子清灰方式效果不错，但刷子清灰结构复杂，只在振打方式无效时才采用。

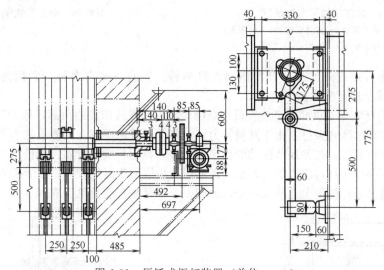

图 6-91　压锤式振打装置（单位：mm）

（6）多点振打和双向振打（见图6-92、图6-93）　由于大型除尘器的极板高且宽，为保证振打力均匀，采用多点或双向振打。静电除尘器的振打轴穿过除尘器壳体时，对小型除尘器只需两端支持在端轴承上，对大型除尘器在轴中部还需设置中轴承、端轴承贯通除尘器内外，此时需有良好的轴密封装置，常用端轴承密封装置见图6-94。中轴承处于粉尘之中，不宜采用润滑剂。常用轴承有托辊式和剪刀叉式两种。剪刀叉式轴承见图6-95。各电场的收尘电极依次间断振打，如多台静电除尘器并联，振打最后一个电场时应关闭出口阀门，以免把振落的烟尘随气流带走，降低除尘效率。

3. 电晕极的清灰

电晕极上沉积粉尘一般都比较少，但对电晕放电的影响很大。如粉尘清不掉，有时在电晕极上结疤，不但使除尘效率降低，甚至能使除尘器完全停止运行。因此，一般是对电晕极采取连续振打清灰方式，使电晕极沉积的粉尘很快被振打干净。

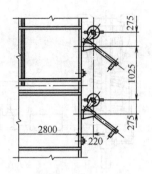

图 6-92　多点振打装置（单位：mm）

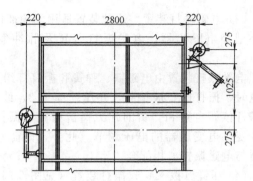

图 6-93　双向振打装置（单位：mm）

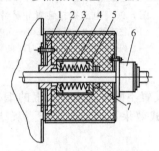

图 6-94　常用端轴承密封装置

1—密封盘；2—矿渣棉；3—密封摩擦块；4—弹簧；

5—弹簧座；6—滚动轴承；7—挡圈

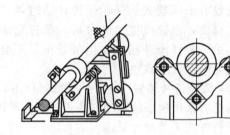

图 6-95　剪刀叉式轴承

　　电晕极的振打形式分顶部振打和侧部振打两种。振打方式有多种，常用的有提升脱钩振打、侧部挠臂锤振打等方式。

　　（1）顶部振打装置　顶部振打装置设置在除尘器的阴极或阳极的顶部，称为顶部振打静电除尘器。静电除尘顶部锤式振打，由于其振打力不调整，且普遍用于立式静电除尘器。应用较多的顶部振打为刚性单元式，这种顶部振动的传递效果好，且运行安全可靠、检修维护方便。顶部振打分内部振打和外部振打，前者的传动系统需穿过盖板因而密封性较差；后者振打锤不直接打在框架上，而是通过振打杆传至上框架，振打力较差。顶部振打装置见图 6-96、图 6-97。

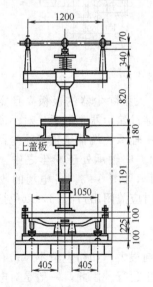

图 6-96　顶部振打（内部）装置（单位：mm）

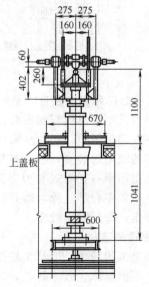

图 6-97　顶部振打（外部）装置（单位：mm）

内部振打是利用机械将振打锤或振打辊轮提升至一定高度，然后直接冲击顶部上框架，使电晕电极发生振动。振打对电晕电极（挂锤式管状芒刺线）清灰效果良好。

外部振打由于锤、砧设在外面，维修比较方便。

（2）侧部振打装置　框架式电晕电极一般采用侧部振打。用的较多的振打为挠臂锤振打。为防止粉尘的二次飞扬，在振打轴的 360°上均匀布置各锤头。其振打力的传递与粉尘下降方向成一定夹角。

① 提升脱钩电晕电极振打装置。这种方式结构较复杂，制造安装要求高，见图 6-98。传动部分在顶盖上，通过连杆抬起振打锤，顶部脱钩后振打锤下落，撞击电晕电极框架。

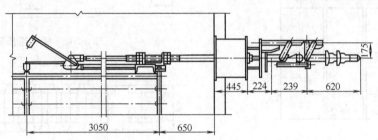

图 6-98　提升脱钩电晕电极振打装置（单位：mm）

② 侧传动振打装置。这种装置，结构简单、故障少，使用较普遍。侧传动又分直连式和链传式两种分别见图 6-99、图 6-100。为防止烟尘进入传动箱污染绝缘轴，在穿过壳体处可用聚四氟乙烯板密封或用热空气气封。直连式占地面积大，操作台宽，但传动效率高。链传式配置紧凑，操作台窄一些，但传动效率稍低。

③ 顶部传动侧振打装置。这种装置靠伞齿轮使传动轴改变方向，以适应侧面振打（见图 6-101）。

（3）绝缘瓷轴　通常使用的绝缘瓷轴有螺孔连接和耳环连接。绝缘轴见图 6-102、图 6-103，其尺寸见表 6-14。该产品适用电压不大于 72kV，操作温度不大于 150℃。

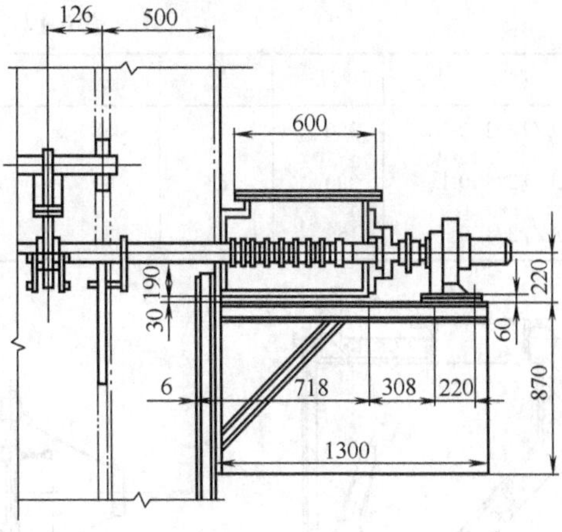

（4）气流分布板振打装置　由于机械碰撞和静电作用，进口气流分布板孔眼有时被烟尘堵塞，影响气流均匀分布且增加设备阻力，甚至影响除尘效果。所以要定时清灰振打。分布板的振打装置有手动和电动两种。由于烟尘堵塞和设备锈蚀原因，手动振打装置有时不能正常操作而失去清

图 6-99　直连式侧传动振打装置（单位：mm）

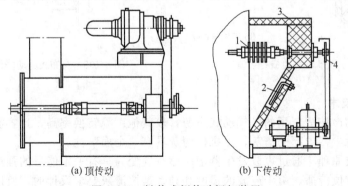

(a) 顶传动　　　　　　　(b) 下传动

图 6-100　链传式侧传动振打装置

灰作用。实践中静电除尘器绝大部分为电动振打，其传动系统可以单独设置，也可与收尘电极振打共用。手动振打装置见图6-104。电动振打装置见图6-105，这种电动振打装置较为常用。

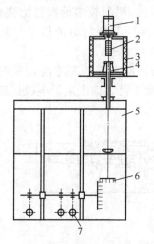

图 6-101　顶部传动侧向振打装置

1—电动机；2—绝缘瓷轴；3—保温箱；4—绝缘支座；
5—电晕电极框架；6—伞齿轮；7—振打锤

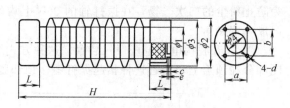

图 6-102　螺孔连接瓷轴

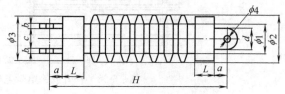

图 6-103　耳环连接瓷环

表 6-14　绝缘瓷轴的型号及尺寸　　　　　　　　　　　　单位：mm

型　号	H	L	a	b	c	d	$\phi1$	$\phi2$	$\phi3$	$\phi4$
AZ72/150-L$_1$	390^{+3}_{-4}	53	58	67	5	M10	80	130	120	56
AZ72/150-L$_2$	390^{+3}_{-4}	53	50	62	5	M10	80	130	120	60
AZ72/150	460^{+4}_{-4}	53	85	12		50	80	130	120	18.5

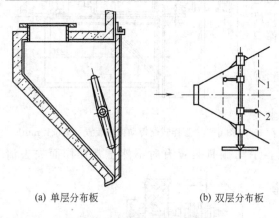

(a) 单层分布板　　　　　(b) 双层分布板

图 6-104　分布板手动振打装置

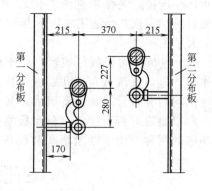

图 6-105　分布板电动振打装置（单位：mm）

4. 声波清灰技术

静电除尘器的声波清灰用的是气动式声源，较其他声源转换率高，且容易大功率辐射。声波清灰是对整个除尘器内部的清灰，比机械清灰具有"全面"性。

（1）声波清灰原理　通过声波发生器把压缩空气变为具有一定能量的强声波馈入除尘器电场空间，进行全方位传播。由于声波的强度和频率是按清灰要求设计的，所以声波到达除尘器的极板极线后转化为机械能，与灰尘形成高速周期振荡，抵消气流中粉尘的聚积力（表面黏附力），以阻止粉尘相互之间结合成一层硬壳。同时，声波还能使已结的尘层疏松，使粉尘较容易地从极板脱落下来（见图6-106），达到声波清除极板极线积灰的目的。声波清灰与传统的机械振打清灰相比，声波清灰的机理是"波及"，其作用力是"交流"量，作用力的方向具有多向性。机械振打清灰要求锤击后振打点的加速度不得小于100g，在极板高度上每个点平均不得小于30～50g（黏性粉尘不得小于80～100g）。机械振打清灰的作用力是"直流"量，作用力的方向是单向性，由此可见，声波清灰会有更好的效果。

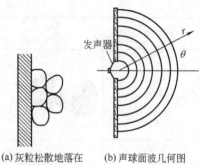

(a)灰粒松散地落在
设备的表面上

(b)声球面波几何图

图6-106 声波清灰原理

声波发生器（声源）向电场空间辐射的声压（声波通过介质时所产生的压强改变）可用下式表示。

$$p=j\frac{K\rho_0 c_0}{4\pi r}Q_0 \exp\left[i(\omega_r t-K_r)\right]=j\frac{f_s}{2r}\rho_0 Q_0 \exp\left[i(\omega_r t-K_r)\right] \tag{6-86}$$

式中　j——$\sqrt{-1}$；

　　　ρ_0——空气质量密度；

　　　c_0——声速；

　　　K——波数；

　　　f_s——声音频率；

　　　ω_r——声源圆频；

　　　Q_0——声源强度，$Q=S_0 u_A$；

　　　S_0——声源开口面积，$S=\pi r^2$；

　　　u_A——声源泵表面速度振幅；

　　　t——声音传播时间；

　　　r——声波半径。

声强（单位时间内通过垂直于传播方向单位面积的平均能量）为

$$I=\frac{1}{2}\left(\frac{f_s}{r}\right)^2\frac{\rho_0}{c_0}Q_0 |D(\theta)|^2 \tag{6-87}$$

式中　$|D(\theta)|=2J_1(Ka\sin\theta)/Ka\sin\theta$，$|D(\theta)|^2$——声源指向特征［当 $\alpha/\lambda\to 0$ 时，$|D(\theta)|\to 1$ 近似点源辐射球面波，如图6-106所示］；

　　　J_1——一阶第一类 Bessl 函数；

　　　α——声源开口半径；

　　　λ——声波波长。

根据上式可知，在不考虑介质吸收的情况下，声波发生器所产生的声场，其声压振幅与振动频率、声源表面积、声源振动速度成正比，与距离的一次方成反比，而辐射声强与传播距离的平方成反比，因此在静电除尘器内部布置声波发生器时应注意这些关系。

（2）声波清灰器性能（见表6-15）　声波清灰器的结构型式有管式与喇叭式之分，管式声波清灰器用于灰斗、管道等小空间场合，喇叭式声波清灰器用于除尘室体、冷却器等大空间场合。

表 6-15　声波清灰器技术性能参数

产品型号	SQ-75 声波清灰器	SQ-75W 声波清灰器	SQ-100G 声波清灰器	SQ-125 声波清灰器
产品外形				
产品用途	电除尘器极板、极线清灰	电除尘器气流分布板、极板、极线、热交换器清灰	物料含湿≤10%的配料仓清堵	用于布袋除尘器、滤袋清灰
基本频率/Hz	75～95	75～95	100～125	125～145
声压级(出口处)/dB	≥150	≥150	≥150	≥150
工作温度/℃	≤350	≤350	≤350	≤350
供气气源压力/MPa	0.7	0.7	0.7	0.7
工作气源压力/MPa	0.5	0.5	0.5	0.6
耗气量/(m³/min)	2.95	2.95	2.95	2.95
声能器材质	304	304	304	304
扩声筒材质	合金钢	合金钢	合金钢	合金钢
膜片材质	钛合金	钛合金	钛合金	钛合金
安装方式	顶装式	侧装或顶装	插入式	吊装或侧装
参考重量/kg	≤87	≤87	≤76	≤33
制造标准	Q/LZXY08-2010			
其他	(1)设备材质可根据现场工况选择合金钢或不锈钢; (2)特殊高温工况采用耐热合金钢材; (3)SQ-90型冲击力1120～3540N、爆炸力3880kg/cm²			

注：摘自辽宁中鑫自动化仪表有限公司样本。

(3) 声波清灰设计要求

① 声波发生器的布置。声波自声源向四周辐射时,声强随距离的增加,呈平方反比规律衰减,当距离增加为 2 倍、3 倍、4 倍……时声能相应减少为 1/4、1/9、1/16……所以声波发生器布置至关重要。设计中以一个发生器负担 20～100m³ 电场空间为宜。

声波发生器一般布置在除尘器顶部或侧部的壁板上,而不能布置在设备的内部或下部。因为布置在内部容易影响电场放电,布置在下部容易积灰。布置在顶部时宜设在支持绝缘套管的空间内;安在侧部时应设在两个电场之间,高度应在箱体中部。

在设计声波发生器安装的方向时,声波清洁器的喇叭口应垂直或斜角向下,或平放,喇叭口周围空间应有 20mm 距离。

声波发生器的数量因除尘器的大小、电场多少、粉尘性质以及发生器性能差异较大,应根据具体情况而定。

② 声波清灰系统组成。静电除尘器的声波清灰系统由声波发生器、储气包、减压阀、压力表、过滤器、油雾器、电磁阀、时间控制器和气

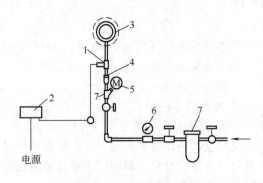

图 6-107　声波清灰系统
1—电磁阀;2—时间控制器;3—声波发生器;
4—油雾器;5—试压表;6—减压阀;
7—过滤器

路、电路等部分组成（见图 6-107），其中声波发生器是主要部件。

③ 供气。压缩空气的供气压力和流量是保证声波发生器正常工作的重要条件。在正常情况下，要求的压力大于 0.4MPa，2～10 个发生器时流量为 1～4m³/min，这是因为每个发生器工作 3～20s 就够了，在两次清灰之间，空气压缩机可以很快恢复原来的压力，设计中气路上应设一个 1～3m³ 的贮气包，以便压力顺利恢复。贯通膜片两边的气孔是为鸣声时进气压力 0.40～0.55MPa 而设计的。设计计算时考虑到正常管道压降情况，此时压缩气源压力为 0.6～0.7MPa。度量压力以鸣声时为准。

声波发生器用的压缩空气，应经主过滤器去除杂质及水分。因为尘垢杂质会影响声波发生正常操作，所以每个声波发生器还需要其独立的过滤器，并在组装系统前先吹清输气管内所有杂质。

④ 供电。声波清灰系统要求的电量很少，但是对电气器件的质量要求很严格。电磁阀和时间控制器可选用厂家配套的产品，或质量较好的产品。时间控制器供给的电源信号必须与电磁阀电压相匹配，否则不能正常工作。

电磁阀的耐温性由生产厂家提供，一般应大于 80℃，而且电磁阀至声波发生器的距离不小于 2m。

声波发生器出厂前应附有一个正常关闭的电磁阀，阀内有一个气孔用来流通冷却气。因此不可用其他电磁阀代替。

⑤ 供油。为降低膜片与顶盖及内壳的磨损，每个发生器应设计一个独立的油雾器。油雾器的供油量为每 2～3s 一滴较为适合。油雾器每周加一次油，加油量约为 0.3L，油的标号为 30♯ 透平油。

⑥ 噪声防范。"声波泄漏"是客观存在的问题，因此设计时应注意避免将会产生的噪声问题。当声波发生器工作时所产生的声浪可能达 130dB（A）以上，因此，在声波发生器的操作电源及压缩气源未完全截断时，严禁人在其扬声空间范围内工作。

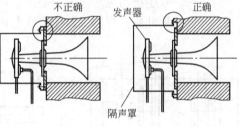

图 6-108　隔声罩及其安装

声波发生器每次发音维持 3～20s，每天的发声时间总和将长达 20～60min。从防范噪声来说，在每个新的声波发生器的外壳周围要设计一个 4～5mm 厚钢制的隔声罩，内附 100～200mm 厚的矿质棉。隔声罩应安装在壁板上，而不可安装在声波发生器法兰上，如图 6-108 所示。

五、静电除尘器壳体

1. 对壳体的基本要求

基本要求包括：①根据除尘器所承受的各种载荷，如风荷载、雪荷载、检修荷载、地震烈度等，进行壳体结构计算要有足够的强度、刚度和稳定性；②为减少漏风，壳体设计必须保证严密；③对于使用在高温条件的静电除尘器，除外壳考虑适当的保温外壳体设计必须考虑高温热胀要求；④壳体必须考虑耐烟气的腐蚀要求，在满足工艺生产要求的条件，应尽量节约钢材；⑤设备维护检修方便。

2. 壳体结构材料和主要尺寸

静电除尘器的壳体的材料应根据处理的烟气温度和性质来选择，常用的壳体材料如表 6-16 所列。在表列材料中以使用 Q235 钢材为主。

为节省钢材，降低成本，满足安全使用，壳体结构的强度计算根据装置的具体情况可采用有限单元法进行部分计算，并利用计算机已有程序进行整体结构力学计算。

表 6-16 　壳 体 材 料

烟 气 性 质	壳 体 材 料
常温无腐蚀性气体	钢板
高温气体(≤400℃)	钢板外壁保温;耐热混凝土;钢板内衬砖
腐蚀性气体	玻璃钢;铅;混凝土内衬耐酸砖
硫酸雾	不锈钢;玻璃钢

一般静电除尘器每个电场下设置一个灰斗,灰斗在设计时最主要的是保证粉尘能顺利排出,密闭安全可靠,灰斗的与水平外角大于粉尘的安息角,通常角度不小于60°。用于流动性较少的除尘器角度不小于70°。

灰斗的保温十分重要,否则在灰斗中由于烟气中水分冷凝会使粉尘结块,搭桥,甚至堵塞而影响粉尘的排出,为此,有些静电除尘器在灰斗外壳还设有专门的加热装置。为防止窜气,在灰斗内还设有阻流板,灰斗的侧面根据需要设置检修人孔,在卸灰阀上部最好有手掏孔以便清理检修。

图 6-109 表示的壳体主要几何尺寸计算方法如下。

(1) 除尘器两内壁间宽度

$$B = 2[(n_1 - 1)b + c] \tag{6-88}$$

式中　B——两内壁间宽度,m;

　　　n_1——收尘极排数;

　　　b——收尘极与电晕极的中心距,m;

　　　c——最外层一排收尘极中心线与内壁表面的距离,m,一般取 $c = 0.05 \sim 0.1$m。

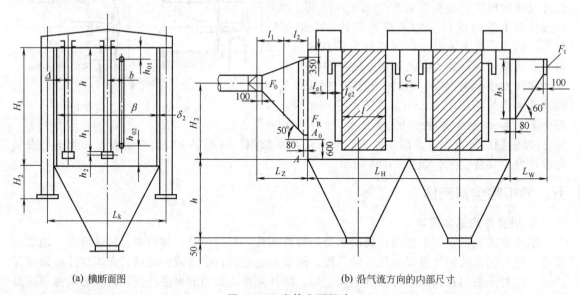

(a) 横断面图　　　　　　　　　(b) 沿气流方向的内部尺寸

图 6-109 　壳体主要尺寸

(2) 除尘器外侧柱间距 L_k

$$L_k = B + 2\delta_1 + e' \tag{6-89}$$

式中　L_k——外侧柱间距,mm;

　　　δ_1——壳体钢板的厚度,mm 一般取 5mm;

　　　e'——立柱的宽度,按强度计算决定。

（3）顶梁底面至灰斗上端面距离

$$H_1 = h + h_1 + h_2 \tag{6-90}$$

式中　H_1——顶梁底面至灰斗上端面距离，mm；

　　　h——收尘极板有效高度；

　　　h_1——收尘极下端至撞击杆中心距离，mm，按结构形式不同一般取 35～50mm；

　　　h_2——撞击杆中心至灰斗上端距离，mm，按热膨胀要求计算决定，一般取 150～300mm。

（4）灰斗上端至立柱的基础面距离 H_2　根据电除尘器大小灰斗上端至立柱基础面距离，一般取 $H_2 = 800 \sim 1200$mm。

（5）电晕框架中心至顶梁底和灰斗上端面距离（h_{01} 和 h_{02}）

当极间距为 300mm 时　　$h_{01} = 180$mm

$$h_{02} = h_2 + 160\text{mm}$$

当极间距为 400mm 时　　$h_{01} = 250$mm

$$h_{02} = h_2 + 220\text{mm}$$

（6）沿气流方向的内壁尺寸 L_{e1}，L_{e2}，c

$$L_{e1} = 400 \sim 500\text{mm}$$

$$L_{e2} = 450 \sim 500\text{mm}$$

$$c \geqslant 380 \sim 440\text{mm}$$

（7）壳体内壁长度 L_H

$$L_H = n(l + 2l_{e2} + c) + 2l_{e1} - c \tag{6-91}$$

（8）进气箱的进气方式见图 6-108，进气箱长度 L_z 为

$$L_z = (0.55 \sim 0.56)(a_1 - a_2) + 250 \tag{6-92}$$

式中　a_1, a_2——F_k 和 F_0 处最大边长，m；

　　　F_0——进气口面积 $= \dfrac{Q}{3600 v_0}$，m²；

　　　Q——工况状态烟气量，m³/h；

　　　v_0——气流速度，m/s，一般取 12～15m/s；

　　　F_k——进气箱大端的面积，m²。

当进气箱内装有导流装置时，式（6-91）中系数可降至 0.35。

带灰斗进气箱［见图 6-110（b）］　$L_z = (0.6 \sim 0.65)L_n$ \hfill （6-93）

上进气箱［见图 6-110（c）］尺寸如下。

$$h_{40} \geqslant 0.64 h_4 \tag{6-94}$$

$$L_{z1} + (0.095 \sim 0.1) h_4 \tag{6-95}$$

$$L_{z2} = 0.25 h_4 \tag{6-96}$$

$$L_{z3} = 0.15 h_4 \tag{6-97}$$

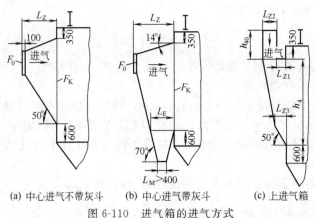

(a) 中心进气不带灰斗　　(b) 中心进气带灰斗　　(c) 上进气箱

图 6-110　进气箱的进气方式

（9）出气箱尺寸（见图 6-111）

$$F'_0 = F_0 \tag{6-98}$$

$$h_5 = 0.8a_1 + 0.2a_2 + 170 \tag{6-99}$$

$$L_w = 0.8L_2 \tag{6-100}$$

（10）灰斗形式和尺寸（见图 6-112）　静电除尘器的灰斗形式有锥形和槽形两种，锥形灰斗排尘不如槽形通畅，但锥形灰斗可分为几个单独的斗，便于烟尘分别收集。槽形灰斗排灰口少，收下的烟尘不能分开，烟尘输送螺旋或刮板在灰斗里，故障不易处理。大中型静电除尘器多用前者，小型静电除尘器常用后者。

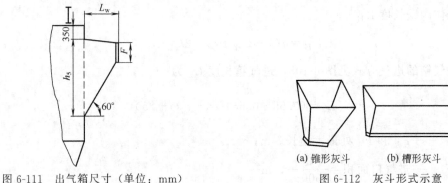

图 6-111　出气箱尺寸（单位：mm）

(a) 锥形灰斗　　(b) 槽形灰斗

图 6-112　灰斗形式示意

灰斗的侧面应根据烟尘的外摩擦角确定，但不宜小于 60°。各电场灰斗收灰量不同，一电场灰斗收灰量占总量的 80% 以上，灰斗容积充满率低于 100%，最好不超过 60%，但有时因料位掌握不准，设计时应按满仓进行计算。灰斗侧壁设有人孔门，以便烟尘清理堵塞。为防止电晕电极的重锤、振打锤、螺栓、螺母和工具等掉入灰斗而损坏输灰设备，须在灰斗中下部设隔栅。隔栅的孔眼不小于 60mm。设计隔栅应使其能抖动，防止烟斗堵塞。

3. 静电除尘器壳体热膨胀

除尘器壳体的热膨胀伸长量按下式计算。

$$\Delta L = L\alpha(t_2 - t_1) \tag{6-101}$$

式中　ΔL——热伸长量，mm；

　　　L——除尘器计算长度，m；

　　　α——材料热膨胀系数，对普通钢材 $\alpha = 12 \times 10^{-6}$，对不锈钢 $\alpha = 103 \times 10^{-6}$；

t_2——除尘器内烟气温度，℃；

t_1——除尘器安装时的温度，℃。

考虑除尘器壳体热膨胀时，长度方向和宽度方向都需要计算。热膨胀有时可达数十毫米，为防止膨胀时的推力损坏支架，壳体和平台之间应设活动支座，在若干支座中应有一个固定支座，防止不规则移动，支座布置方式分双排柱支座（见图 6-113）和三排柱支座（见图 6-114）。

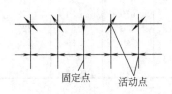

图 6-113　双排柱支座固定方式

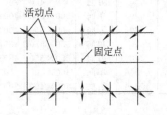

图 6-114　三排柱支座固定方式

静电除尘器的固定支座分焊接式支座（见图 6-115）和铸造式支座（见图 6-116）两种，以前者使用为多。

图 6-115　焊接式固定支座

1—上板；2—钢管；3—下板；4—筋板

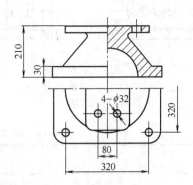

图 6-116　铸造式固定支座（单位：mm）

静电除尘器的活动支座有滚珠式、滚柱式和滑动式等，其中滑动式活动支座结构简单，价格便宜，应用较广泛。

滚珠式活动支座的结构见图 6-117。滚珠式活动支座的规格见表 6-17。

滚柱式活动支座中的滚柱直径为 160～200mm，滚柱和支承板表面应进行热处理，硬度不小于 RC50。滚柱式活动支座的结构形式见图 6-118。

滑动支座见图 6-119。滑动支座的滑动材料可用聚四氟乙烯板，板厚 5mm。SF 复合自润滑材料，其技术特性见表 6-18。

4. 静电除尘器壳体的保温

静电除尘器在运行时，机体内部应当经常保持露点以上的温度，这样可以避免机体内产生冷凝水，使粉尘黏结，影响除尘效率。为了防止静电除尘器降温，通常在除尘器钢壳外壁敷设保温层。

（1）保温材料性能　保温材料性能见表 6-19。

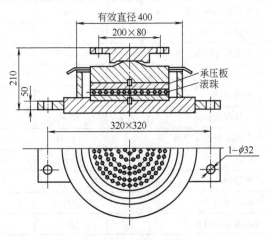

图 6-117　滚珠式活动支座结构（单位：mm）

表 6-17　滚珠式活动支座规格

轴承型号	规格	方向	尺寸/mm					游动间隙/mm	φ20mm 钢球粒数 a	总负荷/(t/台)
			a×a	b×b	H	H₁	φ			
G7101	400	单向	400×400	300×300	230	176	495	±30	90	40
G7105	400	万向	400×400	300×300	230	176	495	±30	90	40
G7102	450	单向	450×450	360×360	230	176	585	±40	136	60
G7106	450	万向	450×450	360×360	230	176	585	±40	136	60
G7103	500	单向	500×500	400×400	230	176	670	±50	178	80
G7107	500	万向	500×500	400×400	230	176	670	±50	178	80
G7104	550	单向	550×550	450×450	230	176	740	±60	226	100
G7108	550	万向	550×550	450×450	230	176	740	±60	226	100
G7113	400-A	单向	400×400	300×300	200	156	545	±55	45	20
G7114	400-A	万向	400×400	300×300	200	156	545	±55	45	20

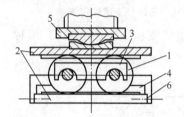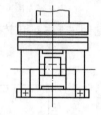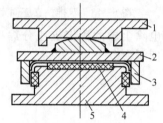

图 6-118　滚柱式活动支座
1—滚柱；2—支承板；3—卡板；4—导板；
5—柱脚；6—定位块

图 6-119　滑动式活动支座
1—柱脚板；2—上座；3—不锈钢板；
4—聚氯乙烯板；5—下座

表 6-18　SF 复合自润滑材料技术特性

项　　目	SF-1	SF-2	项　　目	SF-1	SF-2
表面塑料	聚四氟乙烯	聚甲醛	承载能力/Pa	13730×10⁴	13730×10⁴
使用温度/℃	−195～270	−40～120	干摩擦系数	≤0.18	0.15～0.25

表 6-19　保温材料性能

保温材料名称	最高使用温度/℃	推荐使用温度/℃	使用密度/(kg/m³)	热导率 λ 参考公式/[W/(m·℃)]
岩棉及矿渣棉缝毡	600	400	100～120	$\lambda = 0.036 + 0.00018 T_m$
岩棉及矿渣棉壳板	600	350	≤200	$\lambda = 0.033 + 0.00018 T_m$
超细玻璃棉制品	400	300	40	$\lambda = 0.025 + 0.00023 T_m$
玻璃棉毡	300	300	≥24	$\lambda = 0.037 + 0.00017 T_m$
玻璃棉壳、板	350	300	≥45	$\lambda = 0.031 + 0.00017 T_m$
微孔硅酸钙制品	650	550	≤240	$\lambda = 0.056 + 0.00011 T_m$
硬质聚氨酯泡沫塑料	−180～100	−65～80	30～60	$\lambda = 0.024 + 0.00014 T_m$
泡沫玻璃	−200～400	—	180	$\lambda = 0.059 + 0.00022 T_m$
硅酸铝制品	800	—	≤190	$\lambda = 0.042 + 0.00020 T_m$
水泥珍珠岩制品	600	—	≈350	$\lambda = 0.05 + 0.00022 T_m$
憎水珍珠岩制品	650	—	250	$\lambda = 0.064 + 0.00012 T_m$

注：T_m 为绝热层内、外表面温度的算术平均值。

（2）保温层厚度的确定　最小（推荐）保温厚度 δ_1 的计算方法

$$\text{对于平面：} \delta_1 = \lambda \left(\frac{T_0 - T_a}{k[Q]} - \frac{1}{a_s} \right) \tag{6-102}$$

$$\text{对于管道：} \delta_1 = \frac{D_0 - D_1}{2} \tag{6-103}$$

D_0 由下式试算得出：

$$\frac{1}{2} D_0 \cdot \ln \frac{D_0}{D_i} \lambda \left(\frac{T_0 - T_a}{k[Q]} - \frac{1}{a_s} \right) \tag{6-104}$$

式中　δ_1——保温厚度，m；

$\quad\quad\lambda$——保温材料及制品的热导率，W/(m·℃)，见表 6-20；

$\quad\quad a_s$——保温层外表面导热系数，室内安装时 a_s 取 11.63W/(m²·℃)，室外安装时 a_s 取 23.26 W/(m²·℃)；

$\quad[Q]$——不同介质温度下，绝热层外表面最大允许热损失量，W/m²，见表 6-21；

$\quad\quad k$——最大允许热损失量的系数，计算最小保温厚度时 k 值取 1.0，计算推荐保温厚度时 k 取为 0.5；

$\quad\quad D_0$——保温层内径（取管道外径），m；

$\quad\quad T_0$——管道或设备外表面温度，取介质温度，℃；

$\quad\quad T_a$——环境温度，℃，计算 δ_1 时，为适应全国各地情况并从安全考虑，全年运行工况室外安装，T_a 取为 -4.1℃；室内安装时 T_a 取为 20℃；或按介质温度选取。

$$T_a = \begin{cases} 20℃ & \text{当介质温度为 50℃} \\ 30℃ & \text{当介质温度为 100℃} \\ 40℃ & \text{当介质温度为 150℃} \end{cases}$$

表 6-20　冬季运行最大允许热损失量

管道、设备外表面温度/℃	50	100	150	200	250	300
允许最大散热损失/(W/m²)	116	163	203	244	279	308

表 6-21　全年运行最大允许热损失量

管道、设备外表面温度/℃	50	100	150	200	250	300
最大允许损失量/(W/m²)	58	93	116	140	163	186
管道、设备外表面温度/℃	350	400	150	500	550	600
最大允许热损失量/(W/m²)	209	227	244	262	279	296

六、静电除尘器新技术

1. 低温电除尘技术

低温电除尘技术是指：在燃煤发电系统中，主要采用汽机冷凝水与热烟气通过特殊设计的换热装置进行气液热交换，使汽机冷凝水得到额外热量，实现少耗煤多发电的目的；同时，基于烟气换热降温后进入电除尘器电场内部，其运行温度由通常的 120~130℃（燃用褐煤时为 140~160℃。下降到低温状态 85~10℃）。

烟气调温装置进行回收锅炉排烟余热，降低机组供电煤耗，提高经济性，最大限度地实现

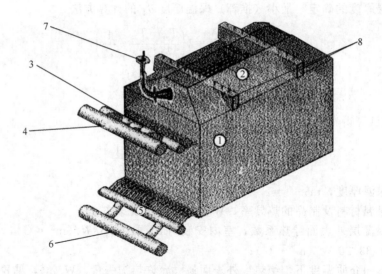

图 6-120　低温静电除尘器烟气调温装置

1—壳体；2—换热装置；3—进口分联箱；4—进口总联箱；5—出口分联箱；

6—出口总联箱；7—吹灰器；8—悬吊梁

节能减排。低温静电除尘器烟气调温装置见图 6-120。

由于烟气温度的降低，可以带来以下好处：①使得进入电除尘器（ESP）内的粉尘比电阻降低（根据降温幅度，可降 1～2 个数量级），能够提高除尘效率；②由于温度降低，烟气体积流量亦得以降低。使得 ESP 内的烟气流速降低，也可以使除尘效率大幅度提高，利用低温电除尘技术提高除尘效果，能达到更严格的烟尘排放要求；同时，还能余热利用，降低电煤消耗在 1.5g/(kW·h) 以上。有脱硫设施的企业，还能提高脱硫效率和节省脱硫用水量，解决 SO_3 腐蚀难题。

某环保公司将该技术列入公司重点攻关项目，通过自主开发已掌握核心技术。不仅可将低温省煤器设计在进口烟道上，还可以与电除尘器集成设计，与电除尘器本体有机结台，降低压力损失。同时，结合气流分布数值模拟计算优势，可使低温省煤器起到一定的均流作用。该项技术相继在电厂等应用，节能减排效果显著。

2. 湿式电除尘技术

湿式电除尘技术是指，电除尘器在工作中淋入水滴，实现湿法清灰，避免粉尘二次飞扬，以便达到提高除尘效率的目的。湿式电除尘器作为有效控制燃煤电厂排放 $PM_{2.5}$ 的设备和手段，在美国、欧洲、日本等国家和地区得到广泛应用。我国上海宝钢有多台湿式电除尘器运行良好。湿式电除尘（WESP）的工作原理和常规电除尘器的除尘机理相同，都要经历荷电、收集和清灰 3 个阶段，与常规电除尘器不同的是清灰方式。

干式电除尘器是通过振打清灰来保持极板、极线的清洁，主要缺点是容易产生二次扬尘，降低除尘效率。而湿式电除尘器则是用液体冲刷极板、极线来进行清灰，避免了产生二次扬尘的弊端。

在湿式电除尘器里，由于喷入了水雾而使粉尘凝并，增湿，粉尘和水雾一起荷电，一起被收集，水雾在收尘极板上形成水膜，水膜使极板保持清洁，使得 WESP 可长期高效运行，污水进入处理系统，形成闭环使用。

湿式电除尘器喷水装置见图 6-121。

湿式电除尘器的突出优点：①收尘性能与粉尘特性无关，对黏性大或高比电阻粉尘能有效

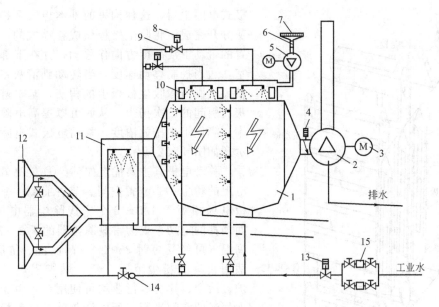

图 6-121　湿式电除尘器喷水装置

1—湿式电除尘器；2—主风机；3—电动机；4—启动电磁阀；5—绝缘子冲洗风机；6—电加热器；
7—过滤器；8—电磁阀；9—喷雾水流量监视器；10—绝缘子；11—增湿饱和塔；
12—连轧机排烟罩；13—工业水电磁阀；14—雾化水流量监视器；15—过滤器

收集，同时也适用于高温高湿烟气；②没有二次扬尘，出口烟尘浓度可达很低；③电场中无转动设备部件，可靠性高。

随着环保要求的不断提高，复合污染物的控制已经成为国际社会广泛关注的焦点。湿式电除尘器可处理燃煤电厂及工业锅炉的微细颗粒物（$PM_{2.5}$粉尘，SO_3酸雾及气溶胶等）、重金属（如 Hg、As、Se、Pb、Cr 等），有机复合污染物（多环芳烃、二噁英等），尤其是解决了"石膏雨"和 SO_3 酸雾问题，烟气排放可在 $5mg/m^3$ 以下。

湿式电除尘器在我国已经使用了几十年，由于当时国内的排放标准较宽松，用干式电除尘器就能解决问题，湿式电除尘器主要用于电除雾及电捕焦油方面。

3. 移动电极除尘技术

移动电极电除尘技术，早在 1973 年美国麻省的高压工程公司研发，1984 年日本日立公司在此基础上改进和完善，获的专利授权，30 多年来有多项工程业绩。

移动电极电除尘器一般是仅在末级电场采用，通常采用 3＋1 模式（即 3 个常规电场＋1 个移动电场）。移动电极主要包括 3 部分：旋转阳极系统，旋转阳极传动装置和阳极清灰装置。主要技术优势是高效、节能、适应性广。所谓移动电极是指采用可移动的收尘极板、同放电极、旋转清灰共同组成的移动电极电场。

对于固定电极电除尘器来说，它的收尘和清灰过程处在同一区域内，这样在清灰过程中就明显地存在两个问题：一是对于那些黏性大和颗粒小的粉尘其黏附性就很大，还有对那些比电阻高的粉尘其静电吸附力非常大，采用常规的清灰方式很难将其从收尘极板上清除掉，致使收尘极板上始终存有一定厚度的粉尘，当收尘极板上的粉尘层达到一定厚度时，运行电流就会减小，严重时还会在粉尘中产生反电晕，造成极大的二次扬尘，降低除尘效率，甚至完全破坏收尘过程，使电除尘器失去作用；二是对于那些好清除的粉尘，在振打清灰过程中也不可避免地会产生二次扬尘，使原本已经收集到收尘极板上的粉尘又重新返回烟气中。减少或避免产生二次扬尘就成了工程技术人员竞相研究的主要课题之一。基于这种考虑，日本研究开发了移动电

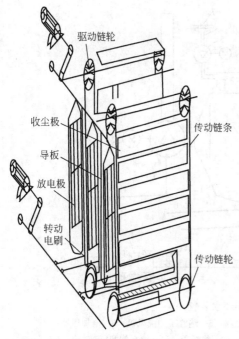

驱动链轮

收尘极

导板

放电极

转动
电刷

传动链条

传动链轮

图 6-122 移动电极式电除尘器布置示意

极式电除尘器，这种构思的基本想法是将收尘和清灰分开完成。将收尘极板做成移动式的，在驱动装置的带动下沿高度方向作移动，并在下部设置清灰室，适当控制移动速度，当转动到清灰室后，用旋转钢丝刷清除收尘极板上的积灰，基本避免了因清灰而引起的二次扬尘，从而可以提高电除尘器的效率，降低烟尘排放浓度。移动电极式电除尘器布置示意如图 6-122 所示。

移动电极其主要优点如下：① 能高效收集高比电阻的粉尘；② 节省空间、节省能源。一个移动极板电场相等于 1.5～3 个常规除尘器电场的作用，而消耗的电功率仅为常规除尘器的 1/2～2/3；③ 耐高温（可经受短时 350℃）、耐高湿、抗腐蚀性强，适用收集的粉尘范围广泛，燃煤锅炉、污泥焚烧炉、冶金、建材等行业均可使用；④ 由于清灰是在无气流的空间进行，所以清灰效果好，粉尘二次飞扬几乎为零；⑤ 突破了长高比的设计理念，设备布置不受场地限制。

移动电极的主要缺点：对设备设计、制造、安装工艺要求较高，有转动部件，增加了故障概率。

华能北京某热电公司利用移动电极技术改造电除尘器获得很好效果，电除尘器出口粉尘浓度小于 10mg/m³，除尘效率大于 99.875%，各项技术指标达到设计要求。

4. 斜气流技术

对于高效电除尘器来说，组织良好的电场内部气流分布是保证高效和低排放浓度的基础。通常要求电场内气流均匀分布，即从电除尘器进口断面到出口断面全流程均匀分布。从粉尘平均粒径分布看，呈现出下部粉尘粒径大于上部，前部粉尘平均粒径大于后部的分布规律。

组织合理的电场内部气流分布，适应电除尘器收集粉尘的规律，是提高电除尘效率的重要内容，为此开始研究斜气流技术。所谓斜气流就是按需要在沿电场长度方向不再追求气流分布均匀，而是按各电场的实际情况和需要调整气流分布规律。斜气流技术有各种各样分布形式，图 6-123 所示的是较典型的四电场分布形式之一。将一电场的气流沿高度方向调整成上小下大。只要在进气烟箱中采取导流、整流和设置不同开孔率等措施，就能实现这种斜气流的分布效果。

当烟气进入一、二电场后，由于烟气的白扩散作用，斜气流速度场分布有所缓和，速度梯度减小如图 6-123 所示。当烟气进入二电场后不再受斜气流的作用，速度场分布已基本趋于均匀，如图 6-123 所示。当烟气进入末电场后，将烟氢调整成如图 6-123 所示的速度场分布规律，往往采用在末电场前段上抽气的办法来实现上大下小的速度分布规律。合理的控制抽气量，可以实现希望的速度场分布。或采用抬高出气烟箱中心线高度，有意地抬高上部烟气流速。造成如图 6-123 的速度场分布。这样做的目的是：有益于对逃逸出电场的粉尘进行拦截，针对电场下部粉尘距灰斗的落差小，创造低流速环境，就有希望将逃逸的漏尘收集到灰斗中。而对于电场上部的粉尘，因其落入灰斗的距离很长，即便是低流速也很难将其收集到灰斗中，更由于下部粉尘浓度远高于上部，重点处理好下部粉尘，不使其逃逸出电场，对提高除尘效率有明显的作用。此方法已在部分电除尘器上得到应用，并取得了良好的效果。某烧结厂利用斜气流技术改造烧结机头收尘面积为 264m² 的大型 ESC S 宽间距电除尘器获得满意结果。

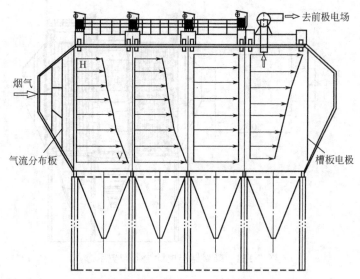

图 6-123　典型的四电场电除尘器斜气流速度场分布

5. 静电凝并技术

静电凝并技术是近年提出的一种利用不同极性放电，导致粉尘颗粒荷不同电荷，进而在湍流输运和静电力共同作用下凝聚使粉尘颗粒变大的技术。该技术的应用，不仅可提高除尘器的除尘效率、降低除尘器本体积及制造成本，还能减少微小颗粒的排放，尤其对 $PM_{2.5}$ 微细颗粒的凝聚效果明显，从而降低微小颗粒的危害。粉尘颗粒的凝并是指粉尘之间由于相对运动彼此间发生的碰撞、接触而黏附聚合成较大颗粒的过程。其结果是粉尘的颗粒数目减少，粉尘的有效直径增大。电除尘器理论指出，粉尘荷电量的大小与粉尘粒径、场强等因素有关。通常粉尘的饱和荷电由式计算：

$$q_b = 4\pi\varepsilon_0 \left(1 + 2\frac{\varepsilon - 1}{\varepsilon + 2}\right)a^2 E_0$$

式中　q_b——粉尘粒子表面饱和电荷；

　　　ε——粉尘粒子的相对介电常数；

　　　a——粉尘粒子半径；

　　　E_0——未受干扰时电场强度；

　　　ε_0——自由空间电容率。

从公式中可以看出，粉尘粒子的饱和荷电量与粒子半径的平方成正比，因此，创造条件，使粉尘在电场中发生凝并、粉尘颗粒增大，是提高电除尘器效率的有效途径。

双极静电凝聚技术是近年来提出的一种利用不同极性放电导致粉尘颗粒带上不同电荷，进而在湍流运输过程中，碰撞凝集，通过布朗运动和库仑力的作用由小颗粒结合成大颗粒的技术。

凝聚器安装在电除尘器的前面，如图 6-124 所示，长度大约 5m 的进口烟道上。凝聚器内烟气流速通常在 10m/s 左右。在凝聚器内的高烟气流速能使接地极板不需要像电除尘器那样设置振打就能保持清洁，从而能节约维护费用。对于 100MW 的发电机组，凝聚器只需要 5kW 左右的电力。对于引风机增加的阻力不超过 200Pa。运行费用很低。

6. 电袋复合除尘技术

电袋复合除尘器是有机结合了静电除尘利布袋除尘的特点，通过前级电场的预收尘、荷电作用和后级滤袋区过滤除尘的一种高效除尘器，它充分发挥电除尘器和布袋除尘器各自的除尘

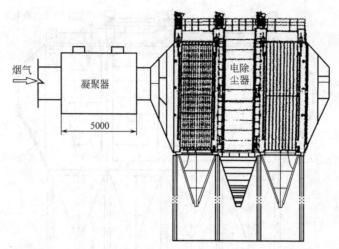

图 6-124　凝聚器与电除尘器布置示意

优势，以及两者相结合产生新的性能优点，弥补了电除尘器和布袋除尘器的除尘缺点。该复合型除尘器具有效率高，稳定，滤袋阻力低，寿命长，占地面积小等优点，是未来控制细微颗粒粉尘、$PM_{2.5}$以及重金属汞等多污染物协同处理的主要技术手段。

电袋复合除尘器是在一个箱体内合理安装电场区和滤袋区，有机结合静电除尘和过滤除尘两种机理的一种除尘器。通常为前面设置电除尘区，后面设置滤袋区，二者为串联布置。电除尘区通过阴极放电、阳极收尘，能收集烟气中大部分粉尘，收尘效率大于 85% 以上，同时对未收集下来的微细粉尘电离荷电。后级设置滤袋除尘区，使含尘浓度低并荷电和烟气通过滤袋过滤而被收集下来，达到排放浓度 $<30mg/m^3$ 环保要求。

电袋复合除尘器见图 6-125。

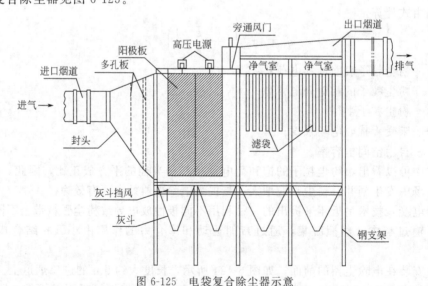

图 6-125　电袋复合除尘器示意

电袋复合除尘器的技术特点如下。

（1）除尘机理　由于在电袋复台除尘器中，烟气先通过电除尘区后再缓慢进入后级布袋除尘区，布袋除尘区捕集的粉尘量仅有入口的 1/4。这样滤袋的粉尘负荷量大大降低，清灰周期得以大幅度延长；粉尘经过电除尘区电离荷电，粉尘的荷电提高了粉尘在滤袋上的过滤特性，即滤袋的透气性能、清灰性能方面得到大大的改善。合理运用电除尘器和布袋除尘器各自的除尘优点。

（2）保证长期高效稳定运行　电袋复合除尘器的除尘效率不受煤种、烟气特性、飞灰比电阻影响，可以长期保持高效、稳定、可靠地运行，保证排放浓度低于 $30mg/m^3$。

（3）运行阻力低，滤袋清灰周期时间长，具有节能功效　电袋复合除尘器滤袋的粉尘负荷量小，再加上粉尘荷电效应作用，因此滤袋形成的粉尘层对气流的阻力小，易于清灰，比常规布袋除尘器低 500Pa 以上的运行阻力，清灰周期时间是常规布袋除尘器 4~10 倍，大大降低设备的运行能耗。

（4）滤袋使用寿命长　由于滤袋清灰周期大大延长，所以清灰次数减少，且滤袋粉尘透气性强、阻力低，滤袋的强度负荷小，从而延长滤袋使用寿命。

（5）袋室运行、维护费用低　电袋复合除尘器通过适量减少滤袋数量、延长滤袋的使用寿命、降低运行阻力、延长清灰周期等途径大大降低除尘器袋室的运行、维护费用。

第四节　静电除尘器的供电

利用静电除尘器除去或回收烟尘与收尘区的电晕电离和电场有关。收尘区依靠高压电源的能量产生电晕电离和电场。为了要获得最高除尘效率，就需要有最大可能获得的电能，并要求高压供电设备和静电除尘器之间完全适应。满足这种要求的基本原则和技术方法，已为人们清楚地了解和应用。

一、捕集粉尘粒子的能量

从气流中分离烟尘粒子所需的电能很小，它可以根据气流对尘粒子的黏滞力和尘粒向着收尘电极运动所经过的距离计算出来。根据斯托克斯式，一个球状粒子所受到的摩擦阻力 F_D 为

$$F_D = 3\pi\mu d_D\omega \tag{6-105}$$

式中　F_D——粉尘粒子受力，N；

μ——空气黏度，$Pa \cdot s$；

d_D——粉尘粒子直径，m；

ω——粉尘驱进速度 m/s。

使尘粒向着收尘电极运动所经过的距离为 s 时所消耗的功率 W 为

$$W = F_D s = 3\pi\mu d_D\omega s \tag{6-106}$$

举一个典型例子，设粒子直径为 $1\mu m$，向着收尘电极运动所经过的距离为 $s=5cm$，驱进速度为 $\omega=30cm/s$，则根据式（6-106）可以计算出 W 之值

$$W = 3\pi\mu d_D\omega s$$
$$= 3\pi \times 18 \times 10^{-6} \times 0.1 \times 10^{-6} \times 0.3 \times 0.05$$
$$= 2.54 \times 10^{-12} J$$

进一步再假设气体中含尘浓度为 $2.28g/m^3$，尘粒的密度为 $1g/cm^3$，则单位气体体积中的尘粒数为

$$N_0 = \frac{c}{\frac{1}{6}\pi d_D^3\rho} = \frac{2.28}{\frac{1}{6}\pi \times (1 \times 10^{-6})^3} = 4.36 \times 10^{12} 个/m^3$$

因此，使 $1m^3$ 气体中全部尘粒分离所需的功率为

$$W_0 = WN_0 = 2.54 \times 10^{-12} \times 4.36 \times 10^{12}$$
$$= 0.31 \text{J}$$

可见，这是一个很小的数值。

一般说来，从气流中分离一定质量的尘粒所需的功与气体黏度 μ、平均移动距离 S、含尘

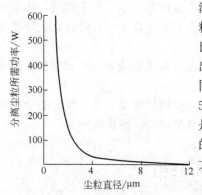

图 6-126 从气体中分离尘粒
所需的功率计算值

浓度 c 和尘粒驱进速度 ω 成正比，而与尘粒直径的平方和尘粒密度成反比。很显然，分离一定质量的细尘粒所需的能量比粗尘粒较大，这是因为它们的分散度较大。图 6-126 表示出从烟量 2830 m^3/min 含尘浓度 2.28 g/m^3 的烟气中分离不同直径尘粒所需能量的计算值。分离 $1\mu\text{m}$ 的尘粒约需功率 500W，而分离 $10\mu\text{m}$ 的尘粒只需功率 5W。由此得出的结论是，即使对于很大的烟气量和含尘浓度而言，用于分离尘粒的实际功率是极小的。分离细尘粒比分离粗尘粒所需的功率大，但不论是什么样的尘粒，功率的消耗都是微不足道的。

实际上，静电除尘器所需功率比上面初步计算的值大得多，因为用在电晕上的能量很小。但是对于单区电收尘而言，其电晕遍及整个收尘空间，电晕功率要比分离尘粒所需的功率大好多倍。尽管如此，静电除尘的总功率，包括电晕功率在内，与旋风除尘器或湿式除尘器这类机械除尘装置相比还是很小的。其值大致相当于机械除尘时能量消耗的 10% 以下。按照同样方式进行比较，除去 $1\mu\text{m}$ 尘粒，除尘效率为 90% 时，静电除尘所消耗的功率只相当于高效湿式除尘器所消耗的功率的 2% 左右。

以上的比较表明，从功率消耗的观点来看，静电除尘分离气体中的细尘粒比机械除尘和湿法除尘都优越。静电除尘能量消耗小得多的原因就在于分离尘粒的力直接作用于尘粒上，而大多数机械除尘方法则是以间接的力作用于尘粒上。例如，在旋风除尘器中，整个气流都要在除尘器中回旋，利用气流的调整度旋转产生的离心力使尘粒分离，因此，大部分的能量是用于加速气流的运动，而使尘粒分离的能量却很小。当然，在评价除尘设备的投资和性能时，必须把电除尘的节能与机械除尘、湿法除尘在投资上较少的优点进行综合比较。

二、高压供电装置

静电除尘器的供电是指将交流低压变换为直流高压的电源和控制部分。同时，作为与本体设备配套，供电还包括电极的清灰振打、灰斗卸灰、绝缘子加热及安全连锁控制装置，这后部分综合起来通称低压自控装置。

静电除尘器高压供电设备是组成静电除尘器的关键设备之一。它要求的电源是：直流；高压（40～70kV）；小电流（50～300mA）。电源向静电除尘器电晕极施加高压电，提供粉尘荷电和为收集粉尘所需的电能。除尘器的电气状况对它的除尘效率有极大影响。通常，电压和电流的大小取决于电极尺寸及其配置、粉尘特性、气体的成分、温度、湿度、压力及气体密度等条件。如果这些条件已定，则供电系统的设计、控制设备的优劣对电气状况和除尘器长期稳定运行均有影响。

高压供电装置是一个以电压、电流为控制对象的闭环控制系统，包括升压变压器、高压整流器、主体控制（调节）器和控制系统的传感器等四部分（见图 6-127）。其中，

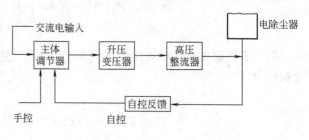

图 6-127 电除尘器供电机组框图

升压变压器、高压整流器及一些附件组成主回路，其余部分组成控制回路。

1. 变压器

升压变压器是将工频 380V 交流电升压到 60～150kV。静电除尘器运行的特有条件对变压器结构和高压绕组有特殊要求，其绝缘性能要能够经受经常出现的超负荷运行，这种超负荷在除尘器击穿时就会发生。为了调节变压器输出端参数，其输入绕组要进行分节引出。除尘器内供电参数的调节都是通过手动，或是通过自控信号来变动升压变压器的输入端来完成的。

静电除尘器电极上所需的电压是固定极性的，所以由变压器得到的高压电流必须经过整流，使之变为直流电。

2. 整流器

将高压交流电整流成高压直流电的设备称高压整流器。整流器有机械整流器、电子管整流器、硒整流器和高压硅整流器等。前三种因固有缺点逐渐被淘汰，现在主要用高压硅整流器。在静电除尘器供电系统中采用的各种半导体整流器电路如图 6-128 所示。

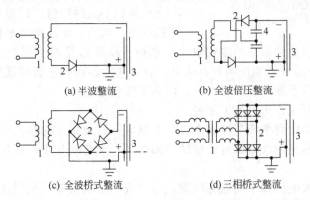

(a) 半波整流 (b) 全波倍压整流

(c) 全波桥式整流 (d) 三相桥式整流

图 6-128　几种半导体整流器电路

1—变压器；2—整流器；3—静电除尘器；4—电容

3. 主体调节器

静电除尘器内工况电气条件主要是靠调节高压电源来控制的。高压电源的高压都是在高压电源的输入端进行的。调压主件过去曾用过电阻高压器（多是采用手动调节）、感应高压器等，现在普遍采用可控硅调压元件，反应速度快，能够使整流器的高压输出随电场烟气条件而变化，很灵敏地实行自动跟踪调节。由可控硅输出的可调交变电压，经升压变压器升压，再经桥式整流器整流成为高压直流电。

4. 自动控制回路

控制回路工作原理是控制可控硅的移相角，从而达到控制输出高压电的目的。它以给定的反馈量为高压依据，自动调节可控硅的移向角，使高压电源输出的电压随着电场工况的变化而自动调节。同时，自控回路还具备各项保护性能，使高压电源或电场在发生短路、开路、过流、偏励、闪络和拉弧等情况时，对高压电源进行封锁或保护。

自动控制方式有多种，工程中普遍采用的是火花频率控制方式；同时还有更为新颖的控制方式：多功能高压电源和微机控制的多功能高压电源等。

5. 电极电压的调节

从电晕放电的伏安特性可知，电极电压与电晕电流之间的联系属非线性关系，工况电压略有下降（如为 1%），就会引起电晕电流实质性的（相应为 5%）下降，这就降低了静电除尘器的效率。在现代化供电机组中是用自动调节除尘器运行的电气条件来维持电极上最大可能出现的电压的，也就是使电压保持高数值，总保持于击穿的边缘，但又不发生电弧击穿。实践证

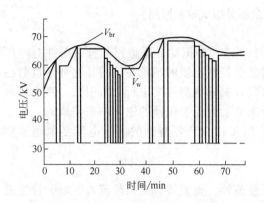

图 6-129　有自动跟踪可能最
高值的电极电压调节图
V_{br}—击穿电压；V_w—工作电压

明，要用手动调节来保持电极上最大可能电压是不可行的，其原因：一是气流工艺参数经常变化，人工跟踪调节难做到工况电压与击穿电压经常达到相互稳定的对应，当具有多组供电系统时更难做到；二是操作人员总是偏向安全生产，趋向保持低电压，结果是工作效率达不到应有的水平。

曾有这样自控机组，使电压保持在击穿的边界值的方法，周期性地寻求最大可能值。按这种系统，电极电压可以自动平稳地升高至发生击穿值，一旦击穿，电压断开约 0.5～3ms 或者猛然下降至保证电弧熄灭的数值。在断开期间，电压自动降到不大的数值，以便重新闭合时不发生电弧放电，以后，电压重新平稳上升至击穿……如此周期性地重复，从而达到较高的除尘效率。这种自动跟踪尽可能高电压值的变化关系如图 6-129 所示。可是，在这种周期性调节方法下，静电除尘器在明显的时段里处于无火花放电的电压区内，工作电压低于最大可能的水平，因而不够理想。

现在常用的自动调压方法有如下两种。

（1）按火花放电给定频率调节电极电压　电场电压与火花放电有一定关系，在场压低时无火花；达到一定数值时发生火花放电；继续增加电压、火花放电频率增多，直到达到击穿 [见图 6-130 （a）]。

单位时间里火花放电的频率与电场的除尘效率有一定的关系 [见图 6-130 （b）]。从火花放电频率与除尘效率的关系曲线看，在火花放电频率为 40～70 次/min 范围内对除尘效果最有利。超过这个频率的则会由于火花击穿耗能增加，除尘器效率反而下降。以这种有利的火花放电频率为信息来控制电极电压，则工作电压曲线与击穿电压曲线更为接近，这从图 6-130 （c）可以看出。

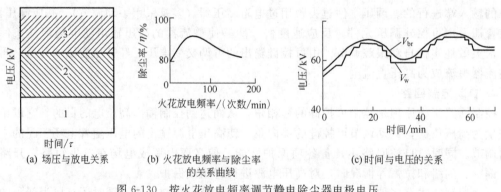

(a) 场压与放电关系　　(b) 火花放电频率与除尘率　　(c) 时间与电压的关系
　　　　　　　　　　　　　的关系曲线

图 6-130　按火花放电频率调节静电除尘器电极电压
V_{br}—击穿电压；V_w—工作电压
1—无火花放电；2—火花放电区；3—击穿区

可控硅自动控制高压硅整流装置是目前使用最普遍的一种高压电源，其工作原理见图 6-131。这种控制方式的主要特点是利用电场的高压闪络信号作为反馈指令见图 6-132。检测环节把闪络信号取出，送到整流器的调压自控系统中去，自控系统得到反馈指令后，使主回路高压可控硅迅速切断电压输出，并让电场介质绝缘强度恢复到正常值。通过调节电压上升速率和

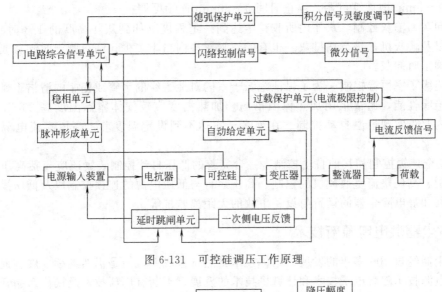

图 6-131　可控硅调压工作原理

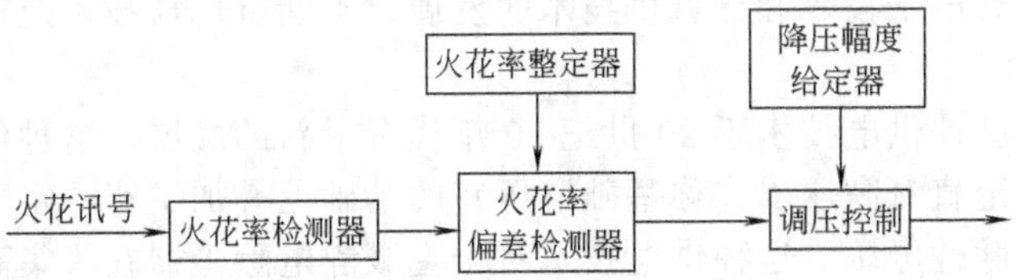

图 6-132　火花频率控制原理

闪络封锁时的电压下降值，控制每两次闪络的时间间隔（火花率），使设备尽可能在最佳火花率下工作，以获得最好的除尘效果。

按火花放电频率调节电极电压的方式也有不足之处；系统是按给定火花放电的固定频率而工作的，而随着气流参数的改变，电极间击穿强度的改变，火花放电最佳频率也要发生变化，系统对这些却没有反应。若火花放电频率不高，而放电电流很大的话容易产生弧光放电，也就是说，这仍是"不稳定状态"。

（2）保持电极上最大平均电压的极值调节方法　随着变压器初级电压的上升，在电极上电压平均值先是呈线性关系上升，达到最大值之后开始下跌，原因是火花放电强度上涨。电极上最大平均电压相应于除尘器电极之间火花放电的最佳频率，所以，保持电极上平均电压最大水平就相应于将静电除尘器的运行工况保持在火花放电最佳的频率之下。而最佳频率是随着气流参数在很宽限度内的变化而变化的，这就解决了单纯按火花电压给定次数进行调节的"不稳定状态"。在这种极值电压调节系统下，调节图形与图 6-130（c）所示的图形相似，而工作电压曲线则距击穿电压曲线更接近。

总之，在任何情况下，工作电压与机组输出电流的调节都是通过控制讯号对主体调节器（或称主体控制元件）的作用而实施的。而这主体调节器可能是自动变压器、感应调节器、磁性放大器等，现在最为普遍的则是硅闸流管（可控硅管）。

三、低压自控装置

低压自控装置包括高压供电装置以外的一切用电设施，低压自控是一种多功能自控系统，主要有程序控制、操作显示和低压配电三个部分。按其控制目标，该装置有如下部分。

（1）电极振打控制　指控制同一电场的两种电极根据除尘情况进行振打，但不要同时进行，而应错开振打的持续时间，以免加剧二次扬尘、降低除尘效率。目前设计的振打参数，振打时间在 1～5min 内连续可调，停止时间 5～30min 连续可调。

（2）卸灰、输灰控制　灰斗内所收粉尘达到一定程度（如到灰斗高度的 1/3 时），就要开动卸灰阀以及输灰机，进行输排灰。也有的不管灰斗内粉尘多少，卸灰阀定时卸灰或螺旋输送机、卸灰阀定时卸灰。

（3）绝缘子室恒温控制　为了保证绝缘子室内对地绝缘的套管或瓷瓶的清洁干燥，以保持其良好的绝缘性能，通常采用加热保温措施。加热温度应较气体露点温度高 20～30℃ 左右。绝缘子室内要求实现恒温自动控制。在绝缘子室达不到设定温度前，高压直流电源不得投入运行。

（4）安全连锁控制和其他自动控制　一台完善的低压自动控制装置还应包括高压安全接地开关的控制、高压整流室通风机的控制、高压运行与低压电源的连锁控制以及低压操作讯号显示电源控制和静电除尘器的运行与设备事故的无距离监视等。

四、电除尘器供电电源新技术

电除尘器经过 100 多年的发展，本体技术虽然日益成熟，但是仍然继续发展和提高。电除尘器供电电源技术随着电子技术和计算机技术的发展，不断有创新技术及换代产品开发出来。

1. 脉冲供电技术

静电除尘器高压脉冲供电技术于 20 世纪 80 年代有了新的发展。这种供电设备向除尘器电场提供的电压是在一定直流高压（或称基础电压）的基础上叠加了有一定重复频率、宽度很窄而电压峰值又很高的脉冲电压。这种供电技术对于克服静电除尘器在收集高比电阻粉尘时，电场中形成的反电晕很有作用；从而能提高静电除尘器处理高比电阻粉尘的除尘效率，对处理正常比电阻的粉尘，亦能取得节约电能的好效果。

脉冲供电设备的原理电路如图 6-133 所示。

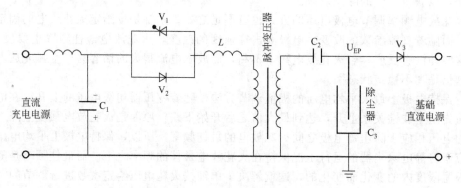

图 6-133　脉冲供电设备原理电路

V_1—晶闸管；V_2—二极管；V_3—隔离二极管；C_1—储能电容；C_2—耦合电容；

C_3—除尘器电容；L—谐振电感；U_{EP}—静电除尘器

由图 6-133 看出，脉冲供电设备由基础直流电源与脉冲电源两部分组合成。基础电源就是常规静电除尘器用的整流设备，它提供直流基础高压；脉冲电源部分由直流充电电源、储能电容 C_1，耦合电容 C_2，谐振电感 L，脉冲形成开关 V_1（晶闸管），续流二极管 V_2，隔离二极管 V_3 及脉冲变压器等主要部件组成。

脉冲供电的基本方式是，在不变的基波上叠加具有一定波长、波宽和频率的高压脉冲。工业设备上通常采用的脉冲特性为：基本电压 18～20kV，脉冲频率 0～250 次/s，脉冲波宽18～2000μs，脉冲幅值 0～50kV。

电场产生火花后，由火花所引起的强气体电离还将滞留在火花发生点附近，滞留时间 1～

2ms，因此电场需要恢复时间；否则，在更低的电压下就会发生二次火花。粉尘层被击穿引起反电晕，主要是受时间电流密度控制。放电极出现的峰值电流一般不会导致粉尘层击穿。因此，在均匀的时间间隔内，电场密度分布良好的情况下，电场还有可能接受瞬时的功率增加。脉冲供电能够很好地适应这种电场需要。脉冲发生时引起脉冲宽度极小，在极短的时间里. 等电场还未发展为火花之前脉冲过程就结束了。此时，电场所得到的脉冲峰值比常规 T/R 供电时的火花电压高，电场承受了峰值电压，有利于提高电场强度。脉冲关断期的直流基压低而平缓，随着脉冲关断个数的增加，供给电场的电流减少，时间电流密度小而均匀，有利于避免反电晕的发生。对不同的电场工况实施跟踪，通过调整脉冲频率、脉冲宽度和脉冲幅值，就可以避免反电晕发生，提高除尘效率，又极大地节约能耗，达到最优化运行。工程实践证明，对于高比电阻粉尘，最佳的除尘效果往往是在高的脉冲峰值、低的重复频率和窄脉冲宽度下取得的。采用脉冲供电与只用直流电压供电时驱进速度之比大于 1.2，有时甚至达 1.6 以上，烟尘排放浓度可以减少 $50\% \sim 75\%$，节能达 $50\% \sim 90\%$。

脉冲供电设备的主要特点：①施加在电场上的峰值电压比常规供电高 1.5 倍左右；②增加了粉尘的荷电概率，可提高除尘效果；③对粉尘性质的变化具有良好的适应性，有利于克服反电晕现象；④节电效果显著；⑤当粉尘比电阻高于 $10^{12} \Omega \cdot cm$ 时，脉冲供电与常规供电相比，改善系数可达 $1.6 \sim 2$。

脉冲电源并不是万能的，对于中低比电阻粉尘而言，脉冲供电效果改善程度小，而对于低比电阻，它几乎比常规 T/R 电源表现不出优越性。另外，有工程实践证明，对于相同的粉尘比电阻工况，采用脉冲供电技术和采用烟气喷雾增湿调质技术能达到相同的效果。因此，在选用脉冲供电时需考虑适应场合和条件，这样才能取得良好的效果。

2. 恒流源技术

恒流电源系统的电路原理见图 6-134。

如图 6-134 所示，工频 380V 电源连接于 A、B 相，经 L-C 恒流控制元件后将恒流输出至高压发生器一次侧，再经变压和整流后变换成电流恒定的高压直流电。

恒流电源有以下特点：①根据负载电除尘器反馈信号可以调节投入工作的 LC 变换

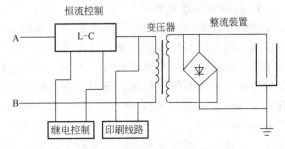

图 6-134　恒流高压电源电路原理

器组数，但是不管投入多少组，一旦组数已定，则输送到电除尘器上的电流即恒定，即使电除尘器阻抗变化范围很大，电流也保持基本不变；②电场内烟气工况波动时，阻抗相应变化，输出电压也相应自动改变（自适应），例如电除尘器内积尘，阻抗上升，由于电流恒定，输出电压自动上升，弥补了积尘所引起的电压降而维持了除尘极向不变的电场强度；③电场内出现火花倾向时，阻抗急速下降，这时输出电压也自动下降，抑制了火花的产生，如是输出端短路，电源的输入和输出均为 0，不会出现过流损坏元器件；④变换器输入端的电流与电压接近于同相位，功率因数近似等于 1。

较之根据火花信号可控硅移相调压的电源，这种自适应调压、允许长时间短路，功率因数高的电源，确有在烟气工况变化剧烈的条件下（如转炉炼钢）输入功率较高、除尘效率较高，易于操作，维护工作量少等优点。

采用恒流源技术可以有效地增加输入电场的电晕功率。由于恒流源供电控制量是电流电压是随机性，电流可以根据需要设定，并不完全受电场限制。其供电电流、电场阻抗和运行电压三者的关系，可以用欧姆定律来描述。当电场负载增大时，相当于电除尘器的等效阻抗增大，因为由外电路所提供的电流不变，所以能引起电压的相应上升。这种供电特性，对运行电流较小的工况非常适合。当电场负载减小时，随着电场离子浓度增加，阻抗变小，电源向放电极输送的功率也减小，这样就有利于抑制放电的进一步发展，避免发生火花及产生拉弧。这种特性，可以实现电压自动跟踪，有利于维持电场取得高的运行电压，对提高除尘效率有利。

3. 间歇供电电源

间歇供电电源是在半波整流技术的基础上发展的间歇供电装置，可适合于各种不同烟尘、烟气条件的波形（见图 6-135），其特点是可以抑制反电晕的产生，降低电能消耗和提高除尘效率。

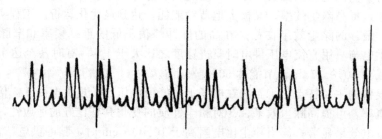

图 6-135 间歇供电波形

随着电子计算机技术迅速发展，其应用范围已经深入各生产和科研领域。计算机技术在电除尘器的应用方面，微机自动控制高压装置已经广泛应用。微机控制的间歇供电电源应运而生。间歇供电电源在新的电除尘器供电中应用。

4. 高频电源新技术

除尘器高频高压电源是国际上先进的电除尘器供电新型电源。高频高压电源与传统的可控硅控制工频电源相比性能优异，具有输出纹小、平均电压电流离、体积小、质量轻、集成一体化结构、转换效率与功率因数高、采用三相平衡供电对电网影响小等多项显著优点。特别是可以较大幅度地提高除尘效率，所以它是传统可控硅工频电源的革命性的更新换代产品，实现了电除尘器供电电源技术水平质的飞跃。高频电源具有高达 93％ 以上的电能转换效率，在电场所需相同的功率下，可比常规电源更小的输入功率（约 20％），具有节能效果。有更好的荷电强度，在保证了粉尘充分荷电的基础上，可以大幅度减少电场供电功率，从而减少无效的电场电功率。

高频电源的工作原理主回路见图 6-136。

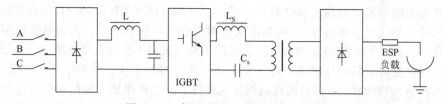

图 6-136 高频电源的工作原理主回路

（1）工频整流和滤波　三相 380V 交流（50Hz）经整流桥得到直流电压。再经充电电感 L、滤波电容 C 输出直流电压（约 530V）。

（2）谐振逆变电路　直流电压经 IGBT 逆变桥、谐振电容 C_s、谐振电感 L_s 组成高频谐振式逆变电路，得到高频（20～50kHz）振荡波形。

（3）高频升压整流电路　逆变波形经过高频变压器升压，再经高频整流桥整流，最后输出所需波形至电除尘器。

高频电源的输出电压纹波系数比常规电源小（离频电源约1％，而常规电源约30％），可大大提高电晕电压（约30％），从而增加电场内粉尘的荷电能力，也减小了荷电粉尘在电场中的停留时间，从而可提高除尘效率。电晕电压的提高，同时也提高了电晕电流，增加了粉尘荷电的概率，进一步提高除尘效率，特别适用于高浓度粉尘场合。

与工频电源相比，高频电源的适应性更强。高频电源的输出由一系列的高频脉冲构成，可以根据电除尘器的工况提供最合适的电压波形。间歇供电时，供电脉宽最小可达到1ms，而工频电源最小为10ms，可任意调节占空比，具有更灵活的间歇比组合，可有效抑制反电晕现象，特别适用于高比电阻粉尘工况。

高频电源供电的脉冲频率达到40kHz以上，脉冲间隔很小，因而电场电压跌落也很小，可以一直逼近在电除尘器的击穿电压下工作，这样就使供电电场内的平均电压比工频电源供给的电压可以提高25％～30％；同时，高频电源供给电除尘器电场的电流，是宽度为几十微秒的高压脉冲电流，利用脉冲电流供电，可以有效提高电除尘器内粉尘所带的电荷量，从而增加粉尘所受的电场力，增加粉尘向极板移动的速度，最终提高电除尘器的除尘效率。厦门天源兴公司开发了具有自主知识产权的调幅式高频电源。该电源的输出电压和频率可独立调节，能更好地适应电除尘设备的需要。

调幅高频高压电源与调频高频电源对比，具有以下显著优点。

（1）适应能力强 调压高频电源采用母线电压控制技术，使得输入高频变压器的一次侧输入电压连续可调。在相同工况条件下，调幅高频电源比调频高频电源输出电晕功率大20％以上。

（2）最高的电效率——节能 调幅调压模式高频电源的变压器长期工作于设计频率，可保证变压器转换效率＞93％不变，不受工况变化的影响。使用调幅高频电源，电源总效能比调频高频电源提高15％以上，更加节能。

（3）实现少火花控制 闪络控制由调幅和调频共同修用，电流冲击小，恢复可靠，可以实现少火花控制，纹波系数小。

5. 高压开关电源技术

开关电源是用一种主开关器件晶体管，或饱和导通，或完全截止，在零电压/零电流有相位差90°的瞬间，对高电压/大电流实施"开"与"关"；控制通过晶体管的电流，调节电压，将其转换成20～50kHz的工作输出。将输入电源、高频开关和高压整流器及所有线路集中在一起，并将电除尘器高压控制和振打加热等低压控制模块化，实现了高度集成。它的电源转换效率高，一般大于95％，体积小，质量轻。它采用三相供电，负载对称，不会对主电源和周围器件产生任何高频干扰。它的"电流脉冲"频率是常规电源的200～500倍，能使kV波动很小，峰值、谷值相差很小，使工作的平均电压接近于输出的峰值电压。

高压开关电源的脉冲宽度、周期时间和脉冲高度多可以独立选择。它比常规的T/R电源的间歇供电具有更快的上升率，因此可以获得更高的峰值电压。常规T/R电源采用间歇供电方式时，50Hz的输入频率对于直流加脉冲的输出波形，不可能取得很陡峭的脉动前沿，即上升时间长、dU/dt小，这必然造成电场的升压速度永远滞后于火花扩展过程。而高压开关电源的上升率比较高，dU/dt至少达到20～30kV/ms以上，这样就可以赶在火花完全扩展之前将电压迅速提高到缓慢升压情况下火花电压的限定值之上，使电场能够在更高的电压下运行获得较大的平均功率。这对于减缓和克服反电晕、提高除尘效率有利。

随着经济的发展和环保意识提高，工业污染物排放标准的更加严格化是大势所趋。电除尘技术已经完全能够支持更为严格的标准，电除尘器可对细颗粒物（$PM_{2.5}$）和可吸入颗粒物（PM_{10}）减排起到巨大的作用。需要指出的是，电除尘器实现更严格的颗粒物排放标准并不是一定要大幅度提高造价和运行费用，只要严格按照有关标准和规范设计，采用电除尘器本体新技术和电源控制新技术就能获得好的效果。

第五节 静电除尘器设计与选用

静电除尘器的应用有别于其他任何一种除尘器，这是因为静电除尘器对烟尘性质特别是对粉尘比电阻值十分敏感，而且静电除尘器电特性的控制因素比较多。所以选用静电除尘器要注意特殊情况。静电除尘器的定型产品相对较少，每种产品都有其适用范围，这也是设计和选用中要注意的。

一、静电除尘器基本设计

静电除尘器的基本设计是基于第一节基本原理和第三节静电除尘器构造的基础上，经过综合考虑了影响静电除尘器性能的因素，包括粉尘选择性、烟气性质、结构因素以及操作因素等，来确定静电除尘器的主要参数及各部分的尺寸，并画出静电除尘器的外形图、载荷图、电气及自动控制资料图等。

1. 用户提供的原始数据

主要包括：①需净化的烟气量；②烟气温度；③烟气湿度，通常用烟气的露点值表示；④烟气的成分，即各种气体分子的体积百分组成；⑤烟气中的含尘浓度；⑥要求排放浓度；⑦烟尘性质，包括粉尘的颗粒级配、化学组成、容重、自然休止角、比电阻等；⑧用于电站锅炉尾部的电除尘器必须注意燃煤的含硫量，当 $S < 1\%$ 时比电阻 $\rho > 10^{11} \Omega \cdot cm$（偏高），当 $S = 1\% \sim 2\%$ 时 ρ 比较适中，当 $S > 2\%$ 时 ρ 偏高；⑨气温（与保温层厚度相关），如北方冬天寒冷地区多采用 150mm 厚的保温层厚度，而南方则多采用 100mm；⑩工艺流程，包括静电除尘器的进、出气方式、电源布置及外部负载等；⑪除尘器的风载、雪载及地震载荷等。

2. 静电除尘器的主要参数

静电除尘器的主要参数包括电场风速、收尘极板的极间距、电晕线的线距以及粉尘的驱进速度等。设计用主要技术参数见表 6-22，辅助设计因素见表 6-23。

表 6-22 静电除尘器设计用主要技术参数

主 要 参 数	符号	单位	一般范围	主 要 参 数	符号	单位	一般范围
总除尘效率	η	%	$95 \sim 99.99$	单位能量消耗(按气量)	P/Q	kJ/(100m³·h)	$180 \sim 3600$
有效驱进速度	ω_p	cm/s	$3 \sim 30$	粉尘在电场内	t	s	$2 \sim 10$
电场风速	v	m/s	$0.4 \sim 4.5$	停留时间			
单位收尘板面积	A/Q	s/m	$7.2 \sim 180$	压力损失	ΔP	Pa	$200 \sim 500$
通道宽度	$2b$	m	$0.15 \sim 0.40$	电场数	N	个	$1 \sim 5$
单位电晕功率(按气体量)	P_c/Q	W/(100m³·h)	$30 \sim 300$	电场断面积	A_C	m²	$3 \sim 200$
单位电晕功率(按收尘板面积)	P_c/A	W/m²	$3.2 \sim 32$	气体温度	T	K	<673
电晕电流密度	i	mA/m	$0.07 \sim 0.35$	电压	V	kV	$50 \sim 70$

表 6-23 静电除尘器辅助设计因素

电晕电极：支撑方式和方法	壳体和灰斗的保温，静电除尘器顶盖的防雨措施
收尘电极：类型、尺寸、装配、机械性能和空气动力学性能	便于静电除尘器内部检查和维修的检修门
整流装置：额定功率、自动控制系统、总数、仪表和监测装置	高强度框架的支撑体绝缘器：类型、数目、可靠性
电晕电极和收尘电极的振打机构：类型、尺寸、频率范围和强度调整、总数和排列	气体入口和出口管道的排列
灰斗：几何形状、尺寸、容量、总数、位置、夹角	需要的建筑和基础
输灰系统：类型、能力、预防空气泄漏和粉尘起速	获得均匀的低湍流气流分布的措施

3. 静电除尘器的电场风速

合理的电场风速对于正确设计和选用静电除尘器断面及减少粉尘的二次飞扬是至关重要的。在实际设计计算时可参考表 6-24 初步确定。

表 6-24　静电除尘器的电场风速

主要工业窑炉的静电除尘器		电场风速 v/(m/s)	主要工业窑炉的静电除尘器		电场风速 v/(m/s)
电厂锅炉飞灰		0.7~1.4	水泥工业	湿法窑	0.9~1.2
				立波尔窑	0.8~1.0
纸浆和造纸工业锅炉黑液回收		0.8~1.8		干法窑(增温)	0.8~1.0
				干法窑(不增温)	0.4~0.7
				烘干机	0.8~1.2
钢铁工业	烧结机	1.2~1.5		磨机	0.7~0.9
	高炉煤气	0.8~3.3	硫酸雾		0.9~1.5
	碱性氧气顶吹转炉	1.0~1.5	城市垃圾焚烧炉		1.1~1.4
	焦炉	0.6~1.2	有色金属炉		0.6

4. 粉尘的驱进速度 ω

粉尘的驱进速度是静电除尘器设计的重要参数之一。常见粉尘的驱进速度见表 6-25。影响驱进速度的因素主要有电场的极间距、粉尘颗粒大小、电场数、电流电压、粉尘比电阻及收尘极面积等，分别参见图 6-137~图 6-142。

表 6-25　各种粉尘的驱进速度

粉尘名称	$\bar{\omega}$/(ms/s)	粉尘名称	$\bar{\omega}$/(ms/s)
电站锅炉飞灰	0.04~0.2	焦油	0.08~0.23
粉煤炉飞灰	0.1~0.14	硫酸雾	0.061~0.071
纸浆及造纸锅炉尘	0.065~0.1	石灰回转窑尘	0.05~0.08
铁矿烧结机头烟尘	0.05~0.09	石灰石	0.03~0.055
铁矿烧结机尾烟尘	0.05~0.1	镁砂回转窑尘	0.045~0.06
铁矿烧结粉尘	0.06~0.2	氧化铝	0.064
碱性氧气顶吹转炉尘	0.07~0.09	氧化锌	0.04
焦炉尘	0.67~0.161	氧化铝熟料	0.13
高炉尘	0.06~0.14	氧化亚铁(FeO)	0.07~0.22
闪烁炉尘	0.076	铜焙烧炉尘	0.0369~0.042
冲天炉尘	0.3~0.4	有色金属转炉尘	0.073
热炎焰清理机尘	0.0596	镁砂	0.047
湿法水泥窑尘	0.08~0.115	硫酸	0.06~0.085
立波尔水泥窑尘	0.065~0.086	热硫酸	0.01~0.05
干法水泥窑尘	0.04~0.06	石膏	0.16~0.2
煤磨尘	0.08~0.1	城市垃圾焚烧炉尘	0.04~0.12

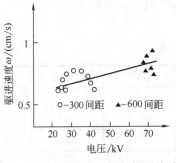

图 6-137　驱进速度与极板间距关系

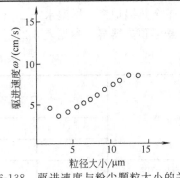

图 6-138　驱进速度与粉尘颗粒大小的关系

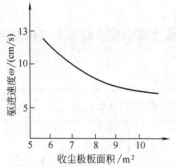

图 6-139 驱进速度与收尘极板面积的关系

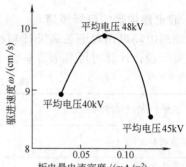

图 6-140 驱进速度与电流电压的关系

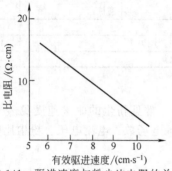

图 6-141 驱进速度与粉尘比电阻的关系

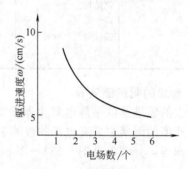

图 6-142 驱进速度与电场数目的关系

由于驱进速度 ω 值受诸多因素影响，不能精确地进行计算，工程设计中一般不采用理论计算结果，而是采用经验数值或经验公式。例如，当极间距为 400mm 时驱进速度对于电厂燃煤锅炉电除尘器，ω（cm/s）值按下式计算。

$$\omega = 9.65KS^{0.63}$$

式中　S——煤的含硫量，%；

　　　K——平均粒度影响系数，按表 6-26 选取。

表 6-26　平均粒度影响系数

粒度平均直径 α	10	15	20	25	30	35
系数 K	0.9	0.95	1	1.05	1.1	1.15

对于水泥工业用静电除尘器，ω 值如下。

① 湿法回转窑烟气温度 $t_g = 160 \sim 200℃$，露点温度 $t_\rho = 65 \sim 75℃$ 时，ω 值取 $10 \sim 12$cm/s。

② 立波尔窑：料球水分 $13\% \sim 14\%$，漏风率 $< 40\%$，$t_g = 100 \sim 120℃$ 时 ω 值取 9cm/s。

③ 带余热锅炉窑：增湿水 0.2t/t 熟料，$t_g = 90 \sim 130℃$ 时，ω 值取 10cm/s。

④ 悬浮预热器窑：参见表 6-27。

表 6-27　悬浮预热器窑 ω 值

	露点	100℃	110℃	115℃	120℃	130℃
联合操作				ω/(cm/s)		
	50℃		13	12.2	11.5	10.5
	55℃				13.2	13
直接操作				14		

⑤ 烘干机：$t_g = 120 \sim 150℃$，$t_\rho \geqslant 50℃$ 时 ω 值取 11cm/s。

⑥ 水泥磨机：$t_g = 70 \sim 90℃$，$t_\rho \geqslant 45℃$ 时 ω 值取 10cm/s。

⑦ 熟料冷却机：$t_g = 200 \sim 250℃$，$t_\rho \geqslant 25℃$ 时 ω 值取 11cm/s。

⑧ 煤磨：$t = 80 \sim 90℃$，$t_\rho = 40 \sim 45℃$ 时，ω 值取 9cm/s。

5. 电场断面积的计算

电场的断面各系指静电除尘器内垂直于气流方向的有效断面积。它通常与处理风量和电场风速有如下关系。

$$F = \frac{Q}{v} \tag{6-107}$$

式中　F——电除尘器电场的有效断面积，m^2；

　　　Q——通过电除尘器烟气量，m^3/s；

　　　v——烟气通过电场的风速，m/s。

静电除尘器的处理烟气量 Q 由工艺计算确定，电场的风速 v 可按表 6-22 和表 6-24 所列数值选取。

对板卧式静电除尘器而言，其电场断面接近正方形，其中高略大于宽（一般高与宽之比为 $1 \sim 1.3$），确定高、宽中的一个值即可确定电场的高（H）及宽（B）。

6. 收尘极面积的计算

静电除尘器所需的收尘极面积可根据要求由除尘效率计算求得，而除尘效率是根据静电除尘器的烟气含尘浓度以及允许的排放标准确定，收尘极面积可按下式求得。

$$A = \frac{-Q\ln(1-\eta)}{\omega} \times K \tag{6-108}$$

$$\eta = 1 - \frac{Q_E C_E}{Q_B C_B} \tag{6-109}$$

式中　A——收尘极面积，m^2；

　　　Q——处理的烟气量，m^3/s；

　　　K——设备储备系数；

　　　ω——带电尘粒向收尘极的驱进速度，m/s，可按表 6-25 选取；

　　　η——除尘效率，%；

　　　Q_E——静电除尘器出口烟气量，m^3/s；

　　　C_E——静电除尘器出口处的烟气含尘浓度，g/m^3；

　　　Q_B——静电除尘器进口的烟气量，m^3/s；

　　　C_B——静电除尘器进口处的烟气含尘浓度，g/m^3。

7. 电场段面面积

$$A_C = \frac{Q}{v} \tag{6-110}$$

式中　A_C——电场段面面积，m^2；

　　　v——气体平均流速，m/s。

对于一定结构的静电除尘，当气体流速高时除尘效率降低，因此气体流速不宜过大；但如其过小又会使除尘器体积增加，造价提高。故一般 $v \leqslant 1.0m/s$。

8. 收尘极与放电极的间距和排数

收尘极与放电极的间距对电除尘器的电气性能及除尘效率均有很大影响。如间距太小，由于振打引起的位移、加工安装的误差和积尘等对工作电压影响大；如间距太大，要求工作电压高，往往受到变压器、整流设备、绝缘材料的允许电压的限制，过去收尘极的间距（$2b$）多采用 $200 \sim 300$mm，即放电极与收尘极之间的距离（b）为 $100 \sim 150$mm。现在多采用 400mm。

放电极间的距离对放电强度也有很大影响，间距太大会减弱放电强度；但电晕线太密也会因屏蔽作用而使其放电强度降低。考虑与收尘极的间距相对应，放电极间距过去也采用 $200 \sim 300$mm，现在可采用 400mm。极间距 400mm 代替 300mm 后，由于极间距加大，从而可在电极施加更高的电压，使驱进速度 ω 增加 1.33 倍，电除尘器的效率可以提高。

收尘极的排数可以根据电场段面宽度和收尘极的间距确定：

$$n = \frac{B}{\Delta B} + 1 \tag{6-111}$$

式中　n——收尘极排数；

　　　B——电场断面宽度，m；

　　　ΔB——收尘极板间距，m。

则放电极的排数为 $n-1$，通道数（每两块集尘极之间为一个通道）为 $n-1$。

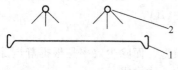

图 6-143　电场板线配置形式
1—C 形板；2—电晕线

9. 电晕线线距及板线配置

电晕线的线距及板线配置方式对电场放电的均匀性及消除电流死区起主要影响。为此经常使用的电晕线的型式为芒刺线或螺纹麻花线，而收尘极板采用 C 形板，则根据极板宽度大小可适当布置 $1 \sim 2$ 根电晕线，见图 6-143。

10. 电场长度

根据净化要求、有效驱进速度和气体流量，可以算出收尘极的总面积，再根据收尘极排数和电场高度算出必要的电场长度。在计算收尘板面积时，靠近除尘器壳体壁面的收尘极，其收尘面积按单面计算；其余收尘极按双面计算。故电场长度的计算公式为

$$L = \frac{A}{2(n-1)H} \tag{6-112}$$

式中　L——电场长度，m；

　　　A——收尘极板面积，m^2；

　　　H——电场高度，m；

　　　n——收尘极排数。

11. 静电除尘器结构设计

确定静电除尘器的参数后必须对静电除尘器进行结构设计，通常，把静电除尘器划分为壳体、灰斗、进口烟箱、出口烟箱及电场等五大部分。设计中必须重视以下问题。

（1）壳体　设计时必须考虑电场长度、高度及宽度要求，包括电场的有效放电距离及必要的壳体强度等。

（2）灰斗　分棱台状和槽形灰斗两种，要求壁斜度不小于 60°。灰斗积灰荷载按满斗灰设计。

（3）进、出口烟箱　进口风速越小越有利于电场气流分布，一般控制在 $10 \sim 15$m/s 之间。烟箱的大、小口尺寸基本按 $10 : 1$ 的比例进行设计，烟箱的底板斜度不小于粉尘的溜角（$\geqslant$ 55°）。为确保气流分布均匀，在进口烟箱内设置 $2 \sim 3$ 道气流分布孔板，在出口烟箱内设置一道槽形板。

二、静电除尘器的选用

选用静电除尘器，首先必须要了解和掌握生产中的一些数据，通常包括被处理烟气的烟气量、烟气温度、烟气含湿量、含尘浓度、粉尘的级配、气体和粉尘的成分、理化性质、比电阻值、要求达到的除尘效率、静电除尘器的最大负压以及安装的具体条件等。根据这些条件就可以考虑静电除尘器选用形式（立式或卧式）、极板形式（板式或管式）及运行方式（湿法或干法）。其次就应当考虑静电除尘器选用的规格，在选用中应注意，目前设计的静电除尘器一般仅适用于烟气温度低于 250℃、负压值小于 2KPa 的情况；一般结构的静电除尘器仅适用一级收尘，这样可以节省投资、减少占地面积。反之，若超过这个限度，则必须考虑采用二级收尘；目前设计的电收尘器一般仅能处理比电阻在 $10^4 \sim 10^{10}\,\Omega \cdot cm$ 之间，因此，在通往静电除尘器之前必须对高比电阻的粉尘烟气进行必要的调质预处理。

静电除尘器选用注意事项如下。

① 静电除尘器是一种高效除尘设备，除尘器随效率的提高，设备造价也随之提高。

② 静电除尘器压力损失小，耗电量少，运行费低。

③ 静电除尘器适用于大风量、高温烟气及气体含尘浓度较高的除尘系统。当含尘浓度超过 $60g/m^3$ 时一般应在除尘器前设预净化装置，否则会产生电晕闭塞现象，影响净化效率。

④ 静电除尘器能捕集细粒径的粉尘（小于 $0.14\mu m$）但对粒径过小、密度又小的粉尘，选择静电除尘器时应适当降低电场风速，否则易产生二次扬尘，影响除尘效率。

⑤ 静电除尘器适用于捕集比电阻在 $10^4 \sim 5 \times 10^{10}\,\Omega \cdot cm$ 范围内的粉尘，当比电阻低于 $10^4\,\Omega \cdot cm$ 时，或积于极板的粉尘宜重返气流；比电阻高于 $5 \times 10^{10}\,\Omega \cdot cm$ 时，容易产生反电晕。因此，不宜选用干式电除尘器，可采用湿式静电除尘器。高比电阻粉尘也可选用干式宽极距电除尘器，如选用 300mm 极距的干式静电除尘器，可在静电除尘器进口前对烟气采取增湿措施，或对粉尘有效驱进速度选低值。

⑥ 电除尘器的气流分布要求均匀，为使气流分布均匀，一般在电除尘器入口处设气流分布板 1～3 层，并进行气流分布模拟试验。气流分布板必须按模拟试验合格后的层数和开孔率进行制造。

⑦ 净化湿度大或露点温度高的烟气，静电除尘器要采取保温或加热措施，以防结露；对于湿度较大的气体或达到露点温度的烟气，一般可采用湿式静电除尘器。

⑧ 静电除尘器的漏风率尽可能小于 2%，减少二次扬尘，使净化效率不受影响。

⑨ 黏结性粉尘，可选用干式静电除尘器，但应提高振打强度；对沥青与尘混合物的黏结粉尘，宜采用湿式静电除尘器。

⑩ 捕集腐蚀性很强的物质时，宜选择特殊结构和防腐性好的静电除尘器。

⑪ 电场风速是静电除尘器的重要参数，一般在 0.4～1.5m/s 范围内。电场风速不宜过大，否则气流冲击极板造成粉尘二次扬尘，降低净化效率。对比电阻、粒径和密度偏小的粉尘，电风速应选择较小值。

三、立管式静电除尘器

1. 立管式特点

静电除尘器其收尘电极为圆管或蜂窝状管，电晕电极在中心位置，立管式静电除尘器的主要特点是：①收尘电极和电晕电极间距相等，电场强度比较均匀；②通常是立式构造；③用于干法除尘较困难，宜用作湿式静电除尘器；④处理风量大时，常用多管并联。

2. GL 型管式静电除尘器

立管静电除尘器由圆形的立管、鱼刺形电晕线和高压电源组成。它的主要优点是结构简单、效率较高、阻力低、耗电省等，因此，可用于冶金、化工、建材、轻工等工业部门，但这种除尘器仅适用处理小烟气量的场合。

GL 系列管式电除尘器有四种形式：A、B 型适合于正压操作，其中 A 型可安放于单体设备之旁，B 型可安放于烟上部；C 型适合于正压操作；D 型可安放在烟上部。其外形如图 6-144 所示。

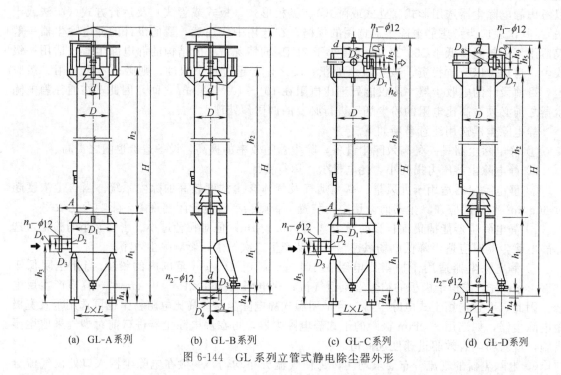

| (a) GL-A 系列 | (b) GL-B 系列 | (c) GL-C 系列 | (d) GL-D 系列 |

图 6-144　GL 系列立管式静电除尘器外形

GL 系列立管式静电除尘器技术性能、外形及安装尺寸如下所述：①阴极电晕线由不锈钢鱼骨形线构成，它具有强度大、易清灰、耐腐蚀等优点，并能得到强大的电晕流和离子风以及良好的抗电晕闭塞性能；②使用伞形圈，可使气流和灰流分路，从而有可能防止二次飞扬，提高电场风速；③机械振打清灰，阳极采用带配重的落锤振打，使振打点落在框架上，振打力分布在整个集尘部分框架上，提高清灰效果；阴极采用配置绝缘材料的落锤振打，也使清灰良好；④GL 系列的性能参数、外形及安装尺寸见表 6-28 及表 6-29。

表 6-28　GL 系列立管式静电除尘器性能参数

型　号　参　数	GL0.5×6				GL0.75×7				GL1.0×8			
	A	B	C	D	A	B	C	D	A	B	C	D
处理风量/(m³/h)	1411～2544				2545～5727				4521～10173			
电场风速/(m/s)	2～3.6				1.6～3.6				1.6～3.6			
粉尘比电阻/(Ω·cm)	10^4～10^{11}				10^4～10^{11}				10^4～10^{11}			
入口含尘浓度/(g/m³)	<35				<35				<35			
工作温度/℃	<250				<250				<250			
阻力/Pa	200				200				200			
配套高压电源规格	100kV/5mA				100kV/10mA				120kV/30mA			
本体重/t	3.3	3.0	3.5	3.2	4.5	3.9	4.7	4.1	6.5	5.4	6.7	5.6
配套高压电源型号	CK 型尘源控制高压电源或 GGAJO2 型压电源											

注：高压硅整流及低压系统图由制造厂提供。

表 6-29　GL 系列立管式静电除尘器外形及安装尺寸

型　号	进口法兰尺寸/mm												出口法兰尺寸/mm						孔数/个	
	d	D	D_1	H	h_1	h_2	h_3	h_4	h_5	h_6	A	L	D	D	D	D	D	n	n_1	n_2
GL0.5×6A	500	800	1500	11900	3600	6000	2600	700			1450	1430	300	335	370				8	
GL0.75×7A	750	1100	2100	13300	4000	7000	2800	700			1650	2030	380	415	460				8	
GL1.0×8A	1000	1500	2400	16340	4400	9400	3000	700			1900	2330	550	600	650				10	
G0.5×6B	500	800		11400	3100	6000			100		800								8	10
GL0.75×7B	750	1100		13200	3920	7000			100		1000								8	16
GL1.0×8B	1000	1500		16650	4710	9400			100		1200								10	20
GL0.5×6C	500	8000	1500	11000	3600	6000	2600	700	1200	400	1450	1430	300	335	370	320	360	400	8	
GL0.75×7C	750	1100	2100	12400	4000	7000	2800	700	1200	400	1650	2030	380	415	460	400	440	480	8	
GL1.0×8C	1000	1500	2400	15400	4400	9400	3000	700	1400	500	1900	2330	550	600	650	580	620	560	10	
GL0.5×6D	500	800		10500	3100	6000		100	1200	400	800					320	360	400	8	10
GL0.725×7D	750	1100		12320	3920	7000		100	1200	400	1000					400	440	480	8	16
GL1.0×8D	1000	1500		15710	4710	9400		100	1400	500	1200					580	620	660	10	20

四、板卧式静电除尘器

1. 特点

卧式静电除尘器的收尘极板由若干块平板组成，为了减少粉尘的二次飞扬和增强极板的刚度，极板一般要轧制成各种不同的断面形状，电晕极安装在收尘极板构成的通道中间。

卧式静电除尘器之气体在静电除尘器内沿水平方向运动，与立式静电除尘器相比有以下特点：①各个电场可以施加相同电压，也可以分别施加不同的电压，分别施加不同的电压以便充分提高除尘效率，沿气流方向可分为若干个电场；②根据所要求的除尘效率，可任意增加电场长度，但太长会增加费用，而效果却不十分理想；③在处理较大的烟气量时能保证气流沿电场断面均匀分布，清灰比较方便；④各个电场可以分别捕集不同粒度的粉尘，这有利于粉尘的捕集回收；⑤静电除尘器的电场强度不够均匀。

2. SHWB 型静电除尘器

SHWB 型静电除尘器的收尘板为 Z 形板式，电晕极为框式星形线（螺旋线）。除尘器为单室二电场，交叉振打，卧式电除尘器，规格从 3～60m²。SHWB 型电除尘器是在 20 世纪 70 年代初，由有关单位共同设计的系列设备。限于当时的技术水平，使该系列设备在技术参数的确定和结构方面，其应用范围受到一定限制。选用时应依据选型计算进行设备选型。

SHWB 型电除尘器共有 9 个规格，均为平板型卧式单室两电场结构。技术参数见表 6-30。SHWB$_{3,5}$型电除尘器外形及尺寸分别见图 6-145 及表 6-31。SHWB$_{10,15}$型电除尘器外形及尺寸分别见图 6-146 及表 6-32。SHWB$_{20,30,40,50,60}$型电除尘器外形及尺寸分别见图 6-147 及表 6-33。SHWB 型静电除尘器电器配置见表 6-34。

表 6-30　SHWB 型电除尘器技术参数

型号	$SHWB_3$	$SHWB_5$	$SHWB_{10}$	$SHWB_{15}$	$SHWB_{20}$	$SHWB_{30}$	$SHWB_{40}$	$SHWB_{50}$	$SHWB_{60}$
有效面积/m²	3.2	5.1	10.4	15.2	20.11	30.39	40.6	50.3	63.3
生产能力/(m³/h)	6900~9200	11000~14700	30000~37400	43800~54700	57900~72400	109000~136000	146000~183000	191000~248000	228000~296000
电场风速/(m/s)	0.6~0.8	0.6~0.8	0.6~0.8	0.6~0.8	0.6~0.8	1~1.25	1~1.25	1~1.3	1~1.3
正负极距离/mm	140	140	140	140	150	150	150	150	150
电场长度/m	4	4	5.6	5.6	5.6	6.4	7.2	8.8	8.8
每个电场沉淀极排数	5	9	12	15	16	18	22	22	26
每个电场电晕极排数	6	8	11	14	15	17	21	21	25
沉淀极板总面积/m²	106	159	448	647	776	1331	1932	3168	3743
沉淀极板长度/mm	2300	2300	3400	4000	4500	6000	6500	8500	8500
沉淀极板振打打方式	挠臂锤机械振打	挠臂锤机械振打	挠臂锤机械振打	挠臂锤机械振打	挠臂锤机械振打（双面）	挠臂锤机械振打（双面）	挠臂锤机械振打（双面）	挠臂锤机械振打（双面）	挠臂锤机械振打（双面）
电晕极振打方式	电磁振打	电磁振打	提升脱离机构	提升脱离机构	提升脱离机构	提升脱离机构	提升脱离机构	提升脱离机构	提升脱离机构
电晕极线型式	星形	星形	星形	星形	星形	星形	星形或螺旋形	星形或螺旋形	星形或螺旋形
每个电场电晕极线长度/m	105	147	459	725	861	1491	星形 2264　螺旋形 2485	星形 3351　螺旋形 4897	星形 4290　螺旋形 5275
烟气通过电场时间/s	5~6.7	5~6.7	5~6.7	5~6.7	5~6.7	5.1~6.4	5.8~7.2	6.8~8.8	6.8~8.8
电场内烟气压力/Pa	+20~-200	+20~-200	+20~-200	+20~-200	+20~-200	+20~-200	+20~-200	+20~-200	+20~-200
阻力/Pa	<200	<200	<300	<300	<300	<300	<300	<300	<300
设计效率/%	98	98	98	98	98	98	98	98	98
气体允许最高温度/℃	300	300	300	300	300	300	300	300	300
硅整流装置装置规格	GGAJ(02) 0.1A/72kV	GGAJ(02) 0.1A/72kV	GGAJ(02) 0.1A/72kV	GGAJ(02) 0.1A/72kV	GGAJ(02) 0.1A/72kV	GGAJ(02) 0.1A/72kV	GGAJ(02) 0.1A/72kV	GGAJ(02) 0.1A/72kV	GGAJ(02) 0.1A/72kV
设备外形尺寸/mm	2730×5475×8175	3589×6545×9250	6500×9893×10100	6950×10547×10900	7700×11116×11800	8500×13225×13400	9500×14500×19950	9830×16430×15850	10950×18452×17520
设备总质量/kg	7790	12375	39097	48208	64551	73828	118231	134921	172742

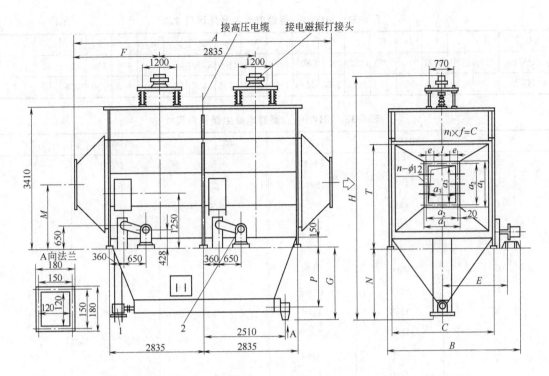

图 6-145　SHWB$_{3、5}$型静电除尘器外形及电器配置（单位：mm）

1—减速电机；2—行星摆线针减速器

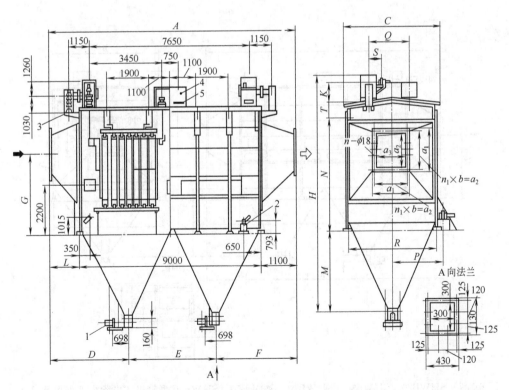

图 6-146　SHWB$_{10、15}$型静电除尘器外形及电器配置（单位：mm）

1—减速电机；2—行星摆线针减速器；3—高压电缆接头；4—温度继电器；5—管状电加热器

表 6-31　　SHWB$_{3、5}$型静电除尘器外形尺寸表　　　　　　单位：mm

型号	A	B	C	D	E	F	G	H	K	M	N	P	a_1	a_2	a_3	e	f	n	n_1
SHWB$_3$	7240	2730	1850	160	1271	16425	1330	5805	1020	1625	1400	2530	500	460	400	150	160	12	1
SHWB$_5$	7436	3589	2726	260	1691	1695	2060	6545	1750	1600	2135	2490	560	520	460	130	130	16	2

表 6-32　　SHWB$_{10、15}$型静电除尘器外形尺寸　　　　　　单位：mm

尺　寸	SHWB$_{10}$	SHWB$_{15}$	尺　寸	SHWB$_{10}$	SHWB$_{15}$
A	11400	11630	R	3630	4500
C	4000	4900	T	685	680
D	3545	3730	S	912.5	862.5
E	4590	4600	Q	1960	2240
F	3305	3300	a_1	976	1085
G	2900	3130	a_2	920	1020
H	9893	10547	a_3	850	960
K	1448	1450	b	115	170
L	1340	1530	d	28	33
M	3000	3060	n	32	24
N	4300	4900	n_1	8	6
P	2113	2533			

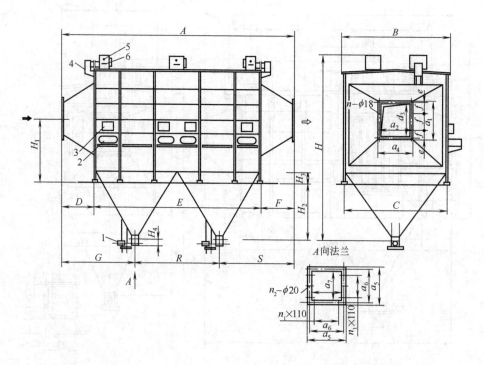

图 6-147　　SHWB20、SHWB30、SHWB40、SHWB50、SHWB60 型管极式电除尘器外形及尺寸

1—减速电机；2—阳极振打减速器；3—阴极振打减速器；4—高压电缆接头；
5—温度继电器；6—管状电加热管

表 6-33　SHWB20、SHWB30、SHWB40、SHWB50、SHWB60 电除尘器外形尺寸　　单位：mm

型号	SHWB20	SHWB30	SHWB40	SHWB50	SHWB60	型号	SHWB20	SHWB30	SHWB40	SHWB50	SHWB60
A	12740	13920	14730	16060	165480	H_4	600	600	760	760	760
B	5125	6050	6670	16060	8510	a_1	1426	1762	2050	2150	2362
C	5040	5980	6590	7995	8430	a_2	1374	1072	1990	2090	2302
D	1990	2440	2770	7520	3400	a_3	1300	1600	1900	2000	2200
E	9400	9800	10100	3080	10700	a_4	1120	1395	1620	1740	1980
F	1350	1680	1800	10700	2480	a_5	530	530	630	630	630
G	4340	4890	5295	2280	6075	a_6	470	470	570	570	570
R	4700	4900	5050	5755	5350	a_7	400	400	500	500	500
S	3700	4130	4385	5350	5155	e	26	30	30	30	30
H	11800	13400	14900	14955	17520	f	127	153.3	185	175	161
H_1	3760	4680	5350	15850	6210	n	40	44	44	48	56
H_2	3700	4030	4360	4550	4580	n_1	2	2	3	3	3
H_3	600	700	700	700	700	n_2	12	12	16	16	16

表 6-34　SHWB 型静电除尘器电器配置

名　称	性　能	数量	除尘器规格
减速电机	JTC-502 1kW48r/min	1	WHWB$_5$ HWB$_4$
	JTC-562 1kW31r/min	2	WHWB$_{10}$ SHWB$_{15}$
	JTC-751 1kW31r/min	2	WHWB$_{20}$ HWB$_{30}$
	JTC-752 1kW31r/min	2	WHWB$_{40}$ SHWB$_{50}$
行星摆线针轮减速器	XWED0.4-63i＝3481	2	SHWB$_4$ SHWB$_5$
	XWED0.4-63i＝3481	4	SHWB$_{20}$ SHWB$_{30}$
	XWED0.4-63i＝3481	10	SHWB$_{20}$ SHWB$_{30}$ SHWB$_{40}$
			SHWB$_{50}$ SHWB$_{60}$
高压电缆接头		2	SHWB$_{20}$ SHWB$_{15}$
			SHWB$_{20}$ SHWB$_{30}$ SHWB$_{40}$
			SHWB$_{50}$ SHWB$_{60}$
温度继电器	XU、200	5	SHWB$_{20}$ SHWB$_{15}$
		6	SHWB$_{20}$ SHWB$_{30}$ SHWB$_{40}$
			SHWB$_{50}$ SHWB$_{60}$
管状电加热器	SR2 型 380V2.2kW	6	SHWB$_{20}$ SHWB$_{15}$
		8	SHWB$_{20}$ SHWB$_{30}$ SHWB$_{40}$
			SHWB$_{50}$ SHWB$_{60}$
高压硅整流装置	GGAJ(02)-0.1A/72kV	1	SHWB$_{20}$ SHWB$_{15}$
	GGAJ(02)-0.2A/72kV	2	SHWB$_{20}$ SHWB$_{30}$ SHWB$_{40}$
	GGAJ(02)-0.4A/72kV	2	SHWB$_{50}$ SHWB$_{60}$
	GGAJ(02)-0.7A/72kV	2	SHWB$_{50}$ SHWB$_{60}$
	GGAJ(02)-1.0A/72kV	2	

五、宽间距静电除尘器

　　宽间距静电除尘器一般极距为 400～650mm。第一台宽极距除尘器用于日本水泥工业的熟料冷却机烟气系统，该除尘器 3 个电场的极距分别为 300mm、400mm 和 500mm，效果很好，目前已用于有色冶金、水泥、电力、钢铁等行业。

1. 宽间距静电除尘器的特点

(1) 能有效地捕集高比电阻烟尘　宽间距反电晕现象减少，同时由于电晕线附近电风速度大，烟尘不易黏结，也不易产生电晕闭锁现象。

(2) 能捕集超细烟尘（0.01μm）　宽间距静电除尘器能提高运行电压，加速超细烟尘的凝聚，使烟尘粒径加大，提高烟尘驱进速度，有利于超细烟尘的捕集。

(3) 节省投资　由于极距加大，电晕电极数量减少，除尘器重量减小。但对 400～500mm 的极距，提高电压的费用很少或不需增加费用。

(4) 便于维修和安装　一般静电除尘器的安装误差极为严格，极距 400～500mm 静电除尘器安装误差则可稍微放宽，而且宽极距静电除尘器便于更换电晕线。

(5) 降低电耗　宽间距静电除尘器的电晕电极线电流虽有增加，但电晕电极数量减少，因而总电流下降，总功率也随之降低。

(6) 有一定的适用条件　如烟气含尘量大，火花电压下降，烟尘空间电荷效应加强而使荷电稳定性下降。实践中可以采用宽窄极距结合的方案，即前面电场采用常规间距，后面电场采用宽间距。

2. 宽间距静电除尘器主要参数选择

(1) 极距　对于大于 100m² 的除尘器，极距宜取 500～600mm，小于 100m² 的除尘器，极距为 400～500mm，前者供电电压为 90～120kV，后者为 72～90kV。屋顶式静电除尘器和立管式静电除尘器的极距可达 1000mm，供电电压为 150kV。

(2) 驱进速度　最好根据试验来确定，如无试验条件，可根据相同烟气条件的常规静电除尘器驱进速度推算，推算式如下。

$$\omega_1 = k\omega_0 \frac{D_1}{D_0} \tag{6-113}$$

式中　ω_1——宽极距静电除尘器驱进速度，cm/s；

　　　k——系数，极距小于 600mm 可选 1～1.1，极距大于 600mm 可选 0.75～1；

　　　ω_0——常规静电除尘器的驱进速度，cm/s；

　　　D_1——宽极距静电除尘器的极距，cm；

　　　D_0——常规静电除尘器的极距，cm。

(3) 线间距　电晕线间距与电晕电极形状有关，对于普通圆线或星形线，线间距为极距的 0.5～0.8；对于芒刺线，线间距约与极距相同。

(4) 电场强度　极距对电场强度无明显影响，一般为 3～3.5kV/cm，设备额定电压可稍高于此值。

(5) 电晕电流　电晕电流大小和烟尘气性质、湿度有密切关系，在工况条件相同情况下，电晕电流和极距成正比，如极距为 250mm，电晕电极的比电流为 0.22mA/m；极距为 500mm 时，比电流可选 0.44mA/m。

3. CDPK 型宽间静电除尘器

CDPK 宽间距静电除尘器是一种高效除尘器。CDRK(H)-10/2 型适用于 φ2.8m×14m 回转式烘干机（顺流或逆流），H 标号是耐蚀烘干机专用；CDRK(H)-10/2，适用于 φ1.9/1.6m ×36m 小型中空干法回转空窑；CDRK(H)-30/3 型，适用于 φ2.4mm×44mm 左右的预热回转窑；CDRK(H)-45/3 型，2 台并用，适用于 φ40m×60m 立筒式或四对预热回转窑。CDPK 型宽间距静电除尘器适用于湿法或立波尔回转窑，在结构上考虑了耐蚀措施。其外形见图 6-148，技术参数见表 6-35。

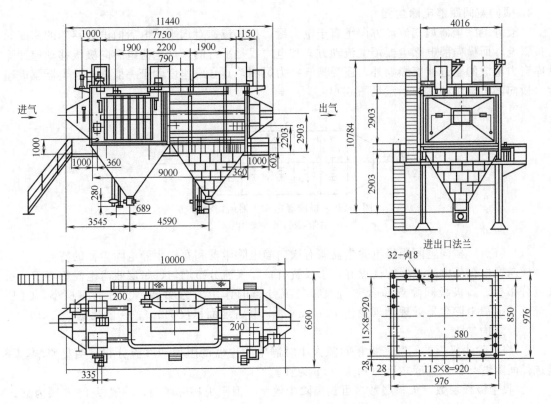

图 6-148 CDPK 型电除尘器外形尺寸（单位：mm）

表 6-35 CDPK 型静电除尘器技术参数

型 号	CDPK-10/2 单室两电场 10m²	CDPK-20/2 单室两电场 20m²	CDPK-30/3 单室三电场 30m²	CDPK-45/3 单室三电场 45m²
电场有效断面积/m²	10.4	15.6	20.25	31.25
处理气体量/(m³/h)	26000~36000	39000~56000	50000~70000	67000~112000
总除尘面积/m²	316	620	593	1330
最高允许气体温度/℃	<250	<250	<250	<300
最高允许气体压力/Pa	200~2000	200~2000	200~2000	80
阻力损失/Pa	<200	<300	<200	99.8
最高允许含尘浓度/(g/m³)	30	60	30	80
设计除尘效率/%	99.5	99.7	99.5	99.8
设备外形尺寸(长×宽×高)/mm	11440×4016×10784	15730×4960×10096	17620×5662×11765	18268×6196×12599
设备本体总质量/t	43.5	84	68.7	104.36
型 号	CDPK-55/3 单室三电场 55m²	CDPK-67.5/3 单室三电场 67.5m²	CDPK-90/2 单室三电场 90m²	CDPK-108/3 单室三电场 108m²
电场有效断面积/m²	56.8	67.54	90	108
处理气体量/(m³/h)	143000~240000	178000~244000	210000~324000	272000~360000
总除尘面积/m²	3125	3790	4540	5324
最高允许气体温度/℃	<250	<250	<250	<250
最高允许气体压力/Pa	200~2000	200~2000	200~2000	200~2000
阻力损失/Pa	<300	<300	<300	<300
最高允许含尘浓度/(g/m³)	80	80	80	80
设计除尘效率/%	99.8	99.8	99.8	99.45~99.8
设备外形尺寸(长×宽×高)/mm	23942×8686×16531	24620×9290×19832	25180×9700×17200	25180×9700×19200
设备本体总质量/t	162	197.5	240	314.2

4. 横向宽间距静电除尘器

一般静电除尘器烟气流动方向垂直于电力线，烟气流速对烟尘荷电后向电极移动的速度无直接影响。而横向静电除尘器烟气流动方向和电力线是平行的，烟尘荷电后向极板移动速度除受库仑力造成的驱进速度影响外，还受烟气推力影响，其合成速度大于一般静电除尘器驱进速度。横向静电除尘器结构示意见图 6-149。

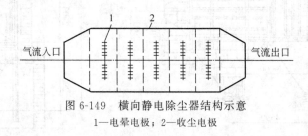

图 6-149　横向静电除尘器结构示意

1—电晕电极；2—收尘电极

（1）特点　横向宽间距静电除尘器兼有横向静电除尘器和宽极距静电除尘器的特点。

横向宽电极静电除尘器的优点有：①投资省；②气流分布均匀，每层收尘电极相当于一层气流分布板，当极板间隙选择合适时改善气流分布的作用尤为明显；③占地面积小，CLE-2.8m² 横向静电除尘器处理烟气量达 12000m³/h，其占地面积仅 12m²；④能耗低。

（2）结构参数

① 静电除尘极板的间隙。极板间隙大小对静电除尘器的阻力和气流分布有明显影响，一般选择间隙宽与极板宽度之比为 0.3～0.5 为宜。

② 收尘极板层数。极板层数多可提高除尘效率，但阻力相应增加，一般以 4～6 层为宜。

③ 同极距。烟气通过板间的狭缝时呈喷射状流过，喷射长度（L_0）与狭缝宽度（b）的关系如下式。

$$L_0 = \frac{0.52}{k}b \tag{6-114}$$

式中　L_0——喷射长度，mm；

　　　b——狭缝宽度，mm；

　　　k——射流紊动系数，一般选 0.09～0.12。

如 $b=35\sim40$mm，L_0 为 150～200mm，极距应大于 450～600mm，当供电电压选用100～140kV 时，同极间距可先 500～800mm。

④ 收尘电极形状。为防止烟尘二次飞扬，收尘电极宜选用槽形或 X 形电极，电极宽度最大为 130mm。

⑤ 电场风速。以 1～1.5m/s 为宜，风速过大会引起二次飞扬。

水泥窑收尘系统的横向宽极距静电除尘器技术特性：型号 CLE-2.8；电场断面积 2.8m²；设备外形（长×宽×高）3m×2m×1.4m；同极间距 750mm；极板宽（X 形）105mm；极板狭缝 35mm；除尘效率 99%；设备阻力 200Pa；供电电源 100kV，10mA。

六、管极式静电除尘器

管极式静电除尘器又称针管式静电除尘器或原式静电除尘器，采用管状三电极结构。图 6-150 为管极式静电除尘器示意。

电晕电极和辅助电极交替布置，高压直流电接入电晕电极和辅助电极，电场中负离子随烟尘趋向收尘电极，起主要除尘作用，正离子随烟尘趋向辅助电极也起到辅助除尘作用，在辅助电极和收尘电极之间的均匀电场中，正负离子都能发挥其烟尘荷电后的除尘作用，并相应增加收尘面积，在相同断面和烟气流速的条件下，管极式静电除尘器的电场长度可缩短 1/3。

辅助电极是带高压电的，在除尘过程中表面需要一段时间后形成正离子层，此过程使电流下降现象减轻，减少了反电晕现象的产生，故能捕集高比电阻烟尘。

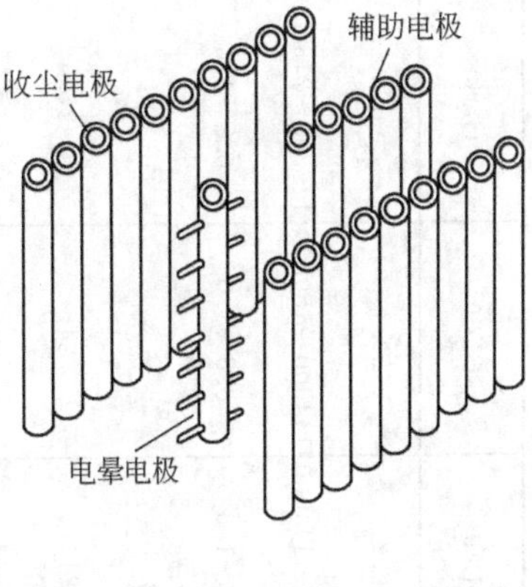

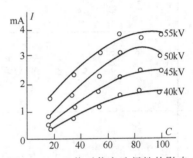

图 6-150　管极式静电除尘器示意

1. 管极式静电除尘器的特点

特点主要包括：①能提高烟尘的驱进速度；②适于捕集高比电阻烟尘；③增加有效收尘面积 1/10～1/3，辅助电极捕集的烟尘占总烟尘量 1/10～1/5；④可减少占地面积和设备重量；⑤可采用管帏式收尘电极和辅助电极，鱼骨线电晕电极，热变形小，适用于高温烟气净化。

2. 主要结构和参数

（1）电极形式　收尘电极和辅助电极可为管帏式亦可为板式，电晕电极可用圆线、星形线或芒刺线。针长 100mm，针径 3mm，针与针的间距 40～60mm，材质为不锈钢。

（2）极距　极距可在 80～600mm 范围内选择。小型静电除尘器的极距通常为 220～250mm，大型管极式静电除尘器极配关系见图 6-151。图 6-151 中 A 为电极间距，为同极间距的 1/2；B 为电极净间距；C 为电晕电极针尖和辅助电极间的距离，为关键尺寸，改变此值可影响静电除尘器的空载伏安特性，其关系见图 6-152。

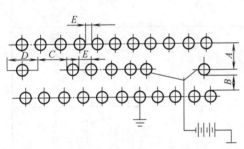

图 6-151　管极静电除尘器极配关系

图 6-152　C 值对伏安选择性的影响

由图 6-152 可知，电场强度一定时，电晕电流随 C 值增加而提高，同极间距为 250mm、运行电压 45kV 时，C 值可选 70mm；烟尘比电阻为 $10^{13}\Omega \cdot cm$ 时，C 值可选取 50mm。对比电阻更高的烟尘，为防止反电晕发生，C 值可选小一些，放电区也随之减小；D 为电晕电极针长，一般为 100mm；E 是收尘电极与辅助电极的管间间隙，为 10～20mm。

（3）电晕电流　电晕电流与运行电压、极配关系、烟气含尘、烟尘比电阻等均有关系，当电压为 40kV，A 为 110mm，B 为 75mm，C 为 84mm，E 为 12mm，放电针直径为 3mm 时，每根针包括两个尖端的电晕电流为 0.015mA，根据每个电场放电针的总数，即可求出每个电场的总电晕电流。

3. GD 系列管极式静电除尘器

由于 GD 系列静电除尘器是采用管状三电极结构，所以可防止断线和阴极肥大，设置辅助电极带负电，可收集带正电的尘粒。

GD 系列电除尘器技术参数见表 6-36。GD5、GD7.5、GD10、GD15 型管极式静电除尘器外形及尺寸分别见图 6-153 及表 6-37。GD20、GD30、GD40、GD50、GD60 型管极式静电除尘器外形及尺寸分别见图 6-154 和表 6-38。

表 6-36　GD 系列管极式静电除尘器技术参数

型　　号	GD5	GD7.5	GD10	GD15	GD20	GD30	GD40	GD50	GD60
有效断面积/m²	5.1	7.6	10.2	15.1	20.3	30.2	40.2	50.1	60.3
生产能力/(m³/h)	12600~16200	18900~24300	25500~32000	37800~48600	57600~72000	86400~108000	115200~144000	144000~180000	172800~216000
电场风速/(m/s)	0.7~0.9	0.7~0.9	0.7~0.9	0.7~0.9	0.8~1.0	0.8~1.0	0.8~1.0	0.8~1.0	0.8~1.0
电场长度/m	4.4	5.2	5.2	6.0	6.0	6.0	6.8	6.8	6.8
每个电场的沉淀极排数	9	10	11	14	16	19	21	24	27
每个电场的电晕极排数	8	9	10	13	15	18	20	23	26
沉淀板总面积/m²	183	276	384	611	823	1317	1868	2439	3005
电晕板振打方式	拨叉式机械振打	拨叉式机械振打	拨叉式机械振打	拨叉式机械振打	拨叉式机械振打	拨叉式机械振打	拨叉式机械振打	拨叉式机械振打	拨叉式机械振打
烟气通过电场时间/s	4.9~6.3	5.8~7.4	5.8~7.4	5.8~7.4	6~7.5	6~7.5	6.8~8.5	6.8~8.5	6.8~8.5
电场内烟气压力/10Pa	+20~200	+20~200	+20~200	+20~200	+20~200	+20~200	+20~200	+20~200	+20~200
阻力/Pa	<200	<200	<200	<200	<200	<200	<200	<200	<200
气体允许电高温度/℃	300	300	300	300	300	300	300	300	300
设计效率/%	90	99	90	99	90	99	90	90	99
硅整流装置规格	GGAJ(02)	GGAJ(02)	GGAJ(02)	GGAJ(02)	GGAJ(02)	GGAJ(02)	GGAJ(02)	GGAJ(02)	GGAJ(02)
	0.1A/72kV	0.1A/72kV	0.1A/72kV	0.1A/72kV	0.1A/72kV	0.1A/72kV	0.1A/72kV	0.1A/72kV	0.1A/72kV
设备外形尺寸/mm	9860×2790×8475	10940×3093×9250	11100×3470×10900	12740×5040×11800	13920×5980×13400	14730×5780×14950	13920×5980×13400	16060×6570×14950	16580×8430×17520
设备总质量/kg	15813	23676	47612	52864	69951	86308	134615	157291	188624

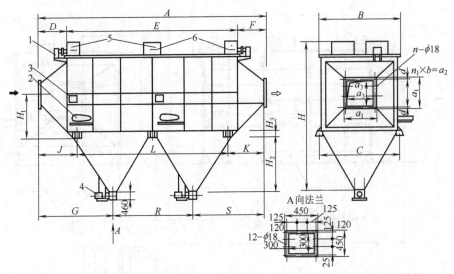

图 6-153　GD5、GD7.5、GD10、GD15 型管极式静电除尘器外形及电器配置（单位：mm）

1—减速电机；2—阳极振打减速器；3—阴极振打减速器；4—高压电缆接头；

5—温度继电器；6—管状电加热管

表 6-37　GD5、GD7.5、GD10、GD15 型管极式静电除尘器外形尺寸　　　　单位：mm

尺 寸	GD5	GD7.5	GD10	GD15	尺 寸	GD5	GD7.5	GD10	GD15
A	9860	10940	11100	13400	H_1	8475	9250	10100	4100
B	2865	3160	3545	4175	H_2	2140	2550	2800	10900
C	2790	3090	3470	4175	H_3	3075	3250	3425	2900
D	1030	1240	1400	4100	H_4	300	300	300	300
E	7800	8600	8600	1500	a_1	700	906	976	1080
F	1030	1100	1100	1040	a_2	660	840	920	1020
G	2980	3390	3550	1500	a_3	600	780	850	960
J	1530	1740	2000	4100	B	110	120	115	170
K	1530	1600	1700	2100	D	20	33	33	25
L	6800	7600	7400	2100	N	24	28	24	28
R	3900	4300	4300	9200	N	6	7	8	8
S	2980	3250	3250	5200					

表 6-38　GD20、GD30、GD40、GD50、GD60 型管极式静电除尘器外形尺寸　　　　单位：mm

尺 寸	GD20	GD30	GD40	GD50	GD60	尺 寸	GD20	GD30	GD40	GD50	GD60
A	12740	13920	14730	16060	165480	a_1	1426	1762	2050	2150	2362
B	5125	6050	6670	16060	8510	a_2	1374	1072	1990	2090	2302
C	5040	5980	6590	7995	8430	a_3	1300	1600	1900	2000	2200
D	1990	2440	2770	7520	3400	a_4	1120	1395	1620	1740	1980
E	9400	9800	10100	3080	10700	a_5	530	530	630	630	630
F	1350	1680	1800	10700	2480	a_6	470	470	570	570	570
G	4340	4890	5295	2280	6075	a_7	400	400	500	500	500
R	4700	4900	5050	5755	5350	B	140	155	180	174	165
S	3700	4130	4385	5350	5155	E	26	30	30	30	30
H	11800	13400	14900	4955	17520	F	127	153.3	185	175	161
H_1	3760	4680	5350	15850	6210	N	40	44	44	48	56
H_2	3700	4030	4360	4550	4580	N_1	8	9	9	10	12
H_3	600	700	700	700	700	N_2	2	2	3	3	3
H_4	600	600	760	760	760	N_3	12	12	16	16	16

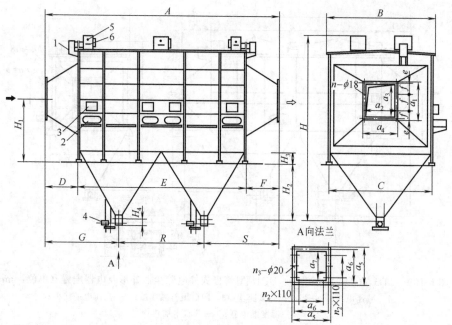

图 6-154 GD20、GD30、GD40、GD50、GD60 型管极式静电除尘器外形及电器配置（单位：mm）

1—减速电机；2—阳极振打减速机；3—阴极振打减速机；4—高压电缆接头；

5—温度断电器；6—管状电加热器

GD 系列管极式静电除尘器适用于粉尘比电阻为 $10^3 \sim 10^{12}\,\Omega \cdot cm$，不适用于有腐蚀性或具有燃烧、爆炸等物相变化的含尘气体。该除尘器均按户外条件设计，有防雨外壳，平台、支架与基础需按制造厂图纸或技术条件自行设计。GD 系列静电除尘器出厂时配有电控装置，应设置在控制室内，控制室应尽量靠近静电除尘器，室内高度<4m，所有门窗应向外开，地面光滑、双层窗，并具有良好的密封性；预埋电缆（线）管应有良好接地，电控室应设有通风，并考虑防火与防电磁辐射措施。所配高压硅整流装置均为单相全波整流机，接线时应注意网络平衡。除电晕极外，包括外壳在内有其他可能漏散电流的地方，均应有效接地，接地电阻<4Ω。GD 系列管极式静电除尘器设备配置如表 6-39 所列。

表 6-39 GD 系列管极式静电除尘器电器设备配置

名　　称	性　　能	数量	除尘器规格
减速电机	JTC-562 1.6Wlr/min	2	GD5、GD7.5、GD10、GD15
	JTC-751 12.6Wlr/min	2	GD20、GD30
	JTC-752 4.2Wlr/min	2	GD40、GD50、GD60
阳极振打行星摆线针轮	XWED0.4-63.I=3481	2	GD5、GD7.5、GD10、GD15
		4	GD20、GD30、GD40、GD50、GD60
阴极振打行星摆线针轮减速器	XWED0.4-63.I=3481	2	GD5、GD7.5、GD10、GD15
		4	GD20、GD30、GD40、GD50、GD60
高压电缆接头		2	GD5、GD7.5、GD10、GD15
温度继电器	XU-200	6	GD5、GD7.5、GD10、GD15
管状电加热器	SR2 型 380V，2.2kW	12	GD5、GD7.5、GD10、GD15
高压硅整流装置	GGAJ(02) 0.1A/72kV	2	GD5、GD7.5、GD10、GD15
	GGAJ(02) 0.2A/72kV	2	GD10、GD15
	GGAJ(02) 0.4A/72kV	2	GD20、GD30
	GGAJ(02) 0.7A/72kV	2	GD40
	GGAJ(02) 1.0A/72kV	2	GD50、GD60

注：GD 系列除尘器出厂时均不带高压电缆和高压隔离开关。

七、湿式静电除尘器

湿式静电除尘器有立式和卧式两种类型。立式为湿式管式静电除尘器，卧式为湿式板极式静电除尘器，其共同特点是采用湿法清灰，避免粉尘二次飞扬。

1. 湿式卧式静电除尘器

湿式卧式静电器主要用于钢铁企业，如初轧厂、连铸车间火焰清理机、煤气柜等产生的烟尘，及无缝钢管车间轧管机产生的油雾净化，近年来在电厂开始开发应用。除尘器一般为板式结构，极板和电晕线的清灰采用喷水冲洗，粉尘不易产生二次扬尘。极板可选用平板型、波形板或钢板周边用钢管加固等形式，电晕线可采用圆形线、半月线或带钢形线。

钢铁企业静电除尘器的性能参数见表 6-40，外形见图 6-155。

表 6-40 湿式卧式静电除尘器主要性能

使用地点	烟气量 /(m³/h)	压力损失 /Pa	入口含尘浓度 /(g/m³)	电场数	电场风速 /(m/s)	停留时间 /s	同极间距 /mm	极板形式	电晕线形状	高压硅整流装置容量 电压 /kV	高压硅整流装置容量 电流 /mA	净化效率 /%
无缝钢管车间连轧管机组排烟除尘	9000		0.5	2	0.7	9.1		钢板、周边钢管加固波形管	带钢形	78	2×300	92
初轧车间火焰清理机除尘	186000～210000	200～250	0.8～1.5	2	1.02	7.1～8	250		半月形	60	2×800～1200①	83～96.67
连铸车间火焰清理机除尘	150000		2.0	2	0.915	8	250	平板	圆形	60	2×300	97.5

① 用于火焰清理机的湿式卧式静电除尘器电场电流前室为 800mA，后室为 1200mA。

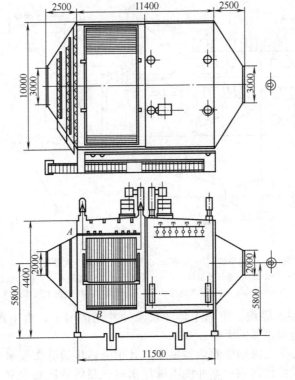

图 6-155 湿式卧式静电除尘器（单位：mm）

干式静电除尘器与湿式静电除尘器的根本区别在于前者用重锤振打清灰，后者用水膜冲洗清灰。这一区别带来除尘器性能的变化。

(1) 静电除尘器的清灰系统　要使电除尘器的除尘效率高，必须将正负电极上的积灰经常不断的清除干净。其清灰方式采用喷水冲洗方式。

清灰的喷嘴布置是按水膜喷水和冲洗喷水两种操作制度排列的。

① 水膜喷水。本湿式静电除尘器设有三个清灰水膜喷水，即分布板水膜、前段水膜和电极板水膜。

分布板水膜喷水　在静电除尘器进风扩散管内 2 排气流均匀分布板迎风面的斜上方，各设 1 排喷嘴，直接向分布板迎风面喷水，形成水膜。

电极板水膜喷水是在每个收尘室电极板上各设 8 排喷嘴，喷嘴由电极板上部向电极板喷水，使电极板表面形成不断向下流动的水膜，以达到清灰的目的。

② 冲洗喷水。在每个收尘室电极板水膜喷水管的上部，设有 4 排冲洗喷嘴，每排装喷嘴若干个，每个收尘室共装喷嘴若干个，两个收尘室共装 128 个喷嘴。

根据操作程序规定，当静电除尘工作室进行水膜喷水，停止后立即进行前区冲洗 3min，接着后区冲洗 3min。

③ 供水要求

耗水指标：$0.4 \sim 0.5 \text{L/m}^3$ 空气，平均为 0.4L/m^3 空气。

供水压力：0.49Mpa。

温度：低于 50℃。

供水水质：悬浮物低于 50mg/L，全硬度低于 200mg/L。

(2) 供水和排水系统（见图 6-156）

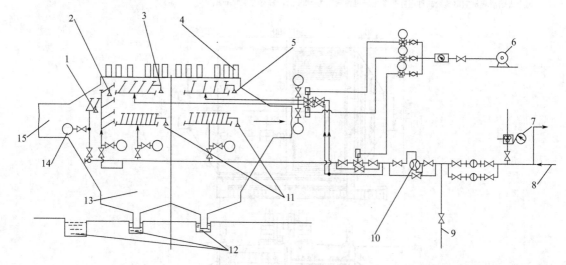

图 6-156　给排水系统流程

1—分布 6 板喷嘴；2—前段喷嘴；3—前室水洗喷嘴；4—绝缘子箱共 12 个；5—后室水洗喷嘴；
6—电动机；7—水道设备；8—污循环水；9—排水管；10—流量水板；11—前后室水膜喷嘴；
12—排水坑；13—湿式电除尘器；14—阀门；15—含尘气体入口

① 静电除尘器的供水系统。电除尘器清灰及冲洗用的喷水，由生产工艺污循环水系统供给，接管位置处于静电除尘器的旁侧。

流量计后供水管分为三路向电除尘器供水，其中一路供给分布板水膜，前段水膜，电极板水膜喷嘴用水；一路供给前区收尘室冲洗喷嘴用水；一路供后区收尘室冲洗喷嘴用水。在三路管线上的起点处各设有一个气动球阀，控制其流量。

② 静电除尘器的排水系统。由静电除尘器排出的含尘污水流入集水槽内，然后用水泵压入混合槽

加药搅拌流入浓缩池内进行沉淀。经过沉淀处理的澄清水流入澄清槽内，再用水泵送入电除尘器。

沉淀下来的泥浆经真空脱水处理后，由皮带运输机装车，用汽车运往全厂含油泥渣焚烧设施进行处理。

(3) 绝缘套管保温箱送风　为防止周围温度过低时表面出现凝结水和灰尘进入保温箱内，造成绝缘体产生沿面放电，以致影响静电除尘器电压的升高，使静电除尘器不能正常工作，为此将这些套管等绝缘体安装在保温箱内，并设有一套送风系统向保温箱内送风，保持箱内一定的正压和温度，送风温度比室外大气温度高 20℃。

保温箱送风系统设在静电除尘器顶部，该系统吸室外空气，空气先经空气过滤器净化，再由通风机压入电加热器加温后，沿管道送入每个绝缘保温箱内。

2. 湿式管式静电除尘器

湿式管式静电除尘器主要用于发生炉煤气和沥青烟气净化，收尘极为钢管，采用连续供水清灰，使管壁保持一层水膜；电晕线为圆线，采用间断喷水清洗。

SGD 型湿式管式静电除尘器的主要性能见表 6-41，外形尺寸见图 6-157～图 6-159。

表 6-41　湿式管式静电除尘器主要性能

型号	处理风量 /(m³/h)	压力损失 /Pa	净化效率 /%	电场风速 /(m/s)	集尘极	电晕线	允许压力 /Pa	连续供水量 /(t/h)	间断供水量 /(t/h)	高压硅速流装置容量 电压 /kV	高压硅速流装置容量 电流 /mA	除尘器质量 /kg
SGD-3.3	6000～8000	100～200	93～99	0.5～0.67	φ325mm×8 长 4.5m	φ3mm×198m	(2～2.5)×10⁴	20	30	60kV	100	约 31200
SGD-7.5	20000	100～200	93～99	0.75	φ325mm×8 长 4m	φ3mm×400m	(2～2.5)×10⁴	50	60	60kV	200	60837
SGD-9.0	24000	100～200	93～99	约 0.75	φ325mm×8 长 4m	φ3mm×480m	(2～2.5)×10⁴	65	75	60kV	200	72592

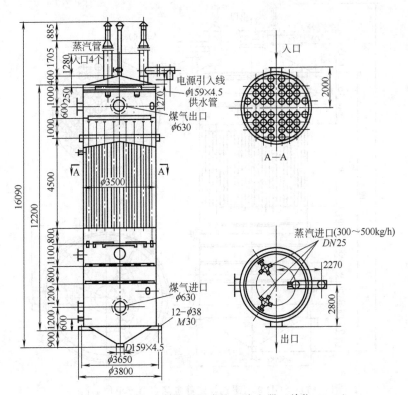

图 6-157　SGD-3.3 型湿式管式静电除尘器（单位：mm）

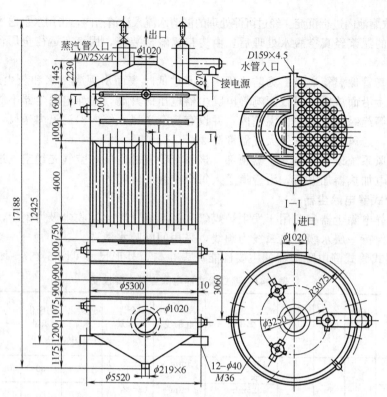

图 6-158　SGD-7.5 型湿式管式静电除尘器（单位：mm）

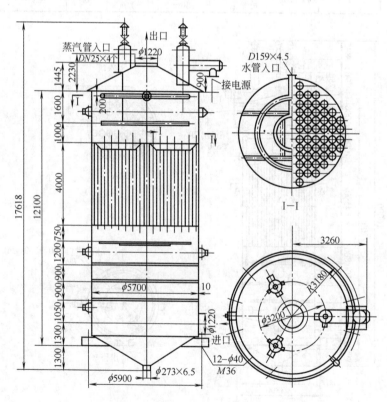

图 6-159　SGD-9 型湿式管式静电除尘器（单位：mm）

八、圆筒形静电除尘器

圆筒形静电除尘器是专门为净化钢铁企业转炉煤气设计的，应用已达到数十台之多。净化的转炉煤气中含尘几百毫克，含 CO 平均 70%，H_2 约 3%，CO_2 约 16%。圆筒形静电除尘器用于高炉煤气净化也获得成功。

回收煤气的电除尘器设计成圆形截面主要是从工艺上考虑的。其基本结构与其他卧式电除尘器一样，最根本的区别是要在确保安全的条件下，气流能在除尘器内畅通，气流运动时要避免在除尘器内形成死角，并使除尘器的壳体能承受较大的冲击强度；与此同时，还要获得所要求的除尘效率。因此将静除尘器设计成圆形截面是较为理想的，图 6-160 为其剖面图。

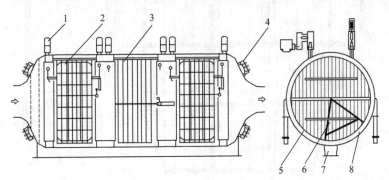

图 6-160　圆筒形静电除尘器剖面

1—绝缘子室；2—放电极框架；3—收尘极；4—泄爆阀；
5—圆筒形外壳；6—刮灰机；7—出灰口；8—圈梁

1. 圆筒形静电除尘器结构

（1）外壳　除尘器的外壳是圆形。两端收缩呈圆锥形。承受本体内部构件及载荷的是圈梁。它设置在进出口、喇叭管及电场之间，本体全部负荷通过圈梁传到下部两侧的支承轴承上。圈梁之间用钢板连接成为外壳，外壳上敷设保温层，保证电除尘器内的温度接近恒定，不致因烟气密度的局部变化而出现二次气流。除尘器壳体设计必须承受 2×10^5 Pa 的压力冲击，实际经验和理论分析表明，这一数量级的压力实际上决不会出现。耐压能力按表压设计，是考虑万一煤气发生爆炸时作为附加的安全措施，保证设备安全。

外壳两端装有两个精制的并有足够泄爆面积的安全防爆阀，以疏导可能产生的压力冲击波。安全防爆阀为弹簧式结构，当压力大于 5×10^3 Pa 时一级弹簧打开；当压力大于 1.2×10^4 Pa 时二级弹簧打开；当压力大于 6.3×10^4 Pa 时三级弹簧打开。当压力低于设定值时则逐级关闭。

（2）进出口喇叭管　进出口喇叭管设计成圆锥形，保证烟气进入和离开电除尘器时能均匀扩散和收缩。

进口喇叭管内设置多层气流分布板或气流导向装置，使气流进入电场时整个截面的流速保持均匀。各种不同成分的烟气象活塞一样，一节一节地通过除尘器，而不致前后成分不同的气体互相掺和，形成有爆炸性的危险。在转炉生产过程中出现某些不规律的现象和故障是不可能完全避免的，因此对进出口喇叭管的形状和气流分布装置提出比较高的要求。

（3）收尘极和放电极　圆筒形静电除尘器与通常的卧式电除尘器电极形式一样，收尘极采用 C 形极板，放电线为锯齿线。由于除尘器的断面为圆形，所以以收尘极与放电极的高度因位置不同而变化。

收尘极悬挂在环形圈梁支架上，清灰方式采用机械式冲击振打，振打锤安装在侧面，为了防止煤气的泄露，振打轴穿过壳体处必须密封，密封装置要安全可靠。

放电极小框架通过大框架组成一个整体，悬吊在四个陶瓷支座上。陶瓷支座应保持清洁和密

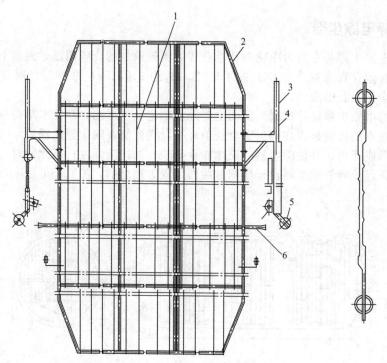

图 6-161　放电极及振打装置

1—放电线；2—放电极框架；3—大框架；4—放电极框架支架；5—振打锤；6—振打砧

封。放电极的振打如图 6-161 所示。振打传动装置放在除尘器的上部，类似通常用的顶部提升机构。

（4）刮灰机构　圆筒形静电除尘器的电极与振打装置等主要零部件可以采用通用卧式电除尘器的标准件。只是为了清除堆积在圆筒形底部的积灰，采用专门设计的一种刮灰机构。如图

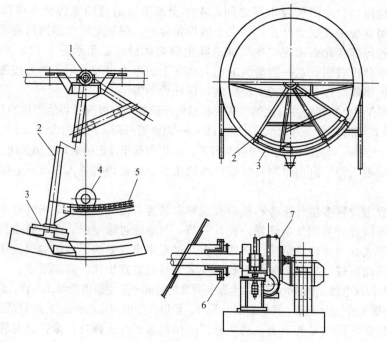

图 6-162　刮灰机构示意

1—刮灰机主轴；2—刮灰机架；3—刮板；4—主动齿轮；5—弧形齿条；6—密封装置；7—传动部分

6-162 所示。

刮灰机构由安装在除尘器两端的传动机构带动,主轴穿过除尘器壳体处注入黄油来冷却密封,以保证良好的气密性与延长填料的寿命。电机自动控制正反转动,通过主动齿轮带动扇形的刮灰机构左右摆动。刮灰机沿着圆周方向摆动,将底部的灰尘括入输灰器。为避免在输灰器中引起气流的旁通短路,其间用隔板互相隔开。输灰器的粉尘由排灰阀排出。从高压容器内排出粉尘的排灰阀和煤气密封阀为一组,分别布置在中间容器的前后,由于交替开闭,故能连续地、安全地排出粉尘。

2. 圆筒形煤气静电除尘器工作原理

煤气静电除尘器是以静电力分离粉尘的净化法来捕集煤气中的粉尘,它的净化工作主要依靠放电极和收尘极这两个系统来完成。此外静电除尘器还包括两极的振打清灰装置、气体均布装置、排灰装置以及壳体等部分。当含尘气体由除尘器的前端进入壳体时,含尘气体因受到气体分布板阻力及横断面扩大的作用,运动速度迅速降低,其中较重的颗粒失速沉降下来,同时气体分布板使含尘气流沿电场断面均匀分布。由于煤气静电除尘器采用圆筒形设计,煤气沿轴向进入高压静电场中,气体受电场力作用发生电离,电离后的气体中存在着大量的电子和离子,这些电子和离子与尘粒结合起来,就使尘粒具有电性。在电场力的作用下,带负电性的尘粒趋向收尘极(沉淀极),接着放出电子并吸附在阳极上。当尘粒积聚到一定厚度以后,通过振打装置的振打作用,尘粒从沉淀表面剥离下来落入灰斗,被净化了的烟气从除尘器排出。

煤气静电除尘器是鲁奇公司专门为净化含有 CO 烟气而开发研制的,静电除尘器的特点如下:

①外壳是圆筒形,其承载是由静电除尘器进出口及电场间的环梁间的梁托座来支持的,壳体耐压为 0.3MPa;②烟气进出口采用变径管结构(进出口喇叭管,其出口喇叭管为一组文丘里流量计),其阻力值很小;③进出口喇叭管端部分别各设 4 个选择性启闭的安全放爆阀,以疏导产生的压力冲击波;④静电除尘器为将收集的粉尘清出,专门研制了扇形刮灰装置。

3. 圆筒形静电除尘器应用

(1) 在转炉煤气净化中的应用 圆筒形静电除尘器广泛应用于转炉煤气净化工程中。32m² 圆筒形静电除尘器主要参数见表 6-42。

表 6-42 圆筒形静电除尘器技术参数

项　目		参　数	项　目		参　数
净化方式/EP		干式流程	压力损失/Pa		约 400
处理气量/(m³/h)		210000	电耗/[kW·h/t(钢)]		约 1.2
烟气温度/℃	入口	200(增设锅炉)	捕集物	形态/分级	粉尘
	出口	<200		数量/(t/a)	75000
粉尘质量浓度/(mg/m)	入口	200	操作		无水作业
	出口	<10	维修		简便

圆筒形静电除尘器运行比较稳定,除尘器出口含尘质量浓度小于 10mg/m³,能满足煤气除尘的技术要求。由于除尘器密封性能好,没有任何空气渗入,所以虽然除尘净化是煤气,也未发生过爆炸事故。

(2) 在高炉煤气净化中的应用 某公司 3 号高炉炉容为 3200m³。引进圆筒高炉煤气干式静电除尘器。工艺和性能如下。

高炉煤气自高炉炉顶引出,经重力除尘器后,含尘浓度小于 5g/m³,再经蓄热缓冲器和静电除尘器,煤气含尘浓度降至 10mg/m³ 以下,然后去炉顶余压回收发电(以下简称 TRT)机组发电。再通过碱性喷雾洗净塔除去 HCl 后入净煤气总管。当高炉转常压操作时,经干式电除尘器除尘后的煤气经减压阀组洗净塔去净煤气总管。

高炉煤气干法除尘工艺有蓄热缓冲器、静电除尘器和煤气冷却装置等三个主要设备，此外还在除尘装置的进出口处设有切断煤气的密闭蝶阀和眼睛阀等辅助设备。

静电除尘器为圆筒形，直径 10.8m，长 30m。有三个电场，收尘极为 C 型极板，板厚 1.2mm，最大高度 10.11m。放电极为锯齿线扭曲而成，厚 1.6mm，最大长度为 1.56m。收尘极、放电极和气流分布板、振打装置均用电机带动减速机驱动。此外还带有旋转式刮灰器、螺旋输灰机，液压驱动的出灰阀。除尘器本体上部设有放散装置。

静电除尘器采用间歇供电，配套电源为 60kV、1.3A。电力耗量约 110kW·h。压力损失为 0.5kPa，除尘效率 99.8%。

静电除尘器设备性能及设计参数如下：

结构形式	圆筒形卧式三电场
外形尺寸	直径×长度＝ϕ10.8×30m
同极间距	300mm
收尘极形式	C 型极板
放电极形式	锯齿线
清灰方式	锤击振打
处理煤气量	600000m³/h，正常 480000m³/h
温度	350℃（5min）正常 150～180℃
含尘浓度	＜5g/m³
出口浓度	＜10mg/m
入口压力	0.245MPa，正常 0.19MPa
阻损	＜500Pa
除尘效率	99.8%

4. 除尘器泄爆故障分析与防范

电除尘器内的爆炸其根本原因是电除尘器内烟气中的 CO 与 O_2 混合后浓度到达一定比例后，经电场中高压闪络的电弧火花引起爆炸。通过分析，用于转炉煤气净化的静电除尘器容易在以下几种情况下发生泄爆现象。

（1）转炉吹炼的铁水为三脱铁水（经过铁水预处理已经脱硫、脱磷、脱硅的铁水） 在这种情况下，转炉开始吹炼时碳氧反应就十分剧烈，CO 迅速产生，如果产生的 CO 在炉口没有被完全燃烧而进入静电除尘器，在静电除尘器内部与开吹前烟道中的空气进行混合，从而在静电除尘器内产生爆炸，使泄爆阀打开而中断吹炼。

（2）转炉吹炼中事故提枪后进行再吹炼 这时再吹炼的铁水与经过铁水预处理三脱后的铁水性质类似，所以泄爆原因基本类似。

（3）转炉长时间停炉后再开炉 转炉经过长时间停炉后，蒸发冷却器入口温度只有几十摄氏度左右。在吹炼第一炉钢的初期，由于烟道裙罩口处于低温状态，CO_2 的产生速度会比高温时要慢，这样在吹炼初期 CO 在炉口没有完全燃烧而在静电除尘器内部与 O_2 混合浓度达到爆炸的边界范围时，也就会发生泄爆现象。

综合所有故障发现，静电除尘器泄爆现象主要是出现在开吹的时间段，都是由于停吹时滞留在静电除尘器中充满着空气，当转炉开吹时产生的 CO 没有完全燃烧与空气混合浓度到达一定的比例后造成的泄爆。

从泄爆现象的根源出发，CO 在空气中的爆炸极限范围为 12.5%～74.2%，防泄爆其实就是控制转炉烟气中 CO 与 O_2 的混合浓度达到爆炸极限范围。针对除尘系统泄爆现象的上述特点，可采取以下防范措施。

（1）优化转炉吹氧流量控制 在转炉开吹过程中，为了严格控制 O_2 与钢水反应速率，初期产生的 CO 要求能在炉口完全燃烧变成 CO_2，即在转炉开吹之初控制氧气流量按一定的斜坡缓慢上升，开吹时氧气初始控制流量为正常流量的 1/2，保证在吹炼过程中产生的 CO 在炉口基本能完全燃烧变为 CO_2，而 CO_2 为非爆炸性气体，利用 CO_2 气体形成一种活塞式烟气柱，一直推动烟气管道中残余的空气向放散烟囱排出，将 CO 与 O_2 的混合浓度控制在爆炸范围之外。

（2）吹炼第一炉控制　转炉经过长时间停炉后吹炼第一炉钢时，先用少量氧气吹炼一定时间后，提高蒸发冷却器入口温度，从而进入正常的吹炼方式。烟道中的高温状态能促进汽化冷却烟道中 CO 与 O_2 的反应速度，增加 CO_2 的量，降低 O_2 的浓度至安全范围，有效避免泄爆现象。

（3）优化过程工艺　考虑防泄爆最终就是防止 CO 与 O_2 爆炸混合范围，转炉开吹阶段需要稀释电除尘中的氧气含量。当转炉吹炼中断再吹炼时，控制初始氧气流量，保持 1min 后方可正常吹炼，当碳氧反应高峰期出现提枪及点吹再次开氧时，时间间隔为 20s，初始氧流量 2min 内，小幅度地分 3～4 次将氧气压力逐步提高至 0.6MPa 以下，每次提压后稳定时间不少于 10s。同时提前打开氮气阀吹扫管道，向烟气管道中吹入一定量的氮气，进入电除尘从而稀释电除尘中的氧气含量，达到避免电除尘泄爆的目的。

九、特殊形式静电除尘器

1. 双区静电除尘器

收尘电极和电晕电极配置在同一区域内称单区静电除尘器，目前普遍使用的即为此种。如将收尘电极和电晕电极置于两个区域，前区为荷电区，后区为收尘区，这类静电除尘器

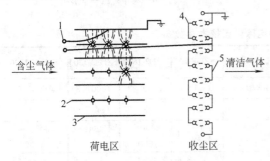

图 6-163　SQ 型双区静电除尘器结构示意
1—烟尘；2—电晕电极；3—收尘电极；
4—导向电极；5—槽形收尘极

称双区静电除尘，其特点如下：①烟尘荷电过程需要在不均匀电场中进行，而除尘过程则需在均匀电场中进行，在单区静电器中不易解决此矛盾，而双区静电除尘器可以较好地创造两个不同的电场，满足收尘过程的不同需要；②荷电过程比除尘过程进行速度要快得多，故双区静电除尘器的总长度比单区的短些；③可避免高比电阻烟尘的反电晕现象；④重返气流的烟尘很难再次荷电，因此还需设法弥补这一缺陷，目前试验生产的除尘效率暂时只能达到 90%。

SQ 型双区静电除尘器的主要技术特性见表 6-43，其结构示意见图 6-163。双区静电除尘器多用于空调或室内气体净化系统。

表 6-43　SQ 型双区静电除尘器的技术特性

项　目	截面积/m^2		项　目	截面积/m^2	
	2.5	5.0		2.5	5.0
处理烟气量/(km³/h)	7～10	14～20	平行极板间距/mm	150	
外形(长×宽×高)/m	3.33×1.64×5.16	3.33×2.9×7.336	槽形收尘极板间距/mm	440	
设备质量/kg	376	931	烟尘比电阻/(Ω·cm)	$10^{11}～10^{12}$	
电场风速/(m/s)	0.8～1.1		设备阻力/Pa	300	
停留时间/s	2.5～1.67		入口烟气含尘量/(g/m³)	8	
操作温度/℃	350		出口烟气含尘量/(g/m³)	0.15	
允许操作压力/Pa	0～−2000		收尘效率/%	约98	
电场长度/m	2		电能消耗/[kW·h/(K·m³)]	0.5	

2. 组合静电除尘器

组合静电除尘器是电旋风、电抑制、电凝聚等三种复式除尘机组合为一体，适用于建材、冶金、化工、电力等行业治理污染、回收物料。SZD 型组合静电除尘器原理见图 6-164，其技术参数见表 6-44，外形尺寸见图 6-165 和表 6-45。

3. 低温静电除尘器

低温静电除尘器的操作温度明显低于一般静电除尘。低温静电除尘器的主要结构特点：为防止烟气在静电除尘器中结露，静电除尘器的外保温采用蒸汽，蒸汽压力为 0.25MPa，蒸汽温度约 130℃，蒸汽排管敷设于除尘器外壳及灰斗，蒸汽从上向下流动进行热交换，保持内壁温度不低于 80℃。

低温静电除尘器一般在微正压下工作，以避免因漏入空气而降温。但在正压下工作，阴极绝缘子容易沾尘，从而产生放电，严重时会损坏绝缘子，影响正常工作。为此，一般采用热风清扫，设在顶部绝缘子室和侧部阴极振打绝缘子热风清扫见图 6-166 及图 6-167。

目前低温静电除尘入口烟气含尘不大于 $30g/m^3$，风压 500Pa。

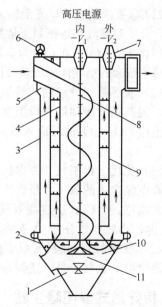

图 6-164　SZD 型组合静电除尘器原理
1—障灰环；2—气流分析板；3—外管；4—内管；5—汇风筒；6—振打器；7—绝缘子；8—内放电极；9—外放电极；10—灰斗；11—伞形帽

表 6-44　SZD 型组合静电除尘器技术参数

型　号		SZD-1370	SZD/2-1370	SZD/4-1370	SZD/5-1370	SZD1370	SZD2-1600	SZD/3-1600	SZD/5-1600
筒径×台数/mm		1370×1	1370×2	1370×4	1370×5	1600×1	1600×2	1600×3	1600×5
主电场截面积/m²		1	2	4	5	1.5	3	4.5	7.5
处理风量/(m³/h)		300~400	600~800	1200~1600	2400~3200	4000~5500	8000~10500	12000~16500	3000~4400
电场风速/(m/h)	电旋风	1.9~2.8	1.9~2.8	1.9~2.8	1.9~2.8	2.4~3.4	2.2~2.3	2.4~3.6	2.36~3.2
	电凝集	0.84~1.2	0.84~1.2	0.84~1.2	0.84~1.2	0.8~1.15	0.74~1.1	0.8~1.2	0.8~1.2
允许含尘浓度/(g/m³)		100							
除尘效率/%		99.9							
允许烟气温度/℃		200							
允许负压/Pa		2000							
压力损失/Pa		1000							
振打方式		电机振动式							
质量/kg		3150	65374	9550	16700	3308	6615	9870	17690

表 6-45　SZD 型组合静电除尘器外形尺寸　　　　　　　　　单位：mm

型　号	A	D	C	D	E	F	H	J	K	L	φ
SZD-1370	4000	850	5850	2000	1550	800	711	950	1850	90	1370
SZD-1600	4000	850	5850	2100	1900	1000	811	650	2100	90	1600

型　号	L×L	X×X	M×R	N×S	Q×D	C×D	R×φ
SZD-1370	500×200	700×320	2×126	4×138	6×125	6×125	30×φ14
SZD-1600	600×200	700×360	3×84	6×109	7×107	1×103	40×φ14

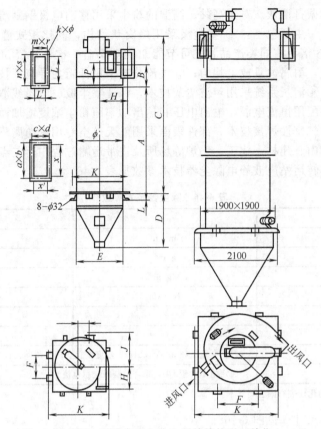

图 6-165　SZD 型组合静电除尘器单筒外形（单位：mm）

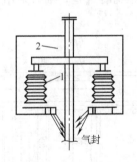

图 6-166　顶部绝缘子室热风清扫示意
1—绝缘子；2—保温箱

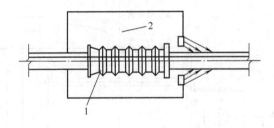

图 6-167　侧面阴极振打绝缘子热风清扫示意
1—绝缘子；2—保温箱

4. 转运站声波静电除尘器

转运站环境治理系统是针对不同行业转运站的工况条件，以各类型粉尘捕集设备的设计选型为主体，结合特殊的导料槽密封装置改造，对转运站的环境进行综合整治，使其达到岗位排放要求。

由于各工况转运站皮带运输机输送的物料特性不一，选择除尘方式时要考虑各具体工况的粉尘特性，特别是粉尘成分、温度和湿度以及除尘效率、投资成本等要求，选择静电捕集或过滤处理的粉尘捕集设备。

其次，根据粉尘捕集设备的形式，结合工况粉尘的特点（温度、湿度、黏附性、粒度），综合确定粉尘捕集设备的清灰形式，主要以对设备无损害的非接触清灰方式——声波清灰为主，辅以脉冲清灰或振打清灰。对于高黏、高湿的粉尘采用移动电极钢刷清灰。

（1）除尘器特点　主要包括：① 集尘极采用蜂窝状结构，同比板式静电除尘器，相比有效捕尘面积增大 5～6 倍，与同类产品相比可节能 60%，节省一次性投资 50% 以上；②电晕线采用高镍不锈钢材质，耐腐蚀且放电均匀；③气流分布采用低阻力导流板技术，阻力小，刚性强，气流分布均匀；④清灰系统采用声波清灰技术，保证集尘极、电晕线清灰要求，缩小设备体积，节省空间；⑤配用恒流电源，输出电压和输出功率随粉尘浓度增加而增大，实现电压自动跟踪；⑥设备采用气密性焊接技术，部件表面采用航天航空专用重防腐漆技术，保证使用寿命；⑦用于冶金、矿山、建材、化工、锅炉等场所及皮带运输过程中落差点的粉尘治理。

（2）技术参数　转运站声波静电除尘器技术参数见表 6-46。

表 6-46　除尘器技术参数

名称	单位	性能参数
处理风量	m³/h	5000
入口浓度	g/m³	<30
出口浓度	Mg/m³	<100
EP 电源	Kv/Ma	45/100
设备阻力	Pa	<150
设备漏风率	%	<5
输入电压	三相交流工频 380V，50Hz。幅度变化±5%，瞬间±10%。频率变化±1%。	
输入电流	额定值不大于 80A（综合控制系统总电流）	

注：摘自辽宁中鑫自动化仪表有限公司样本。

（3）除尘器外形尺寸　见图 6-168。

5. 刮板式静电除尘器

（1）构造　刮板式静电除尘器结构示意见图 6-169。其结构特点是，刮刀采用柔性材料镶

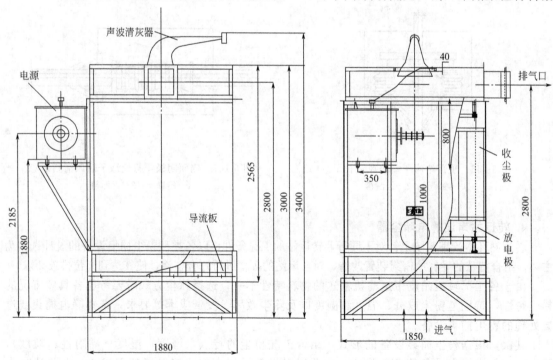

图 6-168　声波静电除尘器外形尺寸（单位：mm）

刀，具有自动调节压紧功能，始终保持刮刀与旋转收尘极板良好接触，以达到彻底清除积尘的目的。

（2）工作原理　含尘气体经导流板进入电场后，在高压静电场作用下尘粒荷电并附着在电极上，圆形收尘极板固定在一根轴上并通过减速器带动缓慢旋转，将黏附在板面粉尘层由刮刀刮落入灰斗；电晕极积尘则通过顶部电磁振打清除，净化除尘后气体由出口排入大气。

（3）用途　刮板式静电除尘器适合于含尘气体中含水量大、粉尘黏性强的净化除尘场合。例如用于水泥厂黏土烘干机，性能稳定，运行可靠，除尘效率可达 99％。

6. 屋顶静电除尘器

屋顶静电除尘器是一种直接装在厂房的屋顶上的除尘器（图 6-170），依靠自然排风或者以轴流风机排风，用以净化车间内散发的烟气。由于它要装在屋顶上，所以静电除尘器多采用重量轻的宽极距，其外壳和框架常采用轻型结构。

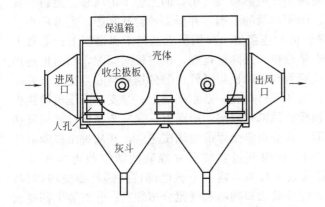

图 6-169　刮板式静电除尘器结构示意

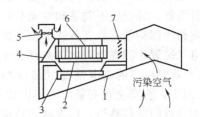

图 6-170　屋顶静电除尘器
1—屋顶；2—收尘极；3—水槽；4—出口气流分布板；
5—出风口；6—电晕极；7—进口气流分布板

屋顶静电除尘技术为净化二次烟气的一种独特的新型环保技术，具有投资省、运行费用低、除尘效率稳定、不占总图面积和维护管理方便等优点，是一项高效低能耗除尘技术。根据某厂屋顶静电除尘器中试装置测定结果，主要技术参数如下：当入口烟尘浓度在 $0.9g/m^3$ 左右，烟气温度 60℃左右，进入电场烟气速度 1.2～1.6m/s，供电电压57～60kV 时，除尘效率达 92％以上，出口烟尘排放浓度可控制在 $60mg/m^3$ 以下，除尘器阻力小于 35Pa。

第六节　静电除尘器的安装与管理

由于静电除尘器工作原理和性能的特殊性，所以静电除尘器的安装和运行管理也区别于其他除尘设备，只有按照静电除尘器的特点进行设备安装和管理维护，才能确保静电除尘器达到预期的除尘效果。

一、静电除尘器的安装

1. 安装前准备

安装静电除尘器前，参加安装人员首先必须熟悉图纸、产品安装使用说明书及其他有关技术文件，了解设计意图，注意各零部件的技术要求，检查和清点由制造厂运来的零部件。然后组织好参加安装工作人员，制定安装方案和计划。静电除尘器的安装一般程序，因目前较普遍使用卧式静电除尘器，因此本文仅介绍卧式静电除尘器的一般安装程序。

静电除尘器的安装特点如下：①两极间距有严格要求，当同极间距为 300mm 时其偏差应小于±8mm，电晕极线应位于两排收尘极板中央，其偏差应小于±(3~5)mm，任何过大的间距偏差都会影响除尘器的性能；②内部各构件不得有尖端、棱角，连接螺栓均焊牢；③静电除尘器必须密封良好，为防止由于壳体的散热而引起烟气中水分的冷凝，一般壳体应敷设保温层；④由于静电除尘器是在高电压条件下进行工作，为保证人身安全，所以设备的壳体、人孔门、保温箱等均需接地，且接地电阻应小于 4Ω。

2. 钢质壳体卧式静电除尘器的安装程序

安装程序如下：①把柱脚支座板固定在地脚螺栓上，并调整使其水平，确保各底板在同一标高上；②按图纸要求，安装柱脚下的固定支座和活动支座；③安装柱和梁（上梁和底梁）。在安装中应注意斜撑的连接和固定；④安装两侧面的侧板及进出口的上、下山墙板。侧板安装要平整；⑤把收尘极板的悬挂梁（或角钢）焊于顶梁的下端，并仔细校验其间距，偏差应小于±(3~5)mm；⑥安装保温箱；⑦装入电晕极框的连接架，并用吊管悬吊于保温箱上；⑧每个电场均从两侧壁逐一安装每排收尘极板和电晕极板，并随时检查，调整极间间隙，然后把连接螺栓用电焊焊牢；⑨安装支承电晕极的石英套管和电晕框架吊管；⑩分别安装收尘极和电晕极的振打装置；⑪安装下灰斗和气流分布板，灰斗下口应在一条水平线上；⑫安装高压电缆接头和保温箱内部构件；⑬安装静电除尘器屋顶板、顶部保温层、屋面板；⑭安装高压硅整流器和所有电气装置；⑮在检查电场内部无异物后，向静电除尘器的电场试送电，并从进出口喇叭处（未装）观察电场的放电情况（最好在夜间），如果两极安装尺寸准确的话空载电压可升至 60kV 以上，否则会在安装尺寸不准确处首先发生放电，需记下放电部位并进行必要的调整；⑯启动两极的振打机构，检查其运转情况；⑰安装出口喇叭和气流分布装置；⑱安装下部排灰装置和输灰设备；⑲敷设保温层时应注意检修门、检查孔等边缘处的连接；⑳安装楼梯、平台。将检查门、保温箱箱体应做接地处理，并检查接地电阻是否小于 4Ω。

3. 在安装过程中注意事项

注意事项：①若发现收尘极板和电晕极在运输过程中产生较大变形时，需在两极安装前在除尘器外部对极板进行预装，检查其变形的大小和部位，然后进行适当的校正；②由于静电除尘器正常工作时其内部通过一定温度的烟气（一般大于 100℃），因此在安装过程中需考虑留有必要的热伸缩量，例如收尘极振打装置的振打锤头在冷态安装时需打在撞击杆的中心线以下若干毫米处。

4. 静电除尘器安装质量要求

在静电除尘器的整个安装期间，对每一部分的质量要求随各部分机能的要求而定。只有每一部分的质量都能达到所规定的要求才能保证除尘器长期稳定运行并保持很高的除尘效率。

（1）基础部分质量要求 ①由于基础垫块的耐压力差，故台架装配结束后要迅速充填灰浆；②预留孔灰浆充填前，用水仔细进行清扫，灰浆的混合比符合要求；③使用无收缩剂时要按商品目录混合后使用；④基础地脚螺栓的中心线误差要求 5mm 以内，见图 6-171；⑤基础中心线要从规定的主基准点进行确认（主基准点，一般从主厂房的坐标点引出）；⑥基础螺栓埋设时为防止螺纹部分生锈或损伤，要用涂过油脂的棉纱或空罐保护。

（2）框架立柱部分质量要求

① 如果发现立柱地脚板和基础螺栓尺寸不符，原则上应扩大地脚板孔径，此时应在地脚板上焊一垫圈，其厚度与地脚板一样，孔径要大于基础螺栓直径 1mm，地脚板与基础螺栓之间的偏差≤5mm。

② 安装在台架上的轴承等，要按设计所示按延伸方向正确地安装。

③ 支柱轴承上面，在标高差3mm以内调整垫圈后完全紧固。

④ 台架底板中心线与基础中心线允差±30mm，见图6-172。

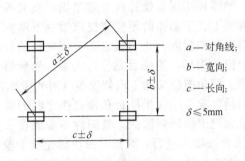

图6-171　基础地脚螺栓中心线允许偏差

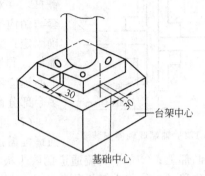

图6-172　基础中心线允许偏差

⑤ 台架柱垂直度11000，最大偏差10mm。

⑥ 支撑、横架等要贴紧。

⑦ 高强地脚螺栓要照设计转矩紧固。

⑧ 注意事项：a. 高强地脚螺栓保管时应防止不同摩擦系数的螺栓相混淆，并应防止垃圾附着或生锈；b. 接头部安装时要清除垃圾、油垢；c. 高强地脚螺栓的连接必须有压紧力，为此应设定紧固转矩；d. 高强地脚螺栓紧固后，要在24h后按检查要领检查紧固转矩。

（3）除尘器外壳部分质量要求　①下部梁和侧壁的焊接要仔细进行，防止漏焊；②以侧壁立柱为基准进行安装；③前后壁以侧壁立柱为基准进行安装；④前后壁与下部梁的焊接，通常角焊焊缝高度为6mm；⑤装配后内部尺寸偏差≤5mm，如图6-173所示；⑥中间柱下梁与前后壁的连接焊接按图纸要求。

（4）灰斗部分质量要求　①上部及下部灰斗的前后壁，下部梁与灰斗上面的贴合面的间隙要小于3mm，周围连续角焊缝其高度为6mm；②完全紧固顶部固定螺栓后密封焊接；③灰斗内壁的焊接，

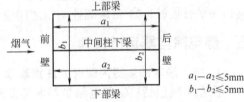

图6-173　内部尺寸允许偏差

要防止漏焊，为防止积灰，对焊缝突点用砂轮机磨光滑；④安装在下部梁的前后壁及中间柱下梁，应安装加强材料，并且要全周焊接；⑤上下部灰斗的法兰结合面错位误差不大于5mm。

（5）外壳柱部分质量要求

① 下部梁与主柱底板的焊接尺寸＜10mm。

② 由于下部梁的临时固定螺栓是决定主柱位置的，所以主柱上部要用临时斜撑。

③ 主柱侧壁装配后的尺寸公差：a. 水平≤5mm；b. 主柱垂直度＜1/1000，最大＜10；c. 两主柱间距最大10mm（上、中、下）；d. 纵方向±5mm。

④ 人孔门的走廊平台栏杆等不能妨碍人的走动。

⑤ 主柱与中间柱间的偏差≤5mm。

（6）振打装置质量要求　①锤打棒的纵向扭曲必须校正到±5mm以内，支撑梁和锤打棒的中心线要订正；②锤打棒和锤的中心误差必须在9mm以内，打击面应设定为直角；③锤打棒下面与下部隔板下面的间隙，应在70mm以上，收尘电极应能平滑地热膨胀；④锤固定孔和锤打棒的中心误差需在9mm以内，打击面应设定为直角；⑤轴中心线位置应比锤打棒锤打面高度符合设计要求；⑥检查旋转方向，以免试转时出现反转；⑦轴端联轴器2个面之间的空

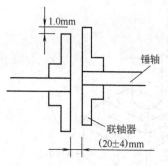

图 6-174 轴端联轴器安装要求

隙应在（20±4）mm 以内，联轴器径向错位在 1mm 以内，如图 6-174 所示；⑧在 48h 以上锤打试转后，检查一下是否仍能正确锤打，并对螺栓、螺母、重新紧固后焊牢；⑨锤打用绝缘子的衬套与销应平滑配合；⑩键板用固定螺栓应可靠紧固，止动板应正确固定；⑪下部外降棒上、下动作时不应碰撞或接触下部曲柄等部件；⑫螺栓、螺母应可靠紧固，止动板应正确固定；⑬杠杆的平衡锤应不接触锥形销的头部，组装后充分打入销，然后将销头多余部分割去；⑭锤上摆角螺栓应向上流侧安装（对气流而言）。

（7）收尘电极质量要求　①收尘极板和锤打棒之间的紧固高强螺栓需按设计要求和规定的转矩紧固，紧固件不要放在收尘极板的凸部上；②每个气流通道的收尘极板的啮合重叠按要求进行，装配时每块即使给予振动也不发生移动；③收尘极板的装入方向应按设计指出的方向；④将收尘极板固定在锤打棒上之后，其扭曲控制在＜±5mm；⑤使用"固定件组装工具"紧固蝶形螺栓，平行安装在收尘极板上，紧固要充分，并且都要进行止转焊接。

（8）电晕电极质量要求　①电晕电极的芒刺正确地调整至针对收尘极凹处方向；②电晕电极应无松弛现象，均匀受到张力；③电晕电极装好后全部要进行可靠的紧固，并做固定焊接；④装入时，框架扭曲等应校正到＜±5mm；⑤吊入时应不碰撞凸起部，以免变形；⑥绝缘子室内放电极锤打机构的各部分均应正确安装，各紧固螺栓应确实紧固；⑦要正确定出支柱绝缘子的绝缘套管和曲柄的中心；⑧安装时应保证升降棒和曲柄轴心的偏移方向；⑨锤打用绝缘子安装后要充分紧固螺母，并与绝缘子两侧间隙保持均等；⑩锤打用绝缘子应与销能平滑地滑动；⑪检查曲柄，应充分紧固；⑫杠杆件动作时不应碰倒锥形销、曲柄部件等，而灵活地动作；⑬花兰螺栓调整后螺母要充分紧固，并用带舌的垫圈可靠地止动；⑭安装角钢件时应使其与挡块平行接触；⑮带眼螺栓与销之间应圆滑回转。

二、静电除尘器运行管理

1. 进入静电除尘器内部时的注意事项

注意事项包括：①静电除尘器电场投入运行时人孔门必须关闭；②进入除尘器内部时，必须断开电路电源，用接地棒使阴极部分接地，同时在操作盘挂上断电警示牌，确定进入除尘器的人员；③进入除尘器内部时，安装在除尘器后的主排风机不准运转并要挂牌警示；④当除尘器内部的工作结束后，在离开时应确认没有遗留物。

2. 有关电气设备管理的一般注意事项

① 当发生异常现象时，应判断出异常现象发生原因，在没有修复时不能开机，特别是在电源可控硅反向击穿时，若再运转可引起其内部破坏，应特别注意。

② 当高压电源的涂漆发生脱落而生锈时，用砂纸将锈擦干净后，除去表面油脂后再涂漆；特别是散热片部分，因为钢板特薄，若锈蚀不处理，则可能锈蚀穿孔而漏油。

③ 当除尘器本体要使用电焊时，应设置电焊专用的接地线，如不设置专用地线时，电焊的电流流过电源可损坏电源用接地线。在试运转调整或检修时，若要长期使用电焊机时应使高压电源与除尘器本体断开。

④ 当人进入除尘器本体内部时，必须按规定的顺序进行，接地棒应一直接地。因除尘器本体的各个电场彼此独立，所以就需分别接地。

⑤ 搬运高压电源时，应在电源四角的挂钩上挂钢丝绳搬运。若在其他部分挂绳搬运时，应注意不要损坏电源本体，或碰落涂料。

⑥ 高压电源的散热部分，为了提高其散热能力，常用薄壁板焊接做成，若上面有物体或

人站在散热片上时会引起散热片的损坏，所以应特别注意避免。

3. 运行管理的主要内容

除尘装置经安装、试运转、测试调整和验收后，在进行正常运转时，必须正确地操作管理，并有计划地进行检修。否则就达不到预期的除尘效果，起不到保护环境的目的。运行管理包括如下内容。

① 除尘系统属于专用设备，应设专人定岗管理。

② 除尘系统经测试调整好后，应将调节阀门、阀板位置固定，并应做出明显标志，不应随意变动。

③ 应按操作规程规定的生产设备和除尘设备之间的开车、停车顺序启闭设备。除尘装置应在生产设备开动之前启动，在生产设备停止运行之后关闭，以防止粉尘等在管道内沉积或污染环境。

④ 在除尘装置启动前应检查通风机、电动机和除尘器等的旋转部位的润滑情况和气密性是否良好，冷却和安全装置的性能是否可靠，输排灰装置性能是否良好可靠。

⑤ 运行时应记好运行日记，日记内容包括换班时间、设备运行状况及事故原因等，当设备发生故障时应详细记录发生故障原因、故障情况及对检修的参考性意见等，把重要事项输入计算机管理系统。运行记录的内容包括：a. 生产设备的输出功率或处理能力；b. 生产原料的种类、耗量、成分等，生产工艺流程运转状况等；c. 粉尘的成分变化、捕集的粉尘量等；d. 静电除尘器的一次电流、电压和二次电流、电压等；e. 通风机的运行、振动情况，排放烟气有无颜色等；f. 湿式电除尘器的供水压力、流量及污水排放处理情况等。

三、静电除尘器的维护

日常维护的主要任务是消除设备、管道、人孔门等处的漏风，调节好系统的风量和风压，电压和电流，排除一切可能产生故障的隐患。

加强设备的维护检修，对于保证设备安全运行、延长设备寿命都是很有必要的。专业检修人员应每月全面检查一次所有的除尘设施，并根据实际情况决定小修、定期检修及大修的时间、内容、要求及方法等，其内容如下。

（1）小修　只消除小的缺陷和小故障，主要根据值班人员的报告进行。

（2）定期检修　属于一种计划性检修，应根据不同设备的寿命，每年进行1~2次，以防设备过早地损坏。

（3）大修　更换主要设备的易损、易磨零部件，按原设备要求加以全面修复，一般同生产设备的大修同步进行。

1. 静电除尘器的维护检修

（1）静电除尘器外壳　除尘器外壳包括壳体、进出口喇叭、灰斗等，其都为型钢及冷轧薄钢板焊接而成，此外还包括一些必要的检查门。静电除尘器外壳的所有焊缝应密封，所有的检查门均应开关灵活，且必须密封良好，检查漏气可以用风速仪，或用一薄纸片在门缝处移动，若纸被吸引则就是漏气，发现漏气后应开门检查密封材料是否完好，如有破损应及时更换。

定期清扫除尘器壳体各部位的积灰，定期向检查门的回转部位及丝杆上足润滑油，以保证转动灵活。

（2）极板、极线　静电除尘器的极板、极线是其有效除尘的关键部件，应定期检查其是否变形，极距是否在要求的范围之内，若发现异常应及时处理并修复。

（3）极板、极线传动　极板、极线传动由振打锤、振打轴、传动链、链轮、减速机及电机等组成，是保证有效振打清灰的重要手段，应经常检查振打锤是否松动或脱落，振打轴及传动部的转动是否灵活，动作应可靠无误，减速机及电机工作是否正常，并应定期检查减速机的润滑是否良好，符合要求。

（4）极线吊挂及绝缘件　定期检查绝缘子和绝缘套管，并用干布将其表面擦拭干净，用2000V的摇表测定高压线路的绝缘电阻，其值不得小于100MΩ。

定期检查阴极吊挂，极线传动保温箱中的电加热系统，其电加热器是否工作正常，加热温度是否可以达到预定值。

（5）高压电源　定期检查高压电源及整流装置是否工作正常，电压、电流是否能达到正常值。

（6）卸灰阀　定期检查卸灰阀动作是否正常，工作周期是否和设定值相同，是否有异物绞入、卡碰，阀体、密封是否有破损。定期检查输灰装置的运转状况，检查有无磨损等。

（7）除尘器灰斗　除尘器灰斗内，不允许有异物特别是大块物料落入卸灰阀内，每次除尘器检修后，在排灰阀工作前必须从灰斗上检查孔检查卸灰阀内，确认无异物后方可启动。

（8）接地电阻　每年测定一次除尘器的接地电阻，其值不得大于1Ω。

2. 电气设备及高压电源的维护检修

① 经常保持硅整流变压器、控制柜、电瓷绝缘件、高压隔离开关的清洁状况，按时擦净，并利用停车机会检查硅整流变压器的外壳温度是否过高，油箱是否漏油。

② 高压电源的绝缘油为25♯，每半年进行一次变压器油的耐压试验，其击穿电压应不小于35kV/2.5mm。

③ 经常保持变压器上的干燥剂处于有效状况，及时更换和复原干燥剂，干燥剂的复原办法是：120～150℃的烘箱内烘干8～10h，使其变蓝为止。

④ 检查控制系统各仪器仪表，确认其指示值是否在正常范围内，并检查各器件的紧固是否完好。

四、除尘器异常分析与故障处理

1. 静电除尘器异常分析

静电除尘器运行中出现不正常的情况，有一定的规律可借鉴时比较容易做出判断。有时情况比较复杂，这时不仅需要经验，而且要凭借资料和数据帮助分析。

静电除尘器的运行记录作为设备的档案资料，它既反映设备的运行情况，也是分析问题的依据。因为静电除尘器运行中的一般问题是逐渐形成的，而不是突发性的。如发现电除尘器运行过程中，电气参数和除尘效率出现了异常现象，值班人员应根据这些情况及时加以分析判断，找出可能存在的原因，尽快加以解决。

静电除尘器运行中出现的异常现象及可能原因参见表6-47～表6-49。

表6-47　静电除尘器运行异常的一般因素

因素		电气参数异常				除尘效率异常		
		由于火花放电,电压低,电流小	由于反电晕,电压低,电流大	高电压小电流	低电压大电流	除尘效率特别低	排出浓度阵发性增大	除尘效率不稳定
烟尘条件	粉尘浓度	大	—	大	—	大	—	变化
	烟气温度	高温	较高	—	高温	—	—	变化
	烟气水分	少	少	—	少	—	—	变化
	粉尘粒径	细	—	细	—	细	—	—
	粉尘比电阻	高	极高	高	—	极高	—	变化

因素		电气参数异常				除尘效率异常		
		由于火花放电,电压低,电流小	由于反电晕,电压低,电流大	高电压小电流	低电压大电流	除尘效率特别低	排出浓度阵发性增大	除尘效率不稳定
设备条件	电极间距	变小	—	—	变小	变小	—	—
	振打强度	小	小	小	—	—	大	—
	振打频率	小	小	小	—	—	—	—
	火花频率	不适当	—	—	—	—	—	—
	电气控制	—	—	—	—	不适当	—	不适当
	烟气流速	—	—	—	—	太大	变化	变化

表 6-48　动力部分异常的现象及原因

现象	原因	现象	原因
可控硅整流器熔丝断	变压器异常引起的电流	高压开关"关"	误操作
		可控硅整流风扇熔丝断	风扇故障
热耦继电器动作	过负荷,限制电流的调定旋钮调得过大	动力部分控制盘冷却风扇熔丝断	风扇故障
高压开关盘的门"开"	误操作	可控硅整流器二次短路回路熔丝断	可控硅整流器动作不当

表 6-49　供不上电或电压降低原因

现象	原因
放电线折断	(1)安装不当(在安装运行1~2月内出现,其后不一定出现); (2)疲劳折断(振动、腐蚀); (3)粉尘堆积(粉尘堆积过多,火花放电剧烈); (4)进入杂物(遗留工具、杂物或顶部积尘过多后落下)
绝缘子污染受潮	(1)绝缘子室生锈、积灰等表面污损,漏电; (2)绝缘子室加热器损坏; (3)绝缘子室内产生凝结水或从外面进水受潮
极间距改变	(1)收尘极板偏移(热变形、振打不当,腐蚀等); (2)放电线安装不当产生弯曲
电极表面粘灰	(1)振打电机故障; (2)振打时间继电器故障; (3)振打传动系统故障; (4)锅炉启动烧油阶段投用电除尘器或油煤混烧时间过长
灰斗粉尘堆积	(1)灰斗外壁加热装置投用不正常; (2)输灰系统故障

2. 常见故障处理

静电除尘器的常见故障及处理办法简述如下。

(1) 电源开关合闸后立即跳闸,或者电流大而电压接近零。

原因是:①电晕线掉落并与阳极板接触;②绝缘子被击穿;③排灰阀或排灰系统失灵,灰斗满载,灰尘接触电晕极下部;④成片铁锈落在阴、阳极之间,形成短路搭桥;⑤高压隔离开关处于接地状态。

处理方法:①安装好或更换掉落的电晕线;②更换被击穿的绝缘子并分析检查击穿的原因,除去隐患;③清除积灰,修好排灰阀或排灰系统;④去掉锈片;⑤拨正开关位置。

（2）电压、电流表指针左右摆动（包括有规则的、无规则的、激烈的摆动），时而出现跳闸。

原因是：①电晕线折断，残留段在电晕框架上晃动，或电极变形；②通过电场的烟气物理性质急剧变化（如短时停止喂料造成温度、湿度的变化）；③阴、阳极局部地方黏附粉尘过多，使实际间距变化引起闪络；④绝缘子和绝缘板绝缘不良；⑤铁片、铁锈片脱落造成局部短路。

处理方法：①剪去电晕线的残留段或换上新线，调整或更换变形电极；②针对生产工艺方面的问题解决之；③除去阴、阳极上黏附过多的粉尘；④清扫绝缘子，检查保温及电加热器是否失灵，并排除故障；⑤去掉引起短路的铁锈、铁片。

（3）电流正常或偏大，电压升到比较低的数值就产生火花击穿。

原因是：①收尘极和电晕极之间距离局部变小；②有杂物落在或挂在极板或电晕线上；③保温箱或绝缘子室温度不够，绝缘子受潮绝缘电阻下降。

处理方法：①检查两极间距；②清除杂物；③擦净绝缘子，提高保温室或绝缘子室温度，使之避免受潮。

（4）电流小，电压升不上去或升高即跳闸。

原因是：①极间距偏离标准值过大；②灰尘堆积使极间距改变；③电晕线松动，振打时摇动；④漏风引起烟气量上升使极间距变化；⑤气流分布板孔眼堵塞，气流分布不均匀引起极板振动；⑥回路中接地不良。

处理方法：①调整极距；②去掉积灰，并检查振打传动装置是否正常，或调整振打周期；③校对、固定电晕线；④检查、消除漏风；⑤去掉分布板的积灰，并调整振打周期；⑥查出接地不良处并修复。

（5）电压正常，电流很小或接近零，或电压长高到正常的电晕始发电压时，仍不产生电晕。

原因是：①极板或极线上积灰过多，振打装置失灵或忘记振打；②电晕线肥大，放电不良或电晕线表面产生氧化，使电极"包覆"；③烟气粉尘浓度太高，出现电晕封闭；④高压回路中开路，或接地电阻过高，高压回路循环不良。

处理方法：①清除积灰，修好振打装置，定期振打；②针对具体情况，采取改进措施，避免电晕线肥大；③降低烟气中粉尘浓度，降低风速，或提高工作电压；④查出原因并修复之。

（6）除尘效率下降，烟囱排放超标。

原因是：①烟气参数不符合设计条件；②漏风太多，使风量猛增；③气流分布板堵塞，气流分布不匀；④电压自调系统灵敏度下降或失灵，实际操作电压下降；⑤清灰装置动作不良或有误。设备有前述的各种故障中之一时即可导致除尘效率下降。

处理方法：①专题研究解决，改善烟气工艺状况；②检查漏风原因，并修复之；③清理积灰并调整振打周期；④更换元件，并重新调整自控系统；⑤针对设备故障的各项原因并一一处理之；⑥检修或更换极板，使之正常运行。

（7）排不出灰或排灰不畅。

原因是：①排灰阀故障，如用气动阀，可能气源不足；②灰斗棚灰，粉尘潮湿或振打器激振力偏小等；③输灰装置出现故障；④极板锈蚀、老化，影响运行参数。

处理方法：①检查排灰阀，并排除故障，注意检查驱动装置；②检查棚灰，打开振打器振动调整，或清扫灰斗；③检修输灰装置，消除故障。

（8）有一次电压、电流，无二次电压、电流。

原因是：①控制柜内某元件损坏，或导线在某处接地；②硅整流器击穿；③毫安表本身指针卡住。

处理方法：①查找损坏元件，并更换之，检查导线连接状况，排除故障；②更换硅整流器；③检查修复毫安表。

（9）阴极吊挂保温箱内有丝丝响声或放电声。

原因是：①绝缘瓷套筒内部不洁；②检查电加热器是否损坏或断路，擦净绝缘子。

高压硅整流设备的常见故障及处理方法见表 6-50。

表 6-50　高压硅整流设备的常见故障及处理方法

故障现象	原　因	处理方法
给定电位器置零位时，输出电压比正常情况变大	（1）位移绕组的电路开路或短路； （2）变动了移相电流调节电位器，而没将其调到恰当的位置； （3）电源、电压有较大波动	（1）检查故障点并进行处理； （2）将电位器调到恰当的位置
旋转给定电位器，整流输出电压无变化	（1）给定电源无电压输出； （2）磁放大器工作绕组开路或元件损坏； （3）控制电路中的二极管等元件有损坏，控制电压未达到额定值	（1）检查控制变压器整流元件和给定电位器； （2）检查绕组或元件
给定电位器调到最大，电压仍长不到需要值	（1）电源电压偏低； （2）移向电流调整不当； （3）控制电路中的二极管等元件有损坏，控制电压未达到额定值	（1）改换变电器抽头位置，或采取其他措施； （2）调节移相电流到适当大小； （3）检查各元件
磁化电流自动变大，使饱和电抗器产生高温	（1）主回路的电源电压太低； （2）电流负反馈电路发生故障，控制失灵； （3）移相电流控制电路发生故障	（1）提高电源电压； （2）检查清除故障

五、静电除尘器安全技术

随着静电除尘器的广泛应用，防止事故发生，确保安全运行，具有重要意义。

1. 安全装置注意事项

注意事项：①静电除尘器的金属外壳或混凝土壳体的钢筋、电场的收尘极板、变压器和高压硅堆油箱壳体、高压电缆外皮和电缆头、各控制盘铁质构架等，均应良好接地，接地电阻保持在 4Ω 以下；②高压变压器室和高压整流室门上应设有联锁开关，当门被打开时高压装置自动断电；③各机械传动部件，如传动链条、链轮、联轴节、皮带轮等均应装设安全防护罩或防护栏杆；④高压电缆、电缆头、保温箱、高压整流室等处均应有警告牌和警告标志；⑤检查安装的防爆阀的可靠程度，以保证爆炸时的卸荷作用。

2. 安全操作注意事项

注意事项：①每次开车前必须查看静电除尘器各处，确认设备正常、电场内无人工作、各人孔门已经关好，然后方可开车；②电场通入高压电前，应先开振打装置，电场停电以后振打装置仍需继续运行 0.5h 以后再停，以尽量消除电极上的积灰；③静电除尘器启用时，应先通入烟气预热一段时间，使电场温度逐步升高，当电场温度上长到 80℃ 以上时开始送电；④废气中的 CO 含量不得超过 2%，若超过时则电场立即停电或不送电；⑤运行中，当静电除尘器中部温度超过进口部温度时应立即停电，并开放副烟道闸门，关闭电器进风口闸门；⑥运行中，应经常注意控制箱上的一次、二次电流不得超过额定范围，以保护变电整流装置；⑦在开启人孔门、检修活动屋面板前，必须先行停电，并将电源接地放电，每周需清扫石英套管一次，在检修时应特别注意检查极间距的变化、振打装置的振打情况并及时排除故障；⑧经常检查 CO

测定仪是否正常，及时更换过滤装置，每周应进行一次校验。

3. 电除尘检修安全规程

静电除尘器停机按停机顺序操作，进入电场检修应遵守下列规定：①高压供电装置的控制盘和操作盘开关应断开；②操作盘上应挂上检修标牌以免误合闸；③高压切断开关转接到接地端，放电极也应接地（在检修过程中应始终接地）；

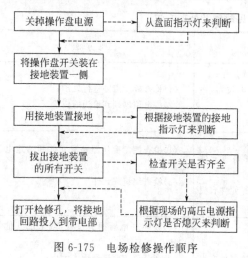

图 6-175　电场检修操作顺序

④用便携式接地棒释放高压系统中的残存电荷；⑤电场停电后振打装置应继续运行，使附在电极上的粉尘清除干净，灰斗排灰装置继续运行，直到灰斗内粉尘排完为止；⑥电场逐渐冷却后（冷却时间不少于 8h）才允许打开人孔门，否则突然进入冷空气，容易使高温下的极板产生变形；⑦电除尘器内有人工作时应在辅助设备（如主排风机、振打装置、卸灰装置等）上加锁，或挂上检修的标牌；⑧检修人员进入电场应根据电场情况穿戴防尘罩、防尘服、防尘靴和防腐手套等劳保用品；⑨当灰斗堵灰时，严禁开启灰斗人孔门放灰；⑩进入检修现场的人员要戴安全帽，凡坠落高度在基准面 2m 以上，施工人员必须带安全带；⑪进入电场前，还必须检测 CO 等有毒气体、堆积粉尘的处理及装置内的排气等。

图 6-175 是从安全角度出发所采取的操作顺序和确认的事项，其意图是通过采取强制的手段来确保安全。

4. 防止燃烧爆炸

在燃烧和爆炸的火源、可燃物、氧气三个条件中火源是避免不了的，因为静电除尘器在电晕放电过程会有火花放电，此时即形成着火源。所以致使电除尘器燃烧爆炸的关键在于可燃气体或粉尘的存在，以及一定的含氧量。粉尘形成爆炸的原因有以下 3 个：①有较大的比表面积和化学活性，有许多固体物质当其处于块状时是难燃的，但当其变为粉状时就很容易燃烧甚至爆炸，其原因是粉状物与空气中（或气体中）的氧接触面积增大，粉生吸附氧分子数量增多，加速了粉尘的氧化过程；②粉尘氧化面积增加，强化了粉尘加热过程，加速了气体产物的释放；③粉尘受热后能释放大量可燃气体，例如 1kg 煤若挥发分为 20%～23%，则能释放出 290～350L 可燃气体。

干式电除尘器和湿式电除尘器相比，干式电除尘器的安全性较差，日本某钢管厂曾在连轧机上采用了干式电除尘器净化烟气，但在 1973 年 12 月发生了一次爆炸事故，据分析当时爆炸的主要原因是由于干式电除尘器中烟尘浓度超过了爆炸极限，如表 6-51 所列。

表 6-51　爆炸时烟尘浓度与爆炸极限浓度对比

名称	钢管厂干式电除尘器 爆炸时的浓度	爆炸极限
C_mH_n（挥发分）	50～300ppm	5000～50000ppm
CO	180～300ppm	125000ppm
烟道中粉尘浓度	0.3～10g/m³	30～50g/m³
干式电除尘器中粉尘浓度	66g/m³（推定）	30～50g/m³

注：1ppm＝1mg/m³。

在没有得到很好冷却熄火和完全燃烧的烟气带着粘着重油的石墨粉尘进入干式电除尘器内，刚好与器内电极振打时飞扬出的烟尘混在一起，使瞬时尘浓到 66g/m³，以致造成了易爆气氛而发生爆炸。1973年以后钢管厂把干式电除尘改为湿式电除尘，在湿式电除尘前增加一台增湿塔，确保降温灭火，该设备运转至今没有再发生事故，自此以后德国和日本在连轧管机上均采用湿式电除尘器净化烟气，用于净化回转窑烟气的静电除尘器最忌烟气中CO气体超量。虽然，CO的爆炸极限为气体体积分数的12.5%，但是在水泥厂回转窑用静电除尘器允许含CO的体积分数仅为2%，超过此含量，即开始报警；CO含量继续提高，则静电除尘器掉闸停电。为维持2%以下的CO含量，通常要加强煤粉的充分燃烧。回转窑的燃烧一般都难以做到自动调控，不能确保CO含量不超过限度，所以在静电除尘器之前，要安装CO自动分析仪，并与静电除尘器供电装置连锁。当CO超过限定值时，静电除尘器自动断电，防止静电除尘器爆炸事故的发生。

然而，静电除尘器应用的场合并不能保证烟气中CO含量都在危险限度以内。表6-52列出钢铁企业四种炉型烟气成分的数据，其中，CO的含量都远远超过爆炸限度。但是，由于用静电除尘器净化这些炉子的烟气比其他除尘器经济得多，所以，有的厂家采用静电除尘器净化这些烟气。为避免爆炸事故，多数用控制烟气中氧含量的办法，防止灾害的发生。也就是说，加强除尘器的密封性，使其漏风率在1.0%（25kPa压力）以下，甚至更低。

表 6-52　钢铁企业四种炉型烟气成分的数据

成　　分	高炉烟气体积分数/%	转炉烟气体积分数/%	电炉烟气体积分数/%	铁合金炉烟气体积分数/%
CO	29.0～31.2	85～90	15～25	70～90
CO_2	11.3～11.2	8～14	5～11	2～20
O_2	>55.1～55.2	1.5～3.5	3.5～10	0.2～2
N_2		0.5～2.5	61～72	2～4

5. 抗爆结构

将静电除尘器设计成能够承受可燃物质爆炸而不破坏的结构形式，这对于处理可燃气体和可燃粉尘的场所是可取的，也是比较安全的。虽然这种结构的制作要求严、成本高、难度大，但是，从处理烟气的技术经济比较出发，认为设计和制作这种静电除尘器是经济合理的，其中最典型的是圆筒形静电除尘器。过去，板极式静电除尘器，不论是立式还是卧式都设计成方形或矩形。然而，抗爆静电除尘器设计呈圆筒形，从力学角度看它是最合理的。这种耐压力静电除尘器，首先被用于炼钢厂净化转炉烟气，接着又用于净化高炉烟气，自1983年第一台圆筒形静电除尘器运行以来，已有数十台投入使用，均没有出过灾害性故障。

此外，用特殊支撑框的办法提高集尘极的刚性，可以防止电极在缓慢引起燃烧时的变形，也是普通电除尘器设计中的结构改进。

6. 泄压措施

对于静电除尘器来说，简单而有效的防爆措施是在固定的开口进行及时泄压，使除尘器避免危险的高压。这样，只要除尘器能抵御泄压后的剩余压力就可以了。泄压时的瞬时压力比爆炸压力小得多。常用的泄压装置有两类：一类是泄压膜；另一类是安全阀。

泄压膜是一种能在一定压力下被冲破或撕裂的泄压装置。泄压膜通常用1～3mm的铝板、橡胶板或白铁皮制成。膜夹在法兰的中间，其间隙应严密不漏气，具体尺寸视设备大小和泄压膜数量而定。设备小可装一两个泄压膜，设备大则要装多个泄压膜。泄压膜有时受温度、有害气体腐蚀等影响造成损坏，要及时更换，防止失效。圆形泄压膜爆裂时受到的静态动作压力按下式计算。

$$P_j = \frac{\delta d}{D} \tag{6-115}$$

式中　P_j——静态动作压力，Pa；

　　　δ——材料抗拉强度，MPa；

　　　d——膜厚度，mm；

D——圆孔径，mm。

泄压阀是能在一定压力下自动泄压的装置。泄压阀又分弹簧式、磁力式和重力式三类，其中，弹簧式最常用。与泄压膜相比，弹簧压阀泄爆后孔口能迅速闭合，可避免燃气外流四溢。同时泄压后设备能迅速投入运行。值得注意的是，泄压阀安装后要按照要求调整到使用状态，并定期检查防止失灵。

7. 静电除尘器的接地

接地的部位包括：①高压控制柜外壳的保护工作接地；②整流充压器外壳保护接地；③取样信号回路（二次电压、电流回路）的屏蔽接地；④高压电缆金属外壳终端的保护接地；⑤除尘器本体接地。

（1）高压控制柜外壳接地是将控制柜金属壳体通过接地线与埋入地下的接地网接通，以降低金属外壳带电后的对地电压，保护人身安全。

（2）整流变压器外壳接地通过滑动轨道不能保证接地良好，要另设接地线直接与接地体相连。接地线应采用纺织裸铜线，截面积大于 $25mm^2$，整个连接部分的接地电阻不大于 4Ω。

（3）二次电压、电流取样回路的接地屏蔽层一般选择在控制柜端作良好接地，使外界干扰信号不会引入电压自动调整器内部，屏蔽层上因静电感应产生的电荷也通过接地回路释放。

（4）高压电缆的金属外壳同样会产生感应电荷，而且高压电缆对地存在着分布电容（经推测，该分布电容在电场闪络时伴随高频过电压起着不可忽视的作用），故这两处均要求接地良好。

接地装置的接地电阻，由接地线电阻、接点体本身的电阻、接地体与土壤的接触电阻以及土壤电阻四部分组成；其中前两部分的电阻值较小，大多可忽略。接地电阻中主要为土壤电阻和接地与土壤的接壤电阻，它决定于接地网的布置、土壤电导率等因素。接地电阻的概念普遍使用在电力系统中，对接地电阻的要求主要决定于系统中发生对地短路时接地电流的大小，要求一般从 0.5Ω 到 10Ω 不等，而静电除尘器的接地电阻一般 $\leqslant 1\Omega$。

静电除尘器的接地要着重考虑因接地不良带来的对控制特性的影响。图 6-176 是静电除尘器整个供电及控制系统的接地示意。

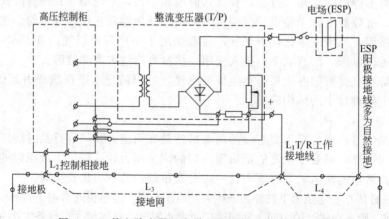

图 6-176　静电除尘器整个供电及控制系统的接地示意

一般情况下，电场阳极通过壳体及支撑壳体的钢梁或混凝土构件中的钢筋与接地网相通，为保证均匀性，要求每个电场至少对应有一个接地引入点。L_1 为整流变压器的专用工作接地线，非常重要，必须绝对可靠，不光要考虑接地线的电阻，还要考虑其机械强度，故应采用 $16mm^2$ 以上的通过螺圈导线与地网接地点相连接。L_2 为高压控制柜的工作接地线，有时候采用自然导体（如电缆支架、穿管）作为引线，有时候则采用专门的接地导线与接地网相连接。为了静电除尘器高压输出直流及控制柜的抗干扰，采用专门的接地导线应该更好，其规格、形式可参照 T/R 工作接地线。

第七章
湿式除尘器

湿式除尘器，也叫洗涤式除尘器，是一种利用水（或其他液体）与含尘气体相互接触，伴随有热、质的传递，经过洗涤使尘粒与气体分离的设备。用湿式除尘器去除大颗粒粉尘，在 19 世纪末钢铁工业中开始采用。1892 年格斯高柯（G. Zschocke）被授予一种湿式除尘器的专利权。这种除尘器在当时已是既实用又有效的粉尘分离设备。湿法除尘与干式除尘相比，其优点是：设备投资少，构造比较简单；净化效率较高，能够除掉 0.1μm 以上的尘粒；设备本身一般没有可动部件，如制造材料质量好，不易发生故障；在除尘过程中还有降温冷却、增加湿度和净化有害有毒气体等作用，非常适合于高温、高湿烟气及非纤维性粉尘的处理；可净化易燃及有害气体。缺点是：要消耗一定量的水（或其他液体），除尘之后需对污水进行处理，以防止二次污染；粉尘的回收困难；易受酸碱性气体腐蚀，应考虑防腐；黏性的粉尘易发生堵塞及挂灰现象；冬季需考虑防冻问题。湿法除尘适用于处理与水不发生化学反应、不发生黏结现象的各类尘，更适用于南方地区。遇有疏水性粉尘，单纯用清水会降低除尘效率，往水中加净化剂可大大改善除尘效果。

湿式除尘器与一般气体吸收塔的根本区别，在于后者要求洗涤液成细微液滴，增大气流界面延长接触时间，以利气体吸收，而前者对此要求不十分严格。

第一节　湿式除尘器基本理论

湿法除尘是尘粒从气流中转移到一种液体中的过程。这种转移过程主要取决于 3 个因素：气体和液体之间接触面面积的大小；气体和液体这两种流体状态之间的相对运动；粉尘颗粒与液体之间的相对运动。

一、利用液滴收集尘粒

首先对用液滴收集尘粒过程需做如下假设：①气体和尘粒有同样的运动；②气体和液滴有同一速度方向；③气体和液滴之间有相对运动速度；④液滴有变形。

在图 7-1（a）中用流线和轨迹表示气体和尘粒的运动。由于惯性力，接近液滴的尘粒将不随气流前进，而是脱离气体流线并碰撞在液滴上。尘粒脱离气体流线的可能性将随尘粒的惯性力和减小流线的曲率半径而增加［图 7-1（b）］。一般认为所有接近液滴的尘粒如图 7-1（c）所示，在直径 d_0 的面积范围内将与液滴碰撞。尘粒在吸湿性不良情况下将积累在液滴表面

［图 7-1（d）］，若吸湿性较好时则将穿透液滴［图 7-1（e）］。碰撞在液滴表面上的尘粒将移向背面停滞点，并积聚在那里［图 7-1（d）］。而那些碰撞在接近液滴前面停滞点的尘粒将停留在此，因为靠近前面停滞点处，液滴分界面的切线速度趋向零。

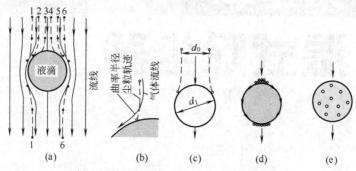

图 7-1　最简单类型流场中用液滴收集尘粒

实线 ——→ 气体流线；虚线 ←--→ 尘粒运动轨迹

试验表明，湿式除尘器的除尘效率主要不是取决于粉尘的湿润性，而是取决于所有到达液滴表面或者进入并穿过液滴，或者黏附在液滴表面的尘粒的数量。这个过程不受分界面的张力支配。因此吸湿性不是一个重要的尘粒—液体系统特性。

直径比 $\dfrac{d_0}{d_1}$ 称为碰撞因数

$$\varphi_i \equiv \frac{d_0}{d_1} \tag{7-1}$$

这个因数在 0~1 之间变化。它可表示为惯性参数 φ 的函数，也叫斯托克斯（Stokes）数，其定义为

$$\varphi \equiv \frac{W_r \rho_p d_p^2}{18 \eta_g d_1} \tag{7-2}$$

式中　W_r——尘粒与液滴之间的相对速度；

ρ_p——尘粒密度；

d_p——尘粒直径；

η_g——气体动力黏度；

d_1——液滴直径。

如图 7-2 所示碰撞因数对惯性参数有依赖关系。参数 Re_r 是雷诺数。

$$Re_r = \frac{W_r d_1 \rho_g}{\eta_g} \tag{7-3}$$

在这个定义里，ρ_g 是气体密度。由于尘粒的惯性作用碰撞因数将随相对速度 W_r、尘粒密度 ρ_p 和粒径 d_p 的增加而增加。而当气体的黏度 η_g 和液滴的直径 d_1 增加时，碰撞力、摩擦力占支配地位，气体将携带尘粒离去。

图 7-2 中给出的碰撞因数仅是定性的数值。气体、尘粒和液滴运动的实际情况与假设的条件很不相同。

在高效率的湿法除尘器中，气体、尘粒、液滴运动处于支配地位的 2 种情况：①高速液滴运

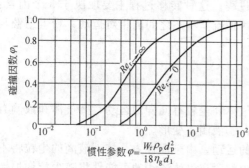

图 7-2　碰撞因数 φ_i 与惯性参数 φ 和参变数雷诺数 Re_r 的关系曲线

动垂直于低速气体和尘粒运动（液滴接近尘粒）；②高速气体和尘粒运动平行汇合低速液滴运动（尘粒接近液滴）。

上述两种情况下，碰撞因数 φ_i 较图 7-2 中给的值高很多。

二、用高速气体和尘粒运动收集尘粒

尘粒与液滴的相互作用是发生在文氏管式湿法除尘器喉口中的典型情况，文氏管式湿法除尘器是最有效的湿法除尘器。图 7-3（a）表示液滴、尘粒和气体以相差悬殊的速度平行地流动。在这种情况中，更确切地说是大的液滴在垂直方向上被推进到气流里。液滴的轨迹是从垂直于气流的方向改变为平行于气流的方向。图 7-3（a）描绘了大颗粒液滴运动的后一段情况。

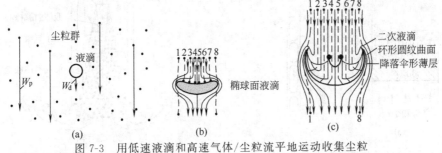

图 7-3　用低速液滴和高速气体/尘粒流平地运动收集尘粒

由于高速气流摩擦力的作用，将迫使大颗粒液滴分裂成若干较小的液滴，这些液滴假设仍保留球面形状。这种分裂过程的中间步骤，说明在图 7-3（b）和图 7-3（c）中。这个过程包括了下面几个步骤：①球面液滴变形为椭球面液滴；②进一步变形为降落伞形薄层；③伞形薄层分裂为细丝状液体和液滴；④丝状液体分裂为液滴。

变形和分裂过程所需要的能量由高速气流供给。图 7-3（b）是围绕着一个椭球面液滴的气体流和尘粒运动的情况。因为接近椭球面液滴上面的流线曲率半径很小，故除尘效率很高。

三、气体和液体间界面的形成

气体和液体间的界面具有一种潜在的收尘作用，它能否有效地收集尘粒，取决于界面的大小和在载尘气流中的分布，以及尘粒和界面的相对运动状况。在所有情况下，气-液界面的形成都密切地与它所在空间里的分布有关。

含尘气流和液体间的界面的形成与液膜、射流、液滴和气泡的形成密切相关。

1. 液膜的形成

湿法除尘仅靠喷淋液体往往是不够的，因此，人为地往除尘器内添加各种各样的填充材料和组件增加接触表面，以形成更多的液膜。常见的填料式除尘器中填充组件是拉希格环和球形体。拉希格环是空心圆柱体，其外径等于其高度。一般在浸湿的填料中液体和气体是平行运动的。气流的方向主要是平行于液膜的表面，当气体和液体从一个拉希格环到另一个环时，仅有少数的中断现象发生。气流垂直于液流现象几乎观察不到。气体和液体的运动，可以是反向或者顺向地通过填料塔。在顺向流动的情况中，流动方向可以向上或者向下。当湿式填料除尘器在泛流情况下工作时，除尘效率能得到改善。液体向下流动被上升的气流所阻碍。在填料内部两种相态进行强烈的混合，而尘粒和液体界面之间的相对速度是很小的。这就是为什么在多数情况下尘粒的收集在填料表面上，除尘器进一步改进除尘效率可用紧密相靠的平行管束。管束布置在任意装填的球形填料或其他填料组件的顶部，如图 7-4（a）所示。气体和液体呈同向运动。图 7-4（b）描绘了气体和流体迫使产生独特的柱形气泡和液膜。这些气泡被压差推动通过管束，气体和液体之间的相对速度对提高除尘效率是有利的。

2. 液体射流的形成

在喷射式湿法除尘器中，用液体射流来产生界面。图 7-5 表示由一个压力喷嘴形成的射流。喷出的射流在一定长度后，破碎为直径分布范围很大的液滴群。气体平行于射流而运动。在射流破碎过程中，气体和液滴发生强烈混合。在更远的下游，气/液混合射流冲击在液体储存器的表面上，储存器中的流体也部分被分裂。因为尘粒和液体表面之间的很小相对速度，这种系统的除尘效率比湿式填料除尘器高。由于水的喷射抽吸作用，避免了气流中的压力降。

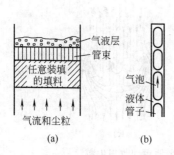

图 7-4　任意装填的填料和管束的排列

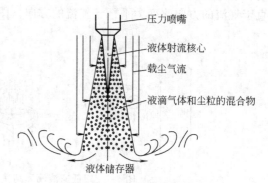

图 7-5　液体射流的破碎

3. 液滴的形成

要把一定量的液体变为液滴，主要依靠摩擦力或惯性力来完成。

摩擦力来分散液体可由两种过程之一来完成。第一种情况，首先是使载尘的高速气流平行于液体表面来分散液体，如图 7-6 所示。液滴是被平行于液体表面流入的高速气流从大量的流体中分离出来的。气体和液滴通过一个旋涡室，在旋涡室里整个流动方向发生改变，从而产生了必要的尘粒和液滴的相对运动，成为一种有效的除尘过程。离开旋涡室后，载尘的液滴和净化后的气体发生分离。此法形成的液滴比较大，这取决于气体的速度。因为在工业应用中，允许的压力降限定了液滴的大小，因而也限制了其除尘效率。

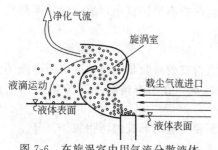

图 7-6　在旋涡室中用气流分散液体

4. 气泡的形成

如果不是在大量的气体中分散少量的液体，而是在大量的液体中分散少量载尘的气体，必然产生气泡。但一般这个系统被证明无效，因为在气泡里气体和尘粒间相对速度非常低。这样的低效率对除尘而言可不做主要考虑。

四、湿式除尘器的分类

湿式除尘器，在设备结构设计上亦采用碰撞、扩散力等作用原理，以便使尘粒在除尘器中随气流流道的突然缩小、扩大、变向及碰撞各种障碍物时，发生凝聚、附着、重力沉降、离心分离等综合性的复杂过程，使尘粒与气体分离。

湿式除尘器按照水气接触方式、除尘器构造或用途不同有几种分类方法。

1. 按接触方式分类

按接触方式分类见表 7-1。

表 7-1　湿式除尘器按接触方式分类

分类	设备名称	主 要 特 性
储水式	水浴式除尘器 卧式水膜除尘器 自激式除尘器 湍球塔除尘器	使高速流动含尘气体冲入液体内,转折一定角度再冲出液面,激起水花、水雾,使含尘气体得到净化。压降为$(1\sim5)\times10^3$ Pa,可清除几微米的颗粒或者在筛孔板上保持一定高度的液体层,使气体从下面上穿过筛孔鼓泡进入液层内形成泡沫接触,它又有无溢流及有溢流两种形式。筛板可有多层
淋水式	喷淋式除尘器 水膜除尘器 漏板塔除尘器 旋流板塔除尘器	用雾化喷嘴将液体雾化成细小液滴,气体是连续相,与之逆流运动,或同相流动,气液接触完成除尘过程。压降低,液量消耗较大。可除去大于几个微米的颗粒。也可以将离心分离与湿法捕集结合,可捕集大于 $1\mu m$ 的颗粒。压降约为 $750\sim1500Pa$
压水式	文氏管除尘器 喷射式除尘器 引射式除尘器	利用文氏管将气体速度升高到 $60\sim120m/s$,吸入液体,使之雾化成细小液滴,它与气体间相对速度很高。高压降文氏管(10^4Pa)可清除小于 $1\mu m$ 的亚微粒颗粒,很适用于处理黏性粉体

2. 按构造分类

按除尘器构造不同,湿式除尘器有七种不同的结构类别,如图 7-7 和表 7-2 所示。

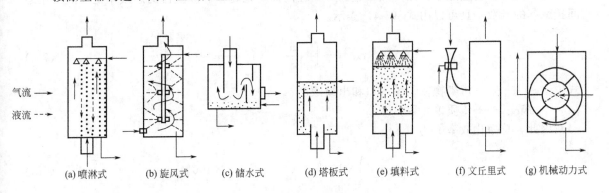

图 7-7　七种类型湿式除尘器的工作示意

表 7-2　图 7-7 附表

序号	湿式除尘器形式	对 $5\mu m$ 尘粒的近似分级 效率/%	压力损失/Pa	液气比/(L/m³)
(a)	喷淋式	80[1]	125~500	0.67~2.68
(b)	旋风式	87	250~1000	0.27~2.0
(c)	储水式	93	500~1000	0.067~0.134
(d)	塔板式	97	250~1000	0.4~0.67
(e)	填料式	99	350~1500	1.07~2.67
(f)	文丘里式	>99	1250~9000	0.27~1.34
(g)	机械动力式	>99	400~1000	0.53~0.67

① 近似值,文献给出的数值差别很大。

各类湿式除尘器细分有:
① 塔式除尘器,如空心喷淋除尘器;
② 水膜式除尘器,如旋风水膜除尘器、麻石水膜除尘器;
③ 冲激式除尘器,如冲激水浴式除尘器、自激式除尘器;

④ 填料式除尘器，如填料式除尘器、湍球式除尘器；

⑤ 泡沫式除尘器，如泡沫式除尘器、漏板式除尘器；

⑥ 喷射湿式除尘器，如文氏管除尘器、喷射式除尘器；

⑦ 机械诱导式除尘器，如拨水轮除尘器。

3. 按不同能耗分类

工程应用中也有按除尘设备阻力高低、耗能多少把湿式除尘器分为低能耗和高能耗除尘器两大类，低能耗除尘器的压力损失为 0.25～2.0kPa，包括喷淋除尘器和旋风水膜除尘器等。一般运行条件下的耗水量（液气比）为 0.4～0.8L/m³，对大于 10μm 的粉尘的净化效率可达 90%～95%。低能耗除尘器常用于焚烧炉、化肥制造、石灰窑及铸造车间化铁炉的除尘上。高能耗除尘器，如文氏管除尘器，净化效率达 99.5% 以上，压力损失范围为 2.0～9.0kPa，常用于炼铁、炼钢及造纸烟气除尘上，它们排烟中的尘粒可能小到低于 0.25μm。

五、湿式除尘器的性能

1. 湿式除尘器除尘效率

对湿式除尘器性能的主要要求是，加入最少量的液体获得最好的除尘效率。但是一般说来，对一定特性粉尘除尘，除尘效率越高，消耗的能量也越大。除尘器的总效率是气液两相之间接触率的函数，且可以用式（7-4）表示。

$$N_{OG} = -\int_{c_i}^{c_o} \frac{dc}{c} = -\ln\frac{c_o}{c_i} \qquad (7\text{-}4)$$

式中　c_i、c_o——污染物在装置入口和出口浓度；

　　　N_{OG}——传质单元数。

因此，总净化效率 η 为

$$\eta = \left(1 - \frac{c_o}{c_i}\right) \times 100\% = (1 - e^{-N_{OG}}) \times 100\% \qquad (7\text{-}5)$$

除尘器的总能量消耗 E_t 等于气体的能耗 E_G 与加入流体能耗 E_L 之和，则有

$$E_t = E_G + E_L = \frac{1}{3600}\left(\Delta P_G + \Delta P_L \frac{Q_L}{Q_G}\right) \qquad (7\text{-}6)$$

式中　E_t——除尘器总能耗，kW·h/1000m³ 气体；

　　　ΔP_G——气体通过除尘器的压力损失，Pa(3600Pa=1kW·h/1000m³ 气体)；

　　　ΔP_L——加入液体的压力损失，Pa；

　　　Q_L——液体的流量，m³/s；

　　　Q_G——气体的流量，m³/s。

在很多情况下，将传质单元数 N_{OG} 和总能耗 E_t 的值画在重对数坐标中为一直线，因此可以用经验式（7-7）表示。

$$N_{OG} = \alpha E_t \beta \qquad (7\text{-}7)$$

式中　α、β——特性参数，取决于要捕集的粉尘的特性和所采用的除尘器的形式。

α 和 β 特性参数见图 7-8 及表 7-3。

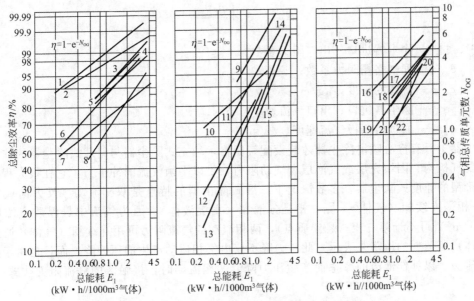

图 7-8 湿式除尘器总除尘效率与总能耗的关系（K. T. Semrau）

表 7-3 图 7-8 附表

编号	粉尘或尘源类型	α	β	编号	粉尘或尘源类型	α	β
1	LD 转炉粉尘	4.450	0.4663	13	肥皂生产排出的雾	1.169	1.4146
2	滑石粉（1）	3.626	0.3506	14	从吹氧平炉升华的粉尘	0.880	1.6190
3	磷酸雾	2.324	0.6312	15	没有吹氧的平炉粉尘	0.795	1.5940
4	化铁炉粉尘	2.255	0.6210	编号	黑液回收、各种洗涤液	α	β
5	炼钢平炉粉尘	2.000	0.5688	16	冷水	2.880	0.6694
6	滑石粉（2）	2.000	0.6566	17	45% 和 60% 黑液,蒸汽处理	1.900	0.6494
7	从硅钢炉升华的粉尘	1.266	0.4500	18	45% 黑液	1.640	0.7757
8	鼓风炉粉尘	0.955	0.8910	19	循环热水	1.519	0.8590
9	石灰窑粉尘	3.567	1.0529	20	45% 和 60% 黑液	1.500	0.8040
10	从黄铜熔炉排出的氧化锌	2.180	0.5317	21	两级喷射,热黑液	1.056	1.8628
11	从石灰窑排出的碱	2.200	1.2295	22	60% 黑液	0.840	1.4280
12	硫酸铜气溶胶	1.350	1.0679				

2. 湿式除尘器的阻力

湿式除尘器的气流阻力损失可写为式（7-8）的一般形式。

$$\Delta p \approx \Delta p' + \Delta p_{\mathrm{p}} + \Delta p_{\mathrm{ry}} + \Delta p_{\mathrm{ky}} + \Delta p'' \tag{7-8}$$

式中 $\Delta p'$、$\Delta p''$——除尘装置的进、出口阻力，Pa；

$\qquad \Delta p_{\mathrm{p}}$——气体与液体接触区（工作区）的阻力，Pa；

$\qquad \Delta p_{\mathrm{ry}}$——配气装置的阻力，Pa；

$\qquad \Delta p_{\mathrm{ky}}$——脱水器的阻力，Pa。

$\Delta p'$、$\Delta p''$ 及 Δp_{ry} 可按通用公式（7-9）、式（7-10）、式（7-11）计算。

$$\Delta p' = \xi' \left(\frac{P_{\mathrm{ry}} v_{\mathrm{i}}^2}{2} \right) \tag{7-9}$$

$$\Delta p'' = \xi'' \left(\frac{\rho_{\mathrm{g}} v_{\mathrm{o}}^2}{2} \right) \tag{7-10}$$

$$\Delta p_{\text{ry}} = \xi_{\text{gy}} \left(\frac{\rho_{\text{g}} v_{\text{gy}}^2}{2} \right) \tag{7-11}$$

式中 ξ'、ξ''——除尘器进口、出口阻力系数；

ξ_{gy}——配气格栅阻力系数；

ρ_{g}——气体的密度，kg/m^3；

v_{i}、v_{o}——除尘器进口、出口气流速度，m/s；

v_{gy}——通过格栅板气流速度，m/s。

除尘器中只有空心喷淋除尘器才装设配气栅格，填充式除尘器与湍球式除尘器往往不必装设强制配气机构。因填充层或气泡层有气动阻力，足以平衡气流的冲击力，它在很大程度上属于文氏管型的速度式除尘器。多数情况下，湿式除尘器的特点是双相流动（反方向或同向流动），一相是连续相（气体），另一相是分散相（润湿液体）。因为气流中悬浮质点浓度较低（5~50g/m³）可不计第三相（悬浮质点），两相流动的气流阻力可用连续相（气体）通过分散相（液体）所消耗的压降来表示。此压力降不仅由气相运动产生的压力降，而且也由于必须传给气流压头，以补偿液流的摩擦而产生压力降。两相流动时，接触区的气流阻力按式（7-12）计算。

$$\Delta p_{\text{p}} = \xi_{\text{g}} \frac{v_{\text{g}}^2 \rho_{\text{g}}}{2\varphi^2} + \xi_{\text{w}} \frac{v_{\text{w}}^2 \rho_{\text{w}}}{2(1-\varphi)^2} \tag{7-12}$$

式中 ξ_{g}、ξ_{w}——气体与液体的阻力系数；

v_{g}、v_{w}——气体与液体的流动速度，m/s；

φ——气体所占据的截面百分数。

若认为两相流动阻力是气流的阻力，则可得

$$\frac{\Delta p_{\text{p}}}{\Delta p_{\text{w}}} = 1 + \frac{\xi_{\text{w}}}{\xi_{\text{g}}} \left(\frac{v_{\text{w}}}{v_{\text{g}}} \right)^2 \left(\frac{\rho_{\text{w}}}{\rho_{\text{g}}} \right) \times \frac{\varphi^2}{(1-\varphi)^2} \tag{7-13}$$

若将两相气流速度用装置全截面的质量流速表示，则

$$v_{\text{g}} = \frac{W_{\text{g}}}{\rho_{\text{g}}}$$

$$v_{\text{w}} = \frac{W_{\text{w}}}{\rho_{\text{w}}}$$

式中 W_{g}、W_{w}——气体和液体的质量流速，$\text{kg/(m}^2 \cdot \text{s)}$。

必须注意，若两相流动的比值 $\frac{W_{\text{w}}}{W_{\text{g}}}$ 相等，但 W_{w} 与 W_{g} 的绝对值不同，则流体阻力不同。因此，在导出两相流动的气动阻力计算公式时，必须应用针对一种气动工况所得的试验数据。若液相和气相逆向流动时，$\frac{W_{\text{w}}}{W_{\text{g}}} \geqslant 10$，则液体静压对阻力有增大的影响。用 m 值表示比值 $\frac{W_{\text{w}}}{W_{\text{g}}}$ 为

$$W_{\text{w}}/W_{\text{g}} = m\rho_{\text{w}}\rho_{\text{g}} \tag{7-14}$$

式中 m——液体的比流量（比润湿量），m^3/m^3 气体，则可估算这种影响。

因 $\frac{\rho_{\text{w}}}{\rho_{\text{g}}} \approx 10^3$，故 $m \leqslant 10^{-2}$，计算时液体的比流量不应超过 $0.01\text{m}^3/\text{m}^3$ 气体。

若双相气流为单向流动时，正是许多湿式除尘装置双相流动状况。

液体与气体作单向流动的双相流动的阻力可借助 m 值确定，这时每一个流动工况对应一个特定的 m 值。

脱水器的阻力损失 Δp_{ky} 占湿式除尘器阻力损失 Δp 份额，因除尘器不同差别很大。在本章第五节将专门介绍。

第二节　低能耗湿式除尘器

低能耗湿式除尘器包括水浴除尘器、空气喷淋除尘器、水膜除尘器、湍球除尘器、泡沫除尘器、自激式除尘器等。

一、水浴除尘器

1. 工作原理

水浴除尘器是使含尘气体在水中进行充分水浴作用的湿式除尘器。其特点是结构简单、造价较低，但效率不高。主要由水箱（水池）、进气管、排气管、喷头和脱水装置组成。其工作原理如图 7-9 所示。当具有一定速度的含尘气体经进气管在喷头处以较高速度喷出，对水层产生冲击作用后进入水中，改变了气体的运动方向，而尘粒由于惯性力作用则继续按原来方向运动，其中大部分尘粒与水黏附后留在水中。在冲击水浴作用后，有一部分尘粒仍随气体运动并与大量的冲击水滴和泡沫混合在一起，池内形成一抛物线形的水滴和泡沫区域，含尘气体在此区域内进一步净化。在这一过程中，含尘气体中的尘粒被水所捕集，净化气体中含尘的水滴经脱水装置与气流分离，干净的气体由排气管排走。

2. 喷头

为了使含尘气体能较均匀受到水的洗涤，在进气管末端装置喷头（散流器）。喷头有多种形状，有的由喇叭口和伞形帽组成（图 7-10）。喷头与水面的相对位置至关重要，它影响除尘效率及压力损失，也与其出口气速有关。当喷头气速一定时，除尘效率、压力损失随埋入深度的增加而增加；当埋入深度一定时，除尘效率、压力损失随喷头气速增加而增加。但对不同性质粉尘的影响是不同的，密度小、分散度大的粉尘，由于在净化过程中粉尘产生的惯性力提高不大，故提高冲击速度对提高除尘效率意义不大；对密度大、分散度小的粉尘，由于粉尘惯性力增加，而易与水黏结，提高气速成为提高除尘效率的途径。进口气速可取大于 $11\mathrm{m/s}$，出口气速一般取 $8\sim12\mathrm{m/s}$，气体离开水面上升速度不大于 $2\mathrm{m/s}$，以免带出水滴。

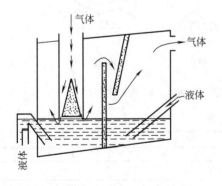

图 7-9　水浴除尘器工作原理

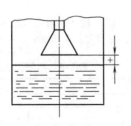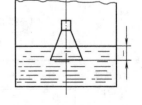

图 7-10　喷头的埋入深度

喷头的埋入深度一般情况下可取表 7-4 数值。

表 7-4　喷头的埋入深度

粉　尘　性　质	埋入深度/mm	冲击速度/(m/s)
密度大粒径大的粉尘	−30～0	10～14
	0～+50	14～40
密度小粒径小的粉尘	−100～−50	5～8
	−50～−30	8～10

注：喷头的埋入深度"+"表示离水面距离，"−"表示插入水层深度。

水浴除尘器的喷头环形窄缝不宜过大，也不宜太窄。一般窄缝为喷头上端管径的 1/4，喇叭口圆锥角度为 60°。

挡水板有多种形状，一般用板式和折板式，其中板式又分直板和曲板两种。挡水板下缘距运行时水面应有适应的距离，一般采用 ≥0.5m，以免水花直接溅入挡水板。另外，挡水板出气方向应与除尘器出气口方向相反。为方便检修挡水板除尘器的外壁或顶上应开手孔。

水浴除尘器的用水量可根据粉尘性质、粉尘量及排水方式确定。污水排放可定期或连续，由实际需要确定。根据经验，液气比大致在 0.1～0.2L/m³。

增加喷头与水面接触的周长与含尘气体量之比，可以提高除尘效率。因此改进喷头结构形式是提高除尘的一个有效途径。图 7-11 是一种锯齿形喷头结构，它在喷头内还增设了一个锥形分流器。

3. 常用水浴除尘器

图 7-12 是一种常用的水浴除尘器。含尘气体从进气管进入，经喷头喷入水中，此时造成的水花和泡沫与气体一起冲入水中，经过一个转弯以后进入筒体内，气体再经过挡水板由排气管排出。水从进水管进入，水面用溢流管控制并可以调节。压力损失为 1000Pa 左右。

常用的水浴除尘器的性能及结构尺寸如表 7-5 和表 7-6 所列。

图 7-11　锯齿形喷头水浴除尘器

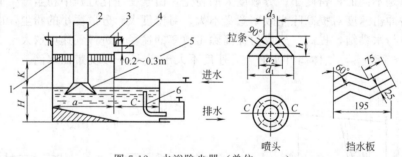

图 7-12　水浴除尘器（单位：mm）

1—挡水板；2—进气管；3—盖板；4——排气管；5—喷头；6—溢水管

表 7-5　水浴除尘器性能

喷口速度 /(m/h)	型　　　　　号									
	1	2	3	4	5	6	7	8	9	10
	净化空气量/(m³/h)									
8	1000	2000	3000	4000	5000	6400	8000	10000	12800	16000
10	1200	2500	3700	5000	6200	8000	10000	12500	16000	20000
12	1500	3000	4500	6000	7500	9600	12000	15000	19200	24000

表 7-6　水浴除尘器结构尺寸　　　　　　　　　　　　　　　　单位：mm

型 号	喷 头 尺 寸				水 池 尺 寸			
	d_1	d_2	d_3	h	$a \times b$（b 为宽度）	C	H	K
1	270	170	170	85	430×430	800	800	1000
2	490	390	276	195	680×680	800	800	1000
3	720	590	340	295	900×900	800	800	1000
4	730	620	400	310	980×980	800	800	1000
5	860	720	440	360	1130×1130	800	1000	1000
6	900	730	480	365	1300×1300	1000	1000	1500
7	1070	890	540	445	1410×1410	1200	1000	1500
8	1120	900	620	450	1540×1540	1200	1000	1500
9	1400	1180	720	590	1790×1790	1200	1200	1500
10	1490	1230	780	615	2100×2100	1200	1200	1500

4. 双级水浴除尘器

图 7-13 是一个有双级水浴组成的湿式除尘器。该除尘器由两个水箱、两个喷头、三个脱水装置、一台风机和一个消声器组成。该除尘器的特点是结构紧凑、除尘效率较高，适合温度较高、含尘气体浓度较大的除尘场合。

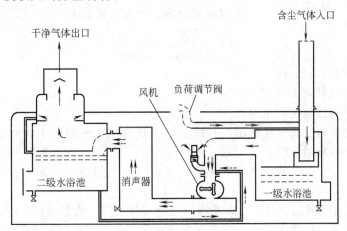

图 7-13　双级水浴式除尘

EL-75-S 型双级水浴除尘器的性能见表 7-7。

表 7-7　双级水浴除尘器性能

性　能	EL-75-S 型	
风量/(m³/min)	70	
静压/MPa	0.034	
动力/kW	75	
一次除尘器	分离方式	湿式
	需水容量/L	600
二次除尘器	分离方式	湿式
	需水容量/L	600
连接管直径/mm	150	
设备尺寸/mm	3400(长)×2900(宽)×2900(高)	

二、空心喷淋式除尘器

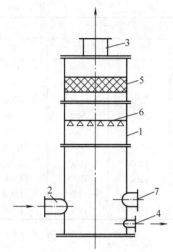

图 7-14 空心喷淋塔
1—塔体；2—进口；3—烟气排出口；
4—液体排出口；5—除雾装置；
6—喷淋装置；7—清扫孔

虽然空心喷淋除尘器比较古老，有着设备体积大、效率不高，对灰尘捕集效率仅达 60% 等缺点，但是还有工厂沿用，这是因为空心喷淋除尘器有着几个显著优点造成的：结构简单，便于制作，便于采取防腐蚀措施，阻力较小，动力消耗较低，不易被灰尘堵塞等。

1. 空心喷淋除尘器的结构

图 7-14 所示为一种简单的代表性结构。塔体一般用钢板制成，也可以用钢筋混凝土制作。塔体底部有含尘气体进口、液体排出口和清扫孔。塔体中部有喷淋装置，由若干喷嘴组成，喷淋装置可以是一层或两层以上，视下底高度而定。上部为除雾装置，以脱去由含尘气体夹带的液滴。塔体上部为净化气体排出口，直接与烟筒连接或与排风机相接。

塔体直径由每小时所需处理气量与气体在塔体内通过速度决定。计算公式如下。

$$D = \sqrt{\frac{Q}{900\pi v}} = \frac{1}{30}\sqrt{\frac{Q}{\pi v}} \tag{7-15}$$

式中　D——除尘器直径，m；

　　　Q——每小时处理的气量，m^3/h；

　　　v——烟气通过速度，m/s。

空心喷淋除尘器的气流速度越小，对除尘效率越有利，一般在 1.0～1.5m/s 之间。除尘器塔体是由以下三部分组成的。

(1) 进气段　进气管以下至底部的部分，使烟气在此间得以缓冲，并均布于喷淋的整个截面。

(2) 喷淋段　自喷淋层（最上一层喷嘴）至进气管上口，喷淋液在此段进行接触，是塔体的主要区段。但在实际操作中，由于喷淋液雾化状况、含尘气体在本体截面分布情况等条件的影响，此段的长度仍是一个主要因素。因为在此段，除尘器的截面布满液滴，自由面大大缩小，从而气流实际速度增大很多倍，因此不能按空心速度计算接触时间。

(3) 脱水段　喷嘴以上部分为脱水段，作用是使大液滴依靠自重降落，其中装有除雾器，以除掉小液滴，使气液较好地分离。除尘器的高度尚无统一的计算方法，一般参考直径选取，高与直径之比 $\frac{H}{D}$ 在 4～7 范围以内，而喷淋段应占总高的 1/2 以上。

2. 匀气装置

据库里柯夫等形容空心除尘器中的气体运动情况时指出：气体在塔体内各处的运动速度和方向并不一致，如图 7-15 所示。

气流自较窄的进口进入较大的塔体后，气体喷流先沿底部展开，然后沿进口对面的器壁上升，至顶部沿着顶面前进，然后折而向下。这样，便沿器壁发生环流，而在中心产生空洞现象。于是，在横断面上气体分布很不均匀，而且使得喷流气体

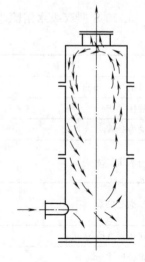

图 7-15 空心除尘器气流状况

在塔体内的停留时间亦不相同，致使除尘器的容积不能充分利用。为了改进这一缺点，常将进气管伸到除尘器中心，向下弯，使气体向四方扩散，然后向上移动。也可以在入口上方增加一个匀气板、大孔径筛板或条状装置，有利于塔的横断面布气均匀而提高除尘效果。

3. 喷嘴

喷嘴的功能是将洗涤液喷散为细小液滴。喷嘴的特性十分重要，构造合理的喷嘴能使洗涤液充分雾化，增大气液接触面积。反之，虽有庞大的除尘器而洗涤液喷散不佳，气液接触面积仍然很小，则影响设备的净化效率。理想的喷嘴应具有如下特点。

(1) 喷出液滴细小　液滴大小决定于喷嘴结构和洗涤液压力。

(2) 喷出液体的锥角大　锥角大则覆盖面积大，在出喷嘴不远处便布满整个塔截面。喷嘴中装有旋涡器，使液体不仅向前进方向运动，而且产生旋转运动，这样有助于将喷出液喷洒开，也有利于将喷出液分散为细雾。

(3) 所需的给液压力小　给液压力小，则动力消耗低。一般为 $0.2 \sim 0.3$ MPa 时，喷雾消耗能量约为 $0.3 \sim 0.5$ kW·h/t 液体。

(4) 喷洒能力大　喷雾喷洒能力理论计算公式为

$$q = \mu F \sqrt{\frac{2gp}{\rho}} \tag{7-16}$$

式中　q——喷嘴的喷洒能力，m^2/s；

　　　μ——流量系数，等于 $0.2 \sim 0.3$；

　　　F——喷出口截面积，m^2；

　　　p——喷出口液体压力，Pa；

　　　ρ——液体密度，kg/m^3；

　　　g——重力加速度，m/s^2。

在实际工程中，多采用经验公式，其形式如下。

$$q = kp^n \tag{7-17}$$

式中　k——与进出口直径有关的系数（由喷嘴样本资料查得）；

　　　n——压力系数，与进口压力有关，一般在 $0.4 \sim 0.5$ 之间；

其他符号意义同前。

需用喷嘴的数量，根据单位时间内所需喷淋液量决定，计算公式如下。

$$n = \frac{G}{q\Phi}$$

式中　n——所需喷嘴个数；

　　　G——所需喷淋液量，m^3/h；

　　　q——单个喷嘴的喷淋能力，m^3/h；

　　　Φ——调整系数，根据喷嘴是否容易堵塞而定，可取 $0.8 \sim 0.9$。

喷嘴应在断面上均匀配置，以保证断面上各点的喷淋密度相同，无空洞或疏密不均现象。

4. 脱水除雾器

在喷淋段气液接触后，气体的动能传给液滴一部分，致使一些细小液滴获得向上的速度而随气流飞出器外。液滴在气相中按其尺寸大小分类为，直径在 $100\mu m$ 以上的称为液滴，在 $100 \sim 50\mu m$ 之间的称为雾滴，在 $50 \sim 1\mu m$ 的称为雾沫状，而 $1\mu m$ 以下的为雾气状。

如果除雾效果达不到要求，不仅损失洗涤液，增加水的消耗，而且还降低净化效率，飞溢出的液滴加重周围的污染程度，更重要的是损失掉已被吸收的含尘气体。当夹带损失很高时尚需不断地添加补充液，因此除雾措施是不可缺少的装置。常用的除雾装置有以下几种。

(1) 填充层除雾器　在喷嘴至塔顶间增加一段较疏散填料层，如瓷环、木格、尼龙网等。借液滴的碰撞，使其失去动能而沿填料表面下落。也可以是一层无喷淋的湍球层。

（2）降速除雾器　有的除尘器上部直径扩大，借助断面积增加而使气流速度降低，使液滴靠自重下降。降速段可以与除尘器一体，也可以另外配置。这是阻力最小的一种除雾器。

（3）折板除雾器　使气流通过曲折板组成的曲折通路，其中液滴不断与折板碰撞，由于惯性力的作用，使液滴沿折板下落。折板除雾器一般采用3～6折，其阻力按式（7-18）计算。

$$\Delta p = \xi \frac{v^2 \rho}{2} \tag{7-18}$$

式中　Δp——除雾器阻力，Pa；

ξ——阻力系数，视折板角度、波折数和长度而异，详见第五节；

ρ——气体密度，kg/m³；

v——穿过折板除雾器的气体流速，m/s。

（4）旋风除雾器　气体经过喷淋段后，依切线方向进入旋风除雾器。其原理与旋风除尘器一样，液滴借旋转而产生的离心力将液滴甩到器壁，而后沿壁下落。

（5）旋流板除雾器　是一种喷淋除尘器常用的除雾装置，其性能见本章第五节。

5. 除尘器效率与操作条件的关系

（1）水气比是与净化效率关系最密切的控制条件，其单位为kg/m³。在其他条件不变时，水气比越大，净化效率越高。特别是水气比在0.5以下时，净化效率随水气比提高而增加，这是因为水量还不能满足除尘要求的缘故。但增大到一定程度之后，再增加喷淋量已无必要，反而会使气流夹带量增加。试验表明，空心喷淋除尘器的水气比以0.7～0.9为宜。当然这不是一个固定的数值，而与很多条件有关，例如，洗涤液雾化不好，即使水气比较大，效果仍然不好。图7-16为水气比与净化效率的关系。

（2）影响净化效率的另一个重要因素是含尘气体浓度，浓度稍有增加，效率明显下降。这是由于排气中夹带雾滴造成的。

三、管式水膜除尘器

采用喷雾或其他方式，使除尘器内壁上形成一层水膜，以捕集粉尘。水膜除尘器有以下几种。

1. 管式水膜除尘器

管式水膜除尘器是一种卧式除尘器，其阻力低、构造简单、除尘效率较高，管材可以用玻璃、陶瓷、搪瓷、水泥或其他防腐、耐磨材料制造。如用金属管则应涂防腐层。

管式水膜除尘器是由水箱、管束、排水沟、沉淀池等部分所组成（图7-17）。

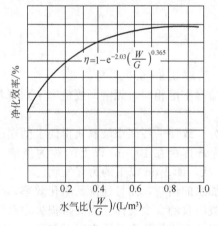

图 7-16　水气比与净化效率的关系

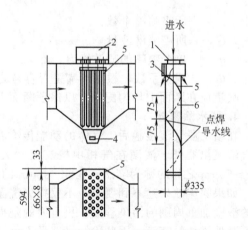

图 7-17　管式水膜除尘器简图（单位：mm）

1—进水孔；2—上水箱；3—出水；

4—排水口；5—钢管；6—铅丝导水线

（1）工作原理　除尘器顶部水箱中的水经控制调节，沿一根细管进入较粗的管内，并溢流而出，沿较粗管子的外壁表面均匀流下，形成水膜。当含尘气体通过垂直交错布置的管束时，由于烟气不断改变流向，尘粒在惯性力的作用下被甩到管外壁后而黏附于水膜上。随后随水流入水封式排水沟，并经排水口进入沉淀池，在沉淀池里把尘粒沉淀下来。

（2）技术参数　主要包括：①一般管束本身阻力为100～150Pa，加上挡水板等全装置阻力共为300～500Pa；②每净化1m³含尘气体约耗水0.25kg，为减少耗水量应将水循环使用，当水达到一定浓度后排出和补充；③除尘效率一般可达85%～90%；④每根管束的长度不宜>2m，并需交错布置，其布置方法如图7-17所示；⑤含尘气体通过管束时，如用于处理自然引风的锅炉粉尘，为了减少阻力，流速取3m/s为宜，管束一般为4排，如系机械引风，流速可取5m/s左右。

2. 斜棒式洗涤栅水膜除尘器

这种除尘器同管式水膜除尘器类似，但其栅棒是斜放的。它是由斜棒式洗涤栅和旋风分离器两部分组成（图7-18）。与管式水膜除尘器不同之处是，通常在栅棒前装有雾化喷嘴，运行时产生大量细小水滴，含尘气体首先与细小水滴接触，形成带有水滴的粉尘自上而下的流动水膜，因栅棒为交错布置，带湿灰粒的烟气流经斜栅时为冲击旋绕运动，多次改变其流动方向，而尘粒因受惯性力作用被甩到栅棒水膜表面，被水膜黏附顺流而下，从烟气中除去。另外，雾化喷嘴产生的细小水滴与烟气中粒径较小的灰尘流经栅棒时，再一次发生碰撞、黏附和凝集作用，一方面使尘粒黏附在水滴上，另一方面细灰聚成较大的灰团，随烟气进入旋风分离器，从而达到提高除尘效率的目的。

气体对栅棒周围的水膜有冲刷力，此力为水平方向，其大小由流速决定，水本身的重力为垂直方向，大小由水膜的质量所决定。当斜棒直径一定时，两力的合力方向与水平有一夹角，当夹角与栅棒倾斜角一致时便形成比较完整的水膜，从而提高除尘效率，这就是使用斜棒的特点。

四、立式旋风水膜除尘器

CLS型旋风水膜除尘器是一种标准型除尘器，如图7-19所示。含尘气体沿切线方向进入除尘器筒体后，粉尘因离心力作用而初步分离，接着被除尘器壁从上部淋下的水膜所黏附，随水流至筒体底部经排浆口排出。该除尘器分为吸入式与压入式两种，前者安装在排风机前，后者安装在排风机后。安装在风机之后的需考虑风机的磨损问题。

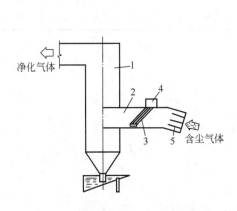

图7-18　斜棒式洗涤栅水膜除尘器示意
1—旋风分离器；2—斜棒洗涤栅；
3—栅棒；4—稳压水箱；5—导流板

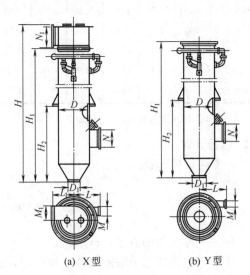

(a) X型　　(b) Y型

图7-19　CLS/A型旋风水膜除尘器

CLS/A 型旋风水膜除尘器按出口方式分为 X 型和 Y 型（X 型带蜗壳，Y 型不带蜗壳）；按入口气流的旋转方向不同，以上两型中又分为逆时针（N 型）和顺时针（S 型）旋转两种，旋转方向按顶视方向判断。

CLS/A 型旋风水膜除尘器适用于温度 200℃ 以下、中等含尘（小于 $20g/m^3$）烟气的收尘。如果参数选择合适，除尘效率可达 90% 以上。

这种除尘器的优点是结构简单，耗水量及阻力均较小，缺点是设备较高。

1. 主要性能

CLS/A 型旋风水膜除尘器的主要性能及外形尺寸（见表 7-8、表 7-9）。

表 7-8　CLS/A 型旋风水膜除尘器的主要性能

项　目	型　　　　　号							
	CLS/A-3	CLS/A-4	CLS/A-5	CLS/A-6	CLS/A-7	CLS/A-8	CLS/A-9	CLS/A-10
烟气量/(m³/h)	1250	2250	3500	5100	7000	9000	11500	14000
阻力/Pa	580	580	580	600	600	580	580	580
喷嘴/个	3	3	4	4	5	5	6	7
耗水量/(L/s)	0.15	0.17	0.20	0.22	0.28	0.33	0.39	0.45

注：1. 表中的烟气量和阻力是以烟气密度为 $1.2kg/m^3$，断面速度为 5m/s 时计算的，一般断面速度为 4～6m/s。

2. 未考虑进气管和蜗壳时的局部阻力系数为 2.5。

3. 喷嘴前的水压 30kPa。

表 7-9　CLS/A 型旋风水膜除尘器的尺寸及质量

型　号	尺寸/mm											质量/kg	
	D	D_1	H	H_1	H_2	L	L_1	M	N	M_1	N_1	Y 型	X 型
CLS/A-3	300		2242	1938	1260	375	250	75	240	135	230	70	82
CLS/A-4	400		2888	2514	1640	500	300	100	320	175	300	111	128
CLS/A-5	500		3545	3091	2010	625	350	125	400	210	380	227	249
CLS/A-6	600		4197	3668	2380	750	400	150	480	260	450	328	358
CLS/A-7	700	114	4880	4244	2760	875	450	175	560	300	550	429	467
CLS/A-8	800		5517	4821	3130	1000	500	200	640	350	600	635	683
CLS/A-9	900		6194	5398	3500	1125	550	225	720	380	700	745	804
CLS/A-10	1000		6820	5974	3900	1250	600	250	800	430	750	1053	1123

注：除尘器用 4mm 钢板制造，未考虑防腐。

2. 选择计算

（1）除尘器的直径

$$D = 0.0188\sqrt{\frac{Q}{v}}$$

(7-19)

式中　D ——除尘器的直径，m；

　　　Q ——操作状态下进除尘器的烟气量，m^3/h；

　　　v ——操作状态下除尘器的筒体截面速度，m/s，一般取值 4～6m/s。

根据计算结果，选择标准公称直径的旋风水膜除尘器。

（2）除尘器的阻力

$$\Delta P = \xi \frac{v_s^2 \rho}{2} \qquad\qquad (7-20)$$

式中　ΔP ——除尘器阻力，Pa；

　　　ξ ——阻力系数，由表 7-10 中查得；

　　　v_s ——收尘器进口气速度，m/s；

　　　ρ ——气体的密度，kg/m³。

表 7-10　旋风水膜除尘器的阻力系数

除尘器内径/m	0.6	0.7	0.8	0.9	1.0	1.1	1.2	1.3	1.4	1.5
进收尘器的最大烟气量/(m³/s)	1.69	2.30	3.01	3.84	4.70	5.69	6.77	7.94	9.21	10.57
阻力系数 ξ	3.38	3.17	3.04	2.94	2.87	2.81	2.76	2.72	2.68	2.65

（3）淋洗用水量　旋风水膜除尘器的用水量按除尘器直径可从表 7-11 中查出。

表 7-11　旋风水膜除尘器的淋洗用水量

除尘器内径/m	0.3	0.4	0.5	0.6	0.7	0.8	0.9	1.0	1.1	1.2	1.3	1.4	1.5
淋洗用水量/(kg/s)	0.15	0.17	0.20	0.22	0.28	0.33	0.39	0.45	0.50	0.56	0.61	0.70	0.78

注：用水量指用于 200℃ 以下的烟气淋洗耗水。

3. 材质

水膜除尘器主要有两种材质，一种是 Q235 钢质塔体，另一种是麻石塔体；前者多于工业，后者多用于锅炉含硫烟气除尘系统。其优点是，运行简单、维护管理方便；其缺点是，耗水量比较大，废水需经处理才能排放。

五、麻石水膜除尘器

麻石水膜除尘器有两种形式，即普通麻石水膜除尘器和文丘里管麻石水膜除尘器。普通麻石水膜除尘器是一种圆筒形的离心式旋风除尘器；文丘里管麻石水膜除尘器是在普通的麻石水膜除尘器前增设文丘里管，当烟气通过文丘里管时，压力水喷入文丘里管喉部入口处，呈雾状充满整个喉部，烟气中的尘粒被吸附在水珠上，并凝聚成大颗粒水滴，随烟气进入除尘器筒体进行分离，水滴和尘粒在离心力作用下被甩到筒壁，随水膜流入筒底，再从排水口排出。

普通麻石水膜除尘器和文丘里管麻石水膜除尘器的一般性能见表 7-12。

表 7-12　麻石水膜除尘器的一般性能

性　能 ＼ 型　号	普通麻石水膜除尘器	文丘里管麻石水膜除尘器
进口烟气流速/(m/s)	18～22	9.5～13
文丘里管喉部流速/(m/s)		55～70
筒体内上升流速/(m/s)	3.5～4.5	3.5～4.5
除尘器效率 η/%	≥90	≥95
除尘器阻力/Pa	490	780～1200
除尘器内烟气温降/℃	约 50	约 60

麻石水膜除尘器对降低烟气中的含硫成分也有一定的效果，如果烟气中含有硫或其他有害气体，向麻石水膜除尘器添加碱性废水作为补充水，或加入适量碱性物质，则脱硫率可以有所

提高。

麻石水膜除尘器的构造见图 7-20，它是由圆筒、溢水槽、水进入区和水封锁气器等组成。其工作原理是含尘气体从圆筒下部进口沿切线方向以很高的速度进入筒体，并沿筒壁成螺旋式上升，含尘气体中的尘粒在离心力的作用下被甩到筒壁，在自上而下筒内壁产生的水膜湿润捕获后随水膜下流，经锥形灰斗，水封锁气器排入排灰水沟。净化后的气体经风机排入大气。除尘器的筒体内壁能否形成均匀、稳定的水膜是保证除尘性能的必要条件。水膜的形成与筒体内烟气的旋转方向、旋转速度，烟气的上升速度有关。供水方式有喷嘴、内水槽溢流式、外水槽溢流式三种。应用较多的是外水槽溢流式供水。它是靠除尘器内外的压差溢流供水，只要保持溢水槽内水位恒定，溢流的水压就为一恒定值，这就可以形成稳定的水膜。为了保证在内壁的四周给水均匀，溢水槽给水装置采用环形给水总管，由环形给水总管接出若干根竖直管，向溢流槽给水。

1. 单筒麻石水膜除尘器

其性能参数见表 7-13，外形见图 7-21，结构尺寸见表 7-14。

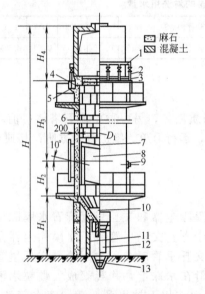

图 7-20　麻石水膜除尘器的构造（单位：mm）
1—环形集水管；2—扩散管；3—挡水槽；4—水
进入区；5—溢水槽；6—筒体内壁；7—烟道进
口；8—挡水槽；9—通灰孔；10—锥形灰斗；
11—水封池；12—插板门；13—灰沟

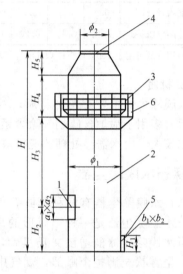

图 7-21　麻石水膜除尘器外形
1—烟气进口；2—筒体；3—溢水槽；
4—烟气出口；5—溢灰口；6—钢平台

表 7-13　麻石水膜除尘器性能参数

项　目	单位	性　能　参　数				
除尘器内/外径	mm	$\phi1400/\phi1500$	$\phi1600/\phi1750$	$\phi1850/\phi2100$	$\phi2900/\phi3100$	$\phi3400/\phi3600$
处理烟气量	m³/h	15000～18000	25000～30000	50000～60000	87500～105000	172500～201000
烟气进口速度	m/s	10～12				
烟气上升速度	m/s	3.5～4.5				
烟气出口速度	m/s	8～12				
用水量	t/h	3～3.5	5.5～6	8～9	13～15	21～23
除尘器阻力	Pa	600～800				
除尘效率	%	90～92				
配套锅炉容量	t/h	6	10	20	35	65

表 7-14　麻石水膜除尘器结构尺寸

配用锅炉 /(t/h)	处理烟气量 /(m³/h)	尺　寸/mm					
		H	H_1	H_2	H_3	H_4	H_5
6	18000	7450	200	1180	3770	1650	850
10	30000	9490	250	1400	5190	1850	1050
20	55000	11768	300	1600	6080	2400	1680
35	96250	15315	350	1850	8565	2800	2100
65	187500	18840	400	2100	10790	3450	2500
配用锅炉 /(t/h)	处理烟气量 /(m³/h)	尺　寸/mm					
		ϕ_1	ϕ_2	a_1	a_2	b_3	b_2
6	18000	1400	850	800	520	280	70
10	30000	1650	1000	920	760	350	90
20	55000	1850	1300	1420	970	400	100
35	96250	2900	1620	1650	1200	450	120
65	187500	3400	2500	2280	1680	500	140

2. HCWS 系列文丘里管麻石水膜除尘器

其工作原理是烟气进入筒体之前通过文丘里管，在喉管入口处与喷入的压力水雾充分混合接触，烟气中的尘粒凝聚成大颗粒，并随烟气一起由筒体下部切向或蜗向引入筒体，呈螺旋式上升，灰粒在离心力的作用下，被筒体内壁自上而下流动的水膜吸附，与烟气分离随水膜送到底部灰斗，从排灰口排出，达到除尘目的。其外形见图 7-22。

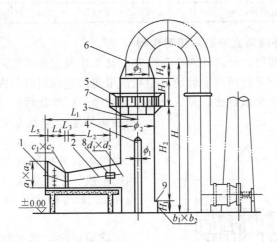

图 7-22　HCWS 系列文丘里管麻石水膜除尘器结构示意

1—烟气进口；2—文丘里管；3—捕滴器；4—立芯柱；5—环形供水管；6—烟气出口；
7—钢平台；8—人孔门；9—溢灰门

该系列除尘器有如下特点：①文丘里喉管部两侧采用了多个反射屏装置，使水雾喷出均匀，促使水雾与含尘烟气充分混合，提高除尘效率；②环形集水系统结构位于筒体上部外围，管上有若干与筒体垂直或切向排列的不锈钢喷嘴，喷出的水雾沿筒体内壁旋转下降，容易与筒体内烟气混合，提高除尘效率；③有独特的气水分离装置，使除尘器带水很少；④增加了冲灰管，使水封槽不易堵塞，保证设备的正常运转。

HCWS 系列文丘里管麻石水膜除尘器性能参数见表 7-15，结构尺寸见表 7-16。

表 7-15 HCWS系列文丘里管麻石水膜除尘器性能参数

项 目	单位	参 数						
捕滴器内/外径	mm	φ800/φ950	φ1000/φ1200	φ1400/φ1500	φ1600/φ1750	φ1850/φ2100	φ2900/φ3100	φ3400/φ3600
处理烟气量	m³/h	2000~2500	5000~6000	15000~18000	25000~30000	50000~60000	87500~105000	172500~201000
烟气进口流速	m/s	18~22						
喉部流速	m/s	55~70						
筒体上升速度	m/s	3.5~4.5						
烟气出口流速	m/s	8~12						
用水量	t/h	1.5~2	3~4	5~6	9~10	13~15	19~21	31~35
阻力	Pa	800~1200						
除尘效率	%	96~98						
配用锅炉	t/h	2	4	6	10	20	35	65

表 7-16 HCWS系列文丘里管麻石水膜除尘器结构尺寸

配用锅炉 /(t/h)	尺寸/mm																				
	H	H_1	H_2	H_3	H_4	ϕ_1	ϕ_2	ϕ_3	L_1	L_2	L_3	L_4	L_5	a_1	a_2	c_1	c_2	d_1	d_2	b_1	b_2
6	7450	250	4700	1650	850	180	1400	850	3925	190	250	650	250	800	520	360	220	540	410	70	270
10	9490	280	6300	1850	1050	240	1650	1000	4480	2200	250	830	250	920	760	450	330	650	480	100	300
20	11760	320	7840	2400	1200	300	1850	1300	6500	3150	250	1430	250	1420	970	630	420	980	710	120	350
35	15325	400	10775	2800	1350	450	2900	1620	7650	3535	250	1845	250	1650	1200	840	550	1450	850	150	400
65	18840	450	11980	4450	1960	550	3400	2500	9520	4410	250	2390	250	2280	1680	1060	810	2080	1120	200	500

3. HNPSC 系列内外喷淋式麻石水膜除尘器

这种除尘器为双筒结构,分内外两个除尘室。其工作原理是烟气从除尘器上部切向进入内除尘室,在离心力的作用下旋转向下运动,尘粒被甩向周边的同时与内喷淋装置喷出的水雾相遇被捕集,随水膜向下流至水封槽,完成一级除尘;经一级净化后的烟气由内除尘室下部的导流板向外除尘室运动时,冲击水封槽的水面,产生的雾滴与烟气再次相遇,接触凝聚后完成二级除尘;外喷淋装置喷出的水雾在外除尘室内壁形成,自此完成三级除尘。净化后的烟气由出口排入烟囱。该系列除尘器结构见图7-23。

该系列除尘器有如下特点:①采用内外筒结构,使烟气在设备内的停留时间延长1倍;②筒壁呈倒锥形,水膜稳定;③采用了较低的筒体上升速度,可减少烟气携带的水滴;④水封槽处配有冲灰管,使捕集的尘粒能顺利排出;⑤水气分离稳定,避免了除尘器尾部带水,改善引风机的安全运行;⑥当除尘用水采用冲渣水或添加适量碱性物质时还具有一定的脱硫功能,脱硫效率可达30%~60%。

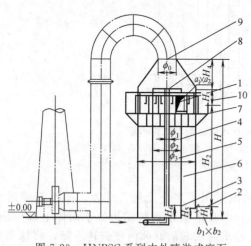

图 7-23 HNPSC系列内外喷淋式麻石
水膜除尘器结构示意
1—烟气进口;2—溢灰门;3—导流板;4—立芯;
5—内除尘室;6—外除尘室;7—钢平台;
8—内喷淋;9—烟气出口;10—外喷淋

4. HNPSC 系列内外喷淋式麻石水膜除尘器

性能参数见表7-17,结构尺寸见表7-18。

表 7-17　HNPSC 系列内外喷淋式麻石水膜除尘器性能参数

项 目	单 位	参 数					
筒体外径	mm	$\phi 1600$	$\phi 2450$	$\phi 2800$	$\phi 3500$	$\phi 4500$	$\phi 6500$
处理烟气量	m³/h	11000	19500	30000	55000	87500	187500
烟气进口流速	m/s	18~22					
烟气上升速度	m/s	3.5~4.5					
烟气出口流速	m/s	8~12					
阻　力	Pa	800~1000					
用水量	t/h	1.5~2	2.5~3.5	5~6.5	8~9.5	12~14	28~31
除尘效率	%	96~98					
脱硫效率	%	30~60					
配用锅炉	t/h	4	6.5	10	20	35	75

表 7-18　HNPSC 系列内外喷淋式麻石水膜除尘器结构尺寸

配用锅炉 /(t/h)	尺寸/mm														
	H	H_1	H_2	H_3	H_4	H_5	H_6	ϕ_1	ϕ_2	ϕ_3	ϕ_4	b_1	b_2	a_1	a_2
6.5	5600	250	3300	1050	1000	260	570	180	1600	2450	850	70	180	620	430
10	7070	280	4240	1350	1200	340	700	265	1880	2800	1000	100	250	780	530
20	8800	320	5380	1600	1500	490	960	270	2350	3500	1300	120	300	1020	730
35	11300	400	6900	2100	1900	640	1210	290	3100	4500	1620	150	450	1310	910
75	16040	450	10590	2600	2400	760	1605	380	4100	6500	2500	180	550	1830	1420

5. 注意事项

麻石水膜除尘器用于锅炉烟气除尘时应注意以下事项：①麻石水膜除尘系统排出的含尘废水必须进行沉淀处理，不得直接排入下水道，同时除尘用水应循环利用，并尽量与水力冲灰渣系统结合，以减少灰水处理量；②麻石水膜除尘器的补充水应尽量利用锅炉排污水和其他碱性工业废水；③麻石水膜除尘器应具有防腐蚀措施。

6. 常见故障及排除

麻石水膜除尘系统常见故障及排除见表 7-19。

表 7-19　麻石水膜除尘系统常见故障及排除

常见故障	主要原因	排除措施
废水排放水质污染（包括 pH 值超标、硫化物超标，悬浮物超标等）	(1)燃煤含硫量高； (2)除尘用水碱性偏低； (3)含尘废水分离设备设计或使用不当； (4)灰水回收利用系统设计不合理	(1)改用低含硫量煤种； (2)利用锅炉排污水或碱性工业废水作为除尘系统补充水； (3)利用水力冲渣系统的循环水作为除尘用水； (4)采用高效灰水分离器
烟气带水	(1)无脱水装置或装置性能不良； (2)除尘器设计参数不合理； (3)除尘器内表面粗糙，进水装置不合理，除尘器筒壁未能形成水膜； (4)除尘器内烟气温降过大，致使除尘器后和风机中有凝结水析出	(1)水膜除尘器后加装脱水装置，如旋流板、脱水副筒等或改善性能； (2)正确设计水膜除尘器，选择合理参数； (3)水膜除尘器加工、安装时应保证内表面的光滑平整； (4)正确设计、安装溢流口，提高给水槽水封高度，以利在筒壁形成完整的水膜，运行中不被吹散

常见故障	主要原因	排除措施
腐蚀	(1)除尘用水的 pH 值偏低,致使水泵管道和设备腐蚀; (2)烟气温度低于酸露点,造成除尘器后烟道、引风机和水管的腐蚀	(1)尽量利用锅炉排污水、冲灰渣水、其他碱性工业废水或添加碱性物质,以提高 pH 值; (2)选用防腐设备,例如陶瓷泵和耐腐蚀渣浆泵
引风机挂灰引起振动	(1)烟气带水; (2)引风机处有凝结水	(1)提高脱水装置效率; (2)风机定期清扫

六、卧式旋风水膜除尘器

卧式旋风水膜除尘器是平置式除尘设备。它的特点是除尘效率较高、阻力损失较小、耗水量少和运行、维护方便等,但也存在除尘效率不稳定、难以控制适当水位等问题。

1. 除尘器构造和除尘原理

卧式旋风水膜除尘器构造如图 7-24 所示,它具有横置筒形的外壳和内芯,横断面为倒卵形或倒梨形。在外壳与内芯之间有螺旋导流片,筒体的下部接灰浆斗。含尘气体由一端沿切线方向进入除尘器,并在外壳、内芯间沿螺旋导流片作螺旋状流动前进,最后从另一端排出。每当含尘气流经过一个螺旋圈下合适的水面时,随着气流方向把水推向外壳内壁上,使该螺旋圈形成水膜。当含尘气流经过各螺旋圈后除尘器各螺旋圈也就形成连续的水膜。

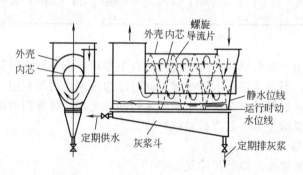

图 7-24 卧式旋风水膜除尘器构造示意

卧式旋风水膜除尘器的除尘原理如下:含尘气流呈螺旋状进入除尘器中,借离心力的作用使位移到外壳的灰尘颗粒为水膜所除去;另外,气流每次冲击水面时,也有清洗除尘作用,而较细的灰尘为气流多次冲击水面而产生的水雾、水花所吸捕、凝聚,加速向除尘器外壳位移,最终为水膜所除去,因而具有较高的除尘效率。在除尘器后采样滤膜上所获粉尘颗粒表明:颗粒直径在 $5\mu m$ 以上的灰尘极少,大部分为 $3\mu m$ 以下。至于水膜形状,据试验中观察,水膜上升侧较为紊乱,如煮沸的稀粥状,而水膜下降侧较为平滑。当一定速度的含尘气流离开合适的各圈水面时带有大量的水雾、水花,根据它不同的质量被离心力先后甩到外壳内壁的水膜上。除尘器一般使用的横断面形状如图 7-25 所示。

除尘器横断面应符合除尘原理要求,即在较低的阻力损失下,使各螺旋圈形成完整的水膜;在气流冲击水面后引起更多的水雾、水花,使气、水混合得更激烈、更均匀;另外气流在螺旋通道中前进时,产生较大的离心力,以取得较高的除尘效率。

2. 阻力与风量关系

除尘器的阻力与风量或螺旋通道风速的关系试验,见图 7-26。在 $1250 \sim 1750 m^3/h$ 风量范

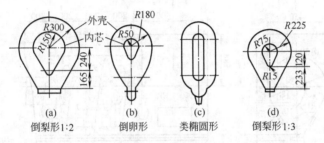

图 7-25 除尘器一般使用的横断面形状（单位：mm）

围内，在形成等流量水膜各自相应的工作通道风速下（即除尘器内芯底至水面的通道截面处平均风速），[D] 型除尘器阻力损失较小，[B] 型阻力损失较大。在 1500m³/h 设计额定风量下，[D]、[A]、[B] 三种横断面的阻力损失分别为 620Pa、710Pa、770Pa。

总的说来，三种横断面的除尘器在图 7-26 的试验风量范围内，阻力损失是随着风量的提高而提高的，当超过 1750m³/h 时，其阻力损失提高的幅度逐渐增大，这说明了这种除尘器有它合适的风量使用范围。

3. 除尘效率与风量关系

除尘效率随粉尘的性质而定，对比试验以耐火黏土作为试验粉尘，试验控制条件同上。在设计额定风量下，三种模型的除尘效率为 98.1%～98.3%，详见图 7-27。在 1250～1750m³/h 试验风量范围内，除尘效率无大差异，以图 7-27 [B] 型稍高，[A] 型稍低，它们共同试验结果是随着风量的提高，除尘效率略有降低。

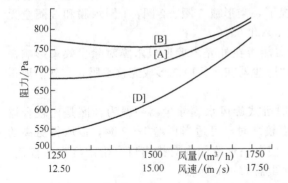

图 7-26 三种模型除尘器阻力与风量关系曲线
试验条件：1. 隔开（灰浆斗）；2. 连续供水量 93～99kg/h；3. 喂灰量 125～150g/min

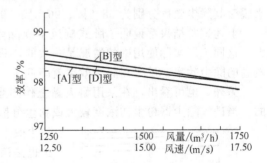

图 7-27 三种模型除尘器效率与风量关系曲线
试验条件：1. 隔开；2. 耐火黏土；3. 连续供水量 93～99kg/h；4. 喂灰量 125～150g/min；5. 光电油污测尘

以上试验结果，说明各圈在形成完整、强度均匀、适当的水膜条件下，三种横断面的性能差异不大，主要考虑加工方便，占地面积小的特点。故推荐图 7-25 (d) 型的横断面进行工业试验。

4. 除尘器的水位控制

卧式旋风水膜除尘器要有较高的除尘效率，要求除尘器具有合理的横断面，各螺旋圈具有可形成完整且强度均匀的水膜的合适水位，即具有合适的工作通道风速。在运行过程中，保持除尘器各螺旋圈都具有合适的工作通道风速是关键的问题。

当卧式旋风水膜除尘器在灰浆斗全隔开的试验条件下（见图 7-28），各螺旋圈控制在无水或水膜形不成等各状况下，其除尘效率的测定结果整理在表 7-20 中。

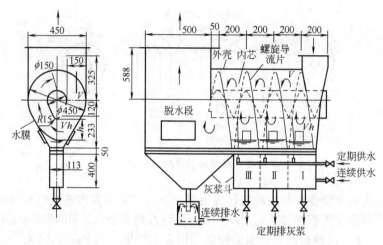

图 7-28　除尘器灰浆斗全隔开示意（单位：mm）

表 7-20　除尘器内不同水位控制状况下的除尘效率

除尘器内水位控制状况	各圈灰浆斗内无水	各圈灰浆斗内有水并产生冲击水花但无水膜①	各圈形成完整水膜
除尘效率/%	95	90.1～91.6	97.2～97.8

① 该水位控制在刚刚形不成膜的状况下。

注：耐火黏土粉尘；初含尘浓度 2500～3000mg/m³；形成完整水膜时，连续供水量 96L/h。

　　在除尘器灰浆斗全隔开状况下，控制加水使形成不同圈数的完整水膜下进行测定，其结果见图 7-29，除尘效率随着形成完整水膜圈数的增多而提高，而 3 圈内都无水时，除尘效率将大幅度降低。在设计额定风量为 1500m³/h 的情况下，当形成 3 圈、2 圈、1 圈水膜和 3 圈全无水膜时其除尘效率分别为 98.5%、96.5%、94.5% 和 65%。

　　上述试验结果都说明了卧式旋风水膜除尘器能否在外壳内壁形成水膜对除尘效率影响极大。这同工厂实际使用中的情况是一致的，只要除尘器在运行中能形成完整水膜，它就能取得较高的除尘效率；反之，除尘效率就降低。

　　另外，也可看出，在采用耐火黏土作粉尘时卧式旋风水膜除尘器一般为 3 圈是比较合适的。当进入除尘器粉尘初浓度较大或粉尘分散度较高时，可适当再增 1～2 圈，以取得更高的除尘效率，使在一定范围内对排出口含尘浓度有所控制，这也是该除尘器的一个特点。

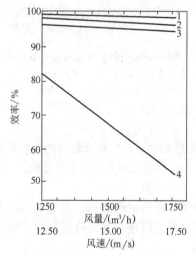

图 7-29　除尘效率与形成水膜圈数关系

注：图中初含尘浓度皆为 6000mg/m³。

　　水位控制的目的是使各螺旋圈形成完整且强度均匀、适当的水膜。各圈形成完整的水膜、保持高的效率；各圈水膜强度均匀、适当，保持低的阻力损失，此外还要求除尘器能长期、稳定地在低阻损、高效率工况下运行。

5. 形成水膜的关键

　　在除尘器已定的条件下，其运行风量一定时螺旋通道内风速是固定不变的，随着水位的高低将出现不同的工作通道高度 h，得到相应的工作通道风速 v_h（图 7-28），此时水膜形成与否，由 v_h 的值而定。

　　卧式旋风水膜除尘器型号大小不同，每一种型号又存在着实际使用的风量不同，合适的 v_h 是随上述的因素而变化的，因此很难给出一系列的合适的 v_h 来控制水位。但从理论上分析，以上各种情况下总存在着某一相对应的

合适的 v_h。在除尘器灰浆斗全隔开时（图 7-28），使风量固定在某一风量时，以固定一个供水量连续加入灰浆斗 I 内，则灰浆斗 I 内水位将不断提高。当 v_h 增大并接近合适的 v_h 时，水膜逐渐形成，但不完整，此时以水膜形式通过螺旋通道排至灰浆斗 II 的水量尚濒于连续供水量，水位仍在上升，当水位达到合适工作通道高度时，即得到合适的 v_h。此时形成完整水膜，以水膜形式排出水量同连续供水量相等，使水位保持不变。因而除尘器在合适的 v_h 下长期运行，这个平衡，称为自动平衡。第 2 圈、第 3 圈的水位平衡亦以此类推。水膜强度是由连续供水量所控制的，通过试验找到合适的螺距水量比，即螺距与形成适当强度水膜的连续供水量的比值，以这个供水量连续加入灰浆斗 I，以达到各圈水膜完整均匀，强度适当。

当风量变小时，要求相应的合适工作通道高度变小，在原通道高度下，工作通道风速过小，就形不成水膜，这时灰浆斗 I 只有连续进水，使通道水位上升。当达到与新风量相应的合适工作通道高度时，水膜又完整地形成，以水膜形式带走的水量与供水量再次相等，就建立起新的平衡。反之当风量变大时，其相应的合适通道高度将增大，就出现水膜强烈且流速加快，以水膜形式排出水量大于连续供水量，促使灰浆斗内水位下降，很快又在新的风量下再建立新的平衡。因此灰浆斗在采取全隔开措施后，各圈都能随使用风量自动调至合适的 v_h，并长期、稳定地保持。

合适的螺距水量比是卧式旋风水膜除尘器各圈形成完整水膜且强度均匀、适当的一个控制手段。

当螺距水量比太小时，不能形成完整的水膜，既降低了除尘效率，又出现螺旋通道内的干湿交界面产生结灰现象；当螺距水量比太大时，则各圈水膜过于强烈，阻损增大，而效率提高甚微。

另外除尘器的连续供水压力要比较稳定，由供水压力变化造成连续供水量的大幅度波动，会引起除尘器运行工况和性能的不稳定，这是应当避免的。

采取灰浆斗全隔开措施，并改变供水操作制度，能使除尘器长期、稳定地在各圈都形成完整且强度均匀、适当的水膜。由于水膜完整，也消除了螺旋通道内的结灰现象。而且会长期、稳定地保持除尘器的高效、低阻工况，这是由于通道高度能自动平衡的结果。

6. 脱水装置

卧式旋风水膜除尘器，用重力脱水，或加挡水板，大部分存在着程度不同的带水现象。应用较好的脱水装置有檐式脱水和旋风离心脱水装置。

(1) 檐式挡水板脱水装置　在图 7-30 模型上进行了檐式挡水板脱水试验（额定风量为 $1500\text{m}^3/\text{h}$），将两块类似房檐的挡板（图 7-30）装在脱水段内，使携水气流在脱水段内先后与下部和上部的檐式挡水板相撞，被迫拐弯，利用惯性力使气水分离。两檐板间风速为 4.3m/s。有很好的脱水效果，结构简单，不易粘泥，维护方便，阻力 150Pa 左右。

(2) 旋风脱水装置　利用气流在卧式入口除尘器内做旋转运动，并以切线方向进入脱水段的特点，在除尘器端部中心插入一圆管导出气流，这样脱水段本身就构成一个卧式旋风脱水器。这种结构使除尘后的气流在脱水段继续做旋转运动，在离心惯性力作用下，将它携带的水甩至外壳内壁，再落入最后一个灰浆斗，脱水后的气流从中心插入管排出（图 7-31）。

(3) 泄水管　不论采取什么脱水方法，难免造成除尘器出口带水。为防止上述现象发生时把水带入风机，在除尘器后的水平管道上装上泄水管十分有利。

卧式旋风水膜除尘器（暖通标准图 CT-531），其横断面为倒梨形，内芯与外壳直径比为 $1:3$。三个螺旋圈，等螺距、水平安装。全隔开式灰浆斗。螺旋通道长宽比，即通道宽度与螺距之比为 $0.7 \sim 0.8$。按其脱水方式分檐板脱水和旋风脱水两种；按导流板旋转方向分右旋和左旋；按进口方式分上进的 A 式和水平的 B 式。图 7-31 为右旋、A 式、檐板脱水（用于 1 ~ 11 号除尘器）形式；图 7-32 为右旋、B 式、旋风脱水（用于 7 ~ 11 号除尘器）形式。

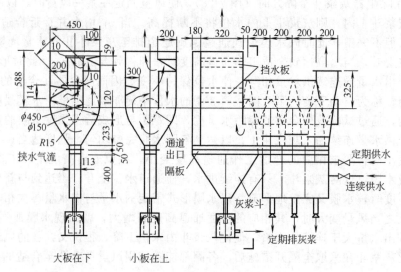

图 7-30　檐式挡水板脱水（单位：mm）

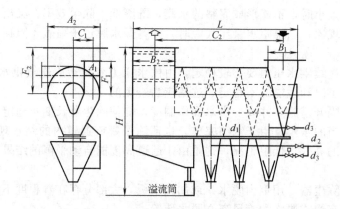

图 7-31　卧式旋风水膜除尘器（檐板脱水）

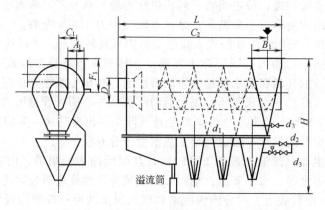

图 7-32　卧式旋风水膜除尘器（旋风脱水）

除尘效率一般不小于95%，除尘器风量变化在20%以内，除尘效率几乎不变。除尘器额定风量按风速14m/s计算。其主要性能和外形尺寸见表7-21和表7-22。

表7-21　卧式旋风除尘器主要性能

型号		风量/(m³/h)		压力损失/Pa	耗水量及供水制式						除尘器质量/kg
		额定风量	风量范围		定期换水			连续供水			
					流量/(t/h)	d_1/mm	d_2/mm	流量/(t/h)	d_1/mm	电磁阀/in[①]	
檐板脱水	1	1500	1200~1600	<750	0.17	25	40	0.12	15	1/2	193
	2	2000	1600~2200	<800	0.17	25	40	0.12	15	1/2	231
	3	3000	2200~3300	<850	0.27	32	50	0.14	15	1/2	310
	4	4500	3300~4800	<900	0.40	32	50	0.20	15	1/2	405
	5	6000	4800~6500	<950	0.53	32	50	0.24	25	1	503
	6	8000	6500~8500	<1050	0.67	32	50	0.28	25	1	621
	7	11000	8500~12000	<1050	1.10	40	65	0.36	25	1	969
	8	15000	12000~16500	<1100	1.15	40	65	0.45	25	1	1224
	9	20000	16500~21000	<1150	2.34	40	65	0.56	25	1	1604
	10	25000	21000~26000	<1200	2.86	40	65	0.64	25	1	2481
	11	30000	25000~33000	<1250	3.77	40	65	0.70	25	1	2926
旋风脱水	12	11000	8500~12000	<1050	1.10	40	65	0.36	25	1	893
	13	15000	12000~16500	<1100	1.50	40	65	0.45	25	1	1125
	14	20000	16500~21000	<1150	2.34	40	65	0.56	25	1	1504
	15	25000	21000~26000	<1200	2.85	40	65	0.64	25	1	2264
	16	30000	25000~33000	<1250	3.77	40	65	0.70	25	1	2636

① 1in=0.0254m。

表7-22　卧式旋风除尘器尺寸　　　　　　　　　　　　　　单位：mm

型　号		A_1	A_2	B_1	B_2	C_1	C_2	F_1	F_2	H	L	D
檐板脱水	1	125	365	140	410	120	1105	282.5	380	1742	1430	
	2	175	515	240	400	170	1100	357.5	530	2010	1420	
	3	210	635	280	490	210	1295	417.5	630	2204	1680	
	4	265	785	332	570	260	1529	492.5	770	2561	1980	
	5	305	905	380	670	300	1760	552.5	880	2765	2285	
	6	355	1055	440	750	350	2025	627.5	1030	3033	2620	
	7	406	1206	520	930	400	2415	703	1200	3420	3140	
	8	456	1356	640	1130	450	2965	778	1340	3678	3850	
	9	556	1656	700	1180	550	3215	928	1660	4333	4155	
	10	608	1808	800	1340	600	3670	1004	1770	4500	4740	
	11	658	1958	880	1580	650	4090	1079	1890	4898	5352	
旋风脱水	12	406		520		400	2890	703		2920	3150	600
	13	456		640		450	3500	778		3113	3820	670
	14	556		700		550	3885	928		2598	4235	850
	15	608		800		600	4360	1004		3790	4760	900
	16	658		880		650	1760	1079		4083	5200	1000

七、泡沫除尘器

泡沫除尘器是一种以液体泡沫洗涤含尘气体的除尘设备（见图7-33），具有结构简单、维护工作量少、净化效率高、耗水量小、防腐蚀性能好等特点。它适用于净化亲水性不强的粉尘，如硅石、黏土、焦炭等，但不能用于石灰、白云石熟料等水硬性粉尘的净化，以免堵塞筛孔。除尘器筒体风速应控制在2~3m/s内，风速过大易产生带水现象，影响除尘效率。

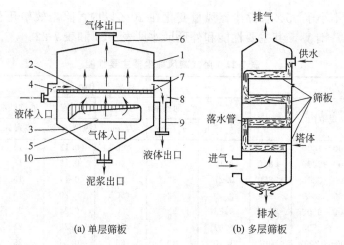

(a) 单层筛板   (b) 多层筛板

图 7-33　泡沫除尘器

1—塔体；2—筛板；3—锥形斗；4—液体接受室；5—气体分布器；6—排气管；

7—挡板；8—溢流室；9—溢流管；10—排泥浆管

1. 工作原理

　　泡沫除尘器内装有能使液体形成泡沫的筛板和防止泡沫随气体带出的挡水板。当含尘气体以较小速度通过筛板液层时，在孔眼处形成气泡，待气泡本身浮力超过气泡与板间的附着力

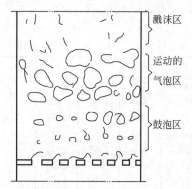

图 7-34　筛板上气液状态的三个区域

时，便离开孔眼上升，以一个个不连接的气泡通过液层。这样在筛板上可分为三个区域（图 7-34）：最下面是鼓泡区，主要是液体；中间是运动的气泡区，由运动着的气泡连接在一起组成，主要是气泡；上部是溅沫区，液体变成了不连接的溅沫，大液滴仍然落下，小液滴被气流携带至挡水板而分离出来。

　　当气体速度增加时，鼓泡区的高度降低，气泡区增加，溅沫夹带亦增加。实践表明，当筛板无泄漏时，泡沫层的高度与空塔速度高低有关，孔眼速度会影响到液体泄漏的速度，使筛板上液层高度改变。以空气和水进行试验时，当空塔气速在 $0.5\sim1\mathrm{m/s}$ 时发生泡沫，运动不剧烈；空塔速度为 $1\sim3\mathrm{m/s}$ 时，逐渐变成强烈运动；当空塔速度为 $2\sim$

1.3m/s 时，运动泡沫层高度与气速成比例上升；空塔气速在 $3\sim4\mathrm{m/s}$ 时，发生大量泡沫飞溅现象。稳定运动泡沫层的气流速度下限是 $1\mathrm{m/s}$，上限是 $3\mathrm{m/s}$，最好是 $1.3\sim2.5\mathrm{m/s}$。但这一数据与塔内淋洒水量大小及孔眼气速有很大关系。

　　由于气泡提供巨大的气液接触表面，以及这些表面在气泡合并、增大、破裂、再形成的激烈过程中不断更新，提供了使气体中夹带的尘粒碰撞黏附到液膜上的条件，达到洗涤分离气体中尘粒的效果。

　　泡沫除尘器中表示泡沫层效果的指标是泡沫层的比高度 $\overline{H}$，即泡沫层高度 H_p 与原液层高度 h_0 之比，即

$$\overline{H}=\frac{H_\mathrm{p}}{h_0}=\frac{v_\mathrm{p}}{v_\mathrm{l}}=\frac{\rho_\mathrm{l}}{\rho_\mathrm{p}} \tag{7-21}$$

式中　v_p、v_l——泡沫层及液体的体积，m^3；

ρ_p、ρ_1 ——泡沫层及液体的密度，kg/m³。

一般情况下，$\overline{H}=2\sim10$。

原液层高度 h_0' 与溢流挡板高度 h_d、液流强度 i 有关（图 7-35）。对于无溢流管的淋降板塔 $h_d=0$。原液层 h_0' 高出挡板高度的称为 h_0，可按式（7-22）计算。

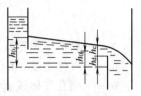

图 7-35 原液层与挡板的关系

$$h_0=(3.15-0.005i)\times\frac{2}{3} \qquad (7-22)$$

式中 i——液流强度，单位时间单位溢流宽度上所流过的液体量，m³/(m·h)。

对于水和空气系统或物理性质与其相接近的系统，泡沫层高度 H_p 可按式（7-23）进行计算。

$$H_p=0.806h_0^{0.6}v^{0.5} \qquad (7-23)$$

筛板的漏液量随筛孔直径 d_0 增大而增大，随筛孔中心距 m 及筛孔中气体速度 v_0 增大而减小。漏液量与气体在筛孔中的速度 v_0 的平方成比例减小。当 v_0 增至 $6\sim12\text{m/s}$ 时，漏液量很小；而 v_0 为 $10\sim17\text{m/s}$ 时，则停止漏液。这是因为筛孔中气体速度足以浮起水滴的缘故。在应用中，当 $d_0=4\sim6\text{mm}$ 时 v_0 可取 $6\sim13\text{m/s}$。

筛板间距 L 对雾沫夹带有重要影响，当 L 大于 400mm、v 达 $3\sim3.5\text{m/s}$ 时雾沫夹带量不多。为减少带走液滴，最好是 v 小于 2m/s 而 L 大于 500mm。除尘效率虽随筛板数的增加而增加，但增加值却不大。但压力损失增加，所以筛板不宜过多。在实际应用中常采用单板泡沫除尘器。

泡沫除尘器筛板的截面积过大会恶化泡沫的形成。为了分布均匀，液体在筛板上流过的长度不应超过 1.5m。由于矩形筛板比圆形筛板更能保证液体分布均匀，所以对截面不大的泡沫除尘器，采用圆形筛板。对组合式泡沫除尘器，采用矩形筛板。

筛板上圆形孔眼的直径 d_0 可取 $2\sim8\text{mm}$。筛孔中心距 m 为 $2\sim3d_0$。筛板的自由截面积 F 的百分数值可表示如下。

当孔眼作正三角形排列时

$$F=90.7\left(\frac{d_0}{m}\right)^2 \qquad (7-24)$$

式中 F ——筛板截面积，m²；

d_0 ——筛孔直径，m；

m ——筛孔中心距，m。

当孔眼作正方形排列时

$$F=78.5\left(\frac{d_0}{m}\right)^2 \qquad (7-25)$$

一般 F 可大于截面积的 18%，以便有较大的泄漏量。

一般可选用的 $\frac{d_0}{m}$ 数值为 $\frac{2}{4}$、$\frac{2}{5}$、$\frac{3}{6}$、$\frac{3}{8}$、$\frac{4}{6}$、$\frac{4}{8}$、$\frac{5}{10}$、$\frac{5}{12}$、$\frac{6}{12}$、$\frac{6}{14}$。如果希望筛板阻力较小，可选用较大比值。

筛板的厚度可影响干板阻力及泄漏液量。通常钢制筛板取 $4\sim6\text{mm}$；而其他材料制筛板，其厚度可达 $15\sim20\text{mm}$。

2. 压力损失

泡沫除尘器的流体压力损失由五部分组成，即干板压力损失 Δp_1、泡沫层压力损失 Δp_2、进出口压力损失 Δp_3、Δp_4 和脱水器压力损失 Δp_5 等。即

$$\Delta p=\Delta p_1+\Delta p_2+\Delta p_3+\Delta p_4+\Delta p_5 \qquad (7-26)$$

干板的流体压力损失可按局部压力损失公式计算。

$$\Delta p_1 = \xi \frac{\rho_g v_0^2}{2} \tag{7-27}$$

式中　ξ——局部阻力系数；

ρ_g——气体密度，kg/m^3；

v_0——筛孔气体流速，m/s。

当筛板厚度 $\delta = 12mm$ 时，$\xi = 1.45$。为了表明板厚对 Δp_1 的影响，可将式（7-27）改成

$$\Delta p_1 = 1.45 K_0 \frac{\rho_g v_0^2}{2} \tag{7-28}$$

K_0 值如表7-23所列。

表 7-23　板厚 δ 与其相应的 K_0 值

δ/mm	1	3	5	7.5	10	15	20
K_0	1.25	1.1	1.0	1.15	1.3	1.5	1.7

泡沫层的流体损失 Δp_2 与原液层高 h_0、液体密度 ρ_1 及表面张力 σ 之间有如下关系式。

$$\Delta p_2 = 0.85 h_0 \rho_1 + 0.2 \sigma \times 10^3 \tag{7-29}$$

在工程应用中，Δp_1 约为 100~200Pa，Δp_2 为 200~1500Pa，气体进出口的压力损失应不超过100Pa，脱水装置的压力损失在100~300Pa范围内。

3. 液气比

泡沫除尘器操作时的液气比是根据洗涤液出口含尘浓度要求，通过物料平衡计算确定的，一般取 $2L/m^3$ 左右。液气比大，原始液层高，因而在同样孔速下泡沫层也高些、稳定些，对除尘效率有利。但液气比过大，会增加压力损失和耗水量，增加污水排出量，对除尘效率提高也没多大好处。

4. 除尘效率

在给定的泡沫层高度下，泡沫除尘器与表示除尘过程尘粒捕集的惯性参数 ψ 有关。

对于亲水性粉尘及 ψ 大于1的憎水性粉尘

$$\eta = 0.89 z^{0.005} \psi^{0.04} \tag{7-30}$$

对于 ψ 小于1的憎水性粉尘

$$\eta = 0.89 z^{0.005} \psi^{0.233} \tag{7-31}$$

$$\psi = \frac{\rho_a d z v}{\mu d_0} \tag{7-32}$$

$$z = \frac{v L_L}{g (a_0 - h_d)^2} \tag{7-33}$$

式中　ψ——惯性参数，无量纲；

ρ_a——尘粒的密度，kg/m^3；

d——尘粒的平均直径，m；

μ——气体的黏度，$Pa \cdot s$；

d_0——筛孔直径，m；

z——表示当粉尘和洗涤液的物理性质一定时，此过程的流体力学条件对除尘效率影响的准数；

a_0——溢流孔高度（由挡板上部边缘算起的溢流孔高度），一般取 100mm；

L_L——液流强度，单位时间单位溢流宽度上所流过的液体量，$m^3/(m \cdot s)$；

其他符号意义同前。

5. 单板泡沫除尘器（图 7-36）

单板泡沫除尘器的高度由三部分组成：筛板上面高度 h_1、筛板下面 h_2 是为保证均匀分布气体而所必要的距离。此间距越大，则气体分布越好。锥底 h_3 高度与除尘器大小及锥底倾斜角有关，为了使湿的粉尘不沉淀在锥底壁上，锥底壁与水平的倾斜角应大于 45°。泥浆越浓，则倾斜角也应越大。锥底高度可用式（7-34）确定。

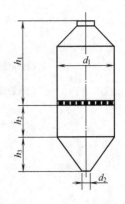

$$h_3 = \frac{d_1 - d_2}{2} \tan\alpha \qquad (7\text{-}34)$$

图 7-36　单板泡沫除尘器的高度

式中　d_1、d_2——泡沫器及泥浆导出管的直径，m。

BPC-90 型泡沫除尘器外形尺寸见图 7-37，技术性能及尺寸见表 7-24。

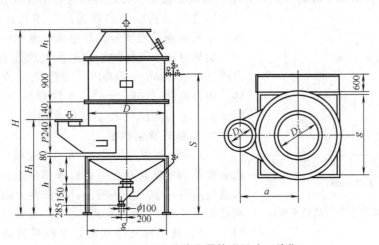

图 7-37　BPC-90 型泡沫除尘器外形尺寸（单位：mm）

表 7-24　**BPC-90 型泡沫除尘器技术性能及尺寸**

型号	处理风量 /(m³/h)	筒体风速 /(m/s)	设备阻力/Pa	耗水量 /(t/h)	质量 /kg	尺寸/mm											
						D	D_1	D_2	a	e	s	h	h_1	p	H_1	H	g
D750	3180~4700	2~3	667~785	1.4~1.7	397	750	350	450	650	395	2325	1130	472	350	1780	3300	750
D850	4090~6100	2~3	667~785	1.7~2.3	437	850	400	500	725	445	2425	1180	522	400	1880	3450	850
D950	5100~7600	2~3	667~785	2.3~2.8	493	950	450	550	800	445	2525	1230	572	450	1980	3600	950
D1050	6230~9300	2~3	667~785	2.8~3.4	550	1050	500	600	875	545	2625	1280	622	500	2080	3750	1010
D1150	7480~11000	2~3	667~785	3.4~4.0	590	1150	550	650	950	595	2725	1330	672	550	2180	3900	1110
D1250	8800~13000	2~3	667~785	4.0~4.8	634	1250	600	700	1025	645	2825	1380	722	600	2280	4050	1210
D1350	10300~15000	2~3	667~785	4.8~5.8	681	1350	650	750	1100	695	2925	1430	772	650	2380	4200	1310
D1450	11800~17800	2~3	667~785	5.6~7.0	724	1450	700	800	1175	745	3025	1480	822	700	2480	4350	1410

八、自激式除尘机组

自激式除尘器常与风机、清灰装置和水位自动控制装置等组成一个机组称为自激式除尘机组。它具有结构简单紧凑、占地面积小、便于安装、维护管理简单、用水量少等优点，适用于净化各种非纤维性粉尘。但除尘器叶片制作要求高，且安装要保证水平度水位控制要求严格。

1. 工作原理

自激式湿法除尘器有单室双室等多种不同的设计。粉尘的清除机理主要发生在旋涡室。图 7-38（a）示意地描绘了一个旋涡式湿法除尘器，图 7-38（b）示意了一个叶片旋涡室工作原理。

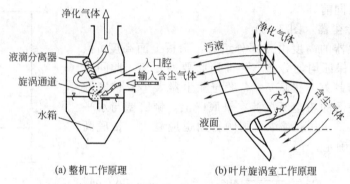

| (a) 整机工作原理 | (b) 叶片旋涡室工作原理 |

图 7-38　自激式除尘器工作原理

输入的气体进入入口腔后，冲击水的表面，从而使一些水被分散开，气流携带液滴通过旋蜗通道流动。随着水被分散的过程，开始用水收集粉尘，并在旋涡通道中完成。分离过程在旋涡通道之后进行。大的液滴向下随气流直接返回到水池。小的液滴在液滴分离器里从气流中分离出。

旋涡通道中气体的平均速度大约是 10～30m/s。压力降 Δp 达 1500～3000Pa。液气比约为 1～3L/m³ 气体。用密度为 2.6kg/cm³、平均粒径为 2.7μm 的石英粉试验，可得到图 7-39 分级效率曲线。

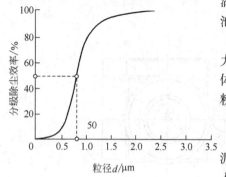

图 7-39　自激式除尘器分级效率曲线

2. 自激式除尘机组

（1）工作过程　图 7-40 所示由通风机、除尘器、排泥浆设备和水位自动控制装置等部分组成。含尘气体进入进气室后冲击于洗涤液上，按惯性力以 10～35m/s 的速度通过"S"形叶片通道（"S"形叶片的具体尺寸见图 7-41），使气液充分接触，尘粒就被液滴所捕获。净化后的气体通过气液分离室和挡水板，去除水滴后排出。尘粒则沉至漏斗底部，并定期排出。机组内的水位由溢流箱控制，在溢流箱盖上设有水位自动控制装置，以保证除尘器的水位恒定，从而保证除尘效率的稳定。如除尘器较小，则可用简单的浮漂来控制水位。

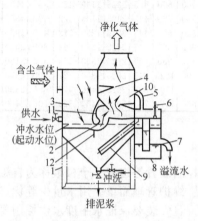

图 7-40　自激式除尘机组工作原理示意
1—支架；2—S型通道；3—进气室；4—挡水板；5—通气管；
6—水位自动控制装置；7—溢流管；8—溢流箱；9—连通管；
10—气液分离室；11—上叶片；12—下叶片

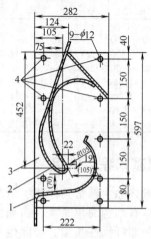

图 7-41　叶片尺寸（单位：mm）
1—下叶片；2—上叶片；3—端板；
4—这些开孔仅在安装时绑固胶垫用

（2）主要技术性能及其与影响因素的关系

① 阻力、除尘效率与处理风量的关系。当溢流堰高出"S"形叶片下沿50mm时，设备阻力随风量（按每米长叶片计）增长的关系见图7-42。而处理风量与除尘效率的关系见图7-43，各种尘粒的净化效率见表7-25。

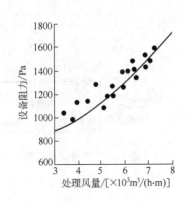

图 7-42　阻力与风量的关系
（溢流堰高＋50mm）

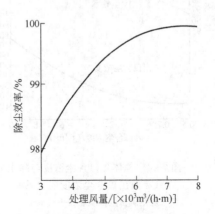

图 7-43　处理风量与除尘效率的关系
（烧结矿粉尘，溢流堰高＋50mm）

表 7-25　各种尘粒的净化效率

粉尘名称	密度/(g/cm³)	分散度/%								净化效率		
		>40/μm	40~30/μm	40~30/μm	30~20/μm	20~10/μm	10~5/μm	5~3/μm	<3/μm	入口含尘浓度/(mg/m³)	出口含尘浓度/(mg/m³)	效率/%
硅石	2.37	8.7	17.5	14.6	6.2	11.1	13.8	9.2	18.9	2359~8120	10~72	98.7~99.8
煤粉	1.693	50.8	10.8	12.0	7.6	4.6	5.8	8.4		2820~6140	13.3~32.5	99.2~99.7
石灰石	2.59	11.6	13.6	51.2	11.7	6.8	4.2	0.7	0.2	2224~8550	5.8~54.5	99.2~99.9
镁矿粉	3.27	3.3	3.7	78.4	9.7	3.1	1.6	0.1	0.1	2468~19020	8.3~20.0	99.6~99.9
烧结矿粉	3.8	>37.9 24.2	37.9 2.86 52.9	28.6 1.87 17.2	18.7 14.5 1.2	14.5 9.8 2.0	9.8 4.8 1.0	4.8 2.9 0.5	2.9 0 1.0	5430~10200	10.8~15.7	98~99.9
烧结返矿		23.8	35.1	21.9	7.9	9.8	7.6	3.5		8700~19150	13.1~79.8	>99

从图7-42和图7-43中可以看出，当1m长的叶片处理风量6000m³/h以上时，效率基本不变，而阻力则显著增加。因此，单位长度叶片处理风量以5000~6000m³/(h·m)为宜。

② 气体入口含尘浓度与除尘效率的关系。气体入口含尘浓度与除尘效率及出口含尘浓度的关系见图7-44。从图中可以看出除尘效率是随着入口含尘浓度的增高而增高的，但出口含尘浓度也随之而略有升高。

③ 除尘效率与水位的关系。除尘器的水位对除尘效率、阻力都有很大的影响。水位高，除尘效率就提高，但阻力也相应增加。水位低，阻力也低，但除尘效率也随之而降低。根据试验，以溢流堰高出上叶片下沿50mm为宜。

（3）供水及水位自动控制　为保持水位稳定，机组可用两路供水（图7-45），供水1供给机组所需基本水量，拿新水作自动调节机组内的水位用，而设置在溢流箱上的电极，则用于检测水位的变化，并通过继电器控制电磁阀的启闭调节。供水2的水量，可实现水位自动控制。

一般可将水面的波动控制在 3～10mm 的范围内。在过低水位造成事故时风机应自动停转，以免机组内部积灰堵塞。

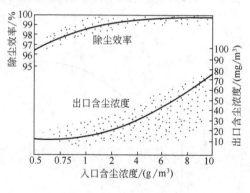

图 7-44　气体入口含尘浓度与除尘
效率及出口含尘浓度的关系
（烧结矿粉尘，溢堰高+50mm）

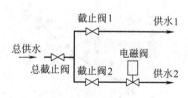

图 7-45　两路供水示意

当除尘设备比较小，供水量不大时，一般可用浮漂来控制水位。当水位下降，浮漂也随之而下降，这时阀门就开启并补充水量，当水位上升到原水位时，阀门就自动关闭。除尘设备所需水量可按式（7-35）计算。

$$G=G_1+G_2+G_3 \tag{7-35}$$

式中　G ——除尘设备所需总水量，kg/h；

　　　G_1——蒸发水量，kg/h；

　　　G_2——溢流水量，kg/h；

　　　G_3——排泥浆带走的水量，kg/h。

（4）自激式除尘机组的性能　CCJ 型自激式除尘机组的技术性能见表 7-26，外形尺寸见图 7-46～图 7-50 和表 7-27～表 7-31。

表 7-26　自激式除尘机组的主要技术性能

型　号	除　尘　器				通　风　机				电动机功率/kW
	气量/(m³/h)		压力损失/Pa	除尘率/%	4-72-11 通风机				
	设计	允许波动			型号	转速/(r/min)	风量/(m³/h)	风压/Pa	
CCJ-5 CCJ/A-5	5000	4300～6000	1000～1600	>99	4A	2900	4020～7240	204～134	5.5
CCJ-7 CCJ/A-7	7000	6000～8450	1000～1600	>99	4.5A	2900	5730～10580	258～170	7.5
CCJ-10 CCJ/A-10	10000	8100～12000	1000～1600	>99	5A	2900	7950～14720	324～224	13
CCJ-14 CCJ/A-14	14000	12000～17000	1000～1600	>99	6C	2400	11900～17100	272～229	17
CCJ-20 CCJ/A-20	20000	17000～25000	1000～1600	>99	8C	1600	17920～31000	252～188	22
CCJ-30 CCJ/A-30	30000	25000～36200	1000～1600	>99	8C	1800	20100～38400	318～241	40
CCJ-40 CCJ/A-40	40000	35400～48250	1000～1600	>99	10C	1250	38400～50150	239～190	40
CCJ-50	50000	44000～60000	1000～1600	>99	12C	1120	53800～77500	277～219	75
CCJ/A-60	60000	53800～72500	1000～1600	>99	12C	1120	53800～77500	277～219	75

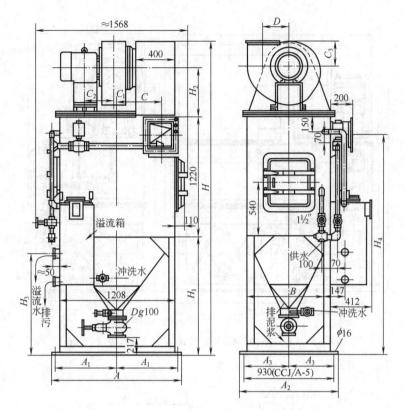

图 7-46　CCJ/A-5、7、10 型自激式除尘机组（单位：mm）

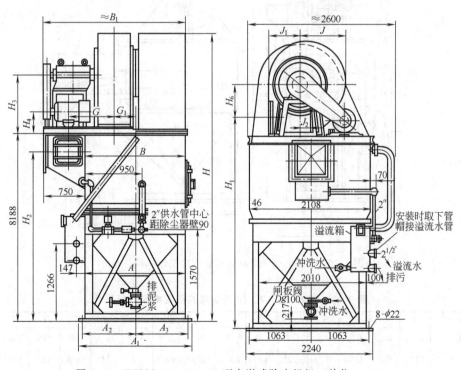

图 7-47　CCJ/A-14、20、30 型自激式除尘机组（单位：mm）

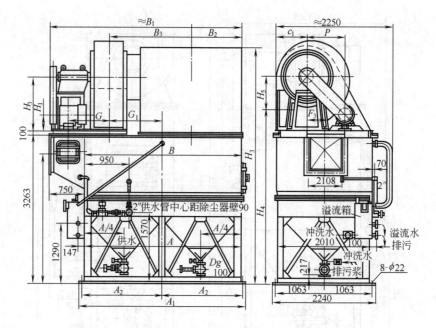

图 7-48　CCJ/A-40、60 型自激式除尘机组（单位：mm）

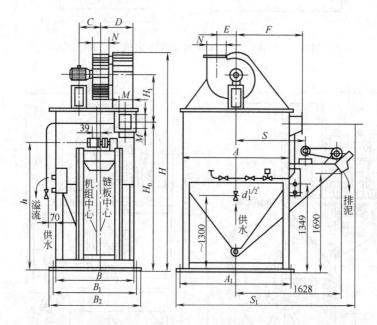

图 7-49　CCJ-5、10 型自激式除尘机组（单位：mm）

表 7-27　CCJ/A-5、7、10 型自激式除尘机组外形尺寸　　　　单位：mm

型号及规格	A	A_1	A_2	A_3	B	C	C_1	C_2	C_3	D	H	H_1	H_2	H_3	H
CCJ/A-5	1332	632	986		872	431	25	297	262	320	3124	1165	489	1001	2205
CCJ/A-7	1336	636	1350	645	1222	430	39.5	333.5	294.5	360	3244	1165	534	1001	2175
CCJ/A-10	1342	637	1734	833	1600	400	27	386	927	400	3579	1450	589	1286	2430

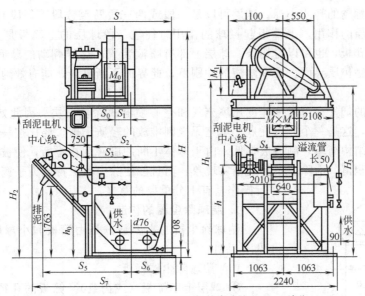

图 7-50　CCJ-20、30、40、50 型自激式除尘机组（单位：mm）

表 7-28　CCJ/A-14、20、30 型自激式除尘机组外形尺寸　　　　　单位：mm

型号规格	A	A_1	A_2	B	B_1	G	G_1	H	H_1	H_2	H_3	H_4	H_5	J	J_1	J_2
CCJ/A-14	1202	1432	660	1200	1965	734.5	256	4488	3568	2902	800	325	420	834	392	227
CCJ/A-20	1744	1974	930	1742	2513	798	406	4828	3668	2902	1040	380	560	700	523	227
CCJ/A-30	2584	2814	1350	2582	3279	753.5	736	4828	3668	2842	1040	420	560	822	523	327

表 7-29　CCJ/A-40、60 型自激式除尘机组外形尺寸　　　　　单位：mm

型号及规格	A	A_1	A_2	B	B_1	B_2	B_3	F	F_1
CCJ/A-40	3458	3688	1787	3456	4200	1103	1793	925	653
CCJ/A-60	5196	5426	2656	5194	5973	1778	2507	884	783

型号及规格	F_2	G	G_1	H	H_1	H_2	H_3	H_4	H_5
CCJ/A-40	400	815.5	1169	2862	320	1180	5196	3843	700
CCJ/A-60	340	1069	1689	2777	350	1420	5566	3943	840

表 7-30　CCJ-5、10 型自激式除尘机组外形尺寸　　　　　单位：mm

型号	A	A_1	B	B_1	B_2	C	D	E	F	M	N	H_0	H	H_1	S	S_1	h
CCJ-5	872	929	1208	1265	1322	629	297	280	635	280	366	2516	664	3430	1239	2337	2334
CCJ-10	1602	1679	1208	1275	1342	386	386	315	1001	400	498	2460	829	3605	1251	2712	2150

表 7-31　CCJ-20、30、40、50 型自激式除尘机组外形尺寸　　　　　单位：mm

型号	H	H_1	H_2	H_3	h	h_0	S	S_0	S_1	S_2	S_3	S_4	S_5	S_6	S_7	M	M_1	M_2
CCJ-20	4928	3668	2905	3568	1819	1223	2495	817	402	1742	1058	755	2139	630	3257	560	640	560
CCJ-30	4928	3668	2842	3568	1819	1223	3335	756	731	2582	1587	755	2559	730	4097	680	640	560
CCJ-40	5386	3843	2862	3683	1840	1359	4413	819	1098	3458	2009	727	2982	1250	4961	790	800	700
CCJ-50	5756	3943	2817	2713	1840	1359	5060	1074	1333	4328	2444	727	3417	2120	5831	880	960	840

九、湍球式除尘器

　　湍球式除尘器是由填充式除尘器发展的一种除尘器。填充层不是静止的填充物，而是一些受气流冲击上下翻腾的轻质小球。球层可以是一段或两三段乃至数段。每段有上下筛板两块，下筛板起支承球层的作用，上筛板起拦球的作用。往往一段球层的上筛板是上段球层的下筛板。筛板可以是孔板，也可以是栅条。球层上部有喷液装置，这样翻动的球面永远是湿润的，从而形成气液接触传质界面。在喷淋液的冲刷下，此界面不断更新，能有效地进行传质吸收与除尘。

这种除尘器的烟气穿过塔体速度比填充式和空心喷淋式除尘器快。因此处理同样的烟气，所需的体积较小，这是一个显著优点。填充无规则堆放的轻质小球，要比按一定规则放置填料层方便得多，且结构简单，制造成本低。由于球体不断冲刷并互相碰撞，使被清洗下来的烟气灰尘和污物不能积留，消除了填料层堵塞现象，而且能使除尘器保持压力平衡。这些优点对运行操作具有十分重要的意义。

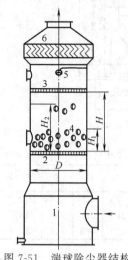

图 7-51　湍球除尘器结构
1—塔体；2—下支承筛板；3—上支承
筛板；4—小球；5—喷淋
装置；6—除沫器

1. 湍球除尘器的构造

湍球除尘器的主要部分是由筛板和小球所组成，其结构见图 7-51。

（1）湍球除尘器筛板

① 球层上下筛板（或栅条）。筛板的孔径或栅条的间隙，不应大于球直径的 2/3，以免将球卡住。开孔率一般在 45%～60% 之间，过小会因拦液过多而增加阻力。筛板或栅条有使气流均布的作用，还能增进气液的接触，有利于传质。上板主要防止小球被气流带走，故也可以使用纺织的网状物，如用塑料绳或尼龙丝编制的网。

② 上下筛板的间距决定上下筛板间距前，必须首先决定球层堆置高度 H_1，球层过高会产生活塞流和偏流现象，影响净化效率并增大塔的阻力。为保证足够的传质时间，可采取增加球层层数的办法。

球层受气流的冲力而向上运动，升起高度称为球层的膨胀高度。此值主要与气流速度有关。另外，诸如喷淋密度、筛板开孔率等因素也有影响，很难准确计算。当空体烟气流速达 4～5m/s 时，最大膨胀高度可达 900mm。计算膨胀高度的经验公式如下。

$$H_2 = K v_s^{1.147} L^{0.7} H_1 \tag{7-36}$$

式中　H_1——球层堆放高度，m；

　　　H_2——床层膨胀高度，m；

　　　L——喷淋密度，$m^3/(m^2 \cdot h)$；

　　　v_s——塔内烟气实际流速，m/s；

　　　K——系数，当 v_s 为 2～5m/s 时 K 值在 0.045～0.08 之间，一般取 0.06。

在求得 H_1 和 H_2 值后，一般取大于膨胀高度的 25% 为筛板间距

$$H_3 = 1.25 H_2 \tag{7-37}$$

也可采用

$$H_3 = (2.5 \sim 5.0) H_1 \tag{7-38}$$

实际工作中多采用筛板间距为 1000～1500mm。

常用填料小球的性能见表 7-32。

表 7-32 常用填料小球的性能

直径/mm	重量/(g/个)	堆密度/(kg/m³)	材　料	使用温度/℃
15	0.636	360	聚乙烯	<80
20	1.817	430	聚乙烯	<80
25	2.822	248	聚乙烯	<80
30	4.034	285	聚乙烯	<80
38	4.437	160	聚乙烯	<80
38	4.437	160	聚丙烯	<120
38	2.764	101	赛璐珞	<50

注：小球材料可耐酸、碱腐蚀。

（2）除尘器直径（D）与球直径（d_h）之比 应大于 10。球径的大小，对传热、传质都有影响；小球的比表面积大，床层液量大，气液接触的界面也大。但同样材料、同样壁厚的球，小球的堆密度较大，因之，同样堆放高度时的阻力也略大。对填料小球的材质要求是：耐腐蚀性好；不溶于所处理的介质；耐磨性好；在一定的温度下长期操作不会软化变形；密度小；便于加工成形。

2. 湍球除尘器的主要工艺参数

湍球除尘器的主要工艺参数见表 7-33。

表 7-33 湍球除尘器的主要工艺参数

操作条件	空塔速度/(m/s)	喷淋密度/[m³/(m²·h)]	充填高度/mm	层 数
吸 收	3～4.5	20～60	200～350	1～4
收 尘	2.5～3.5	20～50	300～450	1～2

3. 湍球除尘器的设计计算

（1）临界速度 球体由静止状态转为运动状态所需之最低速度称为临界速度。湍球除尘器的特点是填充的轻质小球能在气流冲击力与液体浮力的作用下，向上运动。同时又能因其本身自重与来自上方喷淋液的冲击力而向下运动，加上互相碰撞，结果形成较强的剧烈运动与旋转。如果气流速度偏低而喷淋量又小，则球体漂浮不起来，这样就使球层变成一种固定的填充层，与普通的填充塔毫无差异。气固二相的临界速度按式（7-39）计算。

$$v_k = \sqrt{\frac{2gd_k(\rho_k - \rho_g)\varepsilon^3}{\xi\rho_g(1-\varepsilon)}} \tag{7-39}$$

式中　v_k——临界气速，m/s；

　　　d_k——填料球直径，m；

　　　ρ_k——球的堆密度，kg/m³；

　　　ρ_g——烟气密度，kg/m³；

　　　ε——孔隙率，取 0.4～0.55；

　　　ξ——阻力系数，由表 7-34 查得。

表 7-34 阻力系数 ξ 值

球体直径/mm	材　料	ξ	球体直径/mm	材　料	ξ
38	赛璐珞	14.6	29	聚乙烯	5.0
38	聚乙烯	12.0	15	聚乙烯	8.0

（2）操作气速 在二相存在的情况下，操作气速 v 按式（7-40）计算。

$$v = Av_k \tag{7-40}$$

式中　A——系数，取 1.5～3，喷淋量越大，A 值越小。

操作气速可按同类型的生产经验数据选取。

（3）筒体直径　按式（7-41）计算。

$$D = 0.0188\sqrt{\frac{Q}{v}} \tag{7-41}$$

式中　D——湍球除尘器筒体直径，m；

Q——操作时烟气量，m^3/h；

v——操作气速，m/s。

4. 阻力损失

湍球除尘器的阻力损失应包括下支承筛板的干板阻力、球体湍动所引起的阻力及喷淋液所引起的阻力三部分。由于影响阻力的因素很多，分段计算较为复杂，一般以气固系统为基础，在不同喷淋量情况下，按不同的流体力学操作状态分别处理。

（1）气固系统床层阻力　计算式如下。

$$\Delta p = \frac{G}{F} = 9.8H_0(\rho_k - \rho_g)(1 - \varepsilon) \tag{7-42}$$

式中　Δp——气固系统床层阻力降，Pa；

G——球体质量，kg；

F——塔截面积，m^2；

H_0——球层堆放高度，m；

ρ_k——小球的堆密度，kg/m^3；

ρ_g——烟气的密度，kg/m^3；

ε——孔隙率。

（2）气、液、固三相存在时的床层阻力　三相流时可能存在两种流体力学操作状态：一种是液体只润湿球体表面而无积聚（或少量积聚），另一种是液体在塔内大量积聚；球体浸没在气液混合物中，前者相当于大开孔率，小喷淋量；后者相当于大喷淋量、高液量的条件。

喷淋密度小于$20m^3/(m^2 \cdot h)$，可按式（7-43）计算。

$$\Delta p = 98H_0(2.92\mu^{\frac{1}{3}}d_k^{\frac{2}{3}}L^{\frac{1}{3}}\rho_l + \rho_k + \rho_g)(1 - \varepsilon) \tag{7-43}$$

式中　Δp——阻力，Pa；

H_0——填料静态高度，m；

μ——液体动力黏度，$kg \cdot s/m^2$；

d_k——球的直径，m；

L——喷淋密度，$m^3/(m^2 \cdot h)$；

ρ_l——液体密度，kg/m^3；

ρ_k——小球的堆密度，kg/m^3；

ρ_g——烟气的密度，kg/m^3；

ε——孔隙率，%。

上式计算误差不大于25%；喷淋量越小，误差也越小。喷淋密度大于$5m^3/(m^2 \cdot h)$，可按式（7-44）计算。

$$\Delta p = 98A_2 v^{0.38}L^{0.44} \tag{7-44}$$

式中　v——操作气速，m/s；

L——喷淋密度，$m^3/(m^2 \cdot h)$；

A_2——系数，其值可参照下列数值。

填料静态高度/mm	150	200	250	300
A_2值	12.5	15.2	18.0	20.6

上式在$L = 25 \sim 100m^3/(m^2 \cdot h)$时较为合适，而对于过渡情况$20 \sim 25m^3/(m^2 \cdot h)$误差较大。

5. 喷淋水量

喷淋水量根据湍球除尘器的使用情况不同，相差很大，很难精确计算，用在降温时，喷淋量可按式（7-45）计算。

$$W=\frac{Q_0(i_1-i_2)\rho_0 B}{(t_{w2}-t_{w1})B-P_1}\tag{7-45}$$

式中　W——喷淋量，kg/h；

Q_0——进湍球塔的烟气量，m^3/h；

i_1、i_2——进、出塔气体的热熔量，kJ/kg；

t_{w1}、t_{w2}——供、排水温度，℃；

ρ_0——气体密度，kg/m^3；

B——大气压力，Pa；

P_1——湍球塔阻力，Pa。

如按经验数据决定喷淋密度后，喷淋量可按式（7-46）计算。

$$W=LF\tag{7-46}$$

式中　L——喷淋密度，$m^3/(m^2 \cdot h)$，一般取 $20\sim60 m^3/(m^2 \cdot h)$；

F——湍球除尘器截面积，m^2。

喷淋时要求液体分布均匀，避免喷淋液体沿壁流下。喷头型式可采用喷洒型或喷溅型。

湍球除尘器烟气流速较高，雾沫夹带量较大，雾沫量随操作气速与喷淋密度大小而异。雾沫夹带量按式（7-47）计算。

$$G=1.15\times10^{-4}v^{6.25}L^{1.2}\tag{7-47}$$

式中　G——单位体积的雾沫带量，g/m^3；

v——操作气速，m/s；

L——喷淋密度，$m^3/(m^2 \cdot h)$。

6. 脱水装置

湍球除尘器上部设除尘捕沫装置，通常采用瓷环填料脱水器、折板脱水器或丝网脱水器等。

十、旋流板除尘器

旋流板除尘器用于气体吸收时称旋流板塔。旋流板除尘器是一种效率高、压力损失较低的除尘设备，其结构见图 7-52。其工作原理是，气体通过塔板螺旋上升，液流从盲板分配到各叶片上形成薄膜层，同时被气流喷洒成液滴。液滴随气流运行的同时被离心力甩至塔壁，形成沿壁旋转的液环，并受重力作用而沿壁下流至环形的集液槽，再通过溢流装置流至下一块塔板的板上。当液体在旋流板上被喷洒于气体中时，黏附其中的尘粒，然后被甩至器壁，带着尘粒下流，气体中未被黏附的尘粒，还有机会被甩到塔壁上被黏附。

1. 旋流板除尘器的主要尺寸

（1）旋流叶片外径 D_x、盲板直径 D_m 叶片数 m 及叶片厚度 δ　旋流叶片外径 D_x 可从气体负荷所需的有效面积 A_y 或穿孔面积 A_0 计算。对给定的气体负荷所需的穿孔面积 A_0 与其他塔板类似，可按穿孔动能因子 F_0 计算。

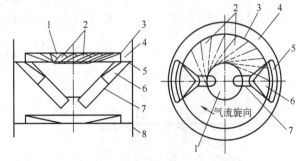

图 7-52　旋流板除尘器结构

1—盲板；2—旋流叶片（共 24 片）；
3—罩筒；4—受液槽；5—溢流口；
6—异形接管；7—圆形溢流管；8—器壁

$$F_0 = v_0 \sqrt{\rho_g} \tag{7-48}$$

式中　F_0——穿孔动能因子，$\mathrm{kg}^{\frac{1}{2}}/(\mathrm{m}^{\frac{1}{2}} \cdot \mathrm{s})$；

　　　v_0——穿孔气速，$\mathrm{m/s}$；

　　　ρ_g——气体密度，$\mathrm{kg/m^3}$。

于是穿孔面积 A_0 可以按式（7-49）计算。

$$A_0 = \frac{Q}{3600 v_0} = \frac{Q \sqrt{\rho_g}}{3600 F_0} \tag{7-49}$$

式中　Q——气体流量（$\mathrm{m^3/h}$）。

而式（7-49）中 $Q\sqrt{\rho_g}$ 称为气体负荷。使用式（7-49）时，应先选定 F_0 约为 $10\sim11\mathrm{kg}^{\frac{1}{2}}/$ （$\mathrm{m}^{\frac{1}{2}} \cdot \mathrm{s}$）。在除尘过程中，而对传质吸收不重要时，为产生足够的离心力，可采用较大的气速，常压下取 F_0 为 $12\sim15\mathrm{kg}^{\frac{1}{2}}/(\mathrm{m}^{\frac{1}{2}} \cdot \mathrm{s})$。

旋流叶片外 D_x 与穿孔面积 A_0 的关系为

$$A_0 = 0.785 \times \left(\frac{D_x^2 - D_m^2}{10^6} \right) \left[\sin\alpha - \frac{2m\delta}{\pi(D_x + D_m)} \right] \tag{7-50}$$

式中 D_x、D_m 以及 δ 的单位都用 mm 代入，通常盲板直径 $D_m \approx D_x/3$，m 为叶片数。α 是旋流板水平放置时，叶片与水平面的夹角，称为叶片仰角，一般可选 $\alpha=25°$。

若用 $F_0 = 10\sim11$ 及式（7-50），即可得到

$$D_n \approx 10\sqrt{Q\sqrt{\rho_g}} \tag{7-51}$$

在旋流叶片之外需要安排溢流口，根据气液比的大小，可估计筒体的内直径 D_n 为

$$D_n \approx (1.1\sim1.4)D_x \tag{7-52}$$

叶片的厚度，碳钢板、铝板取 $\delta=3\mathrm{mm}$，不锈钢板取 δ 为 $1.5\sim2\mathrm{mm}$，聚氯乙烯硬板 δ 为 $4\sim5\mathrm{mm}$。

在 D_x 小于 $1000\mathrm{mm}$ 时取叶片数 m 为 24，D_x 更大时 m 值也随之增加。

（2）罩筒高度 h_x　罩筒高度可取刚好封闭叶片外沿开口，以利制造。罩筒高度 h_x 可近似地用式（7-53）计算。

$$h_x = \frac{\pi D_x}{m} \sin\alpha + \delta \tag{7-53}$$

叶片间在外沿处的最大距离 l（见图 7-53），可近似地取为

$$l = h_x - 2\delta \tag{7-54}$$

叶片径向角 β（见图 7-54）指叶片开缝（即边线）外端与半径的夹角为

$$\beta = \arcsin \frac{CO}{AO} = \arcsin \frac{D_m}{D_x} \tag{7-55}$$

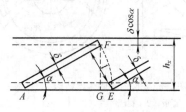

图 7-53　叶片最大距离 l 及罩高

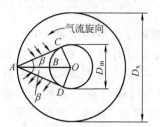

图 7-54　叶片的径向角

径向角 β 边线最好与盲板圆相切。在 $D_m = \left(\dfrac{1}{4} \sim \dfrac{1}{3}\right) D_x$ 时 β 可取出 $14° \sim 19°$。

2. 除尘效率

旋流板除尘器的除尘效率随旋流板的层数、直径大小以及气流上升速度等因素变化。用于除尘、除雾或脱水时单层板效率在 90% 以上。用于化学吸收或水气接触传热，单层板效率在 50% 以上。

3. 压力损失

在正常情况下，旋流板的湿板压力损失 Δp 与液流量的关系，在液体喷淋密度不超过 $100\text{m}^3/(\text{m}^2 \cdot \text{h})$ 时，喷淋密度对 Δp 的影响不大；而溢流沟口的液速 v 由于关系到板上的液层高度，故对压力损失有明显的影响。由此可得到如下的半经验式。

$$\Delta p' = \xi F_0^2 \times \frac{1}{2g} + 3.6 F_0 v + 4 \tag{7-56}$$

式中　ξ——旋流板的穿孔阻力系数。

对最底下的一块板，ξ 为 $1.4 \sim 1.7$；上面的各孔，因气液已在旋转，当旋向相同时，ξ 较小，为 $0.8 \sim 1.2$。若总旋流板数为 N，取底板的 ξ 为 1.6，以上各板为 1.1，当各板的 F_0 和 v 基本相同时，除尘器总压力损失为

$$\Delta p \approx (11N + 0.5) F_0^2 \times \frac{1}{2g} + 3.6 N F_0 v + 4N \tag{7-57}$$

若在 N 块旋流塔板之上再加一块除雾板（旋向亦相同），因其液荷很小，可略去上式中的 $3.6 F_0 v$ 一项。$(N+1)$ 块板的总压力损失为

$$\Delta p \approx (11N + 1.6) F_0^2 \times \frac{1}{2g} + 3.6 N F_0 v + 4(N+1) \tag{7-58}$$

若 F_0 或 v 的变化较大，需分别计算后求和。

第三节　高能耗湿式除尘器

高能耗湿式除尘器主要指耗能较高的文氏管除尘器和喷射式除尘器等。高能耗湿式除尘器在工业除尘净化中应用广泛。

一、文氏管除尘器

文氏管除尘器由收缩段、喉口和扩散管以及脱水器组成（图 7-55）。文氏管是在意大利物理学家文丘里（G. B. Venturi. 1746～1822）首次研究了收缩管道对流体流动的效率的影响后命名的。文丘里管则是在 1886 年美国柯姆斯·霍舍尔（Clemens Herschel）为了增加流体的速度从而引起压力的减小而发明的。文氏管除尘器于 1946 年开始在工业中应用。

湿式除尘器要得到较高的除尘效率，必须造成较高的气液相对运动速度和非常细小的液滴，文氏管除尘器就是为了适应这个要求而发展起来的。

文氏管除尘器是一种高能耗高效率的湿式除尘器。含尘

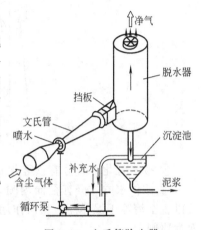

图 7-55　文氏管除尘器

气体以高速通过喉管，水在喉管处被湍流运动的气流雾化，尘粒与水滴之间相互碰撞使尘粒沉降，这种除尘器结构简单，对 $0.5 \sim 5 \mu m$ 的尘粒除尘效率可达 99％以上，但其费用较高。该除尘器常用于高温烟气降温和除尘，也可用于吸收气体污染物。

1. 文氏管除尘器的工作原理

文氏管除尘器的除尘过程，可分为雾化、凝聚和脱水三个环节，前两个环节在文氏管内进行，后一环节在脱水器内完成。含尘气体由进气管进入收缩管后流速逐渐增大，在喉管气体流速达到最大值。在收缩管和喉管中气液两相之间的相对流速达到最大值。从喷嘴喷射出来的水滴，在高速气流冲击下雾化，能量由高速气流供给。

在喉口处气体和水充分接触，并达到饱和，尘粒表面附着的气膜被冲破，使尘粒被水湿润，发生激烈的凝聚。在扩散管中，气流速度减小，压力回升，以尘粒为凝结核的凝聚作用形成，凝聚成粒径较大的含尘水滴，更易于被捕集。粒径较大的含尘水滴进入脱水器后，在重力、离心力等作用下，干净气体与水、尘分离，达到除尘的目的。

文氏管的结构形式是除尘效率高低的关键。文氏管结构型式有多种类型，如图 7-55 所示，可以分为若干种类。

① 按断面形状分有圆形和矩形两类。

② 按喉管构造分有喉口部分无调节装置的定径文氏管和喉口部分装有调节装置的调径文氏管。调径文氏管要严格保证净化效率，需要随气体流量变化调节喉径以保持喉管气速不变。喉径的调节方式，圆形文氏管一般采用砣式调节；矩形文氏管可采用翼板式、滑块式和米粒（R-D）型调节（见图 7-56）。

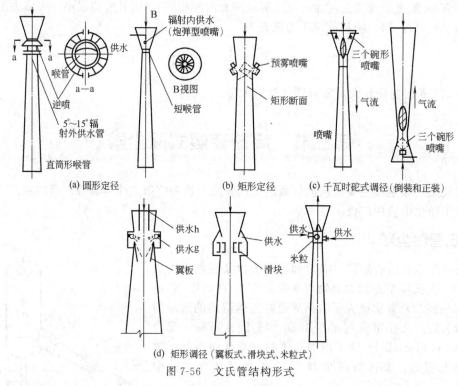

图 7-56　文氏管结构形式

③ 按水雾化方式分有预雾化和不预雾化两类方式。

④ 按供水方式分有径向内喷、径向外喷、轴向喷雾和溢流供水四类。各种溢流文氏管，可以直至清除干湿界面上粘灰作用。各种供水方式皆以利于水的雾化并使水滴布满整个喉管断面为原则。

⑤ 按使用情况分为单级文氏管和多级文氏管等。

⑥ 按文氏管与脱水装置的配套装置，文氏管除尘器又可分为若干类型（见图 7-57）。

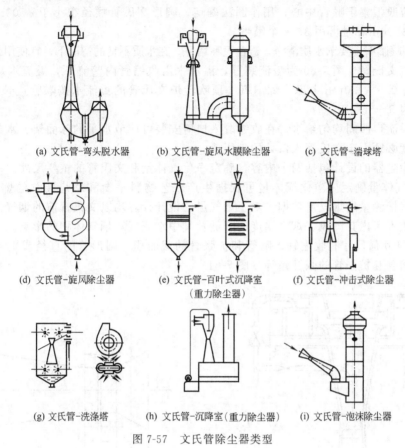

(a) 文氏管-弯头脱水器　　　(b) 文氏管-旋风水膜除尘器　　　(c) 文氏管-湍球塔

(d) 文氏管-旋风除尘器　　　(e) 文氏管-百叶式沉降室　　　(f) 文氏管-冲击式除尘器
　　　　　　　　　　　　　　　　　（重力除尘器）

(g) 文氏管-洗涤塔　　　(h) 文氏管-沉降室(重力除尘器)　　　(i) 文氏管-泡沫除尘器

图 7-57　文氏管除尘器类型

2. 文氏管的供水装置

文氏管的供水采用外喷、内喷及溢流三种形式。溢流供水常与内喷或外喷配合使用，亦有单独使用的。

（1）外喷文氏管喷嘴　圆形外喷文氏管采用针型喷嘴呈辐射状均匀布置（见图 7-58）。喷嘴角 θ 一般介于 $15°\sim25°$ 之间，亦有为 θ 值取零，即喷嘴在靠近喉管一端的收缩管上与文氏管中心线垂直布置；θ 值越大，水雾化越好，但阻力也越大。对喉管较大的文氏管，应注意水流受高速气流冲击下仍能喷射到喉管中心，构成封闭的水幕。必要时喷嘴可分两层错列布置。

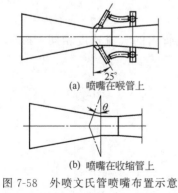

(a) 喷嘴在喉管上

(b) 喷嘴在收缩管上

图 7-58　外喷文氏管喷嘴布置示意

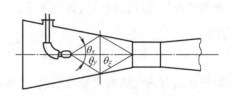

图 7-59　内喷文氏管喷嘴布置

（2）内喷文氏管喷嘴　内喷文氏管采用碗型喷嘴，其布置见图 7-59。喷嘴的喷射角 θ_0 约 60°，喷嘴口与喉口之间的距离约为喉管直径的 1.3～1.5 倍，根据入射角 θ_1 等于反射角 θ_2 并使反射后的流股汇集于喉管中心，用作图法确定。圆形文氏管喉径在小于 $\phi 500\text{mm}$ 时用单个喷嘴，大于 $\phi 500\text{mm}$ 时可用 3～4 个喷嘴。

采用碗型喷嘴时，要求水质清净，避免喷嘴堵塞。在水质不良的情况下，宜使用螺旋型喷嘴。

（3）溢流文氏管　图 7-60 为溢流装置，溢流水沿收缩管内壁流下，溢流水量按收缩管入口每 1m 周边 0.5～1.0t/h 考虑。炼钢氧气顶吹转炉文氏管的溢流水按喉管边长计算，每 1m 周边用水量为 5～6t/h。

为了使溢流口四周均匀给水，在收缩管入口应安装可调节水平的球面架。水封罩插入溢流面以下的深度必须大于文氏管入口处的负压值。

文氏管除尘器的设计包括两个内容，确定净化气体量和文氏管的主要尺寸。

① 净化气体量确定。净化气体量可根据生产工艺物料平衡和燃烧装置的燃烧计算求得。也可以采用直接测量的烟气量数据。对于烟气量的设计计算均以文氏管前的烟气性质和状态参数为准。一般不考虑其漏风、烟气温度的降低及其中水蒸气对烟气体积的影响。

② 文氏管几何尺寸有收缩管、喉管和扩张管的截面积、圆形管的直径或矩形管的高度和宽度以及收缩管和扩张管的张开角等（图 7-61）。

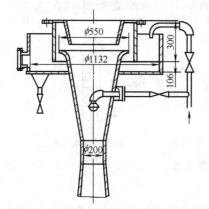

图 7-60　文氏管溢流装置（单位：mm）

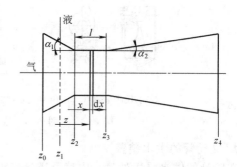

图 7-61　文氏管示意

a. 收缩管进气端截面积，一般按与之相连的进气管道形状计算。计算式为

$$A_1 = \frac{Q_{t_1}}{3600_1 v_1} \qquad (7\text{-}59)$$

式中　A_1——收缩管进气端的截面积，m^2；

$\quad Q_{t_1}$——温度为 t_1 时进气流量，m^3/h；

$\quad v_1$——收缩管进气端气体的速度，此速度与进气管内的气流速度相同，m/s，一般取 15～22 m/s。

收缩管内任意断面处的气体流速为

$$v_g = \frac{v_a}{1 + \dfrac{z_2 - z}{r_a} \text{tg}\alpha} \qquad (7\text{-}60)$$

圆形收缩管进气端的管径可用式（7-61）计算。

$$d_1 = 1.128\sqrt{A_1} \qquad (7\text{-}61)$$

对矩形截面收缩管进气端的高度和宽度可用式（7-62）和式（7-63）求得

$$a_1 = \sqrt{(1.5 \sim 2.0)A_1} = (0.0204 \sim 0.0235)\sqrt{\frac{Q_{t1}}{v_1}} \tag{7-62}$$

$$b_1 = \sqrt{\frac{A_1}{1.5 \sim 2.0}} = (0.0136 \sim 0.0118)\sqrt{\frac{Q_{t1}}{v_1}} \tag{7-63}$$

式中　$1.5 \sim 2.0$——高宽比经验数值。

b. 扩张管出气端的截面积计算式

$$A_2 = \frac{Q_2}{3600 v_2} \tag{7-64}$$

式中　A_2——扩张管出气端的截面积，m^2；

　　　v_2——扩张管出气端的气体流速，m/s，通常可取 $18 \sim 22m/s$。

圆形扩张管出气端的管径计算式为

$$d_2 = 1.128\sqrt{A_2}$$

矩形截面扩张管出口端高度与宽度的比值常取 $\dfrac{a_2}{b_2} = 1.5 \sim 2.0$，所以 a_2、b_2 的计算可用

$$a_2 = \sqrt{(1.5 \sim 2.0)A_2} = (0.0204 \sim 0.0235)\sqrt{\frac{Q_2}{v_2}} \tag{7-65}$$

$$b_2 = \sqrt{\frac{A_2}{1.5 \sim 2.0}} = (0.0136 \sim 0.0118)\sqrt{\frac{Q_2}{v_2}} \tag{7-66}$$

c. 喉管的截面积计算式

$$A_0 = \frac{Q_1}{3600 v_0} \tag{7-67}$$

式中　A_0——喉管的截面积，m^2；

　　　v_0——通过喉管的气流速度，m/s。气流速度按表 7-35 条件选取。

表 7-35　各种操作条件下的喉管烟气速度

工艺操作条件	喉管烟气速度/(m/s)	工艺操作条件	喉管烟气速度/(m/s)
捕集小于 $1\mu m$ 的尘粒或液滴	$90 \sim 120$	气体的冷却或吸收	$40 \sim 70$
捕集 $3 \sim 5\mu m$ 的尘粒或液滴	$70 \sim 90$		

圆形喉管直径的计算方法同前。对小型矩形文氏管除尘器的喉管高宽比仍可取 $a_0/b_0 = 1.2 \sim 2.0$，但对于卧式通过大气量的喉管宽度 b_0 不应大于 600mm，而喉管的高度 a_0 不受限制。

d. 收缩角和扩张角的确定。收缩管的收缩角 α_1 越小，文氏管除尘器的气流阻力越小，通常 α_1 取用 $23° \sim 30°$。文氏管除尘器，用于气体降温时，α_1 取 $23° \sim 25°$；而用于除尘时，α_1 取 $25° \sim 28°$，最大可达 α_1 为 $30°$。

扩张管扩张角 α_2 的取值通常与 v_2 有关，v_2 越大，α_2 越小，否则不仅增大阻力，而且捕尘效率也将降低，一般 α_2 取 $6° \sim 7°$。α_1 和 α_2 取定后，即可算出收缩管和扩张管的长度。

e. 收缩管和扩张管长度的计算。圆形收缩管和扩张管的长度按式（7-68）和式（7-69）计算。

$$L_1 = \frac{d_1 - d_0}{2}\cot\frac{\alpha_1}{2} \tag{7-68}$$

$$L_2 = \frac{d_2 - d_0}{2}\cot\frac{\alpha_2}{2} \tag{7-69}$$

矩形文氏管的收缩长度 L_1 可按式（7-70）和式（7-71）计算（取最大值作为收缩管的长度）。

$$L_{1a} = \frac{a_1 - a_0}{2}\cot\frac{\alpha_1}{2} \tag{7-70}$$

$$L_{lb}\frac{b_1-b_0}{2}\cot\frac{\alpha_2}{2} \tag{7-71}$$

式中 L_{la}——用收缩管进气端高度 a_1 和喉管高度 a_0 计算的长度，m；

L_{lb}——用收缩管进气端宽度 b_1 和喉管宽度 b_0 计算的长度，m。

f. 喉管长度的确定。在一般情况下，喉管长度取 $L_0=0.15\sim0.30d_0$，d_0 为喉管的当量直径。喉管截面为圆形时，d_0 即喉管的直径；管截面为矩形时，喉管的当量直径按式（7-72）计算：

$$d_0=\frac{4A_0}{q} \tag{7-72}$$

式中 A_0——喉管的截面积，m²；

q——喉管的周边长度，m。

一般喉管的长度为 200～350mm，最大不超过 500mm。

确定文氏管几何尺寸的基本原则是保证净化效率和减小流体阻力。如不做以上计算，简化确定其尺寸时，文氏管进口管径 D_1，一般按与之相联的管道直径确定，流速一般取 15～22m/s；文氏管出口管径 D_2，一般按其后连接的脱水器要求的气速确定，一般选 18～22 m/s。由于扩散管后面的直管道还具有凝聚和压力恢复作用，故最好设 1～2m 的直管段，再接脱水器。喉管直径 D 按喉管内气流速度 v_0 确定，其截面积与进口管截面积之比的典型值为 1∶4。v_0 的选择要考虑粉尘、气体和液体（水）的物理化学性质，对除尘效率和阻力的要求等因素。在除尘中，一般取 $v_0=40\sim120$m/s；净化亚微米的尘粒可取 90～120m/s，甚至 150m/s；净化较粗尘粒时可取 60～90m/s，有些情况取 35m/s 也能满足。在气体吸收时，喉管内气速 v_0 一般取 20～30m/s。喉管长 L 一般采用 $L/D=0.8\sim1.5$ 左右，或取 200～300mm。收缩管的收缩角 α_1 越小，阻力越小，一般采用 23°～25°。扩散管的扩散角 α_2 一般取 6°～8°。当直径 D_1、D_2 和 D 及角度 α_1 和 α_2 确定之后，便可算出收缩管和扩散管的长度。

3. 文氏管除尘器性能计算

（1）压力损失 估算文氏管的压力损失是一个比较复杂的问题，有很多经验公式，下面介绍目前应用较多的计算公式。

$$\Delta p=\frac{v_t^2\rho_t S_t^{0.133}L_g^{0.78}}{1.16} \tag{7-73}$$

式中 Δp——文氏管的压力损失，Pa；

v_t——喉管处的气体流速，m/s；

S_t——喉管的截面积，m²；

ρ_t——气体的密度，kg/m³；

L_g——喉管长度，m。

（2）除尘效率 对 5μm 以下的粒尘，其除尘效率可按经验公式（7-74）估算。

$$\eta=(1-9266\Delta p^{-1.43})\times100 \tag{7-74}$$

式中 η——除尘效率，%；

Δp——文氏管压力损失，Pa。

文氏管的除尘效率也可按下列步骤确定：①据文氏管的压力损失 Δp 由图 7-62 求得其相应的分割粒径（即除尘效率为 50% 的粒径）d_{c50}；②据处理气体中所含粉尘的中粒径 d_{c50}/d_{50}；③根据 d_{c50}/d_{50} 值和已知的处理粉尘的几何标准偏差 σ_g，从图 7-63 查得尘粒的穿透率 τ；④除尘效率的计算

$$\eta=(1-\tau)\times100 \tag{7-75}$$

（3）文氏管除尘器的除尘效率图解 除了计算外，典型文氏管除尘器的除尘效率还可以由图 7-64 来图解。此外在图 7-65 中，条件为粉尘粒径 $d_p=1\mu m$、粉尘密度 $\rho_p=2500$kg/m³、喉口速度为 40～120m/s 的试验结果，表明了水气比、阻力、效率及喉口直径间的相互关系。

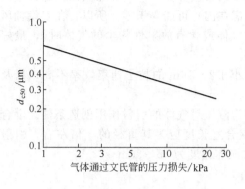

图 7-62　文氏管压力损失/kPa

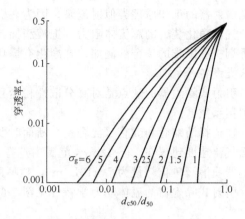

图 7-63　尘粒穿透率与 d_{c50}/d_{50} 的关系

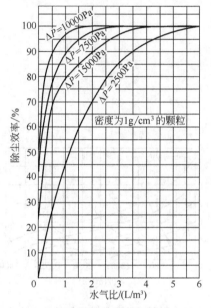

图 7-64　典型的文氏管除尘器捕集效率

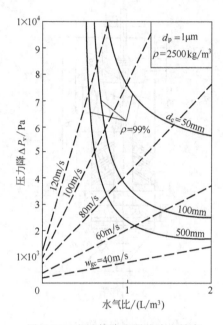

图 7-65　文氏管除尘器的除尘效率

4. 文氏管设计和使用注意事项

注意事项：①文氏管的喉管表面光洁要求一般为▽₆，其他部分可用铸件或焊件，但表面应无飞边毛刺；②文氏管法兰连接处的填料不允许内表面有突出部分；③不宜在文氏管本体内设测压孔、测温孔和检查孔；④对含有不同程度的腐蚀性气体，使用时应注意防腐措施，避免设备腐蚀；⑤采用循环水时应使水充分澄清，水质要求含悬浮物量在 0.01%以下，以防止喷嘴堵塞；⑥文氏管在安装时各法兰连接管的同心度误差不超过±2.5mm，圆形文氏管的椭圆度误差不超过±1mm；⑦溢流文氏管的溢流口水平度应严格调在水平位置，以使溢流水均匀分布；⑧文氏管用于高温烟气除尘时，应装设压力、温度升高警报信号，并设事故高位水池，以确保供水安全。

二、引射式除尘器

引射式除尘器与普通文氏管除尘器不同之处在于后者是用风机造成高速气流，而前者是利用水泵造成液体带动气流。在引射式除尘器中（图 7-66），气体净化所消耗的能量全部注入喷淋液中，喷淋液是在 600～1200kPa 压力下，通过渐缩管中的喷嘴送入文氏管喷雾器的，也就是说引射器的工作原理类似射流泵。因为在引射式文氏管喷雾器中，气体靠液滴输送并造成正压，气体净化装置的总流体阻力（把液滴捕集器考虑在内）可能等于零。所以，在安设抽风机或排烟机有困难的场合（例如，在净化有爆炸危险气体或含有放射性粉尘的气体时），最好使用这类设备。

引射式除尘器的缺点是对高分散性粉尘且尺寸小于 2～3μm 的粒子捕集效率不高，以及能量利用系数低。

在选择渐缩管和喉管（混合室）断面时要考虑为液流对气体的引射作用创造条件。混合室断面气流速度建议在 10～12m/s 范围内选择，而混合室长度应为其直径的 3 倍左右。引射式除尘器喷淋液单位耗量为 7～10L/m³。喷嘴射出的液体速度为 15～30m/s。

引射式除尘器的流体动力学特性见图 7-67。

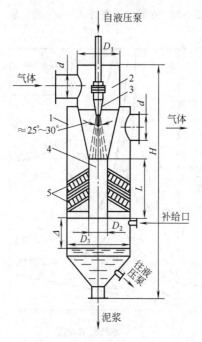

图 7-66　引射式除尘器
1—壳体和拌浆槽；2—吸气室；3—喷嘴；
4—混合室；5—网状液滴捕集器

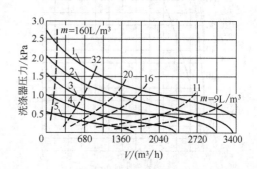

图 7-67　引射式除尘器的流体动力学特性
1—700（表示除尘器规格尺寸，后同）；2—560；
3—420；4—280；5—140

引射式除尘器的规格系列包括六种型号（表 7-36），气体处理能力为 50～500m³/h。图 7-66 所示引射式除尘器是该系列的基本结构。

表 7-36　引射式设备的主要技术指标

型号规格	处理能力 /(m³/h)	喷淋液耗量 /(m³/h)	外形尺寸（见图 7-66）/mm						喷嘴的喷口直径 /mm
			H	D	D_2	D_3	d	L	
引射-200	50～200	1.6	1100	120	70	200	90	350	4.0
t_1-300	200～340	2.1	1500	180	100	315	110	400	4.6
t_f-700	340～750	5.25	2000	280	150	450	160	450	7.2
l_f-1500	750～1500	10.5	2700	400	200	630	250	600	10.2
f_1-3000	1500～3000	21.0	3600	560	280	900	320	840	14.4
l_t-5000	3000～5000	35.0	4500	710	370	1120	450	1100	18.6

工作液在 0.6～0.8MPa 压力下送入该系列设备，用类似喷雾器的一种喷嘴喷散成雾，流量系数 $\mu=0.8～0.9$，喷射角为 25°～30°。喷嘴采用螺旋形，螺旋线上升角为 68°。液体单位流量为 8～10L/m³。

除尘器采用网状液滴捕集器，它是由两层波纹网板装配而成的一个箱体。每层厚度为 100～150mm，两层的间距为 60～80mm。液体捕集器安设在距离混合室外面（1.0～1.5）D_2 处，其安装角与设备中心线成 25°～30°。

设备处理能力，可通过改变相对于混合室的拌浆槽液位水平（$\Delta=0～300mm$），在自零至该型号规格可能达到的最大值范围内进行调节。在通过这种洗涤设备输送气体时可保证达到的最大负压为 600Pa。引射式除尘器对于捕集大于 2～3μm 粉尘粒子十分有效，与除尘器中的湿法除尘器相当。

三、喷射式除尘器

喷射式除尘器是一种较新的除尘器，特点是利用气体的动能使气液充分混合接触。气体首先经过一个收缩的锥形杯（称喷嘴），将速度提高。溢流入锥形杯的吸收液受高速气体的冲击并携带至底口而喷出。气体因突然扩散，形成剧烈湍流，将液体粉碎雾化，产生极大的接触界面，而增强除尘效果。

由于气液以顺流方式进行，不受逆流操作中气体临界速度对除尘器的液流极限能力的限制，提高了体积传质能力。此特点对处理风量很大是有利的，加之喷射塔结构简单、操作管理方便，不易堵塞等优点，使这种除尘器在工业烟气净化中得到应用。

1. 喷射式除尘器结构

其结构见图 7-68，按作用可分成以下三段。

（1）气液分布段　含尘气体进入气液分布段，并在此段扩张缓冲，以利于将气体均匀分配给各喷嘴。

花板严密安装在内壁上，喷嘴均匀安装在花板上，花板和喷嘴交接处也要严密。气液分布段的另一个作用，是使来自循环系统的洗涤液保持向每个喷嘴稳定均匀供水。花板和喷嘴的安装必须保持水平，否则洗涤液不能沿喷嘴四周均匀流下。还有用喷头供水的方法，洗涤液喷淋在此段上部，与气体混合进入喷嘴和喷射式除尘器，如图 7-69 所示。

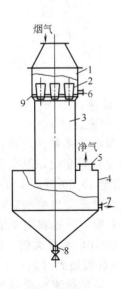

图 7-68　喷射式除尘器结构

1—气液分布段；2—喷嘴；3—吸收段；4—气液分离段；
5—排气管；6—进液管；7—排液口；8—排污口；9—花板

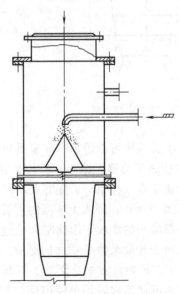

图 7-69　上部喷液的喷射除尘

喷嘴直径不应太大，烟气量大时可采取多喷嘴方案。除尘器截面较大时，为了使各喷嘴达到水平，可将分布室隔成几个小区，分区供水。

喷嘴是喷射除尘器最重要的部件，直接关系到除尘器的净化效率与阻力损失。因此，要求相对尺寸合理，内壁光滑。最简单的喷嘴结构形式如图 7-70（a）所示。

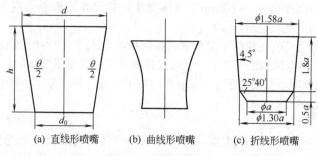

(a) 直线形喷嘴　　　(b) 曲线形喷嘴　　　(c) 折线形喷嘴

图 7-70　喷嘴的形式

喷嘴上下口多为圆形，但也有正方形或矩形的。其尺寸应有一定比例，即上口径 d_1 大于下口径 d_2，能使气流收缩而提高流速。喷嘴高度 h 与 d_2 之比应大于 2.5。当 $\dfrac{h}{d_2}<1.5$ 时，气流在喷嘴内分布不均，这时就不能达到较好的喷雾效果。喷嘴工作示意见图 7-71。气流喷出后，继续收缩至一定距离才扩张散开，此收缩截面直径以 d_3 表示。水力学中提出用流量系数研究喷嘴结构对单相流动压头损失的影响，这有助于研究合理的喷嘴结构。

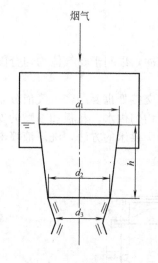

图 7-71　喷嘴工作示意

$$\Phi=\beta\varphi \tag{7-76}$$

$$\beta=\frac{f}{F} \tag{7-77}$$

$$\varphi=\frac{W_1}{W_2} \tag{7-78}$$

式中　Φ ——流量系数；

β ——喷嘴收缩系数；

f ——收缩截面积；

F ——喷嘴下口截面积；

φ ——流速系数；

W_1 ——喷嘴下口处实际平均流速；

W_2 ——同一截面上的理论平均流速。

从以上关系中可以看出，流量系数 Φ 正比于流速系数 φ 和收缩系数 β 之积；其值大，即意味着喷嘴的压力损失减小。φ 与 Φ 之值均随锥顶角 θ 值的变化而变化，但变化关系并不相同。从流速系数 φ 来看，θ 值增大，φ 亦增大。当 θ 值由 $0°$ 增至 $48°50'$ 时，φ 值相应由 0.829 增至 0.984（$\theta=0°$，即为无锥度的直管）。这是由于锥度增加，气流排出喷嘴后的急剧扩大和冲击损失都减小的缘故，因此实际流速增加。从流量系数 Φ 来看，开始亦随 θ 值的增加而增加，这是由于速度系数 φ 增加的缘故。当 $\theta=13°24'$ 时，$\Phi=0.946$，为最大值。因为锥顶角 θ 在 $13°\sim14°$ 范围内，收缩断面与下口断面近似相等。这时收缩系数最大（$\beta=1$）。θ 值继续增大时，虽然流速系数 φ 因喷嘴内摩擦损耗的减小而继续增加，但是射流在喷嘴外却产生了附加二次收缩，即收缩系数 β 开始逐渐减小。因此，Φ 值则变为随 θ 值的增加而减小。表 7-37 列举了 3 种不同情况下的喷嘴系数。

表 7-37　喷嘴系数

结构形式	β	φ	Φ	ξ
$\theta=5°\sim7°$	1.0	0.45～0.50	0.45～0.50	0.40～0.30
$\theta=13°$	0.98	0.96	0.94	0.09
流线型喷嘴	1.0	0.98	0.98	0.04

图 7-70（b）所示喷嘴的外壁呈流线型，在下口处稍有扩张，避免了二次收缩，但制作比较复杂。选择喷嘴结构形式，仅从单相流动角度来分析显然是不全面的。还必须结合双相流动压力损失、雾化混合与传质效果综合分析，才能得到有实际意义的结论。图 7-70（c）所示为折线型喷嘴。其特点是下部收缩角大于上部收缩角，出口风速为 27～30m/s 时，能使喷淋液充分雾化。为了提高净化效率，还可以将上下喷嘴串联起来使用。

（2）吸收段　吸收段的作用是充分混合由喷嘴下口喷出来的气液。吸收段内流速一般为 5～7m/s。

（3）气液分离段　气液分离段的作用，是通过气流的降速和气体流动方向的转变而使混于气体中的液滴沉降。此段的气流速度一般为 1.5m/s 时分离效果最佳，可另增加捕雾装置。

2. 喷射除尘器的压力降和烟气流速分布状况

喷射塔射塔的总压降（图 7-72）是由以下几个部分压降组成的。

$$\Delta p=\Delta p_1+\Delta p_2+\Delta p_3+\Delta p_4 \tag{7-79}$$

式中　Δp——喷射除尘器的总压降；

Δp_1——烟气经过喷嘴由于摩擦产生的压降；

Δp_2——气流自喷嘴喷出，突然扩大而引起的压降；

Δp_3——气流在吸收段的压降；

Δp_4——气流由吸收段进入分离段，因突然扩大而引起的压降。

设气流在喷嘴以前的压力为 p_1，进入喷嘴后逐渐减小，直到下口处，此时由于速度最大，压力则降至最低值 p_2。在吸收段由于速度逐渐降低，而压力恢复为 p_3。进入分离段后烟气流速再次降低，压力降至 p_4。喷射式除尘器的压力降还可以写成

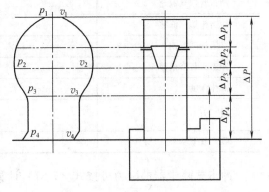

图 7-72　喷射除尘器内压力和速度分布

$$\Delta p=p_1-p_4 \tag{7-80}$$

烟气速度的变化情况是：喷嘴前的速度为 v_1，进入喷嘴后逐渐增加，直至喷嘴下口速度达最大值 v_2；烟气进入吸收段后速度恢复到 v_3，进入气液分离段后又降到 v_4。压力与速度的这种变化过程，可以用图 7-72 的曲线来表示。

上述为单相流动的流体力学范畴，其阻力计算推导十分复杂。在实际工作中，多用实验方法确定其阻力系数。阻力系数值取决于喷嘴的构造与气液比。

3. 喷射除尘器操作条件

为保持较高的净化效率和较低的阻力，操作条件如下：①喷嘴下口烟气速度是决定喷射塔工况的重要参数，以 26～30m/s 为宜；②气液分离段烟气速度应低于 1.5m/s；③气液比为 1～2L/m³。

四、冲击式除尘器

冲击式除尘器是利用含尘烟气以一定的速度冲击水面而捕集烟尘的装置。这种除尘器的特点是结构简单、不易堵塞、维护方便、耗水量较小，但速度增大时阻力较大。它与水浴式自激式除尘器的区别是冲击式除尘器出口速度高，而自激式除尘器为中速冲击，水浴除尘器为低速冲击，见表7-38。

表 7-38　冲击式除尘器特点

项　　目	冲击式除尘器	自激式除尘器	水浴除尘器
冲击气速/(m/s)	40～80	18～30	8～12
阻力/kPa	2～4	1～1.6	0.4～0.7
收尘效率/%	＞90	＞90	90

冲击式除尘器属于高效湿式除尘设备之一。含尘烟气通过喷头以 40～80m/s 流速喷出时，冲击水面，形成泡沫和水雾，烟尘在惯性力的作用下在水面上被捕集，细小尘粒还可以在水雾中得到净化。因此，除尘效率较高，但耗能较大。

1. 冲击式除尘器的技术性能

冲击式除尘器的技术性能见表7-39。

表 7-39　冲击式除尘器的技术性能

项　　目	单　　位	技术性能	备　　注
冲击管烟气流速	m/s	10～12	
冲击头烟气流速	m/s	40～80	
空塔烟气流速	m/s	0.4～0.8	
冲击头与浴槽液面差	mm	10～15	
液体深度	mm	400～700	
阻　力	kPa	2～3	冲击管外进水
		2.5～3.5	冲击管内进水
收尘效率	%	90～97	

冲击式除尘器的阻力可按式（7-81）计算。

$$\Delta p = \xi \frac{v^2 \rho_g}{2} \tag{7-81}$$

式中　Δp——冲击式除尘器的阻力，Pa；

ρ_g——在进口处操作状态下的烟气密度，kg/m³；

v——冲击头的烟气流速，m/s；

ξ——阻力系数，对带节流圆锥型冲击头的洗涤器，冲击速度为 60～104m/s 时 ξ＝13～15。

2. 冲击式除尘器的结构

冲击式除尘器主要由壳体和冲击管组成。壳体结构形式有立式和卧式两种：立式结构占地少，冲击管较长，冲击速度大时易震动；卧式结构设备较矮，冲击管较短，便于装设捕沫装置。一般采用卧式结构较多。

冲击管结构形式有多种。

（1）带节流圆锥的冲击管　冲击头带一个节流圆锥，锥体与冲击头之间形成环形窄缝（环缝宽圆锥，环缝宽10～15mm），缝隙可以通过丝杆用手轮或螺母来调节，以控制冲击速度，但结构较复杂。

（2）变径冲击管　结构简单，但冲击速度不能调节。

（3）上部带文氏管的冲击管　属第一种形式，上部采用文氏管，增加除尘效果，但阻力增大。

冲击式除尘器结构类型及特点见表 7-40。

表 7-40　冲击式除尘器的结构类型及特点

简图(单位:mm)	特　点	简图(单位:mm)	特　点
	立式 （1）用文氏管作冲击管,增加气液接触效果； （2）冲击头带调节流速的圆锥		卧式 （1）用文氏管作冲击管,增加气液接触效果； （2）冲击头带调节流速的圆锥
	（1）冲击头带调节流速的圆锥,利用顶部手轮进行调速； （2）捕沫装置设在筒体的上部,结构紧凑		（1）冲击头带调节流速的圆锥； （2）设二段捕沫装置
	冲击头为变径管,冲击速度不能调节		（1）冲击管为硬铅变径管,冲击速度不能调节； （2）进口管设水套冷却装置,可在 500～550℃ 的温度下操作

冲击式洗涤器的材质在腐蚀性且温度较高的条件下冲击管可采用 K 合金、硅铸铁或石墨，而温度较低时可用硬铅。壳体可用钢板衬铅、衬橡胶或塑料。

第四节 除尘用喷嘴

湿式除尘所选用的喷嘴对除尘设备的性能和运行有直接影响，所以合理选择喷嘴的形式，充分掌握和发挥喷嘴性能，对除尘器运行具有重要意义。

一、喷嘴的分类和特性

1. 喷嘴的分类

喷嘴是湿式除尘设备的附属构件之一，对烟气冷却、净化设备性能影响很大，根据喷嘴的结构形式不同，一般可分为喷洒型喷头、喷溅型喷嘴和螺旋型喷嘴等。根据喷雾特点不同，又可分为粗喷、中喷及细喷三类。常用喷嘴型式分类见表 7-41。

表 7-41 常用的喷嘴型式及特性

类　　型	喷嘴名称	喷雾特性	适 用 范 围
喷洒型	圆筒型喷头	水滴不细,分布不均匀	湍球式除尘器、填料除尘器
	莲蓬头	水滴不细	湍球式除尘器、填料除尘器
	弹头型喷头	水滴不细	
	环型喷头	水滴不细	
	扁型喷头	水滴不细	冲洗用
	丁字型喷头	水滴不细	泡沫除尘器、表面淋水除尘器
喷溅型	反射板型喷嘴	水滴不细	洗涤除尘器
	反射盘型喷嘴	水滴不细	
	反射锥型喷嘴	水滴不细	
外壳为螺旋型	螺旋型喷嘴	中等	空心喷淋除尘器、文氏管除尘器
	针型喷嘴	中等	外喷文氏管
	角型喷嘴	细	喷雾降温用
芯子为螺旋型	碗型喷嘴	中等、细	内喷文氏管除尘器
	旋塞型喷嘴	细	小文氏管除尘器
	圆柱旋涡型喷嘴	细	
	多螺旋型喷嘴	很细	空心喷淋除尘器

2. 喷嘴的基本特性

下面以除尘器中用得较多的涡旋喷嘴和孔口喷嘴为代表，介绍喷嘴的基本特性和影响其特性的主要因素。

（1）喷嘴外观和喷射角　简单孔口喷嘴和涡旋式喷嘴产生的均为圆锥形喷雾流。最外层是悬浮在周围空气中的细小雾滴，里面是主喷雾流。雾滴随着喷射压力增加而增多。简单孔口喷嘴的喷雾流截面是个圆，涡旋式喷嘴的喷雾流截面是个圆环，环内外都是空气。

孔口喷嘴雾滴从喷嘴喷出，径向分速就把射流扩宽而形成圆锥形。其顶角，亦即喷射角，视轴向和径向速度的相对值而定，通常为 $5° \sim 15°$，螺旋式径向和切向分速度的相对值而定，很少小于 $60°$。在极端情况下，接近 $180°$。

（2）喷雾的分散性　分散性指喷出的液滴散开的程度。用圆锥形喷雾流中液体体积与圆锥体积之比来表示。但这种方法只和圆锥角有关，而不能看出在整个圆锥中都很好分散的喷雾流和聚集在圆锥表面的喷雾流之间的差别。一般地说，所有可以增加喷射角的因素也有改善液滴在周围介质中分散程度的作用。

（3）流量系数　喷嘴的轴向喷射速度，可以根据孔口入口处和出口处的压力差 ΔP 和液体

密度 ρ_1 以及喷嘴的流量系数 C 来计算。

$$v_a = C\sqrt{\frac{2g\,\Delta P}{\rho_1}} \tag{7-82}$$

设 Q_1 为液体体积，A 为孔口面积，t 为时间，则

$$Q_1 = Av_a t = AtC\sqrt{\frac{2g\,\Delta P}{\rho_1}} \tag{7-83}$$

由此

$$C = \frac{Q_1}{At\sqrt{\frac{2g\,\Delta P}{\rho_1}}} \tag{7-84}$$

不同的喷嘴，在不同的流动状况下 C 值是不同的，可通过实验来决定。一般，简单孔口喷嘴的 C 值是 0.8～0.95；涡旋式喷嘴则低得多，只有 0.2～0.6。

（4）液滴粒度和粒度分布　实际的喷雾流是由很多粒径与粒数不同的粒群组成的。特别是由液体压力和空气流产生的喷雾流，液滴粒度变化相当大。最大液滴可能是最小液滴粒度的50 倍甚至 100 倍。

关于喷雾流的细度特性，可以用一种有代表性的粒径和粒径分布来表示。作为代表性粒径的，有最大频数径、中位径（或 50%径）以及各种平均粒径，如几何平均径等。平均粒径一般是喷嘴的代表尺寸、喷射速度、液体和气体的密度、黏度系数以及表面张力等的函数。

（5）喷射压力对喷雾特性的影响　①压力越高则液滴的平均粒径越小；②喷射速度是随压力的增加而提高的，因而贯穿性也会随之加大，但是，增加喷射速度，液滴的粒度要减小，这又会使贯穿性能减弱，这两种相反的影响是否互相抵消，要看喷雾的具体情况而定；③如果压力已经达到使圆锥形喷雾流发展完全的程度，再增加压力对圆锥角的影响是不大的。

（6）空气性质对喷雾特性的影响　增加空气密度将使喷射速度降低，贯穿性也随之减弱，并使液滴粒度减小，喷雾流的分散程度增加。

增加空气黏度对喷射速度和贯穿性的影响与密度的影响相似，不过，只有在空气是半紊流或层流的情况下影响才大。

3. 喷嘴特性试验

湿式除尘器配置了各种不同功能的供水喷嘴。供水喷嘴的特性，直接影响除尘效率、排烟温度、烟气带水程度、烟气阻力、单位水耗和除尘器的运行安全可靠性。

（1）衡量喷嘴特性的指标　不同功能的喷嘴具有不同的喷嘴特性。不同特性的喷嘴有各自衡量指标。

① 喷淋喷嘴。用于洗涤带有格栅和斜棒栅除尘器。衡量其特性的主要指标有流量系数、喷射角、喷水密度、喷水均匀性。

② 雾化喷嘴。用于文氏管湿式除尘器的文丘里喉管前，衡量其特性的主要指标有流量系数、喷射角、雾化水滴直径、喷水均匀性。

③ 环形喷嘴。用于形成捕滴器内壁水膜。衡量其特性的主要指标流量系数、防堵性能。

④ 溢流式喷嘴。其功能与环形喷嘴一样供形成水膜。用于湿式除尘器进口烟道底壁防止积灰，也用于斜棒式除尘器的斜栅顶部，以保证斜棒栅上有完整的水膜。其特性指标同环形喷嘴。

（2）喷嘴特性的测定方法

① 压力-流量特性。在供水管路尽量靠近喷嘴的平直段安装水压表和流量表。用阀门调节水压，待稳定后测出相应水压下的流量并整理成式（7-85）。

$$G = CF\sqrt{\frac{2P}{\rho}} \tag{7-85}$$

式中　C——喷嘴流量系数；

　　　G——流量，m^3/s；

　　　F——喷嘴出水口的面积，m^2；

　　　P——喷嘴前水压，Pa；

　　　ρ——液体密度，kg/m^3。

流量表应安装在水压表的上游侧。如果没有流量表，可以用容积法或称量法测定水流量 G（m^3/s）。

一般都要求流量系数 C 大一些，表示喷嘴的阻力小。

② 喷射角、喷水密度、喷水均匀性的测定。在相互垂直的十字形支架的两条直径上，均匀地布置带刻度的小容器，每个小容器进口面积相等。喷嘴出水口轴线正对十字架中心。取样前将喷嘴出水口用挡板与盛水小容器隔离（保证喷水不溅入小容器内），开启水门，调节阀门，待喷嘴水压稳定在所需的试验水压后，迅速移开隔离挡板，计时取样一定时间后，迅即恢复隔离挡板，关闭阀门，记录每个小容器的水量（如容器没有刻度，则应称量每个小容器的水量），即可计算出喷嘴的喷射角、喷水密度、画出水量分布曲线和确定喷水均匀性。

喷嘴的喷射角可以用喷水密度最大处的范围进行计算，以 a 表示。它是 a_1 和 a_2 两部分之和。

$$a_1 = a\tan\frac{R_1}{H} \tag{7-86}$$

$$a_2 = a\tan\frac{R_2}{H} \tag{7-87}$$

式中　H——十字架上盛水水容器开口截面至喷嘴出水口的垂直距离，m；

　　　R_1、R_2——最大喷水密度处的喷水半径，m。

一般 R_1 应与 R_2 相等，但喷嘴结构不合理或加工粗糙等原因会造成喷嘴不对称，造成 R_1 与 R_2 不相等。

有的资料介绍的喷射角指喷嘴喷射出水锥的外缘包容角，即 R_1、R_2 取喷水水锥的外缘半径。由于计算方法的差异，在说明喷嘴喷射角时，应注明"水锥外缘喷射角"以示区别。

喷水密度指单位面积上的水流量，用 $\mu[m^3/(m^2\cdot h)]$ 表示。

$$\mu = \frac{g_1}{a} \tag{7-88}$$

式中　g_1——盛水小容器的水量，m^3/h；

　　　a——盛水小容器接水面积，m^2。

喷嘴的喷水均匀性可以用相对均方根值表示，也可以用喷水密度的最小值与最大值的比值表示，即

$$K_\mu = \frac{\mu_{min}}{\mu_{max}} \tag{7-89}$$

③ 雾化水滴直径的测定。测定雾化水滴直径的试验和测定方法比较复杂。测量喷射角、喷水密度、喷水均匀性的简易装置是，在喷水密度最大处放一个玻璃培养皿，皿中倒入 3～4mm 厚的蓖麻油层，用测量喷射角同样的方法测量，但启闭隔离挡板的动作应瞬息间完成。水滴在蓖麻油中呈球状，迅速将培养皿移至暗室中，皿下置印像纸，在平行光源下曝光留影。像片中的阴影就是水滴的形状，也可以按需要的比例放大。试验时注意从取样到曝光留影应迅速完成，而且不能晃动，否则水滴聚集成片。此外可以用全息摄影等方法直接测得雾化情况。

二、喷洒型喷头

喷洒型喷头见图 7-73，其外壳钻很多小孔，或直接用管子压扁，靠水压从小孔中喷射出来。这类喷头制造简单，但喷出的水滴不细，水滴分布不均匀。

莲蓬头为应用最普遍的一种喷洒装置，其结构见图 7-73，结构参考数据见表 7-42。

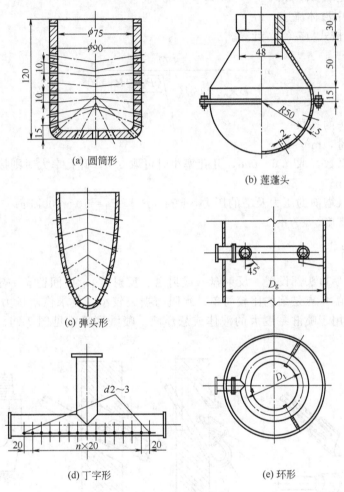

图 7-73　喷洒型喷头（单位：mm）

表 7-42　莲蓬结构参考数据

名　　称	符　号	指　　标	说　　明
莲蓬头直径	d	$(0.2\sim0.3)D_g$	
球圆半径	r	$(0.5\sim1.0)d$	
莲蓬头厚度	S	$>3mm$（碳钢）	
		$>2mm$（耐酸钢）	D_g 为塔径，如从入孔进出，d 应小于
小孔直径	ϕ	$3\sim15mm$	$400\sim500mm$，一般取 $4\sim10mm$，视介
小孔数目	n		质污洁而异，由计算决定即最外层小孔
喷洒角	a	$\leqslant40°$	之喷射角
压　力	P	$10\sim60kPa$	
喷洒周围距塔壁距离	L	$70\sim100mm$	
莲蓬头安装高度	H	$(0.5\sim1.0)D_g$	

莲蓬头喷洒能力按式（7-83）计算。

$$Q = \phi f v_{\mathrm{w}} \qquad (7\text{-}90)$$

式中　Q——莲蓬头喷洒能力，$\mathrm{m^3/s}$；

ϕ——流速系数，取 $0.82 \sim 0.85$；

f——小孔总面积，$\mathrm{m^2}$；

v_{w}——小孔中液体流速，$\mathrm{m/s}$。

莲蓬头的孔数按式（7-91）计算。

$$n = \frac{Q}{\phi \times 0.785 d_0^2 \sqrt{\dfrac{(P_2 - P_1)10^4}{\rho_{\mathrm{w}}}}} \qquad (7\text{-}91)$$

式中　n——莲蓬头的孔数；

Q——喷淋量，$\mathrm{m^2/s}$；

ϕ——流量系数，取 $0.6 \sim 0.8$，开孔率小时可取 0.6，开孔率大时则接近于大值；

d_0——孔径 m；

P_2、P_1——液体入塔前的压力及塔的压力，kPa，$P_2 - P_1 = 10 \sim 100\mathrm{kPa}$；

ρ_{w}——液体密度，$\mathrm{kg/m^3}$。

三、喷溅型喷嘴

喷溅型喷嘴的喷口头部设置一反射盘（或射盘、反射锥），中间留有一定的距离，水经撞击成碎滴。这种喷嘴特点是结构比较简单，水阻力损失较小，要求供水压力低，但水滴较粗，喷射柱短而宽。适用于喷淋黏度大的液体或悬浮液。喷溅型喷嘴见图 7-74。喷溅型喷嘴特性（表 7-43）。

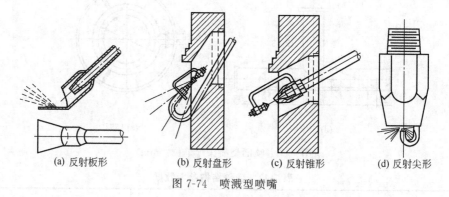

(a) 反射板形　　(b) 反射盘形　　(c) 反射锥形　　(d) 反射尖形

图 7-74　喷溅型喷嘴

表 7-43　喷溅型喷嘴特性

名　　称	在喷嘴前的水压/kPa			
	200	400	600	800
喷嘴圆盘的距离/mm	$12 \sim 18$	$14 \sim 20$	$15 \sim 20$	$16 \sim 24$
喷嘴直径为 4mm 时的喷淋量/(L/h)	1000	1400	1700	2100

四、螺旋型喷嘴

图 7-75 渐开线型喷嘴是螺旋喷嘴的一种，其主要部分为一按阿基米德曲线制造的蜗壳。水进入蜗壳后，由直线运动变为旋转运动。随着旋转半径的减小，旋转速度逐渐加快，到达喷

口后呈旋转状态离开喷嘴。它的出水口直径较大，不易堵塞，应用循环水较可靠。喷射角一般在 $60°\sim70°$ 左右，喷出的水滴粒径大部分在 $500\mu m$ 以下。这种喷嘴构造简单，但要求加工精确，否则喷嘴会产生"偏心"现象，使喷出的水在整个喷洒面上分布得不均匀，尤其是采用有锥台结构，而锥台与喷口不同心时更易产生偏心现象。

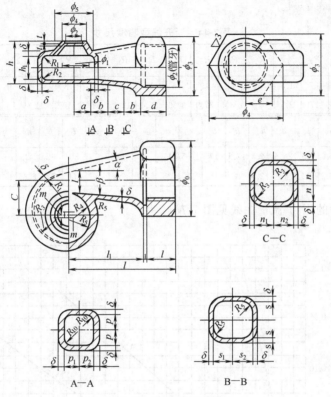

图 7-75　渐开线型喷嘴

① 根据要求的喷水量（喷水量最小约 $0.1\sim0.3m^3/h$，最大可达 $20m^3/h$）和使用的压力（一般约 $0.1\sim0.2MPa$），可按下式计算出水口面积 F（m^2），然后再求出水口直径 ϕ_1。

$$Q_1 = 2\times10^5\sqrt{P} \tag{7-92}$$

式中　Q_1——喷水量，m^3/h；

　　　P——进水压力，MPa。

② ϕ_1 孔的高度 t 越大，则水在孔中旋转的越多，整个圆周上水的速度分布也越均匀，但 t 过大会增加阻力。一般 t 取 2mm 左右。

③ 为避免妨碍水的分散，在出水口 ϕ_1 孔上加一出水口 ϕ_4 孔。ϕ_1 与 ϕ_4 之间做成锥体，以斜壁与中心线的夹角不小于 $45°$ 为准。

④ ϕ_7 与 ϕ_1 孔之间是锥体，作用在于使水流旋转直径逐渐减小，且避免阻力过大或产生湍流。一般按 ϕ_7 孔圆面积为 ϕ_1 孔圆面积的 2.5 倍左右决定其 ϕ_7（锥体全倾斜角约 $60°$）。

⑤ 确定蜗壳尺寸：a. 喉口按 f 处截面积为 ϕ_1 孔面积的 2 倍，即 $f=1.25\phi_1$ 由此决定 f；b. 以出水口 ϕ_1 圆心为四方块的中心，四方块每边长度 $m=f/4$，根据以下关系画出阿基米德曲线：

$$R_0=\frac{1}{2}\phi_7,\ R_3=R_0+\frac{7}{8}f,\ R_4=R_0+\frac{5}{8}f,\ R_5=R_0+\frac{3}{8}f,\ R_0=R_0+\frac{3}{8}f,\ R_6=R_0+\frac{1}{8}f.$$

⑥ β 决定应保证水流稳定，阻力小，一般在 $10°\sim16°$ 间选取，效果较好。$\alpha=\dfrac{3}{4}\beta$。

⑦ 进水管直径 ϕ_2 一般按进水管截面积为 f 处截面积的 $1.3\sim2$ 倍决定。

⑧ 进水口中心线与喷口中心线之间的距离 C，一般取 $1.25\phi_1$。

⑨ 其他尺寸见表 7-44。

表 7-44　渐开线型喷嘴尺寸　　　　　　　　单位：mm

ϕ_1/ϕ_2	S_2	P	P_1	P_2	t	R_1	R_2	R_3	R_4	R_5	R_6	R_7	R_8	R_9	R_{10}	δ	α	β	f
10/20	7	7	5.5	8.5	1.5	3	4	19	16	13	10	3	8	5	3	4	5	7	13.5
20/40	18	12.5	12.5	17	2.5	4	8	37.9	31.6	25.4	19.1	4	15	12	10	5	8	11	25

ϕ_1/ϕ_2	ϕ_3	ϕ_4	ϕ_5	ϕ_6	ϕ_7	h	h_1	a	b	c	d	e	i	j	l	l	m	n	n	n	S	S_1
10/20	32	15	25	36.9	16	24.5	12.5	12.5	17	16.5	17	16	12	5	80	62	3	9	8.5	8.5	8	7
20/40	60	26	42	69.3	32	45	12.5	18	18	28	32	23	5	100	72	6.25	17.5	17.5	16	15	15

⑩ 螺旋型喷嘴的压力-流量曲线见图 7-76。

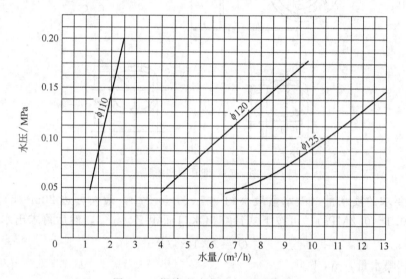

图 7-76　螺旋型喷嘴压力-流量曲线

过去用的螺旋型喷嘴都是单螺旋形，还有一种是多螺旋形喷嘴。

多螺旋型喷嘴为一种新型系列防堵塞喷嘴，该喷嘴的喷雾区域是由一系列一个或几个连续的同心圆空心锥环组合而成，其喷射形状为空心锥形和实心锥形两类。该喷嘴独特的设计结构，可使较小流量的喷嘴出口尺寸达到比一般喷嘴大数倍的液体流通截面，由于没有内芯结构，因此使喷嘴的通道更加畅通，最大限度地减少阻塞现象。而且该喷嘴的液体喷射效率高，因此在同等喷射条件下，水泵的压力可以更低，起到节能增效的效果。

该喷嘴主要应用于湿式除尘器、气体冷却、蒸发冷却、空气加湿、冷却降温等设备中，同时也是炼钢转炉烟道除尘降温的喷嘴。该喷嘴多变的连接形式、多变的整体结构也为使用提供了选择空间。这种喷嘴的外形见图 7-77。

LZ1 型喷嘴的喷雾区域为一个三层的同心圆环组合而成，这种紧凑的喷嘴可使液体在给定尺寸的设备内达到最大流量，三层喷射可以使喷射效果更佳，其性能见表 7-45。

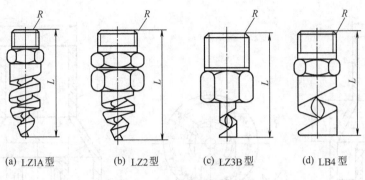

(a) LZ1A 型	(b) LZ2 型	(c) LZ3B 型	(d) LB4 型

图 7-77　多螺旋型喷嘴外形

表 7-45　LZ1A 型螺旋喷嘴性能表

型　　号	材　料	连接螺纹 R	喷嘴长度 L /(mm)	兆帕级压力下的流量/(L/min)					喷射角/(°) 0.3MPa
				0.07	0.15	0.3	0.7	2.5	
3/8PZ24-150LZ1-A		3/8	60.5	11.52	16.8	24	36.72	69.6	150
3/8PZ24-170LZ1-A		3/8	60.5	11.52	16.8	24	36.72	69.6	170
1/2PZ95-150LZ1-A		1/2	77.7	45.6	66.5	95	145.3	275.5	150
1/2PZ95-170LZ1-A		1/2	77.7	45.6	66.5	95	145.3	275.5	170
3/4PZ166-150LZ1-A		3/4	88.9	79.68	116.2	166	253.9	481.4	150
3/4PZ166-170LZ1-A	H62	3/4	88.9	79.68	116.2	166	253.9	481.4	170
1PZ270-150LZ1-A	HPb59-1	1	111	129.6	189	270	413.1	783	150
1PZ270-170LZ1-A	1Cr18Ni9Ti	1	111	129.6	189	270	413.1	783	170
$1^1/2$PZ505-150LZ1-A		$1^1/2$	137	242.4	353.5	505	772.6	1464	150
$1^1/2$PZ505-170LZ1-A		$1^1/2$	137	242.4	353.5	505	772.6	1464	170
2PZ1105-150LZ1-A		2	175	530.4	773.5	1105	1690	3204	150
2PZ1105-170LZ1-A		2	175	530.4	773.5	1105	1690	3204	170

五、碗型喷嘴

　　碗型喷嘴是一种螺旋型喷嘴。其构造是在一碗形外壳里面有一个带旋转沟槽的芯子。水通过沟槽后在蜗室内旋转，水接近缩口时旋转力逐渐增加，使水离开喷口时形成中空的锥状水伞，与空气冲撞后分散成水滴。该喷嘴的特点是水的屏蔽力强，边界丰满度高，喷出的水流对周围的气体影响剧烈，因而易与气体混合，雾化的水滴可以达到较细的程度。

　　碗形喷嘴的特点是喷射角较大，约为 70°～80°。要求水压不高，一般为 0.1～0.3MPa。喷出水滴粒径大部分在 $500\mu m$ 以下。缺点是体积较大，质量重。有些文氏管除尘器内部轴向喷水多使用这种喷嘴。其设计方法如下。

　　(1) 图 7-78～图 7-80 中各截面的流速可采用下列数值：

进水口流速 $v_{D_4}=0.8～2.0\text{m/s}$；

蜗室与喷嘴外壳之间环形空间的流速 $v_R=0.2～1\text{m/s}$；

蜗室入口流速 $v_f=3～6\text{ m/s}$；

出水口轴向流速 $v_{D_1}=3～12\text{m/s}$，压力为 0.15MPa 时可取 6～8m/s。

　　(2) 喷嘴各部分尺寸如下：D_C 的截面积与出水口面积之比为 4～5；D_B 的截面积与进水口面积之比为 4～5；蜗室入口断面积与出水口面积之比为 1.5 左右；D_B 的截面积与出水口面积之比为 45 左右。

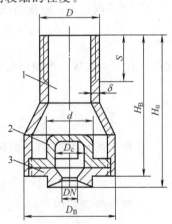

图 7-78　碗型喷嘴外形
（$\phi3～8\text{mm}$）

1—外壳；2—旋蜗片；3—喷嘴

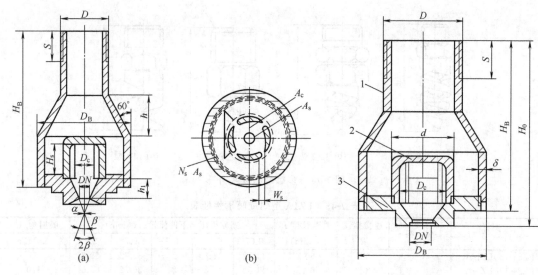

图 7-79　碗型喷嘴外型图（$\phi 10 \sim 18$mm）　　　图 7-80　碗型喷嘴外形（$\phi 20 \sim 30$mm）

1—外壳；2—旋涡片；3—喷嘴

（3）计算示例　已知条件为水压 0.15MPa，喷水量 3.7m³/h；喷嘴喷射角 75°。

① 取出水口轴向流速为 7.67m/s，则出水口面积为

$$A_1 = \frac{3.7 \times 10^6}{3600 \times 7.67} = 134 \text{mm}^2$$

出水口直径为

$$D_N = 13 \text{mm}$$

② 取蜗室入口流速为 4.3m/s，则蜗室切向入口纵断面积为

$$A_f = \frac{3.7 \times 10^6}{3600 \times 4.3} = 239 \text{mm}^2$$

设每个入口宽度为 4mm，高度为 10mm，则入口数为 239/（4×10）=6 个。

③ 水口内径 D_C 的截面积 A_2 的计算

$$K = \frac{A_f}{A_1 A_2}$$

式中　K——常数，当喷射角为 75°时是 0.785，70°时是 0.95，80°时是 0.65。于是

$$A_2 = \frac{A_f^2}{K^2 A_1} = \frac{239^2}{(0.785)^2 \times 134} = 690 \text{mm}^2$$

$$D_C = 29.6, \text{ 取 } 30 \text{mm}$$

④ 取 V_R 为 0.3m/s，则该处圆环面积为

$$A_R = \frac{3.7 \times 10^6}{3600 \times 0.3} = 3420 \text{mm}^2$$

⑤ 喷嘴外壳的内半径 R_1 为

$$3420 = \frac{\pi}{4}\left[(2R_1)^2 - d^2\right] = 0.785\left[(2R_1)^2 - 54^2\right] = 3.14 R_1^2 - 2300$$

$$R_1 = 43 \text{mm}$$

碗型喷嘴的尺寸、技术性能分别见图 7-78～图 7-80 和表 7-46～表 7-48。

表 7-46　φ3～8mm 碗型喷嘴尺寸　　　　　单位：mm

喷口口径	H_0	H_B	S	δ	D_B	D	d	D_c	DN
3	50	46	15	3	33	15管牙	16	3	10
4	55	51	15	3	33	15管牙	16	4	10
5	70	65	20	3	42	20管牙	20	5	12
6	75	70	20	3	45	20管牙	22	6	16
8	80	75	20	3	55	25管牙	26	8	18

表 7-47　φ10～18mm 碗型喷嘴尺寸　　　　　单位：mm

喷口口径	H_0	H_B	S	δ	D_B	D	d	D_c	DN
10	115	105	30	3.5	67	32管牙	33	10	21
12	125	115	30	3.5	77	40管牙	36	12	24
14	130	120	30	3.5	87	50管牙	42	14	30
16	140	130	30	3.5	95	50管牙	48	16	34
18	145	185	30	3.5	97	50管牙	56	18	40

表 7-48　φ20～30mm 碗型喷嘴尺寸　　　　　单位：mm

喷口口径	H_0	H_B	S	δ	D_B	D	d	D_c	DN
20	210	195	50	4	123	70管牙	64	20	44
22	220	205	50	4	128	70管牙	68	22	48
26	230	215	50	4	148	80管牙	76	26	52
30	240	225	50	4	178	100管牙	85	30	61

φ3～30mm 在实践上有关技术性能数据示于表 7-49 中，其压力-流量曲线见图 7-81。

表 7-49　碗型喷嘴技术性能

喷口口径/mm	3	4	5	6	8	10	12	14	16	18	20	22	26	30
喷口面积 A_N/cm²	0.0708	0.126	0.196	0.283	0.5	0.785	1.13	1.54	2.01	2.54	3.14	3.8	5.3	7.08
漩流槽口径 D_c/cm	1.0	1.0	1.2	1.4	1.8	2.2	2.5	3.0	3.4	3.8	4.2	4.6	5.2	6.0
漩流槽面积 A_c/cm²	0.785	0.785	1.13	1.54	2.54	3.8	4.9	7.08	9.08	11.38	13.82	16.6	21.2	28.2
漩流槽间距 W_s/mm	2	2	3	4	4	4	4	4	5	5	6	6	7	8
漩流槽片数 N_s/片	4	4	4	4	4	6	6	6	6	8	8	8	8	8
漩流槽净高 H_s/mm	5	8	8	8	13	14	18	25	28	28	30	32	36	40
漩流槽进水总面积 A_s/cm²	0.45	0.6	0.9	1.26	2.16	3.3	4.5	6.2	8.15	10.25	12.6	15.2	20.3	27
进水管径 D_g/in①	15	15	20	20	25	32	40	50	50	50	70	70	80	100
喷嘴外径 D_B/mm	33	33	42	45	55	67	77	87	95	97	123	128	148	178
喷嘴高度 H_B/mm	46	51	65	70	75	105	115	120	130	135	195	205	215	225
漩流面比 K_1/无因次	1.5	1.5	1.5	1.5	1.5	1.5	1.5	1.5	1.5	1.5	1.5	1.5	1.5	1.5
射流系数 C/无因次	0.7	0.7	0.7	0.7	0.7	0.7	0.7	0.7	0.7	0.7	0.7	0.7	0.7	0.7
喷射面积比 X/无因次	0.28	0.28	0.28	0.28	0.28	0.28	0.28	0.28	0.28	0.28	0.28	0.28	0.28	0.28
喷射半角 θ/(°)	约40	约40	约40	约40	约40	约40	约40	约40	约40	约40	约40	约40	约40	约40
喷射全角 2θ/(°)	约80	约80	约80	约80	约80	约80	约80	约80	约80	约80	约80	约80	约80	约80
喷射系数 K/无因次	1.95	1.91	1.92	1.91	1.91	1.91	1.91	1.90	1.90	1.92	1.91	1.91	1.91	1.91
流量系数 b/无因次	0.18	0.36	0.75	0.83	1.38	2.4	3.22	4.41	5.80	6.9	7.6	10.25	13.70	17.70
液压 P_w=0.1MPa 水量 Q_w/(m³/h)	0.18	0.36	0.75	0.83	1.38	2.4	3.22	4.41	5.80	6.9	7.6	10.25	13.70	17.70
粒径 D_0/μm	296	340	390	414	484	570	596	646	690	750	798	840	910	945
液压 P_w=0.2MPa 水量 Q_w/(m³/h)	0.26	0.51	1.08	1.20	1.95	3.35	4.60	6.25	8.20	9.70	10.80	14.5	19.1	25.0
粒径 D_0/μm	246	278	322	343	405	460	500	530	575	606	670	705	745	790
液压 P_w=0.3MPa 水量 Q_w/(m³/h)	0.31	0.62	1.30	1.45	2.36	4.2	5.60	7.70	10.0	11.0	12.0	16.5	21.8	31.0
粒径 D_0/μm	224	258	285	306	350	412	445	484	500	560	615	622	686	720
液压 P_w=0.4MPa 水量 Q_w/(m³/h)	0.36	0.71	1.50	1.65	2.75	4.8	6.5	4.8	11.5	14.0	15.0	20.6	27.5	35.5
粒径 D_0/μm	206	237	272	287	330	384	415	446	480	514	560	570	620	679

① 1in＝0.0254m。

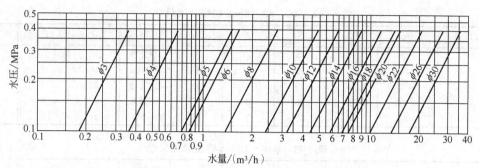

图 7-81 $\phi3\sim30$mm 碗型喷嘴的压力-流量曲线

碗型喷嘴的优点是在较低水压下，喷出的水滴直径比较细，大部分在 0.5mm 以下，喷射角较大，适合安装于内喷的空心洗涤塔等。喷嘴外壳可车制、压制或浇铸，少量加工的用车制，外壳为锥形，可采用铸造。

用于高温气体冷却时，外壳与喷口不应选用同一材料，以防丝扣不易拆开。当用浊循环水时喷口的材质应做调质处理（如淬火或嵌耐磨材料），或喷嘴盖全部用耐磨材料。

六、漩流型喷嘴

漩流型喷嘴是一种喷雾型喷嘴，有两种类型，即 $\phi25$mm 漩流型喷嘴和 $\phi15$mm、$\phi20$mm 漩流型喷嘴。

1. $\phi25$mm 漩流型喷嘴

$\phi25$mm 漩流型喷嘴由喷嘴壳、漩流芯子和连接件三部分组成，喷嘴接管直径为 $\phi25$mm。水从轴向接入，经渐缩管，进入漩流芯的槽子。漩流芯具有 5 条成 28°螺旋角的旋槽，尺寸为 3.5×3.5mm。水成旋转运动通过旋芯到达漩流室，旋转速度逐渐加快离开 $\phi8.5$mm 喷口，形成空锥状水伞，水在离心力作用下，甩碎成细滴。喷射角约 80°～90°，其有效射程 600～700mm。由于旋槽尺寸小，不适应浊循环水，喷嘴进口前应加水过滤装置。

漩流型喷嘴的压力-流量关系可按式（7-93）计算，喷水系数 $A=0.34$。漩流型喷嘴外形见图 7-82，性能曲线见图 7-83。

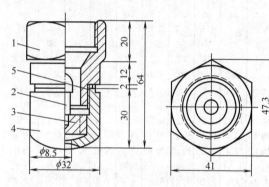

图 7-82 $\phi25$mm 漩流型喷嘴（单位：mm）
1—连接件；2—杆件；3—旋芯；4—喷嘴壳；5—垫片

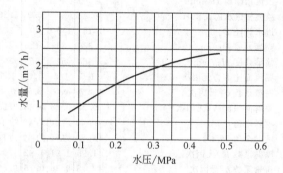

图 7-83 $\phi25$mm 漩流型喷嘴压力-流量曲线

$$W=A\sqrt{H} \tag{7-93}$$
$$A=FC \tag{7-94}$$

式中　W——流体流量，m^3/h；

　　　A——一个喷嘴的喷水系数；

　　　F——喷嘴的喷口面积，m^2；

C——流量系数。

2. $\phi15mm$、$\phi20mm$ 漩流型喷嘴

$\phi15mm$、$\phi20mm$ 漩流型喷嘴结构比较轻巧，它由漩流芯、喷嘴外壳组成，其接口管口径分别为 $\phi15mm$ 和 $\phi20mm$，喷口直径为 $\phi6mm$。

水从轴向引入，压入漩流芯，然后分成两部分，一部分水流过旋槽改为旋转运动，另一部分水直接通过漩流芯的中心小孔（$\phi3mm$），小孔下半段成 $60°$ 扩角。两股水流进入喷口的渐缩段，以旋转运动的水在渐缩段流速逐渐加快，以直线运动的水流过中心小孔后，与旋转水流撞击起到预雾化的作用，两股水搅在一起离开喷口形成锥伞状，在离心力作用下分散成细液滴。它与单漩蜗型喷嘴相同，锥状水伞是实心的，其喷射角比较大，大约在 $80°\sim90°$ 之间。

$\phi15mm$、$\phi20mm$ 漩流型喷嘴的压力-流量关系如图 7-85 所示。喷水系数 A，对 $\phi15mm$ 喷嘴，$A=0.436$；对 $\phi20mm$ 喷嘴，$A=0.36$。

由于 $\phi15mm$ 喷嘴的旋槽为 6 道，旋角 $45°$，而 $\phi20mm$ 喷嘴的旋槽为 4 道，旋角 $30°$，为此，$\phi15mm$ 喷嘴的 A 值大，在相同压力下，$\phi15mm$ 喷嘴喷水量比 $\phi20mm$ 喷嘴大。

$\phi15mm$、$\phi20mm$ 漩流型喷嘴的外形分别见图 7-84、图 7-85，性能曲线见图 7-86。

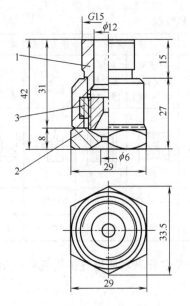

图 7-84　$\phi15mm$ 漩流型喷嘴（单位：mm）

1—喷嘴壳；2—旋流芯；3—喷口

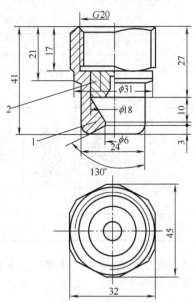

图 7-85　$\phi20mm$ 漩流型喷嘴（单位：mm）

1—喷嘴壳；2—旋流芯

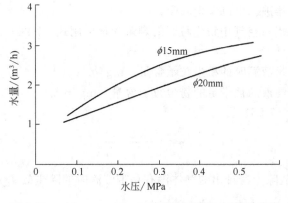

图 7-86　$\phi15mm$、$\phi20mm$ 漩流型喷嘴压力-流量曲线

第五节　湿式除尘器脱水装置

湿式除尘器通常由两个过程来完成，第一个过程是由洗涤来捕集尘粒，第二个过程是除掉捕集了尘粒的液滴和混有二次飞扬尘粒的液体。除了特别的场合，这些液滴的大小一般在数十微米以上。去除这些液滴不像去除细小粉尘那样困难，捕集 $10\mu m$ 以下微细水雾可像捕集固体粒子那样来处理。除去较大的液滴并非轻而易举的过程，把液滴分离装置附属并归入湿式收尘装置内进行了分类。液滴与固体粒子不同，由于在捕集后相互聚集并汇成液体流而被分离，因此，在多数场合反而比固体粒子容易处理。由于接触角小并且润湿性较好的液体，滞留在充填层内的液体增多，从而妨碍气体通过并增大压力损失，故不能使用充填率太大的脱水装置。

一、脱水装置分类和性能

脱水装置的分类和主要性能见表 7-50。

表 7-50　脱水装置的分类和性能

名　称	离心捕集	惯性捕集			过滤捕集		重力捕集	离心捕集
	离心脱水	折板脱水器	弯头脱水器	撞击板式脱水器	纤维充填层脱水器(一段)	纤维充填层脱水器(二段)	重力脱水器	叶轮脱水器
简图			温水					
压力损失/Pa	500～1500	50～200	50～150	10～50	约1500	约5000	50～100	50～200
捕集的最小极限粒径/μm	1～5	5～10	10	50	0.5～1	0.1～1	5～10	1～10

气体在湿式除尘器中经处理后会夹带液滴，需进行气水分离，如果气体把它们带出除尘器之外就要降低除尘效率。关于这一点，可做如下分析计算。

除尘器的总除尘效率为

$$\eta = \frac{c_1 - c_2}{c_1} = 1 - \frac{c_2}{c_1} \tag{7-95}$$

式中　c_1、c_2——除尘器进、出口含尘浓度，mg/m^3。

净化以后，除尘器出口空气中粉尘粒子的剩余含量可用式（7-96）表示。

$$c_2 = c_d + c_f \tag{7-96}$$

式中　c_d——气体不夹带液滴时的粉尘粒子含量，mg/m^3；

c_f——随着夹带的液滴被带走的粉尘粒子含量，mg/m^3。

从式（7-95）和式（7-96）得到

$$\eta = 1 - \frac{c_d}{c_1} - \frac{c_f}{c_1} \tag{7-97}$$

式中，$\left(1 - \dfrac{c_d}{c_1}\right)$ 是从除尘器排出的气体没有夹带液滴时的除尘效率 η_d。

随液滴带走的粉尘粒子含量为

$$c_f = c_1 c_p \tag{7-98}$$

式中　c_1——液滴浓度，mg/m^3；

　　　c_p——液滴中粉尘粒子浓度，mg/mL。

故
$$\eta = \eta_d - \frac{c_1 c_p}{c_1} \tag{7-99}$$

　　为了不让流出除尘器的气体夹带液滴，需要在除尘器之中或之外采取捕集液滴的脱水措施。这些措施包括重力脱水器、离心式脱水器、压力式脱水器、丝网式脱水器等。

　　选择脱水方法要考虑的主要因素之一是液滴粒度，这和液滴如何形成有关。一般由机械作用形成的液滴比较大，约在 $10\sim1000\mu m$ 范围内；除尘器中的液滴多属于机械作用形成，因此比较容易从携带液滴的气体中把它们除掉。

二、重力脱水器

　　重力脱水器是最简单的脱水方法。其要点是使空气降低流速，让液滴依靠重力沉降下来。其优点是构造简单，缺点是需要较大的空间。图 7-87 就是这样的一种装置。为了避免进来的气体冲击在已被捕集的液体上形成溅沫，装置中对着进气管出口设置了圆盘，气体中携带的液滴冲击在圆盘上以后，有很多就向侧面移动，到达器壁，然后流向底部。

　　在设计重力脱水器时，要注意不能让气流把捕集面上的液体剥离，重新带走。会不会重新带走液体，可以用一个参数 $-\rho v^2$ 来粗略地衡量，这里 ρ 是气体的实际密度，kg/m^3；v 是实际气体速度，m/s。ρv^2 表明气体作用在液体表面上的动量，在液滴捕集装置内不同的地方它有不同的数值。就图 7-87 中的液滴捕集器来说，按进气管内速度 v 计算的 ρv^2 值不能大于 200。于是，可以算出进气管直径 d，至于脱水器本体的直径 D 可按气体上升速度等于要捕集的最小液滴的自由沉降速度来计算。为了避免脱水器直径太大，通常取这个上升速度约为 $0.3m/s$ 与固体颗粒物的重力分离相接近。

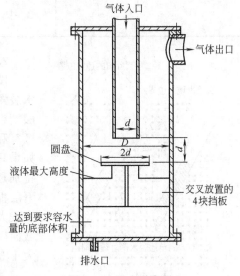

图 7-87　重力脱水器

三、折板脱水器

1. 折板脱水器几何形状

　　图 7-88 中表示各种折板型式。含水滴的气流方向在通道入口处用箭头表示。八种折板为水平流设计，一种折板（R 型）为竖直流设计。通道入口宽度用 a 表示，最窄的横截面宽度用 a_i 表示。表 7-51 汇集了折板长度 L 以及表达折板的角 α 和阻力系数 ξ 的数值。

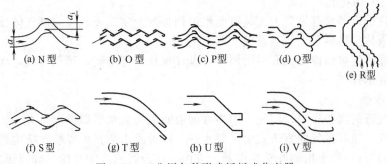

(a) N 型　　(b) O 型　　(c) P 型　　(d) Q 型　　(e) R 型

(f) S 型　　(g) T 型　　(h) U 型　　(i) V 型

图 7-88　工业用各种形式折板式分离器

表 7-51　折板的几何尺寸数据

折流式分离器型式	宽　　　度		长度 L/mm	角 α/(°)	ξ
	a/mm	a_i/mm			
N	20	6	150	2×45+1×90	4
O	20	10	250	1×45+7×60	17
P	20	10	2×150	4×45+2×90	9
Q	23	9	140	2×45+3×90	9
R	22	12	255	2×45+1×90	4.5
S	20	12	160	1×45+3×60	13
T	16	7	100	1×45	4
U	33	21	90	1×45	1.5
V	30	7	160	2×45	16

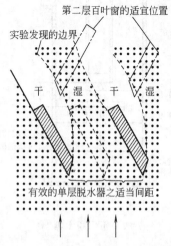

图 7-89　折板脱水装置工作原理

2. 工作原理

图 7-89 为折板脱水工作原理，当含液滴的气体通过脱水装置时，液滴倾向于沿其原来的运动方向前进，和第一层挡板碰撞而被捕集。通过第一层挡板后，气流分成"干区"和"湿区"，也有一些很小的液滴被蜗流带进"干区"。如果只用一层挡板和下一层挡板有一个最适当的相对位置，特别是在相邻两板之间的距离宽时影响更显著。上层板和下层板的间距可以减少气流阻力而不损害效率，如间距加大较大，则阻力进一步稍有减低，而脱水效率也略有下降。截面风速以 2～3m/s 最适宜，小于 2m/s 碰撞效率下降；大于 3m/s 时则气流会破坏水膜，重新带走水滴。

四、离心脱水器

1. 旋风脱水器

旋风脱水器是使气体在液滴捕集器内旋转，依靠离心力把液滴投向器壁。离心式液滴脱水器有各种不同的形式，旋风脱水器是其中一种，有些文氏管除尘器就是用它作为液滴捕集装置的。用旋风脱水器捕集液滴时，要注意液膜可能在上部涡流的影响下爬过分离器顶盖内壁，再沿排气管外壁下行，然后被带入排气管。为此可以在排气管外壁装上挡板［图 7-90（b）］。由于气流能把挡板上的液体吹掉，迫使它们脱离器壁，故可防止液体从排气管外逸。另外在旋风分离器轴心部分的低压区也会出现带走液体的问题，因为在圆锥形的旋风脱水器中向着锥顶运动的液滴可能被吸入排气管。因此，可采用圆筒形旋风脱水器，在底部设一平板作为假底，周围有缝隙，让液体从缝隙流下去［图 7-90（a）］。

还有一种在分离器底部设置上面装有圆锥形挡板的十字挡板，以限制气体旋转的区域，防止已被捕集的液体旋转后爬上脱水器壁（图 7-91）。

旋风脱水器不仅可以像上面介绍的那样，设计成从底部进气，顶部排气，而且可以设计成从顶部进气，底部排气。

2. 叶轮脱水器

利用旋转气流的离心作用，将气流中夹带的液滴甩向脱水器周围而除去。实际上就是一种从底部轴向进气、顶部排气的直流式旋风脱水器。这种脱水装置可以装在除尘器顶部或者管道内。图 7-92（a）是一种常用的叶轮脱水器。它由 3 部分组成：①叶轮（旋流板），其作用在于

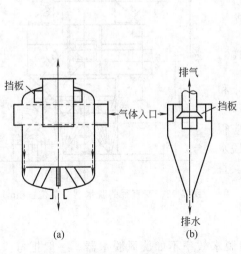

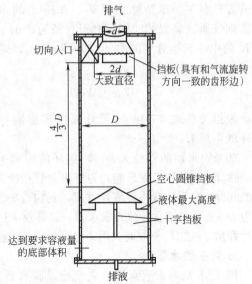

图 7-90　顶部排气的旋风脱水器　　　　　图 7-91　一种顶部排气的旋风脱水器

使气体产生旋转运动，中心盲板面积约为脱水器本体截面积的 1/9，盲板不宜太大，以免增加阻力；②锥形罩，其作用在于防止沿壁面流下的液体再被旋转气流带走，锥形罩焊在叶轮上；③挡圈，其作用在于挡住被旋转气流沿壁面夹带上去的液滴，以免外溢。旋流板的除雾效率达 95% 以上。其压力损失随空塔速度的增加而上升，但几乎与喷淋密度无关。叶片仰角和阻力关系大，对捕集效率则无显著影响。图 7-92（c）是叶轮脱水器安装在管道上的工况图。

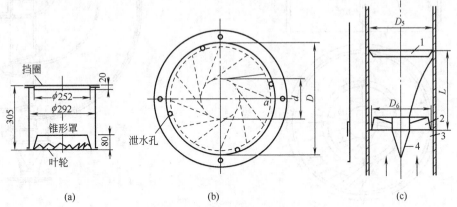

图 7-92　叶轮脱水器（单位：mm）

D—脱水器本体直径；d—盲板直径

1—挡板；2—旋流片；3—溢流管；4—轮毂

据原冶金建筑研究院试验，如果脱水器内叶轮入口气速和脱水器本体气流上升速度相同，脱水效率较低，为此在脱水叶轮之后改变直径，使气流速度降低可以有效提高脱水效率见图 7-93。叶轮脱水器实际上是一个固定在管道里的叶轮，叶片仰角为 α，叶轮直径为 D_0。在离叶轮为 L 的距离上安装一个挡环，其作用是将沿壁旋转上升的液体挡回。

气流通过旋流板除雾器时造成气流和液滴的旋转运动，其径向流速 $W_{径}$ 取决于旋流片的

形式和安装角度 β，而轴向速度则与处理的烟气流量与管道直径有关。欲清除大于某一直径 d 的水滴，必须保证烟气通过装置的时间 t 大于直径为 d 的水滴走过半径 R 的中心到达管壁的时间 t_1，即 $t \geqslant t_1$，则可写成

$$\frac{R}{W_{\text{径}}} \leqslant \frac{L}{W_{\text{轴}}} \tag{7-100}$$

根据关系式（7-100）可计算确定旋流片的尺寸和挡环的距离 L。

如果脱水器的管径太大，则挡环的距离也要相应很大，除雾脱水效率受到影响。为解决大管径使用叶轮脱水器的问题，可采用双程旋流片方案，其构造见图7-94。直径为3450mm的双程旋流板脱水器，除雾效率达99%。当叶片仰角 $\alpha=22.5°\sim30°$ 时其阻力略大于折板式脱水器。

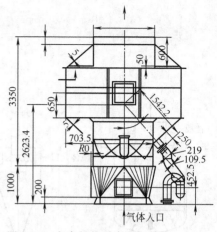

图7-93 变直径的脱水器（单位：mm）

3. 弯头脱水器

图7-95是弯头脱水器。它比旋风脱水器小，但脱水效率不如旋风脱水器。一般把弯头脱水器安装在由二级文氏管除尘器组成的气体净化系统中，作为第一级的脱水装置。其叶片间的气体流速应小于13m/s，以防水滴被气流带走。在气体含尘浓度比较高时，这种脱水器容易发生堵塞现象。压力损失约为100Pa。

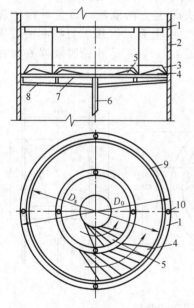

图7-94 双程旋流板除雾器示意
1—挡环；2—管道；3—锥形罩；4—外旋流片；5—内旋流片；
6—主流管；7—盲板；8—溢流接管；9—溢流槽；10—下液孔

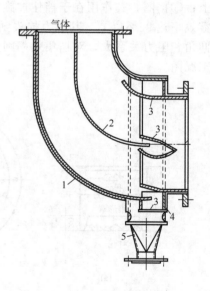

图7-95 弯头脱水器
1—外壳；2—叶片；3—泄水
小室；4—集液管；5—排液导管

五、网格脱水器

网格脱水器又称丝网脱水器。这种脱水器由金属丝网构成，清除液体量较高且流动速度很大时，网格形状与尺寸仍能保持不变。滤网由直径 $0.2\sim0.3$mm 的多层丝编织而成。丝网材料为合金钢、不锈钢金属，有时用氟塑料、聚丙烯纤维等。

将滤网制成皱纹（高度为 3～10mm），为使滤层孔隙最大，应使网格的皱纹不重合。滤层的厚度为 50～300mm。直径小于 2m 的脱水器，把滤网卷成致密的柱形元件。为便于在大直径除尘器内安装，过滤元件制成标准尺寸与标准形状，这就可通过安装孔安装，见图 7-96。不同用途的网格脱水器的参数见表 7-52。

过滤层放在轻巧的骨架上，它由带钢、角钢或槽钢制成。其上面再放置一支撑骨架。有时，网格分离器放在工艺设备之外的单独壳体内。

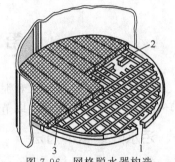

图 7-96　网格脱水器构造

1—支撑环；2—辅助支撑；3—过滤材料

为提高除雾效率，应用二级网式分离器：第一级滤层网格较小，密度较大（达 224 kg/m³），有雾滴固定器的作用；第二级滤层密度较低（96～112kg/m³）。应用皱纹高度不同，网格尺寸也不同的滤网，即可填充密度不同。

表 7-52　不同用途的网格脱水器的参数

除雾器的用途	孔　隙　度	金属丝的表面积/m²	填充密度/(kg/m³)
一般使用者	98	330	160
中等过滤速度的	97.5	400	182
过滤速度较大	98.5	230	112

下部滤层处于淹没状态，因而改善除雾情况，提高气体运动速度，增强上层滤网对液滴的惯性截获力。实践表明，湿网除雾效率比干网高。级间距离应为设备筒径的 3/4。

膜状沉降液体向网丝交点处移动，形成大水滴，在重力作用下克服表面张力及上升气流的气动阻力，迎着气流流到下层网格上。在一定的气流及液体负荷范围内，均可见到这种情形。气流达到一定速度时，液体会填满网格层的大部分自由空间，一部分液体会被气流带走，亦即会产生二次流失。刚好产生液体二次流失的负荷是允许的最高负荷，该负荷对应着最高效率。液体流失不大时，水平滤层前的上升气流的允许的气流速度为 0.9～3m/s。

将脱水器的网格润湿后，气动阻力将比干燥网格分离器的阻力大 0.5～1 倍，因气体中液体的初始浓度 <5kg/m³ 时，滤层底部会存留液体。图 7-97 示出了阻力与气流速度的关系曲线。试验条件，层厚 100mm，包扎密度 182kg/m³；滴状水的流量中 1 为 97.5kg/(m²·h)、2 为 24.4kg/(m²·h)。

图 7-98 示出了脱水器的分效率的试验曲线。该脱水器，网丝直径为 0.152mm，孔隙度为 98.6%，滤层总厚为 152mm，液滴分散度较大，过滤层与壁面相连处的密封不良，因而清除液滴的效率低。应用过细的网丝纺织滤网，且网丝的包扎密度较大时，也会降低雾滴清除效率，因细网丝不能很好地保存液滴。网丝间隙过小会加剧小液滴二次流失。

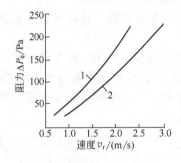

图 7-97　润湿网格脱水器的阻力与气流速度的关系

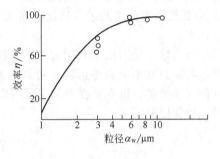

图 7-98　网格脱水器分效率试验数据

第六节　污水与泥浆处理

　　湿式除尘器产生的污水和泥浆应当加以处理，避免造成水的二次污染，同时尽可能使污水循环使用或处理后再利用，以节约用水。

一、污水处理基本方法

　　为了防止污水的污染，主要的是控制用水量、减少排放，并尽可能合理地循环使用。但这些仍不能完全控制污染，为此要对污水进行处理和回收利用。

　　处理和回收利用污水有物理处理法、化学处理法和生物化学法，其相互关系如图 7-99 所示。

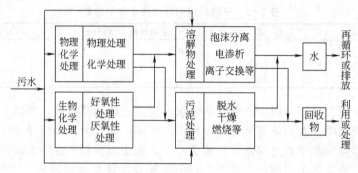

图 7-99　污水处理方法

1. 物理处理法

　　借助于物理作用分离和除去污水中不溶性悬浮固体颗粒物的方法，称物理处理法。这种方法因仅仅去除污水中的悬浮物质，所以处理设备简单，操作方便，并且容易达到良好的效果。根据操作过程不同，它又分为下列 3 种方法。

　　(1) 筛滤法　它是根据过滤手段处理污水的方法。当污水通过带有微孔的装置或者通过某种介质组成的滤层时，悬浮颗粒被阻挡和截留下来，污水得到一定程度的净化。一般含悬浮物多的污水常用这种方法处理。

　　① 在水泵之前或污水渠道内设置带孔眼的金属板、金属网、金属栅过滤水的漂浮物和各种固体杂质，有用的截留物可用水冲洗回收。一般地说，经过这种处理后的污水可以用于除尘器的循环使用。

　　② 在过滤机上装上帆布、尼龙布或针刺毡以过滤水中较细小的悬浮物。

　　③ 以石英砂为介质的过滤池能滤除 0.2mm 以上的颗粒和悬浮物。这种过滤方式多用于处理含油污水。

　　(2) 重力法　重力法是利用污水中悬浮颗粒自身的重力与水分离的一种方法。密度比水大的颗粒靠其重力在水中自然沉降，可以与水分离。密度比水小的悬浮物靠浮力在水中自然上升，从而与水分离。沉降或浮升的速度可以用下式大致计算，更为准确地沉降或浮升速度，往往通过试验加以确定。

$$v_{zf} = \frac{g}{18\mu}(\rho_1 - \rho_w)d^2 \tag{7-101}$$

　　式中　v_{zf}——沉降或浮升速度，cm/s；

　　　　　g——重力加速度，cm/s²；

μ——水的黏滞系数，g/(cm·s)；

ρ_1——悬浮颗粒密度，g/cm³；

ρ_w——污水的密度，g/cm³；

d——悬浮颗粒直径，mm。

利用重力处理污水的设备有多种形式，如沉淀池、浓缩池等。对污水中的矿石微粒、金属微粒和污水中的有机悬浮物等都可以利用重力作用，使其下降或上浮加以分离。用沉降和上浮法处理污水，不仅可使水得到一定程度的净化，而且便于水的循环及回收有用物质。

（3）离心法　离心法是使污水在离心力作用下，把固体颗粒与污水分离的方法。装有污水的容器旋转起来以后，形成离心力场，由于固体颗粒与水的质量不一样，所以受到的离心力也不一样。在离心力作用下，固体颗粒被甩向外侧。污水继续留在内侧。各自从容器不同出口排出容器外，从而悬浮颗粒被分离出来。

用离心法处理污水的设备有两类：一类是设备固定，具有一定压力的污水沿切线方向进入器内，造成旋流，产生离心力场，如水分离器；含有金属粉尘的污水有的就用这种方法除去悬浮颗粒；另一类是设备本身旋转，使其中的污水产生离心力，如离心机；多种污水均可用离心机去除悬浮颗粒。

2. 化学处理法

化学处理法是通过往污水中投加化学药剂，使其与污染物发生化学反应，从而除去污染物的方法。常用的化学处理法有中和法、混凝沉淀法、吸附法和离子交换法等。

（1）中和法　酸性和碱性物质反应生成盐和水的过程称为中和。利用中和原理处理污水的方法称为中和法。

酸性污水和碱性污水都可以用中和法进行处理。酸性污水的中和法有用碱性污水或废渣进行中和、向污水中投加碱性中和剂进行中和、通过碱性滤料层过滤中和以及用离子交换法进行中和等。碱性污水的中和法有用酸性污水进行中和，向污水中投加酸性中和剂进行中和，利用酸性废渣或烟道气中的 SO_2、CO_2 等酸性物质进行中和。用中和法处理污水设备比较简单，有时用搅拌机，有时甚至不用专门设备也可以。在中和处理过程中应注意借助于测定 pH 值法使处理后的污水满足循环利用和排放的要求。

（2）混凝沉淀法　这种方法是往污水中加入混凝剂，使悬浮质或胶体颗粒在静电、化学物理的作用下聚集起来，加大颗粒，加速沉淀达到分离目的。

在污水处理工艺中常用的混凝剂有两类：一类是无机盐混凝剂；另一类是高分子混凝剂，当投加这些药剂仍不能取得满意的效果时，还可以投加帮助它聚集的助凝剂。

混凝的效果受多种因素的影响，其中水温、酸碱度影响较大。水的温度低凝聚速度慢、颗粒小，为此应保持水的温度或增加凝聚剂的量来保证凝聚的预期效果。酸碱度的影响视混凝剂的不同而异，例如混凝剂为硫酸铝，pH 值在 6.5～7.5 的范围内最合适。

为了确定混凝的投放量与影响因素的关系，常用的方法是进行混凝试验。这种试验一般在试验室进行。

（3）氧化还原法　这种方法是利用加入氧化剂或还原剂将污水中有害物质氧化或还原为无害物质的方法。

利用氧化剂能把污水中的有机物降解为无机物，或者把溶于水的污染物氧化为不溶于水的非污染物质。用氧化法处理污水，关键是氧化剂选择要得当。选择氧化剂应注意两点：一是它对污水中的污染物有良好的氧化作用，并且容易生成无害物质；二是来源方便，价格便宜。但是用氧化法处理污水一般价格昂贵，所以在污水量很大或成分复杂时较少采用。

用还原剂处理污水也是把有害物变为无害物。还原反应是使物质所含化学元素化合价降低的反应。用还原法处理污水费用也较高，所以应用范围受到限制。

（4）吸附法　吸附法是用多孔性固态物质吸附污水中的污染物来处理污水的一种方法，所通过的多孔性固态物质称为吸附剂，把被吸附的污染物称为吸附质。

目前应用最广泛的吸附剂是活性炭，用它处理污水的方法称为活性炭吸附法。除了活性炭以外，根据污水的具体情况还可选用炉渣、焦炭、青龄煤、硅藻土、蒙脱土等廉价吸附剂。

吸附作用分为，物理吸附和化学吸附两类。物理吸附没有选择性，吸附强度好，具有可逆性，它是由分子力相互作用产生的吸附。化学吸附有选择性，吸附力强，具有不可逆性，它是靠化学键力相互作用产生的吸附；这种吸附是吸热过程，温度升高有利于吸附过程的进行。吸附法处理污水多用于除去污水的色度和臭味，以及回收污水中的有用物质。

二、污水和泥浆处理流程

常用污水和泥浆处理的典型流程见图 7-100～图 7-102。

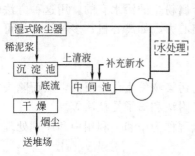

图 7-100　泥浆处理流程（一）

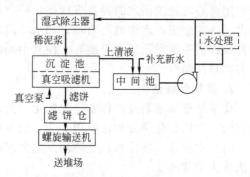

图 7-101　泥浆处理流程（二）

图 7-100 所示处理流程的特点是，设备简单，投资少，容易建设，动力消耗很小，经营费用低，但占地面积大。此流程适于中小型企业。

图 7-101 所示处理流程的特点是，设备较简单，底流可利用真空吸滤机放进沉淀池内直接吸滤，操作条件好，但占地面积大和动力消耗大。

图 7-102 所示泥浆处理流程的特点是，条件好，布置紧凑，占地面积较小，处理效果较好；但机械传动部分较多，投资大，运行费用较高，适于大型工厂。

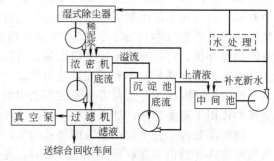

图 7-102　泥浆处理流程（三）

三、污水和泥浆处理设备

湿式除尘的泥浆浓缩设备有沉淀池、浓密机及倾斜板浓密箱。

沉淀池的特点是：构造简单，无传动部分，一般不需维修；占地面积大；清除底泥困难。

浓密机的特点是：浓缩效果好；占地面积小；排除底流方便；投资大；有传动装置，需消耗动力；设备要经常维修。

倾斜板浓密箱的特点是，浓缩效果较好；结构简单，无机械传动部分，容易制造；体积小；排除底流的深度不宜太高。

1. 沉淀池

沉淀池分竖流式和平流式两种，污水处理工程中采用平流式沉淀池较多。平流式沉淀池的

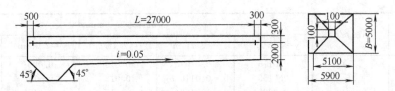

图 7-103　平流式沉淀池（单位：mm）

设计主要是决定沉淀池的有效沉淀面积及长、宽、深等尺寸（见图 7-103）。

有效沉淀面积
$$F=\frac{a_1 A}{3.6 v_1} \tag{7-102}$$

宽度
$$B=\frac{A}{36 v_p H} \tag{7-103}$$

深度
$$H \geqslant 1 \tag{7-104}$$

长度
$$L=\frac{F}{B} \tag{7-105}$$

有效容积
$$V=BHL \tag{7-106}$$

停留时间
$$t=\frac{V}{A}=\frac{L}{3.6 v_p} \tag{7-107}$$

式中　F——有效沉淀面积，m^2；

　　　B——沉淀池宽度，m；

　　　H——沉淀池深度，m；

　　　L——沉淀池长度，m；

　　　V——沉淀池有效容积，m^3；

　　　t——污水在沉淀池停留时间，h；

　　　a_1——水流竖向分速度的影响系数，取 $a_1=1.3 \sim 2.0$；

　　　A——稀泥浆量，m^3/h；

　　　v_1——泥浆沉降速度 mm/s，参照同类生产数据确定，如无资料可参考表 7-53 选取；

　　　v_p——平均水平流速 mm/s，一般取 $1 \sim 5$mm/s。

$$\frac{L}{H} \geqslant 10$$

确定参数注意事项：①沉淀池一般不少于两个池，其中一池作为泥浆干燥及清理用；②沉淀池底纵向坡度 $i \geqslant 0.02$，横向坡度 $\leqslant 0.05$。表 7-53 为泥浆沉降速度参考数据。

表 7-53　泥浆沉降速度参考数据

粒度 d/mm	温度 t/℃	沉降速度/(mm/s)				
		$y=2.3t/m^3$	$y=2.2t/m^3$	$y=2.1t/m^3$	$y=2.0t/m^3$	$y=1.9t/m^3$
0.05	5	1.62	1.07	1.0	0.90	0.81
	15	1.55	1.43	1.30	1.20	1.07
	25	2.00	1.84	1.69	1.53	1.38
0.02	5	0.19	0.17	0.157	0.14	0.13
	15	0.25	0.23	0.210	0.19	0.17
	25	0.32	0.29	0.270	0.24	0.22
0.01	5	0.047	0.043	0.048	0.036	0.032
	15	0.062	0.057	0.053	0.048	0.043
	25	0.080	0.073	0.068	0.061	0.055

粒度 d/mm	温度 t/℃	沉降速度/(mm/s)				
		$y=2.3\text{t}/\text{m}^3$	$y=2.2\text{t}/\text{m}^3$	$y=2.1\text{t}/\text{m}^3$	$y=2.0\text{t}/\text{m}^3$	$y=1.9\text{t}/\text{m}^3$
0.005	5	0.0116	0.0107	0.010	0.009	0.008
	15	0.0155	0.0140	0.013	0.012	0.011
	25	0.0200	0.0180	0.017	0.015	0.014
0.002	5	0.0019	0.0017	0.0016	0.0014	0.0013
	15	0.0024	0.0023	0.0021	0.0019	0.0017
	25	0.0032	0.0029	0.0027	0.0024	0.0022
0.001	5	0.00047	0.00043	0.0004	0.0004	0.0003
	15	0.0006	0.00057	0.0005	0.0005	0.0004
	25	0.00079	0.00073	0.0007	0.0006	0.0005

2. 浓密机

浓密机是利用悬浮液中固体颗粒受重力作用而沉降，使悬浮液分成澄清液和浓密泥浆的脱水设备，多层浓密机可减少占地面积。倾斜板浓密箱见图 7-104 和图 7-105。

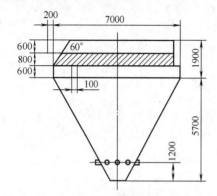

图 7-104　4.2m² 倾斜板浓密箱（单位：mm）

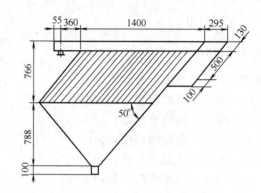

图 7-105　1.68m² 倾斜板浓密箱（单位：mm）

倾斜板浓密箱处理能力按式（7-108）计算。

$$F=\frac{A}{q} \tag{7-108}$$

式中　F——倾斜板浓密箱（不包括倾斜板）的面积，m²；

　　　A——进入浓密箱的泥浆量，m³/d；

　　　q——单位面积的处理能力，m³/(m²·d)，一般应根据试验或参照同类型的生产指标确定，某厂实测的不同固液比为 1:(20～150)，$q=12～62$m³/(m²·d)。

倾斜板浓密箱生产能力与很多因素有关，如进浆的浓度、密度、粒度、倾斜板的角度、间距、底流的浓缩比、行程长度等，所以其波动范围很大。

3. 泥浆过滤设备

湿式除尘采用的泥浆过滤设备有真空吸滤机、板框式压滤机及圆盘真空过滤机。泥浆过滤设备实例见表 7-54。

表 7-54　泥浆过滤设备实例

厂别	1	2	厂别	1	2
过滤机名称	真空吸滤机	板框式压滤机	产出滤饼/[kg/(台·次)]	100～150	2400～3000
规格	φ1500mm	22m²	过滤物料	铅鼓风炉尘浆	铅鼓风炉尘浆
台数	12	2	真空泵:型号	sz-3	5in 铜泵
处理能力/[m³/(m²·d)]	2.5～3.5	1.4～2.8	流量/(m³/h)	30～690	
滤饼含水/%	45～35	45～30	台数	1	1

四、泥浆输送计算

湿式除尘泥浆输送包括从除尘器排出的稀泥浆输送至浓缩设备及浓缩后的底泥流送下一工序处理。

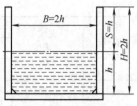

图 7-106　矩形流槽泥浆深度与断面尺寸关系

泥浆输送方法分自流输送与压力输送。自流输送的特点是节省动力费用和机械设备，方便操作，流槽坡度要求大于 5％以上，浓度大时坡度应更大些。

压力输送的特点是：灵活性大，可缩小设备之间或厂房之间的水平距离，不受高差限制；布置紧凑；增加设备，消耗动力。

1. 自流输送计算

（1）自流槽计算　自流槽一般为矩形，但也可做成 U 形、凵形或三角形断面。图 7-106 为矩形流槽泥浆深度与断面尺寸关系。

（2）矩形流槽泥浆深度可按式（7-109）计算，亦可由表 7-55 查得。

$$h = \left(\frac{A}{K_h \sqrt{i}} \right)^{3/8} \tag{7-109}$$

式中　h——泥浆深度，m；

　　A——泥浆量，m³/s；

　　i——流槽坡度，％，按同类型生产经验选取；

　　K_h——泥浆深度系数，见表 7-56。

表 7-55　钢制矩形流槽泥浆深度与流量、流速的关系

泥浆深度/mm	坡　　度/%							
	5		7		9		10	
	A	v	A	v	A	v	A	v
100	44.6	2.23	52.6	2.63	59.6	2.98	62.8	3.14
200	108.0	2.27	127.2	3.18	145.6	3.64	152.8	3.82
300	174.0	2.90	207	3.45	235.2	3.92	248.4	4.14

注：1. A 以 L/s 计，v 以 m/s 计。

2. 槽宽 $B = 200$mm。

表 7-56　泥浆深度系数 K_h 值

流槽类别	粗糙系数	槽宽与泥浆深度比(B/h)			
		2	2.5	3	4
木　槽	0.0125	100	135	170	245
铁　槽	1.0013	97	130	160	235
混凝土槽	2.0014	90	120	150	220
砾石槽	3.0015	84	110	140	205

（3）自流管计算　自流管直径可按式（7-110）计算，亦可由表 7-57 查得。

$$d = \left(\frac{K_d A}{\sqrt{i}} \right)^{3/8} \tag{7-110}$$

式中　d——自流管直径，m；

　　A——泥浆量，m³/s；

　　i——自流管坡度，％；

　　K_d——泥浆充满度系数，见表 7-58。

表 7-57 自流管管径与技术性能

直径 mm	泥浆充满度 h/d	坡 度/%									
		3		5		6		8		10	
		A	v	A	v	A	v	A	v	A	v
150	0.4	8.91	1.35	11.48	1.74	12.67	1.92	14.79	2.24	16.43	2.49
	0.45	10.95	1.42	14.19	1.84	15.66	2.03	18.12	2.35	20.21	2.62
	0.5	13.08	1.48	16.96	1.92	18.64	2.11	21.65	2.45	24.3	2.75
	0.55	15.34	1.54	19.92	2.0	21.91	2.2	25.29	2.54	28.48	2.86
	0.6	17.6	1.59	22.81	2.06	25.13	2.27	29.01	2.62	32.55	2.94
		3		4		6		8		10	
		A	v	A	v	A	v	A	v	A	v
200	0.4	19.01	1.62	22.06	1.88	27.11	2.31	31.57	2.69	35.2	3.0
	0.45	23.58	1.72	27.42	2.0	33.59	2.45	38.94	2.84	43.74	3.19
	0.5	28.27	1.8	32.83	2.09	40.21	2.56	46.65	2.97	52.31	3.33
	0.55	33.28	1.88	38.42	2.17	47.1	2.66	54.53	3.08	61.08	3.45
	0.6	38.18	1.94	44.08	2.24	53.93	2.74	62.98	3.2	70.26	3.57

注：表中 A 以 L/s 计，v 以 m/s 计。

表 7-58 泥浆充满度系数 K_d 值

管的类别	粗糙系数	泥浆充满 h/d [①]				
		0.4	0.45	0.5	0.55	0.6
木 管	0.012	0.1135	0.0919	0.0767	0.0657	0.0573
钢 管	0.0125	0.1192	0.0961	0.0804	0.0686	0.0598
铸铁管	0.013	0.1258	0.1000	0.0838	0.0717	0.0625
混凝土管	0.015	0.1462	0.1180	0.0985	0.0843	0.0734

① 泥浆充满度是按不同浓度确定的，其关系如下：

浓度/%   10   20   30   40   50

充满度   0.6   0.55   0.5   0.45   0.4

2. 压力输送计算

（1）泥浆压力输送管直径   泥浆压力输送管直径按式（7-111）计算。

$$d = \sqrt{\frac{AK}{0.785v}} \tag{7-111}$$

式中 d——压力输送管直径，m；

      A——泥浆量，m^3/s；

      K——泥浆波动系数，一般取 1.1～1.2；

      v——泥浆流速，m/s。

（2）总扬程   总扬程按式（7-112）计算。

$$H_0 = H_x + h + jL_a \tag{7-112}$$

式中 H_0——需要的总扬程，m；

      H_x——需要的几何扬程，m；

      h——剩余扬程，m，一般为 2m；

      L_a——包括直管、弯头、闸门等阻力损失折合为直管的总长度，m，查表 7-59；

      j——管道清水阻力损失，$j = aA^2$；

      a——比阻系数，查表 7-60；

      A——泥浆量，m^3/s。

需要的泥浆总扬程（H_0）折合为清水总扬程可按式（7-113）计算。

$$H = H_0 y_n \tag{7-113}$$

式中 H——输送泥浆折合清水时的总扬程，m；

y_n——泥浆密度，t/m³，可用表 7-61 中的公式计算。

表 7-59 各种管件折合长度 单位：m

名 称	管 径/mm							
	50	63	76	100	125	150	200	250
弯 头	3.3	4.0	5.0	6.5	8.5	11.0	15.0	19.0
普通接头	1.5	2.0	2.5	3.5	4.5	5.5	7.5	9.5
全开闸门	0.5	0.7	0.8	1.1	1.4	1.8	2.5	3.2
三 通	4.5	5.5	6.5	8.0	10.0	12.0	15.0	18.0
逆止阀	4.0	5.5	6.5	8.0	10.0	12.5	16.0	20.0

表 7-60 比阻系数 a 值

内径/mm	a	内径/mm	a	内径/mm	a
9	2255×10^5	68	2893	198	9.273
12.5	3295×10^4	80.5	1168	225	4.822
15.75	8809×10^3	106	267.4	253	2.583
21.25	1643×10^3	131	86.23	270	1.535
27	4367×10^2	156	33.15	305	0.9392
33.75	93860	126	106.2	331	0.6088
41	44530	148	44.95	357	0.4078
53	11080	174	18.96	406	0.2062

表 7-61 泥浆参数计算

计 算 公 式	单位	说 明	公式编号
烟尘量 $G = CQ\eta 10^{-6}$	t/h	C、Q——湿式收尘器的进口含尘量、烟气量,g/m³	式(7-114)
泥浆量 $A = \dfrac{G}{y_g} + W$	m³/h		式(7-115)
固液比 $G:W = 1:x$	%	η——收尘效率,%	式(7-116)
泥浆浓度 $C_n = \dfrac{G \times 100}{G+W}$		y_g——烟尘密度,t/m³ W——供水量,m³/h	式(7-117)
泥浆密度 $y_n = \dfrac{G+W}{\dfrac{G}{y_g}+W}$	t/m³	为简化计算起见,计算时不考虑水的蒸发量和循环水中返回的尘量	式(7-118)

第七节 湿式除尘器维护管理

湿式除尘器种类和构造相差很远，运行管理各不相同，本节按其分类分别加以介绍。

一、湿式除尘器的运行

1. 一般事项

① 除尘系统开机前，应全面检查机、电、水、水位、密封等运行条件，符合要求后按开机程序启动。

② 除尘系统的运行控制应与生产系统的操作密切配合，选择自动控制状态；系统风量不得超过额定处理风量；生产工况变化时，应通过水位调节保证正常运行和达标排放。

③ 操作工每班至少应巡回检查一次各部件，保持设备和现场的整洁，及时发现隐患，妥善处理。

④ 除尘器应在工艺设备停机后停止运行。除尘器停机后，其供水、排水系统还应运行一

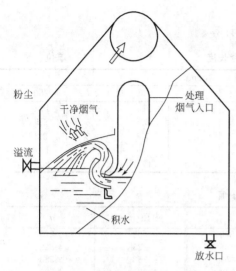

图 7-107 储水式洗涤除尘器
的溢流水与放水

段时间，清洗除尘器、排水管道及排水设备内的沉淀。有冰冻季节的地方，除尘系统停车时排水系统设备及管道中的冲洗水应完全放掉。

⑤ 湿式除尘系统单独设置的沉淀池应定期清除并妥善处理沉淀物。

⑥ 煤气净化系统湿式除尘器运行执行《工业企业煤气安全规程》、《转炉煤气净化回收技术规程》及《炼铁安全规程》的规定。

2. 储水式除尘器运行

（1）启动 储水式除尘器在运行前首先要调整储在除尘室内的水位。因为其除尘效果是依靠水膜来捕集粉尘的，所以一定要在充分确信水膜的形成状态之后再通过烟气，投入运行。

（2）运行 储水除尘器在除尘室内存有一定量的水，此时控制水位的高低是影响除尘效果的决定因素。由于是循环使用，所以补给水量很小。图 7-107 是其中的一个例子。

溢流水量应当尽可能少一些。以较多的溢流水量运行时，被烟气带走的水滴就会增多，风机的工作就要恶化，所以将会降低除尘的性能。另外，从放水阀排出的废水量，则要尽可能控制到阀门不会引起堵塞那种程度的少量流水。如果排水过多，则引起水位降低，影响到形成洗涤排烟所必需的水滴或水膜。

另外，因为洗涤排烟时洗涤水往往是酸性的，所以为了防止装置被腐蚀，必须在运行过程中随时或连续地测其 pH 值。

（3）停止 停止运行时首先要关闭给水阀门，而后停止吸风机，关闭放水阀。此外，当储水式除尘装置长期停止运行时，要完全放出除尘室灰槽处的积水，如有可能要加碱给以中和，以防止设备的腐蚀。

3. 淋水式除尘器运行

（1）启动 淋水式除尘装置，是通过喷雾喷嘴供给洗涤水，然后通以烟气投入运行。

（2）运行 给水量、压力和耗电量均已载于生产提供的使用说明书的性能曲线，所以必须参考这些参数来运行。当给水量超过规定水量时将使电动机过负荷，故不得超过规定的水量。

通常，增大给水量后即可提高除尘效率，可是动力费用将随之增加而产生压力将随之减少。此外，液气比是有限度的，当给水量增加到一定限度时就无助于提高除尘效率。

（3）停止 排烟发生设备停止运行以后，还要维持给水并使除尘器运行一段时间，以进行排烟的置换，并洗去附着在设备上的粉尘。另外，附着在喷嘴上的粉尘也要在停运期间认真加于清除，以免成为下一次启动的障碍。

4. 压水式除尘器运行

压水式除尘器中构造简单而效率最高的是文丘里除尘器，但其压力损失很大。

（1）启动 先从喉部供给洗涤水，然后通过排烟投入运行。与其他湿式除尘器一样，为了发挥高的除尘性能，要尽可能降低烟气温度来使用。因此，要充分注意排烟冷却装置的烟气温度再投入运行。

（2）运行 在粉尘比较细、粉尘浓度较高、粉尘有黏着性、排烟温度较高的情况下，文丘里除尘器的液气比取得比较大。因此，在注意粉尘的性状和烟气温度，经常以与之相适应的液气比来运行。因为喉部的烟气速度很高，喉部的磨损是剧烈的。

图 7-108 所示为喉部的烟气速度、液气比与压力损失的关系。由图 7-108 可以看出，当以一定的液气比运行时，如果喉部磨损则烟气速度降低，压力损失也将降低。文丘里除尘器的压力损失基本上与粉尘的粒度无关，而是取决于烟气速度。如果烟气速度降低，除尘器效率就会因而降低，所以在运行时必须注意压力差。

（3）停止　文丘里除尘器和气液分离器在排烟发生设备停运之后还要继续在空气负荷下运行片刻，把附着的粉尘和酸性洗涤水完全排除之后再使之停止。此外，在长期停止运行期间，必须要用碱性溶液来中和，以防止腐蚀。

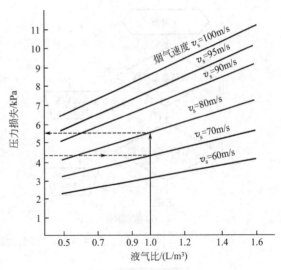

图 7-108　液气比与压力损失的关系

二、湿式除尘器维护

1. 湿式除尘器一般维护

湿式除尘器的常见故障是设备腐蚀、磨损及给水喷嘴的堵塞等几种现象。

① 在设备停运时，应检查设备腐蚀情况，对腐蚀部位进行修补，或更换备件。

② 应经常注意除尘器挡板磨损情况，磨损严重时要及时更换。

③ 给水喷嘴的堵塞是经常发生的，维护中除优先选用不堵塞喷嘴外，还要对堵塞进行清理。为避免喷嘴堵塞还要注意循环水中不能有过多杂质，注意补给新水。

2. 储水式除尘器的维护

① 除尘系统工作时，应使通过机组的风量保持在额定风量左右，且尽量减少风量的波动。

② 经常注意各检查门的严密。

③ 根据机组的运行经验，定期地冲洗机组内部及自动控制装置中液位仪上电极杆上的积灰。

④ 在通入含尘气体时，不允许在水位不足的条件下运转，更不允许无水运转。

⑤ 经常保持自动控制装置的清洁，防止灰尘进入操作箱，发现自动控制系统失灵时，应及时检修。

⑥ 当出现过高（大于 40mm）、过低（小于 10mm）水位时，应及时检查水位控制装置，查明原因，排除故障。

⑦ 储水式除尘器检修流程如图 7-109 和图 7-110 所示。

3. 淋水式除尘器维护

① 淋水式除尘器的供水量必须均匀，水量过小会影响除尘效果。

② 淋水式除尘器要经常检查喷嘴使用情况，喷嘴净化水硬性粉尘时会造成结垢堵塞，应当尽量避免。

③ 为了避免喷嘴磨损可选用无堵塞型喷嘴。

④ 除尘器运行中可能出现喷嘴磨损。喷嘴磨损的典型特点为喷嘴的流量的增加，并伴有喷雾形状的普通破坏。椭圆形喷嘴口的平面扇形喷雾喷嘴磨损，会受到喷雾形状变窄的影响。对于其他喷雾形状的喷嘴类型，喷雾分布受损害而没有本质上改变覆盖面积。喷嘴流量的增加有时能通过设备工作压力的下降而识别，并应当及时更换喷嘴。

⑤ 淋水式除尘器维护检修流程如图 7-111 所示。

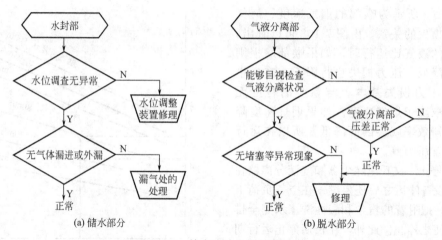

图 7-109　储水式除尘器检修流程

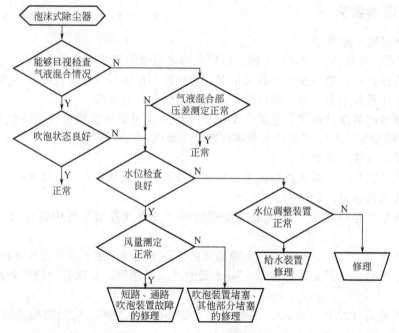

图 7-110　泡沫式除尘器检修流程

4. 文丘里除尘器的维护

文丘里除尘器的检修流程如图 7-112 所示。常见故障及解决办法如下：①对于设备的腐蚀，在设计时充分掌握排烟的性状，从而相应的选择材质，涂布适宜的衬料，有时要达到彻底的防腐是极困难的，因而在停运时要进行充分的检查，对腐蚀部位进行检修；②喉部的烟气速度很高，极易磨损，所以这一部分通常做成可以更换的，以便在磨损严重时更换备件；③给水喷嘴的端部在烟气侧发生涡流，因而容易被粉尘所堵塞，必须加以检查清理。

给水喷嘴堵塞和磨损是一切除尘装置、烟气冷却装置和烟气调湿装置的共同问题，是运行中经常发生的，所以一定要做成在运行中可以方便拆卸和更换的形式。

三、湿式除尘器故障处理

湿式除尘器故障分析和处理见表 7-62。

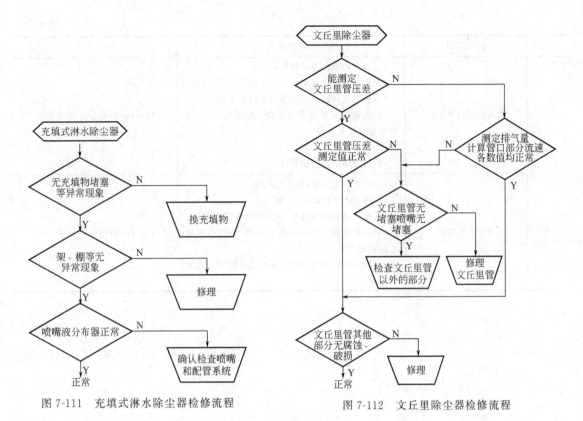

图 7-111　充填式淋水除尘器检修流程　　　　　图 7-112　文丘里除尘器检修流程

表 7-62　湿式除尘器故障分析和处理

序号	故障类型	可能的原因	处理方法
1	压降过高	(1)和设计值相比气体速度过高; (2)液气比过高; (3)喉管速度过高;如果使用了节气闸,节气闸可能放在了关闭的位置; (4)如果使用了填料塔,要对液速进行检查,以了解塔溢流情况	(1)降风速; (2)减洗涤水; (3)打开调气阀; (4)检查处理
2	固体物聚集	(1)排污不足; (2)洗涤液不足; (3)如果使用了填料塔,固体物比估计的要多	(1)补新水; (2)补水; (3)检查工艺流程
3	材料腐蚀	(1)高氯化物含量; (2)不正确的结构材料	(1)加强防腐; (2)改材料
4	磨损	在内部需要抗磨损衬垫	改材料
5	出口温度过高	(1)除尘器没有充满气体; (2)检查系统设计是否具有达到饱和时所需要的液体量	(1)回顾过程饱和度计算; (2)补水
6	除尘器烟囱出现水雾 (或者液体夹带物)	(1)校验烟囱的流速; (2)除雾器效率低下(或者如果夹带物有盐聚集时出现阻塞); (3)填料塔除尘器中流速过高	(1)降速; (2)更换除雾器; (3)减少洗涤水
7	仪表故障	以工艺和仪表设计为基础,检查单个仪表和控制器	校验或更换

序号	故障类型	可能的原因	处理方法
8	通风机运行不正确	(1)检查通风机设计特性； (2)检查通风机平衡； (3)检查通风机是否在运转曲线下工作； (4)检查通风机是否安装在正确的位置，以及轴承是否正确上油； (5)检查通风机找正； (6)检查驱动器防护装置	(1)~(6)根据分析原因处理
9	循环水泵故障	(1)检查水泵性能,包括泵曲线； (2)检查水泵找正； (3)检查密封圈的情况,确定是否需要维修； (4)检查密封水流量和压力特性(一些厂家的产品需要密封水)； (5)检查喷嘴是否阻塞,阻塞造成静压比所要求的要高	(1)~(5)根据分析原因处理

第八章 空气过滤器

与净化处理粉尘颗粒物的各种除尘器不同，空气过滤器是净化处理送风系统中室外空气中悬浮颗粒的设备，所以采用空气过滤器的目的是为了满足室内卫生标准、生产工艺对空气质量的要求以及洁净间、无菌室等特殊要求。

第一节　空气过滤基本理论

过滤就是利用多孔体从气体中除去分散粉尘颗粒的净化过程。过滤时，由于惯性碰撞、拦截、扩散以及静电力、重力等作用，使悬浮于气体中的粉尘颗粒沉积于多孔体表面或容纳于多孔体中。作为过滤器的多孔体材料，其结构是纤维状的、多孔状的，或者是这些结构的组合体，统称过滤材料。

含颗粒的流体以一定速度通过过滤材料时，其中的颗粒在滤料表面被捕集，并逐渐形成粉尘层，其中少部分还可能嵌入滤料内部。此粉尘层也就成为新的过滤材料，从而提高了捕集效率。但随着粉尘层的加厚，过滤材料的透气性逐渐降低，阻力相应增加。此时必须除去粉尘层，或称再生。过滤过程需定期地进行清灰再生，也可以定期更换被堵塞的滤料。

一、空气过滤特点

空气过滤与袋式除尘技术都属于过滤净化技术的范畴，它们的工作原理有许多相同之处，而区别如下。

(1) 用途不同　空气过滤器多用于通风及空调进气系统中，很少设置在工厂生产排气除尘系统中；空气过滤器净化大气中的粉尘颗粒，使进入室内的空气更为清洁干净；利用空气过滤器不仅能捕集亚微米粒子，甚至能捕集有毒粒子及承担某些生产工艺过程中空气的超细净化。

(2) 滤材结构不同　空气过滤器的滤材结构有金属网格、无纺织物或特殊滤纸等，可根据净化的不同要求使用不同的滤材，其空隙率比袋式除尘器所用滤料空隙率大，滤材以追求效率高、阻力低为目标。由于滤材结构不同，一些过滤器的滤材不需要清灰再生。

(3) 入口浓度不同　空气过滤器的入口质量浓度一般低于 $5mg/m^3$，比袋式除尘器排入口的质量浓度低。空气过滤器的出口质量浓度有的可以低到以 $1m^3$ 空气几个微粒计算，这是任何除尘器都不能达到的。

(4) 过滤速度不同　空气过滤速度，一般为 $0.1\sim2.5m/s$，而袋式除尘器过滤速度一般为

0.6～1.6m/min。两者相差 1～2 个数量级。

二、捕集过滤机理

在过滤技术中，滤材是用于捕集尘粒的捕集体，它是由许多单个的捕集体（或球形颗粒）以一定方式排列组合的，在单个捕集体之间还存在有孔隙。一般的颗粒尺寸往往远小于这些孔

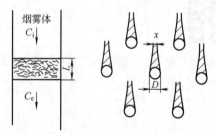

(a) 纤维层过滤器　　　(b) 尘粒捕集区

图 8-1　孤立圆柱模型

隙，所以筛滤效应的作用是非常小的（滤材表面形成粉尘堆积的尘滤层筛分作用除外），颗粒之所以能从气体中被分离出来，主要是依靠惯性碰撞、直接拦截、扩散以及重力沉降、静电吸引等作用。

纤维层内纤维排列不一定垂直于气流方向，假设与气流方向是垂直排列的，模式如图 8-1(a) 所示，经过放大就呈现如图 8-1(b) 所示的能被每条纤维捕集的气流范围。据此，为了求整个纤维层能捕集多少粉尘（％），只要研究每根纤维所捕集的比率，并将其引申到整个纤维层就行了。

一根纤维的捕集效率 η，由式（8-1）来定义［设 η 为在纤维前面足够远的地方，尘粒被纤维捕集的气流断面，与纤维在气流方向上的投影面积之比（图 8-1）］。

$$\eta_a = \frac{X}{D_f} \tag{8-1}$$

另一方面，过滤器的捕集效率 E 可由入口和出口浓度 C_i 及 C_e 表示。

$$E = 1 - \frac{C_e}{C_i} \tag{8-2}$$

把两者结合起来的关系式，即为能用的对数穿越公式

$$E = 1 - \exp\left[-\frac{4\alpha L}{\pi(1-\alpha)D_f}\eta_a\right] \tag{8-3}$$

或者

$$\eta_a = -\frac{\pi}{4} \times \frac{1-\alpha}{\alpha} \times \frac{D_f}{L}\ln(1-E) \tag{8-4}$$

式中　E——过滤器捕集效率；

　　　α——充填率；

　　　L——纤维层厚度；

　　　η_a——一根纤维捕集效率；

　　　D_f——纤维直径。

因此，假若在任意参数下的 η_a 的一般关系式已经确定，即可由式（8-3）来估算过滤器的除尘效率。

另一方面，为了明确 η_a 的定量关系，通常要考虑纤维捕集粒子的机理。

除尘机理共有惯性撞击、布朗扩散、直接拦挡、重力拦截、静电沉降 5 种。

图 8-2 分别按不同的除尘机理表示了顺气流由柱捕集靠近圆柱的粒子情况，其坐标是一个以圆柱半径为 1 的无因次量；虚线表示流线，实线表示圆柱所捕集的最外面粒子的轨迹（极限粒子轨迹）。另外，拦挡机理是与流体具有相同密度的某个假想粒子顺着气流接近圆柱，当粒子与圆柱表面的距离小于粒子半径时，就被拦挡并被捕集。但拦挡机理不能单独存在，这是把粒子的大小考虑到其他捕尘机理上的一种形式，用以实现提高除尘效率的目的。图 8-3 定性地表示了基于各种除尘机理的除尘效率，与空气过滤器的流速、粒径与纤维直径大小的关系。如

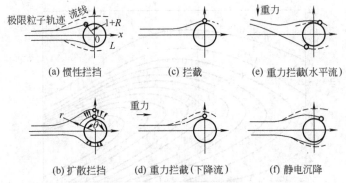

(a) 惯性拦挡　　　　(c) 拦截　　　　(e) 重力拦截(水平流)

(b) 扩散拦挡　　　(d) 重力拦截(下降流)　　(f) 静电沉降

图 8-2　捕集尘粒的机理

果考虑了所有机理的影响，则总除尘效率曲线就变为 η_{CTDI} 的样子，即在某一速度（或粒径）时，除尘效率最小。

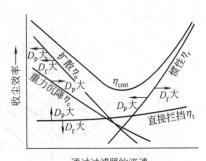

图 8-3　各种除尘机理的有效区域

图 8-4 表示以最重要的变量纤维直径 D_f 和气流在纤维层线速度 V、粉尘粒径 D_p 为参数的效率等高线，由图 8-5 表示每一种除尘机理在粒径和线速度的哪一个范围内起主要作用的大致区域划分曲线。在这些曲线图中，采用常温常压下空气的物理特性，并设粉尘真密度 $\rho_p = 1\text{g/cm}^3$。

三、压力损失理论

非压缩性流体以层流形式流过充填层时的压力损失 Δp 一般按达西公式来计算。

$$\Delta p g_0 = k_0 \mu v_s L \tag{8-5}$$

式中　Δp——压力损失；

g_0——重力换算系数；

k_0——充填层系数；

μ——黏度；

v_s——过滤速度；

L——纤维层厚度。

在分析流体通过充填层的压力损失时，有圆管模型理论（channel theory）及阻力理论（dragtheory）两种观点。前者是把充填层看成圆管通路的集合体来进行解析的方法，其代表性的公式如下。

$$\Delta p = \frac{8\pi k_1}{Re} \times \frac{\alpha}{1-\alpha^2} \tag{8-6}$$

式中　k_1——随充填层变化的系数；

Re——雷诺数；

α——充填率。

此公式是用于低孔隙率的一个理论，对于其他纤维层用阻力理论解释更合适。由于纤维层内纤维的间隔相当大，所以阻力理论就是根据每单位长度的纤维阻力来推算纤维层集合体的阻力，也就是推算压力损失的一种方法。设 F 为单位长度的圆柱承受的流体阻力，它与断面积为 A、厚度为 L、充填率为 α 的过滤器的压力损失 Δp 之间的关系为

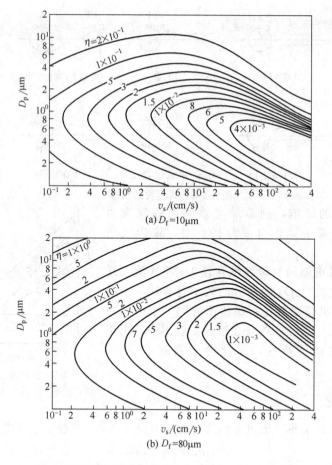

图 8-4 估算单根纤维除尘效率的曲线 $（\rho_p=1\mathrm{g/cm^3}）$

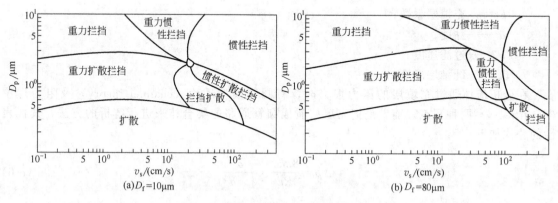

图 8-5 各除尘机理起主导作用的区域

$$\Delta p v_s A = FLV_0 AL \tag{8-7}$$

$$v_s = V_0 \varepsilon \tag{8-8}$$

式中 L——过滤器单位体积内纤维的总长度。

$$L = \frac{4\alpha}{\pi D_f^2} \tag{8-9}$$

由式 (8-7) 及式 (8-9) 有

$$\Delta p = F_{\rm i} \frac{L}{\varepsilon} = \frac{4\alpha L}{\pi D_{\rm f}^2 \varepsilon} F \tag{8-10}$$

另外，对于与气流垂直的圆柱来说，其阻力可用下式来定义。

$$F = C_{\rm D} D_{\rm f} \frac{\rho V_0^2}{2g_0} \tag{8-11}$$

为了使上式能适用于纤维排列不一定与气流垂直的一般空气过滤器，故要引进一个有效阻力系数 (effective drag coefficient) $C_{\rm De}$ 来代替 $C_{\rm D}$，即

$$F = C_{\rm De} D_{\rm f} \frac{\rho v_{\rm s}^2 L}{\pi g_0} \tag{8-12}$$

由式 (8-10)、式 (8-12)，Δp 与 $C_{\rm De}$ 之间存在以下的关系。

$$\Delta p = C_{\rm De} \frac{2\alpha\rho v_{\rm s}^2 L}{\pi g_0 D_{\rm f} \varepsilon} \tag{8-13}$$

亦可用无因次量将其归纳为式 (8-14)，如果已知 F 或 $C_{\rm De}$，则由式 (8-10) 或式 (8-13)、式 (8-14) 就可估算出过滤器的压力损失。

$$\frac{\Delta p D_{\rm f}^2 g_0}{\mu v_{\rm s} L} = \frac{2}{\pi} \alpha C_{\rm De} Re \tag{8-14}$$

四、空气过滤器特性指标

空气过滤器的性能通常用过滤效率、穿透率、过滤阻力、过滤速度和容尘量等参数表达。

1. 过滤效率

过滤效率定义为在额定风量下过滤器前后空气含尘质量浓度之差与过滤器前空气含尘质量浓度之比的百分数。不同形式空气过滤器的过滤效率变化范围很大。因此检查过滤效率往往采用不同颗粒大小的试验尘和检测方法，对效率低的粗效过滤器，可采用人工尘或模拟大气中粉尘的大气尘试验方法，如计重法、钠焰法、油雾法、辛酯法等。显然，对同一种过滤器不同的试验尘和检测方法的结果是不同的，相互之间没有可比性。因此，空气过滤器所标明的过滤效率是指对某种特定的试验尘和检测方法所测得的结果。这一点与袋式除尘器的除尘效率是不同的。空气过滤器的过滤效率常用下式表达。

$$\eta = \frac{c_1 - c_2}{c_1} \times 100\% = \left(1 - \frac{c_2}{c_1}\right) \times 100\% \tag{8-15}$$

不同级别的过滤器串联使用时，总过滤效率 η_0 可按下式计算。

$$\eta_0 = 1 - (1 - \eta_1)(1 - \eta_2) \cdots (1 - \eta_n) \tag{8-16}$$

式中　　　η_0——总过滤效率，%；

c_1，c_2——过滤前、后空气的含尘质量浓度；

η_1，η_2，…，η_n——第一、二直至 n 级过滤器的效率。

【例】　某工作室外大气尘浓度为 $(1\sim3) \times 10^5$ 粒/L $(\geqslant 0.5\mu m)$。采用初、中、高三级过滤器组合，其计数效率 $(\geqslant 0.5\mu m)$ 分别为 20%、50%、99.99%，计算 $\eta_{1\sim3}$。

【解】　$\eta_{1\sim3} = 1 - (1-20\%) \times (1-50\%) \times (1-99.99\%) = 99.996\%$

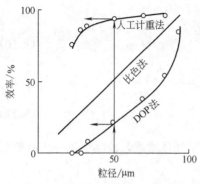

图 8-6　过滤器各效率之间的关系

当含尘质量浓度以 mg/m^3 计时，其效率称为计重效率；以粒/L 计时，称为计数效率；当以某一粒径范围内的颗粒浓度"粒/L"计时，称为粒径分组计数效率。

由于同一台空气过滤器用不同的测定方法，其效率是不一样的。为了掌握过滤器各效率之间的关系，可借助图 8-6 做近似转换。

2. 穿透率

粉尘颗粒通过过滤器而未能过滤下来的颗粒数量称为穿透率，又称穿透系数。穿透率与过滤效率之和为 100%。穿透率用下式表示。

$$K = \frac{c_2}{c_1} \times 100 = (1-\eta) \times 100 \tag{8-17}$$

式中　K——穿透率，%。

其他符号意义同前。

例如，两台过滤器的效率分别为 $\eta_1 = 99.99\%$、$\eta_2 = 99.98\%$，仅此看不出两者差别所在。若换算成穿透率，则 $K_1 = 0.011\%$，$K_2 = 0.02\%$，K_2 比 K_1 大 1 倍，说明 K_2 这台过滤器穿透过来的微粒要比 K_1 那台过滤器多 1 倍，其意义十分明显。

空气过滤器运行初始阶段，粉尘的穿透率较高，随着在运行过程中过滤器上粉尘的增加，净化效率有所增加，穿透率降低，因而过滤器运行稳定后穿透率稳定降低，显然这对运行要求是有利的。

3. 阻力

空气过滤器的阻力在运行之初和之后的运行过程中是不断变化的，因而通常采用两种阻力（初阻力及终阻力）来表示其性能。过滤器的初阻力是指过滤器未积尘时在额定风量下的阻力。终阻力是指过滤器使用一定时间后，其积尘量达到一定数量时的阻力。因此，终阻力与容尘量有关。终阻力的确定，除了滤料本身的因素外，还要考虑过滤速度以及其他技术经济指标。一般都把达到初阻力 2~4 倍时的阻力定为终阻力。

过滤阻力用下式表示。

$$\Delta P = av + bv^2 \tag{8-18}$$

式中　ΔP——过滤阻力，Pa；

　　　　v——过滤器的迎风面速度，m/s；

　　a、b——试验系数，由制造单位提供。

式（8-18）中，av 表示滤料的阻力，与速度呈线性关系；bv^2 表示过滤器结构阻力，与速度呈非线性关系。随着使用时间的增长，过滤器上的粉尘量逐渐增多，阻力损失也随之增大。

4. 面速度和过滤速度

衡量过滤器处理风量的能力通常用面速度表示，有时也用过滤速度表示，对平板过滤器来说二者是一致的。

面速度是指过滤器断面上通过的气流速度，一般以 m/s 表示。过滤速度是指通过过滤器滤料面积上的气流速度。由于对过滤器的要求不同，在过滤器内设置的滤料面积也不同，有时大于过滤器的面积数十倍。因而过滤速度比面速度小，通常用 m/min 或 cm/s 表示。

过滤速度的大小与过滤器的性能有直接关系。过滤速度过高会降低净化效率，增加阻力，因此为了降低阻力，高效过滤器的滤速通常都很小，而滤料的面积则很大。

面速度一般用下式表示。

$$v_A = \frac{Q}{s} \qquad (8-19)$$

式中　v_A——迎风面速度，m/s；

　　　Q——通过过滤器的风量，m^3/s；

　　　s——过滤器迎风面积，m^2。

应当指出，过滤器迎风面积是指空气过滤器框内面积，计算时不应把边框包括在内。

过滤速度可用下式来表示。

$$v = \frac{Q \times 10^6}{v_A \times 10^4 \times 3600} = 0.028\frac{Q}{v_A} \qquad (8-20)$$

式中　v——过滤速度，m/s；

其他符号意义同前。

过滤速度直接影响到过滤效率和阻力，通常粗过滤器的滤速量级为 m/s；中效、高中效过滤器为 dm/s，而高效过滤器为 $2\sim3$cm/s。

5. 容尘量及寿命

空气过滤器的容尘量是指过滤器由初阻力变化到终阻力时所能容纳和截留的额定粉尘量，以每平方米过滤面积上的粉尘量（kg）表示。对于空气过滤器，容尘量具有比一般工业除尘器（如袋式除尘器）更为重要的意义，因为除尘器在达到额定的容尘量时往往通过使黏附于除尘滤料上的粉尘落入灰斗，阻力下降，重新恢复到接近原来的状态。但对于空气过滤器则不然，过滤器达到额定容尘量后需要取下来清洗再生（如泡沫过滤器）或自洁式清洗再生（如滤筒式过滤器），有时是重新更换滤料。因而容尘量的大小也决定了过滤器的寿命。容尘量愈大，过滤器的寿命愈长，由此可见容尘量是表示空气过滤器寿命长短的一项重要性能指标。

容尘量的多少与空气过滤器滤材有关，比较理想的滤材结构是梯度型结构，即滤材结构由疏松过渡到密集，这种结构既能有较大的容尘量又能获得最高的效率。用超细玻璃纤维制作的额定风量为 $1000m^3/h$ 的高效过滤器，终阻力可达 4000Pa（有的过滤器的容尘量约 $400\sim500$g）。

第二节　空气过滤器滤材

空气过滤器用滤材又称滤料，它与袋式除尘用滤料有 4 点区别：①空气过滤用滤材空隙率较大，即使是外表很致密的纸型滤材其孔隙率也很少低于 80%，因此阻力小；②空气过滤用滤材因再生少，多数强度不大，价格便宜；③空气过滤用滤材品种多、规格多；④空气过滤的滤材性能差异大，既有粗过滤也有精过滤。

一、空气过滤器滤料分类和性能

1. 滤料分类

空气过滤器滤料可按过滤性能、所用材质和用途进行分类。

（1）按过滤性能分类　滤料按过滤性能分类和表示代号应满足表 8-1 的规定。

表 8-1　滤料按过滤性能分类和表示代号

分类	代号	分类	代号
超高效	CG	高中效	GZ
高效	GX	中效	Z
亚高效	YG	粗效	C

（2）按所用材质分类　滤料按所用材质分类和表示代号应满足表 8-2 的规定。

表 8-2　滤料按其材质分类和表示代号

分类	代号	分类	代号
玻璃纤维	BX	复合材料	FH
合成纤维	HX	其他	QT
天然纤维	TX		

（3）按用途分类　滤料按用途分类和表示代号应满足表 8-3 的规定。

表 8-3　滤料按其用途分类和表示代号

分类	代号	分类	代号
通风空调净化用	TK	通风除尘用	CC

2. 滤料性能规定

（1）外观

① 滤料材质整体应分布均匀，整体不应有明显污渍、裂纹、擦伤和杂质等。

② 滤料结构应牢固，应无剥离现象。

（2）物理性能

① 定量：规定其实测值与标称值的偏差不应超过 5%。

② 厚度：规定其实测值与标称值的偏差不应超过 10%。

③ 挺度：其实测值与标称值的偏差不应超过 10%。

④ 抗张强度：其实测值与标称值的偏差不应超过 10%。

（3）过滤性能

① 高效滤料的效率（E）和阻力应满足表 8-4 的规定。

② 超高效滤料的效率（E）和阻力应满足表 8-5 的规定。

③ 亚高效、高中效、中效和粗效滤料的效率（E）和阻力应满足表 8-6 的规定。

④ 除尘滤料的效率和阻力应满足表 8-7 的规定，在标称滤料的效率和阻力时应标明其检测工况的温度和相对湿度。

表 8-4　高效滤料过滤性能规定（JG/T 404—2013）

级别	额定滤速/(m/s)	效率/%	阻力/Pa
A	0.053	$99.9 \leqslant E < 99.99$	$\leqslant 320$
B	0.053	$99.99 \leqslant E < 99.999$	$\leqslant 350$
C	0.053	$99.999 \leqslant E$	$\leqslant 380$

表 8-5 超高效滤料过滤性能规定 (JG/T 404—2013)

级别	额定滤速/(m/s)	效率/%	阻力/Pa
D	0.025	$99.999{\leqslant}E{<}99.9999$	$\leqslant220$
E	0.025	$99.9999{\leqslant}E{<}99.99999$	$\leqslant270$
F	0.025	$99.99999{\leqslant}E$	$\leqslant320$

表 8-6 亚高效、高中效、中效和粗效滤料的过滤性能规定 (JG/T 404—2013)

级别	性能指标		
	额定滤速/(m/s)	效率/%	阻力/Pa
亚高效(YG)	0.053	$95{\leqslant}E{<}99.9$	$\leqslant120$
高中效(GZ)	0.100	$70{\leqslant}E{<}95$	$\leqslant100$
中效 1(Z1)		粒径≥0.5μm $60{\leqslant}E{<}70$	
中效 2(Z2)	0.200	粒径≥0.5μm $40{\leqslant}E{<}60$	$\leqslant80$
中效 3(Z3)		粒径≥0.5μm $20{\leqslant}E{<}40$	
粗效 1(C1)		粒径≥2.0μm $50{\leqslant}E$	
粗效 2(C2)	1.000	粒径≥2.0μm $20{\leqslant}E{<}50$	$\leqslant50$
粗效 3(C3)		标准人工尘 计重效率 $50{\leqslant}E$	
粗效 4(C4)		标准人工尘 计重效率 $10{\leqslant}E{<}50$	

表 8-7 除尘滤料的过滤性能规定 (JG/T 404—2013)

项目	额定滤速/(m/s)	效率/%	残余阻力/Pa
静态除尘	0.017	$99.5{\leqslant}E$	—
动态除尘	0.033	$99.9{\leqslant}E$	$\leqslant300$

(4) 容尘性能 粗效、中效、高中效、亚高效和高效滤料应用容尘量指标，并给出容尘量与阻力的关系曲线。滤料的实测值不应小于产品标称值的 90%。

二、塑料滤材

塑料滤材主要有泡沫塑料和塑料或尼龙网格两种。

1. 泡沫塑料

泡沫塑料因制造条件不同，有闭孔和开孔两种：前者气孔互相分隔，有漂浮性；后者气孔互相贯通，无漂浮性。依机械强度，又可分为硬质、半硬质和软质三类。其特点为轻质、吸声、消振、绝热、耐潮湿、耐腐蚀等。可用作绝热、保温、吸声材料，轻质高强可作夹层材料。常见的有聚氯乙烯泡沫塑料、聚苯乙烯泡沫塑料、聚乙烯泡沫塑料等。

泡沫滤材是聚氨基甲酸乙酯泡沫。泡沫作滤材要事先用浓度 5% 碱溶液进行透孔处理，把内部孔间的薄膜溶解，使其中具有一系列连通的孔隙。含尘气体流通过时，由于惯性、扩散等作用，粉尘黏附于孔壁上，使空气得到净化。泡沫的内部结构类似于丝瓜筋，孔径大小约为 $200\sim300\mu m$，梗筋的大小为 $20\sim30\mu m$。泡沫塑料属粗效滤材。

泡沫塑料不能和丙酮、丁酮、乙酸乙酯、四氯化碳、乙醚等有机溶液接触，否则易膨胀损坏，但不怕汽油、机油、润滑油等；同时可以耐弱酸、弱碱，但不能用于含强酸或强碱的条件下。

2. 塑料或尼龙网格

过去主要用金属丝网格制成网格空气过滤器，由于金属网格易锈蚀、难清洗等弊端，有的改为塑料网格，网格的大小、丝网的粗细与金属丝网一样，塑料网格必须定期清洗，反复使用。过滤效果能满足要求，一般作为粗效过滤器，用于多级过滤的第一级。在宾馆、饭店的集中空调系统也有仅用塑料网格过滤器作为一级过滤的。

三、合成纤维滤材

1. 常用化纤材料

（1）聚酯纤维　俗称涤纶，它的抗拉强度约为羊毛的 3 倍，弹性模数高、不易变形，对伸长、压缩、弯曲等形变的恢复能力高，热稳定性好，在 150℃温度下经受 1000h 后，只能保持原来强度的 50%。可在 110℃下长期使用。其特点为：强度高，耐磨性仅次于聚酰胺纤维，耐稀碱而不耐浓碱，对氧化剂及有机酸的稳定性较高。为满足制作空气滤材的需要，获得滤材的高容尘量、低阻力，有的企业曾专门拉制了 $D_f \approx 30 \sim 60 \mu m$ 的涤纶粗丝，纤维切段长度为 70~80mm。

（2）聚酰胺纤维　俗称尼龙、锦纶。它耐磨性好，耐磨性高出棉和羊毛几倍。长期使用温度与棉相似。密度低，制品轻而光滑。

（3）聚丙烯腈纤维　常称为腈纶，是人造毛的主要材料。它的热稳定性好，在 120℃下使用几星期其强度不变。可在 110℃下长期使用，短时间可耐温达 150℃。耐酸，对氧化剂和有机溶剂较稳定，但不耐碱。初始弹性模数较高，制品不易变形，抗拉强度约为羊毛的 2 倍，耐磨性也好。

（4）聚丙烯纤维　商品名称为"丙纶"，是以聚丙烯为原料纺制的纤维，密度小、制品轻盈；然而其强度大，耐磨性和弹性都很好；耐腐蚀性良好，对无机酸、碱都有很好的稳定性；对有机溶剂的稳定性稍差。丙纶的耐热性能比天然纤维好；软化点为 145~150℃；熔点为 165~170℃。价格低，货源丰富。

（5）聚乙烯醇缩醛纤维　商品名称为维纶或维尼纶，是吸湿性较强的品种，其耐磨性比棉花高很多。耐碱性很好，耐酸性也可以，在一般有机酸、醇、酯及石油等溶剂中均不溶解。但是耐热水性能不好，在湿态下加热到 115℃时会收缩。

（6）聚氯乙烯纤维　商品名称为氯纶，是一种难燃材料，放在火上它可燃烧，离开火焰它就自然熄灭而不继续燃烧。吸湿性和耐热性都差。通常在 60~70℃时即开始软化收缩。

（7）芳香族聚酰胺纤维中的诺梅克斯（也称耐热尼龙，国内产品有芳纶 1313），聚四氟乙烯纤维，各种无机纤维均为耐高温材料。

2. 滤材成型工艺

化纤短纤维制成空气滤材的成型方法如下。

（1）喷胶法　将纤维梳理并在铺码成网时喷洒胶雾，然后压制成疏松毡子。

（2）热熔法　利用纤维熔点不同的特点，通过对温度和处理时间的调节，使纤维之间相互搭接，使之交结成为透气性良好的蓬松毡料。

（3）针刺法　将梳理成网的纤维层进行针刺，使之相互交结，形成整体多孔结构。

如果将以上几种方法相结合，交替使用，则效果更好。这些方法都属于无纺织布制作工艺。以针刺和热熔为主的两种滤材制造工艺流程如图 8-7 所示。无纺布滤材产品中以针刺法制成居多。按针刺工艺所生产的轻型疏松滤材一般与空气过滤器配套用，常被称为"无纺布空气滤材"。

图 8-7　无纺布滤材制造工艺流程

四、玻璃纤维滤材

1. 玻璃纤维性能

玻璃纤维具有一系列特殊性质，用它制成的滤材除了具备抗生物侵蚀稳定性外，还具有热稳定性、不可燃性等特性。

（1）玻璃纤维分级　根据纤维直径的大小，玻璃纤维有如下级别的区分：

级别名称	纤维直径/μm	级别名称	纤维直径/μm
粗体纤维	$D_f = 10 \sim 300$	细纤维	$D_f = 3 \sim 12$
弹性纤维	$D_f = 35 \sim 100$	高细纤维	$D_f = 0.1 \sim 3$
粗纤维	$D_f = 12 \sim 35$		

在国际标准术语中还有这样的名称：

级别名称	纤维直径/μm	级别名称	纤维直径/μm
高细纤维	$D_f = 0.8 \sim 3$	微细纤维	$D_f < 0.5$
超细纤维	$D_f = 0.8 \sim 0.5$		

（2）表面性质　玻璃纤维的比表面积取决于纤维粗细。在制作一些种类的过滤材料（如纸或硬板）过程中，它的纤维直径和断面几何形状以及相应的比表面积不变，不发生膨胀。尺寸稳定性是保证滤材在大流量状况下时具备低阻力和高效率的条件。由于玻璃纤维制成的干层卷材和滤袋弹性好，其容尘量常常比同类化纤滤材成倍提高。

（3）机械强度　玻璃纤维的强度与玻璃成分、纤维成型方法、纤维表面状况、有无缺陷以及与周围介质间的物理化学作用等诸多条件有关。

玻璃纤维是亲水的，在表面活性物质的水溶液和水被吸附时就会大大降低表面能量。玻璃纤维在湿空气、水或表面活性物质的水溶液中，其强度会降低 15%～30%。如果能排除它对空气中所含水分的吸附作用，则无论在高温和低温下玻璃纤维都具备相当的强度。为改良玻璃纤维的性能，在玻纤材料生产中经常喷涂黏合材料，例如，用离心法喷吹玻璃棉时，在成纤的同时喷吹特制的黏合剂，将纤维外表面包裹起来。这不仅使纤维之间相互搭结成型，而且改变了纤维性能，使有的产品的吸湿率低于 1%。憎水率大于 98%。浸泡 24h 再排除水分后产品性能不变，回弹率良好，并具备很好的化学稳定性，且不会产生有害物质。

（4）耐温性和不燃性　玻璃纤维制品由于品种、制作工艺和应用目的不同，具备不同耐温性能，如有的应用温度范围为 220～300℃，有的则为 -60～450℃ 等。在高温条件下保持化学稳定，无有害气体产生是很重要的性能。玻璃纤维还具有不燃性（氧指数大于 50），这也是用它代替其他同类产品的原因之一。

（5）抗折性、耐磨性　玻璃纤维的不足之处是脆弱、不耐磨、不抗折曲。为了防止应用中破裂、脱屑、甚至污染下游空气，在制作滤材时可采取相应保护措施，如喷涂保护层、附加底衬护网等。

2. 玻璃纤维粗效滤材

玻璃纤维干层滤材（有人称之为蓬松毡）的特点是结构蓬松、挺括、弹性好、阻力小而容尘量大。

（1）美国 AAF 公司的 RENU FILTER 切块料或卷玻纤材料

使用风速　$v = 2.5 \text{m/s}$；

初阻力　　$\Delta P_0 = 42\text{Pa}$；

终阻力　　$\Delta P_1 \geqslant 3$，$\Delta P_0 = 126\text{Pa}$；

比色法效率　　$\eta = 20\%$；

所用玻璃纤维直径 $d_f = 19 \sim 50 \mu\text{m}$（混合交结成毡）；

人工尘计重效率　　$\eta \leqslant 75\%$（人工尘是用粉煤加炭黑混合而成）；

容尘量　在阻力上升至 $2\Delta P_0$ 时，$G = 800 \sim 1000\text{g/m}^2$；

滤材自由状态厚度　　$\delta = 40 \sim 50\text{mm}$。

（2）国产玻璃纤维"蓬松毡"粗效滤材

滤材自由状态厚度　　$\delta = 30\text{mm}$、50mm（两种）；

纤维直径　　$d_f = 25 \sim 30 \mu\text{m}$（混合）；

滤材阻力　　$\Delta P_c \leqslant 40\text{Pa}$。

过滤效率按现行标准 GB 12218—89 和 GB 13270—91 测试结果为：

模拟大气尘计重效率 $\eta = 62\% \sim 74\%$；

大气尘粒径分组计数效率

对 $\leqslant 2 \mu\text{m}$ 的尘粒 $\eta = 31\% \sim 35\%$；

对 $\leqslant 5 \mu\text{m}$ 的尘粒 $\eta = 62\% \sim 67\%$；

对 $\geqslant 10 \mu\text{m}$ 的尘粒 $\eta = 70\% \sim 72\%$。

3. 玻璃纤维中效滤材

自开始采用玻璃纤维填充层做过滤器以来，先后有过一些改良的玻璃纤维中效滤材试产试用。例如 HⅠ-FLD 袋式过滤器，OPAKFIL、CAM-OPAK 无隔板过滤器，AIROPAC 有隔板过滤器等系列产品大都是为满足引进设备配套或特殊现场（如有防火要求等）需要的；其中所配中效过滤器玻璃纤维滤材均由进口解决。

4. 玻璃纤维高效滤材

玻璃纤维滤材在高效和超高效空气过滤器生产中具有重要地位。制作采用高细、超细和微细玻璃纤维，其中微细玻璃纤维直径在 $0.5 \sim 0.08 \mu\text{m}$。用这些纤维制作高效空气过滤器，能保证电子工业所需洁净室达到 100（即在每立方米空气中不小于 $0.5 \mu\text{m}$ 的尘粒数目不多于 100 个）级，过滤器的净化率对 $0.3 \mu\text{m}$ 的尘粒为 $\eta = 99.999\%$。超高效空气过滤器则要保证洁净室达到 10 级。这种滤材用在仪表工业、医药及生物制品部门，对清除气流（如工艺用压缩空气）中微细杂质作用显著。国内的高效过滤器也常采用玻璃纤维滤材。

五、几种定型滤材

1. 粗效滤材

DV/G 型粗效过滤材料又分普通型及抗水型。主要用于清除 $5 \mu\text{m}$ 以上尘埃，广泛应用于高炉鼓风、大型制氧机、空压机的通风除尘以及电子、化工、医药、汽车等工业部门空调系统的初级过滤。折叠成密褶式、制成袋式过滤器，可增大过滤面积，提高强度，且阻力小，风量大，使用寿命长。其过滤性能见表 8-8 和图 8-8。

2. Dve/F 型大容尘量滤材

Dve/F 型中效过滤材料为逐层增加较细直径的纤维材料，抗拉强度高，阻力小，密实耐用，此类滤材主要用于除去 $1 \sim 5 \mu\text{m}$ 空气尘埃。通常可做成卷帘式、平板式及袋式过滤器，应用于电子、医药、汽车、仪器加工、中央空调等设备的通风除尘。其性能见表 8-9 和图 8-9。

3. DveJ／F6 型空气过滤棉

DveJ/F6 型过滤材料是选择不同粗细程度的不易碎纤维和黏合剂以不同的填充率分层填充，形成分级的滤尘方式。产品的出风面附有精编网状体，以提高过滤效率和容尘量，且不会使阻力太高。其性能见表 8-10，阻力特性见图 8-10。

表 8-8　DV/G 型滤材性能

型　号	厚度/mm	滤速/(m/s)	阻力/Pa		效率/%（计重法）	容尘量/(g/m²)	建议风量/(m³/h)
			初始	终了			
DV/G1	10～20	3.2	20～25	85～100	40～50	300～400	3500～9500
DV/G2	10～20	3.2	25～30	80～120	50～60	350～400	3500～9500
DV/G2	40	2.5	30～35	120～150	55～70	400～450	3500～9000
DV/G3	10～20	2.5	35～45	100～200	60～80	400～450	3500～9000
DV/G4	10～20	2.5	35～55	150～250	80～90	450～550	3500～9000
DVW/G4	8～12	2.5	35～60	150～300	85～93	450～650	3500～9000
DVJ/G4	10～15	2.5	40～55	150～300	80～85	500～600	3500～9000
DVS/G3	8～10	2.5	30～45	90～150	60～80	350～450	3500～9000
DVS/G4	10～15	2.5	45～65	150～250	80～92	450～550	3500～9000

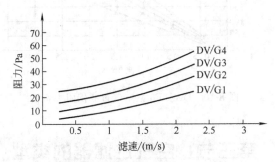

图 8-8　DV/G 型滤材阻力

表 8-9　Dve/F 型滤材性能

项目　　　　型号	厚度/mm	滤速/(m/s)	阻力/Pa		效率/%		容尘量/(g/m²)
			初始	终了	计重法	计数法	
Dve/F5	8～10	2	44～55	150～250	93	55	650
Dve/F6	8～10	2	50～65	200～300	95	75	600
Dve/F7	8～10	2	85～100	250～350	98	85	550
Dve/F7	8～10	2	90～100	270～350	98	85	550
Dvew/F8	8～10	1.5	100～150	300～400	99.5	95	500
Dvew/F9	8～10	1.5	120～180	400～450	99.9	97	400

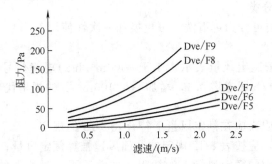

图 8-9　Dve/F 型滤材阻力特性

表 8-10　DveJ/F6 型高效空气过滤棉净化特性

型　　号	厚度/mm	滤速/(m/s)	初阻力/Pa	终阻力/Pa	效率/%	容尘量/(g/m²)
Dve-J$_0$	20	0.25	20	350	96.5	580
Dve-J$_1$	20	0.25	25	380	97.5	635
Dve-J$_2$	20	0.25	30	400	98.7	650
Dve-J$_3$	20	0.25	35	450	99.3	700
Dve-J$_4$	20	0.25	40	450	99.6	750

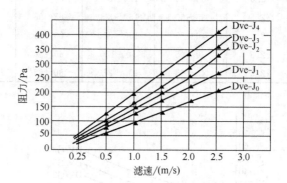

图 8-10　DveJ/F6 型空气过滤棉阻力特性

第三节　空气过滤器的类型

一、空气过滤器分类和性能

1. 按性能分类

按性能分类，可分为：①粗效过滤器，分成粗效 1 型过滤器、粗效 2 型过滤器、粗效 3 型过滤器、粗效 4 型过滤器；②中效过滤器，分成中效 1 型过滤器、中效 2 型过滤器和中效 3 型过滤器；③高中效过滤器；④亚高效过滤器。

2. 按型式分类

按型式分类可分为：①平板式；②折褶式；③袋式；④卷绕式；⑤筒式；⑥静电式。

3. 按滤料更换方式分类

按滤料更换方式分类可分为可清洗、可更换和一次性使用。

4. 按规格分类

过滤器的基本规格按额定风量表示，小于 1000m³/h 的规格代号为 0，1000m³/h 规格代号为 1.0，每增加 100m³/h 即递增 0.1，增加不足 100m³/h 的规格代号不变，见表 8-11。

5. 效率、阻力

① 过滤器的效率、阻力应在额定风量下符合表 8-12 的规定；

② 未标注额定风量，应按表 8-12 规定的迎面风速推算额定风量；

③ 在满足本标准规定的额定风量下的初阻力的情况下，过滤器的初阻力不得超过产品标称值的 10%。

表 8-11　型号规格代号

序　号	项目名称	含　义	代　号
1	产品名称	空气过滤器	K
2	性能类别	粗效过滤器	C1、C2、C3、C4
		中效过滤器	Z1、Z2、Z3
		高中效过滤器	GZ
		亚高效过滤器	YG
3	型式类别	平板式	P
		折褶式	Z
		袋式	D
		卷绕式	J
		筒式	T
		静电式	JD
4	更换方式	可清洗、可更换	K
		一次性使用	Y
5	规格代号	额定风量 800m³/h	0.8
		1000m³/h	1.0
		1100m³/h	1.1
		以下类推	以下类推
6	要求防火	有	H

表 8-12　过滤器额定风量下的效率和阻力（GB/T 14295—2008）

性能类别 \ 性能指标	代号	迎面风速 /(m/s)	额定风量下的效率(E)/%		额定风量下的初阻力(ΔP_i)/Pa	额定风量下的终阻力(ΔP_i)/Pa
亚高效	YG	1.0		$99.9 > E \geqslant 95$	$\leqslant 120$	240
高中效	GZ	1.5		$95 > E \geqslant 70$	$\leqslant 100$	200
中效 1	Z1	2.0	粒径 $\geqslant 0.5\mu m$	$70 > E \geqslant 60$	$\leqslant 80$	160
中效 2	Z2			$60 > E \geqslant 40$		
中效 3	Z3			$40 > E \geqslant 20$		
粗效 1	C1	2.5	粒径 $\geqslant 2.0\mu m$	$E \geqslant 50$	$\leqslant 50$	100
粗效 2	C2			$50 > E \geqslant 20$		
粗效 3	C3		标准人工尘计重效率	$E \geqslant 50$		
粗效 4	C4			$50 > E \geqslant 10$		

注：当效率测量结果同时满足表中两个类别时，按较高类别评定。

6. 容尘量

过滤器必须有容尘量指标，并给出容尘量与阻力关系曲线。过滤器实际容尘量指标不得小于产品 10%、

二、高效空气过滤器的分类和性能

1. 按结构分类

按过滤器滤芯结构分类可分为有隔板过滤器和无隔板过滤器两类见表 8-13。

2. 按效率和阻力分类

(1) 高效空气过滤器的分类　按 GB/T 6165 规定的钠焰法检测的过滤器过滤效率和阻力性能，高效空气过滤器分为 A、B、C 三类。

表 8-13　规格型号代码

序号	项目名称	含义	代号
1	产品名称	高效空气过滤器	G
		超高效空气过滤器	CG
2	结构类别	有分隔板过滤器	Y
		无分隔板过滤器	W
3	性能类别	按效率、阻力高低分六类	A、B、C、D、E、F
4	耐火级别	按结构耐火级别分三级	1、2、3

（2）超高效空气过滤器的分类　按 GB/T 6165 规定的计数法检测过滤器过滤效率和阻力性能，超高效空气过滤器分为 D、E、F 三类。

3. 按耐火程度分类

根据 GB 8624 规定，过滤器按所使用材料的耐火级别分为 1、2、3 三级。

4. 检漏

对 C 类、D 类、E 类、F 类过滤器及用于生物工程的 A 类、B 类过滤器应在额定风量下检查过滤器的泄漏。过滤器厂商可选择定性试验（如大气尘检漏试验）或者定量试验（局部透过率试验）来确定过滤器是否存在局部渗漏缺陷。表 8-14 给出了定性以及定量试验下的过滤器渗漏的不合格判定标准：

表 8-14　定性以及定量试验下的过滤器渗漏的不合格判定标准

类　别	额定风量下的效率/%	定性检漏试验下的局部渗漏限值/粒/采样周期	定量试验下的局部透过率限值/%
A	99.9（钠焰法）	下游大于等于 $0.5\mu m$ 的微粒采样计数超过 3 粒/min（上游对应粒径范围气溶胶浓度需不低于 $3×10^4/L$）	1
B	99.99（钠焰法）		0.1
C	99.999（钠焰法）		0.01
D	99.999（计数法）	下游大于等于 $0.1\mu m$ 的微粒采样计数超过 3 粒/min（上游对应粒径范围气溶胶浓度需不低于 $3×10^6/L$）	0.01
E	99.9999（计数法）		0.001
F	99.99999（计数法）		0.0001

在大多数情况下，宜选择扫描检漏来判断过滤器是否存在局部渗漏缺陷。而当过滤器的形状不便于进行扫描检漏试验时，可采用其他方法（如检测 100% 风量和 20% 风量下的效率测试、烟缕目测检漏试验等）进行检漏试验。

5. 效率

① 应按 GB/T 6165 的要求进行检验，高效及超高效过滤效率应符合表 8-15、表 8-16 的规定。

表 8-15　高效空气过滤器性能（GB/T 13354—2008）

类别	额定风量下的钠焰法效率/%	20% 额定风量下的钠焰法效率/%	额定风量下的初阻力/Pa
A	99.99＞E≥99.9	无要求	≤190
B	99.999＞E≥99.99	99.99	≤220
C	E≥99.999	99.999	≤250

表 8-16　超高效空气过滤器性能（GB/T 13554—2008）

类别	额定风量下的计数法效率/%	额定风量下的初阻力/Pa	备注
D	99.999	≤250	扫描检漏
E	99.9999	≤250	扫描检漏
F	99.99999	≤250	扫描检漏

② 若用户提出其所需 B 类过滤器不需检漏，则可按用户要求不检测 20% 额定风量下的效率。

6. 其他

① 对于空气过滤器的效率分类方式和规格性能各国不尽相同。

② 大气中尘埃的粒径与各类过滤器的对应范围见图 8-11。

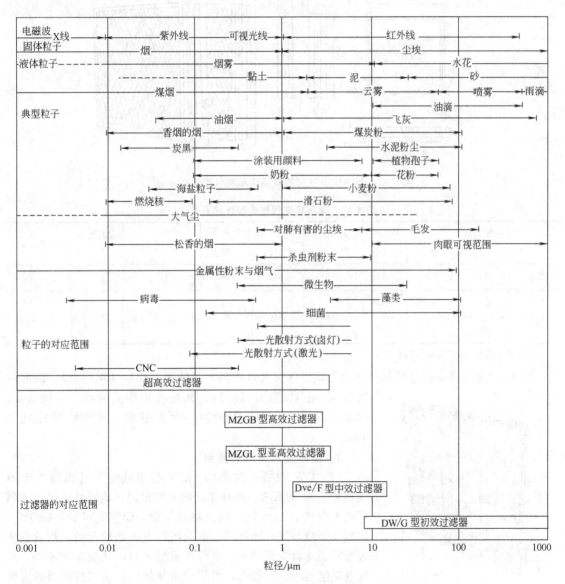

图 8-11　大气中尘埃的粒径与各类过滤器的对应范围

三、粗效空气过滤器

粗效过滤器形式多样，在许多进气净化的场合使用。常用的粗效过滤器有填充过滤器、泡沫塑料过滤器、网格过滤器、自动卷绕过滤器和袋式过滤器等。

1. 填充式空气过滤器

图 8-12 为填充式过滤器的结构示意。其单体由两个平行的金属网框体组成，滤材夹持于网框之中。滤材采用经树脂处理的玻璃纤维毡，厚度为 18mm，压缩密度为 $70kg/m^3$。玻璃纤维直径不大于 $18\mu m$。

按过滤器的面积大小可分为 D 型（大型）和 X 型（小型）两种。按面板形式不同又可分为 A、B 型。这种过滤器的技术参数见表 8-17。

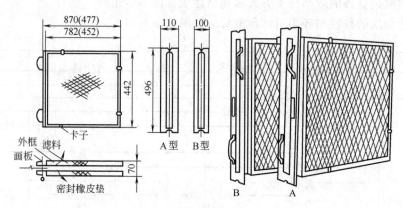

图 8-12　填充式空气过滤器结构示意（单位：mm）

表 8-17　填充式空气过滤器技术参数

型号	标准风量 /(m³/h)	阻力/Pa		容尘量① /(g/m²)	大气尘过滤效率/%		外形尺寸/mm	过滤面积 /m²	质量/kg
		初	终		比色法	计量法			
X 型	200	90	200	＞50	≥40	≥60	496×477×110	约0.4	4.0
D 型	200	60	200	＞90	≥40	≥60	496×807×110	约0.7	7.2
	300	105	200						

① 指每个填充式空气过滤器的容尘量。

图 8-13 为可供多种滤料选择的填充式粗效空气过滤器，其效率≥88%（重量法），迎面风速为 3.0m/s，阻力≤80Pa，国际通用端面模数，结构紧凑，厚度为 50mm，活动防护网，方便更换。其性能指标见表 8-18。

图 8-13　填充式空气过滤器

2. 粗效袋式空气过滤器

（1）CW 型袋式过滤器　CW 型粗效空气过滤器用于通风机组、空调系统、净化系统的空气过滤。该粗效空气过滤器可除去空气中 $5\mu m$ 以上的大颗粒灰尘，使空气得到初级净化，以减少中效空气过滤器乃至高效空气过滤器的负荷。粗效空气过滤器的滤料为无纺布。其外形见图 8-14，性能见表 8-19，其特点是阻力小，风量大，可多次重复使用。袋式过滤器的安装方法见图 8-15。

表 8-18　填充式空气过滤器性能指标

型　号	规　　格				主要性能指标				材　料	
	宽×高×深 (W×H×D)/mm	过滤面积 /m²	额定风量 /(m³/h)	效率/%	初阻力 /Pa	工作温度 /℃	耐火等级	外壳	滤料
CT01	610×610×50	0.36	400	≥88 (重量法)	≤80	≤60	1	碳钢镀锌	玻纤毡
CT02									
CT03									
CT04								不锈钢	无纺棉
CT05									
CT06									

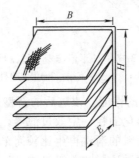

图 8-14　袋式过滤器外形

表 8-19　粗效袋式过滤器性能

型号	尺寸/mm			滤速 /(m/s)	风量 /(m³/h)	阻力/Pa		大气尘计数效率/%			
	B	H	E			初	终	≥0.5μm	≥1μm	≥2μm	≥5μm
CW-1	520	520	610	约0.2	2200	35	100	7.5	12	28	56
				约0.45	5000	75	150	5.5	15	43	75
CW-2	440	470	500	约0.2	1500	35	100	7.5	12	28	56
				约0.45	3500	75	150	5.5	15	43	75

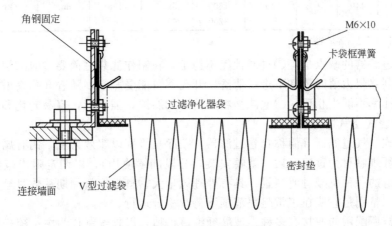

图 8-15　袋式空气过滤器安装方法

　　(2) 泡沫塑料过滤器　泡沫塑料过滤器通常都制成箱式的,有不同的形式,其中最广泛采用的是 M 形泡沫塑料过滤器 (见图 8-16),它由金属框架和泡沫塑料组成。泡沫滤材在箱体内制成折叠式,以扩大其过滤面积。泡沫塑料层的厚度为 10~15mm。含尘空气通过滤材过滤后，粉尘积聚于滤材层内，当阻力达到额定的终阻力（一般为200Pa）时，将泡沫塑料滤材取下来，用水清洗、晾干后再用，清洗后滤材性能有所降低。

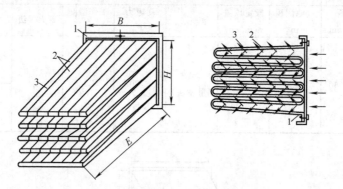

图 8-16　M 形泡沫塑料过滤器
1—边框；2—铁丝支撑；3—泡沫塑料滤层

表 8-20 为 M 形泡沫塑料过滤器的性能。改进后的新型过滤器较表中性能更好。

泡沫塑料过滤器可以用作空气净化的粗、中效过滤器，如医院、化工厂、食品厂、制药厂和冶金工厂的变电室等。由于泡沫塑料的清洗再生比较简单，易重新恢复使用，因而可用于空气浓度较高的场合，或用于高、中效过滤器的前级过滤。泡沫塑料过滤器的优点是轻便、阻力低、容尘量高、可水洗复用和维护方便等。

表 8-20　M 形泡沫塑料过滤器的性能

型　号	外形尺寸/mm			过滤层厚/mm	处理风量/(m³/h)	初阻力/Pa	终阻力/Pa	容尘量①/(g/m²)	过滤面积/m²	大气尘计重效率/%
	B	H	E							
M-Ⅰ	520	520	610	15	2000	39.2	198	800	3.2	70
					4000	68.7				
M-Ⅱ	470	440	700	15	2000	39.2	198	800	2.3	70
					4000	68.7				
M-Ⅲ	520	520	610	16	2000	9.8	198	1400	3.2	55
					4000	19.6				
M-Ⅳ	470	440	700	15	1600	39.2	198	550	2.3	70
					3200	68.7				

① 指 M 形泡沫塑料过滤器的容尘量。

泡沫塑料过滤器的缺点是：①过滤性能不稳定，在制作滤袋之前要对泡沫塑料片进行开孔处理，使用达到终阻力值时要卸下进行清洗，开孔率可能受影响，随着开孔率增大，阻力和效率均下降；开孔率不够则相反；②泡沫塑料不耐溶剂腐蚀，强度低，容易老化和损坏。

3. 自动卷绕式空气过滤器

自动卷绕式空气过滤器（简称自卷过滤器）按净化级别以粗效为主，偶有属于中效过滤器范围。它是以纤维卷材为过滤介质（整卷安装，分段陆续使用），以调定阻力范围为界限，进行自动更换滤材的一种机械过滤装置。具有处理风量大、整卷换料周期从数月至 1 年、维护工作量小等特点。特别是它能在正常阻力范围下持续稳定运行。

自卷过滤器所配用的滤材有多种：玻璃纤维蓬松毡，以长丝制作为主；疏松的化纤无纺织布，也有类似纸张的纤维卷材。对于按平板形布置通风面的过滤器（简称平板形），由于过滤风速大，常在 2～3m/s 左右，为了保持低阻力和高容尘量，选用滤材应具良好的透气性，一般要求其空隙率大于 98%。为降低阻力，人们还设计了多种扩大过滤面积的机架形式。

按滤材工作面布局形式，自动卷绕过滤器有平板形、V 形和 S 形三种。

（1）平板形自动卷绕过滤器　平板形是工业通风系统中最常采用的过滤器形式。应用较多的结构形式是 YJ_4 型，其详细结构尺寸已纳入全国通用采暖通风标准图集 T523。这种自动卷绕过滤器已编成系列尺寸，可根据需要选用。

① 工作原理。图 8-17 为 YJ_4 型自动卷绕空气过滤器工作原理。含尘空气通过滤面时，灰尘被过滤下来，空气得到了净化。由于过滤面上积存的灰尘越来越多，过滤器前后空间的压差也越来越大。这两个静压值分别由安装在过滤器前后两个房间（或风道）内壁上的静压管传送到自动控制器中去。当静压达到预定的上限数值时，自控器中的微压差传感器接通电路，启动自动卷绕空气过滤器的卷料电机。通过减速装置辊开始动作，把污料徐徐收卷起来。同时，上箱内的洁净料被相应拖出，补充于过滤工作面上，投入使用。随着净料的下移，过滤器前后的静压差立即开始下降，当它降到预定的下限数值时，微压差

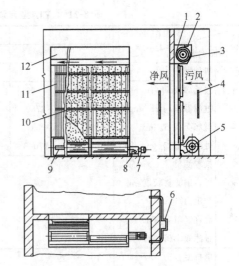

图 8-17　YJ_4 型自动卷绕空气滤器工作原理
1—压板；2—行程开关；3—清洁滤材；4—静压管；5—积尘滤材；6—自动控制器；7—电机；8—减速器；9—下料辊；10—压料栏；11—挡料栏；12—上箱

传感器内触点脱开，电路被切断，更料也就停止。这样周期性重复，直至全卷净料被拖用完毕时，装在上料箱顶的行程开关（有时也称卷终开关）闭合，发出报警信号，同时切断卷料电机的电路，停止更料动作。直至新的卷料安装完毕，行程开关复位以后，电路才能恢复正常工作。

这种型号过滤器结构合理，性能稳定，可在动力设备和工艺需要通风的各种送风系统采用。在环境粉尘浓度高（如大于 $5mg/m^3$）的场所采用时，可以安装于多级空气过滤的第二级，而其前面安装惰性预级除尘器或各式百叶除尘器等。在一般通风和空调系统或洁净车间使用时，YJ_4 型自动卷绕空气过滤器或单独使用或作预级过滤装置均可。过滤器由滤材、机架和自动控制装置三部分组成。滤材可选用 WY-CP 型无纺布化纤滤材，其额定面平均风速为 2.5m/s。初阻力可根据现场实际条件设定，通常在 100Pa 以下，平均使用阻力小于 180Pa。

② 机组选择。YJ_4 型自动卷绕空气过滤器的过滤面积由方块机架单元组合而成。机架单元按宽度有 5 种规格（1250～2050mm），高度有两种基本规格（1000mm、1500mm），选用时可排列组合成为各种需要的机组尺寸。处理风量 13000～172000m³/h，由于过滤材料阻力较低，传动方式简单，每套电机传动机构可以带动 1～3 台过滤器。这样，在风量大的系统中，过滤器可以按平面一字形安装，与风的吹动方向垂直；也可以分上下层安装或者按 V 形斜排安装，以节省滤风室的垂直断面宽度。总之，根据用户的需要风量和场地尺寸，可有多种排列组合方式进行布置。以常用四种机架宽度，两种高度为例，机组的技术性能见表 8-21。按照调定的阻力范围进行滤材卷收，即当过滤阻力达到终端调定值时，线路接通，电机启动。主轴旋转，将污料从下部卷收起来，上面的清洁料随之下移，补充于工作面上。与此同时，过滤器阻力随之下降，当阻力达到设定下限时自控器线路断开，卷料动作停止。

③ 过滤器阻力显示。自动控制器安装在空气处理室外，操作人员经常可以观察空气处理室过滤阻力状况。有时，阻力也同时在中心控制室显示，并设有手动控制按钮。

④ 料终报警。当全卷新滤材（洁净料）用完以后，限位开关动作，接通报警信号红灯或电铃，值班人员应安排整卷更换滤材。

表 8-21　YJ₄ 型自动卷绕空气过滤器机组技术性能

机组型号		101		102		103		104	
净面宽度/mm		1000		1200		1400		1600	
工艺	机架宽 B/mm	1250		1450		1650		1850	
	过滤高度 H_0/mm	2500	3000	2500	3000	2500	3000	2500	3000
	过滤器总高 H/mm	3280	3780	3280	3780	3280	3780	3280	3780
	过滤面积 S_a/m²	2.5	3.0	3.0	3.6	3.5	4.2	4.0	4.8
	处理风量 Q/(m³/h)	22500	27000	27000	32000	31500	37800	36000	43000
滤料	推荐滤材	化纤无纺布滤材 WY-CP-200，WY-CP-9 等							
	可容纳滤材长度/m	32～20							
	初阻力/Pa	70～120							
	允许终阻力/Pa	200～350							
	过滤效率(计重)/%	75～83							
机械	电机型号	JO₃801(0.55kW)							
	减速器速比 i	256							
	传动系统总速比 i	768							
	卷料轴转速/(r/min)	1.3							
	拖动台数/套	3							
	外形尺寸(单台)/mm	1710×3280/3780×780		1910×3280/3780×780		2110×3280/3780×780		2310×3280/3780×780	
	设备总重/kg	289		330		336		377	
采用相应图册		T523(二)		T523(三)		T523(四)		T523(五)	

注：1. 这里只按单台机考虑。

2. 平均使用风速为 $v=2.5$m/s。

操作机动按钮需要手动控制时做必要的调整。

本控制图中的传感元件 Y-水位式微压差计，是在这种过滤器研制推广初期的一种装置。后来用 CPK-1 型薄型式微差压控制器等，效果一样。

这种按过滤室内平均压差统一启闭电机（卷料）的自控方式适用于 3 台以下过滤器的小系统。对装有多套装置的大系统，则采用每套单独控制更好。

除 YJ₄ 型外，还有一些平板形自动卷绕空气过滤器，其结构形式与 YJ₄ 型不同，如用钢丝网为挡料背衬，配用玻璃纤维长丝蓬松毡，或者配用其他规格化纤滤材等的过滤器。

（2）V 形自动卷绕过滤器　V 形自动卷绕过滤器中应用较多的是 ZJK-1 型，该系列产品在机械制造企业应用较广。其结构如图 8-18 所示。该过滤器采用化纤滤材、薄膜式微差压控制，安装方式可根据需要选择单台独用或多台并联形成机组。

V 形自动卷绕过滤器其结构形式比平板形节省占地面积，能充分利用安装空间，扩展了滤材布置面，达到降低滤速和过滤阻力的目的。

对这种形式的过滤器，必须解决转角灵活及滤材对转折辊包角的合理布置问题。

（3）S 形过滤机组　S 形过滤机组是继平板形和 V 形自动卷绕过滤器应用并形成系列产品之后的进一步发展。这种形式过滤机组是为了满足老设备更新换代而研制的。为了充分利用空间，节省占地面积，同时又提高净化级别、方便维护，YJ₄ 型自动卷绕空气过滤器采用了过滤辊筒支撑架，将滤材支撑为 S 形工作面，可轻便灵活地传递，进行污料卷收。由于滤材面积扩大，其阻力相对下降，在不增加原有风机压力的条件下还可以增添第二节过滤装置。

YJ₄ 型过滤机组由 YJ₄ 型自动卷绕空气过滤器和 10 块 WGZ-1 型中效过滤器组成。机组的主要技术性能如下。

处理风量　20000～27000m³/h；初阻力　137～206Pa。

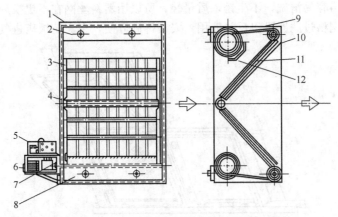

图 8-18 ZJK-1 型自动卷绕过滤器结构示意

1—外框；2—上箱；3—滤料滑槽；4—改向轴；5—自动控制箱；6—支架；7—双级蜗
轮减速器；8—下箱；9—滤料；10—挡料栏；11—压料栏；12—限位器

人工煤粉尘过滤效率（计重法测）　第一级 87.5％，机组总效率 97％～99％。

过滤面积　第一级 3.65m²，第二级 42.00m²。

过滤风速　第一级小于 2.1m/s，第二级小于 0.16 m/s。

驱动电机功率　120W。

设备外形尺寸　1250mm×1290mm×3200mm。

自控方式与其他自动卷绕过滤器相同

过滤器配用滤材　第一级 WY-CP-200，第二级 PP-FK₁。

第一级滤材以涤纶为主的预级滤材，单重 200g/m²；第二级滤材为聚丙烯毡，具有密度梯度，质轻、价格较低，过滤性能好。图 8-19 是这种过滤器的侧面视图，图中滤材的布置用虚线表示。

自自动卷绕过滤器问世以后，应用范围由冶金、机械、煤炭等工业企业送风系统扩展到图片洗印、办公大厅、洁净室等多种供风场所。

4. 网格空气过滤器

网格空气过滤器通常由金属网格过滤层和框架或塑料丝网过滤层所组成。这种过滤层可以是多层的，丝网前后交错。当气流通过这些网格层时，方向不断改变，在惯性、拦截、扩散等机理的作用下，尘粒碰撞到丝网而黏附于其上。在丝网上覆盖某些油性流体可以防止尘粒二次重返气流。油的表面张力应足够小，以使粉尘易渗入油内。粉尘一旦进入油内，最好能扩散开，不停留在某一个地方，而是渗入到过滤器的深部，以增加过滤器的容尘量。这就要求油的毛细作用有足够大，要求油是不可燃的，要无毒、无菌和不易蒸发并在使用期内不变质。

网格过滤器由 12～18 层波纹状网格所组成，如图8-20所示，外形尺寸为 520mm×520mm，每块标准处理风量为 1500m³/h（过滤风速约为 1.7m/s），初阻力为 40Pa，终阻力为 100Pa 左右，容尘量可达 150～200g/m²，对大气层的净化效率为 50％～60％。当过滤器达到额定阻力后，需将其取下，用碱水（例如含碱 10％的 60℃的温水）将油污洗净（也可用蒸气清洗），晾干后重新浸油再用。

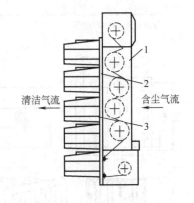

清洁气流　　　　　含尘气流

图 8-19 YJ₄ 型自动卷绕空气
过滤器机组（侧视）

1—YJ₄ 型自动卷绕式空气过滤器；
2—连接框架；3—WGZ-1 袋式
中效过滤器

塑料丝网比金属网格容易清洗，不生锈，质量轻，所以用塑料丝网在不更换外框的前提下替代金属网格效果颇佳。网格过滤器可以反复使用，安装拆卸方便，在宾馆饭店进气过滤中经常采用。

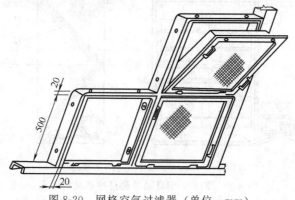

图 8-20　网格空气过滤器（单位：mm）

四、中效空气过滤器

常用的中效过滤器有无纺布中效过滤器、紧缩型匣盒过滤器、自洁式过滤器和电子过滤器等。中效过滤器主要用于空气压缩机房、计算机房、医院手术室、化学工厂、药厂、食品厂、长途通信程控交换室和电子器件厂等。

1. 无纺布中效空气过滤器

这种类型过滤器采用 WY-CP 无纺布系列产品（以涤纶为主要原料）制成。产品可用在一般空调工程中作第一或第二级空气过滤器。其技术性能如表 8-22 所列。结构形状如图 8-21 所示。这种过滤器结构简单，阻力很低。

表 8-22　WD、WV、WZ 型无纺布中效过滤器技术性能

型　号	外形尺寸(长×宽×高)/mm	过滤面积/m²	风量/(m³/h)	初阻力/Pa	人工尘效率/%	容尘量[①]/(g/m²)	质量/kg
WD-Ⅰ	600×500×500	3.0	2000	37	80	690	4.3
WD-Ⅱ	600×570×570	3.5	2000	35	80	805	4.7
WD-Ⅲ	700×520×490	3.5	2000	35	80	805	4.5
WD-Ⅴ	500×500×500	2.0	2000	39	80	460	13.4
WD-Z	500×500×500	2.5	2000	39	80	575	7.3

① 指每台过滤器的容尘量。

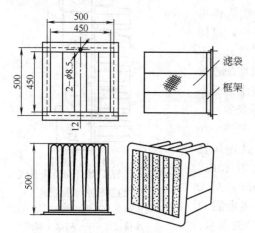

图 8-21　WD-Ⅰ型过滤器结构（单位：mm）

2. 袋式空气过滤器

（1）耐水洗型袋式过滤器　耐水洗型袋式过滤器采用特制化纤滤材制作。滤材不带静电，有两种规格，所制产品的过滤效率分别为（人工尘计重法）80%、90%，相当于粗效和中效过滤器。DA1/SC 系列产品的尺寸和推荐风量等列于表 8-23。

本系列产品的特点如下。

① 耐水洗：一般使用寿命 2 年以上，其间可以水洗 10 次。

② 阻力小：比效率相同的类似产品阻力要低 20%～50%。

表 8-23　DA1/SC 袋式过滤器系列

型　　号		外形尺寸	袋数/个	有效滤面	推荐风量	中值阻力/Pa
通　用	区别部分	(宽×高×深)/mm		面积/m²	/(m³·h)	
DA1/SC	6635/06-G3	592×592×350	6	2.44	2500～5000	40
	3635/03-G3	287×592×350	3	1.22	1250～2500	40
	5635/05-G3	490×592×350	5	2.03	2000～4000	40
	9635/09-G3	897×592×350	9	3.65	3750～7500	40
DA1/SC	6635/06-G4	592×592×350	6	2.44	2500～5000	60
	3635/03-G4	287×592×350	3	1.22	1250～5000	60
	5635/05-G4	490×592×350	5	2.03	2000～4000	60
	9635/09-G4	897×592×350	9	3.65	3750～7500	60

③ 性能稳定：由于不受静电的影响，没有因水洗或久用消失静电而引起的效率下降。该过滤器可用于中央空调和集中送风系统，既可与其他过滤器串联安装做预级过滤器，也可以单独使用，可对净化级别要求一般的建筑物送风，如超级市场、工业厂房的通风进行净化处理。

（2）DA1/GF 系列袋式过滤器　该系列产品的尺寸规格与耐水洗型袋式过滤器相同，其规格较全。全部属于中效至亚高效过滤器。过滤器性能因所用玻璃纤维毡的规格而异，其比色法效率分别为 45%、65%、85%、95% 以上。在中等风速时，初阻力相应为 55～60Pa、70～75Pa、100～125Pa 以及 130～145Pa（效率 90% 以上者都属这种）。这种产品效率范围广、阻力低、使用寿命长，而且具备防火特性，适合在某些特殊场所应用。

（3）使用注意事项　袋式空气过滤器在运行中能否保持滤袋正常形态对过滤器工作极为重要。形态不佳或相对不稳定的滤袋在使用中会产生局部蜗流、死角、互相重叠、甚至袋间拍甩、摩擦等，妨碍气流均匀，从而使阻力上升很快，使其更换频繁。在良好状态下使用的滤袋其容尘量可能成倍上升，所以袋与袋之间的气流通道应有保证。对材质软、形态很扁的滤袋应限制深度，特别应注意袋间不宜距离过小。也不宜采用一端卡住的悬挂安装方式。安装时四周的气密性很重要，必须严密无漏气。使用前经检查无漏气可能方可投入使用。

3. 紧缩型匣盒过滤器

这种尺寸紧缩型的匣盒过滤器原则上可由不同过滤材料制成，可以根据需要附加各种补充材料如防静电材料、阻燃材料、防油质和憎水性材料等。

德国沙士吉特过滤公司开发的材料：材料型号为 GMT3574-MF/BB；材料结构为带底布的聚酯纤维针刺毡、附有防静电和自消火薄膜覆盖层，单重为 550g/m²；透气性（DIN53887）为 20cm³/(cm²·s)；厚度（DIN53855/1）为 1.8mm；体积密度为 0.24kg/m²；断裂伸长（DIN53857/2）为 15%（纵向），19%（横向）；断裂强度（DIN53857/2）为 900N（纵向），1200N（横向）；耐温性能为 130℃（常负荷），140℃（峰值）。以这种材料制成褶皱匣盒式过滤器。为了清除积尘，使滤材经常处于正常工作状态，在清洁气一侧设有喷吹装置，采用压缩空气引射洁净空气，对滤材进行反吹清灰。由于在滤材迎风面覆盖有憎水微孔及丙烯泡沫表面层，其微孔尺寸只有 3～8μm，既具有使积尘成层、形成辅助过滤的能力，同时也易于清洗再生。

试验的滤材表面的过滤速度分别为 2m/min、2.78m/min，入口含尘质量浓度为 2000mg/m³ 时，滤件阻力损失分别为 1200Pa、2200Pa；将入口含尘质量浓度增至 10g/m³ 时，阻力损失相应为 1400Pa、2350Pa。过滤效率在上述入口含尘质量浓度范围内，其相应净化效率为 99.98% 以上。这实际上可以在工业厂房通风系统中配用，相当于除尘器。

脉冲喷吹清灰装置的紧缩型匣盒过滤器，其形状有圆柱形或圆锥形的如图 8-22(a)、(b)

所示，也有平板匣盒形的如图 8-22(c) 所示。其可用若干节单件串接组成一个较长的过滤芯，相当于袋式除尘中的滤袋。褶皱滤纸 1 是安装在衬网筒 2 之外，两头固定在安装端板或连接卡口上，在滤芯内侧端头安装反吹文氏管。

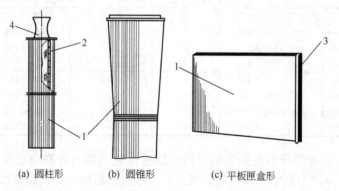

(a) 圆柱形　　(b) 圆锥形　　(c) 平板匣盒形

图 8-22　褶皱形过滤单元件

1—褶皱滤纸；2—衬网；3—安装接口；4—反吹文氏管

4. 自洁式空气过滤器

自洁式空气过滤器是应用多褶皱滤材制作成的一种过滤机组，是与燃气轮机、大型鼓风机、制氧机等大型动力设备配套的较新的空气滤清装置。SCAF 自洁式过滤器过滤基本单元为滤筒，若干滤筒组成标准模块。例如处理风量为 14400m³/min 的 SCAF 是由 40 个标准模块组成的，每个标准模块包括 24 个滤筒，处理风量为 15m³/min，整个过滤机组共有 960 个滤筒。每个滤筒平均为 900m³/h，滤筒尺寸可有不同规格，其中之一如图 8-23 所示。这种滤筒的技术性能：过滤效率大于 99.9%（计重法）；初阻力在流量为 1000m³/h 时为 135Pa；有效过滤面积为 21.4 m²。滤筒在使用中配有脉冲喷吹清灰和相应的自控装置。滤材是防水型过滤纸，可在任何天气条件下正常使用，具有抗水雾特性。

自洁式空气过滤器有如下特点：①在微机或控制仪控制下实现空气过滤元件自动清洁，有三种自洁模式，即为定时自洁、定压自洁和手动自洁；②过滤尘粒效率高，在潮湿地区工作受影响不大；③阻力损失小，小型过滤器阻损小于 250 Pa，大型过滤器阻损为 600 Pa 左右（初始状态），并有仪表显示；④安装方便，自洁过滤器出口集气管可 360° 任意连接，不受安装位置影响；⑤自洁用压缩空气压力依入口粉尘而定，一般压力为 0.2～0.6MPa；⑥过滤元件使用寿命因地而异，在一般环境条件情况下，过滤元件更换周期 0.5～2 年。

自洁式空气过滤器应用范围较广，如各行业各种类型的空压站，小容量压缩机可多台合用，大容量压缩机一台配一台。钢铁的高炉鼓风机室、制氧机的原料空压机、各种容量的燃气轮机、需较长时间运转的柴油机、纺织工业的空调送风系统以及空气含尘量要求较高的集中空调系统等。

自洁式空气过滤器工作原理见图 8-24，工作分为过滤过程和自洁过程两种情况。

（1）过滤过程　自然空气靠空气压缩机或风机

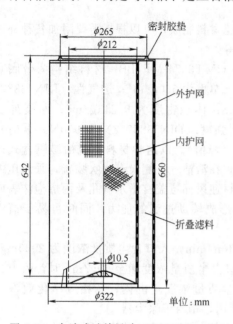

图 8-23　自洁式滤筒尺寸（TONG3266-F6）

的负压吸气作用，从粗过滤箱 1 进入，再经过高效过滤元件 2 由于动力惯性扩散，接触阻留等综合作用，尘埃吸附在高效过滤元件（滤筒）上，洁净空气从密封垫圈 3 再经过文氏管 4 到滤洁箱 5 排到集气箱 6，再从滤洁空气出口管 7 至进气系统。

（2）自洁过程　空气通过过滤器时，尘埃被吸附在元件上，用定时的方式，由微机按顺序控制反吹自洁过程，当过滤元件阻损超过过滤阻损指标时进行报警，由微机用定压差的方式进行连续反吹自洁或用手动自洁方式，直至阻损保持在指标内而恢复原来的定时反吹自洁的方式进行工作，反吹自洁将沉降的颗粒尘埃吹落到地面上。上述为一组滤筒的自洁过程，喷吹装置脉冲阀的（喷吹时间为 0.1～0.2s）其他过滤器元件照常工作。每组过滤元件的反吹间隔时间依大气中粉尘量而定。

自洁式空气过滤器的技术性能见表 8-24。

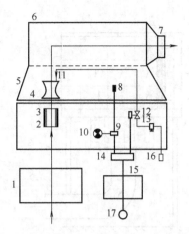

图 8-24　自洁式空气过滤器工作原理
1—吸入空气粗过滤箱；2—高效过滤元件；3—密封垫圈；
4—文氏管；5—滤洁箱；6—集气箱；7—滤洁空气出口管；8—负压差控制器；9—负压差控制器；10—负压差报警器；11—滤洁喷嘴；12—气控制阀；
13—油水分离器；14—编程控制器；
15—电脑箱；16—压缩空气入口
17—电源接线端子

表 8-24　自洁式空气过滤器技术性能

规　　格		MFS 6	MFS 12	MFS 15	MFS 20	MFS 30	MFS 50	MFS 60	MFS 100	MFS 300	MFS 500	MFS 600	MFS 700	MFS 800	MFS 1000
处理空气量/(m³/min) 吸入状态		40	90	120	160	250	450	540	1000	3000	5000	6000	7000	8000	10000
初始过滤阻损/Pa		<250				<350					<650				
过滤精度/μm　效率/%		≥1/99.6				≥2/99.8				≥3/99.9			≥4/100		
功率/W		100	150	150	200	200	300	300	450	450	700	700	700	700	700
消耗压缩空气量 /(m³/min)		0.1				0.2			0.3			0.4			
外形尺寸/m	长	1.6	2.1	2.5	2.7	3.2	5	5	6.6	10	10	10.8	10.8	11.6	12
	宽	1.2	1.6	1.6	2.1	2.7	2.7	3	2.2	4.4	6.6	6.6	8.8	8.8	8.8
	高	2.9	3	3.4	3.6	4.1	4.5	4.5	5.9	6.65	7.25	7.45	7.65	7.85	8.25

5. 双级空气过滤器

KLQ 空气过滤器采用先进的方框式双芯两级空气过滤结构，其优点是：流量大，阻力小，生产率高；过滤效率比通常的一级过滤的空气过滤器高得多；结构简单，维护简便，方框式两级空气过滤器结构不含任何动力机构，不需要进行频繁的反吹空气再生，也没有反吹产灰回流产生二次污染的问题，工作稳定，日常维护简便。

KLQ 空气过滤器有可能组合成多种规格，其进风量可为 (2～20)×10⁴ m³/h。

（1）KLQ 空气过滤器系统结构与工作原理　见图 8-25。从图 8-25 可以看出：系统主要由 9 个主要部件组成。立式塔架顶部安装有过滤元件安装支架，一级方框过滤元件与二级方框过滤元件均安装于支架上。立式塔架使空气过滤器处在较高处，引进较为清洁的空气，大气受压

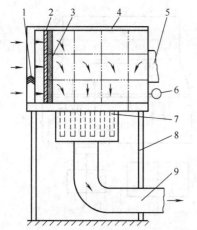

图 8-25 KLQ 空气过滤器结构与工作原理
1—防雨栅栏；2—初级空滤芯；3—高效滤
芯；4—滤芯装支架；5—旁通进气门；
6—压差显示表；7—消音器；8—立
式塔架；9—导风管

缩机或风机负压的抽吸作用，从防雨栅栏进入一级方框过滤元件，再经过二级方框过滤元件，然后进入内腔消音器，净化后的空气经净气导风管向下输送至需要洁净的空气动力设备，这就完成了空气的过滤过程。KLQ 器过滤效率超过 99.7%（2μm）。

（2）KLQ 空气过滤器的过滤性能 KLQ 空气过滤器的过滤性能见表 8-25。

五、高效空气过滤器

高效空气过滤器主要用于洁净室、洁净厂房的终端空气过滤。高效空气过滤器用超细玻璃纤维纸、合成纤维滤纸作为过滤材料。采用钠焰法或油雾法检测，其效率应在 99.9% 以上。高效空气过滤器外形如图 8-26 所示。

高效空气过滤器按过滤器滤芯结构分为有分隔板过滤器和无分隔板过滤器两类。

表 8-25 KLQ 空气过滤器的过滤性能

名　　称	一级方框滤芯	二级方框滤芯
型　　号	KL1-NF(10)	KL1-NF(0.2)
过滤介质	空气	空气
过滤级别	粗效	高中效
外框材质	电化镀锌钢板	电化镀锌钢板
过滤介质	短纤维棉	玻璃纤维
过滤精度/μm	10	2
过滤效率/%	98	99.97
风量(标准状态)/(m³/h)	3400	3400
外形尺寸/mm	598×598×50	592×592×305

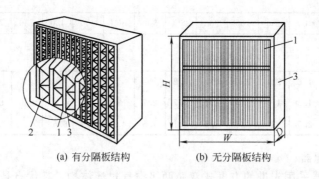

(a) 有分隔板结构　　　　　(b) 无分隔板结构

图 8-26 高效空气过滤器外形
1—滤纸；2—分隔板；3—外壳

1. 隔板空气过滤器

隔板空气过滤器用作高中效、亚高效和高效过滤器，由过滤纸、分隔纸、分隔板、密封胶、外框等组成。滤材往返折叠多次，中间用波纹状分隔板隔开，在一定的体积内可以极大地增加过滤面积（为迎风面面积的 50～60 倍），降低滤速，保证过滤器有较高的过滤效率、较低的阻力和较大的容尘量。

根据具体要求不同，外框的材质可以是木板、层压板、塑料板、铝合金板、薄钢板，甚至用不锈钢板等。

波纹状分隔板的作用是将折叠形滤纸隔开以形成空气通道。过去的波纹板通常是用优质牛皮纸经热滚压形成不同尺寸的波峰和波距。为了防止分隔板受冷、热、干、湿的影响而发生伸缩，同时也是为了固定波形，需要在分隔板表面浸某种涂料。现在分隔板多采用铝板、塑料等制成。分隔板的波峰角对阻力的影响很大，一般认为90°的波峰角度较好。波峰的高度形成了通道的宽度，它的大小是影响在同一过滤器体积内过滤面积的多少及过滤器阻力的重要因素，一般以4～5mm为宜。

密封胶用于过滤器端部外框与料间的密封，也称封头胶，宽度约1cm，其作用是防止渗漏，这是保证高效空气除尘器的高效率的重要条件。

隔板空气过滤器有许多型号，其结构形式基本相同，如图8-27所示，只是外框、分隔板的材料各有不同。根据所要求的效率，选用不同的滤材，从而制成高效、亚高效或中效过滤器。外形尺寸（宽×高×深）主要有两种：484mm×484mm×220mm和630mm×630mm×220mm，过滤面积分别约为10m²和18m²，所处理的额定风量分别为1000m³/h和1500m³/h。表8-26列出了GB型高效空气过滤器技术性能。

（1）耐高温有隔板高效空气过滤器　GKA型耐高温高效空气过滤器可长期在350℃环境中使用。耐高温高效空气过滤器是用超细玻璃纤维纸作滤料，铝膜作分隔板，不锈钢作框架，与耐高温密封胶密封装配而成。其外观见图8-27，性能如表8-27所列。其特点是过滤效率高、阻力低、容尘量大、耐高温性能好，主要用于超净烘箱等要求高温空气净化的设备和系统。

图 8-27　GKA 型耐高温高效空气过滤器

表 8-26　GB 型高效空气过滤器技术性能

性 能 参 数		Z 型	L 型
过滤器的滤料		无碱超细玻璃纤维纸	无碱超细玻璃纤维纸
波形分隔板		纸	铝箔
密封剂		特种密封胶	特种密封胶
过滤效率(钠焰法)/%		99.93～99.99	99.99
初压力损失/Pa		≤215.6	≤215.6
使用条件	最高温度/℃	<60	<100
	最高湿度/%	<80	<100
外框材质		木质或金属	金属
		要求较高的净化工程	高洁净度的净化工程

注：初压损失系指保持在额定风量下开始使用时的过滤器压力损失。

表 8-27　GKA 型耐高温高效空气过滤器

型　　号	GKA-3S-C	GKA-5S-C	GKA-8S-C	GKA-12S-C	GKA-15S-C
外形尺寸/mm	305×610×150	460×610×150	610×610×150	820×610×150	915×610×150
额定风量/(m³/h)	350	550	850	1200	1500
质量/kg	约 5	约 8	约 10	约 13	约 15
容尘量/(g/m²)	300	450	600	750	850
效率(钠焰法)/%	≥99.99				
初阻力/Pa	≤220				

（2）耐高湿有隔板高效空气过滤器　耐高湿高效空气过滤器可在 100% RH 以下的环境中使用。GKW 系列耐高湿高效空气过滤器采用特殊防潮超细玻璃纤维纸作滤料，特制胶版纸作分隔板，与铝合金框装配成。适用范围，主要用于制作防湿高效空气过滤器，具有耐高湿性能好等特点。

该过滤器主要指标为：厚度 (0.39 ± 0.03)mm，抗张强度 0.46kN/m，空气流阻力 $\leqslant$73.5Pa，过滤效率 $\geqslant99.999\%$（油雾法）；其他技术指标见表 8-28。

表 8-28　耐高湿高效空气过滤器技术指标

型　　号	GKW-10S-G	GKW-7S-G
外形尺寸/mm	$610\times610\times150$	$610\times457\times150$
额定风量/(m³/h)	1000	750
容尘量/(g/m²)	600	450
使用温度/℃	Ⅰ.250℃(可长期使用)；Ⅱ.350℃(可长期使用)	
效率(计数法,0.3μm)/%	$\geqslant99.99(250℃)\geqslant99.95(350℃)$	
初阻力/Pa	$\leqslant220$	

2. 无隔板空气过滤器

随着各种无纺布、化纤毡、玻璃纤维纸等新滤材不断推新，材质强度不断改进。无隔板或称做密褶式空气过滤器应运而生，而且品种日益增多。

（1）无隔板空气过滤器的结构特点　质地挺括的滤材可以制成褶皱形状，可按需要制成星形或平板块过滤器。褶皱线的轧制过程如图 8-28 所示。滤材 1 在对辊 2 作用下，由料卷被拖出，送往轧褶辊 3，在滤材横断方向打下褶印，沿挡檐 4 收入褶料槽内，滤纸在慢慢前行中被收拢、码褶成一定密度后备用。

在大多数情况下过滤表面的可透入性取决于该滤材褶皱片的刚度，而刚度大小又是靠分隔线（绳或合成黏结剂）之间的疏密来保证的。图 8-29（a）是带分隔线褶皱滤材，（b）是用合成黏结剂 3 在滤材上下做分隔点的过程，滤材从卷上拉伸出来，先做褶，再定量定点给其附加黏结剂 3，然后恢复其褶皱，4、5 是分隔线。

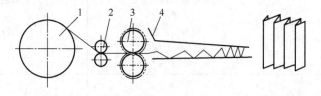

(a) 褶皱轧制流程　　　　　　　　(b) 纸褶样片

图 8-28　褶皱线的轧制

1—滤材；2—对辊；3—轧褶辊；4—挡檐

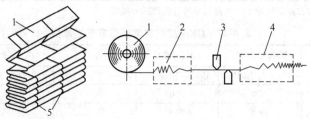

(a) 带分隔线的褶皱滤材　　　　(b) 在双面加黏结剂的分隔法

图 8-29　分隔褶皱线的轧制

1—滤材；2—褶槽；3—黏结剂；4，5—分隔线无隔板空气过滤器结构比老式有隔板空气过滤器在单位体积内容纳的滤材面积可提高至2～3倍。无隔板结构在高中效过滤器中采用较多。其气流通道的尺寸取决于分隔线的粗细和分布间距。通常，滤材的褶皱波高度在几十毫米以内。

（2）MZ/GV 型密褶式过滤器　MZ/GV 型密褶式过滤器属无隔板空气过滤器的系列产品之一。其型号含义：MZ 为密褶式过滤器；GV 为一般通风用。滤材为超细聚丙烯纤维滤纸或玻璃纤维滤纸，密褶是由细绳黏结线分隔开的。褶波密度为 26～36 波/100mm，褶波高有20mm、25mm、40mm 和 50mm 等。外框材料为 ABS 塑料。

过滤器结构形式：将密褶滤材码装于外框之内并密封成为平板块，可以直接使用，常用尺寸为 $W \times H \times D = 500\text{mm} \times 500\text{mm} \times 20$（或 40）mm。这种过滤器块称为平板过滤器，其安装如图 8-30 所示，密褶过滤器更为常用的过滤件形式是组装成 V 形的过滤件。V 形单元件由平板形滤芯组装而成。其结构与外形尺寸如图 8-31 所示。过滤器单元组尺寸见表 8-29。

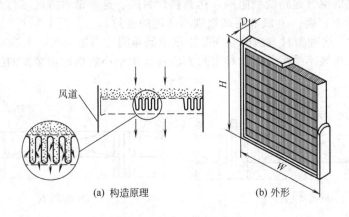

(a) 构造原理　　　　　　　　(b) 外形

图 8-30　密褶过滤器平板件

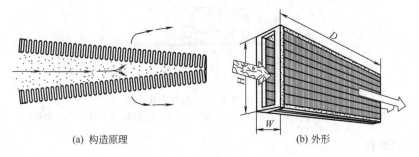

(a) 构造原理　　　　　　　　(b) 外形

图 8-31　密褶过滤器 V 形组件

表 8-29　密褶过滤器单元组件尺寸

型　　号		外形尺寸/mm			过滤器迎风面积/m²	滤材面积/m²
		W	H	D		
平板形	2	500	500	20	0.25	3.2
	4	500	500	40	0.25	5.2
V 形		85	202	600	0.017	3.1
		85	202	400	0.017	2.1
		600	65	202	0.039	3.1
		400	65	202	0.026	2.1
		152	610	400	0.039	5.9

该型过滤器按效率分为 4 个品种，相当于国内分级标准的高中效和亚高效产品。过滤器可以为工业与民用建筑的空调通风系统选用，也可以用于洁净室；其中亚高效级可作 10 万级洁净室的末级过滤器用。产品具有阻力低、体积紧凑、容易安装、使用寿命长等一系列优点，效率按比色法均在 80% 以上，而初阻力（在中速下）为 75～140Pa。

3. 高效过滤器的安装

中高效过滤器的安装密封是确保空气洁净度的关键因素之一，因此安装中应该选择先进的密封技术和可靠的密封方法。

（1）填料密封　密封用填料有固体密封垫（如氯丁橡胶板、闭孔海绵板等）和流体密封胶（如硅橡胶、氯丁橡胶、天然橡胶）。固体密封垫一般采用螺栓螺母机械压紧的密封方法。橡胶板的压缩量一般为 30%～50%。流体密封胶是靠填充和黏附方法密封。

（2）液槽密封　在槽形框架中注入一定高度氯异丁烯等密封流体，高效过滤器的刀口插入密封液里，使两侧的空气通路受到阻隔，达到密封目的。这种密封方法可行性强，过滤器拆装方便，通常应用于 100 级、10 级和更高级别洁净度的密封。

（3）负压密封　这种密封方法的原理是正压空间泄漏的污染空气，人为疏导到工作区外的负压空间，确保工作区不受污染。这种密封方法通常用于小规格的洁净室的密封。各种密封方法见图 8-32。

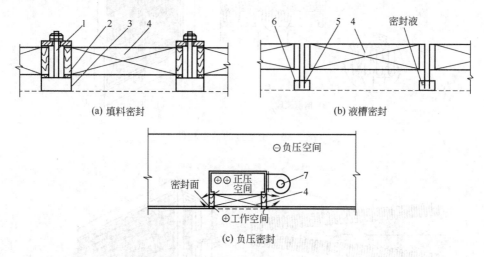

(a) 填料密封　　　　　　　　(b) 液槽密封

(c) 负压密封

图 8-32　高效过滤器密封方法示意

1—压紧装置；2—橡胶密封垫；3—过滤器支承框架；4—高效过滤器；5—刀口；6—液槽；7—风机

4. 管式纸过滤器

这种过滤器是用管形滤管进行过滤，其结构如图 8-33 所示，它是用塑料帽塞把滤管一只只紧压在底板上的几百个孔眼中（可以不用胶封），更换时则只更换滤管，而不必将整个过滤器抛弃。滤管的直径为 $\phi 19mm$，在大小为 $484mm \times 484\ mm$ 的纸板上排列成 18×20 个，共计 360 个滤管，过滤面积为 $4.26m^2$，滤管采用丙纶纤维过滤纸代替玻璃纤维，从而可以降低造价。外框可以是固定式（YGG 型）也可以是分离式（YGF 型），其性能见表 8-30。这种过滤器的阻力小，价廉，通常用作亚高效过滤器。

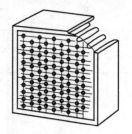

图 8-33　管式纸过滤器

六、静电空气过滤器

静电空气过滤器的工作原理及结构如图 8-34 所示。用静电空气过滤器处理送风空气时常用双区静电过滤器结构。第一区为荷电区，其

表 8-30　管式亚高效过滤器的性能

型　号		外形尺寸(长×宽×深)/mm	额定风量/(m³/h)	钠焰法效率/%	滤菌效率%		阻力/Pa	容尘量[①](终阻力为245Pa)/(g/m²)
					大气菌	大肠杆菌		
YGG	01	484×484×220	1000	96～99			＜49	180
	02	630×630×180	1500	96～99			＜49	240
YGF	03				约100	99.9		
		484×484×110	500	96～99			＜39	90

① 指过滤器中每个筒的容尘量。

作用使粉尘荷电，由一系列等距离的平行的流线型管柱状接地电极（也可呈平板状的），管柱之间布有放电线（又称电晕极，是 0.2mm 左右的钨丝）。放电线上加有 10～12kV 的直流电压，与接电板之间形成电位梯度很强的不均匀电场。因此，在金属导线周围就产生电晕放电现象，使空气经过放电线时被电离，在放电线周围均充满正离子和电子。电子移向放电线（其上加正负电压时），并在上面中和，而正离子在遇有中性的尘粒时就附着在上面，使中性尘粒带正电，并进入收尘段。第二区为收尘区，收尘区由平行的高电压（一般为 5～7kV 直流电压）极板和接地极板间（间距约 1cm）形成一均匀电场。间距约 10～15mm，进入的带正电荷的尘粒，受库仑力的作用黏附到接地电极板上。

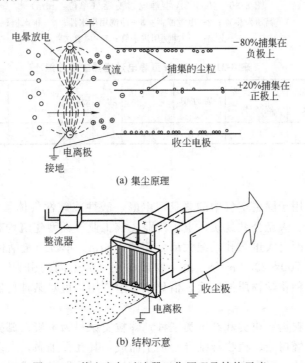

(a) 集尘原理

(b) 结构示意

图 8-34　静电空气过滤器工作原理及结构示意

静电空气过滤器的过滤效率取决于电场强度、尘粒大小、气流速度等因素。接地电极板上的积尘应定期清洗。静电空气过滤器的过滤效率（比色效率）一般不高于 98%，图 8-35 为这种过滤器随风量增加而效率下降的典型特性。为防止收尘极板上的粉尘重新吹入气流中形成二次扬尘，通常是用高压水定期进行清洗涂油的极板。有时用热水冲洗或往水中添加清洁剂。

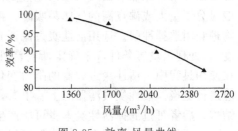

图 8-35　效率-风量曲线

图 8-36 所示为 JKG-2A 型静电过滤器，它由尼龙网层预过滤器、静电过滤器、高压发生器和控制箱等四部分组成。极板用铝片制成，外框为不锈钢。根据所处理的风量，可以并联多台静电过滤器。JKG-2A 型静电过滤器的主要性能见表 8-31。

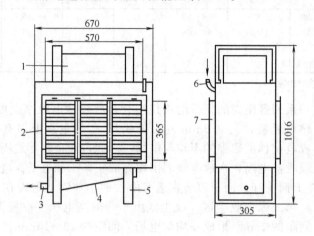

图 8-36　JKG-2A 型静电过滤器（单位：mm）

1—高压发生器；2—电过滤器；3—冲洗用排水器；4—排水槽；
5—支架；6—冲洗用进水管；7—风管法兰

表 8-31　JKG-2A 型静电过滤器主要性能

外形尺寸/mm （宽×深×高）	额定风量 /(m³/h)	大气尘计数 效率/%	初阻力/Pa	收尘电压 /kV	功率/kW	冲洗水压 /MPa	有效断面积 /m²	过滤风速 /(m/s)
670×375×1010	2400	90	68.7	5.2	35	0.2	0.2	约 3.3

七、活性炭过滤器

活性炭过滤器可用于除去空气中的恶臭、甲醛、酸性或碱性气体、放射性气体等污染物，在医药、食品、工业、大型公共建筑、电子工业、核工业等类型建筑均有此需求。

活性炭材料的表面有大量微孔，绝大部分孔径 $<5\mu m$。单位质量活性炭材料微孔的总内表面（比表面积）高达 $700\sim2300m^2/g$。由于物理作用（分子间的引力）有害气体被活性炭所吸附。当活性炭被某种化学物质浸渍后，借化学吸附作用，可对某种特定的有害气体产生良好的吸附作用。

活性炭材料有颗粒类、块类和纤维类三种。颗粒类原料为木炭、椰壳炭等。纤维类用含炭有机纤维为基材（酚醛树脂、植物纤维等）加工而成，其孔径细微，大多数孔直接开口于纤维表面。因此吸附速度快，吸附容量亦大。颗粒状活性炭过滤器可做成板（块）式和多筒式，而纤维活性炭过滤器可做成与多褶型过滤器相同的形式。对不同气体，活性炭吸附能力不同。一般对分子量大或沸点高的气体易吸附，挥发性有机气体比无机小分子气体易吸附。化学吸附比物理吸附选择性强。选用活性炭过滤器时，应了解污染物种类、浓度（上游浓度和下游允许浓度）、处理风量等条件，来确定所需活性炭的种类和规格，同时也应考虑其阻力和安装空间。在使用过程中，活性炭过滤器的阻力变化很大，其质量会增加。当下游浓度超过规定数值时，应进行更换。活性炭过滤器的上、下游，均需装常规过滤器，前者可防止灰尘堵塞活性炭微孔结构，后者可过滤掉活性炭本身可能产生的活性炭粉末污染进气系统。

为延长炭筒的使用寿命，降低运行费用，普通活性炭可以再生。再生的方法有水蒸气蒸、熏、阳光暴晒等。

1. TANH36 化学过滤器

TANH36 化学过滤器用于清除空气中的有害气体和异味。TANH36 化学过滤器吸附能力强、质量轻、安装方便，是专为中央空调和集中通风系统设计的化学过滤器。TANH36 化学过滤器中的所有材料都可以焚烧，有利于环保和垃圾处理。吸附材料有两类：一类是普通炭，柱状活性炭颗粒；二类是改性炭，经过特殊化学处理的活性炭。对于普通炭难以吸附的化学污染物，需要使用改性炭。TANH36 化学过滤器使用条件一般为：温度≤50℃；相对湿度≤80%。活性炭过滤器的前后均应配有常规过滤器，前面的做保护，以防粉尘阻塞活性炭的微孔结构；后面的做防护，以防可能的活性炭粉末污染通风系统。化学过滤器的使用时间取决于吸附材料的多少，以及单位材料的吸附能力。一只 TANH36 过滤器装有普通炭 4.6kg，可以吸附多达 800～1200g 的化学污染物。

过滤器型号表示形式为

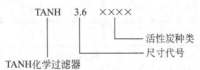

TANH 型化学过滤器外形尺寸 287mm×592mm×292mm，采用消除甲醛的改性炭。TANH 型化学过滤器主要性能见表 8-32，阻力曲线见图 8-37。

表 8-32　TANH 型化学过滤器主要性能

型　号	外形尺寸/mm	活性炭净含量/kg	过滤器质量/kg	外框材料	阻力/Pa	风量/(m³/h)
TANH36	287×592×292	4.6	8.2	ABS 塑料	195	1800

注：活性炭净含量为普通炭的质量；使用改性炭时质量会有所增加。

2. TANT 型化学过滤器

TANT 型化学过滤器采用颗粒活性炭，用于清除空气中的有害气体和异味。

TANT 炭筒吸附能力强，性能可靠、安装与维护方便，适用于工业通风系统和舒适性中央空调。其外形如图 8-38 所示。TANT 炭筒安装在特制的框架上，若干炭筒组成一个过滤单元，再由若干单元拼装成化学过滤段。TANT 炭筒的金属壳体可以重复使用，也可以更换活性炭或者将活性炭再生后反复使用，降低运行费用。为延长 TANT 炭筒的使用时间，降低运行费用，普通活性炭可以再生，再生的方法有水蒸气蒸、熏、阳光暴晒等。

活性炭过滤器的前后均应配有常规过滤器，前面的做保护，以防粉尘阻塞活性炭的微孔

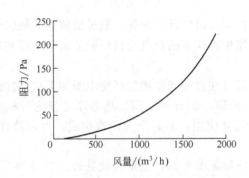

图 8-37　TANH 型化学过滤器阻力曲线

图 8-38　TANT 型化学过滤器外形

结构；后面的做防护，以防可能的活性炭粉末污染通风系统。化学过滤器的使用时间取决于吸附材料的多少和材料的吸附能力。含有 16 只 TANT-5 的过滤单元中，装有普通炭 30.4kg，可以吸附多达 6.0～10.0kg 的化学污染物。有些化学污染物，普通炭难以吸附，如恶臭、甲醛、酸性气体、碱性气体，这时需要使用改性炭。所以，选用时应了解污染物种类、浓度、风量等。

TANT 型化学过滤器炭筒的主要性能见表 8-33，组合单元尺寸见表 8-34。

表 8-33　TANT 型化学过滤器炭筒的主要性能

型　　号	TANT-3	TANT-4	TANT-5
外形尺寸/mm	$\phi145\times330$	$\phi145\times405$	$\phi145\times480$
炭层厚度/mm	20	20	20
装炭量/kg	1.3	1.6	1.9
总质量/kg	3.0	3.6	4.3
炭筒材料	#304 不锈钢，#410 不锈钢，碳钢		

表 8-34　TANT 型化学过滤器炭筒组合单元尺寸

炭筒型号	TF框架	尺寸/mm 宽 W	高 H	深 D	炭筒数/n	装炭量/kg	风量与阻力 Pa	m³/h	Pa	m³/h	Pa	m³/h
TANT-3	TF66	610	610	330	16	21.1	50	1800	90	2700	145	3600
	TF36	305	610	330	8	10.6	50	900	90	1350	145	1800
	TF56	508	610	330	12	15.8	50	900	90	2000	145	2700
	TF33	305	305	330	4	5.3	50	450	90	675	145	900
TANT-4	TF66	610	610	405	16	25.8	40	1800	75	2700	125	3600
	TF36	305	610	405	8	12.9	40	900	75	1350	125	1800
	TF56	508	610	405	12	19.4	40	1350	75	2000	125	2700
	TF33	305	305	405	4	6.4	40	450	75	675	125	900
TANT-5	TF66	610	610	480	16	30.6	30	1800	60	2700	100	3600
	TF36	305	610	480	8	15.3	30	900	60	1350	100	1800
	TF56	508	610	480	12	23.0	30	13	60	2000	100	2700
	TF33	305	305	480	4	15.3	30	450	60	675	100	900

注：表中所列"装炭量"为普通炭的质量；使用改性炭时，质量会有所增加。

3. 抗菌防臭空气过滤器

抗菌防臭空气过滤器是在所使用滤材的纤维中添加无机性抗菌剂等，通过抗菌剂的触媒作用抑制所捕集到的菌的繁殖。另外，通过抑制臭气发生源代表的黄色葡萄球菌的繁殖从而实现防臭作用的 $PM_{2.5}$ 抗菌防臭空气过滤器。

（1）过滤特点　主要包括：①抗菌防臭作用，通过在过滤器使用的纤维中添加无机性抗菌剂等、抗菌剂通过触媒作用等捕集细菌并抑制细菌繁殖；②节省空间，滤芯厚度仅为外框的 1/3～1/6；③节省资源，仅需废弃滤芯，外框可以重复使用；滤芯全为塑料构成，可以烧却；④节省时间。

（2）过滤器性能和外形　抗菌防臭空气过滤器外形见图 8-39，规格性能见表 8-35 表 8-36。

（3）用途　主要包括：①办公室空气循环及外部空气处理用；②大型商业设施的循环使用及外部空气处理用（百货商店、机场、宾馆等）；③一般住宅的循环使用及外部空气处理用。

(a) 标准型　　　　　　　　(b) 滤材更换型

图 8-39　抗菌防臭空气过滤器

表 8-35　标准规格性能

型号	尺寸 (高×宽×厚)/mm	额定风量 /(m³/min)	阻力/Pa		PM25的捕集效率 (光散乱积算法)
			初期	最终	
EML-56-90PM25	610×610×65	56			
EML-56H-90PM25	610×305×65	28	83	294	90
EML-Z-90PM25	400×200×65	10			

表 8-36　材料的构成和使用温湿度

构成材料				使用温湿度	
滤材	外框、法兰	床材	滤纸支撑	使用环境温度	使用环境湿度
无纺布	SGCC	聚氨酯泡沫	合成树脂	60℃ 以下	95％RH 以下

第四节　空气过滤器性能试验方法

空气过滤器因其性能的特殊性，要用区别于普通除尘器的方法进行性能试验，本节简介试验粉尘、试验装置和试验方法。

一、试验用标准粉尘

1. 标准物质分类

标准物质划分等级的依据是标准物质特性量值的定值准确度。在一些国家，标准物质分为两级，一级标准物质（PRM），定值准确度最高，主要用于评价标准方法，作为仲裁分析的标准和对二级标准物质定值，是传递量值的依据；常称为"基准级"标准物质。二级标准物质（SRM）的主要特点是满足现场测量的需要，其准确度适应现场测量的需要即可。称之为"工作级"标准物质。标准物质应具备特征是材质均匀、性能稳定、准确定值、有批量生产、具有与待测物相近的组成和特性。这里所说的试验用标准粉尘的主要用途是进行环保设备的性能检验，应属于"工作级"标准物质，既可能为研究工作在试验室进行产品开发作性能对比使用，也可为生产单位作质量控制的常规检验使用。

2. 试验用标准粉尘应具备的条件

① 其化学组成和物理性能，如密度、粒径、形状、黏性等应与其所模拟的实物相同或尽

可能相近。

② 应该与试验方法、测试仪器、装置等配套采用，容易保持其测试结果的稳定性和可比性。

③ 试验粉尘应该在材质、粒径分布等方面都是均匀的，稳定的，保存较长时间不变质，也不易受环境条件影响而改变其性能，如凝集或分裂等。

④ 有充足的货源，容易获取，费用不高。

3. 试验粉尘——黄土尘

黄土尘是环境中最常见的颗粒污染物。由于出自不同观察或应用角度，常以不同的词汇称谓它，如风沙、地面扬尘、道路尘、黏土、泥土、灰尘。作为一种试验粉尘标准样品，应以国家技术监督局、国家环境保护总局联合发布的国家标准 GB 13268—91 为依据，其主要内容摘录如下。

① 标准规定了黄土尘的原料来源、主要化学成分、粒径分布以及包装、储存和使用条件。本标准所规定的黄土尘适用于模拟大气中的地面扬尘，进行除尘器、空气滤清装置的性能试验，机械仪表的耐磨耐久试验、空气含尘浓度中的模拟方面亦可参考使用。

② 技术要求如下。

1）原材料及其主要化学成分。原料为陕北黄土；按 GB 6900 所规定的黏土或岩石化学全分析法而做的结果，其主要化学成分要符合表 8-37 规定的数值范围。

表 8-37　黄土尘的主要化学成分

化学成分	SiO_2	Al_2O_3	CaO	CaO
含量/%	54～72	14～10	5～0.3	9～4

2）真密度及粒径分布。真密度 ρ 按 GB 5161 规定的液相置换法测定粉尘的真密度，其值在如下范围内：$\rho = 2.6 \sim 2.8 g/cm^3$。

粒径分布：采用液相沉降法测定，以斯托克斯当量径为计量单位，黄土尘的粒径分布符合表 8-38 所列数值范围。

表 8-38　黄土尘粒径分布

粒径区间/μm	0～5	5～10	10～20	20～30	>30	d_{p50}
含量/%	32±3	21±3	24±4	12±2	11±5	9±1

4. 试验粉尘标准样品——模拟大气尘

（1）主题内容与适用范围

①本标准规定了模拟大气尘的原料、成分配比以及包装储存和使用条件；②模拟大气尘适用于模拟受到工业污染的城市大气尘对空气过滤器进行性能试验；对大气含尘浓度进行模拟，在进行其他环保设备的性能测试时可参考采用。

（2）技术要求

① 模拟大气尘的成分。模拟大气尘是由黄土尘、炭黑和短纤维等三种物料混合而成。这三种物料的技术特性符合表 8-39 的规定。

② 模拟大气尘的成分配比。模拟大气尘所包含的三种物料符合表 8-40 所规定的成分配比关系。

5. 试验粉尘标准样品——煤飞灰

煤飞灰是污染环境的重要污染物，主要来自火力发电厂、工业窑炉和民用炉灶所排放的固体颗粒物。为解决大气污染，提高除尘技术，评价除尘设备性能和更好地发展煤飞灰的综合利用，国家确定煤飞灰试验用标准粉尘是完全必要的。

煤飞灰试验粉尘标准样品的标准号是 GB 13269—91。其有关条文摘录如下。

（1）主题内容与适用范围

① 本标准规定了两种煤飞灰试验尘的材料来源、基本物性数值以及包装、储存和使用条件。

② 本标准规定的两种煤飞灰试验尘适用于除尘器的除尘性能试验及产品质量检验。

表 8-39　三种物料的技术特性

材料名称	黄土尘	半补强炉法瓦斯炭黑	短纤维
技术特性	化学成分： SiO$_2$ 54%～72% Al$_2$O$_3$ 14%～10% 粒径：$d_{p50}=(9\pm1)\mu m$ 全部 d_p 60μm	吸碘值 14.47mg/g 吸油值 0.47mg/g pH 9.51	$\phi 20\mu m$ $l\leqslant 2mm$
依据及来源	GB 13268 所规定的标准样品	橡胶工业常用的半成品	试验室特别制备

表 8-40　模拟大气尘的成分配比

物料名称	黄土尘	半补强瓦斯灰黑	短纤维
比例/%	72	25	3

（2）技术要求

① 材料及其主要化学成分：a. 原材料及其主要化学成分；b. 按照 GB 176 规定的方法测定煤飞灰的化学成分，其主要化学成分符合表 8-41 规定的数值范围。

表 8-41　煤飞灰的主要化学成分

化学成分	SiO$_2$	Al$_2$O$_3$	Fe$_2$O$_3$	CaO
含量/%	45.10～52.32	24.43～34.47	7.55～10.87	3.90～5.28

② 真密度及粒径分布

1）真密度 ρ。按 GB 5161 规定的液体浸透法测定真密度，其数值应为：煤飞灰 1 的真密度 $\rho=(2.3\pm0.2)g/cm^3$，煤飞灰 2 的真密度 $\rho=(2.5\pm0.1)g/cm^3$。

2）粒径分布。按 GB 6524 或同类标准，液体沉降法测定粉尘的粒径分布，以斯托克斯当量径为计量单位，两种煤飞灰的粒径分布应符合表 8-42、表 8-43 所列数值范围。

表 8-42　煤飞灰 1 粒径分布

粒径界限 $d_p/\mu m$	5	10	20	30	40	中位径 $d_{p50}/\mu m$
筛上率 R/%	87±3	72±4	47±4	29±4	17±3	7.5±1.0

表 8-43　煤飞灰 2 粒径分布

粒径界限 $d_p/\mu m$	2	4	8	12	16	中位径 $d_{p50}/\mu m$
筛上率 R/%	87±3	72±4	47±4	29±4	17±3	7.5±1.0

以上几种标准粉尘中，黄土尘和煤飞灰属于单一材质的粉尘，除了标准正文中已纳入的主要性能外，对其他特性也做过测量。研制单位所提供的数据列于表 8-44 和表 8-45。

表 8-44　几种标准粉尘的其他特性

性　质　尘种编号		外　观	松装密度/(g/cm³)	安息角/(°)	亲水性/(mm/min)
美国标样	Acf	灰褐色粉	0.63	45	1.8
研制黄土尘	N907(B)	棕褐色粉	0.62	50	2.4
研制煤飞灰	FA-1 号	灰色粉末	0.66	53	6.1
	FA-2 号	灰色粉末	0.52	51	3.7

表 8-45　几种准粉尘的比电阻[①]　　　　　　　　　　单位：Ω·cm

温度/℃　尘别	<25	50	100	150	200	250	300	相对湿度 φ/%
黄土尘	5×10^8	4.8×10^{10}	7.8×10^{11}	2.9×10^{12}	2.6×10^{11}	5.0×10^{10}	1.04×10^{10}	62
FA-1 号	3.1×10^{10}	1.5×10^{12}	4.2×10^{13}	1.8×10^{13}	1.8×10^{11}	3.0×10^{10}	6.4×10^9	77
FA-2 号	1.15×10^{10}	2.6×10^{12}	3.5×10^{12}	1.7×10^{13}	6.2×10^{11}	9.6×10^{10}	1.7×10^{10}	81

① 粉尘的比电阻与环境气体的温度、湿度、成分等密切相关。这里的温度、湿度是指测试时仪器内的气流温度和相对湿度（可按需调节）。

6. 其他试验粉尘

除了以上几种已纳入国标的试验粉尘外，在除尘和环保技术方面还有些常用的试验粉尘，如滑石粉、煤粉、氧化铝粉等。

（1）α-Al₂O₃ 试验粉尘　本系列试验粉尘是在磨料微粉和精粉工业产品的基础上增添了一些规格而精制的产品。颗粒大小的检验是以显微镜直接观察的。粒径由 0.5μm 至 10μm，共有 11 种规格。其原料成分单一，纯度 99% 以上。每种规格的粒径分布域狭窄，可以视其为单分散性试验粉尘。Al₂O₃ 分散性良好，密度为 3.89g/cm³。粗粒的吸湿性小，而小于 3.5μm 规格的吸湿性随粒径的减小而急剧增加。以品种 W₆ 为例，其比电阻为 $4.5 \times 10^{11} \Omega \cdot cm$。本系列试验尘的密度大，硬度高是其独特之处，选用场合将与一般尘有所区别。产品的规格尺寸如表 8-46 所列。

表 8-46　Al₂O₃ 的粒径指标

	粒级标号	W_{10}	W_8	W_7	W_6	W_5	$W_{3.5}$	$W_{2.5}$	$W_{2.0}$	$W_{1.5}$	$W_{1.0}$	$W_{0.5}$
试验粉尘	基本尺寸/μm	10~8	8	7~6	6~5	5~4	3.5~3.0	2.5~2.0	2.0~1.5	1.5~1.0	1.0~0.5	<0.5
	镜测 d_{50}/μm	9.02	6.35	5.5	3.98	3.52	2.54	1.97	1.53	1.26	1.0	0.5
	几何标准偏差 σ/g	1.05	1.15	1.12	1.17	1.32	1.20	1.13	1.14	1.17	1.17	1.10
	移液法测 d_{50}/μm	8.90	7.41	5.37	5.13	4.89	3.47	3.31	2.14	1.50	—	—
	移液法测 σ/g	1.26	1.32	1.26	1.32	1.38	1.35	1.35	1.35	1.45	—	—
磨料微粉原工业产品	微粉标号	W_{10}		W_7		W_5	$W_{3.5}$	$W_{2.5}$		$W_{1.5}$	$W_{1.0}$	$W_{0.5}$
	相应尺寸/μm	10~7		7~3.5		5~1.5	3.5~2.5	2.0~1.5		1.5~1.0	1.0~0.5	<0.5

（2）TP-1、TP-2 型滑石粉　试验粉尘中提及滑石粉的较多。早在 20 世纪 60~70 年代，国内除尘器试验就有用滑石粉的；至 80 年代，各种工业和环保事业相关标准纷纷问世，在袋式除尘相关标准 GB 11653—89、GB 12138—90 和锅炉烟气除尘旋风除尘器试验中都将滑石粉列为指定的试验粉尘。

滑石粉的原料是滑石，即含水的镁硅酸盐矿物，化学式为 $Mg_3(Si_4O_{10})(OH)_2$。由原冶金部建筑研究总院环境保护研究所研制的这两种试验用滑石粉 TP-1、TP-2 是选择的医用滑石粉为原料，粒径大小参考国外相应标准的规定而配制的，其目的是为满足一般除尘器和袋式除尘器试验的需要。试验粉尘中含滑石量大于 92%。其粒径分布如表 8-47 所列。两种规格滑石粉的中位径分别为：

TP-1　　$d_{50} = (7.1 \pm 1)\mu m$

TP-2　　$d_{50} = (4.6 \pm 0.6)\mu m$

表 8-47　两种滑石粉的粒径分布

TP-1	粒径/μm	5	10	15	20	40
	累积筛上率 R/%	63	36	21	12	1
TP-2	粒径/μm	2	4	8	12	16
	累积筛上率 R/%	74	54	29	15	6

（3）石英粉试验粉尘　石英粉是环境科学中最常有的粉尘成分之一。无论在各种矿石，泥土和风沙灰尘中都含有相当比例的石英。由于地壳成分中石英分布极为普遍，许多矿山机械、运输车辆等的配件装置要采用石英粉进行耐磨或耐久性试验。

石英粉分散性较好，容易进行研磨和粒级筛选，分析方便，取材容易。用石英粉制备几种不同规格的试验粉尘是符合客观需要的。由原冶金部建筑研究总院研制的这种试验粉尘的原料为市售石英粉有 325 目和 270 目两种。原料中含石英成分 97% 以上。经过磨细、分级和检验，配制成的试验粉尘有四种规格，标为 SA、SB、SC 和 SD 等，其粒径分布如图 8-40 所示。其中粒径依次为 $d_{50} = (23 \pm 2)\mu m$、$(14 \pm 1)\mu m$、$(10 \pm 1)\mu m$ 和 $(5 \pm 1)\mu m$。

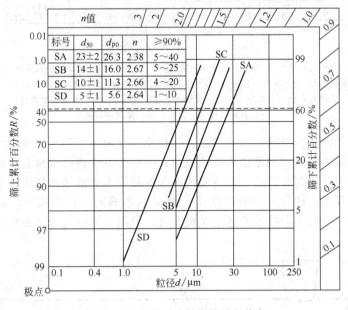

图 8-40　石英试验粉尘的粒径分布

按四种规格的粒径分布线知，占 90% 以上成分的粒径界限为：

SA——5～40μm，筛下率 2%～95%；

SB——5～25μm，筛下率 5%～96%；

SC——5～25μm，筛下率约 99%；

SD——5～25μm，筛下率≤1%～95%。

图 8-40 中所标 d_{p0} 即当筛上累积 $R=36.8\%$ 时的粒径。对四种规格依次为 26.3μm、16.0μm、11.3μm 和 5.6μm。

试验粉尘的真密度 $\rho_p = 2.63\text{g/cm}^3$。

石英试验粉尘的用途可推荐为：SA 与 SB 型的进行机械性能耐久试验，如汽车和矿山机械配件的寿命试验；各种滤清器、环保设备中的一般除尘器性能试验。而 SC 和 SD 则可作为湿式除尘器、袋式除尘器性能试验，职业卫生方面的有关研究等也可采用。

二、空气过滤器计重效率和容尘量试验

1. 试验装置

试验装置系统及主要部件构造见图 8-41。试验装置主要包括风道系统、人工尘发生装置和测量设备三部分。试验装置的结构允许有所差别，但试验条件应和 GB/T 14295 标准的规定相同。

（1）风道系统　风道系统的构造及尺寸见图 8-41。风道系统的制作与安装应满足标准 GB 50243 的要求。各管段之间连接时任何一边错位不应大于 1.5 mm。整个风道系统要求严密，投入使用前应进行打压检漏，其压力应不小于风道系统风机额定风压的 1.5 倍。

用以夹持受试过滤器的管段长度应为受试过滤器长度的 1.1 倍，且不小于 1000mm。

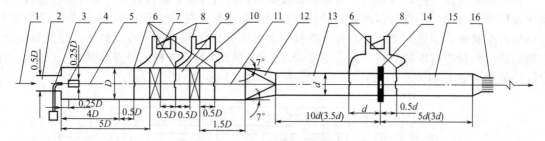

图 8-41　试验风道尺寸示意

1—空气进口；2—空气进口风管；3—人工尘发生装置；4—穿孔板；5—被试过滤器前风管；6—静压环；
7—被试过滤器安装段；8—压力测量装置；9—被试过滤器后风管；10—末端过滤器；11—末端过滤器
后风管；12—天圆地方；13—流量测量装置前风管；14—流量测量装置；
15—流量测量装置后风管；16—风机进口风管

（2）螺旋发尘器的结构型式　结构型式：①螺旋发尘器是一种干式发尘机组，发尘器的用途是在试验过程中将人工尘均匀地送入试验风道；②螺旋发尘器由载料管、螺旋输送轴、进料斗、混合管、电动机、出料口、进气口等组成；③螺旋发尘器的结构如图 8-42 所示；

（3）螺旋发尘器的工作原理主要包括：①螺旋发尘器的工作原理是，通过螺旋输送轴将试验粉尘搅拌均匀，并且不断往前推送直至混合管，经由压缩空气送至出料口，从而进入试验

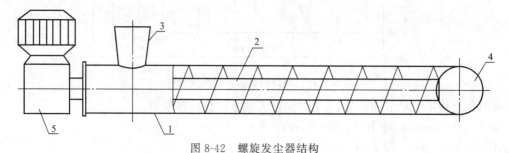

图 8-42　螺旋发尘器结构

1—载料管；2—螺旋输送轴；3—进料斗；4—混合管；5—电动机

系统中去；②螺旋发尘器的工作过程为把试验粉尘加入进料斗中，然后开动机器，粉尘靠螺旋输送轴的作用送至混合管中，并在混合管中与从进气口进来的压缩空气混合一并从出料口喷发出去。在发尘过程中，通过调整电动机的调速器可以改变输送轴的转速，从而控制发尘量。

（4）螺旋发尘器的技术参数　主要技术参数包括：①螺旋发尘器的发尘量为 0～500g/h；②螺旋发尘器的工作压力0.2～0.6MPa可调，压缩空气必须经过干燥和过滤，压缩空气流量为 1.0～2.5 m³/h（或 16.7～41.7/min）；③发尘量可以通过调整电动机的调速器来控制；④发尘量的大小还可通过调节压缩空气的压力和流量来控制；⑤吹送粉尘用的压缩空气应干燥、无油、不含杂质，如有条件，可在压缩机自带储气罐之后的管路上加一级压缩空气调节阀和流量计，以稳定发尘量。

2. 人工尘计重效率、阻力和容尘量试验

将称量过的末端过滤器和受试过滤器安装在风道系统中（见图 8-41），用人工尘发生器向风道系统发生一定质量的人工尘，穿过受试过滤器的人工尘被末端过滤器捕集。然后取出末端过滤器和受试过滤器，重新称量。根据受试过滤器和末端过滤器增加的质量计算受试过滤器的人工尘计重效率，这样的过滤效率试验至少要进行 4 次。每个试验周期开始和结束都需要测量阻力、受试过滤器和末端过滤器的人工尘捕集量，以此确定受试过滤器的容尘量、阻力与容尘量的关系和计重效率与容尘量的关系。

3. 计重效率和容尘量的试验步骤

步骤如下：①先称量受试过滤器和末端过滤器的质量，精确到 0.1，每次加入粉尘的量一定要足够小，以保证容尘量试验结束之前，至少分 4 次加尘，在标准试验中一次粉尘增量不应多于使过滤器达到额定终阻力所需粉尘；②将粉尘装入螺旋发生器的进料斗中，利用输送轴的转速调整发尘浓度，将试验空气中的粉尘浓度控制在（70±7）mg/m³；③确保受试过滤器安装边框处不发生泄漏；④启动风机，调整风量至被测过滤器的额定风量；⑤启动发尘装置，调节好压力；⑥保持额定风量和发尘的压缩空气压力，直至人工尘全部发完；⑦关闭发尘装置和压缩空气；⑧震动发生器，确保粉尘全部进入风道；⑨在保持原有风量情况下，用避开被测过滤器正面的一股压缩空气流，将沉积在受试过滤器上风侧风道内壁的粉尘沿与受试过滤器偏斜方向重新进入气流中；⑩测量该发尘期间结束时的受试过滤器阻力；⑪关闭风机，重新称量受试过滤器和末端过滤器质量，以测量被两者捕集到的人工尘的质量，注意不要使集尘掉落，此时的空气湿度条件应与称量末端过滤器自重时的条件相近；⑫用毛刷将可能沉积在受试过滤器与末端过滤器之间的人工尘收集起来称重，精确到 0.1g；⑬将末端过滤器增加的质量与上述收集的人工尘的质量相加，得出未被受试过滤器捕集的人工尘的质量；⑭试验程序结束之后，如有可能，可称量受试过滤器的质量，受试过滤器所增加的质量与未被受试过滤器捕集的人工尘质量之和应等于发尘总质量，误差宜小于 3%。

4. 数据处理

（1）一个发尘阶段内的计重效率

先用式（8-21）计算任意一个发尘过程结束时的计重效率（A_i）：

$$A_i = 100 \times \frac{W_{1i}}{W_i} = 100 \times \left(1 - \frac{W_{2i}}{W_i}\right) \tag{8-21}$$

式中　W_{1i}——在该发尘过程中，受试过滤器的质量增量，g；

W_{2i}——在该发尘过程中，未被受试过滤器捕集的人工尘重量，g；

W_i——在该发尘过程中，人工尘发尘量，$W_i = W_{1i} + W_{2i}$，g。

每一个发尘阶段结束后，应在以计重效率为纵坐标，发尘量为横坐标绘制计重效率和发尘量的关系图中增加相应的点。

（2）任意一个发尘过程的平均计重效率（$\overline{A_i}$）　再把每一发尘过程终了时的计重效率点在横坐标为发尘量，纵坐标为计重效率的图上，向 A_i 方向延长 A_2A_1 与纵坐标相交，交点数值即作为 A_0（当 i 等于 1 时 $A_{i-1}=A_0$）。

于是可用下式计算任意一个发尘过程的平均计重效率：

$$\overline{A_i}=\frac{A_i+A_{i-1}}{2} \tag{8-22}$$

（3）计算人工尘平均计重效率（A）见式（8-23）：

$$A=\frac{1}{W}(W_1\overline{A_1}+\cdots W_k\overline{A_k}+\cdots W_f\overline{A_f}) \tag{8-23}$$

$$W=W_1+\cdots+W_k+\cdots W_f \tag{8-24}$$

式中　　　W——发尘的总质量，g；

　　　　　W_k——第 k 次发尘量，g；

　　　　　W_f——最后一次发尘直至达到终阻力时发尘的质量，g；

　　　　　$\overline{A_k}$——第 k 次发尘阶段的初始计重效率，%；

$\overline{A_1}$、$\overline{A_2}$、$\cdots\overline{A_f}$——各发尘阶段的平均计重效率，%；

　　　　　A——被测过滤器达到终阻力后的平均计重效率，%。

（4）容尘量（C）由受试过滤器的质量增量求得：

$$C=W_{11}+\cdots+W_{1k}+\cdots+W_{1f} \tag{8-25}$$

式中　W_{11}——在第一次发尘过程中，受试过滤器的质量增量，g；

　　　W_{1k}——在第 k 次发尘过程中，受试过滤器的质量增量，g；

　　　W_{1f}——在最后一次发尘直至达到终阻力过程中，受试过滤器的质量增量，g。

三、空气过滤器计径计数试验

本方法适用于测量对粒径 $\geqslant 0.5\mu\mathrm{m}$ 粒子的过滤效率 $\leqslant 99.9\%$ 的空气过滤器。

1. 试验装置

试验装置系统图及主要部件构造见图 8-43。试验装置主要包括风道系统、气溶胶发生装置和测量设备三部分。

（1）风道系统构造　风道系统的构造及尺寸见图 8-43。风道系统的制作与安装应满足标准 GB 50243 的要求。各管段之间连接时任何一边错位不应大于 1.5 mm。整个风道系统要求严密，投入使用前应进行打压检漏，其压力应不小于风道系统风机额定风压的 1.5 倍。

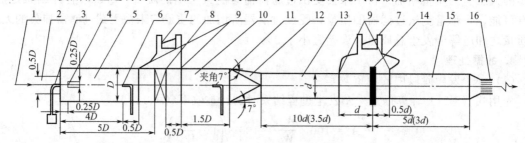

图 8-43　试验风道尺寸示意

1—洁净空气进口；2—洁净空气进口风管；3—气溶胶发生装置；4—穿孔板；5—被试过滤器前风管；
6—过滤前采样管；7—压力测量装置；8—被试过滤器安装段；9—静压环；10—被试过滤器后风管；
11—过滤后采样管；12—天圆地方；13—流量测量装置前风管；14—流量测量装置；
15—流量测量装置后风管；16—风机进口风管

用以夹持受试过滤器的管段长度应为受试过滤器长度的 1.1 倍，且不小于 1000 mm。当受试过滤器截面尺寸与试验风道截面不同时，应采用变径管，

（2）气溶胶发生器　空气过滤器计数法效率试验用气溶胶发生器为 KCl 固体气溶胶发生器。

① 气溶胶发生器的结构。KCl 气溶胶发生器主要由雾化喷嘴、高塔、气源控制器、中和器和溶液泵等组成，气溶胶发生器系统示意见图 8-44。

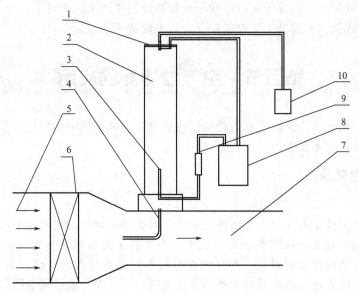

图 8-44　气溶胶发生器系统示意

1—雾化喷嘴；2—高塔；3—干燥空气入口；4—气溶胶出口；5—气流方向；
6—高效空气过滤器；7—试验风道；8—气源控制器；9—中和器；10—溶液泵

② 气溶胶发生器的工作原理。压缩空气进入气源控制器，通过气源控制器压缩空气进口处的油水分离器，去除压缩空气中的油和水分，然后通过压力调节阀，将压缩空气的压力调节到（0.5±0.02）MPa，然后进入气源控制器内部的高效空气过滤器进行过滤，过滤后的压缩空气一部分进入雾化喷嘴，作为雾化喷嘴的喷雾空气；另一部分经过加热器加热后，进入中和器，然后进入高塔底部。溶液经雾化喷嘴雾化后，形成微小液滴，液滴从高塔顶部向下运动，与从高塔底部向上运动的热的干燥空气相遇，使液滴蒸发，形成固态的气溶胶。

气溶胶的浓度可以通过调节喷雾压力来控制。

2. 发生气溶胶的粒径分布

该气溶胶发生器工作时使用的气溶胶物质为质量浓度 10％的氯化钾溶液，所发生气溶胶的粒径分布如表 8-48 所列。

表 8-48　气溶胶粒径分布表

粒径分布/μm			
0.3～0.5	0.5～1.0	1.0～2.0	≥2.0
(65±5)％	(30±3)％	(3±1)％	>1％

3. 气溶胶计径计数效率

在额定风量下，一般用两台粒子计数器同时测出受试过滤器上、下风侧粒径≥0.3μm、≥0.5μm、≥1.0μm 和≥2.0μm 的粒子计数浓度；当受试过滤器对 0.5μm 粒径档的计数效率小

于 90% 时，也可以用一台粒子计数器进行试验。受试过滤器的计数效率为其上、下风侧计数浓度之差与上风侧浓度之比，以百分数%表示。

用式（8-26）求出受试过滤器粒径分组计数效率，小数点后只取 1 位数。

$$E_i = \left(1 - \frac{N_{2i}}{N_{1i}}\right) \times 100\% \tag{8-26}$$

式中　E_i——粒径分组（$\geqslant 0.3\mu m$，$\geqslant 0.5\mu m$，$\geqslant 1.0\mu m$，$\geqslant 2.0\mu m$）计数效率，%；

　　　N_{1i}——上风侧大于或等于某粒径粒子计数浓度的平均值，个/L；

　　　N_{2i}——下风侧大于或等于某粒径粒子计数浓度的平均值，个/L。

第五节　空气过滤器的应用

空气过滤器应用十分广泛，主要包括空气过滤器在空调设施中的应用。在洁净工程中的应用以及在工业设备进气系统中的应用。

一、空气污染物来源

1. 室外尘源

室外尘源实际上就是大气尘。在洁净技术中，对大多数生产工艺和生物医药领域，最常用的是以含 $\geqslant 0.5\mu m$ 的微粒浓度作为控制对象的。由于各个地方包含在空气中的自然尘和人工尘源不同，故其计数浓度差别很大，而且随着时间不同也有很大的变动。表 8-49 是室外空气含尘浓度参考值。随着认识的提高和治理污染的成效，空气中含尘浓度会降低。

表 8-49　室外空气含尘浓度的参考值

地　区	质量浓度/（mg/m³）	计数浓度（$\geqslant 0.5\mu m$）/（个/L）
农村和远郊	0.2～0.8	3×10^4
近　郊	0.4～1.0	4×10^4
住宅区	0.3～1.0	3.5×10^4
商业区	0.6～1.2	10×10^4
市中心	0.8～1.5	12×10^4
轻工业区	1.0～1.8	18×10^4
重工业区	1.5～3.0	25×10^4

大气中的细菌含量同样是随地点、季节等而异。表 8-50 是不同环境的大气中含菌量参考数值。

表 8-50　不同环境的大气中含菌量参考数值

环　境	大气含菌量/（粒/m³）
清净环境（山区等）	60～130
环境良好的住宅区	250～400
城市街道中心区	1400～4000

2. 室内尘源

室内发尘量主要包括人体和建筑表面、工艺设备运转等散发的尘。表 8-51 列出人体发尘量的实测数据。

表 8-51　人体发尘量实测数据(≥0.5μm)　　　　　单位:粒/(人·min)

人员动作	普通工作服	洁净工作服	
		分套型	全套型
立	339000	113000	5580
坐	302000	112000	7420
臂上下运动	2980000	298000	18600
上体前屈	2240000	538000	24200
臂自由运动	2240000	298000	20600
头部运动	631000	151000	11000
上体转动	850000	266000	14900
屈身	3120000	605000	37400
蹋步	2800000	861000	44600
步行	2920000	1010000	56000

　　室内发菌量可由不同场合下菌尘相关关系转化而来,如发菌量与发尘量之比在(1:500)～(1:1000)的范围内。静态发菌量(穿无菌衣)可采用<3000粒/(人·min)的数据。

二、过滤净化计算

　　过滤净化计算主要是计算在保证室内空气清洁度要求的条件下需要的换气量以及过滤器的穿透率。

　　房间的通风换气量和过滤器的穿透率按下式计算。

$$Q = Q_x + Q_h = Q_x + RQ \tag{8-27}$$

而

$$\delta(Q_x c_x + RQc) + M = c(RQ + Q_p)$$

所以

$$\delta = \frac{c(RQ + Q_p) - M}{Q_x c_x + cRQ} \tag{8-28}$$

式中　Q——换气量,m³/h;

　　　Q_x——新风量,m³/h;

　　　Q_h——回风量,m³/h;

　　　Q_p——排风量,m³/h;

　　　c_x——新风的含尘质量浓度,mg/m³;

　　　c——室内空气的允许质量浓度,mg/m³;

　　　R——回风比率,%;

　　　M——室内的灰尘量,mg/m;

　　　δ——穿透率,%。

图 8-45 为一般过滤净化示意。

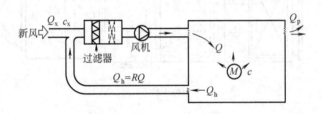

图 8-45　一般过滤净化示意

三、空气过滤器在空调装置中的应用

1. 空调房间对净化的要求

根据空调房间对洁净度的要求，空气净化的程度分为以下三类。

（1）一般净化　对净化无具体要求，对空气的净化一般只需要采用粗效过滤器做一次处理。

（2）中等净化　对室内空气的含尘量有一定要求，一般规定室内含尘质量浓度为0.15～0.25mg/m³。并应过滤掉不小于$10\mu m$的尘粒。这类净化一般除采用粗效过滤器外，还应采用中效过滤器。

（3）超净净化　这类净化要求甚高，室内空气的含尘质量浓度均以颗粒计数浓度（粒/L）表示。表8-52所列为不同超净净化的级别标准。

2. 空调装置组成

空调装置由空气过滤器、喷水段、加热盘管、冷却盘管以及通风机和进排气口等组成，如图8-46所示。

3. 空气过滤器在空调装置中的应用

用于空调装置中的空气过滤器类型及技术参数见表8-53。

表 8-52　不同超净净化的级别标准

洁净级别	尘粒径/μm	平均含尘浓度/（粒/L）	温度范围/℃	相对湿度范围/%	正压值/Pa	噪声(A 声级)/dB
3 级	≥0.5	≤3				
30 级	≥0.5	≤30				
300 级	≥0.5	≤300	18～26	40～60	≥0.5	≤65
3000 级	≥0.5	≤3000				
30000 级	≥0.5	≤30000				

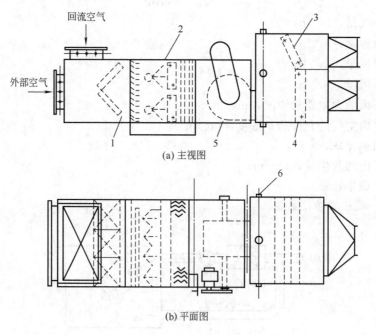

(a) 主视图

(b) 平面图

图 8-46　空调装置组成

1—过滤器；2—喷水段；3—加热盘管；4—冷却盘管；5—通风机；6—测量孔

表 8-53　用于空调装置中的空气过滤器类型及技术参数

类　别	过滤器类型	技　术　参　数	备　注
初效	自动卷绕过滤器、袋式过滤器、网格过滤器、自净油过滤器、填充式过滤器	(1)有效捕集大于 $5\mu m$ 直径的尘粒； (2)适应的含尘质量浓度 0.1～7mg/m³； (3)压力损失 30～200Pa； (4)质量法过滤效率 70%～90%； (5)容尘量 500～2000g/m²； (6)速度 0.5～2m/s； (7)做中效过滤器前的预过滤用	尽量不用浸油过滤器
中效	折叠过滤器、袋式过滤器、电过滤器	(1)有效的捕集小于 $1\mu m$ 直径的尘粒； (2)适应的含尘量质量浓度为 0.1～0.6mg/m³； (3)压力损失 80～250Pa； (4)质量法过滤效率 90%～96%； (5)容尘量 300～800g/m²； (6)滤材实际面积与迎风面积之比大于 10～20 倍	

4. 空气过滤器在典型空调装置中的应用实例

应用实例见表 8-54。

表 8-54　空气过滤器在典型空调装置中的应用

场所	常见过滤元件	特殊要求	说　明
普通中央空调中的主过滤器	袋式、无隔板过滤器	过滤效率合理	卫生、保护室内装潢,保护空调系统
普通中央空调中的预过滤器	各种便宜、使用方便的过滤器	容尘能力高,供货有保证	保护空调系统,保护下一级过滤器
高档公共场所中央空调	袋式、无隔板过滤器		防止风口黑渍,防止室内装潢褪色
机场航站楼	袋式、无隔板过滤器		旅客第一印象
学校、幼儿园	袋式、无隔板过滤器	防火	特殊安全考虑
诊室与病房	袋式、无隔板过滤器		防止交叉传染
博物馆、图书馆	袋式、无隔板过滤器		保护珍品
卷烟厂中央空调	自洁式过滤装置,袋式过滤器		国内烟草行业目前流行自洁式过滤装置
家庭中央空调	平板过滤器	便宜、美观	摆在超市的商品
普通家用空调	尼龙网过滤器	可清洗	阻挡纤维和粗粉尘
采用中央空调的机房、交换台、中控室	袋式、无隔板过滤器		防止因灰尘引起的散热不良和电路故障
采用柜式空调的机房、交换台、中控室	简易的平板过滤器		因场地限制,柜式空调很难采用其他形式的过滤器
家用空调	异味、化学过滤器	名称响亮,美观	附加功能
高档场所舒适性中央空调	异味,当地特定污染物化学过滤器	使用寿命长,价格合理,维护方便	室内环境高档次要求
高级轿车空调	无隔板过滤元件		防尘,防花粉

注：1. "主过滤器"指最末一级的过滤器,或指定部位的过滤器；2. 有些行业不使用通风过滤器的效率规格,表中的规格大致相当于那些行业的效率规格。

四、空气过滤器在洁净工程中的应用

1. 洁净室的起源

最早认识到管理操作环境必要性的是医学界。19 世纪末期显微镜技术有了新突破,细菌学家们相继发现了各种类型的细菌。德国的科赫（R·Koch）发现了碳疽菌（1876年）、结核菌（1882年）和霍乱菌（1883年）。后来。其他一些细菌研究人员发现了白猴菌、肺炎菌。

这些病菌的发现和培养成功，使人们开始认识到，只要有传染病病人，那么在他们的周围就有许多带菌者。医院无疑是个重要的传染场所，因而对病人逐步开始实行隔离治疗。人们对手术室的消毒很重视，经常通过彻底的消毒来防止病菌扩散及手术部位感染。

如果说手术室各项技术的发展是第一次世界大战的副产品，那么洁净室的问世和发展则是第二次世界大战留下的遗产。洁净室设施中最关键的超高效过滤器，就是在第二次世界大战期间为了去除原子弹制造过程中释放出的放射性微粒而研制的。

飞机、导航仪表、轰炸瞄准器及雷达等设备是由很多高精度微型零部件组成的。实践使人们逐步认识到，这样精密的零部件如果放在机械厂等充满灰尘的环境里加工处理和组装，一定会影响设备的耐久性和可靠性。

在1950年的朝鲜战争中，据说美国耗用了16万台电子设备，其中需要更换的零部件高达一百多万件。特别是雷达设备的失效率达70%～80%，维修费用多达设备本身费用的10倍以上。然而，在微粒得到严格控制的洁净室内组装的设备，其失效率却大幅度地下降到5%～8%。

宇航研究部门为了保证各种设备的高可靠性和耐久性，迫切需要控制污染，去除污染物质，促使这些部门的污染控制技术日趋成熟。

1940年美国创建了第一座洁净室，当时人们称它为洁白的工作室。当时的洁净室比较粗糙，根本无法与今天的洁净室相比。

人们对于洁净室的认识，是随着电子显微镜性能的不断提高，微粒测定技术的发展以及其他各项科研成果的积累逐步加深的。例如人们发现，微生物中立克氏体类杆菌和球菌的大小只有（0.3～0.5）×（0.3～2.0）μm。机械设备只是从减少磨损考虑，油膜厚度为$0.05\mu m$左右即可，而实际上的流体润滑厚达$0.5\sim2\mu m$。为了满足仪表用精密轴承类零件对转矩特性、噪声和振动的要求，滚珠的正圆度必须达到$0.1\mu m$以下，滚珠滑动导槽的正圆度也要求在$0.3\mu m$以下。又如航空胶卷，在胶片的制造、显影和放大过程中，只要微粒黏附在上面就会留下较大的空白点。

人们清楚地认识到，肉眼所能观察到的最小微粒直径为$100\sim200\mu m$，然而肉眼观察不到的微小物质却遍布于医疗、制药、机械制造、电气、食品和包装等非常广泛的范围，导致严重的不良影响。

微小物质种类繁多，到处存在，如传染疾病的微生物随风飘荡，或者沉降，或黏附在一些关键部位的表面上，成为腐蚀性物质。还有微粒覆盖在机件上造成磨损。微粒的存在成为有害的多余物质，洁净室就是根据不同的目的处理微小物质的设施。

医院手术室中进行手术的几个区域和洁净室有共同之处，但也有一些根本区别。处理宇航设备的洁净室对洁净度的要求，有时比最现代化的手术室还要高。洁净室的关键是对尘埃和微粒进行控制，而手术室则主要是严格消毒，微粒不是主要问题。对微生物来说，洁净室内几乎不存在能使其繁殖的物质，室内湿度一般较低，不会助长微生物的繁殖和栖息。

2. 洁净工程的要求

在洁净工程中空气过滤器必须满足洁净室的洁净度等级标准的要求。

洁净室的洁净度一般是指洁净室内空气中大于或等于某一粒径的浮游粒子浓度（单位空气体积内的粒子颗数）。洁净室洁净度等级各国均有各自的标准规定，是不完全相同的。为了推动洁净技术和标准的国际化，国际污染控制学会联盟（ICCCS）协同国际标准化组织（ISO）制定了洁净度等级标准。该标准 ISO 14664-1 制成的级别表格见表8-55。

表 8-55　国际标准中洁净室空气悬浮粒子洁净度等级

洁净度等级	等于或大于相应粒径的最大允许浓度/(粒/m³)					
	0.1μm	0.2μm	0.3μm	0.4μm	0.5μm	0.6μm
ISO1	10	2				
ISO2	100	24	10	4		
ISO3	1000	237	102	35	8	
ISO4	10000	2365	1018	352	83	
ISO5	100000	23651	10176	3517	832	29
ISO6	1000000	236514	101763	35168	8318	293
ISO7				351676	83176	2925
ISO8				3516757	831764	29251
ISO9				35167572	8317638	292 511

注：由于测量过程的多变性，要求浓度的有效检测数据不少于 3 个才能决定洁净度等级。表中的数值取近似整数值。

我国和世界卫生组织关于洁净度等级和室内细菌浓度级别标准见表 8-56。

表 8-56　我国和世界卫生组织关于洁净度等级和室内细菌浓度级别标准

名　称	空气洁净度级别	≥0.5μm 的微粒数/(粒/m³)	≥5μm 的微粒数/(粒/m³)	浮游菌数/(个/m³)	沉降菌数(φ90mm 平皿沉降 0.5h)/(菌落/皿)
中国 1992 年版《药物生产管理规范实施指南》(医药工业公司 GMP)	100	≤3.5×10³	≤0	≤5	≤1
	1 万	≤3.5×10⁵	≤2×10³	≤100	≤3
	10 万	≤3.5×10⁶	≤2×10⁴	≤500	≤10
	低于 100 万	≤3.5×10⁷	≤2×10⁵	暂缺	≤暂缺
世界卫生组织(WHO)及欧共体 GMP	(A)100	≤3.5×10³	0	≤1	
	(B)100	≤3.5×10⁴	0	≤5	
	(C)1 万	≤3.5×10⁵	≤2×10³	≤100	
	(D)10 万	≤3.5×10⁶	≤2×10⁴	≤500	

各种行业要求的环境洁净度级别可参照表 8-57 所示的级别采用。表中所列出其对应于级别的参考粒径是 0.5μm。工业洁净室与生物洁净室的不同见表 8-58。

3. 应用技术措施

空气过滤器在洁净室净化中是必不可少的设备。为了使室内的洁净度满足要求，除了设置合适的过滤器外，还应采取以下措施：①洁净室的末级过滤器是高效过滤器时，为了延长其使用寿命，应在其前面设置粗、中效过滤器；②采用粗、中、高三级过滤器的净化系统中，根据经验应按室内含尘质量浓度的要求来确定换气次数和送回风方式，具体见表 8-59；③洁净室必须补充一定量的新风，以保持室内正压比室外高 10～20Pa，且洁净度要求高的房间的正压值应大于相邻的洁净度要求低的房间；④三级过滤的净化空调系统的中、高效过滤器必须设在系统的正压段，且高效过滤器应装在系统的末端（送风口处）；⑤除设置净化装置外，洁净室还应考虑建筑的布局、使用的建筑材料以及生产工艺流程的合理性等因素。

4. 空气过滤器在洁净工程应用典型案例

见表 8-60。

5. 工程应用实例

某生物技术中心的洁净间，要求空气净化等级为 1 万级。新风量 4700m³/h，处理风量 23500m³/h，室内温度冬季为（20±2）℃，夏季（24±2）℃，室内相对湿度 45%～65%。气流组织上进下侧回。冷负荷 132kW，预热负荷 25 kW，再热负荷 46 kW，湿负荷 39L/h。

表 8-57　各行业要求的环境洁净度级别

工 业 洁 净 室	10级	100级	3000级	10000级	10万级	30万级	工 业 洁 净 室	10级	100级	3000级	10000级	10万级	30万级
半导体制造							高性能光学装置						
半导体装配							光学机器						
集成电路制造							摄影照片						
集成电路装配							气动装置						
大规模集成电路							精密定时器						
超大规模集成电路							水中用放大器						
人造卫星							高柝像度照相机						
光导摄像管							一般手术室						
彩色显像管							专用手术室（如器官移植）						
磁控管							术后恢复室						
小型继电器							白血病病房						
电子仪器部件							烧伤病房						
电子计算机							强药治疗癌病房						
电子计测器							变态反应性呼吸器官疾病病房						
真空管							新生儿病房						
精密陀螺仪							细菌培养检查室						
陀螺仪							无菌动物						
航空仪表							血液室、血库						
高可靠性元件							注射液培养、封装、检查						
高可靠性装置							片剂生产						
精密测定器							眼药水生产、封装						
超精密印刷							肉食加工、罐头封装						
高速机械							酿造						
轴承							快餐食品						
普通轴承							乳制品						
大型轴承							蘑菇培养						
自控机器													

表 8-58　工业洁净室与生物洁净室的比较

洁净室类型	工业洁净室	生物洁净室
受控的对象	灰尘等非生物粒子	微生物等生物粒子
应用范围	微电子、光学、化工、精密仪器、航天、航空、核工业等部门和行业	医疗、制药、食品、生物工程、动物饲养等部门和行业
污染影响	人和建筑设备等发尘	主要是人体发尘
空气过滤	一般需去除 $\geqslant 0.5\mu m$ 的尘粒	以除菌效率为准
运行	定期作一般清扫（如利用真空吸尘系统）	定期消毒灭菌（因细菌可繁殖增生）

表 8-59　采用三级空气过滤器的洁净室设计要求

级别	推荐气流形式	推荐送风方式	推荐回风方式	通风量 按房间断面风速/(m/s)	通风量 按换气次数	备　　注
3级（100级）	垂直平行流	(1)顶棚满布高效过滤器顶送（高效过滤器占顶棚面积不小于60%）；(2)侧布高效过滤器，全孔板或阻尼层送风；(3)密集流线型数流器顶送	(1)顶棚地板回风口（满布或均匀分布）；(2)四周侧墙下部均匀布置回风口；	$\geqslant 0.25$	300～500	(1)阻尼层材料有尼龙布、泡沫塑料等；(2)侧布高效过滤器一般安装数量较少，可节约初投资，但运转费用较大；(3)密集整流器适用于 4m 以上的车间
3级（100级）	水平平行流	(1)送风墙满布高效过滤器水平送风；(2)送风墙分布高效过滤器水平送风（高效过滤器占送风墙面积不小于40%）	(1)回风墙满布回风口；(2)回风墙局部回风口	$\geqslant 0.35$	300～500	(1)工作区可达 100 级，随着长度增加，级别下降；(2)局部布置高效过滤器时，局部地区有蜗流

级别	推荐气流形式	推荐送风方式	推荐回风方式	通风量		备 注
				按房间断面风速/(m/s)	按换气次数	
30 级(1000①级)	乱流	(1)孔板顶送;(2)间隔布置高效过滤器风口顶送;(3)密集散流器送风	(1)相对两侧墙下部均匀布置回风口;(2)洁净室面积大时,可用地板均匀布置回风口		50～80	(1)侧送管道布置简单,有利于旧厂房的净化改造;(2)用走廊集中回风方式时回风口风速应小于4m/s;(3)扩散孔板可减小风口下部风速,并增加洁净气流的作用范围,但间隙工作时,板内可能积尘
300 级1000 级	乱流	(1)侧送风(同侧下回);(2)局部孔板顶送	(1)单侧墙下部回风;(2)走廊集中回风口		20～40	
3000 级(100000 级)	乱流	(1)侧送(同侧下回);(2)带扩散板高效过滤器顶送	(1)单侧墙下部回风;(2)走廊集中回风口		10～20	

① 为插入的洁净度级别。

表 8-60　空气过滤器在洁净工程应用典型案例

场所	常见过滤元件	特殊要求	说明
音像工作室	袋式、无隔板过滤器		保护光学设备和制品
10 万级、1 万级非均匀流洁净室	有隔板、无隔板高效过滤器	逐台测试,无易燃材料	过滤器装在高效送风口内
100 级洁净室	有隔板、无隔板高效过滤器	出厂前经过逐台扫描检验	洁净室末端
一般洁净室预过滤	袋式、无隔板、有隔板过滤器		保证末端过滤器正常使用寿命
芯片厂 10 级、1 级洁净厂房	无隔板 ULPA 过滤器	扫描检验,流速均匀,无挥发物	当今对性能要求最高的过滤器
芯片厂 10 级、1 级洁净厂房预过滤	无隔板、有隔板过滤器	迎面风速高	保证末端过滤器的使用寿命为"一辈子"
制药行业 30 万级洁净厂房	袋式、无隔板、有隔板过滤器	无营养物	末端过滤器可以设在中央空调器内
负压洁净室排风过滤	无隔板、有隔板过滤器	可靠	禁止危险物品的排放
洁净工作台,风淋室	有隔板、无隔板高效过滤器		
洁净室用吸尘器	无隔板过滤元件	结实、抗水	防止排风二次污染

空调机组分为 7 段,具体尺寸如图 8-47 所示。各段设备和技术参数如下所述。

(1)板式粗效过滤新风段　新风补充风量为 4700m³/h,粗效空气过滤器型号为 DAI/SC,过滤效率对 5μm,粉尘为 80%,过滤器共 3 台。该段顶接新风管 800mm×800mm,带手动调节阀。

(2)空气预热回风段　钢管穿铝片预热器,预热量为 29kW,热煤为热水,进水温度 95℃,回水温度 70℃,一次回风顶接管 1900mm×600mm,带手动调节阀。

(3)中间段　中间段为过渡段。

(4)表面加热加湿段　钢管穿铝片表面冷却器 8 排,配不锈钢挡水板,制冷量为 159kW,冷媒为冷却水,进水 5℃,回水 10℃。该段的再热用钢管穿铝片加热器 2 排,再热量为 5.5 kW,热媒是 95℃热水,回水温度 70℃。加湿的方法为蒸汽加湿,蒸汽压力为 0.2MPa。加湿

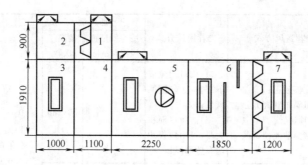

图 8-47　空调机组分段尺寸（单位：mm）

量为 46kg/h。

（5）**风机段**　风机风量 23500m³/h，除克服空调器压力外，剩余压为 950Pa，变频调速风机。

（6）**消声段**　该段装微孔消声器 1 台。

（7）**亚高效过滤段**　亚高效过滤段风量为 23500m³/h，亚高效空气过滤器 8 台，型号为 F8。对 1μm 微粒过滤效率为 90%。送风顶接管 1900mm×600mm，带手动调节阀。

为保证空气净化效果，在洁净室围护结构和粗效过滤器安装完毕之后，再安装高中效过滤器。亚高效过滤器在安装时才从密封袋中取出，并同时做外观、滤纸破损、漏胶和外框变形等诸项检查。安装时亚高效过滤器外框指示箭头方向与气流方向一致，外框与框架间严格密封。安装粒子计进行检漏试验。如小于 0.5μm 微粒超过了 3 粒/L 或穿透率大于 0.01% 时即认为明显渗漏，必须再次检查堵漏直到合格为止。该工程运行后效果良好，能满足净化空调要求。

6. 空气过滤器在净化工作台中的应用

净化工作台是一种具有代表性的局部净化设备，它可在局部造成 100 级或更高级别的洁净环境。从气流形式区分净化工作台，通常有垂直单向流型和水平单向流型；从气流再循环角度上，可分为直流式工作台和再循环式工作台；从工作台面大小，可分为单席工作台和双席工作台。各种不同形式的工作台都必须配合不同用途选择使用。

净化工作台主要由预过滤器、高效过滤器、风机机组、静压箱、外壳、台面和配套的电器元器件组成。典型的结构如图 8-48 所示。

净化工作台的一般性能如表 8-61 所列。为了检验其实际性能，都必须遵循统一的性能测试标准。

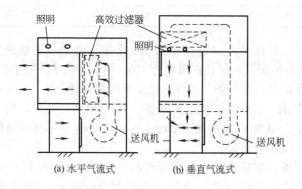

图 8-48　净化工作台典型结构

表 8-61 净化工作台的一般性能

项　　目	内　　容
洁净度级别	空态 10 级、100 级,不允许有 5μm 粒子
操作区截面平均风速/(m/s)	初始:0.4～0.5;经常:≥0.3≤0.6;有空气幕时可允许略小
空气幕风速/(m/s)	1.5～2
风速均匀度	平均风速的±20%之内
噪声/dB(A)	65 以下,最好在 62 以下
台面振动量/μm	5 以下,最好在 2 以下(均指 X、Y、Z 三个方向)
照度	300lx 以上,避免眩光
运行	使用前空运行 15min 以上

五、空气过滤器在进气净化中的应用

1. 应用范围

空气过滤器在燃气轮机厂、空气压缩机房、制氧厂、鼓风机室、制药厂、食品厂、喷漆房、计算机房、长途通信程控交换机室、主电机室等送风系统中均有着广泛的应用。

2. 应用典型场所

空气过滤器用于进气时典型场所（见表 8-62）。

表 8-62 进气用空气过滤器应用典型场所

场所	常用过滤元件	特殊要求	备注
风沙地区预过滤	惯性除尘装置,水浴除尘装置,卷帘过滤器		清除大颗粒粉尘,只在刮风时工作
燃气轮机与离心式空压机	无隔板、袋式、有隔板过滤器,自洁式过滤器	抗冲击,阻燃	防止设备内部结垢、磨损、腐蚀
轴流式空压机	无隔板、袋式过滤器	抗冲击,阻燃	防止叶片磨损
往复式空压机、内燃机	袋式过滤器,滤清器,平板过滤器	抗冲击,耐超阻	防止汽缸磨损
化纤抽丝工序	袋式过滤器		防止断丝
纺纱车间	袋式过滤器,静电过滤器		防止"煤灰纱"
食品工业	袋式、无隔板过滤器	无营养物	生产环境的卫生
轧钢主电机室	袋式过滤器、滤筒式过滤器	阻燃	防止因粉尘造成的电机故障
轿车涂装流水线主过滤器	袋式过滤器、滤筒除尘器	不含聚硅氧烷,不掉毛,阻燃	满足面漆无疵点,保护均流材料
轿车烤漆流水线主过滤器	耐高温有隔板过滤器	不含聚硅氧烷	工艺要求
高要求静电喷涂生产车间	袋式、无隔板过滤器	不含聚硅氧烷。不掉毛	保证外观无疵点
高档家用吸尘器	无隔板过滤元件	结实,抗水	防止排风二次污染
家用空气净化器	形形色色小型无隔板过滤元件	便宜,美观	摆在超市的商品
防毒面具	无隔板过滤元件	耐温,抗水	常与活性炭组合使用

3. 空气过滤器机组在进气中应用实例

某工厂地处西北严寒风沙地区,有一个二层生产厂房,长 144 m,宽 32 m,总高 28 m,车间内的工艺槽散发酸雾及有机挥发物。在冬季,通过净化系统排风及整体换气排风带走大量的热负荷。当地冬季室外采暖计算温度为-15℃，对该厂房进行热风平衡计算，需补进新风258000m³/h，加热新风热负荷为1535 kW。

（1）过滤加热机组设计要点　为便于安装、支吊、操作，使设备与厂房建筑融为一体，过滤加热送风机组应形成方形结构。为减少机组振动对建筑结构的影响，降低机组产生的噪声，便于拆分、更换部件等，将三个单体组装在一个整体框架内。

① 空气过滤器的滤料板或填料结构抽取灵活、密闭性好，漏风率<5%。

② 空气过滤器入口应设逆流百叶窗，防止大块、硬质物料进入，以免损坏滤料。

③ 加热器除利用外部连接管道排气及排水外，其内部最高点应配设排气部件，最低点配设泄水装置。

④ 为保证作业地点风速不大于0.5m/s，机组出风口风速应控制在5~15 m/s内。根据机组的配置高度及规格等情况，建议大型机组出风端设置送风静压箱，为便于调节送风射流，送风口处宜设置上下可调的百叶窗或导流板。

⑤ 根据机组设计规格及支吊情况确定框架、围板的强度、刚度，并根据生产车间室内外的气体环境选择材质及做防腐处理，以保证机组安全、稳定运行。

⑥ 机组设于寒冷地区，加热器及其接管系统应安装在靠墙侧，机组采取防冻保温措施。

⑦ 为节省投资，设计全部采用常规空气过滤器、加热器、送风机通用设备组合方案，稍做整改，在现场组合成一体。

考虑到车间空间、避免送风管道与他专业设施碰撞、减少送风系统能耗等因素，设计采用过滤加热送风一体化机组，设备安装在外墙上，采用0.2MPa的高压蒸汽热源，直接将新风过滤、加热至35℃后送入室内。鉴于厂房柱距、跨数等条件，并考虑维护以及均匀送风等因素，设计了18台机组，每台风量15000m³/h，热负荷90kW。

（2）设备选型

① 空气过滤器。选择适于常温、常湿、含微量酸碱、不含有机溶剂空气的M型泡沫塑料粗中效空气过滤器，系填料块式组合。每块填料风量2000³/h，最终阻力196Pa，容尘量80g，大气尘计重效率70%，外形尺寸440mm×470 mm×700mm，共9块，总重77kg。针对厂房室外可能含有微量有机挥发物气体问题，另行采取防黏附措施。

② 加热器。选择传热性能良好、稳定的SRZ型钢管绕钢片式空气加热器。假定空气质量流速为10 kg/（m²·s），传热系数为42.03 W/（m²·℃），热交换平均温差122.88℃；确定需加热面积为17.43 m²，考虑30%的富裕系数，加热面积取22.65 m²。选择10×7D型加热器，其散热面积为28.59 m²，通风净截面积0.45m²，实际空气质量流速为11.11 kg/（m²·s），空气阻力216Pa，外形尺寸为772mm×160mm×1067mm，重量129kg。

③ 送风机。采用HTF-Z轴流消防高温风机，该风机在150℃温度条件下可长时间连续运行。若改装成皮带轮C式传动，则更利于高温下长期使用。

根据过滤器、加热器的选型及部件分析，其机组系统在标准状态下的压降约460 Pa，通过修正得出实际工况风机的风压为438 Pa，核算所需电机输入轴功率为2.7 kW。选用HTF-Z-6型风机，风量16090m³，风压510Pa，转数2900r/m，电动机额定功率4 kW。轮廓尺寸为D730mm×D7mm（含内置电机），若改为外置电机，长度可估为500mm。风机重164kg，电动机重45kg。

（3）组装机组性能特点　根据所选过滤器、加热器、送风机的外形尺寸，并考虑留出组装余地，初定机组外廓尺寸为1300mm×1300mm×1600mm，在现场将过滤器、加热器、送风机组合在一起，并配置进风口及出风静压箱，形成一套完整的过滤加压送风机组（见图8-49）。其技术性能见表8-63。

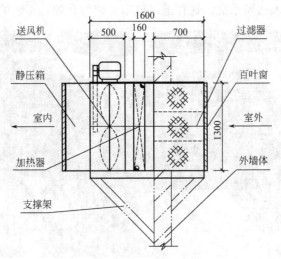

图 8-49　过滤加压送风机组

表 8-63　过滤加热送风机组技术性能表

单体设备 技术性能	过滤器	加热器	送风机
风量/(m³/h)	5000～15000	5000～15000	5000～15000
压降/Pa	＜200	风侧＜200	全压 500～600
送风温度/℃	室外气温 30～45		
外廓断面尺寸/mm	＜1500×1500		
总长度/mm	＜1800		
总净重/kg	＜1200		

过滤加热送风组合机组结构紧凑、传热性能好、空气阻力小、便于安装、方便维护管理，且无需通风系统管道，直接将新风过滤、加热送入车间，不占室内地面，所占空间也少，不影响工艺设备的布置，可多台机组组合、单台运行或多台联动，以便调节负荷，节约通风机能耗。

4. 空气过滤器在轧钢车间应用实例

某钢厂轧钢车间的主电气室、地下电器室及轧机区地下液压站、润滑站送风系统，需要把室外空气先用空气过滤器进行过滤净化，过滤器过滤后的气体经大型风道，再用风机分别送至各使用点。送风系统主要由空气过滤器、风机、送风管道等组成。送风系统处理风量500000m³/h，气体含尘浓度＜5mg/m³，阻损要求＜800Pa。设备主要组成如下：空气过滤器由滤筒、框架、清灰装置、走梯平台、压差装置、压缩空气装置、自动控制装置等组成。过滤精度要求有效捕集尘粒直径＞1μm，质量法测定过滤效率＞99%。设备特点是造价低，操作维护简单，净化效率高能满足严格的进气要求。

选用空气过滤器的技术参数如下：滤筒单筒尺寸 φ324 mm×660mm，过滤面积20m²，处理风量 800～1000m³/h，过滤速度 0.66m/min，初阻力 160Pa，运行阻力＜800Pa。

空气过滤器整体参数：处理气量 500000m³/h，过滤面积 12700m²，入口含尘浓度＜5mg/m³，出口含尘浓度＜0.15mg/m³，设备阻力＜800Pa，清灰方式为低压脉冲清灰。设备外形尺寸约为 28.3m×6.6m×5.7m。滤筒在过滤器内布置如图 8-50 所示。

过滤器的进气口布置在设备下部可以避免大颗粒粉尘直接进入过滤器，出气口布置在设备侧部，便于气流直接进入送风系统。这种进出口布置较为合理，不影响过滤效果。

图 8-50　滤筒在过滤器内的布置

第六节　空气过滤器维护管理

一、管理人员职责

1. 管理人员的职责

主要包括：①切实保证室内环境卫生；②掌握日常管理操作；③运行管理日志和收集资料；④制定年度维修计划和管理操作检查清单。

2. 专职技术人员的职责

主要包括：①保证机器和设备的正常运转；②测定、调整室内空气环境；③制定管理操作计划表；④制定和保管各种设备记录表；⑤安全管理（通过检查，早期发现和维修，防止设备性能下降）；⑥保持机房清洁。

3. 管理计划

为使设备功能发挥正常，必须制定一套管理计划，并努力做到室内空气环境处于良好状态。而一个好的计划，往往需要有关人员通晓各方面的管理工作知识，才能制定出来。

对于一年内的各项工作，要制定包括工作项目、数量、工作时间和工作步骤等内容在内的管理计划，并在新建建筑物的第一年对设计能力和实际能力进行比较分析，为下一年的经济管理计划做好准备。

二、安全管理

设备运转时，必须随时防止发生危险（人身伤害和灾害），保证设备在安全环境下正常运转。

安全管理方面的注意事项很多，主要内容如下。

（1）改善操作环境　工作区环境的好坏直接影响着整个管理工作的安全，所以应设法创造一个良好的环境。

（2）作业安全措施　设备不论其大小都要随时注意防止发生危险。操作（运转或修理）之前，首先要检查设备和周围环境是否安全，确认之后才能运行或开始作业。

（3）工作区的清洁　保持空调机房及泵房等日常工作区的清洁，是确保安全管理工作区的一项重要内容。

（4）操作工具的准备　预先检查操作用各种工具的种类及其数量，不合适的工具不宜使用。有严重破损、折损和磨损的工具则要更换以便保证安全操作。

（5）检修设备配管系统时应保证人身安全。如有可能发生人身事故，应暂时停止设备运转，采取措施，予以保护。

（6）操作结束后的检查　操作结束后再次检查确认操作过程的停止情况。

三、维护检修内容

1. 单元式空气过滤器

（1）注意事项

主要包括：①必须安装压差计，以指示滤材压力损失；②滤材有空气入出方向，安装时注意气流方向。

（2）维护检修内容

主要包括：①检查压差计或压差管的动作；②检查滤材污染程度、变形情况和有无漏风；③检查过滤器箱内部的污染程度、框架腐蚀情况；④检查过滤器框架、连接管道、过滤器箱有无明显漏风等；⑤检查滤材压力损失的增加情况，如果最终压力损失已达到规定的极限值，或者没有这种规定时，压力损失大致到初始压力损失的 2 倍，这时应更换滤材或清洗滤材，更换滤材次数或清洗次数取决于处理空气的污染程度；⑥更换滤材时，送风机要停止运行，不能使滤材上粘附的粉尘飞扬到下气流侧；⑦将更换下来的滤材原封不动地包装好做废物处理；⑧更换滤材后，要清扫过滤器装配框的周围，以免重新运行时使粉尘扬起；⑨更换滤材时，注意滤材免受损伤；⑩更换滤材后，对滤材装配框进行全面密封，不许向外漏风；⑪在清洗洗涤型滤材的过程中，注意不能使滤材变形；⑫准备备用滤材。

（3）维护检修周期　维护检修周期取决于工作区的粉尘浓度和使用条件。根据经验进行总结。

2. 自动更换型空气过滤器

（1）注意事项　主要包括：①显示出需更换滤材的指示时更换滤材；②必须安装指示滤材压力损失的压差计；③滤材有空气入出口方向，安装时注意气流方向。

（2）维护检修内容　主要包括：①检查滤材歪斜等原因引起的漏风情况；②检查过滤器箱内部的污染程度和设备腐蚀情况；③检查控制盘，确认电灯、压差动作指示灯、滤材更换指示灯、手动马达、开关和自动开关等有无异常现象；④用压差计检查压差开关的动作压力；⑤检查定时器；⑥检查压差管的污染和压差计的动作情况；⑦检查滤材更换机构，给轴承加润滑油，驱动部分也注入润滑油，检修减速马达的每一组成部件；⑧更换滤材时要注意粉尘不能扬起，飞落的粉尘要擦净；⑨清洗滤材应由专业人员负责。

（3）维护捡修的周期　维护检修的周期取决于工作区的粉尘浓度和使用条件。其平均周期由经验定。

3. 静电式空气净化设备

（1）注意事项　主要包括：①该设备不适用于水泥、树脂等固有电阻高的粉尘过滤；②设法防止盐、金属粉等破坏电气绝缘性能的粉尘混入过滤器；③湿度大的空气易在绝缘物表面结露，所以管道和外壳要保温，防止处理空气温度下降；④用静电方式除尘的空气温度最好保持在 5～40℃，相对湿度在 90％以下；⑤当感觉有臭氧气味时，电离段很可能在电极化离子线上的粉尘突起物的作用下产生异常放电，或者在集尘段电极板之间产生火花放电，这时需要检查和修补，电源的初级交流电压很高时也产生臭氧、发出臭味，要特别注意；⑥检修门上装有高压放电用延迟开关，切断电源以后需要等待 30s，为了避免检修过程中接通电源，人员进入之前一定要做好"正在检修"等内容的标记。

（2）维护检修内容

① 电源装置：a. 检查主机时一定要切断操作盘上的电源开关或外加高压用开关；b. 检查电源装置的内部时高压电容器或与它相连的高压充电部分的端子要接地短路，使剩余电荷完全放电，另外，使用金属片时必须先接触接地端；c. 高压电源设有高压输出电压的指示灯或指示表时，要定期检查指示灯或者指示表，并确认动作是否正常；d. 次级高压电压务必使用仪表测量，已经接通电源的设备再做断电检查时必须把高压充电部分接地；e. 电源装置在长期使用中内部会有许多粉尘粘附在高压部分，需要经常打扫。

② 前置过滤器：a. 前置过滤器其作用是防止大颗粒粉尘和棉绒等灰尘在电极间引起短路放电，同时使通过风速均匀；b. 前置过滤器在过滤粉尘之后，其压力损失增加，对此要定期检查，如果发现过滤器阻塞应及时清洗或更换；c. 由于送风机的性能问题，过滤器的压力损失增大，送风量就减小，使送风机的电机负荷下降、电流减少，因此设置监视盘可以大致了解过滤器被阻塞的情况。

③ 集尘单元：a. 检查集尘单元时，应把电离段和集尘段的高压充电部分接地，使剩余电荷完全放电，不用接地线而使用金属短路片时必须先接触接地端；b. 绝缘子在长时间使用后，上面粘附了很多粉尘而受到污染，应定期对它清扫，清扫时注意不许触动绝缘子，不能折断离子化电极线，不能折弯集尘电极板；c. 离子化电极线为易损件，要定期检查它有无断线，如果某处断线要加以修补，另外离子化电极线达到使用期限后要全部更换；d. 集尘单元粘附粉尘后会降低过滤效率，这时可把集尘单元拆卸下来，泡在中性洗涤剂中清洗，清洗按规定方法进行；e. 当集尘单元的电极板表面由于受腐蚀而起泡，产生应力变形时需要更换新的集尘单元，更换集尘单元时尺寸要对号，不能勉强安装。

第九章

新型和其他型式除尘器

在第二章到第八章中分别介绍了七类应用最多的除尘设备。本章集中介绍颗粒层除尘器、脱硫除尘器、塑烧板除尘器、滤筒除尘器、纤维粉尘除尘器、湿式化学除尘器和复合式除尘器等，这些除尘器的特点是应用都有一定的范围。

第一节　颗粒层除尘器

各种干式除尘器都有一定的适用范围，不能完全适用于气体温度高、含尘浓度大、比电阻值过小或过大、抗磨损、耐腐蚀等情况。颗粒层除尘器应运而生，弥补了这一空缺，成为新型除尘设备。

从除尘机理上来看，颗粒层除尘器与袋式除尘器很类似，属于微孔过滤器。它们之间的主要区别是过滤介质不同，前者是用一定粒度的砂砾或其他金属碎屑作填料形成多孔过滤层；后者过滤介质是纤维织物。除尘过程中大颗粒粉尘主要借助于惯性力，小于 $0.5\mu m$ 的尘粒主要靠砂砾及被过滤下来的尘粒表面拦截和附着作用过滤下来，净化效率随颗粒层厚度的增加而提高。因为孔隙小，能过滤细小粉尘。又由于采用砂砾作滤料，因而能过滤净化和回收高温、有腐蚀性及磨蚀性较大的粉尘。

颗粒层除尘器的主要优点是：①可以耐高温，选择适当的过滤材料，使用温度可达200～400℃；②过滤能力不受粉尘比电阻影响，除尘效率较高；③滤料价廉，可以就地取材，适当选取滤料，还可对有害气体进行吸收，兼起净化有害气体的作用；④滤料耐久、耐腐蚀、耐磨损，使用寿命比布类长。

颗粒层除尘器的缺点是：①过滤速度具有局限性，设备庞大，占地面积大，除非采用多层结构来减小占地面积；但多层结构复杂不易管理维护；②对微细粉尘的除尘效率不高；③入口含尘浓度不能太高，否则会造成过于频繁的清灰；④运行故障多，维修繁杂。

一、颗粒滤料选择与过滤机理

1. 滤料选择

颗粒层参数包括滤料材质、大小、级配、厚度等的选取，是提高收尘效率的关键之一。

（1）滤料选择　滤料材质一般要求耐磨、耐腐蚀、耐高温，而且还要求价格低廉、来源充足。根据试验和实际使用情况来看，采用表面粗糙、形状不规则的石英砂较好。

（2）颗粒滤层的特性　颗粒滤层捕集粉尘的能力甚强，但至今还没有计算效率的实用公式，一般只能凭实际测定或经验来确定。从一些资料来看，对除尘效率影响最大的是过滤风速，其次是粉尘性质、滤层厚度和粒径配比。

一般来说，滤速增加，除尘效率降低很快，阻力也不断增加。因此，建议过滤风速以不超过 30m/min 为宜。

粉尘的浓度和分散度对除尘效率的影响也较大。若气体含尘浓度较大、粒径较粗的粉尘其除尘效率就高。

增加滤层厚度可提高收尘效率，但不显著，而其阻力增加则更为显著，这一点和多级除尘器串联使用规律是一样的。因此滤层不宜太厚，一般取 100～150mm。

变化粒径配比，对除尘效果影响不大，但其阻力则随细颗粒配比的增加而增加。因此粒料宜选用均一粒径，且粒径不宜太细。

由于这些因素都很难从理论上做出定量的描述，因此最佳颗粒滤层设计还是要通过试验来确定。

2. 颗粒层过滤机理

粉尘通过颗粒层能被滤除，从而使气体得以过滤净化，其机理主要是接触凝聚作用、筛滤作用和惯性碰撞作用，还有一定的重力沉降作用。颗粒层过滤机理与纤维滤料相近。

接触凝聚作用是多种力量的总称，由于分子引力、静电吸引力和布朗运动吸附力等使粉尘和颗粒接触黏附，或使粉尘颗粒相互凝聚变大而被截留在颗粒层之中。

筛滤作用是颗粒层相当于一个微孔筛子，粉尘通过细小弯曲的孔隙而被截留，当粉尘愈粗颗粒愈细时，筛滤作用也就愈显著。

惯性碰撞作用是在集尘气体流经颗粒层中弯曲通道时，利用粉尘惯性较大，容易撞在颗粒上失去动能而被截留。流速越大，惯性碰撞作用越明显。但气流速度大了，冲刷力也强，细小的粉尘可能被冲刷带出颗粒层。当气流速度很低时，粉尘也能借助重力作用而沉积在颗粒层内。由于颗粒层比织物滤料的厚度大得多，接触凝聚更为充分。但袋滤中纤维绒毛的截留作用，在颗粒层中一般是没有的。

3. 捕集效率

有人从理论推导得到颗粒层清洁状态，也就是没有烟尘负荷时的捕集效率（η_0）的公式如下：

$$\ln(1-\eta_0) = -\alpha'\alpha(1-\alpha)^{4/3}d_f^{-5/3}v_s^{-2/3}h \tag{9-1}$$

式中　η_0——捕集效率，%；

α'——颗粒直径，cm；

α——颗粒层体积中的固体部分体积，cm^3/cm^3；

d_f——颗粒直径，cm；

v_s——过滤速度，cm/s；

h——颗粒层厚度，cm。

试验用滤料为 1～2mm、2～4mm、4～6.35mm、6.35～8mm 四种不同范围粒度的砂砾和粒度为 0.1～3mm、密度为 1.53g/cm^3 的氧化铵烟。试验的颗粒层厚度范围为 10～90cm，α 为 0.6cm^3/cm^3，过滤速度在 1.5～4cm/s 的范围内。试验的结果与理论公式相一致。根据试验结果得到的 $\alpha'\alpha(1-\alpha)^{4/3}$ 的平均值为 -2.74×10^{-3}。

颗粒层的捕集效率是随着所捕获的粒子增多而逐渐提高的，在颗粒层运行过程中测出的捕集效率是累计效率 $\bar{\eta}$。

$$\bar{\eta} = \frac{W_1 - W_2}{W_1} = \frac{W}{W_1} \tag{9-2}$$

式中　$\bar{\eta}$——累计效率，%；

W_1、W_2——流入和流出颗粒层的烟尘累计质量，kg/m^2；

W——颗粒层的烟尘负荷，kg/m²。

试验结果表明：捕集效率随着烟尘负荷的增加而提高；颗粒的粒度越小，捕集效率越高，而且随着烟尘负荷的加大，粒度小的捕集效率提高得越迅速；颗粒层越厚，最初的捕集效率越高，但在烟尘负荷较大时，颗粒层厚度对效率影响不甚明显。

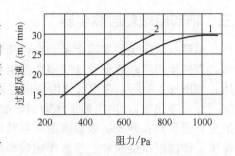

图 9-1　颗粒层厚度、过滤速度
与压力降关系

4. 压力降

颗粒层的压力降随滤层厚度和过滤速度的提高而增加，有人用 90％粒径为 1.5～2.5mm 的硅石进行试验，结果见图 9-1。如果含尘气体湿度大，温度低，就会在颗粒层中形成结露，使阻力骤增。在这种情况下，应当采取进气和反吹风预热以及机壳体保温等有效措施。

还有的试验结果得出用下式计算颗粒层的阻力。

$$\frac{\Delta p}{H}=Av_\infty^B \tag{9-3}$$

式中　Δp——通过颗粒层的阻力（压力损失），Pa；

$\quad\quad H$——颗粒层的厚度，cm；

$\quad\quad v_\infty$——迎面流速，cm/s；

A、B——由试验得出的阻力常数，如表 9-1 所列。

表 9-1　颗粒层除尘器的阻力常数

阻力常数	玻璃球	拉希环	塑料丝网	玻璃毛
A	0.008	0.006	0.001	0.003
B	1.814	1.775	1.685	1.516

二、颗粒层除尘器的分类

颗粒层除尘器按颗粒层位置、床层、清灰方式等，可以分类如下。

（1）按颗粒床层的位置可以分为垂直床层和水平床层两种　垂直床层颗粒层除尘器是将颗粒滤料垂直放置，两侧用滤网或百叶片夹持，以防滤料飞出，而气流则水平通过。水平床层颗粒层除尘器是将颗粒滤料置于水平的筛网或筛板上，铺设均匀，保证一定的料层厚度。气流一般由上而下，使床层处于固定状态，有利于提高除尘效率。

（2）按床层的性质可分为固定床、移动床和流化床　移动床是指过滤过程中床层不断移动，已黏附粉尘的滤料不断排出，代之以新滤料。垂直床层的颗粒层除尘器一般都采用移动床。移动床可分为间歇移动床和连续移动床。流化床是指在过滤过程中床层呈液化状态的床层，采用较少。

（3）按清灰方式可分为耙式清灰、沸腾式反吹风清灰和移动式清灰等　移动式的颗粒层滤料排出后在除尘器外进行清灰，然后再重新装入到过滤器中使用。耙式清灰是用耙子使颗粒层松动，以便得到更好的清灰效果。沸腾式颗粒层除尘器是控制反吹风的风速，使颗粒处于悬浮沸腾状态，利用在沸腾状态下的颗粒自相摩擦，而使黏附于颗粒上的粉尘脱落下来。此外，也有用间断或连续淋水的方法进行清灰。

（4）按床层的数量可分为单层和多层颗粒层除尘器　国外一般都为单层结构，最多也只是不同尺寸床层。我国的颗粒层除尘器用到十多层，从而可大大节约占地面积。

三、耙式单颗粒层除尘器

单颗粒层除尘器实际上是一个两级除尘器。它的下部筒体相当于一个旋风式除尘器，利用离心力的作用将较粗颗粒从气流中分离出来；上部筒体装设石英砂层，相当于袋式除尘器的作用，如图 9-2 所示。含尘气体沿切向进入下部旋风筒，分离粗颗粒粉尘，然后经插管进入分离室（亦称净化室），由上而下地通过砂滤层，在惯性碰撞、截留、筛分、扩散等作用下，细小的尘粒便沉积在砂滤层表面或留在颗粒层空隙中。气体通过净化室和打开的截流阀从净气出口排出。砂滤层厚度和砂粒径是影响效率的主要因素，一般滤层为 $100\sim150$mm。滤粒一般选用耐蚀性、耐磨性强，表面粗糙的圆形石英砂粒。根据含尘气体中尘粒尺寸的大小，石英砂粒直径一般为 $1.5\sim5$mm。反吹清灰时，把新鲜空气引向系统，反吹空气按相反方向通过颗粒层，同时梳耙开始搅动，使附着在砂粒上的粉尘脱落。粉尘随吹洗气流通过插管进入旋风筒中，由于突然降低速度和急转弯使大部分尘粒沉降下来。少量细尘粒随气流进入含尘气体总管中，与含尘气体混合进入其他单筒中被净化。

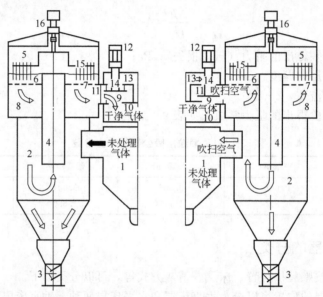

(a)处在滤灰阶段的砾石床过滤组件　　　　(b)处在反吹阶段的砾石床过滤组件

图 9-2　耙式单颗粒层除尘器

1—未处理的气体通道；2—旋风除尘器；3—两级倾卸闸板；4—蜗旋管；5—过滤室；6—砾石床；
7—栅板；8—干净气体室；9—排气口；10—干净气体通道；11—阀盘；12—阀缸；
13—反吹通道；14—反吹口；15—耙松机；16—耙松机驱动装置

这种除尘器也可以采用多筒结构，每个单筒直径大致在 $1000\sim3000$mm 之间。把单筒排成单行或双行，用一根进气总管联结起来，如同多管旋风除尘器一样。

单体颗粒层除尘器的过滤负荷一般在 $2000\sim3000$m^3/（m$^2\cdot$h），含尘量较高时采用 1500m^3/（m$^2\cdot$h）。进口最高含尘浓度允许达 20g/m^3 左右，其中 80% 在旋风筒中被分离。设备阻力约为 $1000\sim2000$Pa。因石英粒磨损小，一般检修时不需要全换新的，经常维持一定厚度即可。由于砂粒在筛面上几乎没有相对运动，筛网磨损也小。这种除尘器可耐 $350℃$ 的高温，短时间可耐 $400℃$。

四、沸腾颗粒层除尘器

沸腾颗粒层除尘器由多个单元进行组装集合而成。每层过滤面积约 1m^2，壳体用钢板焊接制作，内设多孔板盛装石英砂滤料，多孔板的功能是让净化烟气顺向通过，反吹空气逆向通过且不漏砂。除尘器本体前端有共用反吹风通道，共用净化烟气通道，侧面装有电动推杆阀门，中部为集尘沉降室，底部为灰斗及出灰口。

图 9-3 所示是由两个筒组成的多层沸腾颗粒层除尘器。它与单颗粒层的第一个不同之处是，筒体装设多层砂粒层。含尘气体进入上筒后，将粗粒分离出来，直接落入下部灰斗，细尘粒随气流经中间插管，通过过滤层，含尘气体净化后经排气管排出。这种除尘器较前一种净化能力大，其他工作过程和性能与单颗粒层除尘器类似。

它与单层除尘器的另一个不同是对于颗粒层中的粉尘，不用耙子清灰而是采用流态化理论，定期进行沸腾反吹清灰，具有结构紧凑、投资省等优点。当颗粒层容尘量较大时，如Ⅰ-Ⅰ剖面，汽缸

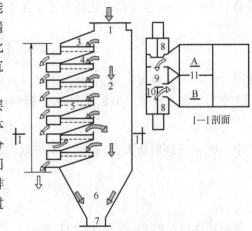

图 9-3　多层沸腾颗粒层除尘器
1—进气口；2—沉降室；3—过滤空间；4—颗粒层；
5—筛网；6—灰斗；7—排灰口；8—反吹风口；
9—净气口；10—阀门；11—隔板

的阀门开启反吹气口，关闭进气口，反吹气由反吹气口进入，经下筛网，使颗粒均匀沸腾，达到清灰的目的。吹出粗的尘粒沉积于灰斗内，由排灰口定期排出。细的粉尘又通过其余颗粒层过滤。在 A、B 两室间用隔板隔开。除尘器所需层数，根据处理气量决定，如处理大气量时可采用多台除尘器并联。

1. 沸腾颗粒层除尘器工作原理

沸腾颗粒层除尘器属过滤式除尘器，滤料选用含 SiO_2 的石英砂、陶粒等。除尘器工作原理见图 9-3。

含尘烟气从进气口进入，较大尘粒首先经沉降室沉降，其余烟尘随气流进入过滤空间，经石英砂颗粒层过滤后，细尘粒被阻留在颗粒层表面，烟尘经沉降、过滤后汇入净气通道。当颗粒层积尘量较多时，电动推杆阀开启反吹风口，关闭进气通道口，反吹风由多孔板底部进入，使颗粒层均匀沸腾，此时颗粒层积尘被反吹气流夹带到沉降室，完成反吹清灰的过程。反吹时间及反吹周期可由控制柜调节。沉积于灰斗内的粉尘，定期由排灰口排出。水平不同尺寸间用隔板隔断，除尘器所需层数根据处理烟气量而定。为了保证除尘效率，在过滤风速选定的条件下，可采用多层组合的方式增大除尘器的烟尘处理能力。

2. 设计计算

组合式沸腾颗粒层除尘器参数计算如下。

（1）过滤面积 F

$$F = \frac{Q}{3600V} \tag{9-4}$$

式中　F——颗粒层除尘器总过滤面积，m^2；

　　　Q——处理烟气量，m^3/h；

　　　V——过滤风速，m/s，一般取 $0.2\sim0.5m/s$。

（2）石英砂颗粒直径　颗粒层除尘器如何选用适宜的石英砂颗粒规格是关键的一环节。颗粒规格直接影响收尘效率和反吹风速值，一般来说，颗粒越细，过滤效率越高，越易沸腾清灰。但是，颗粒太细，砂粒会从多孔板的孔隙漏掉。

怎样确定颗粒规格，对于不规则的石英砂颗粒，为了准确说明整修颗粒粒度，采用平均当

量直径 D_p（mm）这个概念比较合适。按下式计算 D_p。

$$\frac{1}{D_p}=\sum\frac{x_i}{d_i} \tag{9-5}$$

式中 x_i——颗粒直径为 d_i 时的比率（质量）。

平均当量直径乘以形状系数 Φ_s，得到相当于球表面积的颗粒直径 D_0（mm），即

$$D_0=\Phi_s D_p \tag{9-6}$$

式中，Φ_s——颗粒球形面积 S_s 与不规则颗粒面积 S_i 的比值的平方根，即

$$\Phi_s=\sqrt{\frac{S_s}{S_i}} \tag{9-7}$$

一般石英砂颗粒的 Φ_s 取 0.5，由试验知，平均当量直径 D_p 取 $1.3\sim2.2$mm 较合适。

（3）临界流化速度　由固定床转化成沸腾床时的最小流速，称为临界流化速度。流化速度 W_c（m/s）用下式计算。

$$W_c=\frac{\gamma}{D_0}\times\frac{A_r\varepsilon^{4.75}}{18+0.6\sqrt{A_r\varepsilon^{4.75}}} \tag{9-8}$$

式中 γ——运动黏性系数，m^2/s；

　D_0——颗粒相当直径，m；

　　ε——颗粒空隙率；

　A_r——阿基米德准则。

对于石英砂颗粒，D_p 为 $1.3\sim2.2$mm 时，临界流化速度为 $0.68\sim1.19$m/s。

（4）最大反吹风速　石英砂的平均当量直径为 $1.3\sim2.2$mm 时，最大反吹风速 $W_t=5.4\sim8.76$m/s。

（5）反吹阻力　反吹风速较小时气流阻力与气流速度成正比。当反吹风速达到流化速度时颗粒处于沸腾状态，即使气流速度再增加，阻力也基本保持不变。

在流化状态下，反吹阻力 Δp 取决于单位面积上颗粒的质量，由下式得

$$\Delta p=\Phi H\rho_b \tag{9-9}$$

式中 Φ——减小系数；

　H——颗粒层高度，mm（一般为 100cm）；

　ρ_b——颗粒堆密度，g/cm^3。

一般地，反吹阻力 Δp 为 $1400\sim2600$Pa。

五、移动式颗粒层除尘器

图 9-4 是一种新型移动式颗粒层除尘器，这种除尘器能解决颗粒层除尘器的运行可靠性问题。

与常规颗粒层除尘器相比，移动式颗粒层除尘器实现颗粒料不放在筛网上，可避免筛中孔板被堵塞，确保除尘器的正常运行；在过滤不间断的情况下，再生过滤介质（即颗粒滤料）；同时变层内清灰为层外清灰，可去掉众多运动部件的耙式反吹风清灰机构，因此除尘器体内的维修量大为减少。

（1）主要组成　这种除尘器由移动式颗粒过滤床与普通的扩散型旋风除尘器巧妙地结合为一体。气流的运动基本上和旋风除尘器气流走向一致。除尘器主要由旋风体、移动颗粒床、滤料清灰装置、清洁滤料输送装置、滤料移动置换速度调控阀、含尘气流输入管路和洁净气流输

出管路等几部分组成。

（2）除尘原理　除尘器工作时，含尘气流从输入管路进入具有大蜗壳的上旋风体内，气流在旋转离心力作用下，粗大的尘粒随气流旋转过程中，被抛至旋风体边壁，最后落入集灰斗；而其余的微细粉尘随内旋气流进入了内装颗粒滤料的颗粒床，借其综合的筛滤效应进一步得到净化。净化后的洁净气流经出气管，再通过风机进入大气。带粉尘的颗粒层滤料经过床下部的调控阀门，按设定的移动速度缓慢落入滤料清灰装置，再除去收集到的微细粉尘。微细粉尘穿过倒锥形清灰筛落入集灰斗，而被清筛过的洁净滤料从锥筛孔及其相衔接的溜道流进储料箱，用气力输送装置或小型斗式提升机将其再度返回到颗粒床内，继续循环使用。但是，实际上不论是气力输送还是提升机都增加了设备的复杂程度和维修工作量。

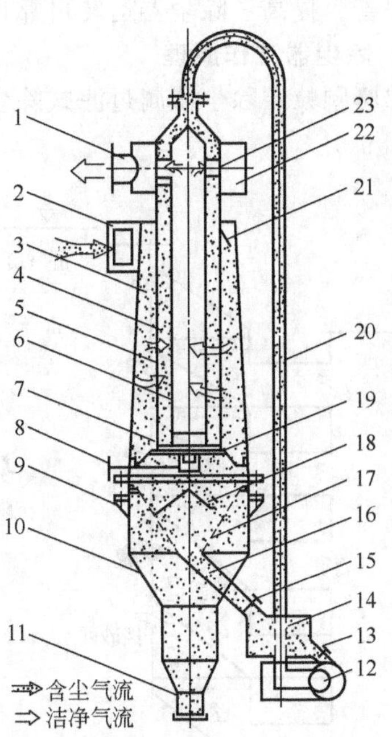

（3）结构特点　主要包括：①将一个结构极其简单的圆筒状颗粒层除尘器（二级除尘）和普通的扩散型旋风除尘器（一级除尘）有机地组为一体，利用了旋风体内的有限空间，使圆筒状颗粒层除尘器过滤面积大于水平布置时的过滤面积；②移动式颗粒层除尘器颗粒滤料清灰是在颗粒层除尘器之外进行的，省去了水平布置颗粒层除尘器的耙式反吹风清灰系统，移动式颗粒层除尘器需在颗粒层下部设置一个倒锥形固定滤料清灰筛，在上部安装一个伞形反射导流屏，借床下部调控阀门动作实现在颗粒层过滤不间断的情况下清灰和再生过滤介质；③为了实现清筛过的洁净滤料重新返回到颗粒床循环使用，除尘器需要配置滤料气力输送装置或小型斗式提升机附加设备。

（4）影响除尘效果的因素　影响移动式颗粒层除尘器动力消耗和除尘效果的主要因素是旋风体入口风速、颗粒床滤料层的厚度、颗粒滤料的粒度以及积附于滤料上的灰尘量等。入口处风速的选取主要取决于2个方面：①旋风体分离粉尘的效果与能量损耗，对旋风体而言，入口风速过大则高速旋转的含尘气流中粗大尘粒碰到壳体内壁后将被反弹而得不到分离，且使能耗上升，入口风速过低则含尘气流速度及其相应的离心力过小，粉尘分离效率低下，过小的风速，粉尘在进口管道中还会发生沉积堵塞现象；②对颗粒滤料层而言，过大的风速将会引起阻力的急剧增加，反之过小的风速又会降低除尘效率，使设备体积庞大。因此，合理的过滤速度和入口风速是降阻、节能、提高除尘效率的途径之一。

除尘器阻力也是由旋风体阻力 Δp_1 和颗粒滤料层阻力 Δp_2 两部分组成，设法减少除尘器阻力，降低能量消耗也是改善除尘器性能，提高除尘效率的重要因素。

图 9-4　YXKC-8000 型除尘器工作原理
1—洁净气流出口管；2—含尘气流出口管；3—旋风体上体；4—颗粒滤料；5—颗粒床外滤网筒；6—颗粒床内滤网筒；7—调控阀固定盘；8—调控阀操纵机构；9—旋风体下体；10—集灰斗；11—集灰斗出口管；12—滤料输送装置；13—储料箱出口阀；14—储料阀；15—溜道管出口阀；16—溜道口管；17—锥形筛；18—反射导流屏；19—调控阀活动盘；20—滤料输送管道；21—气流导向板；22—出风道；23—出风支道道

六、颗粒层除尘器在加热炉除尘中的应用

某钢铁厂第三轧钢分厂在轧钢煤粉加热炉高温烟气除尘工艺中选用了一台22层的沸腾颗粒层除尘器。在工艺系统中，采用烟道换热方式，将除尘器进口温度控制在370℃以内，该系统自1987年投入运行以来，除尘器曾经出现过不少故障，影响了正常使用。经过几年的不断

改进完善，提高了除尘器运转可靠性，取得了满意的除尘效果。

1. 除尘器工作原理

沸腾颗粒层除尘器属过滤式除尘器，滤料选用含 SiO_2 的石英砂、陶粒等。除尘器工作原理见图 9-5。

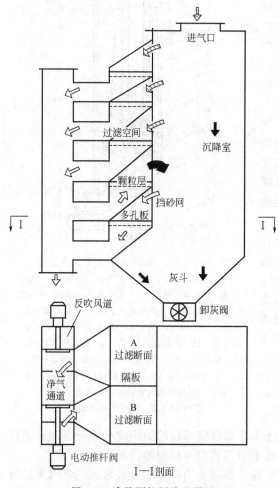

图 9-5　沸腾颗粒层除尘器原理

含尘烟气从进气口进入，较大尘粒首先经沉降室沉降，其余烟尘随气流进入过滤空间，经石英砂颗粒层过滤后，细尘粒被阻留在颗粒层表面，烟尘经沉降、过滤后汇入净气通道。

当颗粒层积尘量较多时，电动推杆阀开启反吹风口，关闭净气通道口，反吹风由多孔板底部进入，使颗粒层均匀沸腾，此时颗粒层表面积尘被反吹气流扬起并夹带到沉降室，完成反吹清灰的过程。

每层反吹时间及反吹周期可由控制柜调节。沉积于灰斗内的粉尘，定期由卸灰阀排出。水平两层间用隔板隔断，除尘器所需层数根据处理烟气量而定。为了保证除尘效率，在过滤风速选定的条件下可采用多层组合的方式增大除尘器的烟尘处理能力。

2. 除尘器结构

（1）除尘器本体　除尘器本体由二层或四层组成一个单元，可由多个单元进行组装集合。每层过滤面积 $1m^2$，壳体用 $\delta=6mm$ 的钢板焊接而成。内设多孔板盛装石英砂滤料，多孔板的功能是让净化烟气顺向通过，反吹空气逆向通过，且不漏砂。

除尘器本体前端有共用反吹风通道，共用净化烟气通道，侧面装有电动推杆阀门，中部为集尘沉降室，底部为灰斗及出灰口。

（2）电动推杆阀门　电动推杆阀门是控制除尘器过滤或反吹状态的主要装置。

每一层的过滤反吹都由一台电动推杆阀来控制。推杆阀的阀片处于始端为关闭反吹通道孔，让过滤后的净气汇入净气通道孔，阀片伸出到终端为关闭净气通道孔，与此同时也打开了反吹通道孔，让过滤层处于反吹清灰状态，每次仅反吹一层，轮流循环反吹。如果有 22 层组合的除尘器，在运行时则有 21 层常处于过滤状态，只有一层在反吹工作。

推杆阀的设计推力为 690N，行程为 270mm，推速为 139.9mm/s，功率 0.37kW。

（3）控制系统　控制系统的主要功能是控制多台电动推杆阀交替动作，保证每一过滤层按顺序依次进行反吹清灰。

按使用原件区别，有 3 种控制系统供选用：

① 步进选线式控制台，应用步进选线器和时间继电器，实现时间控制切换；

② SFK 型自动控制台，采用数字集成电路和可控硅元件，实现了无触点和逻辑控制切换；

③ DFK 型电脑控制台，设计了专用电脑进行程序控制切换，并可对除尘器阻力，反吹阻力和温度进行自动检测。

（4）出灰系统　出灰装置可选用手动阀排灰，电动阀排灰，加湿自动出灰等形式。

3. 主要设计参数

（1）石英砂颗粒直径　颗粒层除尘器如何选用适宜的石英砂颗粒规格是关键的一环节。颗粒规格直接影响收尘效率和反吹风速值，一般来说，颗粒越细，过滤效率越高，越易沸腾清灰。但是，颗粒太细，砂粒会从多孔板的孔隙漏掉。

怎样确定颗粒规格，对于不规则的石英砂颗粒，为了准确说明整个颗粒粒度，采用平均当量直径 D_p（mm）这个概念比较合适。

按下式决定 D_p

$$\frac{1}{D_p}=\sum\frac{x_i}{d_i} \tag{9-10}$$

式中　x_i——d_i 颗粒直径时的质量比率。

平均当量直径乘以形状系数 Φ_s，得到相当于球表面积的颗粒直径 D_o（mm），即

$$D_o=\Phi_s\cdot D_p \tag{9-11}$$

式中　Φ_s——颗粒球形面积 S_s 与不规则颗粒面积 S_i 的比值的平方根，即

$$\Phi_s=\sqrt{\frac{S_s}{S_i}} \tag{9-12}$$

一般石英砂颗粒的 Φ_s 取 0.5，由实验知，平均当量直径 D_p 取 1.3～2.2mm 较合适。

（2）临界流化速度　由固定床转化成沸腾床时的最小流速，称为临界流化速度。临界流化速度用下式计算：

$$W_c=\frac{\gamma}{D_o}\cdot\frac{A_r\cdot\varepsilon^{4.75}}{18+0.6\sqrt{A_r\cdot\varepsilon^{4.75}}} \tag{9-13}$$

式中　γ——运动黏性系数，m^2/s；

D_o——颗粒相当直径，m；

ε——颗粒空隙率；

A_r——阿基米德准则。

对于石英砂颗粒，D_p 为 1.3～2.2mm 时临界流化速度为 0.68～1.19m/s。

（3）最大反吹风速　石英砂的平均当量直径为 1.3～2.2mm 时，最大反吹风速 $Wt=5.4～8.76m/s$。

（4）反吹阻力　反吹风速较小时，气流阻力与气流速度成正比。当反吹风速达到流化速度时，颗粒处于沸腾状态，即使气流速度再增加，阻力也基本保持不变。

在流化状态下，反吹阻力 Δp 取决于单位面积上颗粒的质量，由下式得：

$$\Delta p=\Phi\cdot H\cdot r_b \tag{9-14}$$

式中　Φ——减小系数；

H——颗粒层高度，mm；

r_b——颗粒堆密度，g/cm^3。

一般地，反吹阻力 p 为 1372～2548Pa。

4. 运行实践

使用的 22 层沸腾颗粒层除尘器曾经陆续出现过下列几个问题：

① 电动推杆被卡住无法回程，或回程不到位形成漏风；

② 多孔板被堵塞，孔板周边固定不严实，造成石英砂泄漏；

③ 挡砂网受热变形，反吹时砂被吹入灰斗；

④ 控制柜失灵；

⑤ 二次扬灰，污染严重。

5. 使用效果

沸腾颗粒层除尘器在正常运行时，砂粒平均当量直径 D_p 取 $1.3 \sim 2.2\text{mm}$，砂层厚度为 100mm 左右。经测试，平均除尘效率为 93%，最高除尘效率为 98%，粉尘平均排放浓度为 70.1mg/m^3，收尘粒径范围广，可收到 $5\mu\text{m}$ 的尘粒。22 层的沸腾颗粒层除尘器处理风量为 $30000\text{m}^3/\text{h}$。

随着技术的不断完善，沸腾颗粒层除尘器在高温烟气除尘方面可能会有更加广阔的应用前景。

该除尘器同样适用于其他非黏滞性高温烟气除尘。

第二节　脱硫除尘器

脱硫除尘器本质是脱硫除尘一体化设备，它是利用湿式除尘器使用洗涤液的特点，往洗涤液中添加与硫化物反应的物质，实现既脱硫又除尘的效果。湿式脱硫除尘器适用于中小型锅炉及生产过程排烟不大的设备，对电站锅炉等大工程需专门设计脱硫和除尘的工艺和设备。

一、除尘脱硫的化学基础

烟气脱硫工艺的化学基础主要是利用 SO_2 的以下特性。

（1）酸性　SO_2 属于中等强度的酸性氧化物，可用碱性物质吸收，生成稳定的盐。

（2）与钙等碱土族元素生成难溶物质　如用钙基化合物吸收，生成溶解度很低的 $CaSO_3 \cdot 1/2H_2O$ 和 $CaSO_4 \cdot 2H_2O$。

（3）SO_2 在水中有中等的溶解度　溶于水后生成 H_2SO_3，然后可与其他阳离子反应生成稳定的盐，或氧化成不易挥发的 H_2SO_4。

（4）还原性　在与强氧化剂接触或有催化剂及氧存在时，SO_2 表现为还原性，自身被氧化成 SO_3。SO_3 是更强的酸性气体，易用吸收剂吸收。

（5）氧化性　SO_2 除具还原性外，还具有氧化性，当其与强还原剂（如 H_2S、CH_4、CO 等）接触时 SO_2 可被还原成元素硫。

用于脱硫的方法如下。

1. 钙法

采用石灰和石灰石（$CaCO_3$）作为脱硫剂的脱硫工艺，简称为钙法。它有干式、湿式和半干式三种，可以根据生产规模、条件和副产品的需求情况等的不同选用不同的方法。

石灰和石灰石是最早用作烟气脱硫的吸收剂之一，特别是抛弃法。石灰石抛弃法最初用于干法，即将石灰石（原矿状态或煅烧过的）直接喷射到锅炉的高温区，使它和烟气中的硫氧化物起反应后，捕集除去。因为干法的脱硫效率较低，大多采用湿式洗涤法，即采用石灰或石灰石料浆在洗涤塔内脱除 SO_2。

石灰石的分布很广，几乎到处都有，一般是露天采矿，成本较低。与石灰石一样也可用作脱硫剂的还有白云石（$CaCO_3 \cdot MgCO_3$）。

石灰是由石灰石煅烧和加工而成的，有生石灰（CaO）和消石灰 $[Ca(OH)_2]$ 之分，通常烟气脱硫使用的石灰，可以现场制备，也可直接向市场购置。大容量烟气脱硫装置多采用石灰石，现场磨制成浆液使用。

2. 钠法

在烟气脱硫史上，钠碱化合物比其他类型的吸收更受重视。因为它对 SO_2 的亲和力强；亚硫酸钠、亚硫酸氢钠的化学机理能适应吸收与再生循环操作；钠盐溶解度大，有利吸收化合和保持在溶液内的能力，从而可避免洗涤器内结垢和淤塞。

3. 氨法

氨的水溶液呈碱性，也是 SO_2 的吸收剂。工业上，特别是硫酸工业的尾气处理，常采用这项技术。这是一项成熟的技术，能达到很好的净化回收效果。实际上，洗涤吸收过程是利用 $(NH_4)_2SO_3\text{-}SO_3\text{-}NH_4HSO_3$ 溶液对 SO_2 循环吸收、净化烟气，然后以不同的方法处理吸收液的过程。处理方法不同，对大中型脱硫系统所获副产品也不同。对大中型脱硫系统有以化肥和 SO_2 为副产品的氨-酸（分解）法，直接以亚硫酸铵为产品的氨-亚铵法，将吸收母液氧化成硫铵产品的氨-硫铵法，以石膏为终产品的氨-石膏法等。对小型脱硫除尘工程一般没有回收部分。

4. 镁法

所谓镁法，就是利用碱土金属元素镁的氧化物、氢氧化物作为 SO_2 的吸收剂，净化处理烟气的工艺。这种工艺基本属于回收法，因而，其过程包含吸收和再生两个主要环节。

二、脱硫除尘器分类

脱硫除尘器分为两大类：一类是湿式脱硫除尘器，它包括各式的湿式除尘器，只是往除尘器洗涤液中添加了与硫起作用的化学反应剂而已；另一类是电子脱硫除尘装置，例如电子束照射脱硫除尘装置和电晕放电除尘脱硫装置等。

三、湿式脱硫除尘器

除尘脱硫装置是用一台设备既除尘又脱硫，从而降低系统的投资费用和占地面积。首先要求脱硫除尘主体设备在不增加动力的前提下，对细微尘粒有较高的捕集效率和较强的脱硫功能；其次是采用来源广、价格低廉的脱硫剂，包括可利用的碱性废渣、废水等，从而降低运行费用。

1. 卧式网膜塔除尘脱硫装置

（1）设备组成　该装置主体设备是一卧式网膜塔，配套设备包括循环水池、水泵等，如图 9-6 所示。其中网膜塔内部又分为四部分——雾化段、冲击段、筛网段和脱水段。这四部分的作用分别是：①雾化段主要是使烟气降温和使微细粉尘凝并成较大颗粒；②冲击段主要是除尘，同时也有使部分微细粉尘凝并的作用；③筛网段由若干片筛网组成，网上端布水，网上形成均匀水膜，烟气穿过液膜，激起水滴、水花、水雾等，造成气液充分接触的条件，既脱硫又除去微细粉尘；④脱水段主要是脱水，防止烟气带水影响引风机正常运行。设备的壳体用普通碳钢板制造，也可以采用无机材料（如麻石）砌筑。用钢板制作时内衬防腐、耐磨、耐热材料；塔内核心件及脱水部件等全部采取防腐、耐磨措施。

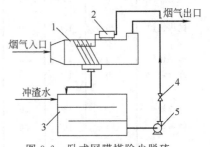

图 9-6　卧式网膜塔除尘脱硫
装置工艺流程

1—网膜塔；2—布水器；3—循
环水池；4—调节阀；5—水泵

为便于维修，核心件（如筛网等）均为活动的组装件，可以随时抽出修理。

（2）除尘作用原理　集尘过程的主要原理是惯性碰撞效应，大小取决于惯性碰撞参数 S_{tk}，其值可按下式计算。

$$S_{tk}=\frac{\rho_p d_p^2 v}{9\mu d_c} \tag{9-15}$$

式中　ρ_p——粉尘的密度，g/cm^3；

d_p——粉尘的粒径，cm；

v——粉尘与捕尘体的相对速度，cm/s；

μ——烟气的黏性系数，Pa·s；

d_c——捕尘体的尺寸，cm。

S_{tk} 的大小，决定了除尘效率的高低，由上式可知：S_{tk} 与 v 及 d_p^2 成正比，与 d_c 成反比，所以在设计过程中应尽量提高烟气与捕尘体的相对速度，降低捕集体 d_c 尺寸值，同时设法使微细粉尘凝并成较大颗粒，即提高粉尘粒径 d_p 值。

（3）除尘脱硫流程　卧式网膜塔除尘脱硫工艺流程见图 9-6。脱硫工艺中所需要的碱性物质根据具体情况确定。在水力冲渣条件下，主要利用灰渣中的碱性物质脱硫。对于沸腾炉、循环流化床炉及煤粉炉，主要利用粉尘中的碱性物质脱硫。为了提高对灰渣及粉尘中碱性物质的利用率，循环水中可加入催化剂。脱硫过程水池中的炉渣及粉尘定时排走。为防止腐蚀和磨损，采用陶瓷砂浆泵作为循环水泵，衬胶钢管或耐酸胶管作为循环水管线，阀门衬胶。

（4）主要技术指标　①除尘效率：用于层燃炉和新型抛煤机锅炉，除尘效率＞95％，排尘浓度＜100mg/m³；用于沸腾炉及循环流化床炉，除尘效率＞95％，排尘浓度小于250mg/m³。②脱硫效率：利用冲渣水，锅炉燃用低硫煤，脱硫效率50％～60％；沸腾炉，燃煤硫分2％，灰分35％，CaO 与 MgO 之和占灰分的8％，脱硫效率60％左右。③设备阻力：800～1000Pa。④液气比：1～2L/m³。

（5）装置特点　该装置的主要特点是阻力小，对微细粉尘有较高的捕集效率和适用性，既适用于层燃锅炉，又适用于排尘浓度很高的沸腾炉、循环流化床锅炉、抛煤机炉等。表 9-2 和表 9-3 分别给出不同燃烧方式这种装置的除尘和脱硫效果。

2. XSL 型脱硫除尘器

XSL 型脱硫除尘器以烟气自身冲击液面"自激"方式相继产生冲击湍流、液滴碰撞、吸

表 9-2　卧式网膜塔除尘装置除尘效果

燃烧方式	锅炉容量 /(t/h)	烟气温度/℃		液气比 /(L/m³)	尘浓度/(mg/m³)		除尘效率 /%	装置阻力 /Pa	备注
		入口	出口		入口	出口			
链条加喷煤粉	20	140	52	0.70	11130	291.6	97.4	954	喷粉产汽量约为17t/h
抛煤机炉	20	150	60	0.70	3867	58.0	98.5	900	未经改造的新型抛煤炉
抛煤机炉	10	120	43	1.0	10450	96.5	98.5	800	燃用低硫分煤
沸腾炉	10	139	40	1.0	20490	189.4	99.10	1080	燃用煤的硫分为2.5%左右
沸腾炉	4	140	60	1.6	32810	244.0	99.24	1000	燃用低硫用煤
链条炉	10	160	60	1.0	—	98.4		900	燃用煤的硫分为2.5%左右

表 9-3　卧式网膜塔除尘装置脱硫效果

燃烧方式	锅炉出力 /(t/h)	锅炉容量 /(t/h)	烟气温度/℃		液气比 /(L/m³)	循环水温/℃		循环水 pH 值		SO₂ 浓度 /(mg/m³)		脱硫效率 /%	备注
			入口	出口		上水	下水	上水	下水	入口	出口		
链条喷粉	20	20	160	52	0.70	40	40	7.0	6.0	120.1	45.2	0.70	喷煤粉
抛煤机炉	9	10	150	50	1.0	—	—	10	—	191.6	18.0	1.0	加石灰
沸腾炉	9	10	180	50	1.0	—	—	7.0	—	3321.5	1103.5	1.0	冲渣水
链条炉	9.5	10	160	60	1.0	40	40	11.8	6.6	1175	640.3	1.0	冲渣水
链条炉	6.0	10	—	—	1.0	—	35	11.7	6.0	1437	449.9	1.0	循环水

收、液膜传质机制脱硫除尘，两级独特的离心脱水器使气水分离彻底的同时，连续产生两次液膜吸附、离心分离、液滴碰撞三种机制脱硫除尘。经检测：脱硫效率＞75％；脱氮效率＞77％；除尘效率＞95％；烟气林格曼黑度＜1级；阻力850Pa。

（1）工作原理 含尘烟气首先进入脱硫除尘器浓缩通道中浓缩分离，并以高速冲击液面，激起水花和水幕，经洗涤的烟尘及 SO_2 与脱硫剂 $[Ca(OH)_2]$ 反应生成的 $CaSO_3$ 一起沉淀于水中。烟气与水幕融合成紊流进入梳栅旋流通道，在梳流栅板和叶片檐板的影响下使水幕均匀分布和雾化，并使自身表面形成液膜，SO_2 再次被吸收，细微烟尘被水滴和液膜捕获，在一级脱水除雾器的离心力作用下离开气体，沿器壁流向洗涤池，残存的液滴、水雾和微尘经二级脱水器的拦截，在其叶片表面凝聚，膜化后被抛向器壁回流到洗涤池。泥尘沉淀在洗涤池底部，由机械刮斗清灰机排出体外。需要补充的脱硫剂是通过补液自控箱进入脱硫除尘本体内，净化后的烟气通过引风机排向烟囱。

（2）设备组成和特点 XSL 型湿式脱硫除尘器基本结构主要由烟气浓缩通道、洗涤池（沉淀池）、梳栅旋流通道、离心脱水器1、离心脱水器2、补液自控箱、机械刮斗清灰机（或是排灰蝶阀）组成。其主要特点是：①多级洗涤，多种机制脱硫除尘，效率高，结构与气流顺向设置，阻力小；②内部结构表层采用高强耐温合成树脂，防腐耐磨；③洗涤池、沉淀池一体两用，灰水不排放，器内沉淀，机械刮斗清灰，溶液内循环使用，免去诸多设施设备，占地少、投资少、运行经济；④构成脱硫除尘机组，布置合理、安装简单、便于操作。

（3）技术指标 ①XSL 型湿式脱硫除尘器适用于 $1\sim80t/h$ 的层状取暖锅炉、工业锅炉和小型电站锅炉的烟气净化，也适用于其他工业过程中产生的不怕水性粉尘的处理；②XSL 型湿式脱硫除尘器是依《锅炉大气污染排放标准》（GB 12371—1991）为依据设计，其技术指标如表 9-4 所列。

（4）外形尺寸 XSL 型脱硫除尘器的外形尺寸和技术参数见图 9-7 和表 9-5。

3. 除尘脱硫净化器

（1）工作原理 净化器主要由洗涤和捕集两部分组成。①洗涤部分：含尘烟气首先经过涤

表 9-4　XSL 型湿式脱硫除尘器技术指标

型 号	处理烟气量 /(m³/h)	除尘效率 /%	烟尘排放浓度/(mg/m³)	林格曼黑度/级	脱硫效率 /%	阻力/Pa	液气比 /(L/m³)	耗水量 /(m³/h)
XSL1-Ⅱ	2640～3630	95	＜100	＜1	＞70	＜850	0.04	0.106～0.145
XSL2-Ⅱ	5200～7150	95	＜100	＜1	＞70	＜850	0.04	0.208～0.286
XSL4-Ⅱ	9600～13200	95	＜100	＜1	＞70	＜850	0.04	0.384～0.528
XSL6-Ⅱ	14400～19800	96	＜100	＜1	＞72	＜900	0.03	0.432～0.594
XSL8-Ⅱ	21000～26000	96	＜100	＜1	＞72	＜900	0.03	0.630～0.780
XSL10-15	24600～33000	96	＜100	＜1	＞72	＜900	0.03	0.720～0.990
XSL20-35	36000～49500	96	＜100	＜1	＞72	＜900	0.03	1.080～1.485
XSL40-75	48000～66000	96	＜100	＜1	＞72	＜900	0.03	1.440～1.980
XSL80-Ⅱ	84000～110000	96	＜100	＜1	＞72	＜950	0.03	2.520～3.300
XSL1-Ⅱ	96000～126000	96	＜100	＜1	＞72	＜950	0.03	2.880～3.780
XSL1-Ⅱ	160000～22000	96	＜100	＜1	＞72	＜950	0.03	4.800～6.600
XSL1-Ⅱ	170000～234000	96	＜100	＜1	＞72	＜950	0.03	5.100～7.020

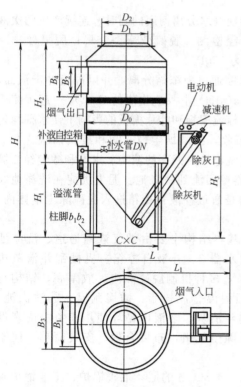

图 9-7 XSL-Ⅱ型脱硫除尘器外形尺寸

气部分，其结构为卧式或立式通道；碱性液体经喷嘴喷入涤气部分，形成雾状水滴，烟气中尘粒经过碰撞作用与水滴结合形成以尘粒为中心的有核水滴，同时烟气中 SO_2 能迅速地被含有脱硫剂的碱性水吸收。②捕集部分：水滴随烟气进入捕集部分；捕集部分为一圆筒形水膜旋风除尘器，烟气从其下部切向进入旋转上升，SO_2 水滴被甩到筒壁上，尔后被筒内壁的水膜带走除下；净化的烟气脱水后由引风机送入烟囱排出。工艺水循环流程见图 9-8，技术参数见表 9-6 和表 9-7。DCL 型烟气除尘脱硫净化器具有结构简单、运行可靠等优点。适用于 1～75t/h（0.7～52.5mW）各种燃煤、燃油锅炉和工业窑炉的除尘脱硫，并且可对高温、高湿及含有黏性粉尘的气体进行净化处理。

（2）净化器的规格和性能　DCL 系列烟气净化器可以用钢板制作，也可以用花岗石制作。配 10t/h 以下锅炉的是钢制产品，该产品内有一定厚度的耐磨耐腐蚀保护层。配 10t/h 以上锅炉是以花岗石为原材料，现场安装施工的花岗石结构产品。

（3）故障及排除方法　见表 9-8。

表 9-5　XSL 型湿式脱硫除尘器外形尺寸（mm）及质量

型号	筒径 D	法兰径 D₀	纵长 L	总高 H	支柱高 H₁	支柱间距 C×C	烟气入口 D₁	烟气入口 D₂	烟气出口 B₁×B₂	烟气出口 B₃×B₄	烟气出口 H₂	除灰机 L₁	除灰机 H₃	除灰机 电机/kV	柱脚板 b₁b₂	设备质量 /t	容水量 /m³	补水量 D
XSL1-Ⅱ	1000	1106	2460	2750	1020	645×645	350	400	360×300	400×340	1412	1662	1762	4P-1.1	135×135	1.35	0.36	25
XSL2-Ⅱ	1300	1386	2830	2800	1040	850×850	450	500	700×300	740×340	1495	1880	2146	4P-1.1	150×150	1.64	0.80	25
XSL3-Ⅱ	1600	1686	3179	3320	1250	1043×1043	600	650	1000×400	1048×448	1720	2029	2326	4P-1.5	190×190	2.51	1.11	25
XSL6-Ⅱ	1800	1900	3480	3680	1450	1192×1192	700	750	1200×500	1240×540	1734	2230	2608	4P-1.5	205×205	2.70	1.69	25
XSL8-Ⅱ	2000	2167	4145	3980	1480	1308×1308	800	850	1400×500	1440×540	2090	2645	2645	4P-1.5	210×210	3.55	2.23	50
XSL10-Ⅱ	2200	2320	4195	4380	1600	1450×1450	900	950	1600×600	1650×650	2330	2645	2700	4P-1.5	210×210	4.16	2.83	50
XSL15-Ⅱ	2600	2716	4540	4780	2200	1726×1726	1100	1150	2200×650	2250×700	2185	2740	3150	4P-2.2	235×235	4.92	4.63	50
XSL20-Ⅱ	3000	3116	5142	5610	2100	2000×2000	1300	1350	2600×700	2600×760	2860	3142	3580	4P-3.0	245×245	7.60	6.94	50
XSL35-Ⅱ	3800	3934	6200	7900	2864	2580×2580	1650	1713	2600×1100	2663×1163	4500	3800	5000	4P-4.0	350×350	28.00	13.13	50
XSL40-Ⅱ	4000	4158	6300	8730	3000	2700×2700	1700	1769	2109×1049	2172×1472	4500	3800	5000	4P-4.0	400×400	31.80	14.70	50
XSL75-Ⅱ	2 台 XSL35-Ⅱ型湿式脱硫除尘器并联					并联后烟气入口	A₁ 2800 A₂ 1800	A₃ 2875 A₄ 1875	并联后烟气出口						B₅ 3075 B₆ 2275	B₇ 3075 B₈ 2275	
XSL80-Ⅱ	2 台 XSL40-Ⅱ型湿式脱硫除尘器并联					并联后烟气入口	A₁ 2800 A₂ 1800	A₃ 2875 A₄ 1875	并联后烟气出口						B₅ 3075 B₆ 2275	B₇ 3075 B₈ 2275	

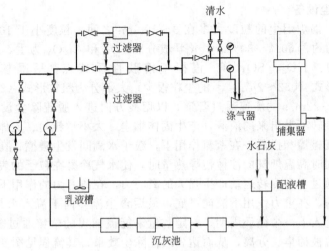

图 9-8　工艺流程

表 9-6　DCL 花岗石系列产品性能规格

型　　号	DCL6	DCL10	DCL20	DCL35	DCL65	DCL75
主筒内径/mm	ϕ1300	ϕ1600	ϕ2100	ϕ2600	ϕ3500	ϕ3900
处理烟气量/(m³/h)	18000	30000	60000	90000	180000	220000
配套锅炉/(t/h)	6	10	20	35	65	75
涤气器进口烟速/(m/s)	9.5～13					
捕集器进口烟速/(m/s)	18～22					
净化器液化比/(t/m³)	约 0.5(涤气部分)					
供水压力/MPa	0.3～0.4					
脱硫剂	Ca∶S(物质的量比)≈1.3∶1,pH＝11					
净化器阻力/Pa	1000～1600					
除尘效率/%	95～98					
脱硫效率/%	70～80					

表 9-7　DCL 钢制系列产品性能规格

型　　号	DCL1	DCL2	DCL4	DCL6	DCL10
配套锅炉/(t/h)	1	2	4	6	10
处理烟气量/(m³/h)	3000	6000	12000	18000	30000
涤气器进口烟速/(m/s)	9.5～13				
捕集器进口烟速/(m/s)	18～22				
液气比/(t/m³)	约 0.5(涤气部分)				
供水压力/MPa	0.2～0.3		0.3～0.4		
脱硫剂及 pH 值	Ca∶S(物质的量比)≈1.3∶1,pH＝11				
净化器阻力/Pa	800～1200		1000～1600		
除尘效率/%	95～98				
脱硫效率/%	70～80				

表 9-8　常见故障及排除方法

出现问题	原　因	排除方法	出现问题	原　因	排除方法
烟囱冒黑烟	锅炉燃烧不好	调整锅炉燃烧正常	烟尘量大	缺水	调节供水
	涤气器缺水	增加给水	SO₂ 排放量大	pH 值过低	调好 pH 值
烟气带水	水膜水量大	调小溢水槽水量		液气比不足	增加液气比
阻力大	烟道或设备堵塞、积灰漏风	清灰、堵漏	溢水槽存不住水	引风机开度过大	调节引风机开度
排灰水困难	结垢堵塞	清垢		水量不足	调大水量

4. 高效脱硫除尘设备

(1) 除尘原理　锅炉烟尘的粒度大多在 $3\sim100\mu m$ 之间，粒度小于 $10\mu m$ 的约占 $20\%\sim40\%$，小于 $44\mu m$ 的约占 $60\%\sim80\%$。其化学成分以 SO_2 和 Al_2O_3 为主，还有 Fe_2O_3、CaO、MgO、Na_2O、K_2O、TiO_2、SO_3 等。根据气溶胶性质特点，呈晶核形式 [细粒形式 ($<0.2\mu m$)或聚集形式 ($0.2\sim2\mu m$)] 的尘粒很少，大部分为粗粒形式 ($2\sim20\mu m$)。

含尘烟气以 $15\sim22m/s$ 的流速通过管道，以切线方向进入脱硫除尘设备时，绕着底部的稳流柱上升，遇到旋转喷淋出来的液滴，产生固体烟尘。大小颗粒间、流体和固体间以及流体不同直径水滴间相互碰撞和拦截。在紊流作用下，粒子水滴间发生碰撞；在凝聚作用下，粒子的粒径不断增大。同时高温烟气向液体传导热量时，使水气冷凝在粒子的表面，靠惯性碰撞相互捕集。含湿烟气通过上升旋转运动产生强大的离心力，在离心力的作用下，很容易从水气中脱离出来被甩向塔壁，在重力作用下流向塔底，最后含尘流体向下流入水封池，压入排水沟，冲入循环池沉淀后进入下一个循环周期。一定数量未能被捕集的微粒通过多级净化装置之后，又被凝聚加大体积后被捕集、分离，从而达到最佳除尘效果；其流程见图 9-9。

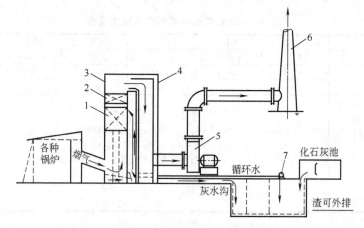

图 9-9　工艺流程

1—脱硫除尘装置；2—脱水装置；3—主塔；4—附塔；

5—引风机；6—烟囱；7—耐酸泵

(2) 脱硫原理　烟气脱硫工艺的基础原理主要是利用 SO_2 的以下特性。

① 酸性。烟气中的 SO_2 属于中等强度的酸性氧化物，可用碱性物质吸收，生成稳定的盐。与钙等碱性元素反应生成难溶物质。如用钙基化合物吸收，生成溶解度很低的 $CaSO_3 \cdot 1/2H_2O$ 和 $CaSO_4 \cdot 2H_2O$。SO_2 在水中有中等溶解度，溶解于水后生成 H_2SO_3，然后可与其他阳离子反应生成稳定的盐或氧化成不易挥发的 H_2SO_4。

② 还原性。SO_2 在与强氧化剂接触或有催化剂及氧存在时，SO_2 表现为还原性，被氧化成 SO_3 后可被吸收剂吸收。

③ 氧化性。SO_2 与还原剂（如 H_2S）接触时，SO_2 可被还原成元素硫。

(3) 液气分离原理　脱水除雾系统，由特殊的脱水器、防带水槽、脱水环组成，分布于主塔体内各级净化装置中。当饱含水蒸气的烟气逐级通过除雾脱水系统时，受加速离心力的作用，烟气中液滴被甩向塔壁而沉落。经各级脱水除雾系统处理后，烟气中 90% 以上的水雾被脱除，烟气湿度$<3\%$，稍加防腐处理后不存在湿气腐蚀烟道和引风机带水问题。

(4) 烟气净化系统装置的主要技术性能指标　高效脱硫除尘设备及金属回收废气净化装置适用于污染严重产业的工业废气治理。烟气净化后指标如下：①不论燃煤中含硫量的高低，脱硫效率可达 $80\%\sim90\%$ 以上；②除尘效率可达 99% 以上，林格曼黑度<1 级；③循环用水率 97%，补充用水量 3%，与锅炉同步运行率 100%；④烟气含湿量$<3\%$，引风机不带水、不积

灰、不堵塞；⑤设备阻力 800～1100Pa。

PXJ 型高效脱硫除尘设备技术参数见表 9-9。

表 9-9 PXJ 型高效脱硫除尘设备技术参数

锅炉额定蒸发量/(t/h)	处理烟气量/(m³/h)	塔数及内径(n×φ)/mm		塔高/m	循环水量/(t/h)	塔内阻力损失/Pa	设备质量/t	
		主塔	附塔				主塔	主塔
1	2520～3120	1×600	1×400	8.3	8	600	20	
2	5040～6240	1×800	1×600	8.3	10～18	600	25	
4	10080～11280	1×1100	1×600	8.8	18～24	800	21	
6.5	13706～16905	1×1200	1×1000	9.8	20～30	800	26	20
10	21727～29924	1×1600	1×1300	13.8	35～45	800	56	38
15	33438～42331	1×1800	1×1400	13.8	38～50	800	62	55
20	42398～59926	1×2000	1×1600	14.8	45～55	1000	71	45
25	54050～70000	1×2200	1×1600	14.8	45～60	1000	74	45
35	49200～78890	1×2800	1×1800	16.8	55～65	1000	103	59
50	78530～126000	1×2200	1×2000	17.8	55～70	1200	110	65
65	114426～140531	1×2600	1×2200	17.8	90～100	1200	190	120
75	120000～162152	1×2800	1×2200	17.8	95～110	1200	210	130

5. 多功能脱硫除尘器

SC 系列多功能除尘器是具有消烟、除尘、脱硫功能的湿法脱硫除尘器。可克服普通湿法除尘器的二次污染、设备腐蚀和烟气流阻高等缺陷。该装置适用于 0.5～35t/h（0.35～24.5mW）的各种燃煤、燃油、燃气锅炉以及工业窑炉的消烟、除尘、脱硫等烟气净化处理。

（1）结构及特点 多功能脱硫除尘器由烟气进出口、分风栅、导向帽、烟室、给水装置、喷淋装置、水室、挡水板、水幕板、挡水帽、降尘室、积尘箱（或除灰机）、箱体、支架等构成。其具体结构见图 9-10，脱硫曲线见图 9-11。

脱硫除尘器具有体积小、安装容易、操作方便、易于调试和检修、无二次污染、阻力小等特点。

（2）工作原理 从锅（窑）炉排出的含尘烟气，由引风机进入分风栅后，在除尘器导向帽的作用下烟气流冲击烟室Ⅰ中的吸收液，形成水花、水溅及水雾，使烟气与吸收液充分接触，然后在烟室Ⅱ和烟室Ⅲ内烟气再次分别与二室内的水幕接触，烟气中携带的尘粒与炭黑被吸收液捕集，下沉至集尘箱内，使烟气黑度下降。与此同时，烟气中的 SO_2 与吸收液充分发生化学反应而被除掉。净化后的烟气从烟囱排出。如需单独脱除 NO_x 时，应加 pH＝4 的黄磷混合溶液。配有喷淋装置的除尘器，工作状态应与引风机同步。

（3）性能指标 烟气林格曼黑度＜1 级；除尘效率95.0%～99%；脱除 SO_2 效率＞70%；烟尘排放浓度（标准状态）＜150mg/m³；除尘器阻力＜600Pa；配喷淋装置除尘器阻力＜700Pa。

（4）故障及排除 常见故障排除方法见表 9-10。

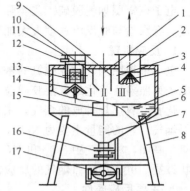

图 9-10 SC 系列多功能除尘器结构

1—烟室Ⅱ；2—出口；3—烟室Ⅰ；4—挡水帽；5—吸收液；6—防腐衬套；7—降尘室；8—支架；9—挡水板；10—分风栅；11—水幕板；12—喷淋装置；13—进口；14—导向帽；15—补给水箱；16—蝶阀；17—集尘箱

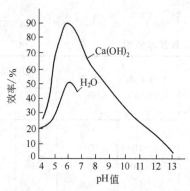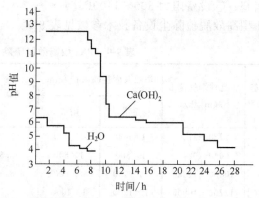

图 9-11　脱硫曲线

表 9-10　常见故障及排除方法

常见故障	原　因	排　出　方　法
烟囱冒少量黑烟 （低于三级）	除尘器内缺水	按规定加足水量,调整水位
	降尘室积灰多	排污、清渣
	违章操作或燃烧设备损坏	按单操作,检修好燃烧设备
烟气带水	水位偏高	往低调整好水位,按标准调整燃烧室负压 2mmH₂O
排污渣困难或堵塞	降尘室积灰多	摇动排污手阀手柄、利用阀板搅动,即可疏通,及时排放集尘
冷态启动补水箱 溢水	风量过剩	除低水位,调节风压、风量
烟尘 SO₂ 超标	缺水、pH 值高或过低	调节水位,调节 pH 值

注：$1mmH_2O=9.80665Pa$。

四、电子束辐照脱硫除尘装置

电子束辐照烟气脱硫工艺实际上是属于干式氨法范畴。通常情况下，NH_3 与 SO_2 的反应缓慢，有水参与时反应速度大大加快。

1. 反应机理

电子束辐照烟气脱硫脱氮的基本概念建立在光化学烟雾反应机理上。烟气中 SO_2 和 NO_x 经电子束照射后转化成气溶胶微粒。这种微粒易于用静电除尘器或袋式除尘器收集除去。

化石燃料燃烧排放的烟气，主要由 N_2、O_2、H_2O 与少量 SO_2 和 NO_x 等组成。用电子束照射烟气，它的能量主要为 N_2、O_2、H_2O 吸收，生成强氧化性·OH、·O 和 H_2O·。这些强氧化基团，将烟气中 SO_2 和 NO_x 氧化成雾状硫酸和硝酸，进而与添加的 NH_3 作用得到粉末状铵盐。电子束辐照烟气的反应机理可用图 9-12 描述。

2. 主要反应条件

（1）温度　图 9-13 所示是 SO_x 和 NO_x 的去除率随温度升高而下降的趋势，对于 NO_x 来说，70℃时出现拐点，即当温度低于 70℃，去除率是随温度降低而降低的。脱氮的最佳温度是 70℃，脱硫的最佳温度还可以更低些，为了取得双脱的共同效果，辐照反应温度取 65～70℃ 为宜。从图上还可看到，在实际应用中，选择喷水冷却方式要比选择热交换器方式好。

在相同的辐照条件下，70℃时的脱硫脱氮率比 90℃时高 15％。

（2）NH_3 添加量　NH_3 添加量以 SO_2 和 NO_x 总量的化学计算确定。图 9-14 显示了

SO_2、NO_x 去除率与添加 NH_3 添加量的增加而上升的趋势。

当加入氨量与 SO_2 和 NO_x 化学计量比为 1∶1 时，SO_2 和 NO_x 去除率在 80％以上。随着 NH_3 量再增加，SO_2 去除率增加，而 NO_x 去除率变化不大。但放空尾气中 NH_3 浓度也增加了。

（3）辐照量　图 9-15 和图 9-16 分别为脱硫率和脱氮率与辐照剂量的关系。

3. 电子束发生装置

电子束辐照脱硫工艺的关键设备是电子束发生装置。电子束发生装置主要由直流高压电源和电子加速器组成。其中电子加速器是核心部分，如图 9-17 所示。

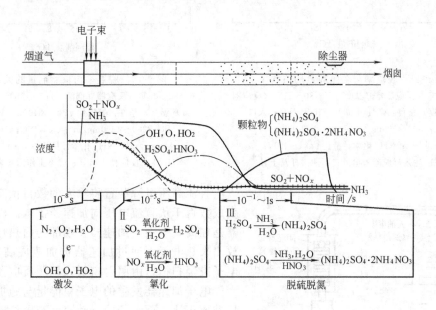

图 9-12　电子束辐照法反应机理

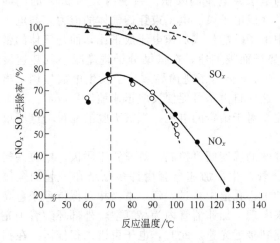

图 9-13　NO_x、SO_x 去除率和反应温度的关系

烟气量：3000m^3/h；NO_x 质量浓度：241mg/m^3；

SO_x 质量浓度：572mg/m^3；NH_3 质量浓度：

441mg/m^3；辐照剂量：18kGy；

——用热交换器冷却；- - - -用喷水塔冷却

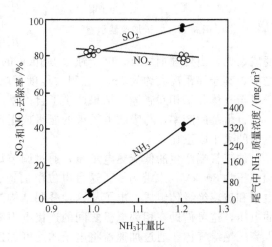

图 9-14　SO_2 和 NO_x 去除率与添加 NH_3 的关系

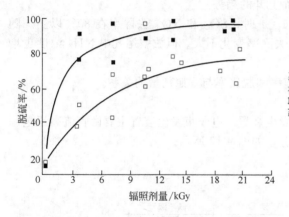

图 9-15　脱硫率与辐照剂量的关系

■—73～77℃（反应器外部温度）；□—80～85℃（反应器
外部温度）条件：烟气量 6300～7600m³/h；入口
SO₂280～4290mg/m³；入口 NOₓ620～
880mg/m³；NH₃ 化学计量比 0.84～1.17；
NH₃ 注入反应器入口处；不注入硅藻土

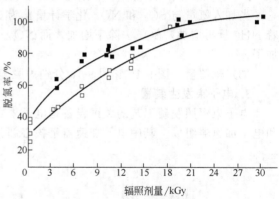

图 9-16　脱氮率与辐照剂量的关系

■—80～85℃（反应器外部温度）；□—75℃（反应器
外部温度）条件：烟气量 6400～8400m³/h；入口
SO₂2280～4290mg/m³；入口 NOₓ550～
800mg/m³；NH₃ 化学计量比 0.8～1.17；
NH₃ 注入反应器入口处；硅藻土作为布袋涂层

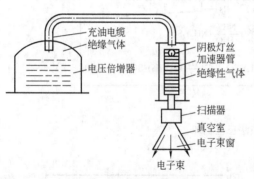

图 9-17　电子加速器示意

直流高压电源装置将输入的数百伏交流电压升变成数百千伏直流电压向加速器供电。电子束加速器是在高真空中由加速器管端部的白热灯丝发热释放出来热电子，通过加速器被加速成高速电子束。电子束经扫描，由照射窗射入辐照反应器。

电子加速器发生的电子束能量与施加电压的电位差成正比，而电子的流动速度与电位差的平方根和系统电流的大小成正比。电子束的功率为加速电压与电子束电流的乘积。系统内大约 90% 的电能可转变成电子束。电子束穿透气体的能力，与电子束中电子的能量或加速电压成正比，而与气体的密度成反比。当处理烟气时，电子通过 800kV 的势场而被加速，在借助分子碰撞减小到热速度之前，其迁移距离大约为 3m。在很大程度上电子和气体分子碰撞导致分子发生电离作用，离子又与气体分子相互碰撞，结果产生了自由基。这些自由基可促使反应迅速地发生。

自由基的产率，与吸收电子束的能量成正比。对于给定的电压，烟气吸收的能量与电子束电流的大小成正比。

加速管端产生的低能热电子流，通过调节灯丝的温度便可控制。灯丝置于阴极，电位差初端电压为 800kV，末端为零。这种电位由加速器管产生。加速器管由许多黏结在一起的金属电极和玻璃绝缘体组成，电子从这种叠层结构的中心孔道中穿过。每一电极相对保持愈来愈高的电压，这可借助在相邻电极之间的连接电阻来实现。加速器管内为高真空，外部环绕管子充入高压绝缘气体。通过加速器将电子的速度加速到接近光速。此时，电子束进入扫描区。在扫描区内，电子束成 60° 进行磁性扫描，扫描频率为 200 次/s。扫描器安装在三角形真空室的顶部，真空室的底面安装了厚 2.54×10^{-2} mm 的钛金属薄片制作的电子窗，电子束需穿过此窗射入辐照反应器。扫描的目的是防止过浓的电子束穿过电子窗时将孔道烧坏，并保证电子束均布于反应器内。

加速电压是由高压电源产生的。高压电源可由三相460V的交流电变压器控制，电源变压器的二次线圈是由许多模块组成的。模块中配置有二次线圈、整流器、电容以及高压倍增器线路上的电阻器。许多垂直排列和串联的模块，可确定达到最高的输出电压。整个电源同样应用高压绝缘气体环绕填充。在这种结构中，电源输出的模块通过充油高压电缆与加速器管连接。

第三节　塑烧板除尘器

随着粉体处理技术的发展，对回收和捕集粉尘要求也更为严格。由于微细粉尘，特别是5μm以下的粉尘对人体健康危害最大，在这种情况下，对于除尘器就会提出很高的要求，这就要求除尘器具有捕集细颗物（PM$_{2.5}$）效率高、体积小、维修保养方便、使用寿命长等特点。塑烧板除尘器就是满足这些要求研制而成的新一代除尘器。塑烧板除尘器具有体积小、效率高、维修保养方便、能过滤吸潮和含水量高的粉尘、过滤含油及纤维粉尘的独特优点，是静电除尘器和袋式除尘器无法比拟的。由于塑烧板除尘器是用塑烧板代替滤袋式过滤部件的除尘器，其适合规模不大、气体中含水、含油的作业场合。

一、工作原理

塑烧板除尘的工作原理与普通袋式除尘器基本相同，其区别在于塑烧板的过滤机理属于表面过滤，主要是筛分效应，且塑烧板自身的过滤阻力较一般织物滤料稍高。正是由于这两方面的原因，塑烧板除尘器的阻力波动范围比袋式除尘器小，使用塑烧板除尘器的除尘系统运行比较稳定。塑烧板除尘器的清灰过程不同于其他除尘器，它完全是靠气流反吹把粉尘层从塑烧板逆洗下来，在此过程没有塑烧板的变形或振动。粉尘层脱离塑烧板时呈片状落下，而不是分散飞扬，因此不需要太大的反吹气流速度。

二、塑烧板特点

塑烧板是除尘器的关键部件，是除尘器的心脏，塑烧板的性能直接影响除尘效果。塑烧板由高分子化合物粉体经铸型、烧结成多孔的母体，并在表面及空隙处涂上氟化树脂，再用黏合剂固定而成，塑烧板内部孔隙直径为40～80μm，而表面孔隙为3～6μm。

塑烧板的外形类似于扁袋，外表面则为波纹形状，因此较扁袋增加过滤面积。塑烧板内部有空腔，作为净气及清灰气流的通道，塑烧板的部分规格见表9-11。

表 9-11　塑烧板的尺寸

塑烧板型号 SL170/SL160	类型	外形尺寸/mm			过滤面积/m²	质量/kg
		长	高	厚		
450/8	AS	497	495	62	1.2	3.3
900/8	AS	497	950	62	2.5	5.0
450/18	AS	1047	495	62	2.7	6.9
750/18	AS	1047	800	62	4.5	10.3
900/18	AS	1047	958	62	5.5	12.2
1200/18	AS	1047	1260	62	7.5	16.0
1500/18	AS	1047	1555	62	9.0	21.5

1. 材质特点

波浪式塑烧过滤板的材质，由几种高分子化合物粉体、特殊的结合剂严格组成后进行铸型、烧结，形成一个多孔母体，然后在母体表面的空隙里填充一层氟化树脂，再用特殊黏合剂加以固定而制成的。目前的产品主要有耐热 70℃ 及耐热 160℃ 两种。为防止静电还可以预先在高分子化合物粉体中加入易导电物质，制成防静电型过滤板，从而扩大产品的应用范围。

塑烧过滤板外部形状特点是具有像手风琴箱那样的波浪形，若把它们展开成一个平面，相当于扩大了 3 倍的表面积。波浪式过滤板的内部分成 8 个或 18 个空腔，这种设计除了考虑零件的强度之外，更为重要的是气体动力的需要，它可以保证在脉冲气流反吹清灰时，同时清去过滤板上附着的尘埃。

塑烧过滤板的母体基板厚约 5mm。在其内部，经过对时间、温度的精确控制烧结后形成均匀孔隙，然后由氟化物树脂填充涂层处理使孔隙达到 4μm 左右。独特的涂层不仅只限于滤板表面，而是深入到孔隙内部。塑烧过滤元件具有刚性结构，其波浪形外表及内部空腔间的筋板，具备足够的强度保持自己的形状，而无需钢制的骨架支撑。刚性结构其不变形的特点与袋式除尘器反吹时滤布纤维被拉伸产生形变现象的区别，也就使得两者在瞬时最大排放浓度有很大差别。塑烧过滤板结构上的特点，还使得安装与更换滤板极为方便。操作人员在除尘器外部，打开两侧检修门，固定拧紧过滤板上部仅有的两个螺栓就可完成一片塑烧板的装配和更换。

2. 性能特点

（1）粉尘捕集效率高　塑烧过滤元件的捕集效率是由其本身特有的结构和涂层来实现的，它不同于袋式除尘器的高效率是建立在黏附粉尘的二次过滤上。从实际测试的数据看，一般情况下除尘器排气含尘浓度均可保持在 2mg/m³ 以下。虽然排放浓度与含尘气体入口浓度及粉尘粒径等有关，但通常对 2μm 以下超细粉尘的捕集效率仍可保持 99.9% 的超高效率。

（2）压力损失稳定　由于波浪式塑烧板是通过表面的树脂涂层对粉尘进行捕捉的，其光滑的表面使粉尘极难透过与停留，即使有一些极细的粉尘可能会进入空隙，但随即会被设定的脉冲压缩空气流吹走，所以在过滤板母体层中不会发生堵塞现象，只要经过很短的时间过滤元件的压力损失就趋于稳定并保持不变。这就表明，特定的粉体在特定的温度条件下，损失仅与过滤风速有关而不会随时间上升。因此，除尘器运行后的处理风量将不会随时间而发生变化，这就保证了吸风口的除尘效果。图 9-18 和图 9-19 表示了压力损失随过滤速度、运行粒径的变化。

（3）清灰效果　树脂本身固有的惰性与其光滑的表面，使粉体几乎无法与其他物质发生物理化学反应和附着现象。滤板的刚性结构，也使得脉冲反吹气流从空隙喷出时，滤片无

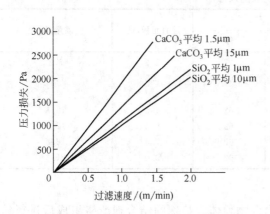

图 9-18　压力损失随过滤速度的变化

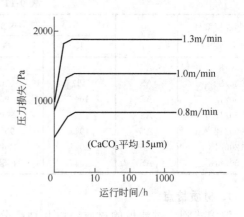

图 9-19　压力损失随运行粒径的变化

变形。脉冲气流是直接由内向外穿过滤片作用在粉体层上，所以滤板表层被气流托起的粉尘在瞬间即可被消去。脉冲反吹气流的作用力不会如滤布袋变形后被缓冲吸收而减弱。

（4）强耐湿性　由于制成滤板的材料及涂层具有完全的疏水性，水喷洒其上将会看到有趣的现象是凝聚水珠汇集成水滴淌下。故纤维织物滤袋因吸湿而形成水膜，从而引起阻力急剧上升的情况在塑烧板除尘器上不复存在。这对于处理冷凝结露的高温烟尘和吸湿性很强的粉尘如磷酸氨、氯化钙、纯碱、芒硝等，将会得到很好的使用效果。

（5）使用寿命长　塑烧板的刚性结构，消除了纤维织物滤袋因骨架磨损引起的寿命问题。寿命长的另一个重要表现还在于滤板的无故障运行时间长，它不需要经常的维护与保养。良好的清灰特性将保持其稳定的阻力，使塑烧板除尘器可长期有效的工作。事实上，如果不是温度或一些特殊气体未被控制好，塑烧板除尘器的工作寿命将会相当长。即使因偶然的因素损坏滤板，也可用特殊的胶水黏合后继续使用，并不会因小小的一条黏合缝而带来不良影响。

（6）除尘器结构小型化　由于过滤板表面形状呈波浪形，展开后的表面积是其体面积的3倍。故装配成除尘器后所占的空间仅为相同过滤面积袋式除尘器的1/2，附属部件也因此小型化，所以具有节省空间的特点。

三、塑烧板除尘器

1. 除尘器的特点

塑烧板属表面过滤方式，除尘效率较高，排放浓度通常低于 $10mg/m^3$，对微细尘粒也有较好的除尘效果；设备结构紧凑，占地面积小；由于塑烧板的刚性本体，不会变形，无钢骨架磨损小，所以使用寿命长，约为滤袋的 2～4 倍；塑烧板表面和孔隙经过氟化树脂处理，惰性的树脂是完全疏水的，不但不沾干燥粉尘，而且对含水较多的粉尘也不易黏结，所以塑烧板除尘器处理高含水量或含油量粉尘是最佳选择；塑烧板除尘器价格昂贵，处理同样风量约为袋式除尘器的 2～6 倍。由于其构造和表面涂层，故在其他除尘器不能使用或使用不好的场合，塑烧板除尘器却能发挥良好的使用效果。

尽管塑烧板除尘器的过滤元件几乎无任何保养，但在特殊行业，如颜料生产时的颜色品种更换、喷涂作业的涂料更换，药品仪器生产时的定期消毒等，均需拆下滤板进行清洗处理。此时，塑烧板除尘器的特殊构造将使这项工作变得十分容易，操作人员在除尘器外部即可进行操作，卸下两个螺栓即可更换一片滤板，作业条件得到根本改善。

2. 安装要求

塑烧板除尘器的制造安装要点是：①塑烧板吊挂时必须与花板连接严密，把胶垫垫好不漏气；②脉冲喷吹管上的孔必须与塑烧板空腔上口对准，如果偏斜，会造成整块板清灰不良；③塑烧板安装必须垂直向下，避免板间距不均匀；④塑烧板除尘器检修门应进出方便，并且要严禁泄漏现象。

在维护方面，塑烧板除尘器比袋式除尘器方便，容易操作，也易于检修。平时应注意脉冲气流压力是否稳定，除尘器阻力是否偏高，卸灰是否通畅等。

3. 塑烧板除尘器的性能

（1）产品性能特点　除尘效率高达 99.99％，可有效去除 $1\mu m$ 以上的粉尘，净化值小于 $1mg/m^3$；使用寿命长达 8 年以上；有效过滤面积大，占地面积仅为传统布袋过滤器的 1/3；耐酸碱、耐潮湿、耐磨损；系统结构简单，维护便捷；运行费用低，能耗低；有非涂层、标准涂层、抗静电涂层、不锈钢型等供选择；普通型过滤元件温度达 70℃。

（2）常温塑烧板除尘器　HSL 型及 DELTA 型各种规格的塑烧板除尘器，过滤面积从小至不足 1m² 到大至数千平方米；可根据客户的具体需求，进行特别设计。部分常用 HSL 型塑烧板除尘器外形尺寸见图 9-20，主要性能参数见表 9-12；HAS 型塑烧板除尘器安装尺寸见表 9-13；DELTA 型塑烧板除尘器外形尺寸见图 9-21，主要性能参数见表 9-14。

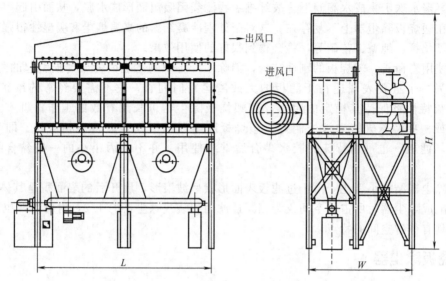

图 9-20　HSL 型塑烧板除尘器外形尺寸

表 9-12　HSL 型塑烧板除尘器主要性能参数

型　号	过滤面积 /m²	过滤风速 /(m/min)	处理风量 /(m³/h)	设备阻力 /Pa	压缩空气 /(m³/h)	压缩空气 压力/MPa	脉冲阀 个数/个
H1500-10/18	7.64	0.8~1.3	3667~5959	1300~2200	11.0	0.45~0.50	5
H1500-20/18	152.6	0.8~1.3	7334~11918	1300~2200	17.4	0.45~0.50	10
H1500-40/18	305.6	0.8~1.3	14668~23836	1300~2200	34.8	0.45~0.50	20
H1500-60/18	158.4	0.8~1.3	22000~35755	1300~2200	52.3	0.45~0.50	30
H1500-80/18	611.2	0.8~1.3	29337~47673	1300~2200	69.7	0.45~0.50	40
H1500-100/18	764.0	0.8~1.3	36672~59592	1300~2200	87.1	0.45~0.50	50
H1500-120/18	916.8	0.8~1.3	44006~71510	1300~2200	104.6	0.45~0.50	60
H1500-140/18	1069.6	0.8~1.3	51340~83428	1300~2200	125.0	0.45~0.50	70

表 9-13　HAS 型塑烧板除尘器安装尺寸

型　号	过滤面积 /m²	设备外形尺寸/mm			入风口尺寸 /mm	出风口尺寸 /mm
		L	W	H		
H1500-10/18	76.4	1100	1600	4000	Φ350	Φ500
H1500-20/18	152.8	1600	1600	4500	Φ450	Φ650
H1500-40/18	305.6	3200	3600	4900	2Φ450	1600×500
H1500-60/18	458.4	4800	3600	5300	3Φ450	1600×700
H1500-80/18	611.2	5400	3600	5700	4Φ450	1600×900
H1500-100/18	764.0	7000	3600	6100	5Φ450	1600×1100
H1500-120/18	916.8	8600	3600	6500	6Φ450	1600×1300
H1500-140/18	1069.6	10200	3600	6900	7Φ450	1600×1500

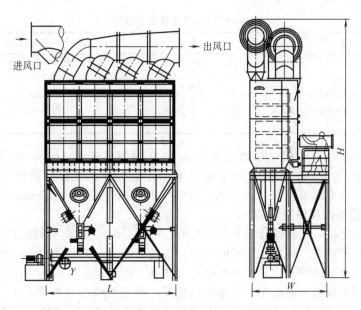

图 9-21　DELTA1500 系列除尘器外形尺寸

表 9-14　DELTA1500/9 型塑烧板除尘器性能参数

型　号	过滤面积 /m²	过滤风速 /(m/min)	处理风量 /(m³/h)	设备阻力 /Pa	压缩空气 /(m³/h)	压缩空气 压力/MPa	脉冲阀 个数/个
D1500-24	90	0.8～1.3	4331～7038	1300～2200	7.66	0.45～0.50	12
D1500-60	225	0.8～1.3	10828～17596	1300～2200	19.17	0.45～0.50	12
D1500-120	450	0.8～1.3	21657～35193	1300～2200	38.35	0.45～0.50	24
D1500-180	675	0.8～1.3	32486～52790	1300～2200	57.52	0.45～0.50	36
D1500-240	900	0.8～1.3	43315～70387	1300～2200	76.70	0.45～0.50	48
D1500-300	1125	0.8～1.3	54114～87984	1300～2200	95.88	0.45～0.50	69
D1500-360	1350	0.8～1.3	64972～105580	1300～2200	115.05	0.45～0.50	72
D1500-420	1575	0.8～1.3	75801～123177	1300～2200	134.23	0.45～0.50	84

四、高温塑烧板除尘器

高温塑烧板除尘器与常温塑烧板除尘器的区别在于制板的基料不同，所以除尘器耐温程度亦不同。

ALPHASYS 系列高温塑烧板除尘器主要是针对高温气体除尘场合而开发的除尘器，以陶土、玻璃等材料为基质，耐温可达 350℃，具有极好的化学稳定性。圆柱状的过滤单元外表面覆涂无机物涂层可以更好地进行表面过滤。

高温塑烧板除尘器包含一组或多组过滤单元簇，每簇过滤单元由多根过滤棒组成。每簇过滤单元可以很方便地从洁净空气室一侧进行安装。过滤单元簇一端装有弹簧，可以补偿滤料本身以及金属结构由于温度的变化所产生的胀缩。过滤单元簇采用水平安装方式，这样的紧凑设计可以进一步减少设备体积，而且易于维护。采用常规的压缩空气脉冲清灰系统对过滤单元簇逐个进行在线清灰。

ALPHASYS 塑烧板除尘器具有以下优点：①适用于高温场合，耐温可达 350℃；②极好的除尘效率，净化值小于 1mg/m³；③阻力低，过滤性能稳定可靠、使用寿命长；④过滤单元簇从洁净空气室一侧进行安装，安装维护方便；⑤体积小、结构紧凑、模块化设计，高温塑烧板除尘器所用过滤元件参数见表 9-15。高温塑烧板除尘器过滤单元簇从洁净空气室一侧水平安装，并且在高度方向可以叠加至 8 层，在宽度方向也可以并排布置数列。

表 9-15 过滤元件主要参数

过滤元件型号	HERDINGALPHA
基体材质	陶土、玻璃
空隙率/%	约 38
过滤管尺寸(外径/内径/长度)/mm	50/30/1200
空载阻力(过滤风速为 1.6m/min)/Pa	约 300
最高工作温度/℃	350

高温塑烧板除尘器单个模块过滤面积 72m²；在过滤风速为 1.4m/min 时，处理风量为 6000m³/h。外形尺寸为 1430mm×2160mm×5670mm。三个模块过滤面积为 216m²，在过滤风速为 1.4m/min 时处理风量 18000m³/h，外形尺寸为 4290mm×2160mm×5670mm。

1. 塑烧板除尘器应用注意事项

（1）塑烧板除尘器　气流设计是非常重要的，气流分配不合理会导致运行阻力上升，清灰效果差；尤其是对于较细、较黏、较轻的粉尘，流场设计是至关重要的。国内某些厂商设备形式采用一侧进风另侧出风的方式，并且塑烧板与进风方向垂直布置，这一方面会在除尘器内部造成逆向流场，即主流场方向与粉尘下落方向相反，严重影响清灰效果；另一方面对于 10 多米长的除尘器而言，很难保证气流均匀分配。根据袋式除尘器设计经验，在满足现有场地的前提下，对进气口的气流分配采用多级短程进风方式，通过变径管使气流均匀进入每个箱体中，同时在每个箱体的进风口设置调风阀，可以根据具体情况对进入每个箱体的风量进行控制调整，在每个箱体内设有气流分配板，使气流进入箱体后能够均匀的通过每个过滤单元，同时大颗粒通过气流分配板可直接落入料斗之中。如图 9-22 所示。

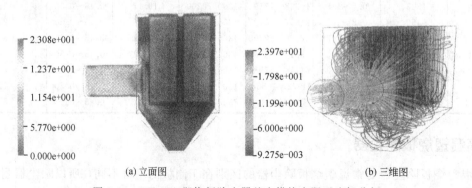

| (a) 立面图 | (b) 三维图 |

图 9-22　DELTA 塑烧板除尘器基本模块有限元流场分析

（2）脉冲喷吹系统的工作可靠性及使用寿命与压缩空气的净化处理有很大关系，压缩空气中的杂质，例如污垢、铁锈、尘埃及空气中可能因冷凝而沉积下来的液体成分会对脉冲喷吹系统造成很大的损害。如果由于粗粉尘或油滴通过压缩空气系统反吹进入塑烧板内腔（内腔空隙约 30μm）会造成塑烧板堵塞并影响塑烧板寿命，故压缩空气系统设计应考虑良好的过滤装置以保证进入塑烧板除尘器的压缩空气质量。

（3）压缩空气管路及压缩空气储气罐需有保温措施。尤其是在冬季，过冷的压缩空气在反吹时会在塑烧板表面与热气流相遇而产生结露，导致系统阻力急剧上升。

（4）除尘器用于高温高湿场合时要有水分的预分离措施，用于易燃易爆场合时要有防燃防爆和灭火措施。

（5）选用除尘器宜留有余地，防止因生产工艺变化引起的阻力高、耗能大或其他异常。

2. 精轧机湿法除尘改造为塑烧板除尘器

精轧机是完成轧材生产过程所需的设备，通过精轧机把钢坯轧成不同厚度的板材。在轧制过程中，钢材表面产生的氧化铁皮粗颗粒，随冷却水冲到铁皮沟，流入沉淀池。细微的氧化铁尘随蒸气散发，被捕到除尘系统进行净化处理。生产中轧制的板材越薄，产生的粉尘量越多，颗粒也越细，处理的难度越大。

（1）烟尘参数　烟气原始参数见表9-16。

表9-16　烟气原始参数

项目	参数	项目	参数
烟气量/(m³/h)	305000	烟尘堆密度/(t/m³)	1.24
烟气温度/℃	<40～50	粉尘含水率/%	3～5(质量百分比)
进口含尘浓度/(g/m³)	0.7(最大5.5)	粉尘含油率/%	3～4(质量百分比)

烟尘主要成分	FeO	28.35%	Fe₂O₃	68.25%	H₂O	2.05%
烟尘粒径/μm	0～2	2～3	3～3.5	3.5～4.5	4.5～5.5	5.5～7
含量/%	0.4	2.7～3.7	19.1	30.6	23.4	15.1

（2）原除尘工艺流程　原除尘工艺流程见图9-23，设计参数见表9-17。

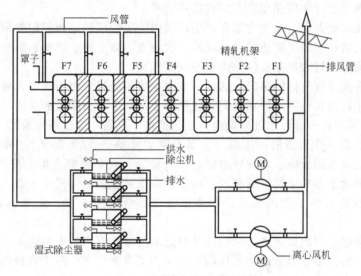

图9-23　精轧除尘系统流程

表9-17　设计参数及主要设备

主要设计参数		主要设备	
烟气量/(m³/min)	5080	除尘器型式	自激式除尘器4台
阻力/Pa	<2000	风机/(m³/min)	2540，2台
入口浓度/(mg/m³)	3	风压/Pa	3800
出口浓度/(mg/m³)	50		

原系统测定的各项参数见表9-18。

从测定数据可知，湿式自激式除尘器出口含尘浓度高达118mg/m³，除尘器阻力高达6558Pa，是设计阻力的1倍多，由此可见该除尘器问题很多。采用湿式自激式除尘器处理10μm以下并占总尘量85%的轧钢微细粉尘，根据有关资料表明是很困难的，原因是自激式除尘器对水位的控制要求很高。如果水位过高，则阻力增加，除尘系统抽风量减小；如果水位低，除尘效率低，尘源的污染得不到处理。

表 9-18　除尘系统实测参数

测定参数	测定值		测定参数	测定值	
	进口气体	出口气体		进口气体	出口气体
流量/(m³/h)	120047/101630	117604/103343	除尘器漏风率%	1.69	
温度/℃	24(最高 45)	34	除尘器阻力/Pa	6558	
全压/Pa	-216	6774(风机进口)	除尘效率/%	48.72	
含尘浓度/(g/m³)	0.234	0.118	排放量/(kg/h)	12.195	

热轧精轧机采用湿式自激式 207/NMDIC 型除尘器,这种除尘器对细微粉尘的除尘效果不好,而且水位控制要求严格。根据测试报告有 4 项指标都达不到要求:①风量过小,实测值仅为设计值的 40%左右;②阻力过大,实测值为设计值的 1 倍多;③由于除尘系统风量不够,室内空气污染严重;④除尘效率低,仅为 48.72%。排放严重超标,排放浓度为118mg/m³。

结论为无法满足设计和环保要求,应改造除尘器。

(3) 除尘系统改造方案　改造方案有:①厂房内的吸尘罩和风管使用效果尚可,且由于场地的限制,不做改动;②为了防止除尘系统的二次污染,除尘器、输灰装置必须改造;③必须改变除尘器后管道阻力过大现象;④除尘粉能回收利用。

针对原除尘系统排放超标的事实,选择新型除尘器是关键。由于粉尘含油含水率高,布袋除尘器显然不适用;湿式电除尘器在宝钢氧化铁粉尘特别是细粉除尘的应用不理想(极板的清洗等较困难),且需增建一套污水处理设施,受场地狭小限制,故也不宜采用。

塑烧板除尘器是一种新型的除尘器。它具有除尘效率高(99.99%~99.999%)、结构紧凑、除尘效果不受油水的影响、清灰效果好、压损稳定、安装维修方便、使用寿命长等优点,可满足本工程对场地小和粉尘特性的要求。由于塑烧板除尘器是干式除尘器,免除了水处理的二次污染,因此它适合本工程的要求。塑烧板除尘系统见图 9-24。除尘器和风机外形见图9-25。

此外原系统从除尘器出口到离心风机的进口之间的除尘管道阻力高达 4000 Pa 以上,为减少该管道的阻力,将此多道弯管改为静压箱形式。为了将除尘器前除尘总管的清洗水及时排走(不流入除尘器),在除尘总管上开设若干个排水漏斗。

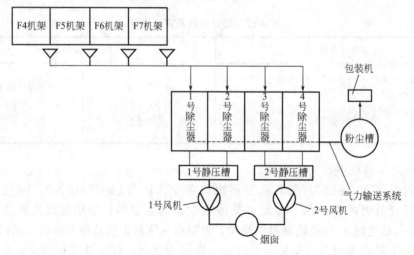

图 9-24　精轧机烟尘塑烧板除尘系统

(a) 改造前自激式除尘器

(b) 改造后塑烧板除尘器

图 9-25　除尘器和风机外貌

（4）改造后主要设备技术参数　主要设备参数见表 9-19。

表 9-19　主要设备性能参数

序号	项目	参数	序号	项目	参数
1	主排风机(利用原设备)	2 台	2	清灰方式	脉冲反吹
	型号	Ke1060/40U		过滤元件	1500mm×1000mm×69mm
	风量/[m³/(h·台)]	152500		塑烧板	144 片/台
	风压/Pa	3800	3	螺旋输送机	4 台
	转速/(r/min)	1450		设备规格	φ200
	电机功率/kW	250(6000V)		输灰量/(m³/h)	6.7
2	除尘器	4 台		转速/(r/min)	75
	型号	1500×144/18 波浪式塑烧板除尘器		电机功率/kW	2.2
	处理风量/[m³/(h·台)]	62200~85500	4	星型卸灰阀	4 台
	过滤面积/(m²/台)	1296		设备规格	300mm×300mm
	过滤风速/(m/min)	0.8~1.1		输灰量/(m³/h)	23.04
	设备阻力/Pa	<1800		转速/(r/min)	32
	出口浓度/(mg/m³)	≤20		电机功率/kW	1.5
	压缩空气压力/MPa	0.5			

（5）改造后的效果　改造的除尘系统投运后，除尘器排放口粉尘浓度测试结果分别为 19.5mg/m³ 和 1.2mg/m³，达到预期效果，使除尘器周围的环境状况得到彻底的改观。

改造后的系统阻力大大降低，使系统的风量增加，吸风口抽风量增加，改善了车间的环境。除尘收集的氧化铁粉得到了回收利用，同时设备维修工作量大大减少。

第四节　滤筒式除尘器

滤筒式除尘器早在 20 世纪 70 年代已经出现，且具有体积小、效率高等优点，但因其设备容量小，过滤风速低，不能处理大风量，应用范围较窄。由于新型滤料的出现和除尘器设计的改进，滤筒式除尘器在除尘工程中应用逐渐增多。滤筒式除尘器的特点如下：①由于滤料折褶使用，布置密度大，除尘器结构紧凑，体积小，滤料性能要求刚性大；②滤筒高度小，安装方便，使用维修工作量小；③与同体积除尘器相比，过滤面积相对较大，过滤风速较小，阻力不大；④滤料折褶要求两端密封严格，不能有漏气，否则会降低效果。

一、滤筒分类、构造与滤料

1. 滤筒的分类

常用滤筒分为 3 大类。这三类滤筒的区别分别见表 9-20 和表 9-21。

表 9-20 不同空气滤筒的不同保护对象和安装部位

类别	名称区别	保护对象	具体应用场合及安装位置	滤筒使用对象
I	保护机器类的空气滤筒	制氧机、大型鼓风机、内燃机、空气压缩机、汽轮机及其他各发动机的进气系统机件保护	通讯程控交换机室、制氧厂、鼓风机房、汽车、各种战车、各类船舰、铁路机车、飞机、运载火箭等发动机的进气口或进气道	
II	创建洁净房间的空气滤筒	洁净室无尘,保证生产产品质量,烟雾厂房净化后保证人体健康	药品、食品、电子产品的生产间净化;博物馆、图书馆等馆藏间净化;手术室、健身房、生产厂房烟尘排放;行走器、飞行器、驾驶舱净化,安装在进气口或进气道	
III	保护大气用除尘器滤筒	控制烟尘粉尘排放,保护地球生物健康	水泥厂、电厂、钢厂等烟粉尘控制排放;垃圾焚烧、炼焦炼铁、锻铸厂房及汽车等烟尘排放口	

表 9-21 不同滤筒净化的尘源和精度

类别	空气滤筒名称	保护对象和阻止灰尘源	阻截颗粒的来源和性质	颗粒尺寸/μm	灰尘浓度(使用空滤前)/(mg/m³)	要求过滤器效率/%
I	保护机器用空气滤筒	保护内燃机缸体;阻止道路灰尘进入进气道	道路灰尘:SiO、FeO_3、Al_2O_3。大气飘尘:SO_2、CO_2 等	1~100	已筑路面:0.005~0.013;多尘路面:0.3~0.5;建筑工地:0.5~1.0	92~99
II	创建洁净空间空气滤筒	洁净室、洁净厂房、超净间、滤除室内漂浮颗粒物	大气飘尘:SO_2、NO_x、CO_2、NO_2、NH_3、H_2S 及人体排泄物	0.01~200	国家标准允许:(日平均)美国:工业区 0.2、居民区 0.15;中国:工业区 0.3、居民区 0.15	99.97~99.999
III	保护大气除尘器滤筒	保护大气、滤除排放的烟尘、粉尘	工矿企业产生的排放颗粒:SO_2、NO_x、CO_2、NO_2、H_2S 等	0.01~200	产生烟尘浓度多倍于:火电厂排放:1200~2000;工业窑炉排放:100~400	达到排放标准(注:过滤器必须满足排放标准,而产生的浓度是未知数)

在三类滤筒中前两类滤筒已在第八章介绍过，本节重点介绍除尘用滤筒。

2. 滤筒构造

滤筒式除尘器的过滤元件是滤筒。滤筒的构造分为顶盖、金属框架、褶形滤料和底座等四部分。

滤筒是用设计长度的滤料折叠成褶，首尾黏合成筒，筒的内外用金属框架支撑，上、下用顶盖和底座固定。顶盖有固定螺栓及垫圈。圆形滤筒的外形尺寸见表 9-22 和图 9-26。

表 9-22　滤筒的尺寸系列　　　　　　　　　　　　　　　单位：mm

长度 H	直径 D							
	120	130	140	150	160	200	320	350
660						☆	☆	☆
700						☆	☆	☆
800						☆	☆	☆
1000	☆	☆	☆	☆	☆	☆	☆	☆
2000	☆	☆	☆	☆	☆	☆		

注：1. 滤筒长度 H，可按使用需要加长或缩短，并可两节串联；2. 直径 D 是指外径，是名义尺寸；3. 有标志"☆"为推荐组合。

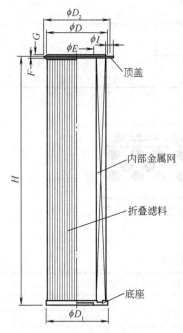

图 9-26　圆形滤筒外形

滤筒的构造如图 9-27 所示，滤筒的内层和外层均为金属网（或硬质塑料网）；中间为褶形的滤料。由于采用了密集型的折叠，使其过滤面积大为增加；极大的过滤面积是滤筒的突出特点。

滤筒直径与褶数见表 9-23，滤筒外形尺寸偏差极限值见表 9-24。

3. 滤筒用滤料

滤筒所用的滤料既区别于袋式除尘器用的滤布，又区别于空气过滤器的滤纸。滤布的纤维间的间隙一般为 $12\sim60\mu m$，滤纸纤维间的间隙则更大。滤筒用滤料的特点是，把一层亚微米级的超薄纤维黏附在一般滤料上，在该黏附层上纤维间排列非常紧密，其间隙 $0.12\sim0.6\mu m$。极小的筛孔可把大部分亚微米级的尘粒阻挡在滤料表面，使其不能深入底层纤维内部（图 9-28）。因此，在除尘初期即可在滤料表面迅速形成透气性好的粉尘层，使其保持低阻、高效。由于尘粒不能深入滤料内部，因此具有低阻、便于清灰的特点。

滤料材质要求刚性强，使其作为褶式滤筒滤料无需依赖支撑材料，一个褶式滤筒替代了滤袋和笼架等部件；同时该过滤材料抗潮性能好，强度高，清灰容易，使用寿命长，可减少除尘器的维护工作量。

合成纤维非织造滤料的主要性能指标见表 9-25；滤料的抗静电特性见表 9-26；纸质滤料的主要性能指标见表 9-27；合成纤维非织造聚四氟乙烯覆膜滤料的主要性能指标见表 9-28；纸质聚四氟乙烯覆膜滤料的主要性能指标见表 9-29。

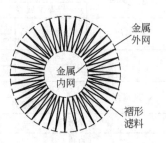

图 9-27　滤筒的结构示意

表 9-23　　滤筒的直径与褶数

褶数 n	直径 D/mm							
	120	130	140	150	160	200	320	350
35	☆	☆	☆					
45	☆	☆	☆	☆	☆			
88			☆	☆	☆	☆	☆	☆
120					☆	☆	☆	☆
140					☆	☆	☆	☆
160							☆	☆
250							☆	☆
330							☆	☆
350								☆

注：1. 有标志"☆"者为推荐组合；2. 褶数 250～350 仅适应于纸质及其覆膜滤料；3. 褶深可为 35～50mm。

表 9-24　　滤筒外形尺寸偏差极限值　　　　　　　　　　单位：mm

直径 D	偏差极限	长度 H	偏差极限
120 130 140 150	±1.5	600 700 800	±3
160 200		1000	±5
320 350	±2.0	2000	

注：检测时按生产厂产品外形尺寸进行。

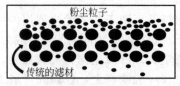

(a) 传统的滤料

(b) 滤筒滤料

图 9-28　　滤料的工作状况

表 9-25　　合成纤维非织造滤料的主要性能指标

特性	项目		单位	连续纤维纺黏聚酯热压	短纤维纺黏聚酯热压	备注
形态特性	单位面积质量偏差		%	±2.0	±2.0	
	厚度偏差		%	±0.15	±0.15	
强力	断裂强度	经向	N	>900	>600	
		纬向		>1000	>700	
断裂伸长率		经向	%	<9	<22	
		纬向		<9	<25	
进气度	透气度		m³/(m²·min)	15	15	
	透气度偏差		%	±15	±15	
除尘效率			%	≥99.95	≥99.5	
挺度			N·m		≥20	

表 9-26　滤料的抗静电特性

滤料抗静电特性	最大限值	滤料抗静电特性	最大限值
摩擦荷电电荷密度/($\mu C/m^2$)	<7	表面电阻/Ω	<10^{10}
摩擦电位/V	<500		
半衰期/s	<1	体积电阻/Ω	<10^9

表 9-27　纸质滤料的主要性能指标

特性	项目		单位	低透气度	高透气度
形态特性	单位面积质量偏差		%	±3	±5
	厚度	总厚度	mm	0.65±0.04	0.56±0.05
		滤料厚度	mm	0.30±0.03	0.32±0.03
		瓦楞深度	mm	0.35	0.24
	孔径	最大	μm	47±3	80
		平均	μm	31±2	57±5
透气度	透气度		$m^3/(m^2 \cdot min)$	5	12
	透气度偏差		%	±12	±10
阻力特性	阻力		Pa	580±4	250±2
	除尘效率		%	≥99.8	≥99.8
	耐破度		MPa	≥0.2	≥0.3
	挺度		N·m	≥20	≥20

注：1. 纸质滤料最高连续工作温度≤80℃；2. 透气度是 $\Delta \rho = 125Pa$ 时测出；3. 阻力是在过滤风速 $v = 40cm/s$ 时测出。

表 9-28　合成纤维非织造聚四氟乙烯覆膜滤料的主要性能指标

特性	项目		单位	连续纤维纺黏聚酯热压覆膜	短纤维纺黏聚酯热压覆膜
形态特性	单位面积质量偏差		%	±2.0	±2.0
	厚度偏差		%	±0.15	±0.15
强力	断裂强度	经向	N	>900	>600
		纬向		>1000	>700
伸长率	断裂伸长率	经向	%	<9	<22
		纬向		<9	<25
透气度	透气度		$m^3/(m^2 \cdot min)$	6	4
	透气度偏差		%	±15	±15
除尘效率			%	≥99.99	≥99.99
覆膜牢度	覆膜滤料		MPa	0.03	0.03
疏水特性	浸润角		(°)	>90	>90
	沾水等级			≥Ⅳ	≥Ⅳ

表 9-29　纸质聚四氟乙烯覆膜滤料的主要性能指标

特性	项目		单位	低透气度	高透气度
形态特性	单位面积质量偏差		%	±3	±5
	厚度	总厚度	mm	0.65±0.04	0.56±0.05
		滤料厚度	mm	0.30±0.03	0.32±0.03
		瓦楞深度	mm	0.35	0.24
透气度	透气度		$m^3/(m^2 \cdot min)$	3.6	8.4
	透气度偏差		%	±11	±12
除尘效率			%	≥99.95	≥99.95
覆膜牢度	覆膜滤料		MPa	≥0.02	≥0.02
疏水特性	浸润角		(°)	>90	>90
	沾水等级			≥Ⅳ	≥Ⅳ

注1. 透气度是 $\Delta \rho = 125Pa$ 时测得；2. 最高连续工作温度≤80℃。

白云滤筒滤材主要是以纺粘法生产的聚酯无纺布作基材，经过后加工整理制作而成。白云滤材有六大系列产品。普通聚酯无纺布系列；铝（AL）覆膜系列；防静电（FI）系列；防油、拒水、防污（F2）系列；氟树脂多微孔膜（F3）系列；PTFE（F4）膜系列，性能见表9-30。

表 9-30　主要系列的技术性能参数

| 分类 | 型号 | 定重/(g/m²) | 厚度/mm | 透气度/[L/(m²·s)] | 强度 | | 工作温度/℃ | 过滤精度/μm | 过滤效率/% | 备注 |
					纵向/(N/5cm)	横向/(N/5cm)				
涤纶滤料系列	MH217	170	0.45	220	600	450	≤135	5	≤99	
	MH224	240	0.6	180	800	600	≤135	5	≤99.5	
防静电系列	MH224AL	240	0.6	180	800	600	≤65	5	≤99.5	具有防油、拒水、防污功能
	MH224ALF2	240	0.6	180	800	600	≤65	5	≤99.5	
	MH226F1	265	0.65	160	850	650	≤135	3	≤99.5	
拒水防油系列	MH1217F2	170	0.45	220	600	450	≤135	5	≤99	环境温度大气除尘
	MH224F2	240	0.6	180	800	600	≤135	5	≤99.5	
氟树脂膜系列	MH224F3	240	0.6	50～70	800	600	≤65	1	≤99.5	主要用于除尘；具有抗静电功能；适合于中温工况
	MH224HF3	240	0.6	30～50	800	600	≤65	0.5	≤99.5	
	MH217F3	170	0.45	60～80	600	450	≤65	1	≤99.5	
	MH224ALF3	240	0.6	50～70	800	600	≤65	1	≤99.5	
	MH224F3-ZW	240	0.6	40～60	800	600	≤135	1	≤99.5	
PTFE膜系列	MH217F4	170	0.45	60～80	600	450	≤135	0.5	≤99.99	过滤风速较低时适用；具有阻燃功能；适用于高湿度场合
	MH224F4	240	0.6	50～70	800	600	≤135	0.5	≤99.99	
	MH224F4-ZR	240	0.6	50～70	800	600	≤135	0.5	≤99.99	
	MH224F4-KC	240	0.6	50～70	800	600	≤135	0.5	≤99.99	

二、滤筒式除尘器工作原理

1. 除尘器组成

除尘器由进风管、排风管、箱体、灰斗、清灰装置、滤筒及电控装置组成，滤筒倾斜布置见图9-29，滤筒垂直布置见图9-30。

滤筒在除尘器中的布置很重要，滤筒可以垂直布置在箱体花板上，也可以倾斜布置在花板上，用螺栓固定，并垫有橡胶垫，下部分为过滤室，上部分为净气室。滤筒除了用螺栓固定外，更方便的办法是自动锁紧装置（见图9-31）和橡胶装置（见图9-32），这两种方法对安装和维修都十分方便。

2. 主要性能指标

国家标准规定，滤筒式除尘器的主要性能和指标见表9-31。

3. 滤筒式除尘器工作原理

含尘气体进入除尘器灰斗后，由于气流断面突然扩大，气流中一部分颗粒粗大的尘粒在重力和惯性力作用下沉降下来；粒度细、密度小的尘粒进入过滤室后，通过布朗扩散和筛滤等综合效应，使粉尘沉积在滤料表面，净化后的气体进入气室由排风管经风机排出。

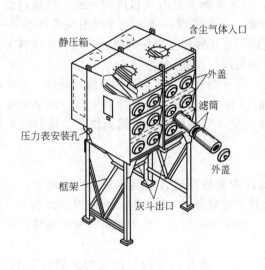

图 9-29　滤筒倾斜布置

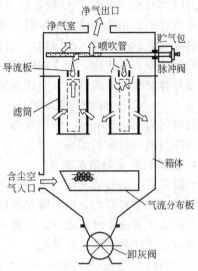

图 9-30　滤筒垂直布置

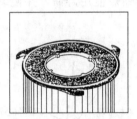

图 9-31　自动锁紧装置

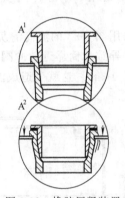

图 9-32　橡胶压紧装置

表 9-31　滤筒式除尘器的主要性能和指标

项　目	滤筒材质					
	合成纤维非组织		纸质	合成纤维非组织		纸质覆膜
入口含尘浓度/(g/m³)	≥15	≤15	≤5	≥15	≤15	≤5
过滤风速/(m/min)	0.3～0.8	0.6～1.2	0.3～0.6	0.3～1.0	0.8～1.5	0.3～0.8
出口含尘浓度/(mg/m³)	≤50		≤50	≤30		≤30
漏风率/%	≤2		≤2	≤2		≤2
设备阻力/Pa	≤1500		≤1500	≤1300		≤1300
耐压强度/kPa	5					

注：1. 用于特殊工况其耐压强度应按实际情况计算。

2. 除尘器的漏风率宜在净气箱静压为－2kPa条件下测得。当净气箱实测静压与－2kPa有偏差时，按下列公式计算：

$$\varepsilon = 44.72 \times \frac{\varepsilon_1}{\sqrt{|P|}} \qquad (9\text{-}16)$$

式中　ε——漏风率，%；

ε_1——实测漏风率，%；

P——净气箱内实测静压（平均），Pa。

滤筒式除尘器的阻力随滤料表面粉尘层厚度的增加而增大，阻力达到某一规定值时进行清灰。此时脉冲控制仪或 PLC 控制脉冲阀的启闭，当脉冲阀开启时气包内的压缩空气通过脉冲阀经喷吹管上的小孔，喷射出一股高压的引射气流，从而形成一股相当于引射气流体积 1～2 倍的诱导气流，一同进入滤筒内，使滤筒内出现瞬间正压并产生鼓胀和微动，沉积在滤料上的粉尘脱落，掉入灰斗内。灰斗内收集的粉尘通过卸灰阀，连续排出。

这种脉冲喷吹清灰方式，是按滤筒顺序清灰，脉冲阀开闭一次产生一个脉冲动作，所需的时间为 0.1～0.2s；脉冲阀相邻两次开闭的间隔时间为 1～2min；全部滤筒完成一次清灰循环所需的时间为 10～30min。由于设备为调压脉冲清灰，所以根据设备阻力情况，应对喷吹压力、喷吹间隔和喷吹周期进行调节。

4. 滤筒式除尘器清灰系统

滤筒式除尘器的清灰示意见图 9-33，滤筒式除尘器特别适合安装在室内生产线中，或者作为移动式除尘器应用。由于需要特殊加工，折叠式滤筒每平方的滤料面积相对比滤袋大，而且滤筒的清灰系统要求比较高，过滤风速一般在 0.8m/min 以下，比滤袋低，所以滤筒式除尘器的造价也就比袋式除尘器稍高。

由于滤筒本身是一个硬固体，不再配置笼架，所以滤筒的清灰与传统的滤袋清灰不同。图 9-33 所示是用一个脉冲阀喷吹三个排在一起的滤筒。滤筒的总过滤面积应有限制，见表 9-32。

如果采用图 9-33 的滤筒清灰方法，即脉冲气流没有经过文丘里喷嘴就直接喷吹进入滤筒内部，将会导致滤筒靠近脉冲阀的一端（上部）承受负压，而滤筒的另一端（下部）将承受正压（如图 9-34）。这就会造成滤筒的上下部清灰不同而可能缩短使用寿命，并使设备不能受到有效清灰。

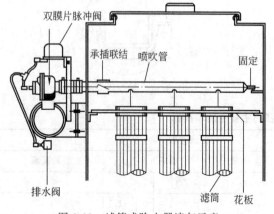

图 9-33 滤筒式除尘器清灰示意

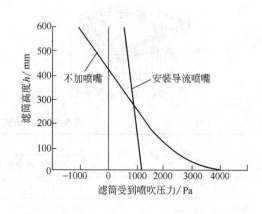

图 9-34 滤筒有无喷嘴对比

表 9-32 脉冲阀与滤筒的配置

脉冲阀规格型号(举例)	滤筒规格与过滤面积①	喷吹管所喷吹的滤筒数量	气包压力/容量
CAC25T3,(1″脉冲阀)	ϕ325mm,660mm 过滤面积 20～22m²	1	0.5～0.7MPa/>50L
CAC45FS,(1$\frac{1}{2}$″脉冲阀)	ϕ325mm,660mm 过滤面积 20～22m²	3	0.5MPa/>200L
		4	0.6MPa/>150L
CA76MM,(3″淹没式阀)	ϕ325mm,660mm 过滤面积 20～22m²	6	0.5～0.7MPa/600L

① 其他的滤筒尺寸和过滤面积举例见下面介绍，如果选用的滤筒不是本表格内的滤筒规格，其清灰系统的配置必须重新设计。

为此可在脉冲阀出口或者脉冲喷吹管上安装滤筒用文丘里喷嘴。把喷吹压力的分布情况改良成比较均匀的全滤筒高度正压喷吹。

滤筒用文丘里喷嘴的结构和安装高度见图 9-35。

灰尘堆积在滤筒的折叠缝中将使清灰比较困难。所以折叠面积大的滤筒（每个滤筒的过滤面积达到 $20\sim22m^2$）一般只适合应用于较低入口浓度的情况。比较常用滤筒的尺寸与过滤面积见表 9-33。

三、L 型滤筒式除尘器

L 型滤筒式除尘器采用了折叠滤筒式结构形式，滤料采用微孔薄膜复合滤料，因而具有独特的技术性能及运行可靠等优点，适合物料回收除尘及空气过滤之用。

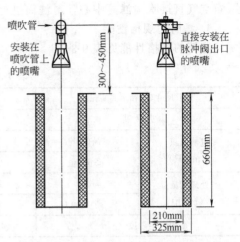

图 9-35　滤筒用文丘里喷嘴的结构和安装高度

表 9-33　常用滤筒尺寸

外径/mm	内径/mm	高度/mm	滤微过滤面积/m²		清灰喷嘴型号
352	241	66,771	9.4,10.1	CC200	VN25PC-50 VN45PC-50
325	216	600,660	9.4,10,15, 20,21,22	CC200	VN25PC-50 VN45PC-50
225	169	500,750,1000	2.5,3.75,5	CC150	VN25PC-50 VN45PC-50
200	168	1400	5	CC150	VN25PC-50 VN45PC-50
153	128	1064～2064	2.3～4.6	CC150	VN25PC-50 VN45PC-50
150	94	1000	3.6	CC100	VN25PC-50 VN45PC-50
130	98	1000,1400	1.25,2.5	CC100	VN25PC-50 VN45PC-50
124	105	1048～2048	1.4～2.7	CC100	VN25PC-50 VN45PC-50

1. 主要特点

主要特点如下：

① L 系列滤筒除尘器，由单元体（箱体）1～8 只组成，可根据具体要求灵活地任意组合，单元体本身就是一台完整的除尘器，可以单独使用；② L 系列滤筒除尘器配备有多种规格（过滤面积）和不同滤料，适用于不同粉尘性质、温度、含尘浓度 $0.5\sim5.0g/m^3$ 的气体除尘或空气过滤，除尘效率达 99.99%；③ L 系列滤筒除尘器配备有多种安装结构形式，可根据实际情况选用；④ 滤料采用微孔薄膜复合滤料，实现了表面过滤，清灰容易，阻力小，具有运行稳定性及技术可靠性。

2. 工作原理

除尘器一般为负压运行，含尘气体由进风口进入箱体，在滤筒内负压的作用下，气体从筒外透过滤料进入筒内，气体中的粉尘被过滤在滤料表面，干净气体进入清洁室从出风口排出。当粉尘在滤料表面上越积越多，阻力越来越大，达到设定值时（也可时间设定），脉冲阀打开，压缩空气直接吹向滤筒中心，对滤筒进行顺序脉冲清灰，恢复低阻运行。

3. 滤筒的规格性能

滤筒的规格性能见表 9-34。

表 9-34　滤筒规格及参数

外形尺寸(外径×高)/mm		$\phi350×660$(LW 型)或 1000(LL 型)			
折数/折		88	130	150	200
过滤面积 /(m³/只)	高 660	5.8	8.5	9.9	13
	高 1000	8.8	13	15	20
处理风量 /(m²/h)	高 660	210	308	356	475
	高 1000	316	468	540	720
适用含尘浓度/(g/m³)		<5.0	<3.0	1.0	0.5

注：处理风量为在过滤风速 0.6m/min 情况下。

4. 除尘器单室性能参数

滤筒在除尘室的布置方式为卧式布置时性能见表 9-35，立式布置时性能见表 9-36。

表 9-35　LW 型单元体性能参数

性　能	四　列	三　列
△滤筒数 n/只	16	12
△处理风量/(m³/h)	3300～9000	2500～6800
过滤风速/(m/min)	0.4～0.7	0.4～0.7
含尘浓度/(g/m³)	0.2～2	0.2～2
设备阻力/Pa	700～1000	700～1000
除尘效率/%	99.99	99.99
△喷吹耗气量/(m³/h)	0.6～1.0	0.45～0.7

注：1. 组合体时带"△"的参数，乘以 n 即可；

2. 每单元体横向为双排，滤筒为 2 只串联；

3. 压缩空气压力为 0.5～0.7MPa。

表 9-36　LL 系列单室性能参数

性　能	3 列系列	4 列系列	5 列系列
△滤筒数 n/只	6	8	10
△处理风量/(m³/h)	1900～5000	2500～6900	3000～8600
过滤风速/(m/min)	0.5～0.7	0.5～0.7	0.5～0.7
含尘浓度/(g/m³)	0.5～5	0.5～5	0.5～5
设备阻力/Pa	700～1000	700～1000	700～1000
除尘效率/%	99.99	99.99	99.99
△喷吹耗气量/(m³/h)	0.5～0.8	0.7～1.0	0.9～1.3

注：1. 组合体时带"△"的参数，乘以 n 即可；

2. 每室为单排，滤筒为 2 只串联；

3. 压缩空气压力为 0.5～0.7MPa。

5. 除尘器外形尺寸

LL 系列滤筒除尘器主要外形尺寸及安装尺寸见图 9-36 和表 9-37。

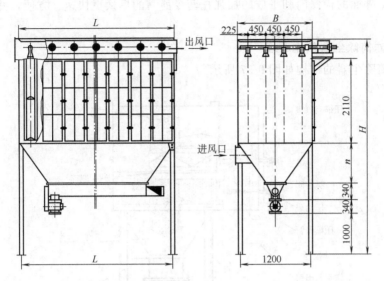

图 9-36　LL 系列滤筒式除尘器外形尺寸（单位：mm）

表 9-37　LL 系列滤筒除尘器外形尺寸

性　　能	排　列　数　量		
单排筒数 m/只	3	4	5
箱体室数 n/室	4～10	4～10	4～10
箱体长度 $L=20+550n$/mm			
箱体宽度 $B=20+450n$/mm			
螺旋输送机长度(内口)L/mm	550n—920	550n—1370	550n—1820
灰斗高度 h/mm	750	1100	1500
进风口中心位置 b/mm	280	300	350
出风口高度 A/mm	4790	5140	5540
除尘器总高 H/mm	5040	5390	5790

四、沉流式滤筒除尘器

所谓沉流式滤筒除尘器指滤筒斜置或水平放置，气流在除尘器中有一部分绕到滤筒下面进行过滤的除尘器。利用下行气流可以提高除尘效果，但粉尘积存滤筒上部难以清灰。

1. HR 型沉流式除尘器主要特点

（1）压差小　合理的进风口设计使机体内的气流分配更加均匀，并降低气流阻力，在正常进行状态下，空气进出口法兰间的压降为 $800\sim1000Pa$，最佳过滤风速 $0.5\sim1.5m/min$。

（2）效率高　滤筒过滤媒体由优质纤维素细丝制成，外面经过树脂涂覆处理、具有较高过滤效率。对于 $0.5\mu m$ 尘粒的除尘效率为 99.9%，对于 $0.5\sim10\mu m$ 的尘粒的除尘效率为 99.97%，在小于 $1000mg/m^3$ 入口含尘浓度情况下排放的清洁空气含尘浓度小于 $3mg/m^3$。

（3）合理的空气动力设计　在正常操作下，含尘空气通过顶部或侧面进入除尘器内，经过过滤后干净空气进入干净空气室并从除尘器下侧排出机体外，尘粒在向下的气流中更易分离。

（4）灵活的组装式模块结构　根据不同的生产要求将若干个模块灵活地组合在一起成为一

个除尘器整体。外面的检修门和平放的加强托套令滤筒的拆换更快速、方便，并确保维修工作的安全。

2. 沉流式滤筒除尘器工作原理

沉流式滤筒除尘器的结构如图 9-37 所示。

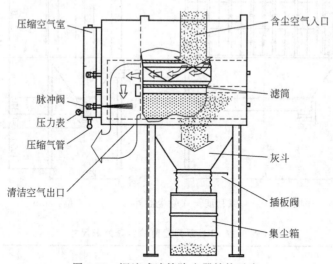

图 9-37　沉流式滤筒除尘器结构示意

在正常运作时，含尘空气从除尘器侧部进风口进入除尘器并通过滤筒，粉尘被隔离并积累在滤材外表面，而洁净的空气则通过滤筒中心进入二次空气室，最后经除尘器下（侧）面的出风口排出。

在清洁滤筒时，脉冲控制器驱动电磁阀操纵在压缩空气喷管上的薄膜阀，高压的压缩空气通过喷管喷出，除去滤筒的灰尘。掉落的灰尘则随向下的气流，落入集尘器中。

沉流式滤筒除尘器是利用下行气流提高除尘效率的除尘器。除尘器选用的滤筒的滤材是一种超微粒网状结构，其对 $0.5\mu m$ 尘粒的过滤效率可达 99.9%。由于涂在滤材表面的独特的涂层的微小筛孔可阻挡 $0.5\mu m$ 级的尘粒留在滤材表面，而不能渗入滤材内部，这样粉尘只能在滤材的表面积累形成尖饼达到一定厚度时才会在自重和气流的作用下自动从滤材表面脱落，令除尘器可获得较好的过滤效果和较低的运行费用，并使滤筒更加经久耐用。

3. 外形尺寸

该除尘器的主要外形尺寸见表 9-38。

表 9-38　沉流式滤筒除尘器主要外形尺寸

型　号	装运质量/kg	单元数	滤筒数	过滤面积/m²	长×宽×高($B \times C \times A$)/mm
3C-12T	1720	1	12	120	1021×2275×4513
3C-24T	2600	2	24	240	2042×2275×4513
3C-36T	3640	3	36	360	3063×2275×4513
3C-48T	4840	4	48	480	4084×2275×4513
3C-60T	6100	5	60	600	5105×2275×4513
3C-72	6860	6	72	720	6126×2275×4513
4C-16T	2130	1	16	160	1021×2275×4513

型 号	装运质量/kg	单元数	滤筒数	过滤面积/m²	长×宽×高(B×C×A)/mm
4C-32T	3100	2	32	320	2042×2275×4513
4C-48T	4270	3	48	480	3063×2275×4513
4C-64	5580	4	64	640	4084×2275×4513
4C-80T	7000	5	80	800	5105×2275×4513
4C-96T	8360	6	96	960	6126×2275×4513

4. LZLD 型滤筒式除尘器

（1）除尘器主要特点　LZLD 型产品是为满足用户在处理风量大，但除尘器安装现场占地面积较小的特殊条件下精心研究设计而开发成功的新产品。该产品过滤元件采用了折叠滤筒，使之与普通滤袋相比，在相同直径和长度条件下，其过滤面积为普通滤袋的 4～5 倍，所以在处理相同风量条件下，除尘器的体积可以做得最小，从而减少占地面积与空间。

由于产品体积大幅度减小，使基建费用减少，从而降低了项目总成本，节约了投资。由于具有较小的体积，移动运输方便，在安装布置上适应性较强。

折叠滤筒设计为垂直布置，较横式布置清灰效果更好。

脉冲阀数量小，使用寿命长，其易损件膜片使用寿命超过 100 万次。

除尘器顶盖上设置了可掀式小揭盖，更换滤筒时不需进入尘室，只需打开上揭盖，在上箱干净室内更换，实现机外换袋。

除尘滤筒与花板采用密封圈加压板式结构，安装滤筒时方便可靠。

该系列除尘器广泛适用于焊接、化学、轻工制品、粮食、制药、电子、铸造、冶金、木材等行业的粉尘治理及回收。

（2）主要技术性能　LZLD 型滤筒式单机除尘器主要技术性能见表 9-39。

表 9-39　LZLD 型滤筒式单机除尘器技术性能

参　数 ＼ 型　号	LZL-16-1	LZL-20-1	LZL-24-1	LZL-28-1	LZL-32-1
滤筒规格($D×L$)/mm	130×1400	130×1400	130×1400	130×1400	130×1400
滤筒数量/个	16	20	24	28	32
32 过滤面积/m²	40	50	60	70	80
过滤风速/(m/min)	0.8～1.8	0.8～1.8	0.8～1.8	0.8～1.8	0.8～1.8
处理风量/(m³/h)	1920～4320	2400～5400	2880～6480	3360～7560	3840～8640
烟气温度/℃	<120				
入口含尘浓度/(g/m³)	<20				
除尘效率/%	99.5				
设备阻力/Pa	1200～1500				
脉冲阀数/个	4	5	6	7	8
喷吹压力/kPa	400～600				
耗气量/(m³/阀次)	0.035				
外形尺寸/mm 长	1090	1320	1550	1980	2210
外形尺寸/mm 宽	1270	1270	1270	1270	1270
外形尺寸/mm 高	2500	2600	2600	2600	2600
参考质量/kg	720	810	900	1063	1153

注：笔者认为表中过滤速度偏高，可减半使用。

五、震动式滤筒除尘器

DFSXX 系列震动式滤筒单机除尘器，是利用先进集尘技术开发研制的新产品，是一种体积小、除尘效率高的就地除尘机组。该产品主要特点是利用振动电机进行清灰，如图 9-38 所示。该除尘器的滤筒过滤材料选用聚酯滤料透气性能好，使用寿命长，除尘效率高，过滤大于 $1\mu m$ 尘粒，高达 99.9%。

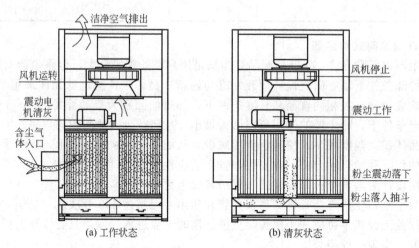

(a) 工作状态　　　　　　　　(b) 清灰状态

图 9-38　震动式滤筒除尘器

震动式滤筒除尘器工作过程如下。

正常运行时含尘气体经过入口进入机组，粉尘被阻留在滤筒的表面而被收集，洁净的气体通过滤筒中心进入引风机，经消音室由顶部出气口排出，震动清灰时除尘器停止工作，所以该除尘器一般适用于间断的工作环境，其清灰只能在引风机停机以后进行震动清灰，利用高频震动的工作原理来达到滤筒的清灰效果。

该除尘器的主要技术参数见表 9-40。

表 9-40　DFSXX 震动式除尘器主要技术参数

型　　号	DFS01	DFS02	DFS03	DSFS04
处理风量/(m³/h)	700～1200	1400～2400	2100～3600	2800～4800
过滤面积/m²	15	30	45	60
进风口尺寸/mm	$\phi150$	$\phi200$	$\phi250$	$\phi290$
进风口高度/mm	550	550	550	550
风机电机/kW	1.5	2.2	3.0	5.5
震动电机/kW	0.25	0.37	0.55	0.55
净化率/%	99.9	99.9	99.9	99.9
灰箱容积/L	20	35	50	56
75 噪声/dB	<75	<75	<75	<75
外形尺寸/mm	1770×600×600	1785×900×600	1850×900×850	1950×900×900

六、滤筒式除尘器的应用

1. 应用注意事项

（1）按其过滤元件的安装型式，滤筒式除尘器可以分为垂直式滤筒除尘器和水平式滤筒除尘器（图 9-39）。

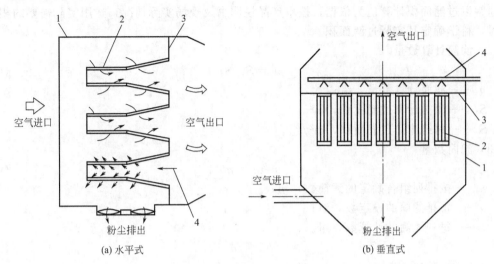

图 9-39　脉冲滤筒除尘器型式
1—箱体；2—滤筒；3—花板；4—脉冲清灰装置

　　垂直式滤筒除尘器，其滤筒垂直安装在花板上；依靠脉冲喷吹清灰滤袋外侧集尘，清灰下来的尘饼直接落下、回收。垂直（顶装）式滤筒除尘器适用 $15g/m^3$ 以下的空气过滤或除尘工程。

　　水平式滤筒除尘器，主要利用其单个滤筒过滤量大、结构尺寸小的特点，分室将单元滤筒并联起来，形成组合单元体，为实现大容量空气过滤提供排列组合单元，构建任意规格的脉冲滤筒除尘器。水平式滤筒因水平或斜置布置约有 30%～40% 的过滤面积因灰尘堆积在滤筒的折叠缝中将使清灰比较困难。有经验的设计者和用户都会考虑到这一情况，并采取增大过滤面积的技术措施进行补偿。

　　（2）滤筒波纹高度　如图 9-40 所示，此图形确立就是为了展开面积增大。面积大则通过含尘气体阻力小、负荷量大。但波纹高不易清灰，所以粉尘细、黏性大、浓度高时，滤筒波纹要低些。

　　（3）波纹牙数　波纹牙高乘以滤筒长度是半个波纹牙的面积，一个波纹牙高乘以总牙数是滤筒总过滤筒面积。如果一味追求牙数增多而求其面积增大，则会呈现牙挤牙，牙间隙小，反而增大通过阻力。所以除尘滤筒以牙数少些为宜。

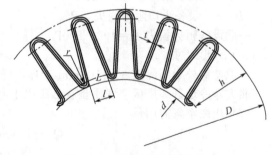

图 9-40　滤筒牙型各元素代号

　　（4）选用中要充分留有余地　当计算出所需过滤面积后，应将此面积增大 0.5～1 倍。这是因为要充分考虑实际工作中，粉尘污染物是不可预测的。

　　2. 选用技术计算

　　选用技术计算步骤如下。

　　（1）过滤面积计算

$$S_t = Q_{Vt}/(60v) \tag{9-17}$$

式中 S_t——计算过滤面积，m^2；

　　Q_{Vt}——设计处理风量，m^3/h；

v——过滤风速，m/min，一般 $v=0.60\sim1.00$ m/min。

通常以过滤面积计算值为依据，按本产品说明书及现场实际情况，选用实际需要的相近产品型号，科学确定其实际过滤面积。

（2）滤筒计算数量

$$n_t = S_t/S_f \tag{9-18}$$

式中　n_t——滤筒计算数量，组；

　　　S_t——滤筒计算过滤面积，m^2；

　　　S_f——每组滤筒过滤面积，m^2/组。

（3）滤筒数量

$$n \geqslant n_t = ab \tag{9-19}$$

式中　n——按排列组合确定的滤筒数，组；

　　　a——每排滤筒的设定数，组；

　　　b——每列滤筒的计算数，组。

$$b \geqslant n/a \tag{9-20}$$

（4）实际过滤面积

$$S_s = nS_f \tag{9-21}$$

式中　S_s——实际过滤面积，m^2；

　　　n——实际滤筒数，组；

　　　S_f——每组滤筒过滤面积，m^2/组。

（5）设备阻力

$$P = P_1 + P_2 + P_3 + P_4 \tag{9-22}$$

式中　P——设备阻力，Pa；

　　　P_1——设备入口阻力损失，Pa；

　　　P_2——滤筒阻力损失，Pa；

　　　P_3——花板阻力损失，Pa；

　　　P_4——设备出口阻力损失，Pa。

一般设备阻力损失 $P=400\sim800$ Pa。

（6）外形尺寸

一般滤筒外径间隔按 $60\sim100$ mm 计算，详细排列组合，推算外形相关尺寸。

北方寒冷地区和厂区空气质量在 2 级以上时，推荐应用有灰斗的排灰系统。

（7）压缩空气需用量

$$Q_g = 1.5qnK/1000T \tag{9-23}$$

$$K = n'/n \tag{9-24}$$

式中　Q_g——压缩空气耗量，m^3/min；

　　　T——清灰周期，min；

　　　q——单个脉冲阀喷吹一次的耗气量；

　　3in——淹没式脉冲阀（$q=250$ L）；

　　2in——淹没式脉冲阀（$q=130$ L）；

　1.5in——淹没式脉冲阀（$q=100$ L）；

　　1in——淹没式脉冲阀（$q=60$ L）；

　　　n——脉冲阀装置数量；

　　　K——脉冲阀同时工作系数；

　　　n'——同时工作的脉冲阀数量。

一般，大气中粉尘浓度在 $10mg/m^3$ 以下；本过滤器的清灰周期，可按用户要求及运行工况来确定，建议采用定时、定压清灰。

本设备采用在线清灰工艺，按设计要求可采用连续定时清灰，间歇定时清灰或定压自动清灰制度。

（8）粉尘回收量

$$G = 24(\rho_1 - \rho_2)Q_v K \times 10^{-6} \tag{9-25}$$

式中　G——粉尘日回收量，kg/d；

ρ_1——过滤器入口粉尘质量浓度，mg/m^3；

ρ_2——过滤器出口粉尘质量浓度，mg/m^3；

Q_v——过滤器处理风量，m^3/h；

K——工艺（除尘器）日作业率，%。

3. 滤筒选用指南

脉冲滤筒选型及应用范围见表 9-41。

表 9-41　诺迪克滤筒使用指南

粉尘种类	过滤速度（m/min）				滤芯种类			
	0.3～0.5	0.5～0.8	0.8～1.0	1.0～1.2	纤维素	聚酯	抗静电聚酯	聚丙烯
活性炭				※			※	
铝		※					※	
氧化铝	※						※	
石棉粉尘		※					※	
砖粉尘		※			※	※		
烟黑	※				※	※		
铸铁粉尘		※			※			
水泥粉尘	※				※			
陶瓷粉尘			※		※	※		
黏土粉尘		※			※	※		
煤粉尘				※			※	
咖啡				※	※	※		
矿石粉尘	※				※	※		※
泥土粉尘			※		※	※		
食品粉尘		※			※	※		※
肥料粉尘		※			※	※		※
面粉	※				※	※		※
炉灰	※							
石墨		※					※	
石膏		※				※	※	
皮革粉尘			※				※	
石灰	※					※		※
石灰石粉尘	※					※		※
大理石粉尘		※					※	

粉尘种类	过滤速度(m/min)				滤芯种类			
	0.3~0.5	0.5~0.8	0.8~1.0	1.0~1.2	纤维素	聚酯	抗静电聚酯	聚丙烯
金属粉尘(干燥)				※	※		※	※
磨削粉尘				※	※		※	※
金属喷镀	※					※	※	
高氯酸盐		※				※		
药物粉尘		※				※	※	
酚类		※				※		
磷		※			※	※		
颜料粉尘	※					※	※	※
灰泥粉尘		※				※		※
塑料粉尘		※				※		※
涂料粉尘		※				※	※	
聚氯乙烯粉尘			※				※	
岩石粉尘			※		※			
橡胶粉尘			※			※	※	
盐		※					※	※
砂			※		※			
锯屑			※				※	
磷石粉尘			※			※	※	
硅酸盐			※		※			
碱类		※					※	※
淀粉		※				※	※	
糖			※				※	
滑石粉		※				※		
增色粉		※				※	※	※
油焊		※				※		
干焊		※			※			

注：※—推荐采取项。

4. 滤筒式除尘器在技改工程中应用实例

滤筒式除尘器在除尘技改工程中应用实例见表 9-42。

表 9-42　滤筒除尘技术在工业除尘技术改造的应用

序号	应用领域	图号	存在问题	技术改造措施
1	料仓顶通风用除尘器——角滤袋/笼架	图 9-41	(1)风量 4077m³/h； (2)48 个袋,过滤面积 56m²,风速 1.2m/min,气布比 4：1； (3)压差 1520 Pa； (4)滤袋寿命短； (5)压缩空气耗量大	采用褶式滤筒后： (1)风量 4757m³/h,提高 20%； (2)48 个滤筒,过滤面积 165m²,风速 0.49m/min； (3)压差 760~1060Pa； (4)杜绝减压阀超压； (5)显著减少压气耗量

序号	应用领域	图号	存在问题	技术改造措施
2	风动输送系统——使用普通滤袋	图9-42	(1)25个滤袋,过滤面积23m²; (2)高压差2520Pa; (3)滤袋寿命2~3月; (4)粉尘泄漏; (5)输送系统堵塞,输送效率低	采用褶式滤筒后: (1)25个滤筒;过滤面积86m²; (2)过滤面积增加63m²; (3)压差降低一半,1270Pa; (4)滤袋寿命大大延长; (5)风量增加
3	除尘器入风口磨损——用滤袋/笼架	图9-43	(1)过滤风速过大; (2)入口气体粉尘磨蚀滤袋; (3)粉尘泄漏; (4)糊袋; (5)滤袋寿命短。	采用褶式滤筒后: (1)增加过滤面积,降低过滤风速; (2)降低表面速率; (3)滤筒缩短,避开入口高磨损区; (4)滤袋寿命延长
4	将振打除尘器改为脉冲滤筒除尘器——用普通滤袋	图9-44	(1)240个滤袋; (2)清灰效果差; (3)压差偏高; (4)除尘效率低; (5)不易发现泄漏。	采用褶式滤筒; (1)过滤风速0.91m/min; (2)除尘效率99.99%; (3)只用120个滤袋,减少50%; (4)安装顶部清灰装置; (5)更换快捷方便; (6)减少总体维护费用
5	机械回转反吹除尘器技术改造	图9-45	(1)传动装置时有故障,清灰效果差,风量不足; (2)除尘效率低; (3)滤袋寿命短	(1)采用褶式滤筒; (2)利用已有壳体、安装花板,取消传动机构; (3)改为脉冲清灰; (4)清灰好,除尘效率提高; (5)免停机维修、滤袋寿命长
6	气箱式脉冲除尘器技术改造	图9-46	(1)单点清灰效果差,压差高,易结露; (2)提升阀密封不严、易损坏、影响除尘效率; (3)要求喷吹压力高; (4)不能满足增产20%水泥的生产要求	(1)将原箱体改造为顶装式脉冲滤筒; (2)过滤面积提升为3600m²,处理能力125000m³/h,过滤风速0.59m/min; (3)满足水泥增产20%需要,初始浓度900~1300g/m³
7	静电除尘器改造为脉冲滤筒除尘器	图9-47	(1)150×10⁴t/a水泥磨静电除尘器 型号:AAF/ELEX 电场:2个 积尘面积:792m² 振打方式:绕臂锤 (2)处理能力不足,排放超标	(1)利用原有壳体,拆除内部极板、极线和振打装置; (2)增加花板、安装滤筒; (3)调整气流方向,安装脉冲清灰系统; (4)保持原有出灰系统; (5)投产达标:37300m³/h,节水600t/h,水泥质量4000~4200cm²/g,入口质量浓度400g/m³,排放质量浓度10mg/m³

5. 滤筒除尘器在卷烟厂应用实例

卷烟生产线由制丝车间、贮丝房、卷接包车间等组成。在烟丝制备及烟支卷制过程中产生大量烟草粉尘;岗位粉尘浓度可达 50mg/m³（标准状态）以上。卷烟生产工艺的密闭化、机械化、自动化是减少粉尘污染的有效措施。

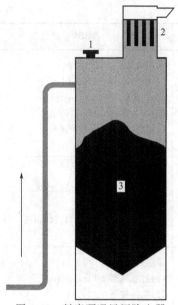

图 9-41 料库顶通风用除尘器

1—减压阀；2—除尘器；3—料库

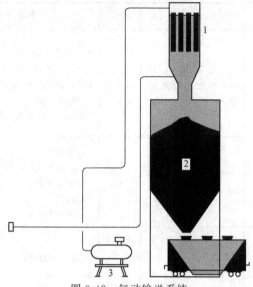

图 9-42 气动输送系统

1—过滤接收器；2—料仓；3—压缩机

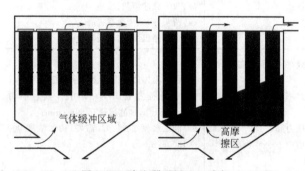

图 9-43 除尘器进风入口磨损

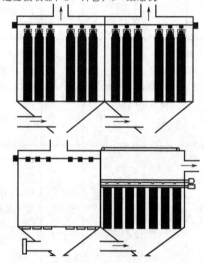

图 9-44 将振打除尘器改造成脉冲喷吹式

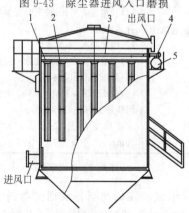

图 9-45 机械回转反吹除尘器改造

1—花板；2—TA625滤筒；3—喷吹管；4—脉冲阀；5—气包

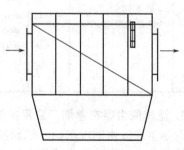

图 9-46 气箱式脉冲除尘器的更新改造

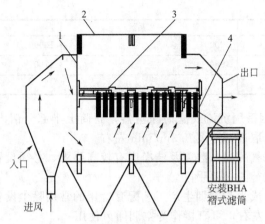

图 9-47 褶式滤筒改造电除尘器

1—入口导风板；2—电收尘器壳体；3—花板；4—密封钢板

烟草粉尘形状不规则，粒径较粗（$d_{50} = 33.4\mu m$），分布离散，密度较小（真密度仅为 $1.6 \sim 1.8 \text{ kg/m}^3$）。

某卷烟厂 18 台高速卷烟机设 4 套集中式除尘系统，采用沉流式滤筒除尘器一级除尘工艺。除尘工艺流程如图 9-48 所示，除尘系统主要设计参数及设备选型见表 9-43。

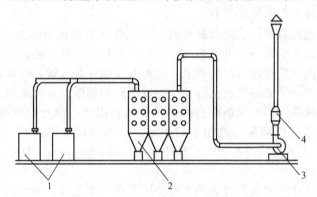

图 9-48 卷烟机除尘工程流程

1—卷烟机；2—滤筒除尘器；3—风机；4—消声器

表 9-43 卷烟机除尘系统设计参数及设备选型

项 目	C—2 系统	C—4 系统
设计处理风量/(m³/h)	12000	10000
除尘器选型	4DF—32	4DF—24
滤筒数/个	32	24
滤料	Ultra—Web	Ultra—Web
过滤面积/m²	672	504
实测风量/(m³/h)	12700	8540
过滤风速/(m/min)	0.314	0.28
清灰方式	脉冲喷吹(0.6MPa 压气)	脉冲喷吹
实测阻力/Pa	500	394
排放浓度/(mg/m³)(标准状态)	≤3.6	≤3.6
风机选型	HCLP—03—040	HCLP—03—040

项　　目	C—2 系统	C—4 系统
风量/(m³/h)	12000	10000
全压/Pa	4980	4700
电机功率/kW	37	22

由表 9-43 可以看，因采用沉流式滤筒除尘器，滤筒上半部褶内积尘清灰困难，需要大幅度降低过滤速度，设计取过滤速度 0.3m/min 左右。

卷烟生产对车间内空气的温、湿度及洁净度有较高要求，必须设置空调装置，而高效除尘又是确保空调系统正常运行的必要手段。

沉流式滤筒除尘器已成为与卷烟生产工艺配套应用的常用除尘设备，出口平均排放浓度约为 1mg/m³（标准状态）左右，可直接作为空调回风使用。

烟草易燃，为防止粉尘在除尘器灰斗内堆积着火，除尘器应连续卸灰，并采取防燃措施。

6. 滤筒除尘打磨工作台

打磨工作台是一种集排风装置和除尘装置于一体的新型环保设备。这种工作台是为清除飘浮在空中的细小悬浮颗粒物，又不影响工人的视野和操作而设计的。它是大型不规则部件打磨时理想的选择。独特的设计、完善的设置，具有灯光照明、消声及内置滤筒式除尘系统。无需管道连接，净化后的空气可直接在室内循环使用，减少了空调能源消耗。装配进口的滤筒，可达到很高的净化效率和较长的使用寿命。

（1）结构特点　主要包括：①配套脉冲阀，其工作压力适应范围宽（0.2～0.6MPa），阻力小。诱导气量大，清灰效果好，可靠性高，使用寿命长；②具有进风均流导流技术，解决了布袋除尘器难以避免的各室气流不均的现象；③配有大储气量气罐，可满足高压或低压喷吹的要求；④滤芯竖放，解决了滤芯横放上部粉尘难以清除的问题；⑤过滤材料采用连续长纤维纺黏聚酯，其过滤效率极高，同时又能保持相当低的运行阻力，净化效率可达到 99.9%；⑥采用滤材表面涂层技术解决收集黏结性粉尘的困难；⑦风机设有隔声箱，消除二次噪声污染；⑧采用高性能的 PLC 工业微机控制，定时脉冲反吹，按照动作预定程序进行系统控制。

（2）工作原理

含粉尘气体因风机产生的负压气流经管道和风室进入净化室，混合烟气的过滤净化通过滤芯的分定时脉冲分离作用完成。烟尘则被滤芯拦截在其表面上，当被拦截的烟尘在滤芯表面不断沉积时滤芯内外的压差也不断加大，当压差达到预先设定值时控制压缩空气的电磁阀被打开。压缩空气经过管道流入反吹清洁系统，瞬间喷向滤芯内表面，使沉积在滤芯上的粉尘颗粒在高压气流的作用下脱离滤芯表面落入集尘桶，使得整个滤芯表面都得到清洁。过滤净化后的空气由排风系统排出，在工作间内循环使用。

（3）技术性能　打磨工作台技术性能见表 9-44。

表 9-44　打磨工作台技术性能

型号	流量 /cm³/h	吸力/Pa	风机			过滤面积/m²	压缩空气 用量/L	噪声 dB/A	滤筒
			No.	HP	kW				
WS—2	8000	400	1	7.5	5.5	136	120	83	8
WS—3	12000	400	1	10	7.5	204	180	85	12
WS—4	16000	400	2	7.5	5.5	272	240	84	16
WS—5	20000	400	1+1	10+7.5	7.5+5.5	340	300	85	20
WS—6	24000	400	3	7.5	5.5	408	360	86	24

(4）外形尺寸　打磨工作台，外形尺寸见图 9-49 和表 9-45。

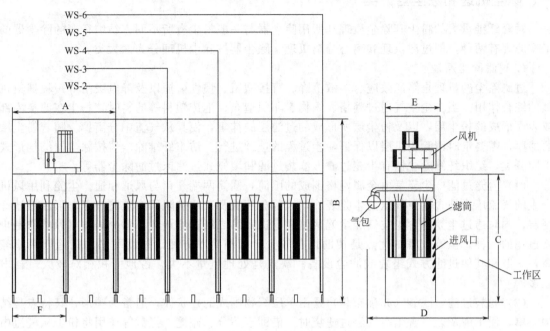

图 9-49　打磨工作台外形尺寸

表 9-45　打磨工作台外形尺寸

型号	外形尺寸/mm						重量/kg
	A	B	C	D	E	F	
WS—2	2000	3482	2403	2285	1045	960	1000
WS—3	2961	3482	2403	2285	1045	960	1400
WS—4	3923	3482	2403	2285	1045	960	2000
WS—5	4884	3482	2403	2285	1045	960	2400
WS—6	5844	3482	2403	2285	1045	960	3000

第五节　纤维粉尘除尘器

　　纺织厂为纤维材料加工企业，纤维材料加工过程中所产生的某些粉尘往往同颗粒较大的尘杂、短绒很难分开，原料所带的粉尘及加工过程中散发的粉尘都是不规则形状，因此这些纤维尘杂、短绒也就成为除尘的对象。在开松梳理过程中，绝大多数尘杂被分离出来，同时有部分纤维被打断或梳断，这些尘杂和短纤维的一部分会从机器缝隙泄漏出来，造成局部场地空气的污染成为一次性粉尘。在退解或引导半成品时，由于联系力不够或摩擦振动等原因，引起部分纤维散发出来，称为二次性粉尘。

　　纺织厂的粉尘，通常称为纤维尘或棉尘、毛尘、麻尘等。纺织厂散发到空气中的微细粉尘，其大小一般在 $0.1\sim100\mu m$ 之间，从卫生角度考虑，小于 $10\mu m$ 的"可吸入性粉尘"为防治对象。

一、除尘机理和除尘器分类

对含纤维量大的粉尘其除尘机理和所用除尘器与一般粉尘有所不同，纺织行业的除尘器的工作原理有两种，即过滤机理和离心分离机理。除尘器按除尘机理分为两大类。

1. 过滤除尘原理

过滤除尘的机理是筛滤效应、扩散沉降、直接截留、惯性碰撞以及静电吸附等短程捕集机理的综合作用。当含尘空气通过网格、织物、非织造布、泡沫塑料等滤料时，粉尘在滤料内部或表面形成的粉尘层，以及粉尘层所形成的过滤层的捕集，使其从气流中分离掉。随着粉尘层的加厚，需要定时清除粉尘层以保证除尘过程的连续进行。纺织纤维除尘器按除尘器结构形式不同分类，纺织纤维除尘器有尘笼过滤、滤袋过滤和填充式过滤床过滤除尘器等。

（1）尘笼过滤　尘笼是由金属网格围成的圆筒，圆筒两端开口与风道相通。尘笼利用风机产生的气流压力把含尘空气压向尘笼表面，大部分短绒及杂质被阻留在尘笼表面，形成过滤纤网层，同时透过尘笼的含尘空气经尘笼两侧通道进入第二级过滤装置。预分离器可以看作是尘笼过滤的一种。尘笼过滤的优点是辅助设备较少，管理简单方便，过滤下来的棉筵回用率较高，一般和其他过滤方式组装成滤尘设备。缺点是处理风量不大，占地面积相对较大，耗电较多。

（2）滤袋过滤　滤袋（亦称布袋）是由单层织物围成的柱状体，通常为圆形，其特点是结构简单，便于清灰。当含尘空气经过滤袋时，借助于筛分、碰撞、拦截等作用将粉尘从气流中分离掉。滤袋过滤的优点是过滤效率高，除尘全效率在纺织厂尘室内可达99.5％以上，结构简单，耗电少。缺点是易发生火警，滤袋易凝露，单位面积过滤空气量小，需要滤布量大，在清灰后的短时间内，过滤后的空气含尘浓度高，劳动条件差。

（3）填充式过滤床过滤　填充式过滤床就是在网孔滚筒、平板等部件上包覆泡沫塑料、非织造布、长毛绒等多孔性过滤材料。借助于其良好的表面过滤和内部过滤作用，将粉尘从气流中分离掉。填充式过滤床过滤的优点是过滤风量大，阻力较低，滤尘效率高，管理维修方便。缺点是对清灰装置要求高。

2. 气流分离式除尘的原理

通过控制除尘设备的入口风速和风口形式，使集尘气流获得较高的速度，依靠集尘气流速度矢量方向的改变得到较大的离心力，使气流中的纤维、杂质分离出来。气流分离式除尘器的类型，用于纺织厂的主要有锥形旋风除尘和柱形旋风除尘两种形式。

（1）锥形旋风除尘　它由筒体、锥体和撩拨管三部分组成。含尘空气从其顶部切线方向以一定速度进入筒体内部，在圆筒内做旋转运动，气流中的尘粒在离心力作用下被甩向外壁。由于重力的作用以及向下气流的带动，使尘粒进入底部灰斗而被捕集，而向下的气流带着未被分离的微小粉尘达到锥体底部后，沿除尘器轴心部位旋转向上，并由除尘器的撩拨管排出（图9-50）。

锥形旋风除尘的优点是含尘空气进入除尘器内后立即随气流旋转并被分离，故除尘器本身不积尘杂，不会堵塞，阻力稳定，维护管理方便。缺点是由于需要形成内外旋转运动，所以必须有较高的入口风速，整个除尘器阻力较大，耗能相对较高，对于细小灰尘的分离能力差。

（2）柱形旋风除尘　含尘空气从切线方向进入圆筒，使其在滤网上形成旋转气流，利用旋转气流带走黏附在滤网上的纤维尘杂，使滤网得到连续清扫，达到减小并稳定阻力的目的（图9-51）。

这种形式在纺织除尘设备上已得到广泛应用。例如LUWA型除尘中的预分离器、LTG型除尘器、XLZ型复合式除尘器等。

柱形旋风分离的特点与锥形旋风除尘相近，构造相对简单，管理方便。

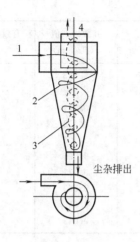

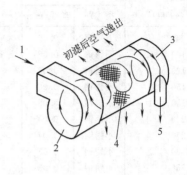

图 9-50　锥形旋风除尘
1—入口；2—外旋流；
3—内旋流；4—排气管

图 9-51　柱形旋风除尘
1—入口；2—入口蜗壳；3—卷扫气流；
4—滤网；5—纤维尘杂出口

二、常用滤料的性能和选择

1. 第一级预过滤用滤料的性能

纺织除尘通常采用二级过滤方式，其中第一级经常使用经、纬向都是锦纶丝或金属丝交织的织物滤料，如筛网（绢）、滤网等。表 9-46 为锦纶平纹筛绢的规格。表 9-47 和表 9-48 分别为不锈钢丝网和不锈钢丝布的规格。第一级过滤用的筛网在 39 目/cm 以下，其过滤风速最好能低于 $1\sim1.5\text{m/s}$。

2. 纺织除尘第二级过滤材料的性能

纺织除尘第二级过滤用滤料主要有针织绒滤布、复合型滤料和长毛型滤料。

（1）针织绒滤布　针织绒滤布产品规格性能见表 9-49。

表 9-46　锦纶平纹筛绢规格

型　　号	目数/(目/2.54cm)	型　　号	目数/(目/2.54cm)
SP36	97	SP45	121
SP38	102	SP50	134
SP40	107	SP56	150
SP42	112	SP58	156

表 9-47　不锈钢丝网规格

目数/(目/2.54cm)	净孔尺寸/μm	目数/(目/2.54cm)	净孔尺寸/μm
10×10	136×163	60×60	30×30
20×20	198×198	80×80	21.6×21.6
30×30	61.3×61.3	100×100	17×17
40×40	44×44	120×120	13×13
50×50	36×36		

表 9-48　不锈钢丝布规格

规格 /(目/2.54cm)	原　料		组　织	孔数/ (孔/cm)	孔数近似值 /(孔/mm)	有效筛滤面积近 似值/%
	类　别	丝径/mm				
80	不锈钢	0.09	平纹或斜纹	31.5	0.228	51.43
100	不锈钢	0.08	平纹或斜纹	39.4	0.174	40.98
120	不锈钢	0.08	平纹或斜纹	47.2	0.174	38.75
150	不锈钢	0.06	斜纹	59.1	0.132	41.61
180	不锈钢	0.05	斜纹	70.9	0.109	41.71
200	不锈钢	0.05	斜纹	78.7	0.091	36.65
250	不锈钢	0.04	斜纹	98.4	0.077	36.54
300	不锈钢	0.03	斜纹	118.1	0.062	41.67
350	不锈钢	0.03	斜纹	137.8	0.055	33.96
400	不锈钢	0.025	斜纹	157.5	0.043	36.59

注：幅宽均为（100±1）cm。

表 9-49　针织绒滤布产品性能

品种型号	质量/(g/m²)	厚度/mm	过滤风量 /[m³/(m²·h)]	初阻力/Pa	阻力损耗/Pa	适用范围
JQ-1	420	5	2866	127	<300	除尘
JQ-2	420	5	8874	127	<300	回风
JQ-3	420	5	6105	127	<300	回风
JQ-4	420	5	5600	127	<300	回风
JQ-5	420	5	3200	127	<300	除尘

（2）复合型滤料　复合型滤料产品性能见表 9-50。表 9-50 列出的滤料中，SWS-1 型适用于除尘过滤，SWS-2 和 SWS-3 型适用于回风或新风过滤。这三种滤料吸湿性为 0.4，最高使用温度 130℃，耐碱性中，无毒性。

表 9-50　复合型滤料产品性能

品种型号	厚度 /mm	初阻力 /Pa	过滤风量 /[m³/(m²·h)]	品种型号	厚度 /mm	初阻力 /Pa	过滤风量 /[m³/(m²·h)]
SWS-1	3~4	110	2250	SWS-3	15~20	110	2543
		120	2408			120	2736
		130	2596			130	2891
		140	2768			140	3053
		150	2945			150	3233
		160	3123			160	3413
SWS-2	1~2	10	1415	与 SWS-3 型 相同的国 外产品	—	10	2408
		120	1523			120	2602
		130	1627			130	2779
		140	1714			140	2966
		150	1825			150	3143
		160	1912			160	3326

（3）长毛型滤料　长毛绒滤料产品性能见表 9-51，长毛绒滤料吸湿性为 1.2，耐酸碱性强，无毒性。

表 9-51　长毛型滤料产品性能

品种型号	过滤风量 /[m³/(m²·h)]	初阻力/Pa	阻力损耗/Pa	适用范围
JM-1	4800	<60	<130	回风
JM-2	3600	<60	<130	除尘
JM-3	3400	<60	<130	除尘
JM-4	5000	<60	<130	回风
JM-5	3000	<60	<130	除尘
JM-5B	2500	<60	<130	除尘
JML	4000	<60	<130	除尘
复网 JM-2	3500	<60	<130	除尘

三、外吸式除尘器

外吸式除尘器是由预分离器、回转式过滤器、纤维分离器和集尘器四个主要部件组成。其中回转式过滤器部分，与各类第一级初过滤设备配套使用，可应用于纺织厂各工序集尘空气的第二级精过滤；也可单独使用作为各车间空调回风过滤。

1. 回转式过滤器

回转式过滤器是由转笼、吸嘴（及其支架和传动部件）和墙板（或方箱）三大部分组成，需安装在一密闭的小室内，如图 9-52 所示。JYW 系列外吸式滤尘器技术性能参数见表 9-52。JYW 系列外吸式滤尘器的除尘效果，随滤料不同而不同，对无纺布、绒布效率＞95％，滤后气体含尘浓度＜1.2mg/m³。用 100 目丝网效率＞85％，滤后气体含尘浓度＜3mg/m³。JYW 系列外吸式滤尘器及其配套集尘风机性能参数分别见表 9-53 和表 9-54。

2. JYLB 型布袋集尘器

JYLB 型布袋集尘器是由集尘风机、进风箱、布袋、箍圈、接灰袋等部件组成。含尘空气通过集尘风机，从进风箱入口进入，纤维尘杂被截留在布袋内，并逐渐下落积聚在集尘袋底部、定期运走，空气则通过布袋过滤后逸出。JYLB 型布袋集尘器的技术性能参数见表 9-55。

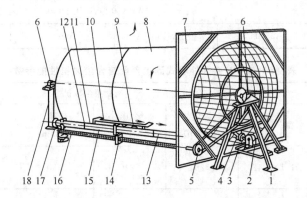

图 9-52　外吸式滤尘器

1—撑架；2—电动机和减速机；3—转笼传动皮带轮；4—张力轮；5—往复丝杆传动皮带轮；
6—轴和轴承；7—墙板；8—转笼；9—吸嘴往复架；10—吸嘴；11—塑料软管；12—固定吸口；13—固定吸风管；14—往复块；15—往复架导轨；16—往复丝杆和橡胶套；
17—吸风口；18—立柱

表 9-52　JYW 系列外吸式滤尘器技术性能参数

项　目			150/170	150/340	150/510	200/170	200/340	200/510	250/170	250/340	250/510	300/170	300/340	300/510
转笼尺寸	直径/mm		1500			2000			2500			3000		
	长度/mm		1700	3400	5100	1700	3400	5100	1700	3400	5100	1700	3400	5100
	过滤面积/m²	名义面积	8.01	16.01	24.02	10.68	21.35	32.03	13.35	26.69	40.04	16.01	32.03	48.04
		有效面积	5.14	10.28	15.42	6.85	13.71	20.56	8.57	17.14	25.70	10.28	20.56	30.84
转笼转速/(r/min)			3.75			2.80			2.25			1.88		
处理风量/(m³/h)	用于含尘空气第二级过滤	细特纱、化纤	19200	38400	57600	25600	51300	7700	31900	63800	95800	38400	76800	115200
		中特纱	14750	29500	44250	19680	39360	59040	24505	49010	73515	29500	59000	88500
		粗特纱、麻	9600	19200	28800	12800	25600	38400	15950	31900	47800	19200	38400	57600
		废纺纱	6400	12800	19200	8530	17070	25600	10630	21270	31900	12800	25600	38400
	用于空调回风过滤	纺部及准备	49000	78000	96000	74000	119000	150000	95000	160000	210000	116000	206000	280000
		织部	46000	67000	85000	61000	102000	131000	79000	135000	178000	96000	174000	248000
全机外形尺寸	长/mm	基本型	2678	4378	6078	2678	4378	6078	2678	4378	6078	2678	4378	6078
		带方箱型	2775	4475	6175	2775	4475	6175	2775	4475	6175	2775	4475	6175
	宽/mm		1978			2586			2890			3346		
	高/mm		2282			2602			3042			3498		
全机质量/kg	基本型		530	600	670	580	700	820	630	760	890	680	830	980
	带方箱型		758	828	898	896	1016	1217	1027	1157	1397	1187	1337	1487
电动机			Y801-4 型,0.55kW,1400r/min											
减速机			DWPA60 型,速比 1:40											
三角带规格			A2800			A3550			A4000			A4500		

表 9-53　JYW 系列外吸式滤尘器配套含尘风机性能参数

转笼长度/mm	吸尘风量/(m³/h)	配套集尘风机					
		型　号	风量/(m³/h)	全压/Pa	转速/(r/min)	电动机	安装方式
1700(一节)	250	JF-1No. 4A	320	3240	2900	Y90L-2 型 2.2kW	装在集尘器上
3400(两节)	500	C5-13No. 5. 2A	580	4030	2900	Y100L-2 型 3kW	装在地面上
5100(三节)	750	C5-13No. 6A	1100	6200	2900	Y132S1-2 型 5.5kW	

表 9-54 JYW 系列外吸式滤尘器配套集尘器参数

名　　称	主要性能参数	与吸尘风机配套方式
JYLB 布袋集尘器	最大处理风量 1000m³/h,阻力 200～350Pa,滤袋直径 465mm×2 只,材质棉缎纹布或棉纶布,滤后洁净空气排入机房	与 JF-1No.4A 型风机配套时,风机装在集尘器上,根据用户需要确定左、右式,面对集尘器电动机在左(右)者,为左(右)式,与 C5-13 系列风机配套时,风机装在地面上,其出口用管道与含尘器相接
JYQY 压紧式布袋集尘器	最大处理风量 1200m³/h,200～350Pa,滤袋直径 400mm×2 只,材质棉缎纹布或锦纶布,附尘挤压器,功率 0.75kW,滤后洁净空气排入机房	

表 9-55　JYLB 型布袋集尘器技术性能参数

项　　目			技术性能参数		
过滤风量/(m³/h)			＜500	500～1000	1000～2000
入口断面/mm			集尘风机入口直径 125	$B70×H180$	$B70×H180$
集尘风机	型号		JF-1No.4A	C5-13No.5.2A	用户自定
	风量/(m³/h)		320～360	580～730	
	全压/Pa		3040～3240	4030～3830	
	电动机		Y90L-2 型,2.2kW	Y100L-2 型,3kW	
	安装位置		装在本机进风箱上	装在地面上	
布　袋	材质		绵纶布或棉缎纹面		
	数量		2		
	直径×高度/mm	分段式	过滤袋 ϕ465×1590,集尘袋 ϕ465×1520		
		整体式	过滤袋 ϕ465×3400		
	过滤面积/m²		4.6(按过滤袋 ϕ465×1590×2 计算)		
	过滤风速/(m/s)		＜0.03	0.03～0.06	0.06～0.12
	阻力/Pa		＜150	150～250	200～300
	最大纤维收集量/(kg/h)		20	30	30
	滤后空气含尘浓度/(mg/m³)		1～1.5		
外形尺寸/mm			$B1220×L1120×H3770$		
装机功率(集尘风机)/kW			2.2	3	用户自选

四、内吸式除尘器

内吸式除尘器由复合式过滤器、纤维压紧器、旋风分离器和主风机四个主要部分组成。复合式圆筒过滤器部分的第二级精过滤部分也可单独设置,与各类第一级滤尘设备相配套,应用于纺织厂清、梳工序的除尘;单独使用可作为各车间空调回风过滤。

1. 复合式除尘器

XLZ 复合式除尘器由支腿、底盘、托轮、立柱、一级过滤器、二级回转过滤器、顶盘、

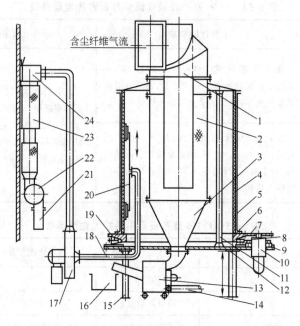

含尘纤维气流

图 9-53　XLZ 复合式除尘器
1—旋风头；2—一级过滤器；3—灰斗；4—二级过滤器；5—二级回转过滤器；6—齿圈；
7—齿轮；8—径向托轮；9—底盘；10—减速器；11—立柱；12—立柱座；13—纤维自动收集器；
14—回风管；15—支腿；16—容器；17—高压风机；18—吸管；19—轴向托轮；20—活动吸嘴机构；
21—压紧器；22—容器；23—集尘袋；24—集尘器

大齿圈、旋风头、转运减速器、往复活支间歇吸嘴、集尘器等部分组成。另配有一级过滤纤维自动收集器，详见图 9-53。

（1）主要特点　XLZ 复合式除尘器将预分离器、纤维分离器和一级过滤后的连续自动收集器组合为一体，主要特点是：①XLZ 复合式除尘器二级回转过滤器采用直齿轮传动，锥形轴向轴承托轮圈，调整方便，运行稳定可靠，磨损小；②一级过滤后落物采用 QZ500-A 纤维自动收集器，将粉尘纤维连续自动收集和分离一次完成，改善劳动环境；③转笼高，过滤面积大，二级粉尘采用间歇式轴动吸嘴，结构简单可靠，所配高压清吸功率小，吸净度高，对二级滤料磨损仅是一般固定吸嘴的 1/20；④配合不同规格的一级滤料，满足于棉、麻、化纤的清花、梳棉和废棉处理各种工艺的除尘要求。

（2）除尘器工作原理　如图 9-53 所示，含尘纤维气流由除尘系统主风机以 $20000 \sim 42000 m^3/h$ 排气量输入旋风头 1，并以 $14.4 \sim 25 m/s$ 的风速螺旋压入一级过滤器 2；在离心力作用下，$20 \sim 50 \mu m$ 粉尘透过一级滤料，进入二级回转过滤器 5；吸附在二级滤料上，部分风量透过二级过滤器 4 排出机外，吸附在二级滤料上的粉尘由活动清吸机构 20 的吸嘴，经高压风机，以 $1800 m^3/h$ 的排气量进入集尘器 24，粉尘由集尘袋 23 过滤，空气透过集尘袋 23 排出。由一级过滤器 2 的纤维尘杂，通过纤维自动收集器 13，将短纤维尘杂以最大 $100 kg/h$ 的排杂量自动排出机外，粉尘及透过纤维自动器的风量由所配小风机经回风管 14 送回主风机形成循环。

（3）主要规格　复合式除尘器规格见表 9-56。

（4）技术参数　全机总阻力≤300Pa；除尘效率 99.5%；排放空气含尘浓度≤$1 mg/m^3$；回转过滤器功率 0.75kW；集尘风机率 $3 \sim 4 kW$。

2. 圆筒过滤器

圆筒过滤器是一种不带圆盘预滤器，仅由内吸圆筒所组成的过滤器，用于处理含尘量较少、颗粒较细的含尘空气。JYL 系列内吸式滤尘器的技术性能参数见表 9-57。

表 9-56　复合式除尘器规格

型　号	处理风量/(m³/h)	预分离器(JP36 筛绢) 长度/mm	直径/mm	有效过滤面积/m²	回转过滤器(中效无纺布) 长度/mm	直径/mm	有效过滤面积/m²	外形尺寸 长度/mm	宽/mm	高/mm	质量/kg
XLZ－27$_Z^G$-Ⅰ	≤42000	2800	φ1260	10	2700	φ2000	14	2246	2312	4418	2500
XLZ－22$_Z^G$-Ⅱ	≤36000	2300		8	2200		10.7	2246	2312	3918	2250

注：G 表示 XLZ 除尘器灰斗与 QZS 纤维收集器管道连接。Z 表示 XLZ 除尘器灰斗与 QZS 纤维收集器直接连接。

表 9-57　JYL 系列内吸式滤尘器技术性能参数

项　目			技术性能参数　型号 JYL-								
		规格	150/150	150/300	150/450	200/150	200/300	200/450	250/150	250/300	250/450
过滤设备	第一级滤网	直径/mm	1500			2000			2500		
		滤网材质及密度	不锈钢丝网 40～80 目/2.54cm(1 英寸)								
		有效过滤面积/m²	1.56			2.74			4.26		
		运行阻力/Pa	50～200								
	第二级滤料	圆筒长度/m	1500	3000	4500	1500	3000	4500	1500	3000	4500
		滤料材质	WS-1 型非织造布复合滤料								
		有效过滤面积/m²	6.4	12.8	19.2	8.5	17.0	25.5	10.6	21.2	31.8
		运行阻力/Pa	250～400								
处理风量/(m³/h)	用于含尘空气过滤	细特纱、化纤纱	15000	30000	45000	20000	40000	60000	25000	50000	75000
		中特纱	12000	24000	36000	16000	32000	48000	20000	40000	60000
		粗特纱、苎麻纱	7500	15000	22500	10000	20000	30000	12500	25000	37500
		废纺纱	5000	10000	15000	6500	13000	19500	8500	17000	25500
	用于空调回风过滤		18000	36000	54000	24000	48000	72000	30000	60000	90000
吸嘴参数	吸嘴转向		面对传动侧,逆时针转,面对含尘空气入口,顺时针转								
	吸嘴转速/(r/min)		4.2			4.2			3		
	第一级吸嘴	吸口尺寸/mm 长度	480			630			780		
		吸口尺寸/mm 宽度	30～50								
		排尘管内径/mm	206								
	第二级吸嘴	吸嘴数/只	2	4	6	2	4	6	2	4	6
		吸嘴吸口内径/mm	47								
		往复丝杆螺距/mm	40								
		吸嘴横动速度/(mm/min)	178.5			178.5			126		
		吸嘴每转一圈横动距离/mm	42.5			42.5			42		
		吸嘴每往复一次需要时间/min	7.1			7.1			10		
		排尘管内径/mm	118			118			168		

项　目		技术性能参数								
		型　号								
		JYL-								
传动系统参数	电动机型号	JYS8014-0.37kW								
	减速器型号及速比	XWD-0.37-1/59,行星齿轮减速器 1 : 59								
	主动摩擦轮直径/mm	175		175			125			
	空心轴传动轮直径/mm	980								
全机外形尺寸	长度 L/mm	A 型	2050	3500	4950	2050	3500	4950	2050	3500	4950
		B 型	1550	3000	4450	1550	3000	4450	1550	3000	4450
	宽度 B/mm	1740			2240			2740			
	高度 H/mm	1740			2240			2740			
全机质量/kg	JYLA 型	283	378	477	386	481	580	560	715	940
	JYLB 型	198	272	350	257	354	453	390	532	713
滤后空气含尘浓度/(mg/m³)		≤1								

五、除尘机组

1. 蜂窝式除尘机组

JYFO 型蜂窝式除尘机组实现了纺织除尘设备机电一体化、机组化。该除尘机组具有结构紧凑、流程合理、占地省、阻力小、能耗低、效率高等优点，可广泛应用于棉、毛、麻、化纤、造纸、烟草等轻纺工业的空调除尘系统，过滤和收集空气中的纤维和粉尘，达到净化空气的目的。

（1）蜂窝式除尘机组的工作原理　蜂窝式除尘机组是由第一级除尘机组和第二级除尘机组构成的机电一体化的除尘机组。第一级除尘机组主要过滤、分离、收集处理空气中的纤维和尘杂；第二级除尘机组主要过滤、分离、收集第一级过滤后空气中的微粒粉尘，使空气净化到可以回用或排放的标准。

蜂窝式除尘机组结构见图 9-54。

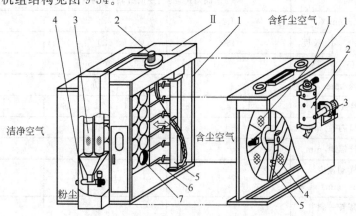

图 9-54　JYFO 型蜂窝式除尘机组结构

Ⅰ—一级滤尘机组　1—圆盘过滤器；2—纤维分离压紧器；3—排尘风机；4—圆盘过滤网；5—条缝口吸嘴

Ⅱ—二级滤尘机组　1—蜂窝式滤尘器；2—集尘风机；3—集尘器；4—粉尘分离压紧器；5—吸箱；6—旋转小吸嘴；7—尘笼滤袋

第一级由圆盘过滤器、密封箱体以及组装在箱体上的纤维器和排污风机组成。其工作原理是利用放置吸嘴吸除阻留在圆盘滤网上的纤维尘杂，通过纤维压紧器分离，纤维尘杂压紧排出，集尘空气由排尘风机抽吸排回第一级箱体。

第二级由蜂窝滤尘器、密封箱体以及组装成一体的粉尘分离压紧器、集尘风机组成。其工作原理是蜂窝式滤尘器是由阻燃长毛绒滤料制成圆筒形小尘笼，按每排六只小吸嘴由机械吸臂驱动按程序依次吸除每排尘笼中的粉尘，以保持滤尘器正常工作。集尘风机通过小吸嘴吸尘并送入粉尘分离压紧器进行分离与压实收集，分离后的空气直接返回滤尘器内。

第一、二级除尘机组的电气控制元件集中组装在一个电控柜内，电控柜可以布置在除尘室内外适当的位置；在机组面板上装有电气操作箱，便于机组高度和运行的操作。第二级除尘机组的运行由可编程序控制器自动控制，柜内装有安全保护装置。

（2）除尘机组规格性能 蜂窝式除尘机组规格尺寸见表 9-58，性能参数见表 9-59，滤料配置见表 9-60。

2. 复合圆笼除尘机组

JYFL 复合圆笼除尘机组是一种新型、高效、节能的除尘设备。

JYFL 复合圆笼除尘机组的第二级复合圆笼滤尘器，在滤料布置、机械传动和吸尘形式上采用了多层圆笼滤槽、两内侧布置滤料的结构形式，设计了多吸臂轮流吸尘机构。具有结构简单、运行可靠、适应性强、过滤面积大、机组能耗低、操作简单、故障率低等优点。

表 9-58 蜂窝式除尘机组规格尺寸

型 号 规 格			JYFO-Ⅲ-4	JYFO-Ⅲ-4	JYFO-Ⅲ-4	JYFO-Ⅲ-4	JYFO-Ⅲ-4
一级（Ⅰ）	网盘	盘径/mm	$\phi1600$	$\phi2000$	$\phi2300$	$\phi2600$	$\phi2600$
		过滤面积/m²	1.80	2.94	3.77	4.67	4.67
		滤网/（目/in）	（不锈钢丝网）60～120				
	尺寸	长度/mm	1010＋620（辅机）＝1630				
		宽度 B/mm	1740	2130	2520	2910	3300
		高度/mm	2580		2855		
	质量/kg		650	700	770	850	950
	装机容量/kW		3.12				
二级（Ⅱ）	尘笼	数量/（只/排）	24/4	30/5	36/6	42/7	48/8
		过滤面积/m²	17.6	22.0	26.4	30.8	35.2
		滤料	JM₁,JM₂ 或 JM₃				
	尺寸	长度/mm	1890				
		宽度 B/mm	B＋350（辅机）				
		高度/mm	3359				
	质量/kg		1220	1340	1460	1580	1700
	装机容量/kW		3.69				
三级（Ⅲ）	尺寸	长度/mm	2900＋620（辅机）＋3520				
		宽度 B/mm	B＋350（辅机）				
		高度/mm	3359				
	质量/kg		1870	2040	2230	2430	2650
	装机容量/kW		6.81				

注：1in＝0.0254m。

表 9-59　除尘机组性能参数

型 号 规 格	处理风量/($10^4 m^3/h$)						阻力 /Pa	效率 /%
	除尘系统					回风过滤		
	废棉	粗特纱	中特纱	细特纱	化纤纱			
JYFO-Ⅲ-4	1.4～1.6	1.6～2.0	2.0～2.4	2.4～2.8	2.8～3.4	3.2～4.0		
JYFO-Ⅲ-5	1.8～2.0	2.0～2.5	2.5～3.0	3.0～3.5	3.5～4.2	4.0～5.0		
JYFO-Ⅲ-6	2.1～2.4	2.4～3.0	3.0～3.6	3.6～4.2	4.2～5.0	4.8～6.0	100～250	≥99
JYFO-Ⅲ-7	2.5～2.8	2.8～3.5	3.5～4.2	4.2～4.9	4.9～5.8	5.6～7.0		
JYFO-Ⅲ-8	2.8～3.2	3.2～4.0	4.0～4.8	4.8～5.6	5.6～6.6	6.4～8.0		

表 9-60　除尘机组滤料配置

应 用 条 件	纺纱号(支)数	第一级滤网不锈钢丝网 /(目/in①)	第二级滤料 阻燃长毛绒	滤后空气含尘浓度 /(mg/m³)
废棉	−58tex(−10^S)	120	JM_3	≤2
粗特纱	≥36tex(≤16^S)	100～120	JM_2-JM_3	≤0.9
中特纱	28tex(32^S)	100	JM_2	<0.9
细特纱(精)	≤tex(≥32^S)	80～100	JM_2	<0.9
化纤纱	—	80	JM_3	<0.9
空调回风	—	60～80	JM_1-JM_2	≤0.9

① 1in=0.0254m。

JYFL复合圆笼除尘机组可广泛应用于棉、毛、麻、化纤、造纸、烟草等轻纺工业的空调、除尘系统,过滤和收集空气中干性的纤维性杂质和粉尘,使含尘空气净化,以达到回用或排放要求。

(1) 结构及工作原理　复合圆笼除尘机组是由第一级圆盘预过滤器和第二级复合圆笼滤尘器构成的机电一体化的除尘机组。第一级圆盘预过滤器主要过滤、分离、收集被处理空气中的纤维和杂质;第二级复合笼滤尘器主要过滤、分离、收集第一级过滤后空气中的微细纤尘和粉尘。

圆笼除尘机组结构见图 9-55。

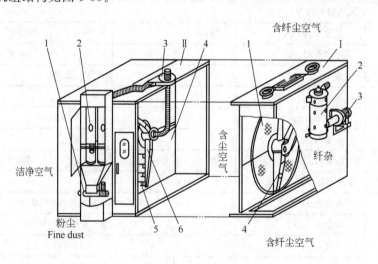

图 9-55　圆笼除尘机组结构

Ⅰ—圆盘预过滤器;1—圆盘滤网;2—纤维压紧器;3—排尘风机;4—吸嘴

Ⅱ—复合圆笼滤尘器;1—粉尘压实器;2—布袋集尘器;3—集尘风机;4—滤槽;5—吸嘴;6—吸臂

第一级圆盘预过滤器由圆盘滤网、旋转吸嘴、一级箱体及纤维压紧器和排尘风机组成。

含纤尘的空气经过圆盘滤网时，纤维和杂质除被阻留在圆盘滤网上，旋转吸嘴利用排尘风机的风力，将纤维和杂质吸除，通过纤维压紧器分离、压紧排出，分离后的含尘空气返回一级箱体内。

第二级复合圆笼滤尘器由机架、多层圆笼滤槽、多个旋转吸臂及其吸嘴、二级箱体和集尘风机、布袋集尘器（附振荡器）、粉尘压紧器组成。

复合圆笼滤尘器的多层圆笼滤槽两内侧有阻燃型长毛绒滤料，含尘空气通过滤料时，粉尘被阻留在滤料内表面，滤后的洁净空气透过滤料排出。小槽中有带双面条缝吸口的吸嘴与旋转吸臂连接，多个旋转吸臂在特殊的换向机构作用下做单向回转运动，利用集尘风机的抽吸作用，使各吸臂的吸嘴轮流吸除被阻留在滤料表面的粉尘，并送入布袋集尘器进行尘气分离，采用新型的机械振荡装置定时落灰，粉尘通过粉尘压实器压紧排出；分离出的含尘空气透过集尘布袋排回二级箱体，避免了对环境产生二次污染。

柜面板装有"运行/调试"切换旋钮，选择"运行"方式，按"启动"按钮，除尘机组按自动程序启动；主风机与机组连锁但需单独启动。机组维修、调试时选择"调试"方式，手动操作各控制按钮。电控柜设有故障报警。

（2）复合圆笼除尘机组规格性能 圆笼除尘机组的规格尺寸见表 9-61，性能参数见表 9-62，滤料配置见表 9-63。

表 9-61 圆笼除尘机组规格尺寸

型 号 规 格			JYFL-Ⅲ-19	JYFL-Ⅲ-23	JYFL-Ⅲ-27
第一级（Ⅰ）	网盘滤网	盘径/mm	$\phi 2000$	$\phi 2300$	$\phi 2600$
		过滤面积 F_1/m²	2.94	3.77	4.67
		滤网/(目/in)	(不锈钢丝网)60～80～120		
	箱体尺寸	长度 L_1/mm	1010		
		宽度 B/mm	2130	2520	2910
		高度 H_1/mm	2580	2580	2855
	装机容量/kW		3.12		
第二级（Ⅱ）	圆笼滤槽	最大直径 ϕ/mm	1900	2300	2700
		过滤面积 F_2/m²	20.8	31.7	44.5
		滤料	JM₂ 或 JM₅（阻燃长毛绒）		
	箱体尺寸	长度 L_2/mm	1750		
		宽度 B/mm	2130	2520	2910
		高度 H_2/mm	2580	2620	2990
	装机容量/kW		4.24		
机组（Ⅲ）	最大外形尺寸	长度 L/mm	1760+620（辅机）		
		宽度 B/mm	2130+450（辅机）+	2520+450（辅机）+	2910+450（辅机）+
		高度 H/mm	2580+550（风机）	2620+550（风机）	2990+550（风机）
	总装机容量/kW		7.36		

注：1in=0.0254m，下同。

表 9-62　圆笼除尘机组性能参数

型 号 规 格	处理风量/($10^4 \text{m}^3/\text{h}$)						阻力 /Pa	效率 /%
	除尘系统					回风过滤		
	废棉	粗特纱	中特纱	细特纱	化纤纱			
JYFL-19	1.2～2.0	1.6～2.4	2.0～2.8	2.4～3.2	2.8～3.6	3.0～4.0		
JYFL-23	2.0～3.0	2.4～3.5	2.8～4.2	3.2～4.8	3.5～5.4	4.0～6.0	≤250	≥99
YFL-27	2.8～4.0	3.2～4.8	3.6～5.8	4.0～6.6	4.4～7.4	4.8～8.0		

表 9-63　圆笼除尘机组滤料配置

应 用 条 件	纺纱号(支)数	第一级滤网不锈钢丝网 /(目/$\text{in}^{①}$)	第二级滤料 阻燃长毛绒	滤后空气含尘浓度 /(mg/m^3)
废 棉	$-58\text{tex}/-10^{\text{S}}$	120	JM_2,JM_5	≤2.0
粗号纱	$\geq 36\text{tex}(\leq 16^{\text{S}})$	100～120	JM_2,JM_5	≤1.5
中号纱	$28\text{tex}/21^{\text{S}}$	100	JM_2,JM_5	≤0.9
细号纱	$\leq 18\text{tex}(\geq 32^{\text{S}})$	80～100	JM_2,JM_5	<0.9
化纤纱	—	80	JM_2,JM_5	<0.9
空调回风	—	60～80	JM,JM_2	<0.9

六、纤维粉尘除尘器的应用

1. 在棉纺厂清棉工序的应用

某 32760 锭 504 台织机的棉纺厂，清棉车间拥有三套一头二尾的开清棉联合机组，设计三套除尘系统。另有一个废棉处理车间，配置 SFA100 型双进风凝棉机和 SFU101 型单打手废棉处理机，设计一套除尘系统。工艺流程如图 9-56 所示，设计处理风量见表 9-64，系统主要参数及设备选型见表 9-65。

清棉工序除尘主风机全压较低，可选用轴流风机或低压离心风机。梳棉工序除尘风机全压较高，宜选用中低压离心风机。选择风机时应根据处理风量和全压选定主风机型号及装机功率，SFF232 型高效中低压离心风机是纺织行业最常用的除尘风机。

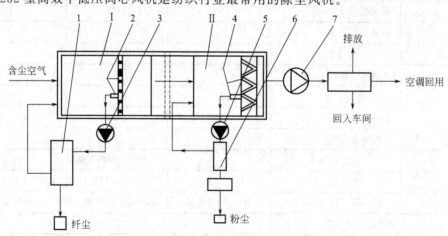

图 9-56　两级处理除尘工艺流程

Ⅰ—第一级；Ⅱ——第二级；

1—纤维压紧器；2—第一级滤网及吸嘴；3—吸纤维尘风机；4—第二级阻燃溶料；
5—收尘风机；6—集尘挤压器；7—主风机

表 9-64　棉纺厂清棉工序除尘设计处理风量

工艺设备	数量/台	单台排风量/[m³/(h·台)]	合计处理风量/(m³/h)	
			清棉除尘	废棉处理除尘
A045B	5	4500	4500×5	
A002D	2	3000	3000×2	
A035	1	5500		5500
SFA100	1	5400		5400
SFU101	1	3000		3000
总计			28500×1.1	13900×1.1

表 9-65　棉纺厂清棉工序除尘系统设计参数及设备选型

项　目	清棉除尘系统	废棉处理除尘系统
系统数量/个	3	1
处理风量/(m³/h)	31210	15300
除尘机组选型	JYFO—Ⅲ—6 型蜂窝式	JYFO—Ⅲ—5 型蜂窝式
第一级滤网	不锈钢丝网,80 目/in	不锈钢丝网,80 目/in
第二级滤料	JM₂型阻燃长毛绒	JM₂型阻燃长毛绒
主风机选型	SFF232-12№10E 离心式	SFF232-12№8E 离心式
风量/(m³/h)	31210	16740
全压/Pa	834	1115
电动机	Y160L—6—11kW	Y160M—4—11kW
设备阻力/Pa	<300	<300
排放浓度/(mg/m³)	<0.8~0.9	<0.8~0.9

由于清棉工序中 A076 成卷机的排风余压较低,而排风点离除尘设备最远,为此将排风引出地沟后与 A092 凝棉器的排风汇合,利用后者强大抽力将其带走。

2. 某棉纺厂梳棉工序的应用

某棉纺厂共有 FA201B 梳棉机 20 台,采用间歇吸落棉方式,设计一套除尘系统。其中上部连续吸排风量 1800×20＝36000m³/h,间歇吸落棉排风量 4000m³/h。除尘系统工艺流程如图 9-57 所示,系统主要设计参数及设备选型见表 9-66。

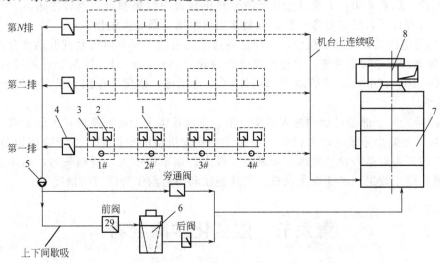

图 9-57　间歇吸梳棉机除尘工艺流程

1—梳棉机；2—下吸口阀；3—上吸口阀；4—摇板阀；5—增压风机；6—分离压紧器；7—除尘机组；8—主风机

表 9-66　20 台 FA201B 梳棉机间歇吸除尘系统设计参数和设备选型

项　目	设计参数和设备选型	附　注
处理风量/(m³/h)	43300	
除尘机组选型	JYFL—Ⅲ—23 型复合圆笼式	
第一级滤网	不锈钢丝网,80 目/in	
第二级滤料	JM₂ 型阻燃长毛绒	
主风机选型	SFF232—12No10E 离心式	风机盘 $\Phi320\times C_4$
风量/(m³/h)	43300	
全压/Pa	1214	
电动机	Y200L₂—6—22kW	电机盘 $\Phi320\times C_4$
排尘增压风机选型	SFF232—11No4.8A/200	
风量/(m³/h)	4350	
全压/Pa	3577	
电动机	Y160M1—6.2—11kW	
纤维分离压紧器选型	JYLC—02 悬挂式	$N=0.55kW$
空压机选型	2VQW—0.42/7	附带贮气罐
电动机	Y112M—4—4kW	
除尘机组运行阻力/Pa	<350	第一级<100
排放浓度/(mg/m³)	<0.8~0.9	

梳棉除尘系统设计要点如下。

① 对于间歇吸梳棉工序在梳棉机机台上设有连续吸口,直接连通过滤机组。另在上、下部设有上吸口阀和下吸口阀,用锥形管连通,进行间歇抽吸。由于此部分纤维尘比较脏、浓度高、尘量大,因此需设增压风机,并通过纤维分离压紧器预除尘后,再接入过滤机组。

② 间歇吸落棉管为等断面架空管,每一排梳棉机吸落棉管出口加装一个摇板阀,由 PC 控制阶段性启、闭。

③ 纤维分离压紧器进出口设置摇板阀,另增设旁通管(附摇板阀)。当程序进入"上吸"时,前者打开,后者关闭,上吸纤尘从纤维分离压紧器中收集输出;当程序进入"下吸"时,前者关闭,后者打开,纤尘走旁通管,直至除尘机组第一级分离输出。

④ 除尘管道的设计要求不积尘,并保证各排尘点的吸风量和风压及其波动在允许范围内。

⑤ 对多机台集中除尘系统,通过提高支管风速(18~20m/s)、控制干管风速(始端13~14m/s、末端 10~12m/s)、支管以 30°角斜插干管等措施,确保各路阻力平衡,使吸风量偏差不大于±5%。

⑥ 连续排风从下部通过地沟进入除尘机组,排风地沟为变断面逐段扩大的形式。

⑦ 主风机是除尘系统的动力设备,一般设在除尘机组的出口侧。对于清棉设备,本身带有余压,应酌情考虑是否设主风机;如果余压较大,而系统不大,管网较短,可不设主风机;反之,为确保除尘效果,必须设主风机,尤其是在利用地沟作为风道的情况下。

第六节　湿式化学除尘器

湿式化学除尘器是利用含化学抑尘剂的液体(通常是用添加湿润剂的水溶液)来除尘的设

备。捕集粉尘有 4 种情况：①依靠在除尘器中产生的液滴捕捉尘粒然后尘粒和液滴一起从气体中分离出来；②气体通过液体形成气泡而把尘粒捕捉；③依靠液体射流捕捉尘粒；④依靠固体表面覆盖的一层液膜捕捉尘粒。在这些情况中，捕集粒子的机制主要是惯性、截留和扩散效应。不论是哪一种情况往洗涤液中添加适合的化学湿润剂应该都是有益的。湿式化学除尘器比普通湿式除尘器有利于捕集粒子，能提高除尘效率，相应减小设备体积和结构尺寸。缺点是化学湿润剂可能增加除尘器运行费用和设备构造的复杂性。

一、化学湿润除尘机理

粉尘与液体（通常为水）相互附着的难易程度的性质称为粉尘的润湿性。当粉尘与液体接触时，如果接触面能扩大而相互附着，则粉尘能被润湿；如果接触面趋于缩小而不能附着，则粉尘不能被润湿。根据粉尘能够被水润湿的程度，一般可将粉尘分为容易被水润湿的亲水性粉尘（如锅炉飞灰、石英粉尘等）和难以被水润湿的疏水性粉尘（如石墨、炭黑等）。粉尘的润湿性除与粉尘的生成条件、湿度、压力、含水率、表面粗糙度及荷电性等有关外，还与液体的表面张力、对粉尘的黏附力及相对于粉尘的运动速度等因素有关。例如，粒径小于 $1\mu m$ 的粉尘一般就很难被水润湿，这是因为微粒表面皆存在一层气膜，只有液滴以相对较高的速度冲击粉尘时才能冲破气膜，将粉尘润湿。此外，粉尘的润湿性还随温度的升高而减小，随压力升高而增大，随液体表面张力的减少而增强。亲水性粉尘可采用湿法除尘，对疏水性粉尘在湿法除尘中，如果在水中加入某些湿润剂（如皂角素等），可降低水的表面张力，提高粉尘的润湿性。

化学湿润剂用于提高水对粉尘的湿润能力和抑尘效果，特别适合于疏水性的呼吸性粉尘。化学湿润剂湿润粉尘的微观机理常用的解释是：水由极性分子组成，当水中添加某种适合的表面活性剂时，水的强极性现象部分消失，水的表面张力也随之减小；另外，疏水性粉尘表面吸收了表面活性剂，其疏水性转化为亲水性，因此，粉尘颗粒容易被水湿润。另一种解释是表面活性剂能提高粉尘颗粒在溶液中的电位，进而增加水对粉尘的湿润能力。当湿润剂用于湿润疏水性粉尘时，化学湿润剂的除尘可以提高湿式除尘器的除尘效果。

二、表面活性剂

化学湿润剂、发泡剂均由表面活性剂配制而成。所谓表面活性剂是指具有表面活性能显著降低溶剂（通常为水）表面张力和液-液界面张力且具有一定结构、亲水亲油特性和特殊吸附性能的物质。

表面活性剂具有亲水亲油的特性，易于吸附、定向于物质表面（界面），能表现出降低表面（界面）张力、渗透、润湿、乳化、发泡、消泡、润滑、拒水、抗静电等一系列性能。作为化学抑尘剂的组分主要是利用其降低表面张力、渗透、润湿、乳化、发泡等性能。

表面活性剂有以下五类。

1. 阴离子表面活性剂

制皂业所生产的肥皂即为阴离子表面活性剂，肥皂属高级脂肪酸盐。此外，有代表性的阴离子表面活性剂还有磺酸盐、硫酸酯盐、脂肪酰-肽缩全物、磷酸酯等。阴离子表面活性剂一般具有良好的渗透、润湿、乳化、分散、增溶、起泡、抗静电和润滑等性能，可用作为化学抑尘剂的重要组分。

2. 阳离子表面活性剂

阳离子表面活性剂溶于水发生离解所形成的阳离子具有表面活性，其亲水基可以含氮、磷或硫，在含氮的阳离子表面活性中，按氮原子在分子结构中的位置又可分为胺盐、季铵盐、氮苯和咪唑啉四类，其中以季铵盐类用途最广，其次是胺盐类。

3. 两性表面活性剂

两性表面活性剂是指在同一分子中兼有阴离子性和阳离子性，以及在非离子性亲水基中有任意一种离子性质的物质。主要是指兼有阴离子性和阳离子性亲水基的表面活性剂。两性表面活性剂的阳离子部分可以是胺盐、季铵盐或咪唑啉类，阴离子部分则为羧酸盐硫酸盐、磺酸盐或磷酸盐。

4. 非离子表面活性剂

它在水溶液中由于不是以离子状态存在，故其稳定性高，不易受强电解质存在的影响，也不易受酸、碱的影响，与其他表面活性相容性好，在各种溶剂中溶解性均好。非离子表面活性剂按亲水基分类有聚乙二醇型、脂肪醇酰胺型和多元醇型三类。

非离子表面活性剂在水中的润湿度随温度升高而降低。非离子表面活性剂具有良好的洗涤、分散、乳化、增溶、润湿、发泡、抗静电、杀菌和保护胶体等多种性能。

5. 高分子表面活性剂

高分子表面活性剂根据来源可分为天然的、半合成的和合成的三类，如表 9-67 所列。

表 9-67　高分子表面活性剂分类

天然的	半合成的	合　成　的	天然的	半合成的	合　成　的
藻酸	羧甲基纤维素钠(CMC)	丙烯酸共聚物		甲基纤维素(MC)	聚乙烯醇(PVA)
果胶	羟基淀粉(CMS)	顺丁烯基吡啶共聚物		乙基纤维素(EC)	聚乙烯醚
各种淀粉	丙烯酸接枝淀粉	聚乙烯基吡咯烷酮		羟乙基纤维素(HEC)	聚丙烯酰胺
蛋白质	阳离子型淀粉	聚嗪			

三、喷淋式化学除尘器

化学除尘器中构造最简单的是化学喷淋除尘器。喷淋除尘器中的流动形式有顺流、逆流和错流三种。所谓顺流，就是气体和液滴以相同的方向流动；逆流是液体逆着气流喷射；错流则是在垂直于气流的方向喷淋液体（图 9-58）。在喷淋除尘器中往往设置空气分配隔栅或多孔板，使空气在塔的截面上均匀分布。

依据截留和惯性碰撞的理论，喷淋塔的除尘效率取决于液滴大小和气体与液滴之间的相对

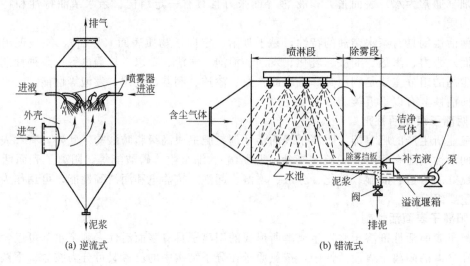

(a) 逆流式　　　　　　　　　　　(b) 错流式

图 9-58　湿式化学喷淋除尘器

运动。就截留机制来看，在喷液量一定的情况下，喷出的液滴越细，则除尘器的横截面上有液滴通过的部分越大，因而尘粒由于截留而被捕集的机会也越多。就惯性碰撞机制来看，因为惯性碰撞参数和尘粒与液滴的相对速度成正比，和液滴直径成反比，所以，如果要碰撞效率高，就得加大速度减小直径。在有液滴喷雾的含尘气溶胶系统中，尘粒与尘粒、液滴与液滴、尘粒和液滴之间都会彼此碰撞。只有其中尘粒与液滴之间的碰撞对抑尘才是较有效的。在这种情况下，首选要求有一合适的路径。使尘粒与液滴相互碰撞，当碰撞发生后并且其吸引力大于排斥力时，尘粒都能黏附于液滴的表面，如果液滴的表面张力很小，尘粒进而被吞没在液滴中。如果该液滴足够大，它能够沉降并从空气中分离。否则，如果该液滴小于临界，则该集尘液滴需要与其他集尘液滴或纯液滴进一步凝并，然后再下降并从空气中分离。

在水中添加湿润剂的优点如下。

（1）湿润现象包括三个特殊阶段：黏附、铺展和吞没（图 9-59）。湿润剂能够降低液滴的表面张力，让尘粒能够容易地被液滴吞没，从而达到较高的碰撞效率。

图 9-59　湿润现象的图示（⊕表示逻辑 OR）

（2）尘粒被液滴吞没的现象使液滴体积增大，进而增大了液滴黏附粉尘的有效面积（见图 9-60）。

（3）由于湿润剂能够减少水的表面张力，从而减小了从喷嘴出的液滴的尺度，也就增加了喷出液滴的颗粒数量和黏附尘粒的比表面积。这些优点使抑尘效率得到提高。但是，湿润剂也能够使未与尘

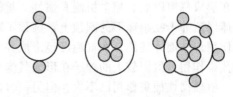

图 9-60　液滴膨胀现象及其作用示意

粒碰撞的纯液滴之间容易凝并，从而导致液滴数量部分减少，又有可能降低碰撞机会。

关于使用化学湿润剂后喷淋式除尘器除尘效果改善的程度没有详细的试验或应用的对比资料。可以推断，往除尘器内加入化学湿润剂比不加要好。

另外，在关于应用湿润剂于采矿粉尘控制的综述中，有的资料得出矿山扬尘使用湿润剂明显降低粉尘浓度，有的矿山却得出无效果的不同结论。有的表面湿润剂能使粉尘浓度降低 25%～30%，也有的在实验室测定认为是有效的，在现场应用时没有试验效果好。所以应用时应严格选择化学湿润剂。

四、泡沫化学除尘器

化学泡沫除尘器由内部设有水平筛板的垂直空塔构成（见图 9-61）。筛板可以是一块，也可以是几块串联，泡沫除尘器的结构有错流和逆流两种基本设计。前者液体经过落液管流到筛板上，然后水平渡过筛板，再经第二个落液管流下去，气体则从洗涤器下部进入，经筛板上的小孔上升，穿过筛板上面的流动液体，当气体射流丧失了它的能量后就分裂成许多气泡，而形成扰动的泡沫层。后者则气体和液体都流经筛孔，亦称无溢流泡沫除尘器。无溢流泡沫除尘器的设备比较简单，但它建立稳定的泡沫层比较困难，如果空气量或液体量有波动，原来泡沫层就会破坏，因此用得较少。

为了不让液体从筛孔漏下，必须有足够大的气体速度。另一方面，气体速度又应当小于会使泡沫升至上一层筛板的速度。一般应用的筛孔风速为 18～30m/s。但是，有许多场合使用的

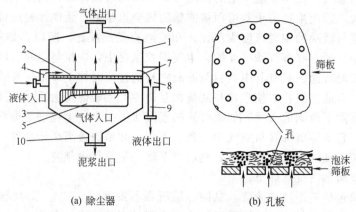

(a) 除尘器　　　　　　　　(b) 孔板

图 9-61　泡沫化学除尘器

1—塔体；2—筛板；3—锥形斗；4—液体接收器；5—气体分布器；
6—排气管；7—挡板；8—溢流室；9—溢流管；10—排泥浆管

泡沫除尘器并不是完全的错流，而是有一部分液体从气孔漏下，其目的在于避免筛孔被粉尘堵塞。通常为了保持适当的漏泄液量而取筛孔风速为 $6\sim13m/s$。

含尘空气通过筛板上的液体时，其除尘过程可分为两个阶段；一是在形成气泡期间；二是在形成气泡以后。捕尘机制有惯性、扩散，还可能有静电等。在形成气泡期间，穿过筛孔的气体射流冲击在半球形的圆顶上，圆顶不断改变其形状，直到形成气泡。这时粒子由于离心力的作用而被液体捕集。在气泡已经形成并向上升起时，含尘气体在气泡内循环。这时虽仍有惯性捕集作用，但因较大的粒子在形成气泡期间已被捕集，剩下的大部分是较小的粒子，所以在这一阶段惯性捕集作用已不大。但另一方面，在这一阶段液体表面积大，尘粒撞击液体表面上的机会增多，很小的粒子因扩散机制而被捕集的可能性加大。

泡沫化学除尘器是波津等开始研究发展起来的。泰赫里和卡法特在实验室对泡沫除尘器性能做过进一步的研究，他们研究了粒子的气体动力直径、粒子表面的亲水性或疏水性、空气流量、液流量、筛板的筛孔直径和自由面积百分数以及泡沫密度等因素对除尘效率的影响。

试验表明：对疏水性粉尘的捕集效率比对亲水性的显著降低。在供给除尘器的水中加入表面活化剂，由于减少表面张力，使粒子迅速润湿，而能提高捕集效率。但是，另一方面，加入表面活化剂，又会显著缩小泡沫密度和气泡内的循环速度，也能降低捕集效率。泰赫里等在相同条件下对泡沫除尘器所用的水加与不加表面活化剂进行了对比试验，结果表明前者的捕集效率低，这是泡沫密度显著缩小所造成的。

五、组合式化学除尘器

选择湿式过滤除尘器、湿式文丘里除尘器、泡沫过滤除尘器、湿式风机和液雾消除器作为组合式除尘器的重要组件，这些组件可构成许多种可能的组合式除尘器。然而，从高效率、低阻力、低液耗或低湿润剂水泵以及适宜的外形尺寸等方面考虑，提出四种有代表性的组合方式，其流程的基本组件如图 9-62 所示。

根据组合式除尘器的设计构想（见图 9-62）和试验的结果，设计出四种组合式除尘器，如图 9-63～图 9-66 所示。

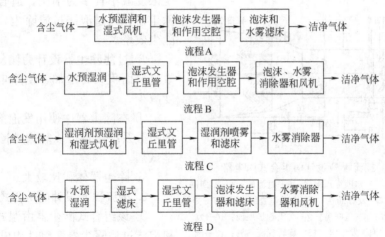

图 9-62 组合式除尘器设计流程

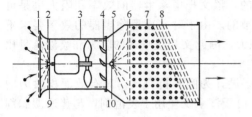

图 9-63 按流程 A 设计的组合式除尘器
1—粗颗粒滤网；2—液喷雾预湿润；3—湿式风机；
4—风流导向翼；5—发泡剂液喷雾；6—泡沫发生
网；7—粉尘泡沫混合腔；8—粉尘泡沫和水雾过滤
器；9—水源；10—发泡剂源

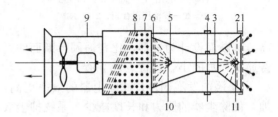

图 9-64 按流程 B 设计的组合式除尘器
1—粗颗粒滤网；2—水喷雾预湿润；3—可调矩形文丘里
除尘器；4—调节螺栓；5—发泡剂液喷雾；6—泡沫发生
网；7—粉尘泡沫混合腔；8—粉尘泡沫和液雾过滤器；
9—风机；10—发泡剂源；11—水源

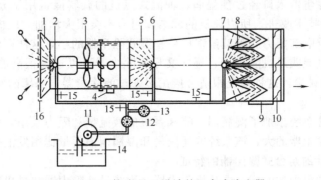

图 9-65 按流程 C 设计的组合式除尘器
1—集流器；2—水喷雾预湿润；3—湿式风机；4—泥液出口；5—矩形文丘里除尘器；6—文丘
里管中喷嘴；7—滤床喷嘴；8—支撑肋条；9—泥浆收集器；10—消雾器；11—高压液泵；
12—流量表；13—压力表；14—湿润池容器；15—阀门；16—粗颗粒滤网

1. 按流程 A 设计的组合式除尘器的特征

① 该组合式除尘器由作为湿式风机除尘器的轴流式风机和泡沫过滤除尘器组成。

② 含尘气流在除尘器入口预湿润，轴流式风机的旋转能量用于分离粗粒粉尘，即起到湿式风机除尘器的作用。风机以压入式方式工作。含尘气流经过湿式风机除尘器预处理后，其含

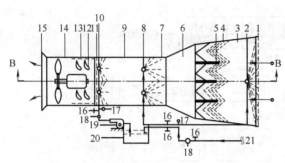

图 9-66 按流程 D 设计的组合式除尘器

1—粗颗粒滤网；2—水喷雾预湿润；3—过滤腔；4—不同网度的多层滤床；5—支撑肋条；6—文丘里管缩小段；7—矩形文丘里管喉段；8—液喷嘴；9—文氏管扩展段；10—发泡剂喷嘴；11—泡沫发生网；12—旋转气流导翼；13—泡沫液雾消除器；14—风机；15—扩展段；16—阀门；17—压力表；18—流量表；19—液泵；20—发泡液混合箱；21—水源

尘浓度减小且多为细尘，适合应用泡沫过滤除尘器，经过泡沫过滤除尘，可达到较高的除尘效率。

③ 过滤除尘器设计为倾斜折叠式，其有效过风面积大为增加，使除尘器的阻力和长度减少。

④ 在除尘器中使用发泡剂，与普通湿润剂喷雾系统比较可以较大地减少耗液量和化学试剂。

⑤ 除尘器体积比较大。

2. 按流程 B 设计的组合式除尘器的特征

① 该组合式除尘器由湿式文丘里除尘器和泡沫过滤除尘器两组件构成。

② 由于文氏管的喉部断面积设计成可调节的，该文丘里除尘器的效率和阻力也是可调节的。由于对文丘里除尘器的效率要求不高，其断面设计为矩形，比普通圆形断面的过风面积大，因此文丘里喉部的阻力和喷液流量比普通文丘里的小，该特点能节液。

③ 添加发泡剂使过滤除尘器的效率更高，过滤床设计为倾斜折叠式，其有效面积大为增加，使除尘器的阻力和长度减少，系统抑尘效率高。由于该系统使用了发泡剂，与普通湿润剂喷雾系统比较，可以节约水和化学试剂。

④ 该组合式除尘器的体积较大。

3. 按流程 C 设计的组合式除尘器的特征

① 该组合由湿式风机除尘器、文丘里除尘器、湿式过滤除尘器三部分组件构成，除尘效率可以达到很高。

② 含尘气流在除尘器入口经过预湿润，轴流式风机的旋转能量用于分离粗尘。由于只在普通风机上增加一些技术改进，所以风机的成本和阻力不会很大增加。风机作压入式工作。

③ 文丘里除尘器喉部阻力和喷液量都比单一湿式除尘器的小，这样可以既节能又节液。

④ 含尘气流经过湿式风机除尘器、湿式文丘里除尘器可以达到很高的除尘效率，由于排出的粉尘都为呼吸性粉尘，这种情况很适合应用湿式过滤除尘器，滤床的厚度可以减小，其阻力也比普通的小。

⑤ 因为整个喷雾系统添加了湿润剂，喷雾系统的液流量和阻力减小，而且效率增加。

⑥ 体积比普通除尘器的大，该系统的耗液量和湿润剂消耗量比用发泡剂的情况稍大。

4. 按流程 D 设计的组合式除尘器的特征

① 该组合由湿式粗尘过滤床、文丘里除尘器、泡沫过滤除尘器和风机四部分组件构成。

② 含尘气流经过粗尘滤床处理，该滤床设计成倾斜折叠式形状，其有效过风断面积大为增加，使其阻力和长度大大减小，添加发泡剂增加喷雾系统的过滤效率。

③ 由于文丘里的喉部设计为矩形，具有较大的过风断面，文丘里喉部的阻力损失和喷液流量比普通文丘里的小，可节约能量和用液。

④ 含尘气流通过两级除尘器后，气流中的粉尘浓度大大地降低，而且粉尘大都为呼吸性粉尘，这种情况很适合于应用泡沫过滤除尘，由于过滤床使用了泡沫和对其效率要求不高，滤床的厚度可以大大减少，因此阻力也随之减小。

⑤ 轴流式风机的旋转能量被用于分离液雾和尘浆。

⑥ 尽管该组合式除尘器的外形尺寸比单级除尘器大，但仍可安装在连续采矿机的底部。根据实验结果和计算，四种组合式除尘器（见图9-63～图9-66）的有关组件的参数列于表9-68。四种组合除尘器由2～4个组件串联构成，如湿式风机除尘器、文丘里除尘器和泡沫过滤除尘器。湿润剂和发泡剂用于提高系统的除尘效率。因此整个系统的可靠性和稳定性好，组合式除尘器的每个组件按其特征，能工作在最合适的除尘浓度和范围，整个系统能以合适的成本使呼吸性粉尘的效率达到94.4%～99.7%。

表9-68　图9-63～图9-66所示组合式除尘器部件的有关参数

项目	图9-63		图9-64		图9-65				图9-66			
	湿式风机除尘器	泡沫水雾过滤床	湿式文丘里除尘器	泡沫水雾过滤	湿式风机除尘器	湿式文丘里除尘器	滤床	消雾器	预过滤床	湿式文丘里除尘器	泡沫过滤	水雾过滤器和风机
风流量/(m³/s)	1.42	1.42	1.42	1.42	1.42	1.42	1.42	1.42	1.42	1.42	1.42	1.42
阻力/Pa	699	1244	1194	1244	699	1145	896	249	498	996	747	399
长度/m	风机长度	0.49	0.88	0.49	风机长度	0.68	0.49	0.18	0.36	0.62	0.16	风机长度
液体流量/(L/min)	11.4	1.9	11.4	6.1	7.5	11.4	3.8		7.5	7.5	1.9	
喷液压力/(kg·cm)	7	7	7	7	7	7	7		7	7	7	
试剂含量/%	0	1.5	0	1.5	0.5	0.5	0.5		0	0	1.5	
除尘效率(+50μm)/%	>80	100	>95	100	>60	>99.9	100		100	>95	>100	
除尘效率(20～50μm)/%	>70	100	>90	100	>50	>95	100		92	>92	>100	
除尘效率(10～20μm)/%	>40	100	>86	100	>35	>93	100		89	>90	>100	
除尘效率(-10μm)/%	>20	>93	>85	>91	>20	>85	>91		>78	>85	>91	
总效率(-10μm)/%	>94.4		>98.6		>98.9				>99.7			

第十章

复合式除尘器

　　所谓复合式除尘器，是指利用不同除尘机理组成一体，来提高除尘效果的各式除尘器，如静电旋风除尘器、静电滤袋除尘器、电磁分离除尘器、旋流离心除尘器、旋转床除尘器、干湿一体除尘器、声波除尘器等。这些复合式除尘器结构较复杂，性能较好，但多数应用并不广泛。

第一节　复合式除尘器特点

1. 提升除尘效果

　　利用不同除尘机理，开发各种复合除尘设备，都是为了提升除尘效果。例如电-袋复合型除尘器是通过电除尘与布袋除尘有机结合的一种新型的高效除尘器，它充分发挥电除尘器和布袋除尘器各自的优点，以及两者相结合产生新的优点，同时能克服电除尘器和布袋除尘器的缺点。电袋除尘器由于有前级电场的存在，收集了大部分的粉尘，只有小部分粉尘进入后面袋区，在实际运行中，前级电场也起到了缓冲区的作用，提高了设备的容错能力，并且使粉尘充分荷电，粉尘排列蓬松有序，延缓了滤袋本身阻力的上升，延长了滤袋的寿命。

2. 捕集难分离的粉尘粒子

　　早在 1944 年有人就曾提出用荷电液滴捕集荷电灰尘的方法，其后又有人设计了许多不同的把电力和洗涤除尘结合起来的装置；主要目的是捕集难以分离的粒子。其主要优点是性能比普通洗涤器好，体积比普通电除尘器小。仅依靠碰撞和扩散作用来除尘的普通洗涤器，因为碰撞机制主要对较粗的粒子起作用，扩散机制主要对很细的微粒起作用，故其除尘效率曲线两头逐渐升高，中间有一个最低值，一般对 $0.1 \sim 1 \mu m$ 范围的粒子除尘效果较差。但静电式洗涤器则对这个范围的粒子有良好的除尘效率。

3. 构造复杂，管理难度加大

　　复合式除尘器从设计、制造、安装、调试、运行及维护管理等方面比较，都比单一的除尘器复杂和困难，经综合比较才能确定如何采用。

第二节　静电复合除尘器

一、静电旋风除尘器

1. 结构

　　静电旋风除尘器是具有旋风除尘器和线管式静电除尘器两方面特征的复合式除尘器，粉尘微粒在静电旋风除尘器中受到离心力和静电力的复合作用而分离，因此它的除尘效率比单一旋风除尘器高，并且能够捕集粒径更小的尘粒，而且由于入口风速较高，其处理的烟气量比线管式静电除尘器大得多。

静电旋风除尘器的结构如图 10-1 所示。它由进气管、出气管、筒体、电晕电极、收尘电极、高压电源、排灰阀等部分组成。

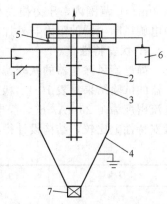

图 10-1　静电旋风除尘器结构
1—进气管；2—出气管；3—电晕电极；4—收尘电极；5—绝缘子；6—高压电源；7—排灰阀

2. 除尘效果

静电旋风除尘器的效率变化规律基本与普通旋风除尘器相同，即随着入口风速的增大，除尘效率也增大。施加电场后静电旋风除尘器的效率较未加电场时的效率有所提高。在相同风速下，外加电压越高，除尘效率也越高；随着风速降低，施加电场后效率提高的幅度逐渐增大。风速增加越大，施加电场后使效率提高的程度变小，效率曲线渐趋平缓，加电和不加电的静电旋风器除尘效率曲线将随入口风速的提高最终趋向于一致。

试验中，采用加热炉飞灰的真密度为 $2.17 \times 10^3 \mathrm{kg/m^3}$；几何平均粒径为 $10.14\mu m$；几何标准偏差 2.3311，其中飞灰中含有氧化铁。发尘浓度控制在 $5\mathrm{g/m^3}$ 左右，效率与施加电压的关系曲线见图 10-2。

施加电场后各试验风速下的分组效率数据整理在图 10-3 中。

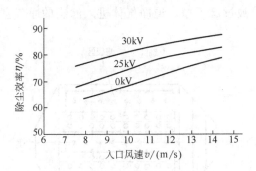

图 10-2　不同工况的除尘效率

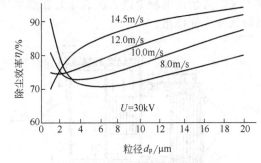

图 10-3　加电后各风速的分级效率

图 10-3 表明，在较高的入口风速时加电前、后的分组效率规律相同，都是指数函数形式，但入口风速降低时，加电后在某一粒径范围内的分组效率较其他粒径的低。在较低入口风速情况下，所有颗粒的惯性离心力都较小，电场力对微细粉尘分离的作用表现很显著，对较粗的尘粒，离心力仍占主导地位，电场力对其分离作用不很明显，结果使得某一粒径范围内粉尘效率偏低。偏低的原因是这部分粉尘的离心力没有粗颗粒的大，而电场力对其分离作用与细粉尘相比又不是很显著。入口风速升高后，惯性离心力增大，电场力对效率的贡献所占份额仍比离心力小，因而加电前的分组效率曲线一致。

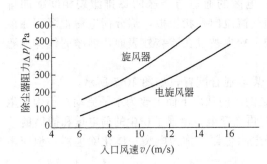

图 10-4　旋风除尘器与静电旋风除尘器阻力对比

3. 除尘器阻力

静电旋风除尘器与原旋风除尘器的阻力试验结果见图 10-4，可以看出由于电晕极同时也是减阻构件，静电旋风除尘器的阻力比原旋风除尘器阻力平均下降约 40%，在试验风速（8.0～

15.0m/s）范围内，压力损失小于 420Pa，当入口风速再高时压力损失继续上升，试验也显示静电旋风除尘器的阻力与外加电压无关。

4. 伏安特性

静电旋风除尘器的伏安特性一般由清洁空气通过时的伏安关系来表征。试验用静电旋风除尘器的试验结果见表 10-1。极间电压为 30kV 时，由电晕框架相对应的旋风除尘器壁面积得板电流密度为 $1.25mA/m^2$，静电旋风除尘器的结构形式是影响其伏安特性的主要因素，所以从伏安特性上比较，结构设计得当，静电旋风除尘器的电气性能比较优越。

表 10-1　伏安特性

U/kV	20.0	22.5	25.0	27.5	30.0
I/mA	0.15	0.36	0.60	0.82	1.05

二、静电滤袋除尘器

电袋复合式除尘器是一种利用静电力和过滤方式相结合的一种复合式除尘器。

1. 电袋复合式除尘器分类

复合式除尘器通常有四种类型。

（1）串联复合式　串联复合式除尘器都是电区在前，袋区在后如图 10-5 所示，串联复合也可以上下串联，电区在下，袋区在上，气体从下部引入除尘器。

前后串联时气体从进口喇叭引入，经气体分布板进入电场区，粉尘在电区荷电并大部分被收下来，其余荷电粉尘进入滤袋区，在滤袋区粉尘被过滤干净，纯净气体进入滤袋的净气室，最后从净气管排出。

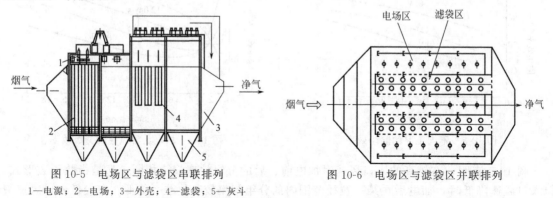

图 10-5　电场区与滤袋区串联排列
1—电源；2—电场；3—外壳；4—滤袋；5—灰斗

图 10-6　电场区与滤袋区并联排列

（2）并联复合式　并联复合式除尘器的电区、袋区并联，如图 10-6 所示。

气流引入后经气流分布板进入电区各个通道，电区的通道与袋区的每排滤袋相间横向排列，烟尘在电场通道内荷电，荷电和未荷电粉尘随气流流向孔状极板，部分荷电粉尘沉积在极板上，另一部分荷电或未荷电粉尘进入袋区的滤袋，粉尘被过在滤袋外表面，纯净的气体从滤袋内腔流入上部的净气室，然后从净气管排出。

（3）混合复合式　混合复合式除尘器是电区、袋区混合配置，如图 10-7 所示。

在袋区相间增加若干个短电场，同时气流在袋区的流向从由下而上改为水平流动。粉尘从电场流向袋场时，在流动一定距离后，流经复式电场，再次荷电，增强了粉尘的荷电量和捕集量。

此外，也有在袋式除尘器之前设置一台单电场电除尘器，称为电袋一体化除尘器，但应用此电袋复合式除尘器较少。

（4）竖式

2. 电除尘器特点

电除尘器是利用强电场电晕放电使气体电离、粉尘荷电，在电场力的作用下使粉尘从气体中分离出来的装置，其优点是：①除尘效率高，可达到99%左右；②本体压力损失小，压力损失一般为 160 ～ 300Pa；③ 能耗低，处理 1000m³ 烟气约需0.5～0.6kW·h；④处理烟气量大，可达 10^6 m³/h；⑤耐高温，普通钢材可在 350℃ 以下运行。

尽管电除尘器有多方面的优点，但电除尘器的缺点也是显而易见的，主要表现以下几个方面：①结构复杂、钢材耗用多，每个电场需配用一套高压电源及控制装置，因此价格较为昂贵；②占

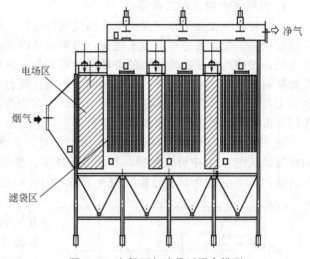

图 10-7　电场区与滤袋区混合排列

地面积大；③制造、安装、运行要求严格；④对粉尘的特性较敏感，最适宜的粉尘比电阻范围 10^5～$5×10^{10}$Ω·cm，若在此范围之外，应采取一定的措施，才能取得必要的除尘效率，最重要的一点是当电厂锅炉燃烧低硫煤或经过脱硫以后的锅炉烟气粉尘比电阻无法满足电除尘器的使用范围要求时，应用电除尘器，即使选择 4 个电场以上，也无法达到排放浓度小于 100mg/m³ 以下；⑤烟气为高浓度时要前置除尘。

3. 袋式除尘器特点

袋式除尘器是利用纤维编织物制作的袋状过滤元件来捕集含尘气体中固体颗粒物的除尘装置，它的主要优点如下。

① 除尘效率高，一般在 99% 以上，可达到在除尘器出口处气体的含尘浓度为 20～30mg/m³，对亚微米粒径的细尘有较高的分级除尘效率。

② 处理气体量的范围大，并可处理非常高浓度的含尘气体，因此它可用作各种含尘气体的除尘器。其容量可小至每分钟数立方米，大到每分钟数万立方米的气流，在采用高密度的合成纤维滤袋和脉冲反吹清灰方式时；它能处理粉尘浓度超过 700g/m³ 的含尘气体。它即可以用于尘源的通风除尘，改善作业场所的空气质量；也可用于工业锅炉、流化床锅炉、窑炉及燃煤电站锅炉的烟气除尘，以及对诸如水泥、炭黑、沥青、石灰、石膏、化肥等各种工艺过程中含尘气体的除尘，以减少粉尘污染物的排放。

③ 结构比较简单，操作维护方便。

④ 在保证相同的除尘效率的前提下，其造价和运行费用低于电除尘器；

⑤ 在采用玻纤和某些种类的合成纤维来制作滤袋时，可在 160～200℃ 温度下稳定运行，在选择高性能滤料时耐温可达到 260℃。

⑥ 对粉尘的特性不敏感，不受粉尘比电阻的影响。

⑦ 在用于干法脱硫系统时，可适当提高脱硫效率。

和电除尘器相比较而言，袋式除尘器在燃煤锅炉烟气处理中也存在一定的缺点：①不适于在高温状态下运行工作，当烟气温度超过 260℃ 时，要对烟气进行降温处理，否则袋式除尘器的高温滤袋也变得不适应；②当烟气中粉尘含水分重量超过 25% 以上时，粉尘易粘袋堵袋，造成清灰困难、阻力升高，过早失效损坏；③当燃烧高硫煤或烟气未经脱硫等装置处理，烟气中硫氧化物、氮氧化物浓度很高时，除 FE 滤料外，其他化纤合成滤料均会被腐蚀损坏，布袋寿命缩短；④不能在"结露"状态工作；⑤与电除尘相比阻力损失稍大，一般为 1000～1500Pa。

4. 电袋复合除尘器工作原理

电袋复合除尘器工作时含尘气流通过预荷电区，尘粒带电。荷电粒子随气流进入过滤段被纤维层捕集。尘粒荷电可以是正电荷，也可为负电荷。滤料可以加电场，也可以不加电场；若加电场，可加与尘粒极性相同的电场，也可加与尘粒极性相反的电场，如果加异性电场则粉尘在滤袋附着力强，不易清灰。试验表明，加同性极性电场，效果更好些，原因是极性相同时，电场力与流向排斥，尘粒不易透过纤维层，表现为表面过滤，滤料内部较洁净；同时由于排斥作用，沉积于滤料表面的粉尘层较疏松，过滤阻力减小，使清灰变得更容易些。

图 10-8 给出了滤料上堆积相同的粉尘量时，荷电粉尘形成的粉饼层与未荷电粉饼层阻力的比较，从图 10-8 中可以看到，在试验条件下，经 8kV 电场荷电后的粉饼层其阻力要比未荷电时低约 25%。这个试验结果既包含了粉尘的粒径变化效应，也包含了粉尘的荷电效应。

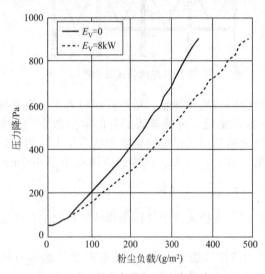

图 10-8　粉尘负载与压力降的关系

由此可见电袋复合式除尘器是综合利用和有机结合电除尘器与布袋除尘器的优点，先由电场捕集烟气中大量的大颗粒的粉尘，能够收集烟气中 70%～80% 以上的粉尘量，再结合后者布袋收集剩余细微粉尘的一种组合式高效除尘器，具有除尘稳定、排放浓度 ≤50mg/m³（标）、性能优异的特点。

但是，电袋复合式除尘器并不是电除尘器和布袋除尘器的简单组合叠加，实际上科技工作者攻克了很多难题才使这两种不同原理的除尘技术相结合。首先要解决在同一台除尘器内同时满足电除尘和布袋除尘工作条件的问题；其次，如何实现两种除尘方式连接后袋除尘区各个滤袋流量和粉尘浓度均布，提高布袋过滤风速，并且有效降低电袋复合式除尘器系统阻力。在除尘机理上，通过荷电粉尘使布袋的过滤特性发生变化，产生新的过滤机理，利用荷电粉尘的气溶胶效应，提高滤袋过滤效率，保护滤袋；在除尘器内部结构采用气流均布装置和降低整体设备阻力损失的气路系统；开发出超大规模脉冲喷吹技术和电袋自动控制检测故障识别及安全保障系统等。

电袋复合式除尘器分为两级，前级为电除尘区，后级为袋除尘区，两级之间采用串联结构有机结合。两级除尘方式之间又采用了特殊分流引流装置，使两个区域清楚分开。电除尘设置在前，能捕集大量粉尘，沉降高温烟气中未熄灭的颗粒，缓冲均匀气流；滤筒串联在后，收集少量的细粉尘，严把排放关。同时，两除尘区域中任何一方发生故障时，另一区域仍保持一定的除尘效果，具有较强的相互弥补性。

5. 技术性能特点

(1) 综合了二种除尘方式的优点　由于在电袋复合式除尘器中，烟气先通过电除尘区后再缓慢进入后级布袋除尘区，滤袋除尘区捕集的粉尘量仅有入口的 1/4。这样滤袋的粉尘负荷量大大降低，清灰周期得以大幅度延长；粉尘经过电除尘区的电离荷电，粉尘的荷电效应提高了粉尘在滤袋上的过滤特性，即滤袋的透气性能、清灰方面得到大大的改善。这种合理利用电除尘器和布袋除尘器各自的除尘优点，以及两者相结合产生的新功能，能充分克服电除尘器和布袋除尘器的除尘缺点。

(2) 能够长期稳定的运行　电袋复合式除尘器的除尘效率不受煤种、烟气特性、飞灰比电阻的影响，排放浓度保持可以长期、高效、稳定在低于 50mg/m³（标）排放浓度可靠运行。

相反，这种电袋复合式除尘器对于高比电阻粉尘、低硫煤粉尘和脱硫后的烟气粉尘处理效果更具技术优势和经济优势，能够满足环保的要求。

（3）烟气中的荷电粉尘的作用　电袋除尘器烟气中的荷电粉尘有扩散作用；由于粉尘带有同种电荷，因而相互排斥，迅速在后级的空间扩散，形成均匀分布的气溶胶悬浮状态，使得流经后级布袋各室浓度均匀，流速均匀。

电袋除尘器烟气中的荷电粉尘有吸附和排斥作用；由于荷电效应使粉尘在滤袋子上沉积速度加快，以及带有相同极性的粉尘相互排斥，使得沉积到滤袋表面的粉尘颗粒之间有序排列，形成的粉尘层透气性好，空隙率高，剥落性好。所以电袋复合式除尘器利用荷电效应减少除尘器的阻力，提高清灰效率，从而设备整体性能得到提高。

（4）运行阻力低，滤袋清灰周期时间长，具有节能功效　电袋复合式除尘器滤袋的粉尘负荷小，以及荷电效应作用，滤袋形成的粉尘层对气流的阻力小，易于清灰，比常规布袋除尘器约低 500Pa 的运行阻力，清灰周期时间是常规布袋除尘器的 4～10 倍，大大降低了设备的运行能耗；同时滤袋运行阻力小，滤袋粉尘透气性强，滤袋的强度负荷小，使用寿命长，一般可使用 3～5 年，普通的布袋除尘器只能用 2～3 年就得换，这样就使电袋除尘器的运行费用远远低于袋式除尘器。

（5）运行、维护费用低　电袋复合式除尘器通过适量减少滤袋数量，延长滤袋的使用寿命、减少滤袋更换次数，这样既可以保证连续无故障开车运行，又可减少人工劳力的投入，降低维护费用。电袋复合式除尘器由于荷电效应的作用，降低了布袋除尘的运行阻力，延长清灰周期，大大降低除尘器的运行、维护费用；稳定的运行压差使风机耗能有不同程度降低，同时也节省清灰用的压缩空气。

（6）主要缺点　"电-袋"复合除尘器也存在缺点：①系统同时拥有电、袋这样除尘机理及结构上相差很大的两套除尘设备，管理相对复杂；②电除尘器发生故障时，虽然可通过小分区供电这样的措施进行弥补，也不可能完全避免对后级布袋除尘器的影响；③特别要注意的是前区的电除尘可能产生臭氧 O_3，会对滤袋有氧化作用，选择滤料时应考虑。

综上所述，加之科学的结构设计，具有易于清灰、运行压差低、使用寿命长的特点，大大降低了运行维护费用。电袋复合除尘器的优点在于含尘气体进入"电-袋"复合型除尘器后，可通过电除尘器的预除尘来减小后续的袋式除尘器的负荷，同时还能使细粉尘产生凝聚作用。一般前级电除尘器捕集 75% 左右的粉尘，这样后级滤袋捕集的粉尘量仅有常规布袋除尘的 1/4 左右。由于滤袋的粉尘负荷量大大降低，细粉尘凝聚成较粗的颗粒，减少了滤袋的阻力，从而过滤速度可以适当增加，清灰周期也得以延长。滤袋的清灰次数减少，有利于延长滤袋的使用寿命。但是，这种电袋复合除尘器的性能指标与纯袋式除尘器没有显著差别：过滤风速没有明显的提高，设备阻力也没有明显的降低。这可能与其"前电后袋"的结构型式有关。在该种除尘器中，对于绝大多数滤袋而言，荷电粉尘需要运动较长距离才能到达，在此过程中粉尘容易失去电荷，而失去了预荷电的作用，电袋复合就失去了根本。至于前级电场除去大部分粉尘而降低了袋区的浓度，实际下并不能显著提高袋式除尘器的性能，工程实践证明，袋式除尘器对于入口含尘浓度是不敏感的。

6. 应用注意问题

由于袋式除尘器已有很好的除尘效果，如果增设预荷电部分，会使运行和管理更为复杂，所以电袋除尘器总的说是研究成果不少，而新建电袋除尘器工程应用不多。由于单一的电除尘器烟气排放难于达到国家规定的排放标准，所以把电除尘器改造成电袋除尘器的工程实例很多，在水泥厂、燃煤电厂都有成功经验。

应用需解决技术问题如下。

（1）如何保证烟尘流经整个电场，提高电除尘部分的除尘效果　烟尘进入电除尘部分，以采用卧式为宜，即烟气采用水平流动，类似常规卧式电除尘器。但在袋除尘部分，烟气应由下而上流经滤袋，从滤袋的内腔排入上部净气室。这样，应采用适当措施使气流在改向时不影响烟气在电场中的分布。

（2）应使烟尘性能兼顾电除尘和袋除尘的操作要求　烟尘的化学组成、温度、湿度等对粉尘的电阻率影响很大，很大程度上影响了电除尘部分的除尘效率。所以，在可能条件下应对烟气进行调质处理，使电除尘器部分的除尘效率尽可能提高。袋除尘部分的烟气湿度，一般应小于200℃且大于130℃（防结露糊袋）。

（3）在同一箱体内，要正确确定电场的技术参数，同时也应正确地选取袋除尘各个技术参数　在旧有电除尘器改造时进入袋除尘部分的粉尘浓度、粉尘细度、粉尘颗粒级配等与进入除尘器时的粉尘发生了很大变化。在这样的条件下，过滤风速、清灰周期、脉冲宽度、喷吹压力等参数也必须随着变化。这些参数的确定也需要慎重对待。

（4）如何使除尘器进出口的压差（即阻力）降至1000Pa以下　除尘器阻力的大小直接影响电耗的大小，所以正确的气路设计是减少压差的主要途径。

（5）前级电场阴阳极在电晕放电时会产生少量臭氧气体，而臭氧具有氧化性加大对PPS滤袋腐蚀破损。一旦个别滤袋破损后大量粉尘沿破损部位进入净气室，一部分粉尘随烟气气流排入大气，造成粉尘排放浓度增加。

（6）当电袋清灰气源品质变差，含水含有量增加，将降低布袋的清灰效果，不但烟气阻力大而且大大降低除尘器除尘效率。

7. 静电除尘器改为静电滤袋除尘器

有一台用于水泥窑的70m² 三电场静电除尘器处理风量180000m³/h。由于种种原因，使用效果不甚理想，根据静电过滤复合工作的原理，把它改造成静电滤袋除尘器，即保留第一电场，把二、三电场改为袋式除尘，改造后使用情况很好，能满足极为严格的环保要求。

（1）除尘器的改造　除尘器是在保持原壳体不变的情况下进行改造，包括保留第一电场和进、出气喇叭口，气体分布板、下灰斗、排灰拉链机等。

烟气从除尘器进气喇叭口引入，经两层气流分布板，使气流沿电场断面分布均匀并进入电场，烟气中的粉尘约有80%～90%被电场收集下来，烟气由水平流动折向电场下部，然后从下向上运动，通往6个除尘室。含尘烟气通过滤袋外表面，粉尘被阻留在滤袋的外部，干净气体从滤袋的内腔流出，进入上部净化室，然后汇入排风管排出。

除尘器的气路设计至关重要，它的正确与否关系到设备的阻力大小，即关系到设备运行时的电耗大小。除尘器的结构见图10-9。

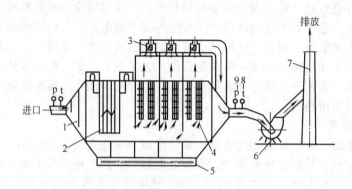

图10-9　除尘器结构示意

1—气流分布板；2—电场；3—离线阀；4—袋除尘室；5—输灰装置；
6—风机；7—排气筒；8—温度计；9—压力计

（2）静电除尘部分的技术性能参数

① 电场断面：70m²，极板高度为 9m，通道数为 19 个。

② 同极间距：400mm，电场长度为 4m。

③ 极板型式：C 型，电晕线型式为 RS 线。

④ 两极清灰均采用侧部挠臂锤打。

⑤ 配用电源：GGAJ0.6A、72kV。

⑥ 电场风速：0.95m/s，收尘极板投影面积为 138m²。

（3）滤袋除尘部分的结构性能

① 室数：6。

    滤袋：规格 ϕ160mm×6500mm，数量 1248 条。

    材质：GORE-TEX 薄膜，PTFE 处理玻纤织物滤料，重量为 570g/m²。

② 脉冲阀：规格为 GOYEN 淹没阀，数量为 78 个。

③ 离线阀为 6 个。

④ 总过滤面积：4077m²。

⑤ 过滤风速：在线时为 0.98m/min，离线时为 1.13～1.23m/min。

⑥ 压缩空气机：2 台。

（4）风机改造参数　静电除尘器改造为"电-袋"除尘器后，由于滤袋阻力较电收尘高，所以原有风机的风压需提高。为满足增产的需要，风机风量也有所提高。

原内机型号为 Y4-73-20D，风量为 180600m³/h，风压为 998Pa，转数为 580r/min，电机功率 95kW。改造后的电机转数为 960r/min，电机功率为 460kW。风压、风量相应提高。

（5）除尘效果　除尘器的静电除尘部分的电场操作电压稳定在 50～55kV，滤袋除尘部分的清灰压力 0.24MPa，脉冲宽度 0.1～0.2s 可调，脉冲间隔时间为 5～30s，清灰周期暂定 14min。经测定，烟囱排放浓度（标准状态）均低于 30mg/m³，达到了预期效果。

实践表明电-袋除尘器具有以下优点：①排放浓度可以长期、稳定的保持在 30mg/m³（标准状态）以下，满足对环境质量有严格要求的地区使用；②由于烟气中的大部分粉尘在电场中被收集，除尘器的气路设计合理，除尘器的总压力降可以保持在 700～900Pa 之间，使除尘器的运行费用远远低于袋式除尘器；③电-袋除尘器特别适用于旧静电除尘器的改造，在要求排放浓度（标准状态）小于 30mg/m³ 时改造投资可低于单独采用静电除尘器或袋式除尘器。

8. 竖式静电滤袋除尘器

静电强化滤袋除尘器的另一种型式是将电除尘器和袋式除尘器按竖直方向结合在一个壳体内，如图 10-10 所示。滤袋采用用内滤式在每一个滤袋下面设一中心有放电极的圆管。放电极与设在滤袋中的喷管相连接，当用压缩空气喷吹清灰时，一方面清掉了收尘极上的积灰，另一方面使滤袋内形成负压而导致缩袋和逆向气流，达到清灰目的。

该除尘器对粒径 1.6～40μm 的粉尘，除尘效率可达99.99%，根据除尘器大小处理风量可达 85000～170000m³/h。在同样过滤风速下，阻力由常规除尘器的1000Pa 降为更低；如保持同样的阻力，则过滤风速可增加。

三、静电颗粒层除尘器

静电颗粒层除尘器是一种预荷电的颗粒层除尘器。颗粒层除尘器过滤机理的理论分析表明，外力场可提高其除

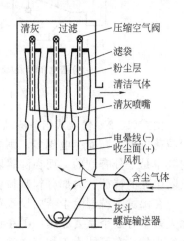

图 10-10　竖式静电强化滤袋除尘器

尘效率，例如重力场、静电场、磁场或声场等。在大多数情况下，气流中尘粒所带电荷量是很少的，若无外加电场的作用，沸腾颗粒层除尘器依靠静电力捕集尘料的作用是十分微小的。在沸腾颗粒层除尘器内施加一外加电场，使气流中的尘粒在进入过滤层前尽量荷电，从而促进尘粒凝聚及颗粒层的过滤作用，提高除尘器的效率。

1. 结构和工作原理

沸腾颗粒层除尘器为多层结构（见图 10-11），内有沉降室。由于沉降室侧壁为钢板结构，故可在沉降室内设置电晕极，外接高压直流电源，使之成为一个类似于静电除尘器的结构，称之为预荷电装置。静电除尘器中，对于 $d_c > 0.5\mu m$ 的尘粒，在电场中的荷电量可用下式表示。

$$q = 4\pi\varepsilon_0 \left(\frac{3\varepsilon}{\varepsilon+2}\right)\frac{d_c^2}{4}E_f \tag{10-1}$$

$$E_f = \frac{U}{B} \tag{10-2}$$

式中　ε_0——真空介电常数，$C/(N \cdot m^2)$；

　　　ε——尘粒的相对介电常数；

　　　d_e——尘粒直径，m；

　　　U——工作电压，V；

　　　B——电晕极与含尘极之间距离，m。

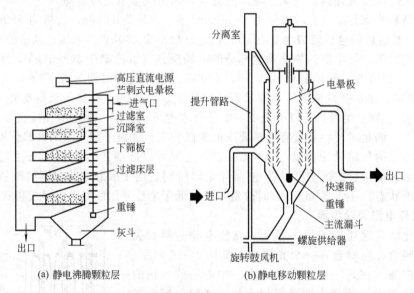

(a) 静电沸腾颗粒层　　　　(b) 静电移动颗粒层

图 10-11　静电颗粒层除尘器结构示意

由式(10-2)代入式(10-1)后可知，尘粒荷电量与工作电压成正比。这说明工作电压高时尘粒荷电量多，而荷电越多，则尘粒会具有更大的趋向器壁的分离速度，这对提高静电除尘器的效率是十分有利的。而在沸腾颗粒层除尘器内设预荷电装置后，使其沉降室部分具有类似静电除尘器的特征，大部分粗颗粒在沉降室被分离，这样可提高沸腾颗粒层除尘器的整体效率。

在沸腾颗粒层除尘器内设预荷电装置可提高除尘效率，特别是可提高对细小尘粒的除尘效率有 2 个重要原因：①在设预荷电装置的除尘器内，对于带有异性电荷的尘粒（特别是微细尘粒）有可能由于相互之间的吸引力而使之聚合成较大颗粒的尘粒，在重力作用下掉入沉降室底部被收集，不足以沉降时也因其颗粒增大后易被砂滤层截留，从而使除尘器效率有所提高；②预荷电装置使尘粒获得的电荷大多是同性的负电荷，由于捕集过滤层颗粒是中性的，荷电尘粒会使捕集感应产生镜像电荷，从而使二者之间产生吸引力。

2. 除尘效果

预荷电装置的试验电压定为 40kV、55kV、65kV、75kV 和 85kV 五种工况。为保证各工况间不受因尘粒起始带电的影响，试验时试验电压由低至高依次进行，且每个工况下，均测出除尘器进口和出口断面上的流量及含尘浓度。试验测得的各项结果见表 10-2。

表 10-2　除尘器运行测试结果

测 定 项 目		预荷电装置不工作	预荷电装置工作电压/kV				
			40	55	65	75	85
风量/(m³/h)	除尘器进口	25343	24535	24848	25370	25804	26357
	除尘器进口	25437	24637	25002	25525	25994	26551
浓度/(g/m³)	除尘器进口	2.5442	2.5565	2.4874	2.6102	2.3708	2.7124
	除尘器进口	0.1342	0.1018	0.0670	0.0441	0.033	0.035
除尘器效率/%		94.7	96	97.4	98.3	98.6	98.7

沸腾颗粒层除尘器内设预荷电装置后，预荷电装置工作时与不工作时相比，其除尘效率显著增加。在工作电压为 40kV 时，除尘器效率达 96%，比预荷电装置不工作时的 94.7% 提高了 1.3%。预荷电装置的工作电压在 40~65kV 范围变化时，对除尘器效率的影响较大。为保证预荷电装置工作的稳定性，工作电压控制在 55~65kV 的范围较为合适。

四、静电文氏管除尘器

一种典型的将静电与文氏管结合在一体的除尘器，如图 10-12 所示，其工作原理是含尘烟气首先进入喷雾加湿室，然后通过一个或多个并联的低压文氏管。在每个文氏管喉口设置一直径为 80mm、施加负电压为 50kV 的管状电极，并在正对电极的上方设喷头。由于电极的感应作用，使喷出的水带正电荷，而通过喉口电晕区荷负电的粉尘穿过荷正电的水雾，于是水雾便成为动态捕尘极。

在文氏管扩散段内由于膨胀而产冷却，将饱和水蒸气冷凝于尘粒上。实际上这种除尘器综合了凝并、电离、极化、静电捕集、过滤和洗涤多种效应，所以除尘效率较高，设备阻力比普通文氏管除尘器小，且耗电较低。

当多个静电文氏管除尘器并联使用时，必须保持气路和水路的压力平衡，防止影响除尘器的性能稳定。

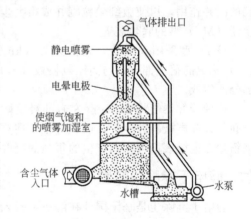

图 10-12　静电文氏管除尘器

五、静电惯性除尘器

静电惯性除尘器是在挡板惯性除尘器内增加电晕线，在静电力作用使粉尘产生凝聚，形成较大颗粒，使粉尘在惯性除尘器内更容易分离。

图 10-13 所示的静电惯性除尘器，其基本结构是在其圆筒内设置百叶窗，圆筒中心设置高压电晕线，使百叶窗挡板带正电荷，电晕线带负电荷形成高压电场。这里的百叶窗不仅有效制止烟尘二次飞扬，而且使烟尘受静电力和惯性力的作用被捕集。在某钢铁厂的现场观察到，在

电场风速高达 2.5～7m/s 时，对小型锅炉烟尘的总除尘效率高达 97%～99%，比单纯的惯性除尘器高很多，这种设备的结构简单、阻力小、耗电少、造价低，是处理小烟气量含尘气体（＜10000m³/h）较为理想的除尘新型设备。

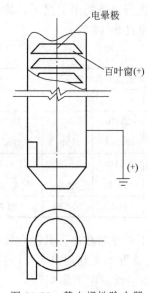

图 10-13　静电惯性除尘器

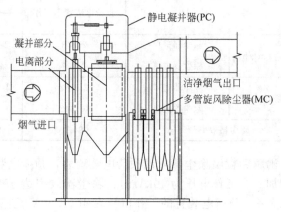

图 10-14　PC-MC 型除尘装置

六、静电凝聚多管除尘器

一般电除尘装置是利用电晕放电的静电分离作用，而静电凝并器则是利用静电场的荷电尘粒的凝并作用，以使微细尘粒凝并成粗大尘粒。图 10-14 所示为静电凝并器（PC）-多管旋风除尘器（MC）型的除尘装置。

该 PC 型采用双区式，它由刀刃（knife-shapededges）电晕放电极（－）和接地电极板（＋）构成的荷电部分，与高压电极板（－）和接地电极板（＋）构成的形成均匀电场的除尘部分所组成。

这种凝并器能将 0.02μm 左右的炭黑微粒凝并成数十到数百微米的粗大颗粒。凝并作用有空间凝并和电极凝并两种，前者是尘粒在空间因电场作用而极化形成链状凝并物的作用，后者是粉尘在电极表面堆积而产生的很强的凝并作用。

七、静电干雾除尘装置

静电干雾除尘是基于国外在解决可吸入粉尘控制相关研究中提出"水雾颗粒与尘埃颗粒大小相近时吸附、过滤、凝结的概率最大"这个原理，在静电荷离子作用下，通过喷嘴将水雾化到 10μm 以下，这种干雾对流动性强、沉降速度慢的粉尘是非常有效果的，同时产生适度的打击力，达到镇尘、控尘的效果。粉尘与干雾结合后落回物料中，无二次污染。系统用水量非常少，物料含水量增加＜0.5%；系统运行成本低，维护简单，省水、省电、省空间，是一种新型环保节能减排产品。

1. 静电干雾除尘特点

（1）在污染的源头，起尘点进行粉尘治理；每年阻止被风带走的煤炭数以百万元计。

（2）抑尘效率高，无二次污染，无需清灰，针对 10μm 以下可吸入粉尘治理效果高达 96%，避免尘肺病危害。

（3）水雾颗粒为干雾级，在抑尘点形成浓密的雾池，增加环境负离子。

（4）节能减排，耗水量小，与物料质量比仅 0.02%～0.05%，是传统除尘耗水量的 1/100，物料（煤）无热值损失。对水含量要求较高的场合亦可以使用。

（5）占地面积小，全自动 PLC 控制，节省基建投资和管理费用。

（6）系统设施可靠性高，省去传统的风机、除尘器、通风管、喷洒泵房、洒水枪等，运行、维护费用低。

（7）适用于无组织排放，密闭或半密闭空间的污染源。

（8）大大降低粉尘爆炸概率，可以减少消防设备投入。

（9）冬季可正常使用且车间温度基本不变（其他传统的除尘设备，使用负压原理操作，带走车间内大量热量，需增加车间供热量）。

（10）大幅降低除尘能耗及运营成本，与常用布袋除尘器相比，设备投资不足其 1/5；运行费用不足其 1/10；维护费用不足其 1/20。

（11）安装方便，维护方便。

2. 除尘主机参数

见表 10-3。

表 10-3　除尘主机参数

TBV-Q 干雾主机	TBV-Q-1	IBV-Q-3	IBV-Q-5	TBV-Q-7	TBV-Q-9
喷雾器数量	10～20	20～60	50～100	100～150	150～250
最大耗水量	1000L/h	3000L/h	5000L/h	7500L/h	12500L/h
最大耗气量	4.2nm³/min	12.6nm³/min	21nm³/min	31.5nm³/min	52.5nm³/min
功率	33kW	78kW	135kW	188kW	318kW
系统组成	泵、空压机、储气罐、万向节喷雾器、喷雾箱、汽水分配器、水过滤器、保温伴热系统、水汽管路、分组控制器、现场控制箱、配电箱、控制系统等				
TBV-G 干雾主机	TBV-G-2	TBV-G-4	TBV-G-6	TBV-G-8	TBV-G-10
喷雾器数量	10～20	20～60	50～100	100～150	150～300
最大耗水量	200L/h	600L/h	1000L/h	1500L/h	3000L/h
最大耗气量	0	0	0	0	0
功率	1kW	3kW	5kW	10kW	20kW
系统组成	泵、水箱、喷雾箱、喷雾器、生物膜水净化系统、离子交换、保温伴热系统、管路、分组控制器、现场控制箱、配电箱、控制系统等				
TBV-F 干雾主机	TBV-F	TBV-C 干雾主机	TBC-C-24	TBC-C-30	系统组成
喷雾器数	1	喷雾器数	30m	30m	水净化
最大耗水量	250L/h	最大耗水量	24L/h	30L/h	干雾发生器
最大耗气量	0	最大耗气量	0	0	管道
功率	11kW	功率	3kW	3kW	风机
系统组成	泵、水箱、风压喷雾器、水净化系统、保温伴热系统、管路、现场控制箱、配电箱、控制系统等				

注：摘自辽宁中鑫自动仪表有限公司样本。

3. 静电干雾除尘应用

静电干雾除尘系统适用于选煤、矿业、火电、港口、钢铁、水泥、石化、化工等行业中无组织排放污染治理。例如，翻车机、火车卸料口、装车楼、卡车卸料口、汽车受料槽、筛分塔、皮带转接塔、圆形料仓、条形料仓、成品仓、原料仓、均化库、震动给料机、振动筛、堆料机、混匀取料机、抓斗机、破碎机、卸船机、装船机、皮带堆料车、落渣口、落灰口、排土机等，如图 10-15、图 10-16 所示。

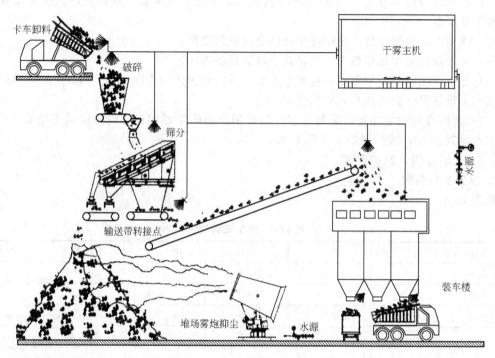

图 10-15　静电干雾除尘的应用

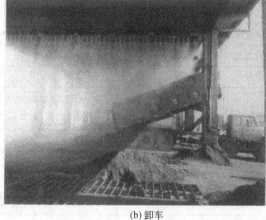

(a)装车　　　　　　　　　　　　　　　　(b)卸车

图 10-16　静电干雾除尘用于装卸灰车

八、静电湿式洗涤除尘器

静电湿式洗涤除尘器荷电方法可以有 4 种情况。

（1）液滴荷电，粒子不荷电，有环境电场　在普通洗涤器中，常常用不同于气体的速度喷射液滴，以造成液滴和含尘气体之间的相对运动。但如果使液滴荷电，并受环境电场的作用，也能产生液滴和气体的相对速度，而除掉气体中的未荷电粒子。这样做优点是相对速度不会从喷射点开始衰减到零，而是达到由流体阻力、粒子电荷和环境电场所决定的稳定值。

（2）液滴荷电，粒子荷电，无环境电场　在这种情况下，粒子由于相反电荷的吸引而被捕集在荷电液滴表面上。因此，液滴表面很像普通电除尘器的收尘电极。显然，如果微粒的电荷密度等于液滴的电荷密度并且极性相反，起作用的就是这种捕集机制。在这里没有净余的空间电荷，因而没有环境电场。

（3）液滴不荷电，粒子荷电，有环境电场　进入气流中的中性液滴受到环境电场的作用而被极化。沿电力线向液滴驱进的荷电粒子被液滴捕获。如果粒子只荷上一种符号的电荷，则它们最初是被捕集在液滴的半个表面上；如果粒子荷电为两种极性，则在整个液滴表面上都捕集粒子。

（4）液滴和粒子荷电并有环境电场　如果既有环境电场，液滴与粒子上又有相反符号的电荷，则液滴捕集粒子可能是由于包括在上述第一、二、三项中的机制的联合作用，在这种情况下，可以使液滴荷上不同符号的电荷，也可以使粒子荷不同符号的电荷。环境电场则用外电极施加，或由空间电荷引起。

静电式洗涤器中产生液滴和使液滴荷电可以分两步进行，也可以一步同时完成。前者一般可先用机械雾化或气力雾化法产生液滴，然后经过像普通电除尘器那样的过程使液滴荷电，后者可采用依靠电力产生带电液滴的方法。

以下是几种静电洗涤除尘器概况。

1. IWS 型洗涤除尘器

这种洗涤器的构造如图 10-17 所示。污染的气体进入洗涤器后，先经过高压电离器（由阴极性放电极和接地极板组成，极板加湿），使粒子荷电，然后进入填料段。填料段由"特利里特"填充而成，在顶部喷水。约大于 $3\sim5\mu m$ 的粒子一般在开头 $10\sim20cm$ 的距离内与填料表面碰撞而被捕集，再由喷的水冲洗掉，流入洗涤器底部的水槽中（洗涤水还能防止静电荷在填料上积聚，使填料保持电气中性状态）。小于 $3\sim5\mu m$ 的粒子则沿着曲折的路线通过填料段。如果在这段曲折路线中细粒子不与填料碰撞，也

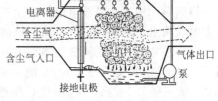

图 10-17　IWS 型洗涤除尘器

很可能因象力吸引而被捕集（与电气中性的液滴或填料表面接近的荷电粒子，在表面上感应极性相反的电荷，然后被它吸住）。

处理风量为 $42500m^3/h$ 的这种洗涤器，尺寸约为 $8.1m$ 长、$2.7m$ 宽、$5.4m$ 高（包括与管道连接的过渡段），使用再循环洗涤水约 $1m^3/min$，需要补充水一般约 $0.2m^3/min$，其外壳用玻璃纤维加强塑料制作，特别适用于处理腐蚀性气体。气体温度最好不要超过大约 $95\sim120℃$，压力降约 $250\sim500Pa$。

这种洗涤器已用于捕集焚烧氯化了的溶剂时排出的硅烷，处理涂料、杀虫剂、农药和其他工业废液焚化炉的排出物，净化石油焦炭煅烧炉排出的气体。其捕集效率约 $60\%\sim90\%$，随不同的应用而变化。把它几级串联可以达到很高的效率。此外，负荷波动对它的效率没有影响。

2. Electro-Dynactor 洗涤除尘器

这种洗涤器如图 10-18 所示。含尘或雾的气体先经电离器使粒子荷电（电离器电压为 $15\sim24kV$ 时，可以使所有粒子都因电场荷电或扩散荷电机制而荷电），然后进入洗涤段，由速度为 $50m/s$ 的水滴把粒子除去。

这种洗涤器不用风机，只需 1 台离心泵。水泵把洗涤液从喷嘴喷出，吸引含尘气体。液体

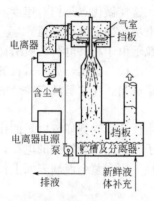

图 10-18 Electro-Dynactor
洗涤除尘器

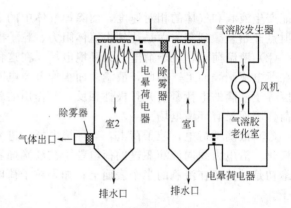

图 10-19 静电湿式洗涤除尘器

向下喷射时在塔内造成紊流，使气、液密切接触。耗水量为 $0.67 \sim 1 m^3/(min \cdot 1000 m^3$ 空气)，水压为 $1.05 \sim 1.75 MPa$，视应用情况而定。电离器每小时用喷射的高压水自动清洗一次，以免设备因积累沉积物而出故障。清洗毕送入热气干燥后运行。液体储槽中设置挡板，是为了减少排气带水。洗涤器可用不锈钢、纤维加强塑料或钛等材料制造，以防酸碱和有机物的腐蚀。

这种洗涤器一般是串联三级使用。对 $0.1 \sim 0.8 \mu m$ 的粒子，捕集效率可达 $96\% \sim 98\%$。其运行耗电量约 $106 kW \cdot h/(1000 m^3 \cdot min)$。

3. 双重荷电洗涤除尘器

这是一种如图 10-19 所示的静电式洗涤器。它在带有接地铜片的矩形入口管道中央水平放置一根圆钢，构成电晕放电段。含尘气体经过这里，使粒子荷电（一般荷负电）。在洗涤器内装有喷嘴喷水，水滴荷正电。荷负电的粒子因电气吸引而被液滴捕集。

在实验室试验，这种洗涤器在不荷电时捕集直径 $0.3 \mu m$ 粒子的效率为 35%，荷电时提高至 87%（试验装置为 $238 m^3/h$ 的双室洗涤器。电晕荷电段电压为 $27000 V$，喷嘴的电压为 $5 kV$。第一室 $1.5 m$ 高，$0.6 m$ 宽，矩形；第二室 $1.1 m$ 高，直径 $0.5 m$，圆形。第一室中设喷嘴 20 个，喷水量 $4.5 L/min$；第二室中设喷嘴 13 个，喷水量 $3.8 L/min$）。它的性能受水气比影响颇大。对一台燃煤锅炉用这种洗涤器做的试验表明，当水气比从 $0.32 L/m^3$ 提高到 $0.76 L/m^3$ 后，总通过率从 3.9% 下降到 1.9%。这种洗涤器的压力降约为 $250 Pa$。

4. 荷电液滴洗涤器

这种洗涤器构造和工作状况如图 10-20 所示。它在捕集粒子的部分有若干平行排列的平板式极板，间隔 $125 \sim 200 mm$。每两块极板之间设置几排（通常为 3 排，也就是 3 级串联，每一级约高 $3m$）水平的喷水管（称为电极）。喷水管上有许多用外径 $1.27 mm$，内径 $0.84 mm$ 的圆管构成的喷嘴，间距约 $2.5 \sim 4.5 cm$。其上加以 $50 \sim 60 kV$ 直流电压，利用电力产生表面荷电的液滴。因为是依靠电力使液体微粒化，故不需高的水压，在电极入口有数十毫米水柱就行了。污染的气体自下而上垂直通过喷雾管和收尘极板之间的电场，荷电液滴以高的恒速（约 $30 m/s$）相对于气体运动，捕集粒子，并把粒子带到极板上，然后连续排入沉降槽。液体澄清后可再循环使用（水的电导率应小于 $1000 m\Omega/cm$，硬度不能超过 200×10^{-6}，pH 值应在 $6 \sim 8$ 范围内）。这种洗涤器的压力降约为 $150 \sim 300 Pa$。处理的气体温度一般以 $150℃$ 为限，如超过此温度，应在洗涤器前先直接用水冷却，降低温度。和普通电除尘器一样，在洗涤器下部气体流入处要设整流板。其供电设备与普通电除尘器同，也设有根据火花率自动控制电压的装置。

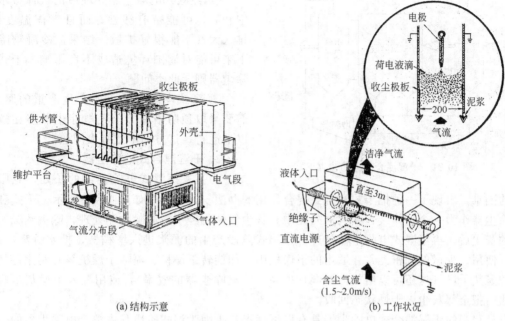

(a) 结构示意　　　　　　　　　　(b) 工作状况

图 10-20　荷电液滴洗涤器

　　这种洗涤器每一级对亚微米粒子的效率为 30%～70%。影响效率最重要的因素是极板间距（更恰当地说，是每单位气体流量的极板面积）。其他条件不变，把间距从 200mm 增加到 260mm，效率即降低 50%。其他如减少供水量，增加气流速度，缩小喷嘴圆管直径，都对除尘效率有不利影响。

九、干湿混合式电除尘器

1. 湿式和干式电除尘器比较

湿式和干式电除尘器各有优缺点。

① 湿式的因为灰尘被水膜捕集，没有尘粒重返气流的问题；又因水是比较好的导电体，没有比电阻大的问题。所以，湿式电除尘器的除尘效率优于同样大小的干式电除尘器；如果保持相同的除尘效率，湿式电除尘器可以做得小些。

② 湿式电除尘器在捕集烟尘的同时还可以把空气中的 SO_2、SO_3、HF、HCl 等有害气体清除一部分。

③ 当处理高温烟气时，最好先把烟气温度降到最经济的水平（温度降低后，烟气体积缩小，电除尘器的尺寸也就随之削减）。如果用喷水来冷却气体，最低的经济温度相当于接近水气饱和的温度。这时采用干式电除尘器可能不适宜，因为有些灰尘会黏结在电极上，致使震打系统不能除去沉积的灰尘。

④ 如果在干式电除尘器前用喷雾冷却塔处理，必须使水完全蒸发。某些情况下，烟气的体积和温度是变化的，这时就需要有精心设计的控制系统，以保持进入电除尘器的气体温度处于相当恒定的水平。这样的蒸发冷却塔及其控制系统花钱比较多。而且用的水必须净化，以免喷嘴堵塞、磨损。至于湿式电除尘器的冷却系统则不需要严格控制。对水的净化要求也不高，通常是在通过沉淀池以后再循环。

⑤ 湿式电除尘器需要有一套供水和泥浆处理系统。虽然可以用循环水，但也要有使水澄清的设备。有时在循环一周期间水温上升很多，还需要设置冷却塔来控制水温。

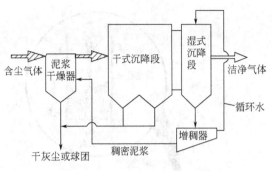

含尘气体　泥浆干燥器　干式沉降段　湿式沉降段　洁净气体　循环水　增稠器　干灰尘或球团　稠密泥浆

图 10-21　干湿混合式电除尘器

⑥ 经湿式电除尘器处理后的气体被水气饱和后，可能带有酸性，而且气体温度低，排入大气不能很好扩散。结果，冷凝物降落下来可能对周围环境造成不良影响。干式电除尘器则无此类问题。

⑦ 湿式电除尘器可能产生严重的腐蚀，需要采取预防措施。干式电除尘器多在露点以上运行，这方面不致有大问题。

2. 干湿混合式电除尘器

为了发挥湿式电除尘器的长处，克服使用中的困难，出现了一种把干式和湿式混合使用的办法。这种办法如图 10-21 所示。干式和湿式电除尘器作为一个整体装在共同的外壳中，含尘气体先经干式电除尘器处理，除去约80％～90％的灰尘后，再经湿式电除尘器处理。在湿式阶段产生的泥浆进入增稠器，把水分离出来，再循环使用。少量的稠密泥浆在适当的干燥机中（如旋转干燥机、喷雾干燥机等）利用待处理气体的显热干燥（这还可以给气体调湿，提高干式电除尘器的效率），或用混入干燥灰尘成球的办法，把全部灰尘以干燥状态回收。

设计得当的干湿混合式电除尘器具有以下优点：①因为湿式阶段只占整个电除尘器的一小部分，而且大量灰尘已被干式电除尘器除掉，所以需要的洗涤水和产生的泥浆减少很多，泥浆处理量大大减轻；②除尘效率比干式的高，而灰尘又以干燥状态回收（因为泥浆量少，容易干燥）；③在湿式阶段还可以除去部分有害气体（电晕放电能提高清除气态污染物的效果，其机制还不很清楚）。

根据推算，当含尘气体排放浓度要达到大约 50mg/m³ 或其以下时，干湿混电除尘器是最经济有效的方法之一。

第三节　旋风复合除尘器

一、旋风惯性除尘器

旋风惯性除尘器是把旋风除尘器和惯性除尘器组合的除尘器，具有旋风和惯性除尘的功能。除尘效率较高，压力损失小，处理气量大。该除尘器适用于净化非纤维状干性粉尘和含尘浓度比较大的场合。

1. 工作原理

旋风惯性除尘器结构尺寸如图 10-22 所示。含尘气体从斜顶板螺旋线进口切向进入除尘器筒体，粗粒粉尘因离心力较大，被甩向筒内壁，随外螺线下降气流落入灰斗内。细小粉尘在靠近芯管附近时可因惯性力作用碰撞在百叶片上，并被反弹至筒体内壁周围，随同粗粒粉尘下降到灰斗，从而增加了捕集细小粉尘的能力。净化后的气体经由芯管和管内的导流叶片排至大气。

在旋风惯性除尘器中，百叶片的高度为芯管直径的 1 倍，其下端与筒体底部相平。在百叶片下端装有锥形出气缩口短管，以减少下降气流与上升气流之间的互相干扰。百叶片结构如图 10-23 所示。以芯管内径 D_1 为基准，旋风惯性除尘器各部分结构尺寸均表示为 D_1 的倍数，见表 10-4。芯管直径则是根据处理气量按管内气速为 7～10m/s 确定的。

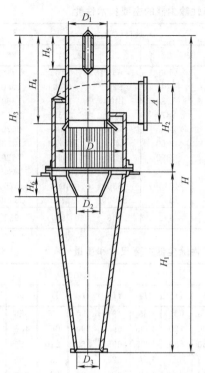

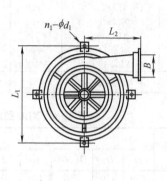

图 10-22 旋风惯性除尘器结构尺寸

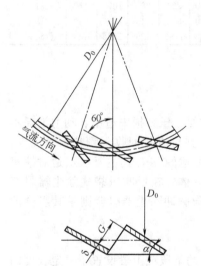

图 10-23 百叶片结构

表 10-4 旋风惯性除尘器结构比例尺寸

项　　目	符　号	尺　寸	备　　注
芯管直径/mm	D_1		管内流速 7～10m/s
筒体直径/mm	D	$1.66D_1$	
筒体高度/mm	H_2	$2.0D_1$	
锥体高度/mm	H_1	$4.0D_1$	
进口宽度/mm	B	$0.42D_1$	进口气速 18～24m/s
进口高度/mm	A	$0.84D_1$	
出气管缩口直径/mm	D_2	$0.6D_1$	
出气管缩口高度/mm	H_6	$0.5D_1$	
排灰口直径/mm	D_3	$0.6D_1$	
百叶片高度/mm		$1.0D_1$	
百叶片宽度/mm		30～40	
百叶片间隙/mm	C	8～12	
百叶片倾角	α	30°	与气流方向夹角
进口管长度/mm	L_2	$1.25D_1$	

2. 技术性能

旋风惯性除尘器系列共有 10 种。筒体直径为 250～1400mm，处理气量为 470～25300m³/h，进口气速以 16～28m/s 为宜。XLD 型旋风惯性除尘器主要技术性能见表 10-5。用于一级净化时可选取较大值，用于初级净化或处理坚硬粉尘可选取较小值。

XLD 型旋风惯性除尘器的主要尺寸见图 10-22 和表 10-6。

表 10-5　XLD 型旋风惯性除尘器的主要技术性能

项　目	型　号	进口气速/(m/s)						
		16	18	20	22	24	26	28
处理气量/(m³/h)	XLD-2.5	470	530	590	650	710	770	820
	XLD-3.0	670	750	830	920	1000	1080	1170
	XLD-3.7	1020	1150	1280	1400	1530	1660	1790
	XLD-4.5	1500	1680	1870	2060	2250	2430	2620
	XLD-5.5	2200	2470	2470	3020	3300	3570	3840
	XLD-6.7	3250	3660	4060	4460	4870	5280	5700
	XLD-8.0	4700	5280	5860	6450	7050	7620	8200
	XLD-9.5	6650	7460	8300	9120	9950	10800	11600
	XLD-11.5	9700	10900	12100	13300	14500	15750	17000
	XLD-14.0	14500	16300	18100	20000	21700	23500	25300
压力损失/Pa	阻力系数 $\xi=2.3$	352	447	552	668	795	933	1082

表 10-6　XLD 型旋风惯性除尘器主要尺寸和质量

型　号	尺　　寸/mm												质量/kg
	D	D_1	D_2、D_3	A	B	H	H_1	H_2	H_3	H_4	H_6	L_1	L_2	
XLD-2.5	250	150	90	130	65	1000	600	835	481	250	75	356	190	30
XLD-3.0	300	180	110	150	75	1190	720	1005	565	290	90	406	220	41
XLD-3.7	370	220	130	190	95	1450	880	1225	685	350	210	476	270	67
XLD-4.5	450	270	160	230	115	1760	1080	1505	820	410	235	556	340	85
XLD-5.5	550	330	200	280	140	2140	1320	1840	984	490	265	656	410	122
XLD-6.7	670	400	240	340	170	2590	1600	2230	1195	590	200	776	500	167
XLD-8.0	800	480	290	400	200	3090	1920	2680	1415	690	240	950	600	222
XLD-9.5	950	570	340	480	240	3670	2280	3180	1680	820	285	1076	710	349
XLD-11.5	1150	690	410	580	290	4430	2760	3850	2030	990	345	1276	860	487
XLD-14.0	1400	840	500	710	355	5380	3360	4685	2445	1180	420	1526	1050	643

注：H_2 均为 200mm，n_1-ϕd_1 均为 4-ϕ13。

二、旋风脉冲袋式除尘器

旋风除尘器结构简单、占地面积小、投资低、操作维修方便、压力损失适中、动力消耗不大，可用各种材料制造，能用于高温、高压及有腐蚀性气体，并可直接回收干颗粒物等优点。旋风除尘器一般用来捕集 $5\sim15\mu m$ 以上的颗粒物，除尘效率可达 80%，其主要缺点是对捕集 $<5\mu m$ 颗粒的效率不高。把旋风除尘器与袋式除尘器组合成一体，在反吹风袋式除尘器早有应用，如 ZC 型回转袋式除尘器，见图 10-24。把旋风除尘器与脉冲除尘器组合则是其组合的另一形式。

1. 除尘器构造

旋风脉冲袋式除尘器是在普通圆筒形脉冲袋式除尘器筒体的下段或上段设置了一定长度的外筒体，使内、外筒体段构成一个相对独立、密封的腔体，并在外筒体上设置切向进风口。旋风脉冲袋式除尘器结构如图 10-25 所示。

2. 工作原理

进入除尘器的含尘气体在内外筒体间产生旋转，气流由直线运动变为圆周运动，沿锥体向下运动，形成外旋气流。含尘气体在旋转过程中产生离心力，将气体中的粉尘尘粒甩向器壁；尘粒一旦与器壁接触，便失去惯性力而在向下的重力作用下沿壁面下落，进入排灰口。外旋气流在锥体部分又形成向上的内旋气流，呈螺旋型向上运动，由出风口排出，其作用相当于普通的旋风除尘器。内筒体底部为袋式除尘器进风口，旋转的进口气流，有利于均匀进气；内筒体

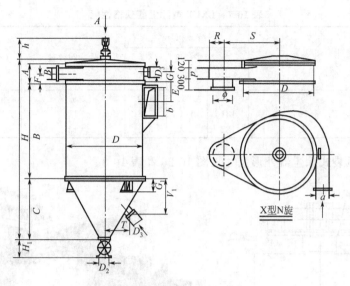

图 10-24　回转袋式除尘器

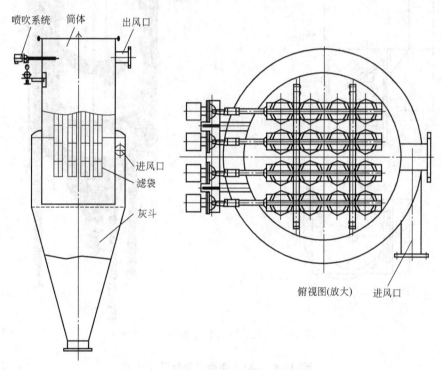

图 10-25　旋风脉冲袋式除尘器结构简图

的阻挡作用，避免了高速气流直接对滤袋的冲击破坏，延长滤袋使用寿命。旋风脉冲袋式除尘器的清灰过程属在线清灰，从滤袋清除下来的粉尘与旋风分离的粉尘一起落入灰斗。

3. LXUE 型旋风袋式除尘器

LXUE 型旋风袋式除尘器入口在除尘器上段，其好处是可以使滤袋清除的粉尘直接落入灰斗，避免与旋风上升气流混合。所以适合用于食品、饲料和木材加工等除尘净化场合。

该除尘器规格性能如下：①滤袋长度 3m、4m、5m 三种规格；②过滤面积 66～304m^2；③处理风量 5000～50000m^3/h；④最高运行温度 130℃；⑤最大负压 5kPa；⑥其他参数见表 10-7。

表 10-7　LXUE 型除尘器规格性能

除尘器型号	滤袋数量	过滤面积/m²			脉冲阀数量	压缩空气耗量 (在 4min 清灰周期时) /(m³/h 自由空气)
		滤袋长度/m				
		3	4	5		
1	55	66	88	110	7	26
2	109	131	174	218	11	41
3	152	182	243	304	13	49

LXUE 型旋风袋式除尘器外形尺寸见图 10-26 和表 10-8。

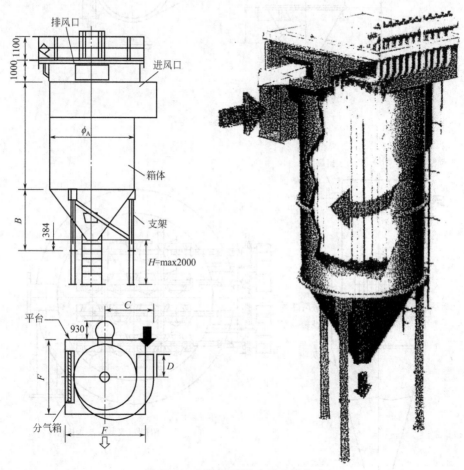

图 10-26　LXUE 型除尘器外形尺寸

表 10-8　LXUE 型除尘器外形尺寸　　　　　　　　　　　单位：mm

除尘器型号	φA	B	C	D	E	F
1	1905	1734	1353	800	1700	2100
2	2405	2167	1703	900	2200	2600
3	2600	2600	2253	1100	2800	3070

三、旋风颗粒层除尘器

1. 工作原理和构成

旋风颗粒层除尘器因其耐高温而被采用，该除尘器由一级和二级净化两部分复合而成。一级净化部分由总进气口、集气室、多个旋风体、排气口、排气管组成；二级净化由烟气入口、过滤床、排气口、滤料清灰切换装置、分离网、集灰仓、卸灰装置及滤料输送斗提机等组成，结构形式见图 10-27。烟气由一级净化总进气口进入集气室，并分别均匀送入多个旋风体。在旋风体旋风分离的作用下，粗颗粒粉尘被分离，落入集灰仓；被初步净化的烟气，经由一级净化排气管进入二级净化集气室。烟气通过集气室自上而下低速层流流动，并沿法线方向进入过滤床，经过滤净化的气体，由排气管和主排风机排入大气。

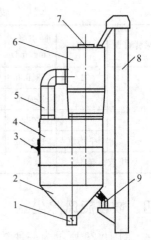

图 10-27　DJLK 除尘器

1—卸灰阀与卸灰管；2—集灰箱；
3—总进气口；4—复合净化箱；
5—一级净化排气管；6—二级
净化集气室；7—总排气口；
8—斗式提升机；9—落滤料管

颗粒过滤床在运行过程中，当阻力达到 2000Pa 左右时，启动滤料清灰切换装置，含粉尘的滤料落入分离网，滤料与粉尘分离，粉尘落入集灰仓，滤料则清灰再生，由专用斗式提升机输送到顶部，经滤料仓重新自上而下形成新的过滤床。

2. 技术特点

该旋风颗粒层除尘器的特点：①耐高温，不需任何冷却装置，工作温度≤350℃时，可连续运行，当烟气温度达 600～800℃时可连续运行不超过 15min；②据颗粒层前后压差变化可控制颗粒床的移动，变固定床为移动床；③设备合理组合，除尘效果明显；④滤料（硅砂、鹅卵石）价廉，耐腐蚀，耐磨损，易再生；⑤动力消耗少，运行费用低，除主排风机外，斗提机耗电仅几千瓦；⑥结构简单，操作维护、滤料再生简便，运行稳定可靠，连续使用 5 年以上；⑦设备紧凑，占地面积小；⑧不产生二次污染。

3. 在冲天炉除尘中的应用

有 9t/h 冲天炉 2 台，共用一套除尘系统，由电动蝶阀切换控制吸风口的投入与否。抽风口设在加料口以上炉壁上，在加料口造成负压，从加料口吸进相当量空气，可使炉气中 CO 充分燃烧，消除 CO 对大气环境的污染，同时也降低了烟气温度。经计算，本系统理论排风量 31770m³/h，工作温度 140℃工况下排风量 44780m³/h，采用 DJLK-25 型除尘器，两台并联，处理风量 25000m³/（h·台）；系统总阻力 4400Pa，选用风机为 5-48-11No12.5D，主轴转速 1450r/min，功率 100kW。系统布置见图 10-28。

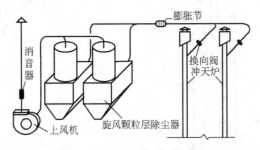

图 10-28　冲天炉除尘系统布置

在实际工况下，经市环境监测站测试，结果见表 10-9。

除尘器进口温度为 120～180℃，风机进口温度＜120℃。

该系统除尘效率为 92.5%，排放浓度为 143.7mg/m³，达到投产时的排放标准环保要求（GB 9078—1996）；管理方便，投资少，占地面积小，不需要降温设施，无复杂的控制系统，是一种高效、节能、实用的除尘设备。

表 10-9　某公司第二铸铁厂 9t/h 冲天炉监测数据

采样日期	频次	除尘前/(mg/m³)	除尘后/(mg/m³)	除尘效率/%	排气量/(m³/h)	烟尘产生量/(kg/h)	烟尘去除量/(kg/h)	烟尘排放量/(kg/h)	烟尘年排放量/t
2000.12.5	1	1886.0	143.0	92.4	28310				
	2	1991.0	143.0	92.8	28349				
	3	1902.0	145.0	92.4	28264				
	平均值	1926.3	143.7	92.5	28308	54.53	50.46	4.07	10.87
排放标准			200						

四、惯性旋风除尘器

图 10-29 所示为一种常见的百叶式气流折转惯性旋风除尘器构造示意。惯性旋风除尘器通常也称为粉尘浓缩器。

它由许多直径逐渐变小的圆锥环构成一个下大上小的百叶式圆锥体，每个环间隙一般不应大于 6mm，以提高气流折转的分离能力。含尘气体从百叶圆锥体底部进入，随着气流的向上运动，约有 90% 以上的含尘气流通过百叶之间的缝隙，然后折转 120°～150° 与粉尘脱离后排出。气流中的粉尘在通过百叶缝隙时，在惯性力的作用下撞到百叶的斜面上，然后反射返回到中心气流中，此部分中心气流约占总气流量的 10%，从而使粉尘得到浓缩。这股浓缩了的气流从百叶式圆锥体顶部引入旋风除尘器（或其他除尘器）中，使粉尘进一步分离，旋风除尘器排出的气体再汇入含尘气流中。这种串联使用的除尘器的总效率可达 80%～90%，阻力为 500～700Pa。

五、母子式旋风除尘器

母子式旋风除尘器实际上是套装式旋风除尘器的发展，只不过旋风除尘器多一些而已。如

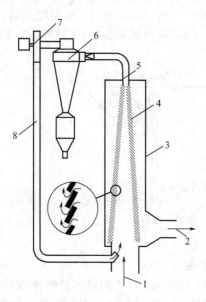

图 10-29　百叶式气流折转惯性除尘器
1—含尘气体入口；2—净气出口；3—惯性除尘器；4—百叶式圆锥体；
5—浓缩气体出口；6—旋风除尘器；7—风机；8—管道

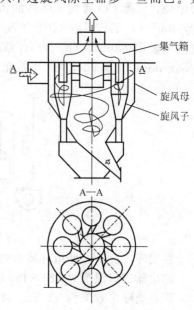

图 10-30　母子式旋风除尘器

图 10-30 所示，母子式旋风除尘器由一个大旋风除尘器和若干小旋风除尘器组成。所有除尘器都有切向入口和旋转出口。小旋风按圆形布置在大旋风体内。其工作原理如下：含尘气流进入旋风母，经一次分离后进入旋风母出气管，出气口上端封死，在旋风母出气管四周均布旋风子进气管，从而保证了各旋风子风压平衡。一次净化后的气流进入各旋风子，气体经二次净化后，各旋风子排气管进入集气箱，然后由总排气管排出旋风器。该母子式的特点是：旋风器效率高、结构紧凑、各旋风器进气量基本相等，但阻力较大。

第四节　其他组合复合除尘器

一、旋转床湿式除尘器

旋转床湿式除尘器是集离心沉降、过滤、机械旋转碰撞、惯性碰撞捕获及扩散、水膜等多种除尘机理于一体的除尘设备。

1. 设备特点

① 除尘性能好。除尘效率可达 99.9% 以上，出口含尘浓度一般 <50% mg/m³，设备压降约在 600~1250Pa 之间。

② 由于旋转床的高速旋转，其泛点明显高于常用的湿式除尘器处理量，操作弹性更大。

③ 旋转床除尘液气比为 0.21L/m³，比任何湿法除尘的液气比都要低，从而减少了后续处理工序的费用和动力消耗。

④ 旋转床湿式除尘器是多种除尘机制结合的设备，对非亲水性粒子也能高效除尘。

2. 结构和工作原理

旋转床结构如图 10-31 所示，其中旋转床的转鼓外径为 320mm，内径为 160mm，所用填料为 T-1 波纹丝网，比表面积为 1200m²/m³，空隙率为 0.97，厚度为 50mm。

当含尘气流从除尘器入口以一定速度进入外腔时，气流将由直线运动变为下行圆周运动和径向运动。含尘气体在旋转过程中，在离心力的作用下，较大的尘粒被甩向器壁被除去。当含尘气体进入旋转床的内腔时，由于旋转床高速旋转使得液体在离心力的作用下于填料间形成比表面很大的液膜和液滴，含尘气体通过填料层孔道时，由于机械旋转碰撞作用和液体捕获作用及填料本身对集尘气体的过滤作用，尘粒被捕集时，旋转的填料又对新液有一个强大的切应力，使液被割成一片片极薄的液膜和细小的液滴，气体和粉尘的通道因填料旋转而不断改变方向，为捕获粉尘微粒提供了良好场所。在强大的离心力场中液体对填料层具有"清洗"作用，使得填料不被堵塞，保持高效率的除尘效果。因此，旋转碰撞、过滤、水膜等多种除尘机制交互作用，从而形成了旋转床的除尘特点。

3. 技术性能

（1）除尘效率　除尘器填料层中存在的液滴及液膜是粉尘捕集的主要因素。粒子在润湿填料上的液滴液膜表面的沉积方式主要有惯性沉降、直接截留和扩散沉降三种形式。随着喷液量的增加，填料的持液量增加，形成的液膜或液滴的必然增多，捕集效率也随之加大，液气比对除尘效率的影响如图 10-32 所示。

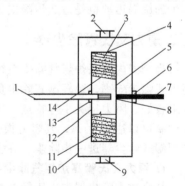

图 10-31　旋转床结构示意

1—进料管；2—气相出口；3—填料；
4—外环板；5—内挡板；6—密封装置；7—轴；8—喷嘴；9—液相出口；
10—外壳；11—转鼓；12—外挡板；
13—密封装置；14—内环板

除尘效率随着转速的提高而增大。其原因是转速增加，由填料层抛出的液滴的速度增加，液滴冲击到旋转床内壁的动能增加，引起液滴自身的反弹和内壁上液膜的飞溅作用增强，使得空腔的液滴数量增多，另外，尘粒的离心力也增大，这些都有利于粉尘的捕集。在填料层中，液滴的直径越小，围绕液滴流动的颗粒的加速度越大，捕集效率就越高。转子的转速增加后，液滴受到的冲击作用增强，粒子分散得更细小。转速对除尘效率的影响如图 10-33 所示。

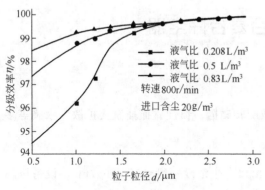

图 10-32　液气比对除尘效率的影响

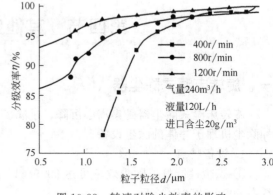

图 10-33　转速对除尘效率的影响

（2）设备压降　从图 10-34 中可以看出，气体总压降随转速的增大而增大。这是因为气流通过填料床层要克服因离心力、气流与填料表面摩擦及因通道面积缩小而引起的动能损失。无论在低气量还是在高气量条件下，气体要克服的离心力随转速的增大而相应增加，但在填料层压降中所占比例较小，而由填料旋转引起的摩擦压降随气量和转速的增加幅度较大，是造成填料层压降随转速增加的主要原因。此外，在转鼓内腔，气体由四周向中心运动，运动速度及方向随气量和转速的变化而变化，产生的旋涡运动也是造成压降损失的原因之一。

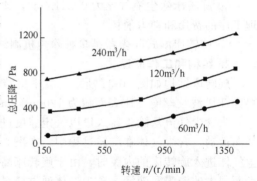

图 10-34　转速对总压降的影响

二、重力文氏管除尘器

当今国内外高炉煤气除尘系统都在朝着节水、增效方向发展，其采取的主要措施是如何提高干式除尘效率，减轻湿式除尘负荷，改进煤气脱水装置等。重力除尘器具有结构简单、除尘效果较好、阻力损失小等特点，被广泛应用在高炉煤气的除尘系统中。一般的重力除尘器，除尘效率可以达到 80%，其阻力损失 50~100Pa。重力除尘之后煤气中尚有 20% 的微尘，一般采用湿式除尘器进一步除尘。许多高炉除尘系统中都配有文氏管除尘器。

1. 重力文氏管高炉煤气除尘器

结合重力除尘器和文氏管湿式除尘设备的结构特点，提出改变重力除尘器的进气方向，并在其内添加文氏管的设计观念。其特点为：①将中心导入管去掉，进气管改在两侧，形成两个旋转气流，气流中的粉尘颗粒会因重力及离心力的作用，从气流中分离出来，经用铁矿粉和铅粉进行实验，侧向进气比顶部进气除尘效率有很大的提高；②将文氏管除尘器移入重力除尘器内，置于重力除尘器中心部位，如图 10-35 所示。

高炉荒煤气从干湿一体高炉煤气除尘器的荒煤气入口 2 进入，先进行重力粗除尘，除掉的粗灰尘由除尘器底部的排灰口 12 排出。经粗除尘的煤气通过除尘器上部的煤气上升管 6，再从文氏管煤气入口 14 进入重砣式文氏管 7。水从进水管 16 进入喷嘴 4，以雾滴形式喷入文氏管，煤气和雾化液滴一起通过旋流板 8，从文氏管出口 9 进入灰泥捕集器 10，灰泥捕集器捕集到的泥浆从捕泥器底部的泥浆排出管 11 排出，洁净的煤气从灰泥捕集器上部的洁净煤气排出管 13 排出。进水管 16 同时作为调节重砣位置的拉杆，拉杆由除尘器顶部的密封圈 15 和文氏管内的固定圈 3 固定。

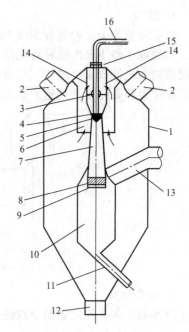

图 10-35　重力文氏管高炉
煤气除尘器

1—除尘器外壳；2—荒煤气入口；3—固定圈；
4—喷嘴；5—重砣；6—煤气上升管；
7—重砣式文氏管；8—旋流板；9—文氏管
出口；10—灰泥捕集器；11—泥浆排出管；
12—排灰口；13—洁净煤气排；14—文氏管
煤气入口；15—密封圈；16—进水管

文氏管除尘器应用很广，主要由文氏管主体、供水装置和气水分离器（也称脱水器）组成。文氏管本体包括收缩管、喉管和扩散管。含尘气体进入收缩管后，由于断面积缩小，管内静压也逐渐转化为动能，使管内气流速度增加。气流进入喉管后，管内静压下降到最低值，然后气流进入渐扩管（扩散管），由于断面积逐渐扩大，管内静压逐渐得到恢复，气流速度就逐渐下降。喉管处通过喷嘴引入洗涤液，喷嘴喷出的洗涤液在高速气流的冲击下，进一步雾化成更小的雾滴。此处气、液、固（尘粒）三相的相对速度很大，使它们得以充分混合，从而增加了尘粒与雾滴碰撞的机会。另一方面，由于洗涤液雾化充分，使气体达到饱和状态，从而破坏了尘粉表面的气膜，使其完全被水汽润湿。当气体进入扩散管后，被润湿的尘粒与雾滴之间以及不同粒径的尘粒或雾滴之间，在不同惯性力的作用下，在相互碰撞接触中凝聚成粒径较大的含尘液滴，这些较粗大的含尘液滴，随气流进入脱水器后，在重力、惯性力、离心力的作用下，从气流中分离出来，从而达到除尘的目的。

文氏管喉管口需能够调节，因干湿一体除尘器的文氏管是装在除尘器内，采用翻板式调节喉口，则增加工程难度，且不易维修，因而采用可以上下移动的重砣调节喉口面积。圆形重砣与圆形文氏管配套，重砣利用进水管作为调节其位置的拉杆，水管下接喷嘴和重砣，在文氏管除尘器后再接一个脱水器，对净化后的气体进行除雾脱水。经过对现存脱水设备的比较后，采用旋流板和重力式脱水器进行复合脱水。

2. 经济效益与应用前景

目前高炉煤气除尘系统占地面积较大，使老厂的生产发展扩容改造受一定限制。如果采用干湿一体高炉煤气除尘器，减少一套文氏管除尘器。不但可减少占地面积，且能节省不少投资费用。按一套文氏管除尘器与重力除尘器的投资比为 4.7：1 来计算，干湿一体高炉煤气除尘器的投资比重力除尘器与双文氏管配合除尘系统减少投资 43.9%，耗水量减少 50%。

重力文氏管高炉煤气除尘器不仅适用于新建高炉，对老钢铁企业的扩建改造优势特殊，其他工业生产的除尘若能采用此种设备也会取得良好的经济效益，因此这种除尘设备具有广阔前景。

三、电磁除尘器

通电使铁上磁，利用磁力捕集气体中的粉尘即可制成电磁除尘器，电磁除尘器具有除尘效率高、结构简单、一次性投资低、压力损失小、可处理中等湿度含尘气体等的优点。

1. 结构

电磁分离除尘试验装置如图 10-36 所示，试验装置由集流器、磁除尘器及风机三大部分组成，电磁除尘器主要由磁种雾化器、磁场及磁场内的聚磁钢毛组成。当激磁电流不大时，磁场强度随激磁电流成正比增加，当电流超过 6.5A 后，磁场强度变化不大，接近 2T（tesla），说明磁除尘器的磁化已达到饱和状态。

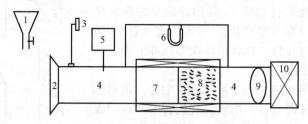

图 10-36 电磁分离除尘试验装置

1—粉尘发射器；2—集流器；3—微压计；4—采样孔；5—磁种雾化器；
6—压差计；7—磁除尘器；8—聚磁钢毛；9—风量调节板；10—风机

2. 除尘机理

磁性粉尘在非均匀磁场中被磁化后可成为一个磁偶极子，作用在该磁性粉尘上的磁力为

$$F = \mu_0 k m H \,\mathrm{grad} H \tag{10-3}$$

式中 F——粉尘在磁场中所受的磁力，N；

μ_0——真空磁导率，$W_b/(m \cdot A)$，$\mu_0 = 4\pi \times 10^{-7} W_b/(m \cdot A)$；

k——粉尘的比磁化系数，m^3/kg；

m——粉尘的质量，kg；

H——粉尘在近磁极端处的磁场强度，A/m；

$\mathrm{grad} H$——磁场梯度，A/m^2。

由上式可知，作用在粉尘上的磁力大小取决于反映粉尘磁性的比磁化系数 k 和反映磁场特性的磁场力 $\mathrm{grad} H$ 以及粉尘的质量。当应用磁分离除去磁性粉尘，由于粉尘的比磁化系数 k 很大，并且西方试验采用高场强（H），以聚磁钢毛置于磁场中干扰磁场产生高梯度（$\mathrm{grad} H$），因此磁性粉尘所受磁场力远大于气流的黏性力，所以磁除尘效率可达 99% 以上。对于非磁性粉尘，粉尘的比磁化系数 k 很小，为了得到较大的磁力，用雾化器将磁种雾状喷入气流中，磁种首先与燃煤粉尘发生异相凝聚，使燃煤粉尘上磁，从而大大提高了燃煤粉尘的比磁化系数 k，加上采用高场强和高梯度，因此粉尘所受的磁力大于气流对粉尘的黏性力。

3. 磁场强度对除尘效率的影响

不同磁场强度下，燃煤粉尘磁场强度与磁除尘效率的关系如图 10-37 所示。

由图 10-37 看出，随着电磁除尘器的磁场强度的增加磁除尘效率增加，这是因为随着磁场强度的增加，聚磁钢毛产生的磁吸引力增大，对粉尘的捕集能力增强。当磁场强度超过 1.8T 后，由于聚磁钢毛已达到磁化饱和状态，因而除尘效率增加不多。所以为提高磁除尘效率，适宜的磁场强度为 1.8T。电磁除尘器的除尘效果是肯定的，问题在于把吸上磁体的粉尘清除下来比较困难，这样会妨碍这种除尘器的连续运行。所以电磁除尘器用于间断生产且风量不大的场合较合适。

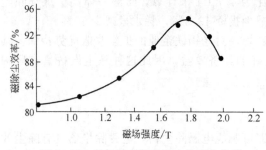

图 10-37 磁场强度与磁除尘效率的关系

四、干湿一体除尘器

干湿一体除尘器见图 10-38，由排气段、内筒、配水段、干灰泄灰管、湿灰管六部分组成。其适用于一般的工业生产除尘，如矿渣、石英、石棉、烟草灰等。

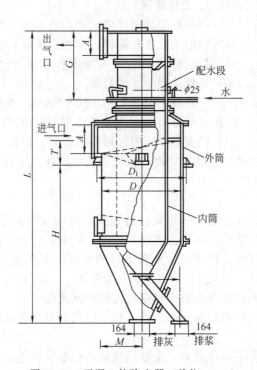

图 10-38　干湿一体除尘器（单位：mm）

1. 工作原理

含尘气体沿切线方向以 18～22m/s 的流速从进气口进入除尘器内，形成旋转气流，由于离心力的作用，把尘粒甩向器壁并旋转向下，部分尘粒落入灰斗，从排灰口排出，小部分气流进入内筒，并旋转进入内筒锥体，同配水段喷下来的水一起经湿式泄灰管排出机体，净气由内筒经排气管排出。

2. 技术性能

根据处理气体量的不同，设计有 6 种规格，技术性能见表 10-10。

表 10-10　干湿一体除尘器技术性能

型号	入口风速 /(m/h)	风量 /(m³/h)	用水量 /(L/m³)	阻力 /Pa	除尘效率/%	外表尺寸 $D \times L$ /mm
φ558	18～22	1500～1835	0.2～0.3	650～950	90～95	558×2403
φ805	18～22	3000～3670	0.15～0.22	650～950	90～95	805×3457
φ985	18～22	4500～5500	0.12～0.18	650～950	90～95	985×4328
φ1130	18～22	6000～7350	0.1～0.15	650～950	90～95	1130×4868
φ1270	18～22	7500～9175	0.095～0.14	650～950	90～95	1270×5440
φ1345	18～22	8500～10400	0.09～0.13	650～950	90～95	1345×5783

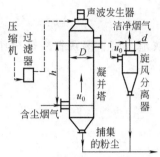

图 10-39　声波除尘装置

u_0—塔内烟气速度；h—声波
的作用高度；h/u_0—滞留时间

五、声波除尘器

声波除尘器是利用声波具有凝并粉尘的原理进行除尘的复合式除尘器。

1. 工作原理

声波除尘器的除尘过程，是声波发生器产生的声波促使含尘烟气中的尘粒互相碰撞、接触而凝并，由于凝并，原来大小不一的尘粒逐渐并聚为较大的颗粒，在经过分离器时尘粒被分离出来，从而达到除尘的目的。

声波除尘装置如图 10-39 所示，由声波发生器、凝并塔和分离器三部分组成。声波除尘装置中的微粒，因下述作用而凝并：①粒径大小不同引起振幅的差异，以使尘粒相互碰撞、接触而凝并；②尘粒间的烟气由于振动产生相对速度，根据伯努利定理，压力就会下降，尘粒便互相吸引而凝并。

2. 结构和性能

(1) 声波发生器　声波发生器有警笛式、号笛式、电动气动式等几种形式。对 $1\mu m$ 左右的微粒，需要数千赫以上的频率，声场强度通常为 $0.1W/cm^2$（150dB）。

(2) 凝并塔　在凝并塔中，把声波对处理烟气的作用时间称为滞留时间，通常为 $3\sim5s$。烟气湿度越高凝并效果越好，可在 $800℃$ 以下、含尘量为 $1\sim5g/m^3$ 范围内使用。含尘量大时，用第一级除尘装置作预处理，而含尘量小时则吹入辅助凝聚液。

(3) 分离器　分离器一般采用旋风除尘器，越是使用高效能分离器，声波除尘装置的除尘率也越高。

声波除尘器的性能取决于多种因素，主要是选取符合烟尘性质的声波频率和容量，恰当的烟气速度和停留时间，以及性能较好的分离器。在具备这些条件后，则能获得较高的除尘效率。但是由于这种除尘器噪声大、耗能多、效率低，所以未能推广应用。

六、超声波雾化除尘装置

超声波雾化装置利用压缩空气和水作为抑尘介质，其雾化抑尘过程为：当一定压力的空气进入喷头的文氏管腔体，通过高压空气喷头进行压缩并吸入水，文氏管因超音速产生音爆，通过超声波的机械效应、热效应、声空化等效应的共同作用下，将水高度雾化，"爆炸"成千百万个 $1\sim10\mu m$ 大小的水雾颗粒，压缩空气通过喷头共振室将水雾颗粒以低速的雾状方式喷射到粉尘发生点，使粉尘聚结而坠落，从而达到抑尘目的。这种抑尘技术适用于工业原料系统的破碎、筛分、皮带运输机转运点等粉尘细、扬尘大的产尘点。

1. 装置主要组成

(1) 气源供给系统　包括空气压缩机和储气罐。空气压缩机的作用是为超声波雾化除尘装置提供标准气源；储气罐将压缩空气储存起来，以便满足喷雾时的瞬间用气量。

(2) 水源供给系统　包括立式离心泵、水过滤器等。立式离心泵是为了满足设备所要求的水流量要求；水过滤器是为了过滤掉水中的杂质，防止喷头堵塞。

(3) PLC 水、气控制箱　PLC 水、气控制箱是将水、气过滤后，以设定的气压、水压、气流量、水流量按开关程序控制电磁阀打开或关闭，经管道输送到喷雾器总成中去，实现喷雾抑尘。它由电控系统、多功能控制系统、流量控制系统组成。安装在 IP55 标准的箱体内，有进气管接口 1 个，进水管接口 1 个，出气管接口 2 个，出水管接口 2 个。面板上有文本显示器、气、水压力表和电控系统。电控系统是集合了可编程控制器、保护电路、继电器以及与它们相关的元器件。为用户提供自动和手动两种操作模式。

（4）喷雾器总成 接收由 PLC 水、气控制箱输送来的气、水并将其转化成颗粒直径为 $1\sim10\mu m$ 的干、烟雾喷射出去，并按 PLC 水、气控制箱的控制指令喷向抑尘点。

（5）水气连接管线 将 PLC 水、气控制箱、喷雾器总成、空气压缩机、压缩空气储气罐、水源等用不同管径的热浸锌钢管按要求连接起来。

（6）电伴热及保温系统 电伴热系统分布在 PLC 水、气控制箱、喷雾器总成及水、气管路上，当环境温度低于 $+5℃$ 时启动。

2. 超声波雾化除尘装置的流程

废石仓下粉尘污染严重分析主要原因为电振给料机在排料过程中，由于强烈震动及废石渣在下落过程中，不同粒径的粉尘受空气阻力影响，下落速度不同，细微的粉尘从料流中分

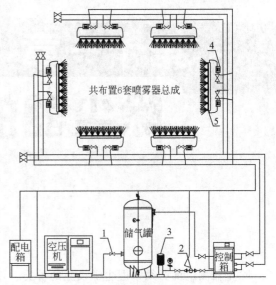

图 10-40 超声波雾化除尘装置流程
1—截止阀；2—水过滤器；3—立式离心泵；
4—电磁阀；5—喷雾器总成

离出来，在强烈的冲击气流作用下飘扬开来，致使扬尘非常严重。针对产尘原因，在下料口安装 6 套喷雾器总成，将整个产尘区域包围起来，并使喷嘴指向物料落点位置及车厢内，将形成的反冲气流压盖住，使水雾与粉尘颗粒高度结合无法外逸。其装置流程如图 10-40 所示，当电振给料机启动后，在联锁系统作用下，超声浓雾化除尘装置同步开始工作，水、气由 PLC 控制箱进入喷雾器总成，从而实现喷雾。

此装置对供水、供气有一定的技术质量要求。干线供水要求，压力 $0.4\sim0.6MPa$；悬浮物 $\leqslant50mg/L$；pH 值为 $6.5\sim8.5$；水硬度 $\leqslant450mg/L$；氯化物 $\leqslant250mg/L$。干线供气要求：压力 $0.6\sim0.8MPa$；固体颗粒最大直径 $\leqslant1\mu m$；空气中所含的灰尘量 $\leqslant1.0mg/m^3$；含油率 $\leqslant0.6mg/m^3$。

3. 应用效果

在应用过程中，废石仓排料过程所产生的扬尘得到了有效抑制，并且效果显著，平均除尘效率达 90% 以上，厂区环境得到了明显改善，数据如表 10-11 所列。

表 10-11　废石仓 0m 处粉尘浓度

测试编号	投入使用前/(mg/m³)	投入使用后/(mg/m³)	除尘效率/%
1	173	12	93.1
2	180	18	90.0
3	169	11	93.5
4	171	13	92.4
5	178	15	91.6
平均	174.2	13.8	92.12

通过应用超声波雾化除尘装置，发现它仅使用少量的水就可形成浓密的水雾，对扬尘能起到强力抑制作用。它是一种高效、节能、易于操作、便于维护的新型除尘装置，具有良好的应用前景。

第十一章

除尘器的性能测定

除尘器测定前必须掌握尘源设施的种类、规模、粉尘的性质以及除尘器运行状况。除尘器的性能测定包括基本性能如气体参数、除尘效率、设备阻力、漏风率以及耗能指标等。

第一节　除尘器的测试项目和条件准备

除尘器的测试项目包括基本项目和不同除尘器的特殊项目。除尘器测试前要进行必要的准备，为科学可行的测试奠定基础。

一、测试项目

1. 通用测试项目

测试的基本项目有以下几方面：①处理气体的流量、温度、压力、湿度、露点；②处理气体和粉尘的性质；③除尘器入口含尘浓度和出口含尘浓度；④除尘效率和通过率；⑤压力损失；⑥除尘器的气密性或漏风率；⑦除尘器输排灰方式及输排灰装置的容量；⑧除尘器本体的保温、加热或冷却方式；⑨按照其他需要，还有风机、电动机、空气压缩机等的容量、效率及特定部分的内容等。

2. 不同类型除尘器的测定项目

不同类型除尘器的测定项目如下：

① 重力除尘器：基本流速及其他。

② 惯性除尘器：换向角度、换向次数、基本流速、灰斗形状和大小。

③ 旋风除尘器：a. 离心分离的基本参数，包括直径（外筒内径及内上径）、高度、基本流速；b. 旋风除尘器的级数、台数、形式；c. 灰斗的形状、大小及卸灰阀形式，有无漏风等。

④ 湿式除尘器：a. 洗涤液的种类；b. 液体量，包括洗涤液的流量和压力、补充液的流量和压力、保存液量、液气比等；c. 基本流速，包括气液的分离方式、废水的处理方法及其他。

⑤ 空气过滤器：a. 容量，包括过滤面积、阻力、容尘量及处理气量；b. 滤材，包括滤料的材质、允许使用温度。

⑥ 袋式除尘器：a. 容量，包括过滤面积、设备阻力、过滤速度及处理气体量；b. 滤布，包括滤布的材质、滤布的织法、尺寸、滤袋条数及允许使用温湿度的范围；c. 清灰方法、漏风率及其他。

⑦ 静电除尘器：a. 电场数；b. 极板的断面形状、尺寸，通道数，极间距；c. 极线的断面形状、尺寸和根数；d. 供电设备的容量、台数和供电系数，整流方式，控制方式，运行电流、电压；e. 振打装置及气流分布装置；f. 处理气体的调质方式、湿式除尘器的供水压力、流量及其他。

如上所述，这些设计参数都是影响除尘器性能的因素。按照设计条件制造、安装、运转后需要检查是否符合设计条件，即制造厂进行自检，用户进行验收。在这种情况下，对于整机配件性能的检查（包括合格证及易损件）应在除尘器安装之前完成，检查除尘器性能时应重视除尘效率，以满足规定的排放标准。

二、测定与运转的条件

1. 测试条件选择原则

选择原则主要包括：①测试条件应符合生产正常的工况条件和净化系统稳定运行的条件；②测定位置具有代表性和合理性，它能反映真实的运行工况；③测定工作要安全、可靠，避免可能发生的事故。

测定是在污染源设施和净化系统运转条件下进行的。为了保证两者都能连续正常运转，操作人员应采取适当的措施，充分考虑在测试过程中因生产或除尘设备故障而不能进行准确测定的状况；同时需要从生产安全方面采取安全措施，防止发生人身或设备事故。

2. 选定测定时间

测试的时间必须选择在生产和净化设施正常工况条件下进行。当生产工况出现周期性时，测试时间至少要多于 1 个周期的时间，一般选择 3 个生产周期的时间。

对验收测试时期（稳定时期）应在运转后经过 1～3 个月以上时间进行；除尘系统，机械除尘为 1 周～1 个月进行测试；采用电除尘时 1～3 个月进行测定。对袋式除尘而言，都把稳定运行期定为 3 个月以上。

3. 测定地点的安全操作

除尘系统是根据尘源设施的种类和规模设计的，对于大规模的尘源设施，除尘设备也非常大，测定地点几乎都是在高处；在高处进行测定，必须考虑安全性和可操作性，保证在高处亦能顺利而安全地进行操作。

① 升降设备要有足够的强度。操作平台的宽度、强度以及安全栏杆（高度＞1.15m）应符合安全要求。

② 在测定操作中，要防止金属测定仪器与用电电线接触，以免引起触电事故。

③ 要防止有害气体和粉尘造成的危害。

④ 测定用仪器、装置所需要的电源形状和插座的位置、测定仪器的安放地点均应安全可靠，保证测定操作不发生故障。

三、测定位置和测定点

1. 测定位置

选测定位置时，在不影响测定精度和设备性能的范围内尽可能把测定位置选择得靠近机体。测定管道时，测定位置要避开管道的弯曲部位和断面形状急剧在此变化的部位。

测尘时采样位置应选择在垂直管道段，并避开烟道弯曲和断面剧变部位。采样位置应设置在距弯头、阀门、变径管下游方向不小于 4～6 倍直径、距上述部件上游方向不小于 2～3 倍直径处。对矩形烟道，其当量直径 $D=2AB(A+B)$，式中 A、B 为边长。

但对于气态污染物，由于混合比较均匀，其采样位置可不受上述规定限制，但应避开涡流区；如果同时测定排气流量，采样位置仍按测尘时位置。

2. 测定平台

采样平台为检测人员采样设置，应有足够的工作面积使工作人员安全、方便地操作。平台面积应不小于 $1.5m^2$，并设有 $1.15m$ 高的防护栏杆，采样孔距平台面约为 $1.2\sim1.3m$。

3. 采样孔

在选定的测定位置上开设采样孔，采样孔内径应不小于 $80mm$，采样孔管长应不大于 $50mm$；不使用时应用盖板、管堵或管帽封闭（见图 11-1～图 11-3）。当采样孔仅用于采集气态污染物时，其内径应不小于 $40mm$。

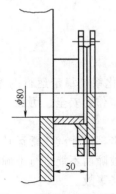
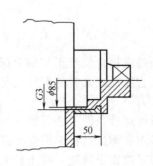
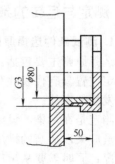

图 11-1　带有盖板的采样孔　　　图 11-2　带有管堵的采样孔　　　图 11-3　带有管帽的采样孔
（单位：mm）　　　　　　　　　（单位：mm）　　　　　　　　　（单位：mm）

对正压下输送高温或有毒气体的烟道应采用带有闸板阀的密封采样孔（见图 11-4）。

对圆形烟道，采样孔应设在包括各测定点在内的互相垂直的直线上（见图 11-5）；对矩形或方形烟道，采样孔应设在包括各测定点在内的延长线上（见图 11-6、图 11-7）。

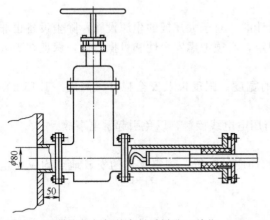
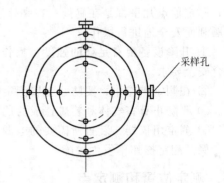

图 11-4　带有闸板阀的密封采样孔（单位：mm）　　　　图 11-5　圆形断面的测定点

设在管道壁面上的测定孔在不进行测定时，通常用适当的孔盖将测定孔密闭。测定孔设在高处时，测定孔中心线应放在比站脚平台约高 $1.5m$ 位置上；站脚平台有手扶栏杆时，测定孔的位置一定要高出栏杆。

四、测定断面和测点数目

1. 圆形烟道

将烟道分成适当数量的等面积同心环，各测点选在各环等面积中心线与呈垂直相交的两条

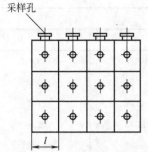

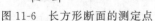

图 11-6　长方形断面的测定点

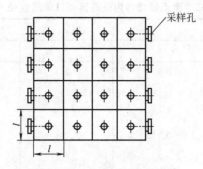

图 11-7　正方形断面的测定点

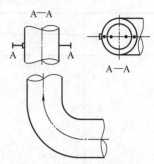

图 11-8　圆形烟道弯头后的测点

直径线的交点上，其中一条直径线应在预期浓度变化最大的平面内，如当测点在弯头后，该直径线应位于弯头所在的平面 A-A 内（见图 11-8）。

对符合要求的烟道，可只选预期浓度变化最大的一条直径线上的测点。对直径小于 0.3m、流速分布比较均匀、对称并符合要求的小烟道，可取烟道中心作为测点。

不同直径的圆形烟道的等面积环数、测量环数及测点数见表 11-1，原则上测点不超过 20 个。

此外，当管道直径超过 5m 时，每个测定点的管道断面积不应超过 1m²。这时，根据式（11-1）决定测定点的位置。

表 11-1　圆形烟道分环及测点数的确定

烟道直径/m	等面积环数	测量直径数	测点数
<0.3			1
0.3~0.6	1~2	1~2	2~8
0.6~1.0	2~3	1~2	4~12
1.0~2.0	3~4	1~2	6~16
2.0~4.0	4~5	1~2	8~20
4.0~5.0	5	1~2	10~20

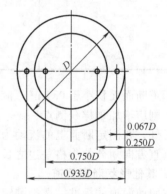

图 11-9　采样点距烟道内壁距离

$$\gamma_n = R\sqrt{\frac{2n-1}{2Z}} \tag{11-1}$$

式中　γ_n——测定点距管道中心的距离，m；

　　　R——管道半径，m；

　　　n——半径序号；

　　　Z——半径划分数。

测点距烟道内壁的距离见图 11-9，按表 11-2 确定。当测点距烟道内壁的距离小于 25mm 时，取 25mm。

2. 矩形或方形烟道

将烟道断面分成适当数量的等面积小块，各块中心即为测点，小块的数量按表 11-3 的规定选取；原则上测点不超过 20 个。

表 11-2　测点距烟道内壁距离（以烟道直径 D 计）

测点号	环　数				
	1	2	3	4	5
1	0.146	0.067	0.044	0.033	0.026
2	0.854	0.250	0.146	0.105	0.082
3		0.750	0.296	0.194	0.146
4		0.933	0.704	0.323	0.226
5			0.854	0.677	0.342
6			0.956	0.806	0.658
7				0.895	0.774
8				0.967	0.854
9					0.918
10					0.974

表 11-3　矩（方）形烟道的分块和测点数

适用烟道断面积 S/m^2	断面积划分数	测定点数	划分的小格一边长度 L/m
<1	2×2	4	≤0.5
1～4	3×3	9	≤0.667
4～9	3×4	12	≤1
9～16	4×4	16	≤1
16～20	4×5	20	≤1

烟道断面面积小于 $0.1m^2$，流速分布比较均匀、对称并符合要求的，可取断面中心作为测点；否则应增加采样线测点。

另外，在测定断面上的流动为非对称时，按非对称方向划分的小格一边之长应比按与此方向相垂直方向划分的小格一边之长小一些，相应地增加测定点数。

3. 其他形状断面管道

按照前两项的标准，选择测定点。

在决定测定点时，还应调查粉尘堆积在管道内部的状况和固结在管壁上的状况。在确定粉尘堆积状态达到稳定之后，决定含尘气体流道的几何形状，并按上述方法决定测定点。

第二节　除尘器气体参数的测定

除尘器气体参数测定内容包括气体的压力、流量、温度、湿度和含尘浓度等，其中压力和流量的测定很重要，必须给予充分注意。

一、气体温度的测定

测定温度时，测点应选在靠近测定断面的中心位置上，常用测温仪表如表 11-4 所列。在各测定点上测定温度时，将测得的数值 3～5 次以上取其平均值。

表 11-4　常用测温仪表

仪　表　名　称		测温范围/℃	误差/℃	使用注意事项
玻璃温度计	内封酒精	0～100	<2	适合于管径小、温度低的情况,测定时至少稳定5min,温度稳定后方可读数
	内封水银	0～500		
热电偶温度计	镍铬-康铜	0～600	<±3	用前需校正,插入管道后,待毫伏计稳定再读数;高温测定时,为避开辐射热干扰,最好将热电偶导线置于烟气能流动的保护套管内
	镍铬-镍铝	0～1300		
	铂铑-铂	0～1600		
铂热电阻温度计		0～500	<±3	用前需校正,插入管道后指示表针稳定后再读数

二、气体含湿量的测定

在除尘系统与除尘器中,气体中水分含量的测定有三种方法,即冷凝法、干湿球法和重量法。

1. 冷凝法

(1) 原理　由烟道中抽取一定体积的排气使之通过冷凝器,根据冷凝出来的水量,加上从冷凝器排出的饱和气体含有的水蒸气量,计算排气中的水分含量。

(2) 测定装置及仪器　冷凝法测定排气中水分含量的采样系统如图11-10所示,它由烟尘采样管、冷凝器、干燥器、温度计、真空压力表、转子流量计和抽气泵等部件组成。

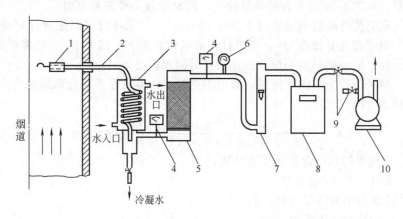

图 11-10　冷凝法测定中排气水分含量的采样系统
1—流筒;2—采样管;3—冷凝器;4—温度计;5—干燥器;6—真空压力表;
7—转子流量计;8—累积流量计;9—调节阀;10—抽气泵

① 烟尘采样管。采用不锈钢制成,内装滤筒,用于除去排气中的颗粒物。

② 冷凝器。由不锈钢制作,用于分离、储存在采样管、连接管和冷凝器中冷凝下来的水。冷凝器总体积不小于5L冷凝管(ϕ110mm×1mm) 有效长度不小于1500mm,储存冷凝水容器的有效容积应不小于100mL,排放冷凝水的开关严密不漏气。

③ 温度计。精确度应不低于2.5%,最小分度值应不大于2℃。

④ 干燥器。用有机玻璃制作,内装硅胶,其容积应不小于0.8L,用于干燥进入流量计的湿烟气。

⑤ 真空压力表。精确度应不低于4%,用于测定流量计前气体压力。

⑥ 转子流量计。精确度应不低于2.5%。

⑦ 抽气泵。当流量为 40L/min，其抽气能力应能克服烟道及采样系统阻力。当流量计装置放在抽气泵出口端时，抽气泵应不漏气。

⑧ 量筒 10mL。

（3）测定步骤　将冷凝器装满冰水，或在冷凝器进、出水管上接冷却水。

将仪器按图 11-10 所示连接检查系统是否漏气，如发现漏气，应分段检查、堵漏，直至满足检漏要求。

流量计量装置放在抽气泵前，其检漏方法有两种：一是在系统的抽气泵前串一满量程为 1L/min 的小量程转子流量计，检漏时，将装好滤筒的采样管进口（不包括采样嘴）堵严，打开抽气泵，调节泵进口处的调节阀，使系统中的压力表负压指示为 6.7kPa，此时小量程流量计的流量如不大于 0.6L/min 则视为不漏气；二是检漏时，堵严采样管滤筒来处进口，打开抽气泵，调节泵进口的调节阀，使系统中的真空压力表负压指示为 6.7kPa；关闭接抽气泵的橡皮管，在 0.5min 内如真空压力的指示值下降不超过 0.2kPa，则视为不漏气。

在仪器携往现场前，已按上述方法进行过检漏的，现场检漏仅对采样管后的连接橡皮管到抽气泵段进行检漏。

流量计量装置放在抽气泵后的检漏方法：在流量计量装置出口接一三通管，其一端接 U 形压力计，另一端接橡皮管；检漏时，切断抽气泵的进口通路，由三通的橡皮管端压入空气，使 U 形压力计水柱压差上升到 2kPa，堵住橡皮管进口，如 U 形压力计的液面差在 1min 内不变，则视为不漏气。抽气泵前管段仍按前面的方法检漏。

打开采样孔，清除孔中的积灰。将装有滤筒的采样管插入烟道近中心位置，封闭采样孔。

开动抽气泵，以 25L/min 左右的流量抽气，同时记录采样开始时间。

抽取的排气量应使冷凝器中的冷凝水量在 10ml 以上。采样时每隔数分钟记录冷凝器出口的气体温度 t_v、转子流量计读数 Q'_r，流量计前的气体温度 t_r、压力 P_r 以及采样时间 t。如系统装有累积流量计，应记录开始采样及终止采样时的累积流量。

采样结束，将采样管出口向下倾斜，取出采样管，将凝结在采样管和连接管内的水倾入冷凝器中，用量筒测量冷凝水量。

$$X_{sw} = \frac{461.8(273+t_r)G_w + P_v V_e}{461.8(273+t_r)G_w + (B_a + P_r)V_a} \times 100 \tag{11-2}$$

式中　X_{sw}——排气中的水分含量体积百分数，%；

$\quad B_a$——大气压力，Pa；

$\quad G_w$——冷凝器中的冷凝水量，g；

$\quad P_r$——流量计前气体压力，Pa；

$\quad P_v$——冷凝器出口饱和水蒸气压力（可根据冷凝器出口气体温度 t_v 从空气饱和时水蒸气压力表中查得），Pa；

$\quad t_r$——流量计前气体温度，℃；

$\quad V_a$——测量状态下抽取烟气的体积，L，$V_a \approx Q'_r t$；

$\quad Q'_r$——转子流量计读数，L/min；

$\quad t$——采样时间，min。

2. 干湿球法

（1）原理　使气体在一定速度下流经干、湿球温度计。根据干、湿球温度计读数和测点处排气的压力，计算出排气的水分含量。

（2）测量装置及仪器　干湿球法采样装置见图 11-11。

（3）测定步骤　检查湿球温度计的湿球表面纱布是否包好，然后将水注入盛水容器中。干湿球温度计，其精确度不应低于 1.5%；最小分度值不应大于 1℃。

打开采样孔，清除孔中的积灰。将采样管插入烟道中心位置，封闭采样孔。当排气温度较低或水分含量较高时，采样管应保温或加热数分钟后，再开动抽气泵，以 15L/min 流量抽气；当干、湿球温度计温度稳定后，记录干、湿球温度和真空压力表的压力。

（4）计算　排气中水分含量按下式计算。

$$X_{sw} = \frac{P_{bv} - 0.00067(t_c - t_b)(B_a + P_b)}{B_a + P_s} \times 100\%$$

(11-3)

式中　P_{bv}——温度为 t_b 时饱和水蒸气压力，根据 t_b 值由空气饱和时水蒸气压力表中查得，Pa；

t_b——湿球温度，℃；

t_c——干球温度，℃；

P_b——通过湿球温度计表面的气体压力，Pa；

P_s——测点处排气静压，Pa。

3. 重量法

（1）原理　由烟道中抽取一定体积的排气，使之通过装有吸湿剂的吸湿管，排气中的水分被吸湿剂吸收，吸湿管的增重即为已知体积排气中含有的水分量。

（2）采样装置及仪器　重量法测量排气中水分含量的装置见图 11-12，其主要组成为头部带有颗粒物过滤器的加热或保温的气体采样管、U 形吸湿管（见图 11-13）或雪菲尔德吸湿管（见图 11-14）以及内装氯化钙或硅胶等吸湿剂。真空压力表的精确度应不低于 4%，温度计的

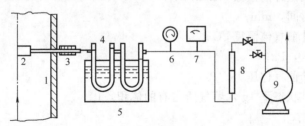

图 11-12　重量法测定排气水分含量装置

1—烟道；2—过滤器；3—加热器；4—吸湿管；5—冷却槽；
6—真空压力表；7—温度计；8—圈子流量计；9—抽气泵

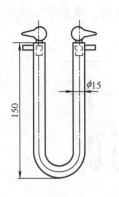

图 11-13　U 形吸湿管（单位：mm）

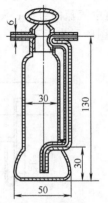

图 11-14　雪菲尔德吸湿管（单位：mm）

精确度应不低于 2.5%，最小分度值应不大于 2℃；转子流量计的精确度应不低于 2.5%。测量范围 0～1.5L/min。抽气泵的流量为 2L/min 时，抽气能力应克服烟道及采样系统阻力。当流量计量装置放在抽气泵出口端时，抽气泵应不漏气。天平的感量应不大于 1mg。

（3）准备工作　将粒状吸湿剂装入 U 形吸湿管或雪菲尔德吸湿管内，并在吸湿管进、出口两端充填少量玻璃棉，并闭吸湿管阀门，擦去表面的附着物后，用天平称重。

（4）采样步骤　将仪器按图 11-12 连接并检查系统是否漏气。检查漏气的方法是将吸湿管前的连接橡皮管堵死，开动抽气泵，至压力表指示的负压达到 13kPa 时，封闭连接抽气泵的橡皮管，如真空压力表的示值在 1min 内下降不超过 0.15kPa 则视为系统不漏气。

将装有滤料的采样管由采样孔插入烟道中心后，封闭采样孔对采样管进行预热。

打开吸湿管阀门，以 1L/min 流量抽气，同时记下采样开始时间。采样时间视排气的水分含量大小而定，采集的水分量应不小于 10mg。

记下流量计前气体的温度、压力和流量计读数。采样结束，关闭抽气泵，记下采样终止时间，关闭吸湿管阀门，取下吸湿管擦净外表附着物称重。

（5）计算　气体中水分含量按下式计算。

$$X_{sw} = \frac{1.24 G_m}{V_d \left(\dfrac{273}{273+t_r} \times \dfrac{B_a+B_r}{101300} \right) + 1.24 G_m} \times 100\% \qquad (11-4)$$

式中　　X_{sw}——气体中水分含量的体积百分数，%；

　　　　G_m——吸湿管吸收的水分质量，g；

　　　　V_d——测量状况下抽取的干气体体积，L，$V_d \approx Q'_r t$；

　　　　Q'_r——转子流量计的读数，L/min；

　　　　　t——采样时间，min；

　　　　t_r——流量计前气体温度，℃；

　　　　B_a——大气压，Pa；

　　　　B_r——流量计前气体压力，Pa；

　　1.24——在标准状态下 1g 水蒸气所占有的体积，L。

三、气体压力的测定

1. 测定原理

测量气体的压力应在气流比较稳定的管段进行，所谓平稳的管段应该是离开弯头、三通、变径管阀门等影响气流流动的管段。测试中需测定气体的静压、动压和全压，测全压的仪器孔口要迎着管道中气流的方向；测静压的孔口应平行于气流的方向。风道中气体压力的测量如图 11-15 所示，图中示出了动压、静压、全压的关系。

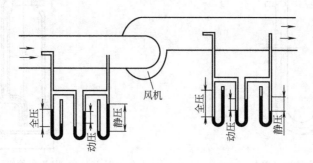

图 11-15　风道中气体压力的测量

如图 11-15 所示，用 U 形压力计测全压和静压时，另一端应与大气相通，因此压力计上读出的压力实际上是风道内气体压力与大气压力之间的压差（即气体相对压力）。大气压力一般用大气压力表（即巴罗表）测定。

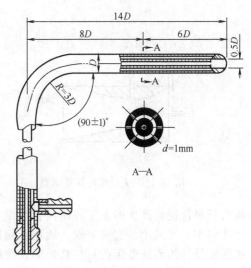

由于全压等于动压和静压的代数和，故可只测其中两个值，另一值通过计算求得。

2. 测定仪器

气体压力（静压、动力和全压）的测量通常是用插入风道中的测压管将压力信号取出，在与之连接的压力计上读出，取信号的仪器是皮托管，读数的仪器是压力计。

（1）标准和 S 形皮托管　标准皮托管的结构见图 11-16，它是一个弯成 90°的双层同心圆形管，正前方有一开孔，与内管相通，用来测定全压。在距

图 11-16　标准皮托管的结构

前端 6 倍直径处外管壁上开有一圈孔径为 1mm 的小孔，通至后端的侧出口，用于测定排气静压。

按照上述尺寸制作的皮托管其修正系数为 0.99 ± 0.01；如果未经标定，使用时可取修正系数 K_p 为 0.99。

标准型皮托管的测孔很小，当烟管内颗粒物浓度大时，易被堵塞。因此这种皮托管只适用于试验室或除尘器的清洁的管道中使用。

S 形皮托管的结构见图 11-17，它是由 2 根相同的金属管并联组成。测量端有方向相反的两个开口；测定时，面向气流的开口测得的压力为全压，背向气流的开口测得的压力小于静压。按照图 11-17 设计要求制作的 S 形皮托管，其修正系数 $K_p=0.84\pm0.01$。制作尺寸与上述要求有差别的 S 形皮托管的修正系数需进行校正，其正、反方向的修正系数相差应不大于 0.01。S 形皮托管的测压孔开口较大，不易被颗粒物堵塞，且便于在厚壁烟道中使用。S 形皮托管在使用前需在试验风洞用标准皮托管进行校正，其动压校正系数为

$$P_{ps}=\sqrt{\frac{P_{dN}}{P_{ds}}}\tag{11-5}$$

式中　P_{dN}、P_{ds}——标准皮托管和 S 形皮托管测得的动压值。

管道内实际的动压：

$$P_d=K_{ps}^2P_{ds}\quad(Pa)\tag{11-6}$$

为了解决比托管差压小的问题，可以采用文丘里比托管或称插入式文丘里管，它的全压测量管不变而将测静压管放到文丘里管或双文丘里管的内文丘里管缩流处，见图 11-18。

由于缩流处流速快，其压力低于管道的静压，这样就能产生较大的差压。在相同流速下，

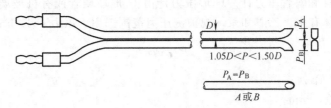

图 11-17　S 形皮托管

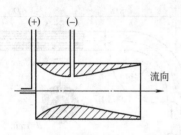

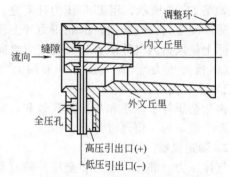

图 11-18　文丘里比托管示意　　　　　　图 11-19　双文丘里比托管示意

双文丘里比托管产生的差压较比托管大 10 倍左右，这就给测量带来了方便条件。这两种流量计体积小、压损小、安装方便，适用于测量大管道内烟气、空气流量，但也应采取防堵措施。这类流量计的流速差压关系与其外形及使用的 Re 范围有关，因此应选用经过标定、有可靠试验数据，可作为计算差压依据的产品，否则它的测量精度就受到影响。

　　图 11-19 为插入式双文丘里管。这种双文丘里管由于插入杆是悬臂的，在较小直径的管道内尚可使用，在大管道内其悬臂较长，稳定性差。图 11-20 为内藏式双文丘里管，它是用三个互成 120° 角的支撑固定在管道中心，所以稳定可靠。其流量可由下列经验公式计算。

$$Q = A + B\sqrt{\frac{\Delta P(P_H + P_0)(P_H + P_0 + \Delta P)}{[C(P_H + P_0) + \Delta P](273.15 + t)}} \tag{11-7}$$

式中　　Q——流量值，m^3/h；

　　　　t——文丘里管测量段介质温度，℃；

　　　P_0——当时、当地大气压力，Pa；

　　　P_H——文丘里管前部静压（表压），Pa；

　　　ΔP——文丘里管所取差压值，$\Delta P = P_1 - P_2$，Pa；

A、B、C——常数，由生产厂根据订货咨询书所提供的技术参数及风管截面的形状和尺寸计
　　　　　算并通过试验得出。

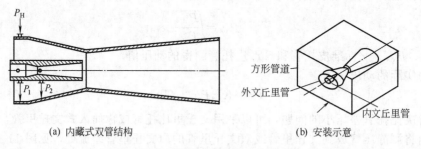

(a) 内藏式双管结构　　　　　　　　　　(b) 安装示意

图 11-20　内藏式双管结构及安装示意

　　（2）U 形压力计和斜管压力计　　U 形压力计由 U 形玻璃管或有机玻璃管制成，内装测压液体，常用测压液体有水、乙醇和汞，视被测压力范围选用。压力 P 按下式计算。

$$P = g\rho h \tag{11-8}$$

式中　　P——压力，Pa；

　　　　h——液柱差，mm；

　　　　ρ——液体密度，g/cm^3；

g——重力加速度，m/s^2。

倾斜式微压计的构造见图 11-21。测压时，将微压计容器开口与测定系统中压计较高的一端相连。斜管与系统中压力较低的一端相连，作用于两个液面上的压力差，使液柱沿斜管上升，压力 P 按下式计算。

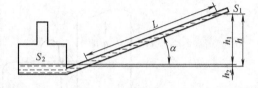

图 11-21　倾斜微压计

$$P = L\left(\sin\alpha \times \frac{F_1}{F_2}\right)P_g \tag{11-9}$$

令

$$K = \left(\sin\alpha \times \frac{F_1}{F_2}\right)P_g \tag{11-10}$$

则

$$P = LK \tag{11-11}$$

式中　P——压力，Pa；

　　　L——斜管内液柱长度，mm；

　　　α——斜管与水平面夹角，(°)；

　　　F_1——斜管截面积，m^2；

　　　F_2——容器截面积，m^2；

　　　P_g——测压液体密度 kg/m^3，常用密度为 $0.81kg/m^3$ 的乙醇。

3. 测定准备工作

将微压计调整至水平位置，检查微压计液柱中有无气泡；检查微压计是否漏气。向微压计的正压端（或负压端）入口吹气（或吸气），迅速封闭该入口，如微压计的液柱位置不变则表明该通路不漏气。已检查皮托管是否漏气，用橡胶管将全压管的出口与微压计的正压端连接，静压管的出口与微压计的负压端连接。由全压管测孔吹气后，迅速堵塞该测孔，如微压计的液柱位置不变，则表明全压管不漏气；此时再将静压测孔用橡皮管或胶布密封，然后打开全压测孔，此时微压计液柱将跌落至某一位置，如液面不继续跌落，则表明静压管不漏气。

4. 测量步骤

（1）测量气流的动压　如图 11-15 所示。将微压计的液面调整到零点，在皮托管上标出各测点应插入采样孔的位置。标志位置最简单的方法是套皮筋或贴橡布作记号。

将皮托管插入采样孔，使用 S 形皮托管时，应使开孔平面垂直于测量断面插入。如断面上无蜗流，微压计读数应在零点左右；使用标准皮托管时，在插入烟道前，切断皮托管和微压计的通路，以避免微压计中的酒精被吸入到连接管中，使压力测量产生错误。

在各测点上，使皮托管的全压测孔正对着气流方向，其偏差不得超过 10°，测出各点的动压，分别记录在表中；重复测定一次，取平均值。测定完毕后，检查微压计的液面是否回到原点。

（2）测量排气的静压　如图 11-22 所示。将皮托管插入烟道近中心处的一个测点。使用 S 形皮托管测量时只用其一路测压管，其出口端用胶管与 U 形压力计一端相连。将 S 形皮托管插入至烟道近中心处，使其测量端开口平面平行于气流方向，所测得的压力即为静压；使用标准型皮托管时，用胶管将其静压管出口端与 U 形压力计一端相连，将皮托管伸入到烟道近中心处，使其全压测孔正对气流方向，所测得的压力即为静压。

四、风速的测定和流量计算

1. 风速的测定方法

常用的测定管道内风速的方法为间接式和直接式两类。

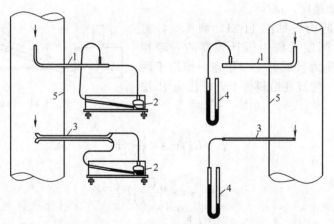

图 11-22 动压及静压的测定装置

1—标准皮托管；2—斜管微压计；3—S形皮托管；4—U形压力计；5—烟道

（1）间接式 先测某点动压，再算测点气流速度 v_s。按下式计算。

$$v_s = K_p \sqrt{\frac{2P_d}{P_s}} = 128.9 k_p \sqrt{\frac{(273+t_s)P_d}{M_s(B_a+P_s)}} \tag{11-12}$$

当干气体成分与空气近似，排气露点温度在 35～55℃ 之间、气体的绝对压力在 97～103kPa 之间时，v_s 可按下式计算。

$$v_s = 0.076 K_p \sqrt{273+t_s} \sqrt{P_d} \tag{11-13}$$

对于接近常温、常压条件下（$t=20℃$，$B_a+P_s=101300Pa$），通风管道的空气流速 v_a 按下式计算。

$$v_a = 1.29 K_p \sqrt{P_d} \tag{11-14}$$

式中 v_s——湿排气的气体流速，m/s；

      v_a——常温、常压下除尘管道的空气流速，m/s；

      B_a——大气压力，Pa；

      K_p——皮托管修正系数；

      P_d——排气动压，Pa；

      P_s——排气静压，Pa；

      M_s——湿排气体的摩尔质量，kg/kmol；

      t_s——气体温度，℃。

烟道某一断面的平均速度 v_s 可根据断面上各测点测出的流速 v_{si}，由下式计算。

$$v_s = \frac{\sum\limits_{i=1}^{n} v_{si}}{n} = 128.9 K_p \sqrt{\frac{273+t_s}{M_s(B_a+P_s)}} \times \frac{\sum\limits_{i=1}^{n} \sqrt{P_{di}}}{n} \tag{11-15}$$

式中 P_{di}——某一测点的动压，Pa；

     n——测点的数目。

当干气体成分与空气相似，气体露点温度在 35～55℃ 之间、气体绝对压力在 97～103Pa 之间时，某一断面的平均气流速度 v_s 按下式计算。

$$v_s = 0.076 K_p \sqrt{273+t_s} \times \frac{\sum\limits_{i=1}^{n} \sqrt{P_{di}}}{n} \tag{11-16}$$

对于接近常温、常压条件下 ($t=20℃$，$B_a+P_s=101300Pa$)，除尘管道中某一断面的平均空气流速 v_s 按下式计算。

$$v_s=1.29K_p\frac{\sum\limits_{i=1}^{n}\sqrt{P_{di}}}{n}\tag{11-17}$$

此法虽然烦琐，由于精度高，在除尘系统测试中得到广泛应用。

（2）直读式　常用的直读式测速仪有热球式热电风速仪、热线式热电风速仪和转轮风速仪。

热电仪器的传感器是测头，其中为镍铬丝弹簧圈，用低熔点的玻璃将其包成球或不包仍为线状。弹簧圈内有一对镍铬——康铜热电偶，用于测量球体的升温程度。测头用电加热，测头的温升会受到周围空气流速的影响，根据温升的大小，即可测得气流的速度。

仪器的测量部分采用电子放大线路和运算放大器，并用数字显示测量结果。测量的范围为 $0.05～19.9m/s$。

转轮风速仪如同气象上测风速用的杯式风速仪，只是体积更小而已。市场上出售的转轮风速仪的探头最小直径 12mm，测量范围 $0.6～22m/s$，精度 $±0.2m/s$。

2. 点流速与平均流速的关系

用皮托管只能测量某一点的流速，而气体在管道中流动时，同一截面上各点流速并不相同，为了求出流量，必须对管路截面中的流速进行积分。

为了测流量，必须知道点流速 v 与平均流速 v_p 的关系，如果测量位置上的流动已达到典型的层流或紊流的速度分布，则测出中心流速 v_{max} 就可按一定的计算公式或图表计算各点的流速及平均流速，从而求出流量。

由于层流和紊流速度的分布对于管轴是对称的，因此可用二维表示，如图 11-23 所示。实验数据表明它们有如下特性。

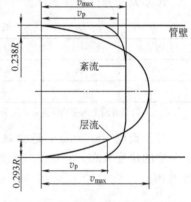

图 11-23　光滑管道中层流和紊流的速度分布

（1）层流的速度分布　当管道雷诺数在 2000 以下时，充分发展的层流的速度分布是抛物线形的，它不受管壁粗糙度的影响。管内的平均流速 v 是中心最大流速 v_{max} 的 1/2。各点流速与最大流速之间的关系可用下式表示。

$$v(r)=v_{max}\times\left[1-\left(\frac{r}{R}\right)^2\right]\tag{11-18}$$

式中　R——圆管半径；

r——在管截面上离管轴的距离；

$v(r)$——离管轴为 r 处的流速；

v_{max}——管轴处（即 $r=0$）的流速。

将式(11-17)积分，就可算出平均流速

$$v=\frac{1}{2}v_{max}\tag{11-19}$$

将该式代入式(11-17)就可得出平均流速点距离管壁的间隔长度 r_p

$$r_p=0.293R\tag{11-20}$$

也就是，若为典型的层流速度分布，在距离管中心轴线 $0.707R$ 处测得的流速就是平均流速。

（2）紊流的速度分布　当雷诺数在 2000～4000 之间时为一过渡区，速度分布的抛物线形状已改变如图 11-20 所示。当雷诺数≥4000 时，速度分布曲线将变平坦；随着雷诺数的增大，

曲线将变得愈加平坦，直到最后除在管壁的一点外，所有各点都将以同一速度流动，这种平坦速度的分布称为无限大雷诺数的速度分布；气体在高速流动时就很近于达到这种速度分布。

在窄小的过渡区内，速度分布是复杂而不稳定的，随着流速增大或减小，其速度分布的形状很不固定。在过渡区内很难进行精确的流量测量。

紊流的速度分布没有固定的几何形状，它随着管壁粗糙度和雷诺数而变化。用于计算光滑管中某一点流速的最简单的公式为如下经验的幂律方程式。

$$v(r) = v_{\max}\left(1 - \frac{r}{R}\right)^{1/m} \tag{11-21}$$

式中　m——仅与雷诺数有关的指数；

其他符号意义同前。

用下式计算指数 n，精度较高。

$$n = 1.66\lg Re_0 \tag{11-22}$$

幂律的速度分布式能较好地描述紊流流动，但不能用于中心流速与管壁流速的精确计算。

对于光滑管，当雷诺数大于 10^4 时，可用下式估算平均流速 v 那一点位置。

$$v = \left[\frac{2n^2}{(n+1)(2n+1)}\right]^n R \tag{11-23}$$

在充分发展的紊流速度分布下，n 值与 Re_0 及 $v_p/v_{\max}$ 的关系如表 11-5 所列。

表 11-5　雷诺数与流速、n 值的关系

Re_0	4.0×10^3	2.3×10^4	1.1×10^5	1.1×10^6	2.0×10^6	3.2×10^6
n	6.0	6.6	7.0	8.8	10	10
$v_p/v_{\max}$	0.791	0.808	0.817	0.849	0.856	0.865

注：v_p 为管截面上的平均流速；$v_{\max}$ 为最大流速。

对于紊流 $v = Cv_{\max}$，通常取 $C = 0.84$。一般说来，当 Re_0 在 $4\times10^3 \sim 4\times10^6$ 之间，如为轴对称的速度分布，管壁又较光滑时，则在距管壁距离 $v = 0.238R$ 处测得的流速 v 即为平均流速 v_p

$$\frac{v}{v_p} = (1\pm0.5)\% \tag{11-24}$$

由于紊流的速度分布受管壁粗糙度和管道雷诺数等多种因素的影响，因此不同的研究实验结果也稍有不同。国际标准 ISO 7145—1982（E）规定的平均流速点距管壁距离 $v = (0.242 \pm 0.013)R$。

3. 风道内流量的计算

气体流量的计算中分工况下、标准状态和常温、常压等情况。

（1）工况下的湿气体流量 Q_s　按下式计算。

$$Q_s = 3600Fv_p \tag{11-25}$$

式中　Q_s——工况下湿气体流量，m^3/h；

　　　F——测定断面面积，m^2；

　　　v_p——测定断面的湿气体平均流速，m/s。

（2）标准状态下干气体流量 Q_{sn}　按下式计算。

$$Q_{sn} = Q_s \frac{B_a + P_s}{101300} \times \frac{273}{273 + t_s}(1 - X_{sw}) \tag{11-26}$$

式中　Q_{sn}——标准状态下干气体流量，m^3/h；

　　　B_a——大气压力，Pa；

P_s——气体静压，Pa；

t_s——气体温度，℃；

X_{sw}——气体中水分含量体积百分数，%。

（3）常温、常压条件下 除尘管道中的空气流量按下式计算。

$$Q_a = 3600 F v_s \qquad (11-27)$$

式中 Q_a——除尘管道中的空气流量，m^3/h。

4. 弯头流量计

弯头流量计是利用管路上某一段弯管作为测量烟气或空气的计量设备，如图 11-24 所示。它不需要其他附属设备，也不增加管路的任何阻力，作为运行时经常监测气量的仪器较合适，计算公式如下：

$$Q = \alpha F \sqrt{\frac{2g}{\rho}(p_1 - p_2)} \times \frac{1}{2}\sqrt{\frac{R}{D}} \quad (m^3/s)$$

$$(11-28)$$

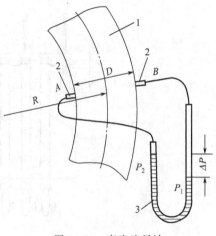

图 11-24 弯头流量计
1—烟气管路上的弯管段；2—测嘴 A 和 B；
3—U 形压力计

式中 Q——工作状态气体流过的体积，m^3/s；

α——流量系数；

F——弯管截面积，m^2；

g——重力加速度，m/s^2；

ρ——工作状态下气体的密度，kg/m^3；

p_1——靠近弯管外侧壁的压力，Pa

p_2——靠近弯管内侧壁的压力，Pa

R——弯管曲率半径，m；

D——弯管直径，m。

当 $\frac{R}{D} > 1$ 时，流量系数 α 的准确度在 ±1% 左右；当 $\frac{R}{D} < 1$ 时，α 的准确度不大于 ±5%。

五、露点的测定

蒸汽开始凝结的温度称为露点，烟气中都会含有一定量的水蒸气，烟气中水蒸气的露点称为水露点；烟气中酸蒸气凝结温度称为酸露点。

测定烟气的露点在除尘工程中常用两种方法，即含湿量法和降温法。用测烟气中 SO_3 和 H_2O 含量计算酸露点的方法，因 SO_3 测定复杂而较少采用。

1. 含湿量法

含湿量法是利用测定含湿量的三种方法之一，测得烟气的含湿量后从焓-湿图上可以查到气体的露点。此方法适用于测水露点。

2. 降温法

用带有温度计的 U 形管组（见图 11-25）接上真空泵连续抽取管道中的气体，当气体流经 U 形组时逐渐降温，直至在某个 U 形管的管壁上产生结露现象，则该 U 形管上温度计指示的温度就是露点温度。此方法虽然不十分精确，但非常实用、可靠，既可测水露点也可测酸露点。

3. 电导加热法

电导加热法是利用氯化锂电导加热测量元件测出气体中水汽分压和氯化锂溶液的饱和蒸汽压相等时的平衡温度来测量气体的露点。其测量元件结构如图 11-26 所示，在一根细长的电

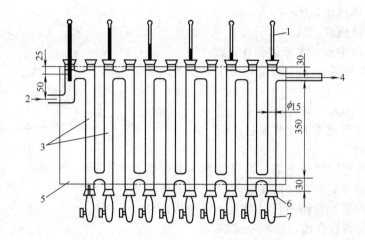

图 11-25　露点测定装置（单位：mm）

1—温度计；2—气体入口；3—U 形管；4—气体出口；5—框架；6—旋塞；7—三通

阻温度计上套以玻璃丝管，在套管上平行地绕两根铂丝作加热电极，电极间浸涂以氯化锂溶液。当两极加以交流电压时，由于电流通过氯化锂溶液而产生热效应，使氯化锂蒸汽压与周围气体水汽分压相等。当气体的湿度增加或减小时，氯化锂溶液则要吸收或蒸发水分而使电导率发生变化，从而引起电流的增大或减小，进而影响到氯化锂溶液的温度以及相应蒸汽压的变化，直到最后与周围气体的水汽分压相等而达到新的平衡。这时由铂电阻温度计测得的平衡温度与露点有一定的关系。

这种湿度计的测量误差约为 $\pm 1℃$，测量范围为 $-45 \sim 60℃$，响应速度一般小于 1min。由于这种露点结构简单，性能稳定，使用寿命长，因此应用比较广泛。

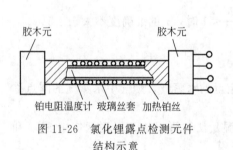

图 11-26　氯化锂露点检测元件结构示意

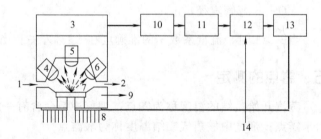

图 11-27　光电冷凝式露点计原理

1—样气进口；2—样气出口；3—光敏桥路；4—光源；5—散射光检测器；6—直接光检测器；7—镜面；8—热交换半导体制冷器；9—测温元件；10—放大器；11—脉冲电路；12—可控硅整流器；13—直流电源；14—交流电源

4. 光电法

利用光电原理制作的光电冷凝式露点计的工作原理如图 11-27 所示，当气体样品由进口处进入测量室，并通过镜面，镜面被热交换半导体制冷器冷却至露点时，镜面上开始结露，反射光的强度减弱。用光电检测器接收反射光面产生电信号，控制热交换半导体制冷器的功率，使镜面保持在恒定露点的湿度。通过测量反射镜表面的湿度就可测得气体的露点。

这种湿度计的最大优点是可以进行自动连续测量，其外测量范围在 $-80 \sim 50℃$ 之间，测量误差小于 2℃。其缺点是结构复杂，价格昂贵，仪器易于受空气中的灰尘及其他干扰物质（如汞蒸气、酒精、盐类等）的影响。

六、气体密度的测定

气体的密度在许多情况下需要测定和计算。气体密度和其分子量、气温、压力的关系由下式计算。

$$\rho_s = \frac{M_s(B_a + P_s)}{8312(273 + t_s)} \tag{11-29}$$

式中 ρ_s——排气的密度，kg/m^3；

M_s——排气气体的摩尔质量，$kg/kmol$；

B_a——大气压力，Pa；

P_s——排气的静压，Pa；

t_s——排气的温度，℃。

（1）标准状态下湿气体的密度 按下式计算。

$$\rho_n = \frac{M_s}{22.4} = \frac{1}{22.4}[M_{O_2}X_{O_2} + M_{CO}X_{CO} + M_{CO_2}X_{CO_2} + M_{N_2}X_{N_2}(1 - X_{sw}) + M_{H_2O}X_{sw}]$$
$$\tag{11-30}$$

式中 ρ_n——标准状态下湿气体的密度，kg/m^3；

M_s——湿气体的摩尔质量，$kg/kmol$；

M_{O_2}、M_{CO}、M_{CO_2}、M_{N_2}、M_{H_2O}——排气中氧、一氧化碳、二氧化碳、氮气和水的摩尔质量，$kg/kmol$；

X_{O_2}、X_{CO}、X_{CO_2}、X_{N_2}——干排气中氧、一氧化碳、二氧化碳、氮气的体积分数，%；

X_{sw}——气体中水分含量的体积分数，%。

（2）测量工况状态下烟道内湿气体的密度 按下式计算。

$$\rho_s = \rho_n \frac{273}{273 + t_s} \times \frac{B_a + P_s}{101300} \tag{11-31}$$

式中 ρ_s——测量状态下烟道内湿气体的密度，kg/m^3；

P_s——排气的静压，Pa；

其他符号意义同前。

七、气体成分的测定

气体成分测定通常采用奥氏气体分析仪法。该方法的测定原理是用不同的吸收液分别对气体的各成分逐一进行吸收，根据吸收前、后排气体积的变化，计算出该成分在排气中所占的体积百分数。

采样装置及仪器由带有滤尘头的内径 $\phi6mm$ 的聚四氟乙烯或不锈钢采样管、二连球或便携式抽气泵和球胆或铝箔袋组成。奥氏气体分析仪如图 11-28 所示。

测定时使用的试剂为各种分析纯化学试剂。氢氧化钾溶液是将 75.0g 氢氧化钾溶于 150.0mL 的蒸馏水中，将上述溶液装入吸收瓶 16 中。

焦性没食子酸碱溶液是称取 20g 焦性没食子酸溶于 40.0mL 蒸馏水中，55.0g 氢氧化钾溶于 110.0mL 水中；将两种溶液装入吸收瓶 15 内混合。为了使溶液与空气完全隔绝，防止氧化，可在缓冲瓶 11 内加入少量液体石蜡。

铜氨络离子溶液是称取 250.0g 氯化铵，溶于 750.0mL 水中，过滤于装有铜丝或铜粒的

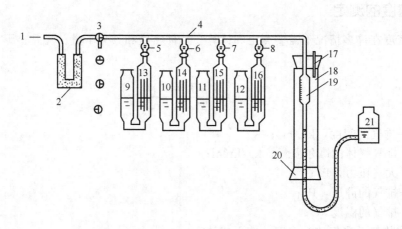

图 11-28　奥氏气体分析仪

1—进气管；2—干燥器；3—三通旋塞；4—梳形管；5、6、7、8—旋塞；9、10、11、12—缓冲瓶；
13、14、15、16—吸收瓶；17—温度计；18—水套管；19—量气管；20—胶塞；21—水准瓶

1000mL 细口瓶中，再加上 200.0g 氯化亚铜，将瓶口封严，放数日至溶液褪色，使用时量取上述溶液 105.0mL 和 45.0mL 浓氨水，混匀，装入吸收瓶 14 中。

　　封闭液是含 5％硫酸的氯化钠饱和溶液约 500mL，加 1mL 甲基橙指示溶液，取 1500mL 装入吸收瓶 13。其余的溶液装入水准瓶 21 内。

　　采样步骤分为三步：①将采样管、二连球（或便携式抽气泵）与球胆（或铝箔袋）连好；②将采样管插入到烟道近中心处，封闭采样孔；③用二连球或抽气泵将烟气抽入球胆或铝箔袋中，用烟气反复冲洗排空 3 次，最后采集约 500mL 烟气样品，待分析。

　　分析环节按下列步骤进行。

　　（1）检查奥氏气体分析仪的严密性　将吸收液液面提升到旋塞 5、6、7、8 的下标线处，关闭旋塞各吸收瓶中的吸收液液面应不下降。打开三通旋塞 3，提高水准瓶，使量气管液面位于 50mL 刻度处；关闭旋塞 3，再降低水准瓶，量气管中液位经 2～3min 不发生变化。

　　（2）取气样方法　将盛有气样的球胆或铝箔袋连接奥氏气体分析器进气管 1，三通旋塞 3 联通大气，提高水准瓶，使量气管液面至 100mL 处；然后将旋塞 3 联通烟气样品，降低水准瓶，使量气管液面降至零处，再将旋塞 3 联通大气，提高水准瓶，排出气体，反复 2～3 次，以冲洗整个系统，排除系统中残余空气。

　　将旋塞 3 联通气样，取烟气样品 100mL，取样时使量气管中液面降到 "0" 刻度稍下，并保持水准瓶液面与量气管液面在同一水平面上，并闭旋塞 3，待气样冷却 2min 左右，提高水准瓶，使量气管内凹液面对准 "0" 刻度。

　　（3）分析顺序　首先稍提高水准瓶，再打开旋塞 8 将气样送入吸收瓶，往复吹送烟气样品 4～5 次后，将吸收瓶 16 的吸收液液面恢复至原位标线，关闭旋塞 8，对齐量气管和水准瓶液面，读数。为了检查是否吸收完全，打开旋塞 8，重复上述操作，往复抽送样气 2～3 次，关闭旋塞 8，读数。两次读数相等，表示吸收完全，记下量气管体积。该体积为 CO_2 被吸收后气体的体积 a。

　　再用吸收瓶 15、14、13 分别吸收气体中的氧、一氧化碳和吸收过程中放出的氨气。操作方法同上，读数分别为 b 和 c。

　　分析完毕，将水准瓶抬高，打开旋塞 3 排出仪器中的烟气，关闭旋塞 3 后再降低水准瓶，以免吸入空气。

（4）结果计算　气体各成分的体积百分含量计算如下。

二氧化碳	$X_{CO_2}=(100-a)\%$	(11-32)
氧气	$X_{O_2}=(a-b)\%$	(11-33)
一氧化碳	$X_{CO}=(b-c)\%$	(11-34)
氮气	$X_{N_2}=c\%$	

式中　a、b、c——CO_2、O_2、CO 被吸收液吸收后烟气体积的剩余量，mL；

　　　　"100"——所取的烟气体积，mL。

第三节　除尘器进出口浓度和除尘效率测定

由于粉尘在管道气流运动中的不均匀性，粉尘采样通常用等速采样法，粉尘采样后烘干、称量、计算较气体分析容易。

等速采样原理是将烟尘采样管由采样孔插入烟道中，使采样嘴置于测点上，正对气流，按颗粒物等速采样原理，即采样嘴的吸气速度与测点处气流速度相等（其相对误差应在 10％以内），轴向取一定量的含尘气体。根据采样管滤筒上所捕集到的颗粒物量和同时插取气体量，计算出排气中颗粒物浓度。

一、气体中粉尘采样方法

维持颗粒物等速采样的方法有普通型采样法（即预测流速法）、皮托管平行测速采样法、动压平衡型采样管法和静压平衡型采样管法等 4 种，可根据不同测量对象状况，选用其中的一种方法。

1. 普通型采样管法

采样前预先测出各采样点处的排气温度、压力、水分含量和气流速度等参数，结合所选用的采样嘴直径，计算出等速采样条件下各采样点所需的采样流量，然后按该流量在各测点采样。

等速采样的流量按下式计算。

$$Q'_r = 0.00047 d^2 V_s \left(\frac{B_a+P_s}{273+t_s}\right) \left[\frac{M_{sd}(273+t_r)}{B_a+P_r}\right]^{1/2} (1-X_{sw}) \tag{11-35}$$

式中　Q'_r——等速采样流量的转子流量计读数，L/min；

　　　d——采样嘴直径，mm；

　　　V_s——测点气体流速，m/s；

　　　B_a——大气压力，Pa；

　　　P_s——排气静压，Pa；

　　　P_r——转子流量计前气体压力，Pa；

　　　t_s——排气温度，℃；

　　　t_r——转子流量计前气体温度，℃；

　　M_{sd}——干排气的摩尔质量，kg/kmol；

　　X_{sw}——排气中的水分含量体积分数，％。

当干排气成分和空气近似时，等速采样流量 Q'_r 按下式计算：

$$Q'_r = 0.0025 d^2 \cdot V_s \left(\frac{B_a+P_s}{273+t_s}\right) \left(\frac{273+t_R}{B_a+P_r}\right)^{1/2} (1-X_{sw}) \tag{11-36}$$

普通型采样管法适用于工况比较稳定的污染源采样，尤其是在烟道气流速度低、高温、高湿、高粉尘浓度的情况下均有较好的适应性，并可配用惯性尘粒分级仪测量颗粒物的粒径分级组成。

普通型采样管采样装置如图11-29所示。它由普通型采样管、颗粒物捕集器、冷凝器、干燥器、流量计量和控制装置、抽气泵等几部分组成，当排气中含有二氧化硫等腐蚀性气体时，在采样管出口还应设置腐蚀性气体的净化装置（如双氧水洗涤瓶等）。

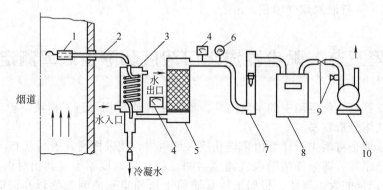

图 11-29　普通型采样管采样装置

1—滤筒；2—采样管；3—冷凝器；4—温度计；5—干燥器；6—真空压力表；
7—转子流量计；8—累积流量计；9—调节阀；10—抽气泵

采样管有玻璃纤维滤筒采样管和刚玉滤筒采样管两种。用于采样的滤筒有玻纤滤筒和刚玉滤筒两种。

（1）玻璃纤维滤筒采样管　由采样嘴、前弯管、滤筒夹、滤筒、采样管主体等部分组成，如图11-30所示。滤筒由滤筒夹顶部装入，靠入口处两个锥度相同和圆锥环夹紧固定。在滤筒外部有一个与滤筒外形一样而尺寸稍大的多孔不锈钢托，用于承托滤筒，以防采样时滤筒破裂。采样管各部件均用不锈钢制作及焊接。

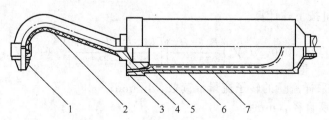

图 11-30　玻璃纤维滤筒采样管

1—采样嘴；2—前弯管；3—滤筒夹压盖；4—滤筒夹；5—滤筒；
6—不锈钢托；7—采样管主体

（2）刚玉滤筒采样管　由采样嘴、前弯管、滤筒夹、刚玉滤筒、滤筒托、耐高温弹簧、石棉垫圈、采样管主体等部分组成，如图11-31所示。刚玉滤筒由滤筒夹后部放入，滤筒托、耐高温弹簧和滤筒夹可调后体紧压在滤筒夹前体上。滤筒进口与滤筒夹前体和滤筒夹与采样管接口处用石棉或石墨垫圈密封。采样管各部件均用不锈钢制作和焊接。

用于采样的采样嘴，入口角度应不大于45°，与前弯管连接的一端内径 d_1 应与连续管内径相同，不得有急剧的断面变化和弯曲，如图11-32所示。入口边缘厚度应不大于0.2mm，入口直径 d 偏差应不大于±0.1mm，其最小直径应不小于5mm。

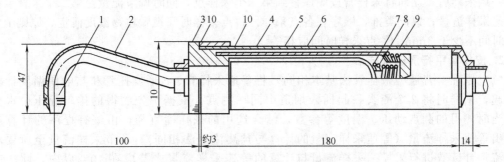

图 11-31　刚玉滤筒采样管（单位：mm）

1—采样嘴；2—前弯管；3—滤筒夹前体；4—采样管主体；5—滤筒夹中体；

6—刚玉滤筒；7—滤筒托；8—耐高温弹簧；9—滤筒夹后体；10—石棉垫圈

（3）玻璃纤维滤筒　由玻璃纤维制成，有直径 32mm 和 25mm 两种。对 $0.5\mu m$ 的粒子捕集效率应不低于 99.9%；失重应不大于 2mg，适用温度为 500℃ 以下。

（4）刚玉滤筒　由刚玉砂等烧结而成。规格为 $\phi 28mm$（外径）$\times 100mm$，壁厚 1.5mm$\pm$0.3mm。对 $0.5\mu m$ 的粒子捕集效率应不低于 99%；失重应不大于 2mg，适用温度为 1000℃ 以下。空白滤筒阻力，当流量为 20L/min 时应不大于此 4kPa。

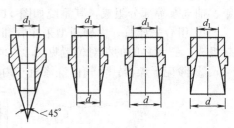

图 11-32　采样嘴

流量计量箱包括冷凝水收集器、干燥器、温度计、真空压力表、转子流量计和根据需要加装的累积流量计等。

冷凝水收集器用于分离、储存在采样管、连接管中冷凝下来的水。冷凝器收集器容积应不小于 100mL，放水开关关闭时应不漏气。出口处应装有温度计，用于测定排气的露点温度。

干燥器容积应不小于 0.8L，高度不小于 150mm，内装硅胶，气体出口应有过滤装置，装料口处应有密封圈，用于干燥进入流量计前的湿排气。

温度计精确度应不低于 2.5%，温度范围 $-10\sim 60℃$，最小分度值应不大于 2℃；分别用于测量气体的露点和进入流量计的气体温度。

真空压力表精确度应不低于 4%，最小分度值应不大于 0.5kPa，用于测量进入流量计的气体压力。

转子流量计精确度不低于 2.5%，最小分度值应不大于 1L/min；用于控制和测量采样时的瞬时流量。累积流量计精确度应不低于 2.5%，用于测量采样时段的累积流量。

抽气泵，当流量为 40L/min 时其抽气能力应克服烟道及采样系统阻力。在抽气过程中流量会随系统阻力上升而减小，此时应通过阀门及时调整流量。如流量计装置放在抽气泵出口，抽气泵应不漏气。

根据测得的排气温度、水分含量、静压和各采样点的流速，结合选用的采样嘴直径算出各采样点的等速采样流量。装上所选定的采样嘴，开动抽气泵调整流量至第一个采样点所需的等速采样流量，关闭抽气泵。记下累积流量计初读数 V_1。

将采样管插入烟道中第一采样点处，将采样孔封闭，使采样嘴对准气流方向（其与气流方向偏差不得大于 10°），然后开动抽气泵，并迅速调整流量到第一个采样点的采样流量。

采样时间，由于颗粒物在滤筒上逐渐聚集，阻力会逐渐增加，需随时调节控制阀以保持等速采样流量，并记下流量计前的温度、压力和该点的采样延续时间。

一点采样后，立即将采样管按顺序移到第二个采样点，同时调节流量至第二个采样点所需的等速采样流量；以此类推，顺序在各点采样。每点采样时间视颗粒物浓度而定，原则上每点采样时间不少于 3min。各点采样时间应相等。

2. 皮托管平行测速采样法

（1）原理　普通型采样管法基本相同，将普通采样管、S 形皮托管和热电偶温度计固定在一起，采样时将 3 个测头一起插入烟道中同一测点，根据预先测得的排气静压、水分含量和当时测得的测点动压、温度等参数，结合选用的采样嘴直径，由编有程序的计算器及时算出等速采样流量（等速采样流量的计算与预测流速法相同）。调节采样流量至所要求的转子流量计读数进行采样。采样流量与计算的等速采样流量之差应在 10% 以内，此法的特点是当工况发生变化时，可根据所测得的流速等参数值及时调节采样流量，保证颗粒物的等速采样条件。

（2）采样装置和仪器　皮托管平行测速采样装置由组合采样管、除硫干燥器、流量计量箱、抽气泵等部分组成，其系统如图 11-33 所示。

① 组合采样管。由普通型采样管和与之平行放置的 S 形皮托管、热电偶温度计固定在一起组成。三者之间的相对位置见图 11-34。

② 除硫干燥器。由气体洗涤瓶（内装 3% 双氧水约 $600 \sim 800\text{mL}$）和干燥器串联组成。

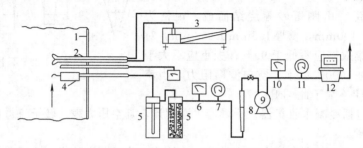

图 11-33　皮托管平行测速法固体颗粒物采样装置
1—烟道；2—皮托管；3—斜管微压计；4—采样管；5—除硫干燥器；6,10—温度计；
7—真空压力表；8—转子流量计；9—真空泵；11—压力表；12—累积流量

③ 流量计量箱。由温度计、真空压力表、转子流量计和累积流量计等组成。

（3）注意事项

① 将组合采样管旋转 90°，使采样嘴及 S 形皮托管全压测孔正对着气流。开动抽气泵，记录采样开始时间，迅速调节采样流量到第一测点所需的等速采样流量值 Q'_{r1} 进行采样。采样流量与计算的等速采样流量之差应在 10% 以内。

② 采样期间当动压、温度等有较大变化时，需随时将有关参数输入计算器，重新计算等速采样流量，并调节流量计至所需的等速采样流量。另外，由于颗粒物在滤筒内壁逐渐聚集，使其阻力增加，也需及时调节控制阀以保持等速采样流量。记录排气的温度、动压、流量计前的气体温度、压力及该点的采样延续时间。

③ 一点采样后，立即将采样管移至第二采样点。根据在第二点所测得的动压 P_d、排气温度 t，计算出第二采样点的等速采样流量 Q_{r2}，迅速调整采样流量到 Q_{r2}，继续进行采样。

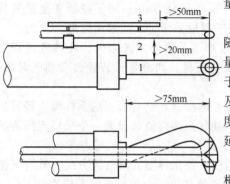

图 11-34　组合采样管相对位置要求
1—采样管；2—S 形皮托管；3—热电偶温度计

3. 动压平衡型等速采样管法

（1）原理 动压平衡型等速采样管法的原理是利用装置在采样管中的孔板在采样抽气时产生的压差和采样管平行放置的皮托管所测出的气体动压相等来实现等速采样。此法的特点是：当工况发生变化时，它通过双联斜管微压计的指示，可及时调整采样流量，以保证等速采样的条件。

（2）采样装置和仪器 采样装置由动压平衡型组成采样管、双联斜管微压计、流时计量箱的抽气泵等部分组成，如图 11-35 所示。

① 动压平衡型组合采样管系由滤筒采样管和与之平行放置的 S 形皮托管构成。采样管的滤筒夹后装有孔板，用于控制等速采

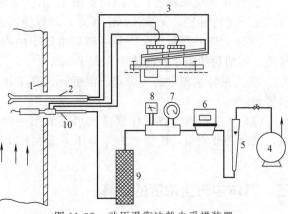

图 11-35 动压平衡法粉尘采样装置
1—烟道；2—皮托管；3—双联斜管微压计；4—抽气泵；
5—转子流量计；6—累积流量计；7—真空压力表；
8—温度计；9—干燥器；10—采样管

样流量；S 形皮托管用于测量排气流速。二者间的相对位置应满足图 11-35 的要求。标定时孔板上游应维持 3kPa 的真空度，孔板的系数和 S 形皮托管的系数相差应不超过 2%。

② 双联斜管微压计，用于测定 S 形皮托管的动压和孔板的压差，两微压计之间的误差应不大于 5Pa。

③ 流量计量箱。除增加累积流量计外，其他与普通型采样管法相同。

4. 注意事项

打开抽气泵，调节采样流量，使孔板的差压读数等于皮托管的气体动压读数，即达到了等速采样条件。采样过程中，要随时注意调节流量，使两微压计读数相等，以保持等速采样条件。

5. 静压平衡型等速采样管法

（1）原理 静压平衡型等速采样管法的原理是利用在采样管入口配置的专门采样嘴，在嘴的内外壁上分别开有测静压的条缝，调节采样流量使采样嘴内、外条缝处静压相等，达到等速采样条件。此法用于测量低含尘浓度的排放源，操作简单、方便。但在高含尘浓度及尘粒黏结性强的场合下，此法的应用受到限制；也用于反推烟气流速和流量，以代替流速流量的测量。

（2）采样装置和仪器 静压平衡等速采样装置主要是由静压平衡采样管、压力偏差指示计、流量计量箱和抽气泵等部分组成。如图 11-36 所示。

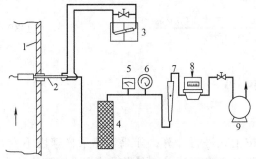

图 11-36 静压平衡法粉尘采样装置
1—烟道；2—采样管；3—压力偏差指示器；4—TMtU；
5—温度计；6—真空压力表；7—转子流量计；
8—累积流量计；9—抽气泵

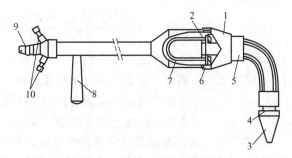

图 11-37 静压平衡型采样管结构
1—紧固连接套；2—滤筒压环；3—采样嘴；4—内套管；
5—取样座；6—垫片；7—滤筒；8—手柄；
9—采样管抽气接头；10—静压管出口接头

① 静压平衡采样管。其结构见图 11-37。应在风洞中对不同直径的采样嘴在高、中、低不同流速下进行标定，至少各标定 3 点，其等速误差应不大于±5％。

② 压力偏差指标计。它是一倾斜角较小的指零微压计，用以指示采样嘴内外条缝处的静压差。零前后的最小分度值应不大于 2Pa。

③ 流量计量箱中的干燥器、温度计、真空压力表、转子流量计、累积流量计等的技术要求要同前。

（3）注意事项　将采样管插入烟道的第一测点，对准气流方向，封闭采样孔，打开抽气泵，同时调节流量，使管嘴内外静压平衡在压力偏差指示器的零点位置，即达到了等速采样条件。

二、气体中粉尘浓度的计算

粉尘（烟尘）浓度以换算成标准状况下 $1m^3$ 干烟气中所含烟尘质量（mg 或 g）表示为宜，以便统一计算污染物含量。

1. 测量工况下烟尘浓度

按下式计算。

$$C = \frac{G}{q_r t} \times 10^3 \tag{11-37}$$

式中　C——烟尘浓度，mg/m^3；

G——捕尘装置捕集的烟尘质量，mg；

q_r——由转子流量计读出的湿烟气平均采样量，L/min；

t——采样时间，min。

2. 标准状况下烟尘浓度的计算

标准状况下烟尘浓度按下式的计算。

$$C_g = \frac{G}{q_0} \tag{11-38}$$

式中　C_g——标准状况下烟尘浓度，mg/m^3；

G——捕尘装置捕集的烟尘质量，mg；

q_0——标准状况下的烟气采样量，L。

3. 烟道测定断面上烟尘的平均浓度

根据所划分的各个断面测点上测得的烟尘浓度，按下式可求出整个烟道测定断面上的烟尘平均浓度。

$$\overline{C}_p = \frac{C_1' F_1 v_{s1} + C_2' F_2 v_{s2} + \cdots + C_n' F_n v_{sn}}{F_1 v_{s1} + F_2 v_{s2} + \cdots + F_n v_{sn}} \tag{11-39}$$

式中　$\overline{C}_p$——测定断面的平均浓度，mg/m^3；

C_1'，$\cdots$，C_n'——各划分断面上测点的烟尘浓度，mg/m^3；

F_1，$\cdots$，F_n——所划分的各个断面的面积，m^2；

v_{s1}，$\cdots$，v_{sn}——各划分断面上测点的烟气流速，m/s。

但需指出，采用移动采样法进行测定时，亦要按上式进行计算。如果等速采样速度不变，利用同一捕尘装置一次完成整个烟道测定断面上各测点的移动采样，则测得的烟尘浓度值即为整个烟道测定断面上烟尘的平均浓度。

4. 工业锅炉和工业炉窑烟尘排放质量浓度

应将实测质量浓度折算成过量空气系数为 α 时的烟尘浓度，计算公式为

$$C' = C \frac{\alpha'}{\alpha} \tag{11-40}$$

式中　C'——折算后的烟尘排放质量浓度，mg/m^3；

　　　C——实测烟尘的排放质量浓度，mg/m^3；

　　　α'——实测过量空气系数；

　　　α——烟尘排放标准中规定的过量空气系数，工业锅炉为 $1.2\sim1.7$，工业窑炉为 1.5，

　　　　　电锅炉为 1.4 和 1.7，视炉型而定。

测定点实测的过量空气系数 α'，按下式计算。

$$\alpha' = \frac{21}{21 - X_{O_2}} \tag{11-41}$$

式中　X_{O_2}——烟气中氧的体积分数，例如含氧量为 12% 时，X_{O_2} 代入 12。

5. 粉尘排放量

粉尘排放量的计算公式为

$$Q = C_p Q_{snd} \times 10^{-6} \tag{11-42}$$

式中　Q——粉尘排放量，kg/h；

　　　C_p——粉尘实测排放质量浓度，mg/m^3；

　　Q_{snd}——标准状况下干烟气流量，m^3/h。

三、除尘效率的测试

平均除尘效率是除尘器单位时间除下来的尘粒量与单位时间进入除尘器尘粒量的比值。平均除尘效率常用以下两种方法测定。

（1）根据除尘器的进、出口管道内的烟尘浓度求除尘效率

$$\eta = \frac{G_B - G_E}{G_B} = 1 - \frac{G_E}{G_B} = 1 - \frac{Q_E C_E}{Q_B C_B} \tag{11-43}$$

式中　η——除尘器的平均除尘效率，$\%$；

G_B、G_E——单位时间进入除尘器和离开除尘器的尘量，g/h；

Q_B、Q_E——单位时间进入和离开除尘器的风量，dm^3/h；

C_B、C_E——除尘器进口与出口烟气的含尘浓度，mg/dm^3 或 g/dm^3。

设漏风量 $\Delta Q = Q_B - Q_E$ 代入式(11-43) 后得

$$\eta = 1 - \frac{C_E}{C_B} + \frac{\Delta Q C_E}{Q_B C_B} \tag{11-44}$$

当漏风量很小时 $Q_B \gg \Delta Q$，则上式可简化为

$$\eta = 1 - \frac{C_E}{C_B} \tag{11-45}$$

（2）根据除尘进口管道内的烟尘浓度和除尘器收下来的烟尘量求除尘效率

$$\eta = \frac{M_G \times 1000}{G_B} = \frac{M_G \times 1000}{Q_B C_B} \tag{11-46}$$

式中　M_G——除尘器单位时间收下来的烟尘量，kg/h；

　　　C_B——除尘器进口烟气含尘浓度，g/dm^3。

多个除尘器串联起来使用，其总效率可按下式计算。

$$\eta = (1 - \eta_1)(1 - \eta_2)(1 - \eta_3)\cdots(1 - \eta_n) \tag{11-47}$$

对于两级串联的除尘器其总效率 E 为

$$\eta = \eta_1 + \eta_2 - \eta_1 \eta_2 \tag{11-48}$$

式中　　η_1、η_2——单个除尘器的效率,%。

除尘器的粒径分级除尘效率按下式计算。

$$\eta_i = \frac{\Delta Z_{Bi}G_B - \Delta Z_{Ei}G_E}{Z_{Bi}G_B} = 1 - \frac{\Delta Z_{Ei}}{\Delta Z_{Bi}}(1-\eta) \tag{11-49}$$

式中　　η_i——除尘器对粒径为 i 的尘粒的粒径分级效率,%;

ΔZ_{Bi}——除尘器进口粒径为 i 的尘粒$\left(\text{在大于 } i - \frac{1}{2}\Delta i \text{ 及小于 } i + \frac{1}{2}\Delta i \text{ 段范围内}\right)$所占的质量百分数,%;

ΔZ_{Ei}——除尘器出口处粒径为 i 的尘粒所占的质量百分数,%;

η——除尘器的总除尘效率,%。

四、林格曼烟气浓度图

1. 林格曼烟气浓度图

林格曼烟气浓度图是 19 世纪末法国的林格曼（Ringelmann）提出的。这种方法是把图放

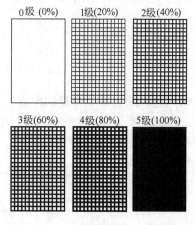

图 11-38　林格曼烟气浓度

置在适当的位置上,使图上的黑度与烟气的黑度(或不透光度)相比较,凭视觉进行评价。在工业炉窑大气污染物排放标准中,排放限制(除非金属焙烧炉窑外)为烟气黑度不大于 1 级。林格曼图有多种规格,通用标准形式是由 14cm×21cm 的黑度不同的 6 小块组成。除全白与全黑 2 块外,其他 4 块是在白色背底上画上不同宽度的黑色条格。根据黑色条格在整修小块中所占的面积的百分数分成 0~5 的林格曼级数:0 级是全白,5 级是全黑,1 级是黑色条格占整块面积的 20%,2 级占 40%,以此类推,如图 11-38 所示,其特点见表 11-6。

标准形式的林格曼图尺寸较大,使用时必须装在支架上,一人不便操作,而且在观察者与烟囱之间要有相当长的一段空距离,故国外有人按同一原理又研制了其他形式的观察设备。

一种是英国标准 BS-274M 采用的小型林格曼图。它是标准形式林格曼图的按比例缩小,各级黑度与标准图相同,绘制在半透明的卡片上,以白色不透明材料衬底或嵌在支架上。观察时,图至观察者眼睛的距离不大于 2m,一般在 1.5m 左右,也可以短到握在手中伸直手臂进行观察。一般说来,使用小型林格曼图不易得到与使用标准林格曼图一致的读数,它的精度要比标准林格曼图低一些。

表 11-6　林格曼烟气浓度图的特点

林格曼级数/级	烟气外观特点	黑色条格占小块总面积的百分数/%
0	全白	0
1	微灰	20
2	灰	40
3	深灰	60
4	灰黑	80
5	全黑	100

另一种是测烟望远镜，其结构示意如图 11-39 所示。在望远镜筒时装一个圆光屏板，板的一半是透明玻璃，另一半分为上、下两部分，上部的黑度为林格曼 3 级，下部的度为林格曼 2 级。也可根据需要换用别的级数的黑度。观察时，通过光屏的透明部分看烟囱出口的烟，将烟与光屏上黑度在同一天空背景下进行比较。观察时调节目镜的焦距，可在距烟囱 50～300m 远处进行观察。与标准林格曼图相比较，使用携带都较方便是，但在精度上尚存在问题。

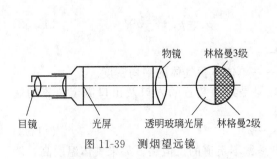

图 11-39　测烟望远镜

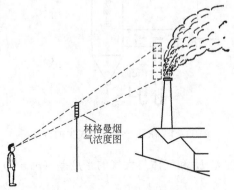

林格曼烟气浓度图

图 11-40　用林格曼烟气浓度图观测烟气

2. 林格曼烟气浓度图的使用方法

① 观察前先平整地将图固定在支架或平板上，支架的材料要求坚固轻便，支架或平板的着色应柔和自然。使用时图面上不要加任何覆盖层，以免削弱图面的照明。如图面被弄脏或褐色应立即换掉，以免影响观察的数度。

② 应在白天进行观察，固定支架时应使图面面向观察者。如图 11-40 所示，应尽可能使图位于观察者至烟囱顶部的边线上，并使图与烟气有相似的天空背景。图距观察者应有足够的距离以使图上的线条看起来似乎消失，从而使每个方块有均匀的黑度。对于绝大多数观察者这一距离约为 15m 以上。

③ 观察时应将刚离开烟囱的烟黑度与图上的黑度进行比较，记下烟气的林格曼级数及这种黑度的烟持续排放的时间。如烟气黑度处于两个林格曼级之间，可估计一个 1/2 或 1/4 林格曼级数。

④ 观察烟气力求在比较均匀的天空照明下进行。如在太阳光照下观察，应尽量使照射光线与视线成直角。光线不应来自观察者的前方或后方。白色的方块提供一个有关照明的指标，用于发现图上任何遮阴、照明不均匀及雨斑或别的污点。如在阴霾的情况下观察，由于天空背景较暗，在读数时应根据经验取稍偏低的级数。

⑤ 观察烟气的仰视角应尽可能低。应尽量避免在过于陡峭的角度下观察。

第四节　除尘器阻力测定

除尘器的压力损失 Δp，规定用流经装置的入口通风道（i）及出口通风道（0）的各种气体平均总压（$\overline{p_i}$）差（$\overline{p_{ti}} - \overline{p_{t0}}$），用由于测定点位置的高度差引起的浮力效应 p_H 进行校正后求出。而平均总压，则根据流经通风道测定截面各部分（按等面积分割）的所有气体总动力 $p_i Q$，用下式求出。

$$\overline{p_t} = \frac{p_{t1} Q_1 + p_{t2} Q_2 + \cdots + p_{tn} Q_n}{Q_1 + Q_2 + \cdots + Q_n}$$

(11-50)

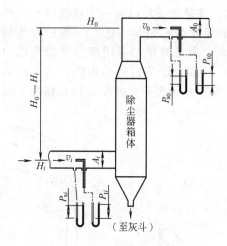

图 11-41 求除尘器压力损失的方法

式中 Q_1, Q_2, $\cdots$, Q_n——流经各区域的气体量，m^3/s。

如果 j 区域的面积为 A_j，该区域的气体速度为 v_j，则 $Q_j = A_j v_{j0}$，如果各区域的面积相等，则上式的 Q_j 用 v_j 代替，那么

$$\overline{p}_t = \frac{p_{t1}v_1 + p_{t2} + \cdots + p_{tn}v_n}{v_1 + v_2 + \cdots + v_n} \tag{11-51}$$

如图 11-41 所示的皮托管测定，则总压 p_t 可根据总压孔直接求出；如果使用其他测定仪器，则按下式进行计算。

$$p_t = p_s + \frac{\rho}{2}v^2 \tag{11-52}$$

式中 p_s——静压；

ρ——单位体积气体的平均密度。

浮力效果是集尘装置的入口及出口测定位置的高度差 H 和气体与大气的密度差 $(\rho_a - \rho)$ 之积。即

$$p_H = Hg(\rho_a - \rho) \tag{11-53}$$

一般情况下，对除尘器的压力损失来说，浮力效果是微不足道的。但是，如果气体温度高，测定点的高度又相差很大，就不能忽略浮力效果，因此要引起重视。

根据上述总压及浮力效果，用下式表示集尘装置的压力损失。

$$\Delta p = \overline{p}_{ti} - \overline{p}_{t0} - p_H \tag{11-54}$$

这时，如果测定截面的流速及其分布大致一致时，可用静压差代替总压差来校正出、入口测定截面积的差别，求出压力损失，即

$$p_{ti} = p_{si} + \frac{\rho}{2}\left(\frac{Q_i}{A_i}\right)^2 \tag{11-55}$$

$$p_{t0} = p_{s0} + \frac{\rho}{2}\left(\frac{Q_0}{A_0}\right)^2 \tag{11-56}$$

如果 $Q_i = Q_0$，则

$$p_{ti} - p_{t0} = p_{si} - p_{s0} + \frac{\rho}{2}\left[1 - \left(\frac{A_i}{A_0}\right)^2\right] \tag{11-57}$$

$$\Delta p = p_{si} - p_{s0} + \frac{\rho}{2}\left[1 - \left(\frac{A_i}{A_0}\right)^2\right] + \left[(H_0 - H_i)g(\rho_a - \rho)\right] \tag{11-58}$$

上式中，右边第一项是除尘器的出、入口静压差；第二项是出、入口测定截面积有差别时的动压校正。如果假定出、入口通风道的截面积相等，而且没有高低差，那么，右边第二项、第三项就不存在，而是：

$$\Delta p = p_{ti} - p_{s0} \tag{11-59}$$

以上所说的压力损失也包括除尘器前后通风管的压力损失，除尘器自身的压力损失要扣除通风管的压力损失 Δp_f 来求出。

第五节 除尘器漏风率测定

漏风率的测定过去一般采用风量法，即用毕托管先测定除尘器进、出口的气流平均速度，

再计算出进、出口断面的烟气量来得到漏风率。由于使用该方法比较麻烦，而且有误差，所以又出现了热平衡法、碳平衡法、氧平衡法。

一、风量平衡法

除尘器的漏风率是用除尘器的漏风量占进入除尘器的风量的百分比来表示的，测出除尘器进、出口的风量即可得出漏风率。

$$\varepsilon = \frac{Q_i - Q_0}{Q_i} \times 100\% \tag{11-60}$$

式中　ε——除尘器漏风率，%；

Q_i、Q_0——除尘器进口、出口的风量，m^3/h。

上式中对正压工作的除尘器计算时 $Q_i - Q_0$，对负压工作的除尘器计算时 $Q_0 - Q_i$。

除了上述直接测定风量的方法外，还可以采用间接的测量方法，如热平衡法和碳平衡法等。

二、热平衡法

忽略除尘器及管道的热损失，在单位时间内，除尘器出口烟气中的含热量应等于除尘器进口烟气中的含热量及漏入空气中的含热量之总和，即

$$Q_i \rho_i c_i t_i + \Delta Q \rho_a c_a t_a = Q_0 \rho_0 c_0 t_0 \tag{11-61}$$

$$\Delta Q = Q_0 - Q_i$$

式中　ρ_i、ρ_0、ρ_a——除尘器进口、出口烟气以及周围空气的密度，kg/m^3；

c_i、c_0、c_a——除尘除尘器进口、出口烟气及周围空气的比热容，$kJ/(kg \cdot K)$。

若忽略进、出口烟气及空气的密度和比热容的差别时，即令 $\rho_i = \rho_0 = \rho_a$，$c_i = c_0 = c_a$，则由上式可得漏风率为

$$\varepsilon = \left(1 - \frac{Q_0}{Q_i}\right) = \left(1 - \frac{t_i - t_a}{t_0 - t_a}\right) \times 100\% \tag{11-62}$$

这样一来，测出除尘器进、出口气流的温度，就可得到漏风率。这种方法适用于高温烟气。

三、碳平衡法

当除尘器因漏风而吸入空气时，烟气的化学成分发生变化，碳的化合物浓度得到稀释，根据碳平衡方程，漏风率 ε 为

$$\varepsilon = \left[1 - \frac{(CO + CO_2)_i}{(CO + CO_2)_0}\right] \times 100\% \tag{11-63}$$

式中　　ε——除尘器漏风率，%；

$(CO + CO_2)_i$——除尘器进口中 $(CO + CO_2)$ 的浓度，%；

$(CO + CO_2)_0$——除尘器出口烟气中的 $(CO + CO_2)$ 的浓度，%。

因此，只要测出除尘器进、出口烟气中的碳的化合物 $(CO + CO_2)$ 的浓度，就可得出漏风率。这种方法只适用于燃烧生成的烟气。

四、氧平衡法

1. 原理

氧平衡法是根据物科平衡原理由除尘器进出口气流中氧含量变化测定漏风率的。本方法适用于烟气中含氧量不同于大气中含氧量的系统。该方法适用于干式湿式静电除尘器。

采用氧平衡法，即测定静电除尘器进、出口断面烟气中氧含量之差，并通过计算求得。

2. 测试仪器

所用电化学式氧量表精度不低于 2.5 级，测定前经标准气校准。

3. 静电除尘器漏风率计算公式

$$\varepsilon = \frac{Q_{2i} - Q_{20}}{K - Q_{2i}} \times 100\% \qquad (11\text{-}64)$$

式中 ε——静电除尘器漏风率，%；

Q_{2i}、Q_{20}——静电除尘器进、出口断面烟气平均含氧量，%；

    K——大气中含氧量，根据海拔高度查表得到。

由于静电除尘器是在高压电晕情况下运行，在火花放电条件下，电除尘器中会产生一定的臭氧，有人认为，这种臭氧必然会影响烟气中氧含量，影响漏风率的测定误差。实际上臭氧是一种强氧化剂，在高温下极易分解，在常温下也会自行分解。有关资料介绍，在高温电晕线周围的可见电晕辉光区中生成的臭氧，其体积浓度是百万分之几，生成后会自行分解成氧或与其他元素化合。这个浓度对人类生活环境会产生很大影响，但相对于氧含量的测定浓度是相当小的。氧平衡法只需测定进出口断面的烟气含氧量两组数据，综合误差相对较小，比风量平衡法优越，但也有局限性，只能适用于像烟气那样含氧量不同于大气中含氧量的负压系统。

氧平衡法的测定误差主要取决于选用的测量仪器。目前我国主要采用化学式氧量计，在国外已普遍采用携带式的氧化锆氧量计以及其他携带式氧量计。随着我国仪器仪表的迅速发展，将可以选用精度高、可靠且携带方便的漏风率测定用测氧仪，漏风率的氧平衡法测定将显得更为优越。

五、气密性试验

1. 定性法

定性法是在除尘器进口处适当位置放入烟雾弹（可采用 65-1 型发烟罐或按表 11-7 配方自制），并配置鼓风机送风，让除尘器内成正压，有益于烟雾溢出，将烟雾弹引燃线拉到除尘器外部点燃，引爆烟雾弹产生大量烟雾。此时，壳体面泄漏部位就会有白烟产生，施工人员就可对泄漏点进行处理。

表 11-7 每 10kg 烟雾弹成分

原料名称	质量/kg	原料名称	质量/kg
氧化铵	3.89	氯化钾	2.619
硝酸钾	1.588	松 香	1.372
煤 粉	0.531		

2. 定量法

定量试验法，与定性法相比更加准确、科学。目前，在国内安装除尘器时采用的并不多。然而，有的对除尘工程的质量要求严格，针对在用的许多除尘器均有不同泄漏现象这一情况，要求安装单位实施这种试验方法，在这种情形下需要对除尘器进行严格的定量试验。

（1）原理与计算公式 除尘器壳体是在与风机负压基本相等的状态下工作的耐压设备。试验时，在其内部充入压缩空气，形成正压状态进行模拟，效果是一致的。因为无论是负压还是正压，除尘器里内外压差是相同的，正压试验时不漏风负压工作时就不会漏风。

泄漏率计算公式如下。

$$\varepsilon = \frac{1}{t}\left(1 - \frac{p_a + p_2}{p_a + p_1} \times \frac{273 + T_1}{273 + T_2}\right) \times 100\% \qquad (11\text{-}65)$$

式中 ε——每小时平均泄漏率，%；

t——检验时间（应不小于 1h），h；

p_1——试验开始时设备内表压（一般按风机压力选取），Pa；

p_2——试验结束时设备内压力，Pa；

T_1——试验开始时温度，℃；

T_2——试验结束时温度，℃；

p_a——大气压力，Pa。

（2）气密性试验的特点 气密性试验一般在除尘器制造安装完毕以后进行，通过试验可以及时发现泄漏问题，并有足够的时间和手段解决泄漏问题。所以对大、中型除尘器，大多要求进行气密性试验，并控制静态泄漏率小于 2% 为合格。

第六节 烟尘固定源排放连续监测

烟尘排放连续监测是指对固定污染源排放的颗粒物和（或）气态污染物浓度和排放率进行连续地、实时地跟踪测定，每个固定污染源的测定时间不得小于总运行时间的 75%，在每小时的测定时间不得低于 45min。

近年来随着科技进步和环保监测仪器仪表的迅速发展，固定污染源排放烟气连续监测系统（Continuous Emissions Monitoring System，CEMS）为严格执行国家、地方大气污染物排放标准，实施污染物排放总量控制提供了有力的技术支持。因此，对有一定规模的企业及排气量相对较大的固定源，配备 CEMS 势在必行。

一、烟尘 CEMS 的组成

烟气 CEMS 由颗粒物 CEMS 和气态污染物 CEMS（含 O_2 或 CO_2）、烟气参数测定子系统组成，见图 11-42。通过采样方式和非采样方式测定烟气中污染物的浓度，同时测定烟气温度、烟气压力、流速或流量、烟气含水量、烟气含氧量（或二氧化碳含量），计算烟气污染物排放率、排放量，显示和打印各种参数、图表，并通过图文传输系统传输至管理部门。

电源要求额定电压 220V，允许偏差 $-15\% \sim +10\%$，谐波含量 $<5\%$，额定频率 50Hz，接地系统各设备的接地按安装设备说明书的要求进行。

二、颗粒物连续监测

1. 监测方法

颗粒物 CEMS 尽管种类很多，但目前在实际中应用的有浊度法、光散射法、电荷法和 β射线法。

（1）浊度法原理 光通过含有烟尘的烟气时，光强因烟尘的吸收和散射作用而减弱，通过测定光束通过烟气前后的光强比值来定量烟尘浓度。

（2）光散射法原理 经过调制的激光或红外平行光束射向烟气时，烟气中的烟尘对光向所有方向散射，经烟尘散射的光强在一定范围内与烟尘浓度成比例，通过测量散射光强来定量烟尘浓度。

（3）电荷法原理 当运动烟尘与测量探头传感器相互碰撞产生静电，通过传感器的电流与颗粒撞击它的数量在一定范围内成比例，通过测量传感器的电流来定量烟尘浓度。

（4）β射线法原理 烟尘颗粒对恒定能量射线的吸收量正比于颗粒物的质量。由采样头将样品采集到滤带上，通过测量 β射线的衰减量求得空白点与样品点之差得出烟尘质量，再经过其他点测量和处理得出烟尘浓度。

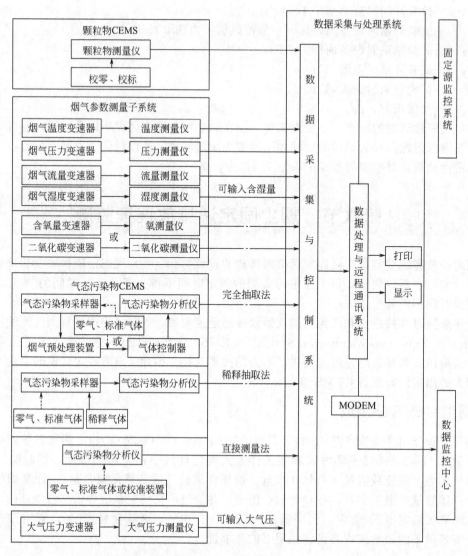

-------------------- 表示任选一种气体参数测量仪和气态污染物CEMS

图 11-42 烟气排放连续监测系统示意

2. 信号输出

固定式烟尘连续监测装置的信号输出值一般为 4～20mA。有些仪器可通过现场端子箱的处理采用 RS-232 或 485 电缆传输数字信号，按信号输出值代表的物理量分，有浊度值、消光度值和浓度值。

三、固定式烟尘连续监测装置的选型与安装

1. 烟尘连续监测装置选型

（1）仪器的技术性能要求 根据固定污染源实际排放浓度与环保法规、标准的具体要求并考虑一定的裕度为：零点漂移（24h）≤±2%满量程；全幅漂移（24h）≤±2%满量程；响应时间≤10s；线性度≤±1%。

（2）被测烟尘条件 包括烟尘浓度值（包括正常值范围、超标值、最大值）；烟道尺寸；烟气流速、压力、温度；环境温度、相对湿度、大气压力。

（3）选型注意事项　原则上符合技术性能要求的仪器均可使用，但在选型时还应依据被测烟尘条件来确定仪器类型。浊度法和光散射法的仪器对安装要求严格，且浊度法仪器必须保证其清扫系统正常工作，光散射法仪器必须保证进风风压大于烟气压力，否则仪器无法长期正常工作。电荷法仪器有时易受流速影响，β射线仪器为点测量法，对采样点的代表性和稳定性要求较高，同时对等速采样要求也较高。

对于具体的某一种类型仪器因烟尘浓度值范围、烟道尺寸的不同，也分为不同的型号。应注意不同类型仪器的维修和校准要求不同，主要部件的寿命、消耗品、备品备件等有时也有所不同，这些问题在企业选型时均应加以考虑。

2. 固定式烟尘连续监测装置的安装

（1）安装环境要求

固定式烟尘连续监测装置对安装环境有如下要求：①安装处应有平台、栏杆和爬梯，以便安装、调试和维修；②安装处烟道振动幅度小；③安装处烟道不漏风；④环境光线不影响仪器正常工作。

（2）安装注意事项

鉴于 CEMS 是新事物，多数安装人员对仪器不熟悉，建议安装工作在专业人员的指导下严格按照仪器说明书进行。安装注意事项如下：①对于浊度法仪器，应保证光路准直、清扫系统连接正确、工作压力满足要求；②对于光散射法仪器，应保证进风风压大于烟气压力，保护与烟气接触的光学视窗的清洁；③对于电荷法仪器，应尽可能选择烟道断面差小的位置安装；④对于β射线仪器，应保证采样嘴正对烟气流动方向，并防止抽气管路不阻塞。

（3）仪器安装后应注意解决的问题

烟尘连续监测装置按要求正确安装以后并不就是万事大吉了，后期的精心操作、管理维护是保证 CEMS 系统能够连续稳定正常工作的关键。特别需注意以下问题：①保证仪器相关附属设备正常运行，如清扫系统、快速安全切断阀、记录仪器等；②协助做好输出值的传输工作，如输出信号正确进入计算机等；③做好仪器运行、维修人员的培训，保证仪器投运后能够得到正常的故障维护，及时排除故障，使 CEMS 系统能够连续稳定正常地工作。

（4）仪器校准

① 校准的意义。我国大气污染物排放标准的浓度值是以 mg/m^3 为单位的，而目前的烟尘 CEMS 输出的信号主要为浊度值、消光度值；需根据各自的测试原理标定成浓度值。即使 CEMS 输出信号为浓度值，因以下原因也需要校准：

a. 烟尘 CEMS 进行的是点或线测量，不能完全代表烟道断面的浓度，必须对其代表性进行校准；

b. 仪器的输出值受烟尘颗粒及烟气流速的影响；

c. 烟气中烟尘的运动受烟道走向、烟气流速和重力的影响。

② 校准的内容和要求

a. 基本参数校准。零点校准（24h）≤±2％满量程；全幅校准（24h）≤±5％满量程。

b. 浓度相关校准

（a）根据 GB/T 16157 规定的手工采样过滤称重法，对烟气中的烟尘浓度进行测定，建立对烟尘 CEMS 测定结果进行相关分析得出的相关曲线。

（b）手工采样孔与烟尘 CEMS 测孔在互不影响测量结果的前提下尽可能靠近。

（c）为获得高、中、低不同烟尘浓度的测定结果，可通过选择不同的运行负荷、短时间改变除尘器的运行状况得以实现。烟尘 CEMS 必须与手工采样方法同步进行，至少获得 5 组数据，显示物理量取平均值时必须剔除除尘器在线清灰的峰值。

（d）相关系数≥0.90，当不满足此要求时应做以下检查：手工采样方法的测试过程；采样测孔位置，采样仪器的可靠性；测试时设备运行条件的变化，特别是除尘器运行条件的变化；烟尘颗粒物粒径的变化；手工监测结果的数量和分布；烟尘 CEMS 的安装位置。

如果都做了检查并符合有关要求，则应考虑烟尘 CEMS 是否合格。

四、监测注意事项

1. 环境影响

环境因素是造成 CEMS 故障率增多的一个不容忽视的因素。因此，为确保系统长期运行，每季度必须把烟尘分析仪、电源开关箱、控制电路板和数据传送模块等彻底清灰，做好防尘，并进行加固。

2. 烟尘问题

烟尘是由于燃料的燃烧、高温熔融和化学反应等过程中形成的飘浮于空气中的颗粒物，在锅炉除尘器、水泥窑除尘器、转炉除尘器、高炉除尘器、焦化除尘器、氧化球团除尘器、麦尔兹窑除尘器周围，烟尘污染严重，烟尘成分十分复杂。

如果大量的烟尘覆盖或聚集在设备或导线接头表面，既影响导热性能，又影响设备电气性能。

烟气在线连续监测仪是一个精密的分析仪器，里面许多关键部件都做好密封，防止环境中的烟尘进入，但采样单元和预处理单元、控制开关和控制电路板等外围设备不可避免地与烟尘接触，必须做好检查和清洁。

3. 震动影响

震动来源于烟囱的抽风电机或管道的风动。由于 CEMS 的采样设备一般都是安装在金属烟囱中或除尘器的进出管道上，震动十分激烈且持续时间长，常造成开关掉落、电器设备断线，甚至电源适配器烧毁等故障。

4. 温度问题

主要是由于烟囱和管道的温度高，监测设备周围环境的气温相应也较高，高温一般会造成采样气管和电线表皮老化破裂。

5. 仪器维护

CEMS 发生故障是多种因素的综合影响。除环境因素外，管堵、易损件坏、制冷器性能下降、服务器死机、排水不畅等系统故障也比较常见。此外，在检查故障前先做到检查服务器状态、了解网络通讯情况、了解车间生产及检修情况，维护工作能事半功倍。

6. 操作人员的经验

CEMS 的维护需要丰富的实践经验和较强的判断能力，工作人员需要掌握环保、电子、电气自动化等相关专业知识，由于其备品备件很贵，自行购买安装或维修是降低运行成本的有效途径。有经验的操作人员是 CEMS 正常运行的重要条件。

参 考 文 献

[1] 王纯，张殿印．废气处理工程技术手册．北京：化学工业出版社，2013.
[2] 张殿印，王纯．脉冲袋式除尘器手册．北京：化学工业出版社，2011.
[3] 王纯，张殿印，除尘设备手册．北京：化学工业出版社，2009.
[4] 张殿印，王纯，俞非漉．袋式除尘技术．北京：冶金工业出版社，2008.
[5] 王海涛等．钢铁工业烟尘减排和回收利用技术指南．北京：冶金工业出版社，2012.
[6] 刘爱芳编著．粉尘分离与过滤．北京：冶金工业出版社，1998.
[7] 张殿印，张学义编著．除尘技术手册．北京：冶金工业出版社，2002.
[8] 张殿印，王纯主编．除尘工程设计手册．第二版．北京：化学工业出版社，2010.
[9] 张殿印，陈康编著．环境工程入门．第二版．北京：冶金工业出版社，1999.
[10] 张殿印，姜凤有，冯玲编著．袋式除尘器运行管理．北京：冶金工业出版社，1993.
[11] 张殿印主编．环保知识400问．第3版．北京：冶金工业出版社，2004.
[12] [日] 通商产业省公安保安局主编．除尘技术．李金昌译．北京：中国建筑工业出版社，1977.
[13] 王晶，李振东编著．工厂消烟除尘手册．北京：科学普及出版社，1992.
[14] 刘后启，窦立功，张晓梅等．水泥厂大气污染物排放控制技术．北京：中国建材工业出版社，2007.
[15] 王绍文，张殿印，徐世勤，董保澍主编．环保设备材料手册．北京：冶金工业出版社，1992.
[16] B. И. 乌索夫等著．工业气体净化与除尘器过滤器．李悦，徐图译．哈尔滨：黑龙江科学技术出版社，1984.
[17] 大连市环境科学设计研究院编．环境保护设备选用手册——大气污染控制设备．北京：化学工业出版社，2002.
[18] 冶金工业部建设协调司，中国冶金建设协会编．钢铁企业采暖通风设计手册．北京：冶金工业出版社，1996.
[19] 申丽，张殿印．工业粉尘的性质．金属世界．1998，(2)：31-32.
[20] 嵇敬文编．除尘器．北京：中国建筑工业出版社，1981.
[21] 嵇敬文，陈安琪编著．锅炉烟气袋式除尘技术．北京：中国电力出版社，2006.
[22] 威廉 L·休曼著·工业气体污染控制系统．华译网翻译公司译．北京：化学工业出版社，2007.
[23] 焦永道．水泥工业大气污染治理．北京：化学工业出版社，2007.
[24] 《工业锅炉房常用设备手册》编写组．工业锅炉房常用设备手册．北京：机械工业出版社，1995.
[25] 王绍文，张殿印．工业布局与城市环境保护．基建管理优化，1990，(2).
[26] 曹彬，叶敏，姜凤有，张殿印．利用低压脉冲技术改造反吹袋式除尘器的研究．环境科学与技术，2001，(5).
[27] 张殿印．布袋除尘器简易检漏装置．劳动保护，1979，(7).
[28] 张殿印．烟尘治理技术（讲座）．环境工程，1988，(1)～(6).
[29] 张殿印，姜凤有．日本袋式除尘器的发展动向．环境工程，1993，(6).
[30] 张殿印．静电除尘器声波清灰原理及设计要点．云南环境保护，2000，(8) 增刊 230-232.
[31] 张殿印．国外铝冶炼厂污染问题概况．冶金安全，1980，(4).
[32] 张殿印．钢铁工业的能源利用与环保对策．环境工程，1987，(3).
[33] 张殿印．静电对袋式除尘器性能的影响．静电，1989，(3)：24-28.
[34] 张殿印，姜凤有．低压脉冲除尘器在高炉碾泥机室的应用．冶金环境保护，2000，(5)：11-14.
[35] 张殿印，台炳华，陈尚芹，黄西谋．针刺滤料及其过滤特性．暖通空调，1981，(2).
[36] 张殿印．袋式除尘器滤料及其选择．环境工程，1991，(4).
[37] 张殿印，姜凤有．除尘器的漏风与检验技术．环境工程，1995，(1).
[38] 顾海根，张殿印．滤筒式除尘器工作原理与工程实践．环境科学与技术，2001，(3)：47-49.
[39] 田中益．バッグフイルターの压力损失特性．タミガカル．エソジ二ヤリダ，1974，(6)：13-17.
[40] 东门荣一．バッグフイルターの设计上の问题点．タミガカル．エソジ二ヤリダ，1974，(6)：18-21.
[41] 陆跃庆主编．实用供热空调设计手册．北京：中国建筑工业出版社，1993.

[42] 井伊谷钢一编著. 降尘装置的性能. 马文彦译. 北京：机械工业出版社，1986.

[43] 戚罡，叶敏，张殿印，姜凤有. 袋式除尘器高温技术措施. 环境工程. 2003，(6).

[44] R. Hardbottle. Dust Extraction Technology. Glos，England，Techicopy，1976.

[45] 李家瑞主编. 工业企业环境保护. 北京：冶金工业出版社，1992.

[46] 铁大铮，于永礼主编. 中小水泥厂设备工作者手册. 北京：中国建筑工业出版社，1989.

[47] 北京市环境保护科学研究所编. 大气污染防治手册. 上海：上海科学技术出版社，1990.

[48] 张殿印，王永忠. 高炉脱硅除尘器的设计要点和运行效果. 冶金环境保护，2003，(1)：38-40.

[49] 姜凤有. 工业除尘设备. 北京：冶金工业出版社，2007.

[50] バグフイルター専門委員会. バグフイルターの技术调查报告. 空气清净，昭和 49 年 3 月.

[51] 张殿印，顾海根. 回流式惯性除尘器技术新进展. 环境科学与技术，2000，(3)：45-48.

[52] 张学义，钱连山. 声波技术在静电除尘器应用. 工程建设与设计，1999，(5)：41-43.

[53] 张殿印，王纯. 大型袋式除尘器的开发与应用. 工厂建设与设计，1998，(1)：38-40.

[54] 申丽. 脉冲布袋除尘器的控制技术. 工厂建设与设计，1998，(2)：16-18.

[55] 张殿印. 电除尘器声波清灰原理及设计要点. 电除尘及气体净化，2003，(3)：18-21.

[56] 张殿印. 静电除尘器的灾害预防与控制. 静电，1992，(2)：47～50.

[57] 守田荣著. 公害工学入门. 东京：オーム社，昭和 54 年.

[58] 通商産业省立地公害局. 公害防止必携. 東京：産业公害防止协会，昭和 51 年.

[59] 诹访佑编. 公害防止实用便览：大气污染防止篇. 東京：化学工业社，昭和 46 年.

[60] 于正然等编著. 烟尘烟气测试实用技术. 北京：中国环境科学出版社，1990.

[61] L. Wark，C. Warner. Air Pollution Lts Origi And Control. New York：Harper and Row Publishers，1981.

[62] P. N 切雷米西诺夫 R. A. 扬格主编. 大气污染控制设计手册. 胡文龙，李大志译. 北京：化学工业出版社，1991.

[63] Wilhelm Batel. Dust Extraction Techrology. Technicopy Limited，1976.

[64] 中国环保产业协会袋式除尘委员会编. 袋式除尘器滤料及配件手册. 沈阳：东北大学出版社，1997.

[65] 杨丽芬，李友琥主编. 环保工作者实用手册. 第 2 版. 北京：冶金工业出版，2001.

[66] 胡学毅，薄以匀. 焦炉炼焦除尘. 北京：化学工业出版社，2010.

[67] 王永忠，张殿印，王彦宁. 现代钢铁企业除尘技术发展趋势. 世界钢铁，2007 (3)：1-5.

[68] 赵振奇，梁学邈编著. 工业企业粉尘控制工程综合评价. 北京：冶金工业出版社，2002.

[69] 张艳辉，柳来栓，刘有志. 超重力旋转床用于烟气除尘的实验研究. 环境工程，2003，(6)：42-43.

[70] 郑铭主编. 环保设备——原理、设计、应用. 北京：化学工业出版社，2001.

[71] 尉迟斌主编. 实用制冷空调工程手册. 北京：机械工业出版社，2002.

[72] 白震，张殿印. 脉冲除尘器的清灰压力特性及选择研究. 冶金环境保护，2002，(6)：65-69.

[73] 金毓荃，李坚，孙冶荣编. 环境保护设计基础. 北京：化学工业出版社，2002.

[74] 刘景良主编. 大气污染控制工程. 北京：中国轻工业出版社，2002.

[75] 国家环境保护局. 钢铁工业废气治理. 北京：中国环境科学出版社，1992.

[76] 肥谷春城. MCフエルトの開闢ととその機能性. について. 機能材料，1992，(10)：33-39.

[77] 陶辉，何申富，陈健，沈晓红. 宝钢炼钢厂增设转炉二次烟气除尘设施. 冶金环境保护，1999，(3)：44-47。

[78] 王连泽，彦启森. 旋风分离器内压力损失的计算. 环境工程，1998，(4)：44-48.

[79] 方荣生，方德寿编. 科技人员常用公式与数表手册. 北京：机械工业出版社，1997.

[80] 孙延祚编著. 流量检测技术与仪表. 北京：北京化工大学出版社，1997.

[81] 张殿印. 钢厂大面积烟尘量测量. 环境工程，1983，(1)：26-29.

[82] 王纯，申丽. 矿槽上部除尘系统风量调整及风机性能测定. 冶金环境保护，2000，(5).

[83] C. N. 戴维斯著. 空气过滤. 黄日广译. 北京：原子能出版社，1979.

[84] H. 布控沃尔，Y. B. G 瓦尔玛著. 空气污染控制设备. 赵汝林等译. 北京：机械工业出版社，1985.

[85] 王浩明等编著. 水泥工业袋式除尘器技术及应用. 北京：中国建材工业出版社，2001.

[86] 黄翔主编. 纺织空调除尘技术手册. 北京：中国纺织出版社，2003.

[87] 刘子红，肖波，相家宽. 旋风分离器两项流研究综述. 中国粉体技术，2003，(3)：41-44.

[88] 付海明，沈恒根．非稳定过滤捕集效率的理论计算研究．中国粉体技术，2003，(6)：4-7．

[89] 李凤生等编著．超细粉体技术．北京：国防工业出版社，2001．

[90] 吴忠标主编．大气污染控制工程．北京：化学工业出版社，2001．

[91] 吴超著．化学抑尘．长沙：中南大学出版社，2003．

[92] 成庚生．新型干法水泥窑尾气电收尘器．电除尘及气体净化，2003，4：17-25．

[93] 瘳增安．高压静电收尘器设计．静电，1997，2：14-19．

[94] 陈国榘，胡建民编著．除尘器测试技术．北京：水利电力出版社，1988．

[95] 杨飏编著．二氧化硫减排技术与烟气脱硫工程．北京：冶金工业出版社，2004．

[96] 王永忠．宋七棣编著．电炉炼钢除尘．北京：冶金工业出版社，2003．

[97] 王显龙等．静电除尘器的新应用及其发展方向．工业安全与环保，2003，11：3-5．

[98] 纪万里，叶龙，冯海燕．一种新型静电强化旋风除尘器的研究．环境工程，2000，12：31-33．

[99] 颜幼平等．磁分离除尘的初步实验研究及其机理分析．环境工程，1999，(4)：41-43．

[100] 高根树，张国才．一种新型的机械除尘技术——旋流除尘离心机．环境工程，1999，(6)：31-32．

[101] 许宏庆．旋风分离器的实验研究．实验技术与管理，1984，(1)：27-41、(2)：35-43．

[102] 林宏．电—袋收尘器的开发和应用．中国水泥，2003，8：25-27．

[103] 周兴求主编．环保设备设计手册——大气污染控制设备．北京：化学工业出版社，2004．

[104] 铝厂含氟烟气治理编写组编写．铝厂含氟烟气治理．北京：冶金工业出版社．1982．

[105] 郭爱清，张沛商．浅谈我国除尘设备的现状与发展．矿山环保，2003，(5)：3-7．

[106] 张殿印等．脉冲袋式除尘器滤袋失效诱因与防范．冶金环境保护，2004，(5)：13-17．

[107] 张殿印等．袋式除尘器滤料物理性失效与防范．暖通制冷设备，2007 (6)：39-41．

[108] 吴凌放，张殿印等．袋式除尘技术现状与发展方向．环保时代，2007 (11)：19-22．

[109] 李倩婧，张殿印．防爆袋式除尘器设计要点．冶金环境保护，2010，(6)：28-31．

[110] 王绍文，杨景玲，赵锐锐，王海涛等编著．冶金工业节能减排技术指南．北京：化学工业出版社，2009．

[111] 余云进．除尘技术答问．北京：化学工业出版社，2006．

[112] 李超杰，赵晓晨，泰岳．超声波雾化除尘技术在巴润公司的应用．环境工程，2014 (3)：80-82．

[113] 陈盈盈，王海涛．焦炉装煤车烟气净化节能改造．环境工程，2008 (5)：38-40．

[114] 赵振奇，潘永来．除尘器壳体钢结构设计．北京：冶金工业出版社，2008．

[115] 江晶．环保机械设备设计．北京：冶金工业出版社，2009．

[116] 周迟骏．环境工程设备设计手册．北京：化学工业出版社，2009．

[117] 张殿印，申丽．工业除尘设备设计手册．北京：化学工业出版社，2012．

[118] ［日］藤井正．空气净化技术手册．许明镐等译．北京：电子工业出版社，1985．

书号	书名	作者	定价
9787122153517	环境工程技术手册——废气处理工程技术手册	王纯	235.0
9787122152916	环境工程技术手册——废水污染控制技术手册	潘涛	260.0
9787122153968	环境工程技术手册——固体废物处理工程技术手册	聂永丰	245.0
9787122130556	工业除尘设备设计手册	张殿印	180.0
9787122187413	工业烟尘减排与回收利用	王纯	198.0
9787122186430	除尘工程升级改造技术	刘伟东	85.0
9787122134332	烟气脱硫工艺手册	徐宝东	180.0
9787122158543	烟气脱硫脱硝净化工程技术与设备	杨飓	180.0
9787122211590	烟气排放连续监测系统（CEMS）监测技术及应用	王强	138.0
9787122158802	大气颗粒物控制	竹涛	68.0
9787122137142	冶金工业烟尘减排与回收利用	俞非漉	98.0
9787122168917	SO_2 削减对环境空气质量的影响与评价	陈建华	158.0
9787122096470	脉冲袋式除尘器手册	张殿印	180.0
9787122148056	脱硫技术	王祥光	198.0
9787122155177	污染减排与清洁生产	程言君	180.0
9787122185174	钢铁工业"三废"综合利用技术	岳清瑞	198.0
9787122154408	煤焦化过程污染排放及控制	何秋生	58.0
9787122122124	脱硫工程技术与设备（第二版）	郭东明	98.0
9787122197238	水处理新技术与案例	周国成	138.0
9787122204783	持久性有机物污染及控制	何秋生	98.0
9787122183682	可持续生活垃圾处理与资源化技术	宋立杰	150.0
9787122168726	废物填埋手册	胡华龙	138.0
9787122132062	废水处理设备与材料手册	潘涛	180.0
9787122108340	尾矿和废石——综合污染预防与控制最佳可行技术	组织编写	180.0
9787122094360	土壤监测分析实用手册	刘凤枝	138.0
9787122093158	净水厂、污水厂工艺与设备手册	杭世珺	138.0
9787122130709	高浓度有机工业废水处理技术	任南琪	98.0
9787122182814	环境工程案例教程丛书——大气污染控制案例教程	潘琼	58.0
9787122169181	环境工程案例教程丛书——清洁生产审核案例教程	谢武	68.0
9787122191632	环境工程案例教程丛书——室内声学设计与噪声振动控制案例教程	刘颖辉	68.0
9787122203557	环境工程实用技术读本——除尘技术	彭丽娟	48.0
9787122217721	环境工程实用技术读本——空气环境监测技术	黄浩华	48.0
9787122202383	环境工程实用技术读本——室内污染监测与控制技术	王立章	48.0
9787122217707	环境工程实用技术读本——土壤与固体废物监测技术	王立章	48.0
9787122150400	环境空气和废气污染物分析测试方法	李国刚	68.0
9787122150912	水和废水污染物分析测试方法	李国刚	85.0
9787122150394	土壤和固体废物污染物分析测试方法	李国刚	80.0
9787122193384	大宗有机化学品工业污染综合防治最佳可行技术	组织编写	180.0
9787122138446	纺织染整工业污染综合防治最佳可行技术	组织编写	180.0
9787122121936	集约化畜禽养殖污染综合防治最佳可行技术	组织编写	128.0

书号	书名	作者	定价
9787122185761	再生资源科学与工程技术丛书——废玻璃和废陶瓷再生利用技术	刘明华	68.0
9787122183972	再生资源科学与工程技术丛书——废旧金属再生利用技术	刘明华	58.0
9787122144881	再生资源科学与工程技术丛书——废旧塑料资源回收利用技术	刘明华	48.0
9787122167187	再生资源科学与工程技术丛书——废旧橡胶再生利用技术	刘明华	48.0
9787122187420	再生资源科学与工程技术丛书——钢铁废渣再生利用技术	张殿印	68.0
9787122146045	再生资源科学与工程技术丛书——生物质的开发与利用	刘明华	48.0
9787122150905	再生资源科学与工程技术丛书——再生资源导论	刘明华	48.0
9787122157881	再生资源科学与工程技术丛书——再生资源分选利用	刘明华	48.0
9787122167361	再生资源科学与工程技术丛书——再生资源工艺和设备	刘明华	45.0
9787122213501	水质、环境热点污染物分析方法	黄业茹	80.0
9787122205377	室内装修污染检测与控制技术手册	李继业	86.0
9787122199065	环境应急监测技术与管理	翁燕波	68.0
9787122193698	环境承载力理论、方法及应用	曾维华	95.0
9787122207630	生活垃圾焚烧发电厂建设运营技术与管理实务	陈震	80.0
9787122204660	村镇集雨饮水安全保障适用技术	刘玲花	80.0
9787122211767	生活垃圾卫生填埋及渗滤液处理技术	李俊生	68.0
9787122199270	水生生物水质基准理论与应用	闫振广	85.0
9787122188731	活性污泥法污水处理数字化与智能控制	孙培德	85.0
9787122183712	城市洪水防治与排水	刘经强	88.0

关于合作出书：

如果您有上述领域图书的出版意向，欢迎与我们联络。

联系方法：010-64519525；Email：liuxingchun2005@126.com　QQ：1067723548

关于图书购买：

>> **去实体店购买**　全国各大新华书店、大型图书城均有现货。

>> **去网店购买**　当当网、亚马逊、京东商城，三大网店均全品种在线销售我社图书。如需查看、订购某种图书，可按书名或者书号搜索、浏览、购买。正版现货、库存充足，请放心购买。

>> **电话订购**（含团购）　无论您需要购买哪本书，无论数量多少，都可直接与我社读者服务部联系，电话：010-64518899

扫描右侧二维码，登录环境图书专区
可在线下单、货到付款、方便又快捷！

地址：北京市东城区青年湖南街 13 号　（100011）　网址：www.cip.com.cn

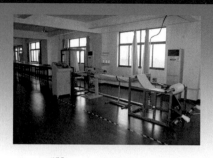

浙江三星特种纺织有限公司

浙江三星特种纺织股份有限公司坐落于国家4A级风景名胜区天台山脚下、中国过滤布名城，是专业生产旅游用沙滩网布和环保过滤布及相关各类产成品的中外合资企业，是浙江省重点扶持的高新技术企业，全国最大的工业用布、特斯林网生产企业之一。

公司从创建以来，就坚持以技术创新作为企业发展的动力。拥有3项发明专利，18项实用型专利以及500多项外观专利。公司被评为国家火炬计划高新技术企业、浙江省高新技术企业、市技术进步先进企业、县科技型企业，并连续十二年被评为"重合同、守信用"企业。其中高性能环保除尘滤料被评为2002年国家资源节约和环境保护重大示范工程项目。

公司本着"质量—生命之本，真诚—待客之道，创新—发展之秘，信誉—创益之源"的经营理念，为社会创造效益，为员工创造就业平台，为家庭创造和谐。

滤料是袋式除尘器的主要组成部分之一，袋式除尘器的性能在很大程度上取决于滤料的性能。滤料的性能，主要指过滤效率、透气性和强度等。

针刺毡纤维滤料优势：

(1)容尘量大，清灰后能保留一定的永久性容尘，以保持较高的过滤效率；

(2)在均匀容尘状态下透气性好，压力损失小；

(3)抗皱折、耐磨、耐温和耐腐蚀性好，机械强度高；

(4)吸湿性小，易清灰；

(5)使用寿命长，成本低。

诺美克斯滤袋

涤纶常温滤袋

P84滤袋

PPS滤袋

玻纤滤袋

板框滤布

浙江三星特种纺织有限公司
ZHEJIANG TRI-STAR SPECIAL TEXTILE CO., LTD.